T0210951

Mathematik für Physiker Band 1

Helmut Fischer · Helmut Kaul

Mathematik für Physiker Band 1

Analysis, Lineare Algebra,
Vektoranalysis,
Funktionentheorie

8. Auflage

Springer Spektrum

Helmut Fischer
Tübingen, Deutschland

Helmut Kaul
Mathematik, Universität Tübingen
Tübingen, Deutschland

ISBN 978-3-662-56560-5   ISBN 978-3-662-56561-2   (eBook)
https://doi.org/10.1007/978-3-662-56561-2

Die Deutsche Nationalbibliothek verzeichnet diese Publikation in der Deutschen National-
bibliografie; detaillierte bibliografische Daten sind im Internet über http://dnb.d-nb.de abrufbar.

Springer Spektrum
© Springer-Verlag GmbH Deutschland 1997, 2001, 2005, 2008, 2011, 2018

Verantwortlich im Verlag: Margit Maly

Gedruckt auf säurefreiem und chlorfrei gebleichtem Papier

Springer Spektrum ist Teil von Springer Nature
Die eingetragene Gesellschaft ist Springer-Verlag GmbH Deutschland
Die Anschrift der Gesellschaft ist: Heidelberger Platz 3, 14197 Berlin, Germany

Vorwort

Bei unseren Mathematikvorlesungen für Physiker stellten wir immer wieder fest, dass es zwar eine Fülle vorzüglicher Einzeldarstellungen der verschiedenen mathematischen Teilgebiete gibt, dass aber eine auf naturwissenschaftliche Fragestellungen zugeschnittene Zusammenfassung bisher fehlte.

Mit diesem ersten von insgesamt drei Bänden wollen wir dem Physiker eine integrierte Darstellung der für ihn wichtigsten mathematischen Grundlagen, wie sie üblicherweise im Grundstudium behandelt werden, an die Hand geben.

Im zweiten Band behandeln wir gewöhnliche und partielle Differentialgleichungen und Operatoren der Quantenmechanik. Der dritte Band ist der Variationsrechnung, der Differentialgeometrie und den mathematischen Grundlagen der Relativitätstheorie gewidmet.

Beim Aufbau des ersten Bandes war zu berücksichtigen, dass die Vektorrechnung und der Differential– und Integralkalkül bis hin zur Schwingungsgleichung möglichst früh bereitgestellt werden sollten. Schon deswegen verbot sich eine Gliederung nach getrennten mathematischen Einzeldisziplinen. Darüber hinaus sind wir nach dem Prinzip verfahren, Anwendungen gleich dort vorzustellen, wo die entsprechenden Hilfsmittel bereitstehen. Dies gilt insbesondere für Differentialgleichungen.

Wegen der Fülle des zu behandelnden Stoffs fiel uns die gezielte Auswahl nicht leicht, und wir mussten schweren Herzens auf viele schöne Anwendungen, Beispiele und historische Anmerkungen verzichten.

Es sollen hier nicht in erster Linie fertige Lösungsverfahren vermittelt werden, wichtiger – und übrigens oft leichter zu merken – ist der Weg dorthin. Erst wer sich die dabei auftretenden Probleme bewusst gemacht hat kann deren Lösung würdigen. Oft ist mit der Klärung einer mathematischen Schwierigkeit auch eine physikalische Einsicht verbunden. Zum Problembewusstsein sollen die eingestreuten historischen Bemerkungen sowie die Gegenbeispiele und „pathologischen" Fälle beitragen, vor allem aber die Beweise.

Für die zunehmend anspruchsvollen Theorien der Physik bedarf es neben der unerlässlichen Intuition auch der Sicherheit im Umgang mit der Mathematik. Deshalb werden im ersten Teil die meisten Beweise ausgeführt. Erst später gehen wir dazu über, in Einzelfällen auf die Literatur zu verweisen, insbesondere bei technisch schwierigen Beweisen, wenn diese keine besonderen Einsichten vermitteln.

Wenn wir an manchen Stellen nicht volle Allgemeinheit anstrebten, sondern uns auf typische Fälle beschränkt haben, so geschah dies in der Erwartung, dass der Leser analoge Fälle durch Übertragung der gelernten Methoden selbst bewältigen kann. Durch den Anklang, den die bisherigen Auflagen fanden, fühlen wir uns in dem eingeschlagenen Weg bestätigt.

Nachdem wir für die vierte Auflage eine gründliche Überarbeitung vorgenommen hatten, bedurfte es für die folgenden Auflagen nur noch punktueller Änderungen; dies vor allem in Passagen, die sich im praktischen Gebrauch noch nicht als klar und verständlich genug erwiesen hatten. Die vorliegende achte Auflage unterscheidet sich von der letzten durch die Änderung des Abschnitts über die Schwingungsgleichung und zahlreiche kleinere Verbesserungen. Bei der Umstellung auf die neue Rechtschreibung blieben wir bei den traditionellen Schreibweisen „Differential" und „Potential".

Wir danken allen, die uns durch Verbesserungsvorschläge, Hinweise auf Fehler und kritische Anmerkungen unterstützt haben. Unser ganz besonderer Dank gilt Ralph Hungerbühler für die drucktechnische Gestaltung der ersten Auflagen und das Erstellen der Figuren. Ohne seinen Einsatz, seine Sachkenntnis und seine Geduld mit den Autoren hätten die drei Bände „Mathematik für Physiker" nicht entstehen können.

Tübingen, Dezember 2017   H. Fischer, H. Kaul

Zum Gebrauch

Gegliedert wurde nach Paragraphen, Abschnitten und Unterabschnitten. Mit dem Zitat § 9 : 4.2 wird Abschnitt 4, Unterabschnitt 2 in Paragraph 9 aufgerufen; innerhalb von § 9 wird die betreffende Stelle einfach mit 4.2 zitiert. Nummer und Überschrift des gerade anstehenden Paragraphen und Abschnittes befinden sich in der Kopfzeile.

Durch das Symbol $\boxed{\text{ÜA}}$ (Übungsaufgabe) wird der Leser aufgefordert, einfache Rechnungen, Beweisschritte und Übungsbeispiele selbst auszuführen.

Der Namensindex enthält die Lebensdaten der in den historischen Anmerkungen erwähnten Personen. Ein Verzeichnis der Symbole und Abkürzungen befindet sich vor dem Index am Ende des Buches.

Wegweiser

Der Leser muss sich nicht streng an die hier gewählte Reihenfolge halten. Wer beispielsweise einen schnellen Zugang zur Differential– und Integralrechnung sucht, kann die Paragraphen 4–7 zunächst übergehen. Die Lineare Algebra setzt im Wesentlichen nur die Paragraphen 1, 2 und 5 voraus. Für die Funktionentheorie sind nur ganz wenige Begriffe aus den Kapiteln IV, V und VI erforderlich. Die Paragraphen 4 und 13 gehen in den übrigen Stoff nicht wesentlich ein.

Fehlermeldungen und Verbesserungsvorschläge von unseren Lesern nehmen die Autoren dankbar entgegen unter

> ehmatcher@t-online.de   und   helmut.kaul@uni-tuebingen.de

Inhalt

Kapitel II Vektorrechnung im $\mathbb{R}^n$

§ 5 Vektorrechnung im $\mathbb{R}^2$, komplexe Zahlen

§ 6 Vektorrechnung im $\mathbb{R}^n$

Kapitel III Analysis einer Veränderlichen

§ 7 Unendliche Reihen

§ 8 Grenzwerte von Funktionen und Stetigkeit

Kapitel I

Grundlagen

§ 1 Natürliche, ganze, rationale und reelle Zahlen

1 Vorläufiges über Mengen und Aussagen

„Unter einer *Menge* verstehen wir jede Zusammenfassung M von bestimmten wohlunterschiedenen Objekten m unserer Anschauung oder unseres Denkens (welche die *Elemente* von M genannt werden) zu einem Ganzen". So beginnen die 1895 erschienenen *Beiträge zur Begründung der Mengenlehre* von Georg CANTOR. Diese „naive" Definition soll uns als Ausgangspunkt genügen.

1.1 Bezeichnungen. Mengen bezeichnen wir i.A. mit Großbuchstaben. Ist m ein Element von M, d.h. gehört m zur Menge M, so schreiben wir $m \in M$ und sagen kurz „m Element M" oder „m aus M".

Dass n nicht zu M gehört drücken wir durch $n \notin M$ aus. In § 1, § 2 betrachten wir nur Mengen von reellen Zahlen. Wir verwenden die folgenden Bezeichnungen:

$\mathbb{R}$ für die Menge der reellen Zahlen,
$\mathbb{Q}$ für die Menge der rationalen Zahlen,
$\mathbb{Z}$ für die Menge der ganzen Zahlen,
$\mathbb{N}$ für die Menge der natürlichen Zahlen $1, 2, 3, \ldots$,
$\mathbb{N}_0$ für die Menge der Zahlen $0, 1, 2, 3, \ldots$.

1.2 Beispiele und Schreibweisen

$\{n \in \mathbb{N} \mid n$ ist einstellige Primzahl$\} = \{2, 3, 5, 7\}$,
$\{x \in \mathbb{R} \mid x^2 - 4x = 0\} = \{0, 4\}$,
$\{x \in \mathbb{N} \mid x^2 - 4x = 0\} = \{4\}$,
$\{x^2 \mid x \in \mathbb{Z}\} = \{0, 1, 4, 9, \ldots\}$,
$\{n \in \mathbb{Z} \mid n$ ist eine gerade Zahl$\} = \{2m \mid m \in \mathbb{Z}\} = \{0, 2, -2, 4, -4, \ldots\}$.

Damit haben wir die wichtigsten Darstellungsformen für Mengen:
1. Auflisten der Elemente in einer Mengenklammer $\{\ldots\}$.
2. Für eine Aussageform $E(x)$ bezeichnet $\{x \in M \mid E(x)\}$ die Menge aller $x \in M$, für welche die Aussage $E(x)$ erfüllt ist.
3. Ist $f(x)$ ein Funktionsausdruck, so ist $\{f(x) \mid x \in M\}$ die Menge aller Zahlen der Form $f(x)$ mit $x \in M$.

1.3 Mengeninklusion. $N \subset M$ („N enthalten in M") soll besagen, dass N eine Teilmenge von M ist. Das schließt den Fall $N = M$ ein. Wir schreiben auch $M \supset N$.

© Springer-Verlag GmbH Deutschland 2018
H. Fischer und H. Kaul, *Mathematik für Physiker Band 1*,
https://doi.org/10.1007/978-3-662-56561-2_1

BEISPIELE: Demnach gilt $\mathbb{N} \subset \mathbb{Z} \subset \mathbb{Q} \subset \mathbb{R}$. Für $K = \{x^3 - x \mid x \in \mathbb{R}\}$ ist jedenfalls $K \subset \mathbb{R}$. Wir zeigen später, dass sogar $K = \mathbb{R}$ ist.

1.4 Leere Menge. Ist eine Aussage $E(x)$ für kein $x \in M$ richtig, so nennen wir die Menge $\{x \in M \mid E(x)\}$ **leer**. So ist z.B. $\{x \in \mathbb{R} \mid x^2 + 1 = 0\}$ eine leere Menge. Aus formalen Gründen bezeichnen wir alle leeren Mengen einheitlich mit $\emptyset$ und setzen fest, dass $\emptyset$ Teilmenge jeder Menge ist.

1.5 Gebrauch der Mengenschreibweise

Wenn wir mit Mengen arbeiten, treten diese immer als Teilmengen einer festen Grundmenge auf; in § 1 und § 2 als Teilmengen von $\mathbb{R}$.

Die Worte „bestimmte wohlunterschiedene Objekte" bei Cantor sollen Folgendes besagen: Es muss immer klar sein, welcher Natur die Elemente sind und wann zwei Elemente als gleich gelten sollen. Betrachten wir die Elemente von

$$S = \left\{ \tfrac{1}{1}, \tfrac{1}{2}, \ldots, \tfrac{1}{9}, \tfrac{2}{1}, \tfrac{2}{2}, \ldots, \tfrac{2}{9}, \ldots, \tfrac{9}{1}, \tfrac{9}{2}, \ldots, \tfrac{9}{9} \right\}$$

einfach als Schreibfiguren, so besteht S aus 81 verschiedenen Elementen. Deuten wir dagegen $\frac{n}{m}$ als Bruch, so ist $\frac{1}{2} = \frac{2}{4} = \frac{3}{6}$, $\frac{1}{1} = \frac{2}{2} = \cdots = \frac{9}{9}$ usw., und

$$T = \left\{ \tfrac{n}{m} \in \mathbb{Q} \mid n, m \in \{1, 2, \ldots, 9\} \right\}$$

ist etwas ganz anderes als S. (Wie viele Elemente hat T?) .

Bei der Auflistung einer Menge kommt es auf die Reihenfolge der Elemente und auf Wiederholung gleicher Elemente (wie bei T) nicht an.

1.6 Bemerkungen über Aussagen

An dieser Stelle kann und soll keine Formalisierung der Aussagenlogik stattfinden. Auch soll noch nichts Grundlegendes über mathematisches Schließen gesagt werden. In den folgenden zwei Abschnitten werden wir die mathematischen Schlussweisen an vielen Beispielen kennen und gebrauchen lernen; in § 4 werden dann die wichtigsten Schlussweisen zusammengefasst.

Über Aussagen sei hier nur so viel gesagt: Mathematische Aussagen beziehen sich immer auf einen bestimmten Gegenstandsbereich der Mathematik; dort sind sie entweder wahr oder falsch, ein Drittes gibt es nicht (*tertium non datur*). Die Aussage „Die Gleichung $x + 2 = 1$ ist lösbar" ist wahr im Bereich der ganzen Zahlen, aber falsch in der Bereich der natürlichen Zahlen.

Über den Gebrauch des Wortes *oder* vereinbaren wir: Sind $\mathcal{A}$, $\mathcal{B}$ mathematische Aussagen, so soll die Aussage „$\mathcal{A}$ oder $\mathcal{B}$" besagen: $\mathcal{A}$ ist wahr oder $\mathcal{B}$ ist wahr oder $\mathcal{A}$ und $\mathcal{B}$ sind wahr. Die Aussage „entweder $\mathcal{A}$ oder $\mathcal{B}$" besagt dagegen, dass $\mathcal{A}$ und $\mathcal{B}$ sich gegenseitig ausschließen und dass eine dieser beiden Aussagen wahr ist. Der Sinn der Aussagen „$\mathcal{A}$ und $\mathcal{B}$" und „nicht $\mathcal{A}$" ist klar.

2 Vorläufiges über die reellen Zahlen

2.1 Was sind und was sollen die Zahlen?

So lautet der Titel einer 1888 erschienenen Abhandlung von Richard DEDEKIND. Der Autor sagt dazu : „Die Zahlen sind freie Schöpfungen des menschlichen Geistes, sie dienen als ein Mittel, um die Verschiedenheit der Dinge leichter und schärfer aufzufassen. Durch den rein logischen Aufbau der Zahlen-Wissenschaft und durch das in ihr gewonnene stetige Zahlen-Reich sind wir erst in den Stand gesetzt, unsere Vorstellung von Raum und Zeit genau zu untersuchen, indem wir dieselben auf dieses in unserem Geiste geschaffene Zahlen-Reich beziehen" [DEDEKIND]. Der hier angesprochene „rein logische Aufbau der Zahlen-Wissenschaft" war kurz zuvor, nicht zuletzt durch Dedekind, geleistet worden und markiert den Schlusspunkt einer über viertausendjährigen Entwicklung der zunehmenden Erweiterung und Präzisierung des Zahlbegriffs, vergleiche dazu [TROPFKE et alt.]. Dieser Aufbau besitzt allerdings einen hohen Abstraktionsgrad und setzt Konstruktionsprinzipien der Mengenlehre und Methoden der Algebra voraus, die wir hier nicht behandeln können. Wir nehmen zur Kenntnis, dass eine logisch saubere Fundierung des Zahlbegriffs auf der Basis der Mengenlehre möglich ist.

2.2 Wir stellen uns also auf den Standpunkt, dass uns die reellen Zahlen zur Verfügung stehen. Da wir sie auf „Raum und Zeit" beziehen wollen, nehmen wir die geometrische Vorstellung zu Hilfe und denken uns die reellen Zahlen als Punkte auf der *Zahlengeraden*. Wegen der grundlegenden Bedeutung für die gesamte Mathematik müssen wir uns nur darüber verständigen, welche Eigenschaften wir den reellen Zahlen zuschreiben, und zwar im Hinblick auf das Rechnen und die Anordnung (Größenvergleich).

Es hat sich gezeigt, dass alle Eigenschaften von $\mathbb{R}$ auf wenige Grundannahmen zurückgeführt werden können, die im Folgenden durch einen Balken am Rand gekennzeichnet sind. Für das Ihnen allen aus dem Schulunterricht geläufige Rechnen sind dies die nachfolgend aufgeführten Grundgesetze (3.1 bis 3.3). Dass in diesen wirklich alle anderen Rechenregeln wie $(a+b) \cdot (a-b) = a^2 - b^2$, $(-a) \cdot (-b) = a \cdot b$ usw. enthalten sind, wollen wir nicht nachprüfen, sondern den Algebraikern glauben. Anders steht es mit der Anordnung von $\mathbb{R}$, die im Schulunterricht nicht immer mit der notwendigen Ausführlichkeit und Strenge behandelt werden kann. Hier werden wir sehr gründlich vorgehen müssen, da Präzision und Sicherheit im Umgang mit Ungleichungen und den mit der *Vollständigkeit* (§2) zusammenhängenden Begriffsbildungen grundlegend für die gesamte Analysis sind.

2.3 Für physikalische Messungen, Größenangaben und Rechnungen würden die rationalen Zahlen ausreichen. Für die Zwecke der Analysis und der Geometrie erweisen sie sich als „zu lückenhaft". Erst ihre Ergänzung zu den reellen

Zahlen machen die Analysis, insbesondere die Differential– und Integralrechnung möglich. Auf der Analysis und ihrer Verbindung mit der Geometrie beruht die gesamte Mathematische Physik.

3 Rechengesetze für reelle Zahlen

3.1 Addition

(A_1) $(a + b) + c = a + (b + c)$ (Assoziativität)

(A_2) $a + b = b + a$ (Kommutativität)

(A_3) $a + 0 = a$ (0 ist neutrales Element der Addition)

(A_4) Die Gleichung $a + x = b$ hat immer eine und nur eine Lösung x, bezeichnet mit $b - a$. Für $0 - a$ wird $-a$ geschrieben.

3.2 Multiplikation

(M_1) $(a \cdot b) \cdot c = a \cdot (b \cdot c)$ (Assoziativität)

(M_2) $a \cdot b = b \cdot a$ (Kommutativität)

(M_3) $a \cdot 1 = a$ (1 ist neutrales Element der Multiplikation, $1 \neq 0$)

(M_4) Die Gleichung $a \cdot x = b$ hat für jedes $a \neq 0$ eine und nur eine Lösung x, bezeichnet mit $\frac{b}{a}$.

3.3 Distributivgesetz

(D) $a \cdot (b + c) = a \cdot b + a \cdot c$

Statt $a \cdot b$ schreiben wir meistens ab.

3.4 Alle weiteren Rechenregeln lassen sich auf diese Rechengesetze zurückführen. Zwei Beispiele sollen uns genügen:

(a) $0 \cdot a = 0$. Denn nach (A_3) und (D) ist $0 \cdot a = (0 + 0) \cdot a = 0 \cdot a + 0 \cdot a$. Nach (A_3) ist ferner $0 \cdot a = 0 \cdot a + 0$. Da die Gleichung $0 \cdot a + x = 0 \cdot a$ nach (A_4) nur eine Lösung hat, folgt $0 \cdot a = 0$.

(b) $(-1) \cdot a = -a$. Dazu beachten wir, dass vereinbarungsgemäß $-a$ diejenige Zahl ist, die zu a addiert, Null ergibt. Insbesondere ist $1 + (-1) = 0$. Aus $0 \cdot a = 0$ und (D) folgt $0 = 0 \cdot a = (1 + (-1)) \cdot a = 1 \cdot a + (-1) \cdot a = a + (-1) \cdot a$, Letzteres nach (M_3). Wie oben folgt nach (A_4) $(-1) \cdot a = -a$.

4 Das Rechnen in $\mathbb{Q}$, $\mathbb{Z}$ und $\mathbb{N}$

4.1 $\mathbb{Q}$ als Körper

Für rationale Zahlen $a = \frac{n}{m}$, $b = \frac{p}{q}$ mit $n, p \in \mathbb{Z}$, $m, q \in \mathbb{N}$ sind

$$a \cdot b = \frac{n \cdot p}{m \cdot q} \quad \text{und} \quad a + b = \frac{nq + pm}{m \cdot q}$$

wieder rationale Zahlen.

Die Rechenoperationen $+$ und $\cdot$ führen nicht aus $\mathbb{Q}$ heraus oder, wie wir sagen, $\mathbb{Q}$ **ist abgeschlossen bezüglich der Addition und Multiplikation.** Natürlich gelten für die Addition und Multiplikation in $\mathbb{Q}$ wieder die Rechengesetze 3.1, 3.2 und 3.3. Ein Rechenbereich mit diesen Eigenschaften heißt **Körper.** Demnach ist $\mathbb{Q}$ ein Teilkörper des Körpers $\mathbb{R}$ der reellen Zahlen.

4.2 Auch $\mathbb{Z}$ ist abgeschlossen bezüglich $\cdot$ und $+$, und es gelten alle Rechengesetze von Abschnitt 3 mit der wesentlichen Ausnahme, dass (M_4) verletzt ist: In $\mathbb{Z}$ hat die Gleichung $nx = m$ nicht immer eine Lösung, z.b. die Gleichung $2x = 3$. Das gibt Anlass zu folgender Definition:

4.3 Teilbarkeit in $\mathbb{Z}$

Sind m, n ganze Zahlen, so sagen wir „n teilt m" (in Zeichen $n \mid m$), wenn $n \neq 0$ und wenn die Gleichung $nx = m$ eine Lösung $x \in \mathbb{Z}$ besitzt. Das bedeutet einfach $\frac{m}{n} \in \mathbb{Z}$. Eine ganze Zahl m heißt *gerade*, wenn $2 \mid m$ oder $\frac{m}{2} \in \mathbb{Z}$. Solche Zahlen lassen sich in der Form $2k$ schreiben mit $k \in \mathbb{Z}$. Offenbar sind Summe und Produkt gerader Zahlen wieder gerade. Eine ganze Zahl, die nicht gerade ist, heißt *ungerade*. Jede Zahl der Form $2k + 1$ mit $k \in \mathbb{Z}$ ist ungerade, denn $\frac{1}{2}(2k + 1) = k + \frac{1}{2} \notin \mathbb{Z}$. Umgekehrt ist jede ungerade ganze Zahl von der Form $2k + 1$ (Näheres in 6.7). Daher ist das Produkt ungerader Zahlen wieder ungerade: $(2k + 1)(2l + 1) = 2(2kl + k + l) + 1$.

4.4 Auch $\mathbb{N}$ ist abgeschlossen bezüglich Addition und Multiplikation. Die Gleichung $n + x = m$ ist in $\mathbb{N}$ aber im Allgemeinen nicht lösbar, d.h. auch (A_4) ist verletzt. Diese hat nur dann eine Lösung, wenn n kleiner als m ist. Damit kommen wir zur Anordnung von $\mathbb{R}$.

5 Die Anordnung der reellen Zahlen

Die Kleiner–Beziehung $a < b$ (a ist kleiner als b, kurz „a kleiner b"), auch in der Form $b > a$ („b größer a") geschrieben, hat folgende Eigenschaften:

5.1 Die Gesetze der Ordnung

(O_1) Es gilt immer genau eine der Beziehungen $a < b$, $a = b$, $a > b$ (*Trichotomie*).

(O_2) Aus $a < b$ und $b < c$ folgt $a < c$ (*Transitivität*).

(O_3) Aus $a < b$ folgt $a + c < b + c$ für jedes c.

(O_4) Aus $a < b$ und $c > 0$ folgt $a \cdot c < b \cdot c$.

Eine Zahl a heißt **positiv**, wenn $a > 0$ und **negativ**, wenn $a < 0$.

Wegen (O_3) sind die **Ungleichungen** $a < b$ und $b - a > 0$ gleichwertig.

5.2 Einfache Folgerungen

(a) Für $a > 0$ ist $-a < 0$. Für $a < 0$ ist $-a > 0$.

(b) Für $a \neq 0$ ist $a^2 > 0$. (Insbesondere ist also $1 = 1^2 > 0$, damit $2 > 1$ nach (O_3), woraus $2 > 0$ nach (O_2) folgt usw.)

(c) Für $a > 0$ ist $\frac{1}{a} > 0$. Für $a < 0$ ist $\frac{1}{a} < 0$.

(d) Aus $a < b$ und $c < 0$ folgt $a \cdot c > b \cdot c$.

BEWEIS.

(a) Ist $a > 0$, so folgt nach (O_3) durch Addition von $-a$ auf beiden Seiten $a - a > 0 - a$, d.h. $0 > -a$ oder $-a < 0$.

ÜA Zeigen Sie in analoger Weise: Aus $a < 0$ folgt $-a > 0$.

(b) durch Fallunterscheidung. Wegen $a \neq 0$ gibt es nach (O_1) nur zwei Alternativen:

Fall I: Ist $a > 0$, so folgt $a \cdot a > 0 \cdot a$, also $a^2 > 0$.

Fall II: Ist $a < 0$, so folgt $-a > 0$ und damit nach Fall I $(-a)^2 > 0$, d.h. $a^2 > 0$.

(c) durch Fallunterscheidung. Von den drei Möglichkeiten

$$\frac{1}{a} > 0, \quad \frac{1}{a} = 0, \quad \frac{1}{a} < 0$$

scheiden die beiden letzten aus:

Aus $\frac{1}{a} = 0$ würde folgen $a \cdot \frac{1}{a} = a \cdot 0$, also $1 = 0$.

$\frac{1}{a} < 0$ hätte nach (O_4) zur Folge $a \cdot \frac{1}{a} < a \cdot 0$, also $1 < 0$.

(d) Wegen $c < 0$ folgt $-c > 0$ nach (a). Daher hat $a < b$ nach (O_4) zur Folge $-ac < -bc$, woraus nach Addition von $ac + bc$ auf beiden Seiten auf Grund von (O_3) die Behauptung folgt.   □

5.3 Ketten von Ungleichungen

(a) Die Schreibweise $a < b < c$ ist zu lesen als: $a < b$ und $b < c$ (und damit $a < c$ nach (O_2)).

(b) In diesem Sinne gilt: Aus $0 < a < b$ folgt $0 < \frac{1}{b} < \frac{1}{a}$.

BEWEIS.

Nach Voraussetzung ist $b > 0$. Nach (O_4) folgt $a \cdot b > 0 \cdot b$, also $ab > 0$. Wegen 5.2 (c) folgt $\frac{1}{a \cdot b} > 0$. Mit (O_4) ergibt sich $a \cdot \frac{1}{ab} < b \cdot \frac{1}{ab}$, also $\frac{1}{b} < \frac{1}{a}$. Dass $\frac{1}{b} > 0$ gilt, folgt ebenfalls aus 5.2 (c).   □

5.4 Definition. $a \leq b$ (bzw. $b \geq a$) soll heißen $a < b$ oder $a = b$. (lies: a ist kleiner oder gleich b, kurz „a kleiner gleich b")

5.5 Eigenschaften von $\leq$

(a) Aus $a \leq b$ und $b \leq a$ folgt $a = b$.

(b) Aus $a \leq b$ und $b \leq c$ folgt $a \leq c$. Wie in 5.3 schreiben wir in dieser Situation $a \leq b \leq c$.

(c) Für $a \leq b$ ist auch $a + c \leq b + c$ für alle Zahlen c.

(d) Für $a \leq b$ und $c \geq 0$ ist $a \cdot c \leq b \cdot c$.

Diese Eigenschaften folgen unmittelbar aus (O_1) bis (O_4) durch Fallunterscheidung $a < b$, $a = b$ $\boxed{\text{ÜA}}$.

5.6 Rechnen mit Ungleichungen

(a) Aus $a \leq b$ und $c \leq d$ folgt $a + c \leq b + d$; Ungleichungen dürfen addiert werden.

(b) Aus $a + c \leq b + d$ und $c \geq d$ folgt $a \leq b$.

(c) Aus $a \cdot c \leq b \cdot c$ und $c > 0$ folgt $a \leq b$.

(d) Die Ungleichung $a + x \leq b$ ist gleichbedeutend mit $x \leq b - a$.

(e) Für $a > 0$ ist die Ungleichung $a \cdot x \leq b$ gleichbedeutend mit $x \leq \frac{b}{a}$.

BEWEIS.

(a) Aus $a \leq b$ folgt zunächst $a + c \leq b + c$. Aus $c \leq d$ folgt $b + c \leq b + d$. Also ist $a + c \leq b + c \leq b + d$.

(b),(c) und (d) sind als leichte $\boxed{\text{ÜA}}$ dem Leser überlassen.

(e) Ist $ax \leq b$ und $a > 0$, so folgt durch Multiplikation mit $\frac{1}{a}$ nach 5.5 (d) $x \leq \frac{b}{a}$. Ist umgekehrt $x \leq \frac{b}{a}$ und $a > 0$, so folgt $ax \leq b$ durch Multiplikation mit a auf beiden Seiten. $\square$

5.7 Ungleichungen zwischen Quadraten

Für $0 \leq a < b$ ist $a^2 < b^2$. Ist umgekehrt $a^2 < b^2$ und $b > 0$, so folgt $a < b$.
Aus $a^2 \leq b^2$ und $b \geq 0$ folgt $a \leq b$ $\boxed{\text{ÜA}}$.
Aber: Aus $a^2 \leq b^2$ allein folgt nicht $a \leq b$. Gegenbeispiel: $a = -1$, $b = -2$.

$\boxed{\text{ÜA}}$ Beschreiben Sie die Menge $\left\{ x \in \mathbb{R} \mid x > 0, \ \frac{10}{x} - 3 \leq \frac{4}{x} + 1 \right\}$ geometrisch.

$\boxed{\text{ÜA}}$ Dasselbe für $\{ x \in \mathbb{R} \mid x < x^2 \}$.

5.8 Der Betrag einer reellen Zahl

Wir definieren $|a| := \begin{cases} a & \text{falls} \ a \geq 0, \\ -a & \text{falls} \ a < 0. \end{cases}$

Beispiele: $|3| = 3$, $|-3| = 3$, $|0| = 0$, $\left| -\frac{1}{3} \right| = \frac{1}{3}$.
Es gilt also $|a| \geq 0$, $|-a| = |a|$, $|a|^2 = a^2$ und $-|a| \leq a \leq |a|$.

5.9 Eigenschaften des Betrages

(a) $|a| \geq 0$ für alle $a \in \mathbb{R}$, $|a| = 0$ nur für $a = 0$,

(b) $|a \cdot b| = |a| \cdot |b|$,

(c) $|a + b| \leq |a| + |b|$ (*Dreiecksungleichung*).

BEWEIS.

(a) $|a| \geq 0$ ist klar. Ist $a > 0$, so ist $|a| = a > 0$. Ist $a < 0$, so ist $|a| = -a > 0$. Ist also $|a| = 0$, so bleibt nur die Möglichkeit $a = 0$.

(b) ergibt sich durch Unterscheidung der 5 Fälle: $ab = 0$; $a > 0$, $b > 0$; $a > 0$, $b < 0$; $a < 0$, $b > 0$ und $a < 0$, $b < 0$ $\boxed{\text{ÜA}}$.

(c) ergibt sich aus (b):

$$\begin{aligned}
|a + b|^2 &= (a + b)^2 = a^2 + 2ab + b^2 \\
&\leq a^2 + |2ab| + b^2 \\
&= |a|^2 + 2\,|a|\,|b| + |b|^2 = (|a| + |b|)^2\,.
\end{aligned}$$

Die Behauptung folgt jetzt wegen $|a| + |b| \geq 0$ aus 5.7.   □

5.10 Die Dreiecksungleichung nach unten

$$\big||a| - |b|\big| \leq |a - b|$$

BEWEIS.

Nach der Dreiecksungleichung gilt $|a| = |b + (a - b)| \leq |b| + |a - b|$, also ist

(1) $|a| - |b| \leq |a - b|$.

Analog ist $|b| = |a + (b - a)| \leq |a| + |b - a| = |a| + |a - b|$, daraus

(2) $|b| - |a| \leq |b - a|$.

Nun ist $\big||a| - |b|\big|$ eine der beiden Zahlen $|a| - |b|$, $|b| - |a|$. Somit folgt die Behauptung aus (1) oder aus (2).   □

5.11 Weitere wichtige Ungleichungen

(a) $|ab| \leq \frac{1}{2}\left(a^2 + b^2\right)$.

(b) $(a + b)^2 = |a + b|^2 \leq 2a^2 + 2b^2$.

(c) *Für $a < b$ ist $a < \frac{1}{2}(a + b) < b$.*

(d) *Für $a, b > 0$ gilt $ab \leq \frac{1}{4}(a + b)^2$, und Gleichheit tritt nur für $a = b$ ein.*

Beweisen Sie diese Ungleichungen. Bringen Sie dazu in (a) und (d) alle Terme auf die rechte Seite und schreiben Sie diese als Quadrate.

ANMERKUNG: Das Rechnen mit Ungleichungen und Beträgen ist ebenso grundlegend für die Analysis wie das Rechnen mit Gleichungen für die Algebra. Absolute Sicherheit in beiden Techniken ist unerlässlich für das weitere Verständnis!

6 Vollständige Induktion

6.1 Wohlordnung von ℕ. Die Anordnung von ℝ zieht eine Anordnung von ℕ nach sich. Diese hat eine besondere Eigenschaft:

❙ *Jede nichtleere Menge natürlicher Zahlen besitzt ein kleinstes Element,*

d.h. ist $A \subset \mathbb{N}$, $A \neq \emptyset$, so gibt es ein $m \in A$ mit $m \leq a$ für alle $a \in A$.

Diese Aussage mag evident erscheinen. Sie hat aber eine Folgerung von erheblicher Tragweite, das

6.2 Induktionsprinzip (Prinzip der vollständigen Induktion)

Ist M eine Teilmenge von ℕ mit den Eigenschaften

(a) $1 \in M$,

(b) *aus $k \in M$ folgt auch $k + 1 \in M$,*

so ist $M = \mathbb{N}$.

Wir zeigen, dass 6.2 eine logische Folgerung aus 6.1 ist:

Ist M eine Teilmenge von ℕ mit den Eigenschaften (a) und (b), so bilden wir die Menge $A := \{x \in \mathbb{N} \mid x \notin M\}$ (das Symbol „ := " bedeutet: „wird definiert durch").
Ist M nicht die ganze Menge ℕ, so ist A nicht leer und besitzt nach 6.1 ein kleinstes Element m. Es ist $m > 1$, denn wegen $1 \in M$ ist $1 \notin A$. Also ist auch $m - 1$ eine natürliche Zahl, und da m das kleinste Element von A sein sollte, ist $m - 1 \in M$. Wegen (b) ist dann auch $m \in M$ im Widerspruch zu $m \in A$. Somit scheidet der Fall $A \neq \emptyset$ aus. □

6.3 Das Beweisverfahren der vollständigen Induktion

Es soll die Gültigkeit einer Aussage $\mathcal{A}(n)$ für alle natürlichen Zahlen n bewiesen werden, z.B. für die Summe der ersten n Quadratzahlen

$$\mathcal{A}(n): \quad 1^2 + 2^2 + \ldots + n^2 = \tfrac{1}{6}n(n+1)(2n+1)\,.$$

Wir zeigen zunächst, dass $\mathcal{A}(1)$ richtig ist (*Induktionsanfang*).

In unserem Beispiel ist für $n = 1$ die linke Seite $1^2 = 1$, die rechte $\tfrac{1}{6} \cdot 1 \cdot 2 \cdot 3 = 1$.

Dann zeigen wir als *Induktionsschritt*: Falls $\mathcal{A}(k)$ richtig ist, muss auch $\mathcal{A}(k+1)$ richtig sein.

Wir nehmen also an, $\mathcal{A}(k)$ sei richtig (*Induktionsannahme*):

$$1^2 + 2^2 + \ldots + k^2 = \tfrac{1}{6}k(k+1)(2k+1).$$

Dann folgt

$$
\begin{aligned}
1^2 + 2^2 + \ldots + k^2 + (k+1)^2 &= \tfrac{1}{6}k(k+1)(2k+1) + (k+1)^2 \\
&= \tfrac{1}{6}(k+1)\left[k(2k+1) + 6(k+1)\right] = \tfrac{1}{6}(k+1)\left[2k^2 + 7k + 6\right] \\
&= \tfrac{1}{6}(k+1)\left[(k+2)(2k+3)\right] = \tfrac{1}{6}(k+1)(k+2)(2(k+1)+1).
\end{aligned}
$$

Ergebnis: *Falls $\mathcal{A}(k)$ richtig ist, ist auch $\mathcal{A}(k+1)$ richtig.*

Nun ist $\mathcal{A}(1)$ richtig, nach dem eben Bewiesenen also auch $\mathcal{A}(2)$. Da aber $\mathcal{A}(2)$ richtig ist, folgt auch $\mathcal{A}(3)$. Mit $\mathcal{A}(3)$ folgt $\mathcal{A}(4)$ „und so weiter". Aber was heißt „und so weiter"? Soll $\mathcal{A}(463)$ als richtig nachgewiesen werden, so können wir uns in 462 Induktionsschritten bis 463 hinaufhangeln. Der Nachweis von $\mathcal{A}(10^{90})$ dürfte auf diese Weise allerdings schon einige Zeit beanspruchen, auch mit Computerhilfe. Und woher nehmen wir die Gewissheit, dass wir so „schließlich" die unendliche Gesamtheit der natürlichen Zahlen erfassen? Das Induktionsprinzip erlaubt uns den *Induktionsschluss: $\mathcal{A}(n)$ ist richtig für alle $n \in \mathbb{N}$*, denn die Menge $M = \{n \in \mathbb{N} \mid \mathcal{A}(n)\}$ hat die in 6.2 genannten Eigenschaften (a) und (b).

6.4 Historische Anmerkung. Die unerschöpflichen Möglichkeiten, die im Zahlensystem stecken, faszinierten vor allem die Inder. Sie stellten sich vor, dass der „Zahlenturm" über das Menschliche hinausragt in den Raum der Götter, und sie ersannen weit über alle praktischen Bedürfnisse hinaus Zahlsysteme und Zahlwörter, um gleichnishaft eine Idee von der Unerschöpflichkeit der denkbaren Welt zu geben. Das Buch Lalitavistara (um 300 v.Chr.) schildert Buddhas bei seinen Prüfungen angestellte Staubrechnung: 7 Atome kommen auf ein ganz feines Stäubchen, 7 ganz feine Stäubchen auf ein feines, 7 feine auf eins, das der Wind noch fortträgt. So fortfahrend gab BUDDHA die Zahl der Atome aller wirklichen und sagenhaften Länder dieser Erde und sogar auf den 3000 von Tausenden von Erden an. Ähnlich dazu gab ARCHIMEDES eine Zahl an, welche größer ist als die Zahl der Sandkörner, welche die Welt bis zur Fixsternsphäre füllen würde.

Es ist schon kühn, diese potentielle Unendlichkeit in einer „fertigen" Menge $\mathbb{N}$ zu fassen. Niemand wird je alle natürlichen Zahlen sehen. Das Induktionsprinzip rückt das scheinbar nicht Fassbare wieder in Griffweite: Nur solche Aussagen über die Gesamtheit der Zahlen gelten als bewiesen, die sich *im Endlichen* nach diesem Prinzip entscheiden lassen.

Wir halten fest:

Eine Aussage $\mathcal{A}(n)$ ist für alle $n \in \mathbb{N}$ richtig, wenn Folgendes nachgewiesen ist:
(a) $\mathcal{A}(1)$ *ist richtig,*
(b) *Falls $\mathcal{A}(k)$ richtig ist, ist auch $\mathcal{A}(k+1)$ richtig.*

Bei der vollständigen Induktion kann auch mit irgend einer natürlichen Zahl n_0 anstelle der 1 gestartet werden:

Eine Aussage $\mathcal{A}(n)$ ist für alle natürlichen Zahlen $n \geq n_0$ richtig, falls gilt:

(a) $\mathcal{A}(n_0)$ *ist richtig,*

(b) *für $k \geq n_0$ folgt aus der Richtigkeit von $\mathcal{A}(k)$ die von $A(k+1)$.*

Der Beweis ergibt sich wieder aus der Wohlordnung der natürlichen Zahlen $\boxed{\text{ÜA}}$.

6.5 Beispiel. *Die Summe der ersten n ungeraden Zahlen ist n^2.*
Induktionsanfang: Für $n = 1$ heißt das einfach $1 = 1^2$.
Induktionsschritt: Ist für irgend ein k die Aussage

$$\mathcal{A}(k): \ 1 + 3 + \ldots + (2k - 1) \ = \ k^2$$

richtig, so folgt

$$\mathcal{A}(k+1): \ 1 + 3 + \ldots + (2k - 1) + (2k + 1) = k^2 + 2k + 1 = (k+1)^2.$$

Nach dem Induktionsprinzip gilt also $\mathcal{A}(n)$ für alle $n \in \mathbb{N}$.

6.6 Die Bernoullische Ungleichung

Aus $h \geq -1$ folgt $(1+h)^n \geq 1 + nh$ für alle $n \in \mathbb{N}$.

BEWEIS durch Induktion.
Für $n = 1$ besteht Gleichheit: $(1+h)^1 = 1 + 1 \cdot h$.
Gilt $(1+h)^k \geq 1 + kh$, so folgt nach 5.5 (d) wegen $1 + h \geq 0$ auch

$$(1+h)^{k+1} = (1+h)^k(1+h) \geq (1+kh)(1+h)$$
$$= 1 + (k+1)h + kh^2 \geq 1 + (k+1)h.$$

Aus $(1+h)^k \geq 1 + kh$ folgt also auch $(1+h)^{k+1} \geq 1 + (k+1)h$. Nach dem Induktionsprinzip gilt somit $(1+h)^n \geq 1 + nh$ für alle $n \in \mathbb{N}$.   □

6.7 Bemerkung. Dass jede ungerade natürliche Zahl k von der Form $2m - 1$ ist mit $m \in \mathbb{N}$ (vgl. 4.3), folgt aus der Wohlordnungseigenschaft 6.1:
Die Menge $A = \{n \in \mathbb{N} \mid 2n > k\}$ ist nicht leer wegen $2k \in A$. Also hat A ein kleinstes Element m. Es ist $2(m-1) \leq k < 2m$, ja sogar $2m - 2 < k < 2m$, da k nicht gerade ist. Es bleibt für k nur der Wert $2m - 1$.

6.8* Eine Variante des Induktionsprinzips, die wir erst später benötigen und die bei der ersten Lektüre übergangen werden kann, sei der Vollständigkeit halber hier aufgeführt.

SATZ. *Eine Menge $M \subset \mathbb{N}$ besteht schon dann aus allen natürlichen Zahlen, wenn gilt:*

(a) $1 \in M$.

(b) *Aus $1, 2, \ldots, k \in M$ folgt $k + 1 \in M$.*

BEWEIS.
Wir betrachten $A = \{n \in \mathbb{N} \mid \{1, \ldots n\} \subset M\}$. Ist $n \in A$, so ist insbesondere $n \in M$. Also genügt es zu zeigen, dass $A = \mathbb{N}$ ist. Dies geschieht durch Induktion. Offenbar ist $1 \in A$. Ist $k \in A$, so bedeutet das $m \in M$ für alle $m \leq k$. Nach (b) folgt $k + 1 \in M$. Insgesamt ist dann sogar $m \in M$ für alle $m \leq k + 1$. Es folgt $k + 1 \in A$. $\qquad\qquad\qquad\qquad\qquad\qquad\qquad\qquad\qquad\qquad\qquad\qquad$ □

6.9 Summenzeichen und Produktzeichen

Die Summe $a_1 + a_2 + \ldots + a_n$ kürzen wir ab durch $\sum_{k=1}^{n} a_k$. Dabei vereinbaren wir $\sum_{k=1}^{1} a_k = a_1$. Die oben bewiesenen Formeln lassen sich jetzt so schreiben:

$$\sum_{k=1}^{n} k^2 = \tfrac{1}{6} n(n+1)(2n+1), \quad \sum_{k=1}^{n} (2k-1) = n^2.$$

Auf den Namen des „Summationsindex" k kommt es nicht an, statt $\sum_{k=1}^{n} a_k$ können wir genausogut $\sum_{i=1}^{n} a_i$, $\sum_{j=1}^{n} a_j$ schreiben. Ist I eine endliche Teilmenge von $\mathbb{N}$, etwa $I = \{n_1, \ldots, n_m\}$, so definieren wir $\sum_{k \in I} a_k := a_{n_1} + \ldots + a_{n_m}$. Aus formalen Gründen ist es zweckmäßig, $\sum_{k \in I} a_k = 0$ zu setzen, falls $I = \emptyset$. Allgemein setzen wir für $l, m \in \mathbb{Z}$

$$\sum_{k=l}^{m} a_k := \begin{cases} a_l & \text{falls } m = l, \\ a_l + a_{l+1} + \ldots + a_m & \text{falls } m > l, \\ 0 & \text{falls } m < l; \end{cases}$$

ferner schreiben wir auch $\sum_{k=0}^{n-1} a_{k+1}$ statt $\sum_{k=1}^{n} a_k$.

Ganz analog definieren wir

$$\prod_{k=l}^{m} a_k := \begin{cases} a_l & \text{falls } m = l \\ a_l \cdot a_{l+1} \cdots a_m & \text{falls } m > l \\ 1 & \text{falls } m < l. \end{cases}$$

Die **Fakultät** von $n \in \mathbb{N}$ ist definiert durch

$$n! := \prod_{k=1}^{n} k = 1 \cdot 2 \cdots n$$

und verabredungsgemäß $0! := 1$.

Für die n–te Potenz gilt $a^n = \prod\limits_{k=1}^{n} a$ und verabredungsgemäß $a^0 = 1$. Die Rechenregeln $a^{m+n} = a^m \cdot a^n$, $(a^m)^n = a^{m \cdot n}$ ergeben sich durch Induktion $\boxed{\text{ÜA}}$.

6.10 Aufgabe. Verifizieren Sie die Ungleichung

$$n! \leq 4 \left(\tfrac{n}{2}\right)^{n+1} \quad \text{für} \quad n = 1, 2, \ldots$$

durch Induktion und Anwendung der Bernoullischen Ungleichung, und prüfen Sie die Güte dieser Abschätzung von $n!$ anhand einiger Zahlenbeispiele.

6.11 Die geometrische Summenformel

(a) $\quad a^n - b^n = (a - b)\left(a^{n-1} + a^{n-2}b + \ldots + ab^{n-2} + b^{n-1}\right)$

$$= (a - b) \sum_{k=0}^{n-1} a^k b^{n-1-k} = (a - b) \sum_{i+j=n-1} a^i b^j .$$

Für $n = 2$ ist dies einfach die Formel $a^2 - b^2 = (a - b)(a + b)$.

(b) Mit $a = 1$ und $b = q$ folgt daraus unmittelbar

$$\sum_{k=0}^{n} q^k = \frac{1 - q^{n+1}}{1 - q} \quad \text{für} \quad q \neq 1.$$

(c) BEMERKUNG. Für $a > b > 0$ folgt $a^n > b^n$ nach (a).

Die Formel (a) ist wie folgt einzusehen:

$$(a - b)\left(a^{n-1} + a^{n-2}b + \ldots + b^{n-1}\right)$$
$$= a^n - ba^{n-1} + a^{n-1}b - a^{n-2}b^2 + a^{n-2}b^2 - \ldots - ab^{n-1} + ab^{n-1} - b^n$$
$$= a^n - b^n,$$

da sich innere benachbarte Glieder gegenseitig wegheben. $\boxed{\text{ÜA}}$ Beweisen sie die Formel (a) durch Induktion!

6.12 Zeigen Sie durch Induktion: $\left| \sum\limits_{k=1}^{n} a_k \right| \leq \sum\limits_{k=1}^{n} |a_k|$.

7 Intervalle

7.1 Abgeschlossene Intervalle

Für reelle Zahlen a, b heißen die folgenden Mengen **abgeschlossene Intervalle**:

$$[a, b] := \{x \in \mathbb{R} \mid a \leq x \leq b\} \quad (a \leq b),$$
$$[a, \infty[:= \{x \in \mathbb{R} \mid a \leq x\},$$
$$]-\infty, b] := \{x \in \mathbb{R} \mid x \leq b\}.$$

Auch $\mathbb{R}$ zählt als abgeschlossenes Intervall. Bei $-\infty$ und ∞ handelt es sich um Symbole für die Unbegrenztheit nach unten und nach oben.

7.2 Offene Intervalle

Offene Intervalle heißen die Mengen

$$]a,b[:= \{x \in \mathbb{R} \mid a < x < b\} \; (a < b), \quad]a,\infty[:= \{x \in \mathbb{R} \mid x > a\},$$
$$] -\infty,b[:= \{x \in \mathbb{R} \mid x < b\}, \quad\quad\quad \mathbb{R} =] -\infty,\infty[.$$

In der Literatur wird auch (a,b) statt $]a,b[$ geschrieben.

7.3 Halboffene Intervalle

Sind a, b reelle Zahlen mit $a < b$, so setzen wir

$$]a,b] := \{x \in \mathbb{R} \mid a < x \le b\}, \quad [a,b[:= \{x \in \mathbb{R} \mid a \le x < b\}.$$

7.4 Abgeschlossene und offene Halbgerade

$$\mathbb{R}_+ := \{x \in \mathbb{R} \mid x \ge 0\}, \quad \mathbb{R}_{>0} := \{x \in \mathbb{R} \mid x > 0\}.$$

7.5 Kompakte Intervalle

Wir nennen Intervalle der Form $[a,b]$ mit $a,b \in \mathbb{R}$, $a \le b$ **kompakt**.

8 Beschränkte Mengen, obere und untere Schranke

8.1 Definition. Eine Teilmenge M von $\mathbb{R}$ heißt **nach oben beschränkt**, wenn es eine Zahl K gibt mit $x \le K$ für alle $x \in M$. K heißt in diesem Fall eine **obere Schranke** für M (K braucht nicht zur Menge M zu gehören). Ist K eine obere Schranke und $K' \ge K$, so ist auch K' eine obere Schranke. Analog werden die Begriffe **nach unten beschränkt** und **untere Schranke** definiert.

8.2 Beispiele (a) $\mathbb{N}$ ist nach unten beschränkt, eine untere Schranke ist 1.

(b) $\mathbb{R}_{>0}$ ist nach unten beschränkt, 0 ist eine untere Schranke.

(c) Die Menge $W = \{x \in \mathbb{R} \mid x^2 < 2\}$ hat 2 als obere Schranke. Denn für jedes $x \in W$ gilt $x^2 < 2 < 2^2$, also $x < 2$ nach 5.7.

8.3 Beschränkte Mengen. Eine Teilmenge M von $\mathbb{R}$ heißt **beschränkt**, wenn es ein $K \ge 0$ gibt mit $|x| \le K$ für alle $x \in M$. K heißt in diesem Fall eine **Schranke** für M. Aus formalen Gründen gilt $\emptyset$ als beschränkt. Ist M beschränkt mit Schranke K, so ist $M \subset [-K, K]$, also ist M nach oben und nach unten beschränkt. Ist umgekehrt M nach oben beschränkt mit oberer Schranke S und nach unten beschränkt mit unterer Schranke T, so ist M beschränkt mit der größeren der beiden Zahlen $|S|$, $|T|$ als Schranke.

9 Maximum und Minimum

9.1 Für zwei Zahlen a, b setzen wir

$$\max\{a\,,\,b\} := \begin{cases} b & \text{falls } b \geq a, \\ a & \text{falls } b < a, \end{cases}$$

$$\min\{a\,,\,b\} := \begin{cases} a & \text{falls } a \leq b, \\ b & \text{falls } a > b. \end{cases}$$

Allgemeiner gibt es zu je endlich vielen Zahlen $a_1, \ldots, a_n$ eine größte und eine kleinste, bezeichnet mit

$$\max\{a_1, \ldots, a_n\} \quad \text{bzw.} \quad \min\{a_1, \ldots, a_n\}.$$

Dies ergibt sich durch Induktion nach der Elementezahl n $\boxed{\text{ÜA}}$.

9.2 Ist M eine nichtleere Teilmenge von $\mathbb{R}$, so schreiben wir

$$m = \max M$$

(m ist das größte Element, bzw. das **Maximum** von M), falls Folgendes gilt

(a) m ist eine obere Schranke für M und

(b) $m \in M$.

Entsprechend schreiben wir $l = \min M$ (l ist das kleinste Element, bzw. das **Minimum** von M), falls

(a) l eine untere Schranke für M ist und falls

(b) $l \in M$.

9.3 Vorsicht: *Nicht jede nichtleere, nach unten beschränkte Teilmenge von $\mathbb{R}$ besitzt ein kleinstes Element!*

Zum Beispiel ist $\mathbb{R}_{>0}$ nach unten beschränkt, hat aber kein kleinstes Element. Ist nämlich $x \in \mathbb{R}_{>0}$, so ist $0 < \frac{x}{2} < x$. Also gibt es zu jedem Element von $\mathbb{R}_{>0}$ noch ein kleineres. Die Zahl 0 gehört nicht zu $\mathbb{R}_{>0}$!

Weitere BEISPIELE:

(a) $a = \min[a, b]$, $b = \max[a, b]$

(b) Das Intervall $]a, b[$ besitzt kein Maximum und kein Minimum. Denn ist $x \in]a, b[$, so enthält $]a, b[$ immer noch größere Zahlen (z.B. $\frac{1}{2}(x+b)$, vgl. 5.11 (c)) und noch kleinere (z.B. $\frac{1}{2}(a + x)$).

(c) Jede nichtleere Teilmenge von $\mathbb{N}$ besitzt ein Minimum (6.1).

10 Archimedische Anordnung von $\mathbb{Q}$

(a) *Sind p, q positive rationale Zahlen, so gibt es mindestens eine natürliche Zahl N mit $Np > q$. Insbesondere gibt es zu jeder noch so großen positiven Zahl $r \in \mathbb{Q}$ eine natürliche Zahl N mit $N > r$.*

(b) *Zwischen je zwei rationalen Zahlen $p < q$ gibt es eine weitere, ja sogar unendlich viele weitere rationale Zahlen.*

BEWEIS.

(a) Sind

$$p = \frac{n}{m}, \quad q = \frac{n'}{m'}$$

rationale Zahlen mit $n, m, n', m' \in \mathbb{N}$, so setzen wir $N := m \cdot n' + 1$. Dann ist

$$Np = \frac{n(mn' + 1)}{m} > \frac{nmn'}{m} = nn' \geq n' \geq \frac{n'}{m'} = q$$

Der zweite Teil ergibt sich für $p = 1$, $q = r$.

(b) Ist $p < q$, so ist $p < \frac{1}{2}(p + q) < q$ (5.11 (c)). Bezeichnen wir $\frac{1}{2}(p + q)$ mit r_1, so gibt es ein $r_2 \in \mathbb{Q}$ mit $r_1 < r_2 < q$, dann ein $r_3 \in \mathbb{Q}$ mit $r_2 < r_3 < q$ usw. Per Induktion folgt, dass es zu jedem $n \in \mathbb{N}$ ein r_n gibt mit $p < r_n < q$, welches von $r_1, r_2, \ldots, r_{n-1}$ verschieden ist.

□

BEMERKUNGEN.

Zu (a): Für die reellen Zahlen werden wir in §2 : 2.1 einen entsprechenden Satz beweisen. Dessen geometrische Deutung ist, dass eine noch so kleine Strecke AB, genügend oft aneinandergesetzt, schließlich jede vorgegebene Strecke CD übertreffen muss.

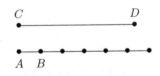

Zu (b): Zu der Unendlichkeit von $\mathbb{Q}$ in Bezug auf die Ausdehnung kommt sozusagen eine Unendlichkeit nach innen hinzu: Die rationalen Zahlen liegen unendlich dicht gepackt auf der Zahlengeraden. Umso überraschender muss die folgende Tatsache erscheinen:

11 Die Abzählbarkeit von $\mathbb{Q}$

Die rationalen Zahlen lassen sich durchnummerieren.

Das bedeutet: $\mathbb{Q}$ hat nicht mehr Elemente als $\mathbb{N}$. Wir sehen das mit Hilfe des *ersten Cantorschen Diagonalverfahrens:*

Hierzu ordnen wir die positiven rationalen Zahlen in dem nebenstehenden
Schema an und gehen bei der Nummerierung den Pfeilen nach. Dabei werden
alle Zahlen, die schon einmal in anderer Darstellung erfasst wurden, übergangen (in der Figur eingekreist).

Die positiven rationalen Zahlen sind so
in der Form $r_1 = 1$, $r_2 = \frac{1}{2}$, $r_3 = 2$,
$r_4 = 3$, $r_5 = \frac{1}{3}$ usw. nummeriert. In
der Auflistung 0, r_1, $-r_1$, r_2, $-r_2$, $\ldots$
kommt jede rationale Zahl genau ein-
mal vor. Daraus ergibt sich die Nummerierung von ℚ.

$$
\begin{array}{ccccccc}
\frac{1}{1} & \frac{2}{1} \rightarrow \frac{3}{1} & \frac{4}{1} \rightarrow \frac{5}{1} & \frac{6}{1} & \cdots \\
\frac{1}{2} & \frac{2}{2} & \frac{3}{2} & \frac{4}{2} & \frac{5}{2} & \frac{6}{2} & \cdots \\
\frac{1}{3} & \frac{2}{3} & \frac{3}{3} & \frac{4}{3} & \frac{5}{3} & \frac{6}{3} & \cdots \\
\frac{1}{4} & \frac{2}{4} & \frac{3}{4} & \frac{4}{4} & \frac{5}{4} & \frac{6}{4} & \cdots \\
\frac{1}{5} & \frac{2}{5} & \frac{3}{5} & \frac{4}{5} & \frac{5}{5} & \frac{6}{5} & \cdots \\
\frac{1}{6} & \frac{2}{6} & \frac{3}{6} & \frac{4}{6} & \frac{5}{6} & \frac{6}{6} & \cdots \\
\vdots & \vdots & \vdots & \vdots & \vdots & \vdots & \ddots
\end{array}
$$

12 Zur Lückenhaftigkeit von ℚ

Nehmen wir einmal an, unsere Zah-
lengerade bestünde nur aus den rationalen Zahlen. Wir errichten über dieser „Zahlengeraden ℚ" das Einheitsquadrat und beschreiben um den Nullpunkt den Kreis mit Radius d (Fig.).
Dann hätte dieser mit der Zahlengeraden keinen Schnittpunkt. Denn nach
Pythagoras wäre $d^2 = 1^2 + 1^2 = 2$. Es
gilt aber:

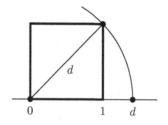

Es gibt keine rationale Zahl r mit $r^2 = 2$.

Damit reichen die rationalen Zahlen zur Beschreibung einfachster geometrischer
Konstruktionen nicht aus!

Die Beweisidee ist über 2000 Jahre alt: Wäre $r^2 = 2$, $r = \frac{n}{m}$, $n \in \mathbb{Z}$, $m \in \mathbb{N}$, so
könnten wir durch sukzessives Kürzen mit 2 erreichen, dass m oder n ungerade
ist. Aus $n^2 = 2m^2$ würde dann folgen, dass n^2 gerade ist. Dann müsste auch
n gerade sein, denn das Produkt zweier ungerader Zahlen ist ungerade. Also
wäre $|n| = 2k$ mit $k \in \mathbb{N}$. Das hätte zur Folge $4k^2 = n^2 = 2m^2$ oder $m^2 = 2k^2$.
Damit wäre m^2 gerade, also m gerade im Widerspruch zur Annahme.

§ 2 Die Vollständigkeit von ℝ, konvergente Folgen

1 Supremum und Infimum

1.1 Vorbemerkungen

Über die reellen Zahlen wurde bisher festgestellt, dass sie einen die natürlichen Zahlen enthaltenden Körper bilden, der nach den Gesetzen (O_1) bis (O_4) geordnet ist. Die entscheidende Eigenschaft, welche ℝ vollends charakterisiert und vor ℚ auszeichnet, ist die *Vollständigkeit* bezüglich der Ordnung im Sinne des nachfolgenden Supremumsaxioms, welches die „Lückenlosigkeit" von ℝ sicherstellt. Am Ende des Paragraphen definieren wir Vollständigkeit bezüglich des Abstands. Die Vollständigkeit garantiert die Existenz von Grenzwerten und ist daher unerlässliche Voraussetzung für die Aufgabenstellungen der Analysis wie Reihenlehre, Differentialrechnung, Inhaltslehre, Lösbarkeit von Gleichungen.

1.2 Das Supremumsaxiom

Jede nach oben beschränkte, nichtleere Teilmenge M von ℝ besitzt eine kleinste obere Schranke. Diese wird das **Supremum** von M genannt und mit sup M bezeichnet.

$s = \sup M$ bedeutet also:

(a) s ist obere Schranke von M: $x \leq s$ für jedes $x \in M$.

(b) Jede kleinere Zahl kann nicht obere Schranke von M sein: Zu jedem $r < s$ gibt es mindestens ein $x \in M$ mit $r < x$.

Eine andere Formulierung für $s = \sup M$ lautet:

Für jedes $\varepsilon > 0$ ist $]s - \varepsilon, s] \cap M \neq \emptyset$.

Durch Spiegelung am Nullpunkt der Zahlengeraden (Ersetzen von x durch $-x$) gehen obere Schranken für M in untere Schranken für $-M$ über und umgekehrt. Daraus ergibt sich das folgende Gegenstück zum Supremumsaxiom:

1.3 FOLGERUNG. *Jede nach unten beschränkte, nichtleere Teilmenge M von ℝ besitzt eine größte untere Schranke, genannt das* **Infimum** inf M *von M.*

Hierbei bedeutet $t = \inf M$:

(a) t ist untere Schranke von M: $t \leq x$ für jedes $x \in M$.

(b) Jede größere Zahl kann nicht untere Schranke von M sein: Zu jedem $r > t$ gibt es mindestens ein $x \in M$ mit $r > x$.

1.4 Bemerkungen und Beispiele

(a) Für $I =]a, b[$ gilt $b = \sup I$. Denn b ist obere Schranke für I, und für $r < b$ gibt es ein $x \in I$ mit $r < x$, nämlich $x = \frac{1}{2}(r' + b)$ mit $r' = \max\{a, r\}$.

Ganz analog ergibt sich $a = \inf I$.

(b) Beachten Sie den Unterschied zwischen Maximum und Supremum: Im vorangehenden Beispiel besitzt I weder ein Maximum noch ein Minimum. Das Supremum einer Menge M muss also nicht zu M gehören.

(c) Besitzt M allerdings ein Maximum: $m = \max M$, so ist m auch das Supremum von M. Entsprechendes gilt für das Minimum.

(d) Den Kreisumfang definieren wir in §3 als das Supremum der Längen aller in den Kreis einbeschriebenen Sehnenpolygone.

(e) In $\mathbb{Q}$, für sich genommen, gilt das Supremumsaxiom nicht. Hierzu zeigen wir wie in 2.4 dass die Menge

$$M = \left\{ x \in \mathbb{Q} \mid x^2 < 2 \right\}$$

nichtleer und nach oben beschränkt ist und dass aus der Existenz eines Supremums $s = \sup M \in \mathbb{Q}$ notwendigerweise $s^2 = 2$ folgen müsste, was nach § 1 : 12 ausgeschlossen ist.

1.5 Aufgabe. Beantworten Sie für die nachfolgenden Mengen $M \subset \mathbb{R}$ die Fragen:

Ist M nach oben beschränkt? Wenn ja, geben Sie $s = \sup M$ an und begründen Sie, warum $s = \sup M$ ist.

Die entsprechende Frage für „nach unten beschränkt" und $\inf M$.

Hat M ein Maximum? Wenn ja, welches?

Hat M ein Minimum? Wenn ja, welches?

(a) $M_1 = \left\{ 1 - \frac{1}{n} \mid n \in \mathbb{N} \right\}$,

(b) $M_2 = \{ t \in \mathbb{R} \mid t \text{ ist obere Schranke von } M_1 \}$,

(c) $M_3 = \left\{ (1 - \frac{1}{n^2})^n \mid n \in \mathbb{N} \right\}$ (Hier hilft eine wichtige Ungleichung weiter !),

(d) $M_4 = \{ x \in \,]-\infty, 2] \mid x \text{ ist irrational} \}$,

(e) $M_5 = \left\{ x \in \mathbb{R} \mid x^3 \leq 8 \right\}$,

(f) $M_6 = \left\{ x \in \mathbb{R} \mid x^2 - 7x + 12 \geq 0 \right\}$.

2 Folgerungen aus dem Supremumsaxiom

2.1 Die archimedische Eigenschaft von $\mathbb{R}$

Wir geben drei äquivalente Formulierungen (vgl. § 1 : 10):

(a) *Zu je zwei Zahlen $a, b \in \mathbb{R}$ mit $0 < a < b$ gibt es ein $n \in \mathbb{N}$ mit $n \cdot a > b$.*

(b) *Zu jeder positiven Zahl r gibt es ein $n \in \mathbb{N}$ mit $n > r$.*

(c) *Zu jedem $\varepsilon > 0$ gibt es ein $N \in \mathbb{N}$ mit $\frac{1}{N} < \varepsilon$.*

BEWEIS von (b). Sei $r > 0$ gegeben. Angenommen, es gäbe kein $n \in \mathbb{N}$ mit $n > r$. Dann wäre $\mathbb{N}$ nach oben beschränkt mit oberer Schranke r. Nach 1.2 hätte dann $\mathbb{N}$ ein Supremum: $s := \sup \mathbb{N}$. Es wäre dann $n + 1 \leq s$ für alle $n \in \mathbb{N}$, also $n \leq s - 1$ für alle $n \in \mathbb{N}$; damit wäre $s - 1$ obere Schranke von $\mathbb{N}$ im Widerspruch dazu, dass s die kleinste obere Schranke sein sollte.

(a) folgt aus (b) mit $r = b/a$; (c) mit $r = 1/\varepsilon$.   □

2.2 Die Zahl [x]

Jede nach unten beschränkte, nichtleere Menge M ganzer Zahlen besitzt ein Minimum.

Denn zu $t := \inf M$ gibt es nach 2.1 (b) ein $k \in \mathbb{N}$ mit $k > |t|$. Die verschobene Menge $M' := \{k + m \mid m \in M\}$ hat als Teilmenge von $\mathbb{N}$ ein Minimum.
Für jede reelle Zahl x gibt es genau eine ganze Zahl n mit

$$n \leq x < n + 1,$$

nämlich $n = \min \{m \in \mathbb{Z} \mid x < m + 1\}$.

Wir bezeichnen diese Zahl mit $[x]$ (bei Taschenrechnern: INT(x)). $[x]$ ist offenbar die größte ganze Zahl $\leq x$.

2.3 Ein kleiner Hilfssatz. *Von einer reellen Zahl x sei bekannt, dass es eine Konstante $c > 0$ gibt mit*

$$x \leq \frac{c}{n} \quad \textit{für alle genügend großen natürlichen Zahlen n.}$$

Dann gilt $x \leq 0$.

ÜA Warum kann x nicht positiv sein?

2.4 Die Existenz der Quadratwurzel

Zu jeder Zahl $a \geq 0$ gibt es genau eine Zahl $x \geq 0$ mit $x^2 = a$; bezeichnet mit $\sqrt{a}$.

BEWEIS.

Für $a = 0$ ist die Behauptung klar; sei also $a > 0$.

(a) *Eindeutigkeit*: Aus $x^2 = a$ und $y^2 = a$ folgt $0 = x^2 - y^2 = (x - y) \cdot (x + y)$, also $x = y$ oder $x = -y$. Da nur positive Lösungen in Frage kommen, bleibt $x = y$.

(b) *Existenz der Wurzel*: Wir betrachten die Menge

$$M = \left\{ x \in \mathbb{Q} \mid x^2 < a \right\}.$$

M ist nicht leer, denn $0 \in M$. M ist nach oben beschränkt durch $1 + \frac{a}{2}$, denn für $x \in M$ gilt

$$x^2 < a < 1 + a + \frac{a^2}{4} = \left(1 + \frac{a}{2}\right)^2 \quad \text{und daraus} \quad x < 1 + \frac{a}{2}.$$

Für das Supremum $s = \sup M$ wollen wir $s^2 = a$ zeigen. Wir zeigen zuerst $s^2 \geq a$. Für $n = 1, 2, \ldots$ gilt $s + \frac{1}{n} \notin M$, also

$$a \leq \left(s + \frac{1}{n}\right)^2 = s^2 + \frac{2s}{n} + \frac{1}{n^2}$$

und daraus

$$a - s^2 \leq \frac{2s}{n} + \frac{1}{n^2} \leq \frac{2s}{n} + \frac{1}{n} = \frac{2s+1}{n}.$$

Es folgt $a - s^2 \leq 0$ nach 2.3.

Jetzt zeigen wir $s^2 \leq a$. Wegen $s^2 \geq a > 0$ gilt $s > 0$, also gibt es ein $N \in \mathbb{N}$ mit $\frac{1}{N} < s$, und damit haben wir für alle $n \geq N$

$$0 < s - \frac{1}{N} \leq s - \frac{1}{n}.$$

Da $s - \frac{1}{n}$ keine obere Schranke von M ist, gibt es jeweils ein $x_n \in M$ mit

$$0 < s - \frac{1}{n} < x_n, \quad \text{vgl. 1.2 (b)}.$$

Wir haben dann

$$a > x_n^2 > \left(s - \frac{1}{n}\right)^2 = s^2 - \frac{2s}{n} + \frac{1}{n^2} > s^2 - \frac{2s}{n} \quad \text{bzw.}$$

$$\frac{s^2 - a}{2s} < \frac{1}{n} \quad \text{für alle} \quad n \geq N \quad \text{und damit nach 2.3}$$

$$\frac{s^2 - a}{2s} \leq 0, \quad \text{d.h.} \quad s^2 \leq a. \qquad \square$$

BEMERKUNG. Der Beweis ließe sich kürzer fassen. Wir haben aber gleich die Aussage 1.4 (e) mitbewiesen, dass nämlich $M = \left\{x \in \mathbb{Q} \mid x^2 < 2\right\}$ kein Supremum in $\mathbb{Q}$ besitzt. Denn für $s = \sup M$ folgt nach den rein rationalen Rechnungen oben, dass $s^2 = 2$, also $s \notin \mathbb{Q}$ nach § 1 : 12.

2.5 $\mathbb{Q}$ liegt dicht in $\mathbb{R}$

In jedem (noch so kleinen) Intervall $]a, b[$ gibt es eine, ja sogar unendlich viele rationale Zahlen.

BEWEIS.

Wir wählen zuerst $n \in \mathbb{N}$ mit $\frac{1}{n} < \frac{b-a}{2}$ und bestimmen dann ein $m \in \mathbb{Z}$ mit

$$a < \frac{m}{n} < \frac{m+1}{n} < b.$$

Hierzu setzen wir $m := [na] + 1$, so dass $m \in \mathbb{Z}$ und $m - 1 \leq na < m$. Es gilt dann

$$a < \frac{m}{n} \quad \text{und} \quad \frac{m+1}{n} = \frac{m-1}{n} + \frac{2}{n} < a + (b - a) = b.$$

Mit diesen beiden rationalen Zahlen liegen nach § 1 : 10 (b) noch unendlich viele weitere rationale Zahlen zwischen a und b. $\qquad\square$

2.6 *Auch die irrationalen (nicht rationalen) Zahlen liegen dicht in $\mathbb{R}$, d.h. in jedem Intervall $]a, b[$ findet sich eine irrationale Zahl.*

BEWEIS.

Wir wählen gemäß 2.5 zwei rationale Zahlen $p < q$ in $]a, b[$ und ein $n \in \mathbb{N}$ mit

$$\frac{1}{n} < \frac{q-p}{\sqrt{2}}. \quad \text{Dann gibt es ein } m \in \mathbb{Z} \quad \text{mit } p < \frac{m}{n}\sqrt{2} < q.$$

Festlegung von m und Nachweis der letzten Ungleichungen als $\boxed{\text{ÜA}}$. $\qquad\square$

2.7 Aufgaben

(a) Zeigen Sie, dass $1 + \frac{x}{2} - \frac{x^2}{2} \leq \sqrt{1+x} \leq 1 + \frac{x}{2}$ für alle $x \in [-1, +1]$.

(b) Zeigen Sie: Ist $1 + \alpha x - \beta x^2 \leq \sqrt{1+x} \leq 1 + \alpha x$ für alle $x \in [-1, +1]$, so folgt $\alpha = \frac{1}{2}$ und $\beta \geq \frac{1}{2}$.

3 Folgen, Rekursion, Teilfolgen

3.1 Folgen

Ist durch irgendeine Vorschrift jeder natürlichen Zahl n eine reelle Zahl a_n zugewiesen, so sprechen wir von einer **Zahlenfolge**, bezeichnet mit $(a_n)_{n\in\mathbb{N}}$ bzw. $(a_k)_{k\in\mathbb{N}}$ usw. Solange keine Missverständnisse möglich sind, schreiben wir kurz (a_n) bzw. (a_k) usw. In manchen Fällen bezeichnen wir eine Folge auch mit $(a_1, a_2, a_3, \ldots)$.

BEISPIELE

$$\left(\frac{1}{n}\right) = \left(1, \frac{1}{2}, \frac{1}{3}, \frac{1}{4}, \ldots\right),$$

$$\left(\left(1 + \frac{1}{n}\right)^n\right) = \left(2, \frac{9}{4}, \frac{64}{27}, \frac{625}{256}, \ldots\right),$$

$$(q^n) = \left(q^1, q^2, q^3, q^4, \ldots\right),$$

$$((-1)^n) = (-1, 1, -1, \ldots),$$

$$\left(\frac{n!}{20^n}\right) = \left(\frac{1}{20}, \frac{1}{200}, \frac{3}{4000}, \frac{3}{20000}, \frac{3}{80000}, \frac{9}{800000}, \frac{63}{16 \cdot 10^6}, \cdots\right).$$

Hier ist zu sehen, dass die Auflistung der Elemente keinen Einblick in das Bildungsgesetz liefert. Andererseits lässt sich bei der Folge $(1, 0, 1, 0, 0, 1, 0, 0, 0, 1, 0, \ldots)$ das Bildungsgesetz nur sehr mühsam formelmäßig angeben.

3.2 Rekursive Definition von Folgen

(a) Setzen wir $a_1 = 1$, $a_2 = \sqrt{1 + a_1}$, $a_3 = \sqrt{1 + a_2}$, allgemein $a_{n+1} = \sqrt{1 + a_n}$, so ist hierdurch eine Folge (a_n) definiert. Das ist eine Folgerung aus dem Induktionsprinzip.

(b) Ebenso ist durch $a_1 = 1$, $a_2 = 1$, $a_{n+2} = a_n + a_{n+1}$ eine Folge (a_n) definiert.

3.3 Teilfolgen

3.3 Teilfolgen entstehen, grob gesprochen, aus Folgen durch Weglassen von Folgengliedern, z.B. $(a_1, a_4, a_9, a_{16}, \ldots) = (a_{k^2})_{k \in \mathbb{N}}$.

So sind $(1, 1, 1, \ldots)$ und $(-1, -1, -1, \ldots)$ Teilfolgen von $(1, -1, 1, -1, \ldots)$. Wir präzisieren dies: Eine **Teilfolge** von (a_n) hat die Gestalt $(a_{n_k})_{k \in \mathbb{N}}$, kurz $(a_{n_k})_k$, wobei die n_k natürliche Zahlen sind mit $n_1 < n_2 < n_3 < \cdots$. Der Fall $n_k = k$ ist dabei zugelassen. In unserem Beispiel ist $n_k = k^2$.

Beachten Sie: *Ist $(a_{n_k})_{k \in \mathbb{N}}$ eine Teilfolge von (a_n), so gilt immer $n_k \geq k$.*

4 Nullfolgen

4.1 Programm

Wir wollen mathematisch streng fassen, was wir unter der Formulierung „*Die Folge (a_n) hat den Grenzwert a*" ($a_n \to a$ für $n \to \infty$) verstehen wollen.

Dazu gehen wir in zwei Schritten vor. Zunächst präzisieren wir die Aussage „$a_n \to 0$ für $n \to \infty$". Anschließend definieren wir „$a_n \to a$ für $n \to \infty$" durch „$a_n - a \to 0$ für $n \to \infty$".

4.2 Die Unzulänglichkeit der Intuition

Die Feststellung $\frac{1}{n} \to 0$ für $n \to \infty$ wird jeder unterschreiben, ebenso unproblematisch ist die Behauptung $\left(\frac{9}{10}\right)^n \to 0$ für $n \to \infty$. Wie steht es aber mit der Folge $\left(n\left(\frac{9}{10}\right)^n\right)$? Zwar strebt $\left(\frac{9}{10}\right)^n$ gegen Null, aber n wächst über alle Grenzen. Das Studium der ersten Glieder

$$\frac{9}{10}, \frac{162}{100}, \frac{2187}{1000}, \frac{26244}{10000}$$

vermittelt keine klare Vorstellung. Eine klare Vorstellung dagegen scheinen die ersten Glieder der Folge $a_n = \frac{n!}{20^n}$ zu vermitteln: Sie sind der Reihe nach 0.05, 0.005, $7.5 \cdot 10^{-4}$, $1.5 \cdot 10^{-4}$ und werden im Folgenden rasch sehr klein. So ist $a_{20} \approx 2.32 \cdot 10^{-8}$. Alles klar? Denkste: $a_{60} \approx 7217.3$.

4.3 Weitere Bemerkungen. Die gesamte Analysis und damit auch die mathematische Physik stützt sich auf Konvergenzbetrachtungen. Diese werden in aller Regel auf reelle Nullfolgen zurückgeführt. Daher werden wir an dieser Stelle größten Wert auf mathematische Strenge und Beherrschung der Techniken legen.

Eine präzise Fassung des Konvergenzbegriffes scheint zunächst schwierig: Um das finale Verhalten der a_n zu klären, müssen wir scheinbar eine Reise ins Unendliche antreten. In Wirklichkeit werden wir aber die Entscheidung im Endlichen treffen.

4.4 Definition

Eine Folge (a_n) heißt **Nullfolge** (in Zeichen $\lim\limits_{n\to\infty} a_n = 0$ oder $a_n \to 0$ für $n \to \infty$), wenn es zu jeder (noch so kleinen) Zahl $\varepsilon > 0$ eine Zahl $n_\varepsilon \in \mathbb{N}_0$ gibt, so dass $|a_n| < \varepsilon$ für alle $n > n_\varepsilon$.

Definitionsgemäß ist (a_n) genau dann eine Nullfolge, wenn $(|a_n|)$ eine ist.

4.5 Einfache Beispiele

(a) Die Folge $\left(\frac{1}{n}\right)$ ist eine Nullfolge. Zu gegebenem $\varepsilon > 0$ setzen wir $n_\varepsilon := \left[\frac{1}{\varepsilon}\right]$. Für $n > n_\varepsilon$ gilt dann $n > \frac{1}{\varepsilon}$, also $\frac{1}{n} < \varepsilon$.

$\boxed{\text{ÜA}}$: $\left(\frac{c}{n}\right)$ ist Nullfolge für jedes $c \in \mathbb{R}$.

(b) Die Folge $\left(\frac{1}{\sqrt{n}}\right)$ ist eine Nullfolge. Denn die Ungleichung $\frac{1}{\sqrt{n}} < \varepsilon$ ist nach § 1 : 5.7 gleichwertig mit $\frac{1}{n} < \varepsilon^2$, d.h. $n > \frac{1}{\varepsilon^2}$. Für $n > n_\varepsilon := \left[\frac{1}{\varepsilon^2}\right]$ gilt $n > \frac{1}{\varepsilon^2}$ und damit $\frac{1}{\sqrt{n}} < \varepsilon$.

4.6 Eine fiktive Diskussion

A: Ich habe die ersten Glieder der Folge $a_n = \frac{2^n}{n!}$ mit dem Taschenrechner berechnet:

$$a_1 = 2\,,\ a_2 = 2\,,\ a_3 = \frac{4}{3}\,,\ a_4 = \frac{2}{3}\,,\ a_5 = \frac{4}{15}\,,\ a_6 = \frac{4}{45}\,,$$

$$a_7 \approx 0.0254\,,\ a_8 \approx 0.00635\,.$$

Man sieht schon: $a_n \to 0$.

B: Glaube ich nicht. 2^n wächst über alle Grenzen, wie schon den Zeitgenossen Buddhas klar war.

A: Aber $n!$ wächst noch stärker!

B: Berechne doch mal a_{781}. (Taschenrechner von A: „Error!")

A: Geht nicht. Aber a_{781} ist bestimmt fürchterlich klein, und die folgenden Glieder sind noch kleiner. Denn $a_{n+1} = \frac{2}{n+1} a_n$.

B: Die Glieder von $1 + \frac{1}{n}$ werden auch immer kleiner.

A: Ich meine, $n!$ wächst so stark, dass a_n mit zunehmendem n *beliebig klein* wird.

B: Was heißt „beliebig klein"?

A: So klein Du willst!

B: Kleiner als $\frac{1}{1000}$?

A: $a_{10} \approx 2.822 \cdot 10^{-4}$. Und die folgenden a_n sind noch kleiner, wie ich schon begründet habe.

B: Kleiner als 10^{-6}?

A: $a_{15} < 2.506 \cdot 10^{-8}$.

B: O.K. Aber kleiner als 10^{-12}?

A: $a_{20} < 4.31 \cdot 10^{-13}$.

B: Reiner Zufall. Meine Zahlen waren nicht klein genug. Bei 10^{-1000} musst du passen!

A: Stimmt, das schafft mein Rechner nicht. So kommen wir nicht weiter! Ich zeige Dir jetzt, dass es ganz gleich ist, was Du Dir ausdenkst.

Nehmen wir an, Du hast Dir eine kleine Zahl ausgedacht, nennen wir sie ε. Positiv muss sie sein, denn ich habe nie behauptet, dass a_n irgendwann einmal Null wird. Also jetzt warte mal! (A begibt sich ins Nebenzimmer).

A (für sich): Machen wir eine Analyse! Für $n \geq 3$ ist $\frac{2}{n+1} \leq \frac{1}{2}$, also $a_{n+1} = \frac{2}{n+1} a_n \leq \frac{1}{2} a_n$. Damit

$$a_4 \leq \frac{1}{2} a_3, \quad a_5 \leq \frac{1}{2} a_4 \leq \left(\frac{1}{2}\right)^2 a_3, \ldots, a_k \leq \left(\frac{1}{2}\right)^{k-3} a_3 = \frac{8 a_3}{2^k}.$$

Nach der Bernoullischen Ungleichung ist $2^k = (1+1)^k \geq 1 + k > k$. Also haben wir insgesamt $|a_k| \leq \frac{8 a_3}{k} = \frac{32}{3k}$ für $k \geq 3$. Damit $|a_k| < \varepsilon$ wird, brauche ich also nur dafür zu sorgen, dass $\frac{32}{3k} < \varepsilon$ ausfällt. (A wendet sich wieder an B.)

A: Ich hab's! Wenn Du Dir ein $\varepsilon > 0$ ausgedacht hast, wähle ich $n_\varepsilon = \left[\frac{32}{3\varepsilon}\right]$. Dann bin ich sicher, dass $a_n = |a_n| < \varepsilon$ für alle $n > n_\varepsilon$ sein wird. Jetzt brauchst Du mich nicht mehr, meine Formel arbeitet für mich. Übrigens: Mein n_ε ist natürlich viel zu großzügig bemessen. Es ist $a_n < \varepsilon$ nicht erst ab n_ε, sondern schon bedeutend eher. Mir kam es aber nur darauf an, möglichst einfach eine Abschätzung des qualitativen Verhaltens zu gewinnen.

4.7 Zur Bezeichnung n_ε. Wir knüpfen an die letzte Bemerkung von A an. n_ε ist durch ε nicht festgelegt, jede größere Zahl tut's auch. Wir werden aber n_ε umso größer wählen müssen, je kleiner ε ist. Nur das soll durch das angehängte ε angedeutet werden.

ÜA Nützen Sie die Ungleichung $2^{10} = 1024 > 10^3$ aus, um das von A angegebene n_ε nach unten zu verbessern.

4.8 Aufgabe

Beweisen Sie nach dem Muster von 4.6, dass $\dfrac{20^n}{n!} \to 0$ für $n \to \infty$.

4.9 Das wichtigste Kriterium für Nullfolgen: Vergleichskriterium

Gilt von einer Nummer N ab eine Abschätzung

$$|a_n| \leq b_n,$$

wobei (b_n) eine Nullfolge ist, so ist auch (a_n) eine Nullfolge.

"*Werden insbesondere endlich viele Folgenglieder in einer Nullfolge abgeändert, so entsteht wieder eine Nullfolge.*

BEWEIS.
Nach Voraussetzung gibt es zu jedem $\varepsilon > 0$ ein n_ε, so dass $|b_n| < \varepsilon$ für $n > n_\varepsilon$. Wir wählen $N_\varepsilon = \max\{N, n_\varepsilon\}$. Dann gilt für $n > N_\varepsilon$ einerseits $n > N$, also $|a_n| \leq b_n$ und insbesondere $b_n \geq 0$, andererseits $n > n_\varepsilon$, also $|b_n| < \varepsilon$. Damit ist $|a_n| \leq b_n = |b_n| < \varepsilon$ für $n > N_\varepsilon$.   □

4.10 Anwendungsbeispiel

$\left(\dfrac{n}{n^2+1}\right)$ ist eine Nullfolge. Denn es ist

$$\left|\frac{n}{n^2+1}\right| = \frac{n}{n^2+1} < \frac{n}{n^2} = \frac{1}{n},$$

und $\left(\dfrac{1}{n}\right)$ ist Nullfolge.

4.11 Die Folge (q^n)

Für $|q| < 1$ ist (q^n) eine Nullfolge.

BEWEIS.
Für $q = 0$ ist das klar. Für $0 < |q| < 1$ setzen wir $|q| = \frac{1}{1+h}$ mit $h = \frac{1}{|q|} - 1 > 0$. Nach der Bernoullischen Ungleichung § 1 : 6.6 gilt dann

$$\frac{1}{|q^n|} = \frac{1}{|q|^n} = (1+h)^n \geq 1 + nh > nh,$$

somit ist $|q^n| \leq 1/(hn)$. Nach 4.5 (a) ist $(1/(hn))$ eine Nullfolge, vgl. auch 5.2 (a). Die Behauptung folgt jetzt aus dem Vergleichskriterium.   □

4.12 Übungsaufgabe

Zeigen Sie, dass (a_n) Nullfolge ist für

(a) $\quad a_n = \dfrac{n^2-1}{n^2+1}\dfrac{1}{\sqrt{n}}$, $\qquad$ (b) $\quad a_n = \dfrac{1}{\sqrt{\sqrt{n}}}$, $\qquad$ (c) $\quad a_n = \dfrac{n^2+n+1}{n^3+4n^2+5}$.

5 Sätze über Nullfolgen

5.1 Jede Nullfolge ist beschränkt. Ist nämlich (a_n) eine Nullfolge, so gibt es nach Definition zu jedem positiven ε ein n_ε mit $|a_n| < \varepsilon$ für $n > n_\varepsilon$. Insbesondere gibt es für $\varepsilon = 1$ ein n_1, so dass $|a_n| < 1$ für alle $n > n_1$. Setzen wir $M = \max\{|a_1|, |a_2|, \ldots, |a_{n_1}|, 1\}$, so ist $|a_n| \leq M$ für alle $n \in \mathbb{N}$.

5.2 Das Rechnen mit Nullfolgen

(a) Ist (a_n) Nullfolge, so auch (ca_n).

(b) Sind (a_n), (b_n) Nullfolgen, so sind auch $(a_n + b_n)$, $(a_n - b_n)$, $(a_n b_n)$ und $(ca_n + db_n)$ Nullfolgen.

(c) Ist (a_n) Nullfolge und ist die Folge (b_n) beschränkt, so ist $(a_n b_n)$ eine Nullfolge.

(d) Ist (a_n) Nullfolge, so auch $(\sqrt{|a_n|})$.

Vor dem Beweis noch eine

5.3 Bemerkung zum Nachweis der Nullfolgeneigenschaft

Um nachzuweisen, dass eine Folge (x_n) eine Nullfolge ist, genügt es, eine Konstante $c > 0$ anzugeben mit der Eigenschaft

Zu jedem $\varepsilon > 0$ gibt es ein $N_\varepsilon \in \mathbb{N}_0$ mit $|x_n| < c\varepsilon$ für alle $n > N_\varepsilon$.

Denn ist dieses gelungen, so gilt $|x_n| < \varepsilon$ für $n > N_{\varepsilon'}$, wobei $\varepsilon' = \varepsilon/c$.

Dieses Kriterium wird sich im folgenden Beweis und auch später als bequem erweisen.

BEWEIS von 5.2.

(a) folgt jetzt unmittelbar aus 5.3.

(c) Ist (a_n) Nullfolge und $|b_n| \leq M$ für alle $n \in \mathbb{N}$, so ist $|a_n b_n| \leq M |a_n|$ für alle $n \in \mathbb{N}$. Die Folge $(|a_n|)$ ist Nullfolge, also nach (a) auch die Folge $(M |a_n|)$, also nach dem Vergleichssatz auch die Folge $(a_n b_n)$.

(b) Sind (a_n), (b_n) Nullfolgen und ist $\varepsilon > 0$ eine beliebige vorgegebene Zahl, so gibt es ein n_ε und ein m_ε mit $|a_n| < \varepsilon$ für $n > n_\varepsilon$, $|b_n| < \varepsilon$ für $n > m_\varepsilon$. Für $n > N_\varepsilon := \max\{n_\varepsilon, m_\varepsilon\}$ ist dann $|ca_n + db_n| \leq |c| |a_n| + |d| |b_n| < (|c| + |d|)\,\varepsilon$. Damit ist $(ca_n + db_n)$ Nullfolge nach dem Kriterium 5.3. Sind (a_n), (b_n) Nullfolgen, so ist insbesondere die Folge (b_n) beschränkt nach 5.1, also die Folge $(a_n b_n)$ Nullfolge nach (c).

(d) Für $\varepsilon > 0$ wähle $N_\varepsilon = n_{\varepsilon^2}$ so, dass $|a_n| < \varepsilon^2$ für $n > n_{\varepsilon^2}$. Dann ist $\sqrt{|a_n|} < \varepsilon$ für $n > N_\varepsilon$. □

5.4 Jede Teilfolge einer Nullfolge ist eine Nullfolge

Wir beachten die letzte Bemerkung von 3.3: Ist (a_{n_k}) Teilfolge von (a_n), so ist $n_k \geq k$ für alle $k \in \mathbb{N}$. Ist daher $|a_k| < \varepsilon$ für $k > n_\varepsilon$, so ist erst recht $|a_{n_k}| < \varepsilon$ für $k > n_\varepsilon$.

5.5 Weitere Beispiele

(a) Für $|q| < 1$ ist (nq^n) eine Nullfolge,

(b) ebenso $(n^2 q^n)$.

(c) Für beliebige $x \in \mathbb{R}$ ist $\left(\dfrac{x^n}{n!} \right)$ eine Nullfolge.

BEWEIS.

(a) Ähnlich wie im Beweis zu 4.11 erhalten wir mit $\sqrt{|q|} = \frac{1}{1+h}$ nach der Bernoullischen Ungleichung

$$\left(\sqrt{|q|} \right)^n \leq \frac{1}{hn}.$$

Hieraus folgt

$$|nq^n| = n \left(\sqrt{|q|} \right)^n \left(\sqrt{|q|} \right)^n \leq \frac{1}{h} \cdot \frac{1}{hn}$$

und damit $nq^n \to 0$ nach dem Vergleichssatz zusammen mit 5.2 (a).

(b) geht nach demselben Muster $\boxed{\text{ÜA}}$.

(c) Nach Wahl einer natürlichen Zahl $N > 2|x|$ ergibt sich für $n > N$

$$\left| \frac{x^n}{n!} \right| = \left| \frac{x^N}{N!} \right| \cdot \frac{|x|}{N+1} \cdots \frac{|x|}{n} \leq \frac{|x|^N}{N!} \cdot \left(\frac{1}{2} \right)^{n-N} = \frac{2^N |x|^N}{N!} \left(\frac{1}{2} \right)^n,$$

woraus mit dem Vergleichssatz, mit 4.11 und mit 5.2 (a) die Behauptung folgt. □

6 Grenzwerte von Folgen

6.1 Definition. Eine Folge (a_n) **konvergiert** gegen a oder hat den **Grenzwert** a, wenn $(a - a_n)$ eine Nullfolge ist, d.h. wenn es zu jedem $\varepsilon > 0$ ein n_ε gibt mit

$$|a - a_n| < \varepsilon \quad \text{für alle} \quad n > n_\varepsilon.$$

Eine Folge kann nicht zwei Grenzwerte haben. Denn sind a und a' Grenzwerte, so sind $(a - a_n)$ und $(a' - a_n)$ Nullfolgen, also ist auch $((a - a_n) - (a' - a_n)) = (a - a')$ eine Nullfolge, somit $a' = a$.

Ist a der Grenzwert der Folge (a_n), so schreiben wir

$$\lim_{n \to \infty} a_n = a \quad \text{oder auch} \quad a_n \to a \quad \text{für} \quad n \to \infty.$$

Natürlich hat nicht jede Folge einen Grenzwert. Machen Sie sich klar dass die Folge $((-1)^n)$ keinen Grenzwert besitzt.

BEISPIELE.

(a) $\left(1 - \frac{1}{\sqrt{n}}\right) \to 1 \quad \text{für} \quad n \to \infty,$

(b) $\left(1 - \frac{1}{n^2}\right)^n \to 1 \quad \text{für} \quad n \to \infty.$

(b) ergibt sich mit der Bernoullischen Ungleichung § 1 : 6.6

$$0 < 1 - \left(1 - \frac{1}{n^2}\right)^n \leq 1 - \left(1 - n\frac{1}{n^2}\right) = \frac{1}{n}$$

und damit $\left(1 - \frac{1}{n^2}\right)^n \to 1$ nach dem Vergleichssatz.

Wir untersuchen jetzt zwei Fragen:

Wie verträgt sich der Grenzübergang mit der Anordnung von $\mathbb{R}$, und wie mit dem Rechnen in $\mathbb{R}$?

6.2 Satz. *Unter der Voraussetzung* $a = \lim\limits_{n \to \infty} a_n$ *gilt:*

(a) *Sind von einer Nummer ab alle* $a_n \geq s$, *so ist auch* $a \geq s$.

(b) *Sind von einer Nummer ab alle* $a_n \leq t$, *so ist auch* $a \leq t$.

(c) *Ist* $a > 0$, *so gibt es ein* $n_0 \in \mathbb{N}$ *mit* $a_n > \frac{a}{2}$ *für* $n > n_0$.

BEMERKUNG: Aus $a_n > s$, $a_n \to a$ folgt nicht $a > s$, wie das Beispiel $a_n = 1 + \frac{1}{n}$, $s = 1$ zeigt.

BEWEIS.

(a) Ist $a_n \geq s$ für $n \geq N$ und $a = \lim\limits_{n \to \infty} a_n$, so gilt

(∗) $\quad s - a \leq a_n - a$ für $n \geq N$.

Ist ε eine beliebige positive Zahl und $n_0 \geq N$ so gewählt, dass $|a_n - a| < \varepsilon$ für $n > n_0$, so folgt $s - a < \varepsilon$ nach (∗). Also ist $s - a < \varepsilon$ für jede positive Zahl ε, und damit $s - a \leq 0$.

(b) Analog.

(c) Ist $a > 0$, so wählen wir $\varepsilon = \frac{a}{2}$ und finden nach Voraussetzung ein n_0, so dass $|a - a_n| < \varepsilon$ für $n > n_0$. Dann ist

$$a_n = a + a_n - a \geq a - |a_n - a| > a - \varepsilon = \frac{a}{2} \quad \text{für} \quad n > n_0. \qquad \square$$

6.3 Jede konvergente Folge ist beschränkt

Denn gilt $a_n \to a$, so ist $(a_n - a)$ als Nullfolge beschränkt und

$$|a_n| = |a + a_n - a| \leq |a| + |a_n - a| \leq |a| + \sup\{|a_n - a| \mid n \in \mathbb{N}\}.$$

6.4 Konvergenz der Beträge

Aus $a_n \to a$ folgt $|a_n| \to |a|$.

BEWEIS.

Aus der Dreiecksungleichung nach unten § 1 : 5.10 folgt

$$\big| |a| - |a_n| \big| \leq |a - a_n|.$$

Also gilt $|a| - |a_n| \to 0$, d.h. $|a| = \lim_{n \to \infty} |a_n|$. $\qquad \square$

6.5 Supremum und Infimum als Grenzwert

Ist $s = \sup M$, so gibt es eine Folge (a_n) mit Gliedern $a_n \in M$ und $s = \lim_{n \to \infty} a_n$.

Denn nach 1.2 gibt es zu jedem $n \in \mathbb{N}$ ein $a_n \in M$ mit

$$s - \frac{1}{n} < a_n \leq s.$$

Für das Infimum gilt Entsprechendes.

6.6 Dreifolgensatz. *Ist $b = \lim_{n \to \infty} a_n = \lim_{n \to \infty} c_n$ und $a_n \leq b_n \leq c_n$ für alle $n \in \mathbb{N}$, so ist auch $b = \lim_{n \to \infty} b_n$.*

Beweis als ÜA .

6.7 Das Rechnen mit Grenzwerten

Unter der Voraussetzung $a = \lim_{n \to \infty} a_n$, $b = \lim_{n \to \infty} b_n$ gilt

(a) $\displaystyle \lim_{n \to \infty} (\alpha a_n + \beta b_n) = \alpha a + \beta b$,

(b) $\displaystyle \lim_{n \to \infty} (a_n b_n) = ab$,

(c) $\displaystyle \lim_{n \to \infty} \frac{b_n}{a_n} = \frac{b}{a}$, *falls $a \neq 0$.*

(*Dabei kann der Nenner höchstens endlich oft Null sein; die entsprechenden Glieder der Folge (b_n/a_n) müssen wir natürlich fortlassen.*)

BEWEIS.

(a) $|(\alpha a_n + \beta b_n) - (\alpha a + \beta b)|$

$$= |\alpha(a_n - a) + \beta(b_n - b)| \leq |\alpha| \cdot |a_n - a| + |\beta| \cdot |b_n - b|,$$

und die rechte Seite geht gegen Null nach Voraussetzung und und den Rechenregelne über Nullfolgen. Nach dem Vergleichskriterium 4.9 folgt die Behauptung $(\alpha a_n + \beta b_n) - (\alpha a + \beta b) \to 0$.

(b) Nach 6.3 ist die Folge (b_n) beschränkt, etwa $|b_n| \leq M$ für alle $n \in \mathbb{N}$. Der folgende Trick wird uns später noch oft begegnen:

$$|a_n b_n - ab| = |(a_n - a)b_n + a(b_n - b)| \leq |a_n - a||b_n| + |a||b_n - b|$$

$$\leq M|a_n - a| + |a||b_n - b| \to 0,$$

also nach dem Vergleichssatz $a_n b_n - ab, \to, 0$.

(c) Wegen (b) reicht es, $\lim\limits_{n \to \infty} \frac{1}{a_n} = \frac{1}{a}$ zu zeigen. Sei zunächst $a > 0$. Nach (6.2)
(c) gibt es ein n_0 mit $a_n > a/2$ für $n > n_0$. Es ist dann

$$\left| \frac{1}{a_n} - \frac{1}{a} \right| = \left| \frac{a - a_n}{a a_n} \right| = \frac{|a - a_n|}{a a_n} \leq \frac{2|a - a_n|}{a^2}$$

für $n > n_0$. Die rechte Seite geht gegen Null, also auch die linke nach dem Vergleichssatz. Der Fall $a < 0$ ergibt sich analog. $\square$

6.8 Konvergenz von Teilfolgen. *Hat eine Folge (a_n) den Grenzwert a, so hat auch jede Teilfolge den Grenzwert a.*

Das ergibt sich direkt aus 5.4.

6.9 Die Konvergenztreue der m–ten Potenz

Konvergiert die Folge (a_n) gegen a, so konvergiert auch die Folge der m–ten Potenzen a_n^m gegen a^m für $m = 1, 2, \dots$.

BEWEIS.

Nach 6.3 ist die Folge (a_n) beschränkt. Aus $|a_n| \leq M$ folgt $|a| \leq M$ nach 6.4, 6.2. Die geometrische Summenformel und die Dreiecksungleichung liefern

$$|a_n^m - a^m| = |a_n - a| \cdot \left| \sum_{j=1}^{m} a_n^{m-j} a^{j-1} \right|$$

$$\leq |a_n - a| \sum_{j=1}^{m} \left| a_n^{m-j} \right| \cdot \left| a^{j-1} \right| \leq m M^{m-1} |a_n - a|.$$

Also gilt $a_n^m - a^m \to 0$ nach dem Vergleichssatz. $\square$

6.10 Aufgaben

Geben Sie den Grenzwert der Folge (a_n) an und begründen Sie Ihre Wahl.

(a) $a_n = \frac{3n^3+n-2}{(2n+\sqrt{n})^3}$,

(b) $a_n = (1 + \frac{1}{n^2})^n$ (mit Hilfe von 6.1 (b)),

(c) $a_n = \sqrt{4n^2 + 5n + 2} - 2n$ (mit Hilfe von 2.7 (a)).

7 Existenz der m–ten Wurzel, rationale Potenzen

7.1 Die m–te Wurzel

Zu $a \geq 0$ und $m = 2, 3, \ldots$ gibt es genau ein $x \geq 0$ mit $x^m = a$, bezeichnet mit $\sqrt[m]{a}$.

BEWEIS.

Für $a = 0$ ist die einzige Lösung $x = 0$ (warum?). Sei also $a > 0$.

(a) *Existenz.* Die Menge $M = \{x \in \mathbb{R} \mid x^m \leq a\}$ ist nicht leer, da $0 \in M$. Wir zeigen, dass $1 + a$ eine obere Schranke für M ist, d.h. dass alle x mit $x > 1 + a$ nicht zu M gehören. Für $x > 1 + a$ folgt nämlich nach der Bernoullischen Ungleichung $x^m > (1 + a)^m \geq 1 + ma > ma \geq a$. Ist also $x \in M$, so kann x nicht größer als $1 + a$ sein; es bleibt $x \leq 1 + a$.

Wir betrachten $s = \sup M$. Nach 6.5 gibt es zu jedem $n \in \mathbb{N}$ eine Zahl $a_n \in M$ mit $s - \frac{1}{n} < a_n \leq s$; insbesondere ist $a_n \to s$. Wegen 6.9 folgt $a_n^m \to s^m$, und wegen $a_n^m \leq a$ folgt nach 6.2 (b), dass $s^m \leq a$.

Andererseits ist $a_n + \frac{1}{n} > s$, also $a_n + \frac{1}{n} \notin M$, d.h. $(a_n + \frac{1}{n})^m > a$. Natürlich ist $s = \lim_{n \to \infty} (a_n + \frac{1}{n})$, also ist $s^m = \lim_{n \to \infty} (a_n + \frac{1}{n})^m$ und damit $s^m \geq a$ nach 6.2 (a). Insgesamt folgt $s^m = a$.

(b) *Eindeutigkeit.* Aus $x > 0$, $y > 0$ und $x^m = y^m = a$ folgt

$$0 = x^m - y^m = (x - y) \sum_{k=0}^{m-1} x^k y^{m-k-1} \quad \text{(vgl. §1:6.11)},$$

daher ist einer der Faktoren auf der rechten Seite Null. Der zweite kann es nach Voraussetzung $x > 0$, $y > 0$ nicht sein. □

7.2 Potenzen mit rationalem Exponenten

Zeigen Sie: Für natürliche Zahlen m, n und $a \geq 0$ gilt

$$\sqrt[n]{\sqrt[m]{a}} = \sqrt[m]{\sqrt[n]{a}} = \sqrt[n \cdot m]{a}.$$

Für natürliche Zahlen n, m, k und $a > 0$ gilt

$$\sqrt[n]{a^m} = \sqrt[nk]{a^{mk}}.$$

Aufgrund dieser Vorüberlegungen dürfen wir definieren:

Für $a > 0$ und $r = \frac{m}{n}$ mit $m, n \in \mathbb{N}$ erklären wir die r–te **Potenz von** a durch

$$a^r := \sqrt[n]{a^m} \quad \text{und} \quad a^{-r} := \frac{1}{a^r}.$$

Ferner setzen wir $a^0 := 1$. Hierfür gelten die folgenden Rechenregeln $\boxed{\text{ÜA}}$:

$$a^{r+s} = a^r a^s, \quad a^{r\,s} = (a^r)^s, \quad (a \cdot b)^r = a^r b^r.$$

7.3 Aufgaben

(a) Bringen Sie $\sqrt{\dfrac{648^{\frac{4}{3}}}{\sqrt{2} \cdot 2^{\frac{3}{2}}}}$ auf möglichst einfache Form.

(b) Warum ist $0 < \sqrt[n]{1+h} \leq 1 + \frac{h}{n}$ für $h > -1$?

(c) Zeigen Sie: Ist $a = \lim\limits_{n\to\infty} a_n$ mit $a_n \geq 0$, so ist auch $\sqrt{a} = \lim\limits_{n\to\infty} \sqrt{a_n}$.

Für $a = 0$ siehe 5.2 (d), für $a > 0$ beachten Sie 6.2 (c).

7.4 Satz. *Für $a > 0$ gilt* $\lim\limits_{n\to\infty} \sqrt[n]{a} = 1$.

BEWEIS.

(a) Sei zunächst $a > 1$, also $a = 1 + h$ mit $h > 0$. Dann ist $1 < \sqrt[n]{1+h} \leq 1 + \frac{h}{n}$ nach 7.3 (b), also $0 < \sqrt[n]{1+h} - 1 \leq \frac{h}{n}$ und damit $\sqrt[n]{1+h} \to 1$ nach dem Vergleichssatz für Nullfolgen.

(b) $\boxed{\text{ÜA}}$ Wie lässt sich der Fall $0 < a < 1$ auf den vorigen zurückführen? □

8 Intervallschachtelungen

8.1 Definition. Eine Folge von Intervallen $[a_n, b_n]$ bildet eine **Intervallschachtelung**, wenn

(a) $[a_{n+1}, b_{n+1}] \subset [a_n, b_n]$ für $n \in \mathbb{N}$,

(b) $b_n - a_n \to 0$ für $n \to \infty$.

SATZ. *Eine Intervallschachtelung erfasst genau eine reelle Zahl a, d.h. eine Zahl, die allen Intervallen angehört. Für diese gilt*

$$a = \lim_{n\to\infty} a_n = \lim_{n\to\infty} b_n.$$

BEWEIS.

1. *Schritt*: Bestimmung von a. Nach Voraussetzung (a) ist

$(*) \qquad a_1 \leq a_2 \leq \ldots \leq a_n \leq a_{n+1} \leq b_{n+1} \leq b_n \leq \ldots \leq b_2 \leq b_1.$

Insbesondere ist $a_n \leq b_1$ für alle $n \in \mathbb{N}$, und es existiert

$$a = \sup\{a_n \mid n \in \mathbb{N}\}.$$

2. *Schritt*: $a \in [a_n, b_n]$ für alle $n \in \mathbb{N}$. Per Definition ist $a \geq a_n$ für $n \in \mathbb{N}$.

Zwischenbehauptung (Z): $a_n \leq b_m$ für alle $n, m \in \mathbb{N}$. Denn ist $m \leq n$, so ist $a_n \leq b_n \leq b_m$. Ist aber $m > n$, so ist $a_n \leq a_m \leq b_m$.

Nach (Z) ist jedes b_m obere Schranke von $A = \{a_n \mid n \in \mathbb{N}\}$. Da a die kleinste obere Schranke von A ist, folgt $a \leq b_m$ für alle $m \in \mathbb{N}$, insgesamt $a_m \leq a \leq b_m$ für alle $m \in \mathbb{N}$.

3. *Schritt*: $a = \lim\limits_{n \to \infty} a_n = \lim\limits_{n \to \infty} b_n$ (und damit die eindeutige Bestimmtheit von a). Es ist nämlich $0 \leq a - a_n \leq b_n - a_n$, und damit $a = \lim\limits_{n \to \infty} a_n$ nach dem Vergleichskriterium für Nullfolgen. Entsprechend ist $0 \leq b_n - a \leq b_n - a_n \to 0$. $\qquad\square$

8.2 Dezimalbruchentwicklung reeller Zahlen

Für eine gegebene Zahl $x \geq 0$ setzen wir $x_0 = [x]$,

$$x_1 = \max\left\{k \in \{0, 1, 2, \ldots, 9\} \;\middle|\; x_0 + \frac{k}{10} \leq x\right\},$$

$$x_2 = \max\left\{k \in \{0, 1, 2, \ldots, 9\} \;\middle|\; x_0 + \frac{x_1}{10} + \frac{k}{100} \leq x\right\} \quad \text{usw.}$$

Sind die Ziffern $x_1, x_2, \ldots, x_n$ schon gefunden, so setzen wir

$$x_{n+1} = \max\left\{k \in \{0, 1, 2, \ldots, 9\} \;\middle|\; x_0 + \frac{x_1}{10} + \ldots + \frac{x_n}{10^n} + \frac{k}{10^{n+1}} \leq x\right\}.$$

Auf diese Weise ist jedem $x \geq 0$ eine ganze Zahl $x_0 \geq 0$ und eine Folge (x_n) von Ziffern zugeordnet, die **Dezimalbruchentwicklung** von x. Wir schreiben

$$x = x_0.x_1 x_2 x_3 \ldots \quad \text{oder} \quad x = x_0, x_1 x_2 x_3 \ldots.$$

Ist $x_n = 0$ für $n \geq N$, so ergibt sich die abbrechende Dezimalbruchdarstellung

$$x = x_0.x_1 \ldots x_N \quad \text{oder} \quad x = x_0, x_1 \ldots x_N.$$

Andernfalls erhalten wir eine die Zahl x erfassende Intervallschachtelung $[a_n, b_n]$ durch

$$a_n = x_0 + \frac{x_1}{10} + \ldots + \frac{x_n}{10^n}, \quad b_n = a_n + \frac{1}{10^n}.$$

Nach Konstruktion von x_n ist dann

$$a_n \leq x < b_n.$$

Ferner gilt

$$a_{n+1} \geq a_n \quad \text{und} \quad b_{n+1} = a_n + \frac{x_{n+1}}{10^{n+1}} + \frac{1}{10^{n+1}} \leq a_n + \frac{10}{10^{n+1}} = b_n \, .$$

Also ist $[a_{n+1}, b_{n+1}] \subset [a_n, b_n]$ und $b_n - a_n = \left(\frac{1}{10}\right)^n \to 0$.

BEISPIEL: $x = \sqrt[3]{2}$.

Wegen $1^3 < 2 < 2^3$ ist $x_0 = 1$. Durch Probieren erhalten wir

$$\left(1 + \frac{2}{10}\right)^3 = 1.728 < 2 < 2.197 = \left(1 + \frac{3}{10}\right)^3 , \quad \text{somit} \quad x_1 = 2 \, .$$

Durch nochmaliges Probieren sehen wir, dass

$$\left(1 + \frac{2}{10} + \frac{5}{100}\right)^3 < 2 < \left(1 + \frac{2}{10} + \frac{6}{100}\right)^3 .$$

Somit gilt $1.25 < \sqrt[3]{2} < 1.26$.

SATZ. (a) *Bei der oben definierten Dezimalbruchentwicklung kann es nicht vorkommen, dass von einer bestimmten Stelle ab alle Ziffern gleich 9 sind.*

(b) *Ist umgekehrt $x_0 \geq 0$ eine ganze Zahl und (x_n) eine Folge von Ziffern, die nicht von einer bestimmten Stelle ab alle gleich 9 sind, so gibt es genau eine reelle Zahl, die diese Dezimalbruchentwicklung hat.*

(c) *Unterscheiden sich die Dezimalbruchentwicklungen von x und y an irgend einer Stelle, so ist $x \neq y$ und umgekehrt.*

BEWEIS.

(a) Wäre $x_n = 9$ für $n > m$, und $x_m < 9$, so wäre für $n > m$

$$a_n = a_m + \frac{9}{10^{m+1}} + \ldots + \frac{9}{10^n} , \quad b_n = a_m + \frac{1}{10^m}$$

(Addition mit Übertrag). Wegen $b_n \to x$ wäre dann $x = a_m + \frac{1}{10^m}$ im Widerspruch zur Definition von a_m.

(b) Definieren wir

$$a_n = x_0 + \frac{x_1}{10} + \ldots + \frac{x_n}{10^n} , \quad b_n = a_n + \frac{1}{10^n} ,$$

so sehen wir wie oben, dass die Intervalle $[a_n, b_n]$ eine Intervallschachtelung bilden. Die von ihr erfasste Zahl x liegt in $[a_n, b_n]$. Zu zeigen bleibt, dass $x < b_n$ für alle $n \in \mathbb{N}$. Wäre irgendwann einmal $x = b_k$, so wäre auch $x = b_n$ für alle $n \geq k$. Eine einfache Rechnung ÜA zeigt, dass dann $a_{n+1} - a_n = \frac{9}{10^{n+1}}$, also $x_n = 9$ für alle $n > k$, was ausgeschlossen war.

(c) Ist $x_n = y_n$ für $n < m$ und $x_m < y_m$, so ist

$$y - x > \left(y_0 + \cdots + \frac{y_m}{10^m} \right) - \left(x_0 + \ldots + \frac{x_m}{10^m} + \frac{1}{10^m} \right) = \frac{y_m - x_m - 1}{10^m} \geq 0\,,$$

also $y > x$. □

8.3 Gültige Stellen

Definitionsgemäß bedeutet $x = 10.43$, dass $x = 10 + \frac{4}{10} + \frac{3}{100}$. Die Schreibweise $x \approx 3.1416$ soll dagegen besagen, dass die letzte angegebene Stelle aus der Dezimalbruchentwicklung von x durch Rundung entstanden ist. Im vorliegenden Fall ist dann $|x - 3.1416| \leq \frac{1}{2} \cdot 10^{-4}$, und wir sagen, dass x auf 4 Stellen genau angegeben ist.

Physikalische Messwerte werden auf so viele Stellen angegeben, wie es der Messgenauigkeit entspricht. Rechnen wir mit solchen Werten, so haben wir auch das Resultat entsprechend seiner Genauigkeit zu runden.

8.4 Die Überabzählbarkeit von ℝ

Schon das Intevall $[0, 1[$ lässt sich nicht abzählen, d.h. als Folge schreiben.

Beweis.

Angenommen, $[0, 1[= \{z_n \mid n \in \mathbb{N}\}$. Wir können dann die z_n gemäß 8.2 in Dezimalmalbruchdarstellung angeben:

$$z_1 = 0.x_{11}x_{12}x_{13}\ldots$$
$$z_2 = 0.x_{21}x_{22}x_{23}\ldots$$
$$z_3 = 0.x_{31}x_{32}x_{33}\ldots$$
$$\vdots \qquad \ddots$$

Die Zahl $y = 0.y_1y_2y_3\ldots$ mit den Dezimalziffern

$$y_n = \begin{cases} x_{nn} - 1 & \text{falls } x_{nn} \geq 1 \\ 8 & \text{falls } x_{nn} = 0 \end{cases}$$

liegt in $[0, 1[$, kommt aber in dem Schema oben nicht vor, was ein Widerspruch ist. □

9 Grenzwertfreie Konvergenzkriterien

9.1 Problemstellung

Wir betrachten einige Beispiele:

(a) $a_n = \left(1 + \frac{1}{n} \right)^n$.

Der Taschenrechner liefert

$$a_1 = 2,\ a_2 = 2.25,\ a_3 \approx 2.37,\ a_4 \approx 2.441,\ a_5 \approx 2.488,$$
$$a_6 \approx 2.5216,\ \ldots,\ a_{50} \approx 2.6916\,.$$

Es sieht so aus, als ob die a_n laufend ansteigen und unterhalb von 3 bleiben.

(b) $a_n = \sqrt[n]{n}$. Der Taschenrechner liefert $a_1 = 1$, $a_2 \approx 1.414$, $a_3 \approx 1.442$, $a_4 \approx 1.414$, $a_5 \approx 1.380$, $a_6 \approx 1.348$, ..., $a_{10} \approx 1.259$. Hier sieht es so aus, dass von $n = 3$ ab die Glieder dieser Folge immer kleiner werden. Sie liegen sicher alle oberhalb von 1.

(c) Setzen wir $a_1 = 1$, $a_2 = \sqrt{1 + a_1}$, ..., $a_{n+1} = \sqrt{1 + a_n}$, ..., so sind die Glieder der Reihe nach ungefähr 1, 1.414, 1.554, 1.598, 1.612 usw. Der Taschenrechner liefert $a_{10} \approx 1.618$.

(d) Für

$$s_n = \sum_{k=1}^{n} \frac{1}{k^2} \quad \text{ist} \quad s_2 = 1.25, \; s_3 \approx 1.36, \; s_{10} \approx 1.55, \; s_{12} \approx 1.565.$$

In allen diesen Fällen haben wir den Eindruck, dass die Folgen einen Grenzwert a haben. Wir kennen den jeweiligen Grenzwert aber nicht und können so das Kriterium „$\lim_{n \to \infty} a_n = a$, wenn $a_n - a \to 0$" nicht anwenden.

9.2 Konvergente Folgen. Die folgenden Kriterien gestatten uns, auf die Existenz des Grenzwerts einer Folge (a_n) zu schließen, ohne dass wir diesen Grenzwert angeben müssen. Wir nennen eine Folge **konvergent**, wenn wir sicher sind (d.h. nachweisen können), dass sie einen Grenzwert besitzt.

9.3 Monotone Folgen

Eine Folge (a_n) heißt **monoton wachsend**, wenn $a_n \leq a_{n+1}$ für alle $n \in \mathbb{N}$. Ist sogar $a_n < a_{n+1}$ für alle $n \in \mathbb{N}$, so heißt die Folge (a_n) **streng monoton wachsend**. Ganz analog sind die Begriffe **monoton fallend** $(a_{n+1} \leq a_n)$ und **streng monoton fallend** erklärt.

9.4 Das Monotoniekriterium

Jede monoton wachsende, nach oben beschänkte Folge ist konvergent. Entsprechend ist jede monoton fallende, nach unten beschränkte Folge konvergent.

BEMERKUNG. Da das Konvergenzverhalten von den ersten Gliedern nicht abhängt, genügt es hier vorauszusetzen, dass die Folge sich von einer bestimmten Stelle ab monoton verhält.

BEWEIS.

Nach dem Supremumsaxiom existiert

$$a = \sup \{ a_n \mid n \in \mathbb{N} \}.$$

Es wird behauptet, dass $a = \lim_{n \to \infty} a_n$. Ist nämlich $\varepsilon > 0$ vorgegeben, so gibt es ein n_ε, so dass $a - \varepsilon < a_{n_\varepsilon} \leq a$, denn $a - \varepsilon$ ist nicht obere Schranke der Menge $\{ a_n \mid n \in \mathbb{N} \}$.

Wegen der Monotonie der Folge (a_n) ist dann auch $a - \varepsilon < a_{n_\varepsilon} \leq a_n \leq a$ für alle $n \geq n_\varepsilon$. Also ist $|a_n - a| = a - a_n < \varepsilon$ für alle $n \geq n_\varepsilon$, und damit ist $(a - a_n)$ eine Nullfolge.

Ist (a_n) monoton fallend und nach unten beschränkt, so wenden wir (a) auf die Folge $(-a_n)$ an. Für $b = \sup\{-a_n \mid n \in \mathbb{N}\}$ folgt nach (a) $b = \lim_{n\to\infty} (-a_n)$, also ist $\lim_{n\to\infty} a_n = -b$.   □

9.5 Beispiele.

(a) In § 3 : 1.3 werden wir zeigen, dass $\left(1 + \frac{1}{n}\right)^n$ monoton wächst und nach oben beschränkt ist. Also ist diese Folge konvergent. Der Grenzwert heißt *Eulersche Zahl* und wird mit e bezeichnet.

(b) $\lim_{n\to\infty} \sqrt[n]{n} = 1$.

Denn für $a_n = \sqrt[n]{n}$ ist $a_n \geq 1$, und für $n \geq 3$ gilt nach (a)

$$\left(\frac{a_n}{a_{n+1}}\right)^{n(n+1)} = \frac{n^{n+1}}{(n+1)^n} = n\left(\frac{n}{n+1}\right)^n = \frac{n}{\left(1+\frac{1}{n}\right)^n} \geq \frac{n}{3} \geq 1,$$

also $a_n \geq a_{n+1}$. Nach dem Monotoniekriterium hat die Folge einen Grenzwert $a = \inf\{a_n \mid n \in \mathbb{N}\} \geq 1$; dieser ist auch Grenzwert der Teilfolge (a_{2n}).

Wir zeigen $a = \sqrt{a}$, also $a = 1$:

$$a = \lim_{n\to\infty} a_{2n} = \lim_{n\to\infty} \sqrt[2n]{2n} = \lim_{n\to\infty} \sqrt[2n]{2} \cdot \sqrt{a_n}$$

$$= \lim_{n\to\infty} \sqrt[2n]{2} \cdot \lim_{n\to\infty} \sqrt{a_n} = 1 \cdot \sqrt{a},$$

denn es gilt $\sqrt[2n]{2} \to 1$ nach 7.4 und $\sqrt{a_n} \to \sqrt{a}$ nach 7.3(c).

(c) Mit $a_1 = 1$, $a_{n+1} = \sqrt{1 + a_n}$ ist $a_2 = \sqrt{2} > a_1$ und

$$a_{k+1} - a_k = \sqrt{1 + a_k} - \sqrt{1 + a_{k-1}} = \frac{a_k - a_{k-1}}{\sqrt{1 + a_k} + \sqrt{1 + a_{k-1}}}.$$

Also folgt $a_{n+1} > a_n$ per Induktion. Aus $a_{k+1}^2 = 1 + a_k < 2 + a_k$ ergibt sich durch vollständige Induktion $a_n < 2$. Also existiert $\lim_{n\to\infty} a_n = a$, und es ist

$$a = \lim_{n\to\infty} a_{n+1} = \lim_{n\to\infty} \sqrt{1 + a_n} = \sqrt{1 + a},$$

vgl. 6.8 und 7.3 (c). Es folgt $a^2 = 1 + a$, also $a = \frac{1}{2} + \frac{\sqrt{5}}{2}$.

(d) Die Folge $a_n = \sum_{k=1}^{n} \frac{1}{k^2}$ ist streng monoton wachsend. Durch vollständige Induktion ergibt sich $a_n \leq 2 - \frac{1}{n}$ $\boxed{\text{ÜA}}$. Also existiert $a = \lim_{n\to\infty} a_n$. Wir werden später sehen, dass $a = \frac{\pi^2}{6}$.

9.6 Das Cauchy–Kriterium

Das Cauchy–Kriterium für die Konvergenz von Folgen wird erst ab § 7 benötigt; der Rest dieses Abschnitts kann bei der ersten Lektüre übergangen werden.

DEFINITION. Eine Folge (a_n) heißt **Cauchy–Folge**, wenn es zu jedem $\varepsilon > 0$ ein $n_\varepsilon \in \mathbb{N}_0$ gibt, so dass

$$|a_n - a_m| < \varepsilon \quad \text{für alle } n, m \text{ mit } m, n > n_\varepsilon.$$

Jede konvergente Folge ist eine Cauchy–Folge: Denn mit $a = \lim\limits_{n \to \infty} a_n$ gilt

$$|a_n - a_m| = |a_n - a + a - a_m| \leq |a_n - a| + |a - a_m|.$$

Konvergenzkriterium (BOLZANO 1817, CAUCHY 1821). *Jede Cauchy–Folge hat einen Grenzwert.*

Der BEWEIS folgt in 9.9.

Für die Aussage des Cauchy–Kriteriums sagen wir auch: $\mathbb{R}$ ist **vollständig**. Dieser Vollständigkeitsbegriff verwendet nur den Abstand zweier Zahlen und lässt sich daher auf höherdimensionale Räume übertragen (§ 7, § 21). Die im Supremumsaxiom ausgedrückte Ordnungsvollständigkeit von $\mathbb{R}$ besagt mehr als der Vollständigkeitsbegriff von Cauchy, da sie die archimedische Eigenschaft 2.1 einschließt.

9.7 Jede Cauchy–Folge ist beschränkt.

BEWEIS.

Wir wählen $\varepsilon = 1$ und n_1 so, dass $|a_n - a_m| < 1$ für $m, n > n_1$. Dann gilt mit $N = n_1 + 1$

$$|a_n| = |a_n - a_N + a_N| \leq |a_n - a_N| + |a_N| < 1 + |a_N|$$

für alle $n > n_1$. Somit ist

$$|a_n| \leq \max\left\{|a_1|, \ldots, |a_{n_1}|, 1 + |a_N|\right\}. \qquad \square$$

9.8 Der Satz von Bolzano–Weierstraß.

Jede beschränkte Folge (a_n) besitzt mindestens eine konvergente Teilfolge.

BEWEIS durch Intervallhalbierung: Ist $|a_n| \leq M$ für alle n, so setzen wir

$$I_1 = \begin{cases} [-M, 0] & \text{falls } a_n \in [-M, 0] \text{ für unendlich viele } n, \\ [0, M] & \text{sonst,} \end{cases}$$

$$n_1 = \min\{n \in \mathbb{N} \mid a_n \in I_1\}.$$

Dann gilt $a_{n_1} \in I_1$ und $a_n \in I_1$ für unendlich viele n. Wir bezeichnen I_1 mit $[\alpha_1, \beta_1]$. Jetzt setzen wir

$$I_2 = \begin{cases} \left[\alpha_1, \tfrac{1}{2}\left(\alpha_1 + \beta_1\right)\right] & \text{falls } a_n \leq \tfrac{1}{2}\left(\alpha_1 + \beta_1\right) \text{ für unendlich viele } n, \\ \left[\tfrac{1}{2}\left(\alpha_1 + \beta_1\right), \beta_1\right] & \text{sonst.} \end{cases}$$

Wir bezeichnen das Intervall I_2 mit $[\alpha_2, \beta_2]$ und setzen

$$n_2 = \min\{n > n_1 \mid a_n \in I_2\}.$$

Es ist dann $a_{n_2} \in I_2$. Fahren wir so fort, so erhalten wir nach k Schritten ein Intervall $I_k = [\alpha_k, \beta_k]$ mit $I_k \subset I_{k-1}$, $\beta_k - \alpha_k = M/2^k$ und einen Index n_k mit $a_{n_k} \in I_k$. Ferner ist $a_n \in I_k$ für unendlich viele n.

Die durch die Intervalle $[\alpha_k, \beta_k]$ gegebene Intervallschachtelung erfasst eine Zahl $a = \lim\limits_{k \to \infty} \alpha_k = \lim\limits_{k \to \infty} \beta_k$. Wegen $\alpha_k \leq a_{n_k} \leq \beta_k$ folgt $a = \lim\limits_{k \to \infty} a_{n_k}$, vgl. 6.6. $\square$

9.9 Beweis des Cauchy–Kriteriums 9.6.

Sei (a_n) eine Cauchy–Folge. Da diese nach 9.7 beschränkt ist, gibt es nach Bolzano–Weierstraß eine konvergente Teilfolge $(a_{n_k})_k$. Für deren Grenzwert $a = \lim\limits_{k \to \infty} a_{n_k}$ zeigen wir, dass sogar $a = \lim\limits_{n \to \infty} a_n$. Hierzu sei $\varepsilon > 0$ gegeben und
(a) n_ε so gewählt, dass $|a_n - a_m| < \varepsilon$ für $n, m > n_\varepsilon$,
(b) m so gewählt, dass $m > n_\varepsilon$ und $|a_{n_m} - a| < \varepsilon$.
Dann ist $n_m \geq m > n_\varepsilon$, also nach (a) und (b)

$$|a - a_n| = |a - a_{n_m} + a_{n_m} - a_n| \leq |a - a_{n_m}| + |a_{n_m} - a_n| < 2\varepsilon$$

für $n > n_\varepsilon$. $\square$

§3 Elementare Funktionen

1 Die Folge $\left(\left(1 + \tfrac{x}{n}\right)^n\right)$

1.1 Das Problem der stetigen Verzinsung

Beträgt der Zinssatz $p\%$, ist $\alpha = \tfrac{p}{100}$ und K das Anfangskapital, so ist das Kapital nach einem Jahr nicht $K\left(1 + \alpha\right)$, sondern

- bei halbjähriger Verzinsung $K\left(1 + \tfrac{\alpha}{2}\right)^2$,
- bei monatlicher Verzinsung $K\left(1 + \tfrac{\alpha}{12}\right)^{12}$,
- bei täglicher Verzinsung $K\left(1 + \tfrac{\alpha}{365}\right)^{365}$, bzw. $K\left(1 + \tfrac{\alpha}{366}\right)^{366}$ in Schaltjahren.

Wir fragen uns:
(a) Gibt es in Schaltjahren mehr Zinsen?
(b) Bei Devisengeschäften wird „stetig verzinst". Wie ist das zu verstehen?

1.2 Radioaktiver Zerfall

Die Zahl ΔN der in einem kleinen Zeitintervall Δt zerfallenden Atome ist näherungsweise proportional zur Zahl N der gerade vorhandenen nichtzerfallenen Atome: $\Delta N = \beta N \Delta t$ mit einem Zerfallskonstante genannten Proportionalitätsfaktor β. Nach der Zeit Δt sind also noch ungefähr $N - \Delta N = N(1 - \beta \Delta t)$ Atome nicht zerfallen, dies umso genauer, je kleiner Δt ist.

Zur Bestimmung der Zahl $N(t)$ der zur Zeit t vorhandenen nichtzerfallenen Atome teilen wir das Intervall $[0, t]$ in n kleine Abschnitte der Länge $\Delta t = t/n$. Nach dem Zerfallsgesetz sind dann zur Zeit t/n noch etwa $N(0)(1 - \beta t/n)$ Atome nicht zerfallen, nach der Zeit $2t/n$ noch etwa $N(t/n)(1 - \beta t/n) = N(0)(1 - \beta t/n)^2$ und nach der Zeit $t = n\,\Delta t$ noch etwa $N(0)(1 - \beta t/n)^n$. Nehmen wir an, dass die Näherung umso besser wird, je kleiner Δt, d.h. je größer n wird, so ergibt sich

$$N(t) = \lim_{n \to \infty} N(0)\left(1 - \frac{\beta t}{n}\right)^n.$$

1.3 Das Verhalten von $a_n = \left(1 + \frac{x}{n}\right)^n$ und $b_n = \left(1 - \frac{x}{n}\right)^{-n}$

Gegeben sei $x \in \mathbb{R}$. Wir setzen $n_0 = 1$ für $x \geq 0$ und wählen $n_0 > -x$, falls $x < 0$. Dann bilden die $[a_n, b_n]$ für $n \geq n_0$ eine Intervallschachtelung, d.h. es gilt

(a) $a_n \leq a_{n+1}$ *für* $n \geq n_0$.

(b) $b_n \geq b_{n+1}$ *für* $n \geq n_0$.

(c) $a_n \leq b_n$ *für* $n \geq n_0$.

(d) $b_n - a_n \to 0$ *für* $n \to \infty$.

(e) *In (a),(b),(c) gilt das Gleichheitszeichen nur für $x = 0$.*

BEWEIS.

(a) Im folgenden wird $1 + \frac{x}{n} > 0$ vorausgesetzt, was im Fall $x \geq 0$ für alle $n \in \mathbb{N}$, im Fall $x < 0$ für $n \geq n_0$ mit $n_0 > |x|$ gilt. Wir definieren h durch

$$\frac{1 + \frac{x}{n+1}}{1 + \frac{x}{n}} = 1 + h, \quad \text{also} \quad h = -\frac{x}{n(n+1)\left(1 + \frac{x}{n}\right)}.$$

Die erste Gleichung zeigt $1 + h > 0$. Nach der Bernoullischen Ungleichung § 1 : 6.6 folgt

$$\frac{a_{n+1}}{a_n} = \frac{\left(1 + \frac{x}{n+1}\right)^{n+1}}{\left(1 + \frac{x}{n}\right)^n} = \left(1 + \frac{x}{n}\right)(1 + h)^{n+1}$$

$$\geq \left(1 + \frac{x}{n}\right)(1 + (n+1)h) = \left(1 + \frac{x}{n}\right)\left(1 - \frac{x}{n\left(1 + \frac{x}{n}\right)}\right) = 1,$$

also $a_{n+1} \geq a_n$. Wegen $1 + \frac{x}{n} > 0$ gilt Gleichheit nur dann, wenn $(1+h)^{n+1} = 1 + (n+1)h$. Aus dem Beweis der Bernoullischen Ungleichung folgt, dass dies nur für $h = 0$, also $x = 0$ gilt.

(b) Für $n \geq n_0$ ist $n > |x|$, also $1 - \frac{x}{n} > 0$ und daher $\left(1 - \frac{x}{n}\right)^n$ monoton wachsend nach (a). Also ist $b_n = \left(1 - \frac{x}{n}\right)^{-n}$ monoton fallend.

(c) Für $n \geq n_0$ ist

$$\frac{a_n}{b_n} = \left(1 + \frac{x}{n}\right)^n \left(1 - \frac{x}{n}\right)^n = \left(1 - \frac{x^2}{n^2}\right)^n \leq 1,$$

also $a_n \leq b_n$ wegen $b_n > 0$. Offenbar gilt $a_n < b_n$ für $x \neq 0$.

(d) Für $n \geq n_0$ gilt nach der Bernoullischen Ungleichung

$$b_n - a_n = b_n\left(1 - \frac{a_n}{b_n}\right) = b_n\left(1 - \left(1 - \frac{x^2}{n^2}\right)^n\right) \leq b_n \frac{x^2}{n} \leq b_{n_0} \frac{x^2}{n}. \quad \square$$

2 Die Exponentialfunktion

Nach dem vorangegangenen Satz 1.3 wird für jedes $x \in \mathbb{R}$ durch die Intervallschachtelung $[a_n, b_n]$ genau eine reelle Zahl $f(x)$ erfasst, für die also gilt

$$f(x) = \lim_{n \to \infty} \left(1 + \frac{x}{n}\right)^n = \lim_{n \to \infty} \left(1 - \frac{x}{n}\right)^{-n}.$$

2.1 Das Exponentialgesetz

Es gilt

(a) $f(0) = 1$,

(b) $f(x + y) = f(x) \cdot f(y)$.

FOLGERUNG: $f(x) > 0$ und $f(-x) = \dfrac{1}{f(x)}$ $\boxed{\text{ÜA}}$.

BEWEIS von (b). Nach den Rechenregeln §2:6.7 für Grenzwerte ist

$$f(x+y) - f(x) \cdot f(y) = \lim_{n \to \infty}\left[\left(1 + \frac{x+y}{n}\right)^n - \left(1 + \frac{x}{n}\right)^n\left(1 + \frac{y}{n}\right)^n\right].$$

Die eckige Klammer $[\dots]$ hat nach der geometrischen Summenformel die Form

$$c^n - (ab)^n = (c - ab) \sum_{k=1}^{n} c^{n-k}(ab)^{k-1},$$

dabei ist

$$|ab| \leq \left(1 + \frac{|x|}{n}\right)\left(1 + \frac{|y|}{n}\right),$$

$$|c| \leq 1 + \frac{|x|}{n} + \frac{|y|}{n} \leq 1 + \frac{|x|}{n} + \frac{|y|}{n} + \frac{|x|\,|y|}{n^2} = \left(1 + \frac{|x|}{n}\right)\left(1 + \frac{|y|}{n}\right),$$

$$c - ab = -\frac{xy}{n^2}.$$

Hieraus folgt

$$\left| c^{n-k}(ab)^{k-1} \right| \leq \left(1 + \frac{|x|}{n}\right)^{n-1}\left(1 + \frac{|y|}{n}\right)^{n-1}$$

$$\leq \left(1 + \frac{|x|}{n}\right)^{n}\left(1 + \frac{|y|}{n}\right)^{n} \leq f(|x|)\,f(|y|),$$

und damit $\left| [\ldots] \right| \leq \dfrac{|x|\,|y|}{n^2}\, n\, f(|x|)\, f(|y|) \to 0 \quad$ für $\quad n \to \infty.$ $\qquad\square$

2.2 Definition von e^x

Wir definieren die **Eulersche Zahl** durch

$$e := \lim_{n \to \infty}\left(1 + \frac{1}{n}\right)^n = 2.718281828459\ldots$$

und zeigen für die oben definierte Funktion f, dass

$$f(x) = e^x \quad \text{für jede rationale Zahl } x.$$

Im Fall $x = \frac{m}{n} > 0$ mit $m, n \in \mathbb{N}$ gilt nach 2.1

$$e^m = f(1)^m = \underbrace{f(1) \cdots f(1)}_{\text{m–mal}} = f(\underbrace{1 + \ldots + 1}_{\text{m–mal}}) = f(m)$$

$$= f(nx) = f(\underbrace{x + \ldots + x}_{\text{n–mal}}) = \underbrace{f(x) \cdots f(x)}_{\text{n–mal}} = f(x)^n,$$

somit nach Definition der n–ten Wurzel § 2 : 7

$$e^x = e^{\frac{m}{n}} = \sqrt[n]{e^m} = f(x).$$

Im Fall $x = -\frac{m}{n}$ mit $m, n \in \mathbb{N}$ ist

$$f(x) = \frac{1}{f(-x)} = \frac{1}{f(\frac{m}{n})} = \frac{1}{e^{\frac{m}{n}}} = e^{-\frac{m}{n}} = e^x.$$

Die somit für alle rationalen Zahlen x bestehende Identität berechtigt uns zu folgender

DEFINITION. $e^x := \lim\limits_{n \to \infty}\left(1 + \dfrac{x}{n}\right)^n$ für $x \in \mathbb{R}.$

2.3 Eigenschaften von e^x

(a) $e^{x+y} = e^x \cdot e^y$, $e^0 = 1$ (*Exponentialgesetz*).

(b) $e^x > 0$.

(c) $e^x \geq 1 + x$ *mit Gleichheit nur für* $x = 0$.

(d) *Aus* $x < y$ *folgt* $e^x < e^y$ (*Monotonie*).

(e) *Für* $|x| < 1$ *gilt* $|e^x - 1| \leq \dfrac{|x|}{1 - |x|}$.

(f) e^x *wächst stärker als jede Potenz von* x, *genauer: Ist* n *eine feste natürliche Zahl, so gilt* $e^x > x^n$ *für alle* $x > 4n^2$.

(g) $\lim\limits_{n \to \infty} e^{-n} = 0$.

BEWEIS.

(a) wurde in 2.1 gezeigt,

(b) folgt aus (a) $\boxed{\text{ÜA}}$.

(c) Für $x > 0$ gilt nach 1.3 (e)

$$1 + x = \left(1 + \frac{x}{1}\right)^1 < \left(1 + \frac{x}{n}\right)^n < e^x.$$

Dieselbe Ungleichung gilt nach 1.3(e), falls $-1 < x < 0$ ($n_0 = 1$). Für $x \leq -1$ ist $e^x > 0 \geq 1 + x$.

(d) Nach (b),(c) ist $e^x > 0$ und $e^t > 1$ für $t > 0$. Für $x < y$ folgt daher

$$e^y - e^x = e^x \left(e^{y-x} - 1\right) > 0.$$

(e) Für $|x| < 1$ fällt $(1 - \frac{x}{n})^{-n}$ monoton gegen e^x (1.3 (b), $n_0 = 1$). Daher ist insbesondere $e^x \leq 1/(1 - x)$. Also ist

$$e^x - 1 \leq \frac{1}{1 - x} - 1 = \frac{x}{1 - x}.$$

Für $x \geq 0$ ist das schon die Behauptung. Im Fall $-1 < x < 0$ gilt nach (c)

$$1 - e^x \leq -x = |x| < \frac{|x|}{1 - |x|}.$$

(f) Ist $x > 4n^2$, so ist $\sqrt{x} > 2n$, also $x/(2n) > \sqrt{x}$ und somit

$$e^x > \left(1 + \frac{x}{2n}\right)^{2n} > \left(1 + \sqrt{x}\right)^{2n} > \left(\sqrt{x}\right)^{2n} = x^n.$$

(g) $e^n > 1 + n$ gilt nach (c), daher ist $e^{-n} < \frac{1}{1+n}$. □

2.4 Radioaktiver Zerfall. Besitzt ein radioaktives Präparat mit der Zerfallskonstanten β zum Zeitpunkt $t = 0$ die Masse m_0, so hat es zum Zeitpunkt $t \geq 0$ den unzerfallenen Masseanteil $m_0 \cdot e^{-\beta t}$.

2.5 Die Größenordnung von $n!$

Zeigen Sie für $n \geq 2$

$$e \left(\frac{n}{e}\right)^n < n! < n\,e \left(\frac{n}{e}\right)^n .$$

Multiplizieren Sie hierzu jeweils die folgenden Ungleichungen miteinander

$$\left(1 + \frac{1}{k}\right)^k < e \quad (k = 1, \ldots, n-1), \quad e < \left(1 - \frac{1}{k}\right)^{-k} \quad (k = 2, \ldots, n).$$

3 Funktionen, Abbildungen

Sind M und N nichtleere Mengen, und ist durch eine Vorschrift $x \mapsto f(x)$ jedem $x \in M$ genau ein Element $f(x) \in N$ zugeordnet, so sprechen wir von einer **Funktion** oder **Abbildung**

$$f : M \to N.$$

Das Wort „Funktion" ziehen wir vor, wenn N eine Menge von Zahlen ist; in geometrischen Zusammenhängen sprechen wir eher von Abbildungen, doch sind im Prinzip beide Bezeichnungen möglich.

Für eine reelle Funktion $f : I \to \mathbb{R}$ auf einem Intervall I heißt die Menge aller Punkte der x,y–Ebene mit Koordinaten $(x, f(x))$ der **Graph** von f.

3.1 Beispiele

(a) Die Vorschrift $x \mapsto x^3$ liefert eine Funktion $f : \mathbb{R} \to \mathbb{R}$ (Fig.).

(b) Ist M eine nichtleere Menge so heißt

$$f : M \to M \quad \text{mit } x \mapsto x$$

die **Identität** oder **identische Abbildung** auf M und wird mit $\mathbb{1}_M$ bezeichnet (oder kürzer mit $\mathbb{1}$, wenn keine Verwechslungen möglich sind).

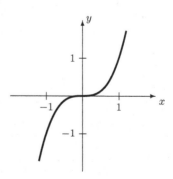

(c) Durch die Relation

$$y = f(x), \quad \text{falls } y^2 = x$$

ist keine Funktion gegeben, da jedem $x \neq 0$ zwei Zahlen y mit $y^2 = x$ entsprechen. Dagegen ist $x \mapsto \sqrt{x}$ eine Funktion $\mathbb{R}_+ \to \mathbb{R}_+$ ($\mathbb{R}_+ = \{x \in \mathbb{R} \mid x \geq 0\}$).

(d) Eine Drehung um den Nullpunkt
mit dem Drehwinkel $\pi/2 \cong 90°$ in
der Ebene E vermittelt eine Abbildung
$D : E \to E$, die jedem Punkt $P \in E$
einen Bildpunkt $D(P) \in E$ zuordnet.

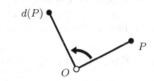

(e) Die Exponentialfunktion ist durch
die Vorschrift $x \mapsto \mathrm{e}^x$ gegeben. Hier
ist

$$M = \mathbb{R}, \ N = \mathbb{R}_{>0}.$$

Wir verwenden auch die Schreibweise

$$\exp : \mathbb{R} \to \mathbb{R}_{>0}\,,$$

$$x \mapsto \exp(x) = \mathrm{e}^x\,.$$

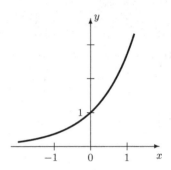

3.2 Bezeichnungen, Gleichheit von Funktionen

Für eine Funktion bzw. Abbildung $f : M \to N$ (lies f von M nach N), heißt M
der **Definitionsbereich**, N die **Zielmenge** von f. Eine Funktion ist festgelegt
durch folgende Angaben:

(a) Angabe des Definitionsbereiches M,

(b) der Vorschrift $x \mapsto f(x)$ und

(c) einer Menge $N \neq \emptyset$, in der die Funktionswerte bzw. Bilder $f(x)$ liegen sollen

Die genaue Bestimmung der Zielmenge N ist in den meisten Fällen nicht erforderlich; im Allgemeinen reicht die Angabe irgend einer einfach formulierba-
ren Zielmenge N, ohne den genauen **Wertevorrat** (**Bildmenge**) der Funktion
$f : M \to N$, nämlich $\{f(x) \mid x \in M\}$ anzugeben, was auch oft gar nicht möglich
ist. Bei der Definition einer Funktion verwenden wir in der Regel eine der folgenden Schreibweisen

$$f :\ M \to N, \ x \mapsto f(x) \ \text{oder auch} \ f : x \mapsto f(x) \ \text{für} \ x \in M.$$

Beispiele.

$$f :\ ]{-1}, 1[\to \mathbb{R}, \ x \mapsto \tfrac{1}{1-x^2}\,, \quad g : x \mapsto \tfrac{1}{x} \ \text{für} \ x > 0\,.$$

Zwei Funktionen $f_1 : M_1 \to N$, $f_2 : M_2 \to N$ heißen **gleich**, wenn

(a) $M_1 = M_2$ und

(b) $f_1(x) = f_2(x)$ für alle $x \in M_1 = M_2$.

Die Gleichheit nimmt also keinen Bezug auf die Zielmenge.

3.3 Injektive und surjektive Funktionen

Eine Abbildung, bzw. Funktion, wird **injektiv (eineindeutig, 1–1–Abbildung)**, genannt, wenn aus $f(x_1) = f(x_2)$ stets $x_1 = x_2$ folgt, oder andersherum, wenn aus $x_1 \neq x_2$ stets $f(x_1) \neq f(x_2)$ folgt. Injektivität bedeutet also, dass die Gleichung $f(x) = y$ für $y \in N$ höchstens eine Lösung x besitzt.

Die Funktion $x \mapsto x^3$ ist injektiv, weil aus

$$0 = x^3 - y^3 = (x - y)\left(x^2 + xy + y^2\right) = \tfrac{1}{2}(x - y)\left(x^2 + y^2 + (x + y)^2\right)$$

in jedem Falle $x = y$ folgt.

Die Funktion $f : \mathbb{R} \to \mathbb{R}$, $x \mapsto x^2$ ist nicht injektiv wegen $f(1) = f(-1)$. Dagegen ist die auf $\mathbb{R}_+$ eingeschränkte Funktion $x \mapsto x^2$ injektiv.

Anschaulich bedeutet Injektivität einer reellen Funktion $f : \mathbb{R} \supset M \to \mathbb{R}$, dass jede Parallele zur x–Achse den Graphen von f höchstens einmal schneidet.

Eine Abbildung $f : M \to N$ heißt **surjektiv** , wenn N die Bildmenge von f ist, d.h. wenn für jedes $y \in N$ die Gleichung $f(x) = y$ wenigstens eine Lösung $x \in M$ besitzt.

BEMERKUNG. Für den Begriff der Surjektivität einer Funktion ist auch die Angabe der Zielmenge wesentlich.

Wir empfehlen der Klarheit wegen die Formulierungen

"f ist als Abbildung von M nach N surjektiv" bzw.

"f ist eine Abbildung von M auf N".

Durch die Vorschrift $x \mapsto x^2$ sind surjektive Funktionen $f : \mathbb{R} \to \mathbb{R}_+$ und $g : \mathbb{R}_+ \to \mathbb{R}_+$ gegeben. Dagegen ist $h : \mathbb{R} \to \mathbb{R}$, $x \mapsto x^2$ nicht surjektiv.

3.4 Bijektive Funktionen und Umkehrfunktionen

Eine Abbildung $f : M \to N$ heißt **bijektive Abbildung (Bijektion)** von M auf N (kurz: $f : M \to N$ ist **bijektiv**), wenn sie injektiv und surjektiv ist.

Das bedeutet, dass es zu jedem $y \in N$ genau ein $x \in M$ gibt mit $f(x) = y$. Bezeichnen wir dieses x mit $g(y)$, so ist auf diese Weise eine Abbildung

$$g : N \to M$$

definiert, und nach Definition von g ist $f(g(y)) = y$ für alle $y \in N$, $g(f(x)) = x$ für alle $x \in M$. Die Abbildung g ist ihrerseits injektiv und surjektiv als Abbildung von N nach M. Diese heißt **Umkehrabbildung** zu f und wird üblicherweise mit f^{-1} bezeichnet (Nicht zu verwechseln mit $\frac{1}{f}$!).

Dass g surjektiv ist, folgt unmittelbar aus $g(f(x)) = x$. g ist injektiv, denn aus $g(y_1) = g(y_2)$ folgt $y_1 = f(g(y_1)) = f(g(y_2)) = y_2$.

3.5 Monotone Funktionen

Eine reelle Funktion $f : I \to \mathbb{R}$ auf einem Intervall I heißt **monoton wachsend**, wenn aus $x < y$ folgt $f(x) \leq f(y)$. Sie heißt **streng monoton wachsend**, wenn aus $x < y$ folgt $f(x) < f(y)$. Entsprechend heißt $f : I \to \mathbb{R}$ **monoton fallend** (bzw. **streng monoton fallend**), wenn aus $x < y$ folgt $f(x) \geq f(y)$ (bzw. $f(x) > f(y)$).

Streng monoton wachsende (bzw. fallende) Funktionen f sind injektiv. Denn ist $f(x) = f(y)$, so kann weder $x < y$ (sonst $f(x) < f(y)$) noch $x > y$ (sonst $f(x) > f(y)$) eintreten. Es bleibt $x = y$.

4 Die Logarithmusfunktion

4.1　*Die Exponentialfunktion* $\exp : \mathbb{R} \to \mathbb{R}_{>0}$, $x \mapsto e^x$ *ist bijektiv. Die Umkehrfunktion wird mit*

$$x \mapsto \log x \quad \text{für} \quad x > 0$$

bezeichnet. Diese ist streng monoton wachsend.

In der Literatur ist auch die Bezeichnung $\ln x$ (*logarithmus naturalis*) üblich. Die Schreibweisen $\log(x)$, $\lg x$, $\lg(x)$ sind ebenfalls gebräuchlich.

BEWEIS.

Nach 2.3 (d) ist die Exponentialfunktion streng monoton wachsend, also injektiv. Wir wollen nun zeigen, dass sie bezüglich $\mathbb{R}_{>0}$ auch surjektiv ist.

Zu gegebenem $y > 0$ ist die Existenz einer reellen Zahl a mit $e^a = y$ zu zeigen. Hierzu setzen wir $A := \{x \in \mathbb{R} \mid e^x < y\}$. A ist nicht leer, denn wegen $\lim_{n \to \infty} e^{-n} = 0$ nach 2.3 (g) folgt $-n \in A$ für genügend großes n. A ist nach oben beschränkt, denn für $x \in A$ gilt nach 2.3 (c) $x \leq e^x - 1 < y - 1$.

Damit existiert $a := \sup A$; wir zeigen $e^a = y$. Nach Definition des Supremums gibt es zu jedem $n \in \mathbb{N}$ ein $x_n \in A$ mit $a - \frac{1}{n} < x_n \leq a$. Hieraus folgt mit der Monotonie der Exponentialfunktion

$$e^{a - \frac{1}{n}} < e^{x_n} < y \leq e^{a + \frac{1}{n}},$$

Letzteres wegen $a + \frac{1}{n} \notin A$. Nach 2.3 (e) gilt für $n \to \infty$

$$e^{a - \frac{1}{n}} = e^a \cdot e^{-\frac{1}{n}} \to e^a \quad \text{und} \quad e^{a + \frac{1}{n}} = e^a \cdot e^{\frac{1}{n}} \to e^a,$$

also folgt nach dem Dreifolgensatz § 2 : 6.6

$$e^a \leq y \leq e^a \,,$$

somit $e^a = y$. □

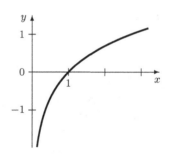

Die Monotonie des Logarithmus folgt so: Für $0 < x < y$ kann $\log x \geq \log y$ nicht eintreten, denn wegen der Monotonie der Exponentialfunktion hätte das $x = e^{\log x} \geq e^{\log y} = y$ zur Folge.

4.2 Eigenschaften des Logarithmus

(a) $e^{\log y} = y$ *für alle* $y > 0$, $\log e^x = x$ *für alle* $x \in \mathbb{R}$, *insbesondere gilt* $\log 1 = 0$, $\log e = 1$.

(b) $\log(a \cdot b) = \log a + \log b$, $\log \frac{a}{b} = \log a - \log b$ *für* $a, b > 0$.

(c) $\log(x^n) = n \cdot \log x$ *für* $x > 0$, $n \in \mathbb{N}$.

(d) $\log(1 + x) < x$ *für alle* $x > -1$ *mit* $x \neq 0$.

(e) *Der Logarithmus wächst schwächer als jede lineare Funktion* $x \mapsto cx$ *mit* $c > 0$: *Wird* $n \in \mathbb{N}$ *mit* $\frac{1}{n} < c$ *gewählt, so ist* $\log x < \frac{x}{n} < cx$ *für* $x > 4n^2$.

BEWEIS.

(a) ist einfach die Eigenschaft der Umkehrfunktion. Alle anderen Behauptungen sind unmittelbare Folgerungen aus 2.3. Die einfachen Beweise werden dem Leser als ÜA eindringlich empfohlen. □

4.3 Halbwertszeit.
Nach welcher Zeit T ist ein radioaktives Präparat mit dem Zerfallsgesetz $N_0 e^{-\beta t}$ zur Hälfte zerfallen? ÜA

5 Die allgemeine Potenz und der Zehnerlogarithmus

5.1 Vorbemerkung.
In §2:7 wurde x^y definiert für $x > 0$ und rationale Zahlen y. Wir zeigen zunächst, dass

$$x^y = e^{y \log x} \quad \text{für alle } x > 0,\ y \in \mathbb{Q}$$

bzw., was dasselbe ist, $\log x^y = y \log x$.

Für $y = \frac{m}{n}$ $(m, n \in \mathbb{N})$ gilt wegen $m \log x = \log x^m$ nämlich

$$n \log x^{\frac{m}{n}} = n \log \left(\sqrt[n]{x} \right)^m = mn \log \sqrt[n]{x} = m \log x \,.$$

Also ist $\log \left(x^{\frac{m}{n}} \right) = \frac{m}{n} \log x$.

Für $y < 0$ beachten wir, dass $\log \frac{1}{a} = -\log a$.

Die Gleichung $x^y = e^{y \log x}$ schreiben wir jetzt auf irrationale Zahlen y fort:

5.2 Definition der allgemeinen Potenz

Für $x > 0$, $y \in \mathbb{R}$ setzen wir

$$x^y := e^{y \log x}.$$

Es gilt $\boxed{\text{ÜA}}$

$$(x\,y)^r = x^r \cdot y^r,$$

$$(x^r)^s = x^{r \cdot s},$$

$$x^{r+s} = x^r \cdot x^s, \quad \text{insbesondere} \quad x^0 = 1, \ x^{-r} = \frac{1}{x^r}.$$

5.3 Der Zehnerlogarithmus (Dekadischer Logarithmus)

Die Funktion $z : \mathbb{R} \to \mathbb{R}_{>0}$, $x \mapsto 10^x$ ist streng monoton wachsend und bijektiv. Der Beweis bleibt dem Leser als leichte Übungsaufgabe überlassen.

Die Umkehrfunktion nennen wir

$$x \mapsto \log_{10}(x) := \frac{\log x}{\log 10}.$$

Der Zehnerlogarithmus tritt im Zusammenhang mit dem pH–Wert in der Chemie auf. Vor der Einführung von Computern wurden numerische Rechnungen häufig mit Hilfe der (Zehner–)Logarithmentafeln ausgeführt.

6 Zusammengesetzte Funktionen

6.1 Summe, Produkt und Vielfache von Funktionen

(a)   Für Funktionen $f, g : D \to \mathbb{R}$ definieren wir

$$f + g : D \to \mathbb{R} \quad \text{durch die Vorschrift} \quad x \mapsto f(x) + g(x),$$
$$f \cdot g : D \to \mathbb{R} \quad \text{durch die Vorschrift} \quad x \mapsto f(x) \cdot g(x),$$
$$\lambda f : D \to \mathbb{R} \quad \text{durch} \quad x \mapsto \lambda \cdot f(x) \text{ für } \lambda \in \mathbb{R},$$
$$-f : D \to \mathbb{R} \quad \text{durch} \quad x \mapsto -f(x).$$

(b)   Die durch $x \mapsto 0$ für $x \in D$ definierte Funktion heißt *Nullfunktion* (auf D) und wird mit 0 bezeichnet. **Vorsicht!** $f = 0$ heißt $f(x) = 0$ für alle $x \in D$. Wir schreiben dafür oft auch $f(x) \equiv 0$. $f \neq 0$ heißt nur, dass f nicht die Nullfunktion ist.

Für die Funktion

$$f(x) = \begin{cases} 1 & \text{für } x = 0, \\ 0 & \text{für alle } x \in \mathbb{R} \text{ mit } x \neq 0 \end{cases}$$

gilt z.B. $f \neq 0$.

(c) *Für das Rechnen mit Funktionen gelten dieselben Rechengesetze wie in* $\mathbb{Z}$:

$$f + (g + h) = (f + g) + h\,,$$

$$(f \cdot g) \cdot h = f \cdot (g \cdot h)\,.$$

Ferner ist $f + 0 = 0 + f = f$, $f + (-f) = 0$, und die Gleichung $f + g = h$ besitzt bei gegebenen Funktionen g, h die eindeutige Lösung $f = h - g = h + (-g)$. Bezeichnen wir die Funktion $x \mapsto 1$ mit 1, so ist $1 \cdot f = f \cdot 1 = f$. Schließlich gilt das Distributivgesetz $f \cdot (g + h) = f \cdot g + f \cdot h$.

Die Gleichung $f \cdot g = h$ ist bei gegebenen Funktionen g, h i.A. nicht lösbar. $\boxed{\text{ÜA}}$ Finden sie ein Gegenbeispiel!

6.2 Hintereinanderausführung. Mit $f : D \to M$ und $g : M \to N$ ist durch die Vorschrift $x \mapsto g(f(x))$ für $x \in D$ eine Abbildung $h : D \to N$ gegeben. Wir bezeichnen diese mit

$$g \circ f \quad \text{(lies: } g \text{ nach } f).$$

BEISPIEL. $f(x) = e^x$ für $x \in \mathbb{R}$, $g(y) = \log y$ für $y > 0$. Dann ist $g \circ f = 1$, wo $1 : x \mapsto x$ die identische Abbildung (Identität) auf $\mathbb{R}$ ist. Entsprechend ist $f \circ g = 1_{\mathbb{R} > 0}$.

7 Polynome und rationale Funktionen

7.1 Polynome.

Sei $n \in \mathbb{N}_0$, und seien $a_0, a_1, \ldots, a_n$ reelle Zahlen. Eine Funktion p der Gestalt

$$p : \mathbb{R} \to \mathbb{R}, \quad x \mapsto a_0 + a_1 x + a_2 x^2 + \ldots + a_n x^n$$

heißt ein **Polynom** mit reellen Koeffizienten $a_0, a_1, \ldots, a_n$.

Spezielle Polynome sind die konstanten Funktionen $x \mapsto a_0$ und die Identität $1 : x \mapsto x$.

Satz vom Koeffizientenvergleich. *Sind zwei Polynome der Gestalt*

$$p(x) = a_0 + a_1 x + \ldots + a_n x^n \quad und \quad q(x) = b_0 + b_1 x + \ldots + b_m x^m$$

mit $a_n \neq 0$ *und* $b_m \neq 0$ *als Funktionen gleich,* $p(x) = q(x)$ *für alle* x, *so gilt* $m = n$ *und* $a_k = b_k$ *für* $k = 0, 1, \ldots, n$.

BEWEIS.

Wir dürfen $n \geq m$ annehmen (sonst Vertauschung der Rollen von p und q). Auch $r = p - q$ ist ein Polynom, hat also die Form $r(x) = c_0 + c_1 x + \ldots + c_n x^n$. Zu zeigen ist $c_0 = c_1 = \cdots = c_n = 0$. Nach Voraussetzung gilt $r(x) = 0$ für alle $x \in \mathbb{R}$. Es folgt $0 = r(0) = c_0$ und

$$0 = \frac{r(x)}{x} = c_1 + c_2 x + \ldots + c_n x^{n-1} \quad \text{für} \quad x \neq 0\,.$$

Für $x_k = \dfrac{1}{k}$ gilt $\displaystyle\lim_{k\to\infty} x_k = 0$, also mit §2 : 6.7

$$0 = \lim_{k\to\infty} \frac{r(x_k)}{x_k} = c_1 .$$

Nun ist $c_0 = c_1 = 0$, also

$$0 = \frac{r(x)}{x^2} = c_2 + c_3 x + \ldots + c_n x^{n-2} \quad \text{für} \quad x \neq 0.$$

Setzen wir wieder die Nullfolge (x_k) ein, so folgt wie oben $c_2 = 0$ usw.   □

Wir erklären den **Grad eines Polynoms** $p(x) = a_0 + a_1 x + \ldots + a_n x^n$ durch

$$\text{Grad}\,(p) = \begin{cases} n, & \text{falls } a_n \neq 0 \\ -1, & \text{falls } p \text{ das Nullpolynom ist.} \end{cases}$$

Konstante Polynome $p \neq 0$ haben also den Grad 0.

7.2 Summe und Produkt von Polynomen

*Offenbar ist die Summe zweier Polynome wieder ein Polynom, ebenso ist mit p
auch cp ein Polynom für $c \in \mathbb{R}$. Für*

$$p(x) = a_0 + a_1 x + \ldots + a_n x^n, \quad a_n \neq 0$$

und

$$q(x) = b_0 + b_1 x + \ldots + b_m x^m, \quad b_m \neq 0$$

ist wieder ein Polynom:

$$p(x) \cdot q(x) = a_0 b_0 + (a_1 b_0 + a_0 b_1)x + \ldots + a_n b_m x^{n+m} .$$

*Bei der Multiplikation zweier vom Nullpolynom verschiedener Polynome addie-
ren sich also die Grade:*

$$\text{Grad}\,(p \cdot q) = \text{Grad}\,(p) + \text{Grad}\,(q) \quad \text{für } p \neq 0, \ q \neq 0.$$

Eine übersichtliche Darstellung der Koeffizienten von $p \cdot q$ erhalten wir durch
folgende Formel: Es ist

$$p(x) \cdot q(x) = \sum_{k=0}^{n+m} c_k x^k \quad \text{mit} \quad c_k := \sum_{i=0}^{k} a_i b_{k-i} = \sum_{\mu+\nu=k} a_\mu b_\nu .$$

Dabei gilt die Vereinbarung $a_{n+1} = a_{n+2} = \ldots = 0$, $b_{m+1} = b_{m+2} \ldots = 0$.

Für die Rechenregeln bei Summe und Produkt gilt das unter 6.1 Gesagte. Die
Verwandtschaft des Rechnens mit Polynomen und des Rechnens in $\mathbb{Z}$ findet in
der Übertragung der Teilbarkeitslehre ihren Niederschlag (vgl. 7.4ff.).

7.3 Rationale Funktionen sind gegeben durch eine Vorschrift $x \mapsto \dfrac{p_1(x)}{p_2(x)}$, wo p_1 und p_2 Polynome sind und p_2 nicht das Nullpolynom ist.

Die Frage nach dem Definitionsbereich D rationaler Funktionen $\dfrac{p_1}{p_2}$ scheint durch die Festsetzung $D = \{x \in \mathbb{R} \mid p_2(x) \neq 0\}$ beantwortet zu sein, doch kann diese Antwort nicht ganz befriedigen.

Betrachten wir beispielsweise $p_1(x) = x^2 - 1$, $p_2(x) = x - 1$, so ist

$$\frac{p_1(x)}{p_2(x)} = \frac{(x-1)(x+1)}{x-1} = x+1 \quad \text{für} \quad x \neq 1.$$

Wir wollen im Folgenden die Frage untersuchen, inwieweit sich ein rationaler Ausdruck $\dfrac{p_1(x)}{p_2(x)}$ durch „Kürzen" auf einfachere Form bringen lässt. Diese Frage ist im Zusammenhang mit der Integration von Bedeutung.

7.4 Division mit Rest

Sind p_1, p_2 Polynome mit Grad $(p_2) \geq 1$, *so gibt es eindeutig bestimmte Polynome q, r mit*

$$p_1 = p_2 \cdot q + r \quad \text{und} \quad \text{Grad}(r) < \text{Grad}(p_2).$$

Die Bestimmung von q und r geschieht nach demselben Divisionsalgorithmus wie bei den ganzen Zahlen. Bei dem Beispiel

$$p_1(x) = -4x^5 + 2x^4 - 14x^3 + 6x^2 - 14x + 10, \quad p_2(x) = 2x^3 + 3x - 1$$

spricht das folgende Schema für sich:

$$
\begin{array}{l}
-4x^5 + 2x^4 - 14x^3 + 6x^2 - 14x + 10 : (2x^3 + 3x - 1) = -2x^2 + x - 4 \\
\underline{-4x^5 \qquad\quad - 6x^3 + 2x^2} \\
\qquad\quad 2x^4 - 8x^3 + 4x^2 - 14x \\
\qquad\quad \underline{2x^4 \qquad + 3x^2 - \;\; x} \\
\qquad\qquad\qquad -8x^3 + \;\; x^2 - 13x + 10 \\
\qquad\qquad\qquad \underline{-8x^3 \qquad\quad - 12x + 4} \\
\qquad\qquad\qquad \text{Rest:} \quad x^2 - \;\; x + 6
\end{array}
$$

Ergebnis: $p_1(x) = p_2(x) \cdot (-2x^2 + x - 4) + x^2 - x + 6$.

Dieses Verfahren führt offenbar immer zum Ziel. Die Eindeutigkeit ergibt sich so: Ist $p_1 = p_2 q_1 + r_1 = p_2 q_2 + r_2$, so folgt $p_2 \cdot (q_1 - q_2) = r_2 - r_1$. Wäre $q_1 \neq q_2$, so hätte die linke Seite mindestens den Grad von p_2, die rechte Seite aber einen kleineren Grad. Also bleibt nur $q_1 = q_2$ und damit auch $r_1 = r_2$.

7.5 Teilbarkeit von Polynomen

Wir sagen „p_2 *teilt* p_1" (in Zeichen $p_2 \mid p_1$), falls $p_2 \neq 0$ gilt und es ein Polynom q gibt mit $p_1 = p_2 \cdot q$.

Für $p_1(x) = x^2 - 1$, $p_2(x) = x - 1$ gilt beispielsweise $p_1(x) = p_2(x) \cdot (x + 1)$, also $p_2 \mid p_1$.

Folgendes ist leicht einzusehen $\boxed{\text{ÜA}}$:

(a) Aus $p_3 \mid p_2$ und $p_2 \mid p_1$ folgt $p_3 \mid p_1$.

(b) Aus $p \mid p_1$ und $p \mid p_2$ folgt $p \mid q_1 p_1 + q_2 p_2$, wenn q_1, q_2 irgendwelche Polynome sind.

(c) Ist $p_2 \mid p_1$ und $p_1 \neq 0$, so ist $\mathrm{Grad}\,(p_2) \leq \mathrm{Grad}\,(p_1)$.

(d) Aus $p_2 \mid p_1$ und $p_1 \mid p_2$ folgt, dass es eine Konstante $c \neq 0$ gibt mit $p_1 = cp_2$.

7.6 Nullstellen

(a) Eine Zahl λ heißt **Nullstelle** von p, falls $p(\lambda) = 0$. Das ist genau dann der Fall, wenn $x - \lambda$ ein Teiler von $p(x)$ ist, d.h. wenn es ein Polynom q gibt mit

$$p(x) = (x - \lambda)\,q(x).$$

Denn ist $p(x) = (x - \lambda)\,q(x)$, so ist $p(\lambda) = (\lambda - \lambda)\,q(\lambda) = 0$. Ist umgekehrt λ Nullstelle von p, so erhalten wir durch Division mit Rest

$$p(x) = (x - \lambda)\,q(x) + r \, ,$$

wo r eine Konstante ist (Grad < 1). Einsetzen von $x = \lambda$ liefert $r = 0$.

λ heißt **k–fache Nullstelle** (bzw. Nullstelle der **Ordnung** oder **Vielfachheit** k), wenn es ein Polynom q gibt mit

$$p(x) = (x - \lambda)^k\,q(x) \quad \text{und} \quad q(\lambda) \neq 0.$$

(b) SATZ. *Ein Polynom p vom Grad $n \geq 1$ besitzt höchstens n verschiedene Nullstellen.*

Denn hat p die N verschiedenen Nullstellen $\lambda_1, \ldots, \lambda_N$, so ergibt mehrfache Anwendung von (a)

$$p(x) = (x - \lambda_1) \cdots (x - \lambda_N)\,q(x) = p_2(x)\,q(x)$$

mit $N = \mathrm{Grad}\,(p_2) \leq \mathrm{Grad}\,(p) = n$ nach 7.5 (c).

7.7 Größter gemeinsamer Teiler

Sind p_1, p_2 Polynome mit $p_1 \neq 0$, $p_2 \neq 0$, so heißt das Polynom g ein **größter gemeinsamer Teiler** (**ggT**) von p_1 und p_2, wenn $g \mid p_1$, $g \mid p_2$ und wenn es keinen gemeinsamen Teiler von p_1, p_2 gibt, der einen höheren Grad hat als g.

7.8 Bestimmung eines ggT nach dem euklidischen Algorithmus

Für Polynome p_1, p_2 mit $n = \mathrm{Grad}\,(p_1) \geq m = \mathrm{Grad}\,(p_2) \geq 1$ wird nach dem folgenden Schema so lange Division mit Rest ausgeführt, bis der Rest Null ist. Auf diese Weise ergeben sich Polynome $p_1, \ldots, p_{k+1}$ mit

$$p_1 = p_2 \cdot q_1 + p_3 \qquad (\mathrm{Grad}\,(p_3) < \mathrm{Grad}\,(p_2),\ p_3 \neq 0)\,,$$

$$p_2 = p_3 \cdot q_2 + p_4 \qquad (\mathrm{Grad}\,(p_4) < \mathrm{Grad}\,(p_3),\ p_4 \neq 0)\,,$$

$$\vdots \qquad\qquad\qquad\qquad \vdots$$

$$p_{k-1} = p_k \cdot q_{k-1} + p_{k+1} \quad (\mathrm{Grad}\,(p_{k+1}) < \mathrm{Grad}\,(p_k),\ p_{k+1} \neq 0)\,,$$

$$p_k = p_{k+1} \cdot q_k\,.$$

Da bei jedem Schritt der Grad des Rests um mindestens 1 kleiner wird, muss spätestens nach $m + 1$ Schritten der Rest Null sein: $1 \leq k \leq m + 1$.

SATZ. *Bei dieser Konstruktion ist p_{k+1} ein ggT von p_1 und p_2, und jeder andere ggT g von p_1, p_2 hat die Gestalt $g = c \cdot p_{k+1}$ mit einer Konstanten $c \neq 0$.*

BEWEIS.

(a) Wir beweisen zunächst eine Zwischenbehauptung (Z): Teilt ein Polynom g zwei aufeinander Folgende der Polynome p_i, etwa $g \mid p_\varrho$, $g \mid p_{\varrho+1}$, so teilt g alle p_i $(i = 1, \ldots, k + 1)$. In der Tat: ist $\varrho > 1$, so folgt aus $p_{\varrho-1} = p_\varrho q_{\varrho-1} + p_{\varrho+1}$ mit 7.5 (b), dass g auch $p_{\varrho-1}$ teilt, und so fort. Also teilt g alle p_ϱ vorangehenden p_i. Entsprechendes ergibt sich für die nachfolgenden p_i: Ist $\varrho < k$, so folgt aus $p_{\varrho+2} = p_\varrho - p_{\varrho+1}q_\varrho$, dass g auch $p_{\varrho+2}$ teilt, und so fort. Soweit die Zwischenbehauptung (Z).

(b) Damit folgt nun sofort, dass p_{k+1} ein Teiler von p_1 und p_2 ist. Denn es gilt $p_{k+1} \mid p_{k+1}$ und $p_{k+1} \mid p_k$ nach der letzten Gleichung.

(c) Ist g irgendein Teiler von p_1 und p_2, so folgt nach (Z), dass g auch p_{k+1} teilen muss, also höchstens denselben Grad hat wie p_{k+1}. Somit ist p_{k+1} ein ggT von p_1, p_2. Ist g sogar ein ggT von p_1, p_2, so gilt nicht nur $g \mid p_{k+1}$, sondern auch $\mathrm{Grad}\,(g) = \mathrm{Grad}\,(p_{k+1})$. Division mit Rest ergibt $g = c \cdot p_{k+1}$. $\qquad\square$

7.9 Teilerfremde Polynome

Sind p_1 und p_2 nichtkonstante teilerfremde Polynome, d.h. ist 1 ein größter gemeinsamer Teiler von p_1 und p_2, so gibt es Polynome r_1 und r_2 mit

$$1 = r_1 \cdot p_2 + r_2 \cdot p_1 \quad und \quad \mathrm{Grad}\,(r_i) < \mathrm{Grad}\,(p_i)\,, \quad i = 1, 2\,.$$

BEWEIS.

Es sei etwa Grad $(p_2) \leq$ Grad (p_1). Wir schreiben die Gleichungskette des euklidischen Algorithmus in umgekehrter Reihenfolge auf:

$$p_{k+1} = p_{k-1} - p_k \cdot q_{k-1}$$
$$p_k = p_{k-2} - p_{k-1} \cdot q_{k-2}$$
$$\vdots$$
$$p_3 = p_1 - p_2 \cdot q_1 \,.$$

Nach Voraussetzung ist der ggT p_{k+1} eine Konstante $c \neq 0$. Setzen wir in die erste Gleichung sukzessive die folgenden Gleichungen ein, so erhalten wir

$$c = p_{k+1} = p_{k-1} - p_k \cdot q_{k-1} = p_{k-1} - (p_{k-2} - p_{k-1} \cdot q_{k-2}) \cdot q_{k-1}$$
$$= (1 + q_{k-2} \cdot q_{k-1}) \cdot p_{k-1} - q_{k-1} \cdot p_{k-2} = \cdots = f_1 \cdot p_2 + f_2 \cdot p_1$$

mit Polynomen f_1 und f_2. Division mit Rest ergibt $\frac{1}{c} f_i = p_i \cdot s_i + r_i$ für $i = 1, 2$ mit Grad $(r_i) <$ Grad (p_i). Also gilt

$$1 = \frac{1}{c} (f_1 \cdot p_2 + f_2 \cdot p_1) = r_1 \cdot p_2 + r_2 \cdot p_1 + p_1 \cdot p_2 \cdot (s_1 + s_2) \,.$$

Aus Grad $(p_1 \cdot p_2 \cdot (s_1 + s_2)) =$ Grad $(1 - r_1 \cdot p_2 - r_2 \cdot p_1) <$ Grad $(p_1 \cdot p_2)$ folgt $s_1 + s_2 = 0$.   □

7.10 Darstellung rationaler Funktionen

Sind p_1 und p_2 Polynome mit $p_1 \neq 0$, Grad $(p_2) \geq 1$, so bestimmen wir einen ggT g von p_1 und p_2 nach 7.8. Ist dann $p_1 = g \cdot q_1$, $p_2 = g \cdot q_2$, so gilt

$$\frac{p_1(x)}{p_2(x)} = \frac{q_1(x)}{q_2(x)} \quad \text{für alle } x \text{ mit } p_2(x) \neq 0 \,.$$

Der rationale Ausdruck $\frac{q_1(x)}{q_2(x)}$ ist erklärt auf $D = \{x \in \mathbb{R} \mid q_2(x) \neq 0\}$. Das ist der größtmögliche Definitionsbereich, für den $\frac{p_1}{p_2}$ einen Sinn macht. Beachten Sie, dass q_1 und q_2 keine gemeinsame Nullstelle haben.

7.11 Aufgaben

(a) Bestimmen Sie einen ggT von

$$2x^4 + 2x^3 + x^2 - x - 1 \quad \text{und} \quad 3x^5 + 3x^4 + 4x^3 - x^2 - x - 2 \,.$$

(b) Vereinfachen Sie $\dfrac{5x^5 - 5x^4 - 11x^3 + 4x^2 - x - 6}{x^4 - x^3 - 11x^2 + 9x + 18}$.

Welche Definitionslücken bleiben?

(c) Bestimmen Sie gemäß 7.9 Polynome r_1 und r_2 mit $1 = r_1 \cdot p_2 + r_2 \cdot p_1$ für

$$p_1(x) = x^3 - 3x^2 - x + 3, \quad p_2(x) = x^2 - 4x + 4.$$

8 Die trigonometrischen Funktionen

8.1 Winkel im Bogenmaß

Wir setzen elementare Kenntnisse der ebenen Schulgeometrie voraus. Einige grundsätzliche Bemerkungen zur Beziehung zwischen Geometrie, Zahlen und Vektoren finden Sie in § 5.

Wir wählen in der Ebene ein kartesisches Koordinatensystem. Jeder Punkt P ist durch ein Koordinatenpaar (x, y) beschrieben, wo x und y reelle Zahlen sind.

Der **Einheitskreis** ist die Menge der Punkte $P = (x, y)$ mit $x^2 + y^2 = 1$.

Die **Länge** eines Kreisbogens ist definiert als das Supremum der Längen aller einbeschriebenen Sehnenpolygone. Die Bogenlänge des oberen Halbkreises im Einheitskreis bezeichnen wir mit π. Die folgenden Eigenschaften der Bogenlänge sind plausibel und werden in § 24 : 2 bewiesen:

(a) Beim Aneinandersetzen von Bögen addieren sich die Bogenlängen.

(b) Bei Drehungen um den Nullpunkt bleiben die Bogenlängen erhalten. Hiernach hat jeder Halbkreis im Einheitskreis die Bogenlänge π, jeder Viertelkreis die Bogenlänge $\frac{\pi}{2}$, und der Bogen zwischen zwei Nachbarpunkten eines regelmäßigen einbeschriebenen Sechseckes hat die Bogenlänge $\frac{\pi}{3}$.

(c) Jede Zahl aus $[0, 2\pi]$ kommt als Bogenlänge im Einheitskreis vor.

Zwei vom Kreismittelpunkt ausgehende Strahlen S_1 und S_2 schneiden den Einheitskreis in zwei Punkten P_1 und P_2. Den (**nichtorientierten**) **Winkel** $\varphi = \angle(S_1, S_2)$ zwischen S_1 und S_2 definieren wir als die Länge des kürzeren Kreisbogens zwischen P_1 und P_2 (Fig.).

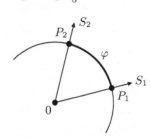

Die Angabe von Winkeln im Bogenmaß (RAD) ist für die Mathematik zweck-
mäßiger als die Angabe im Gradsystem (DEG).

8.2 Arcuscosinus und Kosinus

Für jedes $x \in [-1,1]$ bezeichnen wir
die Länge des Kreisbogens zwischen
den beiden Punkten mit den Koordi-
naten $(1,0)$ und $\left(x, \sqrt{1-x^2}\right)$ mit

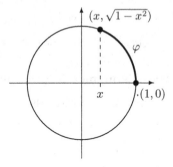

$$\arccos x \in [0,\pi].$$

Aus dem oben Gesagten ergibt sich,
dass die hierdurch erklärte Funktion

$$\arccos : [-1,1] \to [0,\pi]$$

streng monoton fällt und surjektiv ist.

Die **Kosinusfunktion** $\cos : [0,\pi] \to [-1,1]$ ist erklärt als die Umkehrfunktion
von $\arccos$. In der nebenstehenden Figur ist also $x = \cos\varphi$. Die folgenden
Figuren zeigen die Graphen von $\arccos$ (links) und $\cos$ (rechts).

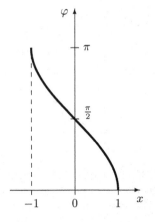

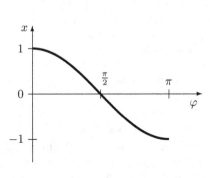

$\boxed{\text{ÜA}}$ Lesen Sie am Einheitskreis die Werte $\cos\frac{\pi}{4}$, $\cos\frac{\pi}{3}$, $\cos\frac{2\pi}{3}$ $\cos\frac{5\pi}{6}$ ab.

8.3 Sinus und Kosinus als Funktionen auf $\mathbb{R}$

Für $0 \le \varphi \le \pi$ setzen wir

$$\sin\varphi := \sqrt{1 - \cos^2\varphi}.$$

Dann liegt der Punkt $P = (\cos\varphi, \sin\varphi)$ auf der oberen Hälfte der Einheitskreis-
linie, und der Bogen zwischen $(1,0)$ und P hat die Länge φ (nächste Figur).

Vergewissern Sie sich, dass

$$\cos(\pi - \varphi) = -\cos\varphi,$$

$$\sin(\pi - \varphi) = \sin\varphi.$$

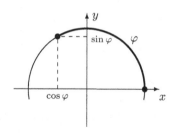

Wir setzen die Funktionen sin und cos zunächst auf das Intervall $]-\pi, 0[$ fort durch die Festsetzungen

$$\cos(-\varphi) := \cos\varphi,$$

$$\sin(-\varphi) := -\sin\varphi,$$

für $0 < \varphi < \pi$.

Geometrisch erhalten wir den Punkt $(\cos(-\varphi), \sin(-\varphi))$, indem wir von $(1,0)$ aus einen Bogen der Länge φ im mathematisch negativen Sinn beschreiben (oder, anders ausgedrückt, den Bogen φ nach unten antragen – siehe nebenstehende Figur).

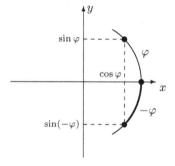

Schließlich setzen wir cos und sin durch die Vorschriften

$$\cos(2\pi k + \varphi) := \cos\varphi \quad (k \in \mathbb{Z}),$$

$$\sin(2\pi k + \varphi) := \sin\varphi \quad (k \in \mathbb{Z})$$

2π-periodisch auf ganz $\mathbb{R}$ fort. Dass dabei keine Doppeldeutigkeiten auftreten können, folgt aus $\cos(-\pi) = \cos\pi$, $\sin(-\pi) = -\sin\pi$.

Diese Festsetzung trägt der Tatsache Rechnung, dass wir wieder im Punkt $P = (\cos\varphi, \sin\varphi)$ ankommen, wenn wir vom Punkt $(1,0)$ aus einen Bogen der Länge $2\pi + \varphi$ im mathematisch positiven Sinn durchlaufen.

8.4 Eigenschaften der trigonometrischen Funktionen

(a) *Der Wertevorrat des Kosinus und des Sinus ist jeweils* $[-1, 1]$,

$$\cos 0 = 1, \quad \sin 0 = 0, \quad \cos\tfrac{\pi}{2} = 0, \quad \sin\tfrac{\pi}{2} = 1.$$

(b) $\cos^2\varphi + \sin^2\varphi = 1$.

(c) **Periodizität:** $\cos(2\pi k + \varphi) = \cos\varphi$, $\sin(2\pi k + \varphi) = \sin\varphi \quad (k \in \mathbb{Z})$.

(d) **Symmetrieeigenschaften**:

cos *ist eine gerade Funktion, d.h.* $\cos(-x) = \cos x$,

sin *ist eine ungerade Funktion, d.h.* $\sin(-x) = -\sin x$,

$\cos(\pi + \varphi) = -\cos\varphi$, $\sin(\pi + \varphi) = -\sin\varphi$,

(e) $\cos\left(\frac{\pi}{2} - \varphi\right) = \sin\varphi$, $\sin\left(\frac{\pi}{2} - \varphi\right) = \cos\varphi$.

(f) **Additionstheoreme**:

$$\cos(\varphi + \psi) = \cos\varphi\cos\psi - \sin\varphi\sin\psi,$$

$$\sin(\varphi + \psi) = \sin\varphi\cos\psi + \cos\varphi\sin\psi.$$

(g) **Halbwinkelformeln**:

$$1 - \cos\varphi = 2\sin^2\tfrac{\varphi}{2},$$

$$1 + \cos\varphi = 2\cos^2\tfrac{\varphi}{2}.$$

BEWEIS.

Die Eigenschaften (a) bis (e) können wir uns leicht am Einheitskreis klarmachen.

Die Halbwinkelformeln folgen aus (f) und (b) $\boxed{\text{ÜA}}$.

Die Additionstheoreme lesen wir aus der Figur ab: Wegen der Ähnlichkeit der Dreiecke OTC, OSB, QAB ist

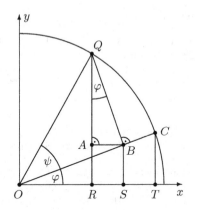

$$\overline{QA} = \overline{QB}\cos\varphi = \sin\psi\cos\varphi,$$

$$\overline{AR} = \overline{BS} = \overline{OB}\sin\varphi = \cos\psi\sin\varphi,$$

$$\overline{OS} = \overline{OB}\cos\varphi = \cos\psi\cos\varphi,$$

$$\overline{RS} = \overline{AB} = \overline{QB}\sin\varphi = \sin\psi\sin\varphi,$$

woraus sich ergibt:

$$\cos(\varphi + \psi) = \overline{OR} = \overline{OS} - \overline{RS} = \cos\psi\cos\varphi - \sin\psi\sin\varphi,$$

$$\sin(\varphi + \psi) = \overline{QR} = \overline{QA} + \overline{AR} = \sin\psi\cos\varphi + \cos\psi\sin\varphi \qquad \square$$

8.5 Der Arcussinus

Für $y \in [0,1]$ setzen wir

arcsin $y := $ Länge des Bogens zwischen $(1,0)$ und $(\sqrt{1 - y^2}, y)$.

Für $y \in [-1, 0[$ setzen wir

$$\arcsin y = -\arcsin(-y).$$

Dann ist

$$\arcsin : [-1, +1] \to \left[-\tfrac{\pi}{2}, \tfrac{\pi}{2}\right]$$

streng monoton wachsend und surjektiv. Die Umkehrfunktion ist offenbar

$$\sin : \left[-\frac{\pi}{2}, \frac{\pi}{2}\right] \to [-1, 1].$$

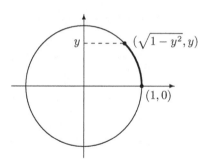

Wir skizzieren die Graphen des Sinus (links) und des Arcussinus (rechts):

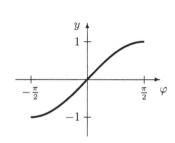
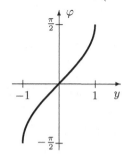

8.6 Tangens, Kotangens und Arcustangens

Die **Tangensfunktion** (Fig.) ist zunächst für $-\frac{\pi}{2} < \varphi < \frac{\pi}{2}$ definiert durch

$$\tan \varphi = \frac{\sin \varphi}{\cos \varphi},$$

der **Kotangens** zunächst durch

$$\cotg \varphi = \frac{\cos \varphi}{\sin \varphi} \quad \text{für } 0 < \varphi < \pi.$$

Der Tangens wächst streng monoton.

Denn für $-\frac{\pi}{2} < \varphi < \psi < \frac{\pi}{2}$ folgt aus den Additionstheoremen $\boxed{\text{ÜA}}$

$$\tan \psi - \tan \varphi = \frac{\sin(\psi - \varphi)}{\cos \varphi \cos \psi}$$

und die rechte Seite ist positiv wegen $0 < \psi - \varphi < \pi$.

Der Tangens $\tan : \left]-\frac{\pi}{2}, \frac{\pi}{2}\right[\to \mathbb{R}$ *ist surjektiv, d.h. hat $\mathbb{R}$ als Bildmenge.*

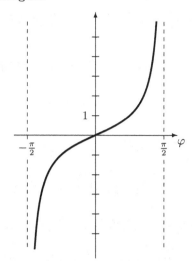

Das wird in §8:5.2 bewiesen.

Wir definieren den **Arcustangens** als Umkehrfunktion des Tangens:

$$\arctan : \mathbb{R} \to \left] -\frac{\pi}{2}, \frac{\pi}{2} \right[$$

(Figur). Es ist

$$\arctan 1 = \frac{\pi}{4},$$

$$\arctan \frac{1}{\sqrt{3}} = \frac{\pi}{6}.$$

Diese Formeln werden wir später zur Berechnung von π heranziehen.

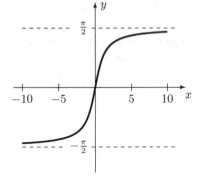

Periodische Fortsetzung. Durch

$$\tan \varphi := \frac{\sin \varphi}{\cos \varphi}$$

für alle $\varphi \in \mathbb{R}$ mit $\cos \varphi \neq 0$ wird der Tangens zu einer π–periodischen Funktion mit Definitionslücken in den Nullstellen des Kosinus fortgesetzt. Entsprechend verfahren wir beim Kotangens.

8.7 Drei wichtige Ungleichungen

(a) $|\sin \varphi| \leq |\varphi|$,

(b) $1 - \frac{\varphi^2}{2} \leq \cos \varphi \leq 1$,

(c) $\dfrac{\tan \varphi}{\varphi} \geq 1 \;\; \text{für} \;\; 0 < |\varphi| < \dfrac{\pi}{2}$.

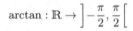

BEWEIS.

(a) Mit den Bezeichnungen der Figur gilt für $|\varphi| \leq \frac{\pi}{2}$

$$|\sin \varphi| = |y| \leq \cdot \sqrt{(1-x)^2 + y^2} = \overline{EP}$$

$$\leq (\text{Bogenlänge zwischen } E \text{ und } P) = |\varphi|$$

nach Definition der Bogenlänge.

Für $|\varphi| > \frac{\pi}{2}$ gilt $|\sin \varphi| \leq 1 < \frac{\pi}{2} < |\varphi|$.

(b) Nach der Halbwinkelformel 8.4 (g) ist

$$0 \leq 1 - \cos \varphi = 2 \left(\sin \frac{\varphi}{2} \right)^2 \leq 2 \left(\frac{\varphi}{2} \right)^2 = \frac{1}{2} \varphi^2.$$

(c) Es sei $0 < \varphi < \frac{\pi}{2}$. In das Kreissegment zwischen den Punkten $E = (1,0)$ und $P = (\cos \varphi, \sin \varphi)$ legen wir ein Sehnenpolygon mit monoton angeordneten Punkten $E = A_0, \ldots, A_n = P$.

Diese Kreispunkte projizieren wir längs Strahlen durch den Ursprung auf die Gerade $x = 1$. Bezeichnen wir die Bildpunkte mit $E = A_0', \ldots, A_n' = P'$, so ist $P' = (1, \tan\varphi)$.

Mit Hilfe des Strahlensatzes ergibt sich mit den Bezeichnungen der Figur

$$\overline{A_{i-1}A_i} = p + q \leq a + b \leq a' + b'$$

$$= \overline{A_{i-1}'A_i'}\,.$$

Addition dieser Ungleichungen ergibt für die Länge des Sehnenpolygons zwischen E und P

$$\sum_{i=1}^{n} \overline{A_{i-1}A_i} \leq \sum_{i=1}^{n} \overline{A_{i-1}'A_i'} = \tan\varphi\,.$$

Hieraus folgt

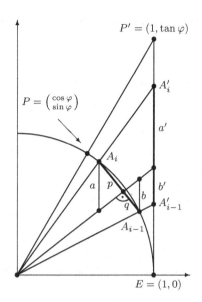

$$\varphi = \left\{ \begin{array}{l} \text{Supremum der Längen aller dem Kreissegment} \\ EP \text{ einbeschriebenen Sehnenpolygone} \end{array} \right\} \leq \tan\varphi\,.$$

Für $-\dfrac{\pi}{2} < \varphi < 0$ folgt $\dfrac{\tan\varphi}{\varphi} = \dfrac{\tan(-\varphi)}{-\varphi} \geq 1\,.$ $\qquad \square$

8.8 Bemerkungen

Die Zurückführung von Kosinus und Sinus auf die Verhältnisse am Einheitskreis ist der natürliche Zugang zu den trigonometrischen Funktionen. Aus systematischer Sicht kann dagegen eingewendet werden, dass hierfür Anleihen bei der Geometrie mit dem Vorgriff auf die Bogenlänge nötig sind. Aus diesem Grund wird in vielen Lehrbüchern ein rein analytischer Zugang gewählt, bei welchem $\cos x$ und $\sin x$ durch Potenzreihen definiert, die Eigenschaften 8.4 und 8.7 analytisch hergeleitet werden und $\pi/2$ als kleinste positive Nullstelle von $\cos x$ erklärt wird. Wir legen jedoch Wert darauf, die trigonometrischen Funktionen geometrisch zu motivieren und zu deuten. Der Preis hierfür ist, dass wir auf Eigenschaften zurückgreifen, die erst in §24:2 bewiesen werden. Die Potenzreihenentwicklungen der trigonometrischen Funktionen leiten wir in §10:1.2 her.

§4 Mengen und Wahrscheinlichkeit

1 Einfache Mengenalgebra

1.1 Vereinigung, Durchschnitt, Differenz

Sind A, B Mengen, so nennen wir die Menge

$$A \cup B := \{x \mid x \in A \text{ oder } x \in B\}$$

die **Vereinigung** von A mit B. Beachten Sie den Gebrauch des Wortes „oder": $x \in A \cup B$ bedeutet $x \in A$ oder $x \in B$ oder beides.

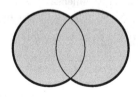

Ferner definieren wir den **Durchschnitt** von A und B:

$$A \cap B := \{x \in A \text{ und } x \in B\}.$$

Dabei kann der Fall eintreten, dass A und B *disjunkt* sind, d.h. keine gemeinsamen Elemente besitzen; wir schreiben dann nach §1 : 1.4 $A \cap B = \emptyset$. Durch die Einführung der leeren Menge ist sichergestellt, dass $A \cap B$ immer eine Menge ist.

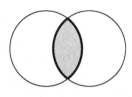

Die **Differenz** von A und B („A ohne B") wird definiert durch

$$A \setminus B := \{x \in A \mid x \notin B\}.$$

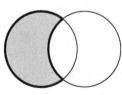

Auch diese Menge kann leer sein. Es ist manchmal hilfreich, sich wie oben die Verhältnisse an *Venn–Diagrammen* zu verdeutlichen. Dadurch gewinnen die logischen Verknüpfungen „oder", „und", „nicht" eine geometrische Anschaulichkeit.

1.2 Teilmengen, Gleichheit von Mengen

Wir nennen A eine **Teilmenge** von B oder **enthalten** in B,

$$A \subset B,$$

wenn jedes Element von A auch zu B gehört. So ist beispielsweise $A \subset A \cup B$.

Denn ist $x \in A$, so ist die Aussage „$x \in A$ oder $x \in B$" richtig. Entsprechend gilt $A \cap B \subset A$.

BEMERKUNG. In der Literatur wird für die Teilmengenbeziehung häufig das Symbol $\subseteq$ verwendet, während $\subset$ für echtes Enthaltensein steht. Für Letzteres schreiben wir $A \subset B$, $A \neq B$.

Gleichheit zweier Mengen. $A = B$ bedeutet $A \subset B$ und $B \subset A$.

1.3 Beispiele für den Nachweis der Gleichheit zweier Mengen

Für beliebige Mengen A, B gelten die *Distributivgesetze*

$$A \cup (B \cap C) = (A \cup B) \cap (A \cup C), \quad A \cap (B \cup C) = (A \cap B) \cup (A \cap C).$$

BEWEIS der ersten Formel.

(Venn–Diagramme sind kein Beweis, da A, B, C in verschiedener Weise zueinander liegen können. Außerdem denken wir nicht nur an Mengen in der Ebene.)

(a) Wir zeigen $A \cup (B \cap C) \subset (A \cup B) \cap (A \cup C)$.

Für jedes Element x von $A \cup (B \cap C)$ folgt $x \in A$ oder $x \in B \cap C$. Im ersten Fall $x \in A$ folgt $x \in A \cup B$ und $x \in A \cup C$ nach 1.2, also $x \in (A \cup B) \cap (A \cup C)$. Im Fall $x \notin A$ folgt $x \in B$ und $x \in C$, also $x \in A \cup B$ und $x \in A \cup C$ nach 1.2. Also ergibt sich beidesmal $x \in (A \cup B) \cap (A \cup C)$.

(b) Umgekehrt: Aus $x \in (A \cup B) \cap (A \cup C)$ folgt zunächst $x \in A \cup B$ und $x \in A \cup C$. Im Fall $x \in A$ folgt sofort $x \in A \cup (B \cap C)$ nach 1.2, andernfalls muss x in B und in C, also in $B \cap C$ enthalten sein. Nach 1.2 liegt dann x auch in $A \cup (B \cap C)$. Somit gehört jedes Element x von $(A \cup B) \cap (A \cup C)$ zu $A \cup (B \cap C)$, d.h. $(A \cup B) \cap (A \cup C) \subset A \cup (B \cap C)$. $\qquad\square$

$\boxed{\text{ÜA}}$ Beweisen Sie in analoger Weise die zweite Formel.

1.4 Weitere Rechenregeln der Mengenalgebra

Unmittelbar aus der Definition von Vereinigung und Durchschnitt folgt

(a) $A \cup B = B \cup A, \quad A \cap B = B \cap A$,

(b) $A \cup (B \cup C) = (A \cup B) \cup C, \quad A \cap (B \cap C) = (A \cap B) \cap C$

(c) $A = A \cap (A \cup B), \quad A = A \cup (A \cap B) \quad \boxed{\text{ÜA}}$.

(d) Aus $A \subset B$ folgt $A = A \cap B$ und umgekehrt.

(e) Entsprechend ist $A \subset B$ gleichbedeutend mit $B = A \cup B$.

1.5 Komplement, de Morgansche Regeln

Betrachten wir nur Teilmengen einer festen Menge E, so wird $E \setminus A$ auch als *Komplement von A (bezüglich E)* bezeichnet. Es gilt dann offenbar

(a) $E = A \cup (E \setminus A)$ und $A \cap (E \setminus A) = \emptyset$

(b) *De Morgansche Regeln* $\boxed{\text{ÜA}}$

$$E \setminus (A \cap B) = (E \setminus A) \cup (E \setminus B), \quad E \setminus (A \cup B) = (E \setminus A) \cap (E \setminus B).$$

1.6 Bildmenge und Urbildmenge

Sei $f : M \to N$ und $A \subset M$. Dann heißt die Menge

$$f(A) = \{ f(x) \mid x \in A \}$$

die **Bildmenge** (das **Bild**) **von** A **unter** f. Für eine Teilmenge B von N heißt

$$f^{-1}(B) = \{ x \in M \mid f(x) \in B \}$$

die **Urbildmenge** (das **Urbild**) **von** B **unter** f. (f braucht nicht invertierbar zu sein!)

$\boxed{\text{ÜA}}$ Zeigen Sie: $f(A \cup B) = f(A) \cup f(B)$,
$$f^{-1}(C \cup D) = f^{-1}(C) \cup f^{-1}(D),$$
$$f^{-1}(C \cap D) = f^{-1}(C) \cap f^{-1}(D).$$
Nicht immer gilt $f(A \cap B) = f(A) \cap f(B)$. Gegenbeispiel?

2 Exkurs über logisches Schließen und Beweistechnik

2.1 Aus $\mathcal{A}$ folgt $\mathcal{B}$ ($\mathcal{A} \Longrightarrow \mathcal{B}$)

Die meisten der mathematischen Lehrsätze sind von folgender Art: Innerhalb eines bestimmten Gegenstandsbereichs folgt unter der Voraussetzung $\mathcal{A}$ die Behauptung $\mathcal{B}$. Wir schreiben dafür

$$\mathcal{A} \Longrightarrow \mathcal{B} \qquad (\text{Aus } \mathcal{A} \text{ folgt } \mathcal{B}; \text{ wenn } \mathcal{A}, \text{ dann } \mathcal{B}).$$

BEISPIELE.

(a) *Im Rahmen der Anordnung reeller Zahlen*
$$\mathcal{A} : 0 \le x < y, \qquad \mathcal{B} : x^2 < y^2.$$

(b) *Rationale Zahlen, Teilbarkeit ganzer Zahlen*
$$\mathcal{A} : r = \frac{p}{q}, \qquad \mathcal{B} : r^2 \neq 2.$$

(c) *Polynome* (vgl. §3:7). Aus $\mathcal{A} : p(\lambda) = 0$ folgt
$$\mathcal{B} : p(x) = (x - \lambda)q(x) \text{ mit einem geeigneten Polynom } q.$$

(d) *Mengen* $\mathcal{A} : x \in A \cap B, \qquad \mathcal{B} : x \in A$.

2.2 Direkter und indirekter Beweis, Widerspruchsbeweis

Der Beweis der Aussage $\mathcal{A} \Longrightarrow \mathcal{B}$ kann auf drei Arten geschehen.

(a) **Direkter Beweis.** *Mit Hilfe der Grundannahmen des jeweiligen Gegenstandsbereichs, schon bewiesener Sätze und der Voraussetzung $\mathcal{A}$ schließen wir mit Hilfe der Logik auf die Richtigkeit von $\mathcal{B}$.*

BEISPIEL. Die Grundannahmen über die Anordnung reeller Zahlen sind (O_1) bis (O_4), vgl. §1:5. Wir zeigen

$$0 \leq x < y \Longrightarrow x^2 < y^2 \quad (\text{also } \mathcal{A}(x,y) \Longrightarrow \mathcal{B}(x,y))$$

BEWEIS.

Seien x, y reelle Zahlen mit $0 \leq x < y$. Es gibt zwei Fälle:

(α) $x = 0$, also $0 < y$. Nach (O_4) folgt durch Multiplikation der Ungleichung $0 < y$ mit y, dass $0 < y^2$, also $0 = x^2 < y^2$.

(β) $x > 0$. Nach (O_2) folgt $y > 0$. Aus (O_4) folgt einerseits $x^2 < xy$ (Multiplikation von $x < y$ mit $x > 0$), andererseits $xy < y^2$ (Multiplikation von $x < y$ mit $y > 0$).

Aus beiden Ungleichungen folgt mit (O_2) $x^2 < y^2$. □

(b) **Widerspruchsbeweis.** $\mathcal{A} \Longrightarrow \mathcal{B}$ bedeutet, dass der Fall „$\mathcal{A}$ richtig, $\mathcal{B}$ falsch" nicht eintreten kann. Um das zu zeigen, nehmen wir einmal an, $\mathcal{A}$ sei richtig und $\mathcal{B}$ sei falsch und leiten daraus einen Widerspruch ab, d.h. wir zeigen, dass sich dann eine bestimmte Aussage zusammen mit ihrem Gegenteil ergeben müsste, was natürlich nicht sein kann.

Ein klassisches Beispiel ist der Beweis für die Irrationalität von $\sqrt{2}$ (§1:12): Um zu zeigen, dass $r \in \mathbb{Q} \Longrightarrow r^2 \neq 2$ gilt, nahmen wir an, es sei $r \in \mathbb{Q}$ und $r^2 = 2$ und zeigten, dass einerseits

$$\text{„} r = \frac{p}{q} \text{ mit teilerfremden ganzen Zahlen } p, q \text{"} \quad \text{und andererseits}$$

$$\text{„} 2 \mid p \text{ und } 2 \mid q \text{"} \quad \text{gelten muss .}$$

(c) **Indirekter Beweis.** *Wir zeigen auf direktem Wege: Ist $\mathcal{B}$ falsch, so ist auch $\mathcal{A}$ falsch.* Wenn dann $\mathcal{A}$ richtig ist, so muss auch $\mathcal{B}$ richtig sein, sonst hätten wir einen Widerspruch: $\mathcal{A}$ richtig und $\mathcal{A}$ falsch. Dazu sei noch einmal bemerkt: *Nicht falsch bedeutet richtig (tertium non datur).*

BEISPIEL. Für die Anordnung der reellen Zahlen nach (O_1) bis (O_4) gilt

$$x^2 \leq y^2 \Longrightarrow |x| \leq |y| \qquad (\mathcal{A}(x,y) \Longrightarrow \mathcal{B}(x,y))$$

Indirekter Beweis. Wäre $|x| > |y|$, so hätten wir nach dem oben bewiesenen Satz $x^2 = |x|^2 > |y|^2 = y^2$, also wäre $\mathcal{A}(x,y)$ falsch. □

Ex falso quodlibet (Aus Falschem folgt Alles). Die Aussage $\mathcal{A} \Longrightarrow \mathcal{B}$ wollen wir stets dann als richtig ansehen, wenn die Voraussetzung $\mathcal{A}$ nicht eintreten kann. Dass die leere Menge Teilmenge jeder Menge A ist, bedeutet nach 1.2

$$x \in \emptyset \Longrightarrow x \in A.$$

In der Tat: Zeige mir ein $x \in \emptyset$, dann zeige ich Dir ein $x \in A$.

3 Notwendige und hinreichende Bedingungen

3.1 Zum Sprachgebrauch. Gilt $\mathcal{A} \Longrightarrow \mathcal{B}$, so heißt $\mathcal{A}$ eine *hinreichende Bedingung für* $\mathcal{B}$, und $\mathcal{B}$ heißt *eine notwendige Bedingung für* $\mathcal{A}$.

BEISPIEL. Oft reicht es zum Nachweis von $a_n \to 0$ hin, die Bedingung $|a_n| \leq \frac{c}{n}$ nachzuweisen. Diese Bedingung ist also hinreichend für die Nullfolgeneigenschaft, aber nicht notwendig, wie das Beispiel der Folge $\left(\frac{1}{\sqrt{n}}\right)$ zeigt.

3.2 Äquivalente Bedingungen

Wir sagen, die Aussagen $\mathcal{A}$ und $\mathcal{B}$ seien *äquivalent* oder *gleichbedeutend* (in Zeichen $\mathcal{A} \Longleftrightarrow \mathcal{B}$), wenn $\mathcal{B}$ eine *notwendige und hinreichende Bedingung* für $\mathcal{A}$ ist. Wir sagen in diesem Fall auch: $\mathcal{A}$ ist *genau dann* richtig, wenn $\mathcal{B}$ richtig ist.

BEISPIEL. Für Polynome p vom Grad ≥ 1 gilt:

$$\lambda \text{ ist Nullstelle von } p \iff x - \lambda \text{ teilt } p(x) \quad (\text{vgl. } \S\,3:7.6)\,.$$

3.3 Beachtung der Schlussrichtung beim Lösen von Gleichungen

Die Gleichung

$$(1) \qquad \sqrt{x^2 - 16} = 2 - x$$

führt durch Quadrieren auf die Gleichung

$$(2) \qquad x^2 - 16 = (2 - x)^2 = 4 - 4x + x^2\,, \quad \text{also auf } x = 5\,.$$

Wir sehen aber durch Einsetzen in (1), dass $x = 5$ keine Lösung ist. Es gilt

$$(1) \Longrightarrow (2) \Longrightarrow x = 5\,;$$

für eine Lösung von (1) folgt notwendig $x = 5$. Der Umkehrschluss „$x = 5 \Longrightarrow x$ erfüllt (1)" gilt nicht, aus (2) folgt nur $\sqrt{x^2 - 16} = |2 - x|$.

4 Beliebige Vereinigungen und Durchschnitte

4.1 Definition und Beispiele. Sei I eine nichtleere Menge. Zu jedem $i \in I$ sei eine Menge A_i gegeben. I heißt *Indexmenge* für die Kollektion der A_i.

Wir definieren

$$\bigcup_{i \in I} A_i = \{x \mid x \in A_k \text{ für wenigstens ein } k \in I\},$$

$$\bigcap_{i \in I} A_i = \{x \mid x \in A_i \text{ für jedes } i \in I\}\,.$$

BEISPIELE.

(a) $I = \mathbb{N}$, $A_i = \left[\frac{1}{1+i}, \frac{1}{i}\right]$. Dann gilt $\bigcup_{i \in \mathbb{N}} A_i = \,]0,1]$.

Denn ist $x \in \bigcup_{i \in \mathbb{N}} A_i$, so gibt es ein $k \in \mathbb{N}$ mit $x \in \left[\frac{1}{k+1}, \frac{1}{k}\right]$, somit gilt

$$0 < \tfrac{1}{k+1} \le x \le \tfrac{1}{k} \le 1.$$

Umgekehrt, für $x \in]0,1]$ wählen wir $k := \left[\frac{1}{x}\right] \in \mathbb{N}$, es ist dann $k \le \frac{1}{x} < k+1$, also $x \in \left[\frac{1}{k+1}, \frac{1}{k}\right]$.

(b) Für die von einer Intervallschachtelung $([a_n, b_n])$ erfasste reelle Zahl a gilt

$$\{a\} = \bigcap_{n \in \mathbb{N}} [a_n, b_n].$$

(c) Für $I = \mathbb{R}_{>0}$ und $A_r = \left[\frac{r}{2}, 2r\right]$ ist $\bigcup_{r>0} A_r = \mathbb{R}_{>0}$ $\boxed{\text{ÜA}}$.

4.2 Die de Morganschen Regeln

Ist $I \neq \emptyset$ und $A_i \subset E$ für alle $i \in I$, so gilt

$$E \setminus \bigcup_{i \in I} A_i = \bigcap_{i \in I} (E \setminus A_i),$$
$$E \setminus \bigcap_{i \in I} A_i = \bigcup_{i \in I} (E \setminus A_i) \quad \text{(vgl. 1.5)}.$$

Denn es gilt: $x \in E \setminus \bigcup_{i \in I} A_i$ $\quad\Longleftrightarrow$

$\qquad x \in E$ und $x \notin \bigcup_{i \in I} A_i$ $\quad\Longleftrightarrow$

$\qquad x \in E$ und es gibt kein $i \in I$ mit $x \in A_i$ $\quad\Longleftrightarrow$

$\qquad x \in E$ und $x \notin A_i$ für alle $i \in I$ $\quad\Longleftrightarrow$

$\qquad x \in E \setminus A_i$ für alle $i \in I$ $\quad\Longleftrightarrow$

$\qquad x \in \bigcap_{i \in I} (E \setminus A_i)$.

Der Beweis der zweiten Formel sei dem Leser als $\boxed{\text{ÜA}}$ überlassen.

5 Beispiele zur Wahrscheinlichkeit

5.1 Münzwurf

Bei einer längeren Serie von Münzwürfen erwarten wir, dass in etwa der Hälfte aller Fälle die „Zahl" oben liegt (und natürlich dann auch in etwa der Hälfte aller Fälle „Wappen"). Ein Experiment von Karl PEARSON zu Beginn des 20. Jahrhunderts ergab beispielsweise bei 24000 Würfen 12012 mal die „Zahl". Dem entspricht eine *relative Häufigkeit* der „Zahl" von $\frac{12012}{24000} = 0.5005$.

Unsere Erwartung an das Ergebnis beim Werfen mit einer völlig symmetrischen Münze drücken wir wie folgt aus: Bei einer idealen Münze ist die *Wahrscheinlichkeit* für „Wappen" und „Zahl" jeweils $\frac{1}{2}$.

5.2 Zweimaliger Münzwurf

Wir werfen zweimal hintereinander eine ideale Münze und notieren die 4 möglichen Ausgänge folgendermaßen:

$$(Z, Z), \ (Z, W), \ (W, Z), \ (W, W)$$

(Z für „Zahl", W für „Wappen"). Die Wahrscheinlichkeit für jeden dieser Ausgänge halten wir für gleich, demnach müsste sie jeweils $\frac{1}{4}$ betragen. Wir können diese Einschätzung auch so plausibel machen: Bei einer größeren Versuchsreihe wird in etwa der Hälfte aller Fälle zuerst Z erscheinen, in der Hälfte dieser Fälle, also in einem Viertel aller Fälle wäre auch das zweite Ergebnis Z. Somit ist die Wahrscheinlichkeit für (Z, Z) gegeben durch $\frac{1}{4}$. Gleiches ergibt sich bei der Diskussion der drei anderen Fälle.

5.3 Zweimaliges Ziehen aus einem Kartenspiel

Wir ziehen aus einem Paket mit 16 roten und 16 schwarzen Karten hintereinander 2 Karten ohne Zurückstecken. Die Wahrscheinlichkeit, erst Rot und dann Schwarz zu ziehen, beurteilen wir mit $\frac{8}{31}$. Denn die Chancen, erst Rot zu ziehen stehen fifty–fifty – wir sagen, die Wahrscheinlichkeit hierfür ist $\frac{1}{2}$. Nun sind noch 31 Karten mit 16 schwarzen übrig; die Wahrscheinlichkeit für (Rot,Schwarz) ist daher $\frac{1}{5} \cdot \frac{16}{32}$ (Begründung?).

Wir notieren die möglichen Farbkombinationen und ihre Wahrscheinlichkeiten (R für Rot, S für Schwarz):

$$(R, R) \ \ \frac{15}{62}, \quad (R, S) \ \ \frac{8}{31}, \quad (S, R) \ \ \frac{8}{31}, \quad (S, S) \ \ \frac{15}{62}.$$

5.4 Beispiel für die Zweckmäßigkeit des Mengenmodells

Wir werfen zweimal mit einem idealen Würfel und fragen nach der Wahrscheinlichkeit p dafür, dass die Augensumme beider Würfe 5 oder 6 beträgt. Dazu zeichnen wir ein Diagramm aller 36 möglichen Ergebnisse und schraffieren die uns interessierenden Möglichkeiten. Durch Abzählen der Punkte in der schraffierten Fläche F erhalten wir

$$p = \frac{\text{Anzahl der Punkte in } F}{\text{Gesamtzahl der Punkte}}$$

$$= \frac{9}{36} = \frac{1}{4}.$$

6 Das mathematische Modell endlicher Zufallsexperimente

6.1 Zufallsexperimente und Ereignisse

Bevor wir zur mathematischen Definition endlicher Wahrscheinlichkeitsräume kommen, gehen wir auf den Sprachgebrauch ein.

(a) Ein *Zufallsexperiment* ist ein unter gleichen Bedingungen wiederholbar gedachter Versuch, dessen Ergebnis vom Zufall abhängt. Eine einmalige Durchführung eines Zufallsexperiments heißt *Stichprobe*.

(b) Aussagen über den Ausgang eines Zufallsexperiments heißen *Ereignisse*. Den Ereignissen entsprechen also denkbare Fragen über das Ergebnis eines Zufallsexperiments.

Beim Werfen mit 2 Münzen treten zu den Ereignissen (Z,Z), (Z,W), (W,Z) und (W,W), welche alle möglichen Stichprobenergebnisse wiedergeben, u.A. noch folgende Ereignisse hinzu:

Das Ereignis „Genau einmal Z" oder, gleichbedeutend damit, „Genau einmal W" (Wahrscheinlichkeit $\frac{1}{2}$)

Das Ereignis „Beide Würfe haben dasselbe Ergebnis" (Wahrscheinlichkeit $\frac{1}{2}$)

Das sichere Ereignis „Irgend eine Kombination von Z und W" (Wahrscheinlichkeit 1)

Unmögliches Ereignis „Gleichzeitig (W,Z) und (Z,W)" (Wahrscheinlichkeit 0).

6.2 Verknüpfung von Ereignissen.
Beim Werfen eines idealen Würfels betrachten wir die Ereignisse

E_1 „ungerade Augenzahl" (Wahrscheinlichkeit $\frac{1}{2}$) und

E_2 „Primzahl", also eine der Zahlen 2, 3 oder 5 (Wahrscheinlichkeit $\frac{1}{2}$).

Das Ereignis „ungerade Primzahl" tritt dann ein, wenn E_1 *und* E_2 eintreten, entsprechend können wir vom Ereignis E_1 *oder* E_2 : „Primzahl oder ungerade Augenzahl" sprechen; es tritt ein, wenn eine der Zahlen 1, 2, 3 oder 5 geworfen wird. Schließlich können wir nach der Wahrscheinlichkeit fragen, dass *nicht* E_1 eintritt.

Im Beispiel 5.4 haben wir gesehen, wie Ereignisse durch Teilmengen der Menge aller möglichen Stichprobenergebnisse beschrieben werden können. Dem Ereignis E_1 *und* E_2 entspricht im Mengenbild der Durchschnitt der betreffenden Teilmengen, dem Ereignis E_1 *oder* E_2 entspricht die Vereinigung.

6.3 Endliche Wahrscheinlichkeitsräume

Wir behandeln hier Wahrscheinlichkeitsfragen, die sich durch das folgende mathematische Modell beschreiben lassen:

Eine endliche Menge $\Omega = \{\omega_1, \ldots, \omega_N\}$ von *Merkmalen* (für die Stichprobenergebnisse) und eine Wahrscheinlichkeitsbelegung: Jedem möglichen Stichprobenergebnis ω_k ist eine Wahrscheinlichkeit $p_k \in [0,1]$ zugeordnet, wobei $\sum\limits_{k=1}^{N} p_k = 1$ verlangt wird. Ω heißt **Merkmalraum** oder **Stichprobenraum**; die Teilmengen von Ω heißen **Ereignisse**, die einelementigen Ereignisse heißen **Elementarereignisse**. Jedem Ereignis wird durch

$$p(A) = \sum_{\omega_i \in A} p_i$$

eine **Wahrscheinlichkeit** zugeordnet. Für diese gilt:

(W_1) $0 \le p(A) \le 1$,

(W_2) $p(\Omega) = 1$,

(W_3) $p(A \cup B) = p(A) + p(B)$, falls $A \cap B = \emptyset$.

Wir sprechen von einem **endlichen Wahrscheinlichkeitsraum** (Ω, p) und von einem **Wahrscheinlichkeitsmaß** p.

6.4 Beispiele

Ist von den Elementarereignissen einer Stichprobenmenge $\Omega = \{\omega_1, \ldots, \omega_N\}$ keines vor den anderen ausgezeichnet, so betrachten wir alle als gleich wahrscheinlich. Hat ein Ereignis $A \subset \Omega$ die Elementezahl $n(A)$, so setzen wir

$$p(A) = \frac{n(A)}{n(\Omega)} = \frac{n(A)}{N} \, .$$

(a) *Münzwurf.* Hier ist $\Omega = \{Z, W\}$, Ereignisse sind $\{Z\}$, $\{W\}$ und $\Omega = \{Z, W\}$ (das sichere Ereignis) sowie $\emptyset$ (das unmögliche Ereignis). Bezeichnen wir das Merkmal „Zahl" mit ω_1, das Merkmal „Wappen" mit ω_2, so ist $p_1 = p_2 = \frac{1}{2}$.

(b) *Zweifacher Münzwurf.* Hier ist $\Omega = \{(Z, Z), (Z, W), (W, Z), (W, W)\}$. Das Ereignis „Genau einmal Zahl" wird durch $A = \{(Z, W), (W, Z)\}$ beschrieben, es hat die Wahrscheinlichkeit $p(A) = \frac{1}{4} + \frac{1}{4} = \frac{1}{2}$.

(c) *Einmaliges Ziehen aus einem Kartenspiel mit 32 Karten.* Wir setzen $\omega_1 = (\clubsuit, \text{As})$, $\omega_2 = (\clubsuit, 10)$, $\omega_3 = (\clubsuit, \text{König})$, ..., $\omega_8 = (\clubsuit, 7)$, $\omega_9 = (\spadesuit, \text{As})$, ..., $\omega_{16} = (\spadesuit, 7)$, $\omega_{17} = (\heartsuit, \text{As})$, ..., $\omega_{24} = (\heartsuit, 7)$, $\omega_{25} = (\diamondsuit, \text{As})$, ..., $\omega_{32} = (\diamondsuit, 7)$.

Die Wahrscheinlichkeit des Ereignisses „Schwarzes Bild", beschrieben durch die Menge $A = \{\omega_3, \omega_4, \omega_5, \omega_{11}, \omega_{12}, \omega_{13}\}$, ist also $p(A) = 6 \cdot \frac{1}{32} = \frac{3}{16}$.

ÜA Bestimmen Sie die Wahrscheinlichkeit für „Augensumme Primzahl".

6.5 Verschiedene Modelle und Eindringtiefen

(a) Interessieren wir uns beim vorangehenden Beispiel nur für die Kartenwerte, so ist der Merkmalraum

$$\Omega_1 = \{\text{As, Zehn, König, Dame, Bube, 9, 8, 7}\}$$

zur Beschreibung ausreichend. Jedes der Elementarereignisse {As}, {Zehn}, {König}, {Dame}, {Bube}, {9}, {8} und {7} muss offenbar als gleich wahrscheinlich angesehen werden, also jeweils die Wahrscheinlichkeit $\frac{1}{8}$ haben. Demnach ist die Wahrscheinlichkeit dafür, ein Bild zu ziehen, gegeben durch

$$p(\{\text{König, Dame, Bube}\}) = 3 \cdot \tfrac{1}{8} = \tfrac{3}{8}.$$

Interessieren wir uns nur für die Farbwerte, so genügt

$$\Omega_2 = \{\clubsuit, \spadesuit, \heartsuit, \diamondsuit\}.$$

Fragen wir nur nach den Farben, so ist es zweckmäßig,

$$\Omega_3 = \{\text{Rot}, \text{Schwarz}\}$$

zu betrachten, wobei die Elementarereignisse {Rot}, {Schwarz} jeweils Wahrscheinlichkeit $\frac{1}{2}$ haben.

Für ein und dasselbe Zufallsexperiment können je nach Fragestellung verschiedene Merkmalräume zweckmäßig sein. Fassen wir, wie oben geschehen, Gruppen von Merkmalen zu neuen Merkmalen zusammen, so sprechen wir von einer geringeren *Eindringtiefe*.

(b) *Werfen mit zwei Würfeln.* Es bieten sich zwei Merkmalräume an:

(α) $\Omega_1 = \{(1,1), (1,2), \ldots, (1,6), (2,1), \ldots, (6,6)\}$, wobei jedes Elementarereignis durch ein geordnetes Paar (i,k) beschrieben wird und jeweils Wahrscheinlichkeit $\frac{1}{36}$ hat, vgl. 5.4.

(β) $\Omega_2 = \{\{1,1\}, \{1,2\}, \ldots, \{1,6\}, \{2,2\}, \{2,3\} \ldots, \{2,6\}, \ldots,$
$\{3,3\}, \{3,4\}, \ldots, \{5,5\}, \{5,6\}, \{6,6\}\}.$

Hier sind die Merkmale ungeordneter Paare, und nicht alle Elementarereignisse sind gleich wahrscheinlich:

$$p_1 = \frac{1}{36}, \; p_2 = \frac{1}{18} = p_3 = p_4 = p_5 = p_6, \; p_7 = \frac{1}{36} \; \text{usw.}$$

$\boxed{\text{ÜA}}$ Zeichnen Sie analog zu 5.4 ein Mengendiagramm und bestimmen Sie die Wahrscheinlichkeit für „Augensumme 5 oder 6".

6.6 Relative Häufigkeiten

Ein Zufallsexperiment sei durch den Merkmalraum $\Omega = \{\omega_1, \ldots, \omega_N\}$ beschrieben. Es werden n Stichproben gemacht. Dabei trete n_k–mal das Ergebnis ω_k auf $\left(\sum_{k=1}^{N} n_k = n \right)$. Dann heißt

$$h_n(A) = \frac{1}{n} \sum_{\omega_k \in A} n_k$$

die *relative Häufigkeit* des Ereignisses A.

Offenbar gilt

(1) $0 \leq h_n(A) \leq 1$,

(2) $h_n(\Omega) = 1$,

(3) $h_n(A \cup B) = h_n(A) + h_n(B)$, falls $A \cap B = \emptyset$.

Setzen wir $p(A) := h_n(A)$, so gelten also die Eigenschaften 6.3 eines endlichen Wahrscheinlichkeitsraums sowie alle daraus folgenden Sätze.

BEMERKUNG Die Wahrscheinlichkeitsrechnung ist aus der Erfahrung heraus entstanden, dass bei n–maliger Wiederholung eines Zufallsexperiments (unter gleichen Bedingungen) sich die relativen Häufigkeiten $h_n(A)$ auf einen Wert w einpendeln. Es wird dann davon ausgegangen, dass ein Wahrscheinlichkeitsmaß p zugrunde liegt mit $p(A) = w$. Liegt umgekehrt ein Wahrscheinlichkeitsmaß p wie etwa das Laplacesche vor, so lässt sich zeigen, dass es für jedes noch so kleine $\varepsilon > 0$ für wachsendes n immer unwahrscheinlicher wird, dass $|p(A) - h_n(A)| > \varepsilon$ ausfällt (schwaches Gesetz der großen Zahl, Jakob BERNOULLI 1713). Daher müssen die Gesetze der Wahrscheinlichkeit mit denen für relative Häufigkeiten verträglich sein.

7 Das Rechnen mit Wahrscheinlichkeiten

7.1 Rechenregeln für Wahrscheinlichkeiten

Auf dem Merkmalraum $\Omega = \{\omega_1, \ldots, \omega_n\}$ sei ein Wahrscheinlichkeitsmaß p gegeben mit den Eigenschaften W_1, W_2 und W_3 von 6.3. Dann gilt

(a) $A \subset B \Longrightarrow p(A) \leq p(B)$,

(b) $p(\Omega \setminus A) = 1 - p(A)$,

(c) $p(A \cup B) = p(A) + p(B) - p(A \cap B)$.

BEWEIS.

(a) Es ist $B = A \cup (B \setminus A)$ und $A \cap (B \setminus A) = \emptyset$, also folgt nach (W_3)

$$p(B) = p(A) + p(B \setminus A) \geq p(A).$$

(b) Es ist $\Omega = A \cup (\Omega \setminus A)$ und $A \cap (\Omega \setminus A) = \emptyset$, also ist nach (W_2) und (W_3)

$$1 = p(\Omega) = p(A) + p(\Omega \setminus A).$$

(c) Es ist $A \cup B = A \cup (B \setminus A)$ und $A \cap (B \setminus A) = \emptyset$, also $p(A \cup B) = p(A) + p(B \setminus A)$.

Ferner ist $B = (A \cap B) \cup (B \setminus A)$ und $(A \cap B) \cap (B \setminus A) = \emptyset$, somit

$$p(B) = p(A \cap B) + p(B \setminus A) \quad \text{oder} \quad p(B \setminus A) = p(B) - p(A \cap B). \qquad \square$$

7.2 Aufgabe. Geben Sie eine Formel für $p(A \cup B \cup C)$ an.

7.3 Der Additionssatz für unvereinbare Ereignisse

Zwei Ereignisse A, B heißen *unvereinbar*, wenn $A \cap B = \emptyset$. Entsprechend heißen die Ereignisse $A_1, A_2, \ldots, A_n$ paarweise unvereinbar, wenn $A_i \cap A_k = \emptyset$ für $i \neq k$. In diesem Falle gilt

$$p(A_1 \cup \ldots \cup A_n) = p(A_1) + \ldots + p(A_n).$$

Das folgt leicht aus (W_3) mittels vollständiger Induktion.

7.4 Der Produktsatz

Ein Zufallsexperiment sei durch den Merkmalraum $\Omega = \{\omega_1, \ldots, \omega_N\}$ und die Wahrscheinlichkeiten $p_k = p(\{\omega_k\})$ beschrieben. Machen wir zwei Stichproben hintereinander, so können wir das Ergebnis durch ein geordnetes Paar (ω_k, ω_l) beschreiben, wo ω_k das erste, ω_l das zweite Stichprobenergebnis ist. Ein adäquater Merkmalraum für die beiden Versuche zusammen ist also das *„kartesische Produkt"*

$$\Omega \times \Omega = \{(\omega_1, \omega_1), (\omega_1, \omega_2), \ldots, (\omega_n, \omega_n)\}.$$

Liegen für die zweite Ziehung unabhängig vom Ergebnis der ersten dieselben Wahrscheinlichkeiten $p_k = p(\{\omega_k\})$ vor, so wird die Wahrscheinlichkeit dafür, dass beim ersten Versuch das Ereignis A und beim zweiten das Ereignis B eintritt, als das Produkt $p(A) \cdot p(B)$ angesetzt. Insbesondere ist die Wahrscheinlichkeit für das Merkmal (ω_k, ω_l) gegeben durch $p_k \cdot p_l$. Dies ist plausibel: Ist beispielsweise $p(A) = \frac{3}{4}, p(B) = \frac{2}{3}$, so wird in drei Viertel aller Fälle zuerst das Ereignis A eintreten, und in zwei Drittel dieser Fälle, also in $\frac{3}{4} \cdot \frac{2}{3}$ aller Fälle anschließend das Ereignis B.

Voraussetzung ist, wie gesagt, dass beim zweiten Versuch wieder dieselben Wahrscheinlichkeiten gelten wie beim ersten. Im Beispiel 5.3 (zweimaliges Ziehen aus einem Kartenspiel ohne Zurückstecken) ist dies nicht der Fall.

Machen wir unter immer gleichen Bedingungen n Stichproben hintereinander, so multiplizieren sich die Wahrscheinlichkeiten entsprechend: Die Wahrscheinlichkeit dafür, dass in der ersten Stichprobe das Ereignis A_1, in der zweiten das Ereignis A_2, ..., in der n–ten Stichprobe das Ereignis A_n auftritt, ist

$$p(A_1)p(A_2) \cdots p(A_n).$$

7.5 Ein Problem des Chevalier de Méré

Anstoß zur systematischen Untersuchung von Wahrscheinlichkeiten gab 1654 eine Anfrage des Glücksspielers und Mathematikdilettanten de MÉRÉ bei Blaise PASCAL. Er und seine adligen Mitspieler hatten die Erfahrung gemacht, dass es sich auf Dauer lohnt, bei viermaligem Würfeln darauf zu wetten, dass mindestens einmal die Sechs auftritt. Kein Wunder! Die Wahrscheinlichkeit, bei vier

Würfen nicht ein einziges Mal die Sechs zu erzielen, ist nach dem Multiplikationssatz $\left(\frac{5}{6}\right)^4 \approx 0.482$.

DE MÉRÉ dachte sich daraufhin folgende Wette aus: „Wetten, dass bei 24 Würfen mit zwei Würfeln mindestens ein Sechserpasch (–paar) auftritt?". Er hatte sich das so zurechtgelegt: Die Wahrscheinlichkeit („*facilité*"), nach der Sechs nochmal eine Sechs zu würfeln, ist sechsmal kleiner als die Wahrscheinlichkeit der Sechs. Also müssen sechsmal soviele Würfe angesetzt werden wie bei der Viererwette, um dieselben Chancen zu haben. Die Mitspieler durchschauten den schlauen Plan nicht und wetteten eifrig dagegen, dies umso lieber, als sie mit schöner Regelmäßigkeit dabei gewannen. De MÉRÉ konnte sich das Scheitern seiner Hypothese nicht erklären. Er dachte auch über folgende Frage nach: Angenommen, den Einsatz erhält, wer als erster n Partien gewonnen hat. Wie ist der Einsatz bei Abbruch des Spiels nach m Partien gerecht aufzuteilen? Mit dem Briefwechsel zwischen PASCAL und FERMAT über die letzte Frage begann die Theorie der Glücksspiele, d.h. der sich aus Symmetrieannahmen mit Hilfe der Kombinatorik (s.u.) ergebenden Folgerungen. Das Verhältnis zwischen Wahrscheinlichkeitsannahmen und beobachteter Häufigkeit (Gesetz der großen Zahl) und die sich daraus ergebenden Anwendungsmöglichkeiten auf andere Problemfelder untersuchte Jakob BERNOULLI in seiner 1713 erschienenen *Ars conjectandi* (Kunst des Vermutens).

[ÜA] Zeigen Sie, dass die Wahrscheinlichkeit, gegen DE MÉRÉ zu gewinnen, annähernd 0.5086 beträgt.

8 Kombinatorische Grundformeln (Teil I)

8.1 Laplacesche Wahrscheinlichkeitsräume

Haben alle Elementarereignisse $\{\omega_k\}$ von $\Omega = \{\omega_1, \ldots, \omega_N\}$ dieselbe Wahrscheinlichkeit, so muss diese $\frac{1}{N}$ betragen $\left(\sum p_k = 1\right)$.

Ist $n(A)$ die Elementezahl von A, so ist $p(A) = \frac{n(A)}{N}$. In vielen Lehrbüchern findet sich die Formulierung

$$p(A) = \frac{\text{Zahl der (für } A) \text{ günstigen Fälle}}{\text{Zahl aller möglichen Fälle}} \cdot$$

In solchen „Laplaceschen Wahrscheinlichkeitsräumen" läuft daher die Wahrscheinlichkeitsrechnung auf das Auszählen von Realisierungsmöglichkeiten hinaus, die sogenannte *Kombinatorik*.

Pierre Simon LAPLACE gedachte die Theorie des Zufalls auf die Auszählung gleich möglicher Fälle zurückzuführen. (*Essay philosophique des probabilités* 1814).

8.2 Permutationen

Wie wahrscheinlich ist es, dass ein Kartenspiel von 32 Karten nach gründlichem Mischen zufällig nach Farben und Werten geordnet ist? („Nach gründlichem Mischen" soll heißen, dass jede denkbare Anordnung als gleich wahrscheinlich angesehen werden kann.) Das führt uns auf die

Erste Grundaufgabe

Auf wie viele Arten lassen sich die Elemente einer Menge $\Omega = \{\omega_1, \ldots, \omega_N\}$ anordnen, d.h. als geordnetes n–Tupel $(\omega_{n_1}, \omega_{n_2}, \ldots, \omega_{n_N})$ schreiben?

Offenbar genügt es, statt der $\omega_1, \ldots, \omega_N$ ihre Nummern $1, \ldots, N$ zu betrachten. Wir fragen also: *Wieviele Möglichkeiten gibt es, die Zahlen des Abschnitts*

$$A_N = \{1, \ldots, N\}$$

als geordnetes N–Tupel $(n_1, n_2, \ldots, n_N)$ aufzuschreiben, wobei jede der Zahlen $1, \ldots, N$ in dem N–Tupel genau einmal vorkommt?

Jede solche Anordnung bestimmt eine bijektive Abbildung $f : A_N \to A_N$, nämlich $f : k \mapsto n_k$ ($k \in A_N$). Ist umgekehrt $f : A_N \to A_N$ bijektiv, so bestimmt f eine Anordnung von A_N, nämlich $(f(1), f(2), \ldots, f(N))$.

Wir können also die erste Grundaufgabe auch so formulieren:

Wieviele bijektive Abbildungen $f : A_N \to A_N$ gibt es?

Oder noch allgemeiner: Sind $\Omega = \{\omega_1, \ldots, \omega_N\}$ und $M = \{m_1, \ldots, m_N\}$ zwei N–elementige Mengen, so fragen wir nach der Anzahl der bijektiven Abbildungen $g : \Omega \to M$. Denn jede bijektive Abbildung $g : \Omega \to M$ erhalten wir, indem die Nummern aufeinander abgebildet werden.

Die gesuchte Anzahl bezeichnen wir mit $P(N)$. Dann ist $P(1) = 1$. Wir wollen jetzt zeigen: $P(n + 1) = (n + 1)P(n)$. Begründung: Jede bijektive Abbildung $f : A_{n+1} \to A_{n+1}$ kann folgendermaßen festgelegt werden:

(a) Angabe von $f(n + 1)$. Dazu gibt es $n + 1$ Möglichkeiten.

(b) Angabe einer bijektiven Abbildung von A_n nach $A_{n+1} \setminus \{f(n + 1)\}$.

Da beide Mengen n–elementig sind, ist dies auf $P(n)$ Arten möglich. Aus der Formel $P(1) = 1$, $P(n + 1) = (n + 1)P(n)$ folgt sukzessive

$$P(2) = 2, \ P(3) = 3 \cdot P(2) = 3 \cdot 2 = 6, \ \ldots, P(N) = N(N - 1) \cdots 2 \cdot 1 = N!.$$

Für eine bijektive Abbildung $f : M \to M$ einer beliebigen nichtleeren Menge M auf sich wird auch das Wort **Permutation** (im Sinne von Umordnung) verwendet.

Somit haben wir erhalten:

Die Anzahl der Permutationen einer N–elementigen Menge beträgt $N!$.

8.3 Geordnete Stichproben mit Zurücklegen

Zweite Grundaufgabe

(a) In einer Urne befinden sich k nummerierte Lose $L_1, \ldots, L_k$. Wir wiederholen n–mal folgenden Vorgang: Mischen, Ziehen, die gezogene Nummer notieren, das Los zurücklegen. Das Ergebnis ist ein geordnetes n–Tupel $(k_1, \ldots, k_n)$. Gesucht ist die Anzahl $F(n, k)$ aller solchen n–Stichproben.

(b) Mit anderen Worten:

Gesucht ist die Anzahl aller Abbildungen $f : A_n \to A_k$ (allgemeiner: einer n–elementigen Menge in eine k–elementige).

(c) Auf wie viele Arten lassen sich n unterscheidbare Kugeln $K_1, \ldots, K_n$ auf k Urnen $U_1, \ldots, U_k$ verteilen?

Die gesuchte Anzahl ist in allen drei Fällen

$$F(n, k) = k^n.$$

BEWEIS.

Das Problem (c) führen wir so auf das Problem (b) zurück: Wir ordnen jeder Zahl $m \in \{1, \ldots, n\}$ die Nummer derjenigen Urne zu, in welche die Kugel K_m gelegt wurde. Wir haben also nur die Aufgabe (b) zu lösen.

Offenbar ist $F(1, k) = k$. Ferner ist $F(n+1, k) = k \cdot F(n, k)$, denn jede Abbildung $f : A_{n+1} \to A_k$ erhalten wir so: Wir legen $f(n + 1)$ fest (k Möglichkeiten) und haben dann noch A_n irgendwie in A_k abzubilden ($F(n, k)$ Möglichkeiten). Aus $F(1, k) = 1$, $F(2, k) = k \cdot F(1, k) = k^2$, $\ldots$, $F(n + 1, k) = kF(n, k)$, $\ldots$ folgt durch Induktion nach n die Behauptung.   □

8.4 Anzahl der Teilmengen von N–elementigen Mengen

Die Anzahl der Teilmengen einer N–elementigen Menge beträgt 2^N.

BEWEIS.

Ist $\Omega = \{\omega_1, \ldots, \omega_N\}$ und $A \subset \Omega$, so betrachten wir die Abbildung

$$f_A : A_N = \{1, \ldots, N\} \to \{0, 1\}, \quad f_A(n) = \begin{cases} 1 & \text{falls } \omega_n \in A \\ 0 & \text{sonst.} \end{cases}$$

$f_\emptyset$ ist die Nullfunktion und f_Ω die konstante Funktion Eins. Jede Abbildung $f : A_N \to \{0, 1\}$ bestimmt umgekehrt eine Teilmenge B von Ω durch

$$\omega_n \in B \iff f(n) = 1.$$

Nach 8.3 ist die Anzahl der Abbildungen $f : A_N \to \{0, 1\}$ gegeben durch 2^N.
□

8.5 Partitionen

Dritte Grundaufgabe. *N unterscheidbare Kugeln $K_1, \ldots, K_N$ sollen auf r Urnen $U_1, \ldots, U_r$ so verteilt werden, dass sich N_1 Kugeln in U_1, N_2 Kugeln in U_2 usw. befinden. Auf wie viele Arten ist das möglich?*

Wir machen uns die Lösung des Problems für $r = 2$ klar; der allgemeine Fall läuft ganz analog. Es genügt auch hier wieder die Nummern der Kugeln statt der Kugeln selbst zu betrachten. Die Urnen U_1 und U_2 stellen wir uns modellhaft so vor: Wir teilen die Strecke von 0 bis N in N Kästchen:

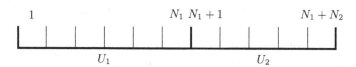

U_1 besteht aus den ersten N_1 Kästchen, U_2 aus den folgenden N_2 Kästchen. Eine Urnenbelegung im Sinne der dritten Grundaufgabe denken wir uns so hergestellt, dass wir die Nummern $1, \ldots, N$ irgendwie auf die N Kästchen verteilen. Diese N! Permutationen von A_N ergeben aber nicht lauter verschiedene Urnenbelegungen im Sinne der Grundaufgabe, vielmehr fallen alle diejenigen zusammen, die durch Permutationen innerhalb U_1 und innerhalb U_2 auseinander hervorgehen. Jede der gesuchten Urnenbelegungen tritt also unter den N! Permutation $N_1! \cdot N_2!$–mal auf, ihre Anzahl ist demnach $\frac{N!}{N_1! N_2!}$.

Die Verallgemeinerung für r Urnen liegt auf der Hand. Wir notieren das

ERGEBNIS. *Es gibt*

$$\frac{N!}{N_1! N_2! \ldots N_r!}$$

Möglichkeiten, N unterscheidbare Kugeln auf r Urnen so zu verteilen, dass die k–te Urne N_k Kugeln enthält. (Beachten Sie $0! = 1$).

Eine verwandte Aufgabenstellung lautet:

Gegeben r Schreibsymbole („Buchstaben") $b_1, \ldots, b_r$. Wieviele Worte der Länge N lassen sich bilden, die genau N_1–mal den „Buchstaben" b_1, N_2–mal den „Buchstaben" b_2, …, N_r–mal den „Buchstaben" b_r enthalten? Die gesuchte Anzahl ist wieder $\frac{N!}{N_1! \ldots N_r!}$.

BEGRÜNDUNG: Wir bilden r Töpfchen $U_1, \ldots, U_r$. Ist irgendein Wort der Länge N vorgelegt, so erhält jeder darin vorkommende Buchstabe seine Platzziffer. Diese Platzziffer kommt ins Töpfchen U_k, wenn an der betreffenden Stelle der Buchstabe b_k steht.

8.6 Die Boltzmann–Statistik ist das einfachste Erklärungsmodell der statistischen Thermodynamik. Sie vermag das Verhalten idealer Gase bei relativ hohen Temperaturen einigermaßen zutreffend wiederzugeben. Hierbei betrachten wir N unterscheidbare Teilchen $K_1, \ldots, K_N$, die auf r Energieniveaus $\varepsilon_1, \ldots, \varepsilon_r$ zu verteilen sind. Ein möglicher Zustand des Gases ist gegeben durch eine Verteilung:

$$(Z) \quad \begin{cases} N_1 \text{ Teilchen auf dem Energieniveau } \varepsilon_1 \\ \qquad \vdots \\ N_r \text{ Teilchen auf dem Energieniveau } \varepsilon_r \,. \end{cases}$$

Wie wir gesehen haben, lässt sich ein solcher Zustand auf $W(Z) = \dfrac{N!}{N_1! \ldots N_r!}$ Arten realisieren.

Die Boltzmann–Statistik geht von folgenden Grundannahmen aus:

Gegeben seien die Teilchenzahl N, die Gesamtenergie U und die Energieniveaus $\varepsilon_1, \ldots, \varepsilon_r$. Von allen Zuständen Z mit

$$(*) \qquad \sum_{k=1}^{r} N_k = N \,, \quad \sum_{k=1}^{r} \varepsilon_k N_k = U$$

nimmt das System denjenigen an, für den $W(Z)$ maximal wird. Das ist so zu verstehen: Durch die Forderung $W(Z) = $ Maximum unter den Nebenbedingungen $(*)$ ist ein Zustand Z_0 ausgezeichnet. Dieser wird für 24 Teilchen im Folgenden bestimmt; für große Teilchenzahlen geschieht die Berechnung in § 22 : 6.4.

Der Zustand Z_0 ist unter allen Zuständen mit $(*)$ der wahrscheinlichste. Natürlich muss das Wahrscheinlichste nicht immer eintreten; hier verhält es sich aber so, dass der Zustand Z_0 und seine Nachbarzustände einerseits zusammen praktisch Wahrscheinlichkeit Eins haben, andererseits makroskopisch nicht unterscheidbar sind. So wird – abgesehen von mikroskopischen Schwankungen – praktisch immer der Zustand Z_0 beobachtet.

Das zeichnet sich schon an einfachen Zahlenbeispielen ab:

BEISPIEL 1: 24 Teilchen, Energieniveaus $\varepsilon_1 = 1$, $\varepsilon_2 = 2$, $\varepsilon_3 = 3$, Gesamtenergie 50.

In der Tabelle sind die 12 möglichen Zustände Z, die Werte $W(Z)$ auf drei Stellen und die Wahrscheinlichkeit p, bezogen auf die 12 möglichen Zustände, eingetragen. Die drei benachbarten Zustände $(6,10,8)$, $(7,8,9)$ und $(8,6,10)$ haben zusammen die Wahrscheinlichkeit 0.816.

N_1	N_2	N_3	$W/10^{10}$	p
0	22	2	≈ 0	≈ 0
1	20	3	≈ 0	≈ 0
2	18	4	≈ 0	≈ 0
3	16	5	0.004	0.002
4	14	6	0.041	0.017
5	12	7	0.214	0.086
6	10	8	0.589	0.238
7	8	9	0.841	0.340
8	6	10	0.589	0.238
9	4	11	0.178	0.072
10	2	12	0.018	0.007
11	0	13	≈ 0	≈ 0

BEISPIEL 2: $\boxed{\text{ÜA}}$ Machen Sie eine entsprechende Tabelle für 24 Teilchen mit Gesamtenergie 55, verteilt auf die Energieniveaus 1, 2, 4. Von den sieben möglichen Zuständen haben zwei zusammen die Wahrscheinlichkeit 0.83.

9 Binomialkoeffizienten und Binomialverteilung

9.1 Worte der Länge n aus Nullen und Einsen

Die Anzahl der Worte („strings") der Länge n aus genau k Einsen und $n - k$ Nullen beträgt

$$\frac{n!}{k!(n - k)!}$$

(Das ist ein Spezialfall von 8.5. Wir beachten wieder, dass $0! = 1$).

9.2 Binomialkoeffizienten und Pascal–Dreieck

(a) Für $n \in \mathbb{R}$ und $k \in \{0, 1, 2, \ldots\}$ definieren wir den **Binomialkoeffizienten**

$$\binom{n}{k} := \frac{n(n - 1)\cdots(n - k + 1)}{k!} \qquad \text{(lies: } n \text{ über } k\text{)}.$$

Es gilt für alle $n \in \mathbb{R}$ und alle $k \in \mathbb{N}$ $\boxed{\text{ÜA}}$

$$\binom{n + 1}{k} = \binom{n}{k - 1} + \binom{n}{k}.$$

BEISPIEL: $\binom{\frac{1}{2}}{2} = \dfrac{\left(\frac{1}{2}\right)\left(\frac{1}{2} - 1\right)}{2} = -\dfrac{1}{8}.$

(b) Für natürliche Zahlen n und $k = 0, 1, 2, \ldots, n$ ist

$$\binom{n}{k} = \frac{n!}{k!(n - k)!} = \binom{n}{n - k}$$

eine natürliche Zahl (vgl. 9.1). Wir erhalten diese Binomialzahlen sukzessive aus dem untenstehenden Schema (**Pascal–Dreieck**):

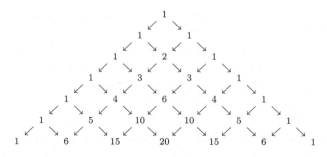

und so fort – nach dem Bildungsgesetz

$$\binom{n+1}{k} = \binom{n}{k-1} + \binom{n}{k}.$$

9.3 Der binomische Lehrsatz

Für reelle Zahlen a, b und $n \in \mathbb{N}$ ist $(a+b)^n = \sum_{k=0}^{n} \binom{n}{k} a^k b^{n-k}$.

BEWEIS durch Induktion: $\boxed{\text{ÜA}}$ □

Wir wollen diese Formel kombinatorisch begründen. Beim Ausmultiplizieren der linken Seite entstehen, wenn wir nicht von der Kommutativität der Multiplikation Gebrauch machen, Worte der Länge n aus den Buchstaben a und b:

$$(a+b)(a+b) = aa + ab + ba + bb,$$
$$(a+b)^2(a+b) = aaa + aba + baa + bba + aab + abb + bab + bbb.$$

Beim Ausmultiplizieren von $(a+b)^n$ kommen offenbar alle 2^n Worte der Länge n aus den Buchstaben a, b vor. (2^n ist die Zahl der Abbildungen $f : A_n \to \{a, b\}$). Durch die Kommutativität der Multiplikation fallen alle $\binom{n}{k}$ Worte der Länge n zusammen, die k–mal den Buchstaben a enthalten.

9.4 Binomialverteilung

Ein Ja/Nein–Experiment, dessen Ergebnis

„Effekt tritt ein"   (markiert durch die Ziffer 1)

„Effekt tritt nicht ein" (markiert durch die Ziffer 0)

vom Zufall abhängt, wird n–mal wiederholt, wobei *jedesmal* die Wahrscheinlichkeit dafür, dass der Effekt eintritt, gleich p ist ($0 < p < 1$, *Erfolgswahrscheinlichkeit*); die *Misserfolgswahrscheinlichkeit* (Effekt tritt nicht ein) ist dann jedesmal $q = 1 - p$.

BEISPIELE.

(a) n–maliger Münzwurf (0 für Wappen, 1 für Zahl, $p = q = \frac{1}{2}$).

(b) Werfen mit einem idealen Würfel, wobei nur das Werfen einer Sechs als Erfolg gewertet wird ($p = \frac{1}{6}$, $q = \frac{5}{6}$)

Das Ergebnis der n–Serie wird durch ein Wort der Länge n notiert, bestehend aus Nullen und Einsen.

Die Wahrscheinlichkeit für irgend ein Wort der Länge n aus k Einsen und $n - k$ Nullen ist $p^k \cdot q^{n-k}$ (Produktsatz 7.4). Es gibt $\binom{n}{k}$ solche Worte, das sind $\binom{n}{k}$ disjunkte Ereignisse.

Also ist die Wahrscheinlichkeit für k Erfolge bei n Versuchen $\binom{n}{k} p^k q^{n-k}$.

Nehmen wir als Merkmal die Anzahl der Erfolge, also $\Omega = \{0, 1, \ldots, n\}$ und $p_k = \binom{n}{k} p^k q^{n-k}$, so erhalten wir einen endlichen Wahrscheinlichkeitsraum, denn es ist

$$\sum_{k=1}^{n} p_k = \sum_{k=0}^{n} \binom{n}{k} p^k q^{n-k} = (p+q)^n = 1^n = 1 \,.$$

Die Wahrscheinlichkeit dafür, dass die Zahl der Erfolge in irgend eine Menge A fällt, ist

$$p(A) = \sum_{k \in A} \binom{n}{k} p^k q^{n-k} \,.$$

9.5 Beispiel. Beim 12–maligen Werfen mit einer idealen Münze erwarten wir „im Schnitt" 6–mal das Ergebnis 1 (Zahl) und 6–mal das Ergebnis 0 (Wappen). Was heißt das eigentlich? Das heißt sicher nicht, dass das Ergebnis: „Genau 6–mal die 1, 6–mal die 0" sehr wahrscheinlich ist. In der Tat ist die Wahrscheinlichkeit dafür nur

$$\binom{12}{6} \left(\frac{1}{2}\right)^6 \left(\frac{1}{2}\right)^6 \approx 0.226 \,.$$

Vielmehr ist gemeint: Die Wahrscheinlichkeit, dass die Zahl der Erfolge nahe bei 6 liegt, ist sehr groß.

Prüfen wir das nach! Die Wahrscheinlichkeit für eine Abweichung von maximal 2 vom erwarteten Wert 6 beträgt (mit $p = q = \frac{1}{2}$)

$$p(\{4, 5, 6, 7, 8\}) = \sum_{k=4}^{8} \binom{12}{k} \left(\frac{1}{2}\right)^k \left(\frac{1}{2}\right)^{12-k} = \left(\frac{1}{2}\right)^{12} \sum_{k=4}^{8} \binom{12}{k} \approx 0.854 \,.$$

Die Wahrscheinlichkeit für eine Abweichung von höchtens 3 vom Mittelwert 6 beträgt

$$0.854 + \left(\frac{1}{2}\right)^{12} \left(\binom{12}{3} + \binom{12}{9}\right) = 0.854 + 2 \left(\frac{1}{2}\right)^{12} \binom{12}{3} \approx 0.96 \,.$$

9.6* Ein Test zur Widerlegung einer Hypothese

Beim Abfluss von Wasser aus einem kreisrunden Becken, dessen Abflussöffnung ebenfalls kreisrund ist und genau in der Mitte sitzt, bildet sich erfahrungsgemäß ein Wirbel aus. Es wird oft behauptet, der Uhrzeigersinn („1") sei vor dem Gegenuhrzeigersinn („0") bevorzugt. Wir wollen diese Frage experimentell klären.

Zwei Hypothesen sind gegeneinander abzuwägen:

Nullhypothese H_0: *Beide Drehsinne sind gleichwahrscheinlich* ($p = q = \frac{1}{2}$).

Gegenhypothese H_1: *Die Nullhypothese ist falsch.*

Die Durchführung eines Experimentes können wir als Münzwurf deuten. H_0 bedeutet dann die Annahme einer idealen Münze.

(a) **Entwerfen des Tests.** Wir planen 20 Versuche und nehmen uns vor, H_0 zu verwerfen, wenn die Zahl X der Erfolge vom erwarteten Wert 10 um mehr als 6 abweicht. Der „**Ablehnungsbereich**" ist also

$$A = \{0, 1, 2, 3, 17, 18, 19, 20\}$$

(b) Die **Beurteilung des Testverfahrens** geschieht durch Angabe der **Irrtumswahrscheinlichkeit** α, das ist die Wahrscheinlichkeit dafür, dass H_0 zwar richtig ist, aber das Ergebnis zufällig in den Ablehnungsbereich fällt und wir daher die Hypothese H_0 zu Unrecht verwerfen.

Diese ist gegeben durch

$$p(A) = \sum_{k \in A} \binom{20}{k} \left(\frac{1}{2}\right)^k \left(\frac{1}{2}\right)^{20-k} = \left(\frac{1}{2}\right)^{20} \sum_{k \in A} \binom{20}{k}.$$

Wegen $\binom{20}{k} = \binom{20}{20-k}$ vereinfacht sich dieser Ausdruck:

$$p(A) = \left(\frac{1}{2}\right)^{20} 2 \left(\binom{20}{0} + \binom{20}{1} + \binom{20}{2} + \binom{20}{3}\right)$$

$$= \frac{1 + 20 + 190 + 1140}{2^{19}} \approx 0.0026 \,.$$

(c) Wie verhalten wir uns, wenn 16 Erfolge und 4 Misserfolge eintreten ? Nach unserer Testvereinbarung gilt H_0 nicht als widerlegt. Damit ist H_0 natürlich noch nicht bewiesen, im Gegenteil: Das Ergebnis spricht immer noch stark gegen H_0. Sollten wir nicht vielleicht doch die Fälle $k = 16$ und $k = 4$ in unseren Ablehnungsbereich aufnehmen? Damit steigen doch auch unsere Chancen, H_0 verwerfen zu dürfen, was wir ja eigentlich wollten. Allerdings nimmt auch die Irrtumswahrscheinlichkeit zu! Beurteilen wir den Ablehnungsbereich

$$A' = \{0, 1, 2, 3, 4, 16, 17, 18, 19, 20\} = A \cup \{4, 16\} \,,$$

so ergibt sich hier die Irrtumswahrscheinlichkeit

$$\alpha' = p(A') = p(A) + 2 \left(\frac{1}{2}\right)^{20} \binom{20}{4} = \alpha + 4845 \cdot 2^{-19} \approx 0.012 \,.$$

Wählen wir gar den Ablehnungsbereich

$$A'' = \{0, 1, 2, 3, 4, 5, 15, 16, 17, 18, 19, 20\}, \text{ so erhalten wir}$$

$$\alpha'' = \alpha' + \left(\frac{1}{2}\right)^{19} \binom{20}{5} = \alpha' + 15504 \cdot 2^{-19} \approx 0.041$$

Wir sagen: „Das *Signifikanzniveau* $(:= 100 \cdot$ Irrtumswahrscheinlichkeit) liegt für die erste Testvorschrift bei 0.26%, für die zweite bei 1.2% und für die dritte bei 4.1%".

Im medizinischen Bereich würde Letzteres noch toleriert, im naturwissenschaftlichen Bereich ist das 0.3%–Niveau üblich (Irrtum in 0.3% aller Fälle).

(d) *Können wir die Nullhypothese H_0 auch experimentell beweisen ?*
Kommen wir nochmals auf Pearsons Experiment 5.1 zurück. Bei 24000 Münzwürfen ergab sich 12012–mal die Zahl. Ist das ein „Beweis" für $p = \frac{1}{2}$ oder nicht eher ein „Beweis" für $p = \frac{12012}{24000} = 0.5005$?

(e) $\boxed{\text{ÜA}}$ Entwerfen Sie einen Test auf dem 0.3% Niveau für eine Versuchsreihe von 36 Münzwürfen zur Widerlegung der Idealitätsannahme $p = \frac{1}{2}$.

(f) Mit großen Versuchszahlen wird die hier geschilderte Berechnungsmethode für die Irrtumswahrscheinlichkeit immer mühsamer. Eine brauchbare Approximation liefert der *Grenzwertsatz von de Moivre–Laplace* [FREUDENTHAL S. 60–67]: Sei X_n die Anzahl der Erfolge bei n–maliger Wiederholung eines Ja/Nein–Experiments mit Erfolgswahrscheinlichkeit p,

$$\widehat{X} = np \quad \text{der sogenannte \textbf{Erwartungswert} für } X_n$$

und

$$\sigma = \sqrt{np\,(1-p)} \quad \text{die sogenannte \textbf{Streuung} von } X_n\,.$$

Dann strebt die Wahrscheinlichkeit dafür, dass

$$|X_n - \widehat{X}| \geq k\,\sigma$$

ausfällt, für wachsendes n gegen

$$2\Phi(-k)\,, \quad \text{wobei} \quad \Phi(x) = \frac{1}{\sqrt{2\pi}} \int_{-\infty}^{x} e^{-\frac{1}{2}t^2}\, dt\,.$$

Aus der nebenstehenden Tabelle lässt sich zu vorgegebener Irrtumswahrscheinlichkeit α der Ablehnungsbereich

$$A = \big\{ m \mid |m - np| \geq k\sigma \big\}$$

für die Hypothese „Die Erfolgswahrscheinlichkeit ist p" bei großem n ablesen.

k	$\alpha = 2\Phi(-k)$
1	0.317
1.5	0.134
2	0.045
2.5	0.012
2.58	0.01
3	0.0027
4	0.000064

Für $n = 100$, $p = \frac{1}{2}$ wird beispielsweise $\widehat{X} = 50$, $\sigma = 5$. Bei vorgegebener Irrtumswahrscheinlichkeit $\alpha = 0.01$ haben wir $k = 2.58$ zu wählen und erhält mit $k \cdot \sigma \approx 12.9$ den Ablehnungsbereich

$$A = \{0, 1, \ldots, 37\} \cup \{63, 64, \ldots, 100\} \ .$$

Im naturwissenschaftlichen Bereich wird meistens die 3σ-Regel mit dem Ablehnungsbereich $A = \{m \mid |m - np| \geq 3\sigma\}$ verwendet (0.27%-Niveau).

9.7 Mehr über elementare Wahrscheinlichkeit (wie Erwartungswert und Streuung diskreter Verteilungen, schwaches Gesetz der großen Zahl, Verteilungen mit Dichten u.A.) finden Sie in Bd. 2, § 19. Die ersten Abschnitte dort setzen nur die Kenntnis unendlicher Reihen und etwas Integralrechnung voraus.

10 Kombinatorische Grundformeln (Teil II)

10.1 Geordnete Stichproben ohne Zurücklegen

Vierte Grundaufgabe. *In einer Urne befinden sich n unterscheidbare Kugeln (Nr. 1 bis Nr. n). Wir ziehen der Reihe nach k Kugeln, ohne sie zurückzulegen und notieren die gezogenen Nummern in ihrer Reihenfolge.*

Das Ziehungsergebnis ist ein geordnetes k-tupel $(n_1, n_2, \ldots, n_k)$, wobei $n_i \neq n_j$ für $i \neq j$. Gefragt ist nach der Anzahl solcher k-Tupel.

Andere Formulierung: *Gesucht ist die Anzahl der injektiven Abbildungen einer k-elementigen Menge in eine n-elementige (z.B. von $\{1, \ldots, k\}$ in $\{1, \ldots, n\}$). Diese Anzahl beträgt*

$$n \cdot (n - 1) \cdots (n - k + 1) = \frac{n!}{(n - k)!} \ .$$

(Haben wir eine Kugel ausgewählt, und das geht auf n Arten, so bleiben für die zweite Ziehung nur $(n - 1)$ Kugeln usw.)

BEMERKUNG. Interessieren wir uns nicht für die Reihenfolge, sondern nur für die gezogenen Nummern, so geschieht die angemessene Notierung des Ziehungsergebnisses durch das Merkmal

$$\{n_1, \ldots, n_k\} = \text{Menge der gezogenen Nummern.}$$

Die Zahl solcher *ungeordneten Stichproben ohne Zurücklegen* beträgt

$$\binom{n}{k}$$

(Ordne jeder Kugel die Zahl 1 zu, falls sie gezogen wurde und die Zahl 0, falls nicht).

10.2 Geburtstagsproblem

Geben Sie eine Formel für die Wahrscheinlichkeit, dass im Jahre 2017 von n Zwanzigjährigen mindestens zwei am gleichen Tag Geburtstag haben (Wir setzen voraus, dass jeder Geburtstag gleich wahrscheinlich ist). Werten Sie die Formel mit Hilfe des Taschenrechners für $n = 22$, 23 und 30 aus.

10.3 Ungeordnete Stichproben mit Zurücklegen

Fünfte Grundaufgabe. Im Zusammenhang mit der *Bose–Einstein–Statistik* (z.b. für Photonengase) erhebt sich folgende Frage:

Auf wie viele Arten lassen sich N ununterscheidbare Kugeln in k Urnen (Energieniveaus) $U_1, \ldots, U_k$ unterbringen?

Eine Variante desselben Problems lautet:

Wieviele N–Stichproben mit Zurücklegen ohne Berücksichtigung der Reihenfolge lassen sich aus einer k–elementigen Menge entnehmen?

Das heißt Ziehen, Nummer notieren, Zurücklegen, Mischen; und das Ganze N–mal, wobei als Ziehungsergebnis nur die Menge $\{n_1, \ldots, n_N\}$ der gezogenen Nummern interessiert.

Das Ergebnis lautet in beiden Fällen

$$\binom{N+k-1}{N}.$$

BEWEIS.

(a) *Äquivalenz der beiden Aufgabenstellungen.* Haben wir die N Kugeln in den Urnen $U_1, \ldots, U_k$ untergebracht, so lässt sich die Verteilung so beschreiben: Jede Urne wird so oft aufgeführt, wie es der Anzahl der in ihr enthaltenen Kugeln entspricht; die einzelnen Notierungen werden durch einen senkrechten Strich getrennt.

Zahlenbeispiel: U_1 enthalte zwei, U_2 drei Kugeln, U_3 keine und U_4 vier Kugeln. Wir notieren die Belegung dann so:

$$U_1\,U_1 \mid U_2\,U_2\,U_2 \mid\; \mid U_4\,U_4\,U_4\,U_4\,.$$

Noch kürzer und genauso informativ ist die Notierung

$$1\,1 \mid 2\,2\,2 \mid\; \mid 4\,4\,4\,4\,.$$

Unsere N–Stichproben notieren wir so: Jede Kugel–Nummer wird so oft aufgeführt, wie sie gezogen wurde, dazwischen eine senkrechte Linie. Also sind beide Aufgabenstellungen auf dieselbe Protokollierung zurückgeführt.

(b) Genauso aussagekräftig wie das Schema

$$1\,1 \mid 2\,2\,2 \mid \ldots \mid k \ldots k$$

ist das Schema

$$0\,0 \mid 0\,0\,0 \mid \ldots \mid 0 \ldots 0$$

mit N Nullen und $k-1$ Strichen. Die Anzahl solcher Wörter der Länge $N+k-1$ ist nach 9.1 gegeben durch $\binom{N+k-1}{N}$. $\qquad\square$

Kapitel II

Vektorrechnung im $\mathbb{R}^n$

§ 5 Vektorrechnung im $\mathbb{R}^2$, komplexe Zahlen

1 Vektorielle Größen in der Physik

Skalare Größen wie Zeit, Masse, Energie und Temperatur werden in der Physik durch eine Maßzahl und eine Maßeinheit (Dimension) angegeben: 1.4 sec, 13 kg, 10 Joule, $-15°$ C usw. In der mathematischen Behandlung physikalischer Vorgänge arbeiten wir nach der Festlegung der Maßeinheiten nur noch mit den dimensionslosen Maßzahlen: $t = 1.4$, $m = 13$, $E = 10$, $T = -15$ usw.

Andere physikalische Größen wie etwa Kraft, Geschwindigkeit, Beschleunigung, Drehimpuls usw. sind durch eine Richtung und einen Betrag gegeben; Letzterer ist wieder eine skalare Größe. Wir veranschaulichen solche *vektorielle* oder *gerichtete Größen* durch einen Pfeil, dessen Länge den Betrag der betreffenden Größe angibt.

Das k–fache einer Kraft wird durch einen Pfeil gleicher Richtung, aber k–facher Länge veranschaulicht, die Gegenkraft durch einen Pfeil gleicher Länge, aber entgegengesetzter Richtung.

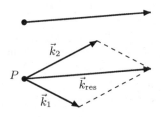

Greifen zwei Kräfte $\vec{k}_1, \vec{k}_2$ in einem Punkt P an, so bewirken sie insgesamt dasselbe wie eine einzige in P angreifende Kraft. Diese resultierende Kraft $\vec{k}_{\text{res}}$ ergibt sich geometrisch durch die skizzierte Parallelogrammkonstruktion. Umgekehrt lassen sich Kräfte nach diesem Prinzip in Komponenten vorgegebener Richtungen zerlegen. Entsprechendes gilt für andere vektorielle Größen.

2 Vektoren in der ebenen Geometrie

2.1 Die euklidische Ebene

Wir appellieren im Folgenden häufig an die geometrische Anschauung. Dabei wollen wir die Begriffe der ebenen euklidischen Geometrie wie Gerade, Parallele, Strecke, Winkel, Abstand und Flächeninhalt nicht näher erläutern, sondern von der Schule her als geläufig voraussetzen; dasselbe gilt für elementare Lehrsätze wie die Strahlensätze, Sätze über ähnliche und kongruente Dreiecke, Satz von Pythagoras u.a. Zu Grundlagenfragen siehe 2.3.

© Springer-Verlag GmbH Deutschland 2018
H. Fischer und H. Kaul, *Mathematik für Physiker Band 1*,
https://doi.org/10.1007/978-3-662-56561-2_2

2.2 Translationen und Vektoren

Eine *Translation* (*Parallelverschiebung*) in der euklidischen Ebene E ist eine Abbildung

$$v : E \to E,$$

welche grob gesagt, jeden Punkt in eine feste Richtung um eine feste Strecke verschiebt. Sie ist dadurch gekennzeichnet, dass die vier Punkte P, Q, $v(Q)$, $v(P)$ jeweils ein *Parallelogramm* bilden (Figur). Eine Translation ist vollständig beschrieben durch Angabe eines Punktes P und seines Bildpunktes $P' = v(P)$.

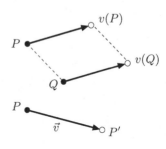

Wir veranschaulichen die Translation durch den „*Translationsvektor*" oder *Verschiebepfeil* $\vec{v} = \overrightarrow{PP'}$. Statt zu sagen „Die Translation v führt P in P' über" sagen wir „Der Vektor $\vec{v}$ führt P in P' über" oder „P' entsteht aus P durch *Anwendung von $\vec{v}$*" oder auch „P' entsteht aus P durch Antragen von $\vec{v}$".

Die Hintereinanderausführung $w \circ v$ zweier Translationen v und w ist wieder eine Translation; der zugehörige Translationsvektor ergibt sich nach der *Parallelogrammkonstruktion* (siehe Kräfteparallelogramm). Wir bezeichnen diesen mit $\vec{v} + \vec{w}$. Aus der Geometrie entnehmen wir (Fig.)

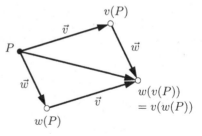

$$w \circ v = v \circ w; \quad \text{es ist also} \quad \vec{w} + \vec{v} = \vec{v} + \vec{w}.$$

Die identische Abbildung, welche jeden Punkt fest lässt, rechnen wir auch zu den Translationen; ihren Translationsvektor bezeichnen wir mit $\vec{0}$ (*Nullvektor*; hier macht es keinen Sinn, von einer Richtung zu sprechen). Translationen sind umkehrbar; den Translationsvektor der Umkehrabbildung v^{-1} von v bezeichnen wir mit $-\vec{v}$. Es ist also $\vec{v} + (-\vec{v}) = \vec{0}$. Der Vektor $-\vec{v}$ hat also dieselbe Länge wie $\vec{v}$, aber entgegengesetzte Richtung, falls $\vec{v}$ nicht der Nullvektor ist.

Den Vektor $\vec{v} + \vec{v}$ bezeichnen wir mit $2 \cdot \vec{v}$; er hat (für $\vec{v} \neq \vec{0}$) dieselbe Richtung wie $\vec{v}$, aber doppelte Länge. Entsprechend soll

$$3 \cdot \vec{v} = 2 \cdot \vec{v} + \vec{v} = \vec{v} + 2 \cdot \vec{v}$$

sein, und $n \cdot \vec{v}$ entspricht der n–maligen Ausführung der Translation v.

In der Figur ist der Vektor $\frac{1}{3} \cdot \vec{v}$ konstruiert; nach Konstruktion ist

$$3 \cdot \left(\frac{1}{3} \cdot \vec{v} \right) = \vec{v}$$

Entsprechend ist $\frac{1}{m} \cdot \vec{v}$ definiert für $m \in \mathbb{N}$. Setzen wir

$$\frac{n}{m} \cdot \vec{v} := n \cdot \left(\frac{1}{m} \cdot \vec{v} \right),$$

so hat dieser Vektor dieselbe Richtung wie $\vec{v}$, aber $\frac{n}{m}$–fache Länge.

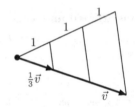

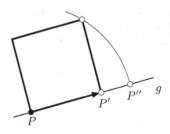

Seien P, P' zwei verschiedene Punkte und $\vec{v} = \overrightarrow{PP'}$ ihr Verbindungsvektor. Tragen wir in P alle Vielfachen $\frac{n}{m} \cdot \vec{v}$, $-\frac{n}{m} \cdot \vec{v}$ an, dann liegen die so entstehenden Punkte auf der Geraden g durch P und P'. g enthält noch weitere Punkte, z.B. den in der Figur konstruierten Punkt P''; wir bezeichnen $\overrightarrow{PP''}$ mit $\sqrt{2} \cdot \vec{v}$.

Allgemein verstehen wir für $c > 0$ unter $c \cdot \vec{v}$ einen Vektor gleicher Richtung wie $\vec{v}$, aber c–facher Länge; $(-c) \cdot \vec{v}$ soll der Gegenvektor $-(c \cdot \vec{v})$ sein. Ferner setzen wir $0 \cdot \vec{v} = \vec{0}$. Damit erreichen wir, dass jeder reellen Zahl t ein Punkt auf g entspricht, nämlich der aus P durch Antragen von $t \cdot \vec{v}$ entstandene. Wir gehen davon aus, dass umgekehrt jedem Punkt $Q \in g$ eindeutig ein *Parameterwert* $t \in \mathbb{R}$ entspricht mit $\overrightarrow{PQ} = t \cdot \vec{v}$.

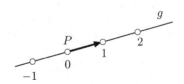

Bei dieser *Parametrisierung* von g entsprechen sich die Punkte von g und die reellen Zahlen in eindeutiger Weise.

2.3 Historische Anmerkungen, Grundlagenfragen

Die Geometrie ist einer der Grundpfeiler der Mathematik. Wie steht es aber mit den Grundlagen der Geometrie? Gibt es – wie bei den reellen Zahlen – einige wenige Grundannahmen (Axiome), aus denen sich alles Wesentliche ableiten lässt und die in ihren Konsequenzen nicht auf Widersprüche führen?

Die erste uns überlieferte Systematik der gesamten Geometrie gab EUKLID von Alexandrien (ca. 300 v. Chr.). Seine *Elemente* gehörten bis in die Neuzeit zum festen und sichersten Bestand der Mathematik. Noch zu EULERS Zeiten wurden die reinen Mathematiker Geometer genannt. Das Werk EUKLIDS gab in den folgenden zwei Jahrtausenden Anlass zu einer Fülle von Diskussionen über Fragen mathematischer, semantischer und philosophischer Art, dazu einige Beispiele:

• Was ist eigentlich Geometrie und was sind ihre Gegenstände? (Die ersten beiden „Definitionen" von EUKLID lauten: „Ein Punkt ist, was keine Teile hat, eine Linie (ist) breitenlose Länge").

• Hat EUKLID stillschweigend von bestimmten Grundannahmen Gebrauch gemacht, ohne sie zu benennen?

• Folgt aus den ersten 4 Postulaten in Buch 1 der Elemente das berühmte „Parallelenpostulat"? Dieses Postulat besagt: Ist in der Figur der Winkel $\alpha + \beta$ kleiner als zwei Rechte, so schneiden sich g und h. Es verlangt also, dass es zu g höchstens eine Parallele durch Q gibt, nämlich die Gerade g mit $\beta = 2\,\text{Rechte} - \alpha$. Daraus folgt der Satz über Wechselwinkel bei Parallelen und damit auch, dass die Winkelsumme beim Dreieck zwei Rechte beträgt.

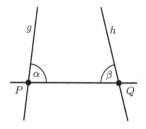

• Ist die geometrische Struktur des physikalischen Raumes eine euklidische? Gilt beispielsweise der Satz über die Winkelsumme auch für astronomische Dreiecke? Ist gar, wie KANT meint, die euklidische Geometrie denknotwendig?

In den letzten Jahren des 19. Jahrhunderts gelang es David HILBERT, Axiome zur vollständigen Beschreibung der euklidischen Geometrie aufzustellen und die Fragen nach deren Widerspruchsfreiheit und Unabhängigkeit zu klären [HILBERT].

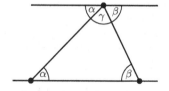

HILBERT zeigte, dass sein Axiomensystem keine überflüssigen Axiome enthält, dass es alle wesentlichen Aspekte der euklidischen Geometrie umfasst, und er führte dessen Widerspruchsfreiheit auf die der reellen Zahlen zurück.

Zuvor war schon die Frage des Parallelenaxioms entschieden worden. Zu Beginn des 19. Jahrhunderts entdeckten Carl Friedrich GAUSS, János BOLYAI und Nikolai Iwanowitsch LOBATSCHEWSKI nichteuklidische Geometrien, in denen das Parallelenaxiom verletzt ist und die nicht weniger in sich begründet sind als die euklidische Geometrie. 1871 gab Felix KLEIN ein einfaches Modell einer nichteuklidischen Geometrie auf der Basis der euklidischen Ebene an.

Die Relativitätstheorie hat der Diskussion über Geometrien gekrümmter Räume, wie sie von GAUSS und RIEMANN begonnen wurde, neue Aktualität verliehen.

Wir wollen diesen spannenden, aber komplizierten Fragen hier nicht weiter nachgehen, zumal Geometrie nicht unser primäres Ziel ist, und verweisen auf Band 3. Vielmehr wollen wir von der Möglichkeit Gebrauch machen, geometrische Beziehungen durch Zahlen auszudrücken. Wir hatten in 2.2 darauf hingewiesen, dass sich jede Gerade via Parametrisierung als eine Kopie der Zahlengeraden auffassen lässt, und daran werden wir jetzt anknüpfen.

2.4 Das Ziel dieses Abschnittes

Durch die Einführung eines kartesischen Koordinatensystems sollen geometrische Betrachtungen auf algebraische und damit auf das Rechnen mit den reellen Zahlen zurückgeführt werden. Es soll gezeigt werden, dass die Vektorrechnung diese Aufgabe leistet. Die Bedeutung der Vektorrechnung geht allerdings weit über die Geometrie hinaus, wie die Anwendung in der Physik zeigt und wie wir später in der linearen Algebra sehen werden.

Durch die Vektorrechnung wird die Geometrie nicht überflüssig, sie wird vielmehr im Folgenden immer im Hintergrund stehen. Denn erstens sind die Gegenstände der Geometrie unabhängig von der willkürlichen Wahl eines Koordinatensystems. Zweitens werden wir die Begriffe, Formeln und Lehrsätze der Vektorrechnung geometrisch interpretieren. Dadurch kann die geometrische Anschauung als Richtschnur zum Verständnis der Struktur der Rechnungen, zur Entwicklung der Theorie und als Quelle für Beweisideen dienen.

3 Koordinatendarstellung von Punkten und Vektoren

3.1 Kartesische Koordinatensysteme

Wir zeichnen in der euklidischen Ebene E einen Punkt O aus, den *Nullpunkt* oder *Ursprung*. Durch diesen legen wir eine Gerade g_1 (erste Koordinatenachse) und wählen auf ihr einen Einheitspunkt E_1 mit Abstand 1 von O. Dann ziehen wir durch O eine zu g_1 senkrechte Gerade g_2 (zweite Koordinatenachse) und wählen auf ihr einen Einheitspunkt E_2 mit Abstand 1 vom Ursprung. Nun können wir jedem Punkt P von E ein Koordinatenpaar (x_1, x_2) zuordnen.

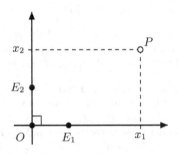

Wir schreiben kurz $P = (x_1, x_2)$, d.h. für den rechnerischen Gebrauch unterscheiden wir nicht zwischen dem Punkt und seinem Koordinatenpaar. Der Abstand zweier Punkte

$$P = (x_1, x_2) \quad \text{und} \quad Q = (y_1, y_2)$$

ist nach der Figur gegeben durch

$$d(P, Q) = \sqrt{(x_1 - y_1)^2 + (x_2 - y_2)^2}.$$

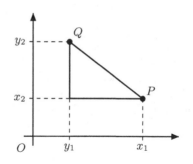

3.2 Koordinatendarstellung von Vektoren

Wir wählen ein kartesisches Koordinatensystem in der Ebene und halten es im Folgenden fest. Ist $\vec{x}$ ein Vektor, so können wir ihn im Nullpunkt angreifen lassen und erhalten so einen Punkt

$$P = (x_1, x_2) \quad \text{mit} \quad \vec{x} = \overrightarrow{OP}$$

Wir beschreiben $\vec{x}$ durch die

$$\textit{Koordinatenspalte} \begin{pmatrix} x_1 \\ x_2 \end{pmatrix}.$$

(Die Spaltenschreibweise wird sich später für die Matrizenrechnung als zweckmäßig erweisen). Aus der Figur entnehmen wir, dass

$$\vec{x} = x_1 \vec{e}_1 + x_2 \vec{e}_2$$

mit

$$\vec{e}_1 = \overrightarrow{OE_1} \quad \text{und} \quad \vec{e}_2 = \overrightarrow{OE_2}.$$

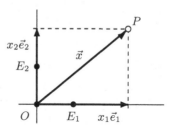

Als nächstes haben wir das Vielfache $c \cdot \vec{x}$ und die Hintereinanderausführung $\vec{x} + \vec{y}$ in Koordinaten auszudrücken.

Aus der Figur entnehmen wir mit Hilfe des Strahlensatzes, dass das c–fache des Vektors $\vec{x}$ die Koordinatendarstellung

$$\begin{pmatrix} cx_1 \\ cx_2 \end{pmatrix}$$

haben wird.

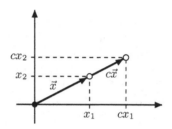

Sind die Vektoren $\vec{x}$, $\vec{y}$ durch die Koordinatenspalten

$$\begin{pmatrix} x_1 \\ x_2 \end{pmatrix} \quad \text{und} \quad \begin{pmatrix} y_1 \\ y_2 \end{pmatrix}$$

beschrieben, so zeigt die nebenstehende Figur, dass der nach der Parallelogramm–Konstruktion zusammengesetzte Vektor $\vec{x} + \vec{y}$ die Koordinatenspalte

$$\begin{pmatrix} x_1 + y_1 \\ x_2 + y_2 \end{pmatrix}$$

haben muss .

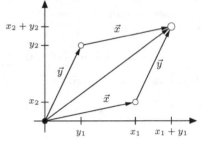

3.3 Zur Schreibweise

Koordinatenspalten werden mit fetten lateinischen Buchstaben bezeichnet:

$$\mathbf{x} = \begin{pmatrix} x_1 \\ x_2 \end{pmatrix}, \quad \mathbf{y} = \begin{pmatrix} y_1 \\ y_2 \end{pmatrix}, \quad \mathbf{a} = \begin{pmatrix} a_1 \\ a_2 \end{pmatrix}.$$

Wir beziehen uns in diesem Abschnitt immer auf ein und dasselbe kartesische Koordinatensystem in der Ebene. Dann steht der „Koordinatenvektor" $\mathbf{x} = \begin{pmatrix} x_1 \\ x_2 \end{pmatrix}$ für den Vektor $\vec{x}$; wir dürfen der Einfachheit halber von dem Vektor $\mathbf{x} = \begin{pmatrix} x_1 \\ x_2 \end{pmatrix}$ sprechen. Für handschriftliche Aufzeichnungen empfehlen wir die Schreibweise $\vec{x} = \begin{pmatrix} x_1 \\ x_2 \end{pmatrix}$ (Es sind auch die Schreibweisen $\vec{x}$, $x^{\downarrow}$ und $\underline{x}$ im Gebrauch).

Im laufenden Text werden wir uns von Fall zu Fall erlauben, aus drucktechnischen Gründen Vektoren durch Zeilenvektoren (x_1, x_2) darzustellen.

Es sei noch einmal wiederholt: Wenn wir im Folgenden die Vektoren $\vec{x}$ mit ihren Koordinatenvektoren $\mathbf{x} = \begin{pmatrix} x_1 \\ x_2 \end{pmatrix}$ gleichsetzen, so ist das nur erlaubt, weil wir uns immer auf ein festes Koordinatensystem beziehen. Ein und derselbe Vektor $\vec{x}$ hat in verschiedenen Koordinatensystemen verschiedene Koordinatenvektoren. Auf das Transformationsverhalten der Koordinatenvektoren bei einem Wechsel des Koordinatensystems kommen wir in Kap. IV zurück.

3.4 Der Vektorraum $\mathbb{R}^2$

Für das Rechnen mit Vektoren genügt es, ihre Koordinatenspalten bezüglich eines fest gewählten Koordinatensystems zu betrachten. Zu diesem Zweck definieren wir

$$\mathbb{R}^2 := \left\{ \mathbf{x} = \begin{pmatrix} x_1 \\ x_2 \end{pmatrix} \mid x_1, x_2 \in \mathbb{R} \right\}.$$

Die Elemente von $\mathbb{R}^2$ heißen **Vektoren des $\mathbb{R}^2$**, nachfolgend kurz **Vektoren**.
Zwei Vektoren $\begin{pmatrix} x_1 \\ x_2 \end{pmatrix}$ und $\begin{pmatrix} y_1 \\ y_2 \end{pmatrix}$ heißen **gleich**, wenn $x_1 = y_1$ *und* $x_2 = y_2$.

$0 = \begin{pmatrix} 0 \\ 0 \end{pmatrix}$ heißt **Nullvektor**, $e_1 = \begin{pmatrix} 1 \\ 0 \end{pmatrix}$ und $e_2 = \begin{pmatrix} 0 \\ 1 \end{pmatrix}$ **erster** und **zweiter Einheitsvektor**.

3.5 Die Rechengesetze

Für $\mathbf{x} = \begin{pmatrix} x_1 \\ x_2 \end{pmatrix}$, $\mathbf{y} = \begin{pmatrix} y_1 \\ y_2 \end{pmatrix} \in \mathbb{R}^2$

definieren wir

$$\mathbf{x} + \mathbf{y} := \begin{pmatrix} x_1 + y_1 \\ x_2 + y_2 \end{pmatrix}, \quad c \cdot \mathbf{x} := \begin{pmatrix} cx_1 \\ cx_2 \end{pmatrix} \quad \text{und} \quad -\mathbf{x} := \begin{pmatrix} -x_1 \\ -x_2 \end{pmatrix}.$$

Statt $c \cdot \mathbf{x}$ schreiben wir auch $c\,\mathbf{x}$.

Dann gelten, wie sich leicht nachrechnen lässt, folgende Rechenregeln

(A_1) $(\mathbf{a} + \mathbf{b}) + \mathbf{c} = \mathbf{a} + (\mathbf{b} + \mathbf{c})$

(A_2) $\mathbf{a} + \mathbf{b} = \mathbf{b} + \mathbf{a}$

(A_3) $\mathbf{a} + \mathbf{0} = \mathbf{0} + \mathbf{a} = \mathbf{a}$

(A_4) Die Gleichung $\mathbf{a} + \mathbf{x} = \mathbf{b}$ hat immer genau eine Lösung, nämlich $\mathbf{x} = \mathbf{b} + (-\mathbf{a})$, bezeichnet mit $\mathbf{b} - \mathbf{a}$ (vgl. § 1 : 3.1).

Ferner gilt

$$(c + d) \cdot \mathbf{a} = c \cdot \mathbf{a} + d \cdot \mathbf{a},$$
$$c \cdot (\mathbf{a} + \mathbf{b}) = c \cdot \mathbf{a} + c \cdot \mathbf{b},$$
$$c \cdot (d \cdot \mathbf{a}) = c\,d \cdot \mathbf{a} \quad \text{und} \quad 1 \cdot \mathbf{a} = \mathbf{a}.$$

3.6 Übungsaufgabe

Berechnen Sie aus den Angaben der Skizze die Zugkraft im Seil nach dem Kräfteparallelogramm.

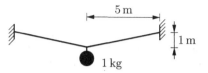

4 Punkte und Vektoren

Punkte und Vektoren der Ebene sind prinzipiell verschiedene Dinge. Im Zuge einer konsequenten Zurückführung der Geometrie auf Vektorrechnung im $\mathbb{R}^2$ können wir diesen Unterschied aber fallen lassen.

Dazu einige Bemerkungen:

Ist $A = (a_1, a_2)$ ein Punkt der euklidischen Ebene und ist

$$\mathbf{b} = \begin{pmatrix} b_1 \\ b_2 \end{pmatrix}$$

ein Vektor, so entsteht der Punkt

$$C = (a_1 + b_1, a_2 + b_2)$$

aus A durch *Anwendung* (*Antragen*) von **b**. Insbesondere entsteht A durch Anwendung von

$$\mathbf{a} = \begin{pmatrix} a_1 \\ a_2 \end{pmatrix} \text{ auf den Nullpunkt } \mathbf{0}.$$

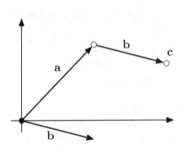

a heißt **Ortsvektor** des Punktes A. Der Ortsvektor von C ist also $\mathbf{a} + \mathbf{b}$.

Für rechnerische Zwecke genügt es, statt der Punkte deren Ortsvektoren zu betrachten. Statt „Der Punkt A mit Ortsvektor **a**" schreiben wir daher häufig kurz „Der Punkt **a**". In einer Übergangsphase ergänzen wir das in Gedanken zu „Der Punkt (A mit Ortsvektor) **a**", einerseits, um den prinzipiellen Unterschied zwischen Punkten und Vektoren nicht einfach unter den Tisch zu kehren, andererseits, um uns zu vergewissern, dass der Zusatz in Klammern für die Rechnung unwesentlich ist.

Wir wenden uns jetzt dem unter 2.4 formulierten Programm zu, geometrische Begriffe und Sätze in der Sprache der Vektorrechnung zu formulieren.

5 Geraden und Strecken, Schnitt zweier Geraden

5.1 Parameterdarstellung von Geraden

Sind A und B zwei verschiedene Punkte mit Ortsvektoren **a** und **b** und ist g die Gerade durch A und B, so sind die Punkte von g durch die Ortsvektoren $\mathbf{a} + t(\mathbf{b} - \mathbf{a})$ mit $t \in \mathbb{R}$ gegeben. Wir schreiben mit $\mathbf{v} = \mathbf{b} - \mathbf{a}$

$$g = \{\mathbf{a} + t\mathbf{v} \mid t \in \mathbb{R}\}$$

und haben damit eine *Parameterdarstellung* (Parametrisierung) der Geraden g durch den Punkt **a** mit *Richtungsvektor* **v**.

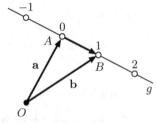

In der Figur sind einige Geradenpunkte durch ihre Parameterwerte t markiert.

5.2 Verschiedene Parameterdarstellungen einer Geraden

Die Parametrisierungen

$$t \mapsto \mathbf{a} + s\mathbf{v}, \quad s \mapsto \mathbf{b} + t\mathbf{w}$$

mit $\mathbf{v}, \mathbf{w} \neq \mathbf{0}$ beschreiben genau dann dieselbe Gerade, wenn es Zahlen λ, μ gibt mit $\mu \neq 0$ und

$$\mathbf{b} = \mathbf{a} + \lambda \mathbf{v}, \quad \mathbf{w} = \mu \mathbf{v}.$$

BEWEIS als $\boxed{\text{ÜA}}$.

5.3 Die Verbindungstrecke zweier Punkte mit Ortsvektoren $\mathbf{a}$ und $\mathbf{b}$ ist offenbar

$$\{\mathbf{a} + t(\mathbf{b} - \mathbf{a}) \mid 0 \le t \le 1\} = \{\alpha \mathbf{a} + \beta \mathbf{b} \mid \alpha, \beta \ge 0, \ \alpha + \beta = 1\}.$$

Ihr Mittelpunkt ist gegeben durch $\frac{1}{2}(\mathbf{a} + \mathbf{b})$ $\left(\text{Parameterwert } t = \frac{1}{2}\right)$.

5.4 Aufgaben

(a) Sei $g = \{\mathbf{a} + t\mathbf{v} \mid t \in \mathbb{R}\}$ mit $\mathbf{a} = (a_1, a_2)$ und $\mathbf{v} = (v_1, v_2) \neq \mathbf{0}$. Ist $v_1 \neq 0$, so erfüllen die Vektoren $(x, y) \in g$ eine Gleichung $y = mx + b$.

Geben Sie m und b an. Zeigen Sie: Aus $y = mx + b$ folgt $(x, y) \in g$.

Wie lautet die Geradengleichung im Falle $v_1 = 0$?

(b) Sei eine Gerade g durch die Gleichung $y = mx + b$ gegeben. Geben Sie eine Parametrisierung von g an!

(c) Dasselbe, wenn g durch die Gleichung $x = a$ gegeben ist!

(d) Zahlenbeispiel: $5x + y = 11$.

5.5 Schnitt zweier Geraden

Für einen gemeinsamen Punkt der Geraden

$$g = \{\mathbf{a} + s\mathbf{b} \mid s \in \mathbb{R}\} \quad \text{und} \quad h = \{\mathbf{c} + t\mathbf{d} \mid t \in \mathbb{R}\} \quad \text{mit } \mathbf{b} \neq \mathbf{0}, \ \mathbf{d} \neq \mathbf{0}$$

muss die Bedingung $\mathbf{a} + s\mathbf{b} = \mathbf{c} + t\mathbf{d}$ mit geeigneten Parameterwerten s und t erfüllt sein. Für die Komponenten lautet diese Bedingung

$$\begin{cases} sb_1 - td_1 = c_1 - a_1 \\ sb_2 - td_2 = c_2 - a_2 \end{cases}, \text{ wobei } \mathbf{a} = \begin{pmatrix} a_1 \\ a_2 \end{pmatrix}, \ \mathbf{b} = \begin{pmatrix} b_1 \\ b_2 \end{pmatrix} \text{ usw.}$$

Das ist ein lineares Gleichungsystem für die Unbekannten s und t. Die folgenden Aussagen sind von der geometrischen Anschauung her klar: Das Gleichungssystem besitzt ein eindeutig bestimmtes Lösungspaar (s, t), wenn $\mathbf{d}$ kein Vielfaches von $\mathbf{b}$ ist. Ist dagegen $\mathbf{d}$ ein Vielfaches von $\mathbf{b}$ („g ist parallel zu h"), so fallen g und h zusammen oder haben keinen gemeinsamen Punkt. Dass die Rechnung dasselbe Ergebnis liefert, wird sich gleich zeigen.

6 Lineare 2 × 2–Gleichungssysteme

6.1 Elimination

Gegeben sind reelle Zahlen a_{11}, a_{12}, a_{21}, a_{22}, b_1, b_2. Gesucht sind x_1, x_2 mit

$$(S) \quad \begin{cases} a_{11}x_1 + a_{12}x_2 = b_1\,, \\ a_{21}x_1 + a_{22}x_2 = b_2\,. \end{cases}$$

Wir versuchen das Gleichungssystem durch Elimination zu lösen. Subtrahieren wir das a_{12}–fache der zweiten Zeile von (S) von der mit a_{22} multiplizierten ersten Zeile, so erhalten wir

$$(a_{11}a_{22} - a_{12}a_{21})x_1 = a_{22}b_1 - a_{12}b_2\,.$$

Entsprechend ergibt $a_{21} \cdot$ (Zeile 1) $- a_{11} \cdot$ (Zeile 2)

$$(a_{12}a_{21} - a_{11}a_{22})x_2 = a_{21}b_1 - a_{11}b_2\,.$$

Damit haben wir den ersten Teil des folgenden Satzes.

6.2 Lösbarkeit und Determinante

(a) Ist die **Determinante**

$$D := a_{11}a_{22} - a_{12}a_{21}$$

des Gleichungssystems (S) von Null verschieden, so hat dieses genau ein Lösungspaar (x_1, x_2), gegeben durch die **Cramersche Regel**

$$x_1 = \frac{1}{D}\,(a_{22}b_1 - a_{12}b_2) \quad \text{und} \quad x_2 = \frac{1}{D}\,(a_{11}b_2 - a_{21}b_1)\,.$$

Dies folgt aus 6.1. Die so bestimmten Zahlen x_1, x_2 erfüllen (S) $\boxed{\text{ÜA}}$.

(b) Ist die Determinante Null, so ist (S) entweder unlösbar, oder die Menge der Lösungspunkte (x_1, x_2) enthält mindestens eine Gerade.

BEWEIS von (b) durch Diskussion dreier Fälle:

(α) Sind a_{11}, a_{21}, a_{12} und a_{22} alle Null, so ist (S) nur erfüllbar, falls $b_1 = b_2 = 0$. In diesem Fall lösen alle x_1, x_2 das System (S).

(β) Im Fall $a_{11} = a_{21} = 0$, $|a_{12}| + |a_{22}| > 0$ dürfen wir $a_{12} \neq 0$ annehmen (sonst Vertauschung der beiden Gleichungen). Das System (S) lautet dann $x_2 = \frac{b_1}{a_{12}}$, $a_{22}x_2 = b_2$. Diese Gleichungen sind genau dann miteinander vereinbar, wenn $a_{22}b_1 = a_{12}b_2$. In diesem Fall ist x_2 eindeutig bestimmt, und x_1 darf beliebig sein.

(γ) Sind a_{11} und a_{21} nicht beide Null, so dürfen wir annehmen, dass $a_{11} \neq 0$ (sonst Vertauschung der Gleichungen). Die Gleichung $a_{11}a_{22} - a_{12}a_{21} = 0$ liefert $a_{22} = \dfrac{a_{12}a_{21}}{a_{11}}$. Multiplikation der ersten Zeile von (S) mit $\dfrac{a_{21}}{a_{11}}$ ergibt dann

$$a_{21}x_1 + a_{22}x_2 = \frac{a_{21}}{a_{11}}b_1$$

Damit dies nicht der zweiten Gleichung von (S) widerspricht, muss $\dfrac{a_{21}}{a_{11}}b_1 = b_2$
sein. In diesem Falle bestimmt die erste Zeile von (S) schon die Lösungsmenge; diese ist gegeben durch die Geradengleichung

$$x_1 = -\frac{a_{12}}{a_{11}}x_2 + \frac{b_1}{a_{11}}. \qquad\qquad \square$$

6.3 Lineare Abhängigkeit und Unabhängigkeit

Zwei Vektoren $\mathbf{a}$ und $\mathbf{b}$ heißen **linear abhängig**, wenn einer von ihnen Vielfaches des anderen ist. So sind $\mathbf{a} = (4, -6)$ und $\mathbf{b} = (-6, 9)$ linear abhängig, denn $\mathbf{b} = -\frac{3}{2}\mathbf{a}$ (und $\mathbf{a} = -\frac{2}{3}\mathbf{b}$).

$\mathbf{a} \neq \mathbf{0}$ und $\mathbf{0}$ sind linear abhängig, da $\mathbf{0} = 0 \cdot \mathbf{a}$. (Im Fall $\mathbf{a} \neq \mathbf{0}$ ist $\mathbf{a}$ aber kein Vielfaches von $\mathbf{0}$.) Statt „nicht linear abhängig" sagen wir **linear unabhängig**.

SATZ. *Zwei Vektoren*

$$\mathbf{a} = \begin{pmatrix} a_1 \\ a_2 \end{pmatrix} \quad \text{und} \quad \mathbf{b} = \begin{pmatrix} b_1 \\ b_2 \end{pmatrix}$$

sind genau dann linear abhängig, wenn $a_1 b_2 - a_2 b_1 = 0$.

BEWEIS.

(a) Aus $\mathbf{a} = c \cdot \mathbf{b}$ bzw. aus $\mathbf{b} = d \cdot \mathbf{a}$ folgt unmittelbar $a_1 b_2 - a_2 b_1 = 0$.

(b) Für $a_1 b_2 = a_2 b_1$ und $a_1 \neq 0$ ist

$$b_2 = \frac{b_1}{a_1}a_2 \quad \text{und natürlich} \quad b_1 = \frac{b_1}{a_1}a_1, \quad \text{also} \quad \mathbf{b} = \frac{b_1}{a_1}\mathbf{a}.$$

Analog ergibt sich der Fall $a_1 = 0$, $a_2 \neq 0$. Für $a_1 = a_2 = 0$ folgt $\mathbf{a} = \mathbf{0} = 0 \cdot \mathbf{b}$.
$\qquad\qquad \square$

7 Abstand, Norm, Winkel, ebene Drehungen

Im Folgenden seien $\mathbf{a} = \begin{pmatrix} a_1 \\ a_2 \end{pmatrix}$ und $\mathbf{b} = \begin{pmatrix} b_1 \\ b_2 \end{pmatrix}$ die Ortsvektoren von Punkten A und B.

7.1 Abstand, Norm und Dreiecksungleichung

Der Abstand $d(A, B)$ von A und B ist nach 3.1 gegeben durch

$$\|\mathbf{a} - \mathbf{b}\| = \sqrt{(a_1 - b_1)^2 + (a_2 - b_2)^2},$$

dabei ist $\|\mathbf{a}\| := \sqrt{a_1^2 + a_2^2}$ die **Länge** oder **Norm** von **a**, in der Literatur auch mit $|\mathbf{a}|$ bezeichnet.

Es gilt die **Dreiecksungleichung**

$$\|\mathbf{a} + \mathbf{b}\| \leq \|\mathbf{a}\| + \|\mathbf{b}\|.$$

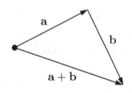

Diese ist anschaulich klar (vgl. Fig.) und wird im nächsten Abschnitt allgemein für den $\mathbb{R}^n$ bewiesen, vgl. §6 : 2.6.

7.2 Polardarstellung, Drehungen, Winkel, Orthogonalität

(a) Zu jedem Vektor $\mathbf{a} \neq \mathbf{0}$ gibt es nach §3 : 8.2 genau einen Winkel α (im Bogenmaß) mit

$$\mathbf{a} = r \begin{pmatrix} \cos\alpha \\ \sin\alpha \end{pmatrix}$$

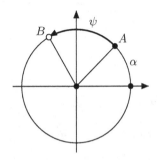

und $r = \|\mathbf{a}\| > 0, -\pi < \alpha \leq \pi$ (**Polardarstellung** von **a**). Da $r^{-1}\mathbf{a}$ die Norm 1 hat, genügt es anzunehmen, dass

$$\mathbf{a} = \begin{pmatrix} a_1 \\ a_2 \end{pmatrix} \quad \text{mit} \quad \|\mathbf{a}\| = 1.$$

α heißt **orientierter Winkel** zwischen $\mathbf{e}_1$ und **a**; dieser ist im Fall $r = 1$ festgelegt durch

$$\alpha = \begin{cases} \arccos a_1 & \text{für } a_2 \geq 0, \\ -\arccos a_1 & \text{für } a_2 < 0. \end{cases}$$

(b) Die Drehung D_ψ mit Angelpunkt O und Drehwinkel ψ lässt O fest und überführt jeden Punkt A mit Ortsvektor $\mathbf{a} = r\begin{pmatrix} \cos\alpha \\ \sin\alpha \end{pmatrix}$ in den Punkt B mit Ortsvektor $\mathbf{b} = r\begin{pmatrix} \cos(\alpha+\psi) \\ \sin(\alpha+\psi) \end{pmatrix}$. Im Fall $\psi \geq 0$ sprechen wir von einer **Drehung im mathematisch positiven Sinn** (d.h. gegen den Uhrzeigersinn), im Fall $\psi < 0$ von einer **Drehung im mathematisch negativen Sinn**. Ist ψ ein ganzzzahliges Vielfaches von 2π, so wird A in sich überführt.

Sind umgekehrt zwei Punkte $A = (\cos\alpha, \sin\alpha)$ und $B = (\cos\beta, \sin\beta)$ auf dem Einheitskreis gegeben mit $-\pi < \alpha, \beta \leq \pi$, so können wir ψ so bestimmen, dass die Drehung D_ψ den Punkt A in den Punkt B überführt und dass $-\pi < \psi \leq \pi$. Die hierdurch eindeutig bestimmte Zahl ψ heißt **der orientierte Winkel** zwischen $\mathbf{a} = \begin{pmatrix} \cos\alpha \\ \sin\alpha \end{pmatrix}$ und $\mathbf{b} = \begin{pmatrix} \cos\beta \\ \sin\beta \end{pmatrix}$.

Es ist entweder $\psi = \beta - \alpha$ oder $\psi = \beta - \alpha + 2\pi$ oder $\psi = \beta - \alpha - 2\pi$ $\boxed{\text{ÜA}}$;

in jedem Fall ist ψ nach (a) eindeutig bestimmt durch

$$\cos\psi = \cos(\beta - \alpha) = \cos\beta\cos\alpha + \sin\beta\sin\alpha \,,$$

$$\sin\psi = \sin(\beta - \alpha) = \sin\beta\cos\alpha - \cos\beta\sin\alpha \,.$$

(c) **Der orientierte Winkel** ψ zwischen zwei nichtverschwindenden Vektoren

$$\mathbf{a} = \begin{pmatrix} a_1 \\ a_2 \end{pmatrix} \quad \text{und} \quad \mathbf{b} = \begin{pmatrix} b_1 \\ b_2 \end{pmatrix}$$

ist definiert als der orientierte Winkel zwischen

$$\frac{\mathbf{a}}{\|\mathbf{a}\|} \quad \text{und} \quad \frac{\mathbf{b}}{\|\mathbf{b}\|}$$

im Sinne von (b). Aus den in (b) angegebenen Formeln ergeben sich mit

$$\cos\alpha = \frac{a_1}{\|\mathbf{a}\|}, \quad \sin\alpha = \frac{a_2}{\|\mathbf{a}\|}, \quad \cos\beta = \frac{b_1}{\|\mathbf{b}\|}, \quad \sin\beta = \frac{b_2}{\|\mathbf{b}\|}$$

die Beziehungen

$$\cos\psi = \frac{a_1 b_1 + a_2 b_2}{\|\mathbf{a}\| \cdot \|\mathbf{b}\|} \quad \text{und} \quad \sin\psi = \frac{a_1 b_2 - a_2 b_1}{\|\mathbf{a}\| \cdot \|\mathbf{b}\|} \,.$$

Beachten Sie: Der orientierte Winkel zwischen $\mathbf{b}$ und $\mathbf{a}$ ist $-\psi$. Der nichtorientierte Winkel zwischen $\mathbf{a}$ und $\mathbf{b}$ bzw. zwischen $\mathbf{b}$ und $\mathbf{a}$ ist nach § 3 : 8.1 durch $|\psi|$ gegeben.

Machen Sie sich klar, dass $\|\mathbf{a}\| \cdot \|\mathbf{b}\| \cdot |\sin\psi| = |a_1 b_2 - a_2 b_1|$ der Flächeninhalt des von den Vektoren $\mathbf{a}, \mathbf{b}$ aufgespannten Parallelogramms ist.

(d) Zwei Vektoren $\mathbf{a}, \mathbf{b}$ heißen zueinander **orthogonal**, wenn $a_1 b_1 + a_2 b_2 = 0$. Sind beide von Null verschieden, so schließen sie einen rechten Winkel ein, stehen also aufeinander **senkrecht**.

7.3 Aufgabe. Gegeben ist ein Dreieck mit den Ecken $O = (0,0)$, $A = (a,0)$ und $B = (b,c)$, wobei $a \neq 0$, $c \neq 0$. Zeigen Sie

(a) Die drei Seitenhalbierenden schneiden sich in einem Punkt S. In welchem Verhältnis teilt S die Seitenhalbierenden? Physikalische Deutung von S?

(b) Die drei Mittelsenkrechten schneiden sich im Umkreismittelpunkt M.

(c) Die drei Höhen (Lote der Eckpunkte auf die gegenüberliegenden Seiten) schneiden sich in einem Punkt H.

(d) M, S und H liegen auf einer Geraden. In welchem Verhältnis teilt S die Strecke $\overline{MH}$?

8 Komplexe Zahlen

8.1 Was sollen die komplexen Zahlen ?

In seiner *Ars magna sive de regulis algebraicis* (Nürnberg 1545) gab Geronimo CARDANO für die (im Reellen unlösbare) Gleichung $x(10 - x) = 40$ die „fiktiven Wurzeln" $5 + \sqrt{-15}$ und $5 - \sqrt{-15}$ an. Die heute geläufige Schreibweise $5 + i\sqrt{15}$, $5 - i\sqrt{15}$ mit $i = \sqrt{-1}$, wurde ab 1777 von Leonhard EULER verwendet.

Ende des 16. Jahrhunderts wurde schon ganz unbekümmert mit solchen fiktiven Größen nach den Regeln der Algebra gerechnet, z.B. nach der Regel (in Eulerscher Notation):

$$(*) \quad \begin{cases} (x_1 + ix_2)(y_1 + iy_2) = x_1y_1 + i^2 x_2y_2 + i(x_1y_2 + x_2y_1) \\ \qquad\qquad\qquad\quad = x_1y_1 - x_2y_2 + i(x_1y_2 + x_2y_1) \end{cases}$$

Im Jahre 1629 formulierte Albert GIRARD den *Fundamentalsatz der Algebra*, wonach eine Gleichung n–ten Grades

$$x^n + a_{n-1}x^{n-1} + \ldots + a_1x + a_0 = 0$$

n „Wurzeln" hat, wenn wir „unmögliche" Wurzeln $a + \sqrt{-b}$ zulassen. Wir formulieren das heute so: Für jedes Polynom

$$p(x) = x^n + a_{n-1}x^{n-1} + \ldots + a_1x + a_0$$

gibt es „komplexe Zahlen" $z_k = x_k + iy_k$, so dass

$$p(x) = (x - z_1)(x - z_2) \cdots (x - z_n).$$

Dieser Fundamentalsatz sichert die Existenz wenigstens einer komplexen Nullstelle und gibt Auskunft darüber, wie viele Nullstellen (mit Vielfachheit) insgesamt zu erwarten sind. Darüberhinaus ermöglicht die komplexe Rechnung eine einheitliche Behandlung algebraischer Gleichungen, siehe Abschnitt 10.

Wir werden später sehen, dass viele Schwingungsprobleme der Physik auf algebraische Gleichungen führen. Der „Umweg über das Komplexe" wird es uns erlauben, mit *einem* Lösungsansatz sowohl im Falle reeller als auch nichtreeller Nullstellen durchzukommen.

Die komplexen Zahlen sind nicht nur für die Algebra wichtig, sie gestatten auch, viele Rechnungen in der Analysis wie in der Geometrie besonders elegant zu fassen. Wir werden am Ende dieses Abschnitts davon eine Kostprobe geben.

Im 17. und 18. Jahrhundert war man sich über die Tragweite des Fundamentalsatzes klar, und die bedeutendsten Mathematiker des 18. Jahrhunderts versuchten, diesen Satz zu beweisen. Der erste einigermaßen strenge Beweis wurde 1799 von Carl Friedrich GAUSS gegeben. Wir werden später einen einfachen Beweis kennenlernen (§ 27 : 6.4).

8.2 Was sind komplexe Zahlen?

Was soll $i = \sqrt{-1}$ sein? Gibt es so etwas überhaupt? Und wenn wir $\sqrt{-1}$ einfach fingieren, können wir denn sicher sein, dass das Rechnen mit solchen Objekten nach den herkömmlichen Regeln nicht auf Widersprüche führt? Dazu ein Beispiel: 1768 stellte EULER folgende „Rechnung" auf:

$$\sqrt{-1} \cdot \sqrt{-4} = \sqrt{4} = 2, \quad \text{da} \ \sqrt{a} \cdot \sqrt{b} = \sqrt{a \cdot b}.$$

Nach den algebraischen Regeln $(*)$ müsste aber $i \cdot 2i = -2$ sein.

Wie den komplexen Zahlen eine geometrische Deutung gegeben wird und das Rechnen mit ihnen durch Zurückführung auf das Rechnen im $\mathbb{R}^2$ abgesichert werden kann, hat 1797 der norwegische Feldmesser Caspar WESSEL dargelegt.

WESSELs Idee präzisieren wir wie folgt:

Im $\mathbb{R}^2$ hatten wir schon eine **Addition**

$$\binom{x_1}{x_2} + \binom{y_1}{y_2} = \binom{x_1 + y_1}{x_2 + y_2}$$

eingeführt. Nun definieren wir eine **Multiplikation**, die auf die Rechenregel $(*)$ von 8.1 hinauslaufen soll:

$$\binom{x_1}{x_2} \cdot \binom{y_1}{y_2} := \binom{x_1 y_1 - x_2 y_2}{x_1 y_2 + x_2 y_1}.$$

Weiter setzen wir $\mathbf{1} := \binom{1}{0}$.

Dann gelten neben den Rechengesetzen der Addition für Vektoren des $\mathbb{R}^2$ die Regeln

(M_1) $\mathbf{a} \cdot (\mathbf{b} \cdot \mathbf{c}) = (\mathbf{a} \cdot \mathbf{b}) \cdot \mathbf{c}$.

(M_2) $\mathbf{a} \cdot \mathbf{b} = \mathbf{b} \cdot \mathbf{a}$.

(M_3) $\mathbf{a} \cdot \mathbf{1} = \mathbf{1} \cdot \mathbf{a} = \mathbf{a}$.

(M_4) Die Gleichung $\mathbf{a} \cdot \mathbf{x} = \mathbf{b}$ hat für $\mathbf{a} \neq \mathbf{0}$ genau eine Lösung $\mathbf{x}$.

(D) $(\mathbf{a} + \mathbf{b}) \cdot \mathbf{c} = \mathbf{a} \cdot \mathbf{c} + \mathbf{b} \cdot \mathbf{c}$.

Einen Zahlenbereich mit diesen Rechenregeln nannten wir einen Körper. Der $\mathbb{R}^2$ mit der oben definierten Addition und Multiplikation heißt **Körper der komplexen Zahlen** und wird mit $\mathbb{C}$ bezeichnet.

BEWEIS.

Die Gesetze $(M_1), (M_2), (M_3)$ und (D) sind unmittelbar nachzurechnen, eine einfache $\boxed{\text{ÜA}}$.

Zu (M_4): Für Vektoren

$$\mathbf{a} = \begin{pmatrix} a_1 \\ a_2 \end{pmatrix} \neq \mathbf{0}, \quad \mathbf{b} = \begin{pmatrix} b_1 \\ b_2 \end{pmatrix} \quad \text{und} \quad \mathbf{x} = \begin{pmatrix} x_1 \\ x_2 \end{pmatrix}$$

bedeutet die Gleichung $\mathbf{a} \cdot \mathbf{x} = \mathbf{b}$ in Komponenten

$$a_1 x_1 - a_2 x_2 = b_1 \,,$$

$$a_2 x_1 + a_1 x_2 = b_2 \,.$$

Dieses lineare Gleichungssystem hat die Determinante $a_1^2 + a_2^2 > 0$ und damit eine eindeutig bestimmte Lösung x_1, x_2, die nach der Cramerschen Regel berechnet werden kann.

Die Lösung der Gleichung $\mathbf{a} \cdot \mathbf{x} = \mathbf{1}$ bezeichnen wir mit $\dfrac{1}{\mathbf{a}}$. Die Cramersche Regel liefert

$$\frac{1}{\mathbf{a}} = \frac{1}{a_1^2 + a_2^2} \begin{pmatrix} a_1 \\ -a_2 \end{pmatrix}. \qquad\qquad \square$$

8.3 Darstellung komplexer Zahlen

Die eben verwendete Darstellungsform ist zu schwerfällig. Wir gehen deshalb zu der Darstellung $x + iy$ über, die wir wie folgt erhalten:

Jede komplexe Zahl lässt sich schreiben in der Form

$$\begin{pmatrix} x \\ y \end{pmatrix} = \begin{pmatrix} x \\ 0 \end{pmatrix} + \begin{pmatrix} 0 \\ 1 \end{pmatrix} \cdot \begin{pmatrix} y \\ 0 \end{pmatrix},$$

denn es ist

$$\begin{pmatrix} x \\ y \end{pmatrix} = \begin{pmatrix} x \\ 0 \end{pmatrix} + \begin{pmatrix} 0 \\ y \end{pmatrix} \quad \text{und} \quad \begin{pmatrix} 0 \\ 1 \end{pmatrix} \cdot \begin{pmatrix} y \\ 0 \end{pmatrix} = \begin{pmatrix} 0 \cdot y - 1 \cdot 0 \\ 0 \cdot 0 + 1 \cdot y \end{pmatrix} = \begin{pmatrix} 0 \\ y \end{pmatrix}$$

Für die **imaginäre Einheit**

$$i := \begin{pmatrix} 0 \\ 1 \end{pmatrix}$$

gilt

$$i \cdot i = \begin{pmatrix} 0 \\ 1 \end{pmatrix} \cdot \begin{pmatrix} 0 \\ 1 \end{pmatrix} = \begin{pmatrix} 0 \cdot 0 - 1 \cdot 1 \\ 0 \cdot 1 + 0 \cdot 1 \end{pmatrix} = \begin{pmatrix} -1 \\ 0 \end{pmatrix}.$$

Wir schreiben zur Abkürzung

x statt $\begin{pmatrix} x \\ 0 \end{pmatrix}$.

Damit ergibt sich

$$\begin{pmatrix} x \\ y \end{pmatrix} = \begin{pmatrix} x \\ 0 \end{pmatrix} + \begin{pmatrix} 0 \\ 1 \end{pmatrix} \cdot \begin{pmatrix} y \\ 0 \end{pmatrix} = x + iy \quad \text{und} \quad i^2 = -1 \,.$$

Die Identifizierung der reellen Zahlen x mit den Punkten $\begin{pmatrix} x \\ 0 \end{pmatrix}$ der x–Achse wird durch folgende Tatsachen über die komplexen Rechenoperationen gerechtfertigt:

$$\begin{pmatrix} x_1 \\ 0 \end{pmatrix} + \begin{pmatrix} x_2 \\ 0 \end{pmatrix} = \begin{pmatrix} x_1 + x_2 \\ 0 \end{pmatrix}, \quad \begin{pmatrix} x_1 \\ 0 \end{pmatrix} \cdot \begin{pmatrix} x_2 \\ 0 \end{pmatrix} = \begin{pmatrix} x_1 x_2 \\ 0 \end{pmatrix}.$$

Anders ausgedrückt: Das komplexe Addieren und Multiplizieren für Punkte $\begin{pmatrix} x \\ 0 \end{pmatrix}$ der x–Achse läuft auf das reelle Addieren und Multiplizieren mit Zahlen x hinaus.

Die oben eingeführte Addition und Multiplikation nehmen nun folgende Gestalt an:

$$(x_1 + iy_1) + (x_2 + iy_2) = (x_1 + x_2) + i(y_1 + y_2)\,,$$

$$(x_1 + iy_1) \cdot (x_2 + iy_2) = x_1 x_2 - y_1 y_2 + i\,(x_1 y_2 + x_2 y_1)\,.$$

Das Letztere folgt nach den Regeln der Algebra unter Beachtung der Tatsache, dass $i^2 = -1$:

$$(x_1 + iy_1) \cdot (x_2 + iy_2) = x_1 x_2 + iy_1 x_2 + ix_1 y_2 + i^2 y_1 y_2$$

$$= x_1 x_2 - y_1 y_2 + i\,(x_1 y_2 + x_2 y_1)\,.$$

8.4 Zusammenfassung

Für komplexe Zahlen haben wir zwei Darstellungen:
- als Punkte (x, y) der Zahlenebene, wobei sich die reellen Zahlen in der Form $(x, 0)$ wiederfinden,
- in der Form

$$z = x + iy \quad (x, y \in \mathbb{R})\,.$$

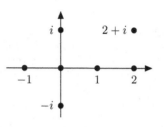

Zwei komplexe Zahlen $z_1 = x_1 + iy_1$, $z_2 = x_2 + iy_2$ sind genau dann gleich, wenn $x_1 = x_2$ und $y_1 = y_2$. Das folgt direkt aus der Gleichheit für Vektoren des $\mathbb{R}^2$. Daher besitzt eine komplexe Zahl z nur eine Darstellung $x + iy$.

x heißt der **Realteil** von z : $\operatorname{Re} z := x$,

y heißt der **Imaginärteil** von z : $\operatorname{Im} z := y$.

Da die komplexen Zahlen $\mathbb{C} = \{z = x + iy \mid x, y \in \mathbb{R}\}$ einen Körper bilden, gelten alle aus der Algebra bekannten Rechenregeln, wie zum Beispiel

$$(a + b)^n = \sum_{k=0}^{n} \binom{n}{k} a^k b^{n-k},$$

$$\sum_{k=0}^{n} z^k = \frac{1 - z^{n+1}}{1 - z} \quad \text{für} \quad z \neq 1.$$

$\boxed{\text{ÜA}}$ Schreiben Sie die folgenden Zahlen in der Form $x + iy$:

(a) $(1 + i)(2 - i)$,   (b) $(1 + i)(3 - i)(2 - i)^2$,

(c) $\dfrac{1}{1 - i}$, (d) $\dfrac{2 + i}{1 + i}$, (e) $\left(\dfrac{i}{1 + i}\right)^3$.

8.5 Konjugiert komplexe Zahlen

Für $z = x + iy$ definieren wir die zu z **konjugiert komplexe Zahl** durch

$$\overline{z} := x - iy.$$

Es gilt $\boxed{\text{ÜA}}$:

$$\overline{z_1 + z_2} = \overline{z_1} + \overline{z_2} \quad \text{und} \quad \overline{z_1 \cdot z_2} = \overline{z_1} \cdot \overline{z_2}.$$

Daraus folgt für endliche Summen

$$\overline{\sum_{k=1}^{n} a_k \cdot b_k} = \sum_{k=1}^{n} \overline{a_k} \cdot \overline{b_k}.$$

Geometrisch bedeutet die Konjugation Spiegelung an der reellen Achse.

8.6 Der Betrag einer komplexen Zahl $z = x + iy$ ist definiert durch ihren Abstand vom Nullpunkt in der Zahlenebene, also durch $\sqrt{x^2 + y^2}$. Da die Auffassung von z als „Zahl" im Vordergrund steht, verwenden wir statt $\|z\|$ das von $\mathbb{R}$ her gewohnte Zeichen $|z|$, also

$$|z| = |x + iy| = \sqrt{x^2 + y^2}.$$

Für den Betrag gilt wie in $\mathbb{R}$ (vgl. §1:5.9):

(a) $|z| \geq 0$; $|z| = 0$ nur für $z = 0$.

(b) $|z \cdot w| = |z| \cdot |w|$.

(c) $|z + w| \leq |z| + |w|$ (Dreiecksungleichung).

(d) $z \cdot \bar{z} = |z|^2$, also $\dfrac{1}{z} = \dfrac{\bar{z}}{|z|^2}$ falls $z \neq 0$.

(e) $\max\{|x|, |y|\} \leq |x + iy| \leq |x| + |y|$.

(f) $\big||z| - |w|\big| \leq |z - w|$ (Dreiecksungleichung nach unten).

BEWEIS.

(a) ist klar; (d) ergibt sich durch Ausmultiplizieren.

(b) als $\boxed{\text{ÜA}}$, rechnen Sie $|z \cdot w|^2$ und $|z|^2 \cdot |w|^2$ aus.

(c) wird zu Beginn des nächsten Abschnitts nachgeholt.

(f) folgt aus (c) nach dem Muster von § 1 : 5.10 $\boxed{\text{ÜA}}$.

(e) Es ist $x^2 \leq x^2 + y^2$, also $|x| \leq \sqrt{x^2 + y^2}$, entsprechend $|y| \leq \sqrt{x^2 + y^2}$. Nach der Dreiecksungleichung ist $|x + iy| \leq |x| + |iy| = |x| + |y|$. $\qquad\square$

8.7 Polardarstellung (Teil I)

Für $z = x + iy \neq 0$ ist durch

$$\cos\varphi = \frac{x}{|z|} \quad \text{und} \quad \sin\varphi = \frac{y}{|z|}$$

ein Winkel $\varphi \in \mathbb{R}$ bis auf Vielfache von 2π festgelegt, vgl. 7.2. Mit diesem ergibt sich folgende Polardarstellung

$$z = |z| \left(\cos\varphi + i\sin\varphi\right).$$

8.8 Geometrische Deutung der Rechenoperationen

(a) *Addition.* Die Addition entspricht definitionsgemäß der Addition von Vektoren (Parallelogrammkonstruktion)

(b) *Multiplikation.* Für

$$z = |z| \left(\cos\varphi + i\sin\varphi\right), \quad w = |w| \left(\cos\psi + i\sin\psi\right),$$

gilt

$$z \cdot w = |z| \cdot |w| \left((\cos\varphi\cos\psi - \sin\varphi\sin\psi) + i(\cos\varphi\sin\psi + \cos\psi\sin\varphi)\right)$$

$$= |z \cdot w| \left(\cos(\varphi + \psi) + i\sin(\varphi + \psi)\right)$$

Somit ist die Abbildung

$$z \mapsto z \cdot w$$

für festes $w \neq 0$ eine **Drehstreckung**: erst Drehung D_ψ um den Winkel ψ, dann Streckung mit dem Faktor $|w|$, bzw. umgekehrt.

8.9 Übungsaufgaben

(a) Beschreiben Sie die Abbildung $z \mapsto \dfrac{i}{1+i}\, z$ geometrisch.

(b) Dasselbe für $z \mapsto (1 + \sqrt{3}\, i)z$.

9 Die komplexe Exponentialfunktion

9.1 Vorbemerkung

Setzen wir $g(\varphi) = \cos\varphi + i\sin\varphi$, so ist nach der oben durchgeführten Rechnung $g(\varphi) \cdot g(\psi) = g(\varphi+\psi)$, was an die Gleichung $f(x+y) = f(x) \cdot f(y)$ für $f(x) = \mathrm{e}^x$ erinnert.

Wir suchen eine Funktion $F : \mathbb{C} \to \mathbb{C}$, welche für alle $z, w \in \mathbb{C}$ das Exponentialgesetz $F(z + w) = F(z) \cdot F(w)$ erfüllt und die eine Fortsetzung der reellen Exponentialfunktion darstellt, also $F(x) = \mathrm{e}^x$ für $x \in \mathbb{R}$.

Das Exponentialgesetz verlangt, dass

$$F(x + iy) = F(x) \cdot F(iy) = \mathrm{e}^x \cdot F(iy)$$

gilt. Für $x = 0$ müsste sich

$$F(i(\varphi + \psi)) = F(i\varphi) \cdot F(i\psi)$$

ergeben.

9.2 Definition. Für $z = x + iy$ setzen wir

$$\mathrm{e}^z := \mathrm{e}^x(\cos y + i\sin y)\,, \quad \text{insbesondere } \mathrm{e}^{i\varphi} = \cos\varphi + i\sin\varphi\,.$$

Dann ist durch $F(z) = \mathrm{e}^z$ eine Fortsetzung der Exponentialfunktion $x \mapsto \mathrm{e}^x$ ins Komplexe gegeben mit $F(z + w) = F(z) \cdot F(w)$.

Im Zusammenhang mit Reihenentwicklungen (siehe §7) werden wir sehen, dass dies die einzig sinnvolle Art ist, die Funktion $x \mapsto \mathrm{e}^x$ ins Komplexe fortzusetzen. Zunächst soll $\mathrm{e}^{i\varphi}$ nur eine Abkürzung für $\cos\varphi + i\sin\varphi$ sein, deren Zweckmäßigkeit sich anschließend und später im Zusammenhang mit der Schwingungsgleichung ergeben wird (§10). Eine Unverträglichkeit der neuen mit der alten Definition kann nicht eintreten, da $\mathrm{e}^{0 \cdot i} = \cos 0 + i\sin 0 = 1$.

Die Funktion e^z*, auch* $\exp(z)$ *geschrieben, hat folgende Eigenschaften* $\boxed{\text{ÜA}}$:

(a) $\mathrm{e}^{z+w} = \mathrm{e}^z \cdot \mathrm{e}^w$.

(b) $\mathrm{e}^{iy} = \cos y + i\sin y$.

(c) $\left\{ \mathrm{e}^{it} \mid t \in [0, 2\pi[\right\}$ *ist der Einheitskreis.*

(d) $|\mathrm{e}^z| = \mathrm{e}^{\operatorname{Re} z}$

(e) $\mathrm{e}^z = \mathrm{e}^w \iff z = w + 2\pi i k$ *für ein* $k \in \mathbb{Z}$.

9.3 Polardarstellung (Teil II), Argument einer komplexen Zahl

Jede komplexe Zahl z lässt sich in der Form $z = r\,e^{i\varphi}$ darstellen mit $r \geq 0$ und $\varphi \in \mathbb{R}$.

r ist durch z eindeutig bestimmt: $r = |z|$. Ist $z \neq 0$, so ist auch die Zahl $e^{i\varphi}$ durch z eindeutig bestimmt.

Denn für $z = r\,e^{i\varphi}$ ist

$$|z| = |r| \cdot \left| e^{i\varphi} \right| = r \cdot 1 = r\,.$$

Ist also $z \neq 0$, so ist $|z| > 0$ und somit $e^{i\varphi} = |z|^{-1} z$.

Dagegen ist φ durch z nicht eindeutig bestimmt. Legen wir jedoch φ durch die Bedingung $-\pi < \varphi \leq \pi$ fest, so entspricht jedem $z \neq 0$ eindeutig ein Winkel $\varphi \in \,]-\pi, \pi]$ mit $z = |z|\,e^{i\varphi}$. Die Zahl φ heißt das **Argument von** z: $\varphi = \arg(z)$.

10 Der Fundamentalsatz der Algebra, Beispiele

10.1 Quadratische Gleichungen

(a) *Quadratwurzeln.* Für $w = r\,e^{i\varphi} \neq 0$ gibt es genau zwei Lösungen z_1 und z_2 der Gleichung $z^2 = w$. Diese sind

$$z_1 = \sqrt{r}\,\exp\left(\frac{i\varphi}{2}\right)\,, \quad z_2 = -z_1\,.$$

Andere Lösungen als diese gibt es nicht, denn aus $z^2 = w$ und $z_1^2 = w$ folgt $0 = z^2 - z_1^2 = (z - z_1)(z + z_1)$, also $z = z_1$ oder $z = -z_1$.

Die Gleichung $z^2 = 0$ hat nur die Lösung $z = 0$.

(b) *Quadratische Ergänzung.* Die Gleichung $z^2 + az + b = 0$ hat für $a, b \in \mathbb{C}$, $a^2 \neq 4b$ genau zwei Lösungen $z_1, z_2 \in \mathbb{C}$. Wir erhalten sie wie im Reellen durch quadratische Ergänzung, d.h. wir schreiben die Gleichung $z^2 + az + b = 0$ in der Form

$$\left(z + \frac{a}{2}\right)^2 = \frac{a^2}{4} - b\,.$$

Ist $z_0 \in \mathbb{C}$ eine Lösung der Gleichung $z_0^2 = \frac{1}{4}a^2 - b$ (siehe (a)), so sind diese beiden Lösungen gegeben durch

$$z_1 = -\frac{a}{2} + z_0 \quad \text{und} \quad z_2 = -\frac{a}{2} - z_0\,.$$

Ist $a^2 = 4b$, so fallen z_1 und z_2 zusammen: $z_1 = z_2 = -\frac{1}{2}a$.

(c) *Der Vietasche Wurzelsatz.* Mit den Bezeichnungen von (*b*) gilt

$$z_1 + z_2 = -a \quad \text{und} \quad z_1 z_2 = b.$$

Dies gilt auch im Fall $a^2 = 4b$.

Das erste folgt sofort aus (*b*), das zweite aus

$$z_1 \cdot z_2 = \left(-\frac{a}{2} - z_0\right)\left(-\frac{a}{2} + z_0\right) = \frac{a^2}{4} - z_0^2 = \frac{a^2}{4} - \left(\frac{a^2}{4} - b\right) = b.$$

(d) *Zusammenfassung.* Für $p(z) = z^2 + az + b$ $(a, b \in \mathbb{C})$ gibt es komplexe Zahlen z_1, z_2 mit $p(z) = (z - z_1)(z - z_2)$.

10.2 n–te Wurzeln

(a) n–te Einheitswurzeln. Zu jeder vorgegebenen natürlichen Zahl n hat die Gleichung

$$w^n = 1$$

genau n komplexe Lösungen, nämlich

$$w_k = e^{\frac{2\pi i k}{n}}$$

für $k = 0, 1, \ldots, n - 1$.

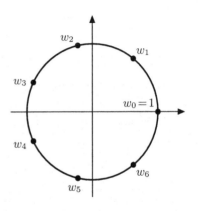

Dass $w_k^n = 1$ gilt, ist sofort zu sehen.

Ist andererseits $w = re^{i\varphi}$ und $w^n = 1$, so folgt $r^n e^{in\varphi} = 1$, also $r = 1$ und $e^{in\varphi} = 1$, somit $n\varphi = 2\pi m$ mit $m \in \mathbb{Z}$.

Es gibt dann ein eindeutig bestimmtes $k \in \{0, 1, \ldots, n - 1\}$ mit $n \mid (m - k)$. Für dieses gilt $w = e^{i\varphi} = w_k$.

(b) n–te Wurzeln. Ist $a = re^{i\varphi}$ und $r > 0$, so hat die Gleichung $z^n = a$ genau n Lösungen, nämlich

$$z_0 = \sqrt[n]{r}\, e^{i\frac{\varphi}{n}} \quad \text{und} \quad z_k = z_0\, w_k \quad (k = 1, \ldots, n - 1).$$

Die Beispiele 10.1 und 10.2 ordnen sich dem folgenden Satz unter:

10.3 Der Fundamentalsatz der Algebra

Die Ergebnisse von §3, Abschnitt 7 lassen sich leicht auf komplexe Polynome $p(z) = a_0 + \ldots + a_n z^n$ mit $z = x + iy$, $a_k = \alpha_k + i\beta_k$ übertragen, sobald der Satz vom Koeffizientenvergleich bewiesen ist. Dieser folgt aus der Zerlegung $p(x) = \alpha_0 + \ldots + \alpha_n x^n + i(\beta_0 + \ldots + \beta_n x^n)$ für $x \in \mathbb{R}$ durch Vergleich von Real– und Imaginärteil; die Ausführung wird dem Leser als $\boxed{\text{ÜA}}$ überlassen.

Fundamentalsatz der Algebra. *Für jedes komplexe Polynom*

$$p(z) = a_0 + a_1 z + \ldots + a_n z^n \quad vom\ Grad\ n$$

mit $a_n = 1$ *gibt es komplexe Zahlen* $z_1, \ldots, z_n$ *mit*

$$p(z) = (z - z_1) \cdots (z - z_n) \quad für\ alle\ \ z \in \mathbb{C}.$$

BEMERKUNGEN.

(a) Die z_k sind also komplexe Nullstellen von p: $p(z_k) = 0$. Jede Nullstelle von p kommt unter den z_k vor: Ist $p(\lambda) = 0$, so ist $\lambda = z_k$ für wenigstens ein $k \in \{1, \ldots, n\}$, denn ein Produkt ist genau dann Null, wenn wenigstens einer der Faktoren verschwindet.

(b) Es ist möglich, dass gewisse z_k zusammenfallen; im Extremfall $p(z) = z^n$ ist beispielsweise $z_1 = z_2 = \ldots = z_n = 0$.

Wir schreiben den Fundamentalsatz oft in der folgenden Form

$$p(z) = (z - \lambda_1)^{k_1} \cdots (z - \lambda_r)^{k_r}.$$

Hierbei sind $\lambda_1, \ldots, \lambda_r$ nun die *verschiedenen* Nullstellen von p, k_j heißt die **Ordnung** oder **algebraische Vielfachheit** der Nullstelle λ_j.

BEISPIEL:

$$z^3 + iz^2 + z + i = (z^2 + 1)(z + i) = (z + i)(z - i)(z + i) = (z + i)^2 (z - i).$$

Hier hat $\lambda_1 = -i$ die Ordnung $k_1 = 2$, und $\lambda_2 = i$ hat die Ordnung $k_2 = 1$.

(c) Der Beweis des Fundamentalsatzes wird in § 27 im Rahmen der Funktionentheorie gegeben. Wir haben den Satz für $n = 2$ und für $p(z) = z^n - a$ oben bewiesen.

(d) Neben der „Mitternachtsformel" (siehe 10.1) für quadratische Gleichungen finden Sie in den Algebrabüchern die „Cardanischen Formeln" für kubische Gleichungen. Gleichungen vierten Grades lassen sich auf Gleichungen dritten Grades zurückführen. Für Gleichungen vom Grad $n \geq 5$ gibt es dagegen kein Lösungsverfahren, das mit algebraischen Umformungen und dem Ausziehen $k-$ter Wurzeln auskommt. Dieser Sachverhalt wurde 1826 von Niels Hendrik ABEL präzisiert und bewiesen.
Literatur: [van der WAERDEN, §§ 63,64].

10.4 Vietasche Wurzelsätze. Unter den Voraussetzungen 10.3 gilt

$$\sum_{k=1}^{n} (-z_k) = a_{n-1}, \quad \prod_{k=1}^{n} (-z_k) = a_0.$$

BEWEIS: Induktion $\boxed{\text{ÜA}}$

10.5 Nullstellen reeller Polynome

Hat ein Polynom reelle Koeffizienten, so ist mit z auch $\bar{z}$ eine Nullstelle $\boxed{\text{ÜA}}$.

10.6 Aufgaben

(a) Stellen sie $\left(\frac{i}{i+1}\right)^{15}$ in der Form $x + iy$ dar.

(b) Geben Sie alle Lösungen $z \in \mathbb{C}$ der Gleichung $z^4 = -3\sqrt{3} + 9i$ an.

10.7 Primfaktorzerlegung reeller Polynome

Sei p ein Polynom vom Grad ≥ 1 mit reellen Koeffizienten. Für eine Nullstelle λ von p gibt es zwei Möglichkeiten:

(a) λ *ist reell.* Dann lässt sich der Faktor $z - \lambda$ abspalten:

$$p(z) = (z - \lambda)\, q(z),$$

wobei q wieder reelle Koeffizienten hat.

(b) λ *ist nicht reell.* Nach 10.5 ist dann $\bar{\lambda}$ eine weitere Nullstelle und

$$p(z) = (z - \lambda)(z - \bar{\lambda}) \cdot r(z).$$

Dabei ist

$$(z - \lambda)(z - \bar{\lambda}) = z^2 - 2z\,\mathrm{Re}\,\lambda + |\lambda|^2$$

ein reelles Polynom. Durch Polynomdivision ergibt sich, dass auch r ein reelles Polynom ist.

Zusammen mit dem Fundamentalsatz ergibt sich also:

Jedes reelle Polynom zerfällt in reelle Polynome vom Grad ≤ 2.

11 Drehungen und Spiegelungen in komplexer Schreibweise

11.1 Die Drehung D_α

Die Drehung in der Ebene um den Mittelpunkt O mit dem Drehwinkel α lässt sich in komplexer Schreibweise besonders einfach angeben:

$$D_\alpha : z \mapsto z \cdot \mathrm{e}^{i\alpha} \quad (\text{vgl. 8.8}).$$

Offenbar ist die Hintereinanderausführung von D_β und D_α,

$$D_\alpha \circ D_\beta = D_{\alpha+\beta} = D_\beta \circ D_\alpha,$$

wieder eine Drehung.

11.2 Spiegelung an einer Ursprungsgeraden

Sei $g = \{\, t\mathbf{a} \mid t \in \mathbb{R} \}$ eine Gerade durch den Nullpunkt. Wir dürfen $\|\mathbf{a}\| = 1$ annehmen, also $\mathbf{a} = (\cos\alpha, \sin\alpha)$ mit einem Winkel $\alpha \in \mathbb{R}$. Die Spiegelung S_α an g können wir in komplexer Schreibweise so erhalten: Durch die Drehung $D_{-\alpha}$ drehen wir g in die reelle Achse. Dann führen wir die Spiegelung an der reellen Achse durch, das ist der Übergang $z \mapsto \overline{z}$. Schließlich machen wir die Drehung wieder rückgängig:

$$S_\alpha(z) = e^{i\alpha}\left(\overline{e^{-i\alpha}z}\right) = e^{2i\alpha} \cdot \overline{z}.$$

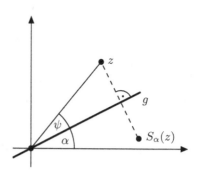

Zur Kontrolle bestimmen wir S_α auf direktem Wege:

Für $z = r\,e^{i\varphi}$ ist

$$S_\alpha(z) = z\,e^{-2i\psi},$$

wobei $\psi = \varphi - \alpha$ (Fig.). Also ist

$$S_\alpha(z) = z\,e^{-2i\psi} = r\,e^{i\varphi}\,e^{-2i\psi}$$

$$= r\,e^{i(\varphi - 2\varphi + 2\alpha)} = r\,e^{-i\varphi}\,e^{2i\alpha}$$

$$= e^{2i\alpha}\,\overline{z}.$$

11.3 Zusammensetzen von Drehungen und Spiegelungen

(a) *Die Hintereinanderausführung zweier Spiegelungen S_α und S_β ist eine Drehung D_γ mit dem Winkel $\gamma = 2(\alpha - \beta)$.*

(b) *Die Hintereinanderausführung einer Spiegelung S_α und einer Drehung D_β ist eine Spiegelung:*

$$S_\alpha \circ D_\beta = S_\gamma \quad \text{mit } \gamma = \alpha - \frac{\beta}{2},$$

$$D_\beta \circ S_\alpha = S_\delta \quad \text{mit } \delta = \alpha + \frac{\beta}{2}.$$

Der Beweis der beiden Aussagen bleibt dem Leser als leichte $\boxed{\text{ÜA}}$ überlassen.

§6 Vektorrechnung im $\mathbb{R}^n$

1 Der Vektorraum $\mathbb{R}^n$

1.1 Vektoren im dreidimensionalen Raum

Nach den grundsätzlichen Bemerkungen in §5 über das Verhältnis zwischen
Geometrie und Vektorrechnung dürfen
wir uns hier kurz fassen. Wir führen im
dreidimensionalen euklidischen Raum
ein kartesisches Koordinatensystem ein
(Fig.) und halten es im Folgenden fest.
Dann können wir jeden Punkt P des
Raumes durch sein

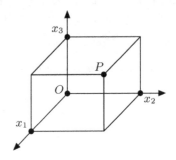

Koordinatentripel (x_1, x_2, x_3)

beschreiben, kurz $P = (x_1, x_2, x_3)$. Jede gerichtete Größe $\vec{x} = \overrightarrow{PP'}$ (denken
Sie an Translationen, Geschwindigkeiten oder Kräfte) besitzt bezüglich unseres
Koordinatensystems eine Koordinatendarstellung; $\vec{x}$ ist gegeben durch einen

$$\textbf{Koordinatenvektor}\quad \mathbf{x} = \begin{pmatrix} x_1 \\ x_2 \\ x_3 \end{pmatrix} .$$

Bei festgehaltenem Koordinatensystem können wir den Vektor $\vec{x}$ mit dem Koordinatenvektor $\mathbf{x}$ identifizieren. Zwischen Punkten $P = (x_1, x_2, x_3)$ und ihren
Ortsvektoren $\mathbf{x}$ werden wir nicht unterscheiden.

1.2 Das Rechnen mit Vektoren des $\mathbb{R}^n$

In der Mechanik wird der Zustand eines Systems von N Massenpunkten durch
einen Satz von Lage– und Impulskoordinaten beschrieben. Der Zustand eines
Massenpunktes, der sich frei im Raum bewegen kann, ist beispielsweise durch
sechs Koordinaten

$$x, y, z, m v_x, m v_y, m v_z$$

gegeben, wo (x, y, z) den Ort, (v_x, v_y, v_z) die Geschwindigkeit und m die Masse
angibt. Das Rechnen mit solchen Koordinatenvektoren erfordert die Einführung
höherdimensionaler Räume. Wir setzen

$$\mathbb{R}^n = \left\{ \mathbf{x} = \begin{pmatrix} x_1 \\ \vdots \\ x_n \end{pmatrix} \;\middle|\; x_1, x_2, \ldots, x_n \in \mathbb{R} \right\}$$

Es ist üblich, Vektoren durch *Spalten* darzustellen. Aus Platzgründen erlauben wir uns im laufenden Text hin und wieder die Zeilenschreibung.

Gleichheit von Vektoren:

$$\begin{pmatrix} x_1 \\ \vdots \\ x_n \end{pmatrix} = \begin{pmatrix} y_1 \\ \vdots \\ y_n \end{pmatrix} \iff x_1 = y_1, \; x_2 = y_2, \; \ldots, \; x_n = y_n \,.$$

Addition und Multiplikation mit Skalaren: Wir setzen

$$\begin{pmatrix} x_1 \\ \vdots \\ x_n \end{pmatrix} + \begin{pmatrix} y_1 \\ \vdots \\ y_n \end{pmatrix} = \begin{pmatrix} x_1 + y_1 \\ \vdots \\ x_n + y_n \end{pmatrix} \quad \text{und} \quad c \cdot \begin{pmatrix} x_1 \\ \vdots \\ x_n \end{pmatrix} = \begin{pmatrix} c \cdot x_1 \\ \vdots \\ c \cdot x_n \end{pmatrix} .$$

Dann gelten wieder alle Rechenregeln von § 5 : 3.5.

1.3 Zur geometrischen Interpretation: Geraden und Ebenen

Der n–dimensionale Raum für $n > 3$ entzieht sich unserer Anschauung. Dennoch können wir in vielen Zusammenhängen geometrische Vorstellungen und Sprechweisen aus dem $\mathbb{R}^2$ und dem $\mathbb{R}^3$ übernehmen. Dafür zwei Beispiele:

(a) Ist $\mathbf{v} \in \mathbb{R}^3$ nicht der Nullvektor und ist $\mathbf{a} \in \mathbb{R}^3$, so beschreibt

$$g = \{\mathbf{a} + t\mathbf{v} \mid t \in \mathbb{R}\}$$

offenbar eine Gerade im Raum.

Analog definieren wir im $\mathbb{R}^n$ die Gerade durch $\mathbf{a}$ mit Richtungsvektor $\mathbf{v}$ durch

$$g = \{\mathbf{a} + t\mathbf{v} \mid t \in \mathbb{R}\} .$$

(b) **Ebenen.** Zwei Vektoren $\mathbf{u}, \mathbf{v} \in \mathbb{R}^n$ heißen **linear unabhängig**, wenn keiner von ihnen Vielfaches des anderen ist.

Für linear unabhängige Vektoren $\mathbf{u}, \mathbf{v}$ und $\mathbf{a} \in \mathbb{R}^n$ heißt

$$E = \{\mathbf{a} + s\mathbf{u} + t\mathbf{v} \mid s, t \in \mathbb{R}\}$$

die von $\mathbf{u}$ *und* $\mathbf{v}$ *aufgespannte Ebene durch den Punkt* $\mathbf{a}$*, gegeben in Parameterdarstellung.*

Die Zuordnung:

$$\binom{s}{t} \mapsto \mathbf{a} + s\mathbf{u} + t\mathbf{v}$$

ist eine bijektive Abbildung von $\mathbb{R}^2$ nach E. In diesem Sinne ist E eine Kopie des $\mathbb{R}^2$.

BEWEIS.
Nach Definition von E ist die Abbildung surjektiv. Sie ist auch injektiv, denn aus $\mathbf{a} + s\,\mathbf{u} + t\,\mathbf{v} = \mathbf{a} + s'\,\mathbf{u} + t'\,\mathbf{v}$ folgt $(s - s')\,\mathbf{u} = (t' - t)\,\mathbf{v}$. Aus der linearen Unabhängigkeit von $\mathbf{u}$ und $\mathbf{v}$ folgt $s = s'$ und $t = t'$. $\square$

2 Skalarprodukt, Längen, Winkel

2.1 Das Skalarprodukt im $\mathbb{R}^n$

Im $\mathbb{R}^2$ ist die Länge $\|\mathbf{x}\|$ eines Vektors $\mathbf{x}$ mit Koordinaten x_1, x_2 gegeben durch

$$\|\mathbf{x}\| = \sqrt{x_1 x_1 + x_2 x_2}\,.$$

Nach § 5 : 7.2 gilt für den Winkel φ zweier Vektoren $\mathbf{x}, \mathbf{y}$ der Länge 1:

$$\cos\varphi = x_1 y_1 + x_2 y_2\,.$$

Beidesmal kommt es auf den Ausdruck $x_1 y_1 + x_2 y_2$ an. Im $\mathbb{R}^n$ führen wir einen entsprechenden Ausdruck ein, das **Skalarprodukt**

$$\langle\,\mathbf{x},\mathbf{y}\,\rangle := \sum_{k=1}^{n} x_k y_k \quad \text{für} \quad \mathbf{x} = \begin{pmatrix} x_1 \\ \vdots \\ x_n \end{pmatrix}, \quad \mathbf{y} = \begin{pmatrix} y_1 \\ \vdots \\ y_n \end{pmatrix}.$$

Es soll uns gestatten, Winkel– und Längenmessung auf den $\mathbb{R}^n$ zu übertragen. In der Literatur wird das Skalarprodukt auch mit $\mathbf{x} \cdot \mathbf{y}$ bezeichnet.

2.2 Eigenschaften des Skalarprodukts

(a) $\langle\,\mathbf{x},\mathbf{x}\,\rangle \geq 0$ *und* $= 0$ *genau dann, wenn* $\mathbf{x} = \mathbf{0}$,

(b) $\langle\,\mathbf{x},\mathbf{y}\,\rangle = \langle\,\mathbf{y},\mathbf{x}\,\rangle$.

(c) $\langle\,\alpha_1\,\mathbf{x}_1 + \alpha_2\,\mathbf{x}_2, \mathbf{y}\,\rangle = \alpha_1\langle\,\mathbf{x}_1,\mathbf{y}\,\rangle + \alpha_2\langle\,\mathbf{x}_2,\mathbf{y}\,\rangle$,

　　$\langle\,\mathbf{x}, \beta_1\,\mathbf{y}_1 + \beta_2\,\mathbf{y}_2\,\rangle = \beta_1\langle\,\mathbf{x},\mathbf{y}_1\,\rangle + \beta_2\langle\,\mathbf{x},\mathbf{y}_2\,\rangle$.

Durch Kombination beider Formeln ergibt sich

(d) $\langle\,\alpha_1\,\mathbf{x}_1 + \alpha_2\,\mathbf{x}_2, \beta_1\,\mathbf{y}_1 + \beta_2\,\mathbf{y}_2\,\rangle$

　　$= \alpha_1\beta_1\langle\,\mathbf{x}_1,\mathbf{y}_1\,\rangle + \alpha_1\beta_2\langle\,\mathbf{x}_1,\mathbf{y}_2\,\rangle + \alpha_2\beta_1\langle\,\mathbf{x}_2,\mathbf{y}_1\,\rangle + \alpha_2\beta_2\langle\,\mathbf{x}_2,\mathbf{y}_2\,\rangle$.

(e) Allgemeiner gilt:

$$\left\langle \sum_{i=1}^{k} \alpha_i \mathbf{x}_i, \sum_{j=1}^{l} \beta_j \mathbf{y}_j \right\rangle = \sum_{i=1}^{k} \sum_{j=1}^{l} \alpha_i \beta_j \left\langle \mathbf{x}_i, \mathbf{y}_j \right\rangle.$$

Auf den Beweis von (e) durch Induktion wollen wir verzichten.

2.3 Norm und Abstand

Die **Norm** oder **Länge** eines Vektors $\mathbf{x} \in \mathbb{R}^n$ definieren wir durch

$$\|\mathbf{x}\| := \sqrt{\langle \mathbf{x}, \mathbf{x} \rangle} = \sqrt{x_1^2 + \ldots + x_n^2}.$$

Geometrische Deutung im $\mathbb{R}^3$: $\|\mathbf{x}\|$ ist
der Abstand des Punktes X mit Orts-
vektor $\mathbf{x}$ vom Nullpunkt. Denn in der
Figur ist $d^2 = x_1^2 + x_2^2$ nach dem Satz
von Pythagoras. Derselbe Satz liefert
für das Dreieck OFX:

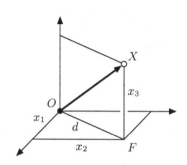

$$\overline{OX}^2 = d^2 + x_3^2 = x_1^2 + x_2^2 + x_3^2.$$

Als **Abstand der Punkte** X, Y mit
Ortsvektoren $\mathbf{x}$, $\mathbf{y}$ definieren wir

$$d(X,Y) := \|\mathbf{x} - \mathbf{y}\|.$$

ÜA Wie müssen Vektoren $\mathbf{a}, \mathbf{b} \in \mathbb{R}^3$ beschaffen sein, damit die Kurve

$$t \mapsto \cos t \cdot \mathbf{a} + \sin t \cdot \mathbf{b}$$

einen Kreis um O mit Radius r beschreibt?

2.4 Geometrische Deutung des Skalarprodukts

Seien $\mathbf{x}, \mathbf{v} \in \mathbb{R}^n$ und $\|\mathbf{v}\| = 1$. Wir suchen auf der Ursprungsgeraden

$$g = \{t\mathbf{v} \mid t \in \mathbb{R}\}$$

den Punkt mit dem kleinsten Abstand zu $\mathbf{x}$, d.h. wir suchen das Minimum von

$$\|\mathbf{x} - t\mathbf{v}\| \quad \text{für} \quad t \in \mathbb{R},$$

falls ein solches existiert. Nach 2.2 gilt unter Beachtung von $\langle \mathbf{v}, \mathbf{v} \rangle = 1$

$$\begin{aligned}
\|\mathbf{x} - t\,\mathbf{v}\|^2 &= \langle\,\mathbf{x} - t\,\mathbf{v}, \mathbf{x} - t\,\mathbf{v}\,\rangle \\
&= \langle\,\mathbf{x},\mathbf{x}\,\rangle - t\langle\,\mathbf{v},\mathbf{x}\,\rangle - t\langle\,\mathbf{x},\mathbf{v}\,\rangle + t^2\langle\,\mathbf{v},\mathbf{v}\,\rangle \\
&= \|\mathbf{x}\|^2 - 2t\langle\,\mathbf{v},\mathbf{x}\,\rangle + t^2 = \|\mathbf{x}\|^2 - \langle\,\mathbf{v},\mathbf{x}\,\rangle^2 + (\langle\,\mathbf{v},\mathbf{x}\,\rangle - t)^2.
\end{aligned}$$

Das Minimum ergibt sich für $t = \langle\,\mathbf{v},\mathbf{x}\,\rangle$. Damit haben wir den

SATZ. *Der Punkt $P\mathbf{x}$ auf g mit kleinstem Abstand zu $\mathbf{x}$ ist gegeben durch*

$$P\mathbf{x} = \langle\,\mathbf{v},\mathbf{x}\,\rangle\,\mathbf{v}\,.$$

Für das Abstandsquadrat gilt

(1) $\|\mathbf{x} - P\mathbf{x}\|^2 = \|\mathbf{x}\|^2 - \langle\,\mathbf{v},\mathbf{x}\,\rangle^2\,.$

Wegen $\|\mathbf{x} - P\mathbf{x}\|^2 \geq 0$ *folgt*

(2) $\langle\,\mathbf{x},\mathbf{v}\,\rangle^2 = \langle\,\mathbf{v},\mathbf{x}\,\rangle^2 \leq \|\mathbf{x}\|^2\,.$

Der Vektor $\mathbf{x} - P\mathbf{x}$ *steht senkrecht auf g:*

(3) $\langle\,\mathbf{x} - P\mathbf{x}, \mathbf{v}\,\rangle = 0\,.$

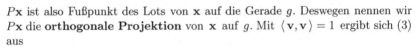

$P\mathbf{x}$ ist also Fußpunkt des Lots von $\mathbf{x}$ auf die Gerade g. Deswegen nennen wir $P\mathbf{x}$ die **orthogonale Projektion** von $\mathbf{x}$ auf g. Mit $\langle\,\mathbf{v},\mathbf{v}\,\rangle = 1$ ergibt sich (3) aus

$$\begin{aligned}
\langle\,\mathbf{v},\mathbf{x} - P\mathbf{x}\,\rangle &= \langle\,\mathbf{v},\mathbf{x} - \langle\,\mathbf{v},\mathbf{x}\,\rangle\mathbf{v}\,\rangle = \langle\,\mathbf{v},\mathbf{x}\,\rangle - \langle\,\mathbf{v},\langle\,\mathbf{v},\mathbf{x}\,\rangle\mathbf{v}\,\rangle \\
&= \langle\,\mathbf{v},\mathbf{x}\,\rangle - \langle\,\mathbf{v},\mathbf{x}\,\rangle\langle\,\mathbf{v},\mathbf{v}\,\rangle = 0\,.
\end{aligned}$$

2.5 Die Cauchy–Schwarzsche Ungleichung

Für $\mathbf{x},\mathbf{y} \in \mathbb{R}^n$ gilt

$$|\langle\,\mathbf{x},\mathbf{y}\,\rangle| \leq \|\mathbf{x}\| \cdot \|\mathbf{y}\|\,,$$

und Gleichheit tritt genau dann ein, wenn $\mathbf{x}$ und $\mathbf{y}$ linear abhängig sind.

BEWEIS.

(a)   Ist $\mathbf{y} = \mathbf{0}$, so ist $\langle\,\mathbf{x},\mathbf{y}\,\rangle = 0 = \|\mathbf{x}\| \cdot \|\mathbf{y}\|$, und $\mathbf{x},\mathbf{y}$ sind linear abhängig.

(b)   Ist $\mathbf{y} \neq \mathbf{0}$, so betrachten wir $\mathbf{v} = \mathbf{y}/\|\mathbf{y}\|$. Dann ist

$$\|\mathbf{v}\| = 1 \quad \text{und} \quad \mathbf{y} = \|\mathbf{y}\| \cdot \mathbf{v}\,.$$

Nach der Gleichung (2) von 2.4 folgt

$$\big|\langle\,\mathbf{x},\mathbf{y}\,\rangle\big| = \big|\langle\,\mathbf{x},\|\mathbf{y}\| \cdot \mathbf{v}\,\rangle\big| = \big|\|\mathbf{y}\|\langle\,\mathbf{x},\mathbf{v}\,\rangle\big| \leq \|\mathbf{y}\| \cdot \|\mathbf{x}\|\,.$$

Nach 2.4: (2) gilt das Gleichheitszeichen genau dann, wenn $\big|\langle \mathbf{x}, \mathbf{v} \rangle\big| = \|\mathbf{x}\|$, und nach (1) bedeutet dies

$$\mathbf{x} = \langle \mathbf{x}, \mathbf{v} \rangle \, \mathbf{v} = \big(\langle \mathbf{x}, \mathbf{v} \rangle / \|\mathbf{y}\|\big) \, \mathbf{y} \,. \qquad\qquad \square$$

2.6 Eigenschaften der Norm

(a) $\|\mathbf{x}\| \geq 0$ *und* $\|\mathbf{x}\| = 0 \iff \mathbf{x} = \mathbf{0}$,

(b) $\|\lambda \mathbf{x}\| = |\lambda| \cdot \|\mathbf{x}\|$ *für* $\lambda \in \mathbb{R}$,

(c) $\|\mathbf{x} + \mathbf{y}\| \leq \|\mathbf{x}\| + \|\mathbf{y}\|$ *(Dreiecksungleichung)*.

In der Dreiecksungleichung gilt das Gleichheitszeichen nur dann, wenn $\mathbf{x} = c\,\mathbf{y}$ *mit* $c \geq 0$ *oder wenn* $\mathbf{y} = \mathbf{0}$.

BEMERKUNG. Mit dem folgenden Beweis von (c) wird insbesondere der bisher fehlende Beweis der Dreiecksungleichung in $\mathbb{R}^2$ und $\mathbb{C}$ erbracht.

BEWEIS.

(a) und (b) folgen unmittelbar aus der Definition.

(c) ergibt sich mit Hilfe der Cauchy–Schwarzschen Ungleichung wie folgt:

$$\|\mathbf{x} + \mathbf{y}\|^2 = \langle \mathbf{x} + \mathbf{y}, \mathbf{x} + \mathbf{y} \rangle = \langle \mathbf{x}, \mathbf{x} \rangle + \langle \mathbf{x}, \mathbf{y} \rangle + \langle \mathbf{y}, \mathbf{x} \rangle + \langle \mathbf{y}, \mathbf{y} \rangle$$

$$\leq \|\mathbf{x}\|^2 + 2\|\mathbf{x}\| \cdot \|\mathbf{y}\| + \|\mathbf{y}\|^2 = (\|\mathbf{x}\| + \|\mathbf{y}\|)^2 \,.$$

Das Gleichheitszeichen gilt hier genau dann, wenn $\langle \mathbf{x}, \mathbf{y} \rangle = \|\mathbf{x}\| \cdot \|\mathbf{y}\|$. Das bedeutet nach 2.5 entweder $\mathbf{y} = \mathbf{0}$ oder $\mathbf{y} \neq \mathbf{0}$ und $\mathbf{x} = c\mathbf{y}$. Im letzteren Fall ist

$$\|\mathbf{x}\| \cdot \|\mathbf{y}\| = \langle \mathbf{x}, \mathbf{y} \rangle = c\langle \mathbf{y}, \mathbf{y} \rangle \,,$$

also $c > 0$ oder $\mathbf{x} = \mathbf{0}$. $\qquad\qquad\qquad\qquad\qquad\qquad\qquad\qquad \square$

2.7 Winkel und Orthogonalität

Im $\mathbb{R}^2$ gilt für den Winkel φ zwischen $\mathbf{a} = \begin{pmatrix} a_1 \\ a_2 \end{pmatrix} \neq \mathbf{0}$ und $\mathbf{b} = \begin{pmatrix} b_1 \\ b_2 \end{pmatrix} \neq \mathbf{0}$ nach § 5 : 7.2

$$\cos\varphi = \frac{a_1 b_1 + a_2 b_2}{\|\mathbf{a}\| \cdot \|\mathbf{b}\|} = \frac{\langle \mathbf{a}, \mathbf{b} \rangle}{\|\mathbf{a}\| \cdot \|\mathbf{b}\|} \,.$$

Entsprechend ist für Vektoren $\mathbf{a} \neq \mathbf{0}$, $\mathbf{b} \neq \mathbf{0}$ des $\mathbb{R}^n$ ein Winkel φ durch

$$\cos\varphi = \frac{\langle \mathbf{a}, \mathbf{b} \rangle}{\|\mathbf{a}\| \cdot \|\mathbf{b}\|} \quad \text{und} \quad 0 \leq \varphi \leq \pi$$

eindeutig bestimmt, der **nichtorientierte Winkel** zwischen $\mathbf{a}$ und $\mathbf{b}$.

Denn nach der Cauchy–Schwarzschen Ungleichung gilt

$$-1 \ \leq \ \frac{\langle \mathbf{a}, \mathbf{b} \rangle}{\|\mathbf{a}\| \cdot \|\mathbf{b}\|} \ \leq \ 1 \,.$$

Insbesondere ist $\varphi = \frac{\pi}{2} \iff \langle \mathbf{a}, \mathbf{b} \rangle = 0$.

Zwei beliebige Vektoren $\mathbf{a}, \mathbf{b} \in \mathbb{R}^n$ heißen zueinander **orthogonal**, $\mathbf{a} \perp \mathbf{b}$, wenn $\langle \mathbf{a}, \mathbf{b} \rangle = 0$. Entsprechend schreiben wir für eine Teilmenge $M \subset \mathbb{R}^n$

$\mathbf{a} \perp M$, falls $\langle \mathbf{a}, \mathbf{x} \rangle = 0$ für alle $\mathbf{x} \in M$.

2.8 Parallelogramm– und Polarisierungsgleichung

Für $\mathbf{x}, \mathbf{y} \in \mathbb{R}^n$ *gilt:*

(a) $\|\mathbf{x} + \mathbf{y}\|^2 + \|\mathbf{x} - \mathbf{y}\|^2 \ = \ 2\|\mathbf{x}\|^2 + 2\|\mathbf{y}\|^2$ (*Parallelogrammgleichung*),

(b) $\langle \mathbf{x}, \mathbf{y} \rangle \ = \ \frac{1}{4} \left(\|\mathbf{x} + \mathbf{y}\|^2 - \|\mathbf{x} - \mathbf{y}\|^2 \right)$ (*Polarisierungsgleichung*).

Die Beweise ergeben sich durch direktes Nachrechnen $\boxed{\text{ÜA}}$. Geometrische Deutung von (a)?

3 Das Vektorprodukt im $\mathbb{R}^3$

3.1 Zielsetzung

Zu gegebenen linear unabhängigen Vektoren $\mathbf{a}, \mathbf{b} \in \mathbb{R}^3$ soll ein dritter Vektor $\mathbf{c} \in \mathbb{R}^3$ mit folgenden Eigenschaften bestimmt werden:

(a) $\mathbf{c}$ steht senkrecht auf $\mathbf{a}$ und $\mathbf{b}$,

(b) die Länge von $\mathbf{c}$ ist der Flächeninhalt des von $\mathbf{a}$ und $\mathbf{b}$ aufgespannten Parallelogramms (Figur), also

$$\|\mathbf{c}\| \ = \ \|\mathbf{a}\| \cdot \|\mathbf{b}\| \cdot \sin \varphi \,,$$

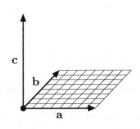

wo $0 < \varphi < \pi$ der Winkel zwischen $\mathbf{a}$ und $\mathbf{b}$ ist (vgl. § 5 : 7.2 (a)).

(c) $\mathbf{a}$, $\mathbf{b}$, $\mathbf{c}$ bilden ein *positiv orientiertes Dreibein*, d.h. liegen im Raum wie Daumen, Zeigefinger und Mittelfinger der rechten Hand („Dreifingerregel", Figur).

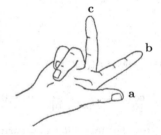

Diese Aufgabenstellung tritt in der Physik beispielsweise bei der Beschreibung des Drehimpulses, der Bewegung eines starren Körpers sowie bei der Bewegung eines Elektrons in einem Magnetfeld auf.

3.2 Das Vektorprodukt

Für Vektoren

$$\mathbf{a} = \begin{pmatrix} a_1 \\ a_2 \\ a_3 \end{pmatrix}, \quad \mathbf{b} = \begin{pmatrix} b_1 \\ b_2 \\ b_3 \end{pmatrix}$$

definieren wir das **Vektorprodukt** oder **Kreuzprodukt** durch

$$\mathbf{a} \times \mathbf{b} := \begin{pmatrix} a_2 b_3 - a_3 b_2 \\ a_3 b_1 - a_1 b_3 \\ a_1 b_2 - a_2 b_1 \end{pmatrix}.$$

Andere Bezeichnungen hierfür sind: $\mathbf{a} \wedge \mathbf{b}$, $[\mathbf{a}, \mathbf{b}]$ und $[\mathbf{ab}]$.

Das Vektorprodukt hat folgende Eigenschaften:

SATZ. (a) $\mathbf{a}$ *und* $\mathbf{b}$ *sind genau dann linear unabhängig, wenn* $\mathbf{a} \times \mathbf{b} \neq \mathbf{0}$.

(b) *Sind* $\mathbf{a}$ *und* $\mathbf{b}$ *linear unabhängig, so sind die zu* $\mathbf{a}$ *und zu* $\mathbf{b}$ *senkrechten Vektoren gerade die Vielfachen von* $\mathbf{a} \times \mathbf{b}$.

(c) *Für* $\mathbf{a}, \mathbf{b} \neq \mathbf{0}$ *gilt*

$$\|\mathbf{a} \times \mathbf{b}\| = \|\mathbf{a}\| \cdot \|\mathbf{b}\| \cdot \sin\varphi = \sqrt{\|\mathbf{a}\|^2 \|\mathbf{b}\|^2 - \langle \mathbf{a}, \mathbf{b} \rangle^2},$$

wobei $\varphi \in [0, \pi]$ *der Winkel zwischen* $\mathbf{a}$ *und* $\mathbf{b}$ *ist.*

BEWEIS.

(a) Wir zeigen: $\mathbf{a}$ und $\mathbf{b}$ sind genau dann linear abhängig, wenn alle Determinanten

$$\Delta_1 = a_2 b_3 - a_3 b_2, \quad \Delta_2 = a_3 b_1 - a_1 b_3, \quad \Delta_3 = a_1 b_2 - a_2 b_1$$

Null sind.

Sind $\mathbf{a}$ und $\mathbf{b}$ linear abhängig, etwa $\mathbf{a} = \lambda \mathbf{b}$, so ergibt sich unmittelbar $\Delta_1 = \Delta_2 = \Delta_3 = 0$.

Sei $\Delta_1 = \Delta_2 = \Delta_3 = 0$. Ist $\mathbf{b} = \mathbf{0}$, so sind $\mathbf{a}$ und $\mathbf{b}$ linear abhängig. Ist $\mathbf{b} \neq \mathbf{0}$, etwa $b_3 \neq 0$, so folgt aus $\Delta_1 = 0$ und $\Delta_2 = 0$:

$$a_2 = \frac{a_3}{b_3} b_2, \quad a_1 = \frac{a_3}{b_3} b_1, \quad \text{und außerdem} \quad a_3 = \frac{a_3}{b_3} b_3.$$

Also ist $\mathbf{a} = \frac{a_3}{b_3}\mathbf{b}$. Ist $b_2 \neq 0$, so ergibt sich in analoger Weise $\mathbf{a} = \frac{a_2}{b_2}\mathbf{b}$; aus $b_1 \neq 0$ folgt $\mathbf{a} = \frac{a_1}{b_1}\mathbf{b}$.

(b) Dass $\mathbf{a}$ und $\mathbf{b}$ senkrecht zu $\mathbf{a} \times \mathbf{b}$ sind, ergibt sich durch Nachrechnen. Sei umgekehrt $\mathbf{x} \perp \mathbf{a}$, $\mathbf{x} \perp \mathbf{b}$. Da $\mathbf{a}$ und $\mathbf{b}$ linear unabhängig sind, ist eine der Determinanten $\Delta_1, \Delta_2, \Delta_3$ von Null verschieden, etwa $\Delta_3 \neq 0$. Die Bedingungen $\langle \mathbf{a}, \mathbf{x} \rangle = \langle \mathbf{b}, \mathbf{x} \rangle = 0$ lauten komponentenweise

$$
\begin{array}{ccc}
a_1 x_1 + a_2 x_2 + a_3 x_3 = 0 & & a_1 x_1 + a_2 x_2 = -a_3 x_3 \\
b_1 x_1 + b_2 x_2 + b_3 x_3 = 0 & \text{bzw.} & b_1 x_1 + b_2 x_2 = -b_3 x_3
\end{array}
$$

Die Cramersche Regel § 5 : 6.2 ergibt

$$
x_1 = \frac{a_2 b_3 - a_3 b_2}{a_1 b_2 - a_2 b_1} x_3 = \frac{\Delta_1}{\Delta_3} x_3 , \quad x_2 = \frac{a_3 b_1 - a_1 b_3}{a_1 b_2 - a_2 b_1} x_3 = \frac{\Delta_2}{\Delta_3} x_3 .
$$

Mit der trivialen Beziehung $x_3 = \frac{\Delta_3}{\Delta_3} x_3$ zusammen ergibt sich

$$
\mathbf{x} = \frac{x_3}{\Delta_3}\, \mathbf{a} \times \mathbf{b} .
$$

Die Fälle $\Delta_1 \neq 0$ und $\Delta_2 \neq 0$ werden in analoger Weise behandelt $\boxed{\text{ÜA}}$.

(c) $\|\mathbf{a}\|^2 \|\mathbf{b}\|^2 \sin^2 \varphi = \|\mathbf{a}\|^2 \|\mathbf{b}\|^2 (1 - \cos^2 \varphi)$

$$
\begin{aligned}
&= \|\mathbf{a}\|^2 \|\mathbf{b}\|^2 - \langle \mathbf{a}, \mathbf{b} \rangle^2 \\
&= (a_1^2 + a_2^2 + a_3^2)(b_1^2 + b_2^2 + b_3^2) - (a_1 b_1 + a_2 b_2 + a_3 b_3)^2 \\
&= (a_2 b_3 - a_3 b_2)^2 + (a_3 b_1 - a_1 b_3)^2 + (a_1 b_2 - a_2 b_1)^2 = \|\mathbf{a} \times \mathbf{b}\|^2 . \quad \square
\end{aligned}
$$

3.3 Zur Dreifingerregel

Leistet das Kreuzprodukt das Gewünschte? Ist $\mathbf{c}$ ein Vektor der in 3.1 angegebenen Art, so folgt aus der Forderung (a) zunächst $\mathbf{c} = \lambda \cdot \mathbf{a} \times \mathbf{b}$, siehe 3.2 (a). Aus der Forderung (b) von 3.1 folgt dann $|\lambda| = 1$ nach 3.2 (c), also $\mathbf{c} = \pm \mathbf{a} \times \mathbf{b}$.

Die Forderung (c) (Dreifingerregel) wird über das Vorzeichen entscheiden und $\mathbf{c}$ damit festlegen. Behauptet wird, dass das Dreibein $\mathbf{a}, \mathbf{b}, \mathbf{a} \times \mathbf{b}$ (in dieser Reihenfolge) immer der Dreifingerregel genügt.

(a) Wir prüfen dies für eine einfache Situation nach: Für den orientierten Winkel ψ zwischen den linear unabhängigen Vektoren (a_1, a_2) und (b_1, b_2) der Ebene gilt nach § 5 : 7.2

$$
\sin \psi = \frac{a_1 b_2 - a_2 b_1}{\sqrt{(a_1^2 + a_2^2)(b_1^2 + b_2^2)}} .
$$

Ist $a_1 b_2 - a_2 b_1 > 0$, so ist $0 < \psi < \pi$, und die Vektoren

$$\mathbf{a} = \begin{pmatrix} a_1 \\ a_2 \\ 0 \end{pmatrix}, \quad \mathbf{b} = \begin{pmatrix} b_1 \\ b_2 \\ 0 \end{pmatrix}, \quad \mathbf{e}_3 = \begin{pmatrix} 0 \\ 0 \\ 1 \end{pmatrix}$$

genügen offenbar der Dreifingerregel. In diesem Fall ist

$$\mathbf{a} \times \mathbf{b} = \begin{pmatrix} 0 \\ 0 \\ a_1 b_2 - a_2 b_1 \end{pmatrix}$$

tatsächlich ein positives Vielfaches von $\mathbf{e}_3$. Ist $a_1 b_2 - a_2 b_1 < 0$, so genügen $\mathbf{a}$, $\mathbf{b}$ und $-\mathbf{e}_3$ der Dreifingerregel, und $\mathbf{a} \times \mathbf{b}$ ist ein positives Vielfaches von $-\mathbf{e}_3$.

(b) Sind $\mathbf{a}$ und $\mathbf{b}$ in allgemeiner Lage, so werden wir später sehen, dass wir das Dreibein $\mathbf{a}$, $\mathbf{b}$ und $\mathbf{a} \times \mathbf{b}$ starr in die Situation (a) überführen können und von dort auch starr wieder zurück, so dass die Verhältnisse in Bezug auf die Dreifingerregel erhalten bleiben.

3.4 Eigenschaften des Vektorproduktes

(a) $\mathbf{a} \times \mathbf{b} = -\mathbf{b} \times \mathbf{a}$ (*Schiefsymmetrie*).

(b) $(\alpha\,\mathbf{a} + \beta\,\mathbf{b}) \times \mathbf{c} = \alpha\,\mathbf{a} \times \mathbf{c} + \beta\,\mathbf{b} \times \mathbf{c}$,

   $\mathbf{a} \times (\beta\,\mathbf{b} + \gamma\,\mathbf{c}) = \beta\,\mathbf{a} \times \mathbf{b} + \gamma\,\mathbf{a} \times \mathbf{c}$ (*Linearität in beiden Argumenten*).

(c) $(\mathbf{a} \times \mathbf{b}) \times \mathbf{c} = \langle \mathbf{a}, \mathbf{c} \rangle \mathbf{b} - \langle \mathbf{b}, \mathbf{c} \rangle \mathbf{a}$ (*Graßmannscher Entwicklungssatz*).

(d) $(\mathbf{a} \times \mathbf{b}) \times \mathbf{c} + (\mathbf{b} \times \mathbf{c}) \times \mathbf{a} + (\mathbf{c} \times \mathbf{a}) \times \mathbf{b} = \mathbf{0}$.

Das Vektorprodukt ist also weder kommutativ noch assoziativ.

$\boxed{\text{ÜA}}$. Wann gilt $(\mathbf{a} \times \mathbf{b}) \times \mathbf{c} = \mathbf{a} \times (\mathbf{b} \times \mathbf{c})$?

BEWEIS.

(a) und (b) folgen direkt aus der Koordinatendarstellung 3.2.

(d) folgt aus (c) $\boxed{\text{ÜA}}$.

(c) ergibt sich durch direkte Rechnung:

$$(\mathbf{a} \times \mathbf{b}) \times \mathbf{c} = \begin{pmatrix} a_2b_3 - a_3b_2 \\ a_3b_1 - a_1b_3 \\ a_1b_2 - a_2b_1 \end{pmatrix} \times \begin{pmatrix} c_1 \\ c_2 \\ c_3 \end{pmatrix}$$

$$= \begin{pmatrix} (a_3b_1 - a_1b_3)c_3 - (a_1b_2 - a_2b_1)c_2 \\ (a_1b_2 - a_2b_1)c_1 - (a_2b_3 - a_3b_2)c_3 \\ (a_2b_3 - a_3b_2)c_2 - (a_3b_1 - a_1b_3)c_1 \end{pmatrix}$$

$$= \begin{pmatrix} (a_2c_2 + a_3c_3)b_1 - (b_2c_2 + b_3c_3)a_1 \\ (a_1c_1 + a_3c_3)b_2 - (b_1c_1 + b_3c_3)a_2 \\ (a_1c_1 + a_2c_2)b_3 - (b_1c_1 + b_2c_2)a_3 \end{pmatrix}$$

$$= \begin{pmatrix} (a_1c_1 + a_2c_2 + a_3c_3)b_1 - (b_1c_1 + b_2c_2 + b_3c_3)a_1 \\ (a_1c_1 + a_2c_2 + a_3c_3)b_2 - (b_1c_1 + b_2c_2 + b_3c_3)a_2 \\ (a_1c_1 + a_2c_2 + a_3c_3)b_3 - (b_1c_1 + b_2c_2 + b_3c_3)a_3 \end{pmatrix}$$

$$= \langle \mathbf{a}, \mathbf{c} \rangle \mathbf{b} - \langle \mathbf{b}, \mathbf{c} \rangle \mathbf{a}. \qquad \square$$

3.5 Gleichförmige Kreisbewegung im Raum

Bei einer gleichförmigen Kreisbewegung um den Mittelpunkt $\mathbf{x}_0$ gilt für den Geschwindigkeitsvektor $\dot{\mathbf{x}}(t)$

$$\dot{\mathbf{x}}(t) = \mathbf{w} \times (\mathbf{x}(t) - \mathbf{x}_0).$$

Dabei liegt der *Drehvektor* $\mathbf{w}$ in Richtung der Drehachse, also senkrecht zur Kreisebene, und seine Länge ist die Winkelgeschwindigkeit ω.

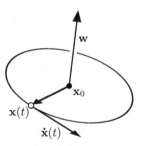

Denn zunächst gilt – wir nehmen etwas Differentialrechnung vorweg –

$$\mathbf{x}(t) = \mathbf{x}_0 + r\left(\cos(\omega t)\,\mathbf{a} + \sin(\omega t)\,\mathbf{b}\right),$$

$$\dot{\mathbf{x}}(t) = r\omega\left(-\sin(\omega t)\,\mathbf{a} + \cos(\omega t)\,\mathbf{b}\right),$$

wobei $\mathbf{a}$ und $\mathbf{b}$ zueinander senkrechte Vektoren der Länge 1 in der Bahnebene sind und $r > 0$ der Bahnradius ist. Der Vektor

$$\mathbf{w} := \omega\,\mathbf{a} \times \mathbf{b}$$

steht senkrecht zur Bahnebene und hat die Länge ω. Die Behauptung ergibt sich nun mit Hilfe des Graßmannschen Entwicklungssatzes $\boxed{\text{ÜA}}$.

4 Entwicklung nach Orthonormalsystemen, Orthonormalbasen

4.1 Linearkombinationen, Aufspann, Orthonormalsysteme

Für Vektoren $\mathbf{v}_1, \ldots, \mathbf{v}_k$ des $\mathbb{R}^n$ heißt die Menge aller **Linearkombinationen** $t_1\mathbf{v}_1 + \ldots + t_k\mathbf{v}_k$ mit $t_1, \ldots, t_k \in \mathbb{R}$ der **Aufspann** von $\mathbf{v}_1, \ldots, \mathbf{v}_k$ (auch *lineare Hülle* oder *Erzeugnis* der Vektoren $\mathbf{v}_1, \ldots, \mathbf{v}_k$).
Wir schreiben

$$\text{Span}\{\mathbf{v}_1, \ldots, \mathbf{v}_k\} = \{t_1\mathbf{v}_1 + \ldots + t_k\mathbf{v}_k \mid t_1, \ldots, t_k \in \mathbb{R}\}.$$

BEISPIEL. Sind $\mathbf{a}$ und $\mathbf{b}$ linear unabhängig, so ist Span $\{\mathbf{a}, \mathbf{b}\}$ eine Ebene durch den Nullpunkt, vgl. 1.3.

Vektoren $\mathbf{v}_1, \ldots, \mathbf{v}_k$ im $\mathbb{R}^n$ bilden ein **Orthonormalsystem (ONS)**, wenn

$$\langle \mathbf{v}_i, \mathbf{v}_j \rangle = \delta_{ij} := \begin{cases} 1 & \text{für } i = j, \\ 0 & \text{für } i \neq j. \end{cases}$$

d.h. wenn sie die Länge 1 haben und paarweise aufeinander senkrecht stehen.

4.2 Orthogonale Projektion

Sei $\mathbf{v}_1, \ldots, \mathbf{v}_k$ $(1 \leq k < n)$ ein Orthonormalsystem und

$$E = \text{Span}\{\mathbf{v}_1, \ldots, \mathbf{v}_k\}.$$

Wir wollen den Begriff „orthogonale Projektion" von 2.4 verallgemeinern. Dazu suchen wir zu einem gegebenen Vektor $\mathbf{x} \in \mathbb{R}^n$ denjenigen Vektor $\mathbf{y}$ in der Ebene E, der zu $\mathbf{x}$ den kleinsten Abstand hat.

Dieselbe Rechnung wie in 2.4 zeigt $\boxed{\ddot{\text{U}}\text{A}}$:

$$\left\| \mathbf{x} - \sum_{i=1}^{k} t_i\mathbf{v}_i \right\|^2 = \|\mathbf{x}\|^2 - \sum_{i=1}^{k} \langle \mathbf{v}_i, \mathbf{x} \rangle^2 + \sum_{i=1}^{k} \left(t_i - \langle \mathbf{v}_i, \mathbf{x} \rangle \right)^2.$$

Dieser Ausdruck ist genau dann minimal, wenn $t_i = \langle \mathbf{v}_i, \mathbf{x} \rangle$ $(i = 1, \ldots, k)$.

Der Punkt auf E mit minimalem Abstand zu $\mathbf{x}$ ist also gegeben durch

$$P\mathbf{x} := \sum_{i=1}^{k} \langle \mathbf{v}_i, \mathbf{x} \rangle \mathbf{v}_i.$$

$P\mathbf{x}$ heißt die **orthogonale Projektion** von $\mathbf{x}$ auf E.

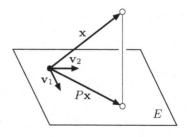

$P\mathbf{x}$ ist auch charakterisiert durch

$$P\mathbf{x} \in E, \quad \mathbf{x} - P\mathbf{x} \perp E.$$

Denn einerseits ist

$$\left\langle \mathbf{x} - P\mathbf{x} \, , \, \sum_{j=1}^{k} t_j \mathbf{v}_j \right\rangle = \sum_{j=1}^{k} t_j \left(\langle \mathbf{x}, \mathbf{v}_j \rangle - \langle P\mathbf{x}, \mathbf{v}_j \rangle \right) = 0 \, ,$$

da

$$\langle P\mathbf{x}, \mathbf{v}_j \rangle = \left\langle \sum_{i=1}^{k} \langle \mathbf{x}, \mathbf{v}_i \rangle \mathbf{v}_i \, , \, \mathbf{v}_j \right\rangle = \sum_{i=1}^{k} \langle \mathbf{x}, \mathbf{v}_i \rangle \langle \mathbf{v}_i, \mathbf{v}_j \rangle = \langle \mathbf{x}, \mathbf{v}_j \rangle \, .$$

Andererseits folgt aus $\mathbf{y} \in E$ und $\mathbf{y} - \mathbf{x} \perp \mathbf{v}_1, \ldots, \mathbf{v}_k$ die Beziehung $\mathbf{y} = P\mathbf{x}$
$\boxed{\text{ÜA}}$.

4.3 Ebene und Normale

Sei $E \subset \mathbb{R}^3$ eine von linear unabhängigen Vektoren $\mathbf{a}, \mathbf{b}$ aufgespannte Ebene durch den Nullpunkt,

$$E = \mathrm{Span}\,\{\mathbf{a}, \mathbf{b}\} \, .$$

Alle zu E senkrechten Vektoren bilden die *Normale* von E,

$$E^{\perp} := \left\{ \mathbf{x} \in \mathbb{R}^3 \mid \langle \mathbf{x}, \mathbf{v} \rangle = 0 \quad \text{für alle} \ \mathbf{v} \in E \right\} \, .$$

Nach 3.2 (a) ist $E^{\perp}$ die Gerade $\mathrm{Span}\,\{\mathbf{n}\} = \{\lambda \mathbf{n} \mid \lambda \in \mathbb{R}\}$ mit dem **Einheitsnormalenvektor**

$$\mathbf{n} = \frac{\mathbf{a} \times \mathbf{b}}{\|\mathbf{a} \times \mathbf{b}\|} \quad \text{oder} \quad \mathbf{n} = - \frac{\mathbf{a} \times \mathbf{b}}{\|\mathbf{a} \times \mathbf{b}\|} \, .$$

Die zu $\mathbf{n}$ senkrechten Vektoren sind gerade wieder die Vektoren von E. Das bedeutet

$$E^{\perp\perp} = E \, .$$

BEWEIS.

(a) Direkt aus der Definition folgt $E \subset E^{\perp\perp}$.

(b) Es gilt $E^{\perp\perp} \subset E$: Für die orthogonale Projektion P auf E gilt $\langle P\mathbf{x}, \mathbf{n} \rangle = 0$. Sei $\mathbf{x} \in E^{\perp\perp}$, also $\mathbf{x} \perp \mathbf{n}$. Mit $\mathbf{x} - P\mathbf{x} \perp E$, also $\mathbf{x} - P\mathbf{x} = t\mathbf{n}$ folgt

$$\|\mathbf{x} - P\mathbf{x}\|^2 = \langle \mathbf{x} - P\mathbf{x}, \mathbf{x} - P\mathbf{x} \rangle = \langle \mathbf{x} - P\mathbf{x}, t\mathbf{n} \rangle = t \langle \mathbf{x} - P\mathbf{x}, \mathbf{n} \rangle = 0 \, ,$$

also $\mathbf{x} - P\mathbf{x} = \mathbf{0}$ und damit $\mathbf{x} = P\mathbf{x} \in E$. $\square$

4.4 Orientierung von Orthonormalsystemen im $\mathbb{R}^3$

Bilden die Vektoren $\mathbf{v}_1, \mathbf{v}_2, \mathbf{v}_3$ ein ONS im $\mathbb{R}^3$, so ist entweder

$$\mathbf{v}_3 = \mathbf{v}_1 \times \mathbf{v}_2 \quad \text{oder} \quad \mathbf{v}_3 = -\mathbf{v}_1 \times \mathbf{v}_2 \, .$$

Im ersten Fall sprechen wir von einem *positiv orientierten* ONS (*Rechtssystem*), im zweiten Fall von einem *negativ orientierten* ONS.

BEWEIS.

Da $\mathbf{v}_3$ auf $\mathbf{v}_1$ und $\mathbf{v}_2$ senkrecht steht, gilt $\mathbf{v}_3 = c \cdot \mathbf{v}_1 \times \mathbf{v}_2$ nach 3.2 (a). Die Konstante c ergibt sich aus

$$1 = \|\mathbf{v}_3\| = |c| \cdot \|\mathbf{v}_1\| \cdot \|\mathbf{v}_2\| \cdot \sin \tfrac{\pi}{2} = |c|\,, \text{ also } c = 1 \text{ oder } c = -1. \qquad \square$$

4.5 Entwicklung nach Orthonormalbasen im $\mathbb{R}^3$

Bilden die Vektoren $\mathbf{v}_1, \mathbf{v}_2, \mathbf{v}_3$ *ein ONS im* $\mathbb{R}^3$, *so lässt sich jeder Vektor* $\mathbf{x} \in \mathbb{R}^3$ *in eindeutiger Weise als Linearkombination* $\mathbf{x} = a_1\mathbf{v}_1 + a_2\mathbf{v}_2 + a_3\mathbf{v}_3$ *schreiben. Die Koeffizienten* a_i *ergeben sich hierbei als Skalarprodukte* $a_i = \langle \mathbf{v}_i, \mathbf{x} \rangle$, *es ist also*

$$\mathbf{x} = \langle \mathbf{v}_1, \mathbf{x} \rangle \mathbf{v}_1 + \langle \mathbf{v}_2, \mathbf{x} \rangle \mathbf{v}_2 + \langle \mathbf{v}_3, \mathbf{x} \rangle \mathbf{v}_3\,.$$

Wir nennen das System der $\mathbf{v}_k$ eine **Orthonormalbasis** für den $\mathbb{R}^3$.

BEWEIS.

(a) *Eindeutigkeit*: Aus $\mathbf{x} = a_1\mathbf{v}_1 + a_2\mathbf{v}_2 + a_3\mathbf{v}_3$ folgt

$$\langle \mathbf{v}_k, \mathbf{x} \rangle = \Big\langle \mathbf{v}_k, \sum_{j=1}^{3} a_j \mathbf{v}_j \Big\rangle = \sum_{j=1}^{3} a_j \langle \mathbf{v}_k, \mathbf{v}_j \rangle = a_k$$

wegen $\langle \mathbf{v}_k, \mathbf{v}_j \rangle = \delta_{kj}$.

(b) *Darstellbarkeit*: Wir betrachten die Ebene $E = \mathrm{Span}\,\{\mathbf{v}_1, \mathbf{v}_2\}$. Die orthogonale Projektion von $\mathbf{x}$ auf E ist

$$P\mathbf{x} = \langle \mathbf{v}_1, \mathbf{x} \rangle \mathbf{v}_1 + \langle \mathbf{v}_2, \mathbf{x} \rangle \mathbf{v}_2\,.$$

Nach 4.2 ist $\mathbf{x} - P\mathbf{x} \perp E$, also ist $\mathbf{x} - P\mathbf{x}$ ein Vielfaches von $\mathbf{v}_1 \times \mathbf{v}_2$ nach 3.2 (a). In 4.4 hatte sich ergeben, dass $\mathbf{v}_1 \times \mathbf{v}_2$ bis auf das Vorzeichen gleich $\mathbf{v}_3$ ist. Also ist $\mathbf{x} = P\mathbf{x} + \lambda\mathbf{v}_3$, und λ ergibt sich nach (a): $\lambda = \langle \mathbf{v}_3, \mathbf{x} \rangle$. $\qquad \square$

5 Aufgaben

5.1 Räumliche Drehung. Berechnen Sie das Bild des Vektors $\mathbf{x} = (1, 1, 1)$ unter der Drehung D mit Drehvektor $\mathbf{w} = \frac{1}{3}(2, 2, 1)$ und dem Drehwinkel $\frac{\pi}{3}$.

Anleitung: Verschaffen Sie sich ein ONS $\mathbf{a}, \mathbf{b}, \mathbf{c}$ mit $\mathbf{c} = \mathbf{w}$, vgl. 3.5.

5.2 Hessesche Normalform. Zeigen Sie: Die Ebene E durch $\mathbf{x}_0$ parallel zu $\mathrm{Span}\,\{\mathbf{a}, \mathbf{b}\}$ ist durch die Gleichung $\langle \mathbf{x} - \mathbf{x}_0, \mathbf{n} \rangle = 0$ gegeben mit

$$\mathbf{n} = \frac{\mathbf{a} \times \mathbf{b}}{\|\mathbf{a} \times \mathbf{b}\|}\,.$$

Für jeden Vektor $\mathbf{x} \in \mathbb{R}^3$ ist $d = |\langle \mathbf{x} - \mathbf{x}_0, \mathbf{n} \rangle|$ der Abstand des Punktes $\mathbf{x}$ von E.

5.3 Die Ebene E sei gegeben durch die Gleichung $2x_1 - x_2 + 2x_3 = 3$.

(a) Geben Sie eine Parameterdarstellung von E.

(b) Bestimmen Sie den Abstand des Punktes $P = \left(\frac{1}{2}, 2, -4\right)$ von E.

(c) Bestimmen Sie die orthogonale Projektion von P auf E.

(d) Bestimmen Sie den Spiegelpunkt von P an E.

5.4 Wir betrachten den Zylinder im $\mathbb{R}^3$ mit Achse

$$A = \left\{ \begin{pmatrix} 1 \\ 1 \\ 1 \end{pmatrix} + t \begin{pmatrix} 2 \\ -2 \\ 1 \end{pmatrix} \mid t \in \mathbb{R} \right\} \quad \text{und Radius 1.}$$

(a) Zeigen Sie, dass der Punkt $P = (2, 1, 2)$ auf dem Zylindermantel liegt.

(b) Geben Sie die Tangentialebene E an den Zylinder im Punkt P in Hessescher Normalform an und in Parameterdarstellung.

5.5 Das Spatprodukt

Das Volumen des nebenstehenden Spatkristalls ist definiert durch

$$V = F \cdot h\,,$$

wobei F die Fläche des von $\mathbf{a}$ und $\mathbf{b}$ aufgespannten Parallelogramms ist (vgl. § 5 : 7.2 (c)), und h die Höhe des Spats über diesem Parallelogramm. Wir machen dies in § 17 : 4.2 mit Hilfe des Cavalierischen Prinzips plausibel.

Zeigen Sie $V = \left| \langle \mathbf{a} \times \mathbf{b}, \mathbf{c} \rangle \right|$.

HINWEIS: h ist die Länge der orthogonalen Projektion von $\mathbf{c}$ auf die Normale $\mathbf{n}$ von Span $\{\mathbf{a}, \mathbf{b}\}$.

Aufgaben. (a) Rechnen Sie für das **Spatprodukt** $S(\mathbf{a}, \mathbf{b}, \mathbf{c}) := \langle \mathbf{a} \times \mathbf{b}, \mathbf{c} \rangle$ nach, dass

$$S(\mathbf{b}, \mathbf{c}, \mathbf{a}) = S(\mathbf{c}, \mathbf{a}, \mathbf{b}) = S(\mathbf{a}, \mathbf{b}, \mathbf{c})\,.$$

(b) Zeigen Sie: Das Spatprodukt ändert sein Vorzeichen bei Vertauschung zweier Einträge, also

$$S(\mathbf{b}, \mathbf{a}, \mathbf{c}) = -S(\mathbf{a}, \mathbf{b}, \mathbf{c}) = S(\mathbf{c}, \mathbf{b}, \mathbf{a}) = -S(\mathbf{c}, \mathbf{a}, \mathbf{b}) \quad \text{usw.}$$

(Eigenschaften des Vektorprodukts, Verwendung von (a)).

Kapitel III
Analysis einer Veränderlichen

§ 7 Unendliche Reihen

1 Reihen im Reellen

1.1 Problemstellung. Wie lässt sich dem symbolischen Ausdruck

$$a_0 + a_1 + a_2 + \ldots = \sum_{k=0}^{\infty} a_k$$

ein Sinn geben? Selbstverständlich können wir nicht unendlich viele Zahlen addieren. Wir können jedoch aus den **Partialsummen**

$$s_n = a_0 + a_1 + a_2 + \ldots + a_n = \sum_{k=0}^{n} a_k$$

eine Folge bilden und deren Grenzwert – soweit vorhanden – als die gesuchte „Summe" ansehen. Wir bezeichnen die Folge (s_n) als **Reihe** mit den **Gliedern** a_k. Hiermit ist unser Problem auf die Untersuchung von Folgen zurückgeführt, wofür die Konvergenzkriterien von § 2 : 9 zur Verfügung stehen. Hinzu treten weitere, für Reihen spezifische Konvergenzkriterien.

Zusammen mit Integralen gehören Funktionenreihen $f_0(x) + f_1(x) + f_2(x) + \ldots$ zu den wichtigsten konstruktiven Hilfsmitteln der Analysis. Mit ihrer Hilfe ist es möglich, neue Funktionen, wie z.B. Lösungen von Differentialgleichungen darzustellen und mit beliebiger Genauigkeit zu berechnen. Hierbei spielen zwei Typen von Reihen eine ausgezeichnete Rolle, die *Potenzreihen*

$$a_0 + a_1 x + a_2 x^2 + \ldots,$$

und die *trigonometrischen Reihen*

$$a_0 + (a_1 \cos x + b_1 \sin x) + (a_2 \cos 2x + b_2 \sin 2x) + \ldots.$$

Trigonometrische Reihen werden in Band 2, § 6 behandelt.

1.2 Konvergenz und Divergenz von Reihen

Gegeben seien reelle Zahlen $a_0, a_1, \ldots$. Wir bilden die Partialsummen

$$s_n := a_0 + \ldots + a_n = \sum_{k=0}^{n} a_k.$$

Besitzt die Folge (s_n) einen Grenzwert a, so schreiben wir

$$a = \sum_{k=0}^{\infty} a_k$$

© Springer-Verlag GmbH Deutschland 2018
H. Fischer und H. Kaul, *Mathematik für Physiker Band 1*,
https://doi.org/10.1007/978-3-662-56561-2_3

und nennen die Reihe $\sum_{k=0}^{\infty} a_k$ **konvergent**; andernfalls heißt die Reihe **divergent**.

Wir verwenden also das Symbol $\sum_{k=0}^{\infty} a_k$ in zweierlei Bedeutung: Einerseits steht es für die Aufgabe, das Konvergenzverhalten der Folge (s_n) zu untersuchen, andererseits als Abkürzung für deren Grenzwert $a = \lim_{n \to \infty} s_n$, falls dieser existiert.

Eine Gleichung $a = \sum_{k=0}^{\infty} a_k$ verstehen wir so: Die Reihe konvergiert, und ihr Grenzwert ist a.

Entsprechend steht hinter dem Symbol

$$\sum_{k=N}^{\infty} a_k \quad (N \in \mathbb{N})$$

die Frage nach der Konvergenz und ggf. dem Grenzwert der Folge der Partialsummen

$$s_n = a_N + a_{N+1} + \ldots + a_n = \sum_{k=N}^{n} a_k \quad (n \geq N).$$

1.3 Beispiele

(a) Für die **geometrische Reihe** gilt

$$\sum_{k=0}^{\infty} q^k = \frac{1}{1-q} \quad \text{für} \quad |q| < 1.$$

Denn es ist $s_n = 1 + q + q^2 + \ldots + q^n = \frac{1-q^{n+1}}{1-q}$ für $q \neq 1$ nach §1:6.11, und für $|q| < 1$ gilt $\lim_{n \to \infty} q^{n+1} = 0$.

(b) Es gilt

$$\sum_{k=1}^{\infty} \frac{1}{k(k+1)} = 1,$$

denn wegen $\frac{1}{k(k+1)} = \frac{1}{k} - \frac{1}{1+k}$ ergibt sich

$$s_n = \sum_{k=1}^{n} \frac{1}{k(k+1)} = \left(1 - \frac{1}{2}\right) + \left(\frac{1}{2} - \frac{1}{3}\right) + \ldots + \left(\frac{1}{n} - \frac{1}{n+1}\right)$$

$$= 1 - \frac{1}{n+1} \to 1 \quad \text{für} \quad n \to \infty.$$

(c) Die Reihe $\sum_{k=1}^{\infty} \frac{1}{k^2}$ konvergiert, denn die Partialsummen s_n bilden eine monoton wachsende, nach oben beschränkte Folge:

$$s_n = s_{n-1} + \frac{1}{n^2} > s_{n-1},$$

und nach der Rechnung in (b) folgt

$$s_n = 1 + \frac{1}{2^2} + \frac{1}{3^2} + \ldots + \frac{1}{n^2}$$

$$< 1 + \frac{1}{1 \cdot 2} + \frac{1}{2 \cdot 3} + \ldots + \frac{1}{(n-1)n} = 1 + 1 - \frac{1}{n} < 2.$$

Den Grenzwert können wir erst in § 28 : 6.3 bestimmen; es ergibt sich $\frac{\pi^2}{6}$.

(d) Die Reihe $\sum\limits_{k=0}^{\infty} (-1)^k$ konvergiert nicht, denn für die Partialsummen gilt

$$s_n = \begin{cases} 1 & \text{falls } n \text{ gerade}, \\ 0 & \text{falls } n \text{ ungerade}. \end{cases}$$

(e) Die **harmonische Reihe** $\sum\limits_{k=1}^{\infty} \frac{1}{k}$ divergiert, denn die Folge der Partialsummen ist unbeschränkt wegen

$$s_{2^n} = 1 + \frac{1}{2} + \left(\frac{1}{3} + \frac{1}{4}\right) + \left(\frac{1}{5} + \frac{1}{6} + \frac{1}{7} + \frac{1}{8}\right) + \ldots +$$

$$+ \left(\frac{1}{2^{n-1}+1} + \ldots + \frac{1}{2^n}\right)$$

$$> 1 + \frac{1}{2} + 2\frac{1}{4} + 4\frac{1}{8} + \ldots + 2^{n-1}\frac{1}{2^n} = 1 + \frac{n}{2}.$$

1.4 Zur Geschichte. (a) Die geometrische Progression $1, q, q^2, \ldots$ spielte eine große Rolle für die Zahlentheorie und die Inhaltslehre der Griechen. Buch X der Elemente des EUKLID, auf die sich noch NEWTON berief, beginnt mit dem Satz: „Nimmt man bei Vorliegen zweier ungleicher (gleichartiger) Größen von der größeren ein Stück größer als die Hälfte weg und vom Rest ein Stück größer als die Hälfte und wiederholt das immer, so muss einmal eine Größe übrigbleiben, die kleiner als die kleinere Ausgangsgröße ist." Den anschließenden Zusatz, die jeweilige Wegnahme der Hälfte betreffend, formulieren wir heute so, dass $a - \frac{1}{2}a - \ldots - (\frac{1}{2})^n a$ beliebig klein gemacht werden kann. Dass die Flächen F_1, F_2 zweier Kreise sich wie die Quadrate der Durchmesser d_1, d_2 verhalten, wird in Buch XII so bewiesen, dass diese Beziehung zunächst für regelmäßige Polyeder gezeigt wird. Mittels Approximation der Kreise durch ein– bzw. umbeschriebene regelmäßige 2^n–Ecke und Verwendung des obengenannten Satzes werden dann die Annahmen $F_1 : F_2 < d_1^2 : d_2^2$ bzw. $F_1 : F_2 > d_1^2 : d_2^2$ zum Widerspruch geführt. ARCHIMEDES bewies seinen aus mechanischen Überlegungen gewonnenen Satz über die Fläche eines Parabelsegments durch Ausschluss des Gegenteils, indem er das Segment mit einem Netz von Dreiecken überzog und ausnützte, dass $\frac{a}{3} - a\left(\frac{1}{4} + \frac{1}{16} + \ldots + (\frac{1}{4})^n\right)$ beliebig klein gemacht werden kann.

(b) Exhaustionsbeweise dieser Art waren Widerspruchsbeweise und setzten daher schon Kenntnis der richtigen Verhältnisse voraus. Um Verfahren zum systematischen Auffinden von Flächen– und Rauminhalten entwickeln zu können, musste der Rahmen der strengen griechischen Mathematik zunächst gesprengt werden; dies betraf insbesondere die Auffassung vom unendlich Kleinen und unendlich Großen. Die ersten Schritte in diese Richtung machte schon ARCHIMEDES; seine Ideen erfuhren zu Beginn des 17. Jahrhunderts eine Renaissance durch KEPLER (vgl. § 16 : 5.4), GALILEO und dessen Schüler CAVALIERI (vgl. § 17 : 4.2).

Pietro MENGOLI (1647), Jan HUDDE (1656) und Niklaus KAUFMANN (MERCATOR, 1668) gaben für die Fläche unter der Hyperbel $\frac{1}{1+t}$ über dem Intervall $[0, x]$, d.h. für $\log(1 + x)$, Darstellungen der Form

$$x - \frac{x^2}{2} + \frac{x^3}{3} - \frac{x^4}{4} + \dots .$$

In der Folge gewannen Reihenentwicklungen zunehmend an Bedeutung für die Differential– und Integralrechnung, insbesondere als Lösungsansätze für Differentialgleichungen.

(c) So erfolgreich der *Reihenkalkül* im 18. Jahrhundert gehandhabt wurde, so schwankend waren die Vorstellungen über dem *Reihenbegriff* und die für ihn geltenden Regeln. Die Formel $1 - 1 + 1 - 1 + \dots = \frac{1}{2}$ begründeten LEIBNIZ 1737 über den Grenzwert der arithmetischen Mittel der Teilsummen und EULER 1754/55 durch Einsetzen von $x = -1$ in $\frac{1}{1-x} = 1 + x + x^2 + \dots$. Für $x = -2$ erhielt Euler $1 - 2 + 4 - 8 + \dots = \frac{1}{3}$, und er diskutierte das Pro und Kontra solcher Betrachtungen bei divergenten Reihen. Der Mangel an präzisen Kriterien trat offen zutage, als die Diskussion über die Entwickelbarkeit einer Funktion in eine trigonometrische Reihe, wichtig für Schwingungs– und Wärmeleitungsprobleme, zum Glaubensstreit geriet. Wir verweisen hierzu auf die lesenswerten historischen Anmerkungen bei HEUSER: Gewöhnliche Differentialgleichungen, VI. Die strenge Begründung von Konvergenz– und Stetigkeitsbetrachtungen wurde 1816/17 von BOLZANO eingeleitet; die Grundzüge der Reihenlehre wurden von CAUCHY entwickelt und 1833 publiziert, vgl. dazu 5.1.

1.5 Eigenschaften konvergenter Reihen

(a) *Aus* $\displaystyle\sum_{k=0}^{\infty} a_k = a$ *und* $\displaystyle\sum_{k=0}^{\infty} b_k = b$ *folgt* $\displaystyle\sum_{k=0}^{\infty} (\alpha a_k + \beta b_k) = \alpha a + \beta b$.

(b) *Abänderung von endlich vielen Gliedern ändert das Konvergenzverhalten der Reihe nicht, d.h. konvergente Reihen bleiben konvergent und divergente Reihen bleiben divergent. Aber anders als bei Folgen bewirkt die Abänderung eines Reihengliedes auch eine Änderung des Grenzwertes.*

(c) *Die Glieder einer konvergenten Reihe bilden eine Nullfolge.*

Letzteres ist für die Konvergenz der Reihe zwar notwendig, aber nicht hinreichend, wie das Beispiel der harmonischen Reihe zeigt.

Für $|q| \geq 1$ ist (q^k) keine Nullfolge, also divergiert $\sum\limits_{k=0}^{\infty} q^k$ für $|q| \geq 1$.

(d) *Eine Reihe* $\sum\limits_{k=0}^{\infty} a_k$ *konvergiert genau dann, wenn* $\lim\limits_{n \to \infty} \sum\limits_{k=n+1}^{\infty} a_k = 0$ $\boxed{\text{ÜA}}$.

BEWEIS.

(a) Setzen wir

$$s_n = \sum_{k=0}^{n} a_k, \quad t_n = \sum_{k=0}^{n} b_k,$$

so gilt

$$\sum_{k=0}^{n} (\alpha a_k + \beta b_k) = \alpha s_n + \beta t_n \to \alpha a + \beta b \quad \text{für} \quad n \to \infty.$$

(b) Gilt für zwei Reihen mit den Gliedern a_k, b_k und den Partialsummen s_n, t_n

$$a_k = b_k \quad \text{für} \quad k \geq N,$$

so folgt

$$s_n - (a_0 + a_1 + \ldots + a_N) = t_n - (b_0 + b_1 + \ldots + b_N) \quad \text{für} \quad n \geq N.$$

Die Konvergenz der einen Reihe ist somit gleichwertig mit der Konvergenz der anderen. Im Fall der Konvergenz gilt

$$\sum_{k=0}^{\infty} a_k - (a_0 + a_1 + \ldots + a_N) = \sum_{k=0}^{\infty} b_k - (b_0 + b_1 + \ldots + b_N).$$

(c) Hat die Folge der Partialsummen $s_n = \sum\limits_{k=0}^{n} a_k$ den Grenzwert a, so gibt es zu jedem $\varepsilon > 0$ ein n_ε mit $|a - s_n| < \varepsilon$ für $n > n_\varepsilon$, somit gilt für $n > n_\varepsilon + 1$

$$|a_n| = |s_n - s_{n-1}| \leq |s_n - a| + |a - s_{n-1}| < 2\varepsilon. \qquad \square$$

2 Konvergenzkriterien für Reihen

2.1 Das Monotoniekriterium. *Eine Reihe* $\sum\limits_{k=0}^{\infty} a_k$ *mit* $a_k \geq 0$ *(endlich viele Ausnahmen sind zugelassen) konvergiert genau dann, wenn die Folge der Partialsummen nach oben beschränkt ist.*

BEWEIS.

Ist $a_n \geq 0$ für $n > N$, so ist $s_{n+1} = s_n + a_{n+1} \geq s_n$ für $n > N$, also ist die Folge (s_n) schließlich monoton wachsend. Nach dem Monotoniekriterium §2:9.4 ist eine monoton wachsende Folge genau dann konvergent, wenn sie nach oben beschränkt ist. $\qquad \square$

2.2 Das Majorantenkriterium

Gilt von einer Nummer N ab $|a_k| \leq b_k$, und ist die Reihe $\sum\limits_{k=0}^{\infty} b_k$ konvergent, so konvergiert auch die Reihe $\sum\limits_{k=0}^{\infty} a_k$.

Die Reihe $\sum\limits_{k=0}^{\infty} b_k$ heißt **Majorante** für die Reihe $\sum\limits_{k=0}^{\infty} a_k$.

Der Beweis dafür wird in 5.2 gleich für komplexe Reihenglieder geführt und sei bis dahin zurückgestellt.

Das Majorantenkriterium ist von großer praktischer Bedeutung. Die am häufigsten verwendeten Majoranten sind

$$\sum_{k=0}^{\infty} M r^k \quad (0 \leq r < 1) \quad \text{und} \quad \sum_{k=1}^{\infty} \frac{c}{k^2} .$$

Beide Reihen konvergieren nach 1.3 (a) und (c).

2.3 Beispiele für die Anwendung des Majorantenkriteriums

(a) $\sum\limits_{k=0}^{\infty} \dfrac{x^k}{k!}$ konvergiert für jedes $x \in \mathbb{R}$.

Zum Nachweis wählen wir ein $N \in \mathbb{N}$ mit $N > 2|x|$. Für $k \geq N$ gilt dann

$$\left| \frac{x^k}{k!} \right| = \left| \frac{x^N}{N!} \right| \frac{|x|}{N+1} \cdots \frac{|x|}{k} \leq \frac{|x|^N}{N!} \left(\frac{1}{2} \right)^{k-N} = \frac{|2x|^N}{N!} \left(\frac{1}{2} \right)^k =: M \left(\frac{1}{2} \right)^k ,$$

Also ist $\sum\limits_{k=0}^{\infty} M \left(\frac{1}{2} \right)^k$ eine Majorante.

(b) $\sum\limits_{k=1}^{\infty} k q^k$ konvergiert für $|q| < 1$.

Zum Beweis benützen wir nochmals den Kunstgriff von § 2 : 5.5. Setzen wir $r = \sqrt{|q|}$ und $a_k = k q^k$, so ist

$$|a_k| = k r^k r^k .$$

Die Folge $(k r^k)$ ist als Nullfolge beschränkt, etwa $k r^k \leq M$ für alle $k \in \mathbb{N}$. Damit folgt

$$|a_k| \leq M r^k ,$$

und wegen $0 \leq r < 1$ ist $\sum\limits_{k=1}^{\infty} M r^k$ eine konvergente Majorante.

2.4 Das Leibniz–Kriterium für alternierende Reihen

Bilden die positiven Zahlen $a_0, a_1, \ldots$ eine monoton fallende Nullfolge, so konvergiert die Reihe

$$\sum_{k=0}^{\infty} (-1)^k a_k \, .$$

Für die Teilsummen $s_n = \sum_{k=0}^{n} (-1)^k a_k$ und den Grenzwert s einer solchen **Leibniz–Reihe** *gelten die Abschätzungen*

$$s_{2n+1} \leq s \leq s_{2n} \quad und \quad |s - s_n| \leq a_n \, .$$

BEWEIS.
Wir zeigen, dass die Intervalle $[s_{2n+1}, s_{2n}]$ eine Intervallschachtelung bilden:
Wegen $a_{2n-1} \geq a_{2n} \geq a_{2n+1}$ gilt

$$s_{2n+1} = s_{2n-1} + a_{2n} - a_{2n+1} \geq s_{2n-1} = s_{2(n-1)+1} \, ,$$

$$s_{2n} = s_{2n-2} - a_{2n-1} + a_{2n} \leq s_{2n-2} = s_{2(n-1)} \, ,$$

$$s_{2n} - s_{2n+1} = -(-1)^{2n+1} a_{2n+1} = a_{2n+1} \to 0 \quad \text{für} \quad n \to \infty \, .$$

Für die von dieser Intervallschachtelung erfasste Zahl s gilt

$$s = \lim_{n \to \infty} s_{2n} = \lim_{n \to \infty} s_{2n+1} \, .$$

Für gerades n ist $s_{n+1} \leq s \leq s_n$, also

$$|s - s_n| = s_n - s \leq s_n - s_{n+1} = a_{n+1} \leq a_n,$$

und für ungerades n ist $s_n \leq s \leq s_{n-1}$, also

$$|s - s_n| = s - s_n \leq s_{n-1} - s_n = a_n \, . \qquad \square$$

2.5 Beispiele

Die folgenden Reihen konvergieren nach dem Leibniz–Kriterium:

$$1 - \frac{1}{2} + \frac{1}{3} - \frac{1}{4} \pm \ldots = \sum_{k=1}^{\infty} (-1)^{k-1} \frac{1}{k} \, ,$$

$$1 - \frac{1}{3} + \frac{1}{5} - \frac{1}{7} \pm \ldots = \sum_{k=0}^{\infty} (-1)^k \frac{1}{2k+1} \, ,$$

$$\sum_{k=2}^{\infty} (-1)^k \frac{1}{\log k} \, .$$

2.6 Aufgaben

(a) Bilden für die alternierende Reihe $\sum_{k=1}^{\infty} (-1)^k a_k$ die a_k nur eine Nullfolge ohne monoton zu fallen, so muss die Reihe nicht konvergieren. Konstruieren Sie ein Beispiel durch „Mischen" der beiden Reihen $\sum_{k=1}^{\infty} \frac{1}{k}$ und $\sum_{k=0}^{\infty} \frac{1}{2^k}$.

(b) Warum konvergiert die Reihe $\sum_{k=0}^{\infty} \log(k+1) \, e^{\sin k - k}$?

(c) Warum konvergiert die Reihe $\sum_{k=0}^{\infty} (-1)^k \frac{1}{(2k+1) \, 3^k}$? Wir bezeichnen den Grenzwert dieser Reihe mit s, die Partialsummen wieder mit s_n. Geben Sie ein N an mit

$$|s_N - s| < 0.5 \cdot 10^{-4}.$$

Berechnen Sie $2\sqrt{3}\, s_N$. Welche Vermutung ergibt sich für s?

(d) Sei $s_n = \sum_{k=1}^{n} (-1)^{k-1} \frac{1}{k} \left(\frac{1}{4}\right)^k$ und $s = \lim_{n\to\infty} s_n$. (Warum existiert dieser Grenzwert?) Geben Sie ein N an mit

$$|s_N - s| < 0.5 \cdot 10^{-6}$$

und bestimmen Sie $\exp(s_N)$ mit dem Taschenrechner. Welche Vermutung drängt sich für s auf?

3 Komplexe Folgen, Vollständigkeit von $\mathbb{C}$

3.1 Konvergenz komplexer Zahlenfolgen

Eine Folge (z_n) komplexer Zahlen **konvergiert gegen** $z \in \mathbb{C}$ oder **hat den Grenzwert** z, wenn

$$\lim_{n\to\infty} |z - z_n| = 0.$$

Hierfür schreiben wir

$$\lim_{n\to\infty} z_n = z \quad \text{oder auch} \quad z_n \to z \quad \text{für} \quad n \to \infty, \quad \text{kurz} \quad z_n \to z.$$

Die Folge (z_n) heißt **konvergent**, wenn sie einen Grenzwert besitzt.

3.2 Eigenschaften konvergenter Folgen

(a) Jede konvergente Folge ist beschränkt.

(b) Aus $z_n \to z$ folgt $c \cdot z_n \to c \cdot z$ für $n \to \infty$.

(c) Aus $z_n \to z$ und $w_n \to w$ für $n \to \infty$ folgt

$$z_n + w_n \to z + w \quad \text{und} \quad z_n \cdot w_n \to z \cdot w \quad \text{für} \quad n \to \infty.$$

(d) Aus $z = \lim_{n\to\infty} z_n$ folgt $z = \lim_{k\to\infty} z_{n_k}$ für jede Teilfolge $(z_{n_k})_k$.

Zum BEWEIS.

Per Definition gilt $z_n \to z$, wenn $(|z - z_n|)$ eine reelle Nullfolge ist. Die für reelle Nullfolgen grundlegenden Beweistechniken sind das Vergleichskriterium § 2 : 4.9 in Kombination mit der Dreiecksungleichung. Nach demselben Prinzip werden wir später die Konvergenz im $\mathbb{R}^n$ und in unendlichdimensionalen Räumen behandeln. Die Beweistechniken für Aussagen vom Typ (a),(b) und (c) sind immer dieselben und sollten deshalb sicher beherrscht werden. Wir überlassen Ihnen daher den Beweis als $\boxed{\text{ÜA}}$. Sollten Sie nicht ohne Hilfe zurechtkommen, so übertragen Sie die Beweise aus § 2 : 5 und § 2 : 6.7.

3.3 Zwei Ungleichungen

Die weiteren Betrachtungen stützen sich auf zwei Ungleichungen, die wir schon unter § 5 : 8.6 formuliert und bewiesen haben. Wir geben sie noch einmal wieder:

(a) Für $z = x + iy$ gilt $\max\{|x|, |y|\} \le |z| \le |x| + |y|$.

(b) Dreiecksungleichung nach unten: $\big||z| - |w|\big| \le |z - w|$.

3.4 Konvergenz von Real– und Imaginärteil

Für $z_n = x_n + iy_n$ und $z = x + iy$ gilt

$$z_n \to z \iff x_n \to x \ \text{und} \ y_n \to y.$$

BEWEIS.

„$\Longrightarrow$" : Wie eben gilt $|x_n - x| \le |z_n - z|$, $|y_n - y| \le |z_n - z|$. Aus $z_n \to z$, d.h. $|z_n - z| \to 0$ folgt $|x_n - x| \to 0$ und $|y_n - y| \to 0$ nach dem Vergleichssatz für reelle Nullfolgen.

„$\Longleftarrow$" : Aus $x_n \to x$ und $y_n \to y$ folgt $|x_n - x| + |y_n - y| \to 0$. Es ist aber $|z_n - z| \le |x_n - x| + |y_n - y|$ (s.o.). $\qquad\qquad\square$

3.5 Weitere Eigenschaften konvergenter Folgen

(a) Aus $z_n \to z$ folgt $|z_n| \to |z|$.

(b) Es gilt $z_n \to z$ genau dann, wenn $\overline{z}_n \to \overline{z}$.

(c) Ist $z_n \to z$ und $z \ne 0$, so gibt es ein n_0 mit $|z_n| > \frac{|z|}{2} > 0$ für $n > n_0$. Ferner gilt

$$\frac{1}{z_n} \to \frac{1}{z}.$$

BEWEIS.

(a) Dreiecksungleichung nach unten: $\big||z_n| - |z|\big| \le |z_n - z|$.

(b) $|z_n - z| = |\overline{z}_n - \overline{z}|$.

(c) Wählen wir $\varepsilon = |z|/2$, so gibt es ein $n_0 \in \mathbb{N}$, so dass $|z - z_n| < \varepsilon$ für alle
$n > n_0$. Also folgt mit der Dreiecksungleichung nach unten für $n > n_0$

$$|z_n| = |z - (z - z_n)| \geq |z| - |z - z_n| > |z| - \varepsilon = \frac{|z|}{2} > 0,$$

$$\left| \frac{1}{z} - \frac{1}{z_n} \right| = \frac{|z - z_n|}{|z| \cdot |z_n|} < \frac{2|z_n - z|}{|z|^2} < \frac{2}{|z|^2} \varepsilon. \qquad \square$$

3.6 Cauchy–Folgen und Vollständigkeit von $\mathbb{C}$

Eine Folge (z_n) von komplexen Zahlen heißt **Cauchy–Folge** in $\mathbb{C}$, wenn es zu
jedem $\varepsilon > 0$ ein $n_\varepsilon \in \mathbb{N}$ gibt, so dass

$$|z_n - z_m| < \varepsilon \quad \text{für alle} \quad m, n > n_\varepsilon.$$

Wie im Reellen gilt der

Satz über die Vollständigkeit von $\mathbb{C}$: *Eine Folge (z_n) ist genau dann konvergent, wenn sie eine Cauchy–Folge ist.*

BEWEIS.

(a) Ist (z_n) eine Cauchy–Folge und sind $\varepsilon, n_\varepsilon$ wie oben gewählt, so folgt nach 3.3
für die Realteile x_n und die Imaginärteile y_n erst recht

$$|x_n - x_m| < \varepsilon, \quad |y_n - y_m| < \varepsilon$$

für $n, m > n_\varepsilon$, d.h. die reellen Folgen (x_n), (y_n) erfüllen die Cauchy–Bedingung.
Wegen der Vollständigkeit von $\mathbb{R}$ ($\S\,2\!:\!9.6$) gibt es also reelle Zahlen x, y mit
$x_n \to x$ und $y_n \to y$. Für $z = x + iy$ ist dann $z_n \to z$ nach 3.4.

(b) Ist umgekehrt die Folge (z_n) konvergent und $z = \lim\limits_{n \to \infty} z_n$, so gilt

$$|z_n - z_m| = |z_n - z + z - z_m| \leq |z_n - z| + |z - z_m|.$$

Wählen wir n_ε so, dass $|z_k - z| < \varepsilon$ für $k > n_\varepsilon$, so ist $|z_n - z_m| < 2\varepsilon$ für
$n, m > n_\varepsilon$. $\qquad \square$

4 Reihen mit komplexen Gliedern

4.1 Konvergenz von Reihen

Sind $a_0, a_1, \ldots$ komplexe Zahlen, so führen wir in völliger Analogie zu den Reihen mit reellen Gliedern die Begriffe Reihe, Partialsumme, Konvergenz und Divergenz einer Reihe ein, vgl. 1.2. Eine Gleichung

$$a = \sum_{k=0}^{\infty} a_k$$

bedeutet wie im Reellen: Die Folge der Partialsummen konvergiert und hat den Grenzwert a.

4.2 Eigenschaften konvergenter Reihen

(a) *Eine Reihe ist genau dann konvergent, wenn die aus Real– und Imaginärteil der Glieder gebildeten Reihen konvergieren. In diesem Fall gilt*

$$\sum_{k=0}^{\infty} (x_k + i y_k) = \sum_{k=0}^{\infty} x_k + i \sum_{k=0}^{\infty} y_k.$$

(b) *Aus* $a = \sum_{k=0}^{\infty} a_k$ *und* $b = \sum_{k=0}^{\infty} b_k$ *folgt für* $\alpha, \beta \in \mathbb{C}$

$$\alpha a + \beta b = \sum_{k=0}^{\infty} (\alpha a_k + \beta b_k).$$

(c) *Eine Abänderung von endlich vielen Gliedern ändert das Konvergenzverhalten einer Reihe nicht. Konvergiert eine der folgenden Reihen, so auch die andere, und es gilt*

$$\sum_{k=0}^{\infty} a_k = a_0 + a_1 + \ldots + a_N + \sum_{k=N+1}^{\infty} a_k.$$

Offenbar konvergiert die Reihe $\sum_{k=0}^{\infty} a_k$ *genau dann, wenn* $\lim_{N \to \infty} \sum_{k=N+1}^{\infty} a_k = 0$.

(d) *Die Glieder einer konvergenten Reihe bilden eine Nullfolge.*

BEWEIS.

(a) folgt aus 3.4.

(b),(c) und (d) verlaufen wörtlich wie die Beweise im Reellen, vgl. 1.5. □

4.3 Die geometrische Reihe im Komplexen

Für alle $z \in \mathbb{C}$ mit $|z| < 1$ konvergiert die geometrische Reihe

$$\sum_{k=0}^{\infty} z^k = \frac{1}{1-z} \quad \text{für } |z| < 1.$$

Denn für $|z| < 1$ gilt

$$\lim_{n \to \infty} |z^{n+1}| = \lim_{n \to \infty} |z|^{n+1} = 0,$$

also

$$\lim_{n \to \infty} (1 + z + \ldots + z^n) = \lim_{n \to \infty} \frac{1 - z^{n+1}}{1 - z} = \frac{1}{1-z}.$$

Im Fall $|z| \geq 1$ konvergiert die geometrische Reihe nicht, da die Glieder keine Nullfolge bilden.

4.4 Aufgaben. Sei $0 \le r < 1$ und $\varphi \in \mathbb{R}$.

(a) Bestimmen Sie den Grenzwert der Reihe $\sum\limits_{k=0}^{\infty} r^k e^{ik\varphi}$.

(b) Was ergibt sich für $\sum\limits_{k=1}^{\infty} r^k \sin k\varphi$?

(c) Stellen Sie $\sum\limits_{k=0}^{\infty} r^k e^{ik\varphi} + \sum\limits_{k=1}^{\infty} r^k e^{-ik\varphi}$ in der Form $x + iy$ dar.

(d) Für welche $z \in \mathbb{C}$ konvergiert $\sum\limits_{k=0}^{\infty} e^{kz}$?

(e) Geben Sie den (reellen) Grenzwert der Reihe $\sum\limits_{k=0}^{\infty} e^{(i\pi - 1)k}$ an.

5 Cauchy–Kriterium und Majorantenkriterium

Augustin–Louis CAUCHY (1789–1857) war einer der Wegbereiter der modernen Analysis. In den *Résumés Analytiques* (Turin 1833) stellte er die erste methodenstrenge systematische Abhandlung über unendliche Reihen vor.

5.1 Das Cauchy–Kriterium für Reihen

Eine Reihe $\sum\limits_{k=0}^{\infty} a_k$ ist genau dann konvergent, wenn es zu jedem $\varepsilon > 0$ ein $n_\varepsilon \in \mathbb{N}$ gibt mit

$$\left| \sum_{k=n+1}^{m} a_k \right| < \varepsilon \quad \text{für alle} \quad m > n > n_\varepsilon$$

gilt.

BEWEIS.

Wegen $\sum\limits_{k=n+1}^{m} a_k = s_m - s_n$ bedeutet die genannte Bedingung, dass die Folge (s_n) eine Cauchy–Folge in $\mathbb{C}$ ist, also nach 3.6 konvergiert. □

5.2 Das Majorantenkriterium. *Gibt es zu einer Reihe $\sum\limits_{k=0}^{\infty} a_k$ eine konvergente Reihe $\sum\limits_{k=0}^{\infty} b_k$ mit*

$$|a_k| \le b_k \quad \text{für alle } k \text{ von einer bestimmten Nummer } N \text{ ab,}$$

so konvergieren auch die Reihen $\sum\limits_{k=0}^{\infty} a_k$ und $\sum\limits_{k=0}^{\infty} |a_k|$.

Die (reelle) Reihe $\sum\limits_{k=0}^{\infty} b_k$ heißt eine **Majorante** für die Reihe $\sum\limits_{k=0}^{\infty} a_k$.

Für den Konvergenznachweis komplexer Reihen wird fast ausschließlich das Majorantenkriterium benutzt. Als Majorante wird häufig eine der Reihen verwendet:

$$\sum_{k=0}^{\infty} Mr^k \quad \text{mit } 0 < r < 1, \quad \sum_{k=1}^{\infty} \frac{c}{k^2}.$$

BEWEIS.
Für $m > n \geq N$ gilt

$$\left| \sum_{k=n+1}^{m} a_k \right| \leq \sum_{k=n+1}^{m} |a_k| \leq \sum_{k=n+1}^{m} b_k.$$

Da die Reihe $\sum_{k=0}^{\infty} b_k$ konvergiert, gibt es nach dem Cauchy–Kriterium zu jedem $\varepsilon > 0$ ein $n_\varepsilon \geq N$, so dass

$$0 \leq \sum_{k=n+1}^{m} b_k < \varepsilon \quad \text{für alle } m > n > n_\varepsilon.$$

Für diese n und m ist dann auch

$$\left| \sum_{k=n+1}^{m} a_k \right| \leq \sum_{k=n+1}^{m} |a_k| < \varepsilon,$$

d.h. die Reihen $\sum_{k=0}^{\infty} a_k$ und $\sum_{k=0}^{\infty} |a_k|$ erfüllen das Cauchy–Kriterium. $\square$

5.3 Ungleichungen für Reihen

Konvergiert die Reihe $\sum_{k=0}^{\infty} |a_k|$, so konvergiert auch die Reihe $\sum_{k=0}^{\infty} a_k$, und es gilt

$$\left| \sum_{k=0}^{\infty} a_k \right| \leq \sum_{k=0}^{\infty} |a_k|.$$

BEWEIS.
Wir setzen

$$s_n = \sum_{k=0}^{n} a_k, \quad t_n = \sum_{k=0}^{n} |a_k|.$$

Nach dem Majorantensatz existieren die Grenzwerte $s = \lim_{n \to \infty} s_n$, $t = \lim_{n \to \infty} t_n$. Mit Hilfe von § 2 : 6.2 folgt

$$|s_n| = \left| \sum_{k=0}^{n} a_k \right| \leq \sum_{k=0}^{n} |a_k| = t_n \leq t,$$

also

$$s = \lim_{n \to \infty} s_n \leq t. \qquad \square$$

5.4 Beispiele

(a) Die Reihe

$$\sum_{k=0}^{\infty} \frac{z^k}{k!}$$

konvergiert für alle $z \in \mathbb{C}$, denn

$$\sum_{k=0}^{\infty} \frac{|z|^k}{k!}$$

ist eine Majorante und konvergiert nach 2.3 (a).

(b) Die Reihe

$$\sum_{k=1}^{\infty} k\, z^k$$

konvergiert für $|z| < 1$, denn sie besitzt die nach 2.3 (b) konvergente Majorante $\sum\limits_{k=1}^{\infty} k\,|z|^k$.

5.5 Aufgaben. Zeigen Sie:

(a) Konvergieren die Reihen $\sum\limits_{k=0}^{\infty} |a_k|^2$ und $\sum\limits_{k=0}^{\infty} |b_k|^2$ mit $a_k, b_k \in \mathbb{C}$, so konvergiert auch $\sum\limits_{k=0}^{\infty} \overline{a}_k b_k$, und es gilt

$$\left| \sum_{k=0}^{\infty} \overline{a}_k b_k \right| \le \frac{1}{2} \left(\sum_{k=0}^{\infty} |a_k|^2 + \sum_{k=0}^{\infty} |b_k|^2 \right).$$

(b) Konvergiert $\sum\limits_{k=1}^{\infty} |a_k|^2$, so auch $\sum\limits_{k=1}^{\infty} \frac{a_k}{k}$.

6 Umordnung von Reihen

6.1 Problemstellung. In endlichen Summen von reellen oder komplexen Zahlen können beliebig Klammern gesetzt und Vertauschungen vorgenommen werden, z.B.

$$a_0 + a_1 + \ldots + a_8 = (a_0 + a_1) + (a_2 + a_3 + a_4 + a_5) + (a_6 + a_7 + a_8)$$
$$= a_0 + a_2 + a_7 + a_8 + a_1 + a_5 + a_6 + a_3 + a_4 .$$

(a) Gilt für Reihen auch eine Art von Assoziativgesetz? Die Präzisierung dieser Frage lautet: Es sei $n_1 < n_2 < \ldots$ eine Teilfolge in $\mathbb{N}_0 = \{0, 1, 2, \ldots\}$ und

$$b_1 = a_0 + a_1 + \ldots + a_{n_1}, \quad b_2 = a_{n_1+1} + \ldots + a_{n_2}, \quad \ldots.$$

Folgt dann aus $\sum\limits_{n=1}^{\infty} b_n = a$ auch $\sum\limits_{k=0}^{\infty} a_k = a$, d.h. ist Klammerauflösung erlaubt?

Die letzte Frage muss verneint werden, wie das Beispiel

$$a_k = (-1)^k \quad \text{und} \quad b_1 = a_0 + a_1 = 0, \quad b_2 = a_2 + a_3 = 0, \ldots$$

zeigt.

Klammersetzung ist dagegen erlaubt. Denn für die beiden Partialsummen

$$s_n = \sum_{k=0}^{n} a_k, \quad t_m = \sum_{n=1}^{m} b_n$$

gilt $t_m = s_{n_m}$, also ist (t_m) eine Teilfolge von (s_n) und hat daher denselben Grenzwert.

(b) Gilt für unendliche Reihen das Kommutativgesetz? Betrachten wir eine bijektive Abbildung („Permutation") $k \mapsto \varphi(k)$ von $\mathbb{N}_0 = \{0, 1, 2, \ldots\}$ auf sich, so enthält die **umgeordnete Reihe**

$$\sum_{k=0}^{\infty} a_{\varphi(k)}$$

wieder alle Glieder a_k, nur in anderer Reihenfolge.

Gilt stets $\quad \sum\limits_{k=0}^{\infty} a_k = \sum\limits_{k=0}^{\infty} a_{\varphi(k)}$?

Die Antwort darauf lautet: nein! Dies zeigte zuerst CAUCHY 1833 am Beispiel der Leibniz–Reihe

$$1 - \frac{1}{2} + \frac{1}{3} - \frac{1}{4} + \ldots.$$

Die umgeordnete Reihe

$$\left(1 + \frac{1}{3} - \frac{1}{2}\right) + \left(\frac{1}{5} + \frac{1}{7} - \frac{1}{4}\right) + \left(\frac{1}{9} + \frac{1}{11} - \frac{1}{6}\right) + \left(\frac{1}{13} + \frac{1}{15} - \frac{1}{8}\right) + \ldots$$

hat den 1.5–fachen Grenzwert der ursprünglichen Reihe.

RIEMANN zeigte 1866, dass sich durch geeignetes Umordnen sogar jeder beliebig vorgegebene Grenzwert erzielen lässt, und zwar zeigte er dies für alle konvergenten Reihen, die nicht absolut konvergent sind, vgl. 6.2. Für Einzelheiten siehe [MANGOLDT–KNOPP, Bd. 2, Nr. 78 und 80].

6.2 Absolute Konvergenz

Eine Reihe $\sum\limits_{k=0}^{\infty} a_k$ heißt **absolut konvergent**, wenn $\sum\limits_{k=0}^{\infty} |a_k|$ konvergiert.

Aus der Konvergenz von $\sum\limits_{k=0}^{\infty} |a_k|$ folgt immer die Konvergenz von $\sum\limits_{k=0}^{\infty} a_k$ nach dem Majorantensatz. Die Umkehrung gilt nicht: Zwar konvergiert die Leibniz–Reihe $\sum\limits_{k=1}^{\infty} (-1)^{k-1} \frac{1}{k}$, die Reihe $\sum\limits_{k=1}^{\infty} \left|(-1)^{k-1} \frac{1}{k}\right| = \sum\limits_{k=1}^{\infty} \frac{1}{k}$ aber nicht.

6.3 Der Umordnungssatz

Konvergiert eine Reihe absolut, so konvergiert auch jede Umordnung gegen denselben Grenzwert wie die Ausgangsreihe.

Entsprechend gilt:

Ist irgend eine Umordnung $\sum a_{\varphi(k)}$ der Reihe $\sum a_k$ absolut konvergent, so konvergiert auch jede Umordnung absolut, insbesondere die gegebene Reihe.

Für den Beweis siehe [MANGOLDT–KNOPP, Bd. 2, Nr. 80].

6.4 Doppelreihen

Gegeben sind komplexe Zahlen a_{ik} $(i, k \in \mathbb{N}_0 = \mathbb{N} \cup \{0\})$. Um $\sum\limits_{i,k=0}^{\infty} a_{ik}$ zu definieren, bieten sich verschiedene Wege an:

(a) Wir bilden $\sum\limits_{i=0}^{\infty} \left(\sum\limits_{k=0}^{\infty} a_{ik} \right)$, falls die Reihen $b_i = \sum\limits_{k=0}^{\infty} a_{ik}$ und $\sum\limits_{i=0}^{\infty} b_i$ konvergieren.

(b) Analog können wir $\sum\limits_{i,k=0}^{\infty} a_{ik}$ durch $\sum\limits_{k=0}^{\infty} \left(\sum\limits_{i=0}^{\infty} a_{ik} \right)$ definieren.

(c) Schließlich können wir die a_{ik} durchnummerieren, d.h. die Menge $\{a_{ik} \mid i, k \in \mathbb{N}_0\}$ als Folge $\left(a_{\varphi(n)}\right)$ durchlaufen und $\sum\limits_{n=0}^{\infty} a_{\varphi(n)}$ bilden.

Auf die letzte Möglichkeit wollen wir näher eingehen.

6.5 Lineare Anordnung einer Doppelfolge

Unter einer **Anordnung (Abzählung)** der Paare (i, k) $(i, k \in \mathbb{N}_0)$ verstehen wir eine bijektive Abbildung φ von $\mathbb{N}_0$ auf $\mathbb{N}_0 \times \mathbb{N}_0 = \{(i, k) \mid i, k \in \mathbb{N}_0\}$.

Ist $\varphi(n) = (i, k)$, so schreiben wir $a_{\varphi(n)}$ an Stelle von a_{ik}. Ein Beispiel für eine Anordnung von $\mathbb{N}_0 \times \mathbb{N}_0$ hatten wir in § 1 : 11 kennengelernt, wir stellen diesem noch ein zweites gegenüber:

Diagonalverfahren   **Quadratverfahren**

a_{00} $a_{01} \rightarrow a_{02}$ $a_{03} \rightarrow \ldots$ a_{00} $a_{01} \rightarrow a_{02}$ $a_{03} \rightarrow \ldots$

$\downarrow \nearrow \swarrow \nearrow \swarrow$ $\downarrow \quad \uparrow \quad \downarrow \quad \uparrow$

a_{10} a_{11} a_{12} a_{13} $\ldots$ $a_{10} \rightarrow a_{11}$ a_{12} a_{13} $\ldots$

$\swarrow \nearrow \swarrow$ $\downarrow \quad \uparrow$

a_{20} a_{21} a_{22} a_{23} $\ldots$ $a_{20} \leftarrow a_{21} \leftarrow a_{22}$ a_{23} $\ldots$

$\downarrow \nearrow \swarrow \nearrow$ $\downarrow \qquad\qquad \uparrow$

a_{30} a_{31} a_{32} a_{33} $\ldots$ $a_{30} \rightarrow a_{31} \rightarrow a_{32} \rightarrow a_{33}$ $\ldots$

$\vdots \quad \vdots \quad \vdots$ $\vdots \quad \vdots \quad \vdots \quad \vdots$

$\varphi(0) = (0,0), \;\; \varphi(3) = (0,2)$ $\varphi(0) = (0,0), \;\; \varphi(3) = (0,1)$

$\varphi(8) = (1,2), \quad$ usw. $\varphi(8) = (2,0), \quad$ usw.

6.6 Der große Umordnungssatz.

Für jede Doppelfolge (a_{ik}) in $\mathbb{C}$ sind die folgenden Aussagen äquivalent:

(a) $\displaystyle\sum_{k=0}^{\infty} |a_{\varphi(k)}|$ *konvergiert für eine Anordnung* φ,

(b) $\displaystyle\sum_{k=0}^{\infty} |a_{\varphi(k)}|$ *konvergiert für jede Anordnung* φ,

(c) $\displaystyle\sum_{i=0}^{\infty} \Big(\sum_{k=0}^{\infty} |a_{ik}| \Big)$ *konvergiert*

(dies schließt die Konvergenz aller $\displaystyle\sum_{k=0}^{\infty} |a_{ik}|$ für $i = 0, 1, \ldots$ ein),

(d) $\displaystyle\sum_{k=0}^{\infty} \Big(\sum_{i=0}^{\infty} |a_{ik}| \Big)$ *konvergiert*

(dies schließt die Konvergenz aller $\displaystyle\sum_{i=0}^{\infty} |a_{ik}|$ für $k = 0, 1, 2, \ldots$ ein).

Ist eine dieser vier Aussagen erfüllt, so gilt für jede Anordnung φ

$$\sum_{i=0}^{\infty} \Big(\sum_{k=0}^{\infty} a_{ik} \Big) = \sum_{k=0}^{\infty} \Big(\sum_{i=0}^{\infty} a_{ik} \Big) = \sum_{j=0}^{\infty} a_{\varphi(j)}.$$

Der relativ lange und ziemlich technische Beweis findet sich in [MANGOLDT-KNOPP, Bd. 2, Nr. 81]. Wesentliche Ideen gehen auf CAUCHY zurück.

7 Das Cauchy–Produkt

7.1 Der Produktsatz von Cauchy

Sind die Reihen $a = \sum\limits_{i=0}^{\infty} a_i$ *und* $b = \sum\limits_{k=0}^{\infty} b_k$ *absolut konvergent, so ist auch die Reihe* $c = \sum\limits_{n=0}^{\infty} c_n$ *mit den Gliedern*

$$c_n := a_0 b_n + a_1 b_{n-1} + \ldots + a_{n-1} b_1 + a_n b_0 = \sum_{i+k=n} a_i b_k = \sum_{k=0}^{n} a_k b_{n-k}$$

absolut konvergent, und es gilt

$$a \cdot b = \sum_{n=0}^{\infty} c_n \,.$$

Der Beweis lässt sich auf den großen Umordnungssatz zurückführen, siehe dazu [MANGOLDT–KNOPP, Bd. 2, Nr. 82].

BEMERKUNG. Konvergiert keine der beiden Reihen absolut, so braucht die Aussage des Produktsatzes nicht zu gelten (CAUCHY 1833).

7.2 Die Exponentialreihe

$$E(z) = \sum_{k=0}^{\infty} \frac{z^k}{k!}$$

konvergiert absolut nach 5.4. Weiter ist

$$E(z + w) = E(z) \cdot E(w) \quad \text{und} \quad E(0) = 1 \,.$$

Denn nach dem Produktsatz gilt $E(z) \cdot E(w) = \sum\limits_{n=0}^{\infty} c_n$ mit

$$c_n = \sum_{k=0}^{n} \frac{z^k}{k!} \frac{w^{n-k}}{(n-k)!} = \frac{1}{n!} \sum_{k=0}^{n} \binom{n}{k} z^k w^{n-k} = \frac{1}{n!} (z+w)^n \,,$$

woraus folgt

$$E(z) \cdot E(w) = \sum_{n=0}^{\infty} \frac{(z+w)^n}{n!} = E(z + w).$$

(Später werden wir sehen, dass $E(z) = e^z = e^x(\cos y + i \sin y)$.)

7.3 Aufgabe. Zeigen Sie mit Hilfe des Produktsatzes

$$\frac{1}{(1-z)^2} = \sum_{n=0}^{\infty} (n+1) z^n \quad \text{für} \quad |z| < 1 \,.$$

§ 8 Grenzwerte von Funktionen und Stetigkeit

1 Grenzwerte von Funktionen

1.1 Das Beispiel $\dfrac{\sin x}{x}$

Zunächst ist $f(x) = \frac{\sin x}{x}$ nur für $x \neq 0$ erklärt. Die Gestalt des Graphen deutet aber darauf hin, dass f durch $f(0) := 1$ sinnvoll in den Nullpunkt fortgesetzt wird. Wir präzisieren dies.

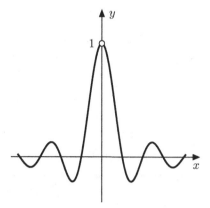

1.2 Definition und Erläuterung

Die Funktion f sei erklärt in einem nicht einpunktigen Intervall I mit eventueller Ausnahme des Punktes $a \in I$. Wir schreiben

$$\lim_{\substack{x \to a \\ x \in I}} f(x) = b \quad \text{oder} \quad \lim_{I \ni x \to a} f(x) = b$$

(f hat an der Stelle a den **Grenzwert** b), wenn

$$\lim_{n \to \infty} f(x_n) = b \text{ für } \textit{jede} \text{ Folge } (x_n) \text{ in } I \setminus \{a\} \text{ mit } \lim_{n \to \infty} x_n = a.$$

Beachten Sie, dass in diese Definition der Funktionswert $f(a)$, soweit erklärt, nicht eingeht. Aus drucktechnischen Gründen ziehen wir die Schreibweise

$$\lim_{I \ni x \to a} f(x) = b$$

vor. Die Definition umfasst drei Fälle:

Rechtsseitiger Grenzwert. Ist $I = [a, a + r[$ mit $r > 0$ und $\lim_{I \ni x \to a} f(x) = b$, so heißt b der rechtsseitige Grenzwert von $f(x)$ an der Stelle a und wird mit

$$\lim_{x \to a+} f(x) \quad \text{oder kurz} \quad f(a+)$$

bezeichnet. Entsprechend ist der **linksseitige Grenzwert** definiert: Ist $J =]a - r, a]$ mit $r > 0$, so setzen wir

$$\lim_{x \to a-} f(x) = f(a-) := \lim_{J \ni x \to a} f(x),$$

falls dieser Grenzwert existiert, d.h. falls für jede Folge (x_n) mit $x_n < a$ und $x_n \to a$ die Folge $(f(x_n))$ einen und denselben Grenzwert hat.

Ist schließlich a ein innerer Punkt von I, so bezeichnen wir

$$\lim_{I\ni x\to a} f(x) \text{ schlicht mit } \lim_{x\to a} f(x).$$

(**zweiseitiger Grenzwert**).

Für die **Heaviside–Funktion** h

$$h(x) = \left\{ \begin{array}{ll} 1 & \text{für } x > 0, \\ \frac{1}{2} & \text{für } x = 0, \\ 0 & \text{für } x < 0 \end{array} \right.$$

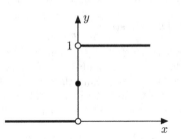

existieren die einseitigen Grenzwerte $h(0+) = 1$ und $h(0-) = 0$, dagegen existiert $\lim_{x\to 0} h(x)$ nicht.

1.3 Beispiele

Sehr nützlich für die Bestimmung von Grenzwerten ist der folgende

Vergleichssatz. *Gilt* $\lim_{I\ni x\to a} f(x) = \lim_{I\ni x\to a} h(x) = b$ *und* $f(x) \le g(x) \le h(x)$ *für alle* $x \in I$ *mit* $0 < |x - a| < \delta$, *so ist auch* $\lim_{I\ni x\to a} g(x) = b$.

BEWEIS.

Sei (x_n) eine beliebige Folge in $I \setminus \{a\}$ mit $\lim_{n\to\infty} x_n = a$. Dann gibt es ein n_δ mit $0 < |x_n - a| < \delta$ für $n > n_\delta$. Nach Voraussetzung gilt

$$f(x_n) \le g(x_n) \le h(x_n) \quad \text{für} \quad n > n_\delta$$

und

$$\lim_{n\to\infty} f(x_n) = \lim_{n\to\infty} g(x_n) = b.$$

Der Dreifolgensatz §2:6.6 liefert dann $\lim_{n\to\infty} g(x_n) = b$.   □

(a) $\lim_{x\to 0} \cos x = 1$. Denn nach §3:8.7 gilt

$$1 - \frac{x^2}{2} \le \cos x \le 1.$$

Die Behauptung folgt aus dem Vergleichssatz wegen $\lim_{x\to 0}(1 - \frac{x^2}{2}) = 1$, was sich aus $\lim_{n\to\infty}(1 - \frac{x_n^2}{2}) = 1$ für beliebige Nullfolgen (x_n) ergibt.

(b) $\lim_{x\to 0} \dfrac{1 - \cos x}{x} = 0$.

Denn aus $1 - \frac{1}{2}x^2 \le \cos x \le 1$ folgt $|1 - \cos x| = 1 - \cos x \le \frac{1}{2}x^2$, also

$$0 \le \left| \frac{1 - \cos x}{x} \right| \le \frac{1}{2}|x| \quad \text{für} \quad x \ne 0.$$

(c) $\displaystyle\lim_{x\to 0} \frac{\sin x}{x} = 1$.

Wir benützen die in §3 : 8.7 gegebenen Abschätzungen

$$|\sin x| \le |x| \le |\tan x| \quad \text{für } |x| < \frac{\pi}{2}.$$

Daraus folgt für $0 < |x| < \frac{\pi}{2}$

$$\cos x = \frac{x}{\tan x} \cdot \frac{\sin x}{x} \le \frac{\sin x}{x} \le 1.$$

Damit folgt die Behauptung aus (a) und dem Vergleichssatz.

(d) $\displaystyle\lim_{x\to 0} \frac{\sin kx}{x} = k \quad (k \in \mathbb{R})$ $\boxed{\text{ÜA}}$.

(e) $\displaystyle\lim_{x\to 0} \frac{e^x - 1}{x} = 1$.

Um den Vergleichssatz anwenden zu können, beweisen wir die Ungleichung

$$\frac{1}{1 + |x|} < \frac{e^x - 1}{x} < \frac{1}{1 - |x|} \quad \text{für } 0 < |x| < 1.$$

Der rechte Teil der Ungleichung wurde in §3 : 2.3 (e) bewiesen. Beim Nachweis des linken Teils verwenden wir $e^x > 1 + x$ nach §3 : 2.3 (c). Im Fall $x > 0$ ist

$$\frac{e^x - 1}{x} > 1 > \frac{1}{1 + x} = \frac{1}{1 + |x|}.$$

Im Fall $-1 < x < 0$ gilt $e^{-x} > 1 - x$, woraus wir erhalten

$$1 - e^x = 1 - \frac{1}{e^{-x}} > 1 - \frac{1}{1 - x} = \frac{-x}{1 - x},$$

und daraus

$$\frac{e^x - 1}{x} = \frac{1 - e^x}{-x} > \frac{1}{1 - x} = \frac{1}{1 + |x|}.$$

(f) $\displaystyle\lim_{x\to 0+} e^{-\frac{1}{x}} = 0$. Dagegen existiert $\displaystyle\lim_{x\to 0-} e^{-\frac{1}{x}}$ nicht.

Denn für $x > 0$ gilt

$$e^{1/x} \ge 1 + \frac{1}{x} > \frac{1}{x}, \quad \text{somit } 0 < e^{-\frac{1}{x}} < x.$$

Für $x_n = -\frac{1}{n}$ wird $e^{-1/x_n} = e^n$ beliebig groß.

1.4 Beispiel

$\lim\limits_{x \to 0} \sin \dfrac{1}{x}$ existiert nicht: Zu jeder beliebigen Zahl $c \in [-1, +1]$ gibt es eine Nullfolge (y_n) mit

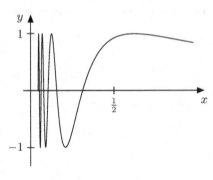

$$\sin \frac{1}{y_n} \to c, \quad \text{sogar} \quad \sin \frac{1}{y_n} = c.$$

Wir erhalten diese mit $\alpha = \arcsin c$ durch

$$y_n = \frac{1}{\alpha + 2\pi n} \quad \text{für} \quad n = 1, 2, \dots .$$

1.5 Das ε–δ–Kriterium

Genau dann ist $\lim\limits_{I \ni x \to a} f(x) = b$, *wenn es zu jedem* $\varepsilon > 0$ *ein* $\delta > 0$ *gibt, so dass*

$$|f(x) - b| < \varepsilon \quad \text{für alle} \quad x \in I \quad \text{mit} \quad 0 < |x - a| < \delta.$$

Bei Verkleinerung von ε wird auch δ verkleinert werden müssen (Fig.).

BEWEIS.

„$\Longrightarrow$": Es gelte $\lim\limits_{I \ni x \to a} f(x) = b$. Wir behaupten, dass es zu jedem gegebenem $\varepsilon > 0$ ein $n_0 \in \mathbb{N}$ gibt mit

$$|f(x) - b| < \varepsilon$$

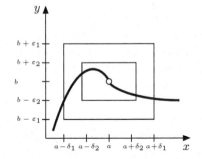

für alle $x \in I$ mit $0 < |x - a| < 1/n_0$. Wäre das nicht der Fall, so gäbe es zu jeder natürlichen Zahl n ein $x_n \in I$, für das zwar $0 < |x_n - a| < 1/n$, aber nicht $|f(x_n) - b| < \varepsilon$ gilt. Dann wäre aber $x_n \to a$, $x_n \neq a$, also nach Voraussetzung $\lim\limits_{n \to \infty} f(x_n) = b$, im Widerspruch zu $|f(x_n) - b| \geq \varepsilon$ nach Wahl der x_n. Also muss es ein n_0 der oben behaupteten Art geben; wir setzen $\delta := 1/n_0$.

„$\Longleftarrow$": f erfülle an der Stelle a das ε–δ–Kriterium. Ist $\varepsilon > 0$ vorgegeben, so wählen wir $\delta > 0$ so, dass

$$|f(x) - b| < \varepsilon \quad \text{für alle} \quad x \in I \quad \text{mit} \quad 0 < |x - a| < \delta.$$

Ist nun (x_n) eine Folge in I mit $x_n \to a$, $x_n \neq a$, so wählen wir n_0 so, dass $|x_n - a| < \delta$ für $n > n_0$. Dann ist $|f(x_n) - b| < \varepsilon$ für $n > n_0$ (n_0 hängt über δ von ε ab). $\qquad\square$

1.6 Folgerung. *Ist* $\lim\limits_{I \ni x \to a} f(x) = b > 0$*, so gibt es ein* $\delta > 0$ *mit*

$$f(x) > \tfrac{1}{2} b \quad \text{für alle} \quad x \in I \quad \text{mit } 0 < |x - a| < \delta.$$

BEWEIS.
Wir wählen $\varepsilon = b/2$ und $\delta > 0$ so, dass

$$|f(x) - b| < \varepsilon \quad \text{für alle} \quad x \in I \quad \text{mit } 0 < |x - a| < \delta.$$

Für diese x ist $f(x) = b + (f(x) - b) \geq b - |f(x) - b| > b - \tfrac{b}{2} = \tfrac{b}{2}$.   □

1.7 Folgerung. *Ist* a *ein innerer Punkt von* I*, so existiert* $\lim\limits_{I \ni x \to a} f(x)$ *genau dann, wenn die Grenzwerte* $\lim\limits_{x \to a+} f(x)$*,* $\lim\limits_{x \to a-} f(x)$ *existieren und gleich sind.*

(ÜA , benützen Sie das ε–δ–Kriterium.)

1.8 Grenzwerte für $x \to \infty$ und $x \to -\infty$

(a) Ist $f(x)$ erklärt für alle $x \geq \alpha$, so definieren wir

$$\lim_{x \to \infty} f(x) = b, \quad \text{falls} \quad \lim_{x \to 0+} f\left(\frac{1}{x}\right) = b.$$

(b) Ist $f(x)$ für alle $x \leq \beta$ erklärt, so sagen wir

$$\lim_{x \to -\infty} f(x) = c, \quad \text{falls} \quad \lim_{x \to 0-} f\left(\frac{1}{x}\right) = c.$$

(c) Anschaulich gesprochen bedeutet $\lim\limits_{x \to \infty} f(x) = b$, dass der Graph von f für große x eine waagrechte Asymptote mit Gleichung $y = b$ hat.

(d) *Genau dann ist* $\lim\limits_{x \to \infty} f(x) = b$*, wenn es zu jedem* $\varepsilon > 0$ *ein* $R > 0$ *gibt, mit*

$$|f(x) - b| < \varepsilon \quad \text{für alle} \quad x > R.$$

BEWEIS direkt aus dem ε–δ–Kriterium 1.5 unter Berücksichtigung von

$$0 < \frac{1}{x} < \delta \Longleftrightarrow x > \frac{1}{\delta} = R.$$

1.9 Beispiele

(a) $\lim\limits_{x \to \infty} e^{-x} = 0$, $\quad \lim\limits_{x \to -\infty} e^{x} = 0$.

Denn nach 1.3 (f) ist $\lim\limits_{x \to 0+} e^{-\frac{1}{x}} = 0$, und für negative x ist $e^{1/x} = e^{-1/|x|}$.

(b) $\lim\limits_{x \to \infty} \arctan x = \frac{\pi}{2}$, $\quad \lim\limits_{x \to -\infty} \arctan x = -\frac{\pi}{2}$.

Wir zeigen, dass $\lim\limits_{x\to 0+} \arctan \frac{1}{x} = \frac{\pi}{2}$; die zweite Behauptung folgt dann aus

$\arctan(-x) = -\arctan x$. Für $x > 0$ ist $\varphi = \arctan\frac{1}{x} \in \left]0, \frac{\pi}{2}\right[$, und es gilt

$$\frac{1}{x} = \tan\varphi = \frac{\sin\varphi}{\cos\varphi} = \frac{\cos\left(\frac{\pi}{2} - \varphi\right)}{\sin\left(\frac{\pi}{2} - \varphi\right)} = \frac{1}{\tan\left(\frac{\pi}{2} - \varphi\right)}\,,$$

also $x = \tan\left(\frac{\pi}{2} - \varphi\right)$.

Für $0 < x < \frac{\pi}{2}$ gilt die Ungleichung $x < \tan x$ (§3: 8.7), also folgt

$$\tan\left(\frac{\pi}{2} - \varphi\right) = x \leq \tan x\,,$$

und wegen der Monotonie des Tangens folgt

$$\frac{\pi}{2} - \varphi \leq x \quad \text{für} \quad 0 < x < \frac{\pi}{2}\,.$$

Damit haben wir

$$0 < \frac{\pi}{2} - \arctan\frac{1}{x} \leq x \quad \text{für} \quad 0 < x < \frac{\pi}{2}\,,$$

woraus mit dem Vergleichssatz 1.3 die Behauptung folgt.

(c) Für $b_n \neq 0$ ist

$$\lim_{x\to\pm\infty} \frac{a_0 + a_1 x + \ldots + a_n x^n}{b_0 + b_1 x + \ldots + b_n x^n} = \frac{a_n}{b_n}\,.$$

(d) Sind p, q reelle Polynome mit $\mathrm{Grad}\,(p) > \mathrm{Grad}\,(q)$, so existieren die Grenzwerte $\lim\limits_{x\to\pm\infty} p(x)/q(x)$ nicht $\boxed{\text{ÜA}}$.

1.10 Rechenregeln für Grenzwerte

Ist $\lim f(x) = c$ und $\lim g(x) = d$, so existieren die Grenzwerte

(a) $\lim\left(\alpha f(x) + \beta g(x)\right) = \alpha c + \beta d\,.$

(b) $\lim f(x) \cdot g(x) = c \cdot d\,.$

(c) $\lim\dfrac{f(x)}{g(x)} = \dfrac{c}{d}\,,$ falls $d \neq 0$.

Dabei steht $\lim f(x) = c$ für eine der Aussagen $\lim\limits_{I\ni x\to a} f(x) = c$, $\lim\limits_{x\to\infty} f(x) = c$, $\lim\limits_{x\to-\infty} f(x) = c$; entsprechend soll $\lim g(x) = d$ verstanden werden.

BEWEIS.

Direkt aus der Definition und den Rechenregeln für konvergente Folgen. Bei (c) beachten Sie 1.6 $\boxed{\text{ÜA}}$.

1.11 Aufgaben

(a) Bestimmen Sie $\lim\limits_{x \to 0} \dfrac{1 - \cos x}{x^2}$ mit Hilfe der Halbwinkelformel §3 : 8.4 (g).

(b) Bestimmen Sie $\lim\limits_{x \to 0+} x^{-2}\, e^{-\frac{1}{x}}$.

(c) Für welche $a, b \in \mathbb{R}$ existiert $\lim\limits_{x \to 0} \dfrac{\sin(ax)^2}{\sin(bx)^2}$, und was ergibt sich als Grenzwert?

1.12 Zur Berechnung weiterer Grenzwerte werden wir die Regel von de l'Hospital verwenden, vgl. §9 : 9.

2 Stetigkeit

2.1 Definition. Eine Funktion $f : I \to \mathbb{R}$ heißt **stetig** an der Stelle $a \in I$, wenn $\lim\limits_{n \to \infty} f(x_n) = f(a)$ für jede Folge (x_n) in I mit $x_n \to a$ gilt.

2.2 Satz. *Äquivalente Bedingungen sind:*

(a) *f ist stetig an der Stelle a.*

(b) *$\lim\limits_{I \ni x \to a} f(x) = f(a)$ (Funktionswert gleich Grenzwert).*

(c) *ε-δ-Kriterium: Zu jedem $\varepsilon > 0$ gibt es ein $\delta > 0$, so dass*

$$|f(x) - f(a)| < \varepsilon \quad \text{für alle} \quad x \in I \ \text{mit} \ |x - a| < \delta.$$

BEWEIS.

(a) $\Longrightarrow$ (b): Ist f stetig an der Stelle a, so ist $\lim\limits_{n \to \infty} f(x_n) = f(a)$ für alle Folgen (x_n) in I mit $x_n \to a$, also erst recht für alle Folgen (x_n) in I mit $x_n \to a$, $x_n \neq a$.

(b) $\Longrightarrow$ (c): Nach 1.5 gibt es zu jedem $\varepsilon > 0$ ein $\delta > 0$ mit

$$|f(x) - f(a)| < \varepsilon \quad \text{für alle} \quad x \in I \ \text{mit} \ 0 < |x - a| < \delta.$$

Für $x = a$ ist natürlich $|f(x) - f(a)| = 0$. Also ist

$$|f(x) - f(a)| < \varepsilon \quad \text{für alle} \quad x \in I \ \text{mit} \ |x - a| < \delta.$$

(c) $\Longrightarrow$ (a): Genau wie im zweiten Teil des Beweises 1.5, $\boxed{\text{ÜA}}$. $\qquad \square$

2.3 Folgerung.

Ist f stetig an der Stelle a und $f(a) > 0$, so gibt es ein $\delta > 0$, so dass

$$f(x) > \tfrac{1}{2} f(a) \quad \text{für alle} \quad x \in I \ \text{mit} \ |x - a| < \delta.$$

2.4 Stetigkeit in einem Intervall, die Menge C(*I*)

f heißt **stetig im Intervall** I, wenn f in jedem Punkt von I stetig ist. Die Menge aller stetigen Funktionen $f : I \to \mathbb{R}$ bezeichnen wir mit C(I). Im Fall $I = [a, b]$ schreiben wir C $[a, b]$ statt C $([a, b])$.

2.5 Erste Beispiele

(a) Konstante Funktionen sind stetig, ebenso die Identität $x \mapsto x$.

(b) Der Sinus und der Kosinus sind auf ganz $\mathbb{R}$ stetig. Zum Nachweis zeigen wir zunächst die Stetigkeit im Nullpunkt. Wegen $|\sin x| \leq |x|$ erhalten wir $\lim_{x \to 0} \sin x = 0 = \sin 0$ nach dem Vergleichssatz 1.3. Ferner ist $\lim_{x \to 0} \cos x = 1 = \cos 0$ nach 1.3 (a). Hieraus folgt

$$\lim_{x \to a} \sin(x - a) = 0, \quad \lim_{x \to a} \cos(x - a) = 1$$

und daher

$$\sin x = \sin(a + x - a)$$
$$= \sin a \cdot \cos(x - a) + \cos a \cdot \sin(x - a) \; \to \; \sin a \quad \text{für} \quad x \to a$$

nach den Rechenregeln 1.10, und entsprechend

$$\cos x = \cos(a + x - a)$$
$$= \cos a \cdot \cos(x - a) - \sin a \cdot \sin(x - a) \; \to \; \cos a \quad \text{für} \quad x \to a.$$

(c) Die Exponentialfunktion ist stetig auf ganz $\mathbb{R}$. Denn nach § 3 : 2.3 (e) gilt

$$\left| e^x - e^a \right| = \left| e^a \left(e^{x-a} - 1 \right) \right| \leq e^a \frac{|x - a|}{1 - |x - a|} \quad \text{für} \quad |x - a| < 1,$$

also gilt $\lim_{x \to a} |e^x - e^a| = 0$ nach dem Vergleichssatz 1.3.

(d) Die *Dirichlet–Funktion*, gegeben durch

$$f(x) = \begin{cases} 1 & \text{für } x \in \mathbb{Q}, \\ 0 & \text{für } x \notin \mathbb{Q} \end{cases}$$

ist an keiner Stelle stetig $\boxed{\text{ÜA}}$.

(e) Die Funktion $x \mapsto 1/x$ ist stetig auf $\mathbb{R}_{>0}$ (und auf $\mathbb{R}_{<0}$). Wir zeigen die Stetigkeit an der Stelle $a > 0$: Für $x \geq a/2$ gilt

$$\left| \frac{1}{x} - \frac{1}{a} \right| = \left| \frac{a - x}{a\,x} \right| \leq \frac{2}{a^2} |x - a| \; \to \; 0 \quad \text{für} \quad x \to a$$

nach dem Vergleichssatz.

3 Stetigkeit zusammengesetzter Funktionen

3.1 Vielfaches, Summe, Produkt

Die folgenden Aussagen können wahlweise auf die Stetigkeit in einem Intervall als auch auf die Stetigkeit in einem einzelnen Punkt bezogen werden. Sie folgen unmittelbar aus 1.10.

(a) *Ist f stetig, so auch $\lambda f : x \mapsto \lambda f(x)$.*

(b) *Sind f, g stetig, so sind auch*

$$f + g \; : \; x \mapsto f(x) + g(x) \quad und$$
$$f \cdot g \; : \; x \mapsto f(x) \cdot g(x)$$

stetige Funktionen.

(c) *Entsprechendes gilt für Summe und Produkt endlich vieler stetiger Funktionen.*

(d) *Sind f, g stetig, so ist*

$$\frac{f}{g} \; : \; x \mapsto \frac{f(x)}{g(x)}$$

an jeder Stelle a mit $g(a) \neq 0$ stetig.

3.2 Polynome sind stetig auf $\mathbb{R}$

Denn jede konstante Funktion ist stetig, ebenso die Identität $\mathbb{1} : x \mapsto x$. Durch wiederholte Anwendung von 3.1 (a),(b),(c) ergibt sich die Behauptung.

Rationale Funktionen p/q sind in allen Stellen a mit $q(a) \neq 0$ stetig. Das ergibt sich aus 3.1 (d). Sind p und q nicht teilerfremd, so lässt sich der Definitionsbereich von p/q durch Kürzen unter Umständen vergrößern.

3.3 Betrag und Supremum

Ist f stetig, so auch $|f| : x \mapsto |f(x)|$.

Denn aus $f(x_n) \to f(a)$ folgt $|f(x_n)| \to |f(a)|$.

Das **Supremum** zweier Funktionen f, g ist definiert durch

$$f \vee g \; : \; x \mapsto \max\{f(x), g(x)\} \,.$$

Eine einfache Fallunterscheidung $\boxed{\text{ÜA}}$ zeigt

$$f \vee g = \frac{1}{2}(f + g + |f - g|) \,.$$

Sind also f und g stetig, so ist auch $f \vee g$ stetig. Entsprechendes gilt für $f \wedge g : x \mapsto \min\{f(x), g(x)\}$ $\boxed{\text{ÜA}}$.

3.4 Hintereinanderausführung

Mit $g : I \to J$ *und* $f : J \to \mathbb{R}$ *ist auch* $f \circ g : I \to \mathbb{R}$, $x \mapsto f(g(x))$ *stetig.*

Denn ist (x_n) eine beliebige Folge in I mit $x_n \to a \in I$, so ist zunächst $\lim_{n\to\infty} g(x_n) = g(a)$. Da f seinerseits an der Stelle $g(a)$ stetig ist, folgt

$$\lim_{n\to\infty} f(g(x_n)) = f(g(a)).$$

3.5 Stetige Fortsetzung

Hat f an der Stelle $a \in I$ eine Definitionslücke, und ist f an allen anderen Stellen $x \in I$ stetig, so lässt sich f durch $f(a) := \lim_{I \ni x \to a} f(x)$ zu einer auf I stetigen Funktion ergänzen, falls dieser Grenzwert existiert, vgl. Beispiel 1.1.

Demnach ist durch

$$f(x) = \begin{cases} x \cdot \sin \frac{1}{x} & \text{für } x \neq 0, \\ 0 & \text{für } x = 0 \end{cases}$$

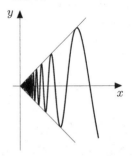

eine auf ganz $\mathbb{R}$ stetige Funktion gegeben. Die Stetigkeit im Nullpunkt folgt wegen $|f(x)| \leq |x|$ aus 1.3, die Stetigkeit in $\mathbb{R} \setminus \{0\}$ aus 2.5 (b), 3.1, 3.4.

4 Die Hauptsätze über stetige Funktionen

4.1 Der Satz von Bolzano–Weierstraß für kompakte Intervalle

Das entscheidende Hilfsmittel für die kommenden Erörterungen ist der Satz von Bolzano–Weierstraß, den wir in der folgenden Form verwenden:

Jede Folge in einem kompakten Intervall $[a,b]$ *besitzt eine konvergente Teilfolge, deren Grenzwert in* $[a,b]$ *liegt.*

Denn nach §2 : 9.8 besitzt jede Folge (x_n) in $[a,b]$ eine konvergente Teilfolge (x_{n_k}). Aus $a \leq x_{n_k} \leq b$ für $k = 1, 2, \ldots$ folgt, dass auch der Grenzwert in $[a,b]$ liegt.

Für offene Intervalle $]a,b[$ gilt kein solcher Satz: Die Folge $\left(a + \frac{b-a}{2n}\right)$ liegt in $]a,b[$, ihr Grenzwert aber nicht. Auch in unbeschränkten Intervallen enthält nicht jede Folge eine konvergente Teilfolge, zum Beispiel $I = \mathbb{R}_+$, $x_n = n$.

4.2 Beschränktheit stetiger Funktionen auf kompakten Intervallen

Jede auf einem kompakten Intervall stetige Funktion ist dort beschränkt: Ist $f \in C[a,b]$, *so gibt es eine Schranke* M *mit* $|f(x)| \leq M$ *für alle* $x \in [a,b]$.

BEMERKUNGEN.

(a) Auf beschänkten offenen Intervallen kann eine stetige Funktion durchaus unbeschränkt sein.

(b) Ist $f : [a, b] \to \mathbb{R}$ unstetig, so braucht f nicht beschränkt zu sein. Für beide Aussagen liefert die Funktion

$$f(x) = \begin{cases} \dfrac{1}{x} & \text{für } x \neq 0, \\[2mm] 0 & \text{für } x = 0 \end{cases}$$

ein Gegenbeispiel, das eine Mal auf dem Definitionsintervall $]0, 1[$, das andere Mal auf $[0, 1]$.

BEWEIS.

Angenommen, f ist stetig auf $[a, b]$, aber unbeschränkt. Dann gibt es zu jedem $n \in \mathbb{N}$ ein $x_n \in [a, b]$ mit $|f(x_n)| > n$. Ist $(x_{n_k})_k$ eine konvergente Teilfolge von (x_n) mit $x_{n_k} \to x_0 \in [a, b]$, so folgt aus der Stetigkeit $f(x_{n_k}) \to f(x_0)$ für $k \to \infty$. Die Folge $(f(x_{n_k}))_k$ ist als konvergente Folge beschränkt, andererseits ist $|f(x_{n_k})| > n_k \geq k$, ein Widerspruch.   □

4.3 Der Satz vom Maximum

Jede auf einem kompakten Intervall stetige Funktion besitzt dort ein Maximum und ein Minimum: Für $f \in C[a, b]$ gibt es Punkte $x^*, x_* \in [a, b]$ mit

$$f(x^*) \geq f(x) \quad \textit{für alle} \quad x \in [a, b] ,$$
$$f(x_*) \leq f(x) \quad \textit{für alle} \quad x \in [a, b] .$$

BEMERKUNGEN. Ist eine der Voraussetzungen nicht erfüllt, so braucht es kein Maximum (bzw. Minimum) zu geben. Dazu einige Beispiele:

(a) *Nichtkompaktes Intervall I, stetiges f.*

$$f(x) = x \qquad \text{auf } I =]0, 1[$$
$$f(x) = \arctan x \quad \text{auf } I = \mathbb{R} .$$

In beiden Fällen wird das Supremum der Funktionswerte nicht angenommen.

(b) *Kompaktes Intervall I, unstetiges f.* Wir betrachten

$$f(x) = \begin{cases} x & \text{für } -1 < x < +1 \\[1mm] 0 & \text{für } x = -1 \text{ und } x = +1 . \end{cases}$$

f besitzt im Intervall $[-1, +1]$ weder ein Maximum noch ein Minimum.

BEWEIS.

Wir zeigen, dass f ein Maximum besitzt. Nach 4.2 ist f beschränkt, also existiert

$$s = \sup\{\, f(x) \mid a \le x \le b \,\}\,.$$

Zu jedem $n \in \mathbb{N}$ gibt es ein $x_n \in [a,b]$ mit $s - \frac{1}{n} < f(x_n) \le s$ (Definition des Supremums). Die Folge (x_n) besitzt eine konvergente Teilfolge $(x_{n_k})_k$. Ist $x^* = \lim\limits_{k \to \infty} x_{n_k}$, so gilt $f(x^*) = \lim\limits_{k \to \infty} f(x_{n_k})$ wegen der Stetigkeit von f. Nun ist aber

$$|s - f(x_{n_k})| = s - f(x_{n_k}) < \frac{1}{n_k} \le \frac{1}{k}\,,$$

also ist $f(x^*) = \lim\limits_{k \to \infty} f(x_{n_k}) = s$. Es folgt $f(x^*) \ge f(x)$ für alle $x \in [a,b]$.

Nach dem gerade Bewiesenen nimmt $-f$ sein Maximum auf $[a,b]$ an, das heißt es gibt ein $x_* \in [a,b]$ mit $-f(x_*) \ge -f(x)$ oder $f(x_*) \le f(x)$ für alle $x \in [a,b]$.
□

4.4 Der Zwischenwertsatz

(BOLZANO 1817) *Sei f stetig im Intervall I und seien $\alpha, \beta \in I$ mit $\alpha < \beta$. Dann nimmt f in $[\alpha, \beta]$ jeden Wert zwischen $f(\alpha)$ und $f(\beta)$ wenigstens einmal an. Gilt insbesondere $f(\alpha) < 0$ und $f(\beta) > 0$, so hat f in $[\alpha, \beta]$ mindestens eine Nullstelle.*

BEWEIS.

Wir dürfen o.B.d.A. (ohne Beschränkung der Allgemeinheit) annehmen, dass $f(\alpha) < f(\beta)$, d.h. die Allgemeingültigkeit der Argumentation wird durch diese Annahme nicht berührt. Denn im Fall $f(\alpha) > f(\beta)$ betrachten wir $-f$ statt f.

Zu zeigen ist: Zu gegebenem c mit $f(\alpha) < c < f(\beta)$ hat die Gleichung $f(x) = c$ eine Lösung $x_0 \in [\alpha, \beta]$. Wir beweisen dies, indem wir ein Iterationsverfahren zur Bestimmung von x_0 angeben.

4.5 Lösung der Gleichung $f(x) = c$ durch Intervallhalbierung

Sei $f(\alpha) < c < f(\beta)$ und f stetig in $[\alpha, \beta]$. Gesucht ist eine Lösung x_0 der Gleichung $f(x) = c$.

Zu diesem Zwecke setzen wir $x_1 = \alpha$, $y_1 = \beta$. Dann setzen wir

$$x_2 = \tfrac{x_1 + y_1}{2}\,, \quad y_2 = y_1 \qquad , \text{ falls } f\left(\tfrac{x_1 + y_1}{2}\right) < c \text{ bzw.}$$

$$x_2 = x_1\,, \qquad y_2 = \tfrac{x_1 + y_1}{2}\,, \text{ falls } f\left(\tfrac{x_1 + y_1}{2}\right) > c\,.$$

Ist $f\left(\tfrac{x_1 + y_1}{2}\right) = c$, so sind wir fertig. Sonst haben wir

$$f(x_2) < c < f(y_2) \quad \text{und} \quad y_2 - x_2 = \tfrac{1}{2}(y_1 - x_1) = \tfrac{1}{2}\left(\beta - \alpha\right)\,.$$

Nun fahren wir so fort: Haben wir x_n, y_n schon so bestimmt mit

$$f(x_n) < c < f(y_n), \quad y_n - x_n = \left(\tfrac{1}{2}\right)^{n-1}(\beta - \alpha),$$

so setzen wir

$$x_{n+1} = \tfrac{x_n + y_n}{2}, \quad y_{n+1} = y_n \quad , \quad \text{falls} \quad f\left(\tfrac{x_n + y_n}{2}\right) < c,$$

$$x_{n+1} = x_n \quad , \quad y_{n+1} = \tfrac{x_n + y_n}{2}, \quad \text{falls} \quad f\left(\tfrac{x_n + y_n}{2}\right) > c,$$

und beenden das Verfahren, falls $f\left(\tfrac{x_n + y_n}{2}\right) = c$.

Tritt dieser Fall nie ein, so bilden die Intervalle $[x_n, y_n]$ eine Intervallschachtelung. Für die davon erfasste Zahl $x_0 = \lim\limits_{n \to \infty} x_n = \lim\limits_{n \to \infty} y_n$ folgt wegen $f(x_n) < c$ die Ungleichung $f(x_0) = \lim\limits_{n \to \infty} f(x_n) \leq c$, und aus $f(y_n) > c$ folgt $f(x_0) = \lim\limits_{n \to \infty} f(y_n) \geq c$. Also ist $f(x_0) = c$. $\square$

4.6 Aufgabe Warum besitzt die Gleichung $e^x = x + 2$ eine Lösung $x_0 \in [0, 2]$? Berechnen Sie x_0 durch Intervallhalbierung auf drei gültige Stellen nach dem Komma.

4.7 Eine Charakterisierung von Intervallen

Eine nichtleere Teilmenge J von $\mathbb{R}$ ist genau dann ein Intervall, wenn mit je zwei Zahlen $\alpha < \beta$ in J auch $[\alpha, \beta]$ in J liegt.

BEWEIS.

„$\Longrightarrow$" liegt auf der Hand.

„$\Longleftarrow$": Die Menge J enthalte zu je zwei Zahlen $\alpha < \beta$ auch das Intervall $[\alpha, \beta]$. Sei J beschränkt und $a = \inf J$, $b = \sup J$. Wir zeigen, dass $]a, b[\subset J$. Dann ist J ein Intervall, ganz gleich, ob die Randpunkte dazugehören oder nicht. Sei also $x \in]a, b[$. Nach Definition des Supremums bzw. Infimums gibt es Zahlen α, β mit $a < \alpha < x < \beta < b$. Nach Voraussetzung folgt $[\alpha, \beta] \subset J$, insbesondere $x \in J$.

Für unbeschränkte Mengen J argumentieren wir ganz analog $\boxed{\text{ÜA}}$. $\square$

4.8 Stetige Bilder von Intervallen

(a) *Ist f stetig auf dem Intervall I, so ist die Bildmenge $f(I)$ wieder ein Intervall.*

(b) *Für ein kompaktes Intervall I ist auch $f(I)$ ein kompaktes Intervall.*

BEWEIS.

(a) Für konstantes $f = c$ ist $f(I) = [c, c]$. Für nicht konstantes f ergibt sich die Behauptung aus dem Kriterium 4.7, denn für $\alpha, \beta \in f(I)$ mit $\alpha < \beta$ gilt $[\alpha, \beta] \subset f(I)$ nach dem Zwischenwertsatz.

(b) Ist I ein kompaktes Intervall, so nimmt f nach 4.3 das Minimum und Maximum an:

$$A := \min f(I) \in f(I), \quad B := \max f(I) \in f(I).$$

Zusammen mit (a) folgt $[A, B] = f(I)$.   □

5 Die Stetigkeit der Umkehrfunktion

5.1 Satz. *Sei f auf dem Intervall I stetig und injektiv. Dann ist f streng monoton, $J = f(I)$ ein Intervall, und $f^{-1} : J \to I$ stetig.*

BEWEIS.

(a) *Monotonie von f:*
Wir zeigen zunächst: Sind x_1, x_2, x_3 Zahlen in I mit $x_1 < x_2 < x_3$, so ist entweder $f(x_1) < f(x_2) < f(x_3)$ oder $f(x_3) < f(x_2) < f(x_1)$.

Angenommen, dies ist nicht der Fall, etwa $f(x_1) < f(x_3) < f(x_2)$. Dann wählen wir ein $c \in {]f(x_3), f(x_2)[}$ und finden nach dem Zwischenwertsatz Zahlen $u \in {]x_1, x_2[},\ v \in {]x_2, x_3[}$ mit $f(u) = f(v) = c$, im Widerspruch zur Injektivität von f. Entsprechend schließen wir in den anderen Fällen.

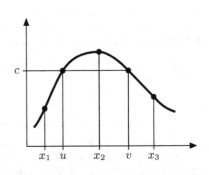

Wir fixieren nun $a, b \in I$ mit $a < b$ und nehmen o.B.d.A. $f(a) < f(b)$ an (sonst betrachten wir $-f$ statt f).

Für beliebige $x < y$ zeigen wir nun $f(x) < f(y)$. Sei zunächst $x < a$. Dann folgt nach dem eingangs gemachten Schluss $f(x) < f(a) < f(b)$, wovon wir nur die erste Ungleichung benutzen. Aus $y < a$ folgt $f(x) < f(y) < f(a)$, aus $y = a$ folgt $f(x) < f(a) = f(y)$, und aus $y > a$ folgt $f(x) < f(a) < f(y)$. Ganz entsprechend schließen wir im Fall $a \geq x$.

(b) f^{-1} *ist stetig:* Wir dürfen annehmen, dass f streng monoton wachsend ist. Es sei $y_0 = f(x_0) \in J$. Falls x_0 kein Randpunkt von I ist, wählen wir $\varepsilon > 0$ so klein, dass $[x_0 - \varepsilon, x_0 + \varepsilon] \subset I$ ist. Ferner setzen wir $y_1 = f(x_0 - \varepsilon)$, $y_2 = f(x_0 + \varepsilon)$ und $\delta := \min\{y_0 - y_1, y_2 - y_0\}$. Dann folgt aus $|y - y_0| < \delta$

$$y_1 \leq y_0 - \delta < y < y_0 + \delta \leq y_2 \,.$$

Aus der Monotonie von f ergibt sich

$$x_0 - \varepsilon = f^{-1}(y_1) < f^{-1}(y) < f^{-1}(y_2) = x_0 + \varepsilon\,,$$

somit $\left| f^{-1}(y) - x_0 \right| < \varepsilon$.

Für Randpunkte x_0 schließen wir entsprechend $\boxed{\text{ÜA}}$.   □

5.2 Beispiele

(a) Der Logarithmus ist stetig auf $\mathbb{R}_{>0}$ als Umkehrfunktion der Exponentialfunktion (vgl. 2.5(c)).

(b) Der Arcuscosinus bzw. der Arcussinus sind auf $[-1, 1]$ stetig als Umkehrfunktionen der nach 2.5(b) stetigen Funktionen $\cos : [0, \pi] \to [-1, 1]$ bzw. $\sin : \left[-\frac{\pi}{2}, \frac{\pi}{2} \right] \to [-1, 1]$, vgl. § 3 : 8.2, 8.5.

Der Arcustangens ist stetig auf $\mathbb{R}$ als Umkehrung der stetigen Funktion

$$\tan : \left] -\frac{\pi}{2}, \frac{\pi}{2} \right[\to \mathbb{R}\,.$$

Letztere ist bijektiv. Wir zeigen zunächst die Surjektivität. Wegen

$$\lim_{x \to \frac{\pi}{2}-} \frac{1}{\tan x} = \lim_{x \to \frac{\pi}{2}-} \frac{\cos x}{\sin x} = 0$$

nimmt der Tangens beliebig große positive Werte an für $0 \le x < \frac{\pi}{2}$. Nach dem Zwischenwertsatz ist also $\mathbb{R}_+$ der Wertebereich des Tangens auf $\left[0, \frac{\pi}{2} \right[$. Der Rest folgt aus $\tan(-x) = -\tan x$. Nach § 3 : 8.6 ist der Tangens streng monoton, also bijektiv.

(c) Die Quadratwurzel $x \mapsto \sqrt{x}$ ist stetig für $x \ge 0$ als Umkehrfunktion von $x \mapsto x^2$ für $x \ge 0$.

(d) Allgemeine Potenz. Für jedes $a \in \mathbb{R}$ ist die Funktion $x \mapsto x^a = e^{a \log x}$ stetig für $x > 0$. Für $b > 0$ ist $x \mapsto b^x = e^{x \log b}$ stetig auf $\mathbb{R}$.

6 Der Satz von der gleichmäßigen Stetigkeit

SATZ. *Ist f stetig auf einem kompakten Intervall I, so gibt es zu jedem $\varepsilon > 0$ ein $\delta > 0$, so dass*

$$|f(x) - f(y)| < \varepsilon \quad \text{für alle } x, y \in I \text{ mit } |x - y| < \delta\,.$$

BEMERKUNGEN.

(a) Diesen Satz benötigen wir erst für die Integralrechnung.

(b) Kennzeichnend für die gleichmäßige Stetigkeit ist, dass δ zu gegebenem ε gleichmäßig, d.h. unabhängig von x gewählt werden kann.

(c) Ein Beispiel für nichtgleichmäßige Stetigkeit ist $f(x) = \frac{1}{x}$ auf $]0, 1[$:

Fixieren wir $a \in \,]0, 1[$, so gilt für jedes ε mit $0 < \varepsilon < 1/a$

$$\left| \frac{1}{x} - \frac{1}{a} \right| < \varepsilon \iff |x - a| < \varepsilon ax = \varepsilon a(x - a) + \varepsilon a^2 \,.$$

Hieraus folgt, dass das größte erlaubte $\delta = \delta_{\max}$ nicht unabhängig von a gewählt werden kann:

$$\delta_{\max} = \frac{\varepsilon a^2}{1 - \varepsilon a} \,.$$

$\boxed{\text{ÜA}}$. (Unterscheiden Sie die Fälle $x \geq a$ und $x \leq a$.)

BEWEIS des Satzes über gleichmäßige Stetigkeit.

Wir setzen für $n = 1, 2, \ldots$

$$s_n = \sup \left\{ |f(x) - f(y)| \;\Big|\; x, y \in I \text{ und } |x - y| \leq \frac{1}{n} \right\} \,.$$

Nach Definition des Supremums gibt es Zahlen $x_n, y_n \in I$ mit

$$s_n - \frac{1}{n} < |f(x_n) - f(y_n)| \leq s_n \,, \quad \text{also}$$

$$(*) \qquad 0 \leq s_n < |f(x_n) - f(y_n)| + \frac{1}{n} \,.$$

Nach dem Satz von Bolzano–Weierstraß gibt es konvergente Teilfolgen $(x_{n_k})_k$, $(y_{n_k})_k$. Sei $x_0 = \lim\limits_{k \to \infty} x_{n_k}$. Dann ist auch $\lim\limits_{k \to \infty} y_{n_k} = x_0$, denn

$$|x_{n_k} - y_{n_k}| \leq \frac{1}{n_k} \leq \frac{1}{k} \to 0 \quad \text{für} \quad k \to \infty \,.$$

Wegen der Stetigkeit von f gilt $\lim\limits_{k \to \infty} |f(x_{n_k}) - f(y_{n_k})| = 0$. Aus $(*)$ folgt

$$\lim_{k \to \infty} s_{n_k} = \lim_{k \to \infty} \left(|f(x_{n_k}) - f(y_{n_k})| + \frac{1}{n_k} \right) = 0 \,.$$

Gegeben sei $\varepsilon > 0$. Wir wählen k so, dass $s_{n_k} < \varepsilon$ und setzen $\delta := \dfrac{1}{n_k}$. Aus $|x - y| < \delta$ folgt dann $|x - y| < \dfrac{1}{n_k}$, also $|f(x) - f(y)| \leq s_{n_k} < \varepsilon$. $\square$

§9 Differentialrechnung

1 Vorbemerkungen

1.1 Zum Begriff der Geschwindigkeit

Wir betrachten der Einfachheit halber die Bewegung eines Massenpunktes in der Ebene. Nach Einführung eines kartesischen Koordinatensystems können wir seinen Ort zum Zeitpunkt t durch den Koordinatenvektor

$$\mathbf{x}(t) = \begin{pmatrix} x_1(t) \\ x_2(t) \end{pmatrix}$$

beschreiben.

Gleichförmige Bewegung. Wirken auf den Massenpunkt keine Kräfte ein, so ist nach dem ersten Newtonschen Gesetz die Bewegung gleichförmig:

$$\mathbf{x}(t) = \mathbf{a} + t\mathbf{v}.$$

$\mathbf{v}$ ist der *Geschwindigkeitsvektor*; ist er von Null verschieden, so gibt er die Richtung der gleichförmigen Bewegung an. Für je zwei verschiedene Zeitpunkte t_0, t_1 ist

$$\frac{\mathbf{x}(t_1) - \mathbf{x}(t_0)}{t_1 - t_0} = \mathbf{v}.$$

Die Zahl $\|\mathbf{v}\|$ heißt die *Geschwindigkeit*, ihre Messung ergibt sich aus der vorangegangenen Beziehung.

Ungleichförmige Bewegung. Als angenähertes Maß für den Geschwindigkeitsvektor zum Zeitpunkt t_0 kann der Vektor

$$\frac{\mathbf{x}(t_1) - \mathbf{x}(t_0)}{t_1 - t_0}$$

angesehen werden, falls t_1 nicht allzu weit von t_0 entfernt ist. Dieser Ausdruck hat aber den Nachteil, von dem willkürlich gewählten Zeitpunkt t_1 abzuhängen. Je näher t_1 an t_0 heranrückt, desto besser wird er unserer Vorstellung einer momentanen Geschwindigkeit entsprechen. Wir definieren daher den *momentanen Geschwindigkeitsvektor* zum Zeitpunkt t_0 durch

$$\mathbf{v}(t_0) = \lim_{t \to t_0} \frac{\mathbf{x}(t) - \mathbf{x}(t_0)}{t - t_0} := \begin{pmatrix} \lim\limits_{t \to t_0} \dfrac{x_1(t) - x_1(t_0)}{t - t_0} \\ \lim\limits_{t \to t_0} \dfrac{x_2(t) - x_2(t_0)}{t - t_0} \end{pmatrix},$$

falls beide Grenzwerte existieren. Hiermit haben wir einen für die Entwicklung der Mechanik fundamentalen Begriff eingeführt. Dieser erscheint zunächst paradox. Schon der Vektor $\frac{1}{t-t_0}\left(\mathbf{x}(t) - \mathbf{x}(t_0)\right)$ lässt sich aufgrund unvermeidlicher Messfehler nie genau bestimmen; er wird völlig unbestimmt, wenn $|t - t_0|$ die Genauigkeit der Zeitmessung unterschreitet.

Dennoch hat der Vektor $\mathbf{v}(t_0)$ eine ganz reale physikalische Bedeutung: Er gibt die Tangentenrichtung an die Bahnkurve an und liefert die Geschwindigkeit derjenigen gleichförmigen Bewegung, mit der der Massenpunkt weiterfliegen würde, wenn zum Zeitpunkt t_0 die Zwangskräfte plötzlich wegfallen würden, die ihn auf der Bahn gehalten haben (z.B. Durchschneiden der Schnur bei der skizzierten kreisförmigen Bewegung).

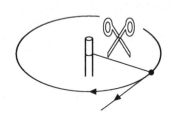

1.2 Das Tangentenproblem

Eng verwandt mit dem Problem der Geschwindigkeit ist das Tangentenproblem: Ist f eine auf einem Intervall I erklärte Funktion, so ist für $x \neq x_0$ der Quotient

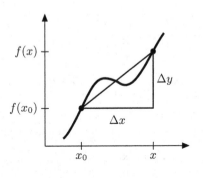

$$m = \frac{f(x) - f(x_0)}{x - x_0}$$

die Steigung der Sekanten durch die Punkte $(x_0, f(x_0))$ und $(x, f(x))$. Mit den in der Physik gebräuchlichen Bezeichnungen

$$\Delta x = x - x_0 \qquad \text{(Zuwachs des Arguments)},$$

$$\Delta y = f(x) - f(x_0) \qquad \text{(Zuwachs des Funktionswertes)}$$

ist also $m = \frac{\Delta y}{\Delta x}$.

Bei den bisher bekannten elementaren Funktionen nähern sich für $x \to x_0$ die Sekanten einer Grenzgeraden, der Tangente im Punkt x_0, und

$$\lim_{x \to x_0} \frac{f(x) - f(x_0)}{x - x_0}$$

ist die Steigung dieser Tangente.

2 Differenzierbarkeit und Ableitung

2.1 Differenzierbarkeit

Im folgenden sei I immer ein echtes Intervall. Eine Funktion $f : I \to \mathbb{R}$ heißt an der Stelle $x_0 \in I$ **differenzierbar**, wenn der Grenzwert

$$f'(x_0) := \lim_{I \ni x \to x_0} \frac{f(x) - f(x_0)}{x - x_0}$$

existiert. In diesem Fall heißt $f'(x_0)$ die **Ableitung von f an der Stelle x_0**. Andere Schreibweisen für die Ableitung sind

$$\frac{d}{dx} f(x_0), \quad \frac{d}{dx} f(x) \bigg|_{x=x_0}, \quad \frac{df}{dx}(x_0).$$

Die in diesem Zusammenhang gebräuchliche Bezeichnung „Differentialquotient" geht auf die Gründerzeit des Calculus zuück. In der *Nova methodus* ... von 1684 behandelt LEIBNIZ Tangentenprobleme. Bei seinen Ergebnissen wie etwa $dX^3 = 3X^2 dx$, $d\sqrt{y} = \frac{dy}{2\sqrt{y}}$ sind dx, dy zunächst beliebige Zuwächse; später betrachtet er unendlich kleine (aber nicht verschwindende) Zuwächse und bezeichnet sie als „Differentiale". Für diese entwickelt er einen algebraisch handhabbaren Kalkül, im Zuge dessen er später auch Quotienten von Differentialen bildet.

Ist f eine Funktion der Zeit t, so ist seit NEWTON die Bezeichnungsweise $\dot{f}(t_0)$ für die Ableitung an der Stelle t_0 gebräuchlich.

2.2 Differenzierbarkeit und Tangente

Eine äquivalente Formulierung für die Differenzierbarkeit lautet: *Es gibt eine Zahl a mit*

$$f(x) = f(x_0) + a \cdot (x - x_0) + R(x, x_0),$$

wobei für das hierdurch definierte Restglied $R(x, x_0)$ gilt.

$$\lim_{I \ni x \to x_0} \frac{R(x, x_0)}{x - x_0} = 0.$$

Die Zahl a ist durch diese Beziehung eindeutig bestimmt: $a = f'(x_0)$.
Geometrisch bedeutet das: Es gibt eine Gerade g mit der Gleichung

$$y = f(x_0) + a \cdot (x - x_0),$$

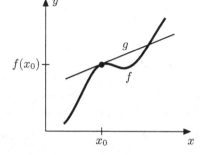

welche sich in der Nähe von x_0 besser an den Graphen von f anschmiegt, als jede andere Gerade durch $(x_0, f(x_0))$. Diese ist die **Tangente** im Punkt $(x_0, f(x_0))$ und $f'(x_0)$ ist ihre Steigung.

BEWEIS.

(a) Ist f differenzierbar an der Stelle x_0 und

$$R(x, x_0) := f(x) - f(x_0) - f'(x_0)(x - x_0),$$

so ist offenbar

$$\lim_{I \ni x \to x_0} \frac{R(x, x_0)}{x - x_0} = \lim_{I \ni x \to x_0} \frac{f(x) - f(x_0)}{x - x_0} - f'(x_0) = 0.$$

(b) Gibt es eine Zahl a, so dass

$$f(x) = f(x_0) + a \cdot (x - x_0) + R(x, x_0), \quad \lim_{I \ni x \to x_0} \frac{R(x, x_0)}{x - x_0} = 0,$$

so hat für $x \neq x_0$

$$\frac{f(x) - f(x_0)}{x - x_0} = a + \frac{R(x, x_0)}{x - x_0}$$

den Grenzwert a für $x \to x_0$. $\square$

2.3 Differenzierbarkeit in einem Intervall

Eine Funktion f heißt **im Intervall I differenzierbar**, wenn f in jedem Punkt $x_0 \in I$ differenzierbar ist. In diesem Fall ist die Ableitung

$$f' : I \to \mathbb{R}, \quad x \mapsto f'(x)$$

eine Funktion.

Beachten Sie: Nach Definition 2.1 ist $f : [a, b] \to \mathbb{R}$ genau dann an der Stelle a differenzierbar, wenn die **rechtsseitige Ableitung**

$$\lim_{x \to a+} \frac{f(x) - f(a)}{x - a}$$

existiert. Entsprechendes gilt für die Stelle b, hier wird die Existenz der **linksseitigen Ableitung** verlangt.

2.4 Beispiele und Gegenbeispiele

(a) Konstante Funktionen sind überall differenzierbar mit Ableitung 0.

(b) Die Identität $\mathbb{1} : x \mapsto x$ ist auf ganz $\mathbb{R}$ differenzierbar mit Ableitung 1.

(c) Es gilt $\frac{d}{dx} x^2 = 2x$ für alle $x \in \mathbb{R}$. Denn für jedes $x \in \mathbb{R}$ ist

$$\lim_{x \to x_0} \frac{x^2 - x_0^2}{x - x_0} = \lim_{x \to x_0} \frac{(x + x_0)(x - x_0)}{x - x_0} = \lim_{x \to x_0} (x + x_0) = 2x_0.$$

(d) Die Exponentialfunktion ist auf ganz $\mathbb{R}$ differenzierbar, und es gilt

$$\frac{d}{dx}\,\mathrm{e}^x \;=\; \mathrm{e}^x\,.$$

Denn für $x_0 \in \mathbb{R}$ und $x \neq x_0$ gilt nach §8:1.3 (e)

$$\frac{\mathrm{e}^x - \mathrm{e}^{x_0}}{x - x_0} \;=\; \mathrm{e}^{x_0} \cdot \frac{\mathrm{e}^{(x - x_0)} - 1}{x - x_0} \;\to\; \mathrm{e}^{x_0} \quad \text{für} \quad x \to x_0\,.$$

(e) Kosinus und Sinus sind überall differenzierbar, und es gilt

$$\sin' \;=\; \cos\,, \quad \cos' \;=\; -\sin\,.$$

Denn für $x_0 \in \mathbb{R}$ und $h \neq 0$ ergibt sich aus den Additionstheoremen §3:8.4 (f)

$$\frac{\sin(x_0 + h) - \sin x_0}{h} \;=\; \sin x_0\,\frac{\cos h - 1}{h} + \cos x_0\,\frac{\sin h}{h}\,,$$

$$\frac{\cos(x_0 + h) - \cos x_0}{h} \;=\; \cos x_0\,\frac{\cos h - 1}{h} - \sin x_0\,\frac{\sin h}{h}\,.$$

Die Behauptung folgt jetzt mit $h = x - x_0 \to 0$ aus §8:1.3(b) und (c).

(f) Für $x \neq 0$ gilt $\dfrac{d}{dx}\left(\dfrac{1}{x}\right) = -\dfrac{1}{x^2}\,.$

Denn für $x_0 \neq 0$ und $0 < |h| < |x_0|$ gilt $x_0 + h \neq 0$ und

$$\frac{1}{h}\left(\frac{1}{x_0 + h} - \frac{1}{x_0}\right) \;=\; \frac{x_0 - (x_0 + h)}{h\,x_0(x_0 + h)}$$

$$\;=\; -\frac{1}{x_0(x_0 + h)} \;\to\; -\frac{1}{x_0^2} \quad \text{für} \quad h \to 0\,.$$

(g) Die Funktion $x \mapsto |x|$ ist auf $\mathbb{R}$ mit Ausnahme von $x = 0$ differenzierbar $\boxed{\text{ÜA}}$.

2.5 Differenzierbarkeit und Stetigkeit

Ist f an einer Stelle x_0 differenzierbar, so ist f dort stetig.

BEWEIS.

Wir setzen $R(x,x_0) = f(x) - f(x_0) - f'(x_0)(x - x_0)$. Nach Voraussetzung ist

$$\lim_{I \ni x \to x_0} \frac{R(x,x_0)}{x - x_0} \;=\; \lim_{I \ni x \to x_0}\left(\frac{f(x) - f(x_0)}{x - x_0} - f'(x_0)\right) \;=\; 0\,,$$

also folgt

$$\lim_{I \ni x \to x_0} (f(x) - f(x_0)) = \lim_{I \ni x \to x_0} \left(f(x) - f(x_0) - f'(x_0) \cdot (x - x_0) \right)$$

$$= \lim_{I \ni x \to x_0} R(x, x_0) = \lim_{I \ni x \to x_0} (x - x_0) \frac{R(x, x_0)}{x - x_0} = 0.$$

□

BEMERKUNG. Aus Stetigkeit folgt im Allgemeinen nicht die Differenzierbarkeit, wie wir am Beispiel $x \mapsto |x|$ gesehen haben.

Es gibt sogar Funktionen, die auf ganz $\mathbb{R}$ stetig, aber an keiner Stelle differenzierbar sind, vgl. [MANGOLDT–KNOPP, Bd. 2, Nr. 100].

3 Differentiation zusammengesetzter Funktionen

3.1 Summen und Produkte

(a) *Sind* $f, g : I \to \mathbb{R}$ *differenzierbar, so auch* $\alpha f + \beta g$ *für* $\alpha, \beta \in \mathbb{R}$, *und es gilt*

$$(\alpha f + \beta g)' = \alpha f' + \beta g'.$$

(b) *Sind* $f_1, \ldots, f_n$ *differenzierbar in* I, *so ist auch jede Linearkombination* $\alpha_1 f_1 + \ldots + \alpha_n f_n$ *dort differenzierbar mit*

$$(\alpha_1 f_1 + \ldots + \alpha_n f_n)' = \alpha_1 f_1' + \ldots + \alpha_n f_n'.$$

(c) **Produktregel.** *Sind* $f, g : I \to \mathbb{R}$ *differenzierbar, so auch* $f \cdot g$, *und es gilt*

$$(f \cdot g)' = f' \cdot g + f \cdot g'.$$

(d) Entsprechende Rechenregeln gelten für die Differentiation an einer Stelle.

BEWEIS.

(a) folgt mit Hilfe der Rechengesetze für Grenzwerte aus

$$\frac{(\alpha f(x) + \beta g(x)) - (\alpha f(x_0) + \beta g(x_0))}{x - x_0} = \alpha \frac{f(x) - f(x_0)}{x - x_0} + \beta \frac{g(x) - g(x_0)}{x - x_0}.$$

(b) ergibt sich durch sukzessives Anwenden von (a).

(c) Für $x \neq x_0$ ist

$$\frac{f(x)g(x) - f(x_0)g(x_0)}{x - x_0} = \frac{f(x) - f(x_0)}{x - x_0} g(x) + \frac{g(x) - g(x_0)}{x - x_0} f(x_0).$$

Da g als differenzierbare Funktion stetig ist, folgt $\lim_{I \ni x \to x_0} g(x) = g(x_0)$. Nach den Rechenregeln für Grenzwerte hat die rechte Seite also den Grenzwert

$$f'(x_0)g(x_0) + g'(x_0)f(x_0). \qquad \square$$

3.2 Die Kettenregel

Ist $g : I \to J$ an der Stelle x_0 differenzierbar, und ist $f : J \to \mathbb{R}$ an der Stelle $y_0 = g(x_0)$ differenzierbar, so ist auch

$$f \circ g : I \to \mathbb{R}$$

an der Stelle x_0 differenzierbar und es gilt

$$(f \circ g)'(x_0) = f'(y_0) \cdot g'(x_0).$$

Ist f in J und g in I differenzierbar, so gilt also

$$\frac{d}{dx} f(g(x)) = f'(g(x)) \cdot g'(x) \quad \text{für alle } x \in I.$$

$g'(x_0)$ wird *innere Ableitung* und $f'(y_0)$ *äußere Ableitung* genannt.

BEWEIS.

Nach 2.2 lässt sich die Voraussetzung über f so fassen:

$$f(y) = f(y_0) + \big(f'(y_0) + r(y, y_0)\big)(y - y_0) \quad \text{mit} \quad \lim_{J \ni y \to y_0} r(y, y_0) = 0$$

(Mit den Bezeichnungen 2.2 ist $r(y, y_0) = R(y, y_0)/(y - y_0)$.)

Analog gilt für g

$$g(x) = g(x_0) + \big(g'(x_0) + s(x, x_0)\big)(x - x_0) \quad \text{mit} \quad \lim_{I \ni x \to x_0} s(x, x_0) = 0.$$

Somit ist

$$f(g(x)) - f(y_0) = (f'(y_0) + r(g(x), y_0))(g(x) - y_0)$$

$$= (f'(y_0) + r(g(x), y_0))(g'(x_0) + s(x, x_0))(x - x_0)$$

$$= f'(y_0) g'(x_0)(x - x_0) + \varrho(x, x_0)(x - x_0)$$

wobei

$$\varrho(x, x_0) = f'(y_0) s(x, x_0) + r(g(x), y_0)\big[g'(x_0) + s(x, x_0)\big] \to 0 \text{ für } x \to x_0$$

nach den Rechenregeln für Grenzwerte und wegen $\lim\limits_{x \to x_0} r(g(x), y_0) = 0$; was sich wie in §8 : 3.4 ergibt.

Damit ist $f \circ g$ differenzierbar, und es gilt $(f \circ g)'(x_0) = f'(y_0) g'(x_0)$ nach dem Kriterium 2.2.   □

3.3 Die Quotientenregel

Sind $f, g : I \to \mathbb{R}$ differenzierbar, so ist $\frac{f}{g}$ überall dort differenzierbar, wo g keine Nullstellen hat, und es gilt dort

$$\left(\frac{f}{g}\right)' = \frac{f'g - fg'}{g^2}.$$

Insbesondere ist für alle x mit $g(x) \neq 0$

$$\left(\frac{1}{g}\right)'(x) = -\frac{g'(x)}{g^2(x)}.$$

BEWEIS.

Die letzte Formel ergibt sich nach der Kettenregel für $F \circ g$ mit $F(y) = \frac{1}{y}$ und 2.4 (f). Die erste folgt dann mit der Produktregel.   □

3.4 Die Ableitung der n–ten Potenz

Für jede ganze Zahl n gilt

$$\frac{d}{dx}x^n = nx^{n-1}$$

für alle $x \in \mathbb{R}$ mit Ausnahme von $x = 0$ im Falle $n < 0$.

BEWEIS.

(a) Für $n = 0$ ist die Behauptung offenbar richtig; für $n \in \mathbb{N}$ ergibt sie sich durch Induktion mit Hilfe der Produktregel $\boxed{\ddot{\text{U}}\text{A}}$.

(b) Mit $F(y) = \frac{1}{y}$ und $m \in \mathbb{N}$ ergibt die Kettenregel für $x \neq 0$

$$\frac{d}{dx}\left(x^{-m}\right) = \frac{d}{dx}F\left(x^m\right) = -\frac{1}{x^{2m}}\left(mx^{m-1}\right) = (-m)x^{-m-1}.$$

Für $n = -m$ ist also $(x^n)' = nx^{n-1}$.   □

3.5 Die Ableitung eines Polynoms ergibt sich aus der Formel

$$\frac{d}{dx}(a_0 + a_1 x + \ldots + a_n x^n) = a_1 + 2a_2 x + \ldots + na_n x^{n-1}.$$

Das folgt unmittelbar aus 3.4 und 3.1.

3.6 Die Ableitung der Quadratwurzel

Die Funktion $x \mapsto \sqrt{x}$ ist für $x > 0$ differenzierbar, und es gilt

$$\frac{d}{dx}\sqrt{x} = \frac{1}{2\sqrt{x}}\,.$$

Denn $\dfrac{\sqrt{x}-\sqrt{x_0}}{x-x_0} = \dfrac{1}{\sqrt{x}+\sqrt{x_0}} \to \dfrac{1}{2\sqrt{x_0}}$ für $x \to x_0$ wegen der Stetigkeit der Wurzelfunktion.

3.7 Die Ableitung des Tangens

$$\tan'(x) = 1 + \tan^2(x) = \frac{1}{\cos^2 x} \quad \text{für } |x| < \frac{\pi}{2} \quad \boxed{\text{ÜA}}\,.$$

3.8 Aufgaben

(a) Bestimmen Sie die Ableitung von $\sqrt{1+x^2} + \dfrac{1}{\sqrt{1+x^2}}$.

(b) Bestimmen Sie die Ableitung von $\dfrac{\sin x \cdot e^{\sin x}}{2 + \sin x}$.

(c) Bestimmen Sie $\dfrac{d}{dx}\sqrt{r^2 - x^2}$ für $-r < x < r$ und geben Sie eine geometrische Deutung.

4 Mittelwertsätze und Folgerungen

4.1 Notwendige Bedingungen für lokale Maxima und Minima

Sei f in einem Intervall I definiert, und sei x_0 ein innerer Punkt von I. f hat an der Stelle x_0 ein **lokales Maximum**, wenn $f(x_0) \geq f(x)$ für alle hinreichend nahe an x_0 gelegenen x (d.h. für $|x - x_0| < \delta$ mit geeignetem $\delta > 0$). Entsprechend ist ein **lokales Minimum** definiert. Tritt einer dieser beiden Fälle ein, so sprechen wir von einem **lokalen Extremum**.

SATZ. *Hat f an der Stelle x_0 ein lokales Extremum und ist f dort differenzierbar, so gilt $f'(x_0) = 0$.*

BEWEIS.

Liegt in x_0 ein lokales Maximum vor, so ist für $x_0 < x < x_0 + \delta$

$$\frac{f(x) - f(x_0)}{x - x_0} \leq 0, \quad \text{also } f'(x_0) = \lim_{x \to x_0+} \frac{f(x) - f(x_0)}{x - x_0} \leq 0\,.$$

Für $x_0 - \delta < x < x_0$ ist dagegen

$$\frac{f(x) - f(x_0)}{x - x_0} \geq 0, \quad \text{also } f'(x_0) = \lim_{x \to x_0-} \frac{f(x) - f(x_0)}{x - x_0} \geq 0\,.$$

Zusammen ergibt sich $f'(x_0) = 0$. Hat f an der Stelle y_0 ein lokales Minimum, so gilt ebenfalls $f'(y_0) = 0$, weil $-f$ dort ein lokales Maximum besitzt. □

4.2 Der Mittelwertsatz der Differentialrechnung

Die Funktion f sei auf $[a,b]$ stetig und im Innern $]a,b[$ differenzierbar. Dann gibt es mindestens ein $\vartheta \in \,]a,b[$ mit

$$\frac{f(b) - f(a)}{b - a} = f'(\vartheta).$$

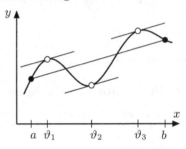

BEMERKUNG. Im Fall $f(a) = f(b) = 0$ ist insbesondere $f'(\vartheta) = 0$ für ein geeignetes $\vartheta \in \,]a,b[$. Dies ist der **Satz von Rolle**.

BEWEIS.

(a) Wir beweisen zunächst den Satz von Rolle. Für konstante Funktionen gibt es nichts zu beweisen; wir nehmen also an, dass f nicht konstant ist.

Da f in $[a,b]$ stetig ist, gilt der Satz vom Maximum. Nimmt f sein Maximum an einer Stelle ϑ im Innern $]a,b[$ an, so ist dort $f'(\vartheta) = 0$ nach 4.1, und wir sind fertig. Andernfalls gilt $f(x) \leq f(a) = 0$ in $[a,b]$, und das Minimum von f ist negativ, da f nicht konstant ist. In diesem Fall wird also das Minimum an einer inneren Stelle ϑ angenommen.

(b) Der allgemeine Fall des Mittelwertsatzes wird auf den speziellen Fall (a) durch die Transformation

$$g(x) = f(x) - f(a) - m \, (x - a), \quad m = \frac{f(b) - f(a)}{b - a}$$

zurückgeführt: Es ist leicht nachzuprüfen, dass g die Voraussetzungen des Satzes von Rolle erfüllt. Also ist $f'(\vartheta) - m = g'(\vartheta) = 0$ für ein geeignetes $\vartheta \in \,]a,b[$. □

4.3 Monotonie und Vorzeichen der Ableitung

Für differenzierbare Funktionen $f : I \to \mathbb{R}$ gilt:

(a) *f ist monoton wachsend genau dann, wenn $f'(x) \geq 0$ für alle $x \in I$.*

(b) *Ist $f'(x) > 0$ für alle $x \in I$, so ist f streng monoton wachsend.*

Entsprechendes gilt für monoton fallende Funktionen.

BEMERKUNG. Das Beispiel $f(x) = x^3$ zeigt, dass eine Funktion streng monoton wachsend sein kann, ohne dass die Ableitung dauernd positiv ist.

BEWEIS.

Für $\alpha, \beta \in I$ mit $\alpha < \beta$ sind auf dem Intervall $[\alpha, \beta]$ die Voraussetzungen des Mittelwertsatzes erfüllt. Also ist

$$f(\beta) - f(\alpha) = (\beta - \alpha)f'(\vartheta) \quad \text{mit einem geeignetem } \vartheta \in \,]\alpha, \beta[\, .$$

Aus dieser Beziehung lassen sich alle Behauptungen ablesen. □

4.4 Das Verschwinden der Ableitung

Hat eine Funktion f im Intervall I überall die Ableitung Null, so ist sie konstant.

BEWEIS.

Wir wählen einen festen Punkt $a \in I$ und erhalten aus dem Mittelwertsatz für jedes $x \in I$

$$f(x) - f(a) = (x - a)f'(\vartheta_x)$$

mit einem geeigneten Zwischenwert ϑ_x zwischen x und a. Nach Voraussetzung ist $f'(\vartheta_x) = 0$, also ist $f(x) = f(a)$ für jedes $x \in I$. $\qquad\square$

4.5 Der verallgemeinerte Mittelwertsatz

Sind f, g auf $[a, b]$ stetig und in $]a, b[$ differenzierbar, ist ferner $g'(x) \neq 0$ für alle $x \in]a, b[$, so gibt es ein $\vartheta \in]a, b[$ mit

$$\frac{f(b) - f(a)}{g(b) - g(a)} = \frac{f'(\vartheta)}{g'(\vartheta)}.$$

BEWEIS.
Nach dem Mittelwertsatz folgt zunächst $g(b) \neq g(a)$. Wir setzen

$$\varphi(x) = f(x) - f(a) - \frac{f(b) - f(a)}{g(b) - g(a)}\,(g(x) - g(a))\,.$$

Dann erfüllt φ die Voraussetzungen des Satzes von Rolle, also gibt es ein $\vartheta \in]a, b[$ mit

$$0 = \varphi'(\vartheta) = f'(\vartheta) - \frac{f(b) - f(a)}{g(b) - g(a)}\,g'(\vartheta)\,. \qquad\square$$

5 Differenzierbarkeit der Umkehrfunktion und Beispiele

5.1 Die Differenzierbarkeit der Umkehrfunktion

Sei f im Intervall I differenzierbar, und sei $f'(x)$ entweder stets positiv oder stets negativ. Dann ist $J = f(I)$ wieder ein Intervall, $f : I \to J$ bijektiv, und f^{-1} ist differenzierbar in J. Die Ableitung von f^{-1} ist gegeben durch

$$\left(f^{-1}\right)'(y) = \frac{1}{f'(x)} \quad \text{für} \quad y \in J \quad \text{und} \quad x = f^{-1}(y)\,.$$

MERKREGEL. Die Formel für $\left(f^{-1}\right)'(y)$ ergibt sich durch Differentiation der Gleichung $y = f(f^{-1}(y))$ nach der Kettenregel.

BEWEIS.
Ist $f'(x) > 0$ für alle $x \in I$, so ist f in I streng monoton wachsend nach 4.3,

also ist f injektiv. Wegen der Stetigkeit von f ist $J = f(I)$ ein Intervall, und $f^{-1} : J \to I$ ist stetig nach §8 : 5.1.

Sind nun y_n, y_0 verschiedene Punkte in J und $x_n = f^{-1}(y_n), x_0 = f^{-1}(y_0)$ ihre Urbilder, so gilt

$$\frac{f^{-1}(y_n) - f^{-1}(y_0)}{y_n - y_0} = \frac{x_n - x_0}{f(x_n) - f(x_0)}.$$

Gilt $y_n \to y_0$, so folgt wegen der Stetigkeit von f^{-1} auch $x_n \to x_0$, also existiert der Grenzwert

$$\lim_{n \to \infty} \frac{f^{-1}(y_n) - f^{-1}(y_0)}{y_n - y_0} = \lim_{n \to \infty} \frac{x_n - x_0}{f(x_n) - f(x_0)} = \frac{1}{f'(x_0)}$$

für alle Folgen (y_n) mit $y_n \to y_0, y_n \neq y_0$. Das ist die Behauptung im Fall $f' > 0$. Im Fall $f' < 0$ betrachten wir $-f$ statt f. $\qquad\qquad \square$

5.2 Die Ableitung des Logarithmus und der allgemeinen Potenz

(a) $\dfrac{d}{dx} \log x = \dfrac{1}{x}$ für $x > 0$.

Denn der Logarithmus ist die Umkehrfunktion der Exponentialfunktion, die durchweg positive Ableitung hat. Aus 5.1 folgt

$$\log'(y) = \frac{1}{e^{\log y}} = \frac{1}{y} \quad \text{für alle} \quad y \in \mathbb{R}_{>0}.$$

(b) Wegen $a^b = e^{b \log a}$ für $a > 0$ ergibt die Kettenregel

$$\frac{d}{dx} a^x = \log a \cdot a^x \quad \text{für } a > 0 \quad \text{und alle} \quad x \in \mathbb{R},$$

$$\frac{d}{dx} x^b = b \cdot x^{b-1} \quad \text{für } x > 0 \quad \text{und alle} \quad b \in \mathbb{R}.$$

$\boxed{\text{ÜA}}$ Bestimmen Sie die Ableitung von x^x für $x > 0$.

5.3 Die Ableitung des Arcustangens

Der Tangens ist nach 3.7 in $\left] -\frac{\pi}{2}, \frac{\pi}{2} \right[$ differenzierbar mit der Ableitung

$$\tan'(x) = 1 + \tan^2(x) > 0.$$

Das Bildintervall des Tangens ist $\mathbb{R}$ nach §8 : 5.2, und für die Umkehrfunktion des Tangens gilt

$$\arctan'(x) = \frac{1}{1 + x^2} \, .$$

Denn mit $x = \arctan(y)$ folgt aus 5.1

$$\arctan'(y) = \frac{1}{\tan'(x)} = \frac{1}{1 + \tan^2(x)} = \frac{1}{1 + y^2} \, .$$

5.4 Die Ableitungen von Arcussinus und Arcuscosinus

$$\frac{d}{dx} \arcsin x = \frac{1}{\sqrt{1 - x^2}} \, , \quad \frac{d}{dx} \arccos x = -\frac{1}{\sqrt{1 - x^2}} \quad \text{für } |x| < 1 \quad \boxed{\text{ÜA}} \, .$$

6 Höhere Ableitungen und C^n–Funktionen

6.1 Höhere Ableitungen

Ist f differenzierbar in I und $f' : I \to \mathbb{R}$ wiederum differenzierbar, so heißt f *zweimal differenzierbar* in I, und $f'' = (f')'$ heißt die *zweite Ableitung* von f. Es ist also

$$f''(x_0) = \lim_{I \ni x \to x_0} \frac{f'(x) - f'(x_0)}{x - x_0} \, .$$

Ist $f'' : I \to \mathbb{R}$ differenzierbar in I, so definieren wir

$$f''' = \left(f'' \right)' = \left(f' \right)'' \, .$$

Analog sind $f^{(4)} = (f''')'$, $f^{(5)} = \left(f^{(4)} \right)'$, ..., $f^{(n+1)} = \left(f^{(n)} \right)'$, ... definiert, falls die entsprechenden Differentiationen ausführbar sind.

Andere Schreibweisen für $f^{(n)}$ sind

$$\frac{d^n f}{dx^n} = \frac{d^n}{dx^n} f = \left(\frac{d}{dx} \right)^n f \, .$$

Aus formalen Gründen führen wir noch die *nullte Ableitung* ein durch

$$f^{(0)} := f \, .$$

6.2 Leibniz–Regel

$\boxed{\text{ÜA}}$ Zeigen Sie durch Induktion: Sind f und g n–mal differenzierbar in einem Intervall, so gilt dort

$$(f \cdot g)^{(n)} = \sum_{k=0}^{n} \binom{n}{k} f^{(k)} g^{(n-k)} \, .$$

6.3 Beispiele und Aufgaben

(a) Die Exponentialfunktion ist auf ganz $\mathbb{R}$ beliebig oft differenzierbar mit

$$\frac{d^n}{dx^n}\, \mathrm{e}^x = \mathrm{e}^x\,.$$

(b) $\cos''(x) = -\cos x, \quad \sin''(x) = -\sin x\,.$

(c) Für $p(x) = a_0 + a_1 x + \ldots + a_n x^n$ ist

$$p^{(n)} = n!\,a_n \quad \text{konstant und} \quad p^{(n+1)} \equiv 0\,.$$

(d) ÜA Zeigen Sie: Die durch

$$f(x) = \begin{cases} \mathrm{e}^{-\frac{1}{x^2}} & \text{für } x \neq 0, \\[2mm] 0 & \text{für } x = 0 \end{cases}$$

gegebene Funktion f ist auf ganz $\mathbb{R}$ beliebig oft differenzierbar, und es gilt

$$f^{(n)}(0) = 0 \quad \text{für alle } n \in \mathbb{N}\,.$$

Anleitung: Zeigen Sie per Induktion, dass

$$f^{(n)}(x) = p_n\!\left(\frac{1}{x}\right)\, \mathrm{e}^{-\frac{1}{x^2}}$$

mit einem geeignetem Polynom p_n, und beachten Sie, dass

$$\lim_{y \to \infty} y^m\, \mathrm{e}^{-y} = 0$$

für $m \in \mathbb{N}$ gilt.

(e) Die durch

$$f(x) = \begin{cases} x^2 \sin \dfrac{1}{x} & \text{für } x \neq 0, \\[3mm] 0 & \text{für } x = 0 \end{cases}$$

gegebene Funktion besitzt nach 2.2 die Ableitung:

$$f'(x) = \begin{cases} 2x \sin \dfrac{1}{x} - \cos \dfrac{1}{x} & \text{für } x \neq 0, \\[3mm] 0 & \text{für } x = 0\,. \end{cases}$$

f ist genau einmal differenzierbar, denn f' ist unstetig an der Stelle 0.

6.4 Stetige Differenzierbarkeit und C^n–Funktionen

Eine Funktion heißt **stetig differenzierbar im Intervall** I (C^1–**Funktion in** I, C^1–**differenzierbar in** I), wenn f in I differenzierbar und f' dort stetig ist.

Entsprechend heißt f für $n \in \mathbb{N}$ n–**mal stetig differenzierbar in** I, (C^n–**Funktion in** I, C^n–**differenzierbar in** I), wenn f dort n–mal differenzierbar und $f^{(n)}$ stetig ist. Unter C^0–Funktionen verstehen wir einfach stetige Funktionen. Die Menge aller C^n–Funktionen ($n \in \mathbb{N}_0$) auf I bezeichnen wir mit

$$C^n(I) \quad \text{bzw. mit} \quad C^n[a,b] \quad \text{für} \quad I = [a,b].$$

Ist f beliebig oft differenzierbar, so heißt f eine C^∞–**Funktion**; die Gesamtheit aller in I beliebig oft differenzierbaren Funktionen wird mit $C^\infty(I)$ bezeichnet.

7 Taylorentwicklung

7.1 Der Satz von Taylor

Jede Funktion $f \in C^{n+1}(I)$ *auf einem offenen Intervall* I *lässt sich für* $x, x_0 \in I$ *auf folgende Weise nach Potenzen von* $(x - x_0)$ *entwickeln:*

$$f(x) = f(x_0) + f'(x_0)(x - x_0) + \ldots + f^{(n)}(x_0)\,\frac{(x - x_0)^n}{n!} + R_n(x)\,;$$

dabei ist das Restglied $R_n(x)$ *von der Form*

$$R_n(x) = f^{(n+1)}(\Theta)\,\frac{(x - x_0)^{n+1}}{(n + 1)!}$$

mit einer passenden, zwischen x_0 *und* x *liegenden Stelle* $\Theta = x_0 + \vartheta\,(x - x_0)$ *mit* $0 < \vartheta < 1$.

BEMERKUNGEN.

(a) Dieser Satz ist von großer Bedeutung, u.a. aus folgenden Gründen: Mit seiner Hilfe können wir uns einen Überblick über das Verhalten einer Funktion in genügender Nähe des **Entwicklungspunkts** x_0 verschaffen. Ferner gestattet er die rasche und genaue Berechnung von Funktionswerten und die Abschätzung des Fehlers, wie wir in den folgenden Beispielen zeigen. Schließlich liefert er Reihenentwicklungen von Funktionen und die Lösungen von Differentialgleichungen durch Reihenansätze.

(b) Der Ausdruck

$$p_n(x) = \sum_{k=0}^{n} \frac{f^{(k)}(x_0)}{k!}\,(x - x_0)^k$$

heißt das **Taylorpolynom** n–**ter Ordnung** von f an der Stelle x_0. Zu beachten ist, dass der Grad von p_n kleiner als n sein kann.

BEWEIS.

Für $x = x_0$ ist der Satz richtig. Für festes $x \in I$ mit $x \neq x_0$ setzen wir

$$F(t) = f(x) - f(t) - f'(t)(x - t) - \ldots - f^{(n)}(t)\frac{(x - t)^n}{n!},$$

$$G(t) = \frac{(x - t)^{n+1}}{(n + 1)!}.$$

Dann zeigt eine leichte Rechnung $\boxed{\text{ÜA}}$, dass

$$F'(t) = -f^{(n+1)}(t)\frac{(x - t)^n}{n!}, \quad G'(t) = -\frac{(x - t)^n}{n!}.$$

Setzen wir nun $t = x_0$, so erhalten wir aus dem verallgemeinerten Mittelwertsatz 4.5

$$(*) \qquad \frac{F(x) - F(x_0)}{G(x) - G(x_0)} = \frac{F'(\Theta)}{G'(\Theta)} = f^{(n+1)}(\Theta)$$

mit einem geeigneten, echt zwischen x und x_0 liegendem Θ. Für $t = x$ ergibt sich $F(x) = G(x) = 0$, und für $t = x_0$

$$F(x_0) = f(x) - f(x_0) - f'(x_0)(x - x_0) - \ldots - f^{(n)}(x_0)\frac{(x - x_0)^n}{n!},$$

$$G(x_0) = \frac{(x - x_0)^{n+1}}{(n + 1)!}.$$

Aus $(*)$ folgt $F(x_0) = G(x_0)\, f^{(n+1)}(\Theta)$, das ist die Behauptung. $\qquad\square$

7.2 Die Entwicklung der Exponentialfunktion

Nach dem Satz von Taylor (Entwicklung um den Punkt $x_0 = 0$) ist

$$e^x = 1 + x + \frac{x^2}{2} + \ldots + \frac{x^n}{n!} + \frac{x^{n+1}}{(n + 1)!}e^{\vartheta x} \quad \text{mit } 0 < \vartheta < 1.$$

Wollen wir beispielsweise die Exponentialfunktion im Intervall $[-1, +1]$ durch ein Polynom p auf zwei Stellen nach dem Komma genau approximieren, so leistet das Taylorpolynom 5–ten Grades

$$p(x) = 1 + x + \frac{x^2}{2} + \frac{x^3}{6} + \frac{x^4}{24} + \frac{x^5}{120}$$

das Gewünschte. Es ist nämlich

$$|e^x - p(x)| = \frac{x^6}{720}e^{\vartheta x} < \frac{e}{720} < 0.0038.$$

$\boxed{\text{ÜA}}$ Geben Sie ein Polynom p an mit $|e^x - p(x)| < \frac{1}{2} \cdot 10^{-5}$ für $|x| \leq 2$.

7.3 Entwicklung des Logarithmus

(a) Wir betrachten $f(x) = \log(1 + x)$ für $x > -1$. Es ist

$$f'(x) = \frac{1}{1+x}, \quad f''(x) = -\frac{1}{(1+x)^2}, \quad f'''(x) = \frac{2}{(1+x)^3},$$

allgemein

$$f^{(n)}(x) = (-1)^{n-1} \frac{(n-1)!}{(1+x)^n}.$$

Wegen $f(0) = 0$, $f'(0) = 1, \ldots, f^{(n)}(0) = (-1)^{n-1}(n-1)!$ ist

$$\log(1 + x) = x - \frac{1}{2}x^2 + \frac{1}{3}x^3 - \ldots + \frac{(-1)^{n-1}}{n}x^n + \frac{(-1)^n}{n+1}\frac{x^{n+1}}{(1+\vartheta x)^{n+1}}$$

mit $0 < \vartheta < 1$. Insbesondere ergibt sich $\boxed{\text{ÜA}}$

$$x - \frac{1}{2}x^2 < \log(1 + x) < x \quad \text{für} \quad x > 0.$$

(b) Für $0 \le x \le 1$ erhalten wir aus (a) wegen $1 + \vartheta x \ge 1$

$$\left| \log(1 + x) - \left(x - \frac{x^2}{2} + \ldots + (-1)^{n-1}\frac{x^n}{n} \right) \right| \le \frac{x^{n+1}}{n+1}.$$

Für kleine x geht $\frac{1}{n+1}x^{n+1}$ rasch gegen Null; dafür sorgt vor allem x^{n+1}.

Für größere x wird die Approximation zusehends schlechter; für $x = 1$ ist der Fehler von der Größenordnung $\frac{1}{n+1}$. Zum Beispiel ist

$$1 - \frac{1}{2} + \frac{1}{3} - \frac{1}{4} + \frac{1}{5} - \frac{1}{6} + \frac{1}{7} - \frac{1}{8} + \frac{1}{9} - \frac{1}{10} + \frac{1}{11} = 0.736544\ldots;$$

der wahre Wert für $\log 2$ ist dagegen $0.6931471805\ldots$

(c) Eine wesentlich bessere Approximation erhalten wir für $0 \le x \le 1$ durch die Transformation

$$1 + x = \frac{1+z}{1-z} \quad \text{bzw.} \quad z = \frac{x}{x+2}.$$

Da $x \mapsto \dfrac{x}{x+2}$ monoton wächst (die Ableitung ist positiv) erhalten wir

$$0 \le z = \frac{x}{x+2} \le \frac{1}{1+2} = \frac{1}{3}.$$

Damit wird

$$\log(1 + x) = \log \frac{1+z}{1-z} = \log(1 + z) - \log(1 - z)$$

$$= z - \frac{z^2}{2} + \frac{z^3}{3} + \ldots - \frac{z^{2n}}{2n} + \frac{z^{2n+1}}{2n + 1} \frac{1}{(1 + \vartheta_1 z)^{2n+1}}$$

$$+ z + \frac{z^2}{2} + \frac{z^3}{3} + \ldots + \frac{z^{2n}}{2n} + \frac{z^{2n+1}}{2n + 1} \frac{1}{(1 - \vartheta_2 z)^{2n+1}}$$

$$= 2 \left(z + \frac{z^3}{3} + \ldots + \frac{z^{2n-1}}{2n - 1} \right) + r_n(z) \, ;$$

dabei ist wegen $1 + \vartheta_1 z \geq \frac{2}{3}, \, 1 - \vartheta_2 z \geq \frac{2}{3}$

$$|r_n(z)| \leq 2 \frac{1}{2n + 1} \left(\frac{1}{3} \right)^{2n+1} \left(\frac{3}{2} \right)^{2n+1} = \frac{1}{2n + 1} \left(\frac{1}{2} \right)^{2n} \, .$$

Für $n = 7$ ergibt sich

$$\log 2 \approx 2 \left(\frac{1}{3} + \frac{1}{3} \left(\frac{1}{3} \right)^3 + \frac{1}{5} \left(\frac{1}{3} \right)^5 + \frac{1}{7} \left(\frac{1}{3} \right)^7 + \frac{1}{9} \left(\frac{1}{3} \right)^9 + \right.$$

$$\left. + \frac{1}{11} \left(\frac{1}{3} \right)^{11} + \frac{1}{13} \left(\frac{1}{3} \right)^{13} \right)$$

$$= 0.693147170\ldots$$

mit einem Fehler, der garantiert kleiner ist als $\frac{1}{15} \left(\frac{1}{2} \right)^{14} \approx 0.407 \cdot 10^{-5}$. (In Wirklichkeit ist der Fehler ungefähr 10^{-8}, s.o.)

7.4 Entwicklung von Kosinus und Sinus

Es ist

$$\frac{d^n}{dx^n} \cos x = \begin{cases} (-1)^k \cos x & \text{für } n = 2k \, , \\ (-1)^{k+1} \sin x & \text{für } n = 2k + 1 \end{cases}$$

und

$$\frac{d^n}{dx^n} \sin x = \begin{cases} (-1)^k \sin x & \text{für } n = 2k \, , \\ (-1)^k \cos x & \text{für } n = 2k + 1 \, . \end{cases}$$

Daher liefert der Satz von Taylor an der Stelle $x_0 = 0$:

$$\cos x = \sum_{k=0}^{n} (-1)^k \frac{x^{2k}}{(2k)!} + (-1)^{n+1} \frac{x^{2n+2}}{(2n + 2)!} \cos(\vartheta_1 x) \, ,$$

$$\sin x = \sum_{k=0}^{n-1} (-1)^k \frac{x^{2k+1}}{(2k + 1)!} + (-1)^n \frac{x^{2n+1}}{(2n + 1)!} \cos(\vartheta_2 x) \, .$$

Die folgende Grafik zeigt $\sin x$ zusammen mit den Taylorpolynomen $p_3(x)$, $p_5(x)$, $p_7(x)$, ..., $p_{25}(x)$. Dabei ist

$$p_3(x) = x - \frac{x^3}{6}, \quad p_5(x) = x - \frac{x^3}{6} + \frac{x^5}{120}, \quad p_7(x) = x - \frac{x^3}{6} + \frac{x^5}{120} - \frac{x^7}{5040}.$$

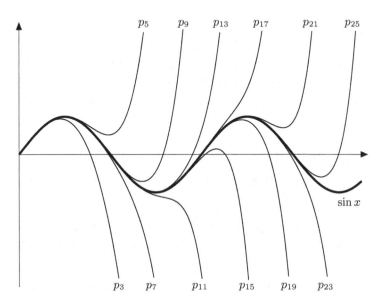

$\boxed{\text{ÜA}}$ Schätzen Sie die Fehler $|\sin x - p_5(x)|$, $|\sin x - p_7(x)|$ für $|x| \leq \pi$ ab!

$\boxed{\text{ÜA}}$ Geben Sie ein Polynom p möglichst niedrigen Grades an mit

$$|\cos x - p(x)| < \frac{1}{2} 10^{-5} \quad \text{für} \quad |x| \leq \frac{1}{2}.$$

8 Lokale Minima und Maxima

8.1 Notwendige und hinreichende Bedingungen

Sei f im offenen Intervall I zweimal stetig differenzierbar, und sei $x_0 \in I$.

(a) *Wenn f an der Stelle x_0 ein lokales Minimum besitzt, vgl. 4.1, so ist notwendigerweise*

$$f'(x_0) = 0, \quad f''(x_0) \geq 0.$$

Hat f an der Stelle x_0 ein lokales Maximum, so gilt

$$f'(x_0) = 0, \quad f''(x_0) \leq 0.$$

(b) *Hinreichend für ein lokales Minimum an der Stelle x_0 ist*

$$f'(x_0) = 0, \quad f''(x_0) > 0.$$

Hinreichend für ein lokales Maximum an der Stelle x_0 ist

$$f'(x_0) = 0, \quad f''(x_0) < 0.$$

BEWEIS.

(b) Ist $f'(x_0) = 0$ und $f''(x_0) > 0$, so gibt es wegen der Stetigkeit von f'' ein $\delta > 0$ mit $f''(x) > 0$ für $|x - x_0| < \delta$. Zu jedem solchen x gibt es nach dem Satz von Taylor ein Θ zwischen x_0 und x mit

$$f(x) = f(x_0) + f'(x_0)(x - x_0) + f''(\Theta)\frac{(x-x_0)^2}{2}$$

$$= f(x_0) + f''(\Theta)\frac{(x-x_0)^2}{2} > f(x_0)$$

wegen $f''(\Theta) > 0$.

Ist $f'(x_0) = 0$, $f''(x_0) < 0$, so liegt für $-f$ ein lokales Minimum vor, also hat f an der Stelle x_0 ein lokales Maximum.

(a) f habe an der Stelle x_0 ein lokales Maximum. Dann folgt $f'(x_0) = 0$ nach 4.1. Wäre $f''(x_0) > 0$, so wäre nach (b) $f(x) > f(x_0)$ für $0 < |x - x_0| < \delta$ mit geeignetem δ. Es muss also $f''(x_0) \leq 0$ sein. Entsprechend argumentieren wir bei lokalen Minima. □

BEMERKUNG. Dass bei einem lokalen Minimum an der Stelle x_0 nicht notwendigerweise $f''(x_0) > 0$ sein muss, zeigt das Beispiel $f(x) = x^4$ an der Stelle $x_0 = 0$. Dass $f'(x_0) = 0$ und $f''(x_0) \geq 0$ nicht hinreichend für ein lokales Minimum ist, zeigt das Beispiel $f(x) = x^3$ an der Stelle $x_0 = 0$.

8.2 Zur Bestimmung der Maximum– und Minimumstellen

Ist $f \in C^2[a, b]$, so hat f als stetige Funktion in $[a, b]$ ein *Minimum*, d.h. es gibt ein $x_0 \in [a, b]$ mit

$$f(x_0) \leq f(x) \quad \text{für alle} \quad x \in [a, b].$$

Liegt x_0 im Innern von $[a, b]$, so gilt $f'(x_0) = 0$, $f''(x_0) \geq 0$ nach 8.1. Liegt x_0 auf dem Rand, so braucht die Ableitung dort nicht zu verschwinden.

Sind $x_1, \ldots, x_k$ sämtliche inneren Punkte von $[a, b]$ mit $f'(x_k) = 0$, $f''(x_k) \geq 0$, so ist x_0 unter den Zahlen $a, x_1, \ldots, x_k, b$ zu finden, und zwar durch Größenvergleich der Funktionswerte.

8.3 Aufgabe. Ein Kreiszylinder soll so bemessen werden, dass bei festem Volumen V die Oberfläche F minimal wird. In welchem Verhältnis müssen Höhe und Radius stehen? (Warum besitzt F ein absolutes Minimum?)

8.4 Zum Brechungsgesetz.
Ein Wanderer will auf dem skizzierten Weg vom Punkt $A = (0, -c)$ zum Punkt $B = (a, b)$ gelangen. Seine Geschwindigkeit für $y < 0$ beträgt v_A, für $y > 0$ soll sie $v_B > v_A$ sein.

Bestimmen Sie die Laufzeit $T(x)$ in Abhängigkeit von der Knickstelle x $(0 \leq x \leq a)$. Zeigen Sie, dass T ein absolutes Minimum besitzt und dass für dieses das *Snelliussche Brechungsgesetz*

$$\frac{\sin \alpha}{\sin \beta} = \frac{v_A}{v_B}$$

gilt.

9 Bestimmung von Grenzwerten nach de l'Hospital

9.1 Die Regel von de l'Hospital

Seien f und g differenzierbar in $]a, b]$, und

$$\lim_{x \to a+} f(x) = \lim_{x \to a+} g(x) = 0.$$

Dann gilt

$$\lim_{x \to a+} \frac{f(x)}{g(x)} = \lim_{x \to a+} \frac{f'(x)}{g'(x)},$$

falls der letzte Grenzwert existiert. Ein entsprechender Satz gilt für linksseitige und zweiseitige Grenzwerte.

BEWEIS.

Durch die Festsetzung $f(a) := 0$, $g(a) := 0$ erfüllen f und g auf $[a, b]$ die Voraussetzungen des verallgemeinerten Mittelwertsatzes 4.5. Demnach gibt es zu jedem $x \in]a, b]$ ein $\vartheta \in]a, x[$ mit

$$\frac{f(x)}{g(x)} = \frac{f(x) - f(a)}{g(x) - g(a)} = \frac{f'(\vartheta)}{g'(\vartheta)}.$$

Ist (x_n) eine Folge in $]a, b]$ mit $x_n \to a$ und sind die ϑ_n zugehörige Zwischenwerte, so geht auch die Folge (ϑ_n) von rechts gegen a, also existiert

$$\lim_{n \to \infty} \frac{f(x_n)}{g(x_n)} = \lim_{n \to \infty} \frac{f'(\vartheta_n)}{g'(\vartheta_n)} = \lim_{x \to a+} \frac{f'(x)}{g'(x)}. \qquad \square$$

9.2 Beispiele

(a) $\displaystyle\lim_{x\to 0}\frac{\sin x}{x}=\lim_{x\to 0}\frac{\cos x}{1}=1$.

(b) $\displaystyle\lim_{x\to 0}\frac{1-\cos x}{x^2}=\lim_{x\to 0}\frac{\sin x}{2x}=\frac{1}{2}$ nach (a).

(c) $\displaystyle\lim_{x\to 0}\frac{e^x-e^{-x}}{\sin x}=\lim_{x\to 0}\frac{e^x+e^{-x}}{\cos x}=2$.

9.3 Grenzwerte für $x\to\infty$

$$\lim_{x\to\infty}\frac{f(x)}{g(x)}=\lim_{x\to\infty}\frac{f'(x)}{g'(x)}$$

gilt unter folgenden Voraussetzungen:

(a) *f und g sind differenzierbar für hinreichend große x,*

(b) $\displaystyle\lim_{x\to\infty}f(x)=\lim_{x\to\infty}g(x)=0$ *oder* $\displaystyle\lim_{x\to\infty}g(x)=\infty$,

(c) *$g'(x)\neq 0$ für hinreichend große x.*

Der Beweis ergibt sich aus 9.1 durch Übergang von x zu $\frac{1}{x}$ und $x\to 0+$, vgl. §8:1.8 $\boxed{\text{ÜA}}$. Der Beweis für den Fall $\displaystyle\lim_{x\to\infty}g(x)=\infty$ findet sich bei [HEUSER 1, pp. 287/288].

9.4 Beispiele

(a) $\displaystyle\lim_{x\to\infty}\frac{\log x}{x^\alpha}=\lim_{x\to\infty}\frac{\frac{1}{x}}{\alpha\,x^{\alpha-1}}=\lim_{x\to\infty}\frac{1}{\alpha\,x^\alpha}=0$ für $\alpha>0$.

(b) $\displaystyle\lim_{x\to\infty}x\left(\frac{\pi}{2}-\arctan x\right)=\lim_{x\to\infty}\frac{\frac{\pi}{2}-\arctan x}{\frac{1}{x}}=\lim_{x\to\infty}\frac{x^2}{1+x^2}=1$.

9.5 Wiederholte Anwendung der de l'Hospitalschen Regel

Seien f,g n-mal differenzierbar in $]a,b]$, es gelte $g^{(n)}(x)\neq 0$ für alle $x>a$ hinreichend nahe bei a, und

$$\lim_{x\to a+}f^{(k)}(x)=\lim_{x\to a+}g^{(k)}(x)=0\quad\text{für}\quad k=0,\dots,n-1.$$

Dann ist

$$\lim_{x\to a+}\frac{f(x)}{g(x)}=\lim_{x\to a+}\frac{f^{(n)}(x)}{g^{(n)}(x)}\,.$$

Entsprechendes gilt für linksseitige bzw. zweiseitige Grenzwerte.

Der Beweis ergibt sich unmittelbar durch mehrfache Anwendung von 9.1.

9.6 Aufgaben. Bestimmen Sie die folgenden Grenzwerte:

(a) $\lim\limits_{x\to 0} \dfrac{x - \sin x}{x^3}$, (b) $\lim\limits_{x\to 0} \dfrac{1 - \cos(2x)}{1 - \cos x}$,

(c) $\lim\limits_{x\to 0} \dfrac{1 - \frac{1}{3}x^2 - x\cot g\, x}{x^4}$ (Erweiterung mit $\sin x$).

§ 10 Reihenentwicklungen und Schwingungen

1 Taylorreihen

Gilt für das Restglied R_n der Taylorentwicklung § 9 : 7.1 einer C^∞–Funktion f

$$\lim_{n\to\infty} R_n(x) = 0 \quad \text{in einem Intervall } I,$$

so lässt sich f dort in eine **Taylorreihe** entwickeln:

$$f(x) = \sum_{k=0}^{\infty} \frac{f^{(k)}(x_0)}{k!}\,(x - x_0)^k\,.$$

1.1 Die Exponentialreihe

Es gilt

$$e^x = \sum_{k=0}^{\infty} \frac{x^k}{k!} = 1 + x + \frac{x^2}{2} + \frac{x^3}{6} + \ldots \quad \text{für jedes } x \in \mathbb{R}.$$

Denn nach dem Satz von Taylor ist

$$e^x = \sum_{k=0}^{n} \frac{x^k}{k!} + R_n(x) \quad \text{mit} \quad R_n(x) = \frac{x^{n+1}}{(n+1)!}\,e^{\vartheta x}$$

und einem geeigneten, von x abhängigen $\vartheta = \vartheta_x \in\,]0,1[$. Nach § 2 : 5.5 folgt

$$\left| e^x - \sum_{k=0}^{n} \frac{x^k}{k!} \right| \leq |R_n(x)| \leq \frac{|x|^{n+1}}{(n+1)!}e^{|x|} \to 0 \quad \text{für } n \to \infty\,.$$

1.2 Kosinus– und Sinusreihe

Für alle $x \in \mathbb{R}$ gilt

$$\cos x = \sum_{k=0}^{\infty} (-1)^k \frac{x^{2k}}{(2k)!} = 1 - \frac{x^2}{2} + \frac{x^4}{4!} - \frac{x^6}{6!} + \ldots,$$

$$\sin x = \sum_{k=0}^{\infty} (-1)^k \frac{x^{2k+1}}{(2k+1)!} = x - \frac{x^3}{3!} + \frac{x^5}{5!} - \frac{x^7}{7!} + \ldots.$$

Denn nach § 9 : 7.4 gilt

$$\left| \cos x - \sum_{k=0}^{n} (-1)^k \frac{x^{2k}}{(2k)!} \right| = \left| (-1)^{n+1} \frac{x^{2n+2}}{(2n+2)!} \cos(\vartheta_1 x) \right| \leq \frac{|x|^{2n+2}}{(2n+2)!},$$

$$\left| \sin x - \sum_{k=0}^{n-1} (-1)^k \frac{x^{2k+1}}{(2k+1)!} \right| = \left| (-1)^n \frac{x^{2n+1}}{(2n+1)!} \cos(\vartheta_2 x) \right| \leq \frac{|x|^{2n+1}}{(2n+1)!},$$

und die rechten Seiten bilden jeweils Nullfolgen.

1.3 Die komplexe Exponentialreihe

Die komplexe Exponentialfunktion e^z, definiert durch

$$e^z := e^x (\cos y + i \sin y) \quad \text{für} \quad z = x + iy$$

besitzt für alle $z \in \mathbb{C}$ die Reihenentwicklung

$$e^z = \sum_{n=0}^{\infty} \frac{z^n}{n!}.$$

Denn in § 7 : 7.2 wurde für die durch die Exponentialreihe gegebene Funktion $E(z)$ das Exponentialgesetz

$$E(z + w) = E(z) E(w)$$

gezeigt. Nach 1.2 ist

$$\cos y + i \sin y = \left(1 - \frac{y^2}{2!} + \frac{y^4}{4!} - \dots \right) + i \left(y - \frac{y^3}{3!} + \frac{y^5}{5!} - \dots \right)$$

$$= \left(1 + \frac{(iy)^2}{2!} + \frac{(iy)^4}{4!} + \dots \right) + \left(iy + \frac{(iy)^3}{3!} + \frac{(iy)^5}{5!} + \dots \right)$$

$$= 1 + iy + \frac{(iy)^2}{2!} + \frac{(iy)^3}{3!} + \dots = E(iy).$$

Zusammen mit

$$e^x = \sum_{k=0}^{\infty} \frac{x^k}{k!} = E(x)$$

und dem Exponentialgesetz folgt

$$\sum_{n=0}^{\infty} \frac{z^n}{n!} = E(z) = E(x + iy) = E(x) E(iy) = e^x (\cos y + i \sin y).$$

Damit ist die bei den komplexen Zahlen eingeführte Schreibweise

$$e^{i\varphi} = \cos \varphi + i \sin \varphi$$

im nachhinein gerechtfertigt.

1.4 Die Logarithmusreihe

Für $-1 < x \leq 1$ besteht die Entwicklung

$$\log(1+x) = \sum_{k=1}^{\infty} (-1)^{k-1} \frac{x^k}{k} = x - \frac{x^2}{2} + \frac{x^3}{3} - \ldots.$$

Wir zeigen das zunächst für $x \geq -\frac{1}{2}$; der Rest folgt in 3.3 (b). Insbesondere erhalten wir für den Grenzwert der speziellen Leibnizreihe § 7 : 2.5

$$\sum_{k=1}^{n} (-1)^{k-1} \frac{1}{k} = \log 2.$$

Die für $x > -1$ gültige Taylorentwicklung

$$\log(1+x) = \sum_{k=1}^{n} (-1)^{k-1} \frac{x^k}{k} + (-1)^n \frac{x^{n+1}}{n+1} \frac{1}{(1+\vartheta x)^{n+1}}$$

mit $0 < \vartheta < 1$ erlaubt für $-\frac{1}{2} \leq x \leq 1$ die Restgliedabschätzung:

$$\left| \frac{(-1)^n}{n+1} \left(\frac{x}{1+\vartheta x} \right)^{n+1} \right| \leq \frac{1}{n+1}.$$

Denn für $0 \leq x \leq 1$ ist $1 + \vartheta x \geq 1$, also $0 \leq \frac{x}{1+\vartheta x} \leq 1$. Für $-\frac{1}{2} \leq x \leq 0$ ist $1 + \vartheta x \geq \frac{1}{2}$ und $|x| \leq \frac{1}{2}$, also ebenfalls $\left| \frac{x}{1+\vartheta x} \right| \leq 1$. Damit gilt

$$\left| \log(1+x) - \sum_{k=1}^{n} (-1)^{k-1} \frac{x^k}{k} \right| \leq \frac{1}{n+1} \to 0 \quad \text{für} \quad n \to \infty.$$

1.5* Die Stirlingsche Formel

Nach § 3 : 2.5 liegt $n!$ zwischen den Zahlen $e(n/e)^n$ und $ne(n/e)^n$. Die Vermutung liegt nahe, dass das geometrische Mittel dieser Zahlen der Größenordnung von $n!$ entspricht.

SATZ (STIRLING 1730) *Es besteht die asymptotische Gleichheit*

$$n! \sim \sqrt{2\pi n} \left(\frac{n}{e} \right)^n,$$

worunter wir die Beziehung

$$\lim_{n\to\infty} \frac{n!}{\sqrt{2\pi n} \left(\frac{n}{e} \right)^n} = 1$$

verstehen. Die Quotientenfolge ist streng monoton fallend, und es gilt die Fehlerabschätzung

$$0 < \frac{n!}{\sqrt{2\pi n} \left(\frac{n}{e} \right)^n} - 1 < e^{\frac{1}{12(n-1)}} - 1 \quad \text{für} \quad n = 2, 3, \ldots.$$

BEWEIS.

(a) Für

$$a_n = \frac{n!}{\sqrt{n}\left(\frac{n}{e}\right)^n} \quad \text{und} \quad b_n = \log\frac{a_n}{a_{n+1}}$$

gilt $b_1 > 0$ $\boxed{\text{ÜA}}$, und für $n > 1$

$$b_n = \log\frac{1}{e}\left(1+\frac{1}{n}\right)^{n+\frac{1}{2}} = \log\frac{1}{e} + \left(n+\frac{1}{2}\right)\log\left(1+\frac{1}{n}\right)$$

$$= -1 + \left(n+\frac{1}{2}\right)\left(\frac{1}{n} - \frac{1}{2n^2} + \frac{1}{3n^3} - \ldots\right)$$

$$= \left(\frac{1}{3}-\frac{1}{4}\right)\frac{1}{n^2} - \left(\frac{1}{4}-\frac{1}{6}\right)\frac{1}{n^3} + \ldots + (-1)^k\left(\frac{1}{k+1}-\frac{1}{2k}\right)\frac{1}{n^k} + \ldots .$$

b_n ist hierdurch als alternierende Reihe $c_2 - c_3 + c_4 - \ldots$ dargestellt mit

$$c_k = \left(\frac{1}{k+1}-\frac{1}{2k}\right)\frac{1}{n^k}, \quad \frac{c_{k+1}}{c_k} = \frac{k^2}{(k^2+k-2)n} \le 1 \quad \text{für} \quad k \ge 2 \quad \boxed{\text{ÜA}}.$$

Damit sind die Voraussetzungen des Leibniz–Kriteriums §7:2.4 erfüllt. Es folgt

$$c_2 - c_3 = s_3 \le b_n \le s_2 = c_2, \quad \text{also} \quad \frac{1}{12n^2} - \frac{1}{12n^3} \le b_n \le \frac{1}{12n^2} \quad \text{für} \quad n \ge 1.$$

Insbesondere ist $b_n > 0$ und damit $a_n > a_{n+1}$ für alle n.

(b) Für $m > n > 1$ gilt

$$\log\frac{a_n}{a_m} = \log\left(\frac{a_n}{a_{n+1}}\frac{a_{n+1}}{a_{n+2}}\cdots\frac{a_{m-1}}{a_m}\right) = b_n + b_{n+1} + \ldots + b_{m-1}$$

$$\le \frac{1}{12}\sum_{k=n}^{m-1}\frac{1}{k^2} \le \frac{1}{12}\sum_{k=n}^{\infty}\frac{1}{k^2} < \frac{1}{12}\sum_{k=n}^{\infty}\frac{1}{k(k-1)} = \frac{1}{12(n-1)},$$

vgl. §7:1.3 (b). Da für festes $n > 1$ die Folge $(\log(a_n/a_m))_m$ beschränkt ist, ist der Grenzwert $a = \lim_{m\to\infty} a_m$ positiv, und es gilt

$$\log\frac{a_n}{a} \le \frac{1}{12(n-1)}, \quad \text{somit} \quad 0 < \frac{a_n}{a} - 1 < e^{\frac{1}{12(n-1)}} - 1.$$

(c) Für den Grenzwert a lässt sich $a = \sqrt{2\pi} \approx 2.506$ beweisen [FORSTER 1, S. 159 ff.]; wir zeigen hier nur

$$2.488 < a < 2.560.$$

Es ist $a < a_4 < 2.560$. Weiter ist nach (b)

$$\log\frac{a_4}{a} < \frac{1}{12\cdot(4-1)} = \frac{1}{36},$$

woraus mit $a_4 > 2.559$ zusammen $a > 2.488$ folgt. □

1.6 Die Arcustangensreihe und Reihendarstellungen für π

(a) *Taylorentwicklung.* Für $f(x) = \arctan x$ gilt aufgrund von § 9 : 5.3:

$$f'(x) = \frac{1}{1+x^2}, \quad f''(x) = -\frac{2x}{(1+x^2)^2},$$

$$f'''(x) = -\frac{2}{(1+x^2)^2} + \frac{8x^2}{(1+x^2)^3},$$

$$f^{(4)}(x) = \frac{24x}{(1+x^2)^3} - \frac{48x^3}{(1+x^2)^4}, \quad f^{(5)}(x) = \frac{24}{(1+x^2)^3} + x \cdot \big[\,\cdots\,\big].$$

Daraus vermuten wir das Bildungsgesetz

$$f^{(2k+1)}(0) = (-1)^k (2k)!, \quad f^{(2k)}(0) = 0,$$

und demnach für die Taylorentwicklung

$$\arctan x = \sum_{k=0}^{n-1} (-1)^k \frac{x^{2k+1}}{2k+1} + R_{2n-1}(x).$$

Die Darstellung des Restglieds $R_{2n-1}(x)$ gemäß § 9 : 7.1 würde die formelmäßige Angabe der höheren Ableitungen des Arcustangens verlangen. Wir ersparen uns die damit verbundene unübersichtliche Rechnung und gewinnen auf einfachere Weise ein Restglied. Hierzu setzen wir

$$(*) \quad S_n(x) := \arctan x - \left(x - \frac{x^3}{3} + \frac{x^5}{5} - \frac{x^7}{7} + \ldots + (-1)^{n-1} \frac{x^{2n-1}}{2n-1} \right).$$

Differentiation und Anwendung der geometrischen Summenformel § 1 : 6.11 (b) ergibt

$$S_n'(x) = \frac{1}{1+x^2} - \left(1 - x^2 + x^4 - \ldots + (-1)^{n-1} x^{2n-2} \right)$$

$$= \frac{1}{1+x^2} - \frac{1 - (-x^2)^{n+1}}{1 - (-x^2)} = (-1)^n \frac{x^{2n}}{1+x^2}.$$

Nach dem verallgemeinerten Mittelwertsatz § 9 : 4.5, angewandt auf $S_n(x)$ und $g(x) = \frac{x^{2n+1}}{2n+1}$, ergibt sich die Existenz eines $0 < \vartheta < 1$ mit

$$\frac{S_n(x)}{g(x)} = \frac{S_n(x) - S_n(0)}{g(x) - g(0)} = \frac{S_n'(\vartheta x)}{g'(\vartheta x)} = \frac{(-1)^n}{1 + (\vartheta x)^2},$$

also

$$S_n(x) = \frac{(-1)^n}{1 + (\vartheta x)^2} \frac{x^{2n+1}}{2n+1}.$$

Mit diesem Restglied gilt somit

$$\arctan x = x - \frac{x^3}{3} + \frac{x^5}{5} - \frac{x^7}{7} + \ldots + (-1)^{n-1} \frac{x^{2n-1}}{2n-1} + S_n(x).$$

(b) **Arcustangensreihe** Für $|x| \le 1$ gilt $|S_n(x)| \le \frac{1}{2n+1}$, also

$$\arctan x = \sum_{k=0}^{\infty} (-1)^k \frac{x^{2k+1}}{2k+1}.$$

(c) **Reihendarstellungen von π**

$$\frac{\pi}{4} = \arctan 1 = \sum_{n=0}^{\infty} (-1)^n \frac{1}{2n+1} = 1 - \frac{1}{3} + \frac{1}{5} - \frac{1}{7} + \ldots .$$

Diese Reihe konvergiert sehr langsam ($|S_n(1)| > \frac{1}{2} \cdot \frac{1}{2n+1}$). Rascher konvergiert die folgende Reihe (vgl. § 7, Aufgabe 2.6 (c)):

$$\frac{\pi}{6} = \arctan \frac{1}{\sqrt{3}} = \frac{1}{\sqrt{3}} \sum_{n=0}^{\infty} (-1)^n \frac{1}{(2n+1)\, 3^n}.$$

1.7 Die Binomialreihe

Für $\alpha \in \mathbb{R}$ und $|x| < 1$ gilt

$$(1+x)^\alpha = \sum_{k=0}^{\infty} \binom{\alpha}{k} x^k \quad mit \quad \binom{\alpha}{k} := \frac{\alpha(\alpha-1)\cdots(\alpha-k+1)}{k!}.$$

Wir zeigen das zunächst für $x \ge 0$ und verweisen für $x < 0$ auf 3.3 (c).
Für $f(x) = (1+x)^\alpha = e^{\alpha \log(1+x)}$ ergibt sich

$$f'(x) = \frac{\alpha}{1+x} f(x), \quad f''(x) = \frac{\alpha(\alpha-1)}{(1+x)^2} f(x), \quad f'''(x) = \frac{\alpha(\alpha-1)(\alpha-2)}{(1+x)^3} f(x),$$

und durch vollständige Induktion ⊔ÜA⊔

$$f^{(n)}(x) = \frac{\alpha(\alpha-1)\cdots(\alpha-n+1)}{(1+x)^n} f(x) = \binom{\alpha}{n} n!\, (1+x)^{\alpha-n}.$$

Daher erhalten wir für $\alpha \in \mathbb{R}$ und $|x| < 1$ die folgende Taylorentwicklung:

$$(1+x)^\alpha = \sum_{k=0}^{n} \binom{\alpha}{k} x^k + R_n(x) \quad mit$$

$$R_n(x) = \binom{\alpha}{n+1}(1 + \vartheta x)^{\alpha - n - 1} x^{n+1}, \quad 0 < \vartheta < 1.$$

Wir zeigen $\lim\limits_{n \to \infty} R_n(x) = 0$ für jedes feste $x \in [0, 1[$.

Zunächst gilt für die Folge $a_k = \binom{\alpha}{k} x^k$

$$\frac{a_{k+1}}{a_k} = \frac{\alpha - k}{k+1} x, \quad \text{also} \quad \lim\limits_{k \to \infty} \frac{a_{k+1}}{a_k} = -x.$$

Sei $\varepsilon > 0$ mit $q := x + \varepsilon < 1$ gewählt und $N \geq \alpha$ so bestimmt, dass für $k \geq N$

$$\left| \frac{a_{k+1}}{a_k} + x \right| < \varepsilon, \quad \text{also} \quad \left| \frac{a_{k+1}}{a_k} \right| < x + \varepsilon = q.$$

Dann erhalten wir für $n \geq N$ wegen $(1 + \vartheta x)^{n+1-\alpha} \geq 1$

$$|R_n(x)| \leq |a_{n+1}| = \left| \frac{a_{n+1}}{a_n} \right| \cdots \left| \frac{a_{N+1}}{a_N} \right| \cdot |a_N| < q^{n-N+1} |a_N|,$$

was die Behauptung liefert.   □

1.8 Beispiel einer nichtentwickelbaren C^∞–Funktion

$$f(x) = \begin{cases} e^{-\frac{1}{x^2}} & \text{für } x \neq 0, \\ 0 & \text{für } x = 0 \end{cases}$$

ist auf ganz $\mathbb{R}$ beliebig oft differenzierbar und es gilt $f^{(n)}(0) = 0$ für $n = 0, 1, 2, \ldots$, vgl. §9 : 6.3 (d). Daher verschwindet die Taylorreihe mit Entwicklungspunkt $x_0 = 0$ für jedes x, stellt also die Funktion f nicht dar.

2 Potenzreihen

2.1 Der Konvergenzbereich einer Potenzreihe

Eine **Potenzreihe** ist eine Reihe der Form

$$\sum_{n=0}^{\infty} a_n (z - z_0)^n \quad \text{mit } a_n, z, z_0 \in \mathbb{C}.$$

Für welche $z \in \mathbb{C}$ konvergiert eine solche Reihe? Wie wir gleich sehen werden, können drei typische Fälle eintreten, wofür wir je ein Beispiel geben:

(a) $\sum\limits_{n=0}^{\infty} \frac{1}{n!} z^n$ konvergiert für alle $z \in \mathbb{C}$, §7 : 5.4.

(b) $\sum\limits_{n=0}^{\infty} z^n$ konvergiert genau für $|z| < 1$.

(c) $\displaystyle\sum_{n=0}^{\infty} n!\,z^n$ konvergiert nur für $z = 0$,

denn für $z \neq 0$ bilden die Reihenglieder $n!\,z^n$ eine unbeschränkte Folge, insbesondere keine Nullfolge, so dass die Reihe nicht konvergieren kann.

2.2 Ein Vergleichssatz

(a) *Konvergiert eine Reihe* $\displaystyle\sum_{n=0}^{\infty} a_n(z - z_0)^n$ *für* $z = z_1 \neq z_0$, *so konvergiert sie für alle z mit* $|z - z_0| < |z_1 - z_0|$ *absolut.*

(b) *Divergiert eine Reihe* $\displaystyle\sum_{n=0}^{\infty} a_n(z - z_0)^n$ *für* $z = z_2$, *so divergiert sie auch für alle z mit* $|z - z_0| > |z_2 - z_0|$.

BEISPIEL. Die Reihe

$$\sum_{n=1}^{\infty} (-1)^{n-1}\, \frac{z^n}{n}$$

konvergiert für $z = 1$ (gegen $\log 2$) und divergiert für $z = -1$ (harmonische Reihe). Also konvergiert sie für $|z| < 1$ und divergiert für $|z| > 1$.

BEWEIS.

(a) Die Anwendung des Majorantenkriteriums §7:5.2, und zwar mit einer geometrischen Reihe als Majorante, ist das entscheidende Hilfsmittel für den Konvergenznachweis von Potenzreihen.

Da die Reihe $\displaystyle\sum_{n=0}^{\infty} a_n(z_1 - z_0)^n$ konvergiert, bilden die Glieder eine Nullfolge und sind daher beschränkt: $|a_n(z_1 - z_0)^n| \leq M$ für alle $n \in \mathbb{N}$ mit einer geeigneten Schranke M. Für z mit $|z - z_0| < |z_1 - z_0|$ setzen wir

$$q := \frac{|z - z_0|}{|z_1 - z_0|} < 1$$

und erhalten $|a_n(z - z_0)^n| = |a_n(z_1 - z_0)^n|\,|q^n| \leq M\,q^n$.

(b) Angenommen $|z - z_0| > |z_2 - z_0|$ und $\displaystyle\sum_{n=0}^{\infty} a_n(z - z_0)^n$ konvergiert, dann muss nach (a) auch die Reihe $\displaystyle\sum_{n=0}^{\infty} a_n(z_2 - z_0)^n$ konvergieren, Widerspruch! □

2.3 Der Konvergenzradius

Konvergiert die Potenzreihe $\displaystyle\sum_{n=0}^{\infty} a_n w^n$ mit $w = z - z_0$ nicht für alle $w \in \mathbb{C}$, so definieren wir den **Konvergenzradius** dieser Reihe durch

$$R := \sup \Big\{ |w| \ \Big| \ \sum_{n=0}^{\infty} a_n w^n \text{ ist konvergent} \Big\} .$$

Wir setzen $R = \infty$, falls $\sum_{n=0}^{\infty} a_n w^n$ für alle $w \in \mathbb{C}$ konvergiert.

Dann gilt:

Die Reihe $\sum_{n=0}^{\infty} a_n(z - z_0)^n$ konvergiert absolut für alle z mit $|z - z_0| < R$ und divergiert für alle z mit $|z - z_0| > R$.

Ist R endlich, so gilt $R = \sup \Big\{ r \ \Big| \ \sum_{k=0}^{\infty} |a_n| r^n$ konvergiert $\Big\}$.

BEWEIS.

Ist $|z - z_0| < R$ (bzw. z beliebig im Fall $R = \infty$), so gibt es nach Definition von R ein $z_1 \in \mathbb{C}$ mit $|z - z_0| < |z_1 - z_0|$, so dass die Reihe $\sum_{n=0}^{\infty} a_n(z_1 - z_0)^n$ konvergiert. Daher konvergiert $\sum_{n=0}^{\infty} |a_n(z - z_0)^n|$ nach 2.2.

Für $|z - z_0| > R$ kann die Reihe $\sum_{n=0}^{\infty} a_n(z - z_0)^n$ nach Definition von R nicht konvergieren.

Die zweite Darstellung von R überlassen wir dem Leser als $\boxed{\ddot{\text{U}}\text{A}}$. $\qquad\square$

2.4 Beispiele für das Verhalten auf dem Rand des Konvergenzkreises

(a) Die geometrische Reihe $\sum_{n=0}^{\infty} z^n$ hat den Konvergenzradius 1 und divergiert für $|z| = 1$.

(b) Die Logarithmusreihe $\sum_{n=1}^{\infty} (-1)^{n-1} \dfrac{z^n}{n}$ hat nach 2.2 den Konvergenzradius 1 und konvergiert für $z = 1$, ist aber divergent für $z = -1$.

(c) Die Reihe $\sum_{n=1}^{\infty} \dfrac{1}{n^2} z^n$ hat für $|z| \leq 1$ die Majorante $\sum_{n=1}^{\infty} \dfrac{1}{n^2}$, konvergiert also für $|z| \leq 1$. Für $|z| > 1$ bilden die Glieder keine Nullfolge, also ist der Konvergenzradius $R = 1$.

2.5 Weitere Beispiele und Übungsaufgaben

(a) $\sum_{n=1}^{\infty} n z^n$ hat den Konvergenzradius 1, denn nach §7:2.3 (b) konvergiert $\sum_{n=1}^{\infty} n|z|^n$ für $|z| < 1$, und für $|z| > 1$ ist $(n z^n)$ keine Nullfolge.

(b) Für welche z konvergiert die Reihe $\sum\limits_{n=0}^{\infty} 2^n(z-2)^n$?

(c) Wo konvergiert $\sum\limits_{n=1}^{\infty} n^n z^n$?

3 Gliedweise Differenzierbarkeit und Identitätssatz

3.1 Gliedweise Differenzierbarkeit von Potenzreihen

Konvergiert die Reihe mit reellen Koeffizienten

$$f(x) = \sum_{n=0}^{\infty} a_n(x-x_0)^n \quad \text{im Intervall }]x_0-r, x_0+r[\,,$$

so ist f dort beliebig oft differenzierbar, und die Ableitungen können durch gliedweise Differentiation der Reihe gewonnen werden:

$$f'(x) = \sum_{n=1}^{\infty} n\, a_n(x-x_0)^{n-1}\,,$$

$$f''(x) = \sum_{n=2}^{\infty} n(n-1)a_n(x-x_0)^{n-2}\,,$$

$$f^{(k)}(x) = \sum_{n=k}^{\infty} n(n-1)\cdots(n-k+1)\, a_n(x-x_0)^{n-k}$$

für $|x-x_0| < r$.

Alle durch gliedweises Ableiten entstehenden Reihen haben denselben Konvergenzradius wie die Reihe für f.

Der direkte Nachweis dieser Behauptungen ist etwas mühsam; in § 12 : 3.6 führen wir den Beweis durch Integration.

3.2 Der Identitätssatz (Satz vom Koeffizientenvergleich)

(a) *Ist f im Intervall $]x_0-r, x_0+r[$ durch eine Reihe mit reellen Koeffizienten*

$$f(x) = \sum_{n=0}^{\infty} a_n(x-x_0)^n$$

dargestellt, so gilt

$$a_n = \frac{f^{(n)}(x_0)}{n!} \quad (n = 0, 1, 2, \ldots)\,.$$

Jede für $|x-x_0| < r$ konvergente Potenzreihe mit reellen Koeffizienten ist also eine Taylorreihe.

(b) *Aus*

$$\sum_{n=0}^{\infty} a_n (x - x_0)^n = \sum_{n=0}^{\infty} b_n (x - x_0)^n \quad \textit{für} \quad |x - x_0| < r$$

folgt

$$a_n = b_n \quad \textit{für} \quad n = 0, 1, 2, \ldots.$$

BEWEIS.

(a) Aus Satz 3.1 ergibt sich unmittelbar

$$f^{(k)}(x_0) = k(k-1) \cdots (k-k+1) a_k = k! \, a_k.$$

(b) folgt aus (a) $\boxed{\text{ÜA}}$. □

3.3 Beispiele

(a) Für $|x| < 1$ gilt $\displaystyle\sum_{n=1}^{\infty} n x^{n-1} = \frac{1}{(1-x)^2} = \frac{d}{dx}\left(\frac{1}{1-x}\right)$.

(b) Für $-1 < x \leq 1$ ist $\log(1+x) = \displaystyle\sum_{n=1}^{\infty} (-1)^{n-1} \frac{x^n}{n}$.

Für $-\frac{1}{2} \leq x \leq 1$ wurde dies schon in 1.4 bewiesen. Der Konvergenzradius der Reihe beträgt aber 1. Setzen wir $f(x) = \displaystyle\sum_{n=1}^{\infty} (-1)^{n-1} \frac{x^n}{n}$ $(-1 < x \leq 1)$, so ergibt gliedweise Differentiation für $-1 < x < 1$:

$$f'(x) = \sum_{n=1}^{\infty} (-1)^{n-1} x^{n-1} = \sum_{k=0}^{\infty} (-x)^k = \frac{1}{1+x} = \frac{d}{dx} \log(1+x).$$

Also ist $f(x) - \log(1+x)$ konstant und damit gleich $f(0) - \log 1 = 0$.

(c) Analog ergibt sich mit 1.7 $(1+x)^\alpha = \displaystyle\sum_{n=0}^{\infty} \binom{\alpha}{n} x^n$ für $|x| < 1$ $\boxed{\text{ÜA}}$.

3.4 Analytische Funktionen

Eine Funktion f heißt im offenen Intervall I **reell–analytisch**, wenn es zu jedem Punkt $x_0 \in I$ ein $r = r(x_0) > 0$ gibt mit

$$f(x) = \sum_{n=0}^{\infty} a_n (x - x_0)^n \quad \text{für} \quad |x - x_0| < r.$$

Aus $f \in C^\infty(I)$ folgt noch nicht, dass f in I analytisch ist, vgl. 1.8.

$\boxed{\text{ÜA}}$ Zeigen Sie, dass e^x in $I = \mathbb{R}$ und $\frac{1}{1-x}$ in $I = \,]-1, 1[$ analytisch sind.

4 Theorie der Schwingungsgleichung

4.1 Zwei Beispiele aus der Physik

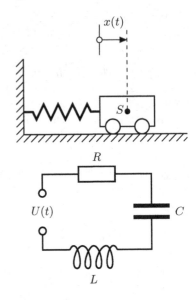

(a) Wir denken uns die Masse des in der Figur dargestellten Wagens im Schwerpunkt S vereinigt; dessen Auslenkung aus der Ruhelage zum Zeitpunkt t bezeichnen wir mit $x(t)$. Diese Auslenkung soll eine Rückstellkraft $-kx(t)$ bewirken (Hookesches Gesetz). Bezeichnen wir die Geschwindigkeit mit $\dot{x}(t)$ und die Beschleunigung mit $\ddot{x}(t)$, so gilt nach dem Newtonschen Gesetz die Gleichung der erzwungenen Schwingung

$$m\ddot{x}(t) = -d\dot{x}(t) - kx(t) + F(t),$$

wobei $-d\dot{x}(t)$ die Reibungskraft (genannt *Dämpfungsterm*), und $F(t)$ eine von außen wirkende zeitabhängige Kraft in x–Richtung sein sollen.

(b) Bei dem skizzierten elektrischen Schwingkreis gilt für die angelegte Spannung $U(t)$, den Strom $I(t)$ und die Ladung $Q(t)$ des Kondensators

$$L\ddot{I}(t) + R\dot{I}(t) + \frac{1}{C}I(t) = \dot{U}(t) \quad \text{unter Beachtung von} \quad \dot{Q}(t) = I(t).$$

Beide Gleichungen lassen sich in die Gestalt $\ddot{y} + a\dot{y} + by = f$ (a, b Konstanten, f eine gegebene Funktion) bringen, die wir im Folgenden betrachten.

4.2 Das Anfangswertproblem für die Schwingungsgleichung

(a) Gegeben seien Zahlen $\alpha, \beta \in \mathbb{R}$ und eine auf einem Intervall $I = [a, b]$ stetige Funktion f. Wir betrachten das Anfangswertproblem

$$(\text{AWP}) \quad \ddot{y} + a\dot{y} + by = f, \quad y(t_0) = \alpha, \quad \dot{y}(t_0) = \beta.$$

Eine C^2–Funktion u heißt Lösung dieses Problems, wenn

$$\ddot{u}(t) + a\dot{u}(t) + bu(t) = f(t) \quad \text{für} \quad t \in I, \quad u(t_0) = \alpha, \quad \dot{u}(t_0) = \beta.$$

(b) Für die Theorie, aber auch für die praktische Rechnung brauchen wir nur den Fall $t_0 = 0$ zu betrachten. Denn $u \in C^2(I)$ ist genau dann eine Lösung des Anfangswertproblems, wenn durch $v(t) := u(t + t_0)$ eine auf dem um t_0 verschobenen Intervall $I_0 := I - t_0$ definierte Lösung des Anfangswertproblems

$$\ddot{y} + a\dot{y} + by = g \quad y(0) = \alpha, \quad \dot{y}(0) = \beta \quad \text{mit } g(t) := f(t + t_0)$$

gegeben ist.

(c) Die Schwingungsgleichung heißt **homogen**, wenn f identisch verschwindet, sonst heißt sie **inhomogen**. Im Folgenden werden wir zunächst alle Lösungen der homogenen Gleichung bestimmen und dann das zugehörige Anfangswertproblem lösen.

4.3 Das homogene Anfangswertproblem

(a) **Lösungsansatz im Fall fehlender Dämpfung.** Sei I ein kompaktes Intervall mit $0 \in I$. Angenommen, $u \in C^2(I)$ ist eine Lösung der homogenen Gleichung $\ddot{y} + by = 0$. Dann gibt es eine Konstante $C > 0$ mit $|u(t)| \leq C$, $|\dot{u}(t)| \leq C$ für alle $t \in I$. Wir stellen die Taylorentwicklung von $u(t)$ auf: Wegen $\ddot{u} = -bu$ ist $\ddot{u}$ C^2–differenzierbar mit $u^{(3)} = -bu^{(1)}$, $u^{(4)} = -bu^{(2)} = b^2 u$. So fortfahrend erhalten wir die C^∞–Differenzierbarkeit von u und

$$u^{(2n)} = (-b)^n u, \quad u^{(2n+1)} = (-b)^n \dot{u} \quad \text{für} \quad n = 1, 2, \dots .$$

Setzen wir $\alpha := u(0)$, $\beta := \dot{u}(0)$, so erhalten wir

$$u(t) = \alpha + \beta t - \alpha b \frac{t^2}{2} - \beta b \frac{t^3}{3!} + \dots + \alpha(-b)^n \frac{t^{2n}}{(2n)!} + \beta(-b)^n \frac{t^{2n+1}}{(2n+1)!}$$
$$+ R_{2n+2}(t) \quad \text{mit dem Restglied}$$

$$|R_{2n+2}(t)| = \left| b^{n+1} u(\vartheta t)^{(2n+2)} \frac{t^{2n+2}}{(2n+2)!} \right| \leq C \frac{(|b| t^2)^{n+1}}{(2n+2)!} \to 0 \quad \text{für} \quad n \to \infty .$$

Entsprechend ergibt sich $|R_{2n+1}(t)| \to 0$ für $n \to \infty$. Also besitzt u eine Potenzreihendarstellung

$$(*) \quad u(t) = \alpha y_1(t) + \beta y_2(t) \quad \text{mit}$$

$$y_1(t) = \sum_{n=0}^{\infty} (-b)^n \frac{t^{2n}}{(2n)!}, \quad y_2(t) = \sum_{n=0}^{\infty} (-b)^n \frac{t^{2n+1}}{(2n+1)!} .$$

Jede in einem kompakten Intervall I mit $0 \in I$ definierte Lösung u muss dort also von der Form $(*)$ sein. Umgekehrt gilt der

SATZ. *Zu gegebenen Zahlen $\alpha, \beta \in \mathbb{R}$ besitzt das Anfangswertproblem*

(AWP) $\quad \ddot{y} + by = 0, \quad y(0) = \alpha, \quad \dot{y}(0) = \beta$

eine eindeutig bestimmte, auf ganz $\mathbb{R}$ definierte Lösung u. Diese ist gegeben durch $(*)$, also als Linearkombination der Lösungen y_1, y_2.

BEWEIS.

Die Potenzreihen für y_1 und y_2 konvergieren offenbar auf ganz $\mathbb{R}$. Durch gliedweise Differentiation folgen die Beziehungen $\dot{y}_2 = y_1$, $\dot{y}_1 = -by_2$, also $\ddot{y}_1 = -by_1$

und $\ddot{y}_2 = -by_2$. Ferner gilt $\dot{y}_1(0) = y_2(0) = 0$, $\dot{y}_2(0) = y_1(0) = 1$. Für die durch (∗) definierte Lösung ist also $u(0) = \alpha$, $\dot{u}(0) = \beta$. □

(b) **Lösungsformeln für den dämpfungsfreien Fall:**

$$y_1(t) = \cos(\omega t), \qquad y_2(t) = \sin(\omega t) \qquad \text{im Fall } b = \omega^2 > 0,$$

$$y_1(t) = 1, \qquad y_2(t) = t \qquad \text{im Fall } b = 0,$$

$$y_1(t) = \cosh(\omega t), \qquad y_2(t) = \tfrac{1}{\omega}\sinh(\omega t) \qquad \text{im Fall } b = -\omega^2 < 0 \; \boxed{\text{ÜA}},$$

hierbei sind die **Hyperbelfunktionen** cosh und sinh definiert durch

$$\cosh x := \tfrac{1}{2}\left(e^x + e^{-x}\right) \quad \textbf{(Cosinus hyperbolicus)},$$

$$\sinh x := \tfrac{1}{2}\left(e^x - e^{-x}\right) \quad \textbf{(Sinus hyperbolicus)}.$$

(c) **Die allgemeine homogene Schwingungsgleichung $\ddot{y} + a\dot{y} + by = 0$.**

Wir heben den Dämpfungsterm $a\dot{y}$ weg durch den Ansatz $u(t) := e^{\frac{1}{2}at}\,y(t)$. Es gilt nämlich $\boxed{\text{ÜA}}$

$$\ddot{y} + a\dot{y} + by = 0 \iff \ddot{u} + ku = 0 \quad \text{mit} \quad k = b - \frac{a^2}{4}.$$

Daher hat nach (a) jede Lösung von $\ddot{y} + a\dot{y} + by = 0$ die Form

$$y(t) = c_1 e^{-\frac{1}{2}at}\, y_1(t) + c_2 e^{-\frac{1}{2}at}\, y_2(t)$$

mit den in (∗) definierten Lösungen y_1, y_2 bzw. deren Darstellungen in (b). Hierdurch ist auch immer eine Lösung gegeben.

Die Lösung des zugehörigen Anfangswertproblems $y(0) = \alpha$, $\dot{y}(0) = \beta$ erfordert die Auflösung eines 2×2–Gleichungssystems für die Koeffizienten c_1, c_2 mit dem Ergebnis $c_1 = \alpha$, $c_2 = \beta + \frac{a}{2}\alpha$ $\boxed{\text{ÜA}}$. Damit ist gezeigt:

Existenz- und Eindeutigkeitssatz. *Das Anfangswertproblem*

(AWP) $\quad \ddot{y} + a\dot{y} + by = 0 \quad y(0) = \alpha, \quad \dot{y}(0) = \beta$

besitzt eine eindeutig bestimmte, für alle Zeiten definierte Lösung.

4.4 Fundamentalsysteme und Wronski–Determinante

(a) Mit je zwei Lösungen u_1 und u_2 der homogenen Schwingungsgleichung

(HG) $\quad \ddot{y} + a\dot{y} + by = 0$,

ist auch jede Linearkombination (Superposition) $c_1 u_1 + c_2 u_2$ mit $c_1, c_2 \in \mathbb{R}$ eine Lösung $\boxed{\text{ÜA}}$.

Wir nennen ein Lösungspaar u_1, u_2 ein **Fundamentalsystem** für die homogene Gleichung, wenn sich jede Lösung der homogenen Gleichung in der Form

$$y = c_1 u_1 + c_2 u_2 \quad \text{mit eindeutig bestimmten Zahlen } c_1, c_2$$

darstellen lässt. Beispiele sind die in $(*)$ definierten Lösungen y_1, y_2 der Gleichung $\ddot{y} + by = 0$ und $u_1(t) = \mathrm{e}^{-\frac{1}{2}at} y_1(t)$, $u_2(t) = \mathrm{e}^{-\frac{1}{2}at} y_2(t)$ für die allgemeine homogene Gleichung.

(b) **Die Wronski–Determinante** $W(t)$ zweier Lösungen u_1, u_2 von (HG) ist definiert als die Determinante der „Zustandsvektoren"

$$\begin{pmatrix} u_1(t) \\ \dot{u}_1(t) \end{pmatrix} \quad \text{und} \quad \begin{pmatrix} u_2(t) \\ \dot{u}_2(t) \end{pmatrix}, \quad \text{d.h.} \quad W(t) := u_1(t)\dot{u}_2(t) - \dot{u}_1(t)u_2(t).$$

SATZ. *Die Funktion* $\mathrm{e}^{at} W(t)$ *ist konstant. Die Wronski–Determinante* $W(t)$ *verschwindet also überall oder nirgends.*

BEWEIS als $\boxed{\text{ÜA}}$: Zeigen Sie $\frac{d}{dt}\left(\mathrm{e}^{at} W(t)\right) = 0$.

Als **Zustand** eines mechanischen Systems wird ein Satz von Koordinaten bezeichnet, dessen Kenntnis zu einem Zeitpunkt das System für alle Zeiten determiniert. In diesem Sinn ist die Bezeichnung **Zustandsvektor** zu verstehen.

(c) **Fundamentalsysteme und Wronski–Determinante** *Zwei Lösungen* u_1, u_2 *von* (HG) *bilden ein Fundamentalsystem, wenn ihre Wronski–Determinante* $W(t)$ *von Null verschieden ist. Ist das der Fall, so gibt es für jede Lösung* u *eindeutig bestimmte Zahlen* c_1, c_2 *mit* $u = c_1u_1 + c_2u_2$. *Diese ergeben sich aus den Gleichungen*

$$u(0) = c_1 u_1(0) + c_2 u_2(0), \quad \dot{u}(0) = c_1 \dot{u}_1(0) + c_2 \dot{u}_2(0).$$

BEWEIS.

Sei u eine Lösung von (HG). Gesucht sind Zahlen c_1, c_2 mit

$$c_1 u_1(t) + c_2 u_2(t) = u(t) \quad \text{und damit auch} \quad c_1 \dot{u}_1(t) + c_2 \dot{u}_2(t) = \dot{u}(t).$$

Dieses Gleichungssystem besitzt wegen $W(t) \neq 0$ für jedes t eindeutig bestimmte Lösungen c_1, c_2, die aber möglicherweise noch von t abhängen. Diese ergeben sich nach der Cramerschen Regel § 5 : 6.2:

$$c_1 = \frac{u(t)\dot{u}_2(t) - \dot{u}(t)u_2(t)}{W(t)}, \quad c_2 = \frac{u_1(t)\dot{u}(t) - \dot{u}_1(t)u(t)}{W(t)}.$$

Nach (c) sind alle auftretenden Wronski–Determinanten konstante Vielfache von e^{-at}, also sind c_1, c_2 Konstanten. $\qquad\square$

(d) FOLGERUNG. *Bilden* u_1 *und* u_2 *ein Fundamentalsystem für die homogene Gleichung* (HG), *so erhalten wir die Lösung* u *des Anfangswertproblems*

$$\text{(AWP)} \quad \ddot{y} + a\dot{y} + by = 0, \quad y(0) = \alpha, \quad \dot{y}(0) = \beta$$

als Linearkombination $u = c_1u_1 + c_2u_2$, *wobei* c_1, c_2 *durch die Gleichungen*

$$c_1 u_1(0) + c_2 u_2(0) = \alpha, \quad c_1 \dot{u}_1(0) + c_2 \dot{u}_2(0) = \beta$$

eindeutig bestimmt sind.

4.5 Die inhomogene Schwingungsgleichung $\ddot{y} + a\dot{y} + by = f$.

(a) Gegeben sei eine auf dem Intervall I stetige Funktion f. Nach 4.2 (b) dürfen wir annehmen, dass $0 \in I$. Durch

$$L(y) := \ddot{y} + a\dot{y} + by$$

ist eine lineare Abbildung $L : \mathrm{C}^2(I) \to \mathrm{C}(I)$ gegeben, d.h. es gilt

$$L(c_1 y_1 + c_2 y_2) = c_1 L(y_1) + c_2 L(y_2) \quad \text{für} \quad c_1, c_2 \in \mathbb{R} \text{ und } y_1, y_2 \in \mathrm{C}^2(I).$$

SATZ. *Ist y_0 eine spezielle (partikuläre) Lösung der inhomogenen Gleichung $L(y) = f$, so ist jede Lösung u dieser Gleichung von der Form $u = y_0 + u_0$, wobei u_0 eine Lösung der homogenen Gleichung $L(y) = 0$ ist. Ist u_1, u_2 ein Fundamentalsystem für die homogene Gleichung, so gilt also*

$$u = y_0 + c_1 u_1 + c_2 u_2$$

mit eindeutig bestimmten Koeffizienten c_1, c_2.

Denn für jede Lösung u von $L(y) = f$ gilt $L(u - y_0) = L(u) - L(y_0) = f - f = 0$. Andererseits folgt aus $L(u_0) = 0$, dass $L(y_0 + u_0) = L(y_0) + L(u_0) = f + 0 = f$.

BEMERKUNG. Zu jeder stetigen Funktion $f : I \to \mathbb{R}$ gibt es eine Lösung der Gleichung $\ddot{y} + a\dot{y} + by = f$ in I. Für den allgemeinen Beweis verweisen wir auf Bd. 2, §3 : 3.1. Spezielle Lösungen folgen in Abschnitt 5.

4.6 Lösung des inhomogenen Anfangswertproblems

$$\ddot{y}(t) + a\dot{y}(t) + by(t) = f(t), \quad y(0) = \alpha, \quad \dot{y}(0) = \beta.$$

Wir bestimmen zuerst ein Fundamentalsystem u_1, u_2 für die homogene Gleichung. Dann verschaffen wir uns eine spezielle Lösung y_0 der inhomogenen Gleichung. Für die Lösung des inhomogenen Anfangswertproblems gilt dann nach 4.5

$$u = y_0 + c_1 u_1 + c_2 u_2.$$

Die Konstanten c_1 und c_2 ergeben sich eindeutig aus dem Gleichungssytem

$$c_1 \begin{pmatrix} u_1(0) \\ \dot{u}_1(0) \end{pmatrix} + c_2 \begin{pmatrix} u_2(0) \\ \dot{u}_2(0) \end{pmatrix} = \begin{pmatrix} \alpha - y_0(0) \\ \beta - \dot{y}_0(0) \end{pmatrix}.$$

AUFGABE. Lösen Sie das AWP $\ddot{y}(t) + 4y(t) = t$, $y(0) = 1$, $\dot{y}(0) = \frac{1}{2}$.

5 Lösung der Schwingungsgleichung durch komplexen Ansatz

5.1 Aufgabenstellung. Nach dem Vorangehenden erhalten wir die allgemeine Lösung der inhomogenen Gleichung $\ddot{y} + a\dot{y} + by = f$ durch

(1) Aufstellung eines Fundamentalsystems u_1, u_2 (nach 4.4 immer möglich),

(2) Aufsuchen einer speziellen („partikulären") Lösung y_0 der inhomogenen DG.

Sämtliche Lösungen sind dann von der Form $y_0 + c_1 u_1 + c_2 u_2$. Dass es zu jeder stetigen Funktion f eine partikuläre Lösung y_0 gibt, wird in Band 2 gezeigt. Für den Augenblick begnügen wir uns damit, für eine größere Klasse von Anregungen f ein Verfahren zur Bestimmung einer partikulären Lösung y_0 anzugeben. Dafür, aber auch für die praktische Lösung der homogenen Gleichung, ist der komplexe Ansatz von Vorteil. Als Hinweis möge der Fall $b - \frac{1}{4}a^2 = \omega^2 > 0$ dienen. Hier erhalten wir Fundamentallösungen für die homogene Gleichung durch

$$e^{-\frac{1}{2}at}\cos\omega t = \mathrm{Re}\big(e^{\lambda t}\big) , \quad e^{-\frac{1}{2}at}\sin\omega t = \mathrm{Im}\big(e^{\lambda t}\big)$$

mit $\lambda = -\frac{1}{2}a + i\omega$.

5.2 Differentiation komplexwertiger Funktionen

(a) Eine komplexwertige Funktion $t \mapsto z(t) = u(t) + iv(t)$ heißt im Intervall I C^k–differenzierbar, wenn u und v dort beide k–mal stetig differenzierbar sind. Für $k = 0$ bedeutet das die Stetigkeit von u und v.

(b) Ist $z = u + iv$ C^k–differenzierbar, so definieren wir

$$\dot{z}(t) = \dot{u}(t) + i\,\dot{v}(t) , \quad \ddot{z}(t) = \ddot{u}(t) + i\,\ddot{v}(t) , \quad \text{usw.}$$

(c) BEISPIEL. Für $\lambda \in \mathbb{C}$, $\lambda = \varrho + i\omega$ gilt

$$\frac{d}{dt}e^{\lambda t} = \lambda e^{\lambda t} ,$$

wie sich durch Zerlegung von $e^{\lambda t}$ in Real– und Imaginärteil ergibt $\boxed{\text{ÜA}}$.

5.3 Komplexwertige Lösungen der Schwingungsgleichung

(a) $z(t) = u(t) + iv(t)$ liefert genau dann eine Lösung der homogenen Schwingungsgleichung, wenn u und v Lösungen der homogenen Schwingungsgleichung sind $\boxed{\text{ÜA}}$.

(b) Für $h = f + ig$, $z = u + iv$ ist die Gleichung

$$\ddot{z} + a\dot{z} + bz = h$$

äquivalent zu

$$\ddot{u} + a\dot{u} + bu = f \quad \text{und} \quad \ddot{v} + a\dot{v} + bv = g \quad \boxed{\text{ÜA}}.$$

5.4 Exponentialansatz und charakteristische Gleichung

Notwendig und hinreichend dafür, dass der **Exponentialansatz** $z(t) = e^{\lambda t}$ ($\lambda \in \mathbb{C}$) eine Lösung der homogenen Schwingungsgleichung $\ddot{z} + a\dot{z} + bz = 0$ liefert, ist die **charakteristische Gleichung**

$$\lambda^2 + a\lambda + b = 0$$

$\boxed{\text{ÜA}}$. Da nach §5 : 10.1 jede quadratische Gleichung mindestens eine Lösung in der komplexen Zahlenebene besitzt, führt der komplexe Exponentialansatz $z(t) = e^{\lambda t}$ immer zu wenigstens einer Lösung.

Wir haben wieder drei Fälle zu unterscheiden:

(a) $b - \frac{a^2}{4} > 0$. Wir setzen $\omega = \sqrt{b - \frac{a^2}{4}}$.

Die charakteristische Gleichung besitzt die beiden Nullstellen $\lambda = -\frac{a}{2} + i\omega$ und $\overline{\lambda} = -\frac{a}{2} - i\omega$. Für $z(t) = e^{\lambda t}$ bilden

$$z_1(t) = \operatorname{Re} z(t) = e^{-\frac{1}{2}at} \cos \omega t, \quad z_2(t) = \operatorname{Im} z(t) = e^{-\frac{1}{2}at} \sin \omega t,$$

ein Fundamentalsystem nach 4.3, 4.4.

(b) $b - \frac{a^2}{4} = -\omega^2 < 0$ mit $\omega > 0$.

Hier hat die charakteristische Gleichung zwei verschiedene reelle Nullstellen, nämlich $\lambda_1 = -\frac{a}{2} + \omega$, $\lambda_2 = -\frac{a}{2} - \omega$. Ein reelles Fundamentalsystem liefern

$$z_1(t) = e^{\lambda_1 t}, \quad z_2(t) = e^{\lambda_2 t}.$$

(c) $b - \frac{a^2}{4} = 0$.

Die charakteristische Gleichung hat die Gestalt $\left(\lambda + \frac{a}{2}\right)^2 = 0$, also die Doppelnullstelle $-\frac{a}{2}$. Der Exponentialansatz liefert nur die Lösung $z_1(t) = e^{-\frac{1}{2}at}$. Nach der Theorie muss es noch eine weitere Fundamentallösung z_2 geben. Nach 4.3 (b),(c) ist diese gegeben durch $z_2(t) = te^{-\frac{1}{2}at}$. Im Fall $a > 0$ sprechen wir vom *aperiodischen Grenzfall*.

5.5 Erzwungene Schwingung mit periodischer Anregung

Gesucht ist eine spezielle Lösung von

$$\ddot{y}(t) + a\dot{y}(t) + by(t) = c\cos(\omega_0 t) \quad \text{mit } c, \omega_0 > 0.$$

O.B.d.A. dürfen wir $c = 1$ setzen. Wir bestimmen eine komplexwertige Lösung z von

(C) $\quad \ddot{z}(t) + a\dot{z}(t) + bz(t) = e^{i\omega_0 t}$.

Haben wir eine solche gefunden, so liefert $y_0(t) = \operatorname{Re} z(t)$ nach 5.3 (b) eine Lösung der gegebenen Gleichung.

Für die gesuchte Lösung z machen wir den Exponentialansatz

$$z(t) = k \mathrm{e}^{i\omega_0 t} \quad \text{mit } k \in \mathbb{C}.$$

Hierfür ergibt sich

$$\ddot{z}(t) + a\dot{z}(t) + bz(t) = k\left(-\omega_0^2 + i\omega_0 a + b\right)\mathrm{e}^{i\omega_0 t}.$$

Notwendig und hinreichend dafür, dass $z(t) = k\mathrm{e}^{i\omega_0 t}$ eine Lösung von (C) liefert, ist daher die Bedingung

$$k\left(-\omega_0^2 + i\omega_0 a + b\right) = 1.$$

Dieser Ansatz verlangt, dass $-\omega_0^2 + i\omega_0 a + b \neq 0$, d.h. dass $i\omega_0$ keine Lösung der charakteristischen Gleichung ist. Das ist bei vorhandener Reibung immer der Fall, denn aus $-\omega_0^2 + i\omega_0 a + b = 0$ würde für den Imaginärteil $\omega_0 a = 0$ folgen. Wir erhalten somit

$$z(t) = \frac{\mathrm{e}^{i\omega_0 t}}{-\omega_0^2 + i\omega_0 a + b} = \frac{b - \omega_0^2 - ia\omega_0}{(b - \omega_0^2)^2 + a^2\omega_0^2}\mathrm{e}^{i\omega_0 t} = \frac{\overline{w}}{|w|^2}\mathrm{e}^{i\omega_0 t}$$

mit $w := b - \omega_0^2 + ia\omega_0$. Um den Faktor vor $\mathrm{e}^{i\omega_0 t}$ als Phasenverschiebung darstellen zu können, bestimmen wir die Polardarstellung $w = r\mathrm{e}^{i\psi}$. Es ergibt sich schließlich mit $r = |w| = \sqrt{(b - \omega_0^2)^2 + a^2\omega_0^2}$

$$z(t) = \frac{1}{r}\mathrm{e}^{-i\psi}\,\mathrm{e}^{i\omega_0 t} = \frac{1}{r}\mathrm{e}^{i(\omega_0 t - \psi)}.$$

Mit

$$y_0(t) = \operatorname{Re} z(t) = \frac{1}{r}\cos(\omega_0 t - \psi)$$

erhalten wir eine spezielle Lösung der gegebenen Gleichung. Im Falle vorhandener, aber nicht zu großer Reibung

$$0 < b - \frac{a^2}{4} < b$$

ist die allgemeine Lösung von (1) gegeben durch

$$y(t) = y_0(t) + \alpha_1 \mathrm{e}^{-\frac{1}{2}at}\cos\omega t + \alpha_2 \mathrm{e}^{-\frac{1}{2}at}\sin\omega t.$$

Nach einem kurzen Einschwingvorgang stellt sich eine harmonische Schwingung mit der Frequenz ω_0 ein, die gegenüber der äußeren Anregung die Phasenverschiebung ψ besitzt.

5.6 Potenzreihenansatz im Resonanzfall

Der Fall $-\omega_0^2 + ia\omega_0 + b = 0$ kann, wie oben gesagt, nur bei fehlender Reibung eintreten. Es ist dann $b = \omega_0^2 > 0$, also ist die Anregungsfrequenz ω_0 gleich der Eigenfrequenz $\omega = \sqrt{b}$ der freien Schwingung. Wir suchen in diesem Fall eine Lösung des Anfangswertproblems

$$(*) \qquad \ddot{u}(t) + \omega^2 u(t) = \cos\omega t \quad \text{mit} \quad u(0) = \dot{u}(0) = 0.$$

Dazu machen wir einen Potenzreihenansatz

$$u_0(t) = \sum_{k=2}^{\infty} \frac{a_k}{k!} t^k \qquad (a_0 = u(0) = 0, \quad a_1 = \dot{u}(0) = 0).$$

Durch gliedweise Differentiation und Einsetzen in $(*)$ folgt

$$\sum_{k=0}^{\infty} \left(a_{k+2} + \omega^2 a_k\right) \frac{t^k}{k!} = \sum_{n=0}^{\infty} (-1)^n \frac{(\omega t)^{2n}}{(2n)!}.$$

Der Koeffizientenvergleich ergibt unter Berücksichtigung von $a_0 = a_1 = 0$

$$a_2 = 1, \quad a_3 = 0, \quad a_4 + \omega^2 a_2 = -\omega^2, \quad a_5 + \omega^2 a_3 = 0,$$
$$a_6 + \omega^2 a_4 = \omega^4, \quad a_7 + \omega^2 a_5 = 0, \ldots.$$

Somit gilt

$$a_2 = 1, \quad a_4 = -2\omega^2, \quad a_6 = 3\omega^4, \ldots \quad \text{und} \quad a_3 = a_5 = a_7 = \ldots = 0.$$

Durch Induktion erhalten wir

$$a_{2n} = (-1)^{n-1} n\omega^{2n-2}, \quad a_{2n+1} = 0$$

für alle $n \in \mathbb{N}$, also

$$u_0(t) = \sum_{n=1}^{\infty} (-1)^{n-1} n \frac{\omega^{2n-2} t^{2n}}{(2n)!} = \frac{t}{2\omega} \sum_{n=1}^{\infty} (-1)^{n-1} \frac{(\omega t)^{2n-1}}{(2n-1)!} = \frac{t}{2\omega} \sin(\omega t).$$

Es ist leicht nachzurechnen, dass u_0 eine Lösung von $(*)$ ist, der Potenzreihenansatz also gerechtfertigt war.

Die linear anwachsende Amplitude von $u_0(t)$ führt zur „Resonanzkatastrophe".

5.7 Aufgabe

Bestimmen Sie eine komplexwertige Lösung der Differentialgleichung

$$\ddot{z}(t) + a\dot{z}(t) + bz(t) = t\,e^{i\omega_0 t}$$

im Nichtresonanzfall durch den Ansatz $z(t) = (c + dt)\,e^{i\omega_0 t}$.

§ 11 Integralrechnung

1 Treppenfunktionen und ihr Integral

1.1 Das Flächeninhaltsproblem

Gegeben ist eine Funktion

$$f : [a, b] \to \mathbb{R}_+ \,.$$

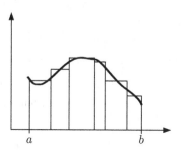

Unter welchen Bedingungen lässt sich
der Fläche unter dem Graphen von f

$$\{(x, y) \mid a \le x \le b,\ 0 \le y \le f(x)\}$$

in vernünftiger Weise einen Flächeninhalt zuschreiben, und wie kann dieser
gegebenenfalls bestimmt werden?

Für stückweis konstante Funktionen, genannt „Treppenfunktionen", lässt sich
dieser Flächeninhalt elementar angeben. Es liegt nahe, die gegebene Funktion
f in geeigneter Weise durch Treppenfunktionen anzunähern und den gesuchten
Flächeninhalt durch einen Grenzübergang zu gewinnen.

1.2 Treppenfunktionen

Eine Funktion $\varphi : \mathbb{R} \to \mathbb{R}$ heißt **Treppenfunktion**, wenn es endlich viele
Zahlen $a_0 < \ldots < a_N$ gibt, so dass

(a) φ jeweils konstant ist im Innern $]a_{k-1}, a_k[$ und

(b) $\varphi(x) = 0$ für alle x außerhalb $[a_0, a_N]$.

Auf die Werte $\varphi(a_k)$ kommt es nicht an, weil diese zum Flächeninhalt keinen
Beitrag liefern.

φ heißt Treppenfunktion auf $[a, b]$, wenn $\varphi(x) = 0$ außerhalb $[a, b]$. Wir sagen
auch „φ *lebt auf* $[a, b]$".

Beispiele.

(a) Ist I ein beschränktes Intervall, so ist die **charakteristische Funktion**
von I, gegeben durch

$$\chi_I(x) = \begin{cases} 1 & \text{für } x \in I \,, \\ 0 & \text{für } x \notin I \,, \end{cases}$$

eine Treppenfunktion. Denn ist a_0 der linke, a_1 der rechte Randpunkt von I, so
ist $\chi_I(x) = 1$ in $]a_0, a_1[$ und $\chi_I(x) = 0$ außerhalb $[a_0, a_1]$.

(b) Ebenso ist $c\chi_I$ für jedes $c \in \mathbb{R}$ eine Treppenfunktion.

(c) Für $I = [0, 2[$ und $J = [1, 3[$ ist

$$\varphi = 3 X_I - 2 X_J$$

eine Treppenfunktion. Denn mit $a_0 = 0$, $a_1 = 1$, $a_2 = 2$ und $a_3 = 3$ ist $\varphi(x) = 3$ in $]a_0, a_1[$, $\varphi(x) = 1$ in $]a_1, a_2[$, $\varphi(x) = -2$ in $]a_2, a_3[$ und $\varphi(x) = 0$ außerhalb $[a_0, a_3]$.

1.3 Darstellung von Treppenfunktionen

Zwei Treppenfunktionen φ, ψ heißen **fast überall gleich**,

$$\varphi(x) = \psi(x) \text{ fast überall, kurz } \varphi = \psi \text{ f.ü.},$$

wenn $\varphi(x) \neq \psi(x)$ für höchstens endlich viele x gilt.

Sei eine Treppenfunktion φ gegeben. Diese habe die Werte

$$\varphi(x) = \begin{cases} c_k & \text{in } I_k =]a_{k-1}, a_k[\quad (k = 1, \ldots, N), \\ 0 & \text{außerhalb von } [a_0, a_N] \end{cases}$$

für $a_0 < a_1 < \ldots < a_N$ und beliebige Werte $\varphi(a_0), \ldots, \varphi(a_N)$. Dann besteht für φ die Darstellung

$$\varphi = \sum_{k=1}^{N} c_k X_{I_k} \quad \text{f.ü.}.$$

Für eine Treppenfunktion sind verschiedene solche Darstellungen möglich, z.B.

$$X_{[0,3]} = X_{]0,1[} + X_{]1,3[} \quad \text{f.ü.} = 2 X_{[0,4]} - X_{[0,3]} - 2 X_{[3,4]} \quad \text{f.ü.}$$

1.4 Verknüpfung von Treppenfunktionen

(a) *Mit φ sind auch $|\varphi|$ und $c\varphi$ $(c \in \mathbb{R})$ Treppenfunktionen.*

(b) *Mit φ, ψ sind auch $\varphi + \psi$ und $\varphi \cdot \psi$ Treppenfunktionen.*

(a) ist unmittelbar klar. Für (b) wählen wir Darstellungen

$$\varphi = \sum_{k=1}^{N} c_k X_{I_k} \quad \text{f.ü. und} \quad \psi = \sum_{\ell=1}^{M} d_\ell X_{J_\ell} \quad \text{f.ü.}$$

mit $I_k =]a_{k-1}, a_k[$, $J_\ell =]b_{\ell-1}, b_\ell[$ und $a_0 = b_0$, $a_N = b_M$. Wir betrachten alle nichtleeren Intervalle $I_k \cap J_\ell$ und bringen sie in ihre natürliche Reihenfolge. Aus der „gemeinsamen Darstellung"

$$\varphi = \sum_{k=1}^{N} \sum_{\ell=1}^{M} c_k X_{I_k \cap J_\ell} \quad \text{f.ü.}, \quad \psi = \sum_{k=1}^{N} \sum_{\ell=1}^{M} d_\ell X_{I_k \cap J_\ell} \quad \text{f.ü.}$$

ergeben sich dann in naheliegender Weise Darstellungen von $\varphi + \psi$ und $\varphi \cdot \psi$ als Treppenfunktionen. $\boxed{\text{ÜA}}$: Führen Sie dies mit Hilfe einer Skizze aus für

$$\varphi = X_{[-1,0]} + \tfrac{1}{2} X_{]0,1[} - X_{[1,3]}, \quad \psi = \tfrac{1}{2} X_{[0,2]} + X_{]2,4]}.$$

1.5 Das Integral von Treppenfunktionen ist definiert als der Inhalt der Fläche unter dem Graphen, wobei Anteile unter der x–Achse negativ gerechnet werden. Für

$$\varphi = \sum_{k=1}^{N} c_k \chi_{I_k} \quad \text{f.ü.}, \quad I_k = \,]a_{k-1}, a_k[\,, \quad a_0 < a_1 < \ldots < a_N$$

definieren wir also das **Integral** durch

$$\int \varphi := \sum_{k=1}^{N} c_k \,(a_k - a_{k-1})\,.$$

Der Wert des Integrals hängt nicht von der speziellen Darstellung von φ ab, insbesondere nicht von den Werten $\varphi(a_k)$. Auf den rein technischen Nachweis sei verzichtet. Allgemein gilt:

$$\varphi = \psi \ \text{f.ü.} \implies \int \varphi = \int \psi\,.$$

1.6 Eigenschaften des Integrals von Treppenfunktionen

(a) $\int (c_1\varphi_1 + c_2\varphi_2) = c_1 \int \varphi_1 + c_2 \int \varphi_2$ (*Linearität*).

(b) *Aus* $\varphi \geq \psi$ *f.ü. folgt* $\int \varphi \geq \int \psi$ (*Monotonie*).

(c) *Lebt* φ *auf dem Intervall* $[a,b]$, *so ist*

$$\left| \int \varphi \right| \leq \int |\varphi| \leq (b-a) \cdot \max \left\{ |\varphi(x)| \mid a \leq x \leq b \right\}\,.$$

Die Beweise von (a) und (b) sind rein technischer Art und lediglich eine Frage der Notation, vgl. 1.4. Der Beweis von (c) ergibt sich aus

$$\left| \sum_{k=1}^{N} c_k \,(a_k - a_{k-1}) \right| \leq \sum_{k=1}^{N} |c_k| \,(a_k - a_{k-1})$$

$$\leq \max \left\{ |\varphi(x)| \mid a \leq x \leq b \right\} \cdot \sum_{k=1}^{N} (a_k - a_{k-1})$$

$$\leq (b-a) \cdot \max \left\{ |\varphi(x)| \mid a \leq x \leq b \right\}\,.$$

1.7 Integration über Teilintervalle

(a) Lebt φ auf dem Intervall $[a,b]$, so schreiben wir auch

$$\int_{a}^{b} \varphi \quad \text{statt} \quad \int \varphi\,.$$

(b) Für $[c,d] \subset [a,b]$ und jede auf $[a,b]$ lebende Treppenfunktion φ ist auch $\psi = \varphi \cdot \chi_{[c,d]}$ eine auf $[c,d]$ lebende Treppenfunktion. Wir definieren

$$\int_c^d \varphi := \int_a^b \varphi \cdot \chi_{[c,d]} \, .$$

Insbesondere ist $\int_a^a \varphi = 0$.

(c) Für $a \leq b \leq c$ gilt dann

$$\int_a^c \varphi = \int_a^b \varphi + \int_b^c \varphi \, .$$

2 Der gleichmäßige Abstand zweier beschränkter Funktionen

2.1 Die Supremumsnorm

(a) Für beschränkte Funktionen $f : [a,b] \to \mathbb{R}$ definieren wir die **Supremumsnorm** durch

$$\|f\| := \sup \big\{ |f(x)| \mid x \in [a,b] \big\} \, .$$

(b) Der **gleichmäßige Abstand** zweier auf $[a,b]$ beschränkter Funktionen f, g ist definiert durch $\|f - g\|$.

Die Ungleichung $\|f - g\| \leq \varepsilon$ bedeutet also $|f(x) - g(x)| \leq \varepsilon$ für alle $x \in [a,b]$.

Für zwei Treppenfunktionen φ, ψ auf $[a,b]$ gilt nach 1.6 (c)

$$\left| \int_a^b \varphi - \int_a^b \psi \right| = \left| \int_a^b (\varphi - \psi) \right| \leq (b-a) \, \|\varphi - \psi\| \, .$$

2.2 Eigenschaften der Supremumsnorm

(a) $\|f\| \geq 0$, $\|f\| = 0 \iff f = 0$,

(b) $\|cf\| = |c| \cdot \|f\|$ *für alle* $c \in \mathbb{R}$,

(c) $\|f + g\| \leq \|f\| + \|g\|$ *(Dreiecksungleichung)*,

Beachten Sie die Analogie zur euklidischen Norm im $\mathbb{R}^n$.

BEWEIS.

(a) und (b) sind klar. Für (c) beachten wir, dass für alle $x \in [a,b]$

$$|f(x) + g(x)| \leq |f(x)| + |g(x)| \leq \|f\| + \|g\| \, .$$

Also ist $\|f\| + \|g\|$ eine obere Schranke für die Werte $|f(x) + g(x)|$, und für deren kleinste obere Schranke gilt $\|f + g\| \leq \|f\| + \|g\|$. □

2.3 Approximation stetiger Funktionen durch Treppenfunktionen

Ist f stetig auf $[a, b]$, so gibt es zu jedem $\varepsilon > 0$ eine Treppenfunktion φ auf $[a, b]$ mit

$$\|f - \varphi\| < \varepsilon.$$

Es gibt somit eine Folge von Treppenfunktionen φ_n auf $[a, b]$ mit

$$\|f - \varphi_n\| \to 0 \quad \text{für} \quad n \to \infty.$$

BEWEIS.

Nach dem Satz über die gleichmäßige Stetigkeit § 8:6 gibt es zu gegebenem $\varepsilon > 0$ ein $\delta > 0$ mit $|f(x) - f(y)| < \varepsilon$ für alle $x, y \in [a, b]$ mit $|x - y| < \delta$.

Wir wählen $N \in \mathbb{N}$ so groß, dass

$$h := \frac{b - a}{N} < \delta$$

wird und setzen

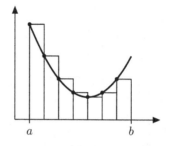

$$a_k = a + kh \quad \text{für} \quad k = 0, 1, \ldots, N.$$

Dann ist durch

$$\varphi(x) = \begin{cases} f(a_{k-1}) & \text{für } a_{k-1} \leq x < a_k \quad (k = 1, \ldots, N) \\ f(b) & \text{für } x = b \\ 0 & \text{sonst} \end{cases}$$

eine Treppenfunktion φ auf $[a, b]$ definiert mit $\|f - \varphi\| < \varepsilon$.

Wählen wir zu $\varepsilon = 1/n$ $(n = 1, 2, \ldots)$ jeweils eine Treppenfunktion φ_n mit $\|f - \varphi_n\| < 1/n$, so erhalten wir Treppenfunktionen φ_n mit $\|f - \varphi_n\| \to 0$. $\square$

Die Fläche unter dem Graphen von f (Teile unter der x–Achse negativ gerechnet), ist nach der Figur annähernd gleich

$$\int \varphi = \sum_{k=1}^{N} f(a_{k-1}) (a_k - a_{k-1}) = \sum_{k=1}^{N} f(a_{k-1}) \cdot h.$$

Dies legt nahe, das Integral von f als Grenzwert von Integralen approximierender Treppenfunktionen zu definieren:

3 Integrierbare Funktionen und Eigenschaften des Integrals

3.1 Integrierbarkeit

Eine beschränkte Funktion $f : [a,b] \to \mathbb{R}$ heißt **integrierbar**, wenn es eine Folge von Treppenfunktionen φ_n auf $[a,b]$ gibt mit $\|f - \varphi_n\| \to 0$.

Für integrierbare Funktionen f existiert der Grenzwert

$$\int\limits_a^b f := \lim_{n \to \infty} \int\limits_a^b \varphi_n$$

und ist unabhängig von der approximierenden Folge (φ_n).

Dieser Grenzwert wird das **Integral** von f über $[a,b]$ genannt.

BEWEIS.

(a) *Existenz des Grenzwertes* $\lim\limits_{n \to \infty} \int \varphi_n$: Zu gegebenem $\varepsilon > 0$ wählen wir n_0 so, dass $\|f - \varphi_n\| < \varepsilon$ für alle $n > n_0$. Dann gilt für $n, m > n_0$

$$\|\varphi_n - \varphi_m\| = \|\varphi_n - f + f - \varphi_m\| \leq \|\varphi_n - f\| + \|f - \varphi_m\| < 2\varepsilon,$$

also

$$\left| \int \varphi_n - \int \varphi_m \right| = \left| \int (\varphi_n - \varphi_m) \right| \leq (b-a) \|\varphi_n - \varphi_m\| < 2(b-a)\varepsilon.$$

Nach §2 : 9.6 hat die Folge $\left(\int \varphi_n \right)$ als Cauchy–Folge einen Grenzwert.

(b) *Unabhängigkeit von der approximierenden Folge*: Aus $\|f - \psi_n\| \to 0$ ergibt sich wie in (a)

$$\| \varphi_n - \psi_n \| \leq \|\varphi_n - f\| + \|f - \psi_n\| \to 0, \quad \text{also}$$

$$\left| \int \varphi_n - \int \psi_n \right| = \left| \int (\varphi_n - \psi_n) \right| \leq (b-a) \|\varphi_n - \psi_n\| \to 0, \quad \text{d.h.}$$

$$\lim_{n \to \infty} \int \varphi_n = \lim_{n \to \infty} \int \psi_n. \qquad \Box$$

BEMERKUNGEN. Das so eingeführte Integral wird in der Literatur als *Cauchy-* oder *Regelintegral* bezeichnet. Dieser Zugang verlangt wesentlich geringeren beweistechnischen Aufwand als das in der Literatur häufig verwendete *Riemann-Integral*; die Klasse der Riemann–integrierbaren Funktionen ist allerdings etwas umfangreicher als die der regelintegrierbaren.

Für die Anwendung erweist es sich als notwendig, auch Integrale unbeschränkter Funktionen zu definieren und die Integration über unbeschränkte Intervalle einzuführen (uneigentliches Integral). Das geschieht in §12. Alle in diesem Band eingeführten Integrale sind Spezialfälle des *Lebesgue-Integrals*, welches wir in Band 2 behandeln.

SATZ. *Stetige Funktionen sind nach 2.3 integrierbar.*

3.2 Bezeichnungen und Vereinbarungen

(a) Die üblichen Bezeichnungsweisen für $\int\limits_a^b f$ sind

$$\int\limits_a^b f(x)\,dx\,, \quad \int\limits_a^b f(y)\,dy\,, \quad \int\limits_a^b f(t)\,dt\,.$$

Wir schreiben mitunter auch $\int\limits_a^b f\,dx$.

Das Integralzeichen (stilisiertes S für „Summe") wurde 1675 von Gottfried Wilhelm LEIBNIZ eingeführt, ebenso das „Differential" dx unter dem Integralzeichen. LEIBNIZ stellte sich das Integral als eine Summe über alle Ordinatenlinien vor: „*Utile est scribi* ... $\int \ell$ *pro omn.* ℓ" ($\int \ell$ für alle ℓ).

Erinnern wir uns an den Beweis 2.3: Für stetige Funktionen f wurde $\int\limits_a^b f(x)\,dx$ durch Summen der Gestalt $\sum\limits_{k=1}^N f(x_k)\,\Delta x$ angenähert; wir schrieben dort h statt Δx. Unter dx stellte LEIBNIZ sich die Differenz „nächstliegender" x–Werte vor.

Die Bezeichnungsweise hat praktische Vorteile:

$\int\limits_a^b x\,dx$ und $\int\limits_a^b e^x\,dx$ sind deutlicher als $\int\limits_a^b \mathbb{1}_{[a,b]}$ und $\int\limits_a^b \exp$.

Bei Integralen der Form $\int\limits_a^b f(x,y)\,dx$ bzw. $\int\limits_a^b f(x,y)\,dy$, wie sie in § 23 betrachtet werden, geht aus der Schreibweise unmittelbar hervor, bezüglich welcher Variablen integriert werden soll.

(b) Zur Vermeidung lästiger Fallunterscheidungen vereinbaren wir für $a \geq b$

$$\int\limits_a^b f(x)\,dx := -\int\limits_b^a f(x)\,dx\,.$$

3.3 Eigenschaften des Integrals

(a) **Linearität.** *Mit* f_1 *und* f_2 *ist auch* $c_1 f_1 + c_2 f_2$ *für* $c_1, c_2 \in \mathbb{R}$ *über* $[a,b]$ *integrierbar, und es gilt*

$$\int\limits_a^b (c_1 f_1 + c_2 f_2) = c_1 \int\limits_a^b f_1 + c_2 \int\limits_a^b f_2\,.$$

(b) **Monotonie.** *Sind* f, g *über* $[a,b]$ *integrierbar und ist* $f(x) \leq g(x)$ *für alle* $x \in [a,b]$*, so gilt*

$$\int\limits_a^b f \leq \int\limits_a^b g\,.$$

(c) **Abschätzung des Integrals.** *Mit f ist auch $|f|$ über $[a,b]$ integrierbar. Aus $|f(x)| \leq M$ für alle $x \in [a,b]$ folgt*

$$\left| \int\limits_a^b f \right| \leq \int\limits_a^b |f| \leq (b-a)\,M\,.$$

(d) *Mit f, g ist auch $f \cdot g$ über $[a,b]$ integrierbar* $\boxed{\text{ÜA}}$.

BEWEIS.

(a) Sind φ_n, ψ_n Treppenfunktion mit $\|f_1 - \varphi_n\| \to 0$, $\|f_2 - \psi_n\| \to 0$, so gilt

$$\left\| (c_1 f_1 + c_2 f_2) - (c_1 \varphi_n + c_2 \psi_n) \right\| = \left\| c_1(f_1 - \varphi_n) + c_2(f_2 - \psi_n) \right\|$$

$$\leq |c_1| \cdot \|f_1 - \varphi_n\| + |c_2| \cdot \|f_2 - \psi_n\| \to 0 \quad \text{für} \quad n \to \infty\,,$$

also ist $c_1 f_1 + c_2 f_2$ integrierbar. Ferner gilt

$$\int\limits_a^b (c_1 f_1 + c_2 f_2) = \lim_{n\to\infty} \int\limits_a^b (c_1 \varphi_n + c_2 \psi_n)$$

$$= \lim_{n\to\infty} \left(c_1 \int\limits_a^b \varphi_n + c_2 \int\limits_a^b \psi_n \right) = c_1 \int\limits_a^b f_1 + c_2 \int\limits_a^b f_2$$

wegen der Linearität des Integrals für Treppenfunktionen und nach den Rechenregeln für Grenzwerte.

(b) Wir setzen $h = g - f$. Nach (a) ist h integrierbar und

$$\int\limits_a^b h = \int\limits_a^b g - \int\limits_a^b f\,.$$

Zu zeigen bleibt $\int\limits_a^b h \geq 0$, falls $h(x) \geq 0$ für alle $x \in [a,b]$.

Ist (φ_n) eine Folge von Treppenfunktionen mit $\|\varphi_n - h\| \to 0$, so sind auch die $|\varphi_n|$ Treppenfunktionen, und wegen $h \geq 0$ gilt

$$\left| |\varphi_n(x)| - h(x) \right| \leq \left| \varphi_n(x) - h(x) \right| \leq \left\| \varphi_n - h \right\|$$

(Dreiecksungleichung nach unten). Es folgt $\left\| h - |\varphi_n| \right\| \to 0$ und

$$\int\limits_a^b h = \lim_{n\to\infty} \int\limits_a^b |\varphi_n| \geq 0\,.$$

(c) Wie in (b) ergibt sich $\left\| |f| - |\varphi_n| \right\| \leq \|f - \varphi_n\|$, also die Integrierbarkeit von $|f|$. Wegen $\pm f(x) \leq |f(x)| \leq M$ folgt die Behauptung für die Integrale nach (b):

$$\pm \int\limits_a^b f \leq \int\limits_a^b |f| \leq \int\limits_a^b M \cdot \chi_{[a,b]} = M\,(b-a)\,. \qquad \square$$

3.4 Integration über Teilintervalle

Sei f über $[a, b]$ integrierbar, $[c, d]$ ein Teilintervall von $[a, b]$ und

$$g : [c, d] \to \mathbb{R}, \quad x \mapsto f(x)$$

die Einschränkung von f auf $[c, d]$. Dann ist g über $[c, d]$ integrierbar. Wir definieren

$$\int_c^d f(x)\, dx := \int_c^d g(x)\, dx\,.$$

Es gilt dann

$$\int_c^d f = \int_a^b f \cdot \chi_{[c,d]}$$

und

$$\int_\alpha^\gamma f = \int_\alpha^\beta f + \int_\beta^\gamma f$$

für beliebige Zahlen $\alpha, \beta, \gamma \in [a, b]$.

BEWEIS als $\boxed{\text{ÜA}}$: Zeigen Sie die letzte Formel erst für $\alpha \le \beta \le \gamma$ und beachten Sie die Konvention 3.2 (b).

4 Zwei wichtige Klassen integrierbarer Funktionen

4.1 Stückweis stetige Funktionen

$f : [a, b] \to \mathbb{R}$ heißt **stückweis stetig**, wenn es für das Intervall $[a, b]$ eine Unterteilung $a = a_0 < a_1 < \ldots < a_N = b$ gibt, so dass f in $]a_{k-1}, a_k[$ stetig ist und die einseitigen Grenzwerte

$$f(a_k+) \quad (k = 0, 1, \ldots, N-1)\,,$$

$$f(a_k-) \quad (k = 1, \ldots, N)$$

existieren.

Das bedeutet: Die Einschränkung von f auf $]a_{k-1}, a_k[$ lässt sich zu einer stetigen Funktion f_k auf $[a_{k-1}, a_k]$ fortsetzen $(k = 1, \ldots, N)$.

SATZ. *Stückweis stetige Funktionen sind integrierbar, und es gilt mit den Bezeichnungen oben*

$$\int_a^b f = \sum_{k=1}^N \int_{a_{k-1}}^{a_k} f_k\,.$$

Denn aus den approximierenden Treppenfunktionen für die einzelnen f_k lassen sich leicht solche für f zusammenbauen. Die Behauptung folgt dann aus 3.4.

4.2 Monotone Funktionen

Monotone Funktionen $f : [a,b] \to \mathbb{R}$ sind integrierbar.

BEWEIS.

Sei o.B.d.A. f monoton wachsend. Wir unterteilen das Intervall $[f(a), f(b)]$ in n Teilintervalle der Länge

$$h = \frac{f(b) - f(a)}{n}$$

mit Teilpunkten

$$y_k = f(a) + kh$$

$(k = 0, 1, \ldots, n)$ und setzen $a_0 := a$,

$$a_k := \sup \{ x \in [a,b] \mid f(x) \leq y_k \}$$

für $k = 1, \ldots, n$.

Wegen der Monotonie von f gilt

$$a = a_0 \leq a_1 \leq a_2 \leq \ldots \leq a_n = b.$$

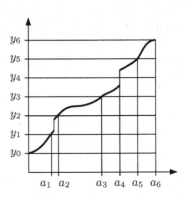

Ferner ist

$$f(x) \in \,]y_{k-1}, y_k] \quad \text{für} \quad x \in \,]a_{k-1}, a_k[$$

$\boxed{\text{ÜA}}$. Die Treppenfunktion

$$\varphi_n := f(a_0) \chi_{[a_0, a_0]} + \sum_{k=1}^{n} y_k \, \chi_{]a_{k-1}, a_k]}$$

hat die Eigenschaft $\boxed{\text{ÜA}}$

$$\| f - \varphi_n \| \leq \frac{1}{n} \left(f(b) - f(a) \right),$$

also gilt $\| f - \varphi_n \| \to 0$ für $n \to \infty$. $\qquad\qquad\qquad\qquad\square$

4.3 Bemerkungen und Aufgaben

(a) Funktionen, die sich als Differenz zweier monotoner Funktionen schreiben lassen, heißen **von beschränkter Schwankung**. Solche Funktionen können abzählbar unendlich viele Sprungstellen besitzen. Dennoch sind sie nach 4.2 und 3.3 integrierbar.

(b) Sei

$$f(x) = \frac{1}{k} + \frac{1}{k+1} \quad \text{in} \quad \left] \frac{1}{k+1}, \frac{1}{k} \right] \quad (k \in \mathbb{N}) \quad \text{und} \quad f(0) = 0 \, .$$

Zeigen Sie, dass f in $[0,1]$ monoton wachsend ist und abzählbar viele Sprungstellen $\frac{1}{k}$ besitzt. Approximieren Sie hierzu f durch geeignete Treppenfunktionen φ_n und weisen Sie nach, dass f über $[0,1]$ integrierbar ist mit Integral 1.

(c) **Approximation des Integrals durch Riemann–Summen.** Für eine stetige Funktion $f : [a,b] \to \mathbb{R}$ setzen wir $h = (b-a)/n$ mit $n \in \mathbb{N}$ und $a_k = a + kh$ $(k = 0, 1, \ldots, n)$. Zeigen Sie für die *Riemann–Summen*

$$R_n := \sum_{k=1}^{n} f(a_{k-1})\, h\,, \quad S_n := \sum_{k=1}^{n} f(a_k)\, h\,,$$

dass

$$\int_a^b f = \lim_{n \to \infty} R_n = \lim_{n \to \infty} S_n\,, \quad \text{vgl. 2.3.}$$

5 Der Hauptsatz der Differential– und Integralrechnung

5.1 Das Integral als Funktion der oberen Grenze

Für eine über $[a,b]$ integrierbare Funktion f und $x_0 \in [a,b]$ heißt die Funktion

$$x \mapsto U(x) := \int_{x_0}^{x} f(t)\, dt\,, \quad [a,b] \to \mathbb{R}$$

ein **unbestimmtes Integral** von f.

SATZ. *Jedes unbestimmte Integral einer über $[a,b]$ integrierbaren Funktion ist dort stetig.*

BEWEIS.
Für $y \geq x$ folgt nach 3.4

$$U(y) - U(x) = \int_{x_0}^{y} f - \int_{x_0}^{x} f = \int_x^y f\,.$$

Für $y < x$ ergibt sich analog

$$U(x) - U(y) = \int_y^x f\,.$$

Hieraus ergibt sich

$$|U(x) - U(y)| \leq \|f\| \cdot |x - y|\,. \qquad \square$$

BEISPIEL. Für die unstetige Heaviside–Funktion $f = \chi_{\mathbb{R}_+}$ ergibt sich das unbestimmte Integral

$$U(x) = \int_0^x f(t)\, dt = \begin{cases} 0 & (x < 0)\,, \\ x & (x \geq 0)\,. \end{cases}$$

5.2 Stammfunktionen

Wir nennen eine Funktion $F : I \to \mathbb{R}$ eine **Stammfunktion** für $f : I \to \mathbb{R}$, wenn F differenzierbar ist und falls gilt

$$F'(x) = f(x) \quad \text{für alle } x \in I\,.$$

Besitzt f eine Stammfunktion F, so sind sämtliche Stammfunktionen von der Form

$$F + c \quad \text{mit} \quad c \in \mathbb{R}.$$

Denn ist $G(x) = F(x) + c$, so ist $G'(x) = F'(x) = f(x)$. Also ist mit F auch G eine Stammfunktion. Ist umgekehrt G eine beliebige Stammfunktion, so ist $(G - F)' = f - f = 0$, also $G - F$ konstant.

SATZ. *Jede auf einem Intervall I stetige Funktion f besitzt dort Stammfunktionen. Wir erhalten für jedes $x_0 \in I$ eine Stammfunktion F durch das unbestimmte Integral*

$$F(x) = \int\limits_{x_0}^{x} f(t)\, dt.$$

BEWEIS.

Sei x ein fester Punkt aus I und $\varepsilon > 0$ vorgegeben. Wegen der Stetigkeit von f gibt es ein $\delta > 0$, so dass $|f(y) - f(x)| < \varepsilon$ für alle $x \in I$ mit $|x - y| < \delta$. Nach 5.1 folgt für $0 < |x - y| < \delta$, $y \in I$

$$\frac{F(y) - F(x)}{y - x} = \frac{1}{y - x} \int\limits_{x}^{y} f(t)\, dt = f(x) + \frac{1}{y - x} \int\limits_{x}^{y} (f(t) - f(x))\, dt.$$

Mit der Integralabschätzung 3.3 (c) ergibt sich

$$\left| \frac{F(y) - F(x)}{y - x} - f(x) \right| = \left| \frac{1}{y - x} \int\limits_{x}^{y} \big(f(t) - f(x)\big)\, dt \right| \leq \varepsilon$$

für alle $y \in I$ mit $0 < |y - x| < \delta$. Das ist die Behauptung.   □

$\boxed{\text{ÜA}}$ Die Heaviside–Funktion 5.1 besitzt keine Stammfunktion F in $[-1, +1]$. *Anleitung:* Wie hätte $F(x)$ für $x < 0$ bzw. $x > 0$ auszusehen?

5.3 Der Hauptsatz der Differential– und Integralrechnung

(a) *Für jede Stammfunktion F von $f \in \mathrm{C}(I)$ und für $a, b \in I$ gilt*

$$\int\limits_{a}^{b} f(x)\, dx = F(b) - F(a).$$

(b) *Für $f \in \mathrm{C}^1(I)$ und $a, x \in I$ gilt*

$$f(x) = f(a) + \int\limits_{a}^{x} f'(t)\, dt.$$

(c) *Nach 5.2 erhalten wir für jede auf I stetige Funktion f eine Stammfunktion F durch das unbestimmte Integral $F(x) = \int\limits_{a}^{x} f(t)\, dt$ mit $a \in I$.*

Die Integration ist in diesem Sinn also die Umkehrung der Differentiation.
Wir schreiben den Hauptsatz (a) in der einprägsamen Form

$$\int\limits_a^b f(t)\,dt \;=\; F(x)\,\Big|_a^b$$

mit $F(x)\,\Big|_a^b := F(b) - F(a)$, auch geschrieben als $\big[F(x)\big]_a^b$ (lies: „F an den Grenzen a und b").

BEWEIS.

(a) $U(x) = \int\limits_a^x f(t)\,dt$ liefert eine Stammfunktion U von f nach 5.2. Jede andere Stammfunktion F ist von der Form $F = U + c$. Nach 5.1 ist also

$$F(b) - F(a) \;=\; U(b) - U(a) \;=\; \int\limits_a^b f(x)\,dx\,.$$

v (b) folgt direkt aus (a) mit f' statt f und x statt b.   □

5.4 Erste Anwendungen: Integration elementarer Funktionen

Die Kenntnis der Ableitungen elementarer Funktionen gestattet es uns nun, mit einem Schlag eine Fülle von Integrationsaufgaben zu lösen:

(a) $$\int\limits_a^b x^\alpha\,dx \;=\; \frac{x^{\alpha+1}}{\alpha+1}\,\bigg|_a^b \qquad \text{für} \quad \alpha \in \mathbb{R}\,,\; \alpha \neq -1$$

und alle Intervalle $[a,b]$, in denen x^α definiert ist.

Denn nach §9 : 5.2 (b) gilt $\frac{d}{dx}x^b = b\,x^{b-1}$, also liefert $(\alpha+1)^{-1}x^{\alpha+1}$ im Fall $\alpha \neq -1$ eine Stammfunktion für x^α.

(b) $$\int\limits_a^b e^{\alpha x}\,dx \;=\; \frac{1}{\alpha}e^{\alpha x}\,\bigg|_a^b \qquad \text{für} \quad \alpha \neq 0.$$

Denn es gilt $\frac{d}{dx}e^{\alpha x} = \alpha\,e^{\alpha x}$, also ist $\frac{1}{\alpha}e^{\alpha x}$ eine Stammfunktion für $e^{\alpha x}$.

(c) $$\int\limits_a^b \frac{1}{x}\,dx \;=\; \log|x|\;\Big|_a^b \;=\; \log\frac{b}{a} \qquad \text{für} \quad a\cdot b > 0\,.$$

Denn $f(x) = 1/x$ besitzt in $\mathbb{R}_{>0}$ die Stammfunktion $x \mapsto \log x$ und in $\mathbb{R}_{<0}$ die Stammfunktion $x \mapsto \log|x| = \log(-x)\,.$

(d) $$\int\limits_a^b \frac{dx}{1+x^2} \;=\; \arctan x\,\Big|_a^b \qquad \text{nach} \;\; §9 : 5.3.$$

(e) $\displaystyle\int_a^b \frac{dx}{\sqrt{1-x^2}} = \arcsin x \Big|_a^b$ für $-1 < a < b < 1$, vgl. §9 : 5.4.

(f) $\displaystyle\int_a^b \frac{dx}{\sqrt{x^2+1}} = \log\big|\, x + \sqrt{x^2+1}\,\big|\ \Big|_a^b$ $\boxed{\text{ÜA}}$.

(g) $\displaystyle\int_a^b \frac{dx}{\sqrt{x^2-1}} = \log\big|\, x + \sqrt{x^2-1}\,\big|\ \Big|_a^b$ falls $1 \notin [a,b]$ $\boxed{\text{ÜA}}$.

5.5 Zur Geschichte (vgl. §7 : 1.4)

Die systematische Flächen– und Inhaltsbestimmung der Neuzeit auf der Basis infinitesimaler Betrachtungen beginnt mit Johannes KEPLER. (*Nova stereometria doliorum vinariorum* – Neue Methoden zur Inhaltsbestimmung von Weinfässern, 1615). KEPLER dachte sich beispielsweise die Kugel aus lauter winzigen Kegeln mit Spitze im Mittelpunkt und Basis auf der Oberfläche aufgebaut und fand so für den Inhalt $\frac{1}{3} \cdot$ Oberfläche $\cdot$ Radius.

In GALILEIS *Discorsi e dimostrazioni matematice intorno a due nuove scienze* (1638) wird die gleichförmig beschleunigte Bewegung anhand der nebenstehenden Figur behandelt. (Längs AB sind die Zeiten, längs CD die entsprechend durchlaufenen Strecken zu denken. Die linear anwachsenden Geschwindigkeiten sind als parallele Linien PQ, BE abgetragen.) Die Zeit AB ist nach GALILEI dieselbe, die sich bei

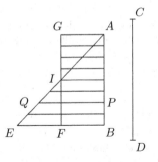

gleichförmiger Bewegung längs CD mit der halben Endgeschwindigkeit BF ergeben würde. Die Gesamtheit der Parallelen im Rechteck $ABFG$ ist nämlich gleich der Gesamtheit der Parallelen im Dreieck ABE. So ergeben sich jeweils gleichviele „Geschwindigkeitsmomente": Was in ABE oben fehlt, wird unten wieder ausgeglichen. Die uns heute naheliegende Deutung der „Momente" als $v \cdot \Delta t$ erfolgte erst später. Ähnliche Überlegungen finden wir bei William HEYTESBURY (1335) und Nicolas D'ORESME (1335).

Nach GALILEIS Schüler Bonaventura CAVALIERI ist Folgendes Prinzip benannt: *Schneidet eine Schar von parallelen Linien aus zwei Figuren jeweils Stücke gleicher Länge aus, so sind beide Figuren flächengleich. Schneidet eine Schar von parallelen Ebenen aus zwei Körpern jeweils flächengleiche Figuren aus, so haben beide Körper gleichen Inhalt*, vgl. die Figur in §17 : 4.2. Dieses schon von GALILEI verwendete Prinzip findet sich für Einzelfälle bei EUKLID und ARCHIMEDES.

CAVALIERIS *Geometria indivisibilibus ... promota* von 1635 war ein wichtiger Schritt in systematischer Hinsicht. CAVALIERI konnte z.b. die Fläche unter der allgemeinen Parabel $x \mapsto x^n$ bestimmen. Die Begründung seiner Verfahren mittels Indivisibler (z.b. Fläche als Gesamtheit indivisibler Linien) war allerdings mehr als problematisch und daher heftig umstritten.

Als Wegbereiter der Differential– und Integralrechnung sind u.a. Blaise PASCAL, Pierre de FERMAT, Christiaan HUYGENS, John WALLIS und NEWTONS Lehrer Isaac BARROW zu nennen; letzterer verstand die Flächenbestimmung bereits als Umkehraufgabe zum Tangentenproblem.

Aus Tangentenbestimmung, Integrationsverfahren, Hauptsatz und Reihenentwicklungen ein geschlossenes Ganzes gemacht zu haben, ist das Verdienst von Isaac NEWTON und Gottfried Wilhelm LEIBNIZ. Nach der schon in §7:1.4 erwähnten *Analysis* (1669) veröffentlichte NEWTON 1671 die *Methodus fluxionum et serierum infinitorum*. LEIBNIZ fasste seine Ergebnisse 1675 und 1684 zusammen: *Methodi tangentium inversae exempla* und *Nova methodus pro maximis et minimis itemque tangentibus . . .* .

NEWTONS Hauptwerk *Philosophiae naturalis principia mathematica* (erschienen 1687) war noch in der Sprache der klassischen Geometrie verfasst, allerdings mit besonderem Augenmerk auf Grenzübergänge. Es bestimmte die Fragestellungen der Analysis im 18. Jahrhundert.

LEIBNIZ' Verdienst war die Schaffung eines Differential– und Integralkalküls, dessen Notation hinsichtlich der algorithmischen Handhabung aufs Genaueste durchdacht war. Wenn auch strenge Begründungen noch weitgehend fehlten, war das Rechnen mit „Differentialen" doch äußerst praktisch und hat auch heute noch heuristischen Wert.

Die Kettenregel in der Formulierung $dx = \frac{dx}{dt} \cdot dt$ wird uns beispielsweise in 7.3 für die Anwendung der Substitutionsregel als Merkhilfe dienen. Näheres zur Geschichte des Calculus finden Sie in [HEUSER, Analysis 2 XXIX].

6 Partielle Integration

6.1 Vorbemerkung. Wegen des Haupsatzes der Differential– und Integralrechnung zieht jede Differentiationsregel eine entsprechende Integrationsregel nach sich. Wir beginnnen mit der „Umkehrung" der Produktregel.

6.2 Satz von der partiellen Integration

Für $u, v \in C^1[a,b]$ gilt

$$\int_a^b u(x)\, v'(x)\, dx = u(x)\, v(x)\, \Big|_a^b - \int_a^b u'(x)\, v(x)\, dx .$$

BEWEIS.

Wegen $(u \cdot v)' = u \cdot v' + u' \cdot v$ ist $u\,v$ eine Stammfunktion zu $u\,v' + u'\,v$. Nach dem Hauptsatz folgt

$$u \cdot v \Big|_a^b = \int\limits_a^b (u\,v' + u'\,v) = \int\limits_a^b u\,v' + \int\limits_a^b u'\,v\,. \qquad \square$$

FOLGERUNG.

$$\int\limits_a^b f(x)\,g(x)\,dx = f(x)\,G(x)\,\Big|_a^b - \int\limits_a^b f'(x)\,G(x)\,dx\,,$$

falls $f \in C^1[a,b]$, $g \in C\,[a,b]$ und G eine Stammfunktion von g ist.

Die geschickte Aufspaltung eines gegebenen Integranden in ein Produkt $f \cdot g$ ist Erfahrungs– und Übungssache!

6.3 Integration von $p(x)\,\mathrm{e}^x$ für Polynome p

Das Prinzip wird an folgendem Beispiel deutlich: Zur Berechnung von

$$\int\limits_a^b x^2\,\mathrm{e}^x\,dx$$

setzen wir $f(x) = x^2$, $g(x) = \mathrm{e}^x$, $G(x) = \mathrm{e}^x$ und erhalten durch zweimalige partielle Integration

$$\int\limits_a^b x^2\,\mathrm{e}^x\,dx = x^2\,\mathrm{e}^x\,\Big|_a^b - \int\limits_a^b 2x\,\mathrm{e}^x\,dx$$

$$= \left(x^2 - 2x\right)\mathrm{e}^x\,\Big|_a^b + \int\limits_a^b 2\,\mathrm{e}^x\,dx = \left(x^2 - 2x + 2\right)\mathrm{e}^x\,\Big|_a^b\,.$$

6.4 Integration von $p(x)\,\log x$ für Polynome p

Sei $f(x) = \log x$, $g(x) = p(x) = a_0 + a_1 x + \ldots + a_n x^n$ und

$$P(x) = \int\limits_0^x p(t)\,dt = a_0 x + \tfrac{1}{2}a_1 x^2 + \ldots + \tfrac{1}{n+1}a_n x^{n+1} = x \cdot q(x)$$

wobei q wieder ein Polynom n–ten Grades ist. Partielle Integration liefert dann

$$\int\limits_a^b \log x \cdot p(x)\,dx = \log x \cdot P(x)\,\Big|_a^b - \int\limits_a^b \frac{1}{x} \cdot P(x)\,dx$$

$$= x \cdot \log x \cdot q(x)\,\Big|_a^b - \int\limits_a^b q(x)\,dx\,, \quad \text{falls } a, b > 0\,.$$

Das letzte Integral ergibt sich nach 5.4(a).

Für $p(x) = 1$ erhalten wir insbesondere

$$\int_a^b \log x \, dx = x(\log x - 1) \Big|_a^b \quad \text{für} \quad 0 < a < b.$$

6.5 Integrale mit trigonometrischen Funktionen

(a) $\int_a^b \cos^2 x \, dx$.

Wir setzen $f(x) = g(x) = \cos x$, $G(x) = \sin x$ und erhalten mit Hilfe partieller Integration und unter Berücksichtigung von $\sin^2 x = 1 - \cos^2 x$

$$\int_a^b \cos x \cdot \cos x \, dx = \cos x \cdot \sin x \Big|_a^b + \int_a^b \sin x \cdot \sin x \, dx$$

$$= \sin x \cdot \cos x \Big|_a^b + \int_a^b \left(1 - \cos^2 x\right) dx, \quad \text{also}$$

$$2 \int_a^b \cos^2 x \, dx = \sin x \cdot \cos x \Big|_a^b + \int_a^b 1 \, dx \quad \text{und schließlich}$$

$$\int_a^b \cos^2 x \, dx = \tfrac{1}{2}(x + \sin x \cdot \cos x) \Big|_a^b.$$

(b) $\boxed{\text{ÜA}}$ Was ergibt sich daraus für $\int_a^b \sin^2 x \, dx$?

(c) Der Trick, mittels mehrfacher partieller Integration auf eine Formel der Gestalt

$$\int_a^b f(x) \cdot g(x) \, dx = h(x) \Big|_a^b + c \int_a^b f(x) \cdot g(x) \, dx$$

mit $c \neq 1$ abzuzielen, ist häufig nützlich. Wir erhalten dann

$$\int_a^b f(x) \cdot g(x) \, dx = \frac{1}{1-c} \, h(x) \Big|_a^b.$$

(d) $\boxed{\text{ÜA}}$ Zeigen Sie mittels zweimaliger partieller Integration die sogenannten *Orthogonalitätsrelationen für die trigonometrischen Funktionen*:

$$\int_{-\pi}^{\pi} \cos nx \cdot \cos mx \, dx = \int_{-\pi}^{\pi} \sin nx \cdot \sin mx \, dx = \pi \, \delta_{nm} \quad (n, m \in \mathbb{N}),$$

$$\int\limits_{-\pi}^{\pi} \sin nx \cdot \cos mx \, dx = 0 \quad \text{für alle } n, m \in \mathbb{N}.$$

(e) $\boxed{\text{ÜA}}$ Bestimmen Sie $\int\limits_{a}^{b} x^2 \sin x \, dx$.

(f) $\boxed{\text{ÜA}}$ Bestimmen Sie $\int\limits_{a}^{b} e^x \sin x \, dx$ mit Hilfe des Tricks (c).

Weitere Integrale mit trigonometrischen Funktionen werden in Abschnitt 10 behandelt.

6.6 Aufgaben

(a) $\int\limits_{a}^{b} \dfrac{\log x}{x} \, dx$ für $0 < a < b$. (Beachten Sie 6.5 (a), (c)!)

(b) $\int\limits_{a}^{b} x^\alpha \log x \, dx$ für $\alpha \in \mathbb{R}$, $\alpha \neq -1$, $0 < a < b$.

7 Die Substitutionsregel

7.1 Umkehrung der Kettenregel

Ist $u : [\alpha, \beta] \to [a, b]$ stetig differenzierbar und $f \in C\,[a, b]$, so gilt

$$\int\limits_{u(\alpha)}^{u(\beta)} f(x) \, dx = \int\limits_{\alpha}^{\beta} f(u(t)) \, u'(t) \, dt.$$

BEWEIS.

Sei F eine Stammfunktion zu f. Dann folgt nach der Kettenregel

$$\frac{d}{dt} F(u(t)) = F'(u(t)) \, u'(t) = f(u(t)) \, u'(t).$$

Der Hauptsatz ergibt also

$$\int\limits_{u(\alpha)}^{u(\beta)} f(x) \, dx = F(x) \Big|_{u(\alpha)}^{u(\beta)} = F(u(t)) \Big|_{\alpha}^{\beta} = \int\limits_{\alpha}^{\beta} \frac{d}{dt} F(u(t)) \, dt$$

$$= \int\limits_{\alpha}^{\beta} f(u(t)) \, u'(t) \, dt. \qquad \qquad \Box$$

7.2 Der Integrand als Ableitung

Zur Berechnung eines Integrals der Form $\int_a^b g(x)\,dx$ versuchen wir den Integranden in der Form $g(x) = f(u(x))\,u'(x) = \frac{d}{dx}F(u(x))$ zu schreiben, wo F eine Stammfunktion zu f ist. Das Erkennen einer solchen Situation ist Übungssache! Nach 7.1 erhalten wir

$$\int_a^b g(x)\,dx = \int_a^b f(u(x))\,u'(x)\,dx = \int_{u(a)}^{u(b)} f(y)\,dy = F(u(x))\,\Big|_a^b.$$

BEISPIELE   (a) $\int_a^b x e^{-\frac{1}{2}x^2}\,dx$.

Für $f(y) = e^{-y}$ und $u(x) = \frac{1}{2}x^2$ gilt $x e^{-\frac{1}{2}x^2} = f(u(x))\,u'(x)$. Daher ist

$$\int_a^b x e^{-\frac{1}{2}x^2}\,dx = \int_{u(a)}^{u(b)} e^{-y}\,dy = -e^{-y}\,\Big|_{u(a)}^{u(b)} = e^{-\frac{1}{2}a^2} - e^{-\frac{1}{2}b^2}.$$

(b) $\displaystyle\int_a^b \frac{u'(x)}{u(x)}\,dx = \log\frac{u(b)}{u(a)}$,   sofern $u(x) \neq 0$ in $[a,b]$.

Dies ergibt sich mit $f(y) = \frac{1}{y}$, $\frac{u'(x)}{u(x)} = f(u(x))\,u'(x)$ und

$$\int_a^b \frac{u'(x)}{u(x)}\,dx = \int_{u(a)}^{u(b)} \frac{1}{y}\,dy = \log|y|\,\Big|_{u(a)}^{u(b)} = \log\frac{|u(b)|}{|u(a)|} = \log\frac{u(b)}{u(a)}.$$

(c) Wegen $\tan x = \frac{\sin x}{\cos x} = -\frac{\cos' x}{\cos x}$ erhalten wir als Spezialfall

$$\int_a^b \tan x\,dx = \log\frac{\cos a}{\cos b},$$

solange das Intervall $[a,b]$ keine Nullstellen des Kosinus enthält.

(d) Bei Integralen der Form $\int_a^b \sin x \cdot f(\cos x)\,dx$, $\int_a^b \cos x \cdot g(\sin x)\,dx$ kann der Integrand ebenfalls als Ableitung aufgefasst werden.

(e) ÜA Bestimmen Sie die Integrale

$$\int_a^b \frac{x^3}{x^4+1}\,dx, \quad \int_a^b \frac{x}{\sqrt{(1+x^2)^3}}\,dx, \quad \int_a^b \frac{x^7}{x^4+2}\,dx.$$

7.3 Die Substitutionsregel

Zur Berechnung von $\int\limits_a^b f(x)\,dx$ substituieren (ersetzen) wir x durch $u(t)$, wobei $u : [\alpha, \beta] \to [a, b]$ eine bijektive C^1–Funktion ist.

Für $f \in C\,[a, b]$ gilt nach 7.1 die Substitutionsregel

$$\int\limits_a^b f(x)\,dx = \int\limits_{u^{-1}(a)}^{u^{-1}(b)} f(u(t))\,u'(t)\,dt\,.$$

(Beachten Sie, dass $u^{-1}(b) < u^{-1}(a)$ sein kann!)

In der Sprache des Leibnizschen Differentialkalküls lässt sich die Substitutionsregel leicht merken und handhaben:

Wir erhalten das transformierte Integral, indem im Integral $\int\limits_a^b f(x)\,dx$ die folgenden Ersetzungen vorgenommen werden:

$$x = u(t)\,,$$

$$dx = u'(t)\,dt \quad \left(\text{formal aus } \frac{dx}{dt} = u'(t)\right),$$

und Ersetzung der Grenzen a, b für x durch die Grenzen $u^{-1}(a), u^{-1}(b)$ für t.

In manchen Fällen (vgl. 7.4 (b)) ergibt sich eine Vereinfachung durch Verwendung der Umkehrfunktion $\varphi = u^{-1} : [a, b] \to [\alpha, \beta]$. Wegen

$$1 = u'(t) \cdot \varphi'(x) \quad \text{mit } x = u(t) \quad \text{bzw. } t = \varphi(x)$$

(Kettenregel) erhält die Substitutionsregel die Gestalt

$$\int\limits_a^b f(x)\,dx = \int\limits_{\varphi(a)}^{\varphi(b)} \frac{f(x)}{\varphi'(x)}\,\bigg|_{x=u(t)} dt\,.$$

Auch hier liefert die Leibnizsche Notation eine Merkhilfe: Aus $t = \varphi(x)$ folgt $dt = \varphi'(x)\,dx$, also $dx = dt/\varphi'(x)$.

7.4 Beispiele

(a) *Halbkreisfläche.* Zur Berechnung von $\int\limits_{-r}^r \sqrt{r^2 - x^2}\,dx$ substituieren wir $x = r\sin t$. Mit $dx = r\cos t\,dt$, $r^2 - x^2 = r^2\cos^2 t$ erhalten wir

$$\int\limits_{-r}^{r} \sqrt{r^2 - x^2}\, dx = r^2 \int\limits_{-\pi/2}^{\pi/2} \cos^2 t\, dt = \frac{\pi}{2} r^2 \quad \text{nach 6.5 (a).}$$

(b) $\displaystyle\int\limits_{a}^{b} \frac{dx}{\sqrt{1+x^2}}$ und $\displaystyle\int\limits_{a}^{b} \sqrt{1+x^2}\, dx$.

Für die in § 10 : 4.6 (b) eingeführten Hyperbelfunktionen $\sinh x = \frac{1}{2}(e^x - e^{-x})$, $\cosh x = \frac{1}{2}(e^x + e^{-x})$ gilt $\boxed{\text{ÜA}}$

$$1 + \sinh^2 x = \cosh^2 x, \quad \sinh'(x) = \cosh(x) > 0,$$

$$x = \sinh t \iff t = \varphi(x) := \log(x + \sqrt{1+x^2}). \quad \text{Mit}$$

$$dt = \varphi'(x)\, dx = \frac{dx}{x + \sqrt{1+x^2}} \left(1 + \frac{x}{\sqrt{1+x^2}} \right) = \frac{dx}{\sqrt{1+x^2}}$$

erhalten wir

$$\int\limits_{a}^{b} \frac{dx}{\sqrt{1+x^2}} = \int\limits_{\varphi(a)}^{\varphi(b)} dt = t \Big|_{\varphi(a)}^{\varphi(b)} = \log\left(x + \sqrt{1+x^2} \right) \Big|_{a}^{b}.$$

Ferner ergibt sich mit $dx = (\cosh t)\, dt$

$$\int\limits_{a}^{b} \sqrt{1+x^2}\, dx = \int\limits_{\varphi(a)}^{\varphi(b)} \cosh^2 t\, dt = \frac{1}{4} \int\limits_{\varphi(a)}^{\varphi(b)} (e^{2t} + e^{-2t} + 2)\, dt$$

$$= \left[\frac{1}{8}(e^{2t} - e^{-2t}) + \frac{1}{2} t \right]_{\varphi(a)}^{\varphi(b)} = \frac{1}{2}(\sinh t \cosh t + t) \Big|_{\varphi(a)}^{\varphi(b)}$$

$$= \frac{1}{2} \left[x \cdot \sqrt{1+x^2} + \log\left(x + \sqrt{1+x^2} \right) \right]_{a}^{b}.$$

(c) $\displaystyle\int\limits_{a}^{b} \frac{1}{\sqrt{x}} \log \sqrt{x}\, dx$ für $0 < a < b$.

Wir setzen $x = t^2$ und erhalten mit $dx = 2t\, dt$

$$\int\limits_{a}^{b} \frac{1}{\sqrt{x}} \log \sqrt{x}\, dx = \int\limits_{\sqrt{a}}^{\sqrt{b}} \frac{1}{t} \log t \cdot 2t\, dt = 2 \int\limits_{\sqrt{a}}^{\sqrt{b}} \log t\, dt$$

$$= 2t (\log t - 1) \Big|_{\sqrt{a}}^{\sqrt{b}} \quad \text{nach 6.4.}$$

(d) $\displaystyle\int_a^b \sin\left(\sqrt{x}\right)\,dx$ für $0 < a < b$.

Wir setzen wieder $t = \sqrt{x}$, d.h. $x = t^2$, $dx = 2t\,dt$ und erhalten

$$\int_a^b \sin\sqrt{x}\,dx = \int_{\sqrt{a}}^{\sqrt{b}} \sin t \cdot 2t\,dt\,.$$

Das letztere Integral wird mit partieller Integration behandelt $\boxed{\text{ÜA}}$.

(e) $\displaystyle\int_a^b \sin(\log x)\,dx$ $(0 < a < b)$

Setzen wir $x = e^t$, also $dx = e^t\,dt$, so erhalten wir

$$\int_a^b \sin\left(\log x\right)\,dx = \int_{\log a}^{\log b} \sin t \cdot e^t\,dt\,.$$

Das letztere Integral ergibt sich durch zweimalige partielle Integration ($\boxed{\text{ÜA}}$, vgl. 6.5(b)).

(f) $\displaystyle\int_a^b \frac{x^7}{x^4+1}\,dx$

Wir setzen $t = x^4$, also $dt = 4x^3\,dx$ oder $dx = \dfrac{dt}{4x^3}$ und erhalten nach der Substitutionsregel 7.3

$$\int_a^b \frac{x^7}{x^4+1}\,dx = \frac{1}{4}\int_{a^4}^{b^4} \frac{t\,dt}{t+1} = \frac{1}{4}\int_{a^4}^{b^4}\left(1 - \frac{1}{1+t}\right)\,dt$$

$$= \frac{1}{4}\left(t - \log(t+1)\right)\Big|_{a^4}^{b^4}$$

7.5 Aufgaben

Geben Sie Stammfunktionen an für

$$\frac{\sqrt{x}}{x+1}\,,\quad \frac{\sqrt{x}}{1+\sqrt{x}}\,.$$

8 Integration rationaler Funktionen

8.1 Satz. *Sind p, q reelle Polynome mit $q(x) \neq 0$ in $[a, b]$, so lässt sich das Integral*

$$\int_a^b \frac{p(x)}{q(x)} \, dx$$

bei Kenntnis der Nullstellen des Nenners formelmäßig angeben.

Das im Folgenden erklärte Verfahren besteht in einer Zerlegung des Integranden in eine Summe von elementaren Bausteinen (8.2 und 8.3), deren Integrale dann nach 8.4–8.6 berechnet werden können.

8.2 Reduktion des Integranden

Durch Kürzen mit einem größten gemeinsamen Teiler §3 : 7.7 lässt sich erreichen, dass p und q teilerfremd sind. Den höchsten Koeffizienten von q ziehen wir vor das Integral oder schlagen ihn p zu.

Im Fall $\text{Grad}\,(p) \geq \text{Grad}\,(q)$ dividieren wir p durch q mit Rest (§3: 7.4) und erhalten dabei Polynome f und r mit

$$\frac{p}{q} = f + \frac{r}{q} \quad \text{und} \quad \text{Grad}\,(r) < \text{Grad}\,(q).$$

Die Integration eines Polynoms macht keine Probleme; wir beschäftigen uns deshalb nur noch mit dem restlichen Term $\frac{r}{q}$.

Wir schreiben wieder p statt r und setzen in 8.1 voraus:

(a) p und q sind teilerfremd,

(b) $\text{Grad}\,(p) < \text{Grad}\,(q)$,

(c) der höchste Koeffizient von q ist 1.

8.3 Partialbruchzerlegung

Unter den Voraussetzungen (a), (b) *und* (c) *lässt sich $\frac{p(x)}{q(x)}$ auf eindeutige Weise in eine Summe einfacherer rationaler Ausdrücke zerlegen:*

Jede reelle Nullstelle c der Vielfachheit m von q liefert dazu den Anteil

$$\frac{a_1}{x - c} + \frac{a_2}{(x - c)^2} + \ldots + \frac{a_m}{(x - c)^m},$$

und jedes Paar $c, \bar{c}$ nichtreeller Nullstellen von q mit der Vielfachheit n leistet den Beitrag

$$\frac{A_1 x + B_1}{x^2 + \alpha x + \beta} + \frac{A_2 x + B_2}{(x^2 + \alpha x + \beta)^2} + \cdots + \frac{A_n x + B_n}{(x^2 + \alpha x + \beta)^n},$$

wobei $x^2 + \alpha x + \beta = (x - c)(x - \bar{c})$. *Die Koeffizienten* a_i, A_k, B_k *sind reell und eindeutig bestimmt.*

Wir verzichten auf den etwas technischen Beweis und verweisen auf [HEUSER, Bd. 1, Nr. 69], [MANGOLDT–KNOPP, Bd. 2, Nr. 190].

BEISPIEL 1: $\quad \dfrac{p(x)}{q(x)} = \dfrac{5x^2 + 12x + 47}{(x - 3)(x + 5)^2}.$

Der Nenner hat die einfache Nullstelle $x_1 = 3$ und die zweifache Nullstelle $x_2 = -5$. Somit besitzt die Partialbruchzerlegung die Gestalt

$$\frac{p(x)}{q(x)} = \frac{a}{x - 3} + \frac{b}{x + 5} + \frac{c}{(x + 5)^2}.$$

Zur Bestimmung der Koeffizienten a, b, c multiplizieren wir mit $q(x)$ und erhalten

$$(*) \quad 5x^2 + 12x + 47 = a(x + 5)^2 + b(x - 3)(x + 5) + c(x - 3).$$

Durch Ordnen nach Potenzen von x und Koeffizientenvergleich erhalten wir die Gleichungen

$$5 = a + b, \quad 12 = 10a + 2b + c, \quad 47 = 25a - 15b - 3c$$

mit der Lösung

$$a = 2, \quad b = 3, \quad c = -14.$$

Schneller ergeben sich die Koeffizienten durch Einsetzen der Nullstellen $x_1 = 3$ und $x_2 = -5$ in die Gleichung $(*)$. Diese gilt zunächst nur außerhalb der Nullstellen, dann jedoch aus Stetigkeitsgründen auch für alle $x \in \mathbb{R}$. Wir erhalten sofort $a = 2$ und $c = -14$. Den Koeffizienten $b = 3$ finden wir durch Differenzieren der Gleichung $(*)$ und Einsetzen von $x_1 = -5$.

BEISPIEL 2: $\quad \dfrac{p(x)}{q(x)} = \dfrac{3x^2 + 4x + 29}{(x - 1)(x^2 + 4x + 13)}.$

$q(x)$ hat die einfachen Nullstellen $x_1 = 1$, $x_{2/3} = -2 \pm 3i$, besitzt somit die Partialbruchentwicklung

$$\frac{p(x)}{q(x)} = \frac{a}{x - 1} + \frac{Ax + B}{x^2 + 4x + 13}.$$

Multiplikation mit $q(x)$ ergibt

$$(*) \quad 3x^2 + 4x + 29 = a(x^2 + 4x + 13) + (Ax + B)(x - 1).$$

Durch Einsetzen von $x_1 = 1$ erhalten wir

$$36 = a\,18, \quad \text{also} \quad a = 2.$$

Zur Bestimmung von A, B empfiehlt sich Koeffizientenvergleich. Wir können aber auch spezielle x–Werte in $(*)$ einsetzen, z.B. $x = 0$.

Methoden zur Koeffizientenbestimmung werden ausführlicher beschrieben in [HEUSER Bd. 1, Nr. 69], [MANGOLDT–KNOPP, Bd. 3, Nr. 12].

8.4 Für das Integral $\displaystyle\int_a^b \frac{dx}{(x-c)^k}$, $c \notin [a, b]$, ergibt sich

$$\log(x - c)\,\Big|_a^b \quad \text{für} \quad k = 1 \quad \text{und} \quad \frac{1}{(1-k)(x-c)^{k-1}}\,\Big|_a^b \quad \text{für} \quad k > 1.$$

8.5 Reduktion des Integrals $\displaystyle\int_a^b \frac{Ax + B}{(x^2 + \alpha x + \beta)^k}\,dx$

Wir zerlegen das Integral in

$$\frac{A}{2}\int_a^b \frac{2x + \alpha}{(x^2 + \alpha x + \beta)^k}\,dx + \left(B - \frac{A\alpha}{2}\right)\int_a^b \frac{dx}{(x^2 + \alpha x + \beta)^k}$$

Für das erste Integral erhalten wir

$$\begin{cases} \dfrac{A}{2}\log\left(x^2 + \alpha x + \beta\right)\,\Big|_a^b & \text{für} \quad k = 1 \\[2mm] \dfrac{A}{2(1-k)\left(x^2 + \alpha x + \beta\right)^{k-1}}\,\Big|_a^b & \text{für} \quad k > 1. \end{cases}$$

Das zweite Integral wird mit mit Hilfe der folgenden Rekursionsformel vereinfacht. Im Hinblick auf Abschnitt 9 fassen wir diese gleich allgemein.

Allgemeine Reduktionsformel. *Für reelle Zahlen* α, β, k *mit*
$D := (k-1)(4\beta - \alpha^2) \neq 0$ *gilt*

$$\int_a^b \frac{dx}{(x^2 + \alpha x + \beta)^k} = \frac{2x + \alpha}{D\,(x^2 + \alpha x + \beta)^{k-1}}\,\Big|_a^b + \frac{4k - 6}{D}\int_a^b \frac{dx}{(x^2 + \alpha x + \beta)^{k-1}}.$$

Dies ergibt sich aus der direkt zu verifizierenden Identität $\boxed{\text{ÜA}}$

$$\frac{d}{dx} \frac{2x + \alpha}{(x^2 + \alpha x + \beta)^{k-1}} = \frac{(k-1)(4\beta - \alpha^2)}{(x^2 + \alpha x + \beta)^k} - \frac{2(2k-3)}{(x^2 + \alpha x + \beta)^{k-1}} \,.$$

Ist k eine natürliche Zahl, so kommen wir durch wiederholte Anwendung dieses Reduktionsverfahrens zu folgendem Integral:

8.6 Das Integral $\displaystyle\int\limits_a^b \frac{dx}{x^2 + \alpha x + \beta}$

Drei Fälle sind zu unterscheiden:

(a) $4\beta > \alpha^2$, d.h. $x^2 + \alpha x + \beta$ hat keine reellen Nullstellen. Quadratische Ergänzung liefert

$$x^2 + \alpha x + \beta = \left(x + \frac{\alpha}{2}\right)^2 + \beta - \frac{\alpha^2}{4} = \frac{1}{4}\left((2x + \alpha)^2 + 4\beta - \alpha^2\right)$$

$$= \frac{4\beta - \alpha^2}{4}\left(\frac{(2x + \alpha)^2}{4\beta - \alpha^2} + 1\right) = \frac{A^2}{4}(t^2 + 1)\,,$$

wobei

$$A = \sqrt{4\beta - \alpha^2}\,, \quad t = \frac{2x + \alpha}{\sqrt{4\beta - \alpha^2}} = \frac{2x + \alpha}{A} = \varphi(x)\,.$$

Für die Substitution $t = \varphi(x)$ gilt $dx = \frac{A}{2}\,dt$, also

$$\int\limits_a^b \frac{dx}{x^2 + \alpha x + \beta} = \frac{2}{A} \int\limits_{\varphi(a)}^{\varphi(b)} \frac{dt}{t^2 + 1} = \frac{2}{A}\arctan\left(\frac{2x + \alpha}{A}\right)\Big|_a^b\,.$$

(b) $4\beta < \alpha^2$, d.h. der Nenner hat zwei reelle Nullstellen $x_1, x_2 \notin [a, b]$. Partialbruchzerlegung ergibt mit Hilfe von 5.4 (d)

$$\frac{1}{x^2 + \alpha x + \beta} = \frac{1}{(x - x_1)(x - x_2)} = \frac{1}{x_2 - x_1}\left(\frac{1}{x - x_2} - \frac{1}{x - x_1}\right)\,, \quad \text{also}$$

$$\int\limits_a^b \frac{dx}{x^2 + \alpha x + \beta} = \frac{1}{x_2 - x_1}\left(\int\limits_a^b \frac{dx}{x - x_2} - \int\limits_a^b \frac{dx}{x - x_1}\right)$$

$$= \frac{1}{x_2 - x_1}\log\left(\left|\frac{x - x_2}{x - x_1}\right|\right)\Big|_a^b\,.$$

(c) $4\beta = \alpha^2$, also $x^2 + \alpha x + \beta = \left(x + \frac{1}{2}\alpha\right)^2$.

Dieser Fall wurde in 8.4 behandelt. Für $-\frac{\alpha}{2} \notin [a, b]$ ergibt sich

$$\int\limits_a^b \frac{dx}{x^2 + \alpha x + \beta} = -\frac{2}{2x + \alpha}\Big|_a^b .$$

8.7 Aufgaben. Geben Sie zu folgenden rationalen Ausdrücken Stammfunktionen an:

(a) $\dfrac{x^3 + x + 1}{x^2 + 2x - 3}$ (b) $\dfrac{1}{x^3 + 7x^2 + 15x + 9}$ (c) $\dfrac{2x + 1}{x^2 + 4x + 5}$

(d) $\dfrac{1}{\left(x^2 - 4x + 5\right)^2}$ (e) $\dfrac{x^2 + 1}{\left(x^3 + 1\right)^2} .$

8.8 Aufgabe. Seien α, β zwei voneinander verschiedene positive Zahlen. Geben Sie Konstanten A, B an mit

$$\frac{1}{\left(x^2 + \alpha^2\right)\left(x^2 + \beta^2\right)} = \frac{A}{x^2 + \alpha^2} + \frac{B}{x^2 + \beta^2} .$$

9 Integrale mit Potenzen von $\sqrt{x^2 + \alpha x + \beta}$

9.1 Das Integral $\displaystyle\int\limits_a^b \frac{dx}{\sqrt{x^2 + \alpha x + \beta}}$

(a) Im Fall $4\beta > \alpha^2$ nehmen wir wie in 8.6 (a) quadratische Ergänzung vor:

$$x^2 + \alpha x + \beta = \left(x + \frac{\alpha}{2}\right)^2 + \beta - \frac{\alpha^2}{4} = \frac{A^2}{4}\left(t^2 + 1\right) \quad \text{mit}$$

$$A = \sqrt{4\beta - \alpha^2} \quad \text{und} \quad t = \varphi(x) = \frac{2x + \alpha}{A} .$$

Es ergibt sich

$$\int\limits_a^b \frac{dx}{\sqrt{x^2 + \alpha x + \beta}} = \int\limits_{\varphi(a)}^{\varphi(b)} \frac{dt}{\sqrt{t^2 + 1}} = \log\left(t + \sqrt{1 + t^2}\right)\Big|_{\varphi(a)}^{\varphi(b)}$$

nach 7.4 (b).

(b) Im Fall $4\beta < \alpha^2$ gilt $x^2 + \alpha x + \beta = (x - x_1)(x - x_2)$ mit $x_1 < x_2$. Für $x_2 < a$ ergibt die Substitution $t = \sqrt{x - x_2}$

$$\int\limits_a^b \frac{dx}{\sqrt{(x - x_1)(x - x_2)}} = \int\limits_{\sqrt{a - x_2}}^{\sqrt{b - x_2}} \frac{2\,dt}{\sqrt{t^2 + x_2 - x_1}} .$$

Somit sind wir wieder bei (a).

Im Falle $b < x_1 < x_2$ führt die Substitution $t = \sqrt{x_1 - x}$ auf denselben Integranden, aber andere Integrationsgrenzen $\boxed{\text{ÜA}}$.

(c) Für $4\beta = \alpha^2$ haben wir es mit $\displaystyle\int_a^b \frac{dx}{x + \frac{1}{2}\alpha}$ zu tun.

9.2 Das Integral $\displaystyle\int_a^b \frac{dx}{\sqrt{(x^2 + \alpha x + \beta)^{2n+1}}}$

mit $n \in \mathbb{N}$, $4\beta \neq \alpha^2$ wird mittels der Reduktionsformel 8.5 auf das Integral 9.1 zurückgeführt. Mit $k = n + \frac{1}{2}$, $D = (k-1)(4\beta - \alpha^2) = (n - \frac{1}{2})(4\beta - \alpha^2)$ und $w(x) = \sqrt{x^2 + \alpha x + \beta}$ erhalten wir aus 8.5 $\boxed{\text{ÜA}}$

$$\int_a^b \frac{dx}{w(x)^{2n+1}} = \frac{2x + \alpha}{D\, w(x)^{2n-1}}\bigg|_a^b + \frac{4(n-1)}{D} \int_a^b \frac{dx}{w(x)^{2n-1}}.$$

Nach n Schritten sind wird beim Integral 9.1.

9.3 Das Integral $\displaystyle\int_a^b \sqrt{(x^2 + \alpha x + \beta)^{2n+1}}\, dx$

mit $n \in \mathbb{N}_0$, $4\beta \neq \alpha^2$ führen wir ebenfalls auf das Integral 9.1 zurück, indem wir diesmal die Reduktionsformel 8.5 in „umgekehrter Richtung" verwenden. Mit $k = -n + \frac{1}{2}$, $D = (-n - \frac{1}{2})(4\beta - \alpha^2) = -(n + \frac{1}{2})(4\beta - \alpha^2)$ und $w(x) = \sqrt{x^2 + \alpha x + \beta}$ erhalten wir aus 8.5 $\boxed{\text{ÜA}}$

$$\int_a^b w(x)^{2n+1}\, dx = \frac{2x + \alpha}{4(n+1)} w(x)^{2n+1}\bigg|_a^b + \frac{(2n+1)(4\beta - \alpha^2)}{8(n+1)} \int_a^b w(x)^{2n-1}\, dx.$$

Nach $n + 1$ Schritten kommen wir zum Integral 9.1.

9.4 Integrale der Form $\displaystyle\int_a^b \frac{p(x)}{\sqrt{x^2 + \alpha x + \beta}}\, dx$

mit einem Polynom p vom Grad $n \in \mathbb{N}$ können ebenfalls auf das Integral 9.1 zurückgeführt werden. Die geschieht durch den Ansatz

$$\int_a^b \frac{p(x)}{\sqrt{x^2 + \alpha x + \beta}}\, dx \;=\; q(x)\,\sqrt{x^2 + \alpha x + \beta}\,\Big|_a^b \;+\; c \int_a^b \frac{dx}{\sqrt{x^2 + \alpha x + \beta}}$$

mit einem Polynom q vom Grad $n-1$ und einer Konstanten c.

Das Polynom q und die Konstante c ergeben sich durch Koeffizientenvergleich aus

$$p(x) - c \;=\; (x^2 + \alpha x + \beta)\, q'(x) + (x + \tfrac{1}{2}\alpha)\, q(x)\,.$$

AUFGABE. (a) Wie kommt die letzte Gleichung zustande?

(b) Warum funktioniert die Methode des Koeffizientenvergleichs?

(c) Bestimmen Sie $\displaystyle \int_a^b \frac{x\, dx}{\sqrt{1 + x^2}}$.

9.5 Aufgaben

(a) Zeigen Sie mit dem Reduktionsverfahren 9.3, dass

$$\int_a^b \sqrt{x^2 + c^2}\, dx \;=\; \tfrac{1}{2}\, c^2 \big[\, x\,\sqrt{1 + x^2} + \log(x + \sqrt{1 + x^2})\,\big]_{a/c}^{b/c}\,,$$

vgl. 7.4 (b).

(b) Zeigen Sie, dass $\displaystyle \int_a^b \frac{dx}{\left(\sqrt{1 + x^2}\right)^3} \;=\; \frac{x}{\sqrt{1 + x^2}}\,\Big|_a^b$.

10 Übergang zum halben Winkel

10.1 Integrale rationaler Funktionen von $\cos x$ und $\sin x$

Solche Integrale lassen sich formelmäßig angeben:

Wir substituieren

$$u = \tan\frac{x}{2} \quad \text{bzw.} \quad x = 2\arctan u$$

und erhalten mit Hilfe von §9 : 3.7

$$du = \frac{1}{2}\left(1 + \tan^2\frac{x}{2}\right) dx = \frac{1 + u^2}{2}\, dx\,, \quad \text{also} \quad dx = \frac{2}{1 + u^2}\, du\,,$$

$$\sin x = \frac{2\sin\frac{x}{2}\cdot\cos\frac{x}{2}}{\sin^2\frac{x}{2} + \cos^2\frac{x}{2}} = \frac{2\tan\frac{x}{2}}{1 + \tan^2\frac{x}{2}} = \frac{2u}{1 + u^2}\,,$$

$$\cos x \; = \; \frac{\cos^2 \frac{x}{2} - \sin^2 \frac{x}{2}}{\cos^2 \frac{x}{2} + \sin^2 \frac{x}{2}} \; = \; \frac{1 - u^2}{1 + u^2} \, .$$

Nach Ausführung dieser Substitution ist der Integrand also eine rationale Funktion in u, und es kann das Verfahren von Abschnitt 8 angewendet werden.

10.2 Beispiel $\displaystyle\int_a^b \frac{dx}{\sin x}$.

Es sei $0 < a < b < \pi$. Durch Substitution $u = \tan \frac{x}{2}$ geht dieses Integral mit $A = \tan \frac{a}{2}$, $B = \tan \frac{b}{2}$ über in

$$\int_A^B \frac{1 + u^2}{2u} \frac{2}{1 + u^2} \, du \; = \; \int_A^B \frac{du}{u} \; = \; \log u \, \Big|_A^B \; = \; \log \frac{\tan \frac{b}{2}}{\tan \frac{a}{2}} \, .$$

10.3 Aufgaben. Berechnen Sie die Integrale

(a) $\displaystyle\int_a^b \frac{dx}{\cos x}$ $\quad \left(-\frac{\pi}{2} < a < b < \frac{\pi}{2} \right)$

(b) $\displaystyle\int_a^b \frac{1 + \cos^3 x}{\sin x} \, dx$ $\quad (0 < a < b < \pi)$.

11 Schlussbemerkungen

11.1 In geschlossener Form integrierbare Funktionen

Ein *geschlossener Ausdruck* entsteht aus den elementaren Funktionen

$$1, \quad x, \quad \mathrm{e}^x, \quad \log x, \quad \sqrt{x}, \quad \sin x, \quad \cos x, \quad \ldots$$

dadurch, dass endlich oft einer der Prozesse Addition, Subtraktion, Multiplikation, Division und Hintereinanderausführung durchgeführt wird. Zum Beispiel ist

$$\log \left(\frac{\sqrt{x} + \mathrm{e}^x}{1 + \sin^2 (1 + x)} \right)$$

ein geschlossener Ausdruck.

Ein *rationaler Ausdruck* in den Funktionen $f_1, \ldots, f_n$ entsteht aus diesen dadurch, dass endlich oft eine der Operationen Addition, Subtraktion, Multiplikation, Division mit ihnen durchgeführt wird.

Folgende Funktionen gestatten die Angabe einer Stammfunktion durch einen geschlossenen Ausdruck:

(a) rationale Ausdrücke in 1 und x (vgl. Abschnitt 8),

(b) rationale Ausdrücke in 1, x, $\sqrt{ax+b}$, $\sqrt{cx+d}$,

(c) rationale Ausdrücke in 1, x, $\sqrt{x^2 + \alpha x + \beta}$,

(d) rationale Ausdrücke in 1, $\sin x$, $\cos x$.

Einzelheiten finden Sie in der Literatur [MANGOLDT–KNOPP, Bd. 3], [KAMKE].

11.2 Nicht in geschlossener Form integrierbare Funktionen

$$e^{-x^2}, \quad \frac{\sin x}{x}, \quad \frac{e^x}{x}, \quad \frac{1}{\log x}, \quad \frac{1}{\sqrt{1 - \cos x}}, \quad \frac{1}{\sqrt{1 + x^4}}.$$

Diese Funktionen lassen sich nicht in geschlossener Form integrieren, vgl. dazu [MANGOLDT–KNOPP, Bd. 3].

Das hat u.A. die Konsequenz, dass sich die Bogenlänge eines Ellipsenstückes nicht formelmäßig angeben lässt und die Differentialgleichung $\ddot{u} + \omega^2 \sin u = 0$ des mathematischen Pendels keine geschlossen darstellbare Lösung besitzt.

11.3 Schlussbemerkungen

Natürlich sind die Funktionen 11.2 über jedes Stetigkeitsintervall integrierbar, nur gibt es eben keinen geschlossenen Ausdruck für die jeweilige Stammfunktion.

Mit Computerhilfe (z.B. mit den Programmpaketen MATLAB, MAPLE und MATHEMATICA) lässt sich jedes bestimmte Integral numerisch beliebig genau berechnen; wir werden später einfache Näherungsverfahren diskutieren (Stichworte: Keplersche Fassregel und Simpson–Regel).

Ferner weisen wir auf Programme der Computeralgebra hin, welche in praktisch allen Fällen, in denen dies möglich ist, Stammfunktionen formelmäßig angeben (z.B. MAPLE und MATHEMATICA).

Zur Herleitung von Gesetzmäßigkeiten in der Physik kann aber auch im Computerzeitalter auf die exakte Bestimmung von Integralen, sei es durch geschlossene Ausdrücke oder durch Reihen, nicht verzichtet werden.

§12 Vertauschung von Grenzprozessen, uneigentliche Integrale

1 Problemstellungen, Beispiele

1.1 Worum geht es?

Die Notwendigkeit strengerer Betrachtungsweisen in der Analysis ergab sich Ende des 18. Jahrhunderts anläßlich folgender Frage, die für die weitere Entwicklung der mathematischen Physik eine Schlüsselrolle spielte:

Gegeben sei eine stetige Funktion $f : [0, L] \to \mathbb{R}$ mit $f(0) = f(L) = 0$, z.B. die Gestalt einer an den Enden eingespannten Saite zu einem Zeitpunkt. Lässt sich f in eine Sinusreihe

$$f(x) = \sum_{n=1}^{\infty} a_n \sin \frac{\pi n}{L} x$$

entwickeln?

EULER hielt einer solchen Vorstellung entgegen, dass eine Reihe, deren Glieder analytische Funktionen sind, selbst wieder analytisch sein müsse. Daher komme eine solche Entwicklung für „physikalische Funktionen", z.B. solche mit Ecken nicht in Frage.

Diese Auffassung ist nur bedingt richtig. Eigenschaften der Reihenglieder wie Differenzierbarkeit oder Integrierbarkeit müssen sich keineswegs auf die Grenzfunktion vererben; hierfür sind Zusatzbedingungen erforderlich. Wir formulieren die Fragestellungen zunächst für Folgen:

Gegeben eine Folge von Funktionen $f_1, f_2, \ldots$ auf einem Intervall I, für die

$$f(x) = \lim_{n \to \infty} f_n(x)$$

für alle $x \in I$ existiert.

(a) Unter welchen Voraussetzungen folgt aus der Differenzierbarkeit der f_n die Differenzierbarkeit der Grenzfunktion f und

$$f'(x) = \lim_{n \to \infty} f_n'(x)?$$

(b) Wann folgt aus der Integrierbarkeit der f_n die von f und

$$\int_I f = \lim_{n \to \infty} \int_I f_n?$$

Für unendliche Reihen

$$f(x) = \sum_{k=0}^{\infty} u_k(x)$$

lauten die entsprechenden Fragen:

(a) Folgt für C^1-Funktionen u_k die Differenzierbarkeit von f und

$$f'(x) = \sum_{k=0}^{\infty} u'_k(x) \quad \text{(gliedweise Differenzierbarkeit)}?$$

(b) Folgt aus der Integrierbarkeit der u_k auch die von f und

$$\int_I f = \sum_{k=0}^{\infty} \int_I u_k \quad \text{(gliedweise Integrierbarkeit)}?$$

Über die Partialsummen $f_n(x) = \sum_{k=0}^{n} u_k(x)$ werden die beiden letzten Fragen unmittelbar auf die ersten zwei zurückgeführt.

1.2 Zwei Beispiele

(a) *Die Grenzfunktion einer konvergenten Folge von C^∞-Funktionen braucht nicht einmal stetig zu sein.* Das zeigt das Beispiel

$$f_n(x) = x^n \quad \text{für} \quad x \in [0,1].$$

Die f_n sind beliebig oft differenzierbar, und es gilt

$$f_n(x) \to f(x) = \begin{cases} 0 & \text{für } 0 \le x < 1, \\ 1 & \text{für } x = 1. \end{cases}$$

(b) *Im Allgemeinen sind Integration und Grenzübergang nicht vertauschbar.*
Für die nebenstehend skizzierten stetigen Funktionen f_n gilt

$$\lim_{n \to \infty} f_n(x) = 0$$

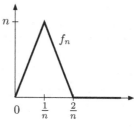

Für $x = 0$ ist das klar. Für $x > 0$ gilt $f_n(x) = 0$, sobald $n > 2/x$. Ferner ist $\int_0^1 f_n(x)\,dx = 1$, somit

$$\int_0^1 \lim_{n \to \infty} f_n \ne \lim_{n \to \infty} \int_0^1 f_n.$$

2 Gleichmäßige Konvergenz von Folgen und Reihen

2.1 Die Supremumsnorm wurde in § 11 : 2 für reelle Funktionen eingeführt. Im Hinblick auf Potenzreihen fassen wir diese Definition hier etwas allgemeiner:

Sei im Folgenden D eine beliebige Menge (wir denken zunächst an Teilmengen von $\mathbb{C}$). Eine Funktion $f : D \to \mathbb{C}$ heißt **beschränkt auf** $M \subset D$, wenn die Menge $\{|f(x)| \mid x \in M\}$ beschränkt ist. Ist dies der Fall, so heißt

$$\|f\|_M = \sup\{|f(x)| \mid x \in M\}$$

die **Supremumsnorm** von f bezüglich M.

Wie in §11 : 2 gelten die folgenden Eigenschaften der Norm:

$\|f\|_M = 0$ genau dann, wenn f die Nullfunktion ist,

$\|cf\|_M = |c| \cdot \|f\|_M$ für $c \in \mathbb{C}$,

$\|f + g\|_M \leq \|f\|_M + \|g\|_M$.

2.2 Gleichmäßige Konvergenz

Für auf M beschränkte Funktionen f und f_n ist die folgende Begriffsbildung von grundlegender Bedeutung:

Die f_n **konvergieren auf** M **gleichmäßig gegen** f, wenn

$$\|f - f_n\|_M \to 0 \quad \text{für} \quad n \to \infty.$$

Wir sagen auch:

$$f_n(x) \to f(x) \quad \text{gleichmäßig für} \quad x \in M,$$

kurz

$$f_n \to f \quad \text{gleichmäßig auf} \quad M.$$

BEISPIEL. Ist $f : [a, b] \to \mathbb{R}$ integrierbar, so gibt es eine Folge von Treppenfunktionen φ_n, die auf $[a, b]$ gleichmäßig gegen f konvergieren, vgl. §11 : 2.3.

2.3 Das Verhältnis von gleichmäßiger zu punktweiser Konvergenz

Von der gleichmäßigen Konvergenz ist die **punktweise Konvergenz auf** M

$$f_n(x) \to f(x) \quad \text{für jedes} \quad x \in M$$

wohl zu unterscheiden.

Aus der gleichmäßigen Konvergenz $f_n \to f$ auf M folgt die punktweise.

Das ergibt sich sofort aus

$$|f_n(x) - f(x)| \leq \|f_n - f\|_M \quad \text{für jedes} \quad x \in M.$$

Die Umkehrung gilt jedoch i.a. nicht:

BEISPIEL. Setzen wir

$$f_n(x) = x^n \quad \text{und} \quad f(x) = 0 \quad \text{für} \quad x \in M = [0,1[\, ,$$

so konvergiert f_n auf M punktweise gegen f nach 1.2. Jedoch gilt

$$\|f_n - f\|_M = \sup\{x^n \mid 0 \leq x < 1\} = 1 \, .$$

Beachten Sie, dass die f_n auf jedem Intervall $[0,r]$ mit $r < 1$ gleichmäßig gegen Null konvergieren:

$$\|f_n - f\|_{[0,r]} = \sup\{x^n \mid 0 \leq x \leq r\} = r^n \to 0 \quad \text{für} \quad n \to \infty \, .$$

BEMERKUNG. Punktweise Konvergenz auf M bedeutet: Für jedes $x \in M$ gibt es zu vorgegebenem $\varepsilon > 0$ ein (im Allgemeinen von x abhängiges) $n_\varepsilon = n_\varepsilon(x)$, so dass

$$|f(x) - f_n(x)| < \varepsilon \quad \text{für} \quad n > n_\varepsilon(x) \, .$$

(In unserem Beispiel ist $n > \log x / \log \varepsilon$ zu wählen.) Bei gleichmäßiger Konvergenz kann n_ε unabhängig von x gewählt werden.

2.4 Das Rechnen mit gleichmäßig konvergenten Folgen

(a) *Konvergiert eine Folge (f_n) gleichmäßig auf M, so ist sie gleichmäßig beschränkt, d.h. es gibt eine Konstante C mit*

$$\|f_n\|_M \leq C \quad \text{für} \quad n = 1, 2, \ldots \, .$$

(b) *Aus der gleichmäßigen Konvergenz*

$$f_n \to f, \quad g_n \to g \quad \text{auf } M$$

folgt die gleichmäßige Konvergenz auf M von

$$af_n + bg_n \to af + bg \quad \text{für} \quad a, b \in \mathbb{C} \, ,$$

$$f_n \cdot g_n \to f \cdot g \, ,$$

$$|f_n| \to |f| \, .$$

ÜA Geben Sie die Beweise nach dem Muster von §2:6.

2.5 Aufgaben

(a) Warum ist die Folge (f_n) in 1.2 (b) nicht gleichmäßig konvergent?

(b) Ist die Folge h_n mit $h_n(x) = \chi_{[-n,n]}$ punktweise konvergent auf $\mathbb{R}$?

(c) Sei $f(x) = e^{-|x|}$, h_n wie in (b) und $f_n = f h_n$. Zeigen Sie, dass $f_n \to f$ gleichmäßig auf $\mathbb{R}$.

2.6 Gleichmäßige Konvergenz von Reihen, Majorantenkriterium

Die reell– oder komplexwertigen Funktionen $f_0, f_1, \ldots$ seien auf einer Menge D definiert, und es sei M eine nichtleere Teilmenge von D. Die Reihe

$$\sum_{k=0}^{\infty} f_k(x) \quad \text{mit den Partialsummen} \quad s_n(x) = \sum_{k=0}^{n} f_k(x)$$

heißt **gleichmäßig konvergent** auf M, wenn die Partialsummen s_n auf M gleichmäßig gegen eine Funktion konvergieren.

Majorantenkriterium. *Eine Reihe* $\sum_{k=0}^{\infty} f_k(x)$ *konvergiert gleichmäßig auf* M, *wenn sie eine konvergente Majorante mit konstanten Gliedern besitzt, d.h. wenn*

$$|f_k(x)| \le a_k \quad \text{für alle} \quad x \in M \quad \text{und} \quad k = 0, 1, 2, \ldots$$

gilt und die Reihe $\sum_{k=0}^{\infty} a_k$ *konvergiert.*

Der Nachweis der gleichmäßigen Konvergenz einer Reihe wird so gut wie immer durch die Angabe einer Majorante mit konstanten Gliedern geführt.

BEWEIS.

Für jedes feste $x \in M$ konvergiert die Reihe $\sum_{k=0}^{\infty} f_k(x)$ nach dem Majoranten-kriterium §7:5.2; den Grenzwert nennen wir $f(x)$. Für $m > n$ gilt

$$|s_m(x) - s_n(x)| = \left| \sum_{k=n+1}^{m} f_k(x) \right| \le \sum_{k=n+1}^{m} |f_k(x)| \le \sum_{k=n+1}^{m} a_k \,.$$

Nach dem CAUCHY–Kriterium §7:5.1 gibt es zu vorgegebenem $\varepsilon > 0$ ein n_0, so dass

$$\sum_{k=n+1}^{m} a_k < \varepsilon \quad \text{für alle} \quad n > n_0 \text{ und alle } m > n \,.$$

Dann gilt für $m > n > n_0$ und alle $x \in M$

$$|s_m(x) - s_n(x)| < \varepsilon \,,$$

also für $f(x) = \lim_{m \to \infty} s_m(x)$

$$|f(x) - s_n(x)| \le \varepsilon \quad \text{für alle} \quad n > n_0 \text{ und alle } x \in M \,.$$

Damit ist $\|f - s_n\|_M \le \varepsilon$ für $n > n_0$.   □

BEISPIEL. $\sum_{n=1}^{\infty} \frac{1}{n^2} \sin(nx)$ konvergiert gleichmäßig für alle $x \in \mathbb{R}$, denn

$$\left| \frac{1}{n^2} \sin(nx) \right| \leq \frac{1}{n^2}, \quad \text{und} \quad \sum_{n=1}^{\infty} \frac{1}{n^2} \quad \text{konvergiert nach } \S\,7\!:\!1.3\,(c).$$

2.7 Gleichmäßige Konvergenz von Potenzreihen

Hat eine Potenzreihe $\sum_{n=0}^{\infty} a_n(z - z_0)^n$ *den Konvergenzradius* $R > 0$, *so konvergieren die Reihen*

$$\sum_{n=0}^{\infty} a_n(z - z_0)^n \quad \text{und} \quad \sum_{n=1}^{\infty} n a_n(z - z_0)^{n-1}$$

gleichmäßig auf jeder Kreisscheibe $|z - z_0| \leq r$ mit $0 < r < R$.

BEMERKUNG. Für die volle Kreisscheibe $|z - z_0| < R$ liegt im Allgemeinen keine gleichmäßige Konvergenz vor. Wir wollen uns dieses für Potenzreihen typische Konvergenzverhalten anhand der geometrischen Reihe klar machen. Mit

$$f(z) = \frac{1}{1 - z} \quad \text{und} \quad s_n(z) = \sum_{k=0}^{n} z^k = \frac{1 - z^{n+1}}{1 - z}$$

gilt für $|z| < 1$

$$|f(z) - s_n(z)| = \left| \frac{z^{n+1}}{1 - z} \right| \leq \frac{|z|^{n+1}}{1 - |z|}.$$

Für reelle z mit $0 \leq z < 1$ gilt dabei das Gleichheitszeichen. Damit haben wir für jedes feste r mit $0 < r < 1$

$$\sup \left\{ |f(z) - s_n(z)| \;\middle|\; |z| \leq r \right\} = \frac{r^{n+1}}{1 - r},$$

also gleichmäßige Konvergenz für $|z| \leq r$. Für $r \to 1$ wird die Konvergenz immer schlechter. Auf der offenen Einheitskreisscheibe $|z| < 1$ ist $|f(z) - s_n(z)|$ sogar unbeschränkt.

BEWEIS.

(a) Nach $\S\,10\!:\!2.3$ konvergiert die Reihe

$$\sum_{n=0}^{\infty} |a_n|\, r^n \quad \text{für} \quad 0 \leq r < R.$$

Für $|z - z_0| \leq r$ liefert die Abschätzung

$$|a_n (z - z_0)^n| \leq |a_n|\, r^n$$

die gleichmäßige Konvergenz von $\sum_{n=0}^{\infty} a_n (z - z_0)^n$ nach dem Majorantenkriterium.

(b) Wir wählen ein ϱ mit $r < \varrho < R$. Nach (a) konvergiert die Reihe

$$\sum_{n=0}^{\infty} |a_n|\, \varrho^n \,.$$

Deren Glieder bilden also eine Nullfolge und sind insbesondere beschränkt: $|a_n|\, \varrho^n \leq C$ für alle n. Für $|z - z_0| \leq r$ haben wir die Abschätzung

$$\left| na_n (z - z_0)^{n-1} \right| \leq n\, |a_n|\, r^{n-1} = \frac{n}{r}\, |a_n|\, \varrho^n \left(\frac{r}{\varrho} \right)^n \leq \frac{n}{r}\, C\, q^n$$

mit $q = r/\varrho < 1$.

Die Reihe $\sum\limits_{n=1}^{\infty} \frac{n}{r}\, C\, q^n = \frac{C}{r} \sum\limits_{n=1}^{\infty} n\, q^n$ konvergiert nach § 7 : 2.3 (b).

Damit ergibt das Majorantenkriterium die gleichmäßige Konvergenz von

$$\sum_{n=1}^{\infty} n\, a_n (z - z_0)^{n-1} \quad \text{für} \quad |z - z_0| \leq r \,.$$

(c) Der Konvergenzradius der letztgenannten Reihe ist R : Einerseits konvergiert $\sum\limits_{n=1}^{\infty} n|a_n|r^{n-1}$ für jedes $r < R$, wie wir gerade gesehen haben. Andererseits gilt für $|w| > R$ die Abschätzung $\left| n\, a_n\, w^{n-1} \right| \geq n\, |w|^{-1} |a_n\, w^n|$, und die Reihe $\sum\limits_{n=0}^{\infty} |a_n\, w^n|$ ist divergent nach Definition des Konvergenzradius.

2.8 Der Weierstraßsche Approximationssatz

Jede auf einem kompakten Intervall $[a, b]$ stetige Funktion ist dort gleichmäßiger Limes einer geeigneten Folge von Polynomen.

Der Beweis wird sich im zweiten Band im Zusammenhang mit Fourierreihen ergeben. Für einen direkten Beweis siehe [BARNER–FLOHR 1, pp. 322–326].

3 Vertauschung von Grenzübergängen

3.1 Stetigkeit der Grenzfunktion

Der gleichmäßige Limes einer Folge stetiger Funktionen ist stetig:

$$f_n \in \mathrm{C}(I) \,, \quad f_n \to f \ \text{gleichmäßig auf } I \implies f \in \mathrm{C}(I) \,.$$

BEWEIS.
Zu gegebenem $\varepsilon > 0$ gibt es ein $k \in \mathbb{N}$ mit $\|f - f_k\| < \varepsilon$. Sei $x_0 \in I$. Dann gibt es wegen der Stetigkeit von f_k ein $\delta > 0$ mit

$$|f_k(x) - f_k(x_0)| < \varepsilon \quad \text{für alle} \quad x \in I \quad \text{mit} \quad |x - x_0| < \delta \,.$$

Für diese x gilt dann

$$\begin{aligned}
|f(x) - f(x_0)| &= |f(x) - f_k(x) + f_k(x) - f_k(x_0) + f_k(x_0) - f(x_0)| \\
&\leq |f(x) - f_k(x)| + |f_k(x) - f_k(x_0)| + |f_k(x_0) - f(x_0)| \\
&\leq 2\|f - f_k\|_I + |f_k(x) - f_k(x_0)| < 2\varepsilon + \varepsilon = 3\varepsilon. \qquad \square
\end{aligned}$$

3.2 Vertauschung von Integration und Grenzübergang

Gegeben sei eine Folge von integrierbaren Funktionen $f_n : [a,b] \to \mathbb{R}$. Konvergiert diese Folge gleichmäßig gegen eine Funktion f, so ist auch f integrierbar, und es gilt

$$\int\limits_a^b f(x)\,dx = \lim_{n\to\infty} \int\limits_a^b f_n(x)\,dx$$

BEWEIS.
Nach Voraussetzung gibt es zu jedem f_n eine Treppenfunktion φ_n mit $\|f_n - \varphi_n\| < 1/n$, also gilt

$$\|f - \varphi_n\| = \|f - f_n + f_n - \varphi_n\| \leq \|f - f_n\| + \|f_n - \varphi_n\| \to 0$$

für $n \to \infty$. f ist somit als gleichmäßiger Limes der Treppenfunktionen φ_n integrierbar.

Die Vertauschbarkeit von Limes und Integral folgt aus

$$\Big| \int\limits_a^b f - \int\limits_a^b f_n \Big| = \Big| \int\limits_a^b (f - f_n) \Big| \leq \int\limits_a^b |f - f_n| \leq (b - a)\|f - f_n\| \to 0$$

für $n \to \infty$. $\qquad \square$

3.3 Gliedweise Integration von Reihen

Sind die f_n über $[a,b]$ integrierbar, und konvergiert die Reihe

$$f(x) = \sum_{n=0}^{\infty} f_n(x)$$

gleichmäßig auf $[a,b]$, so ist f über $[a,b]$ integrierbar, und es gilt

$$\int\limits_a^b f(x)\,dx = \sum_{n=0}^{\infty} \int\limits_a^b f_n(x)\,dx.$$

BEWEIS.

Mit

$$s_N = \sum_{n=0}^{N} f_n$$

folgt nach 3.2

$$\int\limits_a^b f = \lim_{N\to\infty} \int\limits_a^b s_N = \lim_{N\to\infty} \sum_{n=0}^{N} \int\limits_a^b f_n = \sum_{n=0}^{\infty} \int\limits_a^b f_n$$

wegen der Linearität des Integrals.   □

3.4 Aufgabe

Stellen Sie $e^{-\frac{1}{2}x^2}$ durch eine Reihe dar, und berechnen Sie $\int\limits_0^1 e^{-\frac{1}{2}x^2}\, dx$ auf zwei Stellen genau. Beachten Sie, dass sich eine Leibniz–Reihe ergibt.

3.5 Vertauschung von Differentiation und Grenzübergang

Konvergiert eine Folge $f_1, f_2, \ldots$ von C^1–Funktionen auf I in folgendem Sinne:

$$f_n \to f \quad \text{punktweise in } I\,,$$

$$f_n' \to g \quad \text{gleichmäßig auf jedem kompakten Teilintervall von } I\,,$$

so ist f in I stetig differenzierbar und $f' = g$, d.h.

$$\frac{d}{dx} \lim_{n\to\infty} f_n(x) = \lim_{n\to\infty} \frac{d}{dx} f_n(x)\,.$$

BEWEIS.

Sei $x_0 \in I$. Nach dem Hauptsatz der Differential– und Integralrechnung gilt

$$f_n(x) = f_n(x_0) + \int\limits_{x_0}^{x} f_n'(t)\, dt\,.$$

Lassen wir in dieser Gleichung n gegen Unendlich gehen! Nach der Voraussetzung gilt $f_n(x) \to f(x)$, $f_n(x_0) \to f(x_0)$, und wegen der gleichmäßigen Konvergenz $f_n' \to g$ auf $[x_0, x]$ bzw. $[x, x_0]$ erhalten wir

$$f(x) = f(x_0) + \int\limits_{x_0}^{x} g(t)\, dt\,.$$

Nach 3.1 ist g stetig in I, denn jeder Punkt von I liegt in einem geeigneten kompakten Teilintervall von I. Nach dem Hauptsatz ist f daher C^1–differenzierbar, und es gilt $f' = g$.   □

3.6 Gliedweise Differentiation von Reihen

Eine aus reellen Funktionen f_n bestehende Reihe

$$f(x) = \sum_{n=0}^{\infty} f_n(x)$$

konvergiere für alle $x \in I$. Wenn alle f_n stetig differenzierbar sind und wenn die gliedweise differenzierte Reihe

$$\sum_{n=0}^{\infty} f_n'(x)$$

auf jedem kompakten Teilintervall von I gleichmäßig konvergiert, so ist auch f stetig differenzierbar, und es gilt

$$f'(x) = \sum_{n=0}^{\infty} f_n'(x).$$

BEWEIS durch Anwendung von 3.5 auf die Teilsummen, vgl. 3.3.

FOLGERUNG. *Hat eine Potenzreihe mit reellen Koeffizienten*

$$f(x) = \sum_{n=0}^{\infty} a_n(x - x_0)^n$$

den Konvergenzradius $R > 0$, so ist f in $]x_0 - R, x_0 + R[$ beliebig oft differenzierbar, und es gilt dort

$$f'(x) = \sum_{n=1}^{\infty} na_n(x - x_0)^{n-1}, \quad f''(x) = \sum_{n=2}^{\infty} n(n-1)a_n(x - x_0)^{n-2}, \quad usw.$$

Das ist die Behauptung § 10 : 3.1, deren Beweis noch ausstand.

BEWEIS.

Jedes $x \in]x_0 - R, x_0 + R[$ liegt in einem geeigneten Intervall $[x_0 - r, x_0 + r]$ mit $r < R$. In diesem konvergieren die abgeleiteten Reihen gleichmäßig nach 2.7. Somit folgt die Behauptung aus 3.6. □

3.7 Aufgaben

(a) Zeigen Sie die C^1–Differenzierbarkeit von

$$f(x) = \sum_{n=1}^{\infty} \frac{1}{n} \sin \frac{x}{n} \quad \text{mit } 0 \le x \le 1.$$

(b) Geben Sie den Wert der Reihe $\sum_{n=1}^{\infty} n^2 x^n$ für $-1 < x < 1$ in geschlossener Form an, vgl. § 10 : 3.3 (a).

4 Uneigentliche Integrale

4.1 Vorbereitende Beispiele

(a) *Die Fläche unter* $\frac{1}{x^2}$ *für* $x \geq 1$.

Wir betrachten im $\mathbb{R}^2$ die unbeschränkte Menge

$$M = \left\{ (x,y) \mid x \geq 1,\ 0 \leq y \leq \frac{1}{x^2} \right\},$$

also die Fläche unter dem Graphen von

$$x \mapsto \frac{1}{x^2}$$

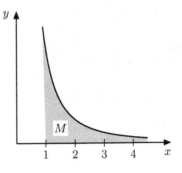

über dem Intervall $[1, \infty[$ (Fig.).

Wir schreiben der Fläche M auf folgende Weise einen *Flächeninhalt* $A(M)$ zu:
Zunächst bestimmen wir

$$\int_1^s \frac{dx}{x^2} = -\frac{1}{x}\bigg|_1^s = 1 - \frac{1}{s} \quad \text{für} \quad s > 1$$

und stellen fest, dass dieser Ausdruck für $s \to \infty$ den Grenzwert 1 besitzt. Es
ist daher vernünftig, $A(M)$ durch

$$A(M) := \lim_{s \to \infty} \int_1^s \frac{dx}{x^2} = 1$$

zu definieren.

(b) Die Fläche unter $\frac{1}{\sqrt{x}}$ für $0 < x \leq b$ definieren wir analog durch

$$A = \lim_{s \to 0+} \int_s^b \frac{1}{\sqrt{x}}\, dx = \lim_{s \to 0+} 2\sqrt{x}\,\bigg|_s^b = \lim_{s \to 0+} \left(2\sqrt{b} - 2\sqrt{s} \right) = 2\sqrt{b}$$

(c) Der Fläche unter der Hyperbel $\frac{1}{x}$ über dem Intervall $[1, \infty[$ lässt sich kein
Flächeninhalt zuordnen. Denn es gilt

$$\int_1^s \frac{dx}{x} = \log s \to \infty \quad \text{für} \quad s \to \infty.$$

4.2 Integration positiver Funktionen über halboffene Intervalle

(a) Wir betrachten zunächst Intervalle $I = [a, b[$ mit $a < b \leq \infty$. Die Funktion $f : I \to \mathbb{R}_+$ sei über jedes kompakte Teilintervall $[a, s]$ integrierbar. (Dies ist z.B. der Fall, wenn f auf I stetig ist.) Das unbestimmte Integral

$$F(s) = \int_a^s f(x)\, dx$$

ist dann monoton wachsend. Bleibt $F(s)$ für $s \to b-$ beschränkt, so nennen wir f über I **integrierbar**. Für integrierbare Funktionen definieren wir das **Integral** durch

$$\int_a^b f(x)\, dx := \lim_{s \to b} \int_a^s f(x)\, dx\,.$$

Dabei stützen wir uns auf den

SATZ. *Ist F auf $I = [a, b[$ $(a < b \leq \infty)$ monoton wachsend und beschränkt, so existiert* $\lim\limits_{s \to b-} F(s)$ *(bzw.* $\lim\limits_{s \to \infty} F(s)$ *im Fall $b = \infty$).*

BEWEIS.
Wegen der Beschränktheit von F existiert $A = \sup \{F(s) \mid s \in [a, b[\,\}$. Zu gegebenem $\varepsilon > 0$ gibt es ein $s_0 \in [a, b[$ mit $A - \varepsilon < F(s_0) \leq A$. Wegen der Monotonie von F gilt dann

$$A - \varepsilon < F(s) \leq A\,, \quad \text{d.h.} \quad |A - F(s)| < \varepsilon \quad \text{für alle} \quad s > s_0\,.$$

Im Fall $b = \infty$ ist dies nach § 8 : 1.8 (d) bereits die Behauptung. Im Fall $b \in \mathbb{R}$ bedeutet dies $|A - F(s)| < \varepsilon$ für $0 < |b - s| = b - s < \delta := b - s_0$. $\square$

Statt „f ist über I integrierbar" sagen wir auch „$\int\limits_a^b f$ existiert bzw. konvergiert"

oder „$\int\limits_a^b f < \infty$". Ist f nicht integrierbar, so heißt das Integral $\int\limits_a^b f$ divergent.

(b) Für Intervalle I der Form $]a, b]$, bzw. $]-\infty, b]$ betrachten wir

$$F(s) = \int_s^b f(x)\, dx\,,$$

falls $f : I \to \mathbb{R}_+$ über jedes Intervall $[s, b] \subset I$ integrierbar ist. Wir definieren in analoger Weise, falls F beschränkt ist,

(a) $\int\limits_a^b f(x)\, dx := \lim\limits_{s \to a+} \int\limits_s^b f(x)\, dx\,,$

(b) $\int\limits_{-\infty}^{b} f(x)\,dx := \lim\limits_{s\to-\infty} \int\limits_{s}^{b} f(x)\,dx$.

Die Integrale (a),(b) werden auch *uneigentliche Integrale* genannt.

4.3 Beispiel $x \mapsto x^{\alpha}$. $\int\limits_{0}^{1} x^{\alpha}\,dx$ existiert genau dann, wenn $\alpha > -1$.

In diesem Fall ist der Wert des Integrals $\dfrac{1}{\alpha+1}$ $\boxed{\text{ÜA}}$.

$$\int\limits_{1}^{\infty} \frac{dx}{x^{\alpha}} \quad \text{existiert genau dann, wenn } \alpha > 1 .$$

In diesem Fall ist der Wert des Integrals $\dfrac{1}{\alpha-1}$ $\boxed{\text{ÜA}}$.

4.4 Integration positiver Funktionen über offene Intervalle

Es sei $I = {]a,b[}$ mit $-\infty \le a < b \le \infty$ und $f : I \to \mathbb{R}_+$ **lokal integrierbar**, d.h. über jedes kompakte Teilintervall von I im Sinne von § 11 integrierbar. f heißt (uneigentlich) **über I integrierbar**, wenn für ein geeignetes $x_0 \in I$ die beiden Integrale

$$\int\limits_{a}^{x_0} f(x)\,dx \quad \text{und} \quad \int\limits_{x_0}^{b} f(x)\,dx$$

konvergieren. Wir setzen dann

$$\int\limits_{a}^{b} f(x)\,dx := \int\limits_{a}^{x_0} f(x)\,dx + \int\limits_{x_0}^{b} f(x)\,dx .$$

Beachten Sie: Existieren die beiden genannten Integrale für *ein* $x_0 \in I$, so existieren sie beide für *alle* $x_0 \in I$, und ihre Summe ist jedesmal dieselbe $\boxed{\text{ÜA}}$.

4.5 Positiver und negativer Teil einer reellen Funktion

Ist M eine beliebige nichtleere Menge und $f : M \to \mathbb{R}$, so setzen wir

$$f_+(x) := \begin{cases} f(x) & \text{falls } f(x) > 0, \\ 0 & \text{sonst,} \end{cases} \qquad f_-(x) := \begin{cases} -f(x) & \text{falls } f(x) < 0, \\ 0 & \text{sonst.} \end{cases}$$

Dann ist $f_+ \ge 0$, $f_- \ge 0$, und es gilt $\boxed{\text{ÜA}}$:

$$f = f_+ - f_- , \qquad |f| = f_+ + f_- .$$

$\boxed{\text{ÜA}}$ Skizzieren Sie f_+, f_- für $f(x) = \sin x$.

4.6 Das Integral für Funktionen beliebigen Vorzeichens

Sei I ein halboffenes oder offenes Intervall, und $f : I \to \mathbb{R}$ sei lokal integrierbar in I (vgl. 4.4). Dann sind auch $f_+ = \frac{1}{2}(|f| + f)$ und $f_- = \frac{1}{2}(|f| - f)$ lokal integrierbar. f heißt **über I integrierbar**, wenn f_+ und f_- über I uneigentlich integrierbar sind (nach 4.3 bzw. 4.4). In diesem Fall setzen wir

$$\int_I f(x)\,dx := \int_I f_+(x)\,dx - \int_I f_-(x)\,dx \,.$$

Definitionsgemäß ist mit f auch $|f|$ integrierbar, und es gilt

$$\int_I |f(x)|\,dx = \int_I f_+(x)\,dx + \int_I f_-(x)\,dx \,.$$

Wir deuten das Integral wieder als die Fläche zwischen dem Graphen von f und der x–Achse, (Anteile unterhalb der Achse negativ gerechnet).

Die Berechnung des Integrals geschieht wie in 4.3 und 4.4, z.B. gilt

$$\int_a^\infty f(x)\,dx = \lim_{s\to\infty} \int_a^s f(x)\,dx \,,$$

falls f über $[a, \infty[$ integrierbar ist. Aus der Existenz des rechtstehenden Grenzwertes folgt aber nicht die Integrierbarkeit von f. Zum Beispiel existiert

$$\lim_{s\to\infty} \int_0^s \frac{\sin x}{x}\,dx = \frac{\pi}{2}$$

[BARNER–FLOHR 1, pp. 418, 433], während der Absolutbetrag des Integranden nicht über $\mathbb{R}$ integrierbar ist ([ÜA], vgl. Bd. 2, §12 : 2.1). Dass wir, anders als in der Literatur oft üblich, mit der Integrierbarkeit von f auch die von $|f|$ verlangen, hat folgenden Grund: Diese Eigenschaft hat auch das Lebesgue–Integral, auf das wir uns im Band 2 ganz wesentlich stützen. Von diesem sind das Regelintegral und das hier definierte uneigentliche Integral Spezialfälle.

4.7 Die Hauptkriterien für Integrierbarkeit

Sei I ein offenes oder halboffenes Intervall und $f : I \to \mathbb{R}$ lokal integrierbar in I. (Das ist zum Beispiel der Fall, wenn f stetig oder in jedem kompakten Intervall stückweis stetig ist.)

f ist genau dann über I (uneigentlich) integrierbar, wenn eine der beiden folgenden Bedingungen erfüllt ist:

(a) **Beschränktheitskriterium.** *Es gibt eine Zahl $C \geq 0$ mit*

$$\int_\alpha^\beta |f(x)|\,dx \leq C$$

für alle kompakten Teilintervalle $[\alpha, \beta] \subset I$.

(b) **Majorantenkriterium.** *Es gibt eine positive, über I integrierbare Funktion g mit*

$$|f(x)| \leq g(x) \quad \text{für alle} \quad x \in I\,.$$

BEWEIS.

(a) Ist f über I integrierbar, so sind f_+ und f_- über I integrierbar. Dann gilt

$$\int_\alpha^\beta f_+ \leq \int_I f_+\,, \quad \int_\alpha^\beta f_- \leq \int_I f_-$$

für alle $[\alpha, \beta] \subset I$ und daher

$$\int_\alpha^\beta |f| = \int_\alpha^\beta f_+ + \int_\alpha^\beta f_- \leq \int_I f_+ + \int_I f_- =: C\,.$$

Umgekehrt: Gibt es eine Konstante C mit

$$\int_\alpha^\beta f_+ + \int_\alpha^\beta f_- = \int_\alpha^\beta |f| \leq C$$

für alle kompakten Teilintervalle $[\alpha, \beta]$ von I, so folgt insbesondere

$$\int_\alpha^\beta f_+ \leq C\,, \quad \int_\alpha^\beta f_- \leq C$$

und daher die Integrierbarkeit von f_+ und f_- nach dem Muster 4.2.

(b) Ist f über I integrierbar, so existiert $\int_I |f(x)|\,dx$ nach 4.6. Wir wählen als Majorante $g(x) = |f(x)|$. Hat umgekehrt f die Majorante g, so gilt

$$\int_\alpha^\beta |f(x)|\,dx \leq \int_\alpha^\beta g(x)\,dx \leq \int_I g(x)\,dx$$

für alle $[\alpha, \beta] \subset I$, also ist f integrierbar nach (a).

4.8 Für die Praxis wichtige Majoranten

(a) $\displaystyle\int_a^\infty \mathrm{e}^{-\lambda x}\,dx = \frac{1}{\lambda}\,\mathrm{e}^{\lambda a}$ für $\lambda > 0$.

(b) $\displaystyle\int_{-\infty}^{+\infty} \frac{dx}{1 + x^2} = \pi\,.$

Denn es gilt $\int\limits_{0}^{y} \frac{dx}{1+x^2} = \arctan x \Big|_0^y \to \frac{\pi}{2}$ für $y \to \infty$.

(c) $\int\limits_{-\infty}^{+\infty} e^{-\frac{1}{2}x^2}\, dx = \sqrt{2\pi}$.

Eine integrierbare Majorante für $f(x) = e^{-\frac{1}{2}x^2}$ erhalten wir durch

$$g(x) := 1 \text{ für } |x| \le 1 \quad \text{und} \quad g(x) := e^{-\frac{1}{2}|x|} \text{ für } |x| \ge 1.$$

Die Integrierbarkeit folgt daher aus (a). Dass das Integral den Wert $\sqrt{2\pi}$ hat, können wir erst in § 23 : 8.4 zeigen.

4.9 Aufgaben

Konvergieren die folgenden Integrale? Wenn ja, geben Sie deren Wert an:

(a) $\int\limits_{-1}^{1} \frac{dx}{\sqrt{1-x^2}}$, (b) $\int\limits_{0}^{1} \log x\, dx$, (c) $\int\limits_{1}^{\infty} \frac{\log x}{x}\, dx$, (d) $\int\limits_{1}^{\infty} \frac{\log x}{x^2}\, dx$.

4.10 Rechenregeln für uneigentliche Integrale

(a) *Sind f und g über I integrierbar und $a, b \in \mathbb{R}$, so ist auch $af + bg$ über I integrierbar, und es gilt* $\boxed{\text{ÜA}}$

$$\int\limits_{I} (af + bg) = a \int\limits_{I} f + b \int\limits_{I} g.$$

(b) *Ist f über I integrierbar, so gilt* $\boxed{\text{ÜA}}$

$$\Big| \int\limits_{I} f(x)\, dx \Big| \le \int\limits_{I} |f(x)|\, dx.$$

5 Substitution und partielle Integration, Gamma–Funktion

5.1 Substitution

Stellvertretend für die anderen Fälle sei der Fall $I = [a, \infty[$ betrachtet.

Sei f stetig für $x \ge a$ und über $[a, \infty[$ integrierbar. Ferner sei $\varphi \in \mathrm{C}^1\,[b, \infty[$ mit $\varphi(b) = a$, $\varphi'(x) > 0$ für alle $x > b$ sowie $\lim\limits_{x \to \infty} \varphi(x) = +\infty$. Dann gilt

$$\int\limits_{a}^{\infty} f(x)\, dx = \int\limits_{b}^{\infty} f(\varphi(t))\, \varphi'(t)\, dt.$$

BEWEIS.

Die gewöhnliche Subsitutionsregel liefert

$$\int\limits_a^{\varphi(s)} |f(x)|\,dx = \int\limits_b^s |f\,(\varphi(x))|\,\varphi'(x)\,dx\,.$$

Da die linke Seite der Gleichung beschränkt bleibt, gilt das auch für die rechte, also ist $|f \circ \varphi|\,\varphi'$ integrierbar. Somit gilt

$$\int\limits_a^\infty f = \lim_{s\to\infty} \int\limits_a^{\varphi(s)} f = \lim_{s\to\infty} \int\limits_b^s (f \circ \varphi)\,\varphi' = \int\limits_b^\infty (f \circ \varphi)\,\varphi'\,. \qquad \Box$$

5.2 Zum Verhalten integrierbarer Funktionen im Unendlichen

Für jede über $\mathbb{R}_+$ integrierbare Funktion f gilt

(a) $\displaystyle\lim_{R\to\infty} \int\limits_{x\geq R} |f(x)|\,dx = 0\,,$

(b) $\displaystyle\lim_{x\to\infty} f(x) = 0$, *falls f zusätzlich C^1-differenzierbar und f' über $[0,\infty[$ integrierbar ist.*

(c) *Entsprechendes gilt für die Integration über $\mathbb{R}_-$.*

BEMERKUNG. $\lim_{|x|\to\infty} f(x) = 0$ gilt i.A. nicht ohne zusätzliche Bedingungen an f.
Als Gegenbeispiel betrachten wir die skizzierte Wolkenkratzerfunktion f, bei der auf jeder Grundlinie

$$\left[\,n, n + \tfrac{1}{2}n^{-3}\,\right]$$

ein Rechteck der Höhe n steht. Die Funktion f ist zwar unbeschränkt für $x \to \infty$, aber wegen

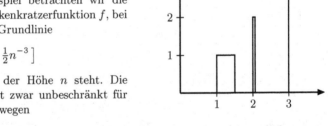

$$\int\limits_0^{N+1} f(x)\,dx = \frac{1}{2}\sum_{n=1}^N \frac{1}{n^2} < \frac{1}{2}\sum_{n=1}^\infty \frac{1}{n^2}$$

über $\mathbb{R}_+$ integrierbar. Durch Abrundung der Ecken lässt sich f in eine C^1-Funktion abändern, die das gleiche Grenzverhalten zeigt.

BEWEIS.

(a) Aus $\displaystyle\int\limits_0^\infty |f| = \lim_{R\to\infty} \int\limits_0^R |f|$ folgt

$$\int\limits_{x\geq R} |f| \;=\; \int\limits_0^\infty |f| \;-\; \int\limits_0^R |f| \;\to\; 0 \quad \text{für} \quad R \to \infty\,.$$

(b) Unter den genannten Voraussetzungen existiert der Grenzwert

$$\lim_{x\to\infty} f(x) \;=\; \lim_{x\to\infty} \Big(f(0) + \int\limits_0^x f'(t)\,dt \Big) \;=\; f(0) + \int\limits_0^\infty f'(t)\,dt\,.$$

Wäre $\displaystyle\lim_{x\to\infty} f(x) \neq 0$, so würde $\displaystyle\int\limits_0^\infty |f(x)|\,dx$ nicht konvergieren.

(c) ergibt sich analog. □

5.3 Partielle Integration

(a) *Für $f,g \in \mathrm{C}^1(\mathbb{R})$ seien fg, $f'g$ und fg' über $\mathbb{R}$ integrierbar. Dann gilt*

$$\int\limits_{-\infty}^{+\infty} f'g \;=\; - \int\limits_{-\infty}^{+\infty} fg'\,.$$

(b) *Unter entsprechenden Voraussetzungen für $f,g \in C^1([a,\infty[)$ gilt*

$$\int\limits_a^\infty f'g \;=\; -f(a)\,g(a) \;-\; \int\limits_a^\infty fg'\,.$$

BEWEIS.

(b) Partielle Integration ergibt

$$\int\limits_a^b f'g \;=\; f(b)\,g(b) - f(a)\,g(a) - \int\limits_a^b fg'\,.$$

Da $(fg)' = f'g + fg'$ integrierbar ist, folgt nach 5.2 (b)

$$\lim_{b\to\infty} f(b)\,g(b) = 0 \;\Big(\text{und} \;\; \lim_{a\to-\infty} f(a)\,g(a) = 0 \;\text{ im Fall (a) } \Big)\,.$$

Die Behauptung (b) folgt für $b \to \infty$; aus (b) folgt (a) für $a \to -\infty$. □

5.4 Aufgaben

(a) Zeigen Sie mittels partieller Integration, dass

$$\int\limits_{-\infty}^{+\infty} x^2 \mathrm{e}^{-\frac{1}{2}x^2}\,dx \;=\; \int\limits_{-\infty}^{+\infty} \mathrm{e}^{-\frac{1}{2}x^2}\,dx\,.$$

(b) Geben Sie die beiden Integrale

$$\int_0^\infty e^{-xy} \sin x \, dx \quad \text{und} \quad \int_{-\infty}^{+\infty} e^{-y|x|} \cos x \, dx$$

für $y > 0$ formelmäßig an. Beachten Sie dabei die Bemerkungen von § 11 : 6.5 (c).

5.5 Die Gamma–Funktion

ist definiert durch das uneigentliche Integral

$$\Gamma(x) = \int_0^\infty t^{x-1} e^{-t} \, dt \quad \text{für } x > 0.$$

(a) *Dieses Integral konvergiert für $x > 0$.*

(b) *Die Gamma–Funktion ist differenzierbar auf $\mathbb{R}_{>0}$.*

(c) $\Gamma(1) = 1$, $\Gamma(x+1) = x\,\Gamma(x)$ *für $x > 0$, also* $\Gamma(n+1) = n!$.

(d) $\Gamma\left(\frac{1}{2}\right) = \sqrt{\pi}$.

BEWEIS.

(a) Jedes $x > 0$ liegt in einem geeigneten Intervall $[r, R]$ mit $r > 0$. Wir geben im Hinblick auf (c) gleich eine Majorante $g(t)$ für $t^{x-1} e^{-t}$ auf einem solchen Intervall an, nämlich

$$g(t) = \begin{cases} t^{r-1} & \text{für } 0 < t \le 1 \\ t^R e^{-t} & \text{für } t \ge 1. \end{cases}$$

Dann existiert $\int_0^1 g(t)\,dt$ nach 4.3. Da e^t stärker wächst als jede Potenz von t, gibt es eine Konstante C mit $\left| e^t \right| \ge C t^{R+2}$ bzw. $\left| t^R e^{-t} \right| \le 1/(C t^2)$, somit ist g auch über $[1, \infty[$ integrierbar.

(b) Wir zeigen, dass $\Gamma'(x)$ für $x > 0$ durch das Integral

$$I(x) = \int_0^\infty \log t \cdot t^{x-1} \cdot e^{-t} \, dt$$

gegeben ist, dass also die Differentiation unter dem Integral ausgeführt werden darf. Die Konvergenz dieses Integrals ergibt sich nun ähnlich wie in (a): Sei $0 < 2r < x < R$ und

$$G(t) := \begin{cases} -\log t \cdot t^{2r-1} & \text{für } 0 < t \le 1 \\ \log t \cdot t^R e^{-t} & \text{für } t \ge 1. \end{cases}$$

Dann ist G eine Majorante für den Integranden von $I(x)$ in $[2r, R]$. Wegen $\lim\limits_{t \to 0+} \log t \cdot t^r = 0$ gibt es eine Konstante C mit

$$G(t) \leq C\, t^{r-1} \quad \text{für} \quad 0 < t \leq 1\,,$$

also ist G über $]0,1]$ integrierbar. Wegen $\log t \leq t$ für $t \geq 1$ ist $G(t) \leq t^{R+1} \mathrm{e}^{-t}$ für $t \geq 1$, also ist G auch über $[1,\infty[$ integrierbar.

Sei jetzt $0 < h \leq \delta$ mit $\delta = x - 2r$. Dann gilt

$$\frac{\Gamma(x+h) - \Gamma(x)}{h} - I(x) = \int\limits_0^\infty \left(\frac{\mathrm{e}^{h\log t} - 1}{h} - \log t \right) t^{x-1} \mathrm{e}^{-t}\, dt\,.$$

Nach dem Satz von Taylor ist

$$\mathrm{e}^y - 1 - y = \frac{y^2}{2}\, \mathrm{e}^{\vartheta y} \quad \text{mit} \;\; \vartheta \in\,]0,1[\,, \quad \text{also}$$

$$\left| \frac{\mathrm{e}^{h\log t} - 1}{h} - \log t \right| = \left| \frac{1}{2}\, h\, (\log t)^2\, \mathrm{e}^{h\vartheta \log t} \right| \leq \frac{1}{2}\, |h|\, H(t) \quad \text{mit}$$

$$H(t) := \begin{cases} (\log t)^2\, t^{-\delta} & \text{für } 0 < t \leq 1 \\ (\log t)^2\, t^{\delta} & \text{für } t \geq 1\,. \end{cases}$$

Das folgende Integral existiert aus denselben Gründen, wie sie für G geltend gemacht wurden, und wir erhalten

$$\left| \frac{\Gamma(x+h) - \Gamma(x)}{h} - I(x) \right| \leq \frac{|h|}{2} \int\limits_0^\infty H(t)\, t^{x-1} \mathrm{e}^{-t}\, dt \;\to\; 0 \quad \text{für} \;\; h \to 0\,.$$

(c) $\Gamma(1) = \int\limits_0^\infty \mathrm{e}^{-t}\, dt = 1$ ergibt sich durch partielle Integration

$$\int\limits_\alpha^\beta t^x \mathrm{e}^{-t}\, dt = \left. -t^x \mathrm{e}^{-t} \right|_\alpha^\beta + x \int\limits_\alpha^\beta t^{x-1} \mathrm{e}^{-t}\, dt$$

und anschließenden Grenzübergang $\alpha \to 0+$, $\beta \to +\infty$.

(d) Die Substitutionsregel liefert mit $t = \frac{1}{2}x^2$

$$\int\limits_\alpha^\beta \frac{1}{\sqrt{t}}\, \mathrm{e}^{-t}\, dt = \int\limits_{\sqrt{2\alpha}}^{\sqrt{2\beta}} \sqrt{2}\, \mathrm{e}^{-\frac{1}{2}x^2}\, dx\,.$$

Für $\alpha \to 0+$, $\beta \to +\infty$ ergibt sich nach 4.8 (c)

$$\Gamma\left(\tfrac{1}{2}\right) = \sqrt{2} \int\limits_0^\infty \mathrm{e}^{-\frac{1}{2}x^2}\, dx = \sqrt{\pi}\,. \qquad \qquad \square$$

§13 Elementar integrierbare Differentialgleichungen

1 Die lineare Differentialgleichung $y' = a(x)y + b(x)$

1.1 Die Abnahme des Luftdrucks mit der Höhe

Der Luftdruck $p(h)$ in der Höhe h über dem Meeresspiegel wird verursacht durch das Gewicht der über einem Quadratmeter lastenden Luftsäule. Nehmen wir konstantes spezifisches Gewicht ϱ an, so besteht die Beziehung

$$p(h - \Delta h) - p(h) = \varrho \, \Delta h \,.$$

Da aber ϱ von der Höhe abhängt, $\varrho = \varrho(h)$, gibt diese Gleichung die Verhältnisse nur angenähert wieder. Für $\Delta h \to 0$ ergibt sich als strenge Beziehung

$$p'(h) = \lim_{\Delta h \to 0} \frac{p(h - \Delta h) - p(h)}{-\Delta h} = -\varrho(h) \,.$$

Wir legen die ideale Gasgleichung zwischen ϱ, p und der Temperatur T zugrunde:

$$\varrho = \alpha \, \frac{p}{T} \quad \text{mit einer geeigneten Konstanten } \alpha.$$

(a) Betrachten wir die Temperatur als konstant, so erhalten wir mit $\beta := \alpha/T$ die **Differentialgleichung**

$$p'(h) = -\beta \, p(h) \,.$$

Unter der Voraussetzung $p(h) > 0$ können wir diese in die Form

$$0 = \frac{p'(h)}{p(h)} + \beta = \frac{d}{dh} \left(\log p(h) + \beta h \right)$$

bringen. Es folgt $\log p(h) + \beta h = \text{const.}$, also $\log p(h) + \beta h = \log p(h_0) + \beta h_0$ oder

$$p(h) = p(h_0) \, \mathrm{e}^{-\beta(h - h_0)} \quad (\textit{Barometrische Höhenformel}) \,.$$

Diese Beziehung ist wegen der Annahme $T = \text{const}$ nur in kleinen Bereichen korrekt.

(b) In Wirklichkeit fällt die Temperatur mit der Höhe. Die einfachste Modellannahme $T(h) = T_0 - bh$ führt auf die *Differentialgleichung der Standardatmosphäre*

$$p'(h) = -\alpha \, \frac{p(h)}{T_0 - bh} \,.$$

Es stellt sich die Frage, ob eine solche Beziehung die Funktion $p(h)$ schon festlegt, vorausgesetzt, wir kennen einen Funktionswert $p(h_0)$.

1.2 Die homogene lineare Differentialgleichung erster Ordnung

Die zuletzt gestellte Frage ordnet sich folgender Problemstellung unter:

Zu gegebener stetiger Funktion $a : I \to \mathbb{R}$ und gegebenen Anfangswerten $x_0 \in I$, $y_0 \in \mathbb{R}$ ist eine C^1-Funktion $y : I \to \mathbb{R}$ gesucht mit

$$\begin{cases} y'(x) = a(x)\,y(x) & \text{für } x \in I, \\ y(x_0) = y_0. \end{cases}$$

Das ist das **Anfangswertproblem (AWP)** für die **homogene lineare Differentialgleichung erster Ordnung**

$$y'(x) = a(x)\,y(x)\,.$$

Für diese schreiben wir auch kurz

$$y' = a(x)\,y\,.$$

Aufstellung einer Lösungsformel: Sei $y_0 > 0$ und y eine Lösung von $y' = a(x)\,y$ mit $y(x_0) = y_0$. Dann ist auch $y(x) > 0$, solange x nahe bei x_0 liegt, vgl. § 8 : 2.3. Aus der Differentialgleichung

$$a(t) = \frac{y'(t)}{y(t)} \quad \text{folgt durch Integration} \quad \int\limits_{x_0}^{x} a(t)\,dt = \int\limits_{x_0}^{x} \frac{y'(t)}{y(t)}\,dt\,.$$

Nehmen wir im zweiten Integral die Substitution $s = y(t)$ vor und beachten $y(x_0) = y_0$, so erhalten wir

$$\int\limits_{x_0}^{x} a(t)\,dt = \int\limits_{y_0}^{y(x)} \frac{ds}{s} = \log y(x) - \log y_0 = \log \frac{y(x)}{y_0}\,,$$

also

$$y(x) = y_0\,\mathrm{e}^{A(x)} \quad \text{mit } A(x) = \int\limits_{x_0}^{x} a(t)\,dt\,.$$

Im Fall $y_0 < 0$ ergibt sich dieselbe Lösungsformel $\boxed{\ddot{\text{U}}\text{A}}$.

SATZ. *Das Anfangswertproblem*

$$\begin{cases} y' = a(x)y, \\ y(x_0) = y_0 \end{cases}$$

besitzt genau eine Lösung auf dem Intervall I. Diese ist gegeben durch

$$y(x) = y_0\,\mathrm{e}^{A(x)} \quad \text{mit } A(x) = \int\limits_{x_0}^{x} a(t)\,dt\,.$$

BEMERKUNG. Die Lösung dieses Anfangswertproblems ist also entweder identisch Null (*triviale Lösung*), oder sie hat keine Nullstellen. Das angegebene Lösungsverfahren liefert somit alle nichttrivialen Lösungen.

BEWEIS.

(a) *Die angegebene Formel liefert eine Lösung*, denn es gilt

$$y'(x) = y_0 \, e^{A(x)} A'(x) = y_0 \, e^{A(x)} a(x) = y(x) a(x),$$

$$y(x_0) = y_0$$

wegen

$$A(x_0) = 0.$$

(b) *Die angegebene Lösung y ist die einzige*: Denn ist $z : I \to \mathbb{R}$ eine weitere Lösung des Anfangswertproblems, so gilt für $u(x) := z(x) \, e^{-A(x)}$

$$u'(x) = z'(x) \, e^{-A(x)} - z(x) a(x) \, e^{-A(x)}$$

$$= (z'(x) - a(x) z(x)) \, e^{-A(x)} = 0.$$

Also ist u konstant: $u(x) = u(x_0) = z(x_0) = y_0$. Damit gilt

$$z(x) = u(x) \, e^{A(x)} = y_0 \, e^{A(x)}. \qquad \qquad \Box$$

BEISPIEL. Das Anfangswertproblem für die Differentialgleichung der Standardatmosphäre lautet

$$p'(x) = -\alpha \, \frac{p(x)}{T_0 - bx} \quad (\alpha, b \text{ positive Konstanten}),$$

$$p(0) = p_0.$$

Diese ist vom eben behandelten Typ mit

$$a(x) = -\frac{\alpha}{T_0 - bx}.$$

Die Stammfunktion $A(x)$ von $a(x)$ mit $A(0) = 0$ ist für $x < T_0/b$

$$A(x) = \frac{\alpha}{b} \log\left(1 - \frac{bx}{T_0}\right) = \log\left(1 - \frac{bx}{T_0}\right)^{\frac{\alpha}{b}},$$

also ergibt sich die Lösungsformel

$$p(x) = p_0 \, e^{A(x)} = p_0 \left(1 - \frac{bx}{T_0}\right)^{\frac{\alpha}{b}}.$$

1.3 Die inhomogene lineare Differentialgleichung erster Ordnung

Diese ist von der Gestalt

$$y'(x) = a(x)\,y(x) + b(x)\,,$$

in abgekürzter Schreibweise

$$y' = a(x)\,y + b(x)$$

mit gegebenen stetigen Funktionen a, b auf einem Intervall I.

Bei der Lösung dieser Differentialgleichung machen wir Gebrauch von der Lösungsformel für die zugehörige homogene Differentialgleichung $y' = a\,y$. Von dieser wissen wir nach 1.2, dass sämtliche Lösungen die Gestalt

$$y(x) = c\,\mathrm{e}^{A(x)}$$

haben, wobei $A(x)$ irgendeine Stammfunktion von $a(x)$ und $c \in \mathbb{R}$ eine Konstante ist.

Wir versuchen nun, Lösungen der inhomogenen Differentialgleichung durch den Ansatz

$$y(x) = c(x)\,\mathrm{e}^{A(x)}$$

zu gewinnen, wobei c eine geeignete C^1–Funktion auf I ist. Dieser auf LAGRANGE zurückgehende Trick wird **Variation der Konstanten** genannt.

Für die so angesetzte Funktion y ergibt sich

$$y'(x) = c'(x)\,\mathrm{e}^{A(x)} + c(x)\,a(x)\,\mathrm{e}^{A(x)}$$

$$= c'(x)\,\mathrm{e}^{A(x)} + a(x)\,y(x)\,.$$

Die Differentialgleichung $y'(x) = a(x)\,y(x) + b(x)$ ist genau dann erfüllt, wenn

$$c'(x)\,\mathrm{e}^{A(x)} = b(x) \quad \text{für alle} \quad x \in I\,,$$

oder, hierzu äquivalent, wenn

$$c'(x) = \mathrm{e}^{-A(x)}\,b(x) \quad \text{für alle} \quad x \in I$$

bzw.

$$c(x) = y_0 + \int_{x_0}^{x} \mathrm{e}^{-A(s)}\,b(s)\,ds$$

mit $x_0 \in I$ und einer Integrationskonstanten y_0. Für $y(x) = c(x)\,\mathrm{e}^{A(x)}$ gilt dann $y(x_0) = c(x_0) = y_0$. Die Variation der Konstanten führt uns zu folgendem

SATZ. *Das Anfangswertproblem für die inhomogene lineare Differentialgleichung*

$$\begin{cases} y' = a(x)\,y + b(x), \\ y(x_0) = y_0 \end{cases}$$

besitzt auf dem Intervall I genau eine Lösung, und diese ist gegeben durch

$$y(x) \;=\; y_0\, \mathrm{e}^{A(x)} + \int_{x_0}^{x} \mathrm{e}^{A(x)-A(s)}\, b(s)\, ds \quad mit \;\; A(x) = \int_{x_0}^{x} a(t)\, dt\,.$$

BEMERKUNG. Es ist nicht notwendig die fertige Lösungsformel auswendig zu lernen. Besser ist es, sich das Lösungsverfahren zu merken:

• Lösung der zugehörigen homogenen Differentialgleichung $y' = ay$. Hierbei erhalten wir $y(x) = c\,\mathrm{e}^{A(x)}$.

• Variation der Konstanten mit dem Ansatz $y(x) = c(x)\,\mathrm{e}^{A(x)}$.

BEWEIS.

Dass die angegebene Formel eine Lösung des Anfangswertproblems liefert, ist leicht nachzurechnen $\boxed{\text{ÜA}}$.

Zum Nachweis der eindeutigen Lösbarkeit setzen wir

$$w(x) \;=\; \int_{x_0}^{x} \mathrm{e}^{A(x)-A(s)}\, b(s)\, ds \;=\; \mathrm{e}^{A(x)} \int_{x_0}^{x} \mathrm{e}^{-A(s)}\, b(s)\, ds\,.$$

Dann gilt wegen $\frac{d}{dx}\, \mathrm{e}^{A(x)} = a(x)\, \mathrm{e}^{A(x)}$

$$w'(x) \;=\; a(x)\, w(x) + b(x)\,, \quad w(x_0) = 0\,.$$

Für jede Lösung z des inhomogenen Anfangswertproblems ist $u = z - w$ eine Lösung der homogenen Differentialgleichung $u' = a \cdot u$ mit

$$u(x_0) = z(x_0) - w(x_0) = y_0\,.$$

Nach der Eindeutigkeitsaussage 1.2 folgt

$$u(x) = y_0\, \mathrm{e}^{A(x)}\,,$$

also

$$z(x) = u(x) + w(x) \;=\; y_0\, \mathrm{e}^{A(x)} + \int_{x_0}^{x} \mathrm{e}^{A(x)-A(s)}\, b(s)\, ds\,.$$

$\square$

1.4 Aufgaben

Lösen Sie die Anfangswertprobleme

(a) $y'(x) = \lambda y(x) + c e^{\lambda x}$, $y(0) = y_0$.

(b) $y'(x) = \lambda y(x) + (cx + d) e^{\lambda x}$, $y(0) = y_0$.

2 Zwei aufschlussreiche Beispiele

2.1 Die spezielle Riccati–Gleichung

Wir betrachten das Anfangswertproblem

$$\begin{cases} y'(x) = 2xy^2(x), \\ y(0) = y_0 > 0. \end{cases}$$

Für eine Lösung y dieses Problems gilt wegen $y(0) > 0$ auch $y(t) > 0$ in einer geeigneten Umgebung von 0. In dieser Umgebung gilt dann

$$2t = \frac{y'(t)}{y^2(t)}, \quad y(0) = y_0.$$

Integration und Substitution $s = y(t)$ liefern

$$x^2 = 2\int_0^x t\,dt = \int_0^x \frac{y'(t)}{y^2(t)}\,dt = \int_{y_0}^{y(x)} \frac{ds}{s^2} = \frac{1}{y_0} - \frac{1}{y(x)}.$$

Durch Auflösung dieser Gleichung nach $y(x)$ erhalten wir

$$y(x) = \frac{y_0}{1 - y_0 x^2}.$$

Es ist leicht nachzurechnen, dass diese Formel für $|x| < 1/\sqrt{y_0}$ auch wirklich eine Lösung liefert. Offenbar lässt sich die Lösung nicht über das Intervall

$$I_0 = \left] -\frac{1}{\sqrt{y_0}}, \frac{1}{\sqrt{y_0}} \right[$$

hinaus fortsetzen, denn y wird an den Intervallenden unbeschränkt (Fig.).

SCHLUSSFOLGERUNG. Bei einer Differentialgleichung der Form

$$y'(x) = a(x)y^2(x)$$

kann es geschehen, dass die Lösungen nicht auf dem vollen Definitionsintervall von $a(x)$ existieren.

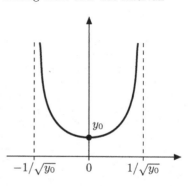

2.2 Der auslaufende Becher

(a)   Am Boden eines zylindrischen
Bechers mit Durchmesser $2R$ befindet
sich ein kreisförmiges Ausflussrohr mit
Durchmesser 2ϱ (Fig.). Die Höhe des
Wasserspiegels zum Zeitpunkt 0 sei h_0.
Gesucht sind der Wasserstand $h(t)$ zum
Zeitpunkt t und die Auslaufzeit T.

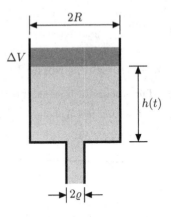

Beim Auslaufen eines kleinen Volumens ΔV nimmt die potentielle Energie um $g\,\Delta V\,h(t)$ ab; die kinetische
Energie nimmt um $\frac{1}{2}v(t)^2\Delta V$ zu,
wo $v(t)$ die Ausflussgeschwindigkeit
zum Zeitpunkt t ist. Würde keine Arbeit gegen die Zähigkeit geleistet, so lie-
ferte der Energieerhaltungssatz $v(t) =$
$\sqrt{2g\,h(t)}$ (Torricelli–Gesetz). In Wirk-
lichkeit werden nur etwa $60\,\%$ der potentiellen Energie in kinetische umgesetzt,
das ergibt $v(t) = \alpha\sqrt{g\,h(t)}$ mit $\alpha \approx 0.6\,\sqrt{2} \approx 0.85$. Offenbar gilt

$$-\frac{\dot{h}(t)}{v(t)} = \frac{\varrho^2}{R^2}\,,$$

somit

$$\dot{h}(t) = -2c\sqrt{h(t)} \quad \text{mit } 2c = \frac{\alpha\varrho^2\sqrt{g}}{R^2}\,.$$

(b)   Wir lösen das *Anfangswertproblem*

$$\dot{h} = -2c\sqrt{h}\,, \quad h(0) = h_0 > 0$$

nach dem schon bewährten Muster: Für eine Lösung h gilt, solange sie positiv
ist,

$$-2c = \frac{\dot{h}(\tau)}{\sqrt{h(\tau)}}\,.$$

Integration von 0 bis t und Substitution $s = h(\tau)$ ergibt

$$-2ct = -2c\int\limits_0^t d\tau = \int\limits_0^t \frac{\dot{h}(\tau)}{\sqrt{h(\tau)}}\,d\tau = \int\limits_{h_0}^{h(t)} \frac{ds}{\sqrt{s}}$$

$$= 2\sqrt{s}\,\Big|_{h_0}^{h(t)} = 2\left(\sqrt{h(t)} - \sqrt{h_0}\right)\,.$$

Lösen wir diese Gleichung nach $h(t)$ auf, so erhalten wir

$$h(t) = \left(\sqrt{h_0} - ct\right)^2 \quad \text{für} \quad t < \frac{\sqrt{h_0}}{c}.$$

Die Auslaufzeit ist also $T = \sqrt{h_0}\,/\,c$. Was geschieht für größere t? Der physikalische Ablauf wird offenbar beschrieben durch

$$h(t) = \begin{cases} \left(\sqrt{h_0} - ct\right)^2 & \text{für} \quad 0 \le t < T, \\ 0 & \text{für} \quad t \ge T. \end{cases}$$

Hierdurch ist eine C^1–differenzierbare Lösung gegeben. Aus der Figur und der vorangehenden Rechnung entnehmen wir: Durch den Zustand zu irgendeinem Zeitpunkt ist das zukünftige Verhalten eindeutig festgelegt. Bei leerem Becher lässt sich aber die Vergangenheit nicht mehr rekonstruieren. Das bedeutet:

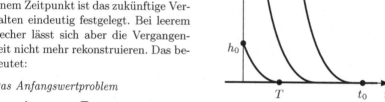

Das Anfangswertproblem

$$\dot{h} = -2c\sqrt{h}, \quad h(t_0) = 0$$

ist nicht eindeutig lösbar!

3 Die separierte Differentialgleichung $y' = a(x)b(y)$

3.1 Vorbemerkung zum Existenzbereich der Lösung

Gegeben seien stetige Funktionen $a : I \to \mathbb{R}$, $b : J \to \mathbb{R}$ und $x_0 \in I$, $y_0 \in J$.

Das Anfangswertproblem für die **separierte Differentialgleichung (Differentialgleichung mit getrennten Variablen)** lautet:

Gesucht ist eine C^1–Funktion $y : I_0 \to J$ auf einem Teilintervall I_0 von I mit

$$\begin{cases} y'(x) = a(x)b(y(x)) & \text{für} \quad x \in I_0, \\ y(x_0) = y_0. \end{cases}$$

Dabei muss selbstverständlich $x_0 \in I_0$ und $y(x) \in J$ für alle $x \in I_0$ gelten. Jede solche Funktion heißt **Lösung** des Anfangswertproblems (AWP). Die separierte DG schreiben wir kurz in der Form

$$y' = a(x)b(y).$$

Hier kann b in nichtlinearer Weise von y abhängen. In diesem Fall ist damit zu rechnen, dass das Existenzintervall I_0 der Lösung nicht das volle Definitionsintervall I von b ist, siehe Beispiel 2.1. Eine andere typische Situation dieser Art zeigt die Figur. Diese stellt die Lösung eines Anfangswertproblems dar, das wir in 3.8 (a) stellen.

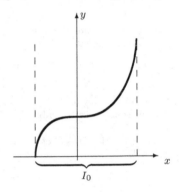

Wir nennen eine Lösung $y : I_0 \to \mathbb{R}$ **maximal definiert (maximal)**, wenn sie nicht als Lösung auf ein umfassenderes Intervall fortgesetzt werden kann.

Das AWP heißt **eindeutig lösbar**, wenn für je zwei Lösungen

$$y_1 : I_1 \to \mathbb{R}, \quad y_2 : I_2 \to \mathbb{R}$$

stets $y_1(x) = y_2(x)$ für $x \in I_1 \cap I_2$ gilt. Das muss, wie wir im Beispiel 2.2 gesehen haben, nicht immer der Fall sein. Beachten Sie: Gleichheit zweier Lösungen beinhaltet Gleichheit der Definitionsbereiche.

3.2 Das Lösungsverfahren für das Anfangswertproblem

$$y'(x) = a(x)\,b(y), \quad y(x_0) = y_0.$$

Ähnlich wie bei der linearen DG $y' = a(x)\,y$ integrieren wir die DG zunächst unter der zusätzlichen Bedingung, dass b keine Nullstellen in J besitzt. Dann gilt für jede Lösung $y : I_0 \to J$ des Anfangswertproblems

$$\frac{y'(t)}{b(y(t))} = a(t), \quad \text{also} \quad \int_{x_0}^{x} \frac{y'(t)}{b(y(t))}\,dt = \int_{x_0}^{x} a(t)\,dt.$$

Die Substitution $s = y(t)$ im linken Integral führt zusammen mit $y(x_0) = y_0$ auf

$$\int_{y_0}^{y(x)} \frac{ds}{b(s)} = \int_{x_0}^{x} a(t)\,dt.$$

Dies stellt eine Gleichung für $y(x)$ dar. Das wird deutlicher, wenn wir diese Gleichung in der Form

(∗) $B(y(x)) = A(x)$

schreiben mit den Stammfunktionen

$$A(x) := \int\limits_{x_0}^{x} a(t)\,dt\,, \quad B(y) := \int\limits_{y_0}^{y} \frac{ds}{b(s)}\,.$$

$y(x)$ ist durch (∗) eindeutig bestimmt, denn $B'(y) = \frac{1}{b(y)}$ hat nach Voraussetzung festes Vorzeichen, also ist B streng monoton und damit injektiv.

Wir haben jetzt noch die Gleichung (∗) nach $y(x)$ aufzulösen, was in vielen Fällen formelmäßig möglich ist. Für die Fälle, wo die explizite Auflösung nicht möglich ist, sichert der folgende Satz 3.3 die Existenz einer Lösung.

Genau nach diesem Muster waren wir auch beim Beispiel $y'(x) = 2\,x\,y^2(x)$ vorgegangen, vgl. 2.1. Dort war $x_0 = 0$,

$$A(x) = x^2\,, \quad B(y) = -\frac{1}{y} + \frac{1}{y_0}\,,$$

und die Auflösung der Gleichung $B(y(x)) = A(x)$ ergab

$$y(x) = \frac{y_0}{1 - y_0\,x^2}\,.$$

BEMERKUNGEN.

(a) Es ist auch hier nicht notwendig, sich die Lösungsformel zu merken, sondern nur das Verfahren.

(b) In der Leibnizschen Differentialschreibweise stellt sich dieses kurz und knapp so dar:

$$\frac{dy}{dx} = a(x)\,b(y) \implies \frac{dy}{b(y)} = a(x)\,dx \implies \int\limits_{y_0}^{y} \frac{dy}{b(y)} = \int\limits_{x_0}^{x} a(x)\,dx\,.$$

Diese Merkregel wird durch die vorangegangene Herleitung gerechtfertigt.

3.3 Lokaler Existenz– und Eindeutigkeitssatz für $b(y) \neq 0$

Gegeben seien stetige Funktionen auf offenen Intervallen

$$a : I \to \mathbb{R}\,, \quad b : J \to \mathbb{R}$$

und Zahlen $x_0 \in I$, $y_0 \in J$. Ferner sei $b(y) \neq 0$ für alle $y \in J$. Dann besitzt das Anfangswertproblem

$$\left\{ \begin{array}{l} y' = a(x)\,b(y)\,, \\ y(x_0) = y_0 \end{array} \right.$$

eine Lösung y, *die mindestens in einer Umgebung* $]x_0 - \delta, x_0 + \delta[$ *definiert ist. Diese ergibt sich nach dem in 3.2 beschriebenen Verfahren.*

Weiter ist das Anfangswertproblem im Rechteck $I \times J$ *eindeutig lösbar im Sinne von 3.1.*

BEWEIS.

(a) Die Eindeutigkeit wurde in 3.2 festgestellt.

(b) Gemäß 3.2 setzen wir

$$A(x) = \int\limits_{x_0}^{x} a(t)\,dt\,, \quad B(y) = \int\limits_{y_0}^{y} \frac{ds}{b(s)} \quad \text{für} \quad x \in I\,, \ y \in J\,.$$

A und B sind C^1–Funktionen mit $A(x_0) = B(y_0) = 0$. Da $B'(y) = 1/b(y)$ nach Voraussetzung festes Vorzeichen hat, ist B streng monoton und besitzt nach dem Umkehrsatz §9 : 5.1 eine C^1–differenzierbare Umkehrfunktion B^{-1}.

(c) Es gibt ein $\varepsilon > 0$ mit $]-\varepsilon, \varepsilon[\subset B(J)$, sonst wäre wegen der strengen Monotonie von B der Punkt $y_0 = B^{-1}(0)$ ein Randpunkt von J.

(d) Es gibt ein $\delta > 0$ mit $A(x) \in \,]-\varepsilon, \varepsilon[$ für $x \in I_0 := \,]x_0 - \delta, x_0 + \delta[$. Dies folgt aus der Stetigkeit von A an der Stelle x_0 und $A(x_0) = 0$.

(e) Damit ist $y(x) = B^{-1}(A(x))$ für $x \in I_0$ definiert und löst dort das Anfangswertproblem: Zunächst einmal ist $y(x_0) = B^{-1}(A(x_0)) = B^{-1}(0) = y_0$. Weiter ist y C^1–differenzierbar nach (b). Aus der Gleichung $B(y(x)) = A(x)$ für $x \in I_0$ folgt schließlich

$$a(x) = \frac{d}{dx}\,A(x) = \frac{d}{dx}\,B(y(x)) = B'(y(x))y'(x) = \frac{1}{b(y(x))}\,y'(x)\,,$$

d.h. y erfüllt die Differentialgleichung.   □

BEISPIEL.

$$y' = \frac{\cos x}{1 + \cos y}\,, \quad y(0) = 0\,.$$

Das Integrationsverfahren 3.2 führt auf die Gleichung

$$y(x) + \sin y(x) = \sin x \quad \boxed{\ddot{\text{U}}\text{A}}\,.$$

Diese Gleichung lässt sich nicht explizit, d.h. formelmäßig nach $y(x)$ auflösen. Jedoch sichert der Existenz– und Eindeutigkeitssatz die Existenz einer eindeutig bestimmten lokalen Lösung.

3.4 Der Fall einer isolierten Nullstelle von b

Das Anfangswertproblem

$$y' = a(x)\,b(y)\,, \quad y(x_0) = y_0$$

wird im Fall $b(y_0) = 0$ durch die konstante Funktion $y = y_0$ gelöst, wie sich sofort verifizieren lässt.

Das Beispiel 2.2 (b) zeigt, dass in diese konstante Lösung noch weitere, nicht konstante Lösungen des Anfangswertproblems einmünden können.

Solche Phänomene werden ausgeschlossen, wenn wir an die Funktion b die stärkere Forderung der stetigen Differenzierbarkeit stellen:

SATZ. *Ist unter den bisherigen Voraussetzungen die Funktion b zusätzlich C^1- differenzierbar auf J und ist y_0 eine isolierte Nullstelle von b, so ist die konstante Funktion y_0 die einzige Lösung des Anfangswertproblems*

$$y' = a(x)\,b(y)\,, \quad y(x_0) = y_0\,.$$

Dabei heißt y_0 *isolierte Nullstelle* der Funktion b, wenn $b(y_0) = 0$ und $b(y) \neq 0$ für $0 < |y - y_0| < \varepsilon$ mit geeignetem $\varepsilon > 0$.

BEWEIS.

Angenommen, eine weitere Lösung y mündet im Punkt (α, y_0) in die konstante Lösung ein. Es reicht, von den vier möglichen Fällen die Einmündung von rechts oben her zu betrachten, also

$$y(\alpha) = y_0 \quad \text{und} \quad y(x) > y_0 \quad \text{für} \quad \alpha < x \leq \alpha + \delta\,.$$

Da y an der Stelle α stetig ist, können wir δ so klein wählen, dass mit dem obengenannten ε

$$y_0 < y(x) \leq y_0 + \frac{\varepsilon}{2} \quad \text{für} \quad \alpha < x \leq \alpha + \delta\,.$$

Wir setzen $\beta = \alpha + \delta$, $\gamma = y(\beta)$ und integrieren die Differentialgleichung gemäß 3.2 von $x \in\,]\alpha, \beta]$ bis β:

$$\int_{y(x)}^{\gamma} \frac{ds}{b(s)} = \int_{x}^{\beta} a(t)\,dt\,.$$

Durch Grenzübergang $x \to \alpha+$ ergibt sich die Existenz des Grenzwertes

$$\lim_{x \to \alpha+} \int_{y(x)}^{\gamma} \frac{ds}{b(s)} = \lim_{x \to \alpha+} \int_{x}^{\beta} a(t)\,dt = \int_{\alpha}^{\beta} a(t)\,dt\,.$$

Das ist aber unmöglich: Nach dem Mittelwertsatz gilt

$$|b(s)| = |b(s) - b(y_0)| = |b'(\vartheta)(s - y_0)| \le L(s - y_0) \quad \text{mit}$$

$$L = \max\{|b'(s)| \mid y_0 \le s \le y_0 + \varepsilon\} .$$

Wegen des festen Vorzeichens von $b(s)$ in $y_0 < s \le y_0 + \varepsilon$ folgt

$$\left| \int\limits_{y(x)}^{\gamma} \frac{ds}{b(s)} \right| = \int\limits_{y(x)}^{\gamma} \frac{ds}{|b(s)|} \ge \frac{1}{L} \int\limits_{y(x)}^{\gamma} \frac{ds}{s - y_0} \to \infty \quad \text{für} \quad x \to \alpha + . \qquad \square$$

3.5 Der globale Existenz– und Eindeutigkeitssatz

Das Anfangswertproblem auf $I \times J$

$$\begin{cases} y' = a(x)b(y), \\ y(x_0) = y_0, \end{cases}$$

ist für beliebig vorgegebene $x_0 \in I$, $y_0 \in J$ eindeutig lösbar und besitzt eine maximale Lösung $y : I_0 \to J$ auf einem offenen Intervall I_0, falls folgende Bedingungen erfüllt sind:

a ist stetig auf dem offenen Intervall I, b ist C^1–differenzierbar auf dem offenen Intervall J und besitzt dort höchstens endlich viele Nullstellen. Wir erhalten die maximale Lösung y und ihr Definitionsintervall I_0 wie folgt.

Im Fall $b(y_0) = 0$ ist $I_0 = I$ und y konstant gleich y_0.

Im Fall $b(y_0) \ne 0$ sei J_0 das größte, y_0 enthaltende Teilintervall von J ohne Nullstellen von b, und es seien

$$A(x) = \int\limits_{x_0}^{x} a(t)\,dt , \quad B(y) = \int\limits_{y_0}^{y} \frac{ds}{b(s)} \quad \text{für} \quad x \in I , \ y_0 \in J_0 .$$

Weiter sei I_0 das größte Teilintervall von I mit $x_0 \in I_0$ und $A(I_0) \subset B(J_0)$. Dann ist die maximale Lösung $y : I_0 \to J_0$ ist eindeutig bestimmt durch die Gleichung

$$B(y(x)) = A(x) \quad \text{für} \quad x \in I_0 .$$

BEWEIS.

(a) Im Fall $b(y_0) = 0$ ist die konstante Funktion $y : I \to J$, $x \mapsto y_0$ eine maximale Lösung. Die Eindeutigkeit ergibt sich aus 3.4. Sei also $b(y_0) \ne 0$.

(b) Nach Wahl von J_0 hat $1/b$ dort ein festes Vorzeichen. Daher ist die Stammfunktion $B : J_0 \to K_0 := B(J_0)$ streng monoton und besitzt eine C^1–Umkehrung $B^{-1} : K_0 \to J_0$. Nach §8:2.3 ist J_0 offen, d.h. kein Punkt von J_0

kann Randpunkt von J_0 sein. Dass K_0 ein Intervall ist, folgt aus dem Zwischenwertsatz; die Offenheit von K_0 folgt wie im Beweis 3.3.

(c) Für eine Lösung y mit $y(x_0) = y_0$ gilt $y(x) \in J_0$, also $b(y(x)) \neq 0$. Denn wäre $y(x_1)$ ein Randpunkt von J_0, also $b(y(x_1)) = 0$, so wäre y konstant nach 3.4. Nach dem Beweis 3.3 erfüllt die Lösung y auf ihrem Existenzintervall also die Gleichung $B(y(x)) = A(x)$. Daraus folgt die

(d) *Eindeutigkeit.* Sind $y_1 : I_1 \to J_0$, $y_2 : I_2 \to J_0$ zwei Lösungen, so folgt für $x \in I_1 \cap I_2$ nach (c) $B(y_1(x)) = B(y_2(x))$, also $y_1(x) = y_2(x)$ wegen der Injektivität von B.

(e) *Existenz einer maximalen Lösung.* Nach Wahl von I_0 gilt $A(I_0) \subset B(J_0) = K_0$. Somit ist durch $y : I_0 \to J_0$, $x \mapsto B^{-1}(A(x))$ eine C^1-Funktion gegeben, die nach den Überlegungen im Beweisteil 3.2 (e) das Anfangswertproblem löst. Für jede andere Lösung $\widetilde{y} : \widetilde{I} \to J$ des AWPs gilt nach (c) $\widetilde{y}(\widetilde{I}) \subset J_0$ und $A(x) = B(\widetilde{y}(x))$ für $x \in \widetilde{I}$, somit $A(\widetilde{I}) \subset B(J_0)$. Es folgt $\widetilde{I} \subset I_0$.

(f) I_0 *ist offen.* Angenommen, das ist nicht der Fall, z.B. $I_0 = \,]\alpha, \beta]$. Für die maximale Lösung $y : I_0 \to J_0$ sei $\gamma = y(\beta)$. Dann hat das AWP $z' = a(x)\,b(z)$, $z(\beta) = \gamma$ nach 3.3 (e) eine in einer Umgebung $\,]\beta - \delta, \beta + \delta[\;\; (\delta > 0)$ definierte lokale Lösung z. Diese muss nach (d) in $\,]\beta - \delta, \beta]$ mit y übereinstimmen. Somit lässt sich y zu einer auf $\,]\alpha, \beta + \delta[$ definierten Lösung fortsetzen im Widerspruch zur Maximalität von I_0. $\qquad\square$

3.6 Bemerkungen. Ist die Gleichung $B(y(x)) = A(x)$ explizit nach $y(x)$ auflösbar, so gibt der letzte Satz das Verfahren zur konkreten Bestimmung der maximalen Lösung. In den anderen Fällen liefert er zunächst nur eine theoretische Existenzaussage. Dennoch ist er auch von großer praktischer Bedeutung. Denn nachdem erst einmal die Lösbarkeit des Anfangswertproblems gesichert ist, kann eines der gängigen numerischen Verfahren zur näherungsweisen Berechnung der Lösung angesetzt werden; Näheres dazu in [HAIRER–NØRSETT–WANNER].

3.7 Beispiel. Das Anfangswertproblem $y' = x\left(1 + y^2\right)$, $y(-\sqrt{2\pi}) = 1$. Hier ist $I = J = J_0 = \mathbb{R}$ und

$$A(x) = \frac{1}{2}\left(x^2 - 2\pi\right),$$

$$B(y) = \int_1^y \frac{dt}{1 + t^2} = \arctan y - \arctan 1 = \arctan y - \frac{\pi}{4}.$$

Der Wertebereich des Arcustangens ist $\left]-\frac{\pi}{2}, \frac{\pi}{2}\right[$, wir haben also

$$B(J_0) = \left]-\tfrac{3}{4}\pi, \tfrac{1}{4}\pi\right[.$$

Die Bedingung $A(x) \in B(J_0)$ führt auf

$$x^2 \in \left] \tfrac{\pi}{2}, \tfrac{5\pi}{2} \right[, \quad \text{also} \quad \sqrt{\tfrac{\pi}{2}} < |x| < \sqrt{\tfrac{5\pi}{2}}.$$

Das größtmögliche Intervall I_0 mit $x_0 = -\sqrt{2\pi} \in I_0$ und $A(I_0) \subset B(J_0)$ ist

$$I_0 = \left] -\sqrt{\tfrac{5\pi}{2}}, -\sqrt{\tfrac{\pi}{2}} \right[.$$

Die Auflösung der Gleichung

$$\arctan y(x) - \frac{\pi}{4} = \frac{1}{2}\left(x^2 - 2\pi\right)$$

nach y liefert

$$y(x) = \tan\left(\frac{x^2}{2} - \frac{3\pi}{4}\right) \quad \text{für} \quad -\sqrt{\tfrac{5\pi}{2}} < x < -\sqrt{\tfrac{\pi}{2}}.$$

3.8 Aufgaben

(a) Bestimmen Sie die maximale Lösung für das Anfangswertproblem

$$y' = \frac{x^2}{\sin y}, \quad y(0) = \frac{\pi}{3} \quad \text{(vgl. die Fig. in 3.1)}.$$

(b) Gegeben ist die DG

$$y' = \frac{\cos x}{\cos y}.$$

In welchen Bereichen sind die beiden Anfangswertaufgaben lösbar bzw. eindeutig lösbar?

$$(1) \quad y(0) = \frac{\pi}{6}, \qquad (2) \quad y(0) = -\pi.$$

Machen Sie die Probe!

(c) Geben Sie die maximale Lösung des Anfangswertproblems

$$y' = \cos x \cdot \sin y, \quad y(0) = \frac{\pi}{3} \quad \text{an}.$$

4 Zurückführung auf getrennte Variable

Differentialgleichungen vom Typ

$$y' = F\left(\frac{ax + by + c}{dx + ey + f}\right)$$

lassen sich durch Substitution auf eine DG mit getrennten Variablen zurückführen. Wir zeigen dies für zwei Spezialfälle.

(a) Die DG $y' = F(ax + by + c)$ mit $b \neq 0$.

Für jede Lösung y erfüllt $u(x) = ax + by(x) + c$ die DG

$$u'(x) = a + by'(x) = a + bF(u(x)).$$

Das ist eine DG der Form $u' = g(u)$. Erfüllt umgekehrt u diese DG, so löst $y(x) = \frac{1}{b}(u(x) - ax - c)$ die ursprüngliche DG $\boxed{\text{ÜA}}$.

(b) *Die Differentialgleichung* $y' = F\left(\frac{y}{x}\right)$.

Sei $F \in C(\mathbb{R})$ und $y \in C^1(\mathbb{R}_{>0})$ eine Lösung der DG $y' = F\left(\frac{y}{x}\right)$. Setzen wir

$$u(x) := \frac{y(x)}{x}, \quad \text{so gilt} \quad u'(x) = \frac{1}{x}\left(F(u(x)) - u(x)\right).$$

Das ist eine separierte DG. Erfüllt umgekehrt u diese DG, so ist $y(x) = xu(x)$ eine Lösung der ursprünglichen DG $\boxed{\text{ÜA}}$.

Beachten Sie: Aus jeder Lösung $y \in C^1(\mathbb{R}_{>0})$ entsteht durch $z(x) = -y(-x)$ mit $x < 0$ eine Lösung z auf $\mathbb{R}_{<0}$ $\boxed{\text{ÜA}}$.

5 Wegweiser: Differentialgleichungen in Band 1 und Band 2

(a) *Weitere Differentialgleichungen erster Ordnung*: In Kapitel VI, § 24 werden Differentialgleichungen der Form

$$\frac{d}{dx} U(x, y(x)) = P(x, y(x)) + Q(x, y(x)) y'(x) = 0$$

(*exakte Differentialgleichungen*) und verwandte Differentialgleichungen untersucht.

(b) *Die Schwingungsgleichung* $\ddot{x}(t) + a\dot{x}(t) + bx(t) = f(t)$ als Differentialgleichung zweiter Ordnung wurde in § 10 behandelt.

(c) *Systeme von Differentialgleichungen mit konstanten Koeffizienten* werden im Rahmen der linearen Algebra behandelt: in § 18 : 5.2 Systeme erster Ordnung und in § 20 : 5 die Differentialgleichungen gekoppelter Systeme von Massenpunkten in linearisierter Form.

(d) *Nachschlagewerk über gewöhnliche Differentialgleichungen*. Die meisten bekannten Lösungen und Lösungsmethoden sind bei [KAMKE] in systematischer Form zusammengestellt.

(e) Für die allgemeine Theorie gewöhnlicher Differentialgleichungen, für deren qualitative Theorie und für singuläre Differentialgleichungen 2. Ordnung verweisen wir auf Band 2, Kap. II.

Kapitel IV
Lineare Algebra

§ 14 Vektorräume

1 Wovon handelt lineare Algebra?

1.1 Lineare Gleichungen

Ausgangspunkt der linearen Algebra sind *lineare Gleichungen*

$$L(u) = v$$

verschiedenster Art. Wir geben zunächst Beispiele, stellen anschließend fest, was diese gemeinsam haben und formulieren dann die Problemstellungen.

(a) **Lineare Gleichungssysteme** wie zum Beispiel

$$\begin{cases} 2x_1 + x_2 - x_3 = y_1 \\ -7x_1 - 5x_2 + 3x_3 = y_2 \end{cases} , \quad \text{kurz} \quad L(\mathbf{u}) = \mathbf{v}, \quad \text{mit}$$

$$\mathbf{u} = \begin{pmatrix} x_1 \\ x_2 \\ x_3 \end{pmatrix}, \quad \mathbf{v} = \begin{pmatrix} y_1 \\ y_2 \end{pmatrix}, \quad L(\mathbf{u}) = \begin{pmatrix} 2x_1 + x_2 - x_3 \\ -7x_1 - 5x_2 + 3x_3 \end{pmatrix}.$$

Gegeben ist $\mathbf{v}$, gesucht sind alle Lösungen $\mathbf{u}$.

(b) **Schwingungsgleichung.** Gegeben $v(t) = \cos \omega t$. Gesucht sind alle C^2–Funktionen u mit

$$\ddot{u} + a\dot{u} + bu = v.$$

Wir können auch diese Gleichung in die Kurzform $L(u) = v$ bringen.

(c) **Potentialgleichung**

$$\frac{\partial^2 u}{\partial x^2}(x,y) + \frac{\partial^2 u}{\partial y^2}(x,y) = v(x,y), \quad \text{kurz} \quad \Delta u = v.$$

Dabei soll $\dfrac{\partial^2 u}{\partial x^2}(x,y)$ die zweite Ableitung von $u(x,y)$ nach x bei konstantem y bedeuten, entsprechend ist die zweite partielle Ableitung nach y definiert.

(d) **Wellengleichung.** Im Zusammenhang mit der schwingenden Saite sind Lösungen u der Gleichung

$$\frac{\partial^2 u}{\partial t^2} - \frac{1}{c^2} \frac{\partial^2 u}{\partial x^2} = 0, \quad \text{kurz} \quad L(u) = 0,$$

gesucht.

© Springer-Verlag GmbH Deutschland 2018
H. Fischer und H. Kaul, *Mathematik für Physiker Band 1*,
https://doi.org/10.1007/978-3-662-56561-2_4

Was haben diese Probleme gemeinsam?

In allen Beispielen hat die Abbildung $L : u \mapsto L(u)$ die Eigenschaft

$$L\left(\alpha_1 u_1 + \alpha_2 u_2\right) = \alpha_1 L(u_1) + \alpha_2 L(u_2) \text{ mit } \alpha_1, \alpha_2 \in \mathbb{R}.$$

Wir sagen: L ist eine **lineare Abbildung**.

Problemstellungen: Gibt es Lösungen u? Wenn ja, sind diese eindeutig bestimmt? Wenn nicht, was lässt sich über die Gesamtheit der Lösungen sagen?

Ohne die Frage nach der Lösbarkeit untersuchen zu müssen, können wir über die Struktur des Lösungsraums $\{u \mid L(u) = v\}$ Folgendes sagen:

- Die homogene Gleichung $L(u) = 0$ besitzt immer die (uninteressante) Lösung $u = 0$; diese heißt die **triviale Lösung**.

- Sind u_1 und u_2 Lösungen der homogenen Gleichung, so ist auch jede **Linearkombination** oder **Superposition**

$$\alpha_1 u_1 + \alpha_2 u_2$$

eine Lösung. Wir sagen: Die Lösungen bilden einen **Vektorraum**.

- Ist u_0 eine spezielle Lösung der inhomogenen Gleichung $L(u) = v$, so erhalten wir sämtliche Lösungen der inhomogenen Gleichung in der Form

$$u_0 + u,$$

wobei u die Lösungen der homogenen Gleichung durchläuft.

Diese Ergebnisse haben wir für die Schwingungsgleichung schon bewiesen, vgl. § 10 : 4.4 und 4.6; sie ergeben sich genauso für beliebige lineare Gleichungen.

1.2 Die Wahl geeigneter Koordinatensysteme

In der Vektorrechnung haben wir für die euklidische Ebene bzw. für den Raum ein Koordinatensystem ausgezeichnet und ein für allemal festgehalten. Die Beschreibung geometrischer Sachverhalte erfolgte dann mit Hilfe von Koordinatenspalten bezüglich dieses Systems.

Für viele Fragestellungen ist es aber von entscheidender Bedeutung, das Koordinatensystem zu wechseln und passend zu dem vorliegenden Problem auszuwählen, etwa bei den Hauptträgheitsachsen einer Kreiselbewegung. Eine wichtige Frage ist dann die nach dem Transformationsverhalten einer Größe bei Wechsel des Bezugssystems.

Wir wollen in Zukunft deutlich unterscheiden zwischen den eigentlich interessierenden geometrischen und physikalischen Objekten und deren verschiedenen Koordinatendarstellungen. Dementsprechend werden wir soweit wie möglich eine koordinatenunabhängige Formulierung der Theorie bevorzugen.

2 Vektorräume

2.1 Definition. Eine nichtleere Menge V heißt **Vektorraum über $\mathbb{R}$ bzw. über $\mathbb{C}$**, wenn auf V eine Addition und eine Multiplikation mit Zahlen aus $\mathbb{R}$ bzw. $\mathbb{C}$ erklärt ist, so dass die von der Vektorrechnung her geläufigen Rechenregeln gelten. Diese lauten:

Mit u und v gehört auch $u + v$ zu V. Ferner enthält V ein ausgezeichnetes Element 0, und es gilt

(A_1) $(u + v) + w = u + (v + w)$,

(A_2) $u + v = v + u$,

(A_3) $u + 0 = u$,

(A_4) die Gleichung $u + x = v$ besitzt stets genau eine Lösung x.

Mit $u \in V$, $\alpha \in \mathbb{R}$ (bzw. $\alpha \in \mathbb{C}$) gehört auch $\alpha \cdot u$ zu V, und es gilt:

(S_1) $(\alpha + \beta) \cdot u = \alpha \cdot u + \beta \cdot u$,

(S_2) $\alpha \cdot (u + v) = \alpha u + \alpha v$,

(S_3) $\alpha \cdot (\beta \cdot u) = (\alpha\beta) \cdot u$,

(S_4) $1 \cdot u = u$.

Die Elemente von V nennen wir **Vektoren.**

Die Elemente des jeweils zugrundeliegenden Zahlkörpers $\mathbb{R}$ oder $\mathbb{C}$ nennen wir **Skalare.** Solange die Theorie für $\mathbb{R}$ und $\mathbb{C}$ gemeinsam formuliert werden kann, bezeichnen wir den jeweils zugrundeliegenden Zahlkörper einheitlich mit $\mathbb{K}$ und sprechen von einem Vektorraum über $\mathbb{K}$. Meistens schreiben wir αu statt $\alpha \cdot u$. Das bezüglich der Addition neutrale Element 0 heißt der **Nullvektor.** Für die Zahl Null schreiben wir 0.

Die eindeutig bestimmte Lösung x der Gleichung $u + x = 0$ wird wie üblich mit $-u$ bezeichnet; die Lösung der Gleichung $u + x = v$ heißt wieder $x = v - u$.

2.2 Die Beispiele $\mathbb{R}^n$ und $\mathbb{C}^n$

(a) $\mathbb{R}^n$ ist ein Vektorraum über $\mathbb{R}$. Dies wurde in § 5 : 3.5 und § 6 : 1.2 festgestellt.

(b) Ganz analog ist

$$\mathbb{C}^n = \left\{ \mathbf{z} = \begin{pmatrix} z_1 \\ \vdots \\ z_n \end{pmatrix} \;\middle|\; z_1, \ldots, z_n \in \mathbb{C} \right\}$$

ein $\mathbb{C}$-*Vektorraum* (= Vektorraum über $\mathbb{C}$) mit den Verknüpfungen

$$\mathbf{z} + \mathbf{w} = \begin{pmatrix} z_1 + w_1 \\ \vdots \\ z_n + w_n \end{pmatrix}, \quad \alpha\,\mathbf{z} = \begin{pmatrix} \alpha z_1 \\ \vdots \\ \alpha z_n \end{pmatrix} \quad (\alpha \in \mathbb{C}).$$

Die Gleichheit zweier Vektoren ist wie im $\mathbb{R}^n$ definiert.

Die beiden Fälle $\mathbb{R}^n$ und $\mathbb{C}^n$ fassen wir unter der Bezeichnung $\mathbb{K}^n$ zusammen, wo $\mathbb{K}$ wahlweise $\mathbb{R}$ oder $\mathbb{C}$ bedeuten kann.

$\mathbb{K}$ als Vektorraum. Wir interpretieren die Zahlen von $\mathbb{K}$ gleichermaßen als Vektoren und als Skalare. Die Multiplikation mit Skalaren ist dann die gewöhnliche Multiplikation von Zahlen. Es ist leicht zu sehen, dass die Vektorraumaxiome erfüllt sind; sie sind in den Körperaxiomen enthalten. Wir fassen diesen Vektorraum als Spezialfall des $\mathbb{K}^n$ für $n = 1$ auf.

2.3 Der Folgenraum

Wir bezeichnen komplexe Zahlenfolgen (z_n) mit

$$z = (z_1, z_2, \ldots).$$

Die Menge der komplexen Folgen mit der Gleichheit $(z_1, z_2, \ldots) = (w_1, w_2, \ldots)$ $\Longleftrightarrow z_k = w_k$ $(k = 1, 2, \ldots)$ und den Verknüpfungen

$$(z_1, z_2, \ldots) + (w_1, w_2, \ldots) = (z_1 + w_1, z_2 + w_2, \ldots),$$
$$\alpha \cdot (z_1, z_2, \ldots) = (\alpha z_1, \alpha z_2, \ldots)$$

wird zu einem $\mathbb{C}$–Vektorraum, dem *Folgenraum* über $\mathbb{C}$.

2.4 Funktionenräume

Ist M eine nichtleere Menge, $\mathbb{K}$ einer der Zahlkörper $\mathbb{R}$ oder $\mathbb{C}$, so wird

$$\mathcal{F}(M, \mathbb{K}) = \{f \mid f : M \to \mathbb{K}\}$$

mit der üblichen Gleichheitsdefinition und den Verknüpfungen

$$f + g : x \mapsto f(x) + g(x)$$
$$\alpha \cdot f : x \mapsto \alpha f(x)$$

ein Vektorraum über $\mathbb{K}$, wie leicht nachzuprüfen ist. Die Beispiele $\mathbb{K}^n$ und der Folgenraum sind Spezialfälle: Wir können eine Funktion $f : \{1, \ldots, n\} \to \mathbb{K}$ durch den Spaltenvektor

$$\begin{pmatrix} f(1) \\ \vdots \\ f(n) \end{pmatrix} \in \mathbb{K}^n \quad \text{charakterisieren und umgekehrt.}$$

Eine Folge (z_n) ist gegeben durch eine Abbildung

$$f : \mathbb{N} \to \mathbb{K}; \quad n \mapsto f(n) := z_n .$$

Die Rechenregeln im $\mathbb{K}^n$ bzw. im Folgenraum entsprechen dabei den Rechenregeln in $\mathcal{F}(M, \mathbb{K})$ $\boxed{\text{ÜA}}$.

Weitere Vektorräume erhalten wir anschließend durch Betrachtung von Teilräumen von $\mathcal{F}(M, \mathbb{K})$. Zunächst aber noch einige

2.5 Bemerkungen zu den Vektorraumaxiomen

(a) In diesen Axiomen ist alles enthalten, was wir vom Rechnen im $\mathbb{R}^n$ her kennen, insbesondere die Rechenregeln

$$0 \cdot u = 0, \quad (-1) \cdot u = -u, \quad \alpha \cdot 0 = 0$$

$\boxed{\text{ÜA}}$, vgl. § 1 : 3.4.

(b) Keines der Axiome ist überflüssig. Die Forderung $1 \cdot u = u$ soll beispielsweise sicherstellen, dass die Addition im Vektorraum und die Addition im Zahlenraum zueinander passen:

$$u + u = 1 \cdot u + 1 \cdot u = (1 + 1) \cdot u = 2 \cdot u ,$$

$$u + u + u = (u + u) + u = 2 \cdot u + 1 \cdot u = 3 \cdot u \quad \text{usw.}$$

Definieren wir im $\mathbb{R}^2$ die Addition wie üblich, die Multiplikation mit reellen Zahlen α dagegen durch

$$\alpha \begin{pmatrix} x_1 \\ x_2 \end{pmatrix} = \begin{pmatrix} \alpha x_1 \\ 0 \end{pmatrix} ,$$

so sind alle Vektorraumaxiome erfüllt mit Ausnahme von $1 \cdot u = u$.

2.6 Lineare Algebra und Geometrie

Die Vektorraumaxiome sind zunächst algebraische Rechenregeln, die in bestimmten Bereichen gelten, z.B. im Folgenraum. Genauso wie wir im $\mathbb{R}^n$ mit der Vektorrechnung bestimmte geometrische Vorstellungen verbinden, wollen wir es auch bei allgemeinen Vektorräumen halten. Wir sprechen wieder von der „Geraden" $\{a + tv \mid t \in \mathbb{K}\}$ durch den „Punkt" a mit Richtungsvektor $v \neq 0$ oder von der durch zwei linear unabhängige „Vektoren" u und v „aufgespannten Ebene" E durch den „Punkt" a:

$$E = \{a + su + tv \mid s, t \in \mathbb{K}\} ;$$

dabei wird lineare Unabhängigkeit wie im $\mathbb{R}^n$ definiert, siehe Abschnitt 5.

In vielen Fällen, besonders bei Vektorräumen mit Skalarprodukt, macht die geometrische Interpretation die algebraischen Rechnungen erst durchsichtig und vermittelt die Intuition zur Schaffung neuer Begriffe und für Beweisansätze. Dies gilt mit Einschränkungen auch für komplexe Vektorräume. Der Standpunkt, Funktionen als Vektoren aufzufassen und geometrische Vorstellungen soweit wie möglich auf Funktionenräume zu übertragen, hat sich für die moderne Analysis als äußerst fruchtbar erwiesen.

3 Teilräume

3.1 Definition. Ist V ein $\mathbb{K}$–Vektorraum ($\mathbb{K}$ steht für $\mathbb{R}$ oder $\mathbb{C}$), so nennen wir eine nichtleere Teilmenge U einen **Teilraum** oder **Untervektorraum** von V, wenn mit u, v auch jede Linearkombination $\alpha u + \beta v$ für $\alpha, \beta \in \mathbb{K}$ zu U gehört. Gleichbedeutend damit sind die Bedingungen

$$u \in U,\ \alpha \in \mathbb{K} \quad \Longrightarrow \quad \alpha u \in U,$$
$$u, v \in U \quad\quad \Longrightarrow \quad u + v \in U,$$

die oft zum Nachweis der Teilraumeigenschaft dienen. Aus der ersten folgt $0 = 0 \cdot u \in U$.

Ein Teilraum U ist mit den von V geerbten Verknüpfungen selbst wieder ein $\mathbb{K}$–Vektorraum, weil $0 \in U$ gilt, die Verknüpfungen nicht aus U herausführen und die Vektorraumaxiome insbesondere für alle Vektoren aus U erfüllt sind.

3.2 Beispiele und Aufgaben

(a) $\{0\}$ ist immer ein Teilraum von V, ebenso V selbst.

(b) Die Lösungen $\mathbf{x} = (x_1, \ldots, x_n) \in \mathbb{R}^n$ der Gleichung

$$a_1 x_1 + a_2 x_2 + \ldots + a_n x_n = 0$$

bilden einen Teilraum des $\mathbb{R}^n$ $\boxed{\text{ÜA}}$.

(c) Der Durchschnitt beliebig vieler Teilräume von V ist wieder ein Teilraum von V $\boxed{\text{ÜA}}$.

(d) Daher bilden auch die Lösungen $\mathbf{x} \in \mathbb{R}^n$ des homogenen Gleichungssystems

$$a_{11} x_1 + \ldots + a_{1n} x_n = 0,$$
$$a_{21} x_1 + \ldots + a_{2n} x_n = 0,$$
$$\vdots \qquad\qquad \vdots$$
$$a_{m1} x_1 + \ldots + a_{mn} x_n = 0$$

einen Teilraum von $\mathbb{R}^n$ nach (b) und (c).

(e) $\boxed{\text{ÜA}}$ Wann ist für zwei Teilräume U_1, U_2 des $\mathbb{R}^2$ auch $U_1 \cup U_2$ ein Teilraum?

3.3 Beispiele reeller Funktionenräume

Für ein Intervall $I \subset \mathbb{R}$ bilden nach 2.4 alle Funktionen

$$u : I \to \mathbb{R}$$

einen Vektorraum V über $\mathbb{R}$.

Jede nichtleere Teilmenge U von V mit

$$u, v \in U \implies \alpha u + \beta v \in U \quad \text{für} \quad \alpha, \beta \in \mathbb{R}$$

ist ein Teilraum von V, also für sich selbst genommen ein Vektorraum über $\mathbb{R}$. So erhalten wir folgende Beispiele von $\mathbb{R}$–Vektorräumen:

(a) Die Menge $C(I)$ der stetigen Funktionen $f : I \to \mathbb{R}$.

(b) Die Menge $C^k(I)$ der k–mal stetig differenzierbaren Funktionen.

(c) Die über das Intervall I integrierbaren Funktionen.

(d) Die Lösungen $u \in C^1(I)$ der DG $\dot{u}(t) = a(t) \cdot u(t)$.

3.4 Die komplexen Funktionenräume $C^k(I)$

Für ein Intervall I bilden die Funktionen

$$f = u + iv : I \to \mathbb{C}$$

einen Vektorraum über $\mathbb{C}$.

(a) f heißt **k–mal stetig differenzierbar**, wenn u und v k–mal stetig differenzierbar sind. Die Gesamtheit dieser Funktionen bildet einen Vektorraum über $\mathbb{C}$; wir bezeichnen diesen mit $C^k(I, \mathbb{C})$, oder kurz mit $C^k(I)$, wenn klar ist, dass es sich um komplexwertige Funktionen handelt. Für den Vektorraum der stetigen, komplexwertigen Funktionen schreiben wir dann $C(I)$ oder $C^0(I)$.

(b) Die komplexwertigen Lösungen y der Schwingungsgleichung

$$\ddot{y} + a\dot{y} + by = 0$$

bilden einen Teilraum von $C^\infty(\mathbb{R})$, vgl. § 10 : 4.3.

3.5 Polynome

(a) Die Polynome $p : x \mapsto a_0 + a_1 x + \ldots + a_n x^n$ mit Koeffizienten aus $\mathbb{K} = \mathbb{R}$ oder $\mathbb{C}$ bilden einen Vektorraum über $\mathbb{K}$, bezeichnet mit $\mathcal{P}_\mathbb{K}$. Denn die Summe zweier Polynome ist wieder ein Polynom, und mit p ist auch αp ein Polynom.

(b) Die Polynome vom Grad $\leq n$ bilden einen Teilraum.

4 Linearkombinationen, lineare Hülle, Erzeugendensystem

4.1 Linearkombinationen und Aufspann

Jeder Vektor der Form

$$\alpha_1 v_1 + \ldots + \alpha_n v_n = \sum_{k=1}^{n} \alpha_k v_k \quad \text{mit } \alpha_1, \ldots, \alpha_n \in \mathbb{K}$$

heißt **Linearkombination** der Vektoren $v_1, \ldots, v_n \in V$. Dabei ist, wie im Folgenden immer, V ein Vektorraum über $\mathbb{K}$. Die Menge aller Linearkombinationen aus $v_1, \ldots, v_n$ heißt ihr **Aufspann** oder ihre **lineare Hülle**, bezeichnet mit

$$\text{Span} \{v_1, \ldots, v_n\} \,.$$

Der Aufspann ist ein Teilraum von V $\boxed{\text{ÜA}}$.

Den Raum

$$U = \text{Span} \{v_1, \ldots, v_n\}$$

bezeichnen wir auch als den von $v_1, \ldots, v_n$ **erzeugten Teilraum** und nennen die Vektoren $v_1, \ldots, v_n$ ein **Erzeugendensystem** für U.

BEISPIELE.

(a) Für jeden Vektor $\mathbf{v} \neq \mathbf{0}$ des $\mathbb{R}^3$ ist

$$\text{Span} \{\mathbf{v}\} = \{t\mathbf{v} \mid t \in \mathbb{R}\}$$

die Ursprungsgerade mit Richtungsvektor $\mathbf{v}$.

(b) Sind $\mathbf{u}$ und $\mathbf{v}$ linear unabhängige Vektoren des $\mathbb{R}^3$, d.h. gilt weder $\mathbf{u} = \alpha\mathbf{v}$ noch $\mathbf{v} = \beta\mathbf{u}$, so ist

$$\text{Span} \{\mathbf{u}, \mathbf{v}\} = \{s\mathbf{u} + t\mathbf{v} \mid s, t \in \mathbb{R}\}$$

die von $\mathbf{u}$ und $\mathbf{v}$ aufgespannte Ebene durch den Ursprung.

(c) Setzen wir $p_k(x) = x^k$ $(k = 0, 1, \ldots, n)$, so ist

$$\text{Span} \{p_0, p_1, \ldots, p_n\}$$

der Vektorraum der Polynome vom Grad $\leq n$.

4.2 Die lineare Hülle einer Menge M

Für nichtleere Teilmengen M eines Vektorraumes V bezeichnet

$$\text{Span} \, M$$

die Menge aller Linearkombinationen aus je endlich vielen Vektoren aus M. Span M heißt auch hier **Aufspann** oder **lineare Hülle** von M und ist ein Teilraum von V $\boxed{\text{ÜA}}$.

BEISPIEL. Im Funktionenraum $\mathcal{F}(\mathbb{K}, \mathbb{K})$ seien p_k wieder die Potenzen $x \mapsto x^k$. Dann ist Span $\{p_0, p_1, \ldots\}$ der Vektorraum $\mathcal{P}_{\mathbb{K}}$ aller Polynome mit Koeffizienten aus $\mathbb{K}$.

4.3 Aufgabe.

(a) Für jede von Null verschiedene Zahl $a \in \mathbb{K}$ ist

$$\mathrm{Span}\,\{v_1, v_2, \ldots, v_n\} = \mathrm{Span}\,\{av_1, v_2, \ldots, v_n\}\,.$$

(b) Für beliebiges $a \in \mathbb{K}$ gilt

$$\mathrm{Span}\,\{v_1, v_2, \ldots, v_n\} = \mathrm{Span}\,\{v_1 + av_2, v_2, \ldots, v_n\}\,.$$

5 Lineare Abhängigkeit und Unabhängigkeit

5.1 Vorbemerkung. In §5 und §6 wurden zwei Vektoren $\mathbf{a}, \mathbf{b}$ des $\mathbb{R}^n$ linear abhängig genannt, wenn einer von ihnen ein Vielfaches des andern ist. Drei Vektoren $\mathbf{a}, \mathbf{b}, \mathbf{c}$ nannten wir linear abhängig. wenn wenigstens einer von ihnen eine Linearkombination der übrigen ist. Das Prüfen auf lineare Abhängigkeit wäre nach dieser Definition wegen der notwendigen Fallunterscheidungen etwas umständlich. Die folgende Definition ist besser zu handhaben.

5.2 Lineare Abhängigkeit und Unabhängigkeit

Vektoren $v_1, \ldots, v_n$ eines $\mathbb{K}$–Vektorraums V heißen **linear abhängig (l.a.)**, wenn es Skalare $\alpha_1, \ldots, \alpha_n \in \mathbb{K}$ gibt, die nicht alle Null sind, so dass

$$\alpha_1 v_1 + \ldots + \alpha_n v_n = 0\,.$$

Andernfalls heißen sie **linear unabhängig (l.u.)**.

Lineare Unabhängigkeit ist genau dann gegeben, wenn aus

$$\alpha_1 v_1 + \ldots + \alpha_n v_n = 0$$

notwendig $\alpha_1 = \ldots = \alpha_n = 0$ folgt.

Für $n = 1$ besagt die lineare Unabhängigkeit eines Vektors v_1 einfach $v_1 \neq 0$. Die hier gegebene Definition besagt dasselbe wie die von §6:

SATZ. *Für $n \geq 2$ sind die Vektoren $v_1, \ldots, v_n$ genau dann linear abhängig, wenn wenigstens einer von ihnen eine Linearkombination der übrigen ist.*

BEWEIS.

(a) Gilt $\alpha_1 v_1 + \ldots + \alpha_n v_n = 0$ und ist $\alpha_m \neq 0$, so folgt

$$v_m = \sum_{k \neq m} \left(-\frac{\alpha_k}{\alpha_m} \right) v_k \, .$$

(b) Ist einer der Vektoren $v_1, \ldots, v_n$ Linearkombination der übrigen, etwa $v_1 = \alpha_2 v_2 + \ldots + \alpha_n v_n$, so folgt

$$(-1) v_1 + \alpha_2 v_2 + \ldots + \alpha_n v_n = 0 \, ,$$

also lineare Abhängigkeit wegen $\alpha_1 = -1 \neq 0$. □

Definition. Eine beliebige nichtleere Teilmenge M von V heißt **linear unabhängig**, wenn je endlich viele Vektoren aus M linear unabhängig sind.

5.3 Beispiele

(a) Im $\mathbb{K}^n$ sind die Einheitsvektoren

$$\mathbf{e}_1 = \begin{pmatrix} 1 \\ 0 \\ 0 \\ \vdots \\ 0 \end{pmatrix}, \quad \mathbf{e}_2 = \begin{pmatrix} 0 \\ 1 \\ 0 \\ \vdots \\ 0 \end{pmatrix}, \quad \ldots, \quad \mathbf{e}_n = \begin{pmatrix} 0 \\ 0 \\ 0 \\ \vdots \\ 1 \end{pmatrix}$$

linear unabhängig. Denn aus $\alpha_1 \mathbf{e}_1 + \ldots + \alpha_n \mathbf{e}_n = \mathbf{0}$ folgt

$$\begin{pmatrix} \alpha_1 \\ \vdots \\ \alpha_n \end{pmatrix} = \mathbf{0}, \quad \text{also} \quad \alpha_1 = \ldots = \alpha_n = 0 \, .$$

(b) Die durch $p_0(x) = 1$, $p_1(x) = x$, $\ldots$, $p_n(x) = x^n$ gegebenen Polynome sind linear unabhängig. Denn aus $\alpha_0 p_0 + \ldots + \alpha_n p_n = 0$ folgt, dass

$$\alpha_0 + \alpha_1 x + \ldots + \alpha_n x^n$$

für alle $x \in \mathbb{R}$ verschwindet. Aufspalten in Real– und Imaginärteil und Koeffizientenvergleich nach § 3 : 7.1 liefern $\alpha_0 = \cdots = \alpha_n = 0$.

Die Menge $M = \{p_0, p_1, \ldots\}$ ist daher eine linear unabhängige Menge im Vektorraum $\mathcal{P}_{\mathbb{K}}$ der Polynome.

5.4 Prüfen auf lineare Unabhängigkeit im $\mathbb{K}^n$

Sind die Vektoren

$$\mathbf{u} = \begin{pmatrix} 1 \\ 0 \\ -1 \\ 0 \end{pmatrix}, \quad \mathbf{v} = \begin{pmatrix} 0 \\ 1 \\ 1 \\ -2 \end{pmatrix}, \quad \mathbf{w} = \begin{pmatrix} 3 \\ -1 \\ -4 \\ 2 \end{pmatrix}$$

des $\mathbb{R}^4$ linear unabhängig? Dazu ist zu prüfen, ob die Gleichung

$$x_1 \mathbf{u} + x_2 \mathbf{v} + x_3 \mathbf{w} = \mathbf{0}\,,$$

in Koordinaten

$$\begin{aligned} x_1 \qquad + 3x_3 &= 0\,, \\ x_2 - \quad x_3 &= 0\,, \\ -x_1 + \quad x_2 - 4x_3 &= 0\,, \\ - 2x_2 + 2x_3 &= 0\,, \end{aligned}$$

nur die triviale Lösung $x_1 = x_2 = x_3 = 0$ besitzt. Aus den ersten beiden Gleichungen folgt

$$x_1 = -3x_3\,, \quad x_2 = x_3\,.$$

Setzen wir dies in die restlichen Gleichungen ein, so sind diese identisch erfüllt, insbesondere ergeben die Werte

$$x_1 = -3\,, \quad x_2 = 1\,, \quad x_3 = 1$$

eine Lösung des Gleichungssystems. Damit haben wir

$$-3\mathbf{u} + \mathbf{v} + \mathbf{w} = \mathbf{0}\,;$$

die Vektoren $\mathbf{u}$, $\mathbf{v}$ und $\mathbf{w}$ sind also linear abhängig.

Wir halten fest: *Das Prüfen auf lineare Abhängigkeit von Vektoren* $\mathbf{v}_1, \ldots, \mathbf{v}_m$ *des* $\mathbb{K}^n$ *führt auf ein homogenes System von* n *linearen Gleichungen für* m *Unbekannte.*

5.5 Aufgaben

(a)   Bilden die Vektoren $\mathbf{v}_1, \ldots, \mathbf{v}_m$ ein Orthonormalsystem im $\mathbb{R}^n$, d.h. gilt $\langle \mathbf{v}_i, \mathbf{v}_k \rangle = \delta_{ik}$ (vgl. § 6 : 4.1), so sind sie linear unabhängig.

(b)   Zeigen Sie, dass die durch

$$f(x) = \log \frac{(1+x)^2}{1+x^2}\,, \quad g(x) = \log\left(1 + 2x^2 + x^4\right)\,, \quad h(x) = \log(1+x)$$

gegebenen Funktionen $f, g, h \in \mathrm{C}\,[0, 1]$ linear abhängig sind.

6 Vektorräume mit Basis

6.1 Basen. Ein geordnetes n–Tupel

$$\mathcal{B} = (v_1, \ldots, v_n)$$

von Vektoren des $\mathbb{K}$–Vektorraums V heißt eine **Basis** von V, wenn sich jeder Vektor $v \in V$ als eine Linearkombination

$$v = \alpha_1 v_1 + \alpha_2 v_2 + \ldots + \alpha_n v_n$$

mit eindeutig bestimmten Koeffizienten $\alpha_1, \ldots, \alpha_n$ darstellen lässt (**Basisdarstellung** von v).

Die durch v eindeutig bestimmten Zahlen $\alpha_1, \ldots, \alpha_n$ heißen die Koordinaten von v bezüglich der Basis $\mathcal{B}$, sie werden zu einem **Koordinatenvektor**

$$(v)_{\mathcal{B}} = \begin{pmatrix} \alpha_1 \\ \vdots \\ \alpha_n \end{pmatrix}$$

zusammengefasst.

SATZ. $\mathcal{B} = (v_1, \ldots, v_n)$ *ist genau dann eine Basis, wenn* $v_1, \ldots, v_n$ *ein linear unabhängiges Erzeugendensystem ist.*

BEWEIS.

(a) Sei $\mathcal{B} = (v_1, \ldots, v_n)$ eine Basis. Nach Definition gilt

$$V = \text{Span}\,\{v_1, \ldots, v_n\}.$$

Aus $\alpha_1 v_1 + \ldots + \alpha_n v_n = 0 = 0 \cdot v_1 + \ldots + 0 \cdot v_n$ folgt wegen der Eindeutigkeit der Basisdarstellung $\alpha_1 = \ldots = \alpha_n = 0$, also sind die $v_1, \ldots, v_n$ linear unabhängig.

(b) Sei $v_1, \ldots, v_n$ ein linear unabhängiges Erzeugendensystem. Dann ist jeder Vektor $v \in V$ eine Linearkombination

$$v = \alpha_1 v_1 + \ldots + \alpha_n v_n.$$

Die Zahlen $\alpha_1, \ldots, \alpha_n$ sind eindeutig bestimmt, denn aus

$$v = \beta_1 v_1 + \ldots + \beta_n v_n \quad \text{folgt} \quad (\alpha_1 - \beta_1) v_1 + \ldots + (\alpha_n - \beta_n) v_n = 0,$$

also $\alpha_1 = \beta_1, \ldots, \alpha_n = \beta_n$ wegen der linearen Unabhängigkeit. $\square$

6.2 Beispiele

(a) **Die kanonische Basis oder Standardbasis** $\mathcal{K}$ **des** $\mathbb{K}^n$ ist gegeben durch

$$\mathbf{e}_1 = \begin{pmatrix} 1 \\ 0 \\ 0 \\ \vdots \\ 0 \end{pmatrix}, \quad \mathbf{e}_2 = \begin{pmatrix} 0 \\ 1 \\ 0 \\ \vdots \\ 0 \end{pmatrix}, \quad \ldots, \quad \mathbf{e}_n = \begin{pmatrix} 0 \\ 0 \\ 0 \\ \vdots \\ 1 \end{pmatrix}.$$

(b) **Lösungsbasis für die Schwingungsgleichung** $\ddot{y} + a\dot{y} + by = 0$. Nach
§ 10 : 4.4 gilt: Bilden zwei Lösungen y_1, y_2 ein Fundamentalsystem, d.h. ist die
Wronski–Determinante $W \neq 0$, so besitzt jede Lösung y der homogenen Gleichung eine Darstellung der Form

$$y = c_1 y_1 + c_2 y_2$$

mit eindeutig bestimmten Koeffizienten c_1, c_2. Daher ist $\mathcal{B} = (y_1, y_2)$ eine Basis
des Lösungsraumes V der homogenen Gleichung, ebenso $\mathcal{B}' = (y_2, y_1)$.

(c) **Die Polynome vom Grad $\leq n$**. Für den Vektorraum $\mathcal{P}_{\mathbb{K}}^n$ der Polynome vom Grad $\leq n$ mit Koeffizienten aus $\mathbb{K}$ ist eine Basis gegeben durch die
Potenzen

$$p_0(x) = 1, \quad p_1(x) = x, \ldots, \quad p_n(x) = x^n.$$

Jedes Polynom $x \mapsto a_0 + a_1 x + \ldots + a_n x^n$ hat die Form

$$p = a_0 \cdot p_0 + \ldots + a_n \cdot p_n,$$

und die Koeffizienten sind nach 5.3 (b) eindeutig bestimmt.

(d) $\boxed{\text{ÜA}}$ Geben Sie eine Basis für den Lösungsraum der DG $y' = a(x)y$ an.

6.3 Eine Basis für den Vektorraum aller Polynome

Für den Vektorraum $\mathcal{P}_{\mathbb{K}}$ aller Polynome mit Koeffizienten aus $\mathbb{K}$ bilden die
Potenzen $p_k : x \mapsto x^k$ $(k = 0, 1, 2, \ldots)$ ein linear unabhängiges Erzeugendensystem. Wir sagen auch in diesem Fall, dass $\mathcal{B} = (p_0, p_1, p_2, \ldots)$ eine Basis für den
$\mathcal{P}_{\mathbb{K}}$ ist. Allgemein heißt eine nichtleere Teilmenge $\mathcal{B}$ eines Vektorraums V eine
Basis für V, wenn sich jeder Vektor auf genau eine Weise als Linearkombination
endlich vieler Vektoren aus $\mathcal{B}$ darstellen lässt.

6.4 Die Dimension eines Vektorraums

Der Dimensionsbegriff beruht auf dem folgenden

SATZ. *Besitzt ein Vektorraum V eine Basis aus n Vektoren, so besteht auch jede
andere Basis aus n Vektoren.*

Die somit von der gewählten Basis unabhängige Kennzahl n des Vektorraums V
nennen wir die **Dimension von V** und schreiben

$$\dim V = n.$$

Für $V = \{0\}$ setzen wir $\dim V := 0$.

Besitzt ein Vektorraum keine endliche Basis, so bezeichnen wir ihn als **unend-
lichdimensional**.

In diesem Band beschäftigen wir uns größtenteils mit endlichdimensionalen Vektorräumen.

Der Beweis des Satzes ergibt sich unmittelbar aus dem folgenden

Hilfssatz. *Ist* $b_1, \ldots, b_n$ *ein Erzeugendensystem für* V *und sind* $a_1, \ldots, a_m$ *linear unabhängige Vektoren in* V, *so ist* $m \leq n$.

BEWEIS.

Wir zeigen durch Induktion nach n die äquivalente Aussage: Hat ein Vektorraum V ein Erzeugendensystem $b_1, \ldots, b_n$, so ist jede aus $m > n$ Vektoren bestehende Kollektion $a_1, \ldots, a_m$ in V linear abhängig.

$n = 1$: b_1 erzeuge V. Für Vektoren $a_1, \ldots, a_m$ $(m > 1)$ gilt dann $a_i = \alpha_i b_1$ mit $i = 1, \ldots, m$. Seien nicht alle α_i gleich Null, etwa $\alpha_1 \neq 0$. Dann sind schon a_1, a_2 linear abhängig wegen $\alpha_2 a_1 - \alpha_1 a_2 = \alpha_2 \alpha_1 b_1 - \alpha_1 \alpha_2 b_1 = 0$.

Die Behauptung sei für $n-1$ richtig. In $V = \mathrm{Span}\,\{b_1, \ldots, b_n\}$ seien Vektoren $a_1, \ldots, a_m$ $(m > n)$ gegeben. Dann gibt es Zahlen $\alpha_{ik} \in \mathbb{K}$ mit

$$a_i = \sum_{k=1}^{n} \alpha_{ik} b_k \quad (i = 1, \ldots, m).$$

Durch geeignete Umnummerierung der a_i und b_k kann erreicht werden, dass $\alpha_{11} \neq 0$. (Wären alle $\alpha_{ik} = 0$, so wäre jedes $a_i = 0$, also $a_1, \ldots, a_m$ linear abhängig.) Die $m - 1$ Vektoren

$$c_i := a_i - \frac{\alpha_{i1}}{\alpha_{11}}\, a_1 = \sum_{k=1}^{n} \frac{\alpha_{11}\alpha_{ik} - \alpha_{i1}\alpha_{1k}}{\alpha_{11}}\, b_k \quad (i = 2, \ldots, m)$$

liegen in $\mathrm{Span}\,\{b_2, \ldots, b_n\}$, da der Koeffizient von b_1 Null ist, und es gilt $m-1 > n-1$. Nach Induktionsvoraussetzung sind die $c_2, \ldots, c_m$ linear abhängig, es gibt also Zahlen $\lambda_2, \ldots, \lambda_m$, die nicht sämtlich Null sind, und für die

$$0 = \sum_{i=2}^{m} \lambda_i c_i = \sum_{i=2}^{m} \lambda_i \left(a_i - \frac{\alpha_{i1}}{\alpha_{11}}\, a_1\right) = \sum_{i=1}^{m} \lambda_i a_i \text{ mit } \lambda_1 = -\frac{1}{\alpha_{11}} \sum_{i=2}^{m} \lambda_i \alpha_{i1}\,,$$

und nicht alle λ_i sind Null. Also sind $a_1, \ldots, a_m$ linear abhängig. $\square$

6.5 Basisergänzungssatz

Ist $b_1, \ldots, b_n$ *ein Erzeugendensystem von* V *und sind* $a_1, \ldots, a_m$ *linear unabhängige Vektoren in* V, *die keine Basis von* V *bilden, so lassen sich die* $a_1, \ldots, a_m$ *durch Hinzunahme geeigneter* b_k *zu einer Basis von* V *ergänzen.*

Diesen Satz beweisen wir zusammen mit dem

6.6 Basisauswahlsatz. *Besitzt ein Vektorraum $V \neq \{0\}$ ein endliches Erzeugendensystem $b_1, \ldots, b_n$, so lässt sich aus diesem eine Basis für V auswählen.*

Auf diesen beiden Sätzen und der Invarianz 6.4 der Dimension basieren alle weiteren Schlüsse der endlichdimensionalen linearen Algebra.

BEWEIS.

Für 6.5 sei $A = \{a_1, \ldots, a_m\}$, $M = \{a_1, \ldots, a_m, b_1, \ldots, b_n\}$. Wir betrachten alle Mengen S mit

$$A \subset S \subset M \quad \text{und} \quad V = \mathrm{Span}\, S.$$

M selbst ist eine solche Menge. Unter ihnen gibt es eine Menge S_0 mit kleinster Elementezahl, vgl. § 1 : 6.1. Dann sind die Vektoren von S_0 linear unabhängig, d.h. keiner der Vektoren von S_0 lässt sich durch die übrigen ausdrücken:

(a) Wäre ein $b_k \in S_0$ Linearkombination der restlichen Vektoren von S_0, so wäre S_0 nicht minimal.

(b) Wäre ein $a_l \in S_0$ Linearkombination der übrigen Vektoren von S_0, so müsste dabei irgend ein b_k einen von Null verschiedenen Vorfaktor haben, da $a_1, \ldots, a_m$ linear unabhängig sind. Dieses b_k wäre dann eine Linearkombination der restlichen Vektoren von S_0, und wir wären wieder bei (a). Also enthält S_0 ein linear unabhängiges Erzeugendensystem, das heißt nach 6.1 eine Basis.

Für den Beweis des Basisauswahlsatzes 6.6 wiederholen wir diese Argumentation mit $A = \emptyset$, $M = \{b_1, \ldots, b_n\}$.   □

FOLGERUNGEN.

(a) *In einem n–dimensionalen Vektorraum bilden je n linear unabhängige Vektoren eine Basis.*

(b) *Hat ein Teilraum W von V die gleiche endliche Dimension wie V, so ist $V = W$.*

BEWEIS.

(a) Ist eine unmittelbare Folge des Basisergänzungssatzes $\boxed{\text{ÜA}}$.

(b) Sei $\mathcal{A} = (a_1, \ldots, a_n)$ eine Basis für W und $\mathcal{B} = (b_1, \ldots, b_n)$ eine Basis von V. Wäre W ein echter Teilraum von V, so wäre $\mathcal{A}$ keine Basis für V, ließe sich also durch Hinzunahme geeigneter b_k zu einer Basis für V ergänzen. Damit wäre $\dim V > n$.   □

6.7 Aufgabe

Warum bilden die Polynome $a_1(x) = 1 + x + x^2$, $a_2(x) = 3x^2 - 2$ keine Basis für den Vektorraum $\mathcal{P}_{\mathbb{C}}^2$ aller Polynome vom Grad ≤ 2?

Ergänzen Sie a_1, a_2 durch Hinzunahme einer der Potenzen $1, x, x^2$ zu einer Basis für $\mathcal{P}_{\mathbb{C}}^2$. (Nachweis der Basiseigenschaft nicht vergessen!)

§15 Lineare Abbildungen und Matrizen

1 Beispiele linearer Abbildungen

1.1 Lineare Abbildungen

Eine Abbildung $L : V \to W$ zwischen Vektorräumen V, W über demselben Körper $\mathbb{K}$ heißt **linear**, wenn

$$L(\alpha_1 u_1 + \alpha_2 u_2) = \alpha_1 L(u_1) + \alpha_2 L(u_2)$$

für beliebige Vektoren $u_1, u_2 \in V$ und Skalare $\alpha_1, \alpha_2 \in \mathbb{K}$.

Es ist üblich, bei linearen Abbildungen meistens

$$Lu \quad \text{statt} \quad L(u)$$

zu schreiben. Lineare Abbildungen werden oft auch **lineare Operatoren** genannt, vor allem bei unendlichdimensionalen Räumen. Im Fall $W = \mathbb{K}$ sprechen wir von **Linearformen** oder **linearen Funktionalen** auf V.

Wie schon in §14 erwähnt, gilt ein Hauptinteresse der linearen Algebra den linearen Gleichungen $Lu = b$, wobei L eine lineare Abbildung ist.

Einfache Eigenschaften linearer Abbildungen L:

(a) $L0 = 0$.

(b) $L(u + v) = Lu + Lv$, $L(\alpha u) = \alpha \cdot Lu$.

Umgekehrt folgt aus diesen beiden Gleichungen die Linearität von L.

(c) $L\left(\sum\limits_{k=1}^{n} \alpha_k u_k\right) = \sum\limits_{k=1}^{n} \alpha_k L u_k$.

Die erste Gleichung müsste genaugenommen $L0_V = 0_W$ lauten. Diese ergibt sich aus $L0 = L(0 \cdot 0 + 0 \cdot 0) = 0 \cdot L0 + 0 \cdot L0 = 0$.

(b) ist eine einfache $\boxed{\text{ÜA}}$; (c) ergibt sich durch Induktion aus (b).

1.2 Beispiele

(a) Die einfachsten linearen Abbildungen sind

der **Nulloperator** : $0 : V \to W$, $u \mapsto 0$ und

die **Identität** auf V : $\mathbb{1} = \mathbb{1}_V : V \to V$, $u \mapsto u$.

(b) *Der Ableitungsoperator.* Für ein Intervall I ist

$$D = \tfrac{d}{dx} : u \mapsto u', \quad C^1(I) \to C^0(I)$$

eine lineare Abbildung.

(c) *Der Differentialoperator der Schwingungsgleichung.* Für $a, b \in \mathbb{R}$ ist

$$u \mapsto Lu = \ddot{u} + a\dot{u} + bu, \quad C^2(\mathbb{R}) \to C^0(\mathbb{R})$$

ein linearer Operator.

(d) *Das Integral*: Ist I ein Intervall und V der Vektorraum aller über I integrierbaren Funktionen, so liefert

$$u \;\mapsto\; Lu = \int_I u(x)\,dx$$

eine Linearform auf V.

1.3 Beispiele aus der ebenen Geometrie

(a) *Orthogonale Projektion auf eine Gerade.* Sei $\|\mathbf{a}\| = 1$ und $g = \mathrm{Span}\,\{\mathbf{a}\}$. Nach §6:2.4 ist die orthogonale Projektion eines Vektors $\mathbf{x}$ auf g gegeben durch $P\mathbf{x} = \langle\,\mathbf{a},\mathbf{x}\,\rangle\,\mathbf{a}$.

$\boxed{\text{ÜA}}$ Zeigen Sie, dass P linear ist.

(b) *Drehung in der Ebene.* Die Drehung D_α um den Ursprung mit dem Winkel α ordnet jedem Punkt $\mathbf{x} = (x_1, x_2)$ den Bildpunkt

$$D_\alpha\,\mathbf{x} \;=\; \begin{pmatrix} x_1\cos\alpha - x_2\sin\alpha \\[4pt] x_1\sin\alpha + x_2\cos\alpha \end{pmatrix}$$

zu. Das ergibt sich am einfachsten durch komplexe Rechnung: Nach §5:11.1 gilt für $D_\alpha\,\mathbf{x} = (y_1, y_2)$

$$(y_1 + iy_2) = e^{i\alpha}\,(x_1 + ix_2) = (\cos\alpha + i\sin\alpha)\cdot(x_1 + ix_2)$$
$$= (x_1\cos\alpha - x_2\sin\alpha) + i\,(x_1\sin\alpha + x_2\cos\alpha)\,.$$

$\boxed{\text{ÜA}}$ Zeigen Sie, dass D_α eine lineare Abbildung ist.

(c) *Spiegelung an einer Geraden.* Sei $g = \mathrm{Span}\,\{\mathbf{a}\}$ eine Ursprungsgerade in der Ebene und $\mathbf{a}$ ein Vektor der Länge 1. Die Spiegelung S_g an der Geraden g ordnet dem Punkt $\mathbf{x}$ den Bildpunkt

$$S_g\mathbf{x} = \mathbf{x} + 2\,(P\mathbf{x} - \mathbf{x})$$

zu, wo $P\mathbf{x}$ die orthogonale Projektion von $\mathbf{x}$ auf g ist (Fig.).

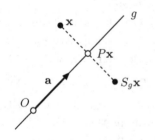

Nach (a) gilt also

$$S_g\mathbf{x} = 2\,\langle\,\mathbf{a},\mathbf{x}\,\rangle\,\mathbf{a} - \mathbf{x}\,,$$

und S_g ist linear $\boxed{\text{ÜA}}$.

2 Die Dimensionsformel

2.1 Kern und Bild einer linearen Abbildung

Für lineare Abbildungen $L : V \to W$ gilt:

(a) *Bild $L := \{ Lu \mid u \in V \}$ ist ein Teilraum von W.*

(b) *Kern $L := \{ u \in V \mid Lu = 0 \}$ ist ein Teilraum von V.*

(c) *L ist genau dann injektiv, wenn Kern $L = \{0\}$.*

BEWEIS.

(a) Wegen $0 = L0$ ist Bild L nicht leer. Gehören $v_1 = Lu_1$ und $v_2 = Lu_2$ zum Bild von L, so gilt $\alpha_1 v_1 + \alpha_2 v_2 = \alpha_1 Lu_1 + \alpha_2 Lu_2 = L(\alpha_1 u_1 + \alpha_2 u_2) \in$ Bild L.

(b) Wegen $L0 = 0$ ist Kern L nicht leer. Gehören u_1, u_2 zu Kern L und sind $\alpha_1, \alpha_2 \in \mathbb{K}$, so gilt $L(\alpha_1 u_1 + \alpha_2 u_2) = \alpha_1 Lu_1 + \alpha_2 Lu_2 = \alpha_1 \cdot 0 + \alpha_2 \cdot 0 = 0$,

(c) Sei L injektiv. Dann hat die Gleichung $Lu = 0$ nur eine einzige Lösung u, nämlich $u = 0$. Also ist Kern $L = \{0\}$.

Ist umgekehrt Kern $L = \{0\}$, so folgt aus $Lu_1 = Lu_2$ wegen der Linearität von L die Gleichung $L(u_1 - u_2) = Lu_1 - Lu_2 = 0$, also $u_1 - u_2 \in$ Kern L und damit $u_1 - u_2 = 0$, d.h. $u_1 = u_2$. Also ist L injektiv. □

FOLGERUNG. *Die Lösungen der homogenen Gleichung $Lu = 0$ bilden einen Vektorraum.*

Es sei nochmals an das Beispiel der Schwingungsgleichung erinnert: Die Lösungen von $Lu = \ddot{u} + a\dot{u} + bu = 0$ bilden einen Vektorraum der Dimension 2.

2.2 Dimensionsformel

Ist $L : V \to W$ eine lineare Abbildung und V ein Vektorraum endlicher Dimension n, so gilt

$$\dim \text{Kern } L + \dim \text{Bild } L = n \,.$$

Die Dimension des Bildraumes heißt der **Rang** von L.

Die Dimensionsformel ist fundamental für die Theorie linearer Gleichungssysteme, vgl. § 16. Die nebenstehende Figur beschreibt die Situation symbolisch.

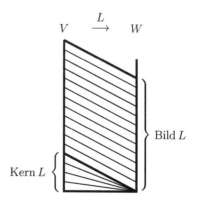

BEWEIS.

Im Fall $L = 0$ ist Kern $L = V$ und dim Bild $L = \dim\{0\} = 0$ nach Definition 6.4. Somit stimmt die Dimensionsformel.

Sei jetzt $L \neq 0$ und $m := \dim \text{Kern } L$.

Wegen $L \neq 0$ gilt $m < n$. Im Fall $m > 0$ wählen wir eine Basis $(b_1, \ldots, b_m)$ für Kern L und ergänzen diese gemäß §14:6.5 zu einer Basis $(b_1, \ldots, b_m, \ldots, b_n)$ von V; im Fall $m = 0$ wählen wir irgend eine Basis $(b_1, \ldots, b_n)$ für V.

Wir zeigen, dass

$$(Lb_{m+1}, \ldots, Lb_n)$$

eine Basis für Bild L ist. Da diese aus $n - m$ Vektoren besteht, ist damit die Dimensionsformel bewiesen.

(a)   Zunächst gilt Bild $L = \text{Span}\{Lb_{m+1}, \ldots, Lb_n\}$. Denn einerseits enthält Bild L mit den Vektoren $Lb_{m+1}, \ldots, Lb_n$ auch deren Aufspann. Andererseits gilt für $u = \sum_{k=1}^{n} x_k b_k$ wegen $Lb_k = 0$ für $k \leq m$

$$Lu = \sum_{k=1}^{n} x_k Lb_k = \sum_{k=1}^{m} x_k Lb_k + \sum_{k=m+1}^{n} x_k Lb_k$$

$$= \sum_{k=m+1}^{n} x_k Lb_k \in \text{Span}\{Lb_{m+1}, \ldots, Lb_n\}.$$

(b)   Zum Nachweis der linearen Unabhängigkeit der $Lb_{m+1}, \ldots, Lb_n$ ist zu zeigen:

$$\sum_{k=m+1}^{n} x_k Lb_k = 0 \implies x_{m+1} = \ldots = x_n = 0.$$

Sei also $\sum_{k=m+1}^{n} x_k Lb_k = 0$. Für $u = \sum_{k=m+1}^{n} x_k b_k$ bedeutet das $Lu = 0$ wegen der Linearität von L, d.h. $u \in \text{Kern } L$.

Im Fall $m = 0$ folgt $u = 0$, somit $\sum_{k=m+1}^{n} x_k b_k = 0$.

Im Fall $m > 0$ gibt es Zahlen $y_1, \ldots, y_m$ mit

$$\sum_{k=m+1}^{n} x_k b_k = u = \sum_{k=1}^{m} y_k b_k.$$

In beiden Fällen folgt aus der Eindeutigkeit der Basisdarstellung von u

$$x_{m+1} = \ldots = x_n = 0. \qquad \square$$

3 Verknüpfung linearer Abbildungen

3.1 Der Vektorraum $\mathcal{L}(V, W)$

Sind $L_1, L_2 : V \to W$ lineare Abbildungen und $\alpha_1, \alpha_2 \in \mathbb{K}$, so ist auch

$$\alpha_1 L_1 + \alpha_2 L_2 : u \mapsto \alpha_1 L_1 u + \alpha_2 L_2 u$$

eine lineare Abbildung von V nach W $\boxed{\text{ÜA}}$.

Damit bilden die linearen Abbildungen $L : V \to W$ ihrerseits einen $\mathbb{K}$–Vektorraum, bezeichnet mit $\mathcal{L}(V, W)$.

Im Fall $V = W$ schreiben wir $\mathcal{L}(V)$ statt $\mathcal{L}(V, V)$.

3.2 Die Hintereinanderausführung linearer Abbildungen

Für zwei lineare Abbildungen zwischen $\mathbb{K}$–Vektorräumen

$$U \overset{T}{\to} V \overset{S}{\to} W$$

ist die Hintereinanderausführung $S \circ T : U \to W$ wieder eine lineare Abbildung $\boxed{\text{ÜA}}$.

Wir schreiben meistens ST statt $S \circ T$. Beachten Sie die Reihenfolge!

4 Lineare Abbildungen und Matrizen

Für den Rest dieses Paragraphen sei V immer ein Vektorraum der Dimension n und W ein Vektorraum der Dimension m, beide über demselben Körper $\mathbb{K}$.

4.1 Beschreibung von linearen Abbildungen mit Hilfe von Basen

Sei $(v_1, \ldots, v_n)$ eine Basis von V.

(a) *Eine lineare Abbildung $L : V \to W$ ist durch Kenntnis der Bildvektoren $Lv_1, \ldots, Lv_n$ vollständig beschrieben.*

(b) *Zu vorgegebenen Vektoren $b_1, \ldots, b_n \in W$ gibt es genau eine lineare Abbildung $L : V \to W$ mit*

$$Lv_1 = b_1 , \ldots , Lv_n = b_n .$$

BEWEIS.

(a) Besitzt $u \in V$ die Basisdarstellung

$$u = \sum_{k=1}^{n} x_k v_k \quad (x_k \in \mathbb{K}),$$

so gilt

$$Lu = \sum_{k=1}^{n} x_k Lv_k .$$

(b) Zu gegebenen $b_1, \ldots, b_n \in W$ ist eine lineare Abbildung $L : V \to W$ gesucht mit $Lv_k = b_k$ $(k = 1, \ldots, n)$. Gemäß (a) muss Lu für $u = \sum\limits_{k=1}^{n} x_k v_k \in V$ durch $Lu := \sum\limits_{k=1}^{n} x_k b_k$ definiert werden. Der Nachweis, dass die so erklärte Abbildung L linear ist, sei den Lesern als $\boxed{\text{ÜA}}$ überlassen.

4.2 Die Matrix einer linearen Abbildung bezüglich gegebener Basen

Wir wählen Basen

$$\mathcal{A} = (v_1, \ldots, v_n) \quad \text{für} \quad V, \quad \mathcal{B} = (w_1, \ldots, w_m) \quad \text{für} \quad W.$$

Zur Beschreibung einer linearen Abbildung $L : V \to W$ reicht es nach 4.1 aus, die Bilder $Lv_1, \ldots, Lv_n$ anzugeben. Bezüglich der Basis $\mathcal{B}$ besitzt jedes Lv_k eine Basisdarstellung

$$Lv_k = \sum_{i=1}^{m} a_{ik} w_i$$

mit eindeutig bestimmten Koeffizienten a_{ik}. Wir ordnen diese in einem rechteckigen Schema

$$\begin{pmatrix} a_{11} & a_{12} & \cdots & a_{1n} \\ a_{21} & a_{22} & \cdots & a_{2n} \\ \vdots & \vdots & \ddots & \vdots \\ a_{m1} & a_{m2} & \cdots & a_{mn} \end{pmatrix}$$

an und nennen dieses Schema die **Matrix von L bezüglich der Basen $\mathcal{A}$ und $\mathcal{B}$**, bezeichnet mit $M_{\mathcal{A}}^{\mathcal{B}}(L)$.

Matrizen werden (bei fest gewählten Basen) mit lateinischen Großbuchstaben abgekürzt, üblich sind die Schreibweisen

$$A = \begin{pmatrix} a_{11} & \cdots & a_{1n} \\ \vdots & \ddots & \vdots \\ a_{m1} & \cdots & a_{mn} \end{pmatrix} = (a_{ik})_{m \times n}, \quad \text{kurz} \quad (a_{ik}).$$

Wir sprechen von einer **$m \times n$-Matrix** (m Zeilen, n Spalten). Die a_{ik} heißen **Koeffizienten, Komponenten** *oder* **Einträge** *von A*.

Zwei Matrizen $A = (a_{ik})$, $B = (b_{ik})$ des gleichen Formats $m \times n$ heißen **gleich**, wenn $a_{ik} = b_{ik}$ für $i = 1, \ldots, m; \ k = 1, \ldots n$.

MERKE: *Die Spalten von $A = M_{\mathcal{A}}^{\mathcal{B}}(L)$ enthalten die Bilder der Basisvektoren in Koordinatendarstellung bezüglich $\mathcal{B}$; für die k-te Spalte von A gilt*

$$\begin{pmatrix} a_{1k} \\ \vdots \\ a_{mk} \end{pmatrix} = (Lv_k)_{\mathcal{B}} \quad \text{(Koordinatendarstellung von } Lv_k \text{ bezüglich } \mathcal{B}).$$

4.3 Quadratische Matrizen

(a) Im Fall $V = W$ werden wir in der Regel im Bild– und Urbildraum dieselbe Basis $\mathcal{B}$ wählen; statt $M_{\mathcal{B}}^{\mathcal{B}}(L)$ schreiben wir dann $M_{\mathcal{B}}(L)$.

(b) Die identische Abbildung $\mathbb{1} : V \to V$, $u \mapsto u$ besitzt als Matrix $M_{\mathcal{B}}(\mathbb{1})$ bezüglich jeder Basis $\mathcal{B}$ von V die **Einheitsmatrix**

$$E_n = \begin{pmatrix} 1 & 0 & \cdots & 0 \\ 0 & 1 & & 0 \\ \vdots & 0 & \ddots & \vdots \\ 0 & 0 & \cdots & 1 \end{pmatrix}_{n \times n} = (\delta_{ik})_{n \times n} \quad \text{mit } \delta_{ik} := \begin{cases} 0 & \text{für } i \neq k \\ 1 & \text{für } i = k. \end{cases}$$

Meistens schreiben wir E statt E_n.

(c) Zur Nullabbildung 0 gehört die **Nullmatrix** $O = \begin{pmatrix} 0 & \cdots & 0 \\ \vdots & \ddots & \vdots \\ 0 & \cdots & 0 \end{pmatrix}$.

(d) **Drehungen im $\mathbb{R}^2$.** Wir verwenden die kanonische Basis $\mathcal{K} = (\mathbf{e}_1, \mathbf{e}_2)$. Bei der Drehung D_α um den Ursprung mit Drehwinkel α ergibt sich

$$D_\alpha \mathbf{e}_1 = \begin{pmatrix} \cos\alpha \\ \sin\alpha \end{pmatrix}, \quad D_\alpha \mathbf{e}_2 = \begin{pmatrix} -\sin\alpha \\ \cos\alpha \end{pmatrix} \quad \text{(vgl. 1.3 (b)), also}$$

$$M_{\mathcal{K}}(D_\alpha) = \begin{pmatrix} \cos\alpha & -\sin\alpha \\ \sin\alpha & \cos\alpha \end{pmatrix}.$$

(e) **Spiegelung an einer Geraden.** Sei $\mathbf{a} = \begin{pmatrix} a_1 \\ a_2 \end{pmatrix}$ ein Vektor der Länge 1, $g = \text{Span}\{\mathbf{a}\}$ und

$$L\mathbf{x} = S_g \mathbf{x} = 2\langle \mathbf{a}, \mathbf{x} \rangle \mathbf{a} - \mathbf{x}, \quad \text{vgl. 1.3 (c).}$$

Die Matrix von L bezüglich der kanonischen Basis ergibt sich durch

$$L\mathbf{e}_1 = 2a_1\mathbf{a} - \mathbf{e}_1 = \begin{pmatrix} 2a_1^2 - 1 \\ 2a_1 a_2 \end{pmatrix}, \quad L\mathbf{e}_2 = 2a_2\mathbf{a} - \mathbf{e}_2 = \begin{pmatrix} 2a_1 a_2 \\ 2a_2^2 - 1 \end{pmatrix},$$

$$M_{\mathcal{K}}(L) = \begin{pmatrix} 2a_1^2 - 1 & 2a_1 a_2 \\ 2a_1 a_2 & 2a_2^2 - 1 \end{pmatrix}.$$

Eine der Spiegelung L besonders gut angepasste Basis ist durch $\mathcal{B} = (\mathbf{a}, \mathbf{b})$ gegeben, wo $\mathbf{b}$ der zu $\mathbf{a}$ senkrechte Vektor $\begin{pmatrix} -a_2 \\ a_1 \end{pmatrix}$ ist. Es gilt

$$L\mathbf{a} = \mathbf{a} = 1 \cdot \mathbf{a} + 0 \cdot \mathbf{b}, \quad L\mathbf{b} = -\mathbf{b} = 0 \cdot \mathbf{a} - 1 \cdot \mathbf{b}.$$

Also hat $M_{\mathcal{B}}(L)$ die einfache Gestalt $\begin{pmatrix} 1 & 0 \\ 0 & -1 \end{pmatrix}$.

Wir dürfen also nicht den Fehler machen, aus $L\mathbf{a} = \mathbf{a}$ und $L\mathbf{b} = -\mathbf{b}$ auf die Matrix $\begin{pmatrix} a_1 & a_2 \\ a_2 & -a_1 \end{pmatrix}$ zu schließen. Die letztere Matrix wäre $M_{\mathcal{B}}^{\mathcal{K}}(L)$!

(f) *Der Ableitungsoperator* $D = d/dx$ *auf* $\mathcal{P}_{\mathbb{R}}^2$, dem Vektorraum der reellen Polynome vom Grad ≤ 2, hat bezüglich der Basis $\mathcal{B} = (p_0, p_1, p_2)$ der Potenzen $p_k(x) = x^k$ die Matrixdarstellung $\boxed{\text{ÜA}}$

$$M_{\mathcal{B}}(D) = \begin{pmatrix} 0 & 1 & 0 \\ 0 & 0 & 2 \\ 0 & 0 & 0 \end{pmatrix}.$$

4.4 Linearformen auf V. Wir wählen eine Basis $\mathcal{B} = (v_1, \ldots, v_n)$ von V. Als kanonische Basis für den eindimensionalen Vektorraum $\mathbb{K}$ wählen wir die Zahl 1.

Jede lineare Abbildung $L : V \to \mathbb{K}$ besitzt dann die $1 \times n$–Matrix (Zeilenmatrix)

$$M_{\mathcal{B}}^{\mathcal{K}}(L) = (Lv_1, \ldots, Lv_n).$$

Hat beispielsweise der Vektor $\mathbf{a} \in \mathbb{R}^n$ die Komponenten $a_1, \ldots, a_n$ und ist $L(\mathbf{x}) = \langle \mathbf{a}, \mathbf{x} \rangle$, so hat L bezüglich der kanonischen Basen in $\mathbb{R}^n$ und $\mathbb{R}$ die Zeilenmatrix $(a_1, a_2, \ldots, a_n)$.

4.5 Berechnung des Bildvektors (Matrix–Vektor–Multiplikation)
Sei $M_{\mathcal{A}}^{\mathcal{B}}(L) = A = (a_{ik})_{m \times n}$. Die Koordinatendarstellungen des Vektors $u \in V$ und seines Bildvektors Lu seien gegeben durch

$$(u)_{\mathcal{A}} = \begin{pmatrix} x_1 \\ \vdots \\ x_n \end{pmatrix} = \mathbf{x}, \quad (Lu)_{\mathcal{B}} = \begin{pmatrix} y_1 \\ \vdots \\ y_m \end{pmatrix} = \mathbf{y}.$$

Dann bestehen die Gleichungen

$$y_i = \sum_{k=1}^{n} a_{ik} x_k \quad (i = 1, \ldots, m).$$

Wir fassen diese Gleichungen in die Kurzform

$$\mathbf{y} = A\mathbf{x}\,.$$

Die so definierte Matrix–Vektor–Multiplikation ergibt sich nach dem folgenden Schema:

$$\begin{pmatrix} a_{11} & a_{12} & \cdots & a_{1n} \\ \vdots & \vdots & & \vdots \\ \boxed{a_{i1} \quad a_{i2} \quad \cdots \quad a_{in}} \\ \vdots & \vdots & & \vdots \\ a_{m1} & a_{m2} & \cdots & a_{mn} \end{pmatrix} \begin{pmatrix} x_1 \\ x_2 \\ \vdots \\ x_n \end{pmatrix} \qquad y_i = a_{i1}x_1 + a_{i2}x_2 + \ldots + a_{in}x_n$$

Zur Berechnung von $y_i = (A\mathbf{x})_i$ denken wir uns den Vektor $\mathbf{x}$ über die i–te Zeile gelegt und bilden die Summe der Produkte übereinanderstehender Koeffizienten.

BEWEIS.

Für $u = x_1 v_1 + \ldots + x_n v_n$ gilt

$$
\begin{aligned}
Lu &= x_1 L v_1 + \ldots + x_n L v_n \\
&= x_1 \left(a_{11} w_1 + a_{21} w_2 + \ldots + a_{m1} w_m \right) \\
&\quad + x_2 \left(a_{12} w_1 + a_{22} w_2 + \ldots + a_{m2} w_m \right) \\
&\quad \vdots \\
&\quad + x_n \left(a_{1n} w_1 + a_{2n} w_2 + \ldots + a_{mn} w_m \right) \\
&= w_1 \left(a_{11} x_1 + a_{12} x_2 + \ldots + a_{1n} x_n \right) \\
&\quad + w_2 \left(a_{21} x_1 + a_{22} x_2 + \ldots + a_{2n} x_n \right) \\
&\quad \vdots \\
&\quad + w_m \left(a_{m1} x_1 + a_{m2} x_2 + \ldots + a_{mn} x_n \right). \qquad \Box
\end{aligned}
$$

BEISPIEL. Rechnen Sie nach, dass

$$\begin{pmatrix} -1 & 2 & 1 & 0 \\ 1 & -1 & 0 & 1 \\ 2 & 1 & -3 & 1 \end{pmatrix} \begin{pmatrix} 1 \\ 2 \\ 3 \\ 4 \end{pmatrix} = \begin{pmatrix} 6 \\ 3 \\ -1 \end{pmatrix}.$$

5 Matrizenrechnung

5.1 Zielsetzung

Wir wollen für lineare Abbildungen $S, T : V \to W$ mit Matrizen $A = M_{\mathcal{A}}^{\mathcal{B}}(S)$, $B = M_{\mathcal{A}}^{\mathcal{B}}(T)$ die Matrix von $\lambda S + \mu T$ berechnen; diese werden wir mit $\lambda A + \mu B$

bezeichnen. Ferner wollen wir für lineare Abbildungen mit

$$U \xrightarrow{T} V \xrightarrow{S} W$$

die Matrix der Hintereinanderausführung ST bestimmen. Diese bezeichnen wir mit $A \cdot B = M_{\mathcal{A}}^{\mathcal{C}}(ST)$, wobei $B = M_{\mathcal{A}}^{\mathcal{B}}(T)$ und $A = M_{\mathcal{B}}^{\mathcal{C}}(S)$. Schließlich sollen Rechenregeln für diese Verknüpfungen von Matrizen aufgestellt werden.

5.2 Summe und Vielfaches von Matrizen

Die linearen Abbildungen $S, T : V \to W$ seien bezüglich der Basen $\mathcal{A}$ für V, $\mathcal{B}$ für W durch die $m \times n$–Matrizen

$$M_{\mathcal{A}}^{\mathcal{B}}(S) = A = (a_{ik}) , \quad M_{\mathcal{A}}^{\mathcal{B}}(T) = B = (b_{ik}) ,$$

dargestellt. Dann bestehen folgende Matrix–Darstellungen:

(a) *Die Matrix von $S + T$ ist gegeben durch*

$$A + B := (a_{ik} + b_{ik}) .$$

(b) *Die Matrix von λS $(\lambda \in \mathbb{K})$ ist gegeben durch*

$$\lambda A := (\lambda a_{ik}) .$$

(c) *Die Matrix von $\lambda S + \mu T$ ist demnach $(\lambda a_{ik} + \mu b_{ik})$.*

BEWEIS.
Wir beweisen die letzte Behauptung, die beiden ersten sind darin enthalten. Sei $\mathcal{A} = (v_1, \ldots, v_n)$ und $\mathcal{B} = (w_1, \ldots, w_m)$. Die Matrix $C = (c_{ik})$ der Abbildung $\lambda S + \mu T$ bezüglich dieser Basen ist nach 4.1 eindeutig bestimmt durch

$$(\lambda S + \mu T) v_k = \sum_{i=1}^{m} c_{ik} w_i \quad (k = 1, \ldots, n) .$$

Nun ist aber

$$(\lambda S + \mu T) v_k = \lambda S v_k + \mu T v_k$$

$$= \lambda \sum_{i=1}^{m} a_{ik} w_i + \mu \sum_{i=1}^{m} b_{ik} w_i = \sum_{i=1}^{m} (\lambda a_{ik} + \mu b_{ik}) w_i . \qquad \square$$

5.3 Matrizenmultiplikation

Gegeben sind lineare Abbildungen

$$U \xrightarrow{T} V \xrightarrow{S} W$$

zwischen den Vektorräumen U, V, W über $\mathbb{K}$ mit den Basen

$$\mathcal{A} = (u_1, \ldots, u_n) \quad \text{für} \quad U,$$

$$\mathcal{B} = (v_1, \ldots, v_m) \quad \text{für} \quad V,$$

$$\mathcal{C} = (w_1, \ldots, w_l) \quad \text{für} \quad W.$$

Die zu diesen Basen gehörigen Matrizen seien

$$A = M_{\mathcal{B}}^{\mathcal{C}}(S), \quad B = M_{\mathcal{A}}^{\mathcal{B}}(T).$$

Die Matrix von ST bezüglich der Basen $\mathcal{A}$ und $\mathcal{C}$ bezeichnen wir mit

$$A \cdot B = (c_{ik})_{l \times n}.$$

Dann sind die Koeffizienten der Produktmatrix gegeben durch

$$c_{ik} = \sum_{j=1}^{m} a_{ij} b_{jk} \quad (i = 1, \ldots, l; \ k = 1, \ldots, n).$$

BEMERKUNGEN.

(a) Als Merkregel und zur praktischen Berechnung dient das folgende Schema:

$$\begin{pmatrix} a_{11} & \cdots & a_{1m} \\ \vdots & & \vdots \\ \boxed{a_{i1} \ \cdots \ a_{im}} \\ \vdots & & \vdots \\ a_{l1} & \cdots & a_{lm} \end{pmatrix} \begin{pmatrix} b_{11} & \cdots & \boxed{b_{1k}} & \cdots & b_{1n} \\ \vdots & & \vdots & & \vdots \\ b_{m1} & \cdots & \boxed{b_{mk}} & \cdots & b_{mn} \end{pmatrix} = \begin{pmatrix} c_{11} & \cdots & c_{1n} \\ \vdots & \boxed{c_{ik}} & \vdots \\ c_{l1} & \cdots & c_{ln} \end{pmatrix}$$

(b) Die k–te Spalte von $A \cdot B$ entsteht durch Matrix–Vektor–Multiplikation $A\mathbf{b}_k$, wobei $\mathbf{b}_k$ die k–te Spalte von B ist.

(c) Statt $A \cdot B$ schreiben wir auch AB.

BEWEIS.

Nach Definition der c_{ik} gilt

$$(*) \quad ST u_k = S(T u_k) = \sum_{i=1}^{l} c_{ik} w_i.$$

Wir berechnen nun $S(T u_k)$ für festes k. Dazu geben wir die Basisdarstellung von $T u_k$ an:

$$T u_k = \sum_{j=1}^{m} y_j v_j \quad \text{mit} \quad y_j = b_{jk}$$

nach Definition der Matrix B. Daraus ergibt sich

$$S(T u_k) = \sum_{j=1}^{m} y_j \, S v_j \, .$$

Nach Definition der Matrix A gilt

$$S v_j = \sum_{i=1}^{l} a_{ij} w_i \, ,$$

also

$$S(T u_k) = \sum_{j=1}^{m} y_j \sum_{i=1}^{l} a_{ij} w_i = \sum_{i=1}^{l} w_i \sum_{j=1}^{m} a_{ij} y_j = \sum_{i=1}^{l} w_i \sum_{j=1}^{m} a_{ij} b_{jk}$$

nach Definition der y_j. Vergleich mit (∗) ergibt die behauptete Formel für die c_{ik} wegen der Eindeutigkeit der Basisdarstellung. □

5.4 Beispiele. Rechnen Sie die folgenden Ergebnisse nach:

(a) Für $A = \begin{pmatrix} 1 & -2 & 3 \\ 2 & 1 & -3 \end{pmatrix}$ und $B = \begin{pmatrix} 2 & -1 \\ 1 & 0 \\ -1 & 1 \end{pmatrix}$ gilt

$$AB = \begin{pmatrix} -3 & 2 \\ 8 & -5 \end{pmatrix} \quad \text{und} \quad BA = \begin{pmatrix} 0 & -5 & 9 \\ 1 & -2 & 3 \\ 1 & 3 & -6 \end{pmatrix} .$$

(b) Für $A = (i, -i, 1)$ und $B = \begin{pmatrix} 1 & 1 \\ i & -1 \\ -i & i \end{pmatrix}$ gilt $AB = (1, 3i)$.

BA macht aus Formatgründen keinen Sinn!

5.5 Rechenregeln

(a) *Bei fest gewählten Basen $\mathcal{A}$ von V und $\mathcal{B}$ von W gibt es zu jeder $m \times n$– Matrix A genau eine lineare Abbildung $L : V \to W$ mit*

$$A = M_{\mathcal{A}}^{\mathcal{B}}(L) \, .$$

(b) *Die $m \times n$–Matrizen mit Koeffizienten aus $\mathbb{K}$ bilden einen $\mathbb{K}$–Vektorraum der Dimension $n \cdot m$.*

(c) *Für die Multiplikation (sofern aus Formatgründen möglich) gilt*

$$A(BC) = (AB)C \quad (Assoziativgesetz),$$

$$A(B + C) = AB + AC \, , \quad (A + B)C = AC + BC \quad (Distributivgesetze).$$

BEWEIS.

(a) folgt direkt aus 4.1 (b).

(b) Die Vektorraumeigenschaft ist leicht nachzuprüfen. Eine Basis bilden alle diejenigen $m \times n$–Matrizen, bei denen ein Koeffizient Eins ist und alle anderen Null sind.

(c) Die Distributivität ergibt sich direkt aus der Formel 5.3 für c_{ik}. Zur Assoziativität: Seien R, S, T die zu A, B, C gehörigen linearen Abbildungen bezüglich der jeweiligen Basen. Dann ist $A(BC)$ die Matrix von $R(ST) = (RS)T$, und die letztere Abbildung hat die Matrix $(AB)C$. $\qquad\square$

5.6 Die Algebra der $n \times n$–Matrizen

Bei fest gewählter Basis $\mathcal{B} = (v_1, \ldots, v_n)$ von V gehört zu jeder linearen Abbildung $T \in \mathcal{L}(V)$ eine quadratische Matrix $A = M_{\mathcal{B}}(T)$ mit der k–ten Spalte $(T\,v_k)_{\mathcal{B}}$. Umgekehrt entspricht jeder $n \times n$–Matrix A genau eine lineare Abbildung $T \in \mathcal{L}(V)$ mit $M_{\mathcal{B}}(T) = A$. Nach Definition der Matrixoperationen gilt

$$M_{\mathcal{B}}(\alpha S + \beta T) = \alpha M_{\mathcal{B}}(S) + \beta M_{\mathcal{B}}(T), \quad M_{\mathcal{B}}(ST) = M_{\mathcal{B}}(S) \cdot M_{\mathcal{B}}(T).$$

Damit korrespondieren die Verknüpfungen von linearen Abbildungen mit denen der Matrizen. Wir fassen die Rechenregeln zusammen:

(a) *Die $n \times n$–Matrizen mit Koeffizienten aus $\mathbb{K}$ bilden einen $\mathbb{K}$–Vektorraum der Dimension n^2, bezeichnet mit $\mathcal{M}(n, \mathbb{K})$.*

(b) *Die Multiplikation ist assoziativ und distributiv.*

(c) *Es gilt $(\alpha A) \cdot (\beta B) = \alpha\beta \cdot AB$.*

(d) *Es gibt ein neutrales Element der Multiplikation, nämlich die Einheitsmatrix E_n, vgl. 4.3 (b).*

(e) *Die Multiplikation ist für $n \geq 2$ nicht kommutativ:*

Gegenbeispiel:

$$A = \begin{pmatrix} 0 & 1 \\ 0 & 0 \end{pmatrix}, \quad B = \begin{pmatrix} 0 & 0 \\ 1 & 0 \end{pmatrix}, \quad AB = \begin{pmatrix} 1 & 0 \\ 0 & 0 \end{pmatrix}, \quad BA = \begin{pmatrix} 0 & 0 \\ 0 & 1 \end{pmatrix}.$$

(f) *Die Multiplikation ist für $n \geq 2$ nicht nullteilerfrei, das heißt im Allgemeinen folgt aus $AB = 0$ nicht $A = 0$ oder $B = 0$.*

Gegenbeispiel: Für die Matrix A in (e) gilt $A^2 = A \cdot A = 0$.

Die Mathematiker fassen diese Eigenschaften so zusammen:
Die Menge $\mathcal{M}(n, \mathbb{K})$ der $n \times n$–Matrizen über $\mathbb{K}$ bildet eine nichtkommutative Algebra mit Einselement.

6 Invertierbare lineare Abbildungen und reguläre Matrizen

6.1 Linearität der Umkehrabbildung

Ist eine lineare Abbildung $L : V \to W$ *bijektiv, so ist die Umkehrabbildung* $L^{-1} : W \to V$ *ebenfalls linear.*

BEWEIS.
Seien $w_1, w_2 \in W$ und $\alpha_1, \alpha_2 \in \mathbb{K}$. Wegen der Bijektivität von L gibt es eindeutig bestimmte Vektoren $u_1, u_2 \in V$ mit

$$w_1 = L(u_1), \quad w_2 = L(u_2) \quad \text{bzw.} \quad u_1 = L^{-1}(w_1), \quad u_2 = L^{-1}(w_2).$$

Wegen der Linearität von L folgt

$$L(\alpha_1 u_1 + \alpha_2 u_2) = \alpha_1 L(u_1) + \alpha_2 L(u_2) = \alpha_1 w_1 + \alpha_2 w_2, \quad \text{also}$$

$$L^{-1}(\alpha_1 w_1 + \alpha_2 w_2) = \alpha_1 u_1 + \alpha_2 u_2 = \alpha_1 L^{-1}(w_1) + \alpha_2 L^{-1}(w_2). \qquad \square$$

6.2 Bedingungen für die Umkehrbarkeit im endlichdimensionalen Fall

Für endlichdimensionale Räume V, W gilt wegen der Dimensionsformel 2.2:

(a) *Eine lineare Abbildung* $L : V \to W$ *kann nur umkehrbar sein, wenn* $\dim V = \dim W$.

(b) *Haben* V *und* W *dieselbe endliche Dimension, so gilt für jede lineare Abbildung* $L : V \to W$:

$$L \text{ ist bijektiv} \iff L \text{ ist injektiv} \iff L \text{ ist surjektiv.}$$

$\boxed{\text{ÜA}}$ Führen Sie die einfachen Beweise mit Hilfe der Dimensionsformel durch. Beachten Sie dabei 2.1 (c): L ist injektiv $\iff$ Kern $L = \{0\}$.

BEMERKUNG. In unendlichdimensionalen Räumen ist (b) nicht mehr richtig: Zum Beispiel ist im Folgenraum § 14 : 2.3 der „Rechtsshift"

$$R : (x_1, x_2, \ldots) \mapsto (0, x_1, x_2, \ldots)$$

injektiv, aber nicht surjektiv, und der „Linksshift"

$$L : (x_1, x_2, \ldots) \mapsto (x_2, x_3, \ldots)$$

ist surjektiv, aber nicht injektiv $\boxed{\text{ÜA}}$.

6.3 Invertierbare Matrizen

(a) Eine quadratische Matrix $A \in \mathcal{M}(n, \mathbb{K})$ heißt **invertierbar** oder **regulär**, wenn es eine Matrix $B \in \mathcal{M}(n, \mathbb{K})$ gibt mit

$$AB = BA = E.$$

Die Matrix B *ist durch diese Bedingung eindeutig bestimmt und wird mit* A^{-1} *bezeichnet.*

(b) *Der Vektorraum V über $\mathbb{K}$ besitze die Basis $\mathcal{B} = (v_1, \ldots, v_n)$, und es sei $A = M_{\mathcal{B}}(L)$. Regularität von A bedeutet Invertierbarkeit von L; es ist dann $A^{-1} = M_{\mathcal{B}}\left(L^{-1}\right)$.*

BEWEIS.

Wir beginnen mit der zweiten Behauptung. Sei $A = M_{\mathcal{B}}(L)$, $B = M_{\mathcal{B}}\left(L^{-1}\right)$ und $E = M_{\mathcal{B}}(\mathbb{1})$ die Einheitsmatrix. Aus $LL^{-1} = L^{-1}L = \mathbb{1}$ folgt für die Matrizen $AB = BA = E$.

Sei umgekehrt $AB = BA = E$. Wir betrachten die linearen Abbildungen

$$S : \mathbb{K}^n \to \mathbb{K}^n, \quad \mathbf{x} \mapsto A\mathbf{x} \quad \text{und} \quad T : \mathbb{K}^n \to \mathbb{K}^n, \quad \mathbf{x} \mapsto B\mathbf{x}.$$

Für diese gilt $M_{\mathcal{K}}(S) = A$ und $M_{\mathcal{K}}(T) = B$ $\boxed{\text{ÜA}}$. Nach Voraussetzung gilt

$$M_{\mathcal{K}}(ST) = AB = E, \quad \text{ebenso} \quad M_{\mathcal{K}}(TS) = BA = E,$$

also $ST = TS = \mathbb{1}$. Damit ist S invertierbar, $T = S^{-1}$ und $B = M_{\mathcal{K}}(S^{-1})$. Das beweist auch die Behauptung (a). □

ZUSATZ. *Gilt für zwei $n \times n$–Matrizen $AB = E$, so sind beide invertierbar und zueinander invers.*

Denn für die zugehörigen linearen Abbildungen S, T gilt $S \circ T = \mathbb{1}$, also ist S surjektiv und T injektiv $\boxed{\text{ÜA}}$. Damit sind beide Abbildungen nach 6.2 (b) invertierbar und es gilt $S^{-1} = T$, $T^{-1} = S$. Für die zugehörigen Matrizen folgt $A^{-1} = B$, $B^{-1} = A$ nach (b). Damit ist auch $BA = B$.

6.4 Die Inverse eines Produkts

Sind A, B invertierbare Matrizen, so ist auch AB invertierbar und

$$(AB)^{-1} = B^{-1}A^{-1}.$$

Denn es gilt

$$(AB)(B^{-1}A^{-1}) = A(BB^{-1})A^{-1} = AEA^{-1} = AA^{-1} = E,$$

Die Behauptung folgt aus dem Zusatz 6.3.

7 Basiswechsel und Koordinatentransformation

7.1 Übergang zu einer anderen Basis

Bezüglich einer Basis $\mathcal{A} = (u_1, \ldots, u_n)$ von V besitze der Vektor $u \in V$ die Basisdarstellung $u = \sum_{k=1}^{n} x_k u_k$. Gehen wir zu einer neuen Basis $\mathcal{B} = (v_1, \ldots, v_n)$ über, so besitzt der Vektor u die Basisdarstellung $u = \sum_{k=1}^{n} y_k v_k$. Wie rechnen sich die beiden Koordinatenvektoren

$$(u)_{\mathcal{A}} = \mathbf{x} = \begin{pmatrix} x_1 \\ \vdots \\ x_n \end{pmatrix}, \quad (u)_{\mathcal{B}} = \mathbf{y} = \begin{pmatrix} y_1 \\ \vdots \\ y_n \end{pmatrix}$$

ineinander um?

Eng mit dieser Frage verbunden ist die nach der Umrechnung der Matrixdarstellungen $A = M_{\mathcal{A}}(L)$, $B = M_{\mathcal{B}}(L)$ einer linearen Abbildung $L \in \mathcal{L}(V)$. Zur Untersuchung beider Fragen definieren wir

7.2 Die Transformationsmatrix S

Sei S die $n \times n$–Matrix mit den Spalten $(v_1)_{\mathcal{A}}, \ldots, (v_n)_{\mathcal{A}}$, wobei $\mathcal{B} = (v_1, \ldots, v_n)$ die neue Basis ist und $\mathcal{A} = (u_1, \ldots, u_n)$ die Ausgangsbasis, d.h. die k–te Spalte von S sei der Koordinatenvektor von v_k bezüglich $\mathcal{A}$. (In den meisten Anwendungen ist $\mathcal{A}$ die kanonische Basis.) Nach Definition 4.2 ist also

$$S = M_{\mathcal{B}}^{\mathcal{A}}(\mathbb{1}).$$

SATZ. *Die Transformationsmatrix S ist regulär. Ihre Inverse ist gegeben durch*

$$S^{-1} = M_{\mathcal{A}}^{\mathcal{B}}(\mathbb{1});$$

die Spalten von S^{-1} sind die Koordinatenvektoren $(u_1)_{\mathcal{B}}, \ldots, (u_n)_{\mathcal{B}}$.

BEWEIS.

Wir erinnern uns an die Definition des Matrizenprodukts: Tragen die Vektorräume U, V, W die Basen $\mathcal{A}, \mathcal{B}, \mathcal{C}$ und gilt

$$U \xrightarrow{L_1} V \xrightarrow{L_2} W, \quad \text{so ist}$$

$$M_{\mathcal{A}}^{\mathcal{C}}(L_2 L_1) = M_{\mathcal{B}}^{\mathcal{C}}(L_2) \cdot M_{\mathcal{A}}^{\mathcal{B}}(L_1).$$

Durch Spezialisierung $U = V = W$, $L_1 = L_2 = \mathbb{1}$ und $\mathcal{C} = \mathcal{A}$ ergibt sich

$$E_n = M_{\mathcal{A}}^{\mathcal{A}}(\mathbb{1}) = M_{\mathcal{A}}^{\mathcal{A}}(\mathbb{1} \circ \mathbb{1}) = M_{\mathcal{B}}^{\mathcal{A}}(\mathbb{1}) \cdot M_{\mathcal{A}}^{\mathcal{B}}(\mathbb{1}) = S \cdot M_{\mathcal{A}}^{\mathcal{B}}(\mathbb{1}),$$

woraus die Regularität von S und die Behauptung $S^{-1} = M_{\mathcal{A}}^{\mathcal{B}}(\mathbb{1})$ folgen, siehe Zusatz zu 6.3. □

7.3 Transformationsverhalten von Matrizen und Koordinaten

Zwischen den Matrizen $B = M_{\mathcal{B}}(L)$ und $A = M_{\mathcal{A}}(L)$ besteht die Beziehung

$$B = S^{-1}AS,$$

wobei S die Transformationsmatrix 7.2 ist.

Für die Koordinatenvektoren $\mathbf{x} = (u)_{\mathcal{A}}$ *und* $\mathbf{y} = (u)_{\mathcal{B}}$ *gilt*

$$\mathbf{x} = S\mathbf{y} \quad bzw. \quad \mathbf{y} = S^{-1}\mathbf{x}\,.$$

Zwei $n \times n$–Matrizen A, B heißen **ähnlich**, wenn sie zu derselben linearen Abbildung bezüglich verschiedener Basen gehören, d.h. wenn

$$B = S^{-1}AS$$

mit einer geeigneten regulären Matrix S gilt.

BEWEIS.

(a) Nach den Bemerkungen im Beweis 7.2 folgt

$$B = M_{\mathcal{B}}(L) = M_{\mathcal{A}}^{\mathcal{B}}(\mathbb{1}\,L) = M_{\mathcal{A}}^{\mathcal{B}}(\mathbb{1}) \cdot M_{\mathcal{B}}^{\mathcal{A}}(L) = S^{-1}M_{\mathcal{B}}^{\mathcal{A}}(L)$$
$$= S^{-1}M_{\mathcal{B}}^{\mathcal{A}}(L\,\mathbb{1}) = S^{-1}M_{\mathcal{A}}^{\mathcal{A}}(L) \cdot M_{\mathcal{B}}^{\mathcal{A}}(\mathbb{1}) = S^{-1}AS\,.$$

(b) Für $\mathbf{y} = (u)_{\mathcal{B}}$, $\mathbf{x} = (u)_{\mathcal{A}}$ und $S = M_{\mathcal{B}}^{\mathcal{A}}(\mathbb{1})$ folgt aus 4.5

$$\mathbf{x} = (\mathbb{1}u)_{\mathcal{A}} = M_{\mathcal{B}}^{\mathcal{A}}(\mathbb{1})(u)_{\mathcal{B}} = S\mathbf{y}\,.$$

Die Gleichung $\mathbf{y} = S^{-1}\mathbf{x}$ ergibt sich daraus durch Multiplikation mit S^{-1}. $\quad\square$

$\boxed{\text{ÜA}}$ Für $\mathbb{R}^2$ seien $\mathcal{A} = (\mathbf{e}_1, \mathbf{e}_2)$ die kanonische Basis, $\mathcal{B} = (2\mathbf{e}_1 + \mathbf{e}_2, 2\mathbf{e}_2 - \mathbf{e}_1)$ und P die orthogonale Projektion auf Span$\{2\mathbf{e}_1 + \mathbf{e}_2\}$ (Skizze!). Bestimmen Sie der Reihe nach

$$S,\ S^{-1},\ B = M_{\mathcal{B}}(P),\ A = M_{\mathcal{A}}(P).$$

§ 16 Lineare Gleichungen

1 Problemstellungen und Beispiele

1.1 Lineare Gleichungssysteme

Ein lineares Gleichungssystem mit m Gleichungen für n Unbekannte, (kurz ein $m \times n$–Gleichungssystem) hat die Form

$$a_{11}x_1 + a_{12}x_2 + \ldots + a_{1n}x_n = b_1\,,$$
$$a_{21}x_1 + a_{22}x_2 + \ldots + a_{2n}x_n = b_2\,,$$
$$\vdots \qquad \vdots \qquad\quad \vdots \qquad \vdots$$
$$a_{m1}x_1 + a_{m2}x_2 + \ldots + a_{mn}x_n = b_m\,.$$

Gegeben sind hierbei die Koeffizienten $a_{ik} \in \mathbb{K}$ und die Zahlen $b_k \in \mathbb{K}$ auf der rechten Seite. Gesucht sind alle Vektoren $\mathbf{x} = (x_1, \ldots, x_n) \in \mathbb{K}^n$, welche diese Gleichungen erfüllen.

Mit Hilfe der Matrix–Vektor–Multiplikation §15:4.5 können wir das System in die kompaktere Form

$$A\mathbf{x} = \mathbf{b}$$

bringen; dabei ist

$$A = \begin{pmatrix} a_{11} & \cdots & a_{1n} \\ \vdots & & \vdots \\ a_{m1} & \cdots & a_{mn} \end{pmatrix}, \quad \mathbf{x} = \begin{pmatrix} x_1 \\ \vdots \\ x_n \end{pmatrix} \in \mathbb{K}^n, \quad \mathbf{b} = \begin{pmatrix} b_1 \\ \vdots \\ b_m \end{pmatrix} \in \mathbb{K}^m.$$

1.2 Beispiele für lineare Gleichungssysteme

(a) *Schnitt zweier Ebenen*. Eine Ebene im $\mathbb{R}^3$ ist gegeben durch eine Gleichung $a_1 x_1 + a_2 x_2 + a_3 x_3 = b$ (vgl. §6:5.2). Der Schnitt zweier Ebenen führt demnach auf ein 2×3–Gleichungssystem.

(b) *Basisdarstellung*. Ist $\mathcal{A} = (\mathbf{a}_1, \cdots, \mathbf{a}_n)$ eine Basis des $\mathbb{K}^n$, so führt die Bestimmung der Basisdarstellung

$$\mathbf{u} = x_1 \mathbf{a}_1 + \ldots + x_n \mathbf{a}_n$$

eines vorgegebenen Vektors $\mathbf{u}$ auf ein $n \times n$–Gleichungssystem.

(c) Das Nachprüfen der linearen Unabhängigkeit von m Vektoren des $\mathbb{K}^n$ führt nach §14:5.4 auf ein homogenes $n \times m$–Gleichungssystem $A\mathbf{x} = \mathbf{0}$.

1.3 Allgemeine lineare Gleichungen

Gegeben ist eine lineare Abbildung $L : V \to W$ und ein Vektor $b \in W$. Gesucht sind alle Lösungen $u \in V$ der **linearen Gleichung**

$$Lu = b.$$

Im Fall $b = 0$ heißt die Gleichung **homogen**; ist die „rechte Seite" b nicht notwendig der Nullvektor, so sprechen wir von einer **inhomogenen Gleichung**. Beispiele wurden in §14:1.1 gegeben.

Die linearen Gleichungssysteme ordnen sich diesem allgemeinen Konzept als Spezialfall unter mit $V = \mathbb{K}^n$, $W = \mathbb{K}^m$ und $L : \mathbf{x} \mapsto A\mathbf{x}$.

2 Allgemeines zur Lösbarkeit und zur Lösungsmenge

2.1 Eindeutige und universelle Lösbarkeit der Gleichung $Lu = v$

(a) Ist L injektiv, so hat die Gleichung $Lu = b$ für jedes $b \in W$ höchstens eine Lösung u. Wir sprechen dann von **eindeutiger Lösbarkeit** der Gleichung

$Lu = b$. Die Ausdrucksweise „eindeutig lösbar" wird in der Mathematik immer im folgenden Sinn gebraucht: Wenn die Gleichung überhaupt eine Lösung besitzt, so ist diese eindeutig bestimmt. Nach § 15 : 2.1 ist die eindeutige Lösbarkeit der Gleichung $Lu = b$ äquivalent zu $\text{Kern}(L) = \{0\}$, d.h. dazu, dass die homogene Gleichung $Lu = 0$ nur die triviale Lösung $u = 0$ besitzt.

(b) Ist $L : V \to W$ surjektiv, so hat die Gleichung $Lu = b$ für jedes $b \in W$ mindestens eine Lösung u. Wir sagen dann „Die Gleichung $Lu = b$ ist **universell lösbar**".

Ist $L : V \to W$ bijektiv, so ist die Gleichung $Lu = b$ **universell und eindeutig lösbar**, d.h. die Gleichung $Lu = b$ besitzt für jedes $b \in W$ genau eine Lösung $u = L^{-1}b$.

2.2 Struktur des Lösungsraums

(a) *Die Lösungsmenge $\mathcal{L}_0$ der homogenen Gleichung ist ein Teilraum von V, nämlich* $\text{Kern}\, L$.

(b) *Ist u_0 eine Lösung der inhomogenen Gleichung $Lu = b$, so ist die Lösungsmenge $\mathcal{L}_b$ dieser Gleichung gegeben durch*

$$\mathcal{L}_b = u_0 + \mathcal{L}_0 := \{u_0 + u \mid u \in \mathcal{L}_0\}.$$

Beides ergibt sich unmittelbar aus der Linearität von L [ÜA] vgl. § 14 : 1.1.

Eine Teilmenge

$$u_0 + U = \{u_0 + u \mid u \in U\},$$

die aus einem Teilraum U von V durch Verschieben um einen Vektor u_0 hervorgeht, heißt **affiner Teilraum** von V. $\mathcal{L}_b$ ist also entweder leer oder ein affiner Teilraum.

3 Rangbedingungen   ·

3.1 Der Rang einer Matrix

Für eine $m \times n$–Matrix $A = (a_{ik})$ mit Koeffizienten aus $\mathbb{K}$ sind folgende drei Zahlen gleich:

(a) *Die Maximalzahl linear unabhängiger Zeilenvektoren* (**Zeilenrang**),

(b) *die Maximalzahl linear unabhängiger Spaltenvektoren* (**Spaltenrang**),

(c) *die Dimension des Bildraumes der linearen Abbildung*

$$\mathbf{x} \mapsto A\mathbf{x}, \quad \mathbb{K}^n \to \mathbb{K}^m,$$

die wir der Einfachheit halber wieder mit A bezeichnen.

Diese Zahl nennen wir den **Rang** von A (Rang A, vgl. § 15 : 2.2).

BEWEIS.

Wir zeigen, dass der Spaltenrang gleich der Dimension von Bild A ist. Die Spalten von A sind

$$A\mathbf{e}_1, \ldots, A\mathbf{e}_n.$$

Sie bilden ein Erzeugendensystem für Bild L, wie wir uns schon bei der Dimensionsformel klargemacht haben. Nach dem Basisauswahlsatz können wir aus ihr eine Basis für Bild L auswählen. Die Länge dieser Basis ist aber definitionsgemäß der Spaltenrang von A.

Dass Zeilenrang und Spaltenrang übereinstimmen, ergibt sich anschließend im Rahmen des Eliminationsverfahrens 4.6.   □

3.2 Beispiele und Aufgaben

(a) Die Matrix $\begin{pmatrix} 1 & -2 & 4 & 0 & 5 \\ -2 & 1 & -1 & 2 & -6 \\ -1 & -1 & 3 & 2 & -1 \end{pmatrix}$ hat den Rang 2, denn die beiden

ersten Zeilen sind linear unabhängig, und ihre Summe ergibt die dritte.

(b) Bestimmen Sie den Rang von $\begin{pmatrix} 1 & 2 & 3 & 4 \\ 1 & -2 & -3 & 3 \\ -1 & 6 & 9 & -2 \end{pmatrix}$.

(c) Sei $A = \begin{pmatrix} a_{11} & \cdots & a_{1n} \\ \vdots & \ddots & \vdots \\ 0 & & a_{nn} \\ 0 & \cdots & 0 \\ \vdots & \ddots & \vdots \\ 0 & \cdots & 0 \end{pmatrix}$ mit von Null verschiedenen Diagonalelementen

$a_{11}, \ldots, a_{nn}$. Zeigen Sie, dass Spaltenrang und Zeilenrang jeweils gleich n sind.

(d) Dasselbe für $B = \begin{pmatrix} a_{11} & \cdots & a_{1n} & \cdots & a_{1m} \\ \vdots & \ddots & \vdots & & \vdots \\ 0 & & a_{nn} & \cdots & a_{nm} \end{pmatrix}$ mit $a_{11}\, a_{22} \cdots a_{nn} \neq 0$.

3.3 Die Rangbedingungen

Hat V die Dimension n, W die Dimension m, so ist die lineare Abbildung $L : V \to W$ genau dann injektiv, wenn $\operatorname{Rang} L = n$ und genau dann surjektiv, wenn $\operatorname{Rang} L = m$.

Demnach ist das lineare Gleichungsproblem $A\mathbf{x} = \mathbf{b}$ eindeutig lösbar genau dann, wenn $\operatorname{Rang} A = n$ und universell lösbar genau dann, wenn $\operatorname{Rang} A = m$.

Der Beweis ergibt sich unmittelbar aus der Dimensionsformel § 15 : 2.2 $\boxed{\text{ÜA}}$.

4 Das Eliminationsverfahren für lineare Gleichungssysteme

4.1 Herstellung der Zeilenstufenform

Wir erläutern das Verfahren an einem Beispiel. Für die allgemeine Durchführung verweisen wir auf [FISCHER, 1.5].

Es sollen alle Lösungen des folgenden Gleichungssystems bestimmt werden:

$$
\begin{aligned}
4x_2 + 4x_3 + 3x_4 - 2x_5 &= 16 \\
-3x_1 - 3x_2 + 3x_3 + x_4 - 2x_5 &= -2 \\
2x_2 + 2x_3 + 3x_4 - 4x_5 &= 14 \\
4x_1 - x_2 - 9x_3 - 2x_4 - x_5 &= -5
\end{aligned}
$$

1. Schritt: Die Reihenfolge der Gleichungen ist für die Lösungsmenge unerheblich. Wir stellen die Gleichungen so um, dass in der obersten Zeile (Kopfzeile) der Koeffizient von x_1 von Null verschieden ist, dies erreichen wir durch Vertauschen der ersten und der zweiten Zeile. Um unnötige Schreibarbeit zu vermeiden, stellen wir das umgestellte Gleichungssystem gleich schematisch dar:

$$
\begin{array}{rrrrr|r}
-3 & -3 & 3 & 1 & -2 & -2 \\
0 & 4 & 4 & 3 & -2 & 16 \\
0 & 2 & 2 & 3 & -4 & 14 \\
4 & -1 & -9 & -2 & -1 & -5
\end{array}
$$

2. Schritt: *Normierung der Kopfzeile.* Multiplikation einer Zeile mit einem von Null verschiedenen Faktor ändert die Lösungsmenge nicht. Wir multiplizieren die erste Zeile mit $-\frac{1}{3}$ und erhalten

$$
\begin{array}{rrrrr|r}
1 & 1 & -1 & -\frac{1}{3} & \frac{2}{3} & \frac{2}{3} \\
0 & 4 & 4 & 3 & -2 & 16 \\
0 & 2 & 2 & 3 & -4 & 14 \\
4 & -1 & -9 & -2 & -1 & -5
\end{array}
$$

3. Schritt: *Elimination von x_1 aus allen Gleichungen bis auf die erste.* Wir subtrahieren das Vierfache der Kopfzeile von der letzten und erhalten

$$
\begin{array}{rrrrr|r}
1 & 1 & -1 & -\frac{1}{3} & \frac{2}{3} & \frac{2}{3} \\
0 & 4 & 4 & 3 & -2 & 16 \\
0 & 2 & 2 & 3 & -4 & 14 \\
0 & -5 & -5 & -\frac{2}{3} & -\frac{11}{3} & -\frac{23}{3}
\end{array}
$$

Dass sich bei dieser Operation die Lösungsmenge nicht ändert, wird in 4.6 gezeigt. Die erste Zeile und die erste Spalte bleiben im Folgenden unverändert. Wir schleppen sie nicht weiter mit und betrachten nur noch das Restschema.

4. Schritt: *Normierung der Kopfzeile im Restsystem.* Durch Multiplikation der ersten verbleibenden Zeile mit $\frac{1}{4}$ erhalten wir das Restsystem

$$
\begin{array}{cccc|c}
1 & 1 & \frac{3}{4} & -\frac{1}{2} & 4 \\
2 & 2 & 3 & -4 & 14 \\
-5 & -5 & -\frac{2}{3} & -\frac{11}{3} & -\frac{23}{3}
\end{array}
$$

5. Schritt: *Elimination von x_2 aus den letzten beiden Gleichungen.* Wir subtrahieren das Zweifache der Kopfzeile von der zweiten und addieren das Fünffache der Kopfzeile zur dritten. Ergebnis:

$$
\begin{array}{cccc|c}
1 & 1 & \frac{3}{4} & -\frac{1}{2} & 4 \\
0 & 0 & \frac{3}{2} & -3 & 6 \\
0 & 0 & \frac{37}{12} & -\frac{37}{6} & \frac{37}{3}
\end{array}
$$

6. Schritt: Die Koeffizienten von x_3 sind zufälligerweise Null. Wir lassen im Folgenden alles unverändert bis auf das Restsystem

$$
\begin{array}{cc|c}
\frac{3}{2} & -3 & 6 \\
\frac{37}{12} & -\frac{37}{6} & \frac{37}{3}
\end{array}
$$

7. Schritt: *Normierung der Kopfzeile ergibt*

$$
\begin{array}{cc|c}
1 & -2 & 4 \\
\frac{37}{12} & -\frac{37}{6} & \frac{37}{3}
\end{array}
$$

8. Schritt: *Elimination von x_4.* Subtraktion des $\frac{37}{12}$-Fachen der Kopfzeile von der letzten ergibt das Schema

$$
\begin{array}{cc|c}
1 & -2 & 4 \\
0 & 0 & 0
\end{array}
$$

9. Schritt: *Die Zeilenstufenform.* Wir fassen das Ergebnis der Umformungen schematisch zusammen:

$$
\begin{array}{ccccc|c}
1 & 1 & -1 & -\frac{1}{3} & \frac{2}{3} & \frac{2}{3} \\
0 & 1 & 1 & \frac{3}{4} & -\frac{1}{2} & 4 \\
0 & 0 & 0 & 1 & -2 & 4 \\
0 & 0 & 0 & 0 & 0 & 0
\end{array}
$$

Diesem Schema entsprechen die umgeformten Gleichungen

$$x_1 + x_2 - x_3 - \tfrac{1}{3}x_4 + \tfrac{2}{3}x_5 = \tfrac{2}{3}$$

$$x_2 + x_3 + \tfrac{3}{4}x_4 - \tfrac{1}{2}x_5 = 4$$

$$x_4 - 2x_5 = 4 .$$

4.2 Auflösung der Gleichungen in Zeilenstufenform

In den zuletzt notierten Gleichungen sind zwei Unbekannte frei wählbar, beispielsweise x_3 und x_5. Wir setzen $x_3 = s$, $x_5 = t$ willkürlich fest und rollen die Gleichungen von hinten her auf.

Aus der letzten folgt $x_4 = 4 + 2t$. Setzen wir dies in die vorletzte Gleichung ein, so erhalten wir $x_2 = 1 - s - t$.

Gehen wir damit in die erste Gleichung, so erhalten wir $x_1 = 1 + 2s + t$. Damit ergibt sich der allgemeine Lösungsvektor

$$\mathbf{x} = \begin{pmatrix} 1 \\ 1 \\ 0 \\ 4 \\ 0 \end{pmatrix} + s \begin{pmatrix} 2 \\ -1 \\ 1 \\ 0 \\ 0 \end{pmatrix} + t \begin{pmatrix} 1 \\ -1 \\ 0 \\ 2 \\ 1 \end{pmatrix} .$$

Dass alle diese Vektoren das ursprüngliche System befriedigen, wird in 4.6 begründet. Die Lösungsmenge ist also eine zweidimensionale Ebene im fünfdimensionalen Raum.

4.3 Mögliche Endergebnisse, Zahl der Freiheitsgrade

(a) *Die komprimierte Stufenform.* Bei der Automatisierung der Elimination ist der Fall vorzusehen, dass im Restsystem die erste Spalte Null wird. Wir vertauschen diese dann mit einer nachfolgenden, von Null verschiedenen. Gibt es keine solche mehr, so beenden wir das Verfahren und erhalten als Endschema

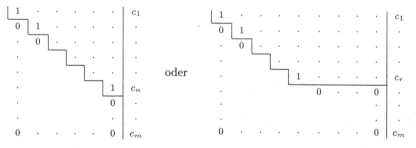

Im ersten Fall kann $n = m$, im zweiten $r = m$ sein. Vertauschen von Spalten läuft auf eine Umnummerierung der Unbekannten hinaus, die in einer Indexliste zu verwalten ist.

Nach 3.2 (c), (d) sind der Zeilenrang und der Spaltenrang der Matrizen links vom Strich jeweils gleich der Anzahl der Stufen.

(b) Die erste der beiden Stufenformen entsteht im Fall der eindeutigen Lösbarkeit (Rang $(A) = n$). Notwendig und hinreichend für die Lösbarkeit des zugehörigen Gleichungssystems ist das Verschwinden der letzten Komponenten $c_{n+1}, \ldots, c_m$ der umgeformten rechten Seite.

(c) Letzteres gilt auch für die zweite der oben skizzierten Zeilenstufenformen. Haben wir hier r Stufen, d.h. Rang $A = r$, so können wir im Falle der Lösbarkeit genau $n - r$ Unbekannte frei wählen; die restlichen sind dann eindeutig bestimmt. In der Physik sprechen wir auch von $n - r$ **Freiheitsgraden**.

4.4 Simultane Elimination bei mehreren rechten Seiten

Gegeben sind A und $\mathbf{b}_1, \ldots, \mathbf{b}_k$. Gesucht sind Vektoren $\mathbf{x}_1, \ldots, \mathbf{x}_k$ mit

$$A\mathbf{x}_1 = \mathbf{b}_1, \ldots, A\mathbf{x}_k = \mathbf{b}_k.$$

Wir brauchen das Eliminationsverfahren für die Matrix A natürlich nur einmal durchzuführen. Daher ist es zweckmäßig, die Matrix B mit den Spalten $\mathbf{b}_1, \ldots, \mathbf{b}_k$ zu bilden und das Eliminationsverfahren gleich für das Schema

$$A \mid B$$

durchzuführen.

4.5 Zur Berechnung der inversen Matrix

wenden wir gemäß 4.4 das Eliminationsverfahren auf das Schema $A \mid E$ an, wo E die Einheitsmatrix ist. Es ergibt sich ein System $A' \mid E'$ in Stufenform. Für die nun notwendige Auflösung nach 4.2 ergibt sich eine weitere Vereinfachung, wenn wir wie im folgenden Beispiel verfahren.

Für

$$A = \begin{pmatrix} 0 & 1 & -1 \\ 1 & 3 & 2 \\ 2 & -1 & 12 \end{pmatrix}$$

führt das Eliminationsverfahren nach Vertauschung der ersten beiden Zeilen auf Folgendes Schema $A' \mid E'$ in Stufenform

$$\begin{array}{ccc|ccc} 1 & 3 & 2 & 0 & 1 & 0 \\ 0 & 1 & -1 & 1 & 0 & 0 \\ 0 & 0 & 1 & 7 & -2 & 1 \end{array}$$

$\boxed{\text{ÜA}}$. Subtraktion der mit 3 multiplizierten zweiten Zeile von der ersten ergibt das Schema

$$\begin{array}{ccc|ccc} 1 & 0 & 5 & -3 & 1 & 0 \\ 0 & 1 & -1 & 1 & 0 & 0 \\ 0 & 0 & 1 & 7 & -2 & 1 \end{array}.$$

Addieren wir nun noch die dritte Zeile zur zweiten und subtrahieren wir anschließend ihr Fünffaches von der ersten, so erhalten wir

$$\begin{array}{ccc|ccc} 1 & 0 & 0 & -38 & 11 & -5 \\ 0 & 1 & 0 & 8 & -2 & 1 \\ 0 & 0 & 1 & 7 & -2 & 1 \end{array}.$$

Denken wir uns das Auflösungsverfahren 4.2 durchgeführt, so erkennen wir, dass die rechte Matrix des Schemas die gesuchte Inverse ist.

4.6 Begründung des Eliminationsverfahrens

SATZ. *Bei jeder der elementaren Umformungen*

- *Vertauschung zweier Zeilen*
- *Multiplikation einer Zeile mit einer von Null verschiedenen Zahl*
- *Addition eines Vielfachen einer Zeile zu einer anderen*

bleiben erhalten

(a) *die Lösungsmenge,*

(b) *der Zeilenrang und*

(c) *der Spaltenrang.*

FOLGERUNG. Aus (b) und (c) ergibt sich der zu 3.1 noch fehlende Nachweis von Zeilenrang = Spaltenrang, denn dies gilt für Stufenmatrizen nach 3.2 (c), (d).

BEWEIS.

(a) Jede Lösung $\mathbf{x}$ des ursprünglichen Gleichungssystems erfüllt auch das umgeformte System. Da sich jede elementare Umformung durch eine entsprechende rückgängig machen lässt, ist das umgeformte Gleichungssystem also äquivalent zum ursprünglichen.

(b) Nach 3.1 ist der Zeilenrang die Dimension des Aufspanns der Zeilenvektoren. Dieser Aufspann wird aber durch Zeilenvertauschung nicht geändert, und nach § 14 : 4.3 auch nicht bei den anderen Umformungen.

(c) Da die Lösungsmenge des homogenen Systems $A\mathbf{x} = \mathbf{0}$ unverändert bleibt, ändert sich die Dimension des Kerns einer Matrix bei elementaren Umformungen nicht. Es gilt aber nach der Rangformel 3.1 und der Dimensionsformel

$$\text{Spaltenrang}\,(A) \;=\; \dim \text{Bild}\, A = n - \dim \text{Kern}\, A\,. \qquad \square$$

4.7 Aufgaben. (a) *Basisdarstellung.* Gegeben sind die Vektoren

$$\mathbf{a}_1 = \begin{pmatrix} 6 \\ 4 \\ 2 \end{pmatrix}, \quad \mathbf{a}_2 = \begin{pmatrix} -7 \\ 3 \\ 1 \end{pmatrix}, \quad \mathbf{a}_3 = \begin{pmatrix} 1 \\ -2 \\ 1 \end{pmatrix} \quad \text{und} \quad \mathbf{b} = \begin{pmatrix} 1 \\ 2 \\ 3 \end{pmatrix}.$$

Zeigen Sie, dass $\mathcal{A} = (\mathbf{a}_1, \mathbf{a}_2, \mathbf{a}_3)$ eine Basis für $\mathbb{R}^3$ ist und geben Sie die Basisdarstellung $(\mathbf{b})_\mathcal{A}$ an.

(b) Geben Sie alle Lösungen $\mathbf{x} \in \mathbb{C}^3$ des Gleichungssystems $A\mathbf{x} = \mathbf{b}$ mit

$$A = \begin{pmatrix} -1 & i & i \\ i & i & 2i+1 \\ 1 & -2 & 2i-1 \end{pmatrix} \quad \text{und} \quad \mathbf{b} = \begin{pmatrix} i-2 \\ 2i-1 \\ -1-2i \end{pmatrix}.$$

(c) Bestimmen Sie die Inverse der Matrix

$$\begin{pmatrix} 2 & 0 & -1 \\ 1 & 1 & 0 \\ 1 & 1 & \frac{1}{2} \end{pmatrix}.$$

(d) Geben Sie alle Lösungen des homogenen Systems $A\mathbf{x} = \mathbf{0}$ und des inhomogenen Systems $A\mathbf{x} = \mathbf{b}$ für

$$A = \begin{pmatrix} 2 & -3 & 1 & -7 & 0 \\ 3 & 2 & 8 & 9 & 13 \\ -3 & 4 & -2 & 9 & -1 \\ 2 & 3 & 7 & 1 & 6 \\ 2 & 1 & 5 & -1 & 8 \end{pmatrix}, \quad \mathbf{b} = \begin{pmatrix} 0 \\ 13 \\ -1 \\ 2 \\ 2 \end{pmatrix}.$$

5 Interpolation und numerische Quadratur

5.1 Das Interpolationsproblem

Gegeben sind *Stützstellen*

$$x_0 < x_1 < \ldots < x_n$$

und Zahlenwerte $y_0, y_1, \ldots, y_n \in \mathbb{R}$. Gesucht ist ein Polynom p vom Grad $\leq n$ mit

$$p(x_0) = y_0, \ldots, p(x_n) = y_n.$$

Wir formulieren diese Aufgabe als lineares Gleichungsproblem:

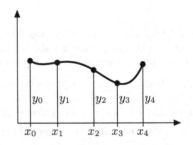

Auf dem Vektorraum $\mathcal{P}_{\mathbb{R}}^n$ der reellen Polynome vom Grad $\leq n$ definieren wir die Abbildung

$$L : \mathcal{P}_{\mathbb{R}}^n \to \mathbb{R}^{n+1}, \quad Lp = \begin{pmatrix} p(x_0) \\ \vdots \\ p(x_n) \end{pmatrix}.$$

Diese ist offenbar linear. Die Interpolationsaufgabe lautet dann:

Gegeben $\mathbf{y} = \sum_{k=0}^{n} y_k \mathbf{e}_{k+1} \in \mathbb{R}^{n+1}$. Gesucht ein Polynom $p \in \mathcal{P}_{\mathbb{R}}^n$ mit $Lp = \mathbf{y}$.

5.2 Die Interpolationsaufgabe ist universell und eindeutig lösbar.
Dazu haben wir zu zeigen, dass L bijektiv ist. Für die Injektivität beachten wir: $p \in \operatorname{Kern} L$ bedeutet

$$p(x_0) = p(x_1) = \ldots = p(x_n) = 0,$$

d.h. p hat $n+1$ verschiedene Nullstellen. Wegen $\operatorname{Grad}(p) \leq n$ folgt daraus $p = 0$. Die Surjektivität ergibt sich aus der Dimensionsformel:

$$\dim \operatorname{Bild} L = \dim \mathcal{P}_{\mathbb{R}}^n - \dim \operatorname{Kern} L = n + 1 - 0 = n + 1.$$

5.3 Bestimmung des Interpolationspolynoms
Die Lösung p der Aufgabe $Lp = \mathbf{y}$ ist gegeben durch $p = L^{-1}\mathbf{y}$. Dabei ist die Abbildung L^{-1} linear (vgl. § 15 : 6.1) und durch die Wirkung auf die kanonische Basis $\mathbf{e}_1, \ldots, \mathbf{e}_{n+1}$ eindeutig bestimmt:

$$L^{-1}\mathbf{y} = L^{-1}(y_0 \mathbf{e}_1 + \ldots + y_n \mathbf{e}_{n+1}) = y_0 L^{-1}\mathbf{e}_1 + \ldots + y_n L^{-1}\mathbf{e}_{n+1}.$$

Die Polynome $\ell_k := L^{-1}(\mathbf{e}_{k+1})$ heißen **Lagrange–Polynome**.

Definitionsgemäß gilt $\ell_k(x_j) = 0$ für $j \neq k$ und $\ell_k(x_k) = 1$.

Da ℓ_k die Nullstellen x_j mit $j \neq k$ besitzt, gilt

$$\ell_k(x) = c_k \prod_{\substack{j=0 \\ j \neq k}}^{n} (x - x_j) \quad \text{mit einer geeigneten Konstanten } c_k.$$

Die Konstante c_k ergibt sich aus der Bedingung

$$1 = \ell_k(x_k) = c_k \prod_{j \neq k} (x_k - x_j).$$

Somit ist die eindeutig bestimmte Lösung p der Interpolationsaufgabe $Lp = \mathbf{y}$ gegeben durch

$$p(x) = \sum_{k=0}^{n} y_k \ell_k(x) \quad \text{mit} \quad \ell_k(x) = \prod_{\substack{j=0 \\ j \neq k}}^{n} \frac{x - x_j}{x_k - x_j} \,.$$

5.4 Keplersche Fassregel und Simpson–Regel

(a) Zur näherungsweisen Berechnung von

$$\int_a^b f(x)\,dx$$

betrachten wir die Stützstellen $x_0 = a$, $x_1 = \frac{1}{2}(a+b)$ und $x_2 = b$. Ferner setzen wir $y_0 = f(x_0)$, $y_1 = f(x_1)$ und $y_2 = f(x_2)$ und bestimmen das Polynom p vom Grad ≤ 2 mit $p(x_0) = y_0$, $p(x_1) = y_1$, $p(x_2) = y_2$. So erhalten wir einen Näherungswert für $\int_a^b f(x)\,dx$ durch

$$\int_a^b p(x)\,dx = \frac{b-a}{6}\,(y_0 + 4y_1 + y_2)\,.$$

ÜA Bestätigen Sie dies durch formelmäßige Durchführung der Interpolation.
Für die Keplersche Fassregel wird häufig auf KEPLERs Inhaltsbestimmung von Weinfässern verwiesen (*Nova stereometria doliorum vinariorum* 1615). Die Fassregel tritt dort jedoch nicht explizit auf.

(b) Eine sehr brauchbare Näherung für $\int_a^b f(x)\,dx$ liefert die **Simpson–Regel**:
Das Intervall $[a,b]$ wird in n gleich große Intervalle zerlegt, und auf jedes dieser Intervalle wird die Keplersche Fassregel angewendet. Setzen wir

$$h = \frac{1}{2n}\,(b-a) \quad \text{und} \quad x_k = a + kh \quad (k = 0, \ldots, 2n)\,,$$

so ergibt sich für $\int_a^b f(x)\,dx$ der Näherungswert

$$I = \frac{h}{3}\left(f(a) + f(b) + 2\sum_{k=1}^{n-1} f(x_{2k}) + 4\sum_{k=0}^{n-1} f(x_{2k+1}) \right).$$

Für C^4–Funktionen f beträgt der Fehler

$$I - \int_a^b f(x)\,dx = \frac{(b-a)^5}{2880\,n^4}\,f^{(4)}(\vartheta) \quad \text{mit einem} \quad \vartheta \in \,]a,b[\,.$$

[MANGOLDT–KNOPP, Bd. 3, Nr. 49].

6 Die Methode der kleinsten Quadrate

6.1 Ausgleichsgeraden

Zwischen Messgrößen X, Y wird eine Beziehung der Form

$$Y = a + bX$$

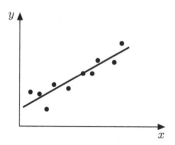

mit unbekannten Parametern a, b vermutet. Das Experiment ergibt für (X, Y) Wertepaare

$$(x_1, y_1), \ldots, (x_m, y_m).$$

Wegen der unvermeidbaren Messfehler liegen die Punkte (x_k, y_k) nicht alle auf einer Geraden.

Wir bestimmen eine **Ausgleichsgerade** durch diese Punktwolke nach der **Methode der kleinsten Quadrate (Fehlerquadrate)**: Für eine beliebige Gerade g mit der Gleichung $y = a + bx$ sei

$$Q(a, b) := \sum_{k=1}^{m} (a + bx_k - y_k)^2$$

die Summe der vertikalen Abstandsquadrate der Punkte (x_k, y_k) von der Geraden g. Wir wollen im Folgenden a, b so bestimmen, dass dieses Fehlerquadrat $Q(a, b)$ minimal wird.

6.2 Ausgleichsparabeln. Zwischen den Messgrößen X, Y wird ein quadratischer Zusammenhang

$$Y = a + bX + cX^2$$

vermutet; gemessen werden die Paare $(x_1, y_1), \ldots, (x_m, y_m)$. Die Methode der kleinsten Quadrate besteht hier darin, a, b, c so zu wählen, dass

$$\sum_{k=1}^{m} \left(a + bx_k + cx_k^2 - y_k\right)^2 = \text{Min.}$$

Wir behandeln die Aufgaben 6.1, 6.2 als Spezialfall der folgenden Problemstellung.

6.3 Überbestimmte Gleichungen und kleinste Quadrate

Gegeben ist eine $m \times n$–Matrix A mit $m > n = \text{Rang } A$ und ein Vektor $\mathbf{y} \in \mathbb{R}^m$. Dann ist das Gleichungssystem $A\mathbf{x} = \mathbf{y}$ im Allgemeinen unlösbar, wenn nicht gerade $\mathbf{y}$ in Bild A liegt (zu viele Bedingungen an die Unbekannten).

Wir suchen als Kompromisslösung einen Vektor $\mathbf{u}$ mit Komponenten $u_1, \ldots, u_n$, welcher die Gleichung $A\mathbf{u} = \mathbf{y}$ zwar nicht exakt, aber doch „so gut wie möglich" erfüllt. Wie oben verlangen wir, dass das Abstandsquadrat

$$\|A\mathbf{u} - \mathbf{y}\|^2 = \sum_{i=1}^{m} \Big(\sum_{k=1}^{n} a_{ik} u_k - y_i \Big)^2$$

minimal wird.

BEISPIELE. Bei der Ausgleichsgeraden bzw. der Ausgleichsparabel ist

$$A = \begin{pmatrix} 1 & x_1 \\ 1 & x_2 \\ \vdots & \vdots \\ 1 & x_m \end{pmatrix} \quad \text{bzw.} \quad A = \begin{pmatrix} 1 & x_1 & x_1^2 \\ 1 & x_2 & x_2^2 \\ \vdots & \vdots & \vdots \\ 1 & x_m & x_m^2 \end{pmatrix}$$

und

$$\mathbf{u} = \begin{pmatrix} a \\ b \end{pmatrix} \quad \text{bzw.} \quad \mathbf{u} = \begin{pmatrix} a \\ b \\ c \end{pmatrix}.$$

Als notwendige Bedingung für ein Minimum ergibt sich: Die Ableitung dieses Ausdrucks nach u_j bei festgehaltenen $u_1, \ldots, u_{j-1}, u_{j+1}, \ldots, u_n$, bezeichnet mit $\frac{\partial}{\partial u_j}$, muss Null sein. Für $j = 1, \ldots n$ muss also gelten

$$0 = \frac{\partial}{\partial u_j} \sum_{i=1}^{m} \Big(\sum_{k=1}^{n} a_{ik} u_k - y_i \Big)^2 = 2 \sum_{i=1}^{m} a_{ij} \Big(\sum_{k=1}^{n} a_{ik} u_k - y_i \Big)$$

$$= 2 \sum_{k=1}^{n} u_k \sum_{i=1}^{m} a_{ij} a_{ik} - 2 \sum_{i=1}^{m} a_{ij} y_i.$$

Definieren wir die zu A **transponierte Matrix** A^T von A durch

$$A^T = \begin{pmatrix} a_{11} & a_{21} & a_{31} & \cdots \cdots & a_{m1} \\ a_{12} & a_{22} & a_{32} & \cdots \cdots & a_{m2} \\ \vdots & \vdots & \vdots & & \vdots \\ a_{1n} & a_{2n} & a_{3n} & \cdots \cdots & a_{mn} \end{pmatrix},$$

dann sind $b_{jk} = \sum_{i=1}^{m} a_{ij} a_{ik}$ die Koeffizienten von $A^T A$, und $\sum_{i=1}^{m} a_{ij} y_i$ ist die j-te Komponente von $A^T \mathbf{y}$.

Die notwendigen Bedingungen lassen sich jetzt so zusammenfassen:

$$A^T A \mathbf{u} = A^T \mathbf{y}.$$

Das sind die **Gaußschen Normalgleichungen.**

In §20:4.7 und §22:4.6 wird gezeigt, dass diese universell und eindeutig lösbar sind und dass die Lösung $\mathbf{u}$ den Ausdruck $\|A\mathbf{u} - \mathbf{y}\|^2$ zum Minimum macht.

§17 Determinanten

1 Beispiele

1.1 Die 2 × 2–Determinante

Nach §5:6.2 ist das lineare Gleichungsproblem

$$a_{11}x_1 + a_{12}x_2 = b_1,$$
$$a_{21}x_1 + a_{22}x_2 = b_2$$

genau dann universell und eindeutig lösbar, wenn die Determinante der zugehörigen Matrix, im Folgenden bezeichnet mit

$$\begin{vmatrix} a_{11} & a_{12} \\ a_{21} & a_{22} \end{vmatrix} := a_{11}a_{22} - a_{12}a_{21},$$

von Null verschieden ist. Dies ergab sich durch Elimination und bleibt somit auch für komplexe Koeffizienten gültig.

Nach §5:6.3 sind die Vektoren $\mathbf{a} = \begin{pmatrix} a_1 \\ a_2 \end{pmatrix}$, $\mathbf{b} = \begin{pmatrix} b_1 \\ b_2 \end{pmatrix}$ genau dann linear unabhängig, wenn

$$\det(\mathbf{a}, \mathbf{b}) := a_1 b_2 - a_2 b_1$$

von Null verschieden ist. Die Determinante einer 2×2–Matrix A hat die Form $\det(\mathbf{a}_1, \mathbf{a}_2)$, wo $\mathbf{a}_1$, $\mathbf{a}_2$ die Spalten von A sind.

Die so erklärte *Determinantenfunktion* det hat die Eigenschaften $\boxed{\text{ÜA}}$:

(a) $\mathbf{x} \mapsto \det(\mathbf{x}, \mathbf{b})$ und $\mathbf{y} \mapsto \det(\mathbf{a}, \mathbf{y})$ sind Linearformen,

(b) $\det(\mathbf{b}, \mathbf{a}) = -\det(\mathbf{a}, \mathbf{b})$,

(c) $\det(\mathbf{e}_1, \mathbf{e}_2) = 1$.

1.2 Die 3 × 3–Determinante

Das lineare Gleichungssystem

$$a_{11}x_1 + a_{12}x_2 + a_{13}x_3 = b_1,$$
$$a_{21}x_1 + a_{22}x_2 + a_{23}x_3 = b_2,$$
$$a_{31}x_1 + a_{32}x_2 + a_{33}x_3 = b_3$$

bringen wir in die Form

$(*)$ $x_1\,\mathbf{a}_1 + x_2\,\mathbf{a}_2 + x_3\,\mathbf{a}_3 = \mathbf{b}$,   wobei

$$\mathbf{a}_1 = \begin{pmatrix} a_{11} \\ a_{21} \\ a_{31} \end{pmatrix}, \quad \mathbf{a}_2 = \begin{pmatrix} a_{12} \\ a_{22} \\ a_{32} \end{pmatrix}, \quad \mathbf{a}_3 = \begin{pmatrix} a_{13} \\ a_{23} \\ a_{33} \end{pmatrix}, \quad \mathbf{b} = \begin{pmatrix} b_1 \\ b_2 \\ b_3 \end{pmatrix}.$$

Mit dem Vektorprodukt §6:3.2 ergibt sich wegen $\mathbf{a}_1 \times \mathbf{a}_1 = \mathbf{0} = \mathbf{a}_2 \times \mathbf{a}_2$

$$x_1\,\mathbf{a}_1 \times \mathbf{a}_2 + x_3\,\mathbf{a}_3 \times \mathbf{a}_2 = \mathbf{b} \times \mathbf{a}_2,$$
$$x_2\,\mathbf{a}_1 \times \mathbf{a}_2 + x_3\,\mathbf{a}_1 \times \mathbf{a}_3 = \mathbf{a}_1 \times \mathbf{b}.$$

Wegen $\mathbf{a}_3 \times \mathbf{a}_2 \perp \mathbf{a}_3$, $\mathbf{a}_1 \times \mathbf{a}_2 \perp \mathbf{a}_1$ und $\mathbf{a}_1 \times \mathbf{a}_3 \perp \mathbf{a}_3$ folgt

(1) $x_1\langle\,\mathbf{a}_1 \times \mathbf{a}_2\,,\,\mathbf{a}_3\,\rangle = \langle\,\mathbf{b} \times \mathbf{a}_2\,,\,\mathbf{a}_3\,\rangle,$

(2) $x_2\langle\,\mathbf{a}_1 \times \mathbf{a}_2\,,\,\mathbf{a}_3\,\rangle = \langle\,\mathbf{a}_1 \times \mathbf{b}\,,\,\mathbf{a}_3\,\rangle,$

     $x_3\langle\,\mathbf{a}_1 \times \mathbf{a}_3\,,\,\mathbf{a}_2\,\rangle = \langle\,\mathbf{a}_1 \times \mathbf{b}\,,\,\mathbf{a}_2\,\rangle.$

Nach §6:5.5 (b) gilt $\langle\,\mathbf{a} \times \mathbf{c}\,,\,\mathbf{b}\,\rangle = -\langle\,\mathbf{a} \times \mathbf{b}\,,\,\mathbf{c}\,\rangle$. Also ergibt die letzte Gleichung

(3) $x_3\langle\,\mathbf{a}_1 \times \mathbf{a}_2\,,\,\mathbf{a}_3\,\rangle = \langle\,\mathbf{a}_1 \times \mathbf{a}_2\,,\,\mathbf{b}\,\rangle.$

Das Gleichungssystem $(*)$ ist also genau dann eindeutig (und damit auch universell) lösbar, wenn das Spatprodukt

$$S(\mathbf{a}_1, \mathbf{a}_2, \mathbf{a}_3) = \langle\,\mathbf{a}_1 \times \mathbf{a}_2\,,\,\mathbf{a}_3\,\rangle$$

von Null verschieden ist. Die Lösung ergibt sich dann aus der Cramerschen Regel (1),(2),(3). Eine kleine Rechnung ergibt $\boxed{\text{ÜA}}$

$$S(\mathbf{x}, \mathbf{y}, \mathbf{z}) = (x_2 y_3 - x_3 y_2)z_1 + (x_3 y_1 - x_1 y_3)z_2 + (x_1 y_2 - x_2 y_1)z_3.$$

Definieren wir $S(\mathbf{x}, \mathbf{y}, \mathbf{z})$ für $\mathbf{x}, \mathbf{y}, \mathbf{z} \in \mathbb{C}^3$ durch diese Formel, so bleiben die oben angestellten Überlegungen auch im Komplexen gültig.

Folgende Eigenschaften von S lassen sich leicht nachprüfen (vgl. §6:5.5):

(a) S ist linear in jeder der Variablen $\mathbf{x}, \mathbf{y}, \mathbf{z}$, z.B.

$$S(\mathbf{x}, \mathbf{y}, \alpha_1\,\mathbf{z}_1 + \alpha_2\,\mathbf{z}_2) = \alpha_1\,S(\mathbf{x}, \mathbf{y}, \mathbf{z}_1) + \alpha_2\,S(\mathbf{x}, \mathbf{y}, \mathbf{z}_2),$$

(b) bei Vertauschen zweier Argumente ändert sich das Vorzeichen, z.B.

$$S(\mathbf{x}, \mathbf{z}, \mathbf{y}) = -S(\mathbf{x}, \mathbf{y}, \mathbf{z}) = S(\mathbf{z}, \mathbf{y}, \mathbf{x}) = -S(\mathbf{y}, \mathbf{z}, \mathbf{x}),$$

(c) $S(\mathbf{e}_1, \mathbf{e}_2, \mathbf{e}_3) = 1$ für die kanonischen Basisvektoren.

2 Definition der Determinante

2.1 Zum Vorgehen

Analog zu den oben betrachteten Fällen $n = 2, 3$ lässt sich für jede $n \times n$–Matrix A eine Kennzahl (Determinante) definieren, die Auskunft über die Lösbarkeit des Gleichungssystems $A\mathbf{x} = \mathbf{b}$ gibt und eine Lösungsdarstellung mittels der Cramer–Regel gestattet. Diese kann prinzipiell wie oben als Summe vorzeichen-behafteter Produkte von Matrixkoeffizienten dargestellt werden, doch wird ein solcher Ansatz für wachsendens n sowohl für die Rechnung als auch beweistechnisch zu kompliziert und unübersichtlich. Wir beschreiten daher einen anderen Weg:

Eine $n \times n$–Matrix A ist durch das n–Tupel $(\mathbf{a}_1, \mathbf{a}_2, \dots \mathbf{a}_n)$ ihrer Spalten gegeben. Wir beschreiben die Determinante von A als Funktion $\det(\mathbf{a}_1, \dots, \mathbf{a}_n)$ dieser Spalten. Deren Definitionsbereich ist

$$\underbrace{\mathbb{K}^n \times \cdots \times \mathbb{K}^n}_{n\text{–mal}} := \{(\mathbf{a}_1, \dots, \mathbf{a}_n) \mid \mathbf{a}_k \in \mathbb{K}^n\}.$$

Von dieser Funktion verlangen wir lediglich die für $n = 2, 3$ angegebenen Eigenschaften (a), (b), (c), sinngemäß auf n Variable fortgeschrieben. Es zeigt sich, dass sie dadurch bereits eindeutig bestimmt ist und dass aus (a),(b) und (c) weitere Eigenschaften folgen: $\det(\mathbf{a}_1, \dots, \mathbf{a}_n)$ zeigt an, ob die Vektoren $\mathbf{a}_1, \dots, \mathbf{a}_n$ linear unabhängig sind, gibt bis aufs Vorzeichen das Volumen des von diesen Vektoren aufgespannten Parallelflachs und ermöglicht die Orientierung von Basen.

Wir fassen die Determinante also wahlweise als Kennzahl für $n \times n$–Matrizen A oder als Funktion von n Vektoren auf, die wir als Spalten einer Matrix deuten.

Die Existenz einer Determinante mit den verlangten Eigenschaften ergibt sich durch rekursive Definition: Die $n \times n$–Determinante wird durch „Entwicklung nach Zeilen bzw. Spalten" auf $(n-1) \times (n-1)$–Determinanten zurückgeführt. Dies liefert gleichzeitig ein Berechnungsverfahren.

2.2 Determinantenformen

Definition. Eine Abbildung $F : \mathbb{K}^n \times \cdots \times \mathbb{K}^n \to \mathbb{K}$ $(n \geq 2)$ heißt

(a) **Multilinearform** auf $\mathbb{K}^n$, kurz n–**Form**, wenn F in jedem der n Argumente (Spalten) linear bei festgehaltenen restlichen Spalten ist:

$$F(\dots, \alpha\mathbf{x} + \beta\mathbf{y}, \dots) = \alpha F(\dots, \mathbf{x}, \dots) + \beta F(\dots, \mathbf{y}, \dots),$$

(b) **alternierende Multilinearform** auf $\mathbb{K}^n$, wenn (a) gilt und wenn F beim Vertauschen zweier Spalten das Vorzeichen ändert:

$$F(\dots, \mathbf{a}_i, \dots, \mathbf{a}_j, \dots) = -F(\dots, \mathbf{a}_j, \dots, \mathbf{a}_i, \dots),$$

(c) **Determinantenform**, wenn (a) und (b) erfüllt sind und $F(\mathbf{e}_1, \ldots, \mathbf{e}_n) = 1$ für die kanonische Basis $\mathbf{e}_1, \ldots, \mathbf{e}_n$ des $\mathbb{K}^n$ gilt.

BEMERKUNG. Der Begriff „Determinantenform" wird in der Literatur nicht einheitlich verwendet.

In 1.1, 1.2 haben wir für $n = 2$ und $n = 3$ Beispiele von Determinantenformen angegeben.

2.3 Alternierende Formen und lineare Unabhängigkeit

Für eine alternierende Multilinearform F gilt: Sind $\mathbf{a}_1, \ldots, \mathbf{a}_n$ linear abhängig, so folgt $F(\mathbf{a}_1, \ldots, \mathbf{a}_n) = 0$. Insbesondere ist $F(\mathbf{a}_1, \ldots, \mathbf{a}_n) = 0$, falls zwei Einträge gleich sind: $\mathbf{a}_i = \mathbf{a}_k$ mit $i \neq k$.

BEWEIS.

Ist F alternierend, so ergibt sich durch Vertauschen von Einträgen

$$F(\ldots, \mathbf{a}, \ldots, \mathbf{a}, \ldots) = -F(\ldots, \mathbf{a}, \ldots, \mathbf{a}, \ldots), \quad \text{also} \quad F(\ldots, \mathbf{a}, \ldots, \mathbf{a}, \ldots) = 0.$$

Seien $\mathbf{a}_1, \ldots, \mathbf{a}_n$ linear abhängig, etwa $\mathbf{a}_1 = \sum_{k=2}^{n} c_k \mathbf{a}_k$. Dann gilt wegen der Linearität im ersten Argument

$$F(\mathbf{a}_1, \ldots, \mathbf{a}_n) = \sum_{k=2}^{n} c_k F(\mathbf{a}_k, \mathbf{a}_2, \ldots, \mathbf{a}_k, \ldots) = 0. \qquad \square$$

Das Verschwinden von F bei zwei gleichen Argumenten ist typisch für alternierende n–Formen:

2.4* Ein Kriterium für das Alternieren einer n–Form

Gilt für eine n–Form $F(\mathbf{a}_1, \ldots, \mathbf{a}_n) = 0$, falls zwei benachbarte Argumente gleich sind $(\mathbf{a}_k = \mathbf{a}_{k+1})$, so ist sie alternierend.

BEWEIS.

Wegen der Multilinearität gilt

$$
\begin{aligned}
0 &= F(\ldots, \mathbf{a} + \mathbf{b}, \mathbf{a} + \mathbf{b}, \ldots) \\
&= F(\ldots, \mathbf{a}, \mathbf{a}, \ldots) + F(\ldots, \mathbf{a}, \mathbf{b}, \ldots) + F(\ldots, \mathbf{b}, \mathbf{a}, \ldots) + F(\ldots, \mathbf{b}, \mathbf{b}, \ldots) \\
&= F(\ldots, \mathbf{a}, \mathbf{b}, \ldots) + F(\ldots, \mathbf{b}, \mathbf{a}, \ldots),
\end{aligned}
$$

also ändert F sein Vorzeichen bei Vertauschung benachbarter Argumente. Sind $\mathbf{a}_j, \mathbf{a}_k$ $(j < k)$ nicht benachbart, so erreichen wir durch sukzessives Vertauschen benachbarter Argumente, dass $\mathbf{a}_j$ und $\mathbf{a}_k$ die Plätze tauschen; hierzu sind $2s - 1$ Vertauschungen nötig mit $s = k - j$ $\boxed{\text{ÜA}}$. Bei jeder Vertauschung wechselt F das Vorzeichen. Es gilt also

$$
\begin{aligned}
F(\ldots, \mathbf{a}_j, \ldots, \mathbf{a}_k, \ldots) &= (-1)^{2s-1} F(\ldots, \mathbf{a}_k, \ldots, \mathbf{a}_j, \ldots) \\
&= -F(\ldots, \mathbf{a}_k, \ldots, \mathbf{a}_j, \ldots). \qquad \square
\end{aligned}
$$

2.5 Der Hauptsatz über Determinanten

(a) *Für jedes $n \geq 2$ gibt es genau eine Determinantenform auf $\mathbb{K}^n$. Wir bezeichnen diese mit* $\det(\mathbf{a}_1, \ldots, \mathbf{a}_n)$.

(b) *Hat die $n \times n$-Matrix $A = (a_{ik})$ die Spalten $\mathbf{a}_1, \ldots, \mathbf{a}_n \in \mathbb{K}^n$, so heißt* $\det(\mathbf{a}_1, \ldots, \mathbf{a}_n)$ *die* **Determinante von** A, *bezeichnet mit*

$$|A| = \det A = \begin{vmatrix} a_{11} \cdots a_{1n} \\ \vdots \ \ddots \ \vdots \\ a_{n1} \cdots a_{nn} \end{vmatrix}, \quad auch \ |(a_{ik})|.$$

(c) **Laplacescher Entwicklungssatz.** *Die Determinante einer $n \times n$-Matrix $A = (a_{ik})$ lässt sich auf $2n$ Weisen durch $(n-1) \times (n-1)$-Determinanten ausdrücken:*

$$|A| = \sum_{j=1}^{n} (-1)^{i+j} a_{ij} |A_{ij}| \quad (\textit{Entwicklung nach der i--ten Zeile})$$

$$= \sum_{j=1}^{n} (-1)^{j+k} a_{jk} |A_{jk}| \quad (\textit{Entwicklung nach der k--ten Spalte}).$$

Dabei bedeutet A_{ij} diejenige $(n-1) \times (n-1)$-Matrix, welche aus A durch Streichen der i--ten Zeile und der j--ten Spalte hervorgeht.

Der Beweis erfolgt in 2.7, 2.8, 3.1 und kann bei der ersten Lektüre übergangen werden.

2.6 Beispiele und Aufgaben

(a) Durch Entwicklung nach der letzten Spalte erhalten wir

$$\begin{vmatrix} a_{11} & a_{12} & a_{13} \\ a_{21} & a_{22} & a_{23} \\ a_{31} & a_{32} & a_{33} \end{vmatrix} = a_{13} \begin{vmatrix} a_{21} & a_{22} \\ a_{31} & a_{32} \end{vmatrix} - a_{23} \begin{vmatrix} a_{11} & a_{12} \\ a_{31} & a_{32} \end{vmatrix} + a_{33} \begin{vmatrix} a_{11} & a_{12} \\ a_{21} & a_{22} \end{vmatrix}$$

$$= a_{13}(a_{21}a_{32} - a_{31}a_{22}) - a_{23}(a_{11}a_{32} - a_{31}a_{12}) + a_{33}(a_{11}a_{22} - a_{21}a_{12}).$$

Im Falle reeller Koeffizienten ist dies das *Spatprodukt* $\langle \mathbf{a}_1 \times \mathbf{a}_2, \mathbf{a}_3 \rangle$ *aus den Spaltenvektoren* $\mathbf{a}_1, \mathbf{a}_2, \mathbf{a}_3$, vgl. 1.2.

(b) Zweckmäßigerweise ist die Entwicklung nach solchen Zeilen oder Spalten, welche möglichst viele Nullen enthalten. Im folgenden Beispiel entwickeln wir nach der zweiten Spalte:

$$\begin{vmatrix} 2 & 1 & 2 & 2 \\ 1 & 0 & 1 & 1 \\ -2 & 0 & 1 & -2 \\ 3 & 4 & 1 & 0 \end{vmatrix} = -1 \cdot \begin{vmatrix} 1 & 1 & 1 \\ -2 & 1 & -2 \\ 3 & 1 & 0 \end{vmatrix} + 4 \cdot \begin{vmatrix} 2 & 2 & 2 \\ 1 & 1 & 1 \\ -2 & 1 & -2 \end{vmatrix}.$$

Die zweite Determinante ist nach 2.3 Null wegen Gleichheit zweier Spalten. Die erste entwickeln wir nach der letzten Zeile:

$$\begin{vmatrix} 1 & 1 & 1 \\ -2 & 1 & -2 \\ 3 & 1 & 0 \end{vmatrix} = 3 \cdot \begin{vmatrix} 1 & 1 \\ 1 & -2 \end{vmatrix} - 1 \cdot \begin{vmatrix} 1 & 1 \\ -2 & -2 \end{vmatrix} = 3 \cdot \begin{vmatrix} 1 & 1 \\ 1 & -2 \end{vmatrix} - 1 \cdot 0 = -9.$$

Die gesuchte Determinante hat also den Wert 9.

(c) Rechnen Sie nach, dass $\begin{vmatrix} 1 & 5 & -1 & 0 & 4 \\ 0 & 2 & 0 & 0 & 3 \\ 2 & 7 & 0 & 3 & 0 \\ 6 & -3 & 4 & 0 & 1 \\ 0 & 8 & 1 & -4 & 6 \end{vmatrix} = 1223$.

(d) Beweisen Sie mittels vollständiger Induktion, dass

$$\begin{vmatrix} a_{11} & \cdots & a_{1n} \\ & \ddots & \vdots \\ 0 & & a_{nn} \end{vmatrix} = \begin{vmatrix} a_{11} & & 0 \\ \vdots & \ddots & \\ a_{n1} & \cdots & a_{nn} \end{vmatrix} = a_{11} \cdot a_{22} \cdots a_{nn}.$$

2.7 Der Eindeutigkeitssatz für alternierende n–Formen

(a) *Gilt für eine alternierende n–Form $F(\mathbf{e}_1, \ldots, \mathbf{e}_n) = 0$, so ist $F = 0$.*

(b) *Stimmen daher zwei alternierende n–Formen F und G auf der kanonischen Basis überein, so sind sie gleich. Insbesondere gibt es höchstens eine Determinantenform auf $\mathbb{K}^n$.*

BEWEIS.

(b) folgt unmittelbar aus (a), denn $H = F - G$ ist eine alternierende n–Form mit $H(\mathbf{e}_1, \ldots, \mathbf{e}_n) = 0$.

(a) beweisen wir der einfacheren Notation wegen nur für $n = 3$. Sei also F eine alternierende 3–Form mit $F(\mathbf{e}_1, \mathbf{e}_2, \mathbf{e}_3) = 0$. Wir zeigen zunächst, dass

$$F(\mathbf{e}_{\nu_1}, \mathbf{e}_{\nu_2}, \mathbf{e}_{\nu_3}) = 0 \quad \text{für beliebige} \quad \nu_1, \nu_2, \nu_3 \in \{1, 2, 3\}.$$

Dies ist nach 2.3 sicher richtig, wenn zwei Indizes ν_k, ν_ℓ für $k \neq \ell$ übereinstimmen. Es bleibt der Fall $\nu_k \neq \nu_\ell$, d.h. dass das Tripel (ν_1, ν_2, ν_3) durch Umordnung (Permutation) aus dem Tripel $(1, 2, 3)$ entstanden ist. Eine solche lässt sich durch sukzessives Vertauschen zweier Argumente herbeiführen $\boxed{\text{ÜA}}$. Es folgt $F(\mathbf{e}_{\nu_1}, \mathbf{e}_{\nu_2}, \mathbf{e}_{\nu_3}) = \pm F(\mathbf{e}_1, \mathbf{e}_2, \mathbf{e}_3) = 0$.

Für beliebige Vektoren $\mathbf{x} = \sum\limits_{k=1}^{3} x_k \mathbf{e}_k$, $\mathbf{y} = \sum\limits_{\ell=1}^{3} y_\ell \mathbf{e}_\ell$, $\mathbf{z} = \sum\limits_{m=1}^{3} z_m \mathbf{e}_m$ erhalten wir somit wegen der Multilinearität von F

$$F(\mathbf{x}, \mathbf{y}, \mathbf{z}) = \sum_{k=1}^{3} \sum_{\ell=1}^{3} \sum_{m=1}^{3} x_k y_\ell z_m \, F(\mathbf{e}_k, \mathbf{e}_\ell, \mathbf{e}_m) = 0. \qquad \square$$

2.8 Konstruktion der $n \times n$–Determinante durch Entwicklung nach Zeilen

Hier soll durch Induktion gezeigt werden, dass es zu jedem $n \geq 2$ eine Determinantenform D_n auf $\mathbb{K}^n$ gibt. Gleichzeitig soll der Laplacesche Entwicklungssatz nach Zeilen bewiesen werden. Der Entwicklungssatz nach Spalten ergibt sich in 3.1.

(a) Für $n = 2$ liefert $D_2(A) = a_{11}a_{22} - a_{12}a_{21}$ eine Determinantenform in den Spalten von $A = (a_{ik})$, und das ist nach 2.7 die einzige.

(b) *Induktionsschritt.* Wir nehmen an, für $n \geq 3$ sei schon eine Determinantenform D_{n-1} auf $\mathbb{K}^{n-1}$ gegeben. Wir wählen ein beliebiges $i \in \{1, \ldots, n\}$ und halten es fest. Für $n \times n$–Matrizen A definieren wir gemäß dem Laplaceschen Entwicklungssatz

$$(*) \quad D_n(A) := \sum_{j=1}^{n} (-1)^{i+j} a_{ij} D_{n-1}(A_{ij}) \,.$$

Wir zeigen, dass D_n eine Determinantenform in den Spalten $\mathbf{a}_1, \ldots, \mathbf{a}_n$ von A liefert.

Die Multilinearität von D_n ist gegeben, wenn jeder der Ausdrücke $a_{ij}D_{n-1}(A_{ij})$ eine n–Form liefert. Die Abbildung $\mathbf{a}_j \mapsto a_{ij}D_{n-1}(A_{ij})$ ist linear, da $\mathbf{a}_j$ in A_{ij} nicht auftritt. Für $k \neq j$ hängt a_{ij} nicht von $\mathbf{a}_k$ ab, und nach Induktionsvoraussetzung ist $\mathbf{a}_k \mapsto D_{n-1}(A_{ij})$ linear. Damit hängt $a_{ij}D_{n-1}(A_{ij})$ linear von $\mathbf{a}_k$ ab. Also ist jeder Ausdruck $a_{ij}D_{n-1}(A_{ij})$ eine n–Form in $\mathbf{a}_1, \ldots, \mathbf{a}_n$.

D_n ist alternierend. Nach 2.4 genügt der Nachweis, dass $D_n(A)$ Null wird, falls zwei benachbarte Spalten gleich sind. Sei etwa $\mathbf{a}_k = \mathbf{a}_{k+1}$. Dann hat A_{ij} für $j \neq k$, $j \neq k + 1$ zwei gleiche Spalten, also ist $D_{n-1}(A_{ij}) = 0$ nach Induktionsvoraussetzung und 2.3. Von der Summe $(*)$ bleibt nur noch

$$D_n(A) = (-1)^{i+k} a_{ik} D_{n-1}(A_{ik}) + (-1)^{i+k+1} a_{i,k+1} D_{n-1}(A_{i,k+1}) \,.$$

Wegen $\mathbf{a}_k = \mathbf{a}_{k+1}$ gilt aber $a_{ik} = a_{i,k+1}$ und $A_{ik} = A_{i,k+1}$. Daher ist $D_n(A) = 0$.

Für die Einheitsmatrix E ist $D_n(E) = 1$. Denn für $j \neq i$ hat E_{ij} die i–te Spalte $\mathbf{0}$, und E_{ii} ist die $(n-1) \times (n-1)$–Einheitsmatrix, also ist nach Induktionsvoraussetzung $D_{n-1}(E_{ii}) = 1$. Es folgt

$$D_n(E) = \sum_{j=1}^{n} (-1)^{i+j} \delta_{ij} D_{n-1}(E_{ij}) = (-1)^{i+i} D_{n-1}(E_{ii}) = D_{n-1}(E_{ii}) \,.$$

(c) *Ergebnis.* Nach dem Induktionsprinzip gibt es für jedes $n \geq 2$ wenigstens eine Determinantenform D_n auf $\mathbb{K}^n$. Die scheinbare Willkür der Wahl von i in $(*)$ erledigt sich mit dem Eindeutigkeitssatz 2.7: Da es höchstens eine n–Determinantenform geben kann, liefert $(*)$ für jedes i dasselbe.

3 Eigenschaften der Determinante

3.1 Die Determinante der Transponierten

Es gilt $\left|A^T\right| = |A|$. *Dabei ist* A^T *die zu* A *transponierte Matrix:*

$$A^T = \begin{pmatrix} a_{11} & a_{21} & \cdots & a_{n1} \\ a_{12} & a_{22} & \cdots & a_{n2} \\ \vdots & \vdots & \ddots & \vdots \\ a_{1n} & a_{2n} & \cdots & a_{nn} \end{pmatrix} \quad \text{für} \quad A = \begin{pmatrix} a_{11} & a_{12} & \cdots & a_{1n} \\ a_{21} & a_{22} & \cdots & a_{2n} \\ \vdots & \vdots & \ddots & \vdots \\ a_{n1} & a_{n2} & \cdots & a_{nn} \end{pmatrix}.$$

BEWEIS.

Offenbar ist $\begin{vmatrix} a_{11} & a_{21} \\ a_{12} & a_{22} \end{vmatrix} = a_{11}a_{22} - a_{21}a_{12} = \begin{vmatrix} a_{11} & a_{12} \\ a_{21} & a_{22} \end{vmatrix}$. Sei also $n > 2$. Es gilt

$\left|A^T\right| = \det(\mathbf{z}_1, \ldots, \mathbf{z}_n)$, wo $\mathbf{z}_1, \ldots, \mathbf{z}_n$ die Zeilenvektoren von A sind. Wir betrachten andererseits $D(\mathbf{z}_1, \ldots, \mathbf{z}_n) = |A|$, aufgefasst als Funktion der Zeilen $\mathbf{z}_k$. Für jedes $i \in \{1, \ldots, n\}$ ist D linear in $\mathbf{z}_i$. Das ergibt sich durch Entwickeln nach der i-ten Zeile gemäß 2.8 (∗):

$$(*) \quad D(\mathbf{z}_1, \ldots, \mathbf{z}_n) = |A| = \sum_{j=1}^{n} (-1)^{i+j} a_{ij} |A_{ij}|.$$

Bei dieser Entwicklung kommt $\mathbf{z}_i$ nicht in A_{ij} vor.

Damit ist D eine n–Form. Ferner ist $D(\mathbf{e}_1, \ldots, \mathbf{e}_n) = |E| = 1$. Wir zeigen jetzt, dass D alternierend ist. Sei $\mathbf{z}_k = \mathbf{z}_{k+1}$. Wir betrachten die Entwicklung (∗) für ein von k und $k+1$ verschiedenes i. Bei dieser ist $|A_{ij}| = 0$ für jedes j. Denn A_{ij} hat zwei gleiche Zeilen, also nicht den vollen Rang $n-1$. Somit sind auch die Spalten von A_{ij} linear abhängig, und nach 2.3 ergibt sich $|A_{ij}| = 0$.

Nach dem Eindeutigkeitssatz 2.7 für Determinantenformen folgt

$$|A| = D(\mathbf{z}_1, \ldots, \mathbf{z}_n) = \det(\mathbf{z}_1, \ldots, \mathbf{z}_n) = \left|A^T\right|. \qquad \square$$

Beweis des Laplaceschen Satzes über Entwicklung nach Spalten. Wir beachten, dass $\left(A^T\right)_{kj} = (A_{jk})^T$, also $\left|\left(A^T\right)_{kj}\right| = |A_{jk}|$. Somit folgt mit 2.8

$$|A| = \left|A^T\right| = \sum_{j=1}^{n} (-1)^{k+j} a_{kj}^T \left|\left(A^T\right)_{kj}\right| = \sum_{j=1}^{n} (-1)^{j+k} a_{jk} |A_{jk}|. \qquad \square$$

3.2 Multiplikationssatz und Folgerungen

(a) *Für* $n \times n$–*Matrizen* A, B *gilt* $|AB| = |A| \cdot |B|$.

(b) *Für invertierbare Matrizen* A *gilt* $|A| \neq 0$ *und*

$$\left|A^{-1}\right| = |A|^{-1}.$$

(c) *A ist genau dann invertierbar, wenn $|A| \neq 0$*. *Es gilt also*

$|A| \neq 0 \iff$ *Das Gleichungssystem $A\mathbf{x} = \mathbf{b}$ ist universell und eindeutig lösbar*

$\iff$ *Die Spalten von A sind linear unabhängig*

$\iff$ *Die Zeilen von A sind linear unabhängig*

$\iff$ Rang $A = n$.

BEWEIS.

(a) Sind $\mathbf{b}_1, \ldots, \mathbf{b}_n$ die Spalten von B, so hat AB die Spalten $A\mathbf{b}_1, \ldots, A\mathbf{b}_n$. Für festes A und beliebige Matrizen B betrachten wir

$$F(\mathbf{b}_1, \ldots, \mathbf{b}_n) := \det(A\mathbf{b}_1, \ldots, A\mathbf{b}_n) = |AB|.$$

F ist linear in jedem $\mathbf{b}_k$ als Hintereinanderausführung der linearen Abbildungen $\mathbf{b}_k \mapsto A\mathbf{b}_k$ und $\mathbf{a}_k \mapsto \det(\mathbf{a}_1, \ldots, \mathbf{a}_k, \ldots, \mathbf{a}_n)$. Ferner ist F alternierend. Schließlich gilt mit den Spalten $\mathbf{a}_k = A\mathbf{e}_k$ von A

$$F(\mathbf{e}_1, \ldots, \mathbf{e}_n) = \det(\mathbf{a}_1, \ldots, \mathbf{a}_n) = |A|.$$

Durch $G(\mathbf{b}_1, \ldots, \mathbf{b}_n) = |A| \det(\mathbf{b}_1, \ldots, \mathbf{b}_n) = |A| \cdot |B|$ ist ebenfalls eine n–Form G gegeben mit $G(\mathbf{e}_1, \ldots, \mathbf{e}_n) = |A|$. Nach dem Eindeutigkeitssatz 2.7 folgt $F = G$, d.h. $|AB| = |A| \cdot |B|$.

(b) folgt nach dem Multiplikationssatz wegen $1 = |E| = |AA^{-1}| = |A| \cdot |A^{-1}|$.

(c) Ist A invertierbar, so folgt $|A| \neq 0$ aus $1 = |E| = |A \cdot A^{-1}| = |A| \cdot |A^{-1}|$. Ist A nicht invertierbar, so sind nach § 16 : 3.3 die Spalten $\mathbf{a}_1, \ldots, \mathbf{a}_n$ linear abhängig, und mit 2.3 folgt $|A| = 0$. □

3.3 Die Determinante einer linearen Abbildung

(a) *Ähnliche Matrizen haben gleiche Determinante, $|S^{-1}AS| = |A|$.*

(b) *Für eine lineare Abbildung $L : V \to V$ eines endlichhdimensionalen Vektorraums V ist die Zahl $|M_\mathcal{B}(L)|$ von der gewählten Basis $\mathcal{B}$ für V unabhängig.*

Wir bezeichnen diese Zahl mit $\det L$ und nennen sie die **Determinante** von L.

BEWEIS.

(a) Nach dem Multiplikationssatz 3.2 (a) und nach 3.2 (b) gilt

$$|S^{-1}AS| = |S^{-1}| \cdot |AS| = |S^{-1}| \cdot |A| \cdot |S| = |A|.$$

(b) Sind $\mathcal{A}$ und $\mathcal{B}$ zwei Basen von V, $A = M_\mathcal{A}(L)$ und $B = M_\mathcal{B}(L)$, so gilt nach § 15 : 7.3 $B = S^{-1}AS$ mit einer Transformationsmatrix S. Nach (a) folgt daraus $|B| = |S^{-1}AS| = |A|$. □

$\boxed{\text{ÜA}}$ Zeigen Sie, dass für lineare Operatoren $L_1, L_2 : V \to V$ der Multiplikationssatz $\det(L_1 L_2) = \det L_1 \cdot \det L_2$ gilt.

3.4 Die Matrix der Adjunkten

Zu gegebener $n \times n$–Matrix $A = (a_{ik})$ wollen wir eine Matrix $A^{\#} = (a_{ik}^{\#})$ bestimmen mit der Eigenschaft

(a) $A \cdot A^{\#} = A^{\#} \cdot A = |A| \cdot E$.

Ist eine solche Matrix $A^{\#}$ gefunden, so gilt im Fall der Invertierbarkeit von A

(b) $A^{-1} = \dfrac{1}{|A|} A^{\#}$.

In Koordinatenschreibweise bedeutet die Forderung (a)

(c) $\sum\limits_{j=1}^{n} a_{ij} a_{jk}^{\#} = \sum\limits_{j=1}^{n} a_{ij}^{\#} a_{jk} = |A| \delta_{ik} \quad (i, k = 1, \ldots, n)$.

Für $i = k$ ist insbesondere zu fordern

$$\sum_{j=1}^{n} a_{ij} a_{ji}^{\#} = \sum_{j=1}^{n} a_{jk} a_{kj}^{\#} = |A| .$$

Der Vergleich mit dem Laplaceschen Entwicklungssatz 2.5 (c) legt nahe,

$$a_{ik}^{\#} := (-1)^{i+k} |A_{ki}| \quad \text{für} \quad i, k = 1, \ldots, n$$

zu setzen, genannt die **Adjunkte** von a_{ki}.

Bei dieser Wahl ist (c) auch für $i \neq k$ richtig. Denn nach dem Entwicklungssatz ist

$$\sum_{j=1}^{n} a_{ij} a_{jk}^{\#} = \sum_{j=1}^{n} (-1)^{j+k} a_{ij} |A_{kj}|$$

die Determinante derjenigen Matrix, die aus A entsteht, wenn wir die k–te Zeile durch die i–te ersetzen. Weil diese Matrix zwei gleiche Zeilen besitzt, verschwindet nach 3.2 ihre Determinante (Spaltenrang $< n$). Somit ist

$$\sum_{j=1}^{n} a_{ij} a_{jk}^{\#} = 0 \quad \text{für} \quad i \neq k .$$

Analog ergibt sich $\sum\limits_{j=1}^{n} a_{ij}^{\#} a_{jk} = 0$ für $i \neq k$.

3.5 Die Cramersche Regel

Für eine invertierbare $n \times n$–Matrix $A = (\mathbf{a}_1, \ldots, \mathbf{a}_n)$ über $\mathbb{K}$ und $\mathbf{b} \in \mathbb{K}^n$ ist die eindeutig bestimmte Lösung des Gleichungssystems $A\mathbf{x} = \mathbf{b}$ gegeben durch

$$x_i = \frac{1}{|A|} \det(\mathbf{a}_1, \ldots, \mathbf{a}_{i-1}, \mathbf{b}, \mathbf{a}_{i+1}, \ldots, \mathbf{a}_n) \quad \text{für} \quad i = 1, \ldots, n .$$

Die im Zähler stehende Matrix entsteht also aus A durch Ersetzen der i–ten Spalte durch den Vektor **b**. Für $n = 3$ liefert die Cramersche Regel (vgl. 1.2)

$$x_1 = \frac{1}{|A|} \begin{vmatrix} b_1 & a_{12} & a_{13} \\ b_2 & a_{22} & a_{23} \\ b_3 & a_{32} & a_{33} \end{vmatrix}, \quad x_2 = \frac{1}{|A|} \begin{vmatrix} a_{11} & b_1 & a_{13} \\ a_{21} & b_2 & a_{23} \\ a_{31} & b_3 & a_{33} \end{vmatrix}, \quad x_3 = \frac{1}{|A|} \begin{vmatrix} a_{11} & a_{12} & b_1 \\ a_{21} & a_{22} & b_2 \\ a_{31} & a_{32} & b_3 \end{vmatrix}.$$

BEMERKUNG. Zur praktischen Berechnung der Lösung ist die Cramersche Regel nur für 2×2–Gleichungssysteme sinnvoll, denn für $n \geq 3$ werden für die Determinantenberechnung viel mehr Rechenschritte benötigt als beim Eliminationsverfahren in § 16 : 4.1, vgl. 3.6.

Die Cramersche Regel ist jedoch wichtig für den Nachweis, dass die Lösungen $x_1, \ldots, x_n$ „stetig" von den Matrixkoeffizienten a_{ik} und den b_j abhängen.

BEWEIS.

Für die eindeutig bestimmte Lösung **x** des Gleichungssystems $A\mathbf{x} = \mathbf{b}$ gilt nach 3.4

$$\mathbf{x} = A^{-1}\mathbf{b} = \frac{1}{|A|}A^{\#}\mathbf{b},$$

also

$$|A|x_i = \sum_{k=1}^{n} a_{ik}^{\#} b_k = \sum_{k=1}^{n} (-1)^{i+k} b_k |A_{ki}|$$

$$= \det(\mathbf{a}_1, \ldots, \mathbf{a}_{i-1}, \mathbf{b}, \mathbf{a}_{i+1}, \ldots, \mathbf{a}_n)$$

(Entwicklung nach der i–ten Spalte). $\qquad\qquad\qquad\qquad\qquad\qquad\qquad\qquad$ □

3.6 Zur Berechnung von Determinanten

Die Determinante einer $n \times n$–Matrix A ändert sich nicht, wenn ein Vielfaches einer Zeile von einer anderen subtrahiert wird $\boxed{\text{ÜA}}$. Durch solche Umformungen (Elimination ohne Normierung der Kopfzeile) lässt sich A in eine „obere Dreiecksmatrix" D überführen. Nach 2.6 (c) ist $|A| = |D|$ das Produkt der Diagonalelemente von D.

AUFGABE.

(a) Bestimmen Sie die Anzahl E_n der auszuführenden Rechenoperationen bei Automatisierung dieses Verfahrens zur Berechnung von $|A|$. (Es ergibt sich ein Polynom dritten Grades in n.)

(b) Bei systematischer Anwendung des Laplaceschen Entwicklungssatzes sind $L(n)$ Rechenoperationen anzusetzen. Bestimmen Sie $L(n)$ (Größenordnung $n!$).

(c) Stellen Sie für $n = 2, \ldots, 10$ die Zahlen $E(n)$, $L(n)$ in Tabellenform zusammen. Von welchem n ab ist die Eliminationsmethode weniger rechenaufwändig?

4 Das Volumen von Parallelflachen

4.1 Definition

Unter einem n–dimensionalen **Parallelflach** oder **Parallelotop** verstehen wir eine Menge der Gestalt

$$P(\mathbf{a}_1, \ldots, \mathbf{a}_n) = \left\{ \sum_{i=1}^{n} t_i \mathbf{a}_i \mid 0 \leq t_i \leq 1 \text{ für } i = 1, \ldots, n \right\}$$

und jede aus einer solchen Menge durch Translation hervorgehende.

Für $n = 1$ ist ein Parallelflach eine Strecke, für $n = 2$ ein Parallelogramm und für $n = 3$ ein Spat (vgl. § 6 : 5.5). Das Parallelflach

$$P(\mathbf{e}_1, \ldots, \mathbf{e}_n) = \{ \mathbf{x} \in \mathbb{R}^n \mid 0 \leq x_i \leq 1 \text{ für } i = 1, \ldots, n \}$$

ist der n–dimensionale Einheitswürfel.

4.2 Eigenschaften des n–dimensionalen Volumens

(a) *Der Flächeninhalt des von* $\mathbf{a}_1 = \begin{pmatrix} a_{11} \\ a_{21} \end{pmatrix}$, $\mathbf{a}_2 = \begin{pmatrix} a_{12} \\ a_{22} \end{pmatrix} \in \mathbb{R}^2$ *aufgespannten Parallelogramms ist gegeben durch*

$$\|\mathbf{a}_1\| \cdot \|\mathbf{a}_2\| \cdot |\sin \varphi| = |a_{11}a_{22} - a_{12}a_{21}| = |\det(\mathbf{a}_1, \mathbf{a}_2)|,$$

vgl. § 6 : 3.

(b) *Der Rauminhalt V des von* $\mathbf{a}_1, \mathbf{a}_2, \mathbf{a}_3$ *aufgespannten Spats ist nach* § 6 : 5.5 *gegeben durch* $|\langle \mathbf{a}_1 \times \mathbf{a}_2, \mathbf{a}_3 \rangle|$. Aus 1.2 und 2.6 (a) entnehmen wir

$$V = |\det(\mathbf{a}_1, \mathbf{a}_2, \mathbf{a}_3)|.$$

(c) Die Einführung eines Volumenbegriffs für n–dimensionale Figuren erweist sich sowohl in der Physik (z.B. in der statistischen Mechanik) als auch von der mehrdimensionalen Integralrechnung her als notwendig. Wir beschränken uns an dieser Stelle auf das Volumen von Parallelflachen und wollen den Volumenbegriff aus einfachen plausiblen Grundannahmen ableiten.

Zunächst soll das Volumen zweier Parallelflache, die durch eine Translation auseinander hervorgehen, gleich sein, das heißt, das Volumen eines Parallelflaches $\mathbf{a}_0 + P(\mathbf{a}_1, \ldots, \mathbf{a}_n)$ soll nur von den aufspannenden Vektoren $\mathbf{a}_1, \ldots, \mathbf{a}_n$ abhängen. Wir bezeichnen dieses mit $V(\mathbf{a}_1, \ldots, \mathbf{a}_n)$.

Für die Funktion V stellen wir die drei Forderungen auf:

(a) *Positive Homogenität in jeder Richtung*:

$$V(\ldots, \mathbf{a}_{i-1}, \alpha\mathbf{a}_i, \mathbf{a}_{i+1}, \ldots) = |\alpha| \, V(\mathbf{a}_1, \ldots, \mathbf{a}_n)$$

für jedes $i = 1, \ldots, n$ und $\alpha \in \mathbb{R}$.

(b) *Cavalierisches Prinzip:*

$$V(\ldots, \mathbf{a}_i + \alpha \mathbf{a}_k, \ldots, \mathbf{a}_k, \ldots) = V(\ldots, \mathbf{a}_i, \ldots, \mathbf{a}_k, \ldots)$$

für $\alpha \in \mathbb{R}$ und $i \neq k$.

(c) *Der Einheitswürfel hat das Volumen* 1: $V(\mathbf{e}_1, \ldots, \mathbf{e}_n) = 1$.

Die Eigenschaft (a) bedeutet, dass bei einer Streckung bzw. einer Stauchung mit einer positiven Zahl α sich das Volumen um den gleichen Faktor ändert.

CAVALIERI nützte Folgendes, schon von ARCHIMEDES, KEPLER und GALILEO verwendete Prinzip systematisch aus: Schneidet jede zu einer Grundebene parallele Ebene aus zwei Raumkörpern jeweils flächengleiche Figuren aus, so sind diese Körper volumengleich. Ihm genügte als Begründung, dass die Körper aus den Schnittfiguren aufgebaut sind. Demnach wäre ein Spat ein Stapel dünner Blätter, dessen Volumen sich beim Verrutschen nicht ändert.

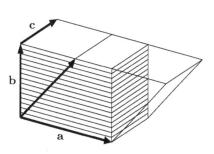

4.3 Volumen und Determinante

Es gibt genau eine Funktion $V : \mathbb{R}^n \times \cdots \times \mathbb{R}^n \to \mathbb{R}$, *welche die Forderungen* (a), (b) *und* (c) *erfüllt; diese ist gegeben durch*

$$V(\mathbf{a}_1, \ldots, \mathbf{a}_n) = |\det(\mathbf{a}_1, \ldots, \mathbf{a}_n)| .$$

$V(\mathbf{a}_1, \ldots, \mathbf{a}_n)$ *heißt das n–dimensionale Volumen des Parallelflachs*

$$\mathbf{a}_0 + P(\mathbf{a}_1, \ldots, \mathbf{a}_n) .$$

BEWEISSKIZZE.

(a) $|\det(\mathbf{a}_1, \ldots, \mathbf{a}_n)|$ hat die Eigenschaften (a),(b),(c) von 4.2 $\boxed{\text{ÜA}}$.

(b) Für eine Funktion V mit den Eigenschaften (a),(b),(c) von 4.2 sei

$$F(\mathbf{a}_1, \ldots, \mathbf{a}_n) := \frac{V(\mathbf{a}_1, \ldots, \mathbf{a}_n)}{|\det(\mathbf{a}_1, \ldots, \mathbf{a}_n)|} \det(\mathbf{a}_1, \ldots, \mathbf{a}_n) ,$$

falls $\mathbf{a}_1, \ldots, \mathbf{a}_n$ linear unabhängig sind und $F(\mathbf{a}_1, \ldots, \mathbf{a}_n) := 0$ sonst. Zu zeigen ist, dass F eine Determinantenform ist. Um die Linearität von F in der (o.B.d.A.) ersten Variablen $\mathbf{a}_1$ nachzuweisen, setzen wir $\mathbf{a}_1 = \alpha \mathbf{x} + \beta \mathbf{y}$ und untersuche die drei Fälle

(i) $\mathbf{a}_2, \ldots, \mathbf{a}_n$ sind linear abhängig,

(ii) $\beta \mathbf{y}$ ist eine Linearkombination von $\mathbf{a}_2, \ldots, \mathbf{a}_n$,

(iii) $\alpha \mathbf{x}$ ist eine Linearkombination von $\beta \mathbf{y}, \mathbf{a}_2, \ldots, \mathbf{a}_n$ $\boxed{\text{ÜA}}$.

Dass F alterniert, ergibt sich nach 2.4. Weitere Einzelheiten finden Sie bei [SPERNER].   □

4.4 Volumenänderung unter affinen Abbildungen

Eine Abbildung $T : \mathbb{R}^n \to \mathbb{R}^n$ der Gestalt

$$\mathbf{x} \mapsto A\mathbf{x} + \mathbf{c}$$

mit einer $n \times n$–Matrix A und einem festen Vektor $\mathbf{c} \in \mathbb{R}^n$ heißt **affine Abbildung** des $\mathbb{R}^n$.

Für ein Parallelflach $P = \mathbf{a}_0 + P(\mathbf{a}_1, \ldots, \mathbf{a}_n)$ ist die Bildmenge unter T,

$$T(P) = T(\mathbf{a}_0) + P(A\mathbf{a}_1, \ldots, A\mathbf{a}_n),$$

wieder ein Parallelflach $\boxed{\text{ÜA}}$. Für das Volumen $V(T(P))$ gilt der

Satz. *Unter einer affinen Abbildung*

$$T : \mathbf{x} \mapsto A\mathbf{x} + \mathbf{c}$$

wird das Volumen jedes Parallelflachs P um den Faktor $|\det A|$ geändert:

$$V(T(P)) = |\det A| \cdot V(P).$$

BEWEIS.

Wegen der Translationsinvarianz des Volumens erhalten wir aus 4.3

$$V(T(P)) = |\det(A\mathbf{a}_1, \ldots, A\mathbf{a}_n)|, \quad V(P) = |\det(\mathbf{a}_1, \ldots, \mathbf{a}_n)| = |\det B|,$$

wobei B die Matrix mit den Spalten $\mathbf{a}_1, \ldots, \mathbf{a}_n$ ist.

Die Matrix AB hat die Spalten $A\mathbf{a}_1, \ldots, A\mathbf{a}_n$, also gilt nach dem Multiplikationssatz $V(T(P)) = |\det(AB)| = |\det A \cdot \det B| = |\det A| \cdot V(P)$.   □

4.5 Aufgabe

Für Vektoren $\mathbf{a}_1, \ldots, \mathbf{a}_n$ des $\mathbb{R}^n$ heißt die Matrix mit den Koeffizienten

$$g_{ik} = \langle \mathbf{a}_i, \mathbf{a}_k \rangle \quad (i, k = 1, \ldots, n)$$

die **Gramsche Matrix** und $g = \det(g_{ik})$ die **Gramsche Determinante**.

Zeigen Sie für das Volumen des von $\mathbf{a}_1, \ldots, \mathbf{a}_n$ aufgespannten Parallelflachs

$$V(\mathbf{a}_1, \ldots, \mathbf{a}_n) = \sqrt{g}.$$

5 Orientierung und Determinante

5.1 Orientierung eines n–dimensionalen Vektorraums

Zwei Basen $\mathcal{A} = (a_1, \ldots, a_n)$, $\mathcal{B} = (b_1, \ldots, b_n)$ eines reellen Vektorraumes V der Dimension $n \geq 2$ heißen **gleich orientiert**, wenn die Transformationsmatrix $S = M_{\mathcal{B}}^{\mathcal{A}}(\mathbb{1})$ eine positive Determinante hat, im anderen Fall **entgegengesetzt orientiert**.

Im Fall $n = 1$ heißen die Basen $\mathcal{A} = \{a\}$, $\mathcal{B} = \{b\}$ gleich orientiert, wenn b ein positives Vielfaches von a ist, sonst entgegengesetzt orientiert.

Die Gesamtheit aller Basen von V zerfällt so in zwei disjunkte Klassen gleich orientierter Basen. Im $\mathbb{R}^3$ ist eine dieser Klassen in natürlicher Weise vor der anderen ausgezeichnet: Üblicherweise wird die kanonische Basis und alle gleich orientierten Basen positiv orientiert genannt. Auf einer Ursprungsebene des $\mathbb{R}^3$ gibt es keine in natürlicher Weise ausgezeichnete Orientierung; man kann die Ebene von zwei verschiedenen Seiten her betrachten. Um auch hier einen Orientierungssinn einzuführen, haben wir eine bestimmte Basis auszuwählen und als positiv orientiert festzulegen.

Allgemein heißt V ein **orientierter Vektorraum**, wenn eine bestimmte Basis $\mathcal{B}$ als **positiv orientiert** ausgezeichnet ist. Dann heißen alle zu $\mathcal{B}$ gleich orientierten Basen positiv orientiert, die anderen **negativ orientiert**.

Im $\mathbb{R}^n$ zeichnen wir immer die kanonische Basis als positiv orientiert aus.

Das Vektorprodukt zweier linear unabhängiger Vektoren $\mathbf{a}, \mathbf{b} \in \mathbb{R}^3$ hat die Eigenschaft, dass die Basis $(\mathbf{a}, \mathbf{b}, \mathbf{a} \times \mathbf{b})$ die gleiche Orientierung hat wie die kanonische. Denn für die Determinante (= Spatprodukt) gilt

$$\det(\mathbf{a}, \mathbf{b}, \mathbf{a} \times \mathbf{b}) = \langle \mathbf{a} \times \mathbf{b}, \mathbf{a} \times \mathbf{b} \rangle > 0.$$

Damit ist nicht bewiesen, dass das Vektorprodukt der Dreifingerregel genügt. Die hier gegebene algebraische Charakterisierung der Orientierung beschreibt nur einen Teil dessen, woran wir bei der Orientierung des physikalischen Anschauungsraumes denken, beispielsweise, dass bei der Kreiselbewegung eines starren Systems von Massenpunkten die Orientierung erhalten bleibt. Näheres zur Frage einer „topologischen" Beschreibung des Begriffs „gleichorientiert" finden Sie bei [G. Fischer, 4.4].

5.2 Orientierungstreue lineare Abbildungen

Ein bijektiver linearer Operator T eines n–dimensionalen reellen Vektorraumes heißt **orientierungstreu**, wenn T jede Basis in eine gleichorientierte Basis überführt.

T ist genau dann orientierungstreu, wenn $\det T > 0$.

Denn ist $\mathcal{A} = (a_1, \ldots, a_n)$ eine Basis von V und $\mathcal{B} = (Ta_1, \ldots, Ta_n)$, so ist die Transformationsmatrix $S = M_{\mathcal{B}}^{\mathcal{A}}(\mathbb{1})$ von $\mathcal{A}$ nach $\mathcal{B}$ im Sinne von 5.1 gerade die Matrix $M_{\mathcal{A}}(T)$, und es gilt $\det M_{\mathcal{A}}(T) = \det T$.

5.3 Beispiele

(a) Drehungen in der Ebene sind orientierungstreu. Nach §15:4.3 hat die Drehung D_α bezüglich der kanonischen Basis die Matrix

$$\begin{pmatrix} \cos\alpha & -\sin\alpha \\ \sin\alpha & \cos\alpha \end{pmatrix} \text{ mit Determinante 1.}$$

(b) Spiegelungen an einer Geraden der Ebene sind nicht orientierungstreu. Nach §15:4.3 (c) hat eine Spiegelung bezüglich einer geeigneten Basis die Matrix

$$\begin{pmatrix} 1 & 0 \\ 0 & -1 \end{pmatrix} \text{ mit Determinante } -1.$$

§18 Eigenwerte und Eigenvektoren

1 Diagonalisierbarkeit und Eigenwertproblem

1.1 Gekoppelte Pendel

Zwei starre Pendel der Masse m sind durch eine Feder verbunden, welche in der Ruhelage $\varphi_1 = 0$, $\varphi_2 = 0$ entspannt ist (Fig.). Wir dürfen uns ihre Massen in den Schwerpunkten konzentriert denken. Die Newtonschen Bewegungsgleichungen lauten bei kleinen Auslenkungen

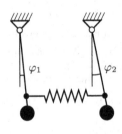

$$ml\ddot\varphi_1 = -mg\varphi_1 + k(\varphi_2 - \varphi_1),$$
$$ml\ddot\varphi_2 = -mg\varphi_2 - k(\varphi_2 - \varphi_1).$$

Mit den Abkürzungen $x_1 = ml\varphi_1$, $x_2 = ml\varphi_2$, $\alpha = \frac{g}{l}$, $\beta = \frac{k}{ml}$ erhalten wir das System von Differentialgleichungen

$$\ddot x_1 = -\alpha x_1 + \beta(x_2 - x_1), \qquad \ddot x_2 = -\alpha x_2 - \beta(x_2 - x_1).$$

Die beiden Differentialgleichungen sind miteinander gekoppelt; keine kann für sich allein gelöst werden. Wir schreiben das System in der Form

$$\ddot{\mathbf{x}}(t) = A\mathbf{x}(t) \text{ mit } A = \begin{pmatrix} -\alpha - \beta & \beta \\ \beta & -\alpha - \beta \end{pmatrix} \text{ und } \mathbf{x}(t) = \begin{pmatrix} x_1(t) \\ x_2(t) \end{pmatrix}.$$

Wir versuchen nun dieses System mit Hilfe einer Koordinatentransformation zu entkoppeln. Ist S eine zeitunabhängige, invertierbare Matrix, so führen wir zunächst wie in §15:7 neue Funktionen y_1, y_2 ein mit

$$\mathbf{y}(t) = \begin{pmatrix} y_1(t) \\ y_2(t) \end{pmatrix} = S^{-1}\mathbf{x}(t), \quad \mathbf{x}(t) = S\mathbf{y}(t).$$

Für $\mathbf{y}(t)$ erhalten wir ein transformiertes System

$$S\ddot{\mathbf{y}}(t) = \tfrac{d^2}{dt^2}\, S\mathbf{y}(t) = \ddot{\mathbf{x}}(t) = A\mathbf{x}(t) = AS\mathbf{y}(t),$$

also

$(*)\quad \ddot{\mathbf{y}}(t) = S^{-1}AS\mathbf{y}(t).$

Wir suchen nun eine Matrix S, für die $S^{-1}AS$ eine Diagonalmatrix ist:

$$S^{-1}AS = \begin{pmatrix} \lambda_1 & 0 \\ 0 & \lambda_2 \end{pmatrix}.$$

Dann ist $(*)$ äquivalent zu den Schwingungsgleichungen

$$\ddot{y}_1(t) = \lambda_1 y_1(t), \quad \ddot{y}_2(t) = \lambda_2 y_2(t),$$

die unabhängig voneinander lösbar sind. Die Bestimmung von S und die Lösung des Pendelproblems erfolgt in 5.1. Wegen der Tragweite solcher Entkopplungsansätze (vgl. 5.2 und § 20 : 5) definieren wir:

1.2 Diagonalisierbarkeit und Eigenwertproblem

Eine $n \times n$–Matrix A mit Koeffizienten aus $\mathbb{K}$ heißt **diagonalähnlich** (oder **diagonalisierbar**) über $\mathbb{K}$, wenn es eine invertierbare $n \times n$–Matrix S mit Koeffizienten aus $\mathbb{K}$ gibt, so dass $S^{-1}AS$ Diagonalgestalt hat:

$$S^{-1}AS = \begin{pmatrix} \lambda_1 & & 0 \\ & \ddots & \\ 0 & & \lambda_n \end{pmatrix} =: D \quad \text{mit } \lambda_1,\ldots,\lambda_n \in \mathbb{K}.$$

Sind $\mathbf{v}_1,\ldots,\mathbf{v}_n$ die (linear unabhängigen) Spalten von S, so ist die Beziehung

$$S^{-1}AS = D \quad \text{bzw.} \quad AS = SD$$

äquivalent zu den Gleichungen $\boxed{\text{ÜA}}$

$$A\mathbf{v}_1 = \lambda_1\mathbf{v}_1, \ldots, A\mathbf{v}_n = \lambda_n\mathbf{v}_n.$$

Die Bestimmung von S führt also auf folgendes **Eigenwertproblem**: Gesucht sind alle $\lambda \in \mathbb{K}$, für welche die Gleichung $A\mathbf{x} = \lambda\mathbf{x}$ nichttriviale Lösungen $\mathbf{x}$ besitzt. Jede solche Lösung $\mathbf{x} \neq \mathbf{0}$ heißt **Eigenvektor** von A zum **Eigenwert** λ. *A ist somit genau dann diagonalähnlich, wenn es eine Basis* $(\mathbf{v}_1,\ldots,\mathbf{v}_n)$ *aus Eigenvektoren gibt.*

2 Eigenwerte und Eigenvektoren

2.1 Eigenwerte und Eigenvektoren linearer Operatoren

In diesem Band entwickeln wir die Eigenwerttheorie nur für den endlichdimensionalen Fall. Eigenwerte und Eigenvektoren von Operatoren in unendlichdimensionalen Vektorräumen spielen jedoch für die Lösung linearer partieller Differentialgleichungen und für die Quantenmechanik in Band 2 eine so tragende Rolle, dass wir diese Begriffe hier gleich allgemein fassen sollten. Auch für gekoppelte Systeme von Massenpunkten ist es zweckmäßig, Eigenwerte von Operatoren zu betrachten (§ 20 : 5.2).

Sei V ein Vektorraum über $\mathbb{K}$, U ein Teilraum und $T : U \to V$ ein linearer Operator. Im endlichdimensionalen Fall ist immer $U = V$. Eine Zahl $\lambda \in \mathbb{K}$ heißt **Eigenwert** von T, wenn es einen von Null verschiedenen Vektor $v \in U$ gibt mit

$$Tv = \lambda v.$$

v heißt dann ein **Eigenvektor** von T zum Eigenwert λ.

λ ist genau dann ein Eigenwert von T, wenn die lineare Abbildung

$$u \mapsto Tu - \lambda u = (T - \lambda \mathbb{1})u$$

nicht injektiv ist, d.h. wenn Kern $(T - \lambda \mathbb{1})$ nicht nur aus dem Nullvektor besteht. Wir bezeichnen dann $N_\lambda := \text{Kern}(T - \lambda \mathbb{1})$ als den zu λ gehörigen **Eigenraum**. Dieser enthält alle Eigenvektoren zum Eigenwert λ und den Nullvektor.

BEISPIELE.

(a) Die Identität $\mathbb{1} : u \mapsto u$ besitzt nur den Eigenwert 1; der zugehörige Eigenraum ist ganz V. Entsprechend hat der Nulloperator nur den Eigenwert 0.

(b) Die Spiegelung im $\mathbb{R}^3$ an der Ebene Span$\{\mathbf{a}, \mathbf{b}\}$ besitzt die beiden Eigenwerte

   1 mit Eigenraum $N_1 = \text{Span}\{\mathbf{a}, \mathbf{b}\}$,

   -1 mit Eigenraum $N_{-1} = \text{Span}\{\mathbf{a} \times \mathbf{b}\}$.

(c) Die Drehung im $\mathbb{R}^2$ um den Nullpunkt mit Drehwinkel $\pi/2$ besitzt keine Eigenwerte. Denn kein von Null verschiedener Vektor wird in ein Vielfaches von sich übergeführt.

(d) Im Zusammenhang mit Saitenschwingungen und mit Wärmeleitungsproblemen behandeln wir in Band 2 Beispiele von folgendem (unendlichdimensionalen) Typ:

$$T = -\frac{d^2}{dx^2} : U \to V \quad \text{mit} \quad U = \{u \in C^2[0,1] \mid u(0) = u(1) = 0\}, \ V = C[0,1].$$

AUFGABE. Zeigen Sie, dass T genau die Eigenwerte $\lambda_n = n^2 \pi^2$ ($n \in \mathbb{N}$) besitzt, und dass die Eigenräume N_{λ_n} eindimensional sind.

2.2 Lineare Unabhängigkeit von Eigenvektoren

(a) SATZ. *Eigenvektoren zu verschiedenen Eigenwerten sind linear unabhängig:*
Sind $\mu_1, \ldots, \mu_m$ voneinander verschiedene Eigenwerte von T und $v_1, \ldots, v_m$
zugehörige Eigenvektoren, so sind diese linear unabhängig.

(b) FOLGERUNG. *Sind $\mu_1, \ldots, \mu_m$ paarweise verschiedene Eigenwerte von T*
und sind $\mathcal{B}_i$ Basen für $N_i := \operatorname{Kern}(T - \mu_i \mathbb{1})$ $(i = 1, \ldots, m)$, so bilden diese
zusammengenommen eine linear unabhängige Menge M.

BEWEIS.

(a) ist klar für $m = 1$, da $v_1 \neq 0$. Sei die Behauptung für $m \geq 1$ richtig, und
für die Eigenvektoren $v_1, \ldots, v_{m+1}$ von T zu den Eigenwerten $\mu_1, \ldots, \mu_{m+1}$
gelte

$$(*) \quad \alpha_1 v_1 + \ldots + \alpha_{m+1} v_{m+1} = 0.$$

Es folgt

$$0 = (T - \mu_{m+1}\mathbb{1})0 = (T - \mu_{m+1}\mathbb{1}) \Big(\sum_{k=1}^{m+1} \alpha_k v_k \Big)$$
$$= \sum_{k=1}^{m+1} \alpha_k (Tv_k - \mu_{m+1}v_k) = \sum_{k=1}^{m} \alpha_k (\mu_k - \mu_{m+1}) v_k,$$

und daher $\alpha_1 = \cdots = \alpha_m = 0$ wegen $\mu_k \neq \mu_{m+1}$ für $k \leq m$ und der vorausgesetzten linearen Unabhängigkeit der $v_1, \ldots, v_m$. Weiter liefert Gleichung $(*)$
$\alpha_{m+1} = 0$ wegen $v_{m+1} \neq 0$.

(b) Seien v_{ik} für $k = 1, \ldots, n_i$ die Vektoren der Basis $\mathcal{B}_i$ für N_i $(i = 1, \ldots, m)$,
also $M = \{v_{ik} \mid i = 1, \ldots, m; \ k = 1, \ldots, n_i\}$. Angenommen

$$\sum_{i=1}^{m} \sum_{k=1}^{n_i} \alpha_{ik} v_{ik} = 0, \quad \text{d.h.} \quad \sum_{i=1}^{m} w_i = 0 \quad \text{mit} \quad w_i := \sum_{k=1}^{n_i} \alpha_{ik} v_{ik} \in N_i.$$

Keiner der Vektoren w_i kann Eigenvektor sein, sonst würde sich aus $\sum_{i=1}^{m} w_i = 0$
ein Widerspruch zu (a) ergeben. Somit folgt für $1 \leq i \leq m$

$$0 = w_i = \sum_{k=1}^{n_i} \alpha_{ik} v_{ik}, \quad \text{also} \quad \alpha_{ik} = 0 \quad \text{für} \quad k = 1, \ldots, n_i$$

wegen der linearen Unabhängigkeit der Vektoren v_{ik} von $\mathcal{B}_i$. □

2.3 Eigenwerte und Eigenräume ähnlicher Matrizen

(a) Für eine Matrix $A \in \mathcal{M}(n, \mathbb{K})$ sind die Eigenwerte und Eigenvektoren
gemäß 1.2 diejenigen des Operators $T : \mathbb{K}^n \to \mathbb{K}^n$, $\mathbf{x} \mapsto A\mathbf{x}$, den wir im
Folgenden häufig ebenfalls mit A bezeichnen.

(b) Sei $T : V \to V$ eine lineare Abbildung eines n–dimensionalen $\mathbb{K}$–Vektorraums V mit Basis $\mathcal{A}$ und $A = M_{\mathcal{A}}(T)$ die zugehörige Koeffizientenmatrix.
Für den Koordinatenvektor $\mathbf{x} = (v)_{\mathcal{A}}$ gilt dann $Tv = \lambda v \iff A\mathbf{x} = \lambda\mathbf{x}$.
Nach § 15 : 6.2 ist die Koordinatenabbildung $v \mapsto (v)_{\mathcal{A}}$ dimensionserhaltend,
woraus folgt

$$\dim \operatorname{Kern} (T - \lambda \mathbb{1}) = \dim \operatorname{Kern} (A - \lambda E) = \dim\{\mathbf{x} \in \mathbb{K}^n \mid A\mathbf{x} = \lambda\mathbf{x}\}.$$

Da dies für jede Matrixdarstellung gilt, haben ähnliche Matrizen dieselben Eigenwerte, und die zugehörigen Eigenräume haben gleiche Dimension.

3 Das charakteristische Polynom
3.1 Das charakteristische Polynom einer Matrix

SATZ. (a) *Für eine $n \times n$–Matrix A mit Koeffizienten aus $\mathbb{K}$ ist durch*

$$p_A(x) := \det(A - xE)$$

ein Polynom n–ten Grades definiert, **das charakteristische Polynom** *von A. Dieses hat die Gestalt*

$$p_A(x) = (-x)^n + (\operatorname{Spur} A)\,(-x)^{n-1} + \ldots + \det A\,.$$

Dabei ist die **Spur** von A die Summe der Diagonalelemente von A:

$$\operatorname{Spur} A := \sum_{k=1}^{n} a_{kk}\,.$$

(b) *Eine Zahl $\lambda \in \mathbb{K}$ ist genau dann Eigenwert von A, wenn*

$$\det(A - \lambda E) = 0\,,$$

d.h. wenn λ eine Nullstelle des charakteristischen Polynoms in $\mathbb{K}$ ist.

BEMERKUNG. Im Fall $\mathbb{K} = \mathbb{C}$ gibt es nach dem Fundamentalsatz der Algebra immer mindestens einen Eigenwert. Im Fall $\mathbb{K} = \mathbb{R}$ braucht das nicht zu gelten; für die Matrix A einer ebenen Drehung um $\pi/2$ gilt z.B.

$$A = \begin{pmatrix} 0 & -1 \\ 1 & 0 \end{pmatrix}, \quad p_A(x) = \begin{vmatrix} -x & -1 \\ 1 & -x \end{vmatrix} = x^2 + 1\,.$$

BEWEIS.

(b) λ ist genau dann Eigenwert, wenn die Gleichung $(A - \lambda E)\mathbf{x} = \mathbf{0}$ eine nichttriviale Lösung $\mathbf{x} \neq \mathbf{0}$ hat; das bedeutet, dass $A - \lambda E$ nicht invertierbar ist, also $\det(A - \lambda E) = 0$ nach § 17 : 3.2 (c).

(a) (1) Zunächst bestimmen wir das konstante Glied in $p_A(x)$:

$$p_A(0) = \det(A - 0 \cdot E) = \det A\,.$$

(2) Alsdann stellen wir fest: Sind A und B beliebige $n \times n$–Matrizen, so ist $\det(A - xB)$ ein Polynom vom Grad $\leq n$. Der einfache Induktionsbeweis durch Entwicklung nach der letzten Spalte sei dem Leser als $\boxed{\ddot{\text{U}}\text{A}}$ überlassen.

(3) Die restlichen Behauptungen (a) beweisen wir für $n \geq 2$ mit der Variante § 1 : 6.8 des Induktionsprinzips.

Für $n = 2$ ist

$$p_A(x) = \begin{vmatrix} a_{11} - x & a_{12} \\ a_{21} & a_{22} - x \end{vmatrix} = x^2 - (a_{11} + a_{22})x + a_{11}a_{22} - a_{12}a_{21}\,.$$

Die Behauptung sei für alle $k \times k$–Matrizen mit $k < n$ schon richtig und A eine $n \times n$–Matrix, $n \geq 3$. Entwicklung nach der ersten Zeile liefert

$$
\begin{vmatrix}
a_{11} - x & a_{12} & \cdots & a_{1n} \\
a_{21} & a_{22} - x & & a_{2n} \\
\vdots & \vdots & \ddots & \vdots \\
a_{n1} & a_{n2} & \cdots & a_{nn} - x
\end{vmatrix} = (a_{11} - x) P_1(x) + \sum_{k=2}^{n} (-1)^{k-1} a_{1k} P_k(x)
$$

mit $(n-1)$–Unterdeterminanten $P_1(x), \ldots, P_n(x)$. Nach Induktionsannahme ist

$$
P_1(x) = \begin{vmatrix}
a_{22} - x & \cdots & a_{2n} \\
\vdots & \ddots & \vdots \\
a_{n2} & \cdots & a_{nn} - x
\end{vmatrix} = (-x)^{n-1} + \left(\sum_{k=2}^{n} a_{kk} \right) (-x)^{n-2} + \ldots .
$$

Ferner sind die P_k Polynome vom Grad $\leq n - 2$. Das ergibt sich durch Entwicklung nach der ersten Spalte, welche x nicht enthält, und durch Anwendung der Feststellung (2).

Damit haben wir insgesamt

$$
\det(A - xE) = (a_{11} - x) \left((-x)^{n-1} + \left(\sum_{k=2}^{n} a_{kk} \right) (-x)^{n-2} \right) + q(x)
$$

$$
= (-x)^n + \left(\sum_{k=1}^{n} a_{kk} \right) (-x)^{n-1} + r(x)
$$

mit Restpolynomen q und r vom Grad $\leq n - 2$. □

3.2 Das charakteristische Polynom eines linearen Operators

Sei V ein endlichdimensionaler Vektorraum über $\mathbb{K}$ und $T \in \mathcal{L}(V)$. Hat T bezüglich irgend einer Basis $\mathcal{A}$ von V die Matrix A, so definieren wir **das charakteristische Polynom p_T von T** durch

$$
p_T(x) = p_A(x) = \det(A - xE) .
$$

In diese Definition geht die Wahl der Basis nicht mit ein, denn es gilt der

Satz. *Ähnliche Matrizen haben dasselbe charakteristische Polynom.*

BEWEIS.

Sei $A = M_{\mathcal{A}}(T)$ und $B = M_{\mathcal{B}}(T)$. Dann gibt es nach §15:7.3 eine Transformationsmatrix S mit $B = S^{-1}AS$. Daher gilt

$$
p_B(x) = |B - xE| = \left| S^{-1}AS - xS^{-1}ES \right|
$$

$$
= \left| S^{-1}(A - xE)S \right| = |S|^{-1} |A - xE| \cdot |S| = |A - xE| = p_A(x)
$$

nach dem Multiplikationssatz für Determinanten §17:3.2 (a), (b). □

3.3 Algebraische und geometrische Vielfachheit

Ein Eigenwert λ von T hat die **algebraische Vielfachheit** oder **Ordnung** k, wenn λ eine k–fache Nullstelle des charakteristischen Polynoms ist, d.h. wenn es ein Polynom q gibt mit

$$p_T(x) = (x - \lambda)^k q(x) \quad \text{und} \quad q(\lambda) \neq 0.$$

Wir sprechen in diesem Fall auch von einem **k–fachen Eigenwert**.

Die **geometrische Vielfachheit** eines Eigenwerts λ von T ist definiert als die Dimension des zugehörigen Eigenraums N_λ.

BEISPIEL. Für die Matrix

$$A = \begin{pmatrix} \lambda & 1 \\ 0 & \lambda \end{pmatrix}$$

gilt $p_A(x) = (x - \lambda)^2$, also ist λ zweifacher Eigenwert. Der Eigenraum ist

$$N_\lambda = \operatorname{Kern}(A - \lambda E) = \operatorname{Kern}\begin{pmatrix} 0 & 1 \\ 0 & 0 \end{pmatrix} = \operatorname{Span}\{e_1\}.$$

Die geometrische Vielfachheit ist somit 1. Allgemein gilt der

Satz. *Die geometrische Vielfachheit ist höchstens gleich der algebraischen.*

BEWEIS [FISCHER, S. 171].

3.4 Summe und Produkt der Eigenwerte

Sind $\mu_1, \dots, \mu_r$ die verschiedenen komplexen Nullstellen des charakteristischen Polynoms von A, $k_1, \dots, k_r$ die entsprechenden Ordnungen, so gilt

$$\operatorname{Spur} A = k_1 \mu_1 + \dots + k_r \mu_r,$$

$$\det A = \mu_1^{k_1} \cdots \mu_r^{k_r}.$$

BEWEIS: Direkt aus 3.1 (b) und den Vietaschen Wurzelsätzen § 5 : 10.4.   □

4 Diagonalisierbarkeit von Operatoren

4.1 Ein Kriterium für die Diagonalisierbarkeit von Operatoren

Ein linearer Operator T eines n–dimensionalen Vektorraumes V über $\mathbb{K}$ heißt **diagonalisierbar**, wenn es eine aus Eigenvektoren von T bestehende Basis $\mathcal{B} = (v_1, \dots, v_n)$ für V gibt, für die also gilt

$$T v_k = \lambda_k v_k \quad \text{mit} \quad \lambda_k \in \mathbb{K} \quad \text{für} \quad k = 1, \dots, n.$$

Das bedeutet für die Koeffizientenmatrix bezüglich dieser Basis

$$M_\mathcal{B}(T) = D = \begin{pmatrix} \lambda_1 & & 0 \\ & \ddots & \\ 0 & & \lambda_n \end{pmatrix}.$$

SATZ. *T ist genau dann diagonalisierbar, wenn p_T über $\mathbb{K}$ zerfällt und für jede Nullstelle von p_T die algebraische und die geometrische Vielfachheit übereinstimmen.*

Insbesondere ist ein Operator T sicher dann diagonalisierbar, wenn sein charakteristisches Polynom n verschiedene Nullstellen in $\mathbb{K}$ hat.

BEWEIS.

(a) Sei T diagonalisierbar, $T v_k = \lambda_k v_k$ $(k = 1, \ldots, n)$ und $\mathcal{B} = (v_1, \ldots, v_n)$ eine Basis für V. Die Matrix $M_\mathcal{B}(T)$ ist dann die oben angegebene Diagonalmatrix D. Nach 3.2 ist $p_T(x) = p_D(x) = |D - xE|$. Seien $\mu_1, \ldots, \mu_r$ die verschiedenen Nullstellen von p_T und $k_1, \ldots, k_r$ die zugehörigen algebraischen Vielfachheiten. Durch eventuelle Umordnung der Basisvektoren können wir erreichen, dass

$$\lambda_1 = \ldots = \lambda_{k_1} = \mu_1, \ldots, \lambda_{n-k_r+1} = \ldots = \lambda_n = \mu_r.$$

Es genügt zu zeigen, dass $\dim N_{\mu_1} = k_1$, denn der allgemeine Fall $\dim N_{\mu_i} = k_i$ kann durch Umnummerierung der Basisvektoren auf diesen speziellen Fall zurückgeführt werden.

Hat der Koordinatenvektor $\mathbf{x} = (u)_\mathcal{B}$ die Komponenten $x_1, \ldots, x_n$, so gilt

$$u \in N_{\mu_1} \iff (D - \mu_1 E)\mathbf{x} = \mathbf{0} \iff (\lambda_k - \mu_1)x_k = 0 \quad \text{für} \quad k > k_1$$
$$\iff x_k = 0 \quad \text{für} \quad k > k_1 \iff \mathbf{x} \in \text{Span}\{\mathbf{e}_1, \ldots, \mathbf{e}_{k_1}\}.$$

Nach 2.3 folgt $\dim N_{\mu_1}(T) = \dim \text{Kern}\,(D - \mu_1 E) = k_1$.

(b) Seien $\mu_1, \ldots, \mu_r$ die verschiedenen Eigenwerte von T, $k_1, \ldots, k_r$ ihre Ordnungen und $\dim N_{\mu_i} = k_i$ $(i = 1, \ldots, r)$, und es gelte $\sum_{i=1}^{r} k_i = n$. Wir wählen Basen $\mathcal{B}_1$ für $N_{\mu_1}, \ldots, \mathcal{B}_r$ für N_{μ_r}. Nach 2.2 (b) bilden die Vektoren von $\mathcal{B}_1 \cup \cdots \cup \mathcal{B}_r$ ein System von n linear unabhängigen Vektoren und damit eine Basis für V.

(c) Hat T lauter verschiedene Eigenwerte $\lambda_1, \ldots, \lambda_n$ und sind $v_1, \ldots, v_n$ jeweils zugehörige Eigenvektoren, so sind diese nach 2.2 linear unabhängig, bilden also eine Eigenvektorbasis für V. □

4.2 Spiegelungen

Sind $\mathbf{b}_1$ und $\mathbf{b}_2$ linear unabhängige Vektoren des $\mathbb{R}^3$ und ist $E = \text{Span}\{\mathbf{b}_1, \mathbf{b}_2\}$, so hat die Spiegelung S an der Ebene E bezüglich der Basis $\mathcal{B} = (\mathbf{b}_1, \mathbf{b}_2, \mathbf{b}_3)$ mit $\mathbf{b}_3 = \mathbf{b}_1 \times \mathbf{b}_2$ die Matrix

$$M_B(S) = \begin{pmatrix} 1 & 0 & 0 \\ 0 & 1 & 0 \\ 0 & 0 & -1 \end{pmatrix},$$

also ist S diagonalisierbar.

4.3 Beispiel. Die Matrix

$$A = \begin{pmatrix} 2 & 1 & \frac{1}{2} \\ 1 & 2 & \frac{1}{2} \\ 2 & 2 & 2 \end{pmatrix}$$

hat das charakteristische Polynom $p_A(x) = (2-x)^3 - 3(2-x) + 2 = z^3 - 3z + 2$
mit $z = 2 - x$ $\boxed{\text{ÜA}}$. Offenbar ist $z = 1$ eine Nullstelle. Polynomdivision ergibt
$(z^3 - 3z + 2) = (z-1)(z^2 + z - 2)$ $\boxed{\text{ÜA}}$.
Wegen $z^2 + z + 2 = (z-1)(z+2)$ hat A die Eigenwerte

$$\mu_1 = 1 \quad (\text{zweifach}) \quad \text{und} \quad \mu_2 = 4 \,.$$

Der Eigenraum N_1 zum Eigenwert 1 ist

$$\text{Kern}\,(A - 1 \cdot E) = \text{Kern} \begin{pmatrix} 1 & 1 & \frac{1}{2} \\ 1 & 1 & \frac{1}{2} \\ 2 & 2 & 1 \end{pmatrix} \,.$$

Diese Matrix hat den Rang 1, also einen zweidimensionalen Kern. Somit ist A
diagonalähnlich nach dem Kriterium 4.1 (c).
$N_1 = \text{Kern}\,(A - E)$ ist die Lösungsmenge der Gleichung

$$2x_1 + 2x_2 + x_3 = 0 \,.$$

Wir können $x_1 = s$ und $x_2 = t$ frei wählen und erhalten die Lösungsvektoren

$$\begin{pmatrix} s \\ t \\ -2s - 2t \end{pmatrix} = s \begin{pmatrix} 1 \\ 0 \\ -2 \end{pmatrix} + t \begin{pmatrix} 0 \\ 1 \\ -2 \end{pmatrix} = s\,\mathbf{b}_1 + t\,\mathbf{b}_2 \,.$$

Somit gilt $N_1 = \text{Span}\,\{\mathbf{b}_1, \mathbf{b}_2\}$.
$\boxed{\text{ÜA}}$ Bestimmen Sie $N_4 = \text{Kern}\,(A - 4 \cdot E) = \text{Span}\,\{\mathbf{b}_3\}$.

4.4 Beispiel. Die $n \times n$–Matrix

$$A = \begin{pmatrix} \alpha+1 & 1 & \cdots & 1 \\ 1 & \alpha+1 & \cdots & 1 \\ \vdots & \vdots & \ddots & \vdots \\ 1 & 1 & \cdots & \alpha+1 \end{pmatrix} = \begin{pmatrix} 1 & 1 & \cdots & 1 \\ 1 & 1 & \cdots & 1 \\ \vdots & \vdots & \ddots & \vdots \\ 1 & 1 & \cdots & 1 \end{pmatrix} + \alpha E = B + \alpha E$$

besitzt offenbar den Eigenwert α, denn $A - \alpha E = B$ hat den Rang 1. Daher gilt nach der Dimensionsformel

$$\dim N_\alpha = \dim \mathrm{Kern}\,(A - \alpha E) = n - 1\,.$$

Nach der Spurbedingung 3.4 ist $\mathrm{Spur}\,A = n(\alpha + 1)$ die Summe aller komplexen Nullstellen von p_A, multipliziert mit ihrer Ordnung.

Daher kann α nicht die einzige (und damit n–fache) Nullstelle sein, denn es ist $n\alpha \neq \mathrm{Spur}\,A$. Somit gibt es einen weiteren Eigenwert β, und wir erhalten eine Basis aus $n - 1$ Eigenvektoren in N_α und, mehr bleibt nicht übrig, einen Eigenvektor aus N_β. Aus 4.1 folgt: A ist diagonalähnlich, α ist $(n - 1)$–facher Eigenwert und

$$\beta = \mathrm{Spur}\,A - (n - 1)\alpha = \alpha + n\,.$$

(Aus 3.4 folgt nebenbei $\det A = \alpha^{n-1}(\alpha + n)$).

Eine Basis für N_α erhalten wir mit Hilfe von $\mathbf{e} = (1, 1, \ldots, 1)^T$ durch $\mathbf{b}_k = \mathbf{e} - n\mathbf{e}_k$ $(k = 1, \ldots, n - 1)$. $\mathbf{e}$ selbst ist ein Eigenvektor zum Eigenwert $\alpha + n$.

4.5 Aufgabe. Zeigen Sie, dass der durch

$$T\mathbf{e}_1 = \mathbf{0}\,, \quad T\mathbf{e}_k = \mathbf{e}_{k-1} \quad (k = 2, \ldots, n)$$

gegebene Operator $T \in \mathcal{L}(\mathbb{R}^n)$ nicht diagonalisierbar ist.

5 Entkopplung von Systemen linearer Differentialgleichungen

5.1 Zwei gekoppelte Pendel

In 1.1 wird zu gegebenen Koeffizienten $\alpha, \beta > 0$ eine invertierbare Matrix S gesucht mit

$$S^{-1}AS = \begin{pmatrix} \lambda_1 & 0 \\ 0 & \lambda_2 \end{pmatrix}, \quad \text{wobei} \quad A = \begin{pmatrix} -\alpha - \beta & \beta \\ \beta & -\alpha - \beta \end{pmatrix}.$$

Nach 1.2 müssen die Spalten von S eine Eigenvektorbasis enthalten. Das charakteristische Polynom von A ist $p_A(x) = (\alpha + \beta + x)^2 - \beta^2$. Also hat A die Eigenwerte $-\alpha$ und $-\alpha - 2\beta$. Da beide voneinander verschieden sind, ist A diagonalähnlich nach 4.1. Es gilt

$$\mathrm{Kern}\,(A + \alpha E) = \mathrm{Kern} \begin{pmatrix} -\beta & \beta \\ \beta & -\beta \end{pmatrix} = \mathrm{Span} \left\{ \begin{pmatrix} 1 \\ 1 \end{pmatrix} \right\},$$

$$\mathrm{Kern}\,(A + (\alpha + 2\beta)E) = \mathrm{Kern} \begin{pmatrix} \beta & \beta \\ \beta & \beta \end{pmatrix} = \mathrm{Span} \left\{ \begin{pmatrix} 1 \\ -1 \end{pmatrix} \right\}.$$

Setzen wir daher

$$S = \begin{pmatrix} 1 & 1 \\ 1 & -1 \end{pmatrix}, \quad S^{-1} = \frac{1}{2} \begin{pmatrix} 1 & 1 \\ 1 & -1 \end{pmatrix}, \quad \mathbf{y}(t) = S^{-1}\mathbf{x}(t),$$

so erhalten wir für $\mathbf{y}(t) := \begin{pmatrix} y_1(t) \\ y_2(t) \end{pmatrix}$ das System

$$\ddot{\mathbf{y}}(t) = S^{-1}\ddot{\mathbf{x}}(t) = S^{-1}A\mathbf{x}(t) = S^{-1}AS\mathbf{y}(t) = \begin{pmatrix} -\alpha & 0 \\ 0 & -\alpha - 2\beta \end{pmatrix} \mathbf{y}(t),$$

also die beiden entkoppelten Differentialgleichungen

$$\ddot{y}_1(t) + \omega_1^2 y_1(t) = 0 \quad \text{mit} \quad \omega_1 = \sqrt{\alpha},$$

$$\ddot{y}_2(t) + \omega_2^2 y_2(t) = 0 \quad \text{mit} \quad \omega_2 = \sqrt{\alpha + 2\beta}.$$

Schreiben wir für $\mathbf{x}(t)$ die Anfangsbedingungen

$$\mathbf{x}(0) = \mathbf{a} = \begin{pmatrix} a_1 \\ a_2 \end{pmatrix}, \quad \dot{\mathbf{x}}(0) = \mathbf{0}$$

vor, so ergeben sich für $\mathbf{y}(t)$ die Anfangsbedingungen

$$\mathbf{y}(0) = S^{-1}\mathbf{x}(0) = \frac{1}{2}\begin{pmatrix} a_1 + a_2 \\ a_1 - a_2 \end{pmatrix}, \quad \dot{\mathbf{y}}(0) = S^{-1}\dot{\mathbf{x}}(0) = \mathbf{0}.$$

Damit ergibt sich

$$y_1(t) = \frac{1}{2}(a_1 + a_2)\cos\omega_1 t, \quad y_2(t) = \frac{1}{2}(a_1 - a_2)\cos\omega_2 t$$

und

$$\mathbf{x}(t) = S\mathbf{y}(t) = \begin{pmatrix} 1 & 1 \\ 1 & -1 \end{pmatrix} \mathbf{y}(t) = y_1(t)\begin{pmatrix} 1 \\ 1 \end{pmatrix} + y_2(t)\begin{pmatrix} 1 \\ -1 \end{pmatrix}.$$

5.2 Systeme linearer DG 1. Ordnung mit konstanten Koeffizienten

Die Differentialgleichungen

$$\dot{x}_1(t) = a_{11}x_1(t) + \ldots + a_{1n}x_n(t),$$

$$\vdots$$

$$\dot{x}_n(t) = a_{n1}x_1(t) + \ldots + a_{nn}x_n(t)$$

sind gekoppelt; keine dieser Gleichungen kann für sich gelöst werden. Wir schreiben das System in der Form $\dot{\mathbf{x}} = A\mathbf{x}$ und stellen die Anfangsbedingung $\mathbf{x}(0) = \mathbf{a}$. Angenommen, A ist diagonalähnlich:

$$S^{-1}AS = \begin{pmatrix} \lambda_1 & & 0 \\ & \ddots & \\ 0 & & \lambda_n \end{pmatrix}.$$

Für den Vektor $\mathbf{y}(t) = S^{-1}\mathbf{x}(t)$ ergibt sich das DG–System

$$\dot{\mathbf{y}}(t) = S^{-1}\dot{\mathbf{x}}(t) = S^{-1}AS\mathbf{y}(t) = \begin{pmatrix} \lambda_1 & & 0 \\ & \ddots & \\ 0 & & \lambda_n \end{pmatrix} \mathbf{y}(t).$$

Wir erhalten also die entkoppelten Differentialgleichungen

$$\dot{y}_1(t) = \lambda_1 y_1(t), \ldots, , \dot{y}_n(t) = \lambda_n y_n(t).$$

Die Anfangsbedingungen ergeben sich aus $\mathbf{y}(0) = S^{-1}\mathbf{x}(0) = S^{-1}\mathbf{a}$. Mit den Komponenten $b_1, \ldots, b_n$ von $\mathbf{b} := S^{-1}\mathbf{a}$ erhalten wir

$$y_1(t) = b_1 e^{\lambda_1 t}, \ldots, y_n(t) = b_n e^{\lambda_n t}.$$

Hat S die Spalten $\mathbf{u}_1, \ldots, \mathbf{u}_n$ mit $A\mathbf{u}_k = \lambda_k \mathbf{u}_k$, so ergibt sich

$$\mathbf{x}(t) = S\mathbf{y}(t) = b_1 e^{\lambda_1 t}\mathbf{u}_1 + \ldots + b_n e^{\lambda_n t}\mathbf{u}_n.$$

§19 Skalarprodukte, Orthonormalsysteme und unitäre Gruppen

1 Skalarprodukträume

1.1 Skalarprodukte

Ein Vektorraum V über $\mathbb{K}$ heißt **Skalarproduktraum**, wenn zu je zwei Vektoren $u, v \in V$ ein

Skalarprodukt (inneres Produkt) $\langle u, v \rangle \in \mathbb{K}$

erklärt ist mit folgenden Rechenregeln:

(a) $\langle u, \alpha_1 v_1 + \alpha_2 v_2 \rangle = \alpha_1 \langle u, v_1 \rangle + \alpha_2 \langle u, v_2 \rangle$
   (*Linearität im zweiten Argument*),

(b) $\langle u, v \rangle = \overline{\langle v, u \rangle}$ (*Symmetrie*),

(c) $\langle u, u \rangle \geq 0$, und $\langle u, u \rangle = 0$ genau für $u = 0$ (*positive Definitheit*).

Im Fall $\mathbb{K} = \mathbb{R}$ besagt (b): $\langle u, v \rangle = \langle v, u \rangle$.

Im Fall $\mathbb{K} = \mathbb{C}$ ist die Funktion $u \mapsto \langle u, v \rangle$ **antilinear**:

$$\langle \alpha_1 u_1 + \alpha_2 u_2, v \rangle = \overline{\alpha}_1 \langle u_1, v \rangle + \overline{\alpha}_2 \langle u_2, v \rangle.$$

Das folgt sofort aus (a) und (b) $\boxed{\text{ÜA}}$.

1.2 Eigenschaften des Skalarprodukts

(a) $\left\langle \sum\limits_{k=1}^{m} \alpha_k u_k \,,\, \sum\limits_{l=1}^{n} \beta_l v_l \right\rangle = \sum\limits_{k=1}^{m} \sum\limits_{l=1}^{n} \overline{\alpha}_k \beta_l \left\langle u_k, v_l \right\rangle$,

(b) Aus $\left\langle u,v \right\rangle = 0$ für alle $u \in V$ folgt $v = 0$ und umgekehrt $\boxed{\text{ÜA}}$.

1.3 Beispiele

(a) $\mathbb{R}^n$ mit dem natürlichen Skalarprodukt $\left\langle \mathbf{x},\mathbf{y} \right\rangle = \sum\limits_{k=1}^{n} x_k y_k$.

(b) $\mathbb{C}^n$ mit dem natürlichen Skalarprodukt $\left\langle \mathbf{x},\mathbf{y} \right\rangle = \sum\limits_{k=1}^{n} \overline{x}_k y_k$.

(c) Für komplexwertige Funktionen $f = u + iv$ mit $u,v \in \mathrm{C}\,[a,b]$ setzen wir

$$\int\limits_a^b f(x)\,dx := \int\limits_a^b u(x)\,dx + i \int\limits_a^b v(x)\,dx \,, \quad \left\langle f,g \right\rangle := \int\limits_a^b \overline{f(x)}\,g(x)\,dx\,.$$

SATZ. *Durch* $\left\langle f,g \right\rangle$ *ist ein Skalarprodukt auf* C$[a,b]$ *definiert.*

Die Linearität von $g \mapsto \left\langle f,g \right\rangle$ und die Symmetrie $\overline{\left\langle g,f \right\rangle} = \left\langle f,g \right\rangle$ sind leicht nachzuprüfen $\boxed{\text{ÜA}}$. Zum Nachweis der positiven Definitheit beachten wir, dass

$$\left\langle f,f \right\rangle = \int\limits_a^b |f(x)|^2\,dx \geq 0\,.$$

Ist $f \neq 0$, so gibt es eine Stelle $x_0 \in [a,b]$ mit $f(x_0) \neq 0$. Wegen der Stetigkeit von $|f| = \sqrt{u^2+v^2}$ gibt es dann ein $\delta > 0$ mit

$$|f(x)| \geq \frac{1}{2}\,|f(x_0)| =: \varrho \quad \text{für alle} \quad x \in [a,b] \quad \text{mit} \quad |x - x_0| \leq \delta\,.$$

Hieraus folgt

$$\int\limits_a^b |f(x)|^2\,dx \geq \int\limits_{|x-x_0|\leq\delta} |f(x)|^2\,dx \geq \delta\,\varrho^2 > 0\,.$$

1.4 Der Hilbertsche Folgenraum ℓ^2

(a) *Die Menge* ℓ^2 *aller komplexen Folgen* $a = (a_1, a_2, \ldots)$, *für welche die Reihe* $\sum\limits_{k=1}^{\infty} |a_k|^2$ *konvergiert, ist ein Vektorraum über* $\mathbb{C}$.

(b) *Für* $a = (a_1, a_2, \ldots)$, $b = (b_1, b_2, \ldots) \in \ell^2$ *konvergiert die Reihe*

$$\left\langle a,b \right\rangle := \sum\limits_{k=1}^{\infty} \overline{a}_k\, b_k$$

und liefert ein Skalarprodukt für ℓ^2.

BEWEIS.

(a) Für $a = (a_1, a_2, \ldots) \in \ell^2$ und $\lambda \in \mathbb{C}$ konvergiert die Reihe $\sum\limits_{k=1}^{\infty} |\lambda a_k|^2$, also ist auch $\lambda a = (\lambda a_1, \lambda a_2, \ldots) \in \ell^2$. Weiter gilt (vgl. §1:5.11)

$$|a_k + b_k|^2 \leq 2(|a_k|^2 + |b_k|^2),$$

$$|\bar{a}_k b_k| = |a_k| \cdot |b_k| \leq \tfrac{1}{2}\left(|a_k|^2 + |b_k|^2\right),$$

also konvergieren für $a, b \in \ell^2$ die Reihen

$$\sum_{k=1}^{\infty} |a_k + b_k|^2 \quad \text{und} \quad \sum_{k=1}^{\infty} \bar{a}_k b_k$$

nach dem Majorantenkriterium. Somit gilt $a + b = (a_1 + b_1, a_2 + b_2, \ldots) \in \ell^2$, ferner konvergiert die das Skalarprodukt darstellende Reihe.

(b) Die Linearität von $x \mapsto \langle a, x \rangle$ folgt aus den Rechengesetzen für Reihen. Weiter gilt

$$\langle a, b \rangle = \lim_{n \to \infty} \sum_{k=1}^{n} \bar{a}_k b_k = \overline{\lim_{n \to \infty} \sum_{k=1}^{n} \bar{b}_k a_k} = \overline{\langle b, a \rangle}.$$

Aus $\langle a, a \rangle = \sum\limits_{k=1}^{\infty} |a_k|^2 = 0$ folgt $a_1 = a_2 = \ldots = 0$, also $a = 0$. $\qquad\square$

1.5 Norm und Cauchy–Schwarzsche Ungleichung

Für einen Skalarproduktraum definieren wir analog zu §6:2.3 die zugehörige **Norm** durch

$$\|u\| := \sqrt{\langle u, u \rangle}.$$

Es gilt die Cauchy–Schwarzsche Ungleichung

$$|\langle u, v \rangle| \leq \|u\| \cdot \|v\|,$$

wobei Gleichheit genau dann eintritt, wenn u und v linear abhängig sind.

Weiter besitzt die Norm die Eigenschaften:

(a) $\|u\| \geq 0$, $\|u\| = 0$ *genau dann, wenn $u = 0$,*

(b) $\|\alpha u\| = |\alpha| \cdot \|u\|$,

(c) $\|u + v\| \leq \|u\| + \|v\|$ *(Dreiecksungleichung).*

BEWEIS.

Die Beweisidee wurde für das natürliche Skalarprodukt im $\mathbb{R}^n$ in §6:2.4 ausführlich geometrisch begründet. Wir dürfen uns daher darauf beschränken, die Rechnungen auf die allgemeinere Situation zu übertragen.

Die ersten beiden Eigenschaften der Norm sind klar; die Dreiecksungleichung wird wie in §6 auf die Cauchy–Schwarzsche Ungleichung zurückgeführt:

$$\|u+v\|^2 = \langle u+v, u+v\rangle = \langle u,u\rangle + \langle u,v\rangle + \langle v,u\rangle + \langle v,v\rangle$$
$$= \|u\|^2 + 2\operatorname{Re}\langle u,v\rangle + \|v\|^2 \leq \|u\|^2 + 2\|u\|\cdot\|v\| + \|v\|^2$$
$$= \big(\|u\| + \|v\|\big)^2.$$

Beim Nachweis der Cauchy–Schwarzschen Ungleichung unterscheiden wir drei Fälle:

(α) Im Fall $v = 0$ gilt $|\langle u,v\rangle| = 0 = \|u\|\cdot\|v\|$, und u,v sind linear abhängig.

(β) Im Fall $\|v\| = 1$ gilt für alle $\lambda \in \mathbb{K}$

$$\|u - \lambda v\|^2 = \langle u - \lambda v, u - \lambda v\rangle = \langle u,u\rangle - \overline{\lambda}\langle v,u\rangle - \lambda\langle u,v\rangle + \overline{\lambda}\cdot\lambda$$
$$= \|u\|^2 - \langle u,v\rangle \cdot \langle v,u\rangle + \big(\overline{\lambda} - \langle u,v\rangle\big)\cdot\big(\lambda - \langle v,u\rangle\big)$$
$$= \|u\|^2 - |\langle u,v\rangle|^2 + |\lambda - \langle v,u\rangle|^2.$$

Dieser Ausdruck wird minimal für $\lambda = \langle v,u\rangle$. Damit ist

$$\|u\|^2 - |\langle u,v\rangle|^2 = \|u - \langle v,u\rangle v\|^2 \geq 0,$$

und das Gleichheitszeichen gilt genau dann, wenn $u = \langle v,u\rangle v$.

(γ) Ist $v \neq 0$, so hat $w = \|v\|^{-1}v$ die Norm 1 nach (b). Nach Beweisteil (β) folgt

$$|\langle u,w\rangle| = \frac{|\langle u,v\rangle|}{\|v\|} \leq \|u\|, \quad \text{also} \quad |\langle u,v\rangle| \leq \|u\|\cdot\|v\|,$$

wobei Gleichheit genau dann eintritt, wenn

$$u = \langle w,u\rangle w = \frac{\langle v,u\rangle}{\|v\|^2}v. \qquad \square$$

2 Orthonormalsysteme und orthogonale Projektionen

2.1 Orthonormalsysteme

Zwei Vektoren u,v eines Skalarproduktraumes V nennen wir **orthogonal**, wenn $\langle u,v\rangle = 0$, und wir schreiben dafür $u \perp v$. Für eine nichtleere Teilmenge A von V soll $u \perp A$ bedeuten, dass $u \perp v$ für jeden Vektor $v \in A$ gilt.

Für nichtleere Teilmengen $A \subset V$ heißt

$$A^{\perp} = \left\{ u \in V \mid u \perp A \right\}$$

das **orthogonale Komplement** von A. $A^{\perp}$ ist ein Teilraum von V $\boxed{\text{ÜA}}$.

Eine endliche oder abzählbare Menge von Vektoren $v_1, v_2, \ldots$ in V bildet ein **Orthonormalsystem (ONS)**, wenn gilt

$$\langle v_i, v_k \rangle = \delta_{ik} = \begin{cases} 1 & \text{für } i = k, \\ 0 & \text{für } i \neq k. \end{cases}$$

δ_{ik} wird das **Kronecker–Symbol** oder **Kronecker–Delta** genannt.

BEISPIELE.

(a) Die Standardvektoren $\mathbf{e}_1, \ldots, \mathbf{e}_n$ bilden ein Orthonormalsystem im $\mathbb{R}^n$ (und im $\mathbb{C}^n$) bezüglich des natürlichen Skalarproduktes.

(b) In $C[-\pi, \pi]$, versehen mit dem Skalarprodukt $\langle u, v \rangle = \int\limits_{-\pi}^{\pi} \overline{u(x)}\, v(x)\, dx$

(vgl. 1.3 (c)), bilden die Funktionen $v_1, v_2, \ldots$ mit

$$v_1(x) = \tfrac{1}{\sqrt{2\pi}}, \quad v_2(x) = \tfrac{1}{\sqrt{\pi}} \sin x, \quad v_3(x) = \tfrac{1}{\sqrt{\pi}} \cos x,$$

$$v_4(x) = \tfrac{1}{\sqrt{\pi}} \sin 2x, \quad v_5(x) = \tfrac{1}{\sqrt{\pi}} \cos 2x,$$

$$v_{2k}(x) = \tfrac{1}{\sqrt{\pi}} \sin kx, \quad v_{2k+1}(x) = \tfrac{1}{\sqrt{\pi}} \cos kx,$$

ein Orthonormalsystem, vgl. § 11 : 6.5.

2.2 Entwicklung nach Orthonormalbasen

Jedes Orthonormalsystem $v_1, v_2, \ldots$ ist linear unabhängig, d.h. je endlich viele dieser Vektoren sind linear unabhängig.

Denn aus

$$\sum_{i=1}^{n} \alpha_i v_i = 0 \quad \text{mit } \alpha_1, \ldots, \alpha_n \in \mathbb{K}$$

folgt für $k = 1, \ldots, n$

$$0 = \left\langle v_k, \sum_{i=1}^{n} \alpha_i v_i \right\rangle = \sum_{i=1}^{n} \alpha_i \langle v_i, v_k \rangle = \alpha_k \,.$$

Hieraus ergibt sich:

(a) *Ist $v_1, \ldots, v_n$ ein ONS in einem n–dimensionalen Skalarproduktraum V, so ist $(v_1, \ldots, v_n)$ eine Basis für V.*

(b) *Die Basisdarstellung eines Vektors $u \in V$ bezüglich einer solchen **Orthonormalbasis** (ONB) ergibt sich auf einfache Weise durch*

$$u = \langle v_1, u \rangle v_1 + \ldots + \langle v_n, u \rangle v_n = \sum_{k=1}^{n} \langle v_k, u \rangle v_k \,.$$

(c) *Für* $u, v \in V$ *ist*

$$\langle u, v \rangle = \sum_{k=1}^{n} \overline{\langle v_k, u \rangle} \langle v_k, v \rangle,$$

insbesondere gilt die **Parsevalsche Gleichung**

$$\|u\|^2 = \sum_{k=1}^{n} |\langle v_k, u \rangle|^2.$$

BEWEIS.

(a) Da das ONS $v_1, v_2, \ldots, v_n$ linear unabhängig ist, bildet es in dem n–dimensionalen Vektorraum V eine Basis.

(b) Zu jedem $u \in V$ gibt es $\alpha_1, \ldots, \alpha_n \in \mathbb{K}$ mit $u = \sum_{i=1}^{n} \alpha_i v_i$. Hieraus folgt für $k = 1, \ldots, n$

$$\langle v_k, u \rangle = \Big\langle v_k, \sum_{i=1}^{n} \alpha_i v_i \Big\rangle = \sum_{i=1}^{n} \alpha_i \langle v_k, v_i \rangle = \alpha_k.$$

(c) Für $u, v \in V$ gilt nach (b)

$$u = \sum_{i=1}^{n} \langle v_i, u \rangle v_i, \quad v = \sum_{k=1}^{n} \langle v_k, v \rangle v_k,$$

also ist nach 1.2 (a)

$$\langle u, v \rangle = \Big\langle \sum_{i=1}^{n} \langle v_i, u \rangle v_i, \sum_{k=1}^{n} \langle v_k, v \rangle v_k \Big\rangle$$

$$= \sum_{i,k=1}^{n} \overline{\langle v_i, u \rangle} \langle v_k, v \rangle \langle v_i, v_k \rangle = \sum_{k=1}^{n} \overline{\langle v_k, u \rangle} \langle v_k, v \rangle. \qquad \square$$

2.3 Orthogonale Projektion

Es sei V ein Skalarproduktraum und $W = \mathrm{Span}\{v_1, \ldots, v_m\}$ der von einem ONS $v_1, \ldots, v_m$ in V aufgespannte Teilraum. Analog zu § 6 : 4.2 gilt dann der

SATZ. *Für* $u \in V$ *und* $Pu := \sum_{k=1}^{m} \langle v_k, u \rangle v_k$ *gilt:*

(a) $\|u - Pu\| = \min\{\|u - w\| \mid w \in W\}$,

(b) $\|u - Pu\|^2 = \|u\|^2 - \sum_{k=1}^{m} |\langle v_k, u \rangle|^2$,

(c) $u - Pu \perp W$, *d.h.* $\langle u - Pu, w \rangle = 0$ *für alle* $w \in W$.

Pu *heißt die* **orthogonale Projektion** *von* u *auf* W.

Durch Übertragung der im Beweis von 1.5 verwendeten „quadratischen Ergänzung" ergibt eine leichte Rechnung $\boxed{\text{ÜA}}$

$$\Big\| u - \sum_{k=1}^{m} \lambda_k v_k \Big\|^2 = \|u\|^2 - \sum_{k=1}^{m} |\langle v_k, u \rangle|^2 + \sum_{k=1}^{m} |\lambda_k - \langle v_k, u \rangle|^2 \,,$$

woraus die erste Behauptung unmittelbar folgt. Die zweite ergibt sich aus

$$\langle u - Pu, v_j \rangle = \Big\langle u - \sum_{k=1}^{m} \langle v_k, u \rangle v_k \,, v_j \Big\rangle$$

$$= \langle u, v_j \rangle - \sum_{k=1}^{m} \overline{\langle v_k, u \rangle} \langle v_k, v_j \rangle = \langle u, v_j \rangle - \overline{\langle v_j, u \rangle} = 0 \,,$$

also auch $\langle u - Pu, w \rangle = 0$ für $w = \sum_{j=1}^{m} \lambda_j v_j$ wegen der Linearität der Funktion $v \mapsto \langle u - Pu, v \rangle$. $\square$

2.4 Eigenschaften des Projektionsoperators P

Der Operator $P : V \to V$, $u \mapsto Pu$ ist linear und besitzt die Eigenschaften

(a) $P^2 = P$,

(b) $\langle u, Pv \rangle = \langle Pu, v \rangle$ *für alle* $u, v \in V$.

BEWEIS.

Die Linearität ergibt sich aus der Darstellung 2.3 für Pu, da die Funktionen $u \mapsto \langle v_k, u \rangle v_k$ linear sind. $P^2 = P$ folgt wegen $Pu \in W$.

Es gilt

$$\langle Pu, v \rangle - \langle u, Pv \rangle = \langle Pu, v - Pv \rangle - \langle u - Pu, Pv \rangle = 0 \,,$$

da $u - Pu$ und $v - Pv$ orthogonal zu W und damit zu Pu und Pv sind. $\square$

2.5 Beste Approximation im Quadratmittel

Sei $v_1, v_2, \ldots$ das in 2.1 angegebene Orthonormalsystem der trigonometrischen Funktionen. Eine wichtige Aufgabe der mathematischen Physik besteht darin, eine gegebene Funktion u durch Linearkombinationen $s_m = \sum_{k=1}^{m} \lambda_k v_k$ möglichst gut „im Quadratmittel" zu approximieren, das heißt die λ_k so zu wählen, dass das Fehlerquadrat

$$\int_{-\pi}^{\pi} \big| u(x) - s_m(x) \big|^2 \, dx$$

möglichst klein wird.

Das Fehlerquadrat fassen wir auf als Normquadrat $\|u - s_m\|^2$, wobei das in 1.3 (c) eingeführten Skalarprodukt $\langle u, v \rangle = \int\limits_{-\pi}^{\pi} \overline{u}(x)\, v(x)\, dx$ zugrunde liegt. Nach 2.3 wird die beste Approximation durch $\lambda_k = \langle v_k, u \rangle$ geliefert, und es gilt

$$\Big\| u - \sum_{k=1}^{m} \langle v_k, u \rangle v_k \Big\|^2 = \|u\|^2 - \sum_{k=1}^{m} |\langle v_k, u \rangle|^2 \quad \text{für jedes } m \in \mathbb{N}.$$

Aufgabe. Bestimmen Sie für die Funktion $u(x) = \frac{x}{2} - \frac{x^3}{18}$ auf dem Intervall $[-\pi, \pi]$ Zahlen m und $\lambda_1, \ldots, \lambda_m$ so, dass

$$\int\limits_{-\pi}^{\pi} \Big| u - \sum_{k=1}^{m} \lambda_k v_k \Big|^2 = \Big\| u - \sum_{k=1}^{m} \lambda_k v_k \Big\|^2 < 0.006\,.$$

3 Das Orthonormalisierungsverfahren von Gram–Schmidt

3.1 Das Verfahren

Wir konstruieren aus einer gegebenen endlichen oder abzählbaren Menge linear unabhängiger Vektoren $u_1, u_2, \ldots$ eines Skalarproduktraumes ein Orthonormalsystem $v_1, v_2, \ldots$ mit

$$\text{Span}\,\{v_1, \ldots, v_n\} = \text{Span}\,\{u_1, \ldots, u_n\} \quad \text{für} \quad n = 1, 2, \ldots\,.$$

1. Schritt. Nach Voraussetzung ist $u_1 \neq 0$. Wir setzen $v_1 := \frac{u_1}{\|u_1\|}$. Dann ist $\|v_1\| = 1$ wegen $\|\alpha u_1\| = |\alpha|\,\|u_1\|$. Ferner gilt $\text{Span}\,\{u_1\} = \text{Span}\,\{v_1\}$.

2. Schritt. P_1 sei die orthogonale Projektion auf

$$W_1 = \text{Span}\,\{u_1\} = \text{Span}\,\{v_1\}.$$

Dann gilt $u_2 - P_1 u_2 \perp W_1$ (Fig.). Da u_1, u_2 linear unabhängig sind, liegt u_2 nicht in W_1, also ist $u_2 \neq P_1 u_2$. Für

$$v_2 = \frac{u_2 - P_1 u_2}{\|u_2 - P_1 u_2\|}$$

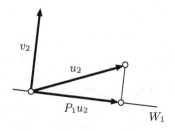

gilt $\|v_2\| = 1$ und $v_2 \perp v_1$. Da v_1, v_2 beide in $W_2 = \text{Span}\,\{u_1, u_2\}$ liegen und nach 2.2 linear unabhängig sind, folgt $\text{Span}\,\{v_1, v_2\} = W_2$.

n–ter Schritt. Seien $v_1, \ldots, v_{n-1}$ schon konstruiert mit

$$\text{Span}\,\{v_1, \ldots, v_{n-1}\} = \text{Span}\,\{u_1, \ldots, u_{n-1}\} =: W_{n-1}\,,$$

und sei P_{n-1} die orthogonale Projektion auf W_{n-1}.

Dann gilt (vgl. 2.3 (c))

$$u_n - P_{n-1}u_n \perp W_{n-1} \quad \text{und} \quad u_n - P_{n-1}u_n \neq 0 \, ,$$

sonst wäre $u_n = P_{n-1}u_n \in W_{n-1}$ eine Linearkombination von $u_1, \ldots, u_{n-1}$.
Für

$$v_n = \frac{u_n - P_{n-1}u_n}{\|u_n - P_{n-1}u_n\|}$$

gilt dann $\|v_n\| = 1$, $v_n \perp W_{n-1}$, also $v_n \perp v_1, \ldots, v_{n-1}$. Somit bilden $v_1, \ldots, v_n$ ein ONS, das in dem n–dimensionalen Vektorraum $W_n = \operatorname{Span}\{u_1, \ldots, u_n\}$ liegt. Da die Vektoren $v_1, \ldots, v_n$ linear unabhängig sind nach 2.2, bilden sie eine Basis für W_n.

Bei abzählbar vielen linear unabhängigen Vektoren $u_1, u_2, \ldots$ folgt die Existenz des behaupteten ONS $v_1, v_2, \ldots$ per Induktion. $\square$

3.2 Existenz von Orthonormalbasen

SATZ. *Für jeden n–dimensionalen Skalarproduktraum V gilt:*

(a) *V besitzt eine Orthonormalbasis.*

(b) *Jedes ONS $v_1, \ldots, v_m$ lässt sich zu einer ONB $(v_1, \ldots, v_n)$ für V ergänzen.*

(c) *Für $U = \operatorname{Span}\{v_1, \ldots, v_m\}$ gilt $U^\perp = \operatorname{Span}\{v_{m+1}, \ldots, v_n\}$, somit*

$$\dim U + \dim U^\perp = n \, .$$

BEWEIS. (a) folgt direkt aus 3.1. Für (b) ergänzen wir das ONS $v_1, \ldots, v_m$ nach § 14 : 6.5 zu einer Basis $(v_1, \ldots, v_m, u_{m+1}, u_n)$ von V und führen die Schritte m, $m+1$, $\ldots$, n des Orthonormalisierungsverfahrens durch.

(c) folgt aus $u = \sum\limits_{k=1}^{m} \langle v_k, u \rangle v_k + \sum\limits_{k=m+1}^{n} \langle v_k, u \rangle v_k$. $\square$

3.3 Die Legendre–Polynome

In $C[-1,1]$ mit dem Skalarprodukt $\langle u, v \rangle = \int\limits_{-1}^{1} \overline{u(x)} \, v(x) \, dx$ liefern die Potenzen $u_0(x) = 1$, $u_1(x) = x$, $u_2(x) = x^2$, $\ldots$ eine abzählbare Menge linear unabhängiger Vektoren. Das Gram–Schmidtsche Verfahren liefert ein ONS $v_0, v_1, v_2, \ldots$. Die durch

$$P_n(x) := \sqrt{\tfrac{2}{2n+1}} \, v_n(x)$$

gegebenen Polynome P_n heißen **Legendre–Polynome**.

$\boxed{\text{ÜA}}$ Bestimmen Sie mit dem Gram–Schmidtschen Verfahren die Polynome P_0, P_1, P_2, P_3. Zur Kontrolle: $P_n(1) = 1$ (ohne Beweis).

4 Unitäre Abbildungen und Matrizen

4.1 Polarisierungsgleichung und Parallelogrammgleichung

(a) In jedem Skalarproduktraum über $\mathbb{R}$ gilt ($\boxed{\text{ÜA}}$)

$$\langle u, v \rangle = \tfrac{1}{4} \left(\|u + v\|^2 - \|u - v\|^2 \right) .$$

(b) In jedem Skalarproduktraum über $\mathbb{C}$ gilt ($\boxed{\text{ÜA}}$)

$$\langle u, v \rangle = \tfrac{1}{4} \left(\|u + v\|^2 - \|u - v\|^2 + i\|u - iv\|^2 - i\|u + iv\|^2 \right) .$$

(c) In jedem Skalarproduktraum gilt die **Parallelogrammgleichung**

$$\|u + v\|^2 + \|u - v\|^2 = 2\|u\|^2 + 2\|v\|^2 .$$

4.2 Isometrien und unitäre Abbildungen

(a) Ein linearer Operator T eines Skalarproduktraumes V heißt **Isometrie**, wenn

$$\|Tu\| = \|u\|$$

für alle $u \in V$. Ist T zusätzlich surjektiv, so heißt T **unitär**.

(b) Für Isometrien T gilt $\langle Tu, Tv \rangle = \langle u, v \rangle$. Im $\mathbb{R}^n$ mit dem natürlichen Skalarprodukt bedeutet dies: *Isometrien sind winkeltreu*, vgl. § 6 : 2.7.

(c) *In endlichdimensionalen Skalarprodukträumen ist jede Isometrie unitär.*

Im Hilbertschen Folgenraum ℓ^2 (1.4) dagegen ist die Abbildung

$$T : (x_1, x_2, \ldots) \mapsto (0, x_1, x_2, \ldots)$$

eine Isometrie, aber nicht surjektiv.

BEWEIS.

(b) folgt direkt aus der Polarisierungsgleichung 4.1.

(c) Jede Isometrie ist offensichtlich injektiv: $\|Tu\| = 0 \implies \|u\| = 0 \implies u = 0$. Nach der Dimensionsformel folgt dann auch die Surjektivität.   □

4.3 Die adjungierte Matrix A^*

Zu jeder $m \times n$–Matrix $A = (a_{ik})$ definieren wir die **adjungierte Matrix**

$$A^* := \overline{A}^T , \quad \text{also} \quad a_{ik}^* = \overline{a}_{ki} .$$

Für reelle Matrizen ist $A^* = A^T$.

Für $n \times n$–Matrizen A mit Koeffizienten aus $\mathbb{K}$ gilt:

(a) $\langle \mathbf{x}, A\mathbf{y} \rangle = \langle A^*\mathbf{x}, \mathbf{y} \rangle$ *mit dem natürlichen Skalarprodukt des* $\mathbb{K}^n$.

(b) $\det A^* = \overline{\det A}$.

(c) $\operatorname{Rang} A^* = \operatorname{Rang} A$.

(d) λ *ist genau dann Eigenwert von* A, *wenn* $\overline{\lambda}$ *Eigenwert von* A^* *ist. Dabei gilt:*

$$\dim \operatorname{Kern}(A - \lambda E) = \dim \operatorname{Kern}(A^* - \overline{\lambda}E).$$

Beweis.

(a) $\langle \mathbf{x}, A\mathbf{y} \rangle = \sum_{i=1}^{n} \overline{x}_i \sum_{k=1}^{n} a_{ik} y_k = \sum_{k=1}^{n} y_k \overline{\sum_{i=1}^{n} \overline{a}_{ik} x_i} = \langle A^*\mathbf{x}, \mathbf{y} \rangle$

(b) Für 2×2–Matrizen $A = \begin{pmatrix} a_{11} & a_{12} \\ a_{21} & a_{22} \end{pmatrix}$ gilt

$$\det A^* = \begin{vmatrix} \overline{a}_{11} & \overline{a}_{21} \\ \overline{a}_{12} & \overline{a}_{22} \end{vmatrix} = \overline{a}_{11}\overline{a}_{22} - \overline{a}_{12}\overline{a}_{21} = \overline{a_{11}a_{22} - a_{12}a_{21}} = \overline{\det A}.$$

Der allgemeine Fall ergibt sich daraus durch Induktion mit Hilfe des Laplaceschen Entwicklungssatzes $\boxed{\text{ÜA}}$.

(c) Genau dann sind die Vektoren $\mathbf{a}_1, \ldots, \mathbf{a}_r$ linear unabhängig, wenn die Vektoren $\overline{\mathbf{a}}_1, \ldots, \overline{\mathbf{a}}_r$ mit den konjugiert komplexen Komponenten linear unabhängig sind $\boxed{\text{ÜA}}$. Der Rest folgt aus der Gleichheit von Zeilenrang und Spaltenrang.

(d) Nach (c) gilt $\operatorname{Rang}(A - \lambda E) = \operatorname{Rang}(A^* - \overline{\lambda}E)$, also $\dim \operatorname{Kern}(A - \lambda E) = \dim \operatorname{Kern}(A^* - \overline{\lambda}E)$ nach der Dimensionsformel. $\qquad\square$

Zusatz. (a) *Für* $m \times k$–*Matrizen* A *und* $k \times n$–*Matrizen* B *gilt*

$$(AB)^* = B^*A^*.$$

(b) *Für* $m \times n$–*Matrizen* A *ist* A^*A *eine* $n \times n$–*Matrix mit*

$$\langle \mathbf{x}, A^*A\mathbf{x} \rangle = \|A\mathbf{x}\|^2,$$

wobei links das natürliche Skalarprodukt des $\mathbb{K}^n$ *und rechts die Norm des* $\mathbb{K}^m$ *stehen.*

Beweis als $\boxed{\text{ÜA}}$. Fassen Sie in (b) Spaltenvektoren $\mathbf{x}, \mathbf{y}$ als $n \times 1$–Matrizen X, Y auf und beachten Sie, dass $\langle \mathbf{x}, \mathbf{y} \rangle = X^*Y$.

4.4 Unitäre und orthogonale Matrizen

In endlichdimensionalen Skalarprodukträumen sind unitäre Abbildungen dadurch ausgezeichnet, dass ihre Matrizen A *bezüglich jeder Orthonormalbasis* $\mathcal{B}$ **unitär** *sind, d.h.*

$$A^* = A^{-1}, \quad AA^* = A^*A = E.$$

Reelle unitäre Matrizen heißen **orthogonal**. Diese haben die Eigenschaft

$$A^T = A^{-1}, \quad AA^T = A^T A = E.$$

BEWEIS.

(a) Sei T ein unitärer Operator und $\mathcal{B} = (v_1, \ldots, v_n)$ eine Orthonormalbasis. Wegen $\langle Tv_i, Tv_k \rangle = \langle v_i, v_k \rangle = \delta_{ik}$ bilden die Vektoren

$$u_1 = Tv_1, \quad u_2 = Tv_2, \ldots, u_n = Tv_n$$

wieder eine Orthonormalbasis. Nach 2.2 (b) gilt

$$Tv_i = u_i = \sum_{k=1}^n \langle v_k, u_i \rangle v_k.$$

Für $A = M_{\mathcal{B}}(T) = (a_{ik})$ gilt also $a_{ki} = \langle v_k, u_i \rangle$. Da die v_k ein ONS bilden, gilt nach 2.2 (c)

$$\delta_{ij} = \langle u_i, u_j \rangle = \sum_{k=1}^n \overline{\langle v_k, u_i \rangle} \langle v_k, u_j \rangle = \sum_{k=1}^n \overline{a_{ki}} \, a_{kj} = \sum_{k=1}^n a_{ik}^* \, a_{kj},$$

also $A^* A = E$. Die Behauptung folgt aus dem Zusatz zu § 15 : 6.3.

(b) Sei $M_{\mathcal{B}}(T) = A$ unitär, also $A^* A = E$. Nach 4.3 gilt dann

$$\|A\mathbf{x}\|^2 = \langle \mathbf{x}, A^* A\mathbf{x} \rangle = \langle \mathbf{x}, E\mathbf{x} \rangle = \|\mathbf{x}\|^2$$

mit dem natürlichen Skalarprodukt und der zugehörigen Norm im $\mathbb{K}^n$ (siehe 4.3 Zusatz (b)). Da $\mathcal{B}$ eine ONB ist, folgt nach der Parsevalschen Gleichung 2.2 (c) für $\mathbf{x} = (u)_{\mathcal{B}}$, $= A\mathbf{x} = (Tu)_{\mathcal{B}} =$ und der Norm $\|\cdot\|_V$ in V

$$\|u\|_V = \|\mathbf{x}\| = \|A\mathbf{x}\| = \|Tu\|_V,$$

also ist T unitär.   □

SATZ. *Eine $n \times n$–Matrix A über $\mathbb{K}$ ist genau dann unitär, wenn ihre Spaltenvektoren (bzw. Zeilenvektoren) ein Orthonormalsystem im $\mathbb{K}^n$ mit dem natürlichen Skalarprodukt bilden.*

Denn für die Spalten $\mathbf{a}_k$ von A gilt $\langle \mathbf{a}_i, \mathbf{a}_k \rangle = (A^* A)_{ik}$. Daraus folgt für den

4.5 Basiswechsel zwischen Orthonormalbasen

Die Transformationsmatrix S eines Basiswechsels zwischen Orthonormalbasen ist unitär, und bei unitären Koordinatentransformationen gehen Orthonormalbasen des $\mathbb{K}^n$ in Orthonormalbasen über.

4.6 Eigenschaften unitärer Matrizen S

(a) *Jede komplexe Nullstelle λ des charakteristischen Polynoms liegt auf dem Einheitskreis: $|\lambda| = 1$.*

(b) $|\det S| = 1$.

(c) *Die Spaltenvektoren bilden eine ONB des $\mathbb{K}^n$ mit dem natürlichen Skalarprodukt*, vgl. Satz 4.4.

BEWEIS.

(a) Die Abbildung $\mathbf{x} \mapsto S\mathbf{x}$ des $\mathbb{C}^n$, versehen mit dem natürlichen Skalarprodukt, ist unitär nach 4.4. Für die Eigenvektoren $\mathbf{u}$ zum Eigenwert λ gilt daher $|\lambda| \cdot \|\mathbf{u}\| = \|\lambda\mathbf{u}\| = \|S\mathbf{u}\| = \|\mathbf{u}\|$, also $|\lambda| = 1$.

(b) Aus $S^*S = E$ folgt
$$1 = \det E = \det(S^*S) = \det S^* \cdot \det S = \overline{\det S} \cdot \det S = |\det S|^2. \qquad \Box$$

4.7 Ebene unitäre Abbildungen

Sei T eine Isometrie auf einem zweidimensionalen Skalarproduktraum V über $\mathbb{R}$ und $\mathcal{B}$ eine ONB für V. Dann ergeben sich für die Matrix $M_{\mathcal{B}}(T)$ zwei Fälle:

(a) Determinante 1: $\begin{pmatrix} \cos\varphi & -\sin\varphi \\ \sin\varphi & \cos\varphi \end{pmatrix}$ (Drehmatrix, vgl. § 15 : 4.3),

(b) Determinante -1: $\begin{pmatrix} \cos\varphi & \sin\varphi \\ \sin\varphi & -\cos\varphi \end{pmatrix}$ (Spiegelung, s.u.).

Denn nach 4.4 ist die Matrix orthogonal. Da die Spalten nach 4.6 eine ONB bilden, können wir die erste Spalte in der Form $\begin{pmatrix} \cos\varphi \\ \sin\varphi \end{pmatrix}$ ansetzen. Die einzigen dazu senkrechten Vektoren der Länge 1 sind $\pm\begin{pmatrix} \sin\varphi \\ -\cos\varphi \end{pmatrix}$.

AUFGABE. Weisen Sie nach, dass die zweite Matrix zu einer Spiegelung an einer Ursprungsgeraden gehört (vgl. § 5 : 11.2, § 15 : 4.3 (e)).

4.8 Drehungen im $\mathbb{R}^3$

Eine Drehung D im $\mathbb{R}^3$ mit $D(\mathbf{0}) = \mathbf{0}$ ist vollständig beschrieben durch einen Drehvektor $\mathbf{u}$ der Länge 1 und einen Drehwinkel $\varphi \in [0, 2\pi[$. Für eine Matrixdarstellung verschaffen wir uns einen beliebigen, zu $\mathbf{u}$ senkrechten Vektor $\mathbf{v}$ der Länge 1 (z.B. durch $\|\mathbf{u} \times \mathbf{a}\|^{-1}(\mathbf{u} \times \mathbf{a})$ mit einem von $\mathbf{u}$ linear unabhängigen Vektor $\mathbf{a}$). Die ONB $\mathcal{B} = (\mathbf{u}, \mathbf{v}, \mathbf{u} \times \mathbf{v})$ ist positiv orientiert, denn nach § 17:2.6 (a) ist

$$\det(\mathbf{u}, \mathbf{v}, \mathbf{u} \times \mathbf{v}) = S(\mathbf{u}, \mathbf{v}, \mathbf{u} \times \mathbf{v}) = \langle \mathbf{u} \times \mathbf{v}, \mathbf{u} \times \mathbf{v} \rangle = 1.$$

Da $\mathbf{u}$ fest bleibt und $V = \text{Span}\{\mathbf{v}, \mathbf{w}\}$ durch eine ebene Drehung in sich übergeführt wird, ergibt sich nach 4.7 als Drehmatrix bezüglich $\mathcal{B}$

$$D_\varphi = \begin{pmatrix} 1 & 0 & 0 \\ 0 & \cos\varphi & -\sin\varphi \\ 0 & \sin\varphi & \cos\varphi \end{pmatrix}.$$

Eine leichte Rechnung [ÜA] zeigt $D_\varphi^T D_\varphi = E$ und $\det D_\varphi = 1$, also ist die Drehung eine unitäre und orientierungstreue Abbildung. Ferner gilt offenbar

$$D_\varphi^T = D_\varphi^{-1} = D_{-\varphi}.$$

4.9 Die unitären Abbildungen des $\mathbb{R}^3$

Sei T eine Isometrie des $\mathbb{R}^3$. Das charakteristische Polynom p_T hat reelle Koeffizienten, also ist mit λ auch $\overline{\lambda}$ eine Nullstelle (vgl. § 5 : 10.5). Insbesondere gibt es wenigstens einen reellen Eigenwert λ_1. Wir dürfen annehmen, dass

$$\lambda_1 = \det T.$$

Denn für $p_T(x) = (\lambda_1 - x)(\lambda_2 - x)(\lambda_3 - x)$ gilt $\lambda_1 \cdot \lambda_2 \cdot \lambda_3 = \det T$ nach § 18 : 3.4. Für reelle $\lambda_1, \lambda_2, \lambda_3$ folgt die Behauptung wegen $\lambda_k \in \{-1, 1\}$ nach 4.6. Ist λ_2 nicht reell, so gilt $\lambda_3 = \overline{\lambda}_2$, also $\lambda_2 \cdot \lambda_3 = |\lambda_2|^2 = 1$ nach 4.6.

Sei $\mathbf{u}$ ein zu λ_1 gehöriger Eigenvektor von T mit $\|\mathbf{u}\| = 1$. Die zu $\mathbf{u}$ senkrechte Ursprungsebene E wird durch T in sich übergeführt. Denn aus $\langle \mathbf{v}, \mathbf{u} \rangle = 0$ folgt wegen $T\mathbf{u} = \lambda_1 \mathbf{u}$ und $\langle T\mathbf{v}, T\mathbf{u} \rangle = \langle \mathbf{v}, \mathbf{u} \rangle$

$$\lambda_1 \langle T\mathbf{v}, \mathbf{u} \rangle = \langle T\mathbf{v}, T\mathbf{u} \rangle = \langle \mathbf{v}, \mathbf{u} \rangle = 0, \quad \text{also} \quad T\mathbf{v} \in E.$$

Auf die Vektoren von E wirkt T wie eine ebene Isometrie. Ergebnis:

(a) *Die orientierungstreuen unitären Abbildungen T des $\mathbb{R}^3$ ($\lambda_1 = \det T = 1$) sind genau die Drehungen.*

Wählen wir nämlich die ONB $\mathcal{B} = (\mathbf{u}, \mathbf{v}, \mathbf{u} \times \mathbf{v})$, so ist nach 4.4 und 4.7

$$M_\mathcal{B}(T) = \begin{pmatrix} 1 & 0 & 0 \\ 0 & \cos\varphi & -\sin\varphi \\ 0 & \sin\varphi & \cos\varphi \end{pmatrix} \quad \text{oder} \quad M_\mathcal{B}(T) = \begin{pmatrix} 1 & 0 & 0 \\ 0 & \cos\varphi & \sin\varphi \\ 0 & \sin\varphi & -\cos\varphi \end{pmatrix}.$$

Wegen $\det T = 1$ bleibt nur die erste Möglichkeit.

(b) *Die unitären Abbildungen des $\mathbb{R}^3$ mit Determinante -1 sind Drehspiegelungen.* Denn bezüglich der ONB $\mathcal{B}$ bleibt nur

$$M_\mathcal{B}(T) = \begin{pmatrix} -1 & 0 & 0 \\ 0 & \cos\varphi & -\sin\varphi \\ 0 & \sin\varphi & \cos\varphi \end{pmatrix}.$$

Für $\varphi = 0$ ergibt sich die Spiegelung an der Ebene Span $\{\mathbf{v}, \mathbf{w}\}$; für $\varphi = \pi$ ergibt sich die „Punktspiegelung" $\mathbf{x} \mapsto -\mathbf{x}$.

5 Matrix– und Transformationsgruppen

5.1 Matrixgruppen

$\mathcal{M}(n, \mathbb{K})$ bezeichne die Algebra aller $n \times n$–Matrizen mit Koeffizienten aus $\mathbb{K}$. Eine Teilmenge $\mathcal{G}$ von $\mathcal{M}(n, \mathbb{K})$ bildet eine **Matrixgruppe**, wenn gilt:

(a) Mit je zwei Matrizen gehört auch das Produkt zu $\mathcal{G}$.

(b) Die Einheitsmatrix E gehört zu $\mathcal{G}$.

(c) Alle Matrizen $A \in \mathcal{G}$ sind invertierbar mit $A^{-1} \in \mathcal{G}$.

BEISPIELE

(a) Alle invertierbaren $n \times n$–Matrizen bilden die **lineare Gruppe GL$(n, \mathbb{K})$** (**general linear group**).

(b) Die unitären komplexen $n \times n$–Matrizen bilden die **unitäre Gruppe U$_n$**.

(c) Die orthogonalen $n \times n$–Matrizen bilden die **orthogonale Gruppe O$_n$**.

(d) Die orthogonalen Matrizen mit Determinante 1 bilden die **spezielle orthogonale Gruppe SO$_n$**. Die SO$_3$ besteht nach 4.9 aus allen Drehmatrizen.

(e) Die **Kreisgruppe** besteht aus den Matrizen $e^{it} E$, $t \in \mathbb{R}$ mit $E = \begin{pmatrix} 1 & 0 \\ 0 & 1 \end{pmatrix}$.

ÜA Weisen Sie jeweils die Gruppeneigenschaft nach.

5.2 Transformationsgruppen

Sei $M \neq \emptyset$. Eine Menge $\mathcal{G}$ von bijektiven Abbildungen $F : M \to M$ heißt eine **Transformationsgruppe** auf M, wenn Folgendes gilt:

(a) Mit F, G gehört auch $F \circ G$ zu $\mathcal{G}$.

(b) Die Identität $\mathbb{1}$ gehört zu $\mathcal{G}$.

(c) Mit F gehört auch F^{-1} zu $\mathcal{G}$.

BEISPIELE

(a) Alle bijektiven Abbildungen $F : M \to M$ bilden eine Gruppe.

(b) Die unitären Abbildungen eines Skalarproduktraumes V bilden die **unitäre Gruppe von V**.

(c) **Die Translationsgruppe** eines Vektorraumes V besteht aus allen Translationen

$$T_a : u \mapsto a + u.$$

Dabei ist $T_a \circ T_b = T_{a+b} = T_b \circ T_a$.

ÜA Prüfen Sie jeweils die Gruppeneigenschaften nach.

5.3 Längentreue Abbildungen

Es sei $F : V \to V$ eine längentreue Abbildung eines reellen Skalarproduktraums V, d.h. es gelte

$$\|F(u) - F(v)\| = \|u - v\| \quad \text{für alle} \quad u, v \in V.$$

Dann gibt es eine Isometrie T von V mit

$$F(u) = F(0) + Tu \quad \text{für alle} \quad u \in V.$$

BEWEIS ALS AUFGABE. Zeigen Sie, dass f mit $u \mapsto f(u) = F(u) - F(0)$ isometrisch und linear ist mit den Zwischenschritten $f(0) = 0$, $\|f(u)\| = \|u\|$, $\|f(u) + f(v)\| = \|u + v\|$, $\langle f(u), f(v) \rangle = \langle u, v \rangle$, $f(u + v) = f(u) + f(v)$, $f(\alpha u) = \alpha f(u)$, wobei Sie mehrfach die Parallelogrammgleichung und die Polarisierungsgleichung 4.1 benützen.

5.4 Die Bewegung von starren Körpern, die Bewegungsgruppe

Bei der Bewegung eines starren Körpers bleiben die Abstände von je zwei Massenpunkten und die Orientierung erhalten. Verändern wir also die Lage eines starren Körpers, so geht der Ortsvektor $\mathbf{x}$ eines Massenpunktes über in den Ortsvektor $\mathbf{a} + D\mathbf{x}$ mit $\mathbf{a} \in \mathbb{R}^3$ und einer Drehmatrix $D \in SO_3$. Abbildungen der Form

$$\mathbf{x} \mapsto \mathbf{a} + D\mathbf{x} \quad \text{mit} \quad \mathbf{a} \in \mathbb{R}^3, \ D \in SO_3$$

heißen **Bewegungen** des $\mathbb{R}^3$. Diese bilden eine Gruppe, die **Bewegungsgruppe** des $\mathbb{R}^3$.

Eine Bewegung in Abhängigkeit von der Zeit t beschreiben wir demgemäß durch eine Schar von Bewegungen des $\mathbb{R}^3$

$$\mathbf{x} \mapsto F_t(\mathbf{x}) = \mathbf{a}(t) + D(t)\mathbf{x} \quad \text{mit} \quad F_0 = \mathbb{1},$$

wobei die Koeffizienten von $\mathbf{a}(t) \in \mathbb{R}^3$ und $D(t) \in SO_3$ differenzierbare Funktionen von t sind. Die Bahn eines Massenpunktes im Raum ist dabei gegeben durch die Kurve

$$t \mapsto \mathbf{x}(t) := F_t(\mathbf{x}_0),$$

hierbei ist $\mathbf{x}_0 = \mathbf{x}(0)$ der Ortsvektor zur Zeit $t = 0$.

5.5 Der momentane Drehvektor einer Kreiselbewegung

Wir betrachten eine Kreiselbewegung eines starren Körpers, d.h. eine Bewegung, bei der ein Punkt festgehalten wird. Diesen Fixpunkt wählen wir als Ursprung des Koordinatensystems.

Die Bahn eines Massenpunktes mit dem Ortsvektor $\mathbf{x}_0$ zur Zeit $t = 0$ wird dann beschrieben durch

$$t \mapsto \mathbf{x}(t) = D(t)\mathbf{x}_0 \,.$$

Wir zeigen im Folgenden die Existenz einer vektorwertigen Funktion $t \mapsto \mathbf{w}(t)$ mit

$$\dot{\mathbf{x}}(t) = \mathbf{w}(t) \times \mathbf{x}(t) \quad \text{für alle } t,$$

deren Komponenten stetig von t abhängen (EULER 1765).

Die Vektorfunktion $t \mapsto \mathbf{w}(t)$ wird der **momentane Drehvektor** der Bewegung genannt, und in Anlehnung an die Betrachtungen in § 6 : 3.5 für die gleichförmige Kreisbewegung eines Massenpunkts kann seine Länge $\omega(t) = \|\mathbf{w}(t)\|$ als **momentane Winkelgeschwindigkeit** aufgefasst werden.

Die Ableitung der Matrix $D(t) = (d_{ik}(t))$ definieren wir durch

$$\dot{D}(t) := \big(\dot{d}_{ik}(t)\big) \,.$$

Durch Ableiten von $\mathbf{x}(t) = D(t)\mathbf{x}_0$ folgt dann mit der Isometrieeigenschaft $D(t)^{-1} = D(t)^T$ von $D(t)$

$$\dot{\mathbf{x}}(t) = \dot{D}(t)\mathbf{x}_0 = \dot{D}(t)D(t)^{-1}\mathbf{x}(t) = \dot{D}(t)D(t)^T\mathbf{x}(t) \,.$$

Wir lassen für den Moment der Übersichtlichkeit halber die Argumente t weg und setzen

$$A := \dot{D}D^T \,.$$

Komponentenweise Differentiation unter Verwendung der Produktregel ergibt

$$0 = \dot{E} = (DD^T)^{\boldsymbol{\cdot}} = \dot{D}D^T + D\dot{D}^T = \dot{D}D^T + (\dot{D}D^T)^T = A + A^T \,.$$

Also ist A schiefsymmetrisch, d.h. $A^T = -A$, und damit

$$A = \begin{pmatrix} 0 & -w_3 & w_2 \\ w_3 & 0 & -w_1 \\ -w_2 & w_1 & 0 \end{pmatrix}$$

mit geeigneten Zahlen w_1, w_2, w_3. Fassen wir diese Zahlen zu einem Vektor $\mathbf{w}$ zusammen, so folgt

$$\dot{D}D^T\mathbf{x} = A\mathbf{x} = \begin{pmatrix} 0 & -w_3 & w_2 \\ w_3 & 0 & -w_1 \\ -w_2 & w_1 & 0 \end{pmatrix} \begin{pmatrix} x_1 \\ x_2 \\ x_3 \end{pmatrix} = \begin{pmatrix} w_2 x_3 - w_3 x_2 \\ w_3 x_1 - w_1 x_3 \\ w_1 x_2 - w_2 x_1 \end{pmatrix} = \mathbf{w} \times \mathbf{x} \,.$$

Tragen wir nun t wieder ein, so erhalten wir die Behauptung:

$$\dot{\mathbf{x}}(t) = \dot{D}(t)D(t)^T\mathbf{x}(t) = A(t)\mathbf{x}(t) = \mathbf{w}(t) \times \mathbf{x}(t) \,.$$

5.6 Der Trägheitstensor und das Trägheitsellipsoid

Bei der eben beschriebenen Kreiselbewegung führen wir ein körperfestes Koordinatensystem mit Ursprung O und Basisvektoren $D(t)\mathbf{e}_1, D(t)\mathbf{e}_2, D(t)\mathbf{e}_3$ ein. Der Drehvektor $\mathbf{w}(t)$ hat in diesem System den Koordinatenvektor $\mathbf{u}(t) = D(t)^{-1}\mathbf{w}(t) = D(t)^T\mathbf{w}(t)$ mit den Komponenten $u_1(t), u_2(t), u_3(t)$.

Wir zeigen, dass sich die kinetische Energie in der Form

$$T(t) = \tfrac{1}{2}\langle \mathbf{u}(t), \Theta\,\mathbf{u}(t)\rangle = \tfrac{1}{2}\sum_{i=1}^{3}\sum_{k=1}^{3}\Theta_{ik}\,u_i(t)\,u_k(t)\,,$$

darstellen lässt, wobei die Koeffizienten $\Theta_{ik} = \Theta_{ki}$ der Matrix Θ nur von der Massenverteilung des Körpers und der Lage des Fixpunktes abhängen, also zeitunabhängig sind.

Zur Berechnung der Θ_{ik} nehmen wir der Einfachheit halber an, dass der Körper aus endlich vielen, starr verbundenen Einzelmassen $m_1, \ldots, m_N$ mit Ortsvektoren $\mathbf{y}_1, \ldots, \mathbf{y}_N$ bezüglich des körperfesten Systems besteht. Die Komponenten von $\mathbf{y}_j$ seien y_{j1}, y_{j2}, y_{j3}. Mit den Bezeichnungen 5.5 gilt also

$$\mathbf{w}(t) = D(t)\mathbf{u}(t) \quad \text{und} \quad \mathbf{x}_j(t) = D(t)\mathbf{y}_j\,.$$

Für die folgenden Rechnungen beachten wir, dass nach §6:3.2 (c)

$$\|\mathbf{a}\times\mathbf{b}\|^2 = \|\mathbf{a}\|^2\|\mathbf{b}\|^2 - \langle\mathbf{a},\mathbf{b}\rangle^2\,,$$

ferner verwenden wir die Isometrieeigenschaft von $D(t)$, d.h.

$$\langle D(t)\mathbf{a}, D(t)\mathbf{b}\rangle = \langle\mathbf{a},\mathbf{b}\rangle\,, \quad \|D(t)\mathbf{a}\| = \|\mathbf{a}\|\,.$$

Hiermit erhalten wir für die kinetische Energie

$$\begin{aligned}
T(t) &= \tfrac{1}{2}\sum_{j=1}^{N}m_j\|\dot{\mathbf{x}}_j(t)\|^2 = \tfrac{1}{2}\sum_{j=1}^{N}m_j\|\mathbf{w}(t)\times\mathbf{x}_j(t)\|^2 \\
&= \tfrac{1}{2}\sum_{j=1}^{N}m_j\left(\|\mathbf{w}(t)\|^2\|\mathbf{x}_j(t)\|^2 - \langle\mathbf{w}(t),\mathbf{x}_j(t)\rangle^2\right) \\
&= \tfrac{1}{2}\sum_{j=1}^{N}m_j\left(\|D(t)\mathbf{u}(t)\|^2\|D(t)\mathbf{y}_j\|^2 - \langle D(t)\mathbf{u}(t),D(t)\mathbf{y}_j\rangle^2\right) \\
&= \tfrac{1}{2}\sum_{j=1}^{N}m_j\left(\|\mathbf{u}(t)\|^2\|\mathbf{y}_j\|^2 - \langle\mathbf{u}(t),\mathbf{y}_j\rangle^2\right) \\
&= \tfrac{1}{2}\sum_{j=1}^{N}m_j\left(\|\mathbf{y}_j\|^2\sum_{i=1}^{3}\sum_{k=1}^{3}\delta_{ik}u_i(t)u_k(t) - \sum_{i=1}^{3}u_i(t)y_{ji}\sum_{k=1}^{3}u_k(t)y_{jk}\right) \\
&= \tfrac{1}{2}\sum_{i=1}^{3}\sum_{k=1}^{3}\Theta_{ik}u_i(t)u_k(t)
\end{aligned}$$

mit

$$\Theta_{ik} := \sum_{j=1}^{N} m_j \left(\|\mathbf{y}_j\|^2 \delta_{ik} - y_{ji} y_{jk} \right) .$$

Im Fall einer kontinuierlichen Massenverteilung ist hierbei die Summe durch ein Integral zu ersetzen.

Zur Interpretation betrachten wir folgenden Spezialfall: Wir halten im Körper eine durch den Punkt O gehende Achse mit Richtungsvektor $\mathbf{u}$ fest und lassen den Körper um diese Achse mit konstanter Winkelgeschwindigkeit $\omega = \|\mathbf{u}\|$ rotieren. Dann liefert $\frac{1}{2}\langle \mathbf{u}, \Theta\mathbf{u} \rangle$ die Rotationsenergie.

Die Funktion $\mathbf{u} \mapsto \frac{1}{2}\langle \mathbf{u}, \Theta\mathbf{u} \rangle$ heißt **Trägheitstensor** des Körpers. Diese ist allein durch die Massenverteilung bezüglich O bestimmt; ihre Kenntnis erspart uns, zur Bestimmung der Rotationsenergie die oben beschriebenen Rotationen wirklich ausführen zu müssen.

Die Fläche $\{\mathbf{x} \in \mathbb{R}^3 \mid \langle \mathbf{x}, \Theta\mathbf{x} \rangle = 1\}$ heißt **Trägheitsellipsoid**, Näheres dazu in § 20 : 4. Für $\|\mathbf{u}\| = 1$ ist der in $\langle \mathbf{u}, \Theta\mathbf{u} \rangle$ auftretende Ausdruck

$$\|\mathbf{u}\|^2 \|\mathbf{y}_j\|^2 - \langle \mathbf{u}, \mathbf{y}_j \rangle^2 = \|\mathbf{y}_j\|^2 - \langle \mathbf{u}, \mathbf{y}_j \rangle^2$$

nach § 6 : 2.4 (1) nichts anderes als das Abstandsquadrat $\| \mathbf{y}_j - \langle \mathbf{u}, \mathbf{y}_j \rangle\mathbf{u} \|^2$ des Punktes $\mathbf{y}_j$ von der Drehachse $\{s\,\mathbf{u} \mid s \in \mathbb{R}\}$.

Funktionen $\mathbf{u} \mapsto \langle \mathbf{u}, A\mathbf{u} \rangle$ mit $A^T = A$ heißen *quadratische Formen*. Diese und das Transformationsverhalten bei Basiswechsel werden im folgenden Paragraphen untersucht.

5.7 Die Galilei–Gruppe

Wir wenden auf die kanonische Basis des $\mathbb{R}^3$ erst die Drehmatrix D und anschließend die Translation $\mathbf{a}$ an. Das so erhaltene Koordinatensystem wird vom Zeitpunkt τ an mit gleichförmiger Geschwindigkeit $\mathbf{v}$ bewegt und gleichzeitig die Uhr im neuen Koordinatensystem auf Null gestellt.

Ist t die Zeit im bewegten System und hat ein Punkt des Raumes im bewegten System den Koordinatenvektor $\mathbf{x}$, so sind die Zeiten und Ortsvektoren im ortsfesten System

$$t' = t + \tau$$
$$\mathbf{x}' = \mathbf{a} + D\mathbf{x} + t\,\mathbf{v}$$

Fassen wir Zeit und Ort zu Vektoren $(t, \mathbf{x})$ des $\mathbb{R}^4$ zusammen, so sind alle Koordinatentransformationen zwischen gleichförmig bewegten Inertialsystemen von der Form

$$\begin{pmatrix} t \\ \mathbf{x} \end{pmatrix} \mapsto \begin{pmatrix} t + \tau \\ \mathbf{a} + D\mathbf{x} + t\,\mathbf{v} \end{pmatrix} .$$

Diese Transformationen bilden die **Galilei–Gruppe**.

$\boxed{\text{ÜA}}$ Weisen Sie die Gruppeneigenschaft nach!

§20 Symmetrische Operatoren und quadratische Formen

1 Quadratische Formen

1.1 Vorbemerkungen. Die von HILBERT 1904–1906 begründete Methode, Integral– und Differentialgleichungsprobleme auf Minimumprobleme quadratischer Formen zurückzuführen, gehört heute zum festen Bestand der Analysis; wir gehen in Band 2 hierauf ein. Die Korrespondenz zwischen symmetrischen Operatoren und quadratischen Formen, hier nur im Endlichdimensionalen untersucht, ist fundamental für die Eigenwerttheorie und die statistische Deutung der Quantenmechanik, die ebenfalls in Band 2 behandelt werden.

1.2 Quadratische Formen auf einem $\mathbb{K}$–Vektorraum V sind Funktionen

$$Q : V \times V \to \mathbb{K},$$

die symmetrisch und im zweiten Argument linear sind:

$$Q(u,v) = \overline{Q(v,u)},$$

$$Q(u, \alpha_1 v_1 + \alpha_2 v_2) = \alpha_1 Q(u, v_1) + \alpha_2 Q(u, v_2).$$

Wie beim Skalarprodukt folgt die Antilinearität im ersten Argument:

$$Q(\alpha_1 u_1 + \alpha_2 u_2, v) = \overline{\alpha}_1 Q(u_1, v) + \overline{\alpha}_2 Q(u_2, v).$$

Ferner ist $Q(u,u)$ reell wegen der Symmetriebedingung. Im Unterschied zum Skalarprodukt darf eine quadratische Form auch negative Werte annehmen, und es darf $Q(u,u) = 0$ auch für Vektoren $u \neq 0$ eintreten.

Eine quadratische Form heißt **positiv definit**, wenn $Q(u,u) > 0$ für alle $u \neq 0$. In diesem Fall liefert $\langle u,v \rangle := Q(u,v)$ ein Skalarprodukt.

In der Literatur werden auch die Bezeichnungen *symmetrische Bilinearform* ($\mathbb{K} = \mathbb{R}$) und *hermitesche Sesquilinearform* ($\mathbb{K} = \mathbb{C}$) verwendet.

1.3 Beispiele

(a) Für jedes Skalarprodukt liefert $Q(u,v) = \langle u,v \rangle$ eine positiv definite quadratische Form.

(b) Für eine $n \times n$–Matrix A mit $A^* = A$ ist durch

$$Q(\mathbf{x}, \mathbf{y}) = \langle \mathbf{x}, A\mathbf{y} \rangle = \sum_{i=1}^{n} \sum_{k=1}^{n} a_{ik} \overline{x}_i y_k$$

eine quadratische Form auf $\mathbb{K}^n$ gegeben $\boxed{\text{ÜA}}$.

(c) Der Trägheitstensor eines starren Körpers (vgl. § 19 : 5.6) ist eine quadratische Form.

(d) Die **Lorentz–Form** auf dem $\mathbb{R}^4$ hat bezüglich geeigneter Basen die Darstellung

$$Q(\mathbf{x}, \mathbf{y}) = x_1 y_1 + x_2 y_2 + x_3 y_3 - x_4 y_4.$$

Durch diese Form werden in der Relativitätstheorie raum– und zeitartige Richtungen voneinander separiert, vgl. Bd.3 § 9 : 1.1.

(e) Für jede reellwertige, auf $[a, b]$ stetige Funktion ϱ liefert

$$Q(u, v) = \int\limits_a^b \varrho(t)\, \overline{u(t)}\, v(t)\, dt$$

eine quadratische Form auf den komplexwertigen stetigen Funktionen.

1.4 Parallelogramm– und Polarisierungsgleichung

(a) Wir schreiben zur Abkürzung $Q(u)$ statt $Q(u, u)$.

Es gelten die **Parallelogrammgleichung**

$$Q(u + v) + Q(u - v) = 2Q(u) + 2Q(v),$$

sowie die **reelle** und **komplexe Polarisierungsgleichung**

$$Q(u, v) = \tfrac{1}{4}\left(Q(u + v) - Q(u - v)\right) \quad \text{für} \quad \mathbb{K} = \mathbb{R},$$

$$Q(u, v) = \tfrac{1}{4}\left(Q(u + v) - Q(u - v)\right) + \tfrac{i}{4}\left(Q(u - iv) - Q(u + iv)\right)$$

für $\mathbb{K} = \mathbb{C}$ $\boxed{\text{ÜA}}$, vgl. § 19 : 4.1

Hiernach ist eine quadratische Form schon durch die reellwertige Funktion

$$u \mapsto Q(u)$$

bestimmt; für diese ist ebenfalls die Bezeichnung **quadratische Form** *üblich.*

(b) Für einen beliebigen linearen Operator T auf einem Skalarproduktraum V über $\mathbb{C}$ gilt die **Polarisierungsgleichung** $\boxed{\text{ÜA}}$

$$\langle u, Tv \rangle = \tfrac{1}{4}\left(\langle u + v, T(u + v) \rangle - \langle u - v, T(u - v) \rangle\right)$$
$$+ \tfrac{i}{4}\left(\langle u - iv, T(u - iv) \rangle - \langle u + iv, T(u + iv) \rangle\right)$$

für alle $u, v \in V$.

Daher ist T schon durch die Funktion $u \mapsto \langle u, Tu \rangle$ bestimmt:
Denn sind S, T lineare Operatoren auf V mit $\langle u, Su \rangle = \langle u, Tu \rangle$ für $u \in V$, so folgt mit der auf $S - T$ angewandten Polarisierungsgleichung, dass auch $\langle u, (S - T)v \rangle = 0$ für alle $u, v \in V$ gilt, also $(S - T)v = 0$ für alle $v \in V$ nach § 19 : 1.2 (b).

1.5 Matrizen quadratischer Formen, Transformationsverhalten

(a) *Gegeben sei eine quadratischen Form Q auf einem Skalarproduktraum V. Bezüglich einer Basis $\mathcal{A} = (u_1, \ldots, u_n)$ ordnen wir Q die Koeffizientenmatrix*

$$A = (a_{ik}) = M_{\mathcal{A}}(Q) := (Q(u_i, u_k))$$

zu. Wegen der Symmetrie von Q gilt $A^* = A$.

(b) *Für $u = \sum\limits_{i=1}^n x_i u_i$, $v = \sum\limits_{k=1}^n y_k u_k$ hat dann die quadratische Form die Basisdarstellung*

$$Q(u,v) = \sum_{i=1}^n \sum_{k=1}^n a_{ik} \overline{x}_i y_k = \langle \mathbf{x}, A\mathbf{y} \rangle$$

mit dem natürlichen Skalarprodukt $\langle .,. \rangle$ auf $\mathbb{K}^n$ und $\mathbf{x} = (u)_{\mathcal{A}}$, $\mathbf{y} = (v)_{\mathcal{A}}$.

(c) *Ist B die Koeffizientenmatrix der quadratischen Form Q bezüglich einer anderen Basis $\mathcal{B} = (v_1, \ldots, v_n)$ und S die Transformationsmatrix des Basiswechsels, so gilt das Transformationsgesetz*

$$B = S^*AS.$$

BEWEIS.

Der erste Teil von (b) ergibt sich leicht aus der Linearität von Q in der zweiten und der Antilinearität in der ersten Veränderlichen. Der zweite Teil folgt aus

$$\langle \mathbf{x}, A\mathbf{y} \rangle = \sum_{i=1}^n \overline{x}_i \left(\sum_{k=1}^n a_{ik} y_k \right).$$

Zum Nachweis von (c) setzen wir $\mathbf{x} = (u)_{\mathcal{A}}$, $\mathbf{x}' = (u)_{\mathcal{B}}$, $\mathbf{y} = (v)_{\mathcal{A}}$, $\mathbf{y}' = (v)_{\mathcal{B}}$. Dann gilt $\mathbf{x} = S\mathbf{x}'$, $\mathbf{y} = S\mathbf{y}'$, also

$$Q(u,v) = \langle \mathbf{x}, A\mathbf{y} \rangle = \langle S\mathbf{x}', AS\mathbf{y}' \rangle = \langle \mathbf{x}', S^*AS\mathbf{y}' \rangle,$$

andererseits $Q(u,v) = \langle \mathbf{x}', B\mathbf{y}' \rangle$. Für $\mathbf{x}' = \mathbf{e}_i$, $\mathbf{y}' = \mathbf{e}_k$ ergibt sich

$$b_{ik} = (S^*AS)_{ik}.$$ □

2 Symmetrische Operatoren und quadratische Formen

2.1 Symmetrische Operatoren

Ein linearer Operator $T : V \to V$ auf einem Skalarproduktraum V heißt **symmetrisch**, wenn

$$\langle Tu, v \rangle = \langle u, Tv \rangle \quad \text{für alle} \quad u, v \in V.$$

BEISPIELE. (a) Auf $\mathbb{K}^n$ mit dem natürlichen Skalarprodukt ist der Operator $T : \mathbf{x} \mapsto A\mathbf{x}$ genau dann symmetrisch, wenn $A = A^*$.

(b) Orthogonale Projektoren sind nach § 19 : 2.4 (b) symmetrisch.

SATZ. (a) *Sind S, T symmetrische Operatoren, so ist auch*

$$\alpha S + \beta T \quad \text{für} \quad \alpha, \beta \in \mathbb{R}.$$

ein symmetrischer Operator.

(b) *Ist T symmetrisch und invertierbar, so ist auch T^{-1} symmetrisch.*

(c) *Ein Operator T auf einem Skalarproduktraum V über $\mathbb{C}$ ist genau dann symmetrisch, wenn $\langle u, Tu \rangle$ reellwertig ist für alle $u \in V$.*

BEWEIS als $\boxed{\text{ÜA}}$; für (c) ist die Polarisierungsgleichung 1.4 (b) zu verwenden.

2.2 Die zugehörige quadratische Form

(a) *Für jeden symmetrischen Operator T auf V ist durch*

$$Q(u, v) = \langle u, Tv \rangle$$

eine quadratische Form Q auf V definiert $\boxed{\text{ÜA}}$.

(b) *Ist Q eine quadratische Form auf einem endlichdimensionalen Skalarproduktraum V, so gibt es genau einen symmetrischen Operator T auf V mit*

$$Q(u) = \langle u, Tu \rangle \quad \text{für alle} \quad u \in V.$$

Mit den Polarisierungsgleichungen 1.4 (a), (b) folgt

$$Q(u, v) = \langle u, Tv \rangle \quad \text{für alle} \quad u, v \in V.$$

BEWEIS.

(1) Die *Eindeutigkeit* wurde in 1.4 (b) gezeigt.

(2) Zum Nachweis der *Existenz* wählen wir eine ONB $\mathcal{A} = (u_1, \ldots, u_n)$ für V. Für einen Operator T der gewünschten Art muss gelten

$$\langle u_i, Tu_k \rangle = Q(u_i, u_k) =: a_{ik}.$$

Bezüglich der ONB hat Tu_k nach § 19 : 2.2 (b) die Basisdarstellung

$$Tu_k = \sum_{i=1}^{n} \langle u_i, Tu_k \rangle u_i = \sum_{i=1}^{n} a_{ik} u_i.$$

Wir *definieren* jetzt T als denjenigen Operator, der bezüglich der ONB $\mathcal{A}$ die Matrix (a_{ik}) besitzt. Für diesen gilt dann

$$\langle Tu_i, u_k \rangle = \overline{\langle u_k, Tu_i \rangle} = \overline{Q(u_k, u_i)} = Q(u_i, u_k) = \langle u_i, Tu_k \rangle,$$

und für $u = \sum_{i=1}^{n} x_i u_i$, $v = \sum_{k=1}^{n} y_k u_k$ folgt

$$\langle Tu, v \rangle = \Big\langle \sum_{i=1}^{n} x_i Tu_i, \sum_{k=1}^{n} y_k u_k \Big\rangle = \sum_{i=1}^{n} \sum_{k=1}^{n} \overline{x}_i y_k \langle Tu_i, u_k \rangle$$

$$= \sum_{i=1}^{n} \sum_{k=1}^{n} \overline{x}_i y_k \langle u_i, Tu_k \rangle = \Big\langle \sum_{i=1}^{n} x_i u_i, \sum_{k=1}^{n} y_k Tu_k \Big\rangle = \langle u, Tv \rangle.$$

□

2.3 Symmetrische Operatoren und symmetrische Matrizen

Die Matrix A eines symmetrischen Operators bezüglich einer Orthonormalbasis ist **symmetrisch**, *d.h. es gilt*

$$A^* = A.$$

(Im Fall $\mathbb{K} = \mathbb{C}$ sprechen wir auch von hermiteschen Matrizen).

Für symmetrische Matrizen A ist der (meistens ebenfalls mit A bezeichnete) Operator $\mathbf{x} \mapsto A\mathbf{x}$ des $\mathbb{K}^n$ symmetrisch bezüglich des natürlichen Skalarproduktes.

Das erste folgt aus dem vorangehenden Beweis, das zweite nach § 19 : 4.3 (a).

3 Diagonalisierbarkeit symmetrischer Operatoren

3.1 Eigenwerte und Eigenvektoren symmetrischer Operatoren

Für symmetrische Operatoren T von Skalarprodukträumen V gilt:

(a) *Alle Eigenwerte sind reell.*

(b) *Eigenvektoren zu verschiedenen Eigenwerten sind zueinander orthogonal.*

(c) *Ist u ein Eigenvektor von T, so ist das orthogonale Komplement von u*

$$W := \{u\}^{\perp} = \{v \in V \mid \langle u, v \rangle = 0\}$$

T–invariant, *d.h. wird durch T in sich übergeführt, $T(W) \subset W$.*

BEWEIS.

(a) Aus der Eigenwertgleichung $Tu = \lambda u$ mit $u \neq 0$ folgt

$$(\lambda - \overline{\lambda})\langle u, u \rangle = \langle u, \lambda u \rangle - \langle \lambda u, u \rangle = \langle u, Tu \rangle - \langle Tu, u \rangle = 0,$$

also $\lambda = \overline{\lambda}$ wegen $\langle u, u \rangle > 0$.

(b) Aus $Tu = \lambda u$, $Tv = \mu v$ mit reellen Zahlen $\lambda \neq \mu$ folgt

$$(\lambda - \mu)\langle u, v \rangle = \langle \lambda u, v \rangle - \langle u, \mu v \rangle = \langle Tu, v \rangle - \langle u, Tv \rangle = 0,$$

also $\langle u, v \rangle = 0$ wegen $\lambda - \mu \neq 0$.

(c) Für $w \in W$ gilt $\langle Tw, u \rangle = \langle w, Tu \rangle = \langle w, \lambda u \rangle = \lambda \langle w, u \rangle = 0$, also ist auch Tw orthogonal zu u. □

3.2 Die Existenz von Eigenwerten

Jeder symmetrische Operator T eines endlichdimensionalen Skalarproduktraumes V besitzt wenigstens einen reellen Eigenwert.

BEWEIS.

(a) Im Fall $\mathbb{K} = \mathbb{C}$ besitzt das charakteristische Polynom p_T von T nach dem Hauptsatz der Algebra eine Nullstelle $\lambda \in \mathbb{C}$. Diese ist ein Eigenwert von T und reell nach 3.1.

(b) Im Fall $\mathbb{K} = \mathbb{R}$ wählen wir eine Orthonormalbasis $\mathcal{A}$ für V. Die Matrix $A = M_{\mathcal{A}}(T)$ ist symmetrisch nach 2.3. Fassen wir A als Abbildung $\mathbf{x} \mapsto A\mathbf{x}$ des $\mathbb{C}^n$ auf, so erhalten wir einen symmetrischen Operator des $\mathbb{C}^n$ mit dem natürlichen Skalarprodukt, $\langle \mathbf{x}, A\mathbf{y} \rangle = \langle A^*\mathbf{x}, \mathbf{y} \rangle = \langle A\mathbf{x}, \mathbf{y} \rangle$. Nach (a) besitzt A einen reellen Eigenwert λ, d.h. das charakteristische Polynom $p_A = p_T$ besitzt eine reelle Nullstelle. $\square$

3.3 Diagonalisierbarkeit symmetrischer Operatoren

Jeder symmetrische Operator auf einem endlichdimensionalen Skalarproduktraum ist diagonalisierbar, und zwar gibt es eine Orthonormalbasis für V aus Eigenvektoren von T.

BEWEIS durch Induktion nach $n := \dim V$.

Im Fall $n = 1$ ist jeder lineare Operator $T : V \to V$ diagonalisierbar, denn ist $V = \mathrm{Span}\{v\}$ mit $v \neq 0$, so gibt es wegen $Tv \in V$ ein $\lambda \in \mathbb{K}$ mit $Tv = \lambda v$. Die Behauptung sei schon für alle symmetrischen Operatoren auf Skalarprodukträumen der Dimension n richtig.

T sei ein symmetrischer Operator auf einem $(n + 1)$–dimensionaler Skalarproduktraum V. Nach 3.2 besitzt T einen reellen Eigenwert λ_1. Wir wählen einen zugehörigen Eigenvektor v_1 mit $\|v_1\| = 1$. Der zu v_1 senkrechte Teilraum W_1 wird durch T in sich übergeführt nach 3.1 (c). Daher ist die Einschränkung T_1 von T auf W_1 ein symmetrischer Operator auf dem Skalarproduktraum W_1. Dabei hat W_1 die Dimension n, denn W_1 ist der Kern der Projektion $u \mapsto \langle v_1, u \rangle v_1$, deren Bildraum eindimensional ist. Für $T_1 : W_1 \to W_1$ gibt es nach der Induktionsannahme eine ONB $v_2, \dots, v_{n+1}$ von W_1 und Zahlen $\lambda_k \in \mathbb{K}$ mit

$$T_1 v_k = \lambda_k v_k, \text{ also auch } Tv_k = \lambda_k v_k \quad (k = 2, \dots, n + 1).$$

Also bilden $v_1, \dots, v_{n+1}$ eine ONB für V mit $Tv_k = \lambda_k v_k$ $(k = 1, \dots, n + 1)$. Die Behauptung gilt somit auch für symmetrische Operatoren auf Skalarprodukträumen der Dimension $n + 1$. $\square$

BEMERKUNG. Das entscheidende Argument beim Beweis ist die T–Invarianz der orthogonalen Komplemente! Bei nicht symmetrischen Operatoren ist diese Eigenschaft nicht gesichert: Der Operator

$$A : \mathbb{R}^2 \to \mathbb{R}^2, \quad \begin{pmatrix} x_1 \\ x_2 \end{pmatrix} \mapsto \begin{pmatrix} 0 & 1 \\ 0 & 0 \end{pmatrix} \begin{pmatrix} x_1 \\ x_2 \end{pmatrix} = \begin{pmatrix} x_2 \\ 0 \end{pmatrix}$$

ist nicht symmetrisch und hat 0 als einzigen Eigenwert. Für den zugehörigen Eigenraum Span $\{e_1\}$ ist das Komplement $e_1^\perp = $ Span $\{e_2\}$ nicht A–invariant.

3.4 Diagonalisierung von symmetrischen Matrizen

Die Matrix $A \in \mathcal{M}(n, \mathbb{K})$ sei symmetrisch, d.h. es sei $A^* = A$. Nach 2.3 ist $A : \mathbf{x} \mapsto A\mathbf{x}$ ein symmetrischer Operator auf $\mathbb{K}^n$ mit dem natürlichen Skalarprodukt. Wir können daher nach 3.3 eine Orthonormalbasis $\mathbf{v}_1, \ldots, \mathbf{v}_n$ des $\mathbb{K}^n$ aus Eigenvektoren von A finden:

$$A\mathbf{v}_j = \lambda_j \mathbf{v}_j \quad \text{mit} \quad \lambda_1, \ldots, \lambda_n \in \mathbb{R} \quad \text{für} \quad j = 1, \ldots, n \,,$$

$$\langle \mathbf{v}_i, \mathbf{v}_k \rangle = \delta_{ik} \quad \text{für} \quad i, k = 1, \ldots, n \,.$$

Bilden wir mit den Spaltenvektoren $\mathbf{v}_1, \ldots, \mathbf{v}_n$ die Transformationsmatrix S, so lassen sich die Gleichungen $\langle \mathbf{v}_i, \mathbf{v}_k \rangle = \delta_{ik}$ in die folgende Gestalt bringen:

$$S^*S = E \,, \quad \text{d.h.} \quad S^{-1} = S^* \,.$$

Damit haben wir nach § 18 : 1.2

$$S^*AS = S^{-1}AS = \begin{pmatrix} \lambda_1 & & 0 \\ & \ddots & \\ 0 & & \lambda_n \end{pmatrix} \,.$$

BEMERKUNG zur praktischen Bestimmung der ONB $(\mathbf{v}_1, \ldots, \mathbf{v}_n)$ und damit von S. Ist μ eine k–fache Nullstelle des charakteristischen Polynoms, so muss μ nach § 18 : 4.1 k–mal unter den $\lambda_1, \ldots, \lambda_n$ vorkommen, und der zugehörige Eigenvektorraum ist k–dimensional. Die Auflösung der Eigenwertgleichung

$$(A - \mu E)\mathbf{x} = 0$$

mittels Elimination liefert i.A. zunächst nur k linear unabhängige Eigenvektoren; aus diesen kann dann mit Hilfe des Gram–Schmidtschen Verfahrens eine ONB für den Eigenraum N_μ bestimmt werden. Eigenräume N_μ und N_ν für $\mu \neq \nu$ sind nach 3.1 (b) zueinander orthogonal. Die ONB aller Eigenräume ergeben daher zusammen ein ONS aus n Vektoren, d.h. eine Basis des $\mathbb{K}^n$.

4 Hauptachsentransformation

4.1 Hauptachsendarstellung einer quadratischen Form

Sei Q eine quadratische Form auf einem n–dimensionalen Skalarproduktraum V und T der zugehörige symmetrische Operator (siehe 2.2 (b)), also

$$Q(u) = \langle u, Tu \rangle \quad \text{für} \quad u \in V.$$

Nach 3.3 gibt es eine ONB $\mathcal{B} = (v_1, \ldots, v_n)$ aus Eigenvektoren von T,

$$Tv_1 = \lambda_1 v_1, \ldots, Tv_n = \lambda_n v_n.$$

Hauptachsendarstellung von Q. *Für jeden Vektor $u \in V$ mit der Basisdarstellung*

$$u = \sum_{k=1}^{n} y_k v_k$$

hat $Q(u)$ bezüglich der Basis $\mathcal{B}$ die **Hauptachsendarstellung**

$$Q(u) = \sum_{k=1}^{n} \lambda_k |y_k|^2.$$

Die Geraden $\mathrm{Span}\{v_k\}$ heißen **Hauptachsen** von Q.

BEWEIS.

In § 19 : 2.2 wurde gezeigt, dass jedes $u \in V$ die Basisdarstellung

$$u = \sum_{k=1}^{n} y_k v_k \quad \text{mit } y_k = \langle v_k, u \rangle$$

besitzt und dass

$$\langle u, v \rangle = \sum_{k=1}^{n} \overline{\langle v_k, u \rangle} \langle v_k, v \rangle = \sum_{k=1}^{n} \overline{y}_k \langle v_k, v \rangle.$$

Für $v = Tu$ ist insbesondere

$$\langle v_k, Tu \rangle = \langle Tv_k, u \rangle = \lambda_k \langle v_k, u \rangle = \lambda_k y_k,$$

also folgt

$$Q(u) = \langle u, Tu \rangle = \sum_{k=1}^{n} \lambda_k |y_k|^2 \quad \text{und} \quad \|u\|^2 = \sum_{k=1}^{n} |y_k|^2. \qquad \Box$$

FOLGERUNG **(Rayleigh–Prinzip).** *Sind die Eigenwerte von T der Größe nach geordnet, $\lambda_1 \leq \ldots \leq \lambda_n$, so gilt*

$$\lambda_1 = \min\{Q(u) \mid \|u\| = 1\}, \quad \lambda_n = \max\{Q(u) \mid \|u\| = 1\}.$$

$\boxed{\text{ÜA}}$, beachten Sie $\|u\|^2 = \sum_{k=1}^{n} |y_k|^2$.

4.2 Die Hauptachsentransformation im $\mathbb{K}^n$

Sei jetzt $V = \mathbb{K}^n$ mit dem natürlichen Skalarprodukt und

$$Q(\mathbf{x}) = \sum_{i=1}^{n} \sum_{k=1}^{n} a_{ik} \overline{x}_i x_k = \langle \mathbf{x}, A\mathbf{x} \rangle$$

mit einer symmetrischen Matrix $A = (a_{ik})$. Wir bestimmen eine ONB $\mathcal{B} = (\mathbf{v}_1, \ldots, \mathbf{v}_n)$ aus Eigenvektoren von A. Das durch $\mathcal{B}$ bestimmte kartesische Koordinatensystem heißt Hauptachsensystem. S sei die Transformationsmatrix mit den Spalten $\mathbf{v}_1, \ldots, \mathbf{v}_n$ und $\mathbf{y} = S^{-1}\mathbf{x} = S^*\mathbf{x}$ der Koordinatenvektor von $\mathbf{x}$ mit Komponenten $y_1, \ldots, y_n$ im Hauptachsensystem. Dann gilt

$$Q(\mathbf{x}) = \lambda_1 |y_1|^2 + \ldots + \lambda_n |y_n|^2 \quad \text{für} \quad \mathbf{x} = y_1 \mathbf{v}_1 + \ldots + y_n \mathbf{v}_n.$$

Das folgt direkt aus $\langle \mathbf{x}, A\mathbf{x} \rangle = \langle S\mathbf{y}, AS\mathbf{y} \rangle = \langle \mathbf{y}, S^*AS\mathbf{y} \rangle$ und

$$S^*AS = \begin{pmatrix} \lambda_1 & & 0 \\ & \ddots & \\ 0 & & \lambda_n \end{pmatrix}.$$

4.3 Hauptachsen eines Ellipsoids

Hat eine reelle symmetrische 3×3–Matrix $A = (a_{ik})$ positive Eigenwerte λ_1, λ_2, λ_3, so beschreibt die Gleichung

$$Q(\mathbf{x}) := \sum_{i=1}^{3} \sum_{k=1}^{3} a_{ik} x_i x_k = 1$$

ein Ellipsoid. Dies erkennen wir nach Ausführung der Hauptachsentransformation: Ist S die Transformationsmatrix, so gilt mit $\mathbf{x} = S\mathbf{y}$ bzw. $\mathbf{y} = S^{-1}\mathbf{x} = S^T\mathbf{x}$

$$1 = Q(\mathbf{x}) = \lambda_1 y_1^2 + \lambda_2 y_2^2 + \lambda_3 y_3^2 = \left(\frac{y_1}{a_1}\right)^2 + \left(\frac{y_2}{a_2}\right)^2 + \left(\frac{y_3}{a_3}\right)^2.$$

Hierbei sind $a_1 = 1/\sqrt{\lambda_1}$, $a_2 = 1/\sqrt{\lambda_2}$, $a_3 = 1/\sqrt{\lambda_3}$ die Hauptachsenabschnitte des Ellisoids. Wie wir der Gleichung entnehmen, sind dies die Abstände zwischen den Durchstoßpunkten der Hauptachsen durch das Ellipsoid und dem Ursprung.

Beim Trägheitsellipsoid eines starren Körpers (vgl. § 19 : 5.6) bezeichnen wir die Hauptachsen als *Hauptträgheitsachsen*. Nach dem Rayleigh–Prinzip 4.1 gilt: Unter allen Drehungen mit festem Drehvektor liefert die Drehung um eine Hauptträgheitsachse zum größten Eigenwert die größte kinetische Energie, entsprechend ist die kinetische Energie bei Drehung um eine Hauptachse zum kleinsten Eigenwert minimal.

4.4 Kegelschnitte und Flächen zweiter Ordnung

(a) Durch die Gleichung

$$a_{11} x^2 + 2a_{12} xy + a_{22} y^2 + a_1 x + a_2 y = c$$

wird – von entarteten Fällen abgesehen – ein Kegelschnitt (Ellipse, Hyperbel oder Parabel) beschrieben.

(b) Die Gleichung

$$\sum_{i=1}^{3} \sum_{k=1}^{3} a_{ik} x_i x_k + \sum_{i=1}^{3} a_i x_i = c$$

beschreibt eine Fläche zweiter Ordnung (Ellipsoid, Hyperboloid, Paraboloid, Kegel oder Zylinder), wenn wir von entarteten Fällen absehen.

(c) Beidesmal handelt es sich um eine Gleichung

$$\langle \mathbf{x}, A\mathbf{x} \rangle + \langle \mathbf{a}, \mathbf{x} \rangle = c,$$

welche durch die Hauptachsentransformation $\mathbf{x} = S\mathbf{y}$ in die Form

$$\langle \mathbf{y}, S^*AS\mathbf{y} \rangle + \langle S^*\mathbf{a}, \mathbf{y} \rangle = c,$$

also

$$\sum_{k=1}^{n} \lambda_k y_k^2 + \sum_{k=1}^{n} b_k y_k = c \quad (n = 2 \text{ oder } 3)$$

übergeführt wird. Aus dieser ergibt sich dann die geometrische Gestalt der Lösungsmenge der Gleichung $\langle \mathbf{x}, A\mathbf{x} \rangle + \langle \mathbf{a}, \mathbf{x} \rangle = c$. Eine vorzügliche Analyse aller möglichen Fälle finden Sie bei [PICKERT, Abschnitt 23].

4.5 Aufgabe

Bestimmen Sie die Gestalt des Kegelschnittes mit der Gleichung

$$x_1^2 + 4x_1x_2 + 4x_2^2 + 2x_1 - x_2 = 5.$$

4.6 Positive Definitheit und Vorzeichen der Eigenwerte

Ein symmetrischer Operator T auf einem Skalarproduktraum V heißt

positiv $(T \geq 0)$, wenn $\langle u, Tu \rangle \geq 0$ für alle $u \in V$,

positiv definit $(T > 0)$, wenn $\langle u, Tu \rangle > 0$ für alle $u \in V$ mit $u \neq 0$.

Diese Begriffe wenden wir auch auf symmetrische Matrizen an, wobei die quadratische Form $\langle \mathbf{x}, A\mathbf{x} \rangle$ mit dem natürlichen Skalarprodukt betrachtet wird.

SATZ. *In endlichdimensionalen Skalarprodukträumen gilt:*
(a) $T \geq 0$ *genau dann, wenn* $\lambda \geq 0$ *für alle Eigenwerte* λ *von* T *und*
(b) $T > 0$ *genau dann, wenn alle Eigenwerte von* T *echt positiv sind. Im letzteren Fall ist* T *invertierbar, denn* 0 *ist kein Eigenwert.*

BEWEIS.
Die erste Behauptung folgt sofort aus der Darstellung 4.1:

$$\langle u, Tu \rangle = \sum_{k=1}^{n} \lambda_k |y_k|^2 \quad \text{für} \quad u = \sum_{k=1}^{n} y_k v_k.$$

Sind alle Eigenwerte des Operators T positiv, so ist $\langle u, Tu \rangle = 0$ nur dann, wenn $y_1 = \cdots = y_n = 0$, also $u = 0$. Ist umgekehrt T positiv definit, so gilt

$$0 < \langle v_k, Tv_k \rangle = \langle v_k, \lambda_k v_k \rangle = \lambda_k \quad \text{für} \quad k = 1, \ldots, n. \qquad \square$$

4.7 Beispiele positiver Matrizen

(a) **Die Matrix der Gaußschen Normalgleichungen**, vgl. §16:6.3. *Für eine reelle $m \times n$-Matrix A mit* Rang $A = n < m$ *ist die $n \times n$-Matrix A^TA positiv definit, insbesondere invertierbar.*

Denn fassen wir einen Spaltenvektor $\mathbf{u}$ als $n \times 1$-Matrix auf, so ergibt sich

$$\left\langle \mathbf{u}, A^T A\mathbf{u} \right\rangle = \mathbf{u}^T A^T A\mathbf{u} = (A\mathbf{u})^T A\mathbf{u} = \|A\mathbf{u}\|^2 \geq 0 \, ;$$

die Norm auf der rechten Seite ist die von $\mathbb{R}^m$. Nach der Dimensionsformel ist $\dim \operatorname{Kern} A = 0$, also $\left\langle \mathbf{u}, A^T A\mathbf{u} \right\rangle = 0 \iff A\mathbf{u} = \mathbf{0} \iff \mathbf{u} = \mathbf{0}$.

(b) **Matrizen mit überwiegender Hauptdiagonale.** *Gilt für die Diagonalelemente einer (reellen oder komplexen) symmetrischen Matrix $A = (a_{ik})$*

$$a_{ii} > \sum_{k \neq i} |a_{ik}|, \quad i = 1, \ldots, n \, ,$$

so ist A positiv definit.

Wir zeigen, dass alle Eigenwerte echt positiv sind. Sei $\mathbf{x} \neq \mathbf{0}$, $A\mathbf{x} = \lambda\mathbf{x}$ und x_i eine betragsgrößte Komponente von $\mathbf{x}$. Aus $A\mathbf{x} = \lambda\mathbf{x}$ folgt insbesondere

$$(\lambda - a_{ii})x_i = \sum_{k \neq i} a_{ik}x_k \, , \quad \text{also}$$

$$|a_{ii} - \lambda| \cdot |x_i| \leq \sum_{k \neq i} |a_{ik}| \cdot |x_k| \leq |x_i| \sum_{k \neq i} |a_{ik}| \, .$$

Wegen $|x_i| > 0$ folgt daraus $|a_{ii} - \lambda| \leq \sum_{k \neq i} |a_{ik}| < a_{ii}$, also liegt λ im Intervall mit Mittelpunkt $a_{ii} > 0$ und halber Länge a_{ii}, ist also positiv.

5 Gekoppelte Systeme von Massenpunkten

5.1 Ein diskretes Saitenmodell

Wir denken uns auf einer gespannten elastischen, masselosen Schnur in gleichen Abständen n punktförmige Einzelmassen m angeheftet, die reine Transversalschwingungen ausführen. Es sei $y_k(t)$ die Auslenkung des k–ten Massenpunkts aus der Ruhelage $y = 0$ zur Zeit t.

Nehmen wir kleine Auslenkungen an, so ist die auf diesen wirkende Rückstellkraft f_k näherungsweise proportional zu der Summe der Auslenkungsdifferenzen $y_{k-1} - y_k$ zum linken Nachbarn und $y_{k+1} - y_k$ zum rechten Nachbarn. Mit einer Proportionalitätskonstanten $c > 0$ gilt also

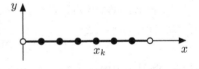

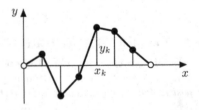

$$f_1 = -cy_1 + c(y_2 - y_1)$$

$$f_2 = c(y_1 - y_2) + c(y_3 - y_2)$$

$$\vdots$$

$$f_n = c(y_{n-1} - y_n) - cy_n \, .$$

Nach dem zweiten Newtonschen Gesetz ergibt sich $m\,\ddot{y}_k(t) = f_k(t)$ für $k = 1,\dots,n$. Mit $a = \sqrt{c/m}$ erhalten wir so das System von Differentialgleichungen

$$\begin{aligned}
\ddot{y}_1(t) + a^2(2y_1(t) - y_2(t)) &= 0 \\
\ddot{y}_2(t) + a^2(-y_1(t) + 2y_2(t) - y_3(t)) &= 0 \\
&\vdots \\
\ddot{y}_n(t) + a^2(-y_{n-1}(t) + 2y_n(t)) &= 0\,,
\end{aligned}$$

welches wir in der Form

$$\ddot{\mathbf{y}}(t) + a^2 A\mathbf{y}(t) = \mathbf{0}$$

notieren. Die Matrix A ist positiv definit, denn es gilt $\boxed{\text{ÜA}}$

$$\begin{aligned}
\langle\,\mathbf{x}, A\mathbf{x}\,\rangle &= 2x_1^2 - 2x_1x_2 + 2x_2^2 - 2x_2x_3 + \dots - 2x_{n-1}x_n + 2x_n^2 \\
&= x_1^2 + (x_1 - x_2)^2 + (x_2 - x_3)^2 + \dots + (x_{n-1} - x_n)^2 + x_n^2\,.
\end{aligned}$$

5.2 Allgemeine gekoppelte Systeme

Ein System von N räumlich angeordneten, durch Federn gekoppelten Massenpunkten soll kleine elastische Schwingungen um eine stabile Gleichgewichtslage herum ausführen. Die Auslenkung des k–ten Massenpunktes m_k aus seiner Ruhelage sei (x_k, y_k, z_k). Wir fassen diese Zahlentripel zu einem Vektor $\mathbf{x} = (x_1, y_1, z_1, \dots, x_N, y_N, z_N) \in \mathbb{R}^{3N}$ zusammen. Bei kleinen Auslenkungen dürfen wir annehmen, dass potentielle Energie U und kinetische Energie T quadratische Formen sind:

$$U(\mathbf{x}) = \tfrac{1}{2}\langle\,\mathbf{x}, A\mathbf{x}\,\rangle\,, \quad T(\dot{\mathbf{x}}) = \tfrac{1}{2}\langle\,\dot{\mathbf{x}}, B\dot{\mathbf{x}}\,\rangle\,.$$

In vielen Fällen ist

$$B = \begin{pmatrix} b_1 & & 0 \\ & \ddots & \\ 0 & & b_{3N} \end{pmatrix},$$

mit $b_1 = b_2 = b_3 = m_1$ usw. Die Bewegungsgleichungen lauten in Matrix–Vektorschreibweise

$$B\ddot{\mathbf{x}}(t) + A\mathbf{x}(t) = \mathbf{0}\,.$$

Wir wollen voraussetzen, dass A und B positiv definite Matrizen sind. Dann ist insbesondere B invertierbar, und die Bewegungsgleichungen können in der Form

$$\ddot{\mathbf{x}} + B^{-1}A\mathbf{x} = \mathbf{0}$$

geschrieben werden. Die Matrix $C = B^{-1}A$ ist in der Regel nicht symmetrisch, wohl aber diagonalähnlich, wie im Folgenden gezeigt werden soll.

5.3 Simultane Hauptachsentransformation

(a) *Sind A, B symmetrische Matrizen mit $B > 0$, so ist die Matrix $B^{-1}A$ diagonalähnlich und hat reelle Eigenwerte. Genauer gilt:*

Es gibt eine Basis $\mathcal{B} = (\mathbf{v}_1, \ldots, \mathbf{v}_n)$ des $\mathbb{K}^n$ und reelle Zahlen $\lambda_1, \ldots, \lambda_n$ mit

$$A\mathbf{v}_1 = \lambda_1 B\mathbf{v}_1, \ldots, A\mathbf{v}_n = \lambda_n B\mathbf{v}_n \quad sowie \quad \langle\, \mathbf{v}_i, B\mathbf{v}_k \,\rangle = \delta_{ik}\,.$$

Die Zahlen λ_k sind die Nullstellen des Polynoms $p(x) = \det(A - xB)$.

(b) *Für $\mathbf{x} = y_1\mathbf{v}_1 + \cdots + y_n\mathbf{v}_n$ gilt*

$$\langle\, \mathbf{x}, A\mathbf{x} \,\rangle = \sum_{k=1}^{n} \lambda_k |y_k|^2\,, \quad \langle\, \mathbf{x}, B\mathbf{x} \,\rangle = \sum_{k=1}^{n} |y_k|^2\,.$$

BEMERKUNGEN. (c) $B^{-1}A$ *ist genau dann symmetrisch, wenn A und B vertauschbar sind, $AB = BA$.*

(d) $\mathcal{B}$ ist im Allgemeinen keine ONB bezüglich des natürlichen Skalarproduktes!

BEWEIS.

(a) Da die Matrix B positiv definit ist, wird durch

$$\langle\, \mathbf{u}, \mathbf{v} \,\rangle_B := \langle\, \mathbf{u}, B\mathbf{v} \,\rangle$$

neben dem natürlichen Skalarprodukt $\langle\, \cdot, \cdot \,\rangle$ ein weiteres definiert. Der Operator $T : \mathbf{x} \mapsto B^{-1}A\mathbf{x}$ ist bezüglich dieses Skalarproduktes symmetrisch:

$$\left\langle\, \mathbf{u}, B^{-1}A\mathbf{v} \,\right\rangle_B = \left\langle\, \mathbf{u}, BB^{-1}A\mathbf{v} \,\right\rangle = \left\langle\, \mathbf{u}, A\mathbf{v} \,\right\rangle = \left\langle\, A\mathbf{u}, \mathbf{v} \,\right\rangle$$

$$= \left\langle\, A\mathbf{u}, B^{-1}B\mathbf{v} \,\right\rangle = \left\langle\, B^{-1}A\mathbf{u}, B\mathbf{v} \,\right\rangle = \left\langle\, B^{-1}A\mathbf{u}, \mathbf{v} \,\right\rangle_B\,,$$

da B^{-1} nach 2.1(b) symmetrisch ist. Also gibt es für $\mathbb{K}^n$, versehen mit dem Skalarprodukt $\langle\, \cdot, \cdot \,\rangle_B$, eine ONB $\mathcal{B} = (\mathbf{v}_1, \ldots \mathbf{v}_n)$ aus Eigenvektoren von T zu reellen Eigenwerten:

$$T\mathbf{v}_k = B^{-1}A\mathbf{v}_k = \lambda_k\mathbf{v}_k\,, \quad \text{d.h.} \quad A\mathbf{v}_k = \lambda_k B\mathbf{v}_k\,,$$

$$\langle\, \mathbf{v}_i, \mathbf{v}_k \,\rangle_B = \delta_{ik}\,.$$

Der Rest folgt aus $|B^{-1}A - xE| = |B^{-1}(A - xB)| = |B^{-1}| \cdot |A - xB|$.

(b) folgt aus 4.1 mit $\langle\, \mathbf{x}, T\mathbf{x} \,\rangle_B = \langle\, \mathbf{x}, A\mathbf{x} \,\rangle$, $\langle\, \mathbf{x}, B\mathbf{x} \,\rangle = \langle\, \mathbf{x}, \mathbf{x} \,\rangle_B$.

(c) Ist $B^{-1}A$ symmetrisch, so gilt nach § 19 : 4.3, Zusatz (a)

$$B^{-1}A = (B^{-1}A)^* = A^*(B^{-1})^* = AB^{-1}\,,$$

da B^{-1} symmetrisch ist. Multiplikation mit B von links und rechts liefert $AB = BA$. Aus $AB = BA$ folgt analog $B^{-1}A = AB^{-1} = A^*(B^{-1})^* = (B^{-1}A)^*$ durch Multiplikation mit B^{-1} von links und rechts $\boxed{\text{ÜA}}$. □

5.4 Lösung des Problems gekoppelter Massenpunkte

Wir betrachten für positiv definite Matrizen A, B das Anfangswertproblem

$$B\ddot{\mathbf{x}}(t) + A\mathbf{x}(t) = \mathbf{0}$$

mit vorgeschriebenen Anfangsdaten $\mathbf{x}(0) = \mathbf{x}_0$, $\dot{\mathbf{x}}(0) = \mathbf{x}_1$.
Gemäß 5.3 bestimmen wir eine Basis $(\mathbf{v}_1, \ldots, \mathbf{v}_n)$ des $\mathbb{R}^n$ mit

$$A\mathbf{v}_k = \lambda_k B\mathbf{v}_k, \quad \langle \mathbf{v}_i, \mathbf{v}_k \rangle_B = \langle \mathbf{v}_i, B\mathbf{v}_k \rangle = \delta_{ik}.$$

Nach 5.3 (b) sind alle λ_k positiv wegen $A > 0$.
Jeder Lösungsvektor $\mathbf{x}(t)$ besitzt eine Basisdarstellung

$$(*) \quad \mathbf{x}(t) = \sum_{k=1}^{n} y_k(t)\mathbf{v}_k$$

dabei gilt nach § 19 : 2.2 (b)

$$y_k(t) = \langle \mathbf{v}_k, \mathbf{x}(t) \rangle_B = \langle \mathbf{v}_k, B\mathbf{x}(t) \rangle = \langle B\mathbf{v}_k, \mathbf{x}(t) \rangle.$$

Daher gilt

$$\ddot{y}_k(t) = \langle B\mathbf{v}_k, \ddot{\mathbf{x}}(t) \rangle = \langle \mathbf{v}_k, B\ddot{\mathbf{x}}(t) \rangle = -\langle \mathbf{v}_k, A\mathbf{x}(t) \rangle$$

$$= -\langle A\mathbf{v}_k, \mathbf{x}(t) \rangle = -\lambda_k \langle B\mathbf{v}_k, \mathbf{x}(t) \rangle = -\lambda_k y_k(t).$$

Mit $\omega_k = \sqrt{\lambda_k}$ erhalten wir also die Schwingungsgleichungen

$$\ddot{y}_k(t) + \omega_k^2 y_k(t) = 0$$

mit den allgemeinen Lösungen

$$y_k(t) = a_k \cos \omega_k t + b_k \sin \omega_k t \quad (k = 1, \ldots, n).$$

Für die Koeffizienten $a_k = y_k(0)$, $b_k = \frac{1}{\omega_k} \dot{y}_k(0)$ ergeben sich mit $(*)$ die Bedingungen

$$\mathbf{x}_0 = \mathbf{x}(0) = \sum_{k=1}^{n} a_k \mathbf{v}_k, \quad \mathbf{x}_1 = \dot{\mathbf{x}}(0) = \sum_{k=1}^{n} \omega_k b_k \mathbf{v}_k.$$

Aus diesen folgt

$$a_k = \langle B\mathbf{v}_k, \mathbf{x}_0 \rangle, \quad b_k = \frac{1}{\omega_k} \langle B\mathbf{v}_k, \mathbf{x}_1 \rangle.$$

Hierdurch sind $y_1(t), \ldots, y_n(t)$ und damit auch $\mathbf{x}(t)$ eindeutig bestimmt. Dass $(*)$ mit diesen a_k, b_k tatsächlich eine Lösung liefert, ist leicht nachzurechnen.

Kapitel V
Analysis mehrerer Variabler

§ 21 Topologische Begriffe in normierten Räumen

1 Normierte Räume

1.1 Vorbemerkungen. Auch in der mehrdimensionalen Analysis sind die Begriffe „Konvergenz", „Stetigkeit", „Differenzierbarkeit" fundamental. Neu hinzu treten *topologische* Begriffe, welche die Gestalt von Punktmengen betreffen, wie „offen", „kompakt", „zusammenhängend". Alle diese Begriffe können auf den Begriff des Abstands zweier Punkte, also letztlich auf die euklidische Norm zurückgeführt werden.

Der Begriff der Norm ist uns schon in mehreren Kontexten begegnet. Normen treten auch in Band 2 bei unendlichdimensionalen Funktionenräumen unterschiedlichster Ausprägung auf, z.B. im Zusammenhang mit der Quantenmechanik. Die Begriffe und Sätze dieses Abschnittes sind zwar für den $\mathbb{R}^n$ gedacht, doch fast alle Schlüsse bleiben in beliebigen normierten Räumen gültig. Daher halten wir die Formulierungen dieses Abschnittes allgemein; den Lesern wird empfohlen, sich die Verhältnisse in der Ebene zu veranschaulichen.

1.2 Norm und Abstand

Ein Vektorraum V über $\mathbb{K}$ ($= \mathbb{R}$ oder $\mathbb{C}$) heißt **normierter Raum**, wenn er mit einer **Norm** versehen ist, worunter wir eine reellwertige Funktion $u \mapsto \|u\|$ auf V mit folgenden Eigenschaften verstehen:

(a) $\|u\| \geq 0$ und $\|u\| = 0 \iff u = 0$,

(b) $\|\alpha u\| = |\alpha| \|u\|$ für $\alpha \in \mathbb{K}$,

(c) $\|u + v\| \leq \|u\| + \|v\|$ (*Dreiecksungleichung*).

Als direkte Folgerungen aus (a),(b) und (c) ergeben sich

(d) $\left\| \sum_{k=1}^{m} \alpha_k u_k \right\| \leq \sum_{k=1}^{m} |\alpha_k| \|u_k\|$ für $\alpha_k \in \mathbb{K}$, $u_k \in V$,

(e) $\big| \|u\| - \|v\| \big| \leq \|u - v\|$ (*Dreiecksungleichung nach unten*).

Der Nachweis von (e) erfolgt nach dem Muster von § 7 : 3.3 $\boxed{\text{ÜA}}$.

Für $u, v \in V$ nennen wir $\|u - v\|$ den **Abstand** von u und v. Für nichtleere Mengen $A, B \subset V$ definieren wir den Abstand durch

$$\operatorname{dist}(A, B) := \inf \big\{ \|u - v\| \mid u \in A, v \in B \big\} .$$

Für $u \in V$, $r > 0$ heißt die Menge

© Springer-Verlag GmbH Deutschland 2018
H. Fischer und H. Kaul, *Mathematik für Physiker Band 1*,
https://doi.org/10.1007/978-3-662-56561-2_5

$$K_r(u) := \left\{ v \in V \mid \|v - u\| < r \right\}$$

die **offene Kugel** um u mit Radius r.

Eine Teilmenge M von V heißt **beschränkt**, wenn es ein $R > 0$ gibt mit

$$\|u\| \leq R \quad \text{für alle} \quad u \in M.$$

1.3 Beispiele von Normen in $\mathbb{R}^n$ und $\mathbb{C}^n$

Analog zur euklidischen Norm $\|\mathbf{x}\| := \sqrt{x_1^2 + \cdots + x_n^2}$ im $\mathbb{R}^n$ (vgl. §6 : 2.3) definieren wir die euklidische Norm im $\mathbb{C}^n$ durch

$$\|\mathbf{x}\| := \sqrt{|x_1|^2 + \ldots + |x_n|^2}.$$

Im $\mathbb{K}^n$ ($= \mathbb{R}^n$ oder $\mathbb{C}^n$) lassen sich noch weitere Normen definieren:

Jedes Skalarprodukt liefert eine Norm.

Weitere wichtige Normen sind

$$\|\mathbf{x}\|_1 := |x_1| + \ldots + |x_n|, \quad \|\mathbf{x}\|_\infty := \max \left\{ |x_1|, \ldots, |x_n| \right\}.$$

Die euklidische Norm wird manchmal auch mit $\|\cdot\|_2$ bezeichnet.

$\boxed{\text{ÜA}}$. Weisen Sie die Normeigenschaften nach und zeichnen Sie die Einheitskugeln $K_1(\mathbf{0})$ im $\mathbb{R}^2$ für die Normen $\|\cdot\|_1$ und $\|\cdot\|_\infty$.

Zwischen diesen drei Normen bestehen die Beziehungen

$$\frac{1}{\sqrt{n}} \|\mathbf{x}\| \leq \|\mathbf{x}\|_\infty \leq \|\mathbf{x}\|_1 \leq \sqrt{n} \|\mathbf{x}\|,$$

Letzteres nach der Cauchy–Schwarzschen Ungleichung:

$$\sum_{k=1}^n 1 \cdot |x_k| \leq \sqrt{1^2 + \ldots + 1^2} \cdot \sqrt{|x_1|^2 + \ldots + |x_n|^2}.$$

Wenn nichts anderes gesagt wird, verwenden wir im $\mathbb{K}^n$ die euklidische Norm.

Es sei hervorgehoben, dass der Betrag auf $\mathbb{R}$ bzw. $\mathbb{C}$ die Eigenschaften einer Norm hat. $\mathbb{R}$ und $\mathbb{C}$ mit dem üblichen Abstandsbegriff sind im Folgenden mit einbezogen.

1.4 Normen auf unendlichdimensionalen Vektorräumen

(a) $C[a,b]$ sei der Vektorraum der stetigen Funktionen auf dem kompakten Intervall $[a,b]$. In §12 : 2.1 wurde gezeigt, dass durch

$$\|f\|_\infty := \max \left\{ |f(x)| \mid a \leq x \leq b \right\}$$

eine Norm auf $C[a,b]$ gegeben ist, die Supremumsnorm.

(b) Für den Hilbertschen Folgenraum

$$\ell^2 = \left\{ a = (a_1, a_2, \ldots) \mid a_k \in \mathbb{C}, \ \sum_{k=1}^{\infty} |a_k|^2 \text{ konvergiert} \right\}$$

ist durch $\|a\| := \left(\sum_{k=1}^{\infty} |a_k|^2 \right)^{\frac{1}{2}}$ eine Norm gegeben, vgl. § 19 : 1.4.

2 Konvergente Folgen

2.1 Definition. Es sei V ein normierter Raum und (u_k) eine Folge in V. Wir sagen, die Folge **konvergiert gegen** $u \in V$ oder hat den **Grenzwert (Limes)** u, wenn

$$\lim_{k \to \infty} \|u - u_k\| = 0.$$

Wir schreiben dafür

$$u = \lim_{k \to \infty} u_k \quad \text{oder} \quad u_k \to u \quad \text{für} \quad k \to \infty.$$

2.2 Eigenschaften konvergenter Folgen

(a) *Eine konvergente Folge kann nur einen Grenzwert besitzen.*

(b) *Eine konvergente Folge (u_k) ist beschränkt, d.h. es gibt ein $r > 0$ mit*

$$\|u_k\| \le r \quad \text{für} \quad k = 1, 2, \ldots .$$

BEWEIS.

(a) Aus $u_k \to u$, $u_k \to v$ für $k \to \infty$ folgt

$$\|u - v\| = \|(u - u_k) + (u_k - v)\| \le \|u - u_k\| + \|u_k - v\| \to 0$$

für $k \to \infty$, also $u = v$. Daher dürfen wir von *dem* Limes sprechen.

(b) Da $(\|u - u_k\|)$ eine Nullfolge in $\mathbb{R}$ ist, ist sie beschränkt: $\|u - u_k\| \le s$ für $k = 1, 2, \ldots$. Es folgt

$$\|u_k\| = \|u + (u_k - u)\| \le \|u\| + \|u_k - u\| \le \|u\| + s =: r. \qquad \square$$

2.3 Das Rechnen mit konvergenten Folgen

(a) *Aus $u_k \to u$, $v_k \to v$ folgt $\alpha u_k + \beta v_k \to \alpha u + \beta v$ für $\alpha, \beta \in \mathbb{K}$.*

(b) *Aus $u_k \to u$ folgt $\|u_k\| \to \|u\|$.*

(c) *Ist (u_k) konvergent, so konvergiert auch jede Teilfolge von (u_k) und hat denselben Grenzwert.*

BEWEIS.

Wortwörtlich wie in § 2. ⃞UA : Führen Sie die Beweise aus, ohne an der angegebenen Stelle nachzusehen. $\qquad \square$

2.4 Äquivalente Normen, Konvergenz im $\mathbb{R}^n$

(a) Zwei Normen $\|\cdot\|_1$, $\|\cdot\|_2$ auf V heißen **äquivalent**, wenn es Konstanten $a, b > 0$ gibt mit

$$\|\mathbf{u}\|_1 \le a \|\mathbf{u}\|_2, \quad \|\mathbf{u}\|_2 \le b \|\mathbf{u}\|_1 \quad \text{für alle} \quad u \in V.$$

Äquivalente Normen führen auf denselben Konvergenzbegriff.
Denn es gilt

$$\|\mathbf{u} - \mathbf{u}_k\|_1 \to 0 \iff \|\mathbf{u} - \mathbf{u}_k\|_2 \to 0 \quad \text{für} \quad k \to \infty.$$

(b) *Nach* 1.3 *sind die dort erklärten Normen* $\|\cdot\|$, $\|\cdot\|_1$, $\|\cdot\|_\infty$ *paarweise äquivalent. Die Konvergenz* $\mathbf{u}_k \to \mathbf{u}$ *in jeder dieser Normen ist äquivalent zur koordinatenweisen Konvergenz.*

Nach (a) gilt nämlich

$$\|\mathbf{u} - \mathbf{u}_k\| \to 0 \iff \|\mathbf{u} - \mathbf{u}_k\|_1 \to 0 \iff \|\mathbf{u} - \mathbf{u}_k\|_\infty \to 0.$$

Hat $\mathbf{u} - \mathbf{u}_k$ die Koordinaten $x_{k,i}$ ($i = 1, \ldots, n$), so ergibt sich die zweite Behauptung aus den Beziehungen

$$|x_{k,i}| \le \|\mathbf{u} - \mathbf{u}_k\|_\infty \ (i = 1, 2, \ldots n), \quad \|\mathbf{u} - \mathbf{u}_k\|_1 = \sum_{i=1}^n |x_{k,i}|. \qquad \square$$

3 Offene und abgeschlossene Mengen

3.1 Offene Mengen

Das Konzept der Ableitung einer Funktion mehrerer Veränderlicher in einem Punkt erfordert die Kenntnis der Funktion in einer ganzen Umgebung dieses Punktes. Wir lassen deshalb als Definitionsbereiche differenzierbarer Funktionen nur offene Mengen zu: Eine Teilmenge Ω eines normierten Raumes V heißt **offen**, wenn Ω mit jedem Punkt u auch noch eine Kugel $K_\varepsilon(u)$ um u mit Radius $\varepsilon > 0$ enthält.

Jede r–Kugel um $u \in V$,

$$K_r(u) = \big\{ v \in V \mid \|v - u\| < r \big\},$$

ist offen; dies rechtfertigt die Bezeichnung „offene Kugel".

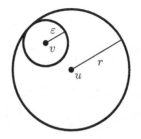

Denn mit $v \in K_r(u)$ liegt auch die Kugel $K_\varepsilon(v)$ mit $\varepsilon = r - \|u - v\| > 0$ noch in $K_r(u)$, wie sich mit Hilfe der Dreiecksungleichung sofort nachprüfen lässt.

In $\mathbb{R}$ sind die Intervalle der Form $]a, b[$, $]a, \infty[$ und $]-\infty, b[$ offen, $\boxed{\text{ÜA}}$.

3.2 Eigenschaften offener Mengen

(a) $\emptyset$ und V sind offene Mengen.

(b) Die Vereinigung von beliebig vielen offenen Mengen ist offen.

(c) Der Durchschnitt endlich vieler offener Mengen ist offen.

Der Durchschnitt unendlich vieler offener Mengen muss nicht offen sein. Zum Beispiel ist

$$\bigcap_{n=1}^{\infty} K_{\frac{1}{n}}(0) = \{0\}$$

keine offene Menge.

BEWEIS.

(a) Die Offenheit von V ist offensichtlich. Aus Gründen formaler Zweckmäßigkeit setzen wir die leere Menge als offen fest. Das ist auch deshalb gerechtfertigt, weil die Aussage $u \in \emptyset \implies K_r(u) \subset \emptyset$ nach den Verabredungen § 4 : 2.2 richtig ist.

(b) bleibt als leichte $\boxed{\text{ÜA}}$ dem Leser überlassen.

(c) Seien $\Omega_1, \ldots, \Omega_m$ offene Mengen in V und sei $u \in \Omega_1 \cap \cdots \cap \Omega_m$. Dann gehört u zu jedem Ω_k, es gibt also Radien $r_k > 0$ mit $K_{r_k}(u) \subset \Omega_k$. Setzen wir $r = \min\{r_1, \ldots, r_m\}$, so gilt $K_r(u) \subset \Omega_1 \cap \cdots \cap \Omega_m$. $\qquad\square$

3.3 Aufgaben

(a) Zeigen Sie, dass jeder Halbraum im $\mathbb{R}^n$

$$\{\mathbf{x} \in \mathbb{R}^n \mid \langle \mathbf{x}, \mathbf{a} \rangle > b\} \quad \text{mit } \mathbf{a} \neq \mathbf{0},\ b \in \mathbb{R}$$

eine offene Menge ist.

(b) Folgern Sie hieraus zusammen mit der Durchschnittseigenschaft 3.2 (c), dass $\{\mathbf{x} \in \mathbb{R}^n \mid a_k < x_k < b_k$ für $k = 1, \ldots, n\}$ eine offene Menge im $\mathbb{R}^n$ ist.

(c) Zeigen Sie: Zwei äquivalente Normen auf V (vgl. 2.4) erzeugen dieselbe „Topologie", d.h. der Begriff der offenen Menge ist für beide Normen derselbe.

3.4 Abgeschlossene Mengen

Eine Teilmenge A eines normierten Raumes V heißt **abgeschlossen**, wenn mit jeder konvergenten Folge, deren Glieder in A liegen, auch der Grenzwert zu A gehört:

$$u_k \to u,\ u_k \in A \implies u \in A.$$

BEISPIELE

(a) In $\mathbb{R}$ sind Intervalle der Form $[a, b]$, $[a, \infty[$ und $]-\infty, b]$ abgeschlossen, beachten Sie dazu § 2 : 6.2.

(b) Die Menge N der Nullstellen einer stetigen Funktion $f : [a, b] \to \mathbb{R}$ ist abgeschlossen. Denn aus $x_k \in N$, $x_k \to x$, folgt nach (a) $x \in [a, b]$, und wegen der Stetigkeit von f folgt $f(x) = \lim_{k \to \infty} f(x_k) = 0$, also $x \in N$.

3.5 Komplemente von offenen und abgeschlossenen Mengen

In einem normierten Raum V ist eine Teilmenge Ω genau dann offen, wenn ihr Komplement $V \setminus \Omega$ abgeschlossen ist.

Hieraus folgt unmittelbar, dass $A \subset V$ genau dann abgeschlossen ist, wenn $V \setminus A$ offen ist.

BEWEIS.

„$\Longrightarrow$": Ω sei offen. Zum Nachweis der Abgeschlossenheit von $V \setminus \Omega$ ist zu zeigen

$$u_k \in V \setminus \Omega, \quad u_k \to u \implies u \in V \setminus \Omega.$$

Wäre $u \in \Omega$, so würde nach Voraussetzung $K_\varepsilon(u) \subset \Omega$ für ein $\varepsilon > 0$ gelten. Wegen $u_k \to u$ gäbe es ein n_ε mit

$$\|u - u_k\| < \varepsilon \quad \text{für} \quad k > n_\varepsilon,$$

d.h. $u_k \in K_\varepsilon(u) \subset \Omega$ für $k > n_\varepsilon$, was ein Widerspruch zu $u_k \in V \setminus \Omega$ ist.

„$\Longleftarrow$": Sei A abgeschlossen und $u \in \Omega := V \setminus A$. Angenommen, es gibt kein $r > 0$ mit $K_r(u) \subset \Omega$. Dann gibt es zu jedem $k \in \mathbb{N}$ ein $u_k \in K_{1/k}(u)$ mit $u_k \notin \Omega$, d.h. $u_k \in A$. Wegen $\|u - u_k\| < \frac{1}{k}$ gilt $\lim_{k \to \infty} u_k = u$. Da A abgeschlossen ist, folgt $u \in A$ im Widerspruch zu $u \in V \setminus A$. $\qquad \Box$

3.6 Eigenschaften abgeschlossener Mengen

(a) *$\emptyset$ und V sind abgeschlossene Mengen,*

(b) *der Durchschnitt beliebig vieler abgeschlossener Mengen ist abgeschlossen,*

(c) *die Vereinigung endlich vieler abgeschlossener Mengen ist abgeschlossen.*

Die Vereinigung unendlich vieler abgeschlossener Mengen braucht nicht abgeschlossen zu sein. Dies zeigt das Beispiel

$$\bigcup_{n=1}^{\infty} \left[-1 + \tfrac{1}{n}, 1 - \tfrac{1}{n} \right] =]-1, 1[.$$

Der Beweis ergibt sich unmittelbar mit Hilfe der de Morganschen Regeln § 4 : 4.2, aus 3.5 und aus den Eigenschaften offener Mengen 3.2, $\boxed{\text{ÜA}}$.

4 Inneres, Äußeres, Abschluss und Rand einer Menge

4.1 Definition

Für Teilmengen M eines normierten Raumes V treffen wir folgende Definitionen:

Ein Punkt $u \in V$ heißt **innerer Punkt** von M, wenn es ein $r > 0$ gibt mit $K_r(u) \subset M$. Die Menge $\overset{\circ}{M}$ aller inneren Punkte heißt **Inneres** von M.

$u \in V$ heißt **äußerer Punkt** von M, wenn es ein $r > 0$ gibt, so dass $K_r(u) \cap M$ leer ist, d.h. wenn u innerer Punkt von $V \setminus M$ ist.

Ein Punkt $u \in V$ heißt **Randpunkt** von M, wenn jede offene Kugel $K_r(u)$ sowohl M als auch das Komplement $V \setminus M$ trifft. Die Menge der Randpunkte von M heißt **Rand** von M und wird mit ∂M bezeichnet.

Der **Abschluss** oder die **abgeschlossene Hülle** von M ist definiert durch

$$\overline{M} := \{ u \in V \mid u \text{ ist Grenzwert einer Folge aus } M \}.$$

SATZ. (a) *Jeder Punkt $u \in V$ gehört zu genau einer der Mengen $\overset{\circ}{M}$, ∂M, $(V \setminus M)^\circ$, d.h. er ist entweder innerer Punkt, Randpunkt oder äußerer Punkt.*

(b) *Es besteht die Beziehung $\overset{\circ}{M} \subset M \subset \overline{M}$.*

(c) $u \in \overline{M} \iff$ *für jedes $r > 0$ gilt $K_r(u) \cap M \neq \emptyset$.*

BEWEIS.

(a) und (b) folgen unmittelbar aus den Definitionen $\boxed{\text{ÜA}}$.

(c) „$\Longrightarrow$": Gilt $u = \lim_{k \to \infty} u_k$ mit einer Folge (u_k) aus M, so gibt es zu jedem $r > 0$ ein n_r mit $\|u - u_k\| < r$, d.h. mit $u_k \in K_r(u)$ für $n > n_r$.

„$\Longleftarrow$": Gilt $K_r(u) \cap M \neq \emptyset$ für jedes $r > 0$, so gibt es zu jedem $k \in \mathbb{N}$ ein $u_k \in M$ mit $u_k \in K_{1/k}(u)$, d.h. $\|u - u_k\| < \frac{1}{k}$. $\qquad\square$

4.2 Beispiele in $\mathbb{R}$

(a) Für $I = [a,b[$ gilt $\overset{\circ}{I} =]a,b[$, $\partial I = \{a,b\}$, $\overline{I} = [a,b]$.

(b) Für $I =]a,\infty[$ gilt $\overline{I} = [a,\infty[$, $\partial I = \{a\}$ und $\overset{\circ}{I} = I$.

(c) $\boxed{\text{ÜA}}$ Was ergibt sich für $\overline{\mathbb{Z}}$, $\partial \mathbb{Z}$ und $\overset{\circ}{\mathbb{Z}}$?

(d) $\overline{\mathbb{Q}} = \mathbb{R}$, denn jede reelle Zahl ist Grenzwert einer geeigneten Folge rationaler Zahlen. $\overset{\circ}{\mathbb{Q}}$ ist leer, denn in jeder Umgebung einer rationalen Zahl liegen irrationale Zahlen.

Mehrdimensionale Beispiele ergeben sich mit Hilfe stetiger Funktionen in 7.6.

4.3 Eigenschaften von Innerem, Abschluss und Rand

(a) *Das Innere $\overset{\circ}{M}$ einer Menge M ist offen, also auch das Äußere $(V \setminus M)^\circ$.*

(b) *$\overline{M}$ ist das Komplement des Äußeren und daher abgeschlossen.*

(c) *M ist genau dann abgeschlossen, wenn $M = \overline{M}$.*

(d) *$M \subset N \implies \overline{M} \subset \overline{N}$.*

(e) *$\overline{M} = \overset{\circ}{M} \cup \partial M$.*

(f) *$\partial M = \overline{M} \setminus \overset{\circ}{M}$, insbesondere ist ∂M abgeschlossen.*

Beweis.

(a) Sei $u \in \overset{\circ}{M}$. Dann gibt es definitionsgemäß ein $r > 0$ mit $K_r(u) \subset M$. Wir zeigen, dass sogar $K_r(u) \subset \overset{\circ}{M}$ gilt, womit die Offenheit von $\overset{\circ}{M}$ bewiesen ist: Zu jedem $v \in K_r(u)$ gibt es nach 3.1 ein $\varepsilon > 0$ mit $K_\varepsilon(v) \subset K_r(u)$, also $K_\varepsilon(v) \subset M$.

(b) Nach 4.1 (c) gelten folgenden Äquivalenzen:

$$u \notin \overline{M} \iff \text{Es gibt ein } r > 0 \text{ mit } K_r(u) \cap M = \emptyset \iff u \in (V \setminus M)^\circ.$$

(c) Aus $M = \overline{M}$ folgt nach (b) die Abgeschlossenheit von M. Sei umgekehrt M abgeschlossen. Wegen $M \subset \overline{M}$ nach 4.1 (b) bleibt zu zeigen $\overline{M} \subset M$. Sei also $u \in \overline{M}$, d.h. $u = \lim\limits_{k \to \infty} u_k$ mit einer Folge (u_k) aus M. Da M abgeschlossen ist, folgt $u \in M$.

(d) und (f) als $\boxed{\text{ÜA}}$. Hinweis für (f): Zeigen Sie mit 4.1 (c), dass $\overline{M} \setminus \overset{\circ}{M} \subset \partial M$. Warum ist $\partial M \subset \overline{M}$ und $\partial M \cap \overset{\circ}{M} = \emptyset$?

(e) folgt aus (f). $\qquad\square$

4.4 Aufgaben. (a) M ist offen $\iff M = \overset{\circ}{M} \iff M \cap \partial M = \emptyset$.

(b) M ist abgeschlossen $\iff \partial M \subset M$.

(c) $\overline{K_r(u)} = \{u \in V \mid \|u - v\| \le r\}$, $\quad \partial K_r(u) = \{v \in V \mid \|u - v\| = r\}$.

(d) Für $M \ne \emptyset$ gilt $u \in \overline{M} \iff \operatorname{dist}(u, M) = 0$.

4.5 Dichte Teilmengen

Eine Teilmenge M von V heißt **dicht** in V, wenn $\overline{M} = V$.

Beispiele. (a) $\mathbb{Q}$ ist dicht in $\mathbb{R}$.

(b) Aus dem Weierstraßschen Approximationssatz § 12 : 2.8 folgt: Die Polynomfunktionen $p : [a, b] \to \mathbb{R}$ liegen bezüglich der Supremumsnorm dicht in $C[a, b]$.

5 Vollständigkeit

5.1 Cauchy–Folgen

Eine Folge (u_n) in einem normierten Raum V heißt **Cauchy–Folge**, wenn es zu jedem $\varepsilon > 0$ ein $n_\varepsilon \in \mathbb{N}$ gibt mit

$$\| u_m - u_n \| < \varepsilon \quad \text{für} \quad m, n > n_\varepsilon \,.$$

Es gilt:

(a) *Jede konvergente Folge ist eine Cauchy–Folge.*

(b) *Jede Cauchy–Folge ist beschränkt.*

(c) *Ist für eine Cauchy–Folge (u_n) eine Teilfolge konvergent mit Grenzwert u, so konvergiert die Folge (u_n) selbst gegen u.*

BEWEIS als $\boxed{\text{ÜA}}$ nach den Mustern in § 2 : 9.6, 9.7, 9.9.

5.2 Vollständigkeit

Eine Teilmenge M eines normierten Raumes V heißt **vollständig**, wenn jede Cauchy–Folge (u_n) aus M einen Grenzwert $u \in M$ besitzt. Im Fall $M = V$ bedeutet dies: Jede Cauchy–Folge konvergiert.

Ein vollständiger normierter Raum heißt **Banachraum**.

Grundlegende Beispiele für Banachräume sind $\mathbb{R}$ und $\mathbb{C}$, jeweils durch den Betrag normiert (§ 2 : 9.6, § 7 : 3.6). Hierauf beruht die Vollständigkeit einer großen Klasse weiterer Räume. Für diesen Band genügen die folgenden Beispiele.

5.3 Die Vollständigkeit von $\mathbb{R}^n$ und $\mathbb{C}^n$

$\mathbb{R}^n$ und $\mathbb{C}^n$ *sind vollständig in jeder der Normen* $\| \cdot \|$, $\| \cdot \|_1$, $\| \cdot \|_\infty$ *von* 1.3.

BEWEIS.

Der Begriff der Cauchy–Folge läuft in allen drei Normen auf dasselbe hinaus, vgl. 2.4. Ist $(\mathbf{u}_k)$ eine Cauchy–Folge, so gilt für die i–ten Koordinaten

$$| u_{k,i} - u_{m,i} | \leq \| \mathbf{u}_k - \mathbf{u}_m \|_\infty \,,$$

also bilden die i–ten Koordinaten jeweils Cauchy–Folgen in $\mathbb{R}$ bzw. $\mathbb{C}$. Wegen der Vollständigkeit von $\mathbb{R}$ bzw. $\mathbb{C}$ existiert

$$u_i = \lim_{k \to \infty} u_{k,i} \quad \text{für} \quad i = 1, \ldots, n \,.$$

Die Vektoren $\mathbf{u}_k$ konvergieren also koordinatenweise gegen einen Vektor $\mathbf{u} \in \mathbb{K}^n$. Nach 2.4 folgt die Konvergenz $\mathbf{u}_k \to \mathbf{u}$ in jeder der angegebenen Normen. $\quad\Box$

5.4 Die Vollständigkeit von C[a, b]

(a) C [a, b], *versehen mit der Supremumsnorm*

$$\|f\|_\infty = \max\left\{|f(x)| \mid a \leq x \leq b\right\},$$

ist vollständig.

(b) $C^1 [a, b]$ *ist in dieser Norm nicht vollständig.*

(c) C [a, b] *ist mit der zum Skalarprodukt* $\langle f, g \rangle = \int\limits_a^b \overline{f} g$ *gehörigen Norm unvollständig.* Näheres dazu in Band 2.

BEWEIS.

(a) Sei (f_n) eine Cauchy–Folge in C [a, b], d.h. zu jedem $\varepsilon > 0$ gebe es ein n_ε mit

$$\|f_m - f_n\|_\infty < \varepsilon \quad \text{für} \quad m, n > n_\varepsilon.$$

Für jedes feste $x \in [a, b]$ folgt

$$|f_m(x) - f_n(x)| \leq \|f_m - f_n\|_\infty < \varepsilon \quad \text{für} \quad m, n > n_\varepsilon.$$

Das bedeutet, dass $(f_n(x))$ eine Cauchy–Folge in $\mathbb{K}$ ist. Bezeichnen wir deren Grenzwert mit $f(x)$, so ist

$$|f(x) - f_n(x)| = \lim_{m \to \infty} |f_m(x) - f_n(x)| \leq \varepsilon \quad \text{für} \quad n > n_\varepsilon.$$

Die Folge (f_n) konvergiert also gleichmäßig gegen f. Nach § 12 : 3.1 ist f stetig.

(b) Sei $f \in C[a, b] \setminus C^1[a, b]$. Nach dem Weierstraßschen Approximationssatz ist f gleichmäßiger Limes von Polynomen p_n. Diese bilden eine Cauchy–Folge in $C^1[a, b]$ mit der Supremumsnorm, deren Limes f aber nach Voraussetzung nicht zu $C^1[a, b]$ gehört.   □

6 Kompakte Mengen

6.1 Der Satz von Bolzano–Weierstraß in $\mathbb{R}^n$ und $\mathbb{C}^n$

Ist $M \subset \mathbb{K}^n$ eine beschränkte Menge, d.h. $M \subset K_r(0)$ für ein $r > 0$, so besitzt jede Folge aus M eine konvergente Teilfolge.

BEWEIS.

(a) *Beweis für den* $\mathbb{R}^2$: $(\mathbf{x}_n) = (a_n, b_n)$ sei eine beschränkte Folge in $\mathbb{R}^2$. Wegen

$$|a_n|, |b_n| \leq \|\mathbf{x}_n\| < r \quad \text{für} \quad n = 1, 2, \dots$$

sind (a_n) und (b_n) beschränkte Folgen in $\mathbb{R}$. Nach Bolzano–Weierstraß §2:9.8 besitzt (a_n) eine konvergente Teilfolge: $a_{n_k} \to a$. Weiter besitzt die Folge $(b_{n_k})_k$ eine konvergente Teilfolge: $b_{m_j} \to b$. Setzen wir $\mathbf{x} = (a, b)$, so gilt

$$\left\| \mathbf{x} - \mathbf{x}_{m_j} \right\|_1 = \left| a - a_{m_j} \right| + \left| b - b_{m_j} \right| \to 0 \quad \text{für} \quad j \to \infty.$$

(b) Der Beweis für den $\mathbb{R}^n$ mit $n > 2$ ist nun reine Routine: n–maliges Auswählen von Teilfolgen nach dem Muster von (a).

(c) Da $\mathbb{C}$ mit $\mathbb{R}^2$ identifiziert ist $\left(|x + iy| = \sqrt{x^2 + y^2} \right)$, folgt die Behauptung für $\mathbb{C}$ aus (a). Der Beweis für $\mathbb{C}^2$ verläuft jetzt ganz analog zu (a), und der Beweis für $\mathbb{C}^n$ ergibt sich wie in (b). □

Hiernach sind wir also sicher, dass die Folge $\left(e^{i\sqrt{2}k} \right)$ in $\mathbb{C}$ eine konvergente Teilfolge besitzt.

ÜA Wählen sie aus der Folge $\left(\cos\frac{\pi k}{3}, i^k \right)$ in $\mathbb{C}^2$ konvergente Teilfolgen aus. Welche Grenzwerte können auftreten?

6.2 Kompakte Mengen

(a) Eine Teilmenge M eines normierten Raumes V heißt **kompakt**, wenn jede Folge aus M eine konvergente Teilfolge mit Grenzwert in M enthält.

SATZ. *Jede kompakte Menge ist beschränkt und abgeschlossen.*

BEWEIS.
(i) *Abgeschlossenheit*: Sei (u_n) eine konvergente Folge in M, $u_n \to u$. Nach Voraussetzung besitzt (u_n) eine konvergente Teilfolge mit Grenzwert $v \in M$, also ist $u = v \in M$.

(ii) *Beschränktheit*: Ist M nicht beschränkt, so gibt es zu jedem $n = 1, 2, \ldots$ ein $u_n \in M$ mit $\|u_n\| > n$. Dann ist auch jede Teilfolge unbeschränkt, kann also nicht konvergieren nach 2.2 (b). □

(b) SATZ. *Im $\mathbb{R}^n$ und $\mathbb{C}^n$ gilt auch die Umkehrung: Jede beschränkte und abgeschlossene Menge in $\mathbb{R}^n$ und in $\mathbb{C}^n$ ist kompakt.*

Einpunktige Mengen sind also kompakt. Intervalle $[a, b]$ mit $a, b \in \mathbb{R}$ hatten wir in §1 zu Recht kompakte Intervalle genannt.

BEWEIS.
Ist $M \subset \mathbb{K}^n$ beschränkt, so besitzt jede Folge aus M nach Bolzano–Weierstraß eine konvergente Teilfolge. Ist M auch abgeschlossen, so gehört der Grenzwert zu M. □

(c) *In jedem normierten Raum V ist die Einheitskugel $\{v \in V \mid \|v\| \le 1\}$ beschränkt und abgeschlossen* ÜA. *In unendlichdimensionalen Räumen ist die Einheitskugel jedoch nicht kompakt.*

Wir zeigen dies für Skalarprodukträume: Mit Hilfe des Orthonormalisierungs-verfahrens § 19 : 3.1 können wir uns ein Orthonormalsystem $v_1, v_2, \ldots$ in V verschaffen. Für dieses gilt

$$\|v_n\| = 1 \quad \text{und} \quad \|v_m - v_n\|^2 = \|v_m\|^2 + \|v_n\|^2 = 2.$$

Keine Teilfolge von (v_n) kann konvergieren, weil keine Teilfolge eine Cauchy–Folge sein kann.

(d) SATZ. *Jede kompakte Menge ist vollständig.*

Denn ist M kompakt und (u_n) eine Cauchy–Folge in M, so gibt es eine Teilfolge $(u_{n_k})_k$, die gegen ein $u \in M$ konvergiert. Nach 5.1 (c) konvergiert dann die Folge (u_n) selbst gegen u.

6.3 Der Überdeckungssatz von Heine–Borel

Eine Teilmenge M eines normierten Raumes V ist genau dann kompakt, wenn es zu jeder beliebigen Überdeckung von M durch offene Mengen,

$$M \subset \bigcup_{i \in I} \Omega_i, \quad \Omega_i \subset V \text{ offen,}$$

eine endliche Teilüberdeckung gibt,

$$M \subset \Omega_{i_1} \cup \ldots \cup \Omega_{i_p}.$$

Wir verzichten auf den nicht ganz einfachen Beweis und verweisen auf [HEUSER Bd. 2, § 111].

7 Stetige Funktionen

7.1 Grenzwerte und Stetigkeit von Funktionen

Es seien V_1 und V_2 normierte Räume mit Normen $\|\cdot\|_1$, $\|\cdot\|_2$ und $f : M \to V_2$ eine Funktion auf einer Teilmenge $M \subset V_1$. Diese häufig auftretende Situation kennzeichnen wir kurz durch die Schreibweise

$$f : V_1 \supset M \to V_2.$$

(a) Sei $f : V_1 \supset M \to V_2$ und $u_0 \in \overline{M}$. Wir definieren

$$\lim_{M \ni u \to u_0} f(u) = v \quad :\Longleftrightarrow \quad \lim_{n \to \infty} f(u_n) = v$$

für jede Folge (u_n) aus M mit $u_n \to u_0$.

Äquivalent dazu ist die Bedingung: Zu jedem $\varepsilon > 0$ gibt es ein $\delta > 0$ mit

$$\|f(u) - f(u_0)\|_2 < \varepsilon \quad \text{für alle} \quad u \in M \quad \text{mit} \quad 0 < \|u - u_0\|_1 < \delta.$$

Dies ergibt sich durch sinngemäße Übertragung von § 8 : 1.5.

(b) Die Funktion $f : V_1 \supset M \to V_2$ heißt **stetig an der Stelle** $u_0 \in M$, wenn

$$f(u_k) \to f(u_0) \quad \text{für jede Folge } (u_k) \text{ in } M \text{ mit } u_k \to u_0 \,,$$

d.h. wenn $f(u_0) = \lim\limits_{M \ni u \to u_0} f(u)$ gilt. Äquivalent dazu ist nach (a) die Bedingung
Zu jedem $\varepsilon > 0$ gibt es ein $\delta > 0$ mit

$$\|f(u) - f(u_0)\|_2 < \varepsilon \quad \text{für alle} \quad u \in M \quad \text{mit} \quad \|u - u_0\|_1 < \delta, \quad \text{kurz}$$

$$f(M \cap K_\delta(u_0)) \subset K_\varepsilon(f(u_0)) \,;$$

dabei bezeichnet $f(A)$ die Bildmenge von $A \subset M$ unter f.

(c) Eine Funktion $f : V_1 \supset M \to V_2$ f heißt **stetig**, wenn sie in jedem Punkt $a \in M$ stetig ist.

7.2 Beispiele stetiger Funktionen

(a) Jede konstante Funktion $V_1 \to V_2$ ist stetig.

(b) Die Identität $\mathbb{1} : V \to V$, $u \mapsto u$ ist stetig.

(c) Jede lineare Abbildung $A : \mathbb{R}^n \to \mathbb{R}^m$, $\mathbf{x} \mapsto A\mathbf{x}$ ist stetig.
Denn mit $A = (a_{ik})$ gilt nach der Cauchy–Schwarzschen Ungleichung

$$\|A\mathbf{x}\|^2 = \sum_{i=1}^{m} \Big(\sum_{k=1}^{n} a_{ik} x_k \Big)^2 \leq \sum_{i=1}^{m} \Big(\sum_{k=1}^{n} a_{ik}^2 \Big) \Big(\sum_{k=1}^{n} x_k^2 \Big) = \|A\|_2^2 \, \|\mathbf{x}\|^2$$

mit der Matrixnorm

$$\|A\|_2 := \Big(\sum_{i=1}^{m} \sum_{k=1}^{n} a_{ik}^2 \Big)^{\frac{1}{2}} \,.$$

Hieraus folgt

$$\|A\mathbf{x} - A\mathbf{y}\| = \|A(\mathbf{x} - \mathbf{y})\| \leq \|A\|_2 \, \|\mathbf{x} - \mathbf{y}\| \,,$$

woran wir unmittelbar die Stetigkeit ablesen.

(d) Das Skalarprodukt $u \mapsto \langle u, v \rangle$, $V \to \mathbb{K}$ für einen Skalarproduktraum V über $\mathbb{K}$ ist stetig. Das folgt sofort aus der Cauchy–Schwarzschen Ungleichung:

$$\big| \langle v, u \rangle - \langle v, u_0 \rangle \big| = \big| \langle v, u - u_0 \rangle \big| \leq \|v\| \cdot \|u - u_0\| \,.$$

(e) Normen sind stetig: In jedem normierten Raum V gilt

$$u_n \to u_0 \implies \|u_n\| \to \|u_0\| \,.$$

Das folgt aus $\big| \|u_n\| - \|u_0\| \big| \leq \|u_n - u_0\|$ nach 1.2 (e).

7.3 Hintereinanderausführung stetiger Funktionen

Gegeben sind zwei Funktionen

$$f : V_1 \supset M \to V_2 , \quad g : V_2 \supset N \to V_3 \quad \text{mit} \ f(M) \subset N .$$

SATZ. *Aus der Stetigkeit von f im Punkt $u_0 \in M$ und der Stetigkeit von g im Punkt $v_0 = f(u_0)$ folgt die Stetigkeit von $g \circ f : M \to V_3$ im Punkt u_0.*

Der Beweis ergibt sich unmittelbar aus der Definition 7.1 (b) $\boxed{\text{ÜA}}$.

7.4 Linearkombination stetiger Funktionen

Seien V_1 und V_2 normierte Räume über dem gleichen Körper $\mathbb{K}$ und sei M eine Teilmenge von V_1. Aus der Stetigkeit der Funktionen

$$f, g : V_1 \supset M \to V_2$$

folgt die Stetigkeit jeder Linearkombination

$$af + bg : V_1 \supset M \to V_2 \quad (a, b \in \mathbb{K}) .$$

Die Gesamtheit aller stetigen Funktionen von M nach V_2 bildet somit einen $\mathbb{K}$-Vektorraum.

Dies folgt unmittelbar aus der Abschätzung

$$\|(af+bg)(u)-(af+bg)(u_0)\|_2 = \|a(f(u)-f(u_0))+b(g(u)-g(u_0))\|_2$$
$$\leq |a| \cdot \|f(u)-f(u_0)\|_2 + |b| \cdot \|g(u)-g(u_0)\|_2 .$$

7.5 Produkt stetiger Funktionen.
Ist V ein normierter Vektorraum über $\mathbb{K}$ und sind

$$f, g : V \supset M \to \mathbb{K}$$

stetige Funktionen, so ist auch $f \cdot g$ stetig auf M.

Denn $f(u_n) \to f(u_0)$, $g(u_n) \to g(u_0) \implies f(u_n)g(u_n) \to f(u_0)g(u_0)$ (Rechnen mit konvergenten Folgen in $\mathbb{K}$).

7.6 Das Urbild offener und abgeschlossener Mengen

Wir erinnern an die Definition der Urbildmenge

$$f^{-1}(B) = \{u \in M \mid f(u) \in B\}$$

für eine Funktion $f : V_1 \supset M \to V_2$ und $B \subset V_2$.

SATZ. *Für eine stetige Funktion $f : V_1 \supset M \to V_2$ gilt:*
(a) *Ist M offen, so ist $f^{-1}(B)$ offen für jede offene Menge $B \subset V_2$.*

(b) *Ist M abgeschlossen, so ist $f^{-1}(B)$ abgeschlossen für jede abgeschlossene Menge $B \subset V_2$.*

BEMERKUNG. Dieser Satz gestattet es, durch Ungleichungen definierte Mengen als offen bzw. abgeschlossen zu erkennen.

So sind beispielsweise für stetige Funktionen $f, g : V \supset M \to \mathbb{R}$ die Mengen

$\{u \in M \mid f(u) \geq 0\} = f^{-1}(\mathbb{R}_+)$ abgeschlossen, falls M abgeschlossen,

$\{u \in M \mid f(u) < g(u)\} = (g - f)^{-1}(\mathbb{R}_{>0})$ offen, falls M offen ist und

$\{u \in M \mid f(u)\, g(u) = c\}$ abgeschlossen, falls M abgeschlossen ist.

BEWEIS.

(a) Sei $B \subset V_2$ offen. Für jedes $u_0 \in f^{-1}(B)$ ist $v_0 := f(u_0) \in B$, also gibt es ein $\varepsilon > 0$ mit $K_\varepsilon(v_0) \subset B$. Wegen der Stetigkeit von f gibt es ein $\delta > 0$ mit $f(M \cap K_\delta(u_0)) \subset K_\varepsilon(v_0) \subset B$. Da M offen in V_1 ist, kann $\delta > 0$ gleich so klein gewählt werden, dass $K_\delta(u_0) \subset M$. Damit gilt $f(K_\delta(u_0)) = f(M \cap K_\delta(u_0)) \subset B$ bzw. $K_\delta(u_0) \subset f^{-1}(B)$.

(b) Sei $B \subset V_2$ abgeschlossen und (u_k) eine Folge in $f^{-1}(B)$ mit Grenzwert u ($u \in M$ wegen $M = \overline{M}$). Zu zeigen ist $u \in f^{-1}(B)$. Wegen der Stetigkeit ist $f(u) = \lim_{k \to \infty} f(u_k)$. Dabei ist $f(u_k) \in B$, also auch $f(u) \in B$ wegen der Abgeschlossenheit von B. $f(u) \in B$ bedeutet aber $u \in f^{-1}(B)$. $\qquad \square$

7.7 Stetigkeit der Abstandsfunktion

Für den Abstand $\operatorname{dist}(u, M) = \inf\{\|u - w\| \mid w \in M\}$ *eines Punktes u von einer nichtleeren Menge M gilt*

$$\big|\operatorname{dist}(u, M) - \operatorname{dist}(v, M)\big| \leq \|u - v\|.$$

Insbesondere ist die Abstandsfunktion $u \mapsto \operatorname{dist}(u, M)$ *stetig.*

BEWEIS.

Sei $v \in V$ und $\varepsilon > 0$. Dann gibt es nach Definition des Infimums ein $w \in M$ mit

$$\|v - w\| < \operatorname{dist}(v, M) + \varepsilon.$$

Hieraus folgt für $u \in V$

$$\operatorname{dist}(u, M) \leq \|u - w\| = \|u - v + v - w\| \leq \|u - v\| + \|v - w\|$$

$$\leq \|u - v\| + \operatorname{dist}(v, M) + \varepsilon \quad \text{für jedes } \varepsilon > 0, \quad \text{also}$$

$$\operatorname{dist}(u, M) - \operatorname{dist}(v, M) \leq \|u - v\|.$$

Durch Vertauschen der Rollen von u und v folgt die Behauptung. $\qquad \square$

8 Stetige Funktionen auf kompakten Mengen

8.1 Stetige Bilder kompakter Mengen sind kompakt

Ist $f : V_1 \supset M \to V_2$ *stetig und* $K \subset M$ *kompakt, so ist* $f(K)$ *kompakt.*

BEWEIS.

Sei (v_n) eine Folge in $f(K)$, d.h. $v_n = f(u_n)$ mit $u_n \in K$. Wegen der Kompaktheit von K gibt es eine Teilfolge (u_{n_k}), deren Limes u in K liegt. Wegen der Stetigkeit von f folgt

$$v_{n_k} = f\left(u_{n_k}\right) \to f(u) \in f(K).$$

8.2 Der Satz vom Maximum und vom Minimum

Jede auf einer nichtleeren kompakten Menge stetige, reellwertige Funktion besitzt dort ein Maximum und ein Minimum.

BEWEIS.

Es genügt den Satz vom Maximum zu beweisen; der Satz vom Minimum folgt dann durch Betrachtung von $-f$. Sei also $f : V \supset K \to \mathbb{R}$ stetig und K kompakt. Nach 8.1 ist $f(K)$ eine nichtleere kompakte Teilmenge von $\mathbb{R}$, damit beschränkt und abgeschlossen. Setzen wir $s = \sup f(K)$, so gibt es eine Folge (s_n) in $f(K)$ mit $s_n \to s$. Da $f(K)$ abgeschlossen ist, folgt $s \in f(K)$, also $s = f(u)$ mit geeignetem $u \in K$. □

Im $\mathbb{R}^n$ charakterisiert der Satz vom Maximum die kompakten Mengen:

AUFGABE. Zeigen Sie: Eine nichtleere Teilmenge M des $\mathbb{R}^n$ ist genau dann kompakt, wenn jede stetige Funktion $f : M \to \mathbb{R}$ ein Maximum besitzt. (Betrachten Sie geeignete Abstandsfunktionen.)

8.3 Der Abstand von kompakten Mengen

(a) *Der Abstand eines Punktes* $u \in V$ *von einer kompakten Menge* $K \subset V$ *wird angenommen: Es gibt einen Punkt* $v \in K$ *mit*

$$\|u - v\| = \text{dist}(u, K).$$

Das folgt direkt aus der Stetigkeit der Abstandsfunktion $v \mapsto \|u - v\|$.

(b) *Im* $\mathbb{R}^n$ *wird auch der Abstand eines Punktes* **u** *von einer abgeschlossenen Menge* A *angenommen.*

Denn ist $r > \text{dist}(\mathbf{u}, A)$ und K die kompakte Menge $\overline{K_r(\mathbf{u})} \cap A$, so gilt $\text{dist}(\mathbf{u}, A) = \text{dist}(\mathbf{u}, K)$ $\boxed{\text{ÜA}}$.

In unendlichdimensionalen normierten Räumen ist die Aussage (b) i.A. falsch.

(c) *Seien A und K disjunkte nichtleere Teilmengen eines normierten Raumes V, A sei abgeschlossen, und K sei kompakt. Dann haben diese Mengen einen positiven Abstand.*

Der Abstand zweier disjunkter abgeschlossener Mengen kann dagegen Null sein. Beispiel in der Ebene: x–Achse und Graph der Exponentialfunktion $\boxed{\text{ÜA}}$. BEWEIS.

Nach 7.7 ist die Funktion $u \mapsto \text{dist}\,(u, A)$ stetig auf K, nimmt dort also ihr Minimum an. Wäre dieses Null, so gäbe es ein $v \in K$ mit $\text{dist}\,(v, A) = 0$. Nach 4.4 (c) wäre dann $v \in A$ im Widerspruch zu $A \cap K = \emptyset$. $\qquad \square$

8.4 Gleichmäßige Stetigkeit

Eine auf einer kompakten Menge K stetige Funktion $f : V_1 \supset K \to V_2$ ist dort gleichmäßig stetig, d.h. zu jedem $\varepsilon > 0$ gibt es ein $\delta > 0$, so dass

$$\big\| f(u) - f(v) \big\|_2 < \varepsilon \quad \text{für alle} \quad u, v \in K \quad \text{mit} \quad \|u - v\|_1 < \delta.$$

Dies ergibt sich durch Übertragung des Beweises § 8, Abschnitt 6; dieser verwendet nur die Bolzano–Weierstraß–Eigenschaft und die Stetigkeit von f $\boxed{\text{ÜA}}$.

9 Zusammenhang, Gebiete

9.1 Wege

Eine stetige Abbildung

$$\varphi : [a,b] \to V , \quad t \mapsto \varphi(t)$$

bezeichnen wir als **Weg** mit Endpunkten $\varphi(a)$ und $\varphi(b)$.

BEISPIELE.

(a) Für $u, v \in V$ liefert

$$\varphi : t \mapsto u + t(v - u) \quad \text{für} \quad 0 \le t \le 1$$

die Strecke zwischen u und v. Die Stetigkeit folgt aus

$$\big\|\varphi(s) - \varphi(t)\big\| = \big\|(s - t)(v - u)\big\| = |s - t|\,\|v - u\|.$$

(b) Für $u, v, w \in V$ liefert

$$\varphi(t) = \begin{cases} u + t(v - u) & \text{für} \quad 0 \le t \le 1, \\ v + (t - 1)(w - v) & \text{für} \quad 1 \le t \le 2 \end{cases}$$

einen Weg. Die Bildmenge entsteht durch Aneinandersetzen der Strecken zwischen u und v sowie zwischen v und w.

(c) Verbinden wir die Punkte $u_0, u_1, \ldots, u_N \in V$ durch Strecken, so erhalten wir einen **Polygonzug** mit Endpunkten u_0 und u_N, gegeben durch eine stetige Abbildung $\varphi : [0, N] \to V$ nach dem Muster von (b).

Aneinandersetzen von Wegen. Sind $\varphi_1 : [a, b] \to V$, $\varphi_2 : [c, d] \to V$ Wege mit $\varphi_1(b) = \varphi_2(c)$, so liefert

$$\psi(t) = \begin{cases} \varphi_1(t) & \text{für } a \leq t \leq b, \\ \varphi_2(c + (t - b)) & \text{für } b \leq t \leq b + d - c \end{cases}$$

einen Weg $\psi : [a, b + d - c] \to V$.

9.2 Zusammenhängende Mengen

Eine Menge $M \subset V$ heißt **wegzusammenhängend**, wenn sich je zwei Punkte von M durch einen Weg verbinden lassen, der ganz in M verläuft.

BEISPIELE

(a) Die Kugel $K_r(u_0)$ in V ist wegzusammenhängend, weil sich je zwei Punkte $u, v \in K_r(u_0)$ durch eine Strecke in $K_r(u_0)$ verbinden lassen $\boxed{\text{ÜA}}$.

(b) In $\mathbb{R}$ sind die wegzusammenhängenden Mengen die Intervalle. Denn zwei Punkte $a < b$ eines Intervalls lassen sich durch den Weg $\varphi : [a, b] \to [a, b]$, $t \to t$ verbinden. Ist umgekehrt $M \subset \mathbb{R}$ wegzusammenhängend, so gibt es zu je zwei Punkten $\alpha < \beta$ aus M eine stetige Funktion $\varphi : [a, b] \to M$ mit $\varphi(a) = \alpha$, $\varphi(b) = \beta$. Nach dem Zwischenwertsatz ist $[\alpha, \beta] \subset \varphi([a, b]) \subset M$. Also ist M ein Intervall nach dem Hilfssatz § 8 : 4.7.

(c) Nicht zusammenhängend ist die aus zwei disjunkten Kreisscheiben bestehende Menge M in $\mathbb{R}^2$

$$\{(x - 1)^2 + y^2 < 1\} \cup \{(x + 1)^2 + y^2 < 1\}.$$

Jeder Weg $t \mapsto \varphi(t) = (\varphi_1(t), \varphi_2(t))$ mit Endpunkten in verschiedenen Kreisscheiben muss M verlassen. Dies scheint evident; eine strenge Begründung ergibt sich durch Anwendung des Zwischenwertsatzes für φ_1 $\boxed{\text{ÜA}}$.

9.3 Stetige Bilder wegzusammenhängender Mengen

Ist $f : V_1 \supset M \to V_2$ stetig und M wegzusammenhängend, so ist auch $f(M)$ wegzusammenhängend.

Insbesondere ist das Bild einer wegzusammenhängenden Menge unter einer reellwertigen stetigen Funktion ein Intervall.

BEWEIS.

Für $v_1, v_2 \in f(M)$ wählen wir $u_1, u_2 \in M$ mit $f(u_1) = v_1$ und $f(u_2) = v_2$. Nach Voraussetzung gibt es einen Weg $\varphi : [a, b] \to V_1$ in M mit $\varphi(a) = u_1$, $\varphi(b) = u_2$. Die Hintereinanderausführung von φ und f,

$$\psi = f \circ \varphi : [a,b] \to V_2 \,,$$

ist ein Weg in $f(M)$ mit $\psi(a) = v_1$, $\psi(b) = v_2$. $f(M)$ ist somit wegzusammenhängend. □

9.4 Gebiete und polygonale Wege

Eine nichtleere, offene, wegzusammenhängende Menge $\Omega \subset \mathbb{R}^n$ heißt ein **Gebiet**.

SATZ. *In einem Gebiet Ω lassen sich je zwei Punkte durch einen Polygonzug verbinden, der ganz in Ω verläuft.*

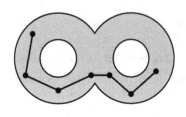

BEWEISSKIZZE.

$\mathbf{x}, \mathbf{y} \in \Omega$ seien beliebige Punkte, und $\varphi : [a,b] \to \mathbb{R}^n$ sei ein Weg von $\mathbf{x}$ nach $\mathbf{y}$ mit $K := \varphi([a,b]) \subset \Omega$. Als stetiges Bild eines kompakten Intervalls ist K eine kompakte Menge. Da $\partial\Omega$ abgeschlossen und zu K disjunkt ist, ist $r := \operatorname{dist}(K, \partial\Omega) > 0$ nach 8.3. Wegen der gleichmäßigen Stetigkeit von φ können wir Zwischenpunkte $a = t_0 < t_1 < \cdots < t_N = b$ finden mit

$$\|\varphi(t_{k-1}) - \varphi(t_k)\| < r \quad \text{für} \quad k = 1, \dots, N \,.$$

Die Strecke zwischen $\varphi(t_{k-1})$ und $\varphi(t_k)$ liegt ganz in Ω, somit auch das Polygon mit den Ecken $\mathbf{x} = \varphi(t_0), \varphi(t_1), \dots, \varphi(t_N) = \mathbf{y}$. □

§22 Differentialrechnung im $\mathbb{R}^n$

1 Differenzierbarkeit und Ableitung

1.1 Zur Notation

Im Folgenden ist $\Omega \subset \mathbb{R}^n$ immer ein **Gebiet**, d.h. offen und wegzusammenhängend. Unter einer **Umgebung** eines Punktes $\mathbf{a} \in \Omega$ verstehen wir ein Gebiet U mit $\mathbf{a} \in U$, z.B. eine Kugel $K_r(\mathbf{a})$. Eine **Umgebung einer kompakten Menge** K ist ein Gebiet U mit $K \subset U$.

Die Formulierung „für $|t| \ll 1$" soll bedeuten „für alle hinreichend kleinen t".

Wir betrachten Abbildungen

$$\mathbf{f} : \mathbb{R}^n \supset \Omega \to \mathbb{R}^m, \quad \mathbf{x} \mapsto \mathbf{f}(\mathbf{x}) = \begin{pmatrix} f_1(\mathbf{x}) \\ \vdots \\ f_m(\mathbf{x}) \end{pmatrix} = f_1(\mathbf{x})\mathbf{e}_1 + \dots + f_m(\mathbf{x})\mathbf{e}_m \,.$$

Die Funktionen $f_k : \Omega \to \mathbb{R}$ mit $k = 1, \ldots, m$ heißen die *Komponentenfunktionen* von $\mathbf{f}$. Für $m \geq 2$ nennen wir $\mathbf{f} : \Omega \to \mathbb{R}^m$ eine **vektorwertige Funktion**, für $m = 1$ auch eine **Skalarfunktion**.

Aus Platzgründen verwenden wir häufig die Zeilenschreibweise:

$$\mathbf{x} = (x_1, \ldots, x_n),$$

$$\mathbf{f}(\mathbf{x}) = (f_1(\mathbf{x}), \ldots, f_m(\mathbf{x})) = (f_1(x_1, \ldots, x_n), \ldots, f_m(x_1, \ldots, x_n)).$$

Wenn nichts anderes gesagt wird, verwenden wir immer das natürliche Skalarprodukt und die euklidische Norm; dabei bezeichnen wir die Normen in $\mathbb{R}^n$ und $\mathbb{R}^m$ mit demselben Symbol $\|\cdot\|$, solange keine Verwechslungen möglich sind.

Unter dem **kartesischen Produkt** $A \times B$ zweier Mengen $A \subset \mathbb{R}^n$, $B \subset \mathbb{R}^m$ verstehen wir die Menge

$$\left\{ (\mathbf{x}, \mathbf{y}) = (x_1, \ldots, x_n, y_1, \ldots, y_m) \mid \mathbf{x} \in A, \ \mathbf{y} \in B \right\} \subset \mathbb{R}^{n+m}.$$

Lineare Abbildungen $A : \mathbb{R}^n \to \mathbb{R}^m$ beschreiben wir im Folgenden immer durch ihre Matrizen bezüglich der kanonischen Basen; wir bezeichnen diese deshalb mit demselben Buchstaben: $A = (a_{ik})$. Nach § 21 : 7.2 gilt

$$\|A\mathbf{x}\| \leq \|A\|_2 \|\mathbf{x}\| \quad \text{mit} \quad \|A\|_2 = \Big(\sum_{i=1}^{m} \sum_{k=1}^{n} |a_{ik}|^2 \Big)^{\frac{1}{2}}.$$

1.2 Differenzierbarkeit und Ableitung

Eine Abbildung $\mathbf{f} : \mathbb{R}^n \supset \Omega \to \mathbb{R}^m$ heißt an der Stelle $\mathbf{a} \in \Omega$ **differenzierbar**, wenn es eine lineare Abbildung $A : \mathbb{R}^n \to \mathbb{R}^m$ gibt, so dass für alle $\mathbf{x} \in \Omega$

$$\mathbf{f}(\mathbf{x}) = \mathbf{f}(\mathbf{a}) + A(\mathbf{x} - \mathbf{a}) + \mathbf{R}(\mathbf{x} - \mathbf{a}) \quad \text{mit} \quad \lim_{\mathbf{x} \to \mathbf{a}} \frac{\mathbf{R}(\mathbf{x} - \mathbf{a})}{\|\mathbf{x} - \mathbf{a}\|} = \mathbf{0}.$$

Differenzierbarkeit an der Stelle $\mathbf{a}$ bedeutet also, dass $\mathbf{f}$ in einer Umgebung von $\mathbf{a}$ durch eine affine Abbildung

$$\mathbf{x} \mapsto \mathbf{f}(\mathbf{a}) + A(\mathbf{x} - \mathbf{a})$$

so gut approximiert werden kann, dass der Fehler

$$\mathbf{R}(\mathbf{x} - \mathbf{a}) = \mathbf{f}(\mathbf{x}) - \mathbf{f}(\mathbf{a}) - A(\mathbf{x} - \mathbf{a})$$

für $\mathbf{x} \to \mathbf{a}$ stärker als von erster Ordnung gegen Null geht (vgl. § 9 : 2.2).

SATZ. *Die lineare Abbildung A ist durch diese Bedingung eindeutig bestimmt; sie heißt* **Ableitung von f an der Stelle a** *und wird wahlweise bezeichnet mit*

$$d\mathbf{f}(\mathbf{a}), \quad \mathbf{f}'(\mathbf{a}), \quad d\mathbf{f}(\mathbf{a}).$$

Die Eindeutigkeit zeigen wir in 1.5.

Die Differenzierbarkeit an der Stelle **a** drücken wir auch so aus:

$$\mathbf{f(a+h)} = \mathbf{f(a)} + d\mathbf{f(a)h} + \mathbf{R(h)} \quad \text{für} \quad \|\mathbf{h}\| \ll 1\,, \text{ wobei } \lim_{\mathbf{h}\to 0} \frac{\mathbf{R(h)}}{\|\mathbf{h}\|} = \mathbf{0}\,.$$

Da Ω offen ist, gilt $K_r(\mathbf{a}) \subset \Omega$ für $r \ll 1$. Die Beziehung ist dann für $\|\mathbf{h}\| < r$ sinnvoll.

Eine Abbildung **f** heißt **im Gebiet Ω differenzierbar**, wenn **f** an jeder Stelle $\mathbf{a} \in \Omega$ differenzierbar ist.

1.3 Beispiele und Anmerkungen

(a) Eine affine Abbildung $\mathbf{f} : \mathbb{R}^n \to \mathbb{R}^m$, $\mathbf{x} \mapsto \mathbf{c} + A\mathbf{x}$ ist überall differenzierbar, und es gilt $\mathbf{f'(a)} = A$ für alle $\mathbf{a} \in \Omega$. Denn

$$\mathbf{f(x)} = \mathbf{f(a)} + A(\mathbf{x-a}) \quad \text{mit Restglied} \quad \mathbf{R} = \mathbf{0}\,.$$

(b) Eine quadratische Form $Q(\mathbf{x}) = \langle \mathbf{x}, A\mathbf{x} \rangle$ auf $\mathbb{R}^n$ mit $A^T = A$ ist überall differenzierbar; für die Ableitung gilt

$$Q'(\mathbf{a})\,\mathbf{h} = 2\langle A\mathbf{a}, \mathbf{h} \rangle\,.$$

$\boxed{\text{ÜA}}$: Verwenden Sie die Abschätzung $\|A\mathbf{h}\| \leq \|A\|_2 \|\mathbf{h}\|$.

(c) Der praktische Nachweis der Differenzierbarkeit und die Berechnung der Ableitung werden in 1.6 behandelt.

(d) Für differenzierbare Skalarfunktionen $f : \mathbb{R} \supset \Omega \to \mathbb{R}$ gilt nach §9:2.2

$$f(x) = f(a) + f'(a)\,(x-a) + R(x-a) \quad \text{mit} \quad \lim_{h\to 0} \frac{R(h)}{h} = 0\,.$$

Die Ableitung im Sinne der Definition 1.2 ist die lineare Abbildung

$$h \mapsto f'(a)\,h\,.$$

Wir haben diese bisher stillschweigend mit der Zahl $f'(a)$ identifiziert. Der Unterschied in den beiden Auffassungen wird dadurch deutlich, dass im Sinne der Definition 1.2 die linearen Funktionen $x \mapsto ax$ die einzigen sind, die mit ihrer Ableitung übereinstimmen.

(e) Eine Funktion **f** ist genau dann an der Stelle $\mathbf{a} \in \Omega$ differenzierbar, wenn

$$\mathbf{g(x)} = \mathbf{f(x+a)} \quad \text{mit} \quad \mathbf{x+a} \in \Omega$$

an der Stelle **0** differenzierbar ist; $\boxed{\text{ÜA}}$.

1.4 Differenzierbarkeit und Stetigkeit

Ist $\mathbf{f} : \mathbb{R}^n \supset \Omega \to \mathbb{R}^m$ *an der Stelle* $\mathbf{a} \in \Omega$ *differenzierbar, so ist* $\mathbf{f}$ *dort stetig.*

BEWEIS.

Wir verwenden die Bezeichnungen von 1.2. Wegen $\lim_{\mathbf{h} \to \mathbf{0}} \mathbf{R}(\mathbf{h})/\|\mathbf{h}\| = \mathbf{0}$ gibt es zu $\varepsilon = 1$ ein $\delta > 0$, so dass $K_\delta(\mathbf{a}) \in \Omega$ und

$$\mathbf{R}(\mathbf{h})/\|\mathbf{h}\| < \varepsilon = 1 \quad \text{für alle} \quad \mathbf{h} \quad \text{mit} \quad 0 < \|\mathbf{h}\| < \delta.$$

Nach 1.1 gilt $\|A\mathbf{h}\| \leq \|A\|_2 \|\mathbf{h}\|$. Damit erhalten wir

$$\|\mathbf{f}(\mathbf{a} + \mathbf{h}) - \mathbf{f}(\mathbf{a})\| = \|A\mathbf{h} + \mathbf{R}(\mathbf{h})\| \leq \left(\|A\|_2 + 1\right)\|\mathbf{h}\|. \qquad \square$$

1.5 Partielle Ableitungen und Jacobi–Matrix

Für $f : \mathbb{R}^n \supset \Omega \to \mathbb{R}$ und $\mathbf{a} = (a_1, \ldots, a_n) \in \Omega$ betrachten wir die Funktion einer Variablen

$$t \mapsto f(\mathbf{a} + t\,\mathbf{e}_k) = f(a_1, \ldots, a_{k-1}, a_k + t, a_{k+1}, \ldots, a_n),$$

wobei $\mathbf{e}_k$ der k–te kanonische Basisvektor des $\mathbb{R}^n$ ist. Falls diese Funktion an der Stelle $t = 0$ differenzierbar ist, nennen wir

$$\frac{\partial f}{\partial x_k}(\mathbf{a}) := \frac{d}{dt} f(\mathbf{a} + t\,\mathbf{e}_k)\Big|_{t=0}$$

die **partielle Ableitung** von f nach der Variablen x_k an der Stelle $\mathbf{a}$. Wir differenzieren also f nach der Variablen x_k, wobei wir die anderen Variablen als Konstante behandeln. Existieren diese Ableitungen nach allen Variablen, so heißt f an der Stelle $\mathbf{a}$ **partiell differenzierbar**. Partielle Differenzierbarkeit ist eine schwächere Eigenschaft als Differenzierbarkeit; Näheres hierzu folgt in 1.6 und 1.7.

Es ist üblich, bei anderer Benennung der Variablen die partiellen Ableitungen auch mit dem Variablennamen zu versehen, z.B. bei $f(x, y, z)$

$$\frac{\partial f}{\partial x}(x, y, z), \quad \frac{\partial f}{\partial y}(x, y, z), \quad \frac{\partial f}{\partial z}(x, y, z).$$

Sehr praktisch sind auch die folgenden Bezeichnungen:

$$\partial_1 f(\mathbf{a}), \ldots, \partial_n f(\mathbf{a}) \quad \text{bzw.} \quad \partial_x f(x, y, z), \ \partial_y f(x, y, z), \ \partial_z f(x, y, z).$$

BEISPIEL. Für $f(x, y, z) = x^2 \mathrm{e}^y + \sin z$ ist

$$\frac{\partial f}{\partial x}(x, y, z) = 2x\mathrm{e}^y, \quad \frac{\partial f}{\partial y}(x, y, z) = x^2\mathrm{e}^y, \quad \frac{\partial f}{\partial z}(x, y, z) = \cos z.$$

SATZ. *Ist* $\mathbf{f} : \mathbb{R}^n \supset \Omega \to \mathbb{R}^m$ *in* $\mathbf{a} \in \Omega$ *differenzierbar, so sind die Komponentenfunktionen* $f_1, \ldots, f_m$ *in* $\mathbf{a}$ *partiell differenzierbar, und die Ableitung* $d\mathbf{f}(\mathbf{a})$ *ist eindeutig bestimmt durch ihre Matrix bezüglich der kanonischen Basen in* $\mathbb{R}^n$ *und* $\mathbb{R}^m$,

$$\begin{pmatrix} \frac{\partial f_1}{\partial x_1}(\mathbf{a}) & \cdots & \frac{\partial f_1}{\partial x_n}(\mathbf{a}) \\ \vdots & & \vdots \\ \frac{\partial f_m}{\partial x_1}(\mathbf{a}) & \cdots & \frac{\partial f_m}{\partial x_n}(\mathbf{a}) \end{pmatrix} = \left(\frac{\partial f_i}{\partial x_k}(\mathbf{a}) \right) = (\partial_k f_i(\mathbf{a})) \,.$$

Diese heißt die **Jacobi–Matrix** von $\mathbf{f}$ an der Stelle $\mathbf{a}$. Da wir durchweg mit den kanonischen Basen arbeiten, identifizieren wir die Jacobi–Matrix mit der Ableitung:

$$d\mathbf{f}(\mathbf{a}) = \left(\frac{\partial f_i}{\partial x_k}(\mathbf{a}) \right) = (\partial_k f_i(\mathbf{a})) \,.$$

Die Spalten von $d\mathbf{f}(\mathbf{a})$ bezeichnen wir mit $\partial_1 \mathbf{f}(\mathbf{a}), \ldots, \partial_n \mathbf{f}(\mathbf{a})$.

BEWEIS.

Die in 1.2 eingeführte lineare Abbildung habe bezüglich der kanonischen Basen $\mathbf{e}_1, \ldots, \mathbf{e}_n$ des $\mathbb{R}^n$ und $\mathbf{e}_1', \ldots, \mathbf{e}_m'$ des $\mathbb{R}^m$ die Matrix A. Zu zeigen ist

$$A\mathbf{e}_k = \sum_{i=1}^{m} \frac{\partial f_i}{\partial x_k}(\mathbf{a}) \mathbf{e}_i' \quad \text{für} \quad k = 1, \ldots, n \,.$$

Das ergibt sich durch Grenzübergang $t \to 0$ $(t \neq 0)$ aus den Beziehungen

$$\sum_{i=1}^{m} \frac{f_i(\mathbf{a} + t\,\mathbf{e}_k) - f_i(\mathbf{a})}{t} \, \mathbf{e}_i' = \frac{\mathbf{f}(\mathbf{a} + t\,\mathbf{e}_k) - \mathbf{f}(\mathbf{a})}{t}$$

$$= \frac{A(t\,\mathbf{e}_k) + \mathbf{R}(t\,\mathbf{e}_k)}{t} = A\mathbf{e}_k \pm \frac{\mathbf{R}(t\,\mathbf{e}_k)}{\|t\,\mathbf{e}_k\|} \,.$$

Die rechte Seite hat nach Voraussetzung den Limes $A\mathbf{e}_k$. Also existiert auch der Limes der linken Seite, und zwar koordinatenweise nach § 21 : 2.4.   □

Für eine skalare Funktion $f : \mathbb{R}^n \supset \Omega \to \mathbb{R}$ erhalten wir insbesondere

$$df(\mathbf{a})\mathbf{h} = \frac{\partial f}{\partial x_1}(\mathbf{a})\, h_1 + \ldots + \frac{\partial f}{\partial x_n}(\mathbf{a})\, h_n$$

für jeden Vektor $\mathbf{h} = (h_1, \ldots, h_n) \in \mathbb{R}^n$.

Eine traditionelle Notation hierfür ist

$$df = \frac{\partial f}{\partial x_1}\, dx_1 + \ldots + \frac{\partial f}{\partial x_n}\, dx_n \,.$$

Hierbei werden die „Differentiale" $df, dx_1, \ldots, dx_n$ als „infinitesimale Zuwächse" interpretiert. Begrifflich klarer, wenn auch weniger anschaulich ist es jedoch, die dx_k als Projektion $\mathbf{h} = (h_1, \ldots, h_n) \mapsto h_k$ zu deuten, siehe auch 3.1.

1.6 Das Hauptkriterium für Differenzierbarkeit

Existieren für $\mathbf{f} : \mathbb{R}^n \supset \Omega \to \mathbb{R}^m$ *die partiellen Ableitungen der Komponenten* $f_1, \ldots, f_m$ *an jeder Stelle in* Ω *und sind diese stetige Funktionen auf* Ω, *so ist* $\mathbf{f}$ *in ganz* Ω *differenzierbar. Die Ableitung ist durch die Jacobi–Matrix gegeben,*

$$d\mathbf{f}(\mathbf{x}) = \left(\frac{\partial f_i}{\partial x_k}(\mathbf{x}) \right) \quad \text{für} \quad \mathbf{x} \in \Omega.$$

Mit Hilfe dieses Satzes ist die Entscheidung über Differenzierbarkeit und die Berechnung der Ableitung einfach, da partielle Ableitungen mit Hilfe der gewöhnlichen Differentialrechnung bestimmt werden können.

BEWEIS.

(a) Zunächst sei f eine reellwertige Funktion zweier Variablen. Wir dürfen o.B.d.A. annehmen, dass

$$f : \mathbb{R}^2 \supset \Omega \to \mathbb{R} \quad \text{und} \quad \mathbf{a} = (0,0) \in \Omega,$$

vgl. 1.3 (e). Zu gegebenem $\varepsilon > 0$ gibt es wegen der Stetigkeit der partiellen Ableitungen ein $\delta > 0$ mit $K_\delta(0,0) \subset \Omega$ und

$$\left| \partial_x f(x,y) - \partial_x f(0,0) \right| < \varepsilon,$$

$$\left| \partial_y f(x,y) - \partial_y f(0,0) \right| < \varepsilon$$

für alle $(x,y) \in K_\delta(0,0)$.
Sei im Folgenden $(x,y) \in K_\delta(0,0)$.
Dann liegt auch der Streckenzug mit den Ecken $(0,0)$, $(x,0)$, (x,y) ganz in $K_\delta(0,0)$.
Mit dem Hauptsatz der Differential- und Integralrechnung ergibt sich

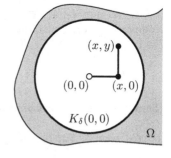

$$(*) \quad f(x,y) = f(x,0) + \int_0^y \partial_y f(x,t)\, dt$$

$$= f(0,0) + \int_0^x \partial_x f(s,0)\, ds + \int_0^y \partial_y f(x,t)\, dt.$$

Diese Darstellung nützen wir wie folgt aus: Zunächst schreiben wir $f(x,y)$ in der Form

$$f(x,y) = f(0,0) + x\,\partial_x f(0,0) + y\,\partial_y f(0,0) + R(x,y)$$

mit

$$R(x,y) = f(x,y) - f(0,0) - x\,\partial_x f(0,0) - y\,\partial_y f(0,0)\,.$$

Nach (∗) folgt

$$R(x,y) = \int_0^x (\partial_x f(s,0) - \partial_x f(0,0))\,ds + \int_0^y (\partial_y f(x,t) - \partial_y f(0,0))\,dt\,,$$

also

$$|R(x,y)| \le \left| \int_0^x |\partial_x f(s,0) - \partial_x f(0,0)|\,ds \right| + \left| \int_0^y |\partial_y f(x,t) - \partial_y f(0,0)|\,dt \right|$$

$$\le |x|\,\varepsilon + |y|\,\varepsilon \le \sqrt{2(x^2+y^2)}\,\varepsilon \quad \text{für} \quad \sqrt{x^2+y^2} < \delta\,.$$

Somit gilt

$$\lim_{(x,y)\to(0,0)} \frac{R(x,y)}{\sqrt{x^2+y^2}} = 0\,,$$

was die Differenzierbarkeit von f an der Stelle $(0,0)$ bedeutet.

(b) Bei einer Funktion von $n \ge 3$ Variablen $f : \mathbb{R}^n \supset \Omega \to \mathbb{R}$ gehen wir ganz entsprechend vor, indem wir $\mathbf{a} = \mathbf{0}$ und $\mathbf{x}$ durch den achsenparallelen Polygonzug mit den Ecken

$$(0,\dots,0),\ (x_1,0,\dots,0),\ (x_1,x_2,0,\dots,0),\dots,(x_1,\dots,x_n)$$

verbinden.

(c) Es sei nun $\mathbf{f} : \mathbb{R}^n \supset \Omega \to \mathbb{R}^m$ vektorwertig. Nach (a) und (b) ist jede Komponentenfunktion f_i an jeder Stelle $\mathbf{a} \in \Omega$ differenzierbar, es gilt also für $i = 1,\dots,m$

$$f_i(\mathbf{a}+\mathbf{h}) = f_i(\mathbf{a}) + \sum_{k=1}^n \frac{\partial f_i}{\partial x_k}(\mathbf{a})h_k + R_i(\mathbf{h}) \quad \text{mit} \quad \lim_{\mathbf{h}\to 0} \frac{R_i(\mathbf{h})}{\|\mathbf{h}\|} = 0\,.$$

Hieraus folgt mit der kanonischen Basis $(\mathbf{e}_1,\dots,\mathbf{e}_m)$ von $\mathbb{R}^m$

$$\mathbf{f}(\mathbf{a}+\mathbf{h}) = \sum_{i=1}^m f_i(\mathbf{a}+\mathbf{h})\mathbf{e}_i = \sum_{i=1}^m f_i(\mathbf{a})\mathbf{e}_i + \sum_{i=1}^m \sum_{k=1}^n \frac{\partial f_i}{\partial x_k}(\mathbf{a})h_k\mathbf{e}_i + \sum_{i=1}^m R_i(\mathbf{h})\mathbf{e}_i$$

$$= \mathbf{f}(\mathbf{a}) + A\,\mathbf{h} + \mathbf{R}(\mathbf{h})\,,$$

wobei $A = \left(\dfrac{\partial f_i}{\partial x_k}(\mathbf{a}) \right)$ die Jacobi–Matrix ist und $\mathbf{R}(\mathbf{h}) := \sum_{i=1}^m R_i(\mathbf{h})\mathbf{e}_i$ gesetzt wurde. Es gilt somit nach der Dreiecksungleichung

$$\frac{\|\mathbf{R}(\mathbf{h})\|}{\|\mathbf{h}\|} \leq \sum_{i=1}^{m} \frac{|R_i(\mathbf{h})|}{\|\mathbf{h}\|} \to 0 \quad \text{für} \quad \mathbf{h} \to \mathbf{0}. \qquad \square$$

1.7 Beispiele und Anmerkungen

(a) $\mathbf{f} : \mathbb{R}^2 \to \mathbb{R}^2$, $\begin{pmatrix} x \\ y \end{pmatrix} \mapsto \begin{pmatrix} \mathrm{e}^x \cos y \\ \mathrm{e}^x \sin y \end{pmatrix}$.

Die Komponenten $f_1(x,y) = \mathrm{e}^x \cos y$, $f_2(x,y) = \mathrm{e}^x \sin y$ sind partiell differenzierbar, und es gilt

$$\frac{\partial f_1}{\partial x}(x,y) = \mathrm{e}^x \cos y, \qquad \frac{\partial f_1}{\partial y}(x,y) = -\mathrm{e}^x \sin y,$$

$$\frac{\partial f_2}{\partial x}(x,y) = \mathrm{e}^x \sin y, \qquad \frac{\partial f_2}{\partial y}(x,y) = \mathrm{e}^x \cos y.$$

Da die partiellen Ableitungen stetig sind, ist $\mathbf{f}$ nach 1.6 differenzierbar und besitzt die Ableitung

$$\begin{pmatrix} \mathrm{e}^x \cos y & -\mathrm{e}^x \, siny \\ \mathrm{e}^x \sin y & \mathrm{e}^x \cos y \end{pmatrix}.$$

(b) **Partielle und totale Differenzierbarkeit.** In der Physik ist auch die Bezeichnung „total differenzierbar" statt „differenzierbar" gebräuchlich. Aus totaler Differenzierbarkeit folgt nach Satz 1.6 die Existenz der partiellen Ableitungen. Allein aus der Existenz der partiellen Ableitungen folgt noch nicht die Differenzierbarkeit. Sei z.B.

$$f(x,y) = \frac{xy}{x^2 + y^2} \quad \text{für} \quad \begin{pmatrix} x \\ y \end{pmatrix} \neq \begin{pmatrix} 0 \\ 0 \end{pmatrix} \quad \text{und} \quad f(0,0) = 0.$$

Dann existieren die partiellen Ableitungen in jedem Punkt $\mathbf{a} \in \mathbb{R}^2$, insbesondere gilt $\partial_x f(0,0) = \partial_y f(0,0) = 0$ $\boxed{\text{ÜA}}$. Wegen

$$\lim_{x \to 0} f(x,0) = 0, \quad \lim_{x \to 0} f(x,x) = \frac{1}{2}$$

ist f an der Stelle $(0,0)$ nicht einmal stetig. Nach 1.6 können also auch die partiellen Ableitungen nicht stetig sein. $\boxed{\text{ÜA}}$ Prüfen Sie das nach!

(c) Berechnen Sie die Jacobi–Matrix und deren Determinante für die beiden Abbildungen $\mathbb{R}^2 \to \mathbb{R}^2$ bzw. $\mathbb{R}^3 \to \mathbb{R}^3$:

$$\begin{pmatrix} r \\ \varphi \end{pmatrix} \mapsto \begin{pmatrix} r \cos \varphi \\ r \sin \varphi \end{pmatrix}, \quad \begin{pmatrix} r \\ \vartheta \\ \varphi \end{pmatrix} \mapsto \begin{pmatrix} r \cos \varphi \sin \vartheta \\ r \sin \varphi \sin \vartheta \\ r \cos \vartheta \end{pmatrix}.$$

2 Rechenregeln für differenzierbare Funktionen

2.1 Die Kettenregel

Sei $\mathbf{g} : \mathbb{R}^n \supset \Omega \to \mathbb{R}^m$ *an der Stelle* $\mathbf{x} \in \Omega$ *differenzierbar, ferner sei* $\mathbf{f} :$ $\mathbb{R}^m \supset \Omega' \to \mathbb{R}^l$ *an der Stelle* $\mathbf{y} = \mathbf{g}(\mathbf{x}) \in \Omega'$ *differenzierbar und* $g(\Omega) \subset \Omega'$, *also*

$$\Omega \xrightarrow{\ \mathbf{g}\ } \Omega' \xrightarrow{\ \mathbf{f}\ } \mathbb{R}^l \,.$$

Dann ist auch die Hintereinanderausführung $\mathbf{f} \circ \mathbf{g} : \Omega \to \mathbb{R}^l$ *an der Stelle* $\mathbf{x}$ *differenzierbar, und es gilt*

$$d(\mathbf{f} \circ \mathbf{g})(\mathbf{x}) = d\mathbf{f}(\mathbf{y}) \, d\mathbf{g}(\mathbf{x}) \quad \text{mit} \quad \mathbf{y} = \mathbf{g}(\mathbf{x}) \,.$$

Für die Jacobi–Matrizen ergibt sich nach Ausführung der Matrizenmultiplikation

$$\frac{\partial(f_i \circ \mathbf{g})}{\partial x_k}(\mathbf{x}) = \sum_{j=1}^m \frac{\partial f_i}{\partial y_j}(\mathbf{y}) \frac{\partial g_j}{\partial x_k}(\mathbf{x}) \quad \text{mit } i = 1, \dots, l; \ k = 1, \dots, n \,.$$

BEWEIS.
Wir setzen zur Abkürzung $A = d\mathbf{g}(\mathbf{x})$, $B = d\mathbf{f}(\mathbf{y})$. Nach Voraussetzung gilt

$$\mathbf{g}(\mathbf{x} + \mathbf{h}) = \mathbf{g}(\mathbf{x}) + A\mathbf{h} + \mathbf{R}(\mathbf{h}) \quad \text{und} \quad \lim_{\mathbf{h} \to \mathbf{0}} \frac{\mathbf{R}(\mathbf{h})}{\|\mathbf{h}\|} = \mathbf{0} \,,$$

$$\mathbf{f}(\mathbf{y} + \mathbf{k}) = \mathbf{f}(\mathbf{y}) + B\mathbf{k} + \mathbf{S}(\mathbf{k}) \quad \text{und} \quad \lim_{\mathbf{k} \to \mathbf{0}} \frac{\mathbf{S}(\mathbf{k})}{\|\mathbf{k}\|} = \mathbf{0} \,.$$

Hieraus ergibt sich

$$(\mathbf{f} \circ \mathbf{g})(\mathbf{x} + \mathbf{h}) = \mathbf{f}(\mathbf{g}(\mathbf{x} + \mathbf{h})) = \mathbf{f}(\mathbf{g}(\mathbf{x}) + A\mathbf{h} + \mathbf{R}(\mathbf{h}))$$

$$= \mathbf{f}(\mathbf{g}(\mathbf{x})) + B \cdot (A\mathbf{h} + \mathbf{R}(\mathbf{h})) + \mathbf{S}(A\mathbf{h} + \mathbf{R}(\mathbf{h}))$$

$$= (\mathbf{f} \circ \mathbf{g})(\mathbf{x}) + BA\mathbf{h} + \mathbf{T}(\mathbf{h}) \,, \quad \text{wobei}$$

$$\mathbf{T}(\mathbf{h}) := B\mathbf{R}(\mathbf{h}) + \mathbf{S}(A\mathbf{h} + \mathbf{R}(\mathbf{h})) \,.$$

Wir zeigen $\mathbf{T}(\mathbf{h})/\|\mathbf{h}\| \to \mathbf{0}$ für $\mathbf{h} \to \mathbf{0}$: Zu gegebenem $\varepsilon > 0$ mit $\varepsilon \leq 1$ gibt es nach Voraussetzung Zahlen $\delta_1, \delta_2 > 0$ mit $K_{\delta_1}(\mathbf{x}) \subset \Omega$, $K_{\delta_2}(\mathbf{y}) \subset \Omega'$ und

$$\|\mathbf{R}(\mathbf{h})\| \leq \varepsilon \|\mathbf{h}\| \quad \text{für} \quad \|\mathbf{h}\| < \delta_1 \,, \quad \|\mathbf{S}(\mathbf{k})\| \leq \varepsilon \|\mathbf{k}\| \quad \text{für} \quad \|\mathbf{k}\| < \delta_2 \,.$$

Setzen wir

$$\delta := \min\left\{ \delta_1, \, \frac{\delta_2}{\|A\|_2 + 1} \right\} \,,$$

so gilt für $\|\mathbf{h}\| < \delta$

$$\|B\mathbf{R}(\mathbf{h})\| \leq \|B\|_2 \|\mathbf{R}(\mathbf{h})\| \leq \|B\|_2 \, \varepsilon \, \|\mathbf{h}\| \, ,$$

$$\|A\mathbf{h} + \mathbf{R}(\mathbf{h})\| \leq \|A\|_2 \|\mathbf{h}\| + \varepsilon \|\mathbf{h}\| \leq \big(\|A\|_2 + 1\big) \|\mathbf{h}\| < \delta_2 \, .$$

Für $\mathbf{k} := A\mathbf{h} + \mathbf{R}(\mathbf{h})$ gilt somit $\|\mathbf{k}\| < \delta_2$, also $\mathbf{y} + \mathbf{k} \in \Omega'$ und

$$\|\mathbf{T}(\mathbf{h})\| \leq \|B\|_2 \, \varepsilon \, \|\mathbf{h}\| + \varepsilon \, \|A\mathbf{h} + \mathbf{R}(\mathbf{h})\| \leq \varepsilon \big(\|B\|_2 + \|A\|_2 + 1\big) \|\mathbf{h}\| \, . \quad \square$$

2.2 Aufgabe. Für $x > 0$, $y > 0$ und $u, v \in \mathbb{R}$ seien

$$\mathbf{f}(u, v) = \begin{pmatrix} u^2 - v^2 \\ 2uv \end{pmatrix} \quad \text{und} \quad \mathbf{g}(x, y) = 2 \begin{pmatrix} \log \sqrt{x^2 + y^2} \\ \arctan \frac{y}{x} \end{pmatrix} .$$

Bestimmen Sie die Ableitung $d(\mathbf{f} \circ \mathbf{g})(x, y)$.

2.3 Die Ableitung einer Linearkombination. Sind $\mathbf{f}, \mathbf{g} : \mathbb{R}^n \supset \Omega \to \mathbb{R}^m$ an der Stelle $\mathbf{a} \in \Omega$ differenzierbar, so ist auch $\alpha\mathbf{f} + \beta\mathbf{g}$, $\mathbf{x} \mapsto \alpha\mathbf{f}(\mathbf{x}) + \beta\mathbf{g}(\mathbf{x})$ für $\alpha, \beta \in \mathbb{R}$ dort differenzierbar, und es gilt

$$d(\alpha\mathbf{f} + \beta\mathbf{g})(\mathbf{a}) = \alpha \, d\mathbf{f}(\mathbf{a}) + \beta \, d\mathbf{g}(\mathbf{a}) \quad \boxed{\text{ÜA}}.$$

2.4 Produkt– und Quotientenregel

(a) Mit $f, g : \mathbb{R}^n \supset \Omega \to \mathbb{R}$ ist auch $f \cdot g$ an der Stelle $\mathbf{a} \in \Omega$ differenzierbar, und es gilt

$$d(f \cdot g)(\mathbf{a}) = f(\mathbf{a}) dg(\mathbf{a}) + g(\mathbf{a}) df(\mathbf{a}) \, .$$

(b) Im Fall $g(\mathbf{a}) \neq 0$ folgt ferner die Differenzierbarkeit von f/g und

$$d\left(\frac{f}{g}\right)(\mathbf{a}) = \frac{g(\mathbf{a}) df(\mathbf{a}) - f(\mathbf{a}) dg(\mathbf{a})}{g(\mathbf{a})^2} \, .$$

Durch Fortlassen der Argumente erhalten die beiden Regeln die übersichtliche Gestalt

$$d(fg) = f \, dg + g \, df \, , \quad d\left(\frac{f}{g}\right) = \frac{g \, df - f \, dg}{g^2} \, .$$

BEWEIS.

(a) Sei $F(u, v) = uv$. Dann ist $dF(u, v)$ eine 1×2–Matrix:

$$dF(u, v) = (v, u) \, ,$$

und die Kettenregel ergibt mit $\mathbf{G}(\mathbf{x}) = \begin{pmatrix} f(\mathbf{x}) \\ g(\mathbf{x}) \end{pmatrix}$

$$d(fg)(\mathbf{x}) = d(F \circ \mathbf{G})(\mathbf{x}) = (g(\mathbf{x}), f(\mathbf{x})) \, d\mathbf{G}(\mathbf{x}) = g(\mathbf{x}) \, df(\mathbf{x}) + f(\mathbf{x}) \, dg(\mathbf{x})$$

$\boxed{\text{ÜA}}$. (Wie sieht die Matrix $d\mathbf{G}(\mathbf{x})$ aus?)

(b) Analog zu (a) mit $H(u,v) = u/v$ $\boxed{\text{ÜA}}$.   □

2.5 C^r–Funktionen und C^r–Abbildungen

(a) Eine Abbildung $\mathbf{f} : \mathbb{R}^n \supset \Omega \to \mathbb{R}^m$ heißt **stetig differenzierbar** (C^1–**differenzierbar**, C^1–**Abbildung**) auf Ω, wenn alle partiellen Ableitungen $\partial_i f_k$ auf Ω existieren und dort stetig sind. Nach dem Hauptkriterium 1.6 sind C^1–Abbildungen differenzierbar auf Ω. Die Gesamtheit aller C^1–Abbildungen $\mathbf{f} : \Omega \to \mathbb{R}^m$ bezeichnen wir mit $C^1(\Omega, \mathbb{R}^m)$. C^1–**Funktionen** sind stetig differenzierbare Funktionen $f : \Omega \to \mathbb{R}$; ihre Gesamtheit wird mit $C^1(\Omega)$ bezeichnet. Nach 2.3 und § 21 : 7.4 ist $C^1(\Omega, \mathbb{R}^m)$ ein Vektorraum über $\mathbb{R}$.

(b) Eine C^1–Funktion $f : \mathbb{R}^n \supset \Omega \to \mathbb{R}$ heißt C^2–**differenzierbar** auf Ω, wenn alle partiellen Ableitungen $\partial_j f$ dort C^1–differenzierbar sind, d.h. wenn ihre partiellen Ableitungen

$$\partial_i \partial_j f = \frac{\partial^2 f}{\partial x_i \partial x_j} := \frac{\partial}{\partial x_i} \left(\frac{\partial f}{\partial x_j} \right)$$

in Ω existieren und dort stetig sind. f heißt C^3–differenzierbar auf Ω, wenn die $\partial_i \partial_j f$ ihrerseits stetig partiell differenzierbar sind, wenn also

$$\partial_i \partial_j \partial_k f = \frac{\partial^3 f}{\partial x_i \partial x_j \partial x_k} := \frac{\partial}{\partial x_i} \left(\frac{\partial^2 f}{\partial x_j \partial x_k} \right)$$

auf Ω existieren und stetig sind. Entsprechend ist C^r–**Differenzierbarkeit** ($r = 0, 1, 2, \ldots, \infty$) definiert. In 2.6 werden wir zeigen, dass es auf die Reihenfolge der Differentiation nicht ankommt. Die Gesamtheit aller C^r–differenzierbaren Funktionen bezeichnen wir mit $C^r(\Omega)$; die stetigen Funktionen werden auch C^0–Funktionen genannt.

Eine vektorwertige Funktion heißt C^r–**Abbildung** ($\mathbf{f} \in C^r(\Omega, \mathbb{R}^m)$) wenn alle Komponentenfunktionen zu $C^r(\Omega)$ gehören, ($r = 0, 1, 2, \ldots, \infty$).

SATZ. *Für jedes $r \geq 0$ ist $C^r(\Omega, \mathbb{R}^m)$ ein Vektorraum über $\mathbb{R}$.*

BEWEIS.

Die Vektorraumeigenschaft der stetigen Funktionen ist bekannt. Die übrigen Behauptungen folgen leicht durch Induktion nach r $\boxed{\text{ÜA}}$.   □

2.6 Vertauschbarkeit der partiellen Ableitungen

Für jede C^2–Funktion f auf $\Omega \subset \mathbb{R}^n$ gilt nach Hermann Amandus Schwarz:

$$\frac{\partial}{\partial x_i}\left(\frac{\partial f}{\partial x_k}\right) = \frac{\partial}{\partial x_k}\left(\frac{\partial f}{\partial x_i}\right), \quad \text{kurz} \quad \partial_i \partial_k f = \partial_k \partial_i f \quad \text{für} \quad i, k = 1, \ldots, n.$$

Der Beweis stützt sich auf den folgenden

Satz über Parameterintegrale. *Ist $g : \mathbb{R}^2 \supset \Omega \to \mathbb{R}$ C^1–differenzierbar und liegt das Rechteck $[a, b] \times [c, d]$ in Ω, so liefert*

$$G(x) := \int\limits_c^d g(x, y)\, dy$$

eine auf $[a, b]$ stetig differenzierbare Funktion mit

$$G'(x) = \int\limits_c^d \frac{\partial g}{\partial x}(x, y)\, dy.$$

Der Beweis wäre an dieser Stelle zwar nicht schwer zu führen, soll aber in allgemeinerer Form in § 23 : 2.3 gegeben werden.

Beweis von 2.6.

Für einen gegebenen Punkt $\mathbf{a} \in \Omega$ und $i \neq k$ setzen wir

$$\varphi(u, v) := f(\mathbf{a} + u\mathbf{e}_i + v\mathbf{e}_k).$$

Zu zeigen ist dann $\partial_u \partial_v \varphi(0, 0) = \partial_v \partial_u \varphi(0, 0)$.

Die Funktion φ ist in einer Umgebung U des Nullpunktes definiert. U enthält eine Kreisscheibe $K_\delta(0, 0)$ mit $\delta > 0$ und diese wieder ein kompaktes Quadrat

$$Q = \left\{(u, v) \;\middle|\; |u| \leq r,\; |v| \leq r\right\} \quad \left(r = \tfrac{\delta}{2} > 0\right).$$

Der Hauptsatz der Differential– und Integralrechnung liefert

$$\varphi(u, v) = \varphi(u, 0) + \int\limits_0^v \partial_v \varphi(u, t)\, dt.$$

in Q, und nach dem Satz über Parameterintegrale für $g = \partial_v \varphi$ gilt

$$\partial_u \varphi(u, v) - \partial_u \varphi(u, 0) = \int\limits_0^v \partial_u \partial_v \varphi(u, t)\, dt.$$

Daraus folgt, wieder nach dem Hauptsatz der Differential– und Integralrechnung

$$\partial_v \partial_u \varphi(u, v) = \partial_u \partial_v \varphi(u, v) \quad \text{in } Q. \qquad \square$$

2.7 Aufgaben. Zeigen Sie:

(a) Die Funktionen $\mathbf{x} \mapsto \cos\langle \mathbf{k}, \mathbf{x}\rangle$, $\mathbf{x} \mapsto \sin\langle \mathbf{k}, \mathbf{x}\rangle$ mit $\mathbf{k} \in \mathbb{R}^n$ sind beliebig oft differenzierbar. Beide genügen der Differentialgleichung $\Delta u + \|\mathbf{k}\|^2 u = 0$ mit $\Delta := \partial_1 \partial_1 + \ldots + \partial_n \partial_n$.

(b) Die Funktion $\mathbf{x} \mapsto \exp(-\|\mathbf{x}\|^{-2})$ für $\mathbf{x} \neq \mathbf{0}$ ist bei geeigneter Fortsetzung in den Nullpunkt C^∞–differenzierbar auf $\mathbb{R}^n$. Verwenden Sie § 9 : 6.3 (d).

(c) Seien $F, G : \mathbb{R} \to \mathbb{R}$ beliebige C^2–Funktionen und $c > 0$. Zeigen Sie für $u(t, x) := F(x + ct) + G(x - ct)$, dass u der *Wellengleichung*

$$\frac{1}{c^2} \frac{\partial^2 u}{\partial t^2} = \frac{\partial^2 u}{\partial c^2}$$

genügt. Machen Sie sich klar, wie sich die Graphen der Funktionen

$$x \mapsto F(x + ct), \quad x \mapsto G(x - ct)$$

in Abhängigkeit vom Zeitparameter t bewegen.

3 Gradient, Richtungsableitung und Hauptsatz

3.1 Der Gradient

Für C^1–Funktionen $f : \Omega \to \mathbb{R}$ ist die Ableitung an einer festen Stelle $\mathbf{a} \in \Omega$ nach Definition eine Linearform:

$$df(\mathbf{a}) : \mathbb{R}^n \to \mathbb{R}, \quad \mathbf{h} \mapsto df(\mathbf{a})\mathbf{h}.$$

Diese wird das **Differential** von f an der Stelle $\mathbf{a}$ genannt. Die Jacobi–Matrix ist die Zeilenmatrix

$$\big(\partial_1 f(\mathbf{a}), \ldots, \partial_n f(\mathbf{a})\big).$$

Für $\mathbf{h} = \sum\limits_{k=1}^{n} h_k \mathbf{e}_k$ erhalten wir die Koordinatendarstellung

$$df(\mathbf{a})\mathbf{h} = \sum_{k=1}^{n} \partial_k f(\mathbf{a}) h_k.$$

Manchmal ist es zweckmäßig, diese Summe als Skalarprodukt der Vektoren

$$\nabla f(\mathbf{a}) = \begin{pmatrix} \partial_1 f(\mathbf{a}) \\ \vdots \\ \partial_n f(\mathbf{a}) \end{pmatrix}, \quad \mathbf{h} = \begin{pmatrix} h_1 \\ \vdots \\ h_n \end{pmatrix}$$

aufzufassen, also

$$df(\mathbf{a})\mathbf{h} = \langle \nabla f(\mathbf{a}), \mathbf{h}\rangle.$$

Der Vektor $\nabla f(\mathbf{a})$ heißt **Gradient** von f an der Stelle $\mathbf{a}$; der Name ergibt sich aus der in 3.2 folgenden Interpretation.

Die Ableitungsregeln 2.3, 2.4 lauten in Gradientenschreibweise

(a) $\nabla(\alpha f + \beta g) = \alpha\nabla f + \beta\nabla g$ (*Linearität des Gradienten*),

(b) $\nabla(f\,g) = f\,\nabla g + g\,\nabla f$ (*Produktregel*),

(c) $\nabla\left(\dfrac{f}{g}\right) = \dfrac{g\,\nabla f - f\,\nabla g}{g^2}$ (*Quotientenregel*);

Letzteres wie in 2.5 außerhalb der Nullstellenmenge von g.

ÜA Zeigen Sie für die euklidische Abstandsfunktion

$$\mathbf{x} \mapsto f(\mathbf{x}) := \|\mathbf{x}\| = \sqrt{\sum_{k=1}^{n} x_k^2}\,,$$

dass f C^1–differenzierbar außerhalb des Ursprungs ist und $\nabla f(\mathbf{x}) = \mathbf{x}/\|\mathbf{x}\|$ für $\mathbf{x} \neq \mathbf{0}$ gilt.

3.2 Kettenregel und Richtungsableitung

Unter einem **C^1–Weg** im $\mathbb{R}^n$ verstehen wir eine C^1–Abbildung

$$\boldsymbol{\varphi} : I \to \mathbb{R}^n$$

auf einem Intervall I. Die Bildmenge $\boldsymbol{\varphi}(I)$ heißt **Spur** von $\boldsymbol{\varphi}$. Für jedes $t \in I$ ist der **Tangentenvektor** durch

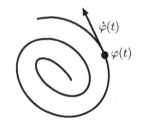

$$\dot{\boldsymbol{\varphi}}(t) := \lim_{s \to t} \frac{\boldsymbol{\varphi}(s) - \boldsymbol{\varphi}(t)}{s - t} = \begin{pmatrix} \dot{\varphi}_1(t) \\ \vdots \\ \dot{\varphi}_n(t) \end{pmatrix}$$

definiert; in Randpunkten von I ist die Ableitung als einseitiger Grenzwert im Sinne von §9:2.3 zu verstehen. Die Stetigkeit von $t \mapsto \dot{\boldsymbol{\varphi}}(t)$ ist gleichbedeutend mit der Stetigkeit der Funktionen $t \mapsto \dot{\varphi}_k(t)$ für $k = 1, \ldots, n$.

Deuten wir $\boldsymbol{\varphi}(t)$ als den Ort eines Massenpunktes zum Zeitpunkt t, so ist $\dot{\boldsymbol{\varphi}}(t)$ der Geschwindigkeitsvektor.

Die Kettenregel. Ist $f \in C^1(\Omega)$ und ist $\boldsymbol{\varphi} : I \to \Omega$ ein C^1–Weg, so gilt

$$\frac{d}{dt}\,f(\boldsymbol{\varphi}(t)) = \langle\,\nabla f(\boldsymbol{\varphi}(t)), \dot{\boldsymbol{\varphi}}(t)\,\rangle = \sum_{k=1}^{n} \partial_k f(\boldsymbol{\varphi}(t))\,\dot{\varphi}_k(t)\,.$$

BEWEIS.

(a) Für offene Intervalle I folgt das direkt aus der Kettenregel 2.1:

$$\frac{d}{dt}\,f(\boldsymbol{\varphi}(t)) \;=\; df(\mathbf{x})\cdot d\boldsymbol{\varphi}(t) \quad\text{mit}\ \mathbf{x}=\boldsymbol{\varphi}(t),\quad\text{wobei}$$

$$df(\mathbf{x}) \;=\; (\partial_1 f(\mathbf{x}),\dots,\partial_n f(\mathbf{x})) \quad\text{und}\quad d\boldsymbol{\varphi}(t) \;=\; \dot{\boldsymbol{\varphi}}(t)\,.$$

(b) Sei I nicht offen und a ein Randpunkt von I, etwa der linke. Durch $\boldsymbol{\varphi}(t) :=$ $\boldsymbol{\varphi}(a)+(t-a)\,\dot{\boldsymbol{\varphi}}(a)$ für $a-\delta < t \leq a$ lässt sich $\boldsymbol{\varphi}$ in stetig differenzierbarer Weise über I hinaus fortsetzen. Wegen der Stetigkeit von $\boldsymbol{\varphi}$ und der Offenheit von Ω gilt $\boldsymbol{\varphi}(t) \in \Omega$ für genügend kleines δ. Wir dürfen also immer die Situation (a) unterstellen. $\square$

Die Richtungsableitung von f an der Stelle $\mathbf{a}$ in Richtung $\mathbf{v}$ ist definiert durch

$$\partial_{\mathbf{v}} f(\mathbf{a}) \;:=\; \frac{d}{dt} f(\mathbf{a}+t\,\mathbf{v})\,\Big|_{t=0}\,.$$

Nach der Kettenregel, angewandt auf $\boldsymbol{\varphi}(t) = \mathbf{a}+t\,\mathbf{v}$, $\dot{\boldsymbol{\varphi}}(t) = \mathbf{v}$, ergibt sich

$$\partial_{\mathbf{v}} f(\mathbf{a}) \;=\; \langle\,\nabla f(\mathbf{a}),\mathbf{v}\,\rangle\,.$$

Für $\mathbf{v} = \mathbf{e}_i$ ist $\partial_{\mathbf{v}} f(\mathbf{a})$ die partielle Ableitung $\partial_i f(\mathbf{a})$. Für $\|\mathbf{v}\| = 1$ gibt die Funktion $t \mapsto f(\mathbf{a}+t\,\mathbf{v})$ das Verhalten der Funktion f längs der Geraden $g = \{\mathbf{a}+t\,\mathbf{v} \mid t \in \mathbb{R}\}$ im gleichen Maßstab wieder, also ist $\partial_{\mathbf{v}} f(\mathbf{a})$ die Steigung des Graphen von f längs dieser Geraden. Daher wird der Begriff „Richtungsableitung" in der Literatur z.T. nur für Vektoren $\mathbf{v}$ der Länge 1 verwendet.

Gradient und Richtung stärksten Anstiegs. Im Fall $\|\mathbf{v}\| = 1$ gilt nach der Cauchy–Schwarzschen Ungleichung

$$|\partial_{\mathbf{v}} f(\mathbf{a})| \;=\; |\langle\,\nabla f(\mathbf{a}),\mathbf{v}\,\rangle| \;\leq\; \|\nabla f(\mathbf{a})\|\,,$$

und im Fall $\nabla f(\mathbf{a}) \neq \mathbf{0}$ wird die größtmögliche Anstiegsrate $\|\nabla f(\mathbf{a})\|$ genau dann erreicht, wenn

$$\mathbf{v} \;=\; \frac{\nabla f(\mathbf{a})}{\|\nabla f(\mathbf{a})\|}\,.$$

Somit gibt $\nabla f(\mathbf{a})$ die Richtung stärksten Fortschreitens (lat. *gradiens*: fortschreitend) an.

3.3 Aufgaben

(a) Eine Punktmasse an der Stelle $\mathbf{a}$ erzeugt das Gravitationspotential

$$U(\mathbf{x}) \;=\; -\,\frac{\gamma\,m}{\|\mathbf{x}-\mathbf{a}\|}\,.$$

Berechnen Sie die auf eine Einheitsmasse im Punkt $\mathbf{x} \neq \mathbf{a}$ wirkende Gravitationskraft $\nabla U(\mathbf{x})$.

(b) Berechnen Sie $\nabla F(\|\mathbf{x}\|)$ für $\mathbf{x} \neq \mathbf{0}$, wobei F eine C^1–Funktion auf $\mathbb{R}_{>0}$ ist.

3.4 Der Hauptsatz der Differential– und Integralrechnung im $\mathbb{R}^n$

(a) *Sei* $f : \mathbb{R}^n \supset \Omega \to \mathbb{R}$ *eine* C^1*–Funktion und* $\boldsymbol{\varphi} : [\alpha, \beta] \to \Omega$ *ein* C^1*–Weg mit den Endpunkten* $\mathbf{a} = \boldsymbol{\varphi}(\alpha)$, $\mathbf{b} = \boldsymbol{\varphi}(\beta)$. *Dann gilt:*

$$f(\mathbf{b}) - f(\mathbf{a}) = \int\limits_\alpha^\beta \langle \nabla f(\boldsymbol{\varphi}(t)), \dot{\boldsymbol{\varphi}}(t) \rangle \, dt \, .$$

Dies ergibt sich unmittelbar aus der Kettenregel 3.2 und dem eindimensionalen Hauptsatz der Differential– und Integralrechnung § 11 : 5.3:

$$f(\mathbf{b}) - f(\mathbf{a}) = f(\boldsymbol{\varphi}(\beta)) - f(\boldsymbol{\varphi}(\alpha)) = \int\limits_\alpha^\beta \tfrac{d}{dt} f(\boldsymbol{\varphi}(t)) \, dt$$

$$= \int\limits_\alpha^\beta \langle \nabla f(\boldsymbol{\varphi}(t)), \dot{\boldsymbol{\varphi}}(t) \rangle \, dt \, .$$

Wir kommen auf diese Beziehung im Zusammenhang mit konservativen Vektorfeldern und ihren Potentialen zurück (§ 24: 5.2). Der Hauptsatz erlaubt es, aus Informationen über die Ableitung Schlüsse auf das Verhalten der Funktion im Grossen zu ziehen. Eine erste Folgerung ist der

(b) **Schrankensatz.** (i) *Sei* $f \in C^1(\Omega)$, *und die Verbindungsstrecke* S *der Punkte* $\mathbf{a}$ *und* $\mathbf{b}$ *liege ganz in* Ω. *Dann gilt*

$$|f(\mathbf{b}) - f(\mathbf{a})| \leq M \, \|\mathbf{b} - \mathbf{a}\| \quad mit \quad M = \max \left\{ \|\nabla f(\mathbf{x})\| \mid \mathbf{x} \in S \right\}.$$

(ii) *Für vektorwertige Funktionen* $\mathbf{f} : \mathbb{R}^n \supset \Omega \to \mathbb{R}^m$ *gilt unter entsprechenden Voraussetzungen*

$$\|\mathbf{f}(\mathbf{b}) - \mathbf{f}(\mathbf{a})\| \leq L \, \|\mathbf{b} - \mathbf{a}\| \quad mit \quad L = \max \left\{ \|d\mathbf{f}(\mathbf{x})\|_2 \mid \mathbf{x} \in S \right\}.$$

BEWEIS.

(i) Mit $\boldsymbol{\varphi}(t) = \mathbf{a} + t(\mathbf{b} - \mathbf{a})$ für $0 \leq t \leq 1$ ergibt sich aus (a) mit Hilfe der Cauchy–Schwarzschen Ungleichung

$$|f(\mathbf{b}) - f(\mathbf{a})| = \Big| \int\limits_0^1 \langle \nabla f(\boldsymbol{\varphi}(t)), \mathbf{b} - \mathbf{a} \rangle \, dt \, \Big| \leq \int\limits_0^1 |\langle \nabla f(\boldsymbol{\varphi}(t)), \mathbf{b} - \mathbf{a} \rangle| \, dt$$

$$\leq \int\limits_0^1 \|\nabla f(\boldsymbol{\varphi}(t))\| \cdot \|\mathbf{b} - \mathbf{a}\| \, dt \leq M \, \|\mathbf{b} - \mathbf{a}\| \, .$$

(ii) Es gilt $\left|\int\limits_0^1 u\,\right|^2 = \left|\int\limits_0^1 u\cdot 1\,\right|^2 \leq \int\limits_0^1 |u|^2 \cdot \int\limits_0^1 1^2 = \int\limits_0^1 |u|^2$ (Cauchy–Schwarz für

das Integralskalarprodukt $\langle u,v\rangle = \int\limits_0^1 uv$, §19:1.5, §19:1.3 (c)). Mit (i) folgt

$$\|\mathbf{f}(\mathbf{b}) - \mathbf{f}(\mathbf{a})\|^2 \leq \|\mathbf{b}-\mathbf{a}\|^2 \int\limits_0^1 \sum_{i=1}^m \|\nabla f_i(\boldsymbol{\varphi}(t))\|^2\, dt \leq L^2 \|\mathbf{b}-\mathbf{a}\|^2. \qquad \square$$

3.5 Das Verschwinden der Ableitung

Verschwindet der Gradient einer C^1–Funktion f auf einem Gebiet Ω, so ist f konstant.

BEMERKUNG. An dieser Stelle wird klar, warum wir als Definitionsbereiche differenzierbarer Funktionen nur Gebiete verwenden. Ohne die Voraussetzung des Wegzusammenhangs folgt aus dem Verschwinden der Ableitung nicht die Konstanz von f. Ist beispielsweise $\Omega = \Omega_1 \cup \Omega_2$ mit disjunkten offenen Mengen Ω_1 und Ω_2 und ist $f(\mathbf{x}) = 1$ für $\mathbf{x}\in\Omega_1$, $f(\mathbf{x}) = 2$ für $\mathbf{x}\in\Omega_2$, so ist $\nabla f(\mathbf{x}) = 0$ für alle $\mathbf{x}\in\Omega$, aber f nicht konstant.

BEWEIS.
Wir fixieren einen Punkt $\mathbf{x}_0 \in \Omega$. Ein beliebiger Punkt $\mathbf{x} \in \Omega$ lässt sich nach §21:9.4 mit $\mathbf{x}_0$ durch einen polygonalen Weg mit Ecken $\mathbf{x}_0, \mathbf{x}_1, \dots, \mathbf{x}_N = \mathbf{x}$ verbinden. Anwendung des Mittelwertsatzes 3.4 auf die einzelnen Verbindungsstrecken ergibt

$$f(\mathbf{x}_0) = f(\mathbf{x}_1) = \dots = f(\mathbf{x}_N) = f(\mathbf{x}). \qquad \square$$

3.6 Aufgaben.

(a) Zeigen Sie: Eine C^1–Funktion f auf der gelochten Ebene $\mathbb{R}^2 \setminus \{\mathbf{0}\}$ ist genau dann *kreissymmetrisch* oder *radial*, d.h. von der Form $f(\mathbf{x}) = F(\|\mathbf{x}\|)$ mit einer C^1–Funktion F auf $\mathbb{R}_{>0}$, wenn

$$-x_2\,\partial_1 f(x_1, x_2) + x_1\,\partial_2 f(x_1, x_2) = 0 \quad \text{für alle} \quad \mathbf{x} = (x_1, x_2) \neq \mathbf{0}.$$

Hinweis für „$\Longleftarrow$“: Zeigen Sie, dass f auf jeder Kreislinie $\|\mathbf{x}\| = r > 0$ einen konstanten Wert $F(r)$ hat und weisen Sie die C^1–Differenzierbarkeit von F nach.

(b) Eine Funktion $f : \mathbb{R}^n \setminus \{\mathbf{0}\} \to \mathbb{R}$ heißt **positiv homogen** vom Grad p, $(p \in \mathbb{R})$, wenn $f(t\mathbf{x}) = t^p f(\mathbf{x})$ für jedes $t > 0$ und $\mathbf{x} \neq \mathbf{0}$ gilt. Zeigen Sie für C^1–Funktionen mit dieser Eigenschaft die **Eulersche Homogenitätsrelation**

$$p f(\mathbf{x}) = \langle \nabla f(\mathbf{x}), \mathbf{x} \rangle.$$

Z.B. ist $f(\mathbf{x}) = \sqrt{|x_1 \cdots x_n|}$ positiv homogen vom Grad $n/2$.

4 Der Satz von Taylor

4.1 Zur Methode

Die Taylorentwicklung einer Funktion $f \in \mathrm{C}^r(\Omega)$ an einer Stelle $\mathbf{a} \in \Omega$ lässt sich wie folgt auf die eindimensionale Taylorentwicklung zurückführen: Wir untersuchen das Verhalten von f längs Strecken $[\mathbf{a}, \mathbf{a}+\mathbf{h}] := \{\mathbf{a}+t\mathbf{h} \mid 0 \le t \le 1\}$, betrachten also $g : [0,1] \to \mathbb{R}$, $t \mapsto f(\mathbf{a} + t\mathbf{h})$. Die Taylorentwicklung von g im Nullpunkt ergibt eine <u>Entwicklung</u> von $f(\mathbf{a} + \mathbf{h})$. Weil Ω offen ist, gibt es ein $\delta > 0$ mit $[\mathbf{a}, \mathbf{a} + \mathbf{h}] \subset K_\delta(\mathbf{a}) \subset \Omega$.

Die Taylorentwicklung erster Ordnung $g(1) = g(0) + g'(\vartheta)$ liefert den

Mittelwertsatz. *Sei $f \in \mathrm{C}^1(\Omega)$ und $[\mathbf{a}, \mathbf{a}+\mathbf{h}] \subset \Omega$. Dann gibt es ein $\vartheta \in \,]0,1[$ mit*

$$f(\mathbf{a} + \mathbf{h}) = f(\mathbf{a}) + f'(\mathbf{a} + \vartheta\mathbf{h})\mathbf{h} = f(\mathbf{a}) + \langle \nabla f(\mathbf{a} + \vartheta\mathbf{h}), \mathbf{h} \rangle .$$

BEWEIS als $\boxed{\text{ÜA}}$.

4.2 Taylorentwicklung zweiter Ordnung

Sei $f \in \mathrm{C}^2(\Omega)$ und $\mathbf{a} \in \Omega$. Dann gibt es zu jedem Vektor $\mathbf{h} = (h_1, \ldots, h_n)$ mit $[\mathbf{a}, \mathbf{a} + \mathbf{h}] \subset \Omega$ ein $\vartheta \in \,]0,1[$, so dass gilt

$$f(\mathbf{a} + \mathbf{h}) = f(\mathbf{a}) + \sum_{k=1}^{n} \partial_k f(\mathbf{a}) h_k + \tfrac{1}{2} \sum_{i=1}^{n} \sum_{k=1}^{n} \partial_i \partial_k f(\mathbf{a} + \vartheta\mathbf{h}) h_i h_k .$$

Wir schreiben jetzt $f'(\mathbf{x})$ für die Jacobi–Matrix und

$$f''(\mathbf{x}) = \big(\partial_i \partial_k f(\mathbf{x}) \big)$$

für die Matrix der zweiten partiellen Ableitungen, genannt die **Hesse–Matrix.** Diese ist symmetrisch wegen der Vertauschbarkeit der Differentiationsreihenfolge 2.6.

Die Taylorentwicklung von f erhält damit die einprägsame Form

$$f(\mathbf{a} + \mathbf{h}) = f(\mathbf{a}) + f'(\mathbf{a})\mathbf{h} + \tfrac{1}{2} \big\langle \mathbf{h}, f''(\mathbf{a} + \vartheta\mathbf{h})\mathbf{h} \big\rangle .$$

BEWEIS.

Nach der Kettenregel gilt für $g(t) = f(\mathbf{a} + t\mathbf{h})$

$$g'(t) = \sum_{k=1}^{n} \partial_k f(\mathbf{a} + t\,\mathbf{h}) h_k ,$$

also

$$g''(t) = \sum_{k=1}^{n} h_k \sum_{i=1}^{n} \partial_i \partial_k f(\mathbf{a} + t\,\mathbf{h}) h_i = \sum_{i=1}^{n} \sum_{k=1}^{n} \partial_i \partial_k f(\mathbf{a} + t\,\mathbf{h}) h_i h_k .$$

Die Behauptung ergibt sich nun aus $g(1) = g(0) + g'(0) + \tfrac{1}{2} g''(\vartheta)$. $\qquad\square$

4.3 Taylorentwicklungen höherer Ordnung lassen sich ebenfalls nach der oben geschilderten Methode gewinnen. Wie sich die auftretenden Vielfachsummen in den höheren partiellen Ableitungen mit Hilfe der *Multiindexschreibweise* in eine überschaubarere Form bringen lassen, finden Sie in Bd. 2, § 11 oder [BARNER–FLOHR, Bd. 2, § 14.4].

4.4 Aufgaben. (a) Approximieren Sie $1.04^{0.98}$ mittels Taylorentwicklung zweiter Ordnung von x^y an der Stelle $\mathbf{a} = (1, 1)$. Schätzen Sie den Fehler ab.

(b) Geben Sie für C^3–Funktionen $f : \mathbb{R}^2 \to \mathbb{R}$ die Taylorentwicklung dritter Ordnung an.

(c) Bestimmen Sie das Taylorpolynom mit Gliedern bis zur dritten Ordnung für $f(x, y) = e^x \cos y$ im Nullpunkt. Vergleichen Sie dieses mit dem Produkt der gewöhnlichen Taylorpolynome $\left(1 + x + \frac{x^2}{2} + \frac{x^3}{6}\right)\left(1 - \frac{y^2}{2}\right)$.

4.5 Lokale Extrema

Eine Funktion $f : \mathbb{R}^n \supset \Omega \to \mathbb{R}$ hat in $\mathbf{a} \in \Omega$ ein **lokales Minimum (Maximum)**, wenn es ein $r > 0$ gibt mit $K_r(\mathbf{a}) \subset \Omega$ und

$$f(\mathbf{a}) \leq f(\mathbf{x}) \quad (f(\mathbf{a}) \geq f(\mathbf{x})) \quad \text{für alle} \quad \mathbf{x} \in K_r(\mathbf{a}).$$

Ein lokales Minimum oder Maximum heißt auch lokales Extremum.

Ein Punkt $\mathbf{a} \in \Omega$ heißt ein **stationärer** oder **kritischer Punkt** einer C^1–Funktion $f : \Omega \to \mathbb{R}$, falls $\nabla f(\mathbf{a}) = \mathbf{0}$.

Die Bedingungen für ein lokales Extremum lassen sich völlig analog zum eindimensionalen Fall formulieren. Dazu erinnern wir an den Begriff „positive Matrix" § 20 : 4.6: Für symmetrische Matrizen A bedeutet $A \geq 0$, dass $\langle \mathbf{h}, A\mathbf{h} \rangle \geq 0$ für alle $\mathbf{h} \in \mathbb{R}^n$ gilt. $A > 0$ bedeutet die positive Definitheit dieser quadratischen Form und ist gleichbedeutend damit, dass alle Eigenwerte von A positiv sind.

SATZ.

(a) *Hat $f \in C^2(\Omega)$ in $\mathbf{a} \in \Omega$ ein lokales Minimum (Maximum), so ist notwendigerweise*

$$f'(\mathbf{a}) = 0 \quad \text{und} \quad f''(\mathbf{a}) \geq 0 \quad \left(f''(\mathbf{a}) \leq 0\right).$$

(b) *Die Bedingungen*

$$f'(\mathbf{a}) = 0 \quad \text{und} \quad f''(\mathbf{a}) > 0 \quad \left(f''(\mathbf{a}) < 0\right)$$

sind hinreichend für ein lokales Minimum (Maximum) an der Stelle $\mathbf{a} \in \Omega$.

(c) *Nimmt die quadratische Form $\mathbf{h} \mapsto \langle f''(\mathbf{a})\mathbf{h}, \mathbf{h} \rangle$ sowohl positive als auch negative Werte an, so ist $\mathbf{a}$ keine Extremalstelle von f.*

BEWEIS.

(a) Für einen festen Vektor $\mathbf{h}$ betrachten wir

$$g(t) = f(\mathbf{a} + t\mathbf{h}) \quad \text{für} \quad |t| \ll 1.$$

Hat f an der Stelle $\mathbf{a}$ ein lokales Minimum, so gilt

$$g(t) = f(\mathbf{a} + t\mathbf{h}) \geq f(\mathbf{a}) = g(0) \quad \text{für} \quad |t| \ll 1.,$$

also hat g an der Stelle 0 ein lokales Minimum. Mit 4.2 und § 9 : 8.1 folgt

$$g'(0) = \langle \nabla f(\mathbf{a}), \mathbf{h} \rangle = 0$$

und

$$g''(0) = \sum_{i=1}^{n} \sum_{k=1}^{n} \partial_i \partial_k f(\mathbf{a}) h_i h_k = \langle \mathbf{h}, f''(\mathbf{a})\mathbf{h} \rangle \geq 0$$

für alle $\mathbf{h} \in \mathbb{R}^n$. Aus der ersten Beziehung folgt $f'(\mathbf{a}) = 0$ bzw. $\nabla f(\mathbf{a}) = \mathbf{0}$.

(b) Die Hesse–Matrix $f''(\mathbf{a})$ sei positiv definit und $\lambda > 0$ ihr kleinster Eigenwert. Nach § 20 : 4.1 gilt

$$\langle \mathbf{h}, f''(\mathbf{a})\mathbf{h} \rangle \geq \lambda \|\mathbf{h}\|^2 \quad \text{für alle} \quad \mathbf{h} \in \mathbb{R}^n.$$

Wir behaupten, dass es ein $\delta > 0$ gibt mit $K_\delta(\mathbf{a}) \subset \Omega$ und

$$(*) \quad \langle \mathbf{h}, f''(\mathbf{x})\mathbf{h} \rangle \geq \frac{\lambda}{2} \|\mathbf{h}\|^2 \quad \text{für} \quad \mathbf{x} \in K_\delta(\mathbf{a}), \, \mathbf{h} \in \mathbb{R}^n.$$

Ist dies gezeigt, so folgt aus der Taylorentwicklung 4.2 mit $\nabla f(\mathbf{a}) = \mathbf{0}$

$$f(\mathbf{a} + \mathbf{h}) - f(\mathbf{a}) = \frac{1}{2} \langle \mathbf{h}, f''(\mathbf{a} + \vartheta \mathbf{h})\mathbf{h} \rangle \geq \frac{\lambda}{4} \|\mathbf{h}\|^2 > 0$$

für $\mathbf{h} \neq \mathbf{0}$ und $\mathbf{x} := \mathbf{a} + \mathbf{h} \in K_\delta(\mathbf{a})$, was die Behauptung darstellt.

Zum Nachweis von $(*)$ nützen wir die Stetigkeit von $\partial_i \partial_k f$ aus: Zu $\varepsilon = \lambda/(2n)$ gibt es ein $\delta > 0$ mit $K_\delta(\mathbf{a}) \subset \Omega$ und

$$\left| \partial_i \partial_k f(\mathbf{x}) - \partial_i \partial_k f(\mathbf{a}) \right| < \frac{\lambda}{2n} \quad \text{für} \quad \|\mathbf{x} - \mathbf{a}\| < \delta,$$

und $i, k = 1, \ldots, n$. Für $\mathbf{x} \in K_\delta(\mathbf{a})$ gilt dann für die Matrixnorm (vgl. § 21 : 7.2)

$$\left\| f''(\mathbf{x}) - f''(\mathbf{a}) \right\|_2 = \Big(\sum_{i=1}^{n} \sum_{k=1}^{n} | \partial_i \partial_k f(\mathbf{x}) - \partial_i \partial_k f(\mathbf{a}) |^2 \Big)^{\frac{1}{2}} < \frac{\lambda}{2}.$$

Mit Cauchy–Schwarz und der Abschätzung 1.1 folgt dann

$$\langle \mathbf{h}, f''(\mathbf{x})\mathbf{h} \rangle = \langle \mathbf{h}, f''(\mathbf{a})\mathbf{h} \rangle + \langle \mathbf{h}, (f''(\mathbf{x}) - f''(\mathbf{a}))\mathbf{h} \rangle$$

$$\geq \lambda \|\mathbf{h}\|^2 - \|\mathbf{h}\| \, \|(f''(\mathbf{x}) - f''(\mathbf{a}))\mathbf{h}\| \geq \lambda \|\mathbf{h}\|^2 - \|f''(\mathbf{x}) - f''(\mathbf{a})\|_2 \|\mathbf{h}\|^2$$

$$\geq \frac{\lambda}{2} \|\mathbf{h}\|^2 \quad \text{für alle} \quad \mathbf{x} \in K_\delta(\mathbf{a}) \text{ und } \mathbf{h} \in \mathbb{R}^n.$$

Ist die Hesse–Matrix negativ definit, so betrachten wir $-f$ statt f.

(c) folgt direkt aus (a).   □

4.6 Zur Methode der kleinsten Quadrate (vgl. § 16 : 6.3 und § 20 : 4.7)

Gegeben sei eine $m \times n$–Matrix A mit $m > n$ und $\operatorname{Rang} A = n$ sowie ein Vektor $\mathbf{y} \in \mathbb{R}^m$. Dann hat die Funktion $f : \mathbb{R}^n \to \mathbb{R}$ mit

$$f(\mathbf{x}) = \|A\mathbf{x} - \mathbf{y}\|^2$$

eine eindeutig bestimmte strikte Minimalstelle. Diese ist gegeben durch die eindeutig bestimmte Lösung $\mathbf{a} \in \mathbb{R}^n$ der Gaußschen Normalgleichung

$$A^T A \mathbf{x} = A^T \mathbf{y}.$$

BEWEIS.

Nach § 16 : 6.3 gilt mit der symmetrischen $n \times n$–Matrix $A^T A = (c_{ik})$

$$\partial_j f(\mathbf{x}) = 2 \sum_{k=1}^n c_{jk} x_k - 2 \sum_{i=1}^m a_{ij} y_i, \quad \text{also} \quad \nabla f(\mathbf{x}) = 2 \left(A^T A \mathbf{x} - A^T \mathbf{y} \right).$$

Wegen $\partial_i \partial_j f(\mathbf{x}) = 2 c_{ji} = 2 c_{ij}$ gilt $f''(\mathbf{x}) = 2 A^T A$ für alle $\mathbf{x} \in \mathbb{R}^n$. Nach § 20 : 4.7 ist die Matrix $A^T A$ positiv definit, und die Gleichung

$$\nabla f(\mathbf{x}) = \mathbf{0} \iff A^T A \mathbf{x} = A^T \mathbf{y}$$

ist eindeutig lösbar. Bezeichnen wir die Lösung mit $\mathbf{a}$, so gilt nach dem Satz von Taylor ($\mathbf{a} + \mathbf{h}$ ist keinen Einschränkungen unterworfen)

$$f(\mathbf{a} + \mathbf{h}) = f(\mathbf{a}) + \langle \mathbf{h}, A^T A \mathbf{h} \rangle > f(\mathbf{a}) \quad \text{für alle} \quad \mathbf{h} \neq \mathbf{0}.$$

Dies liefert $f(\mathbf{a}) < f(\mathbf{x})$ für alle $\mathbf{x} \in \mathbb{R}^n$ mit $\mathbf{x} \neq \mathbf{a}$.   □

4.7 Der Graph einer Funktion

Eine geometrische Vorstellung vom Verlauf einer Funktion $f : \mathbb{R}^2 \supset \Omega \to \mathbb{R}$ können wir uns mit Hilfe des **Graphen**

$$\left\{ (x, y, f(x, y)) \mid (x, y) \in \Omega \right\}$$

verschaffen.

Wir fixieren $(a, b) \in \Omega$ und setzen $\mathbf{F}(x, y) := (x, y, f(x, y))$. Dann sind

$$s \mapsto \mathbf{F}(a+s,b), \quad t \mapsto \mathbf{F}(a,b+t) \quad \text{mit } |s|, |t| \ll 1$$

Kurven auf dem Graphen, genannt **Koordinatenlinien** durch $\mathbf{F}(a,b)$. Deren Tangentenvektoren in $s = 0$ bzw. $t = 0$ sind

$$\mathbf{v}_1 = \frac{d}{ds}\mathbf{F}(a+s,b)\Big|_{s=0} = \partial_x \mathbf{F}(a,b) = \begin{pmatrix} 1 \\ 0 \\ \partial_x f(a,b) \end{pmatrix},$$

$$\mathbf{v}_2 = \frac{d}{dt}\mathbf{F}(a,b+t)\Big|_{t=0} = \partial_y \mathbf{F}(a,b) = \begin{pmatrix} 0 \\ 1 \\ \partial_y f(a,b) \end{pmatrix}.$$

Die von $\mathbf{v}_1, \mathbf{v}_2$ aufgespannte Ebene durch $\mathbf{F}(a,b)$ ist die **Tangentialebene** des Graphen im Punkt $\mathbf{F}(a,b)$.

In einem stationären Punkt (a,b) von f ist $\mathbf{v}_1 = \mathbf{e}_1$, $\mathbf{v}_2 = \mathbf{e}_2$, d.h. die Tangentialebene durch $\mathbf{F}(a,b)$ ist parallel zur x,y–Ebene.

Die nebenstehende Figur zeigt ein Stück des Graphen der Funktion

$$f(x,y) = \tfrac{1}{2}y^2 + 1 - \cos x.$$

Die Funktion hat in $(0,0)$ ein lokales Minimum und in $(-\pi,0)$ einen stationären Punkt, in dem kein lokales Extremum vorliegt, $\boxed{\text{ÜA}}$.

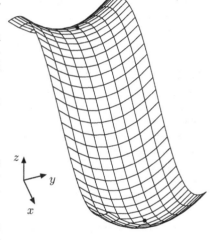

Da der Graph in der Umgebung des Punktes $\mathbf{F}(-\pi,0) = (-\pi,0,0)$ eine sattelförmige Gestalt hat, nennen wir einen stationären Punkt, in dem kein lokales Extremum vorliegt, einen **Sattelpunkt**.

$\boxed{\text{ÜA}}$ Geben Sie zwei Kurven durch den Sattelpunkt $(-\pi,0)$ an, in denen f ansteigt, bzw. absteigt.

4.8 Aufgaben

(a) Bestimmen Sie die im Quadrat $Q = [0, 2\pi] \times [0, 2\pi]$ liegenden stationären Punkte von $f(x,y) = \frac{1}{2}(\cos x + \sin y)^2 + \cos x \cdot \sin y$, und untersuchen Sie diese auf ihre Extremaleigenschaften. Bestimmen Sie das Maximum und das Minimum von f auf Q.

(b) Sei $f(x,y) = 3x^2 + 4xy + 2y^2 + x^2y^2$. Besitzt f ein Maximum bzw. ein Minimum auf $\mathbb{R}^2$? Wenn ja, geben Sie dieselben an.

5 Der Umkehrsatz und der Satz über implizite Funktionen

5.1 Diffeomorphismen

Eine Abbildung $\mathbf{f} : U \to V$ von Gebieten $U, V \subset \mathbb{R}^n$ heißt $\mathbf{C}^r\mathbf{-Diffeomorphismus}$ **zwischen** U **und** V ($r \geq 1$), wenn $\mathbf{f}$ eine C^r–Abbildung ist und eine C^r–differenzierbare Umkehrabbildung $\mathbf{f}^{-1} : V \to U$ besitzt.

Das einfachste Beispiel einer Koordinatentransformation ist die Beziehung zwischen Polarkoordinaten und kartesischen Koordinaten in der Ebene:

$$\mathbf{f} : \begin{pmatrix} r \\ \varphi \end{pmatrix} \mapsto \begin{pmatrix} x \\ y \end{pmatrix} = \begin{pmatrix} r \cos \varphi \\ r \sin \varphi \end{pmatrix} .$$

Diese Abbildung ist ein C^∞–Diffeomorphismus, wenn wir sie geeignet einschränken, z.B. auf das Gebiet

$$U = \left\{ (r, \varphi) \mid r > 0 , \ -\pi < \varphi < \pi \right\} .$$

Als Bildmenge ergibt sich die längs der negativen x–Achse geschlitzte Ebene

$$V = \mathbb{R}^2 \setminus \left\{ (x, 0) \mid x \leq 0 \right\} .$$

Offenbar ist $\mathbf{f} : U \to V$ C^∞–differenzierbar. Die Bijektivität und die explizite Angabe der Umkehrfunktion ergibt sich aus der nebenstehenden Figur: Wir erhalten $\mathbf{f}^{-1}$ durch

$$r = \sqrt{x^2 + y^2} , \ \ \varphi = 2 \arctan \frac{y}{x + r} .$$

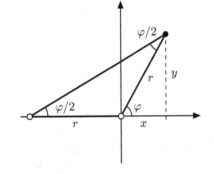

$\boxed{\text{ÜA}}$: Rechnen Sie für die hierdurch gegebene Abbildung $g : (x, y) \mapsto (r, \varphi)$ nach, dass

$$f \circ g = \mathbb{1}_V , \ \ g \circ f = \mathbb{1}_U .$$

Meist ist die explizite Angabe der Umkehrabbildung zu mühsam oder unmöglich. Der folgende Satz und der Umkehrsatz 5.2 geben ein notwendiges und hinreichendes Kriterium für die Diffeomorphismuseigenschaft, das keine explizite Kenntnis der Umkehrfunktion verlangt.

Satz. *Für einen C^r–Diffeomorphismus $\mathbf{f} : U \to V$ ist die Jacobi–Matrix $d\mathbf{f}(\mathbf{x})$ an jeder Stelle $\mathbf{x} \in U$ invertierbar. Das Differential der Inversen $\mathbf{g} = \mathbf{f}^{-1}$ ist gegeben durch*

$$d\mathbf{g}(\mathbf{y}) = d\mathbf{f}(\mathbf{x})^{-1} \ \ \textit{für} \ \ \mathbf{x} \in U \ \ \textit{und} \ \ \mathbf{y} = f(\mathbf{x}) \in V .$$

Das ergibt sich sofort mit der Kettenregel: Aus $\mathbf{g} \circ \mathbf{f} = \mathbb{1}_U$ folgt

$$E = d\mathbb{1}_U = d(\mathbf{g} \circ \mathbf{f})(\mathbf{x}) = d\mathbf{g}(\mathbf{y}) \, d\mathbf{f}(\mathbf{x}) \, .$$

Mit Hilfe dieses Satzes können wir in vielen Fällen auch ohne explizite Kenntnis der Umkehrabbildung deren Ableitung bestimmen.

Für die Polarkoordinatentransformation

$$\mathbf{f} : \begin{pmatrix} r \\ \varphi \end{pmatrix} \mapsto \begin{pmatrix} r \cos\varphi \\ r \sin\varphi \end{pmatrix} \quad \text{mit } d\mathbf{f}(r,\varphi) = \begin{pmatrix} \cos\varphi & -r\sin\varphi \\ \sin\varphi & r\cos\varphi \end{pmatrix}$$

ist beispielsweise leicht nachzuprüfen, dass

$$(d\mathbf{f}(r,\varphi))^{-1} = \frac{1}{r} \begin{pmatrix} r\cos\varphi & r\sin\varphi \\ -\sin\varphi & \cos\varphi \end{pmatrix} \, .$$

Mit $x = r\cos\varphi$, $y = r\sin\varphi$ erhalten wir also für die Umkehrabbildung $\mathbf{g}$

$$d\mathbf{g}(x,y) = \frac{1}{x^2 + y^2} \begin{pmatrix} x\sqrt{x^2+y^2} & y\sqrt{x^2+y^2} \\ -y & x \end{pmatrix} \, .$$

5.2 Der Umkehrsatz

Sei $\mathbf{f} : \mathbb{R}^n \supset \Omega \to \mathbb{R}^n$ *eine* C^r*-Abbildung* $(r \geq 1)$*, deren Jacobi–Matrix* $d\mathbf{f}(\mathbf{a})$ *an der Stelle* $\mathbf{a} \in \Omega$ *invertierbar ist. Dann gibt es eine Umgebung* U *von* $\mathbf{a}$ *in* Ω *und eine Umgebung* V *von* $\mathbf{f}(\mathbf{a})$*, so dass die auf* U *eingeschränkte Abbildung*

$$\mathbf{f}\big|_U : U \to V \, , \quad \mathbf{x} \mapsto \mathbf{f}(\mathbf{x})$$

ein C^r*-Diffeomorphismus zwischen* U *und* V *ist.*

Der Umkehrsatz, auch **Satz von der lokalen Umkehrbarkeit** genannt, sichert also die C^r–Umkehrbarkeit von $\mathbf{f}$ „im Kleinen", d.h. nach Einschränkung auf eine geeignete Umgebung von $\mathbf{a}$.

Auf die Darstellung des Beweises verzichten wir aus Platzgründen und verweisen auf [BARNER–FLOHR, Bd. 2, § 14.6], [HEUSER, Bd. 2, § 171].

Halten Sie sich vor Augen, dass die explizite Angabe der Umkehrabbildung im Allgemeinen unmöglich ist, so zum Beispiel bei

$$\begin{pmatrix} x \\ y \end{pmatrix} \mapsto \begin{pmatrix} x + y + \mathrm{e}^x \\ x + y + \mathrm{e}^y \end{pmatrix} \, .$$

Aus dem Umkehrsatz folgt aber, dass diese Abbildung ein C^∞–Diffeomorphismus zwischen einer geeigneten Umgebung U von $(0,0)$ und einer geeigneten Umgebung V von $(1,1)$ ist $\boxed{\text{ÜA}}$.

FOLGERUNG. *Ist eine* C^r*–Abbildung* $\mathbf{f} : \mathbb{R}^n \supset \Omega \to \mathbb{R}^n$ *mit* $r \geq 1$ *auf einem Gebiet* Ω *injektiv und ist* $d\mathbf{f}(\mathbf{x})$ *an jeder Stelle* $\mathbf{x} \in \Omega$ *invertierbar, so ist* $\Omega' = \mathbf{f}(\Omega)$ *ein Gebiet und* $\mathbf{f}$ *ein* C^r*–Diffeomorphismus zwischen* Ω *und* Ω'.

Denn zu jedem Punkt $\mathbf{b} = \mathbf{f}(\mathbf{a}) \in \Omega'$ gibt es nach 5.2 eine Umgebung $V \subset \Omega'$, die Bildmenge einer Umgebung U von $\mathbf{a}$ unter dem C^r–Diffeomorphismus $\mathbf{f}\big|_U$ ist. Somit ist Ω' offen; ferner besitzt $\mathbf{f}\big|_U$ eine C^r–Umkehrung $\mathbf{g}_U$, die auf V mit $\mathbf{f}^{-1}$ übereinstimmt. Schließlich ist Ω' wegzusammenhängend nach § 21 : 9.3.

5.3 Auflösung von nichtlinearen Gleichungen

Sei f eine C^1–Funktion auf einem Gebiet Ω. Unter der Auflösung einer Gleichung

$$f(x_1, \ldots, x_n) = 0$$

nach einer Variablen, etwa nach x_n, verstehen wir eine C^1–Funktion φ mit der Eigenschaft

$$f(x_1, \ldots, x_n) = 0 \iff x_n = \varphi(x_1, \ldots, x_{n-1}).$$

Voraussetzung ist natürlich, dass es überhaupt Lösungen dieser Gleichung gibt, d.h. die Existenz wenigstens eines Lösungspunktes $\mathbf{c} = (c_1, \ldots, c_n)$ mit $f(\mathbf{c}) = 0$. Bei nichtlinearen Funktionen f wird die formelmäßige Angabe solch einer „impliziten Funktion" φ im Allgemeinen unmöglich sein, wie zum Beispiel bei der Gleichung $e^{x+y} + x + y^2 - 2 = 0$.

Wir haben deshalb als Erstes zu klären, unter welchen Bedingungen die Auflösung einer Gleichung wenigstens theoretisch möglich ist. Eine Auflösung wird im Allgemeinen nur lokal, das heißt in einer Umgebung des Lösungspunktes $\mathbf{c}$ möglich sein. Wir machen uns dies an der Kreisgleichung

$$x^2 + y^2 - 1 = 0$$

klar. Für $y > 0$ liefert $\varphi(x) = \sqrt{1 - x^2}$ eine Auflösung nach y, für $y < 0$ haben wir $\varphi(x) = -\sqrt{1 - x^2}$ zu wählen. In Umgebungen der Lösungspunkte $(1, 0)$ und $(-1, 0)$ können wir die Gleichung $x^2 + y^2 - 1 = 0$ zwar nicht nach y, dafür aber jeweils nach x auflösen. (Machen Sie eine Skizze!)

Ist die Existenz einer differenzierbaren Auflösung φ der Gleichung $f(x, y) = 0$ nach y in einer Umgebung des Lösungspunktes (a, b) gesichert, so folgt aus der Gleichung $f(x, \varphi(x)) = 0$ für $|x - a| \ll 1$ nach der Kettenregel

$$0 = \frac{d}{dx} f(x, \varphi(x))\Big|_{x=a} = \partial_x f(a, b) + \partial_y f(a, b)\,\varphi'(a).$$

Im Fall $\partial_y f(a, b) \neq 0$ können wir damit $\varphi'(a)$ berechnen, ohne die implizite Funktion φ formelmäßig zu kennen. Entsprechendes gilt für Funktionen von drei und mehr Veränderlichen.

Eine *Zustandsgleichung* für ein Gas stellt eine Beziehung $F(p, v, T) = 0$ zwischen dem Druck p, dem Molvolumen v und der Temperatur T her. Ein Beispiel ist die *van der Waalssche Zustandsgleichung*.

$$F(p, v, T) := \left(p + \frac{a}{v^2}\right)(v - b) - RT = 0.$$

Angenommen, eine Zustandsgleichung $F(p, v, T) = 0$ sei in einer Umgebung eines Tripels (p_0, v_0, T_0) nach v aufgelöst,

$$F(p, \varphi(p, T), T) = 0 \quad \text{mit einer } C^1\text{--Funktion } v = \varphi(p, T).$$

Dann folgt durch Differentiation nach p

$$\frac{\partial F}{\partial p}(p, v, T) + \frac{\partial F}{\partial v}(p, v, T)\, \frac{\partial \varphi}{\partial p}(p, T) = 0,$$

woraus sich im Fall $\frac{\partial F}{\partial v} \neq 0$ sofort $\frac{\partial \varphi}{\partial p}(p, T)$ ergibt. Analog erhalten wir $\frac{\partial \varphi}{\partial T}$.
Die hiernach explizit bestimmbaren Koeffizienten

$$\kappa = -\frac{1}{v}\left(\frac{\partial v}{\partial p}\right)_T := -\frac{1}{v}\frac{\partial \varphi}{\partial p}, \qquad \alpha = \frac{1}{v}\left(\frac{\partial v}{\partial T}\right)_p := \frac{1}{v}\frac{\partial \varphi}{\partial T}$$

werden die *Kompressibilität* und *der thermische Ausdehnungskoeffizient* genannt.

5.4 Der Satz über implizite Funktionen

Wir verwenden im folgenden Satz die Bezeichnung

$$\mathbb{R}^{p+m} = \mathbb{R}^p \times \mathbb{R}^m = \left\{(\mathbf{x}, \mathbf{y}) \mid \mathbf{x} = (x_1, \ldots, x_p),\ \mathbf{y} = (y_1, \ldots, y_m)\right\}.$$

SATZ. *Sei* $\mathbf{f} : \mathbb{R}^p \times \mathbb{R}^m \supset \Omega \to \mathbb{R}^m$ *eine* C^r*–Abbildung mit* $r \geq 1$*. Ist an einer Stelle* $\mathbf{c} = (\mathbf{a}, \mathbf{b}) \in \Omega$ *mit* $\mathbf{f}(\mathbf{c}) = 0$ *die* **Auflösebedingung**

$$\det\left(\frac{\partial f_i}{\partial y_k}(\mathbf{c})\right) \neq 0$$

erfüllt, so gibt es Umgebungen U *und* V *mit*

$$\mathbf{a} \in U \subset \mathbb{R}^p,\quad \mathbf{b} \in V \subset \mathbb{R}^m,\quad U \times V \subset \Omega,$$

so dass die Gleichung $\mathbf{f}(\mathbf{x}, \mathbf{y}) = 0$ *in* $U \times V$ *eindeutig nach* $\mathbf{y}$ *auflösbar ist: Es gibt genau eine* C^r*–Abbildung* $\varphi : U \to V$ *mit der Eigenschaft*

$$\mathbf{f}(\mathbf{x}, \mathbf{y}) = 0 \iff \mathbf{y} = \varphi(\mathbf{x}) \quad \text{für } (\mathbf{x}, \mathbf{y}) \in U \times V.$$

Durch die Gleichung $\mathbf{f}(\mathbf{x}, \mathbf{y}) = 0$ ist φ also **implizit** bestimmt, während die **explizite** (formelmäßige) Angabe meistens nicht möglich ist.

Der Beweis folgt in 5.7 nach der Diskussion der Anwendungssituationen.

BEISPIEL. Für $f(x, y) = \operatorname{Re}(x + iy)^k$ mit $k \geq 2$ ist an der Stelle $(0,0)$ die Auflösebedingung verletzt. Durch Polardarstellung sehen wir, dass die Nullstellenmenge aus k Ursprungsgeraden besteht. Eine Auflösung der Gleichung $f(x, y) = 0$ nach x oder y ist also in der Nähe des Nullpunkts unmöglich.

5.5 Parametrisierung von Lösungsmannigfaltigkeiten

Es sei $1 \leq m < n$ und $\mathbf{f} : \mathbb{R}^n \supset \Omega \to \mathbb{R}^m$ eine C^r–Abbildung mit $r \geq 1$. Die Nullstellenmenge

$$N := \left\{ \mathbf{x} \in \Omega \mid \mathbf{f}(\mathbf{x}) = \mathbf{0} \right\}, \quad \text{kurz} \quad N = \{ \mathbf{f} = \mathbf{0} \},$$

heißt **Lösungsmannigfaltigkeit**, wenn N nicht leer ist und die Gradienten der Komponentenfunktionen

$$\nabla f_1(\mathbf{x}), \ldots, \nabla f_m(\mathbf{x})$$

in jedem Punkt $\mathbf{x} \in N$ linear unabhängig sind. Dies bedeutet, dass die Jacobi-Matrix $d\mathbf{f}(\mathbf{x})$ in jedem Punkt $\mathbf{x}$ von N den Maximalrang m besitzt (m linear unabhängige Zeilen). Wir diskutieren zunächst den Fall $m = 1$.

(a) **Eine Gleichung** ($m = 1$). Sei $N = \{ f = 0 \}$ eine Lösungsmannigfaltigkeit, d.h. $\nabla f(\mathbf{c}) \neq \mathbf{0}$ für jedes $\mathbf{c} \in N$. Wir fixieren einen Punkt $\mathbf{c} \in N$ und nehmen $\partial_n f(\mathbf{c}) \neq 0$ an, was durch eine Umnummerierung der $x_1, \ldots x_n$ erreicht werden kann. Wir verwenden jetzt die Bezeichnungen $\mathbf{x} = (x_1, \ldots, x_{n-1})$, $y := x_n$, $\mathbf{a} = (c_1, \ldots, c_{n-1})$, $b := c_n$. Dann schreibt sich die Gleichung für N

$$f(\mathbf{x}, y) = f(x_1, \ldots, x_{n-1}, y) = 0,$$

und f erfüllt an der Stelle $\mathbf{c} = (\mathbf{a}, b)$ die Auflösebedingung $\partial_n f(\mathbf{a}, b) \neq 0$. Nach dem Satz über implizite Funktionen ($p = n - 1$, $m = 1$) können wir die Gleichung $f = 0$ in einer Umgebung von $\mathbf{c} = (\mathbf{a}, b)$ nach y auflösen:

$$f(x_1, \ldots, x_{n-1}, y) = 0 \iff y = \varphi(x_1, \ldots, x_{n-1})$$

mit einer in einer Umgebung von $\mathbf{a}$ definierten C^1–Funktion φ (Figur in (b)).

Die Ableitungen von φ an der Stelle $\mathbf{a}$ lassen sich aus den Ableitungen von f an der Stelle $\mathbf{c}$ berechnen: Differenzieren wir die Gleichung

$$0 = f\big(x_1, \ldots, x_{n-1}, \varphi(x_1, \ldots, x_{n-1})\big)$$

nach x_i, so erhalten wir mit der Kettenregel

$$0 = \partial_i f(\mathbf{c}) + \partial_n f(\mathbf{c}) \, \partial_i \varphi(\mathbf{a}), \quad \text{also} \quad \partial_i \varphi(\mathbf{a}) = -\frac{\partial_i f(\mathbf{c})}{\partial_n f(\mathbf{c})}.$$

Durch mehrfaches Ableiten der obigen Gleichung lassen sich alle höheren Ableitungen von φ bis zur Ordnung r aus f bestimmen.

(b) Mehrere Gleichungen. Sei $N = \{\mathbf{f} = \mathbf{0}\}$ eine Lösungsmannigfaltigkeit, $\mathbf{c} \in N$ und Rang $d\mathbf{f}(\mathbf{c}) = m$. Wir dürfen wieder – ggf. nach Umbenennung der Variablen im $\mathbb{R}^n$ und Umstellung der Gleichungen – annehmen, dass

$$N = \{(\mathbf{x}, \mathbf{y}) \mid \mathbf{f}(\mathbf{x}, \mathbf{y}) = \mathbf{0}\} \quad \text{mit} \quad \mathbf{x} = (x_1, \ldots, x_p), \ \mathbf{y} = (y_1, \ldots, y_m),$$

und dass für $\mathbf{c} = (\mathbf{a}, \mathbf{b})$ die Auflösebedingung

$$\det \left(\frac{\partial f_i}{\partial y_k}(\mathbf{c}) \right) \neq 0$$

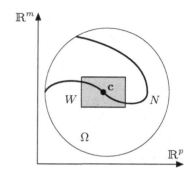

erfüllt ist. Wir können dann nach dem Satz über implizite Funktionen das Gleichungssystem $\mathbf{f}(\mathbf{x}, \mathbf{y}) = \mathbf{0}$ in einer Umgebung W von $\mathbf{c}$ nach $y_1, \ldots, y_m$ auflösen:

$$y_1 = \varphi_1(x_1, \ldots, x_p),$$
$$\vdots$$
$$y_m = \varphi_m(x_1, \ldots, x_p),$$

wobei $\varphi_1, \ldots, \varphi_m$ C^r–Funktionen in einer Umgebung U von $\mathbf{a}$ sind.

Aufgrund des Satzes über implizite Funktionen können wir also die Lösungsmannigfaltigkeit $N = \{\mathbf{f} = \mathbf{0}\}$ lokal durch $p = n - m$ Parameter beschreiben. Wir sagen, N hat die **Dimension** p oder N besitzt p **Freiheitsgrade**.

Die Ableitungen der Funktionen $\varphi_1, \ldots, \varphi_m$ erhalten wir analog zu (a) durch Differentiation der m Gleichungen

$$f_i \big(x_1, \ldots, x_p, \varphi_1(x_1, \ldots, x_p), \ldots, \varphi_m(x_1, \ldots, x_p) \big) = 0$$

nach den freien Variablen $x_1, \ldots, x_p$. Es ergibt sich ein lineares Gleichungssystem mit der Matrix $\left(\frac{\partial f_i}{\partial y_k}(\mathbf{c}) \right)$.

5.6 Aufgaben

(a) Zeigen Sie, dass das Gleichungssystem

$$f_1(x, y, z) = x + z - e^{x+2y} + e^{x+y+z} = 0,$$
$$f_2(x, y, z) = x + y + z + 2\sin(x + y + z) = 0$$

in einer Umgebung des Nullpunktes nach x und y aufgelöst werden kann und bestimmen Sie den Tangentenvektor der Lösungskurve an der Stelle $z = 0$.

Geben Sie einen möglichst großen Bereich an, in dem die Auflösung möglich ist.

(b) Bestimmen Sie für eine durch $f(x, y, z) = 0$ mit $\nabla f(x, y, z) \neq \mathbf{0}$ gegebene Fläche die Tangentialebene in einem Punkt (x_0, y_0, z_0) mit

$$f(x_0, y_0, z_0) = 0, \quad \partial_z f(x_0, y_0, z_0) \neq 0.$$

Was ergibt sich für das Ellipsoid mit der Gleichung

$$f(x, y, z) = \frac{x^2}{a^2} + \frac{y^2}{b^2} + \frac{z^2}{c^2} - 1 = 0$$

an der Stelle $(x_0, y_0, z_0) = \frac{1}{\sqrt{3}}(a, b, c)$?

5.7 Zum Beweis des Satzes über implizite Funktionen

(a) Im Fall $p = m = 1$ geben wir einen elementaren Beweis mit Hilfe des Zwischenwertsatzes. Wir dürfen o.B.d.A.

$$(a, b) = (0, 0), \quad \partial_y f(0, 0) > 0$$

annehmen.

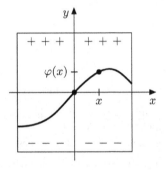

Wegen der Stetigkeit von $\partial_y f$ gibt es ein $r > 0$ mit

$$\partial_y f(x, y) > 0 \quad \text{für} \quad |x|, |y| \leq r.$$

Wir setzen

$$R = \{(x, y) \mid |x| \leq r, |y| \leq r\},$$

$$\lambda = \min\left\{\partial_y f(x, y) \mid (x, y) \in R\right\},$$

$$\mu = \max\left\{|\partial_x f(x, y)| \mid (x, y) \in R\right\}.$$

Weil $y \mapsto f(0, y)$ streng monoton steigt, gilt $f(0, -r) < f(0, 0) = 0 < f(0, r)$.

Wegen der Stetigkeit der Funktionen $x \mapsto f(x, -r)$ und $x \mapsto f(x, r)$ finden wir ein $\varrho > 0$ mit

$$f(x, -r) < 0 < f(x, r) \quad \text{für} \quad |x| < \varrho \leq r.$$

Für jedes $x \in]-\varrho, \varrho[$ wechselt die streng monotone Funktion $y \mapsto f(x, y)$ ihr Vorzeichen, besitzt somit nach dem Zwischenwertsatz genau eine Nullstelle in $]-r, r[$, die wir mit $\varphi(x)$ bezeichnen.

Für jedes $x \in U :=]-\varrho, \varrho[$ ist also $\varphi(x) \in V :=]-r, r[$, und es gilt für $(x, y) \in U \times V$:

$$f(x, y) = 0 \iff y = \varphi(x).$$

Nach dem Mittelwertsatz gibt es Zahlen $\vartheta_1 = \vartheta_1(x,h)$, $\vartheta_2 = \vartheta_2(x,h)$ in $]0,1[$, so dass mit der Abkürzung $k = \varphi(x+h) - \varphi(x)$ gilt

$$
\begin{aligned}
0 &= f(x+h, \varphi(x+h)) - f(x, \varphi(x)) \\
(*) \quad &= f(x+h, \varphi(x+h)) - f(x+h, \varphi(x)) + f(x+h, \varphi(x)) - f(x, \varphi(x)) \\
&= \partial_y f(x+h, \varphi(x) + \vartheta_2 k)\, k + \partial_x f(x+\vartheta_1 h, \varphi(x))\, h \,.
\end{aligned}
$$

Hiermit erhalten wir die Stetigkeit von φ:

$$
\big|\varphi(x+h) - \varphi(x)\big| = |k| = \left| \frac{\partial_x f(x+\vartheta_1 h, \varphi(x))}{\partial_y f(x+h, \varphi(x) + \vartheta_2 k)}\, h \right| \le \frac{\mu}{\lambda}\,|h| \,.
$$

Aus $(*)$ und der Stetigkeit ($k \to 0$ für $h \to 0$) folgt die Differenzierbarkeit von φ:

$$
\begin{aligned}
\varphi'(x) &= \lim_{h \to 0} \frac{\varphi(x+h) - \varphi(x)}{h} = - \lim_{h \to 0} \frac{\partial_x f(x+\vartheta_1 h, \varphi(x))}{\partial_y f(x+h, \varphi(x) + \vartheta_2 k)} \\
&= - \frac{\partial_x f(x, \varphi(x))}{\partial_y f(x, \varphi(x))} \,.
\end{aligned}
$$

Da $\partial_x f$ und $\partial_y f$ $(r-1)$–mal stetig differenzierbar sind, gilt dies auch für φ'.

(b) Der Beweis lässt sich im Fall $\partial_n f(\mathbf{c}) \ne 0$ relativ leicht auf eine Gleichung $f(x_1, \ldots, x_{n-1}, y) = 0$ verallgemeinern. Halten wir alle x_i mit Ausnahme einer Variablen x_k fest, so ergibt sich wie in (a) die stetige partielle Differenzierbarkeit der Auflösung $y = \varphi_k(x_k)$.

(c) *Im Fall beliebiger Dimension geben wir eine Beweisskizze mit Hilfe des Umkehrsatzes:* Wir erweitern $\mathbf{f} : \mathbb{R}^{p+m} \supset \Omega \to \mathbb{R}^m$ zur Abbildung

$$
\mathbf{F} : \Omega \to \mathbb{R}^{p+m}, \quad (\mathbf{x}, \mathbf{y}) \mapsto (\mathbf{x}, \mathbf{f}(\mathbf{x}, \mathbf{y})) \,.
$$

F ist C^r–differenzierbar, und es gilt mit $\mathbf{c} = (\mathbf{a}, \mathbf{b})$

$$
\mathbf{F}(\mathbf{c}) = (\mathbf{a}, \mathbf{f}(\mathbf{a}, \mathbf{b})) = (\mathbf{a}, \mathbf{0}) \,.
$$

Für die Jacobi–Matrix finden wir

$$
d\mathbf{F}(\mathbf{c}) = \left. \left. \begin{pmatrix} 1 & & 0 & 0 & & 0 \\ & \ddots & & & \ddots & \\ 0 & & 1 & 0 & & 0 \\ \hline \dfrac{\partial f_i}{\partial x_j}(\mathbf{c}) & & & \dfrac{\partial f_i}{\partial y_k}(\mathbf{c}) & & \end{pmatrix} \begin{matrix} \\ {\Big\}} p \\ \\ \\ {\Big\}} m \end{matrix} \right. \right.
$$

Diese Matrix besitzt $p+m$ linear unabhängige Zeilen, ist somit umkehrbar. Nach dem Umkehrsatz 5.2 besitzt $\mathbf{F}$ eine lokale C^r–differenzierbare Umkehrabbildung $\mathbf{G}$, für die wir schreiben

$$\mathbf{G} : \begin{pmatrix} \mathbf{u} \\ \mathbf{v} \end{pmatrix} \mapsto \begin{pmatrix} \mathbf{\Psi(u,v)} \\ \mathbf{\Phi(u,v)} \end{pmatrix} \in \mathbb{R}^p \times \mathbb{R}^m\,.$$

Es gilt

(a) $\begin{pmatrix} \mathbf{u} \\ \mathbf{v} \end{pmatrix} = \mathbf{F(G(u,v))} = \begin{pmatrix} \mathbf{\Psi(u,v)} \\ \mathbf{f(G(u,v))} \end{pmatrix}$ für $(\mathbf{u,v})$ nahe $(\mathbf{a},\mathbf{0})$,

(b) $\begin{pmatrix} \mathbf{x} \\ \mathbf{y} \end{pmatrix} = \mathbf{G(F(x,y))} = \mathbf{G(x,f(x,y))}$ für $(\mathbf{x,y})$ nahe $(\mathbf{a},\mathbf{b})$.

Setzen wir in (a) $\mathbf{v} = \mathbf{0}$, so ergibt sich

$$\mathbf{u} = \mathbf{\Psi(u,0)} \quad \text{und} \quad \mathbf{0} = \mathbf{f(G(u,0))} = \mathbf{f(u,\Phi(u,0))}\,.$$

Wir definieren $\boldsymbol{\varphi}$ durch $\boldsymbol{\varphi}(\mathbf{u}) := \mathbf{\Phi(u,0)}$. Diese Abbildung ist C^r–differenzierbar in einer Umgebung von $\mathbf{a}$, und es gilt $\mathbf{f(x,\boldsymbol{\varphi}(x))} = \mathbf{0}$. Umgekehrt folgt aus $\mathbf{f(x,y)} = \mathbf{0}$ nach (b)

$$\begin{pmatrix} \mathbf{x} \\ \mathbf{y} \end{pmatrix} = \mathbf{G(x,0)} = \begin{pmatrix} \mathbf{\Psi(x,0)} \\ \mathbf{\Phi(x,0)} \end{pmatrix} = \begin{pmatrix} \mathbf{x} \\ \boldsymbol{\varphi}(\mathbf{x}) \end{pmatrix}\,. \qquad \square$$

5.8 Niveau- und Gradientenlinien

Es sei $f : \mathbb{R}^2 \supset \Omega \to \mathbb{R}$ eine C^1–Funktion. Für $c \in \mathbb{R}$ nennen wir

$$N_c := \big\{ (x,y) \in \Omega \mid f(x,y) = c \big\}$$

eine **Niveaumenge** von f. Ist N_c nichtleer und

$$\nabla f(x,y) \neq (0,0) \quad \text{für alle} \quad (x,y) \in N_c\,,$$

so ist $N_c = \{f = c\} = \{f - c = 0\}$ eine eindimensionale Lösungsmannigfaltigkeit und kann nach 5.5 lokal durch C^1–Kurven

$$t \mapsto (t,y(t)) \quad \text{oder} \quad t \mapsto (x(t),t)$$

beschrieben werden. Wir nennen in diesem Fall N_c eine **Niveaulinie**.

BEISPIEL. Es sei

$$f(x,y) = 1 - (x^2 - 1)^2 - y^2.$$

Die Niveaumenge $N_c = \{f(x,y) = c\}$ ist für $c < 0$ eine geschlossene Kurve; für $0 < c < 1$ besteht N_c aus zwei geschlossenen Kurven. N_0 ist keine Niveaulinie, wird aber nach Entfernung des kritischen Punktes $(0,0)$ zu einer solchen. N_1 besteht aus den kritischen Punkten $(1,0)$ und $(-1,0)$ und ist deshalb keine Niveaulinie.

Unter einer **Gradientenlinie** von f verstehen wir einen C^1–Weg $\psi : I \mapsto \Omega$ (I ein offenes Intervall), dessen Tangentenvektor an jeder Stelle in Richtung des Gradienten von f zeigt:

$$\dot{\psi}(t) = \lambda(t)\nabla f(\psi(t)) \quad \text{mit } \lambda(t) > 0.$$

SATZ. *Gradientenlinien und Niveaulinien schneiden sich in rechten Winkeln.*

Denn beschreibt $s \mapsto \varphi(s) = (s, y(s))$ (oder $(x(s), s)$) lokal eine Niveaulinie N_c und ist $t \mapsto \psi(t)$ eine Gradientenlinie mit $\psi(t_0) = \varphi(s_0) =: \mathbf{a}$, so folgt aus $f(\varphi(s)) = c$ mit der Kettenregel

$$0 = \frac{d}{ds}f(\varphi(s))\Big|_{s=s_0} = \langle \nabla f(\mathbf{a}), \dot{\varphi}(s_0) \rangle$$

$$= \frac{\langle \dot{\psi}(t_0), \dot{\varphi}(s_0) \rangle}{\lambda(t_0)}.$$

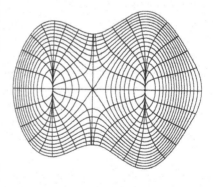

Die nebenstehende Figur zeigt die Niveau– und Gradientenlinien einer Funktion mit zwei lokalen Maxima und einem Sattelpunkt, darunter den Graphen dieser Funktion. Fassen wir diesen als eine Landschaft auf, so entspricht jeder Niveaulinie eine Höhenlinie (Fig.). Wie in 3.2 gezeigt wurde, zeigt der Gradient von f in jedem nichtstationären Punkt in Richtung des steilsten Anstiegs.

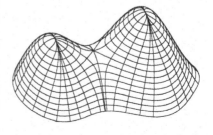

ÜA (a) Wie muss für den Wanderer im Graphengebirge auf dem Weg steilsten Anstiegs der Faktor $\lambda(t)$ in Abhängigkeit von der Zeit t gewählt werden, damit er mit der konstanten Geschwindigkeit $v > 0$ voran kommt?

(b) Begegnet er einem auf einer Höhenlinie laufenden Spaziergänger, so schneiden sich ihre beiden Wege senkrecht.

Für C^1–Funktionen von $n \geq 3$ Variablen sind die Niveaumengen $N_c \neq \emptyset$, auf denen der Gradient nicht verschwindet, $(n-1)$–dimensionale Lösungsmannigfaltigkeiten, genannt **Niveauflächen**. Auch diese werden von Gradientenlinien orthogonal durchsetzt.

6 Lokale Extrema unter Nebenbedingungen

6.1 Notwendige Bedingungen, Lagrange–Multiplikatoren

Gegeben seien C^1–Funktionen $g, f_1, \ldots, f_m$ auf $\Omega \subset \mathbb{R}^n$, und es sei $m < n$. Ferner sei $N \neq \emptyset$ die Lösungsmenge des Gleichungssystems

$$f_1(\mathbf{x}) = 0, \ \ldots, \ f_m(\mathbf{x}) = 0.$$

Wir suchen die lokalen Minima der Funktion g auf der Menge N, also diejenigen Punkte $\mathbf{c} \in N$ mit der Eigenschaft

$$g(\mathbf{c}) \leq g(\mathbf{x}) \quad \text{für alle} \quad \mathbf{x} \in N \cap K_r(\mathbf{c})$$

mit einem geeigneten $r > 0$.

Entsprechend sind lokale Maxima von g unter der Bedingung $\mathbf{x} \in N$ definiert. Diese lokalen Minima und Maxima werden auch als die **lokalen Extrema von g unter den Nebenbedingungen** $f_1 = 0, \ldots, f_m = 0$ bezeichnet.

Der folgende Satz liefert notwendige Bedingungen für die gesuchten lokalen Extrema, welche die Auflösung des Gleichungssystems für N nicht erfordern.

SATZ. *Sei N eine Lösungsmannigfaltigkeit, und g habe unter den Nebenbedingungen $f_1 = 0, \ldots, f_m = 0$ an der Stelle $\mathbf{c} \in N$ ein lokales Extremum. Dann gibt es eindeutig bestimmte Zahlen* (**Lagrange–Multiplikatoren**) *$\lambda_1, \ldots, \lambda_m \in \mathbb{R}$ mit*

$$\nabla g(\mathbf{c}) = \sum_{j=1}^{m} \lambda_j \nabla f_j(\mathbf{c}),$$

d.h. die Funktion $g - \sum\limits_{j=1}^{m} \lambda_j f_j$ hat in $\mathbf{c}$ einen stationären Punkt.

Bei der Berechnung einer Extremalstelle $\mathbf{c} = (c_1, \ldots, c_n)$ haben wir also für die $n + m$ Unbekannten $c_1, \ldots, c_n, \lambda_1, \ldots, \lambda_m$ die $n + m$ Gleichungen zu lösen:

$$f_i(c_1, \ldots, c_n) = 0 \qquad\qquad i = 1, \ldots, m,$$

$$\partial_k g(c_1, \ldots, c_n) = \sum_{j=1}^{m} \lambda_j \, \partial_k f_j(c_1, \ldots, c_n) \quad k = 1, \ldots, n.$$

BEWEIS.

Wie in 5.5 (b) dürfen wir nach Umnummerierung der Variablen die Vektoren des $\mathbb{R}^n$ in der Form $(\mathbf{x}, \mathbf{y}) \in \mathbb{R}^p \times \mathbb{R}^m$ $(p = n - m)$ schreiben, so dass die Auflösebedingung lautet:

$$\det\left(\frac{\partial f_i}{\partial y_k}(\mathbf{c})\right) \neq 0.$$

Nach dem Satz über implizite Funktionen gibt es eine Umgebung $U \times V \subset \mathbb{R}^p \times \mathbb{R}^m$ von $\mathbf{c} = (\mathbf{a}, \mathbf{b})$ und eine C^1–Abbildung $\varphi = (\varphi_1, \ldots, \varphi_m) : U \to V$ mit $\varphi(\mathbf{a}) = \mathbf{b}$ und

$$\mathbf{f}(\mathbf{x}, \mathbf{y}) = \mathbf{0} \iff \mathbf{y} = \varphi(\mathbf{x}) \quad \text{in } U \times V.$$

Nach Voraussetzung hat $\mathbf{x} \mapsto g(\mathbf{x}, \varphi(\mathbf{x}))$ an der Stelle $\mathbf{a}$ ein lokales Extremum (jetzt ohne Nebenbedingungen). Ferner gilt $f_k(\mathbf{x}, \varphi(\mathbf{x})) = 0$ in U für $k = 1, \ldots, m$. Mit der Kettenregel folgt

$$\partial_i g(\mathbf{c}) + \sum_{j=1}^m \partial_{p+j} g(\mathbf{c})\, \partial_i \varphi_j(\mathbf{a}) = 0 \quad (i = 1, \ldots, p),$$

$$\partial_i f_k(\mathbf{c}) + \sum_{j=1}^m \partial_{p+j} f_k(\mathbf{c})\, \partial_i \varphi_j(\mathbf{a}) = 0 \quad (i = 1, \ldots, p,\ k = 1, \ldots, m).$$

Um diese Gleichungen übersichtlicher zu gestalten, setzen wir (mit $\ell = j + p$)

$$\mathbf{v}_i := \mathbf{e}_i + \sum_{\ell=p+1}^n \partial_i \varphi_{\ell-p}(\mathbf{a}) \mathbf{e}_\ell \quad (i = 1, \ldots, p),$$

und erhalten

$$\langle \mathbf{v}_i, \nabla g(\mathbf{c}) \rangle = 0 \quad \text{und} \quad \langle \mathbf{v}_i, \nabla f_k(\mathbf{c}) \rangle = 0 \quad (k = 1, \ldots, m),$$

d.h. die Vektoren $\nabla g(\mathbf{c})$, $\nabla f_1(\mathbf{c}), \ldots, \nabla f_m(\mathbf{c})$ liegen im Orthogonalraum $U^\perp$ von $U = \text{Span}\{\mathbf{v}_1, \ldots, \mathbf{v}_p\}$. Die Matrix mit den Spalten $\mathbf{v}_1, \ldots, \mathbf{v}_p$ hat die Gestalt

$$\begin{pmatrix} E_p \\ d\varphi(\mathbf{a}) \end{pmatrix}_{n \times p} \quad (\,E_p \text{ bezeichnet die } p \times p\text{–Einheitsmatrix}),$$

und hat somit den Rang p. Daher sind $\mathbf{v}_1, \ldots, \mathbf{v}_p$ linear unabhängig. Es folgt $\dim U = p$, also $\dim U^\perp = n - p = m$ nach § 19 : 3.2 (c). Da $\nabla f_1(\mathbf{c}), \ldots, \nabla f_m(\mathbf{c})$ nach Voraussetzung linear unabhängig sind (vgl. 5.5), bilden diese eine Basis von $U^\perp$, also gilt mit eindeutig bestimmten Zahlen $\lambda_1, \ldots, \lambda_m$

$$\nabla g(\mathbf{c}) = \lambda_1 \nabla f_1(\mathbf{c}) + \ldots + \lambda_m \nabla f_m(\mathbf{c}). \qquad \square$$

6.2 Hinreichende Bedingungen

SATZ. *Zusätzlich zu den Voraussetzungen 6.1 seien* $g, f_1, \ldots, f_m$ C^2-*differen- zierbar. Dann hat g an der Stelle* $\mathbf{c} \in N$ *ein lokales Minimum unter den Ne- benbedingungen* $f_1 = \ldots = f_m = 0$, *wenn es Zahlen* $\lambda_1, \ldots, \lambda_m \in \mathbb{R}$ *gibt, so dass für*

$$G := g - \sum_{j=1}^{m} \lambda_j f_j$$

Folgendes gilt:

(a) $\nabla G(\mathbf{c}) = \mathbf{0}$,

(b) $\langle \mathbf{v}, G''(\mathbf{c})\mathbf{v} \rangle > 0$ *für alle Vektoren* $\mathbf{v} \neq \mathbf{0}$ *mit* $\mathbf{v} \perp \nabla f_1(\mathbf{c}), \ldots, \nabla f_m(\mathbf{c})$.

Analoges gilt für ein lokales Maximum.

BEWEISSKIZZE. Wir verwenden wieder die Bezeichnungen von 6.1 und setzen $\boldsymbol{\Phi}(\mathbf{x}) := (\mathbf{x}, \varphi(\mathbf{x}))$, $A := \boldsymbol{\Phi}'(\mathbf{a}) = (\partial_k \Phi_i(\mathbf{a}))$. Es gilt

$$\partial_i \partial_j (g \circ \boldsymbol{\Phi})(\mathbf{a}) = \sum_{k,\ell=1}^{n} \partial_k \partial_\ell G(\mathbf{c})\, \partial_i \Phi_k(\mathbf{a})\, \partial_j \Phi_\ell(\mathbf{a})\,.$$

Das ergibt sich aus $\nabla g(\mathbf{c}) = \sum_h \lambda_h \nabla f_h(\mathbf{c})$ und $\partial_i \partial_j (f_h \circ \boldsymbol{\Phi}) = 0$ $(h = 1, \ldots, m)$, $\boxed{\text{ÜA}}$. Aus $(g \circ \boldsymbol{\Phi})''(\mathbf{a}) = A^T G''(\mathbf{c}) A$ folgt dann für $\mathbf{w} \in \mathbb{R}^p$ und $\mathbf{v} = A\mathbf{w} \in \mathbb{R}^n$

$$\langle \mathbf{w}, (g \circ \boldsymbol{\Phi})''(\mathbf{a})\mathbf{w} \rangle = \langle \mathbf{w}, A^T G''(\mathbf{c}) A\mathbf{w} \rangle = \langle A\mathbf{w}, G''(\mathbf{c}) A\mathbf{w} \rangle = \langle \mathbf{v}, G''(\mathbf{c})\mathbf{v} \rangle\,.$$

Die linke Seite ist positiv definit, weil die lineare Abbildung $A = \boldsymbol{\Phi}'(\mathbf{a})$ den $\mathbb{R}^p$ bijektiv auf $\mathrm{Span}\left\{\partial_1 \boldsymbol{\Phi}(\mathbf{a}), \ldots, \partial_p \boldsymbol{\Phi}(\mathbf{a})\right\} = U^\perp = \mathrm{Span}\left\{\nabla f_1(\mathbf{c}), \ldots, \nabla f_m(\mathbf{c})\right\}^\perp$ abbildet. $\qquad\square$

6.3 Aufgaben

(a) Für $a > 0$ und $ac - b^2 > 0$ seien

$$g(x,y) = x^2 + y^2 \quad \text{und} \quad f(x,y) = ax^2 + 2bxy + cy^2 - 1\,.$$

Zeigen Sie, dass die Bestimmung lokaler Extrema von g unter der Nebenbedin- gung $f = 0$ auf ein Eigenwertproblem führt und die Hauptachsen der Ellipse (bzw. des Kreises) $f(x,y) = 0$ liefert, vgl. $\S 20 : 4.3$.

(b) Die Herstellungskosten einer Kiste ohne Deckel seien proportional zur Ober- fläche plus $\frac{3}{4}$ mal der Summe der Kantenquadrate, also durch

$$f(x,y,z) = xy + 2xz + 2yz + \tfrac{3}{2}x^2 + \tfrac{3}{2}y^2 + 3z^2$$

mit den Kantenlängen x, y, z gegeben. Machen Sie das Volumen xyz zum Ma- ximum unter der Nebenbedingung $f(x,y,z) = 32$.

(c) Seien $f(x,y,z) = x^2 + \frac{1}{2}y^2 + \frac{1}{2}z^2$, $g(x,y,z) = x^2 + 2xy - \frac{2}{3}z^3$. Bestimmen Sie das Maximum von $g(x,y,z)$ unter der Nebenbedingung $f(x,y,z) \leq 1$. (Existenz des Maximums? Wie steht es mit lokalen Extrema im Innern $\{f < 1\}$? Die Methode des Lagrange–Multiplikators für $\{f = 1\}$ führt auf vier Gleichungen mit zehn Lösungen, die miteinander zu vergleichen sind.)

6.4 Anwendung auf die Boltzmann–Statistik

In § 4 : 8.6 wurde nach Bedingungen dafür gefragt, dass

$$W = \frac{N!}{N_1! \cdots N_r!} \quad (N = N_1 + \ldots + N_r),$$

maximal wird unter den Nebenbedingungen, dass die Teilchenzahl N und die Energie $U = \sum\limits_{i=1}^{r} \varepsilon_i N_i$ vorgegebene Konstanten sind.

Zur analytischen Behandlung dieser Frage bei sehr großen Besetzungszahlen N_i werden diese wie kontinuierliche Variable behandelt. Mit Hilfe der Stirling–Approximation $n! \sim \sqrt{2\pi n}\,(n/\mathrm{e})^n$ (§ 10 : 1.5) ergibt sich $\boxed{\text{ÜA}}$

$$\log W \sim N \log N - \sum_{i=1}^{r} N_i \log N_i + \tfrac{1}{2} \log N - \tfrac{1}{2} \sum_{i=1}^{r} \log N_i - \frac{r-1}{2} \log 2\pi.$$

Wir bezeichnen die rechte Seite dieser Näherungsgleichung mit $g(N_1, \ldots, N_r)$ und fragen nach einem Maximum von g unter den Nebenbedingungen

$$f_1(N_1, \ldots, N_r) := \sum_{i=1}^{r} N_i = N, \quad f_2(N_1, \ldots, N_r) := \sum_{i=1}^{r} \varepsilon_i N_i = U.$$

Für ein solches gibt es Lagrange–Multiplikatoren $\lambda_1 = -\alpha$, $\lambda_2 = -\beta$ mit $\nabla g + \alpha \nabla f_1 + \beta \nabla f_2 = 0$. Aus

$$\frac{\partial g}{\partial N_k} = \log N - \log N_k + \frac{1}{2N} - \frac{1}{2N_k}, \quad \frac{\partial f_1}{\partial N_k} = 1, \quad \frac{\partial f_2}{\partial N_k} = \varepsilon_k$$

($k = 1, \ldots, r$) folgt daher

$$\log N - \log N_k + \frac{1}{2N} - \frac{1}{2N_k} + \alpha + \beta \varepsilon_k = 0,$$

und nach Vernachlässigung von $1/2N$, $1/2N_k$ ergibt sich

$$N_k = N\,\mathrm{e}^{\alpha + \beta \varepsilon_k}.$$

Wegen $N = \sum\limits_{k=1}^{r} N_k = N\mathrm{e}^\alpha \sum\limits_{k=1}^{r} \mathrm{e}^{\beta \varepsilon_k}$ ist $\alpha = -\log \sum\limits_{k=1}^{r} \mathrm{e}^{\beta \varepsilon_k}$. Setzen wir noch $\sigma := \sum\limits_{k=1}^{r} \mathrm{e}^{\beta \varepsilon_k}$, so erhalten wir für die Besetzungszahlen

$$N_k = \frac{N}{\sigma}\,\mathrm{e}^{\beta \varepsilon_k}.$$

Mit Hilfe der hinreichenden Bedingungen 6.2 lässt sich zeigen, dass diese ein Maximum für g unter den Nebenbedingungen liefern $\boxed{\text{ÜA}}$.

In der Thermodynamik wird die Größe

$$S = k \log W_{\max}$$

die **Entropie** der Verteilung $(N_1, \ldots, N_r)$ genannt und gezeigt, dass β mit der absoluten Temperatur T durch die Gleichung $\beta = -\frac{1}{kT}$ verbunden ist, wobei k die **Boltzmann–Konstante** ist.

Nach Vernachlässigung aller relativ kleinen Terme in der Näherungsformel für $W_{\max}$ erhalten wir

$$S = k \left(N \log N - \sum_{i=1}^{r} N_i \log N_i \right)$$

$$= -kN \sum_{i=1}^{r} \frac{N_i}{N} \log \frac{N_i}{N} = kN \log \sigma + \frac{1}{T} U$$

mit

$$U = \frac{N}{\sigma} \sum_{i=1}^{r} \varepsilon_i \, e^{-\varepsilon_i / kT}, \quad \sigma = \sum_{i=1}^{r} e^{-\varepsilon_i / kT}.$$

§ 23 Integralrechnung im $\mathbb{R}^n$

1 Das Integral für Treppenfunktionen

1.1 n–dimensionale Quader

Unter einem n–**dimensionalen Quader** oder n–**dimensionalen Intervall** verstehen wir das kartesische Produkt von n beschränkten eindimensionalen Intervallen $I_1, \ldots, I_n$,

$$I = I_1 \times \ldots \times I_n \,.$$

Außer der Beschränktheit unterliegen die Intervalle $I_1, \ldots, I_n$ keiner Bedingung; sie dürfen offen, abgeschlossen, halboffen und einpunktig sein. Es sei wieder

$$\chi_I(\mathbf{x}) = \begin{cases} 1 & \text{für } \mathbf{x} \in I \\ 0 & \text{für } \mathbf{x} \notin I \end{cases} \quad \text{die charakteristische Funktion von } I.$$

Das **Volumen** $V(I) = V^n(I)$ eines Quaders definieren wir als Produkt aller Seitenlängen, also

$$V(I) = (b_1 - a_1) \cdots (b_n - a_n) \,,$$

wenn $a_k \leq b_k$ die Intervallgrenzen von I_k sind. Ein Quader heißt **entartet**, wenn sein Volumen Null ist, d.h. wenn mindestens eines der I_k einpunktig ist.

Das Volumen ist **translationsinvariant**:

$$V(\mathbf{c} + I) = V(I) \quad \text{für jede Translation mit einem Vektor } \mathbf{c}.$$

1.2 Rasterung von Quadersystemen

Sind $I_1, \ldots, I_N \subset \mathbb{R}^n$ kompakte Quader, so gibt es kompakte Quader $J_1, \ldots, J_M$ im $\mathbb{R}^n$ mit paarweise disjunktem Innern,

$$\overset{\circ}{J}_i \cap \overset{\circ}{J}_k = \emptyset \quad \text{für} \quad i \neq k,$$

so dass

$$I_1 \cup \ldots \cup I_N = J_1 \cup \ldots \cup J_M$$

gilt und jedes I_j die Vereinigung geeigneter J_k ist.

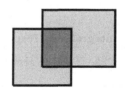

Wir nennen $J_1, \ldots, J_M$ eine **Rasterung** von $I_1, \ldots, I_N$.

Im ebenen Fall $n = 2$ verlängern wir sämtliche bei den $I_1, \ldots, I_N$ vorkommenden Rechteckseiten zu Geraden in der Ebene. In diesem Raster markieren wir alle Rechtecke, die in einem der I_j liegen und bezeichnen diese mit $J_1, \ldots, J_M$.

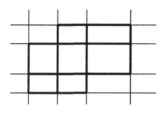

Im Fall $n \geq 3$ gehen wir genauso vor; die Rasterung des $\mathbb{R}^n$ erfolgt durch Verlängerung aller Seitenflächen.

1.3 Treppenfunktionen

Sei $I \subset \mathbb{R}^n$ ein kompakter Quader. Jede reelle Linearkombination

$$\varphi = \sum_{k=1}^{N} a_k \chi_{I_k}$$

aus charakteristischen Funktionen von Quadern $I_k \subset I$ heißt **Treppenfunktion** auf I. Die Treppenfunktionen auf I bilden also einen Vektorraum über $\mathbb{R}$, auf dem $\|\varphi\| = \|\varphi\|_\infty = \max\{|\varphi(\mathbf{x})| \mid \mathbf{x} \in I\}$ eine Norm liefert.

Zwei Treppenfunktionen φ, ψ nennen wir **äquivalent** oder **fast überall gleich** ($\varphi = \psi$ f.ü.), wenn sie sich höchstens auf Quaderrändern unterscheiden. Für jede Treppenfunktion φ gibt es kompakte Quader J_i mit paarweise disjunktem Innern, so dass

$$\varphi = \sum_{i=1}^{M} c_i \chi_{J_i} \quad \text{f.ü.}$$

(**disjunkte Darstellung**). Zu je zwei Treppenfunktionen φ, ψ gibt es eine gemeinsame disjunkte Darstellung

$$\varphi = \sum_{i=1}^{M} c_i \chi_{J_i} \quad \text{f.ü.} , \quad \psi = \sum_{i=1}^{M} d_i \chi_{J_i} \quad \text{f.ü.}$$

Beides ergibt sich nach 1.2 durch Rasterung aller in φ bzw. in φ und ψ auftretenden Quader. Es folgt

$$\alpha\varphi + \beta\psi = \sum_{i=1}^{M} (\alpha c_i + \beta d_i)\, \chi_{J_i} \quad \text{f.ü.}, \quad |\varphi| = \sum_{i=1}^{M} |c_i|\, \chi_{J_i} \quad \text{f.ü.}.$$

1.4 Das Integral von Treppenfunktionen

Für eine Treppenfunktion φ auf I in disjunkter Darstellung

$$\varphi = \sum_{k=1}^{N} c_k \chi_{I_k} \quad \text{f.ü.}$$

definieren wir das Integral durch

$$\int_I \varphi := \sum_{k=1}^{N} c_k\, V(I_k).$$

Wir schreiben dafür auch $\int_I \varphi(\mathbf{x})\, d^n\mathbf{x}$. Dass diese Definition Sinn macht, d.h. dass die Art der Darstellung keine Rolle spielt, sei den Lesern als $\boxed{\text{ÜA}}$ überlassen. (Zwei äquivalente disjunkte Darstellungen von φ lassen sich mittels gemeinsamer Rasterung aller auftretenden Quader durch eine verfeinerte disjunkte Darstellung mit gleichem Integral ersetzen.)

Für einen Quader $J \subset I$ gilt $\boxed{\text{ÜA}}$

$$\int_J \varphi = \int_J \varphi(\mathbf{x})\, d^n\mathbf{x} := \int_I \varphi\, \chi_J.$$

1.5 Eigenschaften des Integrals für Treppenfunktionen

(a) *Äquivalente Treppenfunktionen auf I haben gleiche Integral.*

(b) $\int_I (\alpha\varphi + \beta\psi) = \alpha \int_I \varphi + \beta \int_I \psi$ *(Linearität).*

(c) $\varphi \geq 0$ *f.ü.* $\implies \int_I \varphi \geq 0$,

$\varphi \leq \psi$ *f.ü.* $\implies \int_I \varphi \leq \int_I \psi$ *(Monotonie).*

(d) $\left| \int_I \varphi \right| \leq \int_I |\varphi| \leq \|\varphi\| V(I)$.

(e) *Für jede (auch nicht disjunkte) Darstellung $\varphi = \sum_{k=1}^{N} c_k \chi_{I_k}$ von φ gilt*

$$\int_I \varphi = \sum_{k=1}^{N} c_k\, V(I_k).$$

Die Aussage (a) folgt per Definition; (b) ergibt sich durch gemeinsame disjunkte Darstellung von φ, ψ gemäß 1.3.

Für (c) ist zu beachten, dass bei disjunkter Darstellung $\varphi = \sum\limits_{k=1}^{N} c_k \chi_{I_k}$

$$\varphi \geq 0 \text{ f.ü.} \iff c_k \geq 0 \quad \text{für alle} \quad I_k \text{ mit } V(I_k) > 0 \,.$$

Der Rest von (c) ergibt sich durch Betrachtung der Treppenfunktion

$$\psi - \varphi \geq 0$$

und Ausnützung der Linearität. (e) folgt direkt aus (b).

Zu (d): Ist $\varphi = \sum\limits_{k=1}^{N} c_k \chi_{I_k}$ in disjunkter Darstellung, so gilt $|c_k| \leq \|\varphi\|$.

1.6 Sukzessive Integration

Seien $I \subset \mathbb{R}^p$, $J \subset \mathbb{R}^q$ kompakte Quader. Vektoren $\mathbf{z} \in \mathbb{R}^{p+q}$ schreiben wir in der Form

$$\mathbf{z} = (\mathbf{x}, \mathbf{y}) = (x_1, \ldots, x_p, y_1, \ldots, y_q) \,.$$

Dann gilt für jede Treppenfunktion φ auf $I \times J$:

(a) *Für jedes feste* $\mathbf{x} \in I$ *liefert* $\mathbf{y} \mapsto \varphi(\mathbf{x}, \mathbf{y})$ *eine Treppenfunktion auf* J,

(b) $\mathbf{x} \mapsto \psi(\mathbf{x}) = \int\limits_{J} \varphi(\mathbf{x}, \mathbf{y}) \, d^q\mathbf{y}$ *ist eine Treppenfunktion auf* I,

(c) $\int\limits_{I \times J} \varphi(\mathbf{z}) \, d^{p+q}\mathbf{z} = \int\limits_{I} \psi(\mathbf{x}) \, d^p\mathbf{x} = \int\limits_{I} \left(\int\limits_{J} \varphi(\mathbf{x}, \mathbf{y}) \, d^q\mathbf{y} \right) d^p\mathbf{x} \,.$

BEWEIS.

Jede Treppenfunktion φ auf $I \times J$ hat die Form

$$\varphi = \sum_{k=1}^{N} c_k \chi_{I_k \times J_k} \,.$$

Für festes $\mathbf{x} \in I$ liefert

$$\mathbf{y} \mapsto \varphi(\mathbf{x}, \mathbf{y}) = \sum_{k=1}^{N} \left(c_k \chi_{I_k}(\mathbf{x}) \right) \chi_{J_k}(\mathbf{y})$$

definitionsgemäß eine Treppenfunktion auf J mit

$$\int\limits_{J} \varphi(\mathbf{x}, \mathbf{y}) \, d^q\mathbf{y} = \sum_{k=1}^{N} c_k \chi_{I_k}(\mathbf{x}) V^q(J_k) =: \psi(\mathbf{x}) \,.$$

Dies stellt eine Treppenfunktion auf I dar. Nach 1.5 (e) folgt

$$\int_I \psi(\mathbf{x})\, d^p\mathbf{x} = \sum_{k=1}^N c_k V^q(J_k)\, V^p(I_k) = \sum_{k=1}^N c_k V^{p+q}(I_k \times J_k)$$

$$= \int_{I \times J} \varphi(\mathbf{z})\, d^{p+q}\mathbf{z}. \qquad \square$$

1.7 Additivität des Integrals. *Für jede Zerlegung eines Quaders* I,

$$I = \bigcup_{i=1}^N I_k \quad mit \quad \overset{\circ}{I}_i \cap \overset{\circ}{I}_j = \emptyset \quad für \quad i \neq j \quad gilt \quad \int_I \varphi = \sum_{i=1}^N \int_{I_i} \varphi.$$

Der Beweis ergibt sich, indem man aus $I_1, \ldots, I_N$ und den in φ auftretenden Quadern eine Rasterung herstellt, $\boxed{\ddot{\text{U}}\text{A}}$.

2 Integration stetiger Funktionen über kompakte Quader

2.1 Definition des Integrals

Jede auf einem kompakten Quader I *stetige Funktion* f *ist gleichmäßiger Limes einer Folge von von Treppenfunktionen* φ_k *auf* I. *Für diese existiert* $\lim\limits_{k\to\infty} \int_I \varphi_k$, *und dieser Grenzwert ist für jede approximierende Folge derselbe.*

Wir erklären das **Integral** von f durch

$$\int_I f(\mathbf{x})\, d^n\mathbf{x} := \lim_{k\to\infty} \int_I \varphi_k.$$

Häufig bezeichnen wir dieses Integral kurz mit $\int_I f$.

Der Beweis ergibt sich wörtlich wie in § 11 : 2.3 und § 11 : 3.1. $\boxed{\ddot{\text{U}}\text{A}}$: Führen Sie den Beweis, ohne an der genannten Stelle nachzusehen!

Hinter dem Symbol $d^n\mathbf{x}$ $(= dx_1\, dx_2 \cdots dx_n$, auch $d\mathbf{x}$, dV^n oder $dV^n(\mathbf{x})$ geschrieben) steht die Vorstellung eines „n–dimensionalen Volumenelements", vgl. § 11 : 3.2. — Für $n = 2, 3$ sind die folgenden Schreibweisen üblich:

$$\int_{a_1}^{b_1} \int_{a_2}^{b_2} f(x,y)\, dx\, dy \quad \text{statt} \quad \int_I f \quad \text{für} \quad I = [a_1, b_1] \times [a_2, b_2]\,,$$

$$\int_{a_1}^{b_1} \int_{a_2}^{b_2} \int_{a_3}^{b_3} f(x,y,z)\, dx\, dy\, dz \quad \text{für} \quad I = [a_1, b_1] \times [a_2, b_2] \times [a_3, b_3]\,.$$

$\int_I f(x,y)\, dx\, dy$ deuten wir im Fall $f \geq 0$ als Volumen des Körpers zwischen dem Rechteck I in der (x,y)–Ebene und dem Graphen von f über I.

2.2 Eigenschaften des Integrals

(a) $\int_I (\alpha f + \beta g)\, d^n\mathbf{x} = \alpha \int_I f\, d^n\mathbf{x} + \beta \int_I g\, d^n\mathbf{x}$ *(Linearität)*,

(b) $f \le g \implies \int_I f\, d^n\mathbf{x} \le \int_I g\, d^n\mathbf{x}$ *(Monotonie)*,

(c) $\left| \int_I f\, d^n\mathbf{x} \right| \le \int_I |f|\, d^n\mathbf{x} \le \|f\|\, V(I)$ *(Integralabschätzung)*,

(d) $\int_I |f|\, d^n\mathbf{x} = 0 \implies f = 0$.

Dabei ist $\|f\| = \max\{|f(\mathbf{x})| \mid \mathbf{x} \in I\}$. Für die Beweise gilt das oben Gesagte.

2.3 Parameterintegrale

(a) *Sei I ein kompakter Quader im $\mathbb{R}^n$ und Ω ein Gebiet im $\mathbb{R}^m$. Ist $f(\mathbf{x}, \mathbf{y})$ als Funktion aller Variablen stetig in $I \times \Omega$, so ist das Parameterintegral*

$$\mathbf{y} \mapsto F(\mathbf{y}) := \int_I f(\mathbf{x}, \mathbf{y})\, d^n\mathbf{x}$$

stetig in Ω.

(b) *Existieren zusätzlich alle partiellen Ableitungen $\frac{\partial f}{\partial y_k}(\mathbf{x}, \mathbf{y})$ in $I \times \Omega$ und sind diese dort stetig, so ist F eine C^1-Funktion auf Ω, und es gilt*

$$\frac{\partial F}{\partial y_k}(\mathbf{y}) = \int_I \frac{\partial f}{\partial y_k}(\mathbf{x}, \mathbf{y})\, d^n\mathbf{x} \quad (k = 1, \ldots, m).$$

BEWEIS.

(a) Wir fixieren ein $\mathbf{y} \in \Omega$ und wählen $r > 0$ so, dass $K = \overline{K_r(\mathbf{y})} \subset \Omega$. Da f auf $I \times K$ gleichmäßig stetig ist, gibt es zu gegebenem $\varepsilon > 0$ ein δ mit $0 < \delta < r$, so dass $|f(\mathbf{x}, \mathbf{z}) - f(\mathbf{x}, \mathbf{y})| < \varepsilon$ für alle $\mathbf{x} \in I$ und alle $\mathbf{z}, \mathbf{y} \in K$ mit $\|\mathbf{z} - \mathbf{y}\| < \delta$. Nach 2.2 (c) gilt für $\|\mathbf{z} - \mathbf{y}\| < \delta$

$$|F(\mathbf{z}) - F(\mathbf{y})| = \left| \int_I (f(\mathbf{x}, \mathbf{z}) - f(\mathbf{x}, \mathbf{y}))\, d^n\mathbf{x} \right| \le \varepsilon V(I).$$

(b) Nach § 22 : 1.6 und (a) genügt es, den Fall $m = 1$, also $F(t) = \int_I f(\mathbf{x}, t)\, d^n\mathbf{x}$ zu betrachten. Wie oben fixieren wir t, wählen $K = [t - r, t + r] \subset \Omega$ und finden ein $\varrho > 0$ mit $\left| \frac{\partial f}{\partial t}(\mathbf{x}, s) - \frac{\partial f}{\partial t}(\mathbf{x}, t) \right| < \varepsilon$ für alle $(\mathbf{x}, s) \in I \times K$ mit $|s - t| < \varrho$. Nach dem Mittelwertsatz für $s \mapsto f(\mathbf{x}, s)$ gibt es zu jedem $\mathbf{x} \in I$ und für alle s, t mit $0 < |s - t| < \varrho$ eine echt zwischen s und t liegende Zahl $\vartheta = \vartheta(\mathbf{x}, s, t)$ mit

$$\left| \frac{f(\mathbf{x}, s) - f(\mathbf{x}, t)}{s - t} - \frac{\partial f}{\partial t}(\mathbf{x}, t) \right| = \left| \frac{\partial f}{\partial t}(\mathbf{x}, \vartheta) - \frac{\partial f}{\partial t}(\mathbf{x}, t) \right| < \varepsilon,$$

denn es gilt $0 < |\vartheta - t| < \varrho$. Somit haben wir für $0 < |s - t| < \varrho$

$$\left| \frac{F(s) - F(t)}{s - t} - \int\limits_I \frac{\partial f}{\partial t}(\mathbf{x}, t)\, d^n\mathbf{x} \right| = \left| \int\limits_I \left(\frac{f(\mathbf{x}, s) - f(\mathbf{x}, t)}{s - t} - \frac{\partial f}{\partial t}(\mathbf{x}, t) \right) d^n\mathbf{x} \right|$$

$$\le \varepsilon V(I)\,.$$

Daher existiert $F'(t) = \int\limits_I \frac{\partial f}{\partial t}(\mathbf{x}, t)\, d^n\mathbf{x}$ und ist nach (a) stetig in t. □

2.4 Sukzessive Integration über kompakte Quader

(a) *Für jede auf einem Rechteck $[a, b] \times [c, d]$ stetige Funktionen f gilt*

$$\int\limits_a^b \int\limits_c^d f(x, y)\, dx\, dy = \int\limits_a^b \left(\int\limits_c^d f(x, y)\, dy \right) dx = \int\limits_c^d \left(\int\limits_a^b f(x, y)\, dx \right) dy\,.$$

Das Integral über ein Rechteck lässt sich also auf die sukzessive Berechnung gewöhnlicher Integrale zurückführen. Beachten Sie, dass nach 2.3

$$F(x) = \int\limits_c^d f(x, y)\, dy \quad \text{und} \quad G(y) = \int\limits_a^b f(x, y)\, dx$$

stetige Funktionen liefern.

(b) *Ganz analog gilt für jede auf einem Quader $I \times J$ stetige Funktion f*

$$\int\limits_{I \times J} f(\mathbf{x}, \mathbf{y})\, d^p\mathbf{x}\, d^q\mathbf{y} = \int\limits_I \left(\int\limits_J f(\mathbf{x}, \mathbf{y})\, d^q\mathbf{y} \right) d^p\mathbf{x} = \int\limits_J \left(\int\limits_I f(\mathbf{x}, \mathbf{y})\, d^p\mathbf{x} \right) d^q\mathbf{y},$$

wobei $I \subset \mathbb{R}^p$, $J \subset \mathbb{R}^q$ kompakte Quader sind.

Daher lässt sich das n–dimensionale Integral auf die sukzessive Berechnung gewöhnlicher eindimensionaler Integrale zurückführen:
Für $I = [a_1, b_1] \times \ldots \times [a_n, b_n]$ gilt

$$\int\limits_I f(\mathbf{x})\, d^n\mathbf{x} = \int\limits_{a_1}^{b_1} \left(\int\limits_{a_2}^{b_2} \cdots \left(\int\limits_{a_n}^{b_n} f(x_1, \ldots, x_n)\, dx_n \right) \ldots \right) dx_2 \right) dx_1\,,$$

wobei die Reihenfolge der Integration keine Rolle spielt.

BEWEIS.

(a) Nach Definition des Integrals gibt es Treppenfunktionen φ_k mit

$$\|f - \varphi_k\| < \frac{1}{k} \quad \text{und} \quad \int\limits_a^b \int\limits_c^d \varphi_k(x, y)\, dx\, dy \ \rightarrow \ \int\limits_a^b \int\limits_c^d f(x, y)\, dx\, dy\,.$$

Dabei gilt nach 1.6

$$\int\limits_a^b \int\limits_c^d \varphi_k(x,y)\,dx\,dy \;=\; \int\limits_a^b \Big(\int\limits_c^d \varphi_k(x,y)\,dy \Big)\,dx \;=\; \int\limits_a^b \psi_k(x)\,dx\,,$$

wobei $\psi_k(x) = \int\limits_c^d \varphi_k(x,y)\,dy$ wieder Treppenfunktionen sind. Für diese gilt

$$\big| F(x) - \psi_k(x) \big| \;=\; \Big| \int\limits_c^d (f(x,y) - \varphi_k(x,y))\,dy \,\Big| \;\le\; \frac{d-c}{k}\,,$$

also

$$\Big| \int\limits_a^b F(x)\,dx - \int\limits_a^b \int\limits_c^d \varphi_k(x,y)\,dx\,dy \,\Big| \;=\; \Big| \int\limits_a^b \big(F(x) - \psi_k(x) \big)\,dx \,\Big| \;\le\; \frac{(b-a)(d-c)}{k}\,.$$

Hieraus folgt die erste Behauptung

$$\int\limits_a^b \int\limits_c^d f(x,y)\,dx\,dy \;=\; \lim_{k\to\infty} \int\limits_a^b \int\limits_c^d \varphi_k(x,y)\,dx\,dy \;=\; \int\limits_a^b F(x)\,dx \;=\; \int\limits_a^b \Big(\int\limits_c^d f(x,y)\,dy \Big)\,dx\,.$$

Vertauschen der Rollen von x und y liefert die zweite Behauptung.

(b) ergibt sich völlig analog.   □

2.5 Additivität des Integrals

(a) *Ist ein kompakter Quader I die Vereinigung kompakter Quader $I_1, \ldots, I_N$ mit $\overset{\circ}{I}_k \cap \overset{\circ}{I}_l = \emptyset$ für $k \ne l$, so gilt*

$$\int\limits_I f(\mathbf{x})\,d^n\mathbf{x} \;=\; \sum_{k=1}^N \int\limits_{I_k} f(\mathbf{x})\,d^n\mathbf{x}\,.$$

Der folgende Sachverhalt wird für das Integral über offene Mengen benötigt:

(b) *Für einen kompakten Quader I gelte $\overset{\circ}{I} = \bigcup\limits_{k=1}^{\infty} I_k$, wobei die I_k kompakte Quader mit paarweise disjunktem Innern sind, und jeder kompakte Quader $J \subset \overset{\circ}{I}$ von endlich vielen der I_k überdeckt wird. Dann gilt*

$$\int\limits_I f(\mathbf{x})\,d^n\mathbf{x} \;=\; \sum_{k=1}^{\infty} \int\limits_{I_k} f(\mathbf{x})\,d^n\mathbf{x}\,.$$

BEWEIS.

(a) Für jede Treppenfunktion φ gilt nach 1.7

$$\int\limits_I \varphi \;=\; \sum_{k=1}^N \int\limits_{I_k} \varphi\,.$$

Sind φ_j Treppenfunktionen mit $\|f - \varphi_j\| \to 0$ und $\int\limits_I \varphi_j \to \int\limits_I f$, so folgt die Behauptung durch Grenzübergang.

(b) Zu vorgegebenem $\varepsilon > 0$ wählen wir einen kompakten Quader $J \subset \overset{\circ}{I}$ mit $V(I) - V(J) < \varepsilon$. Nach Voraussetzung gibt es ein N mit $J \subset \bigcup\limits_{k=1}^{N} I_k$. Durch Rasterung verschaffen wir uns endlich viele Quader $J_1, \ldots, J_M$ mit paarweise disjunktem Innern, so dass $I = I_1 \cup \cdots \cup I_N \cup J_1 \cup \cdots \cup J_M$. Dann ergibt sich nach (a) wegen $J_i \subset I \setminus J$ $(i = 1, \ldots, M)$

$$\Big| \int\limits_I f - \sum_{k=1}^{N} \int\limits_{I_k} f \Big| = \Big| \sum_{i=1}^{M} \int\limits_{J_i} f \Big| \leq \|f\| \sum_{i=1}^{M} V(J_i) \leq \|f\|\varepsilon. \qquad \square$$

3 Das Volumen von Rotationskörpern

3.1 Das Volumen zwischen zwei Graphen

Sind $g \leq h$ stetige Funktionen auf einem kompakten Rechteck $I = [a,b] \times [c,d]$, so hat der Bereich Z zwischen den beiden Graphen

$$Z = \big\{ (x,y,z) \mid a \leq x \leq b,\ c \leq y \leq d,\ g(x,y) \leq z \leq h(x,y) \big\}$$

das Volumen

$$V(Z) = \int\limits_a^b \int\limits_c^d \big(h(x,y) - g(x,y) \big)\, dx\, dy.$$

Das ist anschaulich plausibel und ordnet sich der in Abschnitt 7 gegebenen allgemeinen Volumendefinition unter.

3.2 Das Volumen von Rotationskörpern im $\mathbb{R}^3$

Sei $r : [a,b] \to [0,R]$ eine stetige Funktion. Durch Rotation der Fläche

$$\big\{ (x,y,z) \mid a \leq x \leq b,\ y = 0,\ 0 \leq z \leq r(x) \big\}$$

um die x–Achse entsteht der Rotationskörper

$$K = \big\{ (x,y,z) \mid a \leq x \leq b,\ y^2 + z^2 \leq r(x)^2 \big\}.$$

(Machen Sie sich das anhand einer Skizze klar!)

Setzen wir für $a \leq x \leq b$, $-R \leq y \leq R$

$$f(x,y) = \begin{cases} \sqrt{r(x)^2 - y^2}, & \text{für } |y| \leq r(x) \\ 0 & \text{für } r(x) < |y| \leq R, \end{cases}$$

so ist f stetig auf $[a, b] \times [-R, R]$ und $V(K)$ gleich dem Volumen von

$$K^* = \big\{ (x, y, z) \mid (x, y) \in [a, b] \times [-R, R], \, -f(x, y) \leq z \leq f(x, y) \big\}.$$

Also gilt nach 3.1 und 2.4

$$V(K) = 2 \int\limits_a^b \int\limits_{-R}^R f(x, y) \, dx \, dy = 2 \int\limits_a^b \Big(\int\limits_{-r(x)}^{r(x)} \sqrt{r(x)^2 - y^2} \, dy \Big) \, dx.$$

Nach § 11 : 7.4 (a) erhalten wir

$$V(K) = 2 \int\limits_a^b \tfrac{\pi}{2} r(x)^2 \, dx = \pi \int\limits_a^b r(x)^2 \, dx.$$

Das Volumen ergibt sich also durch Aufintegrieren über alle an K beteiligten Kreisscheiben.

3.3 Das Kugelvolumen

Für $r(x) = \sqrt{R^2 - x^2}$ ergibt sich das Volumen der Kugel $\overline{K_R(0)}$

$$\pi \int\limits_{-R}^R \big(R^2 - x^2 \big) \, dx = \pi \big(2R^3 - \tfrac{2}{3} R^3 \big) = \tfrac{4}{3} \pi R^3.$$

3.4 Aufgabe. Berechnen Sie das Volumen eines Kreiskegels mit Höhe h und Grundkreisradius R, dessen Spitze im Nullpunkt und dessen Achse in der positiven x–Achse liegt.

4 Das Integral stetiger Funktionen über offene Mengen

4.1 Quaderzerlegung offener Mengen

Zu jeder nichtleeren offenen Teilmenge Ω des $\mathbb{R}^n$ gibt es eine Folge von kompakten Quadern $I_1, I_2, \ldots$ mit paarweise disjunktem Innern, so dass

(a) $\Omega = \bigcup\limits_{k=1}^{\infty} I_k$,

(b) *jede kompakte Teilmenge von Ω bereits durch endlich viele dieser Quader überdeckt wird.*

Jede solche Zerlegung von Ω nennen wir eine **Quaderzerlegung** von Ω.

Wir führen den Beweis der einfacheren Notation halber nur für $n = 2$; der Allgemeinheit wird dadurch kein Abbruch getan.

BEWEIS.

(a) Wir überziehen die Ebene mit dem
Netz aller Geraden $x = k$, $y = l$ mit
$k, l \in \mathbb{Z}$. Die so entstehenden kompakten Einheitsquadrate nennen wir Quadrate nullter Stufe. K_0 sei die Vereinigung aller Quadrate nullter Stufe, welche in Ω liegen.

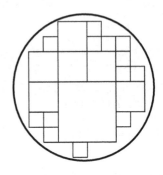

Nun unterteilen wir das Quadratnetz
durch Einziehen von Halbierungslinien.
Es entstehen Quadrate erster Stufe mit
Kantenlänge $\frac{1}{2}$ und mit Eckpunktko-
ordinaten der Form $\frac{1}{2}m$ mit $m \in \mathbb{Z}$.
K_1 sei die Vereinigung aller Quadrate
erster Stufe in Ω, welche nicht in K_0
liegen (Fig.).

Durch weiteres Einziehen von Halbierungslinien gewinnen wir Quadrate zweiter
Stufe; K_2 ist dann die Vereinigung aller Quadrate zweiter Stufe in Ω, welche
nicht zu $K_0 \cup K_1$ gehören. Fahren wir mit diesem Verfahren fort, so erhalten
wir Quadratvereinigungen $K_0, K_1, \ldots$ mit

$$\bigcup_{i=0}^{\infty} K_i \subset \Omega.$$

Wir zeigen

$$\Omega \subset \bigcup_{i=0}^{\infty} K_i.$$

Sei $\mathbf{x} \in \Omega$ und $K_r(\mathbf{x}) \subset \Omega$. Wählen wir m mit $2^{-m}\sqrt{2} < r$, so liegt jedes $\mathbf{x}$
enthaltende Quadrat m-ter Stufe ganz in Ω. Also wird $\mathbf{x}$ spätestens von K_m
erfasst, $\mathbf{x} \in \bigcup_{i=0}^{m} K_i \subset \bigcup_{i=0}^{\infty} K_i$.

Die Vereinigung aller K_i enthält genau abzählbar unendlich viele Quadrate.
Überabzählbar viele können es nicht sein, denn die linken unteren Eckpunkte
haben rationale Koordinaten, und jeder dieser Eckpunkte kommt nur einmal
vor. Endlich viele können es auch nicht sein, denn die Vereinigung endlich vieler
kompakter Quadrate ist kompakt und nicht offen.

(b) Ist K eine kompakte Teilmenge von Ω, so gibt es ein $r > 0$ mit $K_r(\mathbf{x}) \subset \Omega$
für alle $\mathbf{x} \in K$. Für $\Omega = \mathbb{R}^2$ ist dies klar. Andernfalls hat Ω einen Randpunkt,
und wir setzen $r = \frac{1}{2} \operatorname{dist}(K, \partial\Omega)$. Wir wählen ein $m \in \mathbb{N}$ mit $2^{-m}\sqrt{2} < r$ und
erkennen wie oben, dass $K \subset \bigcup_{i=0}^{m} K_i$. Alle Quadrate in $\bigcup_{i=0}^{m} K_i$ haben mindestens
Kantenlänge 2^{-m}. Da K beschränkt ist, genügen endlich viele von diesen, um
K zu überdecken.   □

4.2 Integration stetiger Funktionen über offene Mengen

Im Folgenden sei $\Omega \subset \mathbb{R}^n$ eine offene Menge. Eine stetige Funktion $f : \Omega \to \mathbb{R}$ heißt über Ω **integrierbar**, wenn es eine Zahl $M \geq 0$ gibt, so dass

$$\sum_{k=1}^{N} \int_{I_k} |f(\mathbf{x})|\, d^n\mathbf{x} \leq M$$

für je endlich viele kompakte Quader $I_1, \ldots, I_N$ in Ω mit paarweise disjunktem Innern. Für eine über Ω integrierbare Funktion f ist es gerechtfertigt, das **Integral** durch

$$\int_\Omega f = \int_\Omega f(\mathbf{x})\, d^n\mathbf{x} := \sum_{k=1}^{\infty} \int_{I_k} f(\mathbf{x})\, d^n\mathbf{x},$$

zu definieren, wobei $I_1, I_2, \ldots$ eine beliebige Quaderzerlegung von Ω ist.

SATZ. *Die rechtsstehende Reihe konvergiert und hat für jede Quaderzerlegung von Ω denselben Wert.*

BEMERKUNGEN. (a) Mit $f \in C(\Omega)$ ist nach Definition auch $|f|$ über Ω integrierbar, eine Eigenschaft, welche auch das in Band 2 definierte Lebesgue–Integral hat.

(b) Ist f auf einem kompakten Quader I stetig, so ist f nach 2.5 (b) auch über das Innere von I im Sinne von 4.2 integrierbar, und für $\Omega = \overset{\circ}{I}$ gilt

$$\int_\Omega f = \int_I f.$$

(c) Die Hilfsmittel zur praktischen Berechnung des Integrals (Ausschöpfungssatz, Transformationssatz, sukzessive Integration) werden später bereitgestellt.

BEWEIS. Die absolute Konvergenz der Reihe folgt aus

$$\sum_{k=1}^{N} \Big| \int_{I_k} f(\mathbf{x})\, d^n\mathbf{x} \Big| \leq \sum_{k=1}^{N} \int_{I_k} |f(\mathbf{x})|\, d^n\mathbf{x} \leq M \quad \text{für alle} \quad N \in \mathbb{N}.$$

Die Unabhängigkeit von der speziellen Quaderzerlegung ergibt sich auf folgende Weise: Sei $\Omega = \bigcup_{k=1}^{\infty} I_k = \bigcup_{l=1}^{\infty} J_l$. Dann ist $I_k \cap J_l$ wieder ein (evtl. entarteter) Quader oder aber leer. Es ist leicht einzusehen, dass die nichtleeren $I_k \cap J_l$ bei geeigneter Durchnummerierung eine Quaderzerlegung von Ω liefern. Wegen $I_k = \bigcup_{l=1}^{\infty} I_k \cap J_l$ und $J_l = \bigcup_{k=1}^{\infty} I_k \cap J_l$ gilt nach 2.5 (b)

$$\int_{I_k} f = \sum_{l=1}^{\infty} \int_{I_k \cap J_l} f \quad \text{und} \quad \int_{J_l} f = \sum_{k=1}^{\infty} \int_{I_k \cap J_l} f, \quad \text{dasselbe für } |f|.$$

Aus dem großen Umordnungssatz für Reihen § 7 : 6.6 folgt

$$\sum_{k=1}^{\infty} \int_{I_k} f = \sum_{k=1}^{\infty} \Big(\sum_{l=1}^{\infty} \int_{I_k \cap J_l} f \Big) = \sum_{l=1}^{\infty} \Big(\sum_{k=1}^{\infty} \int_{I_k \cap J_l} f \Big) = \sum_{l=1}^{\infty} \int_{J_l} f. \qquad \square$$

4.3 Eigenschaften des Integrals

(a) **Linearität.** *Mit f und g ist auch $\alpha f + \beta g$ über Ω integrierbar und*

$$\int_\Omega (\alpha f + \beta g)\, d^n\mathbf{x} = \alpha \int_\Omega f\, d^n\mathbf{x} + \beta \int_\Omega g\, d^n\mathbf{x}.$$

(b) **Monotonie.** *Für integrierbare Funktionen f, g mit $f \leq g$ gilt*

$$\int_\Omega f\, d^n\mathbf{x} \leq \int_\Omega g\, d^n\mathbf{x}.$$

(c) **Integralabschätzung.** *Definitionsgemäß ist f genau dann über Ω integrierbar, wenn $|f|$ über Ω integrierbar ist. Es gilt dann*

$$\left| \int_\Omega f\, d^n\mathbf{x} \right| \leq \int_\Omega |f|\, d^n\mathbf{x}.$$

(d) **Majorantensatz.** *Ist $f : \Omega \to \mathbb{R}$ stetig und gibt es eine integrierbare Funktion (Majorante) $g : \Omega \to \mathbb{R}_+$ mit $|f| \leq g$, so ist f über Ω integrierbar.*

(e) **Zerlegung in positiven und negativen Teil.** *Eine stetige Funktion f ist genau dann über Ω integrierbar, wenn ihr positiver und negativer Teil*

$$f_+ = \tfrac{1}{2}\left(|f| + f\right), \quad f_- = \tfrac{1}{2}\left(|f| - f\right)$$

beide über Ω integrierbar sind. Es gilt dann

$$\int_\Omega f\, d^n\mathbf{x} = \int_\Omega f_+\, d^n\mathbf{x} - \int_\Omega f_-\, d^n\mathbf{x}.$$

(f) *Ist f über Ω integrierbar, so ist f auch über jede offene Teilmenge Ω_0 von Ω integrierbar und es gilt*

$$\int_{\Omega_0} |f|\, d^n\mathbf{x} \leq \int_\Omega |f|\, d^n\mathbf{x}.$$

Alle Beweise ergeben sich in einfacher Weise aus der Definition und den entsprechenden Eigenschaften des Integrals über kompakte Quader $\boxed{\text{ÜA}}$.

4.4 Additivität des Integrals

Seien $\Omega_1, \Omega_2, \ldots$ paarweise disjunkte offene Mengen. Eine auf $\Omega = \bigcup_k \Omega_k$ stetige Funktion f ist genau dann über Ω integrierbar, wenn f über jedes Ω_k integrierbar ist und die Reihe $\sum_{k=1}^\infty \int_{\Omega_k} |f|$ konvergiert. Es gilt dann

$$\int_\Omega f\, d^n\mathbf{x} = \sum_{k=1}^\infty \int_{\Omega_k} f\, d^n\mathbf{x}.$$

BEWEIS als $\boxed{\text{ÜA}}$: Quaderzerlegungen von $\Omega_1, \Omega_2, \ldots$ ergeben zusammen bei geeigneter Nummerierung eine Quaderzerlegung von Ω. Die Behauptung folgt dann mit dem großen Umordnungssatz § 7 : 6.6.   □

4.5 Integrierbarkeit beschränkter stetiger Funktionen

Jede auf einer beschränkten offenen Menge Ω beschränkte stetige Funktion ist über Ω integrierbar.

BEWEIS.

Nach Voraussetzung gibt es einen kompakten Quader I mit $\Omega \subset I$ und eine Schranke C für $|f|$. Sind $I_1, \ldots, I_N$ kompakte Quader in Ω mit paarweise disjunktem Innern, so gilt

$$\sum_{k=1}^{N} \int_{I_k} |f(\mathbf{x})|\, d^n\mathbf{x} \leq C \sum_{k=1}^{N} V(I_k) \leq C V(I).$$ □

4.6 Ausschöpfende Folgen

Die offenen Mengen $\Omega_1 \subset \Omega_2 \subset \Omega_3 \subset \ldots$ bilden eine **Ausschöpfung** von Ω, wenn

$$\Omega = \bigcup_{k=1}^{\infty} \Omega_k \quad \text{und} \quad \overline{\Omega}_k \text{ jeweils eine kompakte Teilmenge von } \Omega \text{ ist.}$$

Eine stetige Funktion $f : \Omega \to \mathbb{R}$ ist nach 4.5 über jedes Ω_k integrierbar, da Ω_k beschränkt ist und f auf der kompakten Menge $\overline{\Omega}_k$ beschränkt ist.

BEISPIELE.

(a) Die Rechtecke $\Omega_k = \,]-k, k[\, \times \,]-k, k[$ schöpfen $\mathbb{R}^2$ aus.

(b) Sei $\Omega = \bigcup_{k=1}^{\infty} I_k$ eine Quaderzerlegung und Ω_N das Innere von $V_N = \bigcup_{k=1}^{N} I_k$.
Die Ω_N bilden eine aufsteigende Folge mit $\overline{\Omega}_N \subset \Omega$. Jeder Punkt $\mathbf{x}_0 \in \Omega$ liegt in wenigstens einem Quader I_k. Liegt er im Innern, so gehört er zu Ω_k. Liegt $\mathbf{x}_0$ auf dem Rand von I_k, so gibt es noch weitere I_l mit $\mathbf{x}_0 \in I_l$. Es ist leicht einzusehen, dass $\mathbf{x}_0$ im Innern der Vereinigung aller (endlich vielen) I_l mit $\mathbf{x}_0 \in I_l$ liegt.

BEMERKUNG zu (b). *Sei $\Omega_1 \subset \Omega_2 \subset \ldots$ eine beliebige ausschöpfende Folge. Dann gibt es zu jedem Ω_k ein V_N mit $\overline{\Omega}_k \subset V_N$, und jede kompakte Teilmenge K von Ω liegt in einem geeigneten Ω_l.*

Denn einerseits ist $\overline{\Omega}_k$ kompakt und wird daher nach 4.1 schon von endlich vielen der $I_1, I_2, \ldots$ überdeckt. Ist andererseits $K \subset \Omega$ kompakt, so liegt jeder Punkt von K in einem geeigneten Ω_i. Nach dem Überdeckungssatz von Heine–Borel § 21 : 6.3 genügen daher endlich viele Ω_i, um K zu überdecken. Als Ω_l nehmen wir deren Vereinigung.

4.7 Der Ausschöpfungssatz

Sei $\Omega_1 \subset \Omega_2 \subset \dots$ eine Ausschöpfung von Ω. Eine stetige Funktion f ist genau dann über Ω integrierbar, wenn die Folge der Integrale

$$\int\limits_{\Omega_k} |f(\mathbf{x})| \, d^n\mathbf{x}$$

beschränkt ist. In diesem Fall gilt

$$\int\limits_{\Omega} f(\mathbf{x}) \, d^n\mathbf{x} = \lim_{k\to\infty} \int\limits_{\Omega_k} f(\mathbf{x}) \, d^n\mathbf{x}.$$

BEWEIS.

Aus der Integrierbarkeit von f folgt $\int\limits_{\Omega_k} |f| \le \int\limits_{\Omega} |f|$ nach 4.3 (f). Sei umgekehrt die Folge der Integrale $\int\limits_{\Omega_k} |f|$ beschränkt. Dann sind auch die Integrale $\int\limits_{\Omega_k} f_+$ und $\int\limits_{\Omega_k} f_-$ beschränkt. Nach 4.3 (b) genügt es daher, den Satz für stetige Funktionen $f \ge 0$ zu beweisen. Für diese existiert $\alpha := \lim\limits_{k\to\infty} \int\limits_{\Omega_k} f$ nach dem Monotoniekriterium. Sei $I_1, I_2, \dots$ eine Quaderzerlegung von Ω. Nach der Bemerkung 4.6 gibt es zu jedem $V_N = I_1 \cup \dots \cup I_N$ ein Ω_l mit $V_N \subset \Omega_l$, also $\sum\limits_{k=1}^{N} \int\limits_{I_k} f \le \int\limits_{\Omega_l} f \le \alpha$.

Somit ist f nach 4.2 integrierbar mit $\int\limits_{\Omega} f \le \alpha$. Da es zu jedem Ω_k ein V_N mit $\Omega_k \subset V_N$ gibt, gilt $\alpha = \lim\limits_{k\to\infty} \int\limits_{\Omega_k} f \le \lim\limits_{N\to\infty} \int\limits_{V_N} f = \int\limits_{\Omega} f$. $\qquad\qquad \square$

5 Parameterintegrale über offene Mengen

5.1 Stetigkeit von Parameterintegralen

Seien $\Omega_0 \subset \mathbb{R}^m$, $\Omega \subset \mathbb{R}^n$ offene Mengen, und es sei $f(\mathbf{x}, \mathbf{y})$ stetig für alle $(\mathbf{x}, \mathbf{y}) \in \Omega_0 \times \Omega$. Weiter gebe es zu jedem kompakten Quader $K \subset \Omega_0$ eine integrierbare, stetige Funktion $g_K : \Omega \to \mathbb{R}_+$ mit

$$|f(\mathbf{x}, \mathbf{y})| \le g_K(\mathbf{y}) \quad \text{für alle} \quad \mathbf{x} \in K, \ \mathbf{y} \in \Omega.$$

Dann ist das Parameterintegral

$$F(\mathbf{x}) = \int\limits_{\Omega} f(\mathbf{x}, \mathbf{y}) \, d^n\mathbf{y}$$

stetig auf Ω_0.

BEMERKUNG. Die Voraussetzung ist insbesondere erfüllt, wenn es eine von K unabhängige Majorante g gibt. Diese Voraussetzung ist jedoch für viele Anwendungen zu grob.

BEWEIS.

Sei $\mathbf{x}_0 \in \Omega_0$, $K \subset \Omega_0$ ein kompakter Quader mit $\mathbf{x}_0$ im Innern von K und $g = g_K$ die dazu passende Majorante. Zu gegebenem $\varepsilon > 0$ wählen wir Intervalle $I_1, \ldots, I_N$ aus einer Quaderzerlegung von Ω so aus, dass für $V_N = I_1 \cup \cdots \cup I_N$

$$\int\limits_{\Omega \backslash V_N} g = \int\limits_{\Omega} g - \sum_{k=1}^{N} \int\limits_{I_k} g < \varepsilon.$$

Nach 2.3 (a) gibt es ein $\delta > 0$ mit $K_\delta(\mathbf{x}_0) \subset K$, so dass

$$\sum_{k=1}^{N} \left| \int\limits_{I_k} \left(f(\mathbf{x}, \mathbf{y}) - f(\mathbf{x}_0, \mathbf{y}) \right) d^n\mathbf{y} \right| < \varepsilon \quad \text{für} \quad \|\mathbf{x} - \mathbf{x}_0\| < \delta.$$

Für $\|\mathbf{x} - \mathbf{x}_0\| < \delta$ gilt dann

$$\left| F(\mathbf{x}) - F(\mathbf{x}_0) \right| = \left| \int\limits_{\Omega} \left(f(\mathbf{x}, \mathbf{y}) - f(\mathbf{x}_0, \mathbf{y}) \right) d^n\mathbf{y} \right|$$

$$\leq \left| \int\limits_{V_N} \left(f(\mathbf{x}, \mathbf{y}) - f(\mathbf{x}_0, \mathbf{y}) \right) d\mathbf{y} \right| + \int\limits_{\Omega \backslash V_N} \left(|f(\mathbf{x}, \mathbf{y})| + |f(\mathbf{x}_0, \mathbf{y})| \right) d^n\mathbf{y}$$

$$\leq \sum_{k=1}^{N} \left| \int\limits_{I_k} \left(f(\mathbf{x}, \mathbf{y}) - f(\mathbf{x}_0, \mathbf{y}) \right) d\mathbf{y} \right| + 2 \int\limits_{\Omega \backslash V_N} g < 3\varepsilon. \qquad \square$$

5.2 Differenzierbarkeit von Parameterintegralen

Unter den Voraussetzungen 5.1 sei f zusätzlich auf $\Omega_0 \times \Omega$ stetig nach $\mathbf{x}$ differenzierbar, und zu jedem kompakten Quader $K \subset \Omega_0$ gebe es eine integrierbare, stetige Funktion h_K mit

$$\left| \frac{\partial f}{\partial x_i}(\mathbf{x}, \mathbf{y}) \right| \leq h_K(\mathbf{y}) \quad \text{für alle} \quad (\mathbf{x}, \mathbf{y}) \in K \times \Omega \quad \text{und} \quad i = 1, \ldots, m.$$

Dann ist F eine C^1-Funktion auf Ω_0, und es gilt

$$\frac{\partial F}{\partial x_i}(\mathbf{x}) = \int\limits_{\Omega} \frac{\partial f}{\partial x_i}(\mathbf{x}, \mathbf{y}) \, d^n\mathbf{y} \quad \text{für} \quad i = 1, \ldots, m.$$

Der Beweis ergibt sich nach dem Vorbild von 5.1 mit Hilfe von 2.3 (b) $\boxed{\ddot{\mathrm{U}}\mathrm{A}}$.

5.3 Parameterintegrale mit stetigen Grenzen

Im Folgenden schreiben wir $\mathbf{u} < \mathbf{v}$, wenn für alle Komponenten die Beziehung $u_i < v_i$ gilt. Ist Q der offene Quader $\{\mathbf{x} \mid \mathbf{u} < \mathbf{x} < \mathbf{v}\}$, so schreiben wir

$$\int\limits_{\mathbf{u}}^{\mathbf{v}} f(\mathbf{x}) \, d^n\mathbf{x} \quad \text{an Stelle von} \quad \int\limits_{Q} f(\mathbf{x}) \, d^n\mathbf{x}.$$

SATZ. *Sei $\Omega \subset \mathbb{R}^n$ offen und $\mathbf{g}, \mathbf{h} : \Omega \to \mathbb{R}^m$ seien stetige Funktionen mit $\mathbf{g}(\mathbf{x}) < \mathbf{h}(\mathbf{x})$ für alle $\mathbf{x} \in \Omega$. Ferner sei $f(\mathbf{x}, \mathbf{y})$ stetig für alle $\mathbf{x} \in \Omega$ und alle $\mathbf{y} \in \mathbb{R}^m$ mit $\mathbf{g}(\mathbf{x}) < \mathbf{y} < \mathbf{h}(\mathbf{x})$. Schließlich gebe es zu jedem kompakten Quader $I \subset \Omega$ eine Konstante C_I mit*

$$|f(\mathbf{x}, \mathbf{y})| \leq C_I$$

für alle $\mathbf{x} \in I$ und alle $\mathbf{y} \in \mathbb{R}^m$ mit $\mathbf{g}(\mathbf{x}) < \mathbf{y} < \mathbf{h}(\mathbf{x})$.
Dann ist

$$F(\mathbf{x}) = \int_{\mathbf{g}(\mathbf{x})}^{\mathbf{h}(\mathbf{x})} f(\mathbf{x}, \mathbf{y})\, d^m \mathbf{y}$$

stetig in Ω.

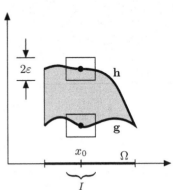

BEMERKUNG. f muss nicht beschränkt sein!

BEWEISSKIZZE.
Der Einfachheit halber sei $m = 1$. Zu jedem $\mathbf{x}_0 \in \Omega$ und gegebenem $\varepsilon > 0$ gibt es einen Quader

$$I = \left\{ \mathbf{x} \mid \|\mathbf{x} - \mathbf{x}_0\|_\infty \leq \delta \right\},$$

so dass

$$|g(\mathbf{x}) - g(\mathbf{x}_0)| \leq \varepsilon, \quad |h(\mathbf{x}) - h(\mathbf{x}_0)| \leq \varepsilon \quad \text{für alle} \quad \mathbf{x} \in I.$$

Für diese $\mathbf{x}$ ist

$$F(\mathbf{x}) - F(\mathbf{x}_0) = \int_{g(\mathbf{x}_0)+\varepsilon}^{h(\mathbf{x}_0)-\varepsilon} \bigl(f(\mathbf{x}, \mathbf{y}) - f(\mathbf{x}_0, \mathbf{y})\bigr)\, d^n \mathbf{y} + R(\mathbf{x}, \mathbf{x}_0)$$

mit $R(\mathbf{x}, \mathbf{x}_0) \leq 4\varepsilon C_I V(I)$. Das Integral auf der rechten Seite ist wieder ein Integral über einen festen kompakten Quader und strebt nach der Bemerkung 5.1 gegen Null für $\mathbf{x} \to \mathbf{x}_0$. $\qquad \square$

6 Sukzessive Integration

6.1 Integration über die Ebene

Hinreichend für die Integrierbarkeit einer stetigen Funktion f über $\mathbb{R}^2$ sind die folgenden Bedingungen:

(a) *Zu jedem kompakten Intervall I gibt es eine integrierbare Majorante g_I mit*

$$|f(x, y)| \leq g_I(y) \quad \text{für alle } y \in \mathbb{R} \text{ und alle } x \in I.$$

(b) $G(x) = \int_{-\infty}^{+\infty} |f(x, y)|\, dy$ *ist integrierbar über $\mathbb{R}$.*

Unter diesen Voraussetzungen sind $G(x)$ und $F(x) = \int_{-\infty}^{+\infty} f(x, y)\, dy$ stetig, und *es gilt*

$$\iint_{\mathbb{R}^2} f(x,y)\,dx\,dy \;=\; \int_{-\infty}^{+\infty} F(x)\,dx \;=\; \int_{-\infty}^{+\infty} \Big(\int_{-\infty}^{+\infty} f(x,y)\,dy \Big)\,dx$$

BEWEIS.

(a) Die Konvergenz der G und F darstellenden Integrale folgt nach dem Majorantenkriterium für gewöhnliche uneigentliche Integrale.

(b) F und G sind stetig nach 5.1.

(c) f_+ und f_- erfüllen dieselben Voraussetzungen wie f. Nach 4.3 (c) genügt es also, den Satz für positive stetige Funktionen f zu beweisen.

(d) *Integrierbarkeit von f.* Jede Vereinigung kompakter Rechtecke liegt in einem geeigneten Rechteck $[-R,R] \times [-R,R]$. Für ein solches gilt unter der Voraussetzung $f \geq 0$ (also $F = G$)

$$\int_{-R}^{R} \int_{-R}^{R} f(x,y)\,dx\,dy \;=\; \int_{-R}^{R} \Big(\int_{-R}^{R} f(x,y)\,dy \Big)\,dx \;\leq\; \int_{-R}^{R} F(x)\,dx$$

$$\leq\; \int_{-\infty}^{+\infty} F(x)\,dx \;=:\; M\,.$$

Also ist die Integrierbarkeitsvoraussetzung 4.2 erfüllt, und es gilt $\displaystyle\int_{\mathbb{R}^2} f \leq \int_{-\infty}^{+\infty} F$.

(e) Wir zeigen

$$\int_{-\infty}^{+\infty} F \;\leq\; \iint_{\mathbb{R}^2} f \;+\; \varepsilon$$

für jedes $\varepsilon > 0$. Dazu wählen wir ein $M > 0$ mit

$$(1) \qquad \int_{-\infty}^{+\infty} F(x)\,dx \;<\; \int_{-M}^{M} F(x)\,dx \;+\; \frac{\varepsilon}{2}\,,$$

ferner eine stetige Majorante $g = g_M$ mit

$$(2) \qquad |f(x,y)| \;\leq\; g(y) \quad \text{für alle } y \in \mathbb{R} \text{ und alle } x \in [-M,M]\,.$$

Nun wählen wir N so, dass

$$(3) \qquad \int_{|y| \geq N} g(y)\,dy \;=\; \int_{-\infty}^{+\infty} g(y)\,dy \;-\; \int_{-N}^{N} g(y)\,dy \;<\; \frac{\varepsilon}{4M}\,.$$

Dann ergibt sich aus (1),(2),(3) die Behauptung (e):

$$\int_{-\infty}^{+\infty} F(x)\,dx \;\leq\; \int_{-M}^{M} \Big(\int_{-N}^{N} f(x,y)\,dy \Big)\,dx \;+\; \int_{-M}^{M} \Big(\int_{|y| \geq N} g(y)\,dy \Big)\,dx \;+\; \frac{\varepsilon}{2}$$

$$\leq\; \int_{\mathbb{R}^2} f(x,y)\,dx\,dy \;+\; \varepsilon\,. \qquad \square$$

6.2 Vertauschung der Integrationsreihenfolge

Erfüllt $f(x, y)$ die Voraussetzungen 6.1 und $f(y, x)$ entsprechende Voraussetzungen (Vertauschung der Rollen von x und y), so gilt

$$\int\limits_{-\infty}^{+\infty} \int\limits_{-\infty}^{+\infty} f(x,y)\, dx\, dy = \int\limits_{-\infty}^{+\infty} \Big(\int\limits_{-\infty}^{+\infty} f(x,y)\, dy \Big)\, dx = \int\limits_{-\infty}^{+\infty} \Big(\int\limits_{-\infty}^{+\infty} f(x,y)\, dx \Big)\, dy\,.$$

BEMERKUNG. Unter den Voraussetzungen 6.1 allein ist die Konvergenz des Integrals $\int\limits_{-\infty}^{+\infty} f(x,y)\, dx$ für alle $y \in \mathbb{R}$ noch nicht gesichert. Z.B. gilt für die Funktion $f(x,y) = e^{-|y|(1+x^2)}$ die Abschätzung $|f(x,y)| \leq e^{-|y|}$, ferner ist

$$F(x) = G(x) = \int\limits_{-\infty}^{+\infty} e^{-|y|(1+x^2)}\, dy = 2 \int\limits_{0}^{\infty} e^{-y(1+x^2)}\, dy = \frac{2}{1+x^2}$$

über $\mathbb{R}$ integrierbar. Aber $\int\limits_{-\infty}^{+\infty} f(x,0)\, dx$ existiert nicht.

6.3 Sukzessive Integration im $\mathbb{R}^n$.
Sei $n = p + q$ und $f(\mathbf{x}, \mathbf{y})$ stetig für alle $\mathbf{x} \in \mathbb{R}^p$, $\mathbf{y} \in \mathbb{R}^q$. Dann ergibt sich die zu 6.2 analoge Formel

$$\int\limits_{\mathbb{R}^n} f(\mathbf{z})\, d^n\mathbf{z} = \int\limits_{\mathbb{R}^p} \Big(\int\limits_{\mathbb{R}^q} f(\mathbf{x}, \mathbf{y})\, d^q\mathbf{y} \Big)\, d^p\mathbf{x} = \int\limits_{\mathbb{R}^q} \Big(\int\limits_{\mathbb{R}^p} f(\mathbf{x}, \mathbf{y})\, d^p\mathbf{x} \Big)\, d^q\mathbf{y}$$

bei sinngemäßer Übertragung der Voraussetzungen 6.1 und 6.2. Auch der Beweis kann wortwörtlich übernommen werden.

6.4 Ein allgemeiner Satz über sukzessive Integration

Wir verwenden die Bezeichnungen von 5.3.

SATZ. *Sei Ω_0 ein Gebiet des $\mathbb{R}^n$, und $\mathbf{g}, \mathbf{h} : \Omega_0 \to \mathbb{R}^m$ seien stetige Funktionen mit $\mathbf{g}(\mathbf{x}) < \mathbf{h}(\mathbf{x})$ für alle $\mathbf{x} \in \Omega_0$. Weiter sei f stetig auf*

$$\Omega = \big\{ (\mathbf{x}, \mathbf{y}) \in \mathbb{R}^{n+m} \mid \mathbf{x} \in \Omega_0,\ \mathbf{g}(\mathbf{x}) < \mathbf{y} < \mathbf{h}(\mathbf{x}) \big\}\,.$$

Gibt es dann zu jedem kompakten Quader $I \subset \Omega_0$ eine Konstante C_I mit $|f(\mathbf{x}, \mathbf{y})| \leq C_I$ für alle $\mathbf{x} \in I$, $\mathbf{g}(\mathbf{x}) < \mathbf{y} < \mathbf{h}(\mathbf{x})$, so sind

$$F(\mathbf{x}) = \int\limits_{\mathbf{g}(\mathbf{x})}^{\mathbf{h}(\mathbf{x})} f(\mathbf{x}, \mathbf{y})\, d^m\mathbf{y} \quad und \quad G(\mathbf{x}) = \int\limits_{\mathbf{g}(\mathbf{x})}^{\mathbf{h}(\mathbf{x})} |f(\mathbf{x}, \mathbf{y})|\, d^m\mathbf{y}$$

stetig in Ω_0. Ist G über Ω_0 integrierbar, so ist auch f über Ω integrierbar und

$$\int_\Omega f(\mathbf{z}) \, d^{n+m}\mathbf{z} = \int_{\Omega_0} F(\mathbf{x}) \, d^n\mathbf{x} = \int_{\Omega_0} \Big(\int_{\mathbf{g}(\mathbf{x})}^{\mathbf{h}(\mathbf{x})} f(\mathbf{x},\mathbf{y}) \, d^m\mathbf{y} \Big) \, d^n\mathbf{x}.$$

Diese Voraussetzungen sind z.B. dann erfüllt, wenn Ω in einem kompakten Quader liegt, auf dem f stetig ist.

Der Beweis ergibt sich ähnlich wie der von 6.1 und wird wegen des technischen Aufwandes weggelassen.

6.5 Anwendung auf Gebiete im $\mathbb{R}^3$

Das Gebiet $\Omega \subset \mathbb{R}^3$ sei wie folgt durch Graphen stetiger Funktionen begrenzt:

$$\Omega = \big\{(x,y,z) \mid a < x < b, \; g_1(x) < y < h_1(x), \; g_2(x,y) < z < h_2(x,y)\big\},$$

wobei $g_1(x) < h_1(x)$ stetig auf $]a,b[$ sind und $g_2(x,y) < h_2(x,y)$ stetig auf

$$\Omega_0 = \big\{(x,y) \mid a < x < b, \; g_1(x) < y < h_1(x)\big\}.$$

Dann ergibt zweifache Anwendung von 6.4

$$\int_\Omega f(x,y,z) \, dx \, dy \, dz = \int_a^b \Big(\int_{g_1(x)}^{h_1(x)} \Big(\int_{g_2(x,y)}^{h_2(x,y)} f(x,y,z) \, dz \Big) \, dy \Big) \, dx.$$

ÜA Formulieren Sie Bedingungen für die Richtigkeit dieser Formel.

6.6 Beispiele und Aufgaben

(a) Nach 6.4 und § 11 : 7.4 (a) gilt für den Flächeninhalt der Einheitskreisscheibe $K_1(\mathbf{0}) \subset \mathbb{R}^2$

$$\int_{K_1(\mathbf{0})} 1 \, dx \, dy = \int_{-1}^1 \Big(\int_{-\sqrt{1-x^2}}^{\sqrt{1-x^2}} 1 \, dy \Big) \, dx = 2 \int_{-1}^1 \sqrt{1-x^2} \, dx = \pi.$$

(b) Zeigen Sie: Konvergieren für die auf $\mathbb{R}$ stetigen Funktionen f, g die uneigentlichen Integrale $\int_{-\infty}^{+\infty} f(x) \, dx$, $\int_{-\infty}^{+\infty} g(y) \, dy$, so ist $f(x) \, g(y)$ über $\mathbb{R}^2$ integrierbar, und es gilt

$$\int_{-\infty}^{+\infty} \int_{-\infty}^{+\infty} f(x) \, g(y) \, dx \, dy = \Big(\int_{-\infty}^{+\infty} f(x) \, dx \Big) \Big(\int_{-\infty}^{+\infty} g(y) \, dy \Big).$$

(c) Zeigen Sie, dass $(x^2 - y) \, e^{-(x+y)}$ über $\mathbb{R}_{>0} \times \mathbb{R}_{>0}$ integrierbar ist, und bestimmen Sie das Integral.

7 Das n–dimensionale Volumen

7.1 Das Volumen offener Mengen

Besitzt die offene Menge $\Omega \subset \mathbb{R}^n$ die Quaderdarstellung $\Omega = \bigcup\limits_{k=1}^{\infty} I_k$, so definieren wir ihr n–dimensionales Volumen durch

$$V^n(\Omega) := \sum_{k=1}^{\infty} V^n(I_k),$$

falls diese Reihe konvergiert. Andernfalls setzen wir $V^n(\Omega) := \infty$. Diese Definition ist unabhängig von der speziellen Quaderdarstellung. Das ergibt sich, wenn wir beachten, dass nach 4.2

$$V^n(\Omega) = \int\limits_{\Omega} 1 \, d^n\mathbf{x}.$$

Für kompakte Quader $I \subset \mathbb{R}^n$ ist $V^n(\overset{\circ}{I})$ nach 2.5 (b) der elementargeometrische Inhalt, d.h. das Produkt der Kantenlängen.

Bei Teilmengen des $\mathbb{R}^2$ sprechen wir vom Flächeninhalt, im $\mathbb{R}^3$ vom Rauminhalt. Wenn keine Verwechslungen möglich sind, schreiben wir $V(\Omega)$ statt $V^n(\Omega)$.

Beschränkte offene Mengen besitzen nach 4.5 stets endliches Volumen. Aber auch eine unbeschränkte Menge kann endliches Volumen haben, wie z.B.

$$\Omega = \left\{ (x,y) \in \mathbb{R}^2 \mid x > 1, \ 0 < y < \frac{1}{x^2} \right\}.$$

Mit

$$g(x) = 0, \ h(x) = \frac{1}{x^2}$$

ergibt sich nach 6.4

$$V^2(\Omega) = \int\limits_{\Omega} 1 \, dx \, dy = \int\limits_{1}^{\infty} \Big(\int\limits_{0}^{h(x)} 1 \, dy \Big) \, dx = \int\limits_{1}^{\infty} \frac{1}{x^2} \, dx = 1.$$

7.2 Das Volumen von Parallelflachen

Für das Innere Ω eines von den Vektoren $\mathbf{a}_1, \ldots, \mathbf{a}_n$ aufgespannten Parallelflachs wird sich in 8.2 das Volumen

$$V^n(\Omega) = \big| \det(\mathbf{a}_1, \ldots, \mathbf{a}_n) \big|$$

ergeben. Dieses Ergebnis stellt die Verbindung zu dem in § 17:4 axiomatisch eingeführten Volumenbegriff her.

7.3 Das Volumen zwischen zwei Graphen

Sei Ω_0 eine beschränkte offene Menge des $\mathbb{R}^{n-1}$, und seien $g, h : \Omega_0 \to \mathbb{R}$ stetig und beschränkt mit $g(\mathbf{x}) < h(\mathbf{x})$ für alle $\mathbf{x} \in \Omega_0$. Dann hat die Menge

$$\Omega = \{(\mathbf{x}, y) \in \mathbb{R}^n \mid \mathbf{x} \in \Omega_0,\ g(\mathbf{x}) < y < h(\mathbf{x})\}$$

das n–dimensionale Volumen

$$V^n(\Omega) = \int\limits_{\Omega_0} \big(h(\mathbf{x}) - g(\mathbf{x})\big)\, d^{n-1}\mathbf{x}.$$

Das folgt wegen $V^n(\Omega) = \int\limits_{\Omega} 1$ direkt aus 6.4.

BEISPIELE

(a) Die Fläche zwischen der x–Achse und dem Graphen einer stetigen Funktion $f : I \to \mathbb{R}_{>0}$ (I ein offenes Intervall) ist demnach $\int\limits_{I} f(x)\, dx$.

(b) Ist K ein Rotationskörper der in 3.2 beschriebenen Art, so gilt für das Volumen von $\overset{\circ}{K}$ die Beziehung $V^3(\overset{\circ}{K}) = \pi \int\limits_{a}^{b} r(x)^2\, dx$.

Im Folgenden untersuchen wir den Beitrag der Ränder zum Volumen.

7.4 Nullmengen

Gegeben ist eine offene Menge Ω endlichen Volumens und eine kompakte Teilmenge K. Dann sind $\overset{\circ}{K}$ und $\Omega \backslash K$ ebenfalls offene Mengen endlichen Volumens. Unter welchen Bedingungen leistet ∂K keinen Beitrag zum Volumen, d.h. wann gilt

$$V^n(\Omega) = V^n(\overset{\circ}{K}) + V^n(\Omega \setminus K)?$$

Es ist zu vermuten, dass bei allzu ausgefranstem Rand von K diese Beziehung nicht erfüllt ist. Wir präzisieren im Folgenden, was wir unter einem gutartigen Rand verstehen wollen.

Definition. Eine beschränkte Menge $M \subset \mathbb{R}^n$ heißt eine **Nullmenge** (auch Jordan–Nullmenge), wenn es zu jedem $\varepsilon > 0$ endlich viele Quader $I_1, \ldots, I_N$ gibt mit

$$M \subset \bigcup_{k=1}^{N} I_k \quad \text{und} \quad \sum_{k=1}^{N} V^n(I_k) < \varepsilon.$$

Eine unbeschränkte Menge heißt Nullmenge, wenn jede beschränkte Teilmenge eine Nullmenge ist. Demnach ist jede Teilmenge einer Nullmenge wieder eine Nullmenge, und eine endliche Vereinigung von Nullmengen ist wieder eine Nullmenge $\boxed{\text{ÜA}}$.

Entartete Quader sind Nullmengen, also auch jede Randfläche eines Quaders und damit auch jede „Koordinatenebene" $\{(x_1, \ldots, x_n) \mid x_k = c\}$. Nichtleere offene Mengen sind keine Nullmengen $\boxed{\text{ÜA}}$.

In der Lebesgueschen Integrationstheorie (siehe Band 2) wird der Begriff „Nullmenge" etwas weiter gefasst.

Beispiele von Nullmengen

(a) *Graphen stetiger Funktionen.* Ist $I \subset \mathbb{R}^{n-1}$ ein kompakter Quader und $f : I \to \mathbb{R}$ stetig, so ist der Graph

$$\big\{ (\mathbf{x}, f(\mathbf{x})) \mid \mathbf{x} \in I \big\}$$

eine Nullmenge im $\mathbb{R}^n$ $\boxed{\text{ÜA}}$.

(b) C^1–*Bilder von Nullmengen.* Sei $m \geq n$ und $\varphi : \mathbb{R}^n \supset \Omega \to \mathbb{R}^m$ eine C^1–Abbildung. Liegt die V^n–Nullmenge N in einer kompakten Teilmenge $K \subset \Omega$, so ist $\varphi(N)$ eine Nullmenge im $\mathbb{R}^m$. Insbesondere sind C^1–Bilder von Quaderrändern Nullmengen.

Den BEWEIS und mehr über (Jordan–)Nullmengen finden Sie bei [HEUSER 2, § 202].

7.5 Das Integral über gutberandete kompakte Mengen

Eine Menge M heißt **gutberandet**, wenn ihr Rand eine Nullmenge ist.

SATZ. *Ist Ω offen und K eine gutberandete kompakte Teilmenge von Ω, so gilt für alle über Ω integrierbaren Funktionen f*

$$\int\limits_{\Omega} f(\mathbf{x})\, d^n\mathbf{x} = \int\limits_{\overset{\circ}{K}} f(\mathbf{x})\, d^n\mathbf{x} \; + \int\limits_{\Omega \setminus K} f(\mathbf{x})\, d^n\mathbf{x}\,.$$

Wir definieren daher das Integral über die kompakte Menge K durch

$$\int\limits_{K} f(\mathbf{x})\, d^n\mathbf{x} := \int\limits_{\overset{\circ}{K}} f(\mathbf{x})\, d^n\mathbf{x}\,.$$

Hat Ω endlichen Inhalt, so gilt für gutberandete kompakte Mengen $K \subset \Omega$

$$V(\Omega) = V(\overset{\circ}{K}) + V(\Omega \setminus K)\,,$$

und wir definieren

$$V(K) := V(\overset{\circ}{K})\,, \quad V(\partial K) := 0\,.$$

BEWEIS.

Es genügt wieder, positive Funktionen f zu betrachten. Nach 4.3 (f) und 4.4 mit
$\Omega = \overset{\circ}{K}$, $\Omega_2 = \Omega \setminus K$, $\Omega_k = \emptyset$ für $k \geq 3$ folgt

$$\int\limits_{\Omega} f \geq \int\limits_{\overset{\circ}{K}} f + \int\limits_{\Omega\setminus K} f \, .$$

Wir wählen eine endliche Vereinigung B kompakter Quader mit $\partial K \subset B$ und
setzen $M := \max \{ f(\mathbf{x}) \mid \mathbf{x} \in B \}$. Sei $\varepsilon > 0$ vorgegeben und $\partial K \subset I_1 \cup \cdots \cup I_N$
mit $\sum\limits_{k=1}^{N} V(I_k) < \varepsilon$. Nach 1.2 dürfen wir voraussetzen, dass die I_k kompakt
sind und disjunktes Inneres haben. Ferner dürfen wir sie so klein wählen, dass
$B_\varepsilon := I_1 \cup \cdots \cup I_N \subset B$. Offenbar lässt sich Ω wie folgt disjunkt zerlegen:

$$\Omega = (\overset{\circ}{K} \setminus B_\varepsilon) \cup B_\varepsilon \cup (\Omega \setminus (K \cup B_\varepsilon)) = \Omega_1 \cup B_\varepsilon \cup \Omega_2 \, ,$$

wobei Ω_1, Ω_2 offen sind. Aus den Quaderzerlegungen

$$\Omega_1 = \bigcup\limits_{i=1}^{\infty} Q_i \, , \quad \Omega_2 = \bigcup\limits_{j=1}^{\infty} R_j$$

entsteht durch Hinzunahme von $I_1, \ldots, I_N$ eine Quaderzerlegung von Ω. Nach
Definition des Integrals und nach 4.3 (f) folgt

$$\int\limits_{\Omega} f = \int\limits_{\Omega_1} f + \int\limits_{\Omega_2} f + \sum\limits_{k=1}^{N} \int\limits_{I_k} f \leq \int\limits_{\overset{\circ}{K}} f + \int\limits_{\Omega\setminus K} f + \varepsilon M \, . \qquad \square$$

8 Der Transformationssatz und Anwendungen

8.1 Der Transformationssatz

Sei $\varphi : [a, b] \to [\alpha, \beta]$ bijektiv und C^1–differenzierbar mit $\varphi'(x) \neq 0$. Dann gilt

$$\int\limits_{\alpha}^{\beta} f(y) \, dy = \int\limits_{a}^{b} f(\varphi(x)) \, |\varphi'(x)| \, dx \, ,$$

wie sich aus der Substitutionsregel § 11 : 7.1 durch Fallunterscheidung $\varphi' > 0$,
$\varphi' < 0$ ergibt. Dem entspricht im $\mathbb{R}^n$ der folgende

SATZ. *Sei $\varphi : \Omega \to \Omega'$ ein C^1–Diffeomorphismus zwischen offenen Mengen Ω
und Ω' des $\mathbb{R}^n$, d.h. bijektiv und mitsamt der Umkehrabbildung C^1–differenzierbar. Dann gilt*

$$\int\limits_{\varphi(\Omega)} f(\mathbf{y}) \, d^n\mathbf{y} = \int\limits_{\Omega} f(\varphi(\mathbf{x})) \, |\det \varphi'(\mathbf{x})| \, d^n\mathbf{x}$$

für alle Funktionen $f \in C(\Omega)$, für welche eines der beiden Integrale konvergiert.

Die Determinante $|\det \varphi'(\mathbf{x})|$ der Jacobi–Matrix wird die **Funktionaldeterminante** oder **Jacobi–Determinante** genannt.

Der Beweis des Satzes ist aufwendig; wir verweisen auf [FORSTER 3, pp. 16–21] und [BARNER–FLOHR Bd. 2, 16.4, pp. 314–325].

Die folgende Betrachtung für $n = 2$ sollen den Satz plausibel machen:

(a) Nach Definition des Integrals über offene Mengen genügt es, den Satz für Rechtecke I zu beweisen:

$$\int_{\varphi(I)} f(\mathbf{y})\, d^2\mathbf{y} = \int_I f(\varphi(\mathbf{x}))\,|\det \varphi'(\mathbf{x})|\, d^2\mathbf{x}\,.$$

Da die Ränder nach 7.4 und 7.5 keine Rolle spielen, dürfen wir I als kompakt voraussetzen.

(b) Wir überziehen I schachbrettartig mit einem Netz kleiner Rechtecke $I_k = [\mathbf{x}_k, \mathbf{y}_k]$ mit Flächeninhalt $V(I_k)$ und bilden für $g(\mathbf{x}) = f(\varphi(\mathbf{x}))|\det \varphi'(\mathbf{x})|$ die zugehörige Treppenfunktion $\sum\limits_{k=1}^{N} g(\mathbf{x}_k)\chi_{I_k}$. Dann gilt

$$\int_I f(\varphi(\mathbf{x}))\,|\det \varphi'(\mathbf{x})|\, d^2\mathbf{x} = \int_I g(\mathbf{x})\, d^2\mathbf{x} \approx \sum_{k=1}^{N} g(\mathbf{x}_k)V(I_k)\,,$$

dies umso genauer, je feiner die Rasterunterteilung gewählt ist.

(c) $\varphi(\mathbf{x})$ kann auf jedem Teilrechteck I_k in guter Näherung durch die affine Abbildung

$$\mathbf{x} \mapsto \varphi(\mathbf{x}_k) + \varphi'(\mathbf{x}_k)(\mathbf{x} - \mathbf{x}_k)$$

ersetzt werden. Dann ist $\varphi(I_k)$ näherungsweise ein Parallelogramm mit Inhalt $|\det \varphi'(\mathbf{x}_k)|\, V(I_k)$, vgl. § 17 : 4.4.

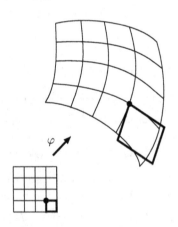

(d) Die Rastereinteilung von I erzeugt auf $\varphi(I)$ ein krummliniges Raster; die Bilder $\varphi(I_k)$ sind dabei nahezu Parallelogramme P_k, auf denen f näherungsweise konstant ist. Daher gilt

$$\int_{\varphi(I)} f(\mathbf{y})\, d^2\mathbf{y} \approx \sum_{k=1}^{N} f(\varphi(\mathbf{x}_k))\, V(P_k) = \sum_{k=1}^{N} f(\varphi(\mathbf{x}_k))|\det \varphi'(\mathbf{x}_k)|\, V(I_k)$$

$$\approx \int_I f(\varphi(\mathbf{x}))\,|\det \varphi'(\mathbf{x})|\, d^2\mathbf{x}\,.$$

8.2 Folgerungen für das Volumen

(a) *Das Volumen eines Parallelflachs* $P = \mathbf{a} + \{t_1\,\mathbf{a}_1 + \cdots + t_n\,\mathbf{a}_n \mid 0 \leq t_i \leq 1\}$
ist

$$V^n(P) = |\det(\mathbf{a}_1,\ldots,\mathbf{a}_n)|\,.$$

Denn ist A die Matrix mit den Spalten $\mathbf{a}_1,\ldots,\mathbf{a}_n$ und $\boldsymbol{\varphi}(\mathbf{x}) = \mathbf{a} + A\mathbf{x}$, so ist P das Bild des Einheitswürfels W unter $\boldsymbol{\varphi}$, und $\boldsymbol{\varphi}'$ ist die Abbildung $\mathbf{x} \mapsto A\mathbf{x}$. Also gilt nach 8.1

$$V^n(P) = \int\limits_P 1\,d^n\mathbf{y} = \int\limits_W 1\,|\det A|\,d^n\mathbf{x} = |\det A|\,V^n(W) = |\det A|\,.$$

(b) *Das Volumen ist bewegungsinvariant.* Ist $\mathbf{x} \mapsto T(\mathbf{x}) = \mathbf{a} + A\mathbf{x}$ eine Bewegung des $\mathbb{R}^n$, d.h. $A \in SO_n$, $\det A = 1$, so gilt $V(\Omega) = V(T(\Omega))$.

8.3 Integration kugelsymmetrischer Funktionen

Ist $V(r)$ stetig für $r > 0$, so heißt die Funktion

$$f : \mathbf{x} \to V(\|\mathbf{x}\|)\,, \quad \mathbf{x} \in \mathbb{R}^3 \setminus \{\mathbf{0}\}$$

eine *kugelsymmetrische Funktion*.

(a) Ist $A \in SO_3$ und f über $\Omega = K_R(\mathbf{0}) \setminus \{\mathbf{0}\}$ integrierbar, so gilt

$$\int\limits_{0 < \|\mathbf{x}\| < R} V(\|\mathbf{x}\|)\,d^3\mathbf{x} = \int\limits_{0 < \|\mathbf{x}\| < R} V(\|A\mathbf{x}\|)\,d^3\mathbf{x} \quad \boxed{\text{ÜA}}\,.$$

(b) Die **Transformation auf Kugelkoordinaten** sei gegeben durch

$$\boldsymbol{\Phi} : \begin{pmatrix} r \\ \vartheta \\ \varphi \end{pmatrix} \mapsto \begin{pmatrix} r\sin\vartheta\,\cos\varphi \\ r\sin\vartheta\,\sin\varphi \\ r\cos\vartheta \end{pmatrix} \quad \text{für} \quad r > 0,\ 0 < \vartheta < \pi,\ 0 < \varphi < 2\pi.$$

Für diese gilt $\boxed{\text{ÜA}}$

$$\det \boldsymbol{\Phi}'(r,\vartheta,\varphi) = r^2\sin\vartheta$$

SATZ. *Ist $r^2\,V(r)$ über $]0,R]$ integrierbar, so gilt*

$$\int\limits_{0 < \|\mathbf{x}\| < R} V(\|\mathbf{x}\|)\,d^3\mathbf{x} = 4\pi \int\limits_0^R r^2 V(r)\,dr\,.$$

Insbesondere ergibt sich

$$\int\limits_{0 < \|\mathbf{x}\| < R} \frac{d^3\mathbf{x}}{\|\mathbf{x}\|} = 2\pi R^2 \quad \text{und} \quad \int\limits_{0 < \|\mathbf{x}\| < R} \frac{d^3\mathbf{x}}{\|\mathbf{x}\|^2} = 4\pi R\,.$$

BEWEIS.

Sei $0 < \varrho < R$. Das Bild des Quaders $Q = \,]\,\varrho, R\,[\,\times\,]\,0, \frac{\pi}{2}\,[\,\times\,]\,0, 2\pi\,[$ unter $\boldsymbol{\Phi}$ ist bis auf einen Schlitz, also bis auf eine Nullmenge, eine halbe Kugelschale. Nach (a) und dem Transformationssatz folgt durch sukzessive Integration

$$\int\limits_{\varrho < \|\mathbf{x}\| < R} V(\|\mathbf{x}\|)\, d^3\mathbf{x} \;=\; 2 \int\limits_{\Phi(Q)} V(\|\mathbf{x}\|)\, d^3\mathbf{x} \;=\; 2 \int\limits_{\varrho}^{R} \int\limits_{0}^{\frac{\pi}{2}} \int\limits_{0}^{2\pi} r^2 V(r) \sin\vartheta\, dr\, d\vartheta\, d\varphi$$

$$= \; 2 \int\limits_{\varrho}^{R} \int\limits_{0}^{\frac{\pi}{2}} \Big(r^2 V(r) \sin\vartheta \int\limits_{0}^{2\pi} d\varphi \Big)\, dr\, d\vartheta$$

$$= \; 4\pi \int\limits_{\varrho}^{R} \Big(r^2 V(r) \int\limits_{0}^{\frac{\pi}{2}} \sin\vartheta\, d\vartheta \Big)\, dr \;=\; 4\pi \int\limits_{\varrho}^{R} r^2 V(r)\, dr \,.$$

Die rechte Seite ist beschränkt, also folgt die Behauptung nach dem Ausschöpfungssatz für $\varrho \to 0$. Der Rest als $\boxed{\text{ÜA}}$. $\qquad\square$

8.4 Integration der Gaußschen Glockenkurve

Als Anwendung der Integrationstheorie zeigen wir

$$\int\limits_{-\infty}^{+\infty} e^{-\frac{1}{2}x^2}\, dx \;=\; \sqrt{2\pi}\,.$$

BEWEIS.

(a) Das Integral $A := \int\limits_{-\infty}^{+\infty} e^{-\frac{1}{2}x^2}\, dx$ existiert nach §12 : 4.8 (c).

(b) *Zurückführung auf ein Doppelintegral.* Wir wenden die Folgerung 6.6 (b) des Satzes 6.1 über sukzessive Integration an auf die Funktion

$$f(x,y) := e^{-\frac{1}{2}(x^2 + y^2)} = e^{-\frac{1}{2}x^2}\, e^{-\frac{1}{2}y^2}$$

und erhalten

$$A^2 \;=\; \int\limits_{-\infty}^{+\infty} e^{-\frac{1}{2}x^2}\, dx \int\limits_{-\infty}^{+\infty} e^{-\frac{1}{2}y^2}\, dy \;=\; \int\limits_{-\infty}^{+\infty}\int\limits_{-\infty}^{+\infty} f(x,y)\, dx\, dy\,.$$

(c) Nach dem Ausschöpfungssatz 4.7 gilt

$$A^2 \;=\; \lim_{n\to\infty} \iint\limits_{\Omega_n} f(x,y)\, dx\, dy \quad \text{mit} \quad \Omega_n = \Big\{ (x,y) \mid \tfrac{1}{n} < \sqrt{x^2 + y^2} < n \Big\}\,.$$

(d) Sei $\Omega'_n := \Omega_n \setminus \{(x,0) \mid x \leq 0\}$. Da der Schlitz $\Omega_n \setminus \Omega'_n$ eine Nullmenge ist, gilt

$$A^2 = \lim_{n\to\infty} \iint_{\Omega'_n} f(x,y)\,dx\,dy\,.$$

(e) *Transformation auf Polarkoordinaten.* Die Polarkoordinatentransformation

$$\Phi : \begin{pmatrix} r \\ \varphi \end{pmatrix} \mapsto \begin{pmatrix} r\cos\varphi \\ r\sin\varphi \end{pmatrix}$$

bildet nach § 22 : 5.1 das Rechteck

$$\left]\frac{1}{n}, n\right[\times \left]-\pi, \pi\right[$$

diffeomorph auf den geschlitzten Kreisring Ω'_n ab und es ist

$$d\Phi(r,\varphi) = \begin{pmatrix} \cos\varphi & -r\sin\varphi \\ \sin\varphi & r\cos\varphi \end{pmatrix}, \quad \det d\Phi(r,\varphi) = r > 0\,.$$

Mit dem Transformationssatz und sukzessiver Integration folgt

$$\iint_{\Omega'_n} f(x,y)\,dx\,dy = \int_{1/n}^{n} \int_{-\pi}^{\pi} r e^{-\frac{1}{2}r^2}\,d\varphi\,dr$$

$$= \int_{1/n}^{n} \left(r e^{-\frac{1}{2}r^2} \int_{-\pi}^{\pi} 1\,d\varphi \right) dr$$

$$= 2\pi \int_{1/n}^{n} r e^{-\frac{1}{2}r^2}\,dr = -2\pi \int_{1/n}^{n} \frac{d}{dr} e^{-\frac{1}{2}r^2}\,dr$$

$$= -2\pi e^{-\frac{1}{2}r^2}\,\Big|_{1/n}^{n} = 2\pi\left(e^{-1/(2n^2)} - e^{-n^2/2} \right).$$

(f) Mit (d) folgt die Behauptung $A^2 = \lim_{n\to\infty} 2\pi\left(e^{-1/(2n^2)} - e^{-n^2/2} \right) = 2\pi.$ □

Kapitel VI

Vektoranalysis

§ 24 Kurvenintegrale

1 Kurvenstücke

1.1 Reguläre Kurven

Wir nennen eine C^1–Kurve auf einem Intervall I,

$$\boldsymbol{\alpha} : I \to \mathbb{R}^n, \quad t \mapsto \boldsymbol{\alpha}(t) = \begin{pmatrix} \alpha_1(t) \\ \vdots \\ \alpha_n(t) \end{pmatrix},$$

regulär, wenn der Tangentenvektor $\dot{\boldsymbol{\alpha}}(t)$ an keiner Stelle $t \in I$ verschwindet.

Die Bildmenge $\boldsymbol{\alpha}(I)$ heißt die **Spur** von $\boldsymbol{\alpha}$, vgl. § 22 : 3.2.

BEISPIELE.

(a) Die **Archimedische Spirale**

$$t \mapsto \begin{pmatrix} t \cos t \\ t \sin t \end{pmatrix}$$

ist für $t > 0$ eine reguläre Kurve.

(b) Die **Schraubenlinie**

$$t \mapsto \begin{pmatrix} r \cos t \\ r \sin t \\ ht \end{pmatrix} \quad (t \in \mathbb{R})$$

ist für $r^2 + h^2 > 0$ regulär.

(c) Die **Zykloide**

$$t \mapsto \begin{pmatrix} t - \sin t \\ 1 - \cos t \end{pmatrix} \quad (t \in \mathbb{R})$$

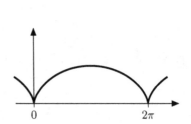

ist nicht regulär, weil der Tangentenvektor an den Stellen $t = 0, \pm 2\pi, \ldots$ verschwindet.

$\boxed{\text{ÜA}}$ Verifizieren Sie, dass die Zykloide durch Abrollen eines Kreises vom Radius 1 auf der x–Achse entsteht.

Bestimmen Sie den Grenzwert des Tangenteneinheitsvektors $\|\dot{\boldsymbol{\alpha}}(t)\|^{-1} \dot{\boldsymbol{\alpha}}(t)$ bei rechts– und linksseitiger Annäherung an $t = 0$.

© Springer-Verlag GmbH Deutschland 2018
H. Fischer und H. Kaul, *Mathematik für Physiker Band 1*,
https://doi.org/10.1007/978-3-662-56561-2_6

1.2 Kurvenstücke

Eine Menge $C \subset \mathbb{R}^n$ heißt **C^r–Kurvenstück**, kurz **Kurvenstück**, wenn C die Spur einer injektiven, regulären C^r–Kurve $\boldsymbol{\alpha} : [a,b] \to \mathbb{R}^n$ mit $r \geq 1$, $a < b$ ist.

Jede solche Darstellung $\boldsymbol{\alpha}$ von C nennen wir eine **C^r–Parametrisierung** von C, kurz **Parametrisierung**.

Die ganze Schraubenlinie ist kein Kurvenstück, wohl aber das Bild jedes kompakten Intervalls unter der Parametrisierung 1.1 (b).

1.3 Parametertransformationen

Zu je zwei C^r–Parametrisierungen eines Kurvenstückes C,

$$\boldsymbol{\alpha} : [a,b] \to \mathbb{R}^n, \quad \boldsymbol{\beta} : [c,d] \to \mathbb{R}^n,$$

gibt es einen C^r–Diffeomorphismus h von $[a,b]$ auf $[c,d]$, welcher beide ineinander überführt:

$$\boldsymbol{\alpha}(t) = \boldsymbol{\beta}(h(t)) \quad \text{für jedes } t \in [a,b].$$

Wir nennen h eine **Parametertransformation** von C. Die Diffeomorphieeigenschaft besagt: h bildet $[a,b]$ bijektiv auf $[c,d]$ ab und h, h^{-1} sind beide C^r–differenzierbar. Aus der Kettenregel folgt, dass $h'(t) \neq 0$ für jedes $t \in [a,b]$.

BEWEISSKIZZE.

Durch $h(t) := \boldsymbol{\beta}^{-1} \circ \boldsymbol{\alpha}(t)$ ist eine bijektive Abbildung $[a,b] \to [c,d]$ definiert. Zum Nachweis der C^r–Differenzierbarkeit von h reicht es, zu jedem $s_0 \in [a,b]$ eine Umgebung zu finden, auf der h C^r–differenzierbar ist. (In den Randpunkten sind einseitige Umgebungen zu betrachten.) Ist das gezeigt, so ergibt sich durch Vertauschung der Rollen von $\boldsymbol{\alpha}$, $\boldsymbol{\beta}$, dass auch h^{-1} C^r–differenzierbar ist.

Es sei $s_0 \in [a,b]$ und $t_0 := h(s_0)$, also $\boldsymbol{\alpha}(s_0) = \boldsymbol{\beta}(t_0)$.

Wegen $\dot{\boldsymbol{\beta}}(t_0) \neq \mathbf{0}$ ist wenigstens eine Komponente von Null verschieden, diese sei $\dot{\beta}_k(t_0)$. Nach dem Umkehrsatz § 22 : 5.2 besitzt $t \mapsto \beta_k(t)$ eine C^r–differenzierbare Umkehrfunktion f auf einer Umgebung von $\beta_k(t_0)$. Für die Kurve $\tau \mapsto \boldsymbol{\gamma}(\tau) := \boldsymbol{\beta} \circ f(\tau)$ gilt dort $\gamma_k(\tau) = \beta_k \circ f(\tau) = \tau$. Hieraus folgt

$$\boldsymbol{\alpha} = \boldsymbol{\beta} \circ h = \boldsymbol{\beta} \circ f \circ f^{-1} \circ h = \boldsymbol{\gamma} \circ f^{-1} \circ h, \quad \text{insbesondere}$$

$$\alpha_k = \gamma_k \circ f^{-1} \circ h = f^{-1} \circ h, \quad \text{d.h. } h = f \circ \alpha_k.$$

Damit ist h als Hintereinanderausführung der beiden C^r–differenzierbaren Funktionen f und α_k eine C^r–differenzierbare Funktion auf einer Umgebung von s_0. Einen ausführlicheren Beweis finden Sie in [BARNER–FLOHR II, § 17.5]. □

2 Länge und Bogenlänge

2.1 Die Länge eines Kurvenstücks

Die **Länge** $L(C)$ eines Kurvenstücks C ist definiert als das Supremum der Längen aller in C einbeschriebenen Sehnenpolygone.

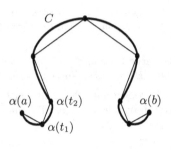

SATZ. *Für jede* C^1*-Parametrisierung* $\boldsymbol{\alpha} : [a,b] \to \mathbb{R}^n$ *von* C *gilt*

$$L(C) = L(\boldsymbol{\alpha}) := \int_a^b \|\dot{\boldsymbol{\alpha}}(t)\|\, dt.$$

BEWEISSKIZZE. (für Einzelheiten siehe [HEUSER, Bd. 2, §177]).

(a) Sei $\mathcal{Z} : a = t_0 < t_1 < \cdots < t_N = b$ eine Zerlegung von $[a,b]$ und

$$\ell(\mathcal{Z}) := \sum_{j=1}^N \|\boldsymbol{\alpha}(t_j) - \boldsymbol{\alpha}(t_{j-1})\|$$

die Länge des Sehnenpolygons mit Eckpunkten $\boldsymbol{\alpha}(t_0), \ldots, \boldsymbol{\alpha}(t_N)$ (Fig.). Nehmen wir zu $\mathcal{Z}$ zusätzliche Teilpunkte hinzu, so entsteht eine Zerlegung $\mathcal{Z}'$ mit $\ell(\mathcal{Z}') \geq \ell(\mathcal{Z})$ (Dreiecksungleichung). Für das Supremum sind also nur die fein unterteilten Zerlegungen interessant:

$$\varrho(\mathcal{Z}) := \max\{t_j - t_{j-1} \mid j = 1, \ldots, N\} \ll 1.$$

(b) Für $g_j(t) := \|\boldsymbol{\alpha}(t) - \boldsymbol{\alpha}(t_{j-1})\|$ gilt $\boxed{\ddot{\text{U}}\text{A}}$

$$g_j'(t) = \frac{1}{g_j(t)} \langle \boldsymbol{\alpha}(t) - \boldsymbol{\alpha}(t_{j-1}), \dot{\boldsymbol{\alpha}}(t) \rangle \quad \text{für} \quad t \neq t_{j-1},$$

$$g_j'(t_{j-1}) = \|\dot{\boldsymbol{\alpha}}(t_{j-1})\| = \lim_{t \to t_{j-1}} g_j'(t).$$

Nach dem Mittelwertsatz gibt es Zwischenstellen $\vartheta_j \in \,]t_{j-1}, t_j[$ mit

$$(*) \quad \ell(\mathcal{Z}) = \sum_{j=1}^N g_j(t_j) = \sum_{j=1}^N \big(g_j(t_j) - g_j(t_{j-1})\big) = \sum_{j=1}^N g_j'(\vartheta_j)\,(t_j - t_{j-1}),$$

also

$$\ell(\mathcal{Z}) \leq (b-a) \cdot \max\{g_j'(x) \mid t_{j-1} \leq x \leq t_j, \ j = 1, \ldots, N\},$$

woraus die Existenz des Supremums folgt. Für hinreichend kleines $\varrho(\mathcal{Z})$ folgt aus $(*)$

$$\ell(\mathcal{Z}) \approx \sum_{j=1}^N g_j'(t_{j-1})(t_j - t_{j-1}) = \sum_{j=1}^N \|\dot{\boldsymbol{\alpha}}(t_{j-1})\|(t_j - t_{j-1}) \approx \int_a^b \|\dot{\boldsymbol{\alpha}}(t)\|\, dt,$$

dies umso genauer, je kleiner $\varrho(\mathcal{Z})$ ist, vgl. §11:4.3 (c). $\qquad\square$

Für C^1-Kurven $\boldsymbol{\alpha} : I \to \mathbb{R}^n$ auf einem beliebigen Intervall I setzen wir

$$L_a^b(\boldsymbol{\alpha}) := \int_a^b \|\dot{\boldsymbol{\alpha}}(t)\| \, dt \quad \text{für} \quad a, b \in I, \ a \leq b.$$

Aus der Additivität des Integrals (§ 11 : 3.4) ergibt sich unmittelbar

$$L_a^c(\boldsymbol{\alpha}) = L_a^b(\boldsymbol{\alpha}) + L_b^c(\boldsymbol{\alpha}) \quad \text{für} \quad a \leq b \leq c,$$

vgl. § 3 : 8.1.

2.2 Aufgaben und Beispiele

(a) Für ebene Kurven in Graphenform $\boldsymbol{\alpha}(t) = (t, y(t))$ oder $\boldsymbol{\alpha}(t) = (y(t), t)$ ist

$$L_a^b(\boldsymbol{\alpha}) = \int_a^b \sqrt{1 + \dot{y}^2(t)} \, dt.$$

(b) Zeigen Sie, dass für ebene Kurve der Gestalt

$$t \mapsto \boldsymbol{\alpha}(t) = \begin{pmatrix} x_0 + r(t) \cos \omega(t) \\ y_0 + r(t) \sin \omega(t) \end{pmatrix}$$

die Länge gegeben ist durch

$$L_a^b(\boldsymbol{\alpha}) = \int_a^b \sqrt{\dot{r}^2 + r^2 \dot{\omega}^2} \, dt.$$

(c) Insbesondere gilt für die Länge eines Kreisbogens vom Radius $R > 0$

$$L_\varphi^\psi(\boldsymbol{\alpha}) = R \, (\psi - \varphi),$$

vgl. § 3 : 8.1.

(d) Berechnen Sie $L_\pi^{2\pi}$ für die Archimedische Spirale 1.1 (a).

2.3 Die Invarianz gegenüber Parametertransformationen

Diese folgt zwar schon aus 2.1, kann aber auch direkt nachgerechnet werden:
Seien $\boldsymbol{\alpha} : [a, b] \to \mathbb{R}^n$ und $\boldsymbol{\beta} : [c, d] \to \mathbb{R}^n$ zwei C^1-Parametrisierungen von C. Dann gibt es nach 1.3 eine C^1-Parametertransformation h von $[a, b]$ auf $[c, d]$ mit $\boldsymbol{\alpha} = \boldsymbol{\beta} \circ h$. Nach der Kettenregel ist $\dot{\boldsymbol{\alpha}}(t) = \dot{\boldsymbol{\beta}}(h(t)) \cdot \dot{h}(t)$, und mit der Substitutionsregel in der Version § 23 : 8.1 ergibt sich

$$L(\boldsymbol{\alpha}) = \int_a^b \|\dot{\boldsymbol{\alpha}}(t)\| \, dt = \int_a^b \|\dot{\boldsymbol{\beta}}(h(t)) \cdot \dot{h}(t)\| \, dt = \int_a^b \|\dot{\boldsymbol{\beta}}(h(t))\| \cdot |\dot{h}(t)| \, dt$$

$$= \int_c^d \|\dot{\boldsymbol{\beta}}(s)\| \, ds = L(\boldsymbol{\beta}).$$

2.4 Invarianz der Länge unter Bewegungen

Ist $\mathbf{x} \mapsto T\mathbf{x} = A\mathbf{x} + \mathbf{c}$ $(A \in SO_n, \; \mathbf{c} \in \mathbb{R}^n)$ eine Bewegung des $\mathbb{R}^n$, so gilt

$$L(T(C)) = L(C)$$

für jedes Kurvenstück C $\boxed{\text{ÜA}}$.

2.5 Parametrisierung durch die Bogenlänge

Es sei $\boldsymbol{\alpha} : I \to \mathbb{R}^n$ eine reguläre C^1–Kurve und $t_0 \in I$. Die Funktion

$$t \mapsto h(t) := L_{t_0}^t(\boldsymbol{\alpha}) = \int_{t_0}^t \|\dot{\boldsymbol{\alpha}}(\tau)\| \, d\tau$$

ist ein C^1–Diffeomorphismus von I auf $J := h(I)$, denn $t \mapsto h(t)$ ist wegen $\dot{h}(t) = \|\dot{\boldsymbol{\alpha}}(t)\| > 0$ streng monoton steigend. Durch

$$s \mapsto \boldsymbol{\beta}(s) := \boldsymbol{\alpha}(h^{-1}(s)), \quad J \to \mathbb{R}^n$$

ist eine reguläre C^1–Kurve gegeben, welche die gleiche Spur wie $\boldsymbol{\alpha}$ hat. Aus $\boldsymbol{\alpha}(t) = \boldsymbol{\beta}(h(t))$ für $t \in I$ folgt mit der Kettenregel

$$\|\dot{\boldsymbol{\alpha}}(t)\| = \left\|\dot{\boldsymbol{\beta}}(h(t))\,\dot{h}(t)\right\| = \left\|\dot{\boldsymbol{\beta}}(h(t))\right\| \cdot \|\dot{\boldsymbol{\alpha}}(t)\| \quad \text{für } t \in I,$$

also $\left\|\dot{\boldsymbol{\beta}}(s)\right\| = 1$ für $s \in J$. Es gilt somit

$$\int_{s_0}^s \left\|\dot{\boldsymbol{\beta}}(\sigma)\right\| \, d\sigma = \int_{s_0}^s 1 \, d\sigma = s - s_0.$$

Bei dieser Parametrisierung gibt der Parameter s jeweils die Länge der Kurve zwischen einem festen Kurvenpunkt und dem Punkt $\boldsymbol{\beta}(s)$ an. Wir sagen, die Spur $\boldsymbol{\alpha}(I) = \boldsymbol{\beta}(J)$ sei **durch die Bogenlänge parametrisiert**.

Der Bogenlängenparameter ist bis auf eine additive Konstante eindeutig bestimmt.

$\boxed{\text{ÜA}}$ Geben Sie eine Bogenlängenparametrisierung für einen Kreis und die Schraubenlinie an.

2.6 Ketten von Kurvenstücken

Sind $C_1, \dots, C_N$ Kurvenstücke im $\mathbb{R}^n$, von denen sich je zwei in höchstens endlich vielen Punkten treffen, so nennen wir die Vereinigung $C = C_1 \cup \cdots \cup C_N$ eine **Kette von Kurvenstücken**.

Beispiel. Eine aus zwei achsenparallelen, disjunkten Rechteckkurven bestehende Menge in der Ebene ($N = 8$).

Als **Länge** einer solchen Kette definieren wir

$$L(C) := L(C_1) + \dots + L(C_N).$$

Diese Längendefinition ist unabhängig von der gewählten Zerlegung von C in Kurvenstücke (ohne Beweis).

3 Skalare Kurvenintegrale

3.1 Das Kurvenintegral über Kurvenstücke

Auf einem Kurvenstück C sei eine reellwertige Funktion $\mathbf{x} \mapsto f(\mathbf{x})$ gegeben mit der Eigenschaft, dass für mindestens eine Parametrisierung $\boldsymbol{\alpha} : [a,b] \to \mathbb{R}^n$ von C die Funktion $t \mapsto f(\boldsymbol{\alpha}(t))$ stetig ist. Dies ist nach 1.3 dann für jede Parametrisierung von C der Fall.

Das **skalare Kurven–** oder **Wegintegral** von f über C erklären wir durch

$$\int_C f\,ds = \int_C f(\mathbf{x})\,ds := \int_a^b f(\boldsymbol{\alpha}(t))\,\|\dot{\boldsymbol{\alpha}}(t)\|\,dt\,,$$

Wie die Kurvenlänge ist auch dieses Integral unabhängig von der gewählten Parametrisierung $\boldsymbol{\alpha}$, vgl. 2.3.

Das Symbol ds steht für das **skalare Bogenelement** $\|\dot{\boldsymbol{\alpha}}(t)\|\,dt$.

3.2 Das Kurvenintegral über Ketten

Es sei $C = C_1 \cup \cdots \cup C_N$ eine Kette von Kurvenstücken und $f : C \to \mathbb{R}$ eine Funktion, die auf jedem Kurvenstück $C_1,\ldots,C_N$ stetig im Sinne von 3.1 ist. Dann setzen wir

$$\int_C f\,ds = \int_C f(\mathbf{x})\,ds := \int_{C_1} f\,ds + \ldots + \int_{C_N} f\,ds\,.$$

Dieses Integral hängt nicht von der Zerlegung von C in stückweis glatte Kurven ab; auch hier ersparen wir uns den Beweis.

3.3 Eigenschaftem des skalaren Kurvenintegrals

(a) $\int_C (af + bg)\,ds = a\int_C f\,ds + b\int_C g\,ds$ *(Linearität)*,

(b) $\left| \int_C f\,ds \right| \le L(C)\,\sup\{|f(\mathbf{x})| \mid \mathbf{x} \in C\}$ $\boxed{\text{ÜA}}$.

3.4 Skalare Kurvenintegrale in der Physik

Ein Draht der Massendichte $\mu(\mathbf{x})$ (Masse pro Längeneinheit) sei durch ein Kurvenstück oder eine Kurvenkette $C \subset \mathbb{R}^3$ idealisiert. Dann ist

$$M = \int_C \mu\,ds$$

die *Gesamtmasse* des Drahtes. Wir schreiben durchweg dm für $\mu\,ds$. Der Vektor $\mathbf{s}$ mit den Komponenten

$$s_k = \frac{1}{M} \int_C x_k \, dm \quad (k = 1, 2, 3)$$

ist der *Schwerpunkt*.

Das *Trägheitsmoment* des Drahtes bezüglich der Geraden $g = \{ t\mathbf{w} \mid t \in \mathbb{R} \}$ mit $\|\mathbf{w}\| = 1$ ist gegeben durch

$$\int_C \text{dist} \, (\mathbf{x}, g)^2 \, dm$$

mit

$$\text{dist} \, (\mathbf{x}, g)^2 = \left\| \, \mathbf{x} - \langle \mathbf{x}, \mathbf{w} \rangle \, \mathbf{w} \, \right\|^2 = \|\mathbf{x}\|^2 - \langle \mathbf{x}, \mathbf{w} \rangle^2 \,,$$

vgl. § 19 : 5.6.

AUFGABE. Berechnen Sie den Schwerpunkt eines Seiltänzers mit Balancierstange: Der Seiltänzer wird durch das Kurvenstück $C_1 = \{ (0, t) \mid 0 \le t \le 1.8 \}$ (sehr schematisch) beschrieben, es soll die Massendichte $\mu_1 = 32$ haben. Die Balancierstange ist gegeben durch $C_2 = \{ (t, 1.2 - 0.05 \, t^2) \mid |t| \le 4 \}$ und $\mu_2 = 2$.

4 Vektorielle Kurvenintegrale

4.1 Vektorfelder

Unter einem **Vektorfeld** auf $\Omega \subset \mathbb{R}^n$ verstehen wir eine stetige Abbildung

$$\mathbf{v} : \Omega \to \mathbb{R}^n, \quad \mathbf{x} \mapsto \mathbf{v}(\mathbf{x}) = \begin{pmatrix} v_1(\mathbf{x}) \\ \vdots \\ v_n(\mathbf{x}) \end{pmatrix},$$

wobei wir uns jeden Vektor $\mathbf{v}(\mathbf{x})$ mit seinem Fußpunkt an die Stelle $\mathbf{x}$ angeheftet denken. Sind alle Komponentenfunktionen $v_1, \ldots, v_n$ C^r–differenzierbar, so sprechen wir von einem $\mathbf{C}^r$–**Vektorfeld**.

Beispiele von Vektorfeldern in der Physik liefern Geschwindigkeitsfelder von Gasen und Flüssigkeiten, Gravitationsfelder, elektrische und magnetische Felder. Diese hängen im Allgemeinen noch vom Zeitparameter ab.

Der Geschwindigkeitsvektor $\mathbf{v}(\mathbf{x})$ einer Luftströmung an der Stelle $\mathbf{x}$ ist tangential zu der durch den Punkt $\mathbf{x}$ laufenden Stromlinie (Figur); dieser ist natürlicherweise an die Stelle $\mathbf{x}$ angeheftet. Bei Windkanalversuchen wird die Geschwindigkeitsrichtung der Strömung oft durch Papierstreifen sichtbar gemacht.

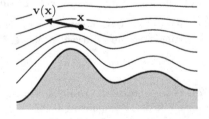

4.2 Das vektorielle Kurvenintegral

Für ein Vektorfeld $\mathbf{v}$ auf $\Omega \subset \mathbb{R}^n$ und eine reguläre C^1–Kurve $\boldsymbol{\alpha} : [a, b] \to \mathbb{R}^n$ in Ω definieren wir das **vektorielle Kurven–** oder **Wegintegral** durch

$$\int_{\alpha} \mathbf{v} \bullet d\mathbf{x} := \int_a^b \langle \mathbf{v}(\boldsymbol{\alpha}(t)), \, \dot{\boldsymbol{\alpha}}(t) \rangle \, dt \, .$$

Das Symbol $d\mathbf{x}$ (oft auch mit $d\mathbf{s}$ bezeichnet) steht für das **vektorielle Bogenelement** $\dot{\boldsymbol{\alpha}}(t) \, dt$. Der Punkt zwischen $\mathbf{v}$ und $d\mathbf{x}$ kommt von der andernorts verwendeten Bezeichnung $\mathbf{x} \bullet \mathbf{y}$ für das Skalarprodukt $\langle \mathbf{x}, \mathbf{y} \rangle$.

Andere Schreibweisen sind:

$$\int_{\alpha} \mathbf{v}(\mathbf{x}) \bullet d\mathbf{x} \, , \quad \int_{\alpha} \mathbf{v} \bullet d\mathbf{s} \, , \quad \int_{\alpha} v_1 \, dx_1 + \ldots + v_n \, dx_n \, ,$$

speziell in der Ebene und im Raum

$$\int_{\alpha} P \, dx + Q \, dy \, , \quad \text{bzw.} \quad \int_{\alpha} P \, dx + Q \, dy + R \, dz \, .$$

Aus der Darstellung

$$\mathbf{v} \bullet d\mathbf{x} = \mathbf{v} \bullet \dot{\boldsymbol{\alpha}}(t) \, dt = \left(\mathbf{v} \bullet \frac{\dot{\boldsymbol{\alpha}}}{\|\dot{\boldsymbol{\alpha}}\|} \right) \|\dot{\boldsymbol{\alpha}}\| \, dt = v_{\text{tan}} \, ds$$

entnehmen wir, dass das vektorielle Wegintegral als skalares Wegintegral über die Tangentialkomponente des Vektorfeldes aufgefasst werden kann.

Beispiele für vektorielle Wegintegrale in der Physik:

Vektorfeld	Wegintegral
Kraftfeld	Arbeit
Geschwindigkeitsfeld	Zirkulation
elektrische Feldstärke	elektrische Spannung
infinitesimale Wärmeänderung	Wärmemenge

BEISPIEL.

Ein Massenpunkt im Ursprung erzeugt ein Gravitationsfeld, das bis auf einen konstanten Faktor gegeben ist durch

$$\mathbf{K}(\mathbf{x}) = -\frac{\mathbf{x}}{\|\mathbf{x}\|^3} = -(x^2 + y^2 + z^2)^{-\frac{3}{2}} \begin{pmatrix} x \\ y \\ z \end{pmatrix} \quad \text{für} \quad \mathbf{x} = \begin{pmatrix} x \\ y \\ z \end{pmatrix} \neq \mathbf{0} \, .$$

Wird ein weiterer Massenpunkt der Masse 1 in diesem Gravitationsfeld längs einer Kurve $\boldsymbol{\alpha} : [a, b] \to \mathbb{R}^3 \setminus \{\mathbf{0}\}$ bewegt, so ist die an diesem geleistete *Arbeit* das Wegintegral

$$-\int_\alpha K_{\tan}\,ds \;=\; -\int_\alpha \mathbf{K}\bullet d\mathbf{x} \;=\; \int_a^b \frac{x(t)\,\dot x(t) + y(t)\,\dot y(t) + z(t)\,\dot z(t)}{\bigl(x^2(t)+y^2(t)+z^2(t)\bigr)^{\frac{3}{2}}}\,dt\,.$$

$\boxed{\text{ÜA}}$ Zeigen Sie, dass in diesem Kraftfeld längs geschlossener Wege $\bigl(\boldsymbol{\alpha}(a)=\boldsymbol{\alpha}(b)\bigr)$ keine Arbeit geleistet wird.

Hinweis: Schreiben Sie $\int_\alpha \mathbf{K}\bullet d\mathbf{x}$ in der Form $\int_a^b \frac{d}{dt}(\dots)\,dt$.

4.3 Verhalten bei Umparametrisierungen, Orientierung

Seien C ein C^1–Kurvenstück in Ω und $\boldsymbol{\alpha}$, $\boldsymbol{\beta}$ zwei C^1–Parametrisierungen, vgl. 1.2. Nach 1.3 gibt es eine Parametertransformation h mit $\boldsymbol{\alpha}=\boldsymbol{\beta}\circ h$. Dann ergibt sich mit der Kettenregel ähnlich wie in 2.3 $\boxed{\text{ÜA}}$

$$\int_\alpha \mathbf{v}\bullet d\mathbf{x} = \begin{cases} \displaystyle\int_\beta \mathbf{v}\bullet d\mathbf{x}\,, & \text{falls } \dot h>0,\\[2ex] -\displaystyle\int_\beta \mathbf{v}\bullet d\mathbf{x}\,, & \text{falls } \dot h<0. \end{cases}$$

Eine **Orientierung** (Festlegung des Durchlaufsinns) von C besteht darin, eine bestimmte C^1–Parametrisierung $\boldsymbol{\beta}$ als positiv auszuzeichnen und jede C^1–Parametrisierung $\boldsymbol{\alpha}=\boldsymbol{\beta}\circ h$ mit $\dot h>0$ als **positive Parametrisierung** zu bezeichnen. Auf diese Weise entsteht ein **orientiertes Kurvenstück**.

Eine Parametertransformation h mit $\dot h>0$ heißt **orientierungstreu**. Nur unter solchen bleibt das vektorielle Kurvenintegral invariant. Bei Umparametrisierungen $\boldsymbol{\alpha}=\boldsymbol{\beta}\circ h$ mit $\dot h<0$ sprechen wir von einer **Änderung des Durchlaufsinns**. Diese bewirkt eine Vorzeichenänderung des vektoriellen Kurvenintegrals bei gegebenem Vektorfeld.

4.4 Das Kurvenintegral für stückweis glatte Kurven

Gegeben seien ein Vektorfeld $\mathbf{v}$ auf einem Gebiet $\Omega\subset\mathbb{R}^n$ und reguläre Kurven $\boldsymbol{\alpha}_k:[a_k,b_k]\to\mathbb{R}^n$ $(k=1,\dots,N)$ in Ω. Ist der Endpunkt $\boldsymbol{\alpha}_{k-1}(b_{k-1})$ gleich dem Anfangspunkt $\boldsymbol{\alpha}_k(a_k)$ für $k=2,\dots,N$, so heißt die Kollektion $\boldsymbol{\alpha}_1,\dots,\boldsymbol{\alpha}_N$ eine **stückweis glatte Kurve**. Wir bezeichnen diese mit $\boldsymbol{\alpha}=\boldsymbol{\alpha}_1+\dots+\boldsymbol{\alpha}_N$ und definieren das **vektorielle Kurven–** oder **Wegintegral** über $\boldsymbol{\alpha}$ durch

$$\int_\alpha \mathbf{v}\bullet d\mathbf{x} := \int_{\alpha_1}\mathbf{v}\bullet d\mathbf{x} + \dots + \int_{\alpha_N}\mathbf{v}\bullet d\mathbf{x}\,.$$

$\boldsymbol{\alpha}_1(a_1)$ ist der **Anfangspunkt** und $\boldsymbol{\alpha}_N(b_N)$ ist der **Endpunkt** von $\boldsymbol{\alpha}$. Die Kurve $\boldsymbol{\alpha}$ heißt **geschlossen**, wenn Anfangs– und Endpunkt gleich sind.

Unter der **Spur** von α verstehen wir die Vereinigung der Spuren von $\alpha_1, \ldots, \alpha_N$, weiter setzen wir $L(\alpha) = L(\alpha_1) + \ldots + L(\alpha_N)$.

Wie bei polygonalen Wegen (vgl. §21:9.1) können wir eine stückweis glatte Kurve mit Hilfe einer einzigen Parametrisierung $\beta : I \to \mathbb{R}^n$ beschreiben, β ist dabei stetig und stückweis C^1–differenzierbar. Für die Definition des Integrals ist das jedoch unwichtig.

4.5 Rechenregeln

Es seien $\mathbf{v}, \mathbf{w}$ *Vektorfelder auf* Ω, α, β *stückweis glatte Kurven in* Ω *und* $a, b \in \mathbb{R}$. *Dann gilt:*

(a) $\displaystyle \int\limits_{\alpha + \beta} \mathbf{v} \bullet d\mathbf{x} = \int\limits_{\alpha} \mathbf{v} \bullet d\mathbf{x} + \int\limits_{\beta} \mathbf{v} \bullet d\mathbf{x}$,

(b) $\displaystyle \int\limits_{\alpha} (a\mathbf{v} + b\mathbf{w}) \bullet d\mathbf{x} = a \int\limits_{\alpha} \mathbf{v} \bullet d\mathbf{x} + b \int\limits_{\alpha} \mathbf{w} \bullet d\mathbf{x}$,

(c) $\displaystyle \Big| \int\limits_{\alpha} \mathbf{v} \bullet d\mathbf{x} \Big| \leq L(\alpha) \sup \big\{ \|\mathbf{v}(\mathbf{x})\| \mid \mathbf{x} \in \text{Spur}\,(\alpha) \big\}$.

BEWEIS.

(a) und (b) folgen unmittelbar aus der Definition.

(c) folgt aus

$$\Big| \int\limits_{\alpha} \mathbf{v} \bullet d\mathbf{x} \Big| \leq \Big| \int\limits_{\alpha_1} \mathbf{v} \bullet d\mathbf{x} \Big| + \ldots + \Big| \int\limits_{\alpha_N} \mathbf{v} \bullet d\mathbf{x} \Big|,$$

wobei jeweils

$$\Big| \int\limits_{\alpha_k} \mathbf{v} \bullet d\mathbf{x} \Big| = \Big| \int\limits_{a}^{b} \langle \mathbf{v}(\alpha_k(t)), \dot{\alpha}_k(t) \rangle \, dt \Big| \leq \int\limits_{a}^{b} \|\mathbf{v}(\alpha_k(t))\| \, \|\dot{\alpha}_k(t)\| \, dt$$
$$\leq L(\alpha_k) \sup \{ \|\mathbf{v}(\mathbf{x})\| \mid \mathbf{x} \in \text{Spur}\,(\alpha) \}$$

nach Cauchy–Schwarz und der Definition von $L(\alpha_k)$. □

4.6 Aufgaben

(a)   Berechnen Sie für das ebene Vektorfeld $\mathbf{v}(x, y) = (x^2, xy)$ und die beiden skizzierten Kurven γ_1 und γ_2 die Kurvenintegrale.

(b) Fließt durch einen in der z–Achse liegenden Draht ein konstanter Strom, so erzeugt dieser nach dem Biot–Savartschen Gesetz ein Magnetfeld außerhalb des Drahtes, das bis auf

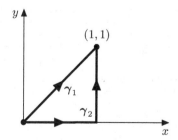

einen konstanten Faktor gegeben ist durch

$$\mathbf{H}(x,y,z) = \frac{1}{x^2+y^2} \begin{pmatrix} -y \\ x \\ 0 \end{pmatrix}.$$

Berechnen Sie das Wegintegral über $\mathbf{H}$ längs einer Kreislinie in der x,y-Ebene mit Radius $r > 0$ und dem Ursprung als Mittelpunkt.

(c) **Die Leibnizsche Sektorformel.**

$C = \{(x(t),y(t)) \mid a \le t \le b\}$ sei ein ebenes Kurvenstück, das den Ursprung nicht enthält und das von jedem Strahl durch den Ursprung höchstens einmal und nicht tangential getroffen wird. Zeigen Sie, dass

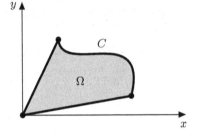

$$\tfrac{1}{2} \int_C x\,dy - y\,dx$$

(Bezeichnungen von 4.2) bis auf das Vorzeichen der Flächeninhalt des Gebietes Ω ist, das von C und den beiden Strecken zwischen dem Ursprung und den Endpunkten von C begrenzt wird (Fig.).

Anleitung: Fassen Sie Ω als Bild des Rechteckes $]0,1[\times]a,b[$ unter der Koordinatentransformation $\varphi : (s,t) \mapsto \big(sx(t), sy(t)\big)$ auf und wenden Sie den Transformationssatz für Integrale an.

5 Konservative Vektorfelder und Potentiale

5.1 Konservative Vektorfelder

Ein Vektorfeld $\mathbf{v}$ auf $\Omega \subset \mathbb{R}^n$ heißt **konservativ** oder **exakt**, wenn das Kurvenintegral $\int_\gamma \mathbf{v} \bullet d\mathbf{x}$ über stückweis glatte Kurven in Ω nur von den Endpunkten der Kurve γ, nicht aber vom übrigen Verlauf abhängt:

$$\int_{\gamma_1} \mathbf{v} \bullet d\mathbf{x} = \int_{\gamma_2} \mathbf{v} \bullet d\mathbf{x}$$

falls γ_1 und γ_2 den gleichen Anfangspunkt $\mathbf{x}_0$ und den gleichen Endpunkt $\mathbf{x}_1$ besitzen. Wir dürfen in diesem Fall das Kurvenintegral ohne Angabe des Integrationsweges mit

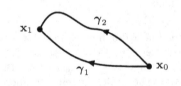

$$\int_{\mathbf{x}_0}^{\mathbf{x}_1} \mathbf{v} \bullet d\mathbf{x}$$

bezeichnen.

Es ist leicht zu sehen, dass das Vektorfeld $\mathbf{v}$ genau dann konservativ ist, wenn das Kurvenintegral über alle geschlossenen stückweis glatten Kurven in Ω verschwindet.

Ein wichtiges Beispiel eines konservativen Vektorfeldes ist das Gravitationsfeld eines Massenpunktes 4.2. Dagegen ist das Magnetfeld in Aufgabe 4.6 (b) nicht konservativ.

5.2 Potentiale

Ein Vektorfeld $\mathbf{v}$ auf $\Omega \subset \mathbb{R}^n$ ist konservativ genau dann, wenn es eine C^1-Funktion $U : \Omega \to \mathbb{R}$ gibt mit

$$\mathbf{v} = \nabla U.$$

In integrierter Form lautet diese Beziehung

$$\int_\gamma \mathbf{v} \bullet d\mathbf{x} = U(\mathbf{x}_1) - U(\mathbf{x}_0)$$

für jede stückweis glatte Kurve γ in Ω von $\mathbf{x}_0$ nach $\mathbf{x}_1$.

Wir nennen U eine **Stammfunktion** oder ein **Potential** des Vektorfelds $\mathbf{v}$. Nach § 22 : 3.5 sind Potentiale nur bis auf additive Konstanten festgelegt.

In der Physik werden Potentiale oft auch durch $\nabla U = -\mathbf{v}$ definiert.

BEWEIS.

(a) *Jedes Gradientenfeld $\mathbf{v} = \nabla U$ ist konservativ*: Für jede C^1-Kurve γ : $[a, b] \to \Omega$ von $\mathbf{a}$ nach $\mathbf{b}$ gilt nach der Kettenregel § 22 : 3.2

$$\frac{d}{dt} U(\gamma(t)) = \langle \nabla U(\gamma(t)), \dot\gamma(t) \rangle = \langle \mathbf{v}(\gamma(t)), \dot\gamma(t) \rangle,$$

also

$$\int_\gamma \mathbf{v} \bullet d\mathbf{x} = \int_a^b \langle \mathbf{v}(\gamma(t)), \dot\gamma(t) \rangle \, dt = \int_a^b \frac{d}{dt} U(\gamma(t)) \, dt$$

$$= U(\gamma(b)) - U(\gamma(a)) = U(\mathbf{b}) - U(\mathbf{a}).$$

Hieraus folgt auch für jede stückweis glatte Kurve $\gamma = \gamma_1 + \ldots + \gamma_N$ mit den Eckpunkten $\mathbf{x}_0, \ldots, \mathbf{x}_N$

$$\int_\gamma \mathbf{v} \bullet d\mathbf{x} = \sum_{k=1}^N \int_{\gamma_k} \mathbf{v} \bullet d\mathbf{x} = \sum_{k=1}^N (U(\mathbf{x}_k) - U(\mathbf{x}_{k-1})) = U(\mathbf{x}_N) - U(\mathbf{x}_0).$$

Das Wegintegral hängt somit nur von den Endpunkten von γ ab.

(b) *Jedes konservative Vektorfeld $\mathbf{v} : \Omega \to \mathbb{R}^n$ besitzt eine Stammfunktion*: Wir wählen einen festen „Aufpunkt" $\mathbf{x}_0 \in \Omega$. Nach 5.1 ist mit den dortigen Bezeichnungen durch $U(\mathbf{x}_0) := 0$ und

$$U(\mathbf{x}) := \int\limits_{\mathbf{x}_0}^{\mathbf{x}} \mathbf{v} \bullet d\mathbf{x}$$

eine Funktion auf Ω bestimmt. Wir zeigen, dass U eine Stammfunktion von $\mathbf{v}$ ist. Es sei $\mathbf{a} \in \Omega$ und $W \subset \Omega$ ein Würfel mit Mittelpunkt $\mathbf{a}$ und Seitenlänge $2r$. Für $k = 1, \dots, n$ und $|h| < r$ liegt das Segment zwischen $\mathbf{a}$ und $\mathbf{a} + h\mathbf{e}_k$ in W und damit in Ω. Für $|h| < r$ gilt

$$U(\mathbf{a} + h\mathbf{e}_k) - U(\mathbf{a}) = \int\limits_{\mathbf{x}_0}^{\mathbf{a}+h\mathbf{e}_k} \mathbf{v} \bullet d\mathbf{x} - \int\limits_{\mathbf{x}_0}^{\mathbf{a}} \mathbf{v} \bullet d\mathbf{x}$$

$$= \int\limits_{\mathbf{a}}^{\mathbf{a}+h\mathbf{e}_k} \mathbf{v} \bullet d\mathbf{x} = \int\limits_0^h \langle\, \mathbf{v}(\mathbf{a} + t\mathbf{e}_k), \mathbf{e}_k \,\rangle\, dt$$

$$= \int\limits_0^h v_k(\mathbf{a} + t\,\mathbf{e}_k)\, dt\,.$$

Nach dem Hauptsatz der Differential– und Integralrechnung ist

$$h \mapsto U(\mathbf{a} + h\mathbf{e}_k)$$

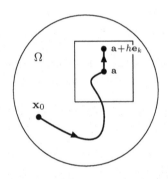

differenzierbar, und es gilt

$$\frac{\partial U}{\partial x_k}(\mathbf{a}) = \frac{d}{dh}\, U(\mathbf{a} + h\mathbf{e}_k)\Big|_{h=0}$$

$$= v_k(\mathbf{a})\,.$$

Somit ist U eine C^1–Funktion auf Ω mit $\nabla U = \mathbf{v}$, d.h. U ist eine Stammfunktion von $\mathbf{v}$. $\square$

AUFGABE. Zeigen Sie, dass jedes *Zentralfeld* $\mathbf{v}(\mathbf{x}) = k(r)(\mathbf{x} - \mathbf{x}_0)$ mit $\mathbf{x}_0 \in \mathbb{R}^n$ und einer stetigen Funktion k von $r = \|\mathbf{x} - \mathbf{x}_0\| > 0$ ein Potential besitzt.

Hinweis: Machen Sie den Ansatz $U(\mathbf{x}) = u(r)$.

5.3 Einfache Gebiete

Ein Gebiet $\Omega \subset \mathbb{R}^n$ heißt **sternförmig**, wenn es einen Punkt $\mathbf{x}_0 \in \Omega$ gibt, so dass mit jedem Punkt $\mathbf{x}$ auch die Verbindungsstrecke zwischen $\mathbf{x}_0$ und $\mathbf{x}$ in Ω liegt. Vom „Zentrum" aus kann also jeder Punkt $\mathbf{x}_0$ von Ω „gesehen" werden.

Jede Kugel und jeder Quader $]a_1, b_1[\times \cdots \times\,]a_n, b_n[$ ist sternförmig. Weitere Beispiele sternförmiger Gebiete sind:

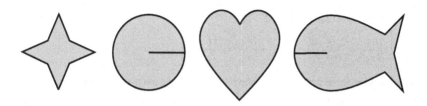

Ein Gebiet $\Omega \subset \mathbb{R}^n$ nennen wir **einfach**, wenn es das C^2–diffeomorphe Bild eines sternförmigen Gebietes im $\mathbb{R}^n$ ist.

Ein einfaches Gebiet entsteht also durch „Verbiegen" eines sternförmigen Gebietes.

BEISPIELE.

(a) Der geschlitzte Kreisring

$$\Omega = \left\{ (x,y) \mid r < \sqrt{x^2 + y^2} < R \right\}$$
$$\setminus \left\{ (x,0) \mid x \geq 0 \right\}$$

ist einfach, weil dieser als Bild eines offenen Rechteckes unter einem C^2–Diffeomorphismus darstellbar ist.
$\boxed{\ddot{\text{U}}\text{A}}$ Geben Sie den Diffeomorphismus an!

(b) Das Komplement der archimedischen Spirale

$$\{(t \cos t, t \sin t) \mid t \geq 0\}$$

in der Ebene ist ein einfaches Gebiet.
$\boxed{\ddot{\text{U}}\text{A}}$ Konstruieren Sie einen geeigneten Diffeomorphismus auf ein sternförmiges Gebiet.

5.4 Die Integrabilitätsbedingungen

Wie sehen wir einem gegebenen Vektorfeld **v** an, dass es ein Potential besitzt?

Notwendig hierfür sind die **Integrabilitätsbedingungen**

$$\frac{\partial v_i}{\partial x_k} = \frac{\partial v_k}{\partial x_i} \quad \text{für} \quad i \neq k.$$

Denn hat $\mathbf{v}$ ein Potential U, so folgt aus $v_i = \partial_i U$ wegen der Vertauschbarkeit der partiellen Ableitungen § 22 : 2.6

$$\frac{\partial v_i}{\partial x_k} = \frac{\partial}{\partial x_k} \frac{\partial U}{\partial x_i} = \frac{\partial}{\partial x_i} \frac{\partial U}{\partial x_k} = \frac{\partial v_k}{\partial x_i}.$$

Vektorfelder im $\mathbb{R}^3$ mit dieser Eigenschaft heißen auch **rotationsfrei**.

Die Integrabilitätsbedingungen sind nicht hinreichend für die Existenz eines Potentials! Hierfür liefert das Magnetfeld $\mathbf{H}$ in 4.6 (b) ein Gegenbeispiel. Es ist leicht zu verifizieren, dass $\mathbf{H}$ die Integrabilitätsbedingung erfüllt $\boxed{\text{ÜA}}$. $\mathbf{H}$ kann aber kein Potential besitzen, denn das Wegintegral über eine den Draht umlaufende Kreislinie verschwindet nicht, vgl. 4.6 (b).

5.5 Eine hinreichende Bedingung für die Existenz von Potentialen

Ein C^1–Vektorfeld $\mathbf{v}$ auf Ω besitzt ein Potential, wenn es die Integrabilitäts-bedingungen

$$\frac{\partial v_i}{\partial x_k} = \frac{\partial v_k}{\partial x_i} \quad \textit{für} \quad i \neq k$$

erfüllt, und wenn Ω ein einfaches Gebiet ist.

Hiernach kann das Definitionsgebiet des betrachteten Magnetfeldes $\mathbf{H}$ nicht einfach sein, denn $\mathbf{H}$ ist nicht konservativ. Das Definitionsgebiet $\Omega_{\mathbf{H}}$ dieses Vektorfeldes ist der $\mathbb{R}^3$ ohne die z–Achse. Was unterscheidet $\Omega_{\mathbf{H}}$ von einem einfachen Gebiet? In einem einfachen Gebiet lässt sich jede geschlossene Kurve stetig auf einem Punkt zusammenziehen, ohne bei diesem Deformationsprozess Ω zu verlassen (warum?). In $\Omega_{\mathbf{H}}$ ist das nicht möglich: Beim Zusammenzuziehen des Einheitskreises der x,y–Ebene zu einem Punkt müsste die z–Achse passiert werden.

FOLGERUNG. *Ist Ω ein beliebiges Gebiet und erfüllt das Vektorfeld $\mathbf{v}$ dort die Integrabilitätsbedingungen, so besitzt $\mathbf{v}$ in einer Umgebung jedes Punktes ein Potential.*

Denn für jeden Punkt gibt es eine einfache Umgebung in Ω, etwa eine Kugel. Diese lokalen Potentiale lassen sich im Allgemeinen aber nicht widerspruchsfrei zu einem Potential auf ganz Ω zusammensetzen.

BEWEIS.

(a) *Sternförmige Gebiete Ω.* Wir dürfen o.B.d.A. annehmen, dass wir alle Punkte von Ω vom Nullpunkt aus „sehen" können. Sei

$$\boldsymbol{\alpha_x} = \{\, t\,\mathbf{x} \mid 0 \leq t \leq 1\,\} \quad \text{die Verbindungsstrecke von } \mathbf{0} \text{ und } \mathbf{x}.$$

Wir definieren

$$V(\mathbf{x}) = \int\limits_{\alpha_{\mathbf{x}}} \mathbf{v} \bullet d\mathbf{x} = \int\limits_0^1 \langle\, \mathbf{v}(t\mathbf{x}), \mathbf{x} \,\rangle \, dt = \int\limits_0^1 \sum_{i=1}^n v_i(t\mathbf{x})\, x_i \, dt \,.$$

Nach dem Satz § 23 : 2.3 über Parameterintegrale folgt

$$\partial_k V(\mathbf{x}) = \int\limits_0^1 \sum_{i=1}^n \partial_k v_i(t\mathbf{x})\, t x_i \, dt + \int\limits_0^1 v_k(t\mathbf{x}) \, dt \,.$$

Partielle Integration des zweiten Integrals ergibt

$$\int\limits_0^1 v_k(t\mathbf{x}) \, dt = t\, v_k(t\mathbf{x}) \,\Big|_0^1 - \int\limits_0^1 t\, \frac{d}{dt} v_k(t\mathbf{x}) \, dt$$

$$= v_k(\mathbf{x}) - \int\limits_0^1 t \sum_{i=1}^n \partial_i v_k(t\mathbf{x})\, x_i \, dt \,.$$

Zusammen mit den Integrabilitätsbedingungen $\partial_i v_k = \partial_k v_i$ folgt die Behauptung $\partial_k V(\mathbf{x}) = v_k(\mathbf{x})$ für $k = 1, \ldots, n$.

(b) Ω *sei einfach*, d.h. $\Omega = \varphi(\Omega_0)$ mit einem sternförmigen Gebiet $\Omega_0 \subset \mathbb{R}^n$ und einem C^2–Diffeomorphismus φ von Ω_0 nach Ω.

Der Beweis besteht darin, das auf Ω gegebene Vektorfeld $\mathbf{v}$ mittels φ nach Ω_0 zu verpflanzen („zurückzuholen"), für das verpflanzte Vektorfeld $\mathbf{w}$ auf Ω_0 die Integrabilitätsbedingungen nachzuweisen und schließlich das nach (a) existierende Potential für $\mathbf{w}$ von Ω_0 wieder nach Ω zu transportieren.

Wie das zurückgeholte Vektorfeld $\mathbf{w}$ auszusehen hat, machen wir uns folgendermaßen klar: Angenommen, $\mathbf{v}$ hat schon ein Potential $V : \Omega \to \mathbb{R}$. Für $W := V \circ \varphi : \Omega_0 \to \mathbb{R}$ gilt dann nach der Kettenregel

$$\partial_k W = \partial_k(V \circ \varphi) = \langle\, (\nabla V) \circ \varphi, \partial_k \varphi \,\rangle = \langle\, \mathbf{v} \circ \varphi, \partial_k \varphi \,\rangle$$

für $k = 1, \ldots, n$, d.h. W ist ein Potential für das Vektorfeld

$$\mathbf{w} := \sum_{k=1}^n \langle\, \mathbf{v} \circ \varphi, \partial_k \varphi \,\rangle \mathbf{e}_k \quad \text{auf} \quad \Omega_0 \,.$$

(c) Zur Konstruktion einer Stammfunktion für das Vektorfeld $\mathbf{v}$ auf Ω definieren wir nun aufgrund dieser Vorüberlegung das zurückgeholte Vektorfeld durch

$$\mathbf{w} = \sum_{k=1}^n w_k \mathbf{e}_k := \sum_{k=1}^n \langle\, \mathbf{v} \circ \varphi, \partial_k \varphi \,\rangle \mathbf{e}_k \,.$$

$\mathbf{w}$ ist ein C^1–Vektorfeld auf Ω_0. Mit $\partial_i \partial_k \varphi = \partial_k \partial_i \varphi$ und $\partial_l v_j = \partial_j v_l$ ergibt sich für $\mathbf{w}$ die Integrabilitätsbedingung mit Hilfe der Kettenregel:

$$\partial_i w_k = \partial_i \langle \mathbf{v} \circ \boldsymbol{\varphi}, \partial_k \boldsymbol{\varphi} \rangle = \partial_i \sum_{j=1}^{n} (v_j \circ \boldsymbol{\varphi}) \, \partial_k \varphi_j$$

$$= \sum_{j=1}^{n} \sum_{l=1}^{n} \left((\partial_l v_j) \circ \boldsymbol{\varphi} \right) \partial_i \varphi_l \, \partial_k \varphi_j + \sum_{j=1}^{n} (v_j \circ \boldsymbol{\varphi}) \, \partial_i \partial_k \varphi_j$$

$$= \sum_{l=1}^{n} \sum_{j=1}^{n} \left((\partial_j v_l) \circ \boldsymbol{\varphi} \right) \partial_i \varphi_l \, \partial_k \varphi_j + \sum_{j=1}^{n} (v_j \circ \boldsymbol{\varphi}) \, \partial_k \partial_i \varphi_j$$

$$= \partial_k \sum_{l=1}^{n} (v_l \circ \boldsymbol{\varphi}) \partial_i \varphi_l = \partial_k w_i \quad \text{für} \quad i \neq k \, .$$

Gemäß (a) besitzt das Vektorfeld $\mathbf{w}$ auf dem sternförmigen Gebiet Ω_0 ein Potential $W : \Omega_0 \to \mathbb{R}$. Wir zeigen, dass $V := W \circ \boldsymbol{\varphi}^{-1} : \Omega \to \mathbb{R}$ ein Potential von $\mathbf{v}$ ist:

Aus $W = V \circ \boldsymbol{\varphi}$ folgt für $\mathbf{x} \in \Omega_0$, $\mathbf{y} := \boldsymbol{\varphi}(\mathbf{x})$ nach Definition von $\mathbf{w}$ und mit Hilfe der Kettenregel

$$\langle \mathbf{v}(\mathbf{y}), \partial_i \boldsymbol{\varphi}(\mathbf{x}) \rangle = w_i(\mathbf{x}) = \partial_i W(\mathbf{x}) = \partial_i (V \circ \boldsymbol{\varphi})(\mathbf{x}) = \langle \nabla V(\mathbf{y}), \partial_i \boldsymbol{\varphi}(\mathbf{x}) \rangle,$$

also

$$\langle \mathbf{v}(\mathbf{y}) - \nabla V(\mathbf{y}), \partial_i \boldsymbol{\varphi}(\mathbf{x}) \rangle = 0 \quad \text{für} \quad i = 1, \ldots, n \, .$$

Da $\boldsymbol{\varphi}$ ein Diffeomorphismus ist, bilden die Spaltenvektoren $\partial_1 \boldsymbol{\varphi}(\mathbf{x}), \ldots, \partial_n \boldsymbol{\varphi}(\mathbf{x})$ der Jacobi–Matrix eine Basis des $\mathbb{R}^n$, also ist $\mathbf{v}(\mathbf{y}) - \nabla V(\mathbf{y})$ orthogonal zu allen Vektoren des $\mathbb{R}^n$. Es folgt

$$\mathbf{v}(\mathbf{y}) - \nabla V(\mathbf{y}) = \mathbf{0} \quad \text{für jedes} \quad \mathbf{y} \in \Omega \, . \qquad \qquad \square$$

5.6 Zur praktischen Bestimmung von Potentialen

Allgemein erhalten wir eine Stammfunktion durch $U(\mathbf{x}) = \int_{\mathbf{x}_0}^{\mathbf{x}} \mathbf{v} \bullet d\mathbf{x}$, wobei längs irgend eines Verbindungsweges zwischen $\mathbf{x}_0$ und $\mathbf{x}$ zu integrieren ist. Ist Ω der $\mathbb{R}^n$, eine Kugel oder ein achsenparalleler Quader, so können Wege aus achsenparallelen Stücken gewählt werden:

(a) *Ebene Vektorfelder.* Das C^1–Vektorfeld $\mathbf{v}(x, y) = (P(x, y), Q(x, y))$ im $\mathbb{R}^2$, in einer Kreisscheibe oder einem achsenparallelen Rechteck erfülle die Integrabilitätsbedingung $\partial_y P = \partial_x Q$. Wir erhalten eine Stammfunktion U wie folgt:

Wir halten y fest und bestimmen eine Stammfunktion $x \mapsto p(x, y)$ für $x \mapsto P(x, y)$, also mit $\partial_x p(x, y) = P(x, y)$. Die allgemeine Lösung U der Gleichung $\partial_x U(x, y) = P(x, y)$ enthält noch eine Integrationskonstante $q(y)$, ist also von der Form

(1) $\quad U(x, y) = p(x, y) + q(y) \, .$

Damit U auch die Gleichung $\partial_y U(x,y) = Q(x,y)$ erfüllt, muss für q gelten

(2) $\quad q'(y) = Q(x,y) - \partial_y p(x,y)$.

Die rechte Seite ist aufgrund der Integrabilitätsbedingung von x unabhängig:

$$\partial_x(Q - \partial_y p) = \partial_x Q - \partial_x \partial_y p = \partial_x Q - \partial_y \partial_x p = \partial_x Q - \partial_y P = 0\,.$$

Bestimmen wir nun eine Stammfunktion q für $r(y) = Q(x,y) - \partial_y p(x,y)$, so ist durch (1) eine Stammfunktion U gegeben.

(b) *Räumliche Vektorfelder.* Das Vektorfeld $\mathbf{v} = (P,Q,R)$ erfülle im $\mathbb{R}^3$, in einer Kugel oder auf einem achsenparallelen Quader die Integrabilitätsbedingungen. Wir halten (y,z) fest und bestimmen eine Stammfunktion $x \mapsto p(x,y,z)$ für $x \mapsto P(x,y,z)$. Die Integrationskonstante ist jetzt von der Form $q(y,z)$:

(1) $\quad U(x,y,z) = p(x,y,z) + q(y,z)$.

Hierdurch ist $\partial_x U = P$ erfüllt, und die beiden restlichen Gradientengleichungen führen auf

(2) $\quad \partial_y q = Q - \partial_y p\,, \quad \partial_z q = R - \partial_z p\,.$

Hierbei hängen die rechten Seiten aufgrund der Integrabilitätsbedingungen nur von y und z ab. Die Bestimmung von q aus (2) erfolgt nun wie in (a) beschrieben.

5.7 Aufgabe. Weisen Sie nach, dass das Vektorfeld

$$\mathbf{v}(x,y,z) = \begin{pmatrix} y\,e^{xy}\sin z + x + y \\ x\,e^{xy}\sin z + x + y - z \\ e^{xy}\cos z - y + z \end{pmatrix}$$

konservativ ist, und bestimmen Sie ein Potential.

5.8 Exakte Differentialgleichungen

Durch

$$\mathbf{v}(x,y) = \big(P(x,y), Q(x,y)\big)$$

sei ein C^1–Vektorfeld auf $\Omega \subset \mathbb{R}^2$ gegeben, und es sei $Q(x,y) \neq 0$ auf Ω. Die Differentialgleichung

(∗) $\quad P(x,y(x)) + Q(x,y(x))\,y'(x) = 0$

heißt **exakt**, wenn das Vektorfeld $\mathbf{v}$ exakt ist, d.h. auf Ω ein Potential U besitzt.

SATZ. *Das Vektorfeld* $\mathbf{v} = (P, Q)$ *habe in* Ω *ein Potential* U. *Dann ist die An-fangswertaufgabe*

$$P(x,y) + Q(x,y)\, y' = 0, \quad y(x_0) = y_0 \quad \text{mit } (x_0, y_0) \in \Omega$$

eindeutig lösbar. Die Lösung y *ergibt sich durch Auflösung der Gleichung* $U(x,y) = U(x_0, y_0)$ *nach* y.

BEWEIS.

Für jede Lösung y gilt $\frac{d}{dx} U(x, y(x)) = 0$, also $U(x, y(x)) = \text{const} = U(x_0, y_0)$.

Wegen $\partial_y U(x, y) = Q(x, y) \neq 0$ besitzt die Gleichung $U(x, y) = U(x_0, y_0)$ eine eindeutige lokale Auflösung nach y mit $y(x_0) = y_0$ (Satz über implizite Funktionen). Für diese gilt $U(x, y(x)) = U(x_0, y_0)$, also nach der Kettenregel

$$0 = \frac{d}{dx} U(x, y(x)) = P(x, y(x)) + Q(x, y(x))\, y'(x). \qquad \square$$

Aufgabe. Lösen Sie die Anfangswertaufgabe

$$y' = -\frac{2x + \cos(x+y)}{\cos(x+y)}, \quad y(0) = 0 \quad \text{für} \quad |x+y| < \frac{\pi}{2}.$$

5.9 Integrierende Faktoren

Ist $c : \Omega \to \mathbb{R}$ eine C^1-Funktion ohne Nullstellen, so ist die Differentialgleichung

$$P(x,y) + Q(x,y)\, y' = 0$$

äquivalent zur Differentialgleichung $c(x,y)P(x,y) + c(x,y)Q(x,y)\, y' = 0$, die wir in der Form

$$F(x,y) + G(x,y)\, y' = 0$$

notieren. Falls das Vektorfeld (P, Q) nicht exakt ist, können wir versuchen, die Funktion c so zu bestimmen, dass $(F, G) = (cP, cQ)$ ein exaktes Vektorfeld wird. Gelingt dies, so heißt c ein **integrierender Faktor** für die gegebene Differentialgleichung.

Aufgaben

(a) Lösen Sie die Anfangswertaufgabe

$$y' = -\frac{xy^3}{1 + 2x^2 y^2}, \quad y(2) = \frac{1}{2}$$

mit Hilfe eines integrierenden Faktors $c(y)$.

(b) Seien $a, b \in C^1(I)$ und $b(y) \neq 0$ für alle $y \in I$. Die Differentialgleichung $-a(x)\,b(y) + y' = 0$ mit getrennten Variablen (vgl. §13:3) ist i.A. nicht exakt. Bestimmen Sie einen integrierenden Faktor.

6 Kurvenintegrale und Potentiale in der Thermodynamik

6.1 Der erste Hauptsatz

Wir betrachten als einfachstes thermodynamisches System ein Mol eines Gases in einem Behälter mit Volumen v, Druck p und Temperatur T. Diese drei Größen sind durch eine für das Gas typische Zustandsgleichung

$$F(T,v,p) = 0$$

verbunden, z.B.

$$pv = RT$$

für ein ideales Gas, oder

$$\left(p + \frac{a}{v^2}\right)(v - b) = RT$$

für ein van der Waalssches Gas.

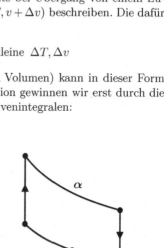

Wir nehmen die Zustandsgleichung als nach p aufgelöst an und schreiben also $p = p(T,v)$ (vgl. § 22 : 5.3).

Wir wollen die Änderung ΔQ des Wärmeinhalts bei Übergang von einem Zustand (T,v) zu einem Nachbarzustand $(T + \Delta T, v + \Delta v)$ beschreiben. Die dafür angesetzte erste Näherung

$$\Delta Q = Q_1(T,v)\,\Delta T + Q_2(T,v)\,\Delta v \quad \text{für kleine } \Delta T, \Delta v$$

($Q_1 = c_v$ = spezifische Wärme bei konstantem Volumen) kann in dieser Form missverständlich sein. Ihre korrekte Interpretation gewinnen wir erst durch die Beschreibung globaler Änderungen mittels Kurvenintegralen:

Bei einer Zustandsänderung des Systems längs eines Weges α in der (T,v)–Ebene von (T_0, v_0) nach (T_1, v_1) ist die Wärmeänderung das Wegintegral über das Vektorfeld (Q_1, Q_2), also ist in der Notation von 4.2

$$\Delta Q = \int_\alpha Q_1\,dT + Q_2\,dv.$$

Für den Integranden wird meistens

$$\delta Q = Q_1 dT + Q_2\,dv$$

geschrieben. Das Symbol δQ soll zum Ausdruck bringen, dass das Vektorfeld (Q_1, Q_2) nicht konservativ ist.

Für ein ideales Gas ist beispielsweise c_v konstant und

$$\delta Q = c_v\, dT + p\, dv = c_v\, dT + \frac{RT}{v}\, dv.$$

Bei dem nebenstehend skizzierten
Kreisprozess α ergibt sich $\boxed{\text{ÜA}}$

$$\int\limits_\alpha \delta Q = R(T_2 - T_1)\log \frac{v_2}{v_1} \neq 0.$$

Für das Vektorfeld $\delta A = (0, p)$ liefert

$$\int\limits_\alpha \delta A = \int\limits_\alpha p\, dv$$

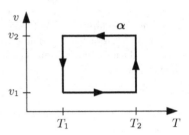

die bei einer Zustandsänderung längs
eines Weges α vom System geleistete mechanische Arbeit. Denn in der ersten
Figur ist $K = p \cdot F$ die auf die Kolbenfläche F wirkende Kraft, also $\int p\, dv = \int p\, F\, ds = \int K\, ds$ mit $dv = F\, ds$.

Der *erste Hauptsatz der Thermodynamik* besagt:

$$\delta Q - \delta A = Q_1\, dT + (Q_2 - p)\, dv$$

ist ein „totales Differential", d.h. das Vektorfeld $(Q_1, Q_2 - p)$ ist exakt und
besitzt daher ein Potential U.

$U = U(T, v)$ heißt die **innere Energie** des Gases.

6.2 Der zweite Hauptsatz der Thermodynamik

Dieser besagt, dass das Vektorfeld $\frac{1}{T}(Q_1, Q_2)$ exakt ist, also ein Potential S
besitzt. $\frac{1}{T}$ ist also ein integrierender Faktor für das Vektorfeld (Q_1, Q_2), vgl. 5.9.
Die Funktion $S = S(T, v)$ heißt die **Entropie** des Gases.

Die beiden Hauptsätze liefern

$$\frac{\partial U}{\partial T} = Q_1, \quad \frac{\partial U}{\partial v} = Q_2 - p, \quad \frac{\partial S}{\partial T} = \frac{Q_1}{T}, \quad \frac{\partial S}{\partial v} = \frac{Q_2}{T}.$$

Hieraus ergibt sich

$$\begin{aligned}
0 &= \frac{\partial}{\partial v}\frac{\partial S}{\partial T} - \frac{\partial}{\partial T}\frac{\partial S}{\partial v} = \frac{\partial}{\partial v}\left(\frac{1}{T}\frac{\partial U}{\partial T}\right) - \frac{\partial}{\partial T}\left(\frac{1}{T}\left(\frac{\partial U}{\partial v} + p\right)\right) \\
&= \frac{1}{T}\frac{\partial}{\partial v}\frac{\partial U}{\partial T} + \frac{1}{T^2}\left(\frac{\partial U}{\partial v} + p\right) - \frac{1}{T}\left(\frac{\partial}{\partial T}\frac{\partial U}{\partial v} + \frac{\partial p}{\partial T}\right) \\
&= \frac{1}{T^2}\left(\frac{\partial U}{\partial v} + p - T\frac{\partial p}{\partial T}\right).
\end{aligned}$$

Als Folgerung aus den beiden Hauptsätzen erhalten wir somit eine Verknüpfung von Energie, Temperatur und Druck:

$$\frac{\partial U}{\partial v} = T\,\frac{\partial p}{\partial T} - p\,.$$

Aufgaben. Folgern Sie mit Hilfe dieser Beziehung:

(a) Für ein ideales Gas ist $U = c_v\,T$.

(b) Für ein van der Waalssches Gas gilt $U = -\frac{a}{v} + f(T)$.

(c) Gilt für ein Gas $U = U(T)$, so gilt

$$p = T\,g(v) \quad \text{und} \quad S = S_1(T) + S_2(v)\,.$$

(d) Gilt $U = U(T)$ und $pv = h(T)$, so handelt es sich um ein ideales Gas.

7 Divergenz, Laplace–Operator, Rotation, Vektorpotentiale

7.1 Divergenz, Laplace–Operator und Rotation

Für C^1–Vektorfelder $\mathbf{v} = (v_1, \ldots, v_n)$ auf $\Omega \subset \mathbb{R}^n$ erklären wir die **Divergenz** durch

$$\operatorname{div} \mathbf{v} := \frac{\partial v_1}{\partial x_1} + \ldots + \frac{\partial v_n}{\partial x_n}\,.$$

Für C^2–Funktionen $U : \Omega \to \mathbb{R}$ setzen wir

$$\Delta U := \frac{\partial^2 U}{\partial x_1^2} + \ldots + \frac{\partial^2 U}{\partial x_n^2} = \operatorname{div} \nabla U\,.$$

Δ wird der **Laplace–Operator** genannt.

Die **Rotation** von C^1–Vektorfeldern $\mathbf{v}$ auf $\Omega \subset \mathbb{R}^3$ ist definiert durch

$$\operatorname{rot} \mathbf{v} = \begin{pmatrix} \partial_2 v_3 - \partial_3 v_2 \\ \partial_3 v_1 - \partial_1 v_3 \\ \partial_1 v_2 - \partial_2 v_1 \end{pmatrix}\,.$$

In der Physikliteratur finden sich auch die Schreibweisen

$$\operatorname{div} \mathbf{v} = \nabla \bullet \mathbf{v}\,, \quad \Delta U = \nabla^2 U\,, \quad \operatorname{rot} \mathbf{v} = \nabla \times \mathbf{v}\,.$$

Diese Differentialoperatoren spielen in der Mathematischen Physik eine fundamentale Rolle, besonders in der Kontinuumsmechanik und Elektrodynamik, vgl. dazu § 26 : 6.

7.2 Rechenregeln

Unter geeigneten Differenzierbarkeitsvoraussetzungen gilt:

(a) $\operatorname{rot} \nabla U = \mathbf{0}$

(b) $\operatorname{div} \operatorname{rot} \mathbf{v} = 0$

(c) $\operatorname{div}(f \cdot \mathbf{v}) = \langle \nabla f, \mathbf{v} \rangle + f \cdot \operatorname{div} \mathbf{v}$

(d) $\operatorname{rot} \operatorname{rot} \mathbf{v} = \nabla \operatorname{div} \mathbf{v} - \Delta \mathbf{v}$

(e) $\operatorname{div}(\mathbf{v} \times \mathbf{w}) = \langle \operatorname{rot} \mathbf{v}, \mathbf{w} \rangle - \langle \mathbf{v}, \operatorname{rot} \mathbf{w} \rangle$

(f) $\operatorname{rot}(f \cdot \mathbf{v}) = (\nabla f) \times \mathbf{v} + f \cdot \operatorname{rot} \mathbf{v}$

(g) $\operatorname{rot}(\mathbf{v} \times \mathbf{w}) = (\operatorname{div} \mathbf{w}) \cdot \mathbf{v} - (\operatorname{div} \mathbf{v}) \cdot \mathbf{w} + d\mathbf{v} \cdot \mathbf{w} - d\mathbf{w} \cdot \mathbf{v}$.

In (d) ist der Laplace–Operator komponentenweise wirkend zu verstehen.
BEWEIS als $\boxed{\text{ÜA}}$. (a),(b) und (c) sollte jeder nachrechnen.

7.3* Vektorpotentiale

Ein C^1–Vektorfeld $\mathbf{w}$ auf $\Omega \subset \mathbb{R}^3$ heißt **Vektorpotential** für $\mathbf{v}$, wenn

$$\mathbf{v} = \operatorname{rot} \mathbf{w}.$$

Notwendig für die Existenz eines Vektorpotentials von $\mathbf{v}$ ist nach 7.2 (b)

$$\operatorname{div} \mathbf{v} = 0.$$

SATZ. *In einem sternförmigen Gebiet* $\Omega \subset \mathbb{R}^3$ *ist die Bedingung* $\operatorname{div} \mathbf{v} = 0$ *hinreichend für die Existenz eines Vektorpotentials. Ist* $\mathbf{x}_0 \in \Omega$ *ein Zentrum von* Ω, *so ist ein Vektorpotential gegeben durch*

$$\mathbf{w}(\mathbf{x}) = \int_0^1 t\, \mathbf{v}(\boldsymbol{\alpha}(t)) \times \dot{\boldsymbol{\alpha}}(t)\, dt \quad \text{mit } \boldsymbol{\alpha}(t) = \mathbf{x}_0 + t(\mathbf{x} - \mathbf{x}_0).$$

Jedes weitere Vektorpotential von $\mathbf{v}$ *unterscheidet sich von diesem nur durch ein Gradientenfeld.*

BEWEIS als Aufgabe. Die letzte Behauptung folgt unmittelbar aus 5.5. Sei o.B.d.A. $\mathbf{x}_0 = \mathbf{0}$ und $\mathbf{w}$ wie oben definiert. Rechnen Sie unter Verwendung von 7.2 (g) nach, dass

$$\operatorname{rot} \mathbf{w}(\mathbf{x}) = \int_0^1 \frac{d}{dt}(t^2 \mathbf{v}(t\,\mathbf{x}))\, dt = \mathbf{v}(\mathbf{x}). \qquad \square$$

§25 Oberflächenintegrale

1 Flächenstücke im $\mathbb{R}^3$

1.1 Flächenparametrisierungen

Unter einer **Flächenparametrisie-rung** verstehen wir eine injektive C^r-Abbildung $(r \geq 1)$ auf einem Gebiet $U \subset \mathbb{R}^2$,

$$\Phi : U \longrightarrow \mathbb{R}^3,$$

$$\mathbf{u} = (u_1, u_2) \mapsto \Phi(\mathbf{u}) = \begin{pmatrix} \Phi_1(\mathbf{u}) \\ \Phi_2(\mathbf{u}) \\ \Phi_3(\mathbf{u}) \end{pmatrix},$$

deren partielle Ableitungen

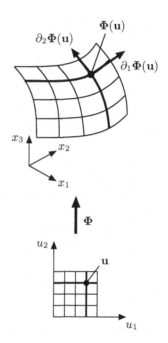

$$\partial_1 \Phi(\mathbf{u}) = \begin{pmatrix} \partial_1 \Phi_1(\mathbf{u}) \\ \partial_1 \Phi_2(\mathbf{u}) \\ \partial_1 \Phi_3(\mathbf{u}) \end{pmatrix},$$

$$\partial_2 \Phi(\mathbf{u}) = \begin{pmatrix} \partial_2 \Phi_1(\mathbf{u}) \\ \partial_2 \Phi_2(\mathbf{u}) \\ \partial_2 \Phi_3(\mathbf{u}) \end{pmatrix}$$

an jeder Stelle $\mathbf{u} \in U$ linear unabhängig sind.

Für eine feste Stelle $\mathbf{u} = (u_1, u_2)$ des Parameterbereiches U sind

$$s \mapsto \Phi(u_1 + s, u_2) \quad \text{und} \quad t \mapsto \Phi(u_1, u_2 + t) \quad \text{mit } |s|, |t| \ll 1$$

C^1-Kurven auf der Bildmenge $\Phi(U)$. Die Tangentenvektoren dieser **Koordinatenlinien** sind

$$\partial_1 \Phi(\mathbf{u}) = \frac{d}{ds} \Phi(u_1 + s, u_2) \Big|_{s=0}, \quad \partial_2 \Phi(\mathbf{u}) = \frac{d}{dt} \Phi(u_1, u_2 + t) \Big|_{t=0}.$$

Wir nennen $\partial_1 \Phi(\mathbf{u})$, $\partial_2 \Phi(\mathbf{u})$ die **Tangentenvektoren** von Φ an der Stelle $\mathbf{u}$.

Die lineare Unabhängigkeit der Tangentenvektoren stellt sicher, dass die Bildmenge von Φ unserer Vorstellung von einer Fläche als einem zweidimensionalen Gebilde im Raum entspricht.

BEISPIELE.

Ebene $\qquad (u_1, u_2) \mapsto \mathbf{a} + u_1\mathbf{a}_1 + u_2\mathbf{a}_2\,,$

obere/untere Hemisphäre $\quad \mathbf{u} = (u_1, u_2) \mapsto \begin{pmatrix} u_1 \\ u_2 \\ \pm\sqrt{1 - \|\mathbf{u}\|^2} \end{pmatrix}, \quad \|\mathbf{u}\| < 1,$

Sphäre ohne Nullmeridian $\quad (\varphi, \vartheta) \mapsto \begin{pmatrix} \sin\vartheta\,\cos\varphi \\ \sin\vartheta\,\sin\varphi \\ \cos\vartheta \end{pmatrix}, \quad \begin{cases} 0 < \varphi < 2\pi, \\ 0 < \vartheta < \pi, \end{cases}$

geschlitzer Kreiskegelmantel $\quad (z, \varphi) \mapsto \begin{pmatrix} z\,\cos\varphi \\ z\,\sin\varphi \\ z \end{pmatrix}, \quad \begin{cases} z > 0, \\ 0 < \varphi < 2\pi. \end{cases}$

ÜA Zeigen Sie, dass die vier Beispiele Flächenparametrisierungen darstellen. Verschaffen Sie sich eine Vorstellung von den Abbildungen, indem Sie einige Koordinatenlinien skizzieren.

1.2 Beispiele und Aufgaben

(a) Für eine C^r-Funktion $\varphi : U \to \mathbb{R}$ heißt eine Parametrisierung der Gestalt

$$\mathbf{u} = (u_1, u_2) \mapsto \Phi(\mathbf{u}) = \begin{pmatrix} u_1 \\ u_2 \\ \varphi(\mathbf{u}) \end{pmatrix}$$

ein **Graph** über dem ebenen Gebiet $U \subset \mathbb{R}^2$ der u_1, u_2-Ebene, vgl. §22 : 4.7.

ÜA Bestimmen Sie für diese Parametrisierung den Normalenvektor $\partial_1 \Phi \times \partial_2 \Phi$.

(b) In der rechten Hälfte der x, z-Ebene sei eine injektive und reguläre C^1-Kurve $t \mapsto (r(t), z(t))$ gegeben. Durch Rotation des Kurvenstück um die z-Achse im Raum entsteht eine **Rotationsfläche**. Jede die z-Achse enthaltende Halbebene schneidet aus dieser eine **Meridiankurve** heraus.

ÜA Geben Sie für die Rotationsfläche eine Parametrisierung an. Betrachten Sie insbesondere den Spezialfall des **Torus**, der durch Rotation einer Kreislinie entsteht (den Mittelpunkt des Kreises kann einfachheitshalber auf die x-Achse gelegt werden).

1.3 Flächenstücke

Eine Menge $M \subset \mathbb{R}^3$ heißt **Flächenstück** (**C^r-Flächenstück** mit $r \geq 1$), wenn sie das Bild einer C^r-Flächenparametrisierung $\Phi : \mathbb{R}^2 \supset U \to \mathbb{R}^3$ mit stetiger Umkehrabbildung $\Phi^{-1} : M \to U$ ist. Jede solche Abbildung heißt eine (zulässige) **Parametrisierung** für M.

Flächenstücke sind die zweidimensionalen Analoga zu den Kurvenstücken. Parametrisierungen von Kurvenstücken haben einen kompakten Parameterbereich. Bei Flächenstücken setzen wir den Parameterbereich als offen voraus, um Schwierigkeiten bei der Differenzierbarkeit am Rand aus dem Wege zu gehen.

Die Stetigkeit der Umkehrabbildung einer Parametrisierung muss nun extra gefordert werden; wir benötigen diese beim Beweis des fundamentalen Satzes über die Parametertransformation 1.4 und für die Orientierbarkeit. Diese Bedingung schließt Figuren mit „approximativen" Selbstdurchdringungen (Fig.) aus.

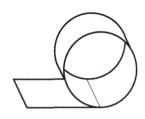

Alle vier Beispiele von Parametrisierungen in 1.1 haben Flächenstücke als Bildmengen. Darüberhinaus ist jeder Graph im $\mathbb{R}^3$ ein Flächenstück.

1.4 Parametertransformationen

Zu je zwei C^r-Parametrisierungen $\mathbf{\Phi} : U \to \mathbb{R}^3$, $\mathbf{\Psi} : V \to \mathbb{R}^3$ eines C^r-Flächenstückes gibt es einen C^r-Diffeomorphismus $\mathbf{h}$ von U auf V mit

$$\mathbf{\Phi} = \mathbf{\Psi} \circ \mathbf{h}.$$

$\mathbf{h}$ heißt **Parametertransformation** zwischen $\mathbf{\Psi}$ und $\mathbf{\Phi}$.

Der Beweis verläuft ähnlich dem für Kurven (vgl. die Beweisskizze § 24 : 1.3); wir verweisen auf Bd. 2, § 11 : 1.3 und [BARNER–FLOHR II] § 17:5.

1.5 Stereographische Projektion

Für $\mathbf{u} = (u_1, u_2) \in \mathbb{R}^2$ verbinden wir den „Nordpol" $N = (0, 0, 1)$ der Einheitssphäre

$$S^2 = \left\{ \mathbf{x} \in \mathbb{R}^3 \mid \|\mathbf{x}\| = 1 \right\}$$

mit dem Punkt $(u_1, u_2, 0)$ durch eine Gerade. Der von N verschiedene Durchstoßpunkt $\mathbf{\Phi}(\mathbf{u})$ dieser Gerade durch die Sphäre ist gegeben durch

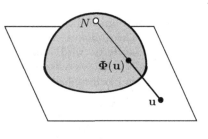

$$\mathbf{\Phi}(\mathbf{u}) = \frac{1}{\|\mathbf{u}\|^2 + 1} \begin{pmatrix} 2u_1 \\ 2u_2 \\ \|\mathbf{u}\|^2 - 1 \end{pmatrix}.$$

SATZ. $\boldsymbol{\Phi} : \mathbb{R}^2 \to \mathbb{R}^3$ *ist eine Parametrisierung der im Nordpol gelochten Sphäre* $S^2 \setminus \{N\}$.

BEWEIS als $\boxed{\text{ÜA}}$. Verfizieren Sie zuerst die Formel für $\boldsymbol{\Phi}$ und bestimmen Sie dann die Umkehrabbildung.

2 Der Flächeninhalt von Flächenstücken

2.1 Der Flächeninhalt einer Parametrisierung

Für eine Flächenparametrisierung $\boldsymbol{\Phi} : \mathbb{R}^2 \supset U \to \mathbb{R}^3$ setzen wir

$$g_{ik} := \langle \partial_i \boldsymbol{\Phi}, \partial_k \boldsymbol{\Phi} \rangle \quad \text{für} \quad i, k = 1, 2, \quad g = \det(g_{ik}) = \begin{vmatrix} g_{11} & g_{12} \\ g_{21} & g_{22} \end{vmatrix} \quad \text{und}$$

$$A(\boldsymbol{\Phi}) := \int_U \sqrt{g(\mathbf{u})} \, du_1 \, du_2 \,, \quad \text{falls dieses Integral konvergiert.}$$

Wir machen plausibel, dass $A(\boldsymbol{\Phi})$ den Flächeninhalt der Fläche $\boldsymbol{\Phi}(U) \subset \mathbb{R}^3$ darstellt.

Es gilt

$$\|\partial_1 \boldsymbol{\Phi}(\mathbf{u}) \times \partial_2 \boldsymbol{\Phi}(\mathbf{u})\| = \sqrt{g(\mathbf{u})} \,.$$

Denn mit $\mathbf{v}_1 = \partial_1 \boldsymbol{\Phi}(\mathbf{u})$, $\mathbf{v}_2 = \partial_2 \boldsymbol{\Phi}(\mathbf{u})$ und dem von $\mathbf{v}_1$ und $\mathbf{v}_2$ eingeschlossenen Winkel φ ergibt sich

$$\|\mathbf{v}_1 \times \mathbf{v}_2\|^2 = \|\mathbf{v}_1\|^2 \|\mathbf{v}_2\|^2 \sin^2 \varphi = \|\mathbf{v}_1\|^2 \|\mathbf{v}_2\|^2 (1 - \cos^2 \varphi)$$
$$= \|\mathbf{v}_1\|^2 \|\mathbf{v}_2\|^2 - \langle \mathbf{v}_1, \mathbf{v}_2 \rangle^2 = g(\mathbf{u}) \,.$$

Wir fixieren im Parametergebiet U eine Stelle $\mathbf{u} = (u_1, u_2)$, ein kleines Rechteck $R = [u_1, u_1 + \Delta u_1] \times [u_2, u_2 + \Delta u_2]$ und betrachten die lineare Approximation $\boldsymbol{\Psi}$ für $\boldsymbol{\Phi}$ an der Stelle $\mathbf{u}$, d.h.

$$\boldsymbol{\Psi}(\mathbf{u} + \mathbf{h}) := \boldsymbol{\Phi}(\mathbf{u}) + h_1 \, \partial_1 \boldsymbol{\Phi}(\mathbf{u}) + h_2 \, \partial_2 \boldsymbol{\Phi}(\mathbf{u}) \,.$$

Den Flächeninhalt des krummen Vierecks $\boldsymbol{\Phi}(R)$ wird durch den Flächeninhalt des Parallelogrammes $\boldsymbol{\Psi}(R)$ approximiert. Letzteres wird von den Vektoren $\Delta u_1 \mathbf{v}_1$, $\Delta u_2 \mathbf{v}_2$ aufgespannt, besitzt also den Flächeninhalt

$$\|(\Delta u_1 \mathbf{v}_1) \times (\Delta u_2 \mathbf{v}_2)\|$$
$$= \|\mathbf{v}_1 \times \mathbf{v}_2\| \, \Delta u_1 \, \Delta u_2$$
$$= \sqrt{g(\mathbf{u})} \, \Delta u_1 \, \Delta u_2 \,.$$

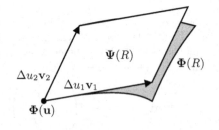

Denken wir uns nun das Parametergebiet U nahezu ausgeschöpft durch solche kleinen Rechtecke mit Eckpunkten $\mathbf{u}_1, \ldots, \mathbf{u}_N$ und Seitenlängen $\Delta u_1, \Delta u_2$, so ist der Flächeninhalt von $\mathbf{\Phi}(U)$ näherungsweise

$$\sum_{k=1}^{N} \sqrt{g(\mathbf{u}_k)}\, \Delta u_1\, \Delta u_2\,.$$

Diese Summe wiederum approximiert für kleine $\Delta u_1, \Delta u_2$ das Integral

$$\int_U \sqrt{g(\mathbf{u})}\, du_1\, du_2\,.$$

2.2 Der Inhalt eines Flächenstücks

Die vorangehende Betrachtung legt es nahe, den **Flächeninhalt** $A(M)$ eines Flächenstücks $M \subset \mathbb{R}^3$ wie folgt zu definieren: Wir setzen

$$A(M) := A(\mathbf{\Phi})\,,$$

falls es eine Parametrisierung $\mathbf{\Phi} : \mathbb{R}^2 \supset U \to \mathbb{R}^3$ gibt, für die das Integral $A(\mathbf{\Phi}) = \int_U \sqrt{g}\, du_1\, du_2$ konvergiert und $A(M) = \infty$ sonst (Bezeichnungen wie in 2.1). Zu dieser Definition sind wir berechtigt, denn

Der Flächeninhalt ist von der Parametrisierung unabhängig:

Sei $\mathbf{\Psi} : \mathbb{R}^2 \supset V \to M$ eine weitere Parametrisierung und

$$g^* = \det(g_{ik}^*)\,, \quad g_{ik}^* = \langle\, \partial_i \mathbf{\Psi}, \partial_k \mathbf{\Psi}\,\rangle \quad \text{für}\ i, k = 1, 2\,.$$

Nach 1.4 gilt $\mathbf{\Phi} = \mathbf{\Psi} \circ \mathbf{h}$ mit einem C^1–Diffeomorphismus $\mathbf{h} : U \to V$. Mit der Kettenregel folgt nach kurzer Rechnung $\boxed{\text{ÜA}}$

$$\partial_1 \mathbf{\Phi} \times \partial_2 \mathbf{\Phi} = \big((\partial_1 \mathbf{\Psi}) \circ \mathbf{h}\big) \times \big((\partial_2 \mathbf{\Psi}) \circ \mathbf{h}\big) \cdot (\partial_1 h_1\, \partial_2 h_2 - \partial_1 h_2\, \partial_2 h_1)\,.$$

Daher gilt

$$\sqrt{g} = \|\partial_1 \mathbf{\Phi} \times \partial_2 \mathbf{\Phi}\| = |\det d\mathbf{h}| \cdot \|(\partial_1 \mathbf{\Psi}) \circ \mathbf{h} \times (\partial_2 \mathbf{\Psi}) \circ \mathbf{h}\| = |\det d\mathbf{h}|\sqrt{g^* \circ \mathbf{h}}\,.$$

Der Transformationssatz ergibt, falls eines der beiden Integrale konvergiert,

$$\int_U \sqrt{g}\, du_1\, du_2 = \int_U \sqrt{g^* \circ \mathbf{h}}\, |\det d\mathbf{h}|\, du_1\, du_2 = \int_V \sqrt{g^*}\, dv_1\, dv_2\,.$$

BEMERKUNGEN. Das Symbol $\sqrt{g}\, du_1\, du_2$ wird das **skalare Oberflächenelement** genannt und mit do, dA oder dS bezeichnet. Die Determinante

$$g = \det(g_{ik}) = \begin{vmatrix} g_{11} & g_{12} \\ g_{21} & g_{22} \end{vmatrix}$$

heißt die **Gramsche Determinante**. In der Literatur finden sich auch die von C.F. GAUSS eingeführten Bezeichnungen

$$E, \ F, \ G \quad \text{für} \quad g_{11}, \ g_{12} = g_{21}, \ g_{22}.$$

Bei dieser Notation lautet das Oberflächenintegral

$$A(M) = \int\limits_U \sqrt{EG - F^2} \ du_1 \, du_2.$$

2.3 Der Flächeninhalt niederdimensionaler Mengen

Die Herausnahme einer stückweis glatten Kurve oder von endlich vielen Punkten aus einem Flächenstück M ändert den Flächeninhalt nicht.

Wir wollen den Beweis nicht explizit ausführen. Er beruht auf der Tatsache, dass das Urbild einer stückweis glatten Kurve auf M unter einer Flächenparametrisierung wieder eine stückweis glatte Kurve ist. Die Spur einer solchen ist nach § 23 : 7.4 (b) eine Nullmenge im $\mathbb{R}^2$ und ändert deshalb das Integral $\int \sqrt{g} \ du_1 \, du_2$ nicht.

Wir treffen allgemein die

VEREINBARUNG. Der Spur von stückweis glatten Kurven und endlich vielen Punkten wird der Flächeninhalt 0 zugeschrieben.

2.4 Der Flächeninhalt einer Sphäre

Wir betrachten die r–Sphäre mit dem Ursprung als Mittelpunkt

$$S_r = \left\{ (x, y, z) \mid \sqrt{x^2 + y^2 + z^2} = r \right\}.$$

S_r ist kein Flächenstück. Nehmen wir aber aus S_r den Nullmeridian heraus, d.h. betrachten wir

$$S_r' = S_r \setminus N \quad \text{mit} \quad N = \left\{ (\sin \vartheta, 0, \cos \vartheta) \mid 0 \leq \vartheta \leq \pi \right\},$$

so erhalten wir ein Flächenstück S_r', das sich von der Sphäre nur um eine glatte Kurve unterscheidet. Die geschlitzte Sphäre S_r' lässt sich durch Kugelkoordinaten parametrisieren:

$$\mathbf{\Phi} : U \to \mathbb{R}^3, \quad (\varphi, \vartheta) \mapsto \begin{pmatrix} r \sin \vartheta \cos \varphi \\ r \sin \vartheta \sin \varphi \\ r \cos \vartheta \end{pmatrix}$$

mit dem Parametergebiet

$$U = \left\{ (\varphi, \vartheta) \mid 0 < \varphi < 2\pi, \ 0 < \vartheta < \pi \right\}.$$

Es ergibt sich:

$$\partial_\varphi \Phi = \begin{pmatrix} -r \sin \vartheta \sin \varphi \\ r \sin \vartheta \cos \varphi \\ 0 \end{pmatrix}, \quad \partial_\vartheta \Phi = \begin{pmatrix} r \cos \vartheta \cos \varphi \\ r \cos \vartheta \sin \varphi \\ -r \sin \vartheta \end{pmatrix},$$

$$g_{\varphi\varphi} = \langle \partial_\varphi \Phi, \partial_\varphi \Phi \rangle = r^2 \sin^2 \vartheta,$$

$$g_{\varphi\vartheta} = \langle \partial_\varphi \Phi, \partial_\vartheta \Phi \rangle = 0,$$

$$g_{\vartheta\vartheta} = \langle \partial_\vartheta \Phi, \partial_\vartheta \Phi \rangle = r^2,$$

$$g = \begin{vmatrix} g_{\varphi\varphi} & g_{\varphi\vartheta} \\ g_{\varphi\vartheta} & g_{\vartheta\vartheta} \end{vmatrix} = \begin{vmatrix} r^2 \sin^2 \vartheta & 0 \\ 0 & r^2 \end{vmatrix} = r^4 \sin^2 \vartheta.$$

Nach der Vereinbarung 2.3 erhalten wir

$$A(S_r) = A(S_r \setminus N) = \int_U \sqrt{g} \, d\varphi \, d\vartheta = \int_0^\pi \left(\int_0^{2\pi} r^2 \sin \vartheta \, d\varphi \right) d\vartheta$$

$$= 2\pi r^2 \int_0^\pi \sin \vartheta \, d\vartheta = 4\pi r^2.$$

2.5 Beispiele und Aufgaben

(a) Für die Parametrisierung eines Graphen $\Phi(\mathbf{u}) = (u_1, u_2, \varphi(\mathbf{u}))$ über dem Parametergebiet $U \subset \mathbb{R}^2$ ergibt sich als Flächeninhalt

$$A = \int_U \sqrt{1 + \|\nabla\varphi\|^2} \, du_1 \, du_2 \quad \boxed{\text{ÜA}}.$$

(b) Die durch die Parametrisierung

$$(u, v) \mapsto \begin{pmatrix} r(u) \cos v \\ r(u) \sin v \\ z(u) \end{pmatrix}, \quad a < u < b, \quad 0 < v < 2\pi$$

gegebene (geschlitzte) Rotationsfläche hat den Flächeninhalt

$$A = 2\pi \int_a^b r(u) \sqrt{\dot{r}^2(u) + \dot{z}^2(u)} \, du \quad \boxed{\text{ÜA}}.$$

(c) Bestimmen Sie den Flächeninhalt des Torus 1.2 (b) mit Radien $0 < r < R$. Auch hier erfasst die Parametrisierung nur den geschlitzten Torus.

(d) Berechnen Sie den Inhalt der Sphärenkappe mit Radius r und Höhe h:

$$\left\{ (x, y, z) \mid \sqrt{x^2 + y^2 + z^2} = r, \ z > r - h \right\}.$$

2.6 Verhalten des Flächeninhalts unter Transformationen

(a) *Der Flächeninhalt eines Flächenstückes M bleibt unter einer Bewegung T des $\mathbb{R}^3$ erhalten:*

$$A(T(M)) = A(M).$$

(b) Bei der Streckung $\mathbf{x} \mapsto T_r(\mathbf{x}) = r\mathbf{x}$ ergibt sich

$$A(T_r(M)) = r^2 A(M)$$

BEWEIS als $\boxed{\text{ÜA}}$.

3 Oberflächenintegrale

3.1 Skalare Oberflächenintegrale

Für ein Flächenstück $M \subset \mathbb{R}^3$ und eine stetige Funktion $f : M \to \mathbb{R}$ definieren wir das **skalare Oberflächenintegral** von f über M durch

$$\int_M f \, do = \int_M f(\mathbf{x}) \, do(\mathbf{x}) := \int_U f(\mathbf{\Phi}(\mathbf{u})) \sqrt{g(\mathbf{u})} \, du_1 \, du_2 \,,$$

falls dieses Integral konvergiert. Hierbei ist $\mathbf{\Phi} : U \to \mathbb{R}^3$ eine Parametrisierung von M und g wie in 2.2 die Gramsche Determinante von $\mathbf{\Phi}$. Das Symbol do steht für das Oberflächenelement $\sqrt{g} \, du_1 \, du_2$.

Die Unabhängigkeit des Integrals von der gewählten Parametrisierung ergibt sich wie in 2.2.

3.2 Zwiebelweise Integration

Für jede auf der Kugel $K_R = K_R(\mathbf{0}) \subset \mathbb{R}^3$ stetige und integrierbare Funktion f gilt

$$\int_{K_R} f(\mathbf{x}) \, d^3\mathbf{x} = \int_0^R \Big(\int_{S_r} f \, do \Big) \, dr = \int_0^R r^2 \Big(\int_{S_1} f(r\mathbf{x}) \, do(\mathbf{x}) \Big) \, dr \,,$$

wobei S_r die Sphäre vom Radius r bezeichnet.

BEWEIS.

Die längs des Meridians

$$N = \big\{ (x,0,z) \mid x \geq 0, \; z \in \mathbb{R} \big\}$$

geschlitzte Kugel $K'_R = K_R \setminus N$ ist das diffeomorphe Bild des Quaders

$$\Omega = \big\{ (r,\vartheta,\varphi) \mid 0 < r < R, \; 0 < \vartheta < \pi, \; 0 < \varphi < 2\pi \big\}$$

unter der Transformation auf Kugelkoordinaten

$$\mathbf{h} : (r, \vartheta, \varphi) \mapsto \begin{pmatrix} r \sin \vartheta \cos \varphi \\ r \sin \vartheta \sin \varphi \\ r \cos \vartheta \end{pmatrix} \quad \text{mit} \quad \det(d\mathbf{h}) = r^2 \sin \vartheta \,.$$

Für jedes feste $r > 0$ ist dabei

$$(\vartheta, \varphi) \mapsto \mathbf{h}(r, \vartheta, \varphi) \quad \text{auf} \quad]0, \pi[\times \,]0, 2\pi[$$

eine Parametrisierung der geschlitzten Sphäre

$$S_r' = S_r \setminus N \quad \text{mit} \quad N = \left\{ (\sin \vartheta, 0, \cos \vartheta) \mid 0 \le \vartheta \le \pi \right\},$$

die bis auf die Reihenfolge der Parameter mit der in 2.4 angegebenen übereinstimmt. Das Oberflächenelement ist also $r^2 \sin \vartheta \, d\vartheta \, d\varphi$. Daher ist nach der Vereinbarung 2.3

$$\int\limits_{S_r} f \, do = \int\limits_{S_r'} f \, do = \int\limits_0^\pi \int\limits_0^{2\pi} f(\mathbf{h}(r, \vartheta, \varphi)) \, r^2 \sin \vartheta \, d\vartheta \, d\varphi \,.$$

Nach dem Transformationssatz für Integrale § 23 : 8.1 ergibt sich unter Vernachlässigung der Nullmenge N

$$\int\limits_{K_R} f(\mathbf{x}) \, d^3\mathbf{x} = \int\limits_{K_R'} f(\mathbf{x}) \, d^3\mathbf{x} = \int\limits_\Omega (f \circ \mathbf{h}) \, |\det d\mathbf{h}| \, dr \, d\vartheta \, d\varphi$$

$$= \int\limits_0^R \int\limits_0^\pi \int\limits_0^{2\pi} f(\mathbf{h}(r, \vartheta, \varphi)) \, r^2 \sin \vartheta \, d\vartheta \, d\varphi \, dr \,,$$

Letzteres nach dem Satz § 23 : 2.4 über sukzessive Integration. $\qquad\qquad \Box$

3.3 Orientierte Flächenstücke

In § 17 : 5.1 hatten wir die Frage der Orientierung einer Ebene

$$E = \left\{ u_1 \mathbf{a}_1 + u_2 \mathbf{a}_2 \mid u_1, u_2 \in \mathbb{R} \right\}$$

angeschnitten und festgestellt, dass es zwei Möglichkeiten der Orientierung von E gibt. Entsprechendes gilt für Flächenstücke:

Gegeben sei ein Flächenstück M im $\mathbb{R}^3$. Zwei Parametrisierungen $\mathbf{\Phi}$ und $\mathbf{\Psi}$ von M nennen wir **gleichorientiert**, wenn für die Parametertransformation $\mathbf{h}$ mit $\mathbf{\Phi} = \mathbf{\Psi} \circ \mathbf{h}$ (vgl. 1.4) die Bedingung

$$\det(d\mathbf{h}) > 0$$

gilt; andernfalls heißen $\mathbf{\Phi}$ und $\mathbf{\Psi}$ **entgegengesetzt orientiert**. Das Flächenstück besitzt also zwei Klassen von untereinander gleichorientierten Parametrisierungen oder, wie wir sagen, zwei **Orientierungen**.

Wir erhalten ein **orientiertes Flächenstück**, wenn wir eine der beiden Orientierungen auszeichnen. Dies kann durch Auszeichnung einer Parametrisierung erfolgen. Jede Parametrisierung der ausgezeichneten Klasse nennen wir eine **positive Parametrisierung**, die Parametrisierungen der zweiten Klasse heißen **negative Parametrisierungen**. (Vergleichen Sie dazu § 24 : 4.3.) Der einfachen Notation halber bezeichnen wir das orientierte Flächenstück auch wieder mit M und das entgegengesetzt orientierte mit $-M$.

Der von den Tangentenvektoren $\partial_1\boldsymbol{\Phi}(\mathbf{u}), \partial_2\boldsymbol{\Phi}(\mathbf{u})$ einer Parametrisierung $\boldsymbol{\Phi}$ aufgespannte zweidimensionale Teilraum des $\mathbb{R}^3$ heißt **Tangentialraum** von M im Punkt $\mathbf{x} = \boldsymbol{\Phi}(\mathbf{u}) \in M$ und wird mit $T_\mathbf{x}M$ bezeichnet.

Unter einem **Einheitsnormalenfeld** von M verstehen wir ein stetiges Vektorfeld $\mathbf{n} : M \to \mathbb{R}^3$ mit

$$\mathbf{n}(\mathbf{x}) \perp T_\mathbf{x}M, \quad \|\mathbf{n}(\mathbf{x})\| = 1$$

für $\mathbf{x} \in M$.

Wir denken uns den Tangentialraum als *Tangentialebene* an den Flächenpunkt $\mathbf{x}$ angeheftet, ebenso den Normalenvektor $\mathbf{n}(\mathbf{x})$ (Fig.).

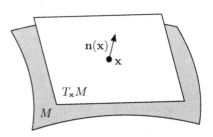

SATZ. *Für ein orientiertes Flächenstück M gibt es genau ein Einheitsnormalenfeld $\mathbf{n}$ von M mit der Eigenschaft*

$$(*) \quad \mathbf{n}(\mathbf{x}) = \pm \frac{\partial_1\boldsymbol{\Phi} \times \partial_2\boldsymbol{\Phi}}{\|\partial_1\boldsymbol{\Phi} \times \partial_2\boldsymbol{\Phi}\|}(\mathbf{u}) \quad mit \ \mathbf{x} = \boldsymbol{\Phi}(\mathbf{u}),$$

wobei das Pluszeichen für positive, das Minuszeichen für negative Parametrisierungen $\boldsymbol{\Phi}$ gilt.

Häufig wird bei gegebenem Einheitsnormalenfeld $\mathbf{n}$ über diese Beziehung eine Orientierung von M festgelegt.

BEWEIS.

Wir wählen eine positive Parametrisierung $\boldsymbol{\Psi}$ und setzen

$$\mathbf{n}(\mathbf{x}) := \frac{\partial_1\boldsymbol{\Psi} \times \partial_2\boldsymbol{\Psi}}{\|\partial_1\boldsymbol{\Psi} \times \partial_2\boldsymbol{\Psi}\|}(\boldsymbol{\Psi}^{-1}(\mathbf{x})).$$

Nach 1.3 ist $\boldsymbol{\Psi}^{-1}$ stetig, also auch $\mathbf{n}$. Ferner gilt $(*)$: Ist $\boldsymbol{\Phi}$ eine beliebige Parametrisierung von M, so gibt es nach 1.4 eine Parametertransformation $\mathbf{h}$ mit $\boldsymbol{\Psi} = \boldsymbol{\Phi} \circ \mathbf{h}$. Wie in 2.2 gezeigt wurde, gilt mit $\mathbf{v} := \mathbf{h}(\mathbf{u})$

$$\partial_1\boldsymbol{\Psi}(\mathbf{u}) \times \partial_2\boldsymbol{\Psi}(\mathbf{u}) = c\,\partial_1\boldsymbol{\Phi}(\mathbf{v}) \times \partial_2\boldsymbol{\Phi}(\mathbf{v}) \quad \text{mit } c = \det(d\mathbf{h}(\mathbf{u})). \qquad \square$$

3.4 Aufgabe

Berechnen Sie das Normalenfeld $\partial_r \Phi \times \partial_\varphi \Phi$ für die Parametrisierung

$$\Phi(r, \varphi) = (r\cos\varphi, r\sin\varphi, \varphi) \quad (0 < r < 1, \, 0 < \varphi < 2\pi)$$

einer *Wendelfläche*, und machen Sie eine Skizze.

3.5 Das vektorielle Oberflächenintegral

Sei M ein orientiertes Flächenstück und $\mathbf{v} : M \to \mathbb{R}^3$ ein auf M stetiges Vektorfeld. Wir definieren das **vektorielle Oberflächenintegral** durch

$$\int_M \mathbf{v} \bullet d\mathbf{o} = \int_M \mathbf{v}(\mathbf{x}) \bullet d\mathbf{o}(\mathbf{x}) := \pm \int_U \langle\, \mathbf{v} \circ \Phi \,,\, \partial_1 \Phi \times \partial_2 \Phi \,\rangle \, du_1 \, du_2 \,,$$

wobei $\Phi : \mathbb{R}^2 \supset U \to \mathbb{R}^3$ eine Parametrisierung von M ist und das Vorzeichen positiv oder negativ gewählt wird, je nachdem, ob die Parametrisierung Φ positiv oder negativ ist.

Auch hier ist die Endlichkeit des Integrals extra zu verlangen. Die Unabhängigkeit von der Parametrisierung ergibt sich wie in 2.2 $\boxed{\ddot{\text{U}}\text{A}}$.

Das Symbol $d\mathbf{o}$ steht für das **vektorielle Oberflächenelement**.

$$d\mathbf{o} = \pm\, \partial_1 \Phi \times \partial_2 \Phi \, du_1 \, du_2 \,.$$

Mit dem skalaren Oberflächenelement $do = \sqrt{g} \, du_1 \, du_2$ besteht die Beziehung

$$d\mathbf{o} = \pm \frac{\partial_1 \Phi \times \partial_2 \Phi}{\sqrt{g}} \, \sqrt{g} \, du_1 \, du_2 = \mathbf{n} \, do \,,$$

denn nach der Bemerkung 2.1 und nach 3.3 gilt

$$\sqrt{g} = \|\partial_1 \Phi \times \partial_2 \Phi\| \quad \text{und} \quad \mathbf{n} = \pm \frac{\partial_1 \Phi \times \partial_2 \Phi}{\sqrt{g}} \,.$$

Das vektorielle Oberflächenintegral kann damit auch als skalares Oberflächenintegral geschrieben werden:

$$\int_M \mathbf{v} \bullet d\mathbf{o} = \int_M \mathbf{v} \bullet \mathbf{n} \, do \,.$$

Dies ist das skalare Oberflächenintegral über die Normalkomponente von $\mathbf{v}$, es wird auch als **Fluss** von $\mathbf{v}$ durch M bezeichnet.

Bei der Berechnung des Oberflächenintegrals kann die folgende Determinanten-darstellung nützlich sein:

$$\langle\, \mathbf{v}\circ\boldsymbol{\Phi}\,,\,\partial_1\boldsymbol{\Phi}\times\partial_2\boldsymbol{\Phi}\,\rangle \;=\; \begin{vmatrix} v_1\circ\boldsymbol{\Phi} & v_2\circ\boldsymbol{\Phi} & v_3\circ\boldsymbol{\Phi} \\ \partial_1\Phi_1 & \partial_1\Phi_2 & \partial_1\Phi_3 \\ \partial_2\Phi_1 & \partial_2\Phi_2 & \partial_2\Phi_3 \end{vmatrix}.$$

(Die linke Seite ist das Spatprodukt von $\mathbf{v}\circ\boldsymbol{\Phi}$, $\partial_1\boldsymbol{\Phi}$, $\partial_2\boldsymbol{\Phi}$, die rechte wegen $\det A^T = \det A$ die Determinante dieser Vektoren, vgl. § 17 : 4.2.)

Aufgaben

Berechnen Sie die folgenden Oberflächenintegrale. Die Orientierung der Flächen-stücke ist dabei festgelegt durch die Angabe eines Einheitsnormalenvektors $\mathbf{n}$.

(a) $M = \big\{(x,y,z)\mid x^2+y^2 = 2z < 1\big\}$ (Rotationsparaboloid),
$\mathbf{v}(x,y,z) = (x^3, x^2 y, xyz)$, $\mathbf{n}(0,0,0) = (0,0,-1)$.

(b) $M = \big\{(r\cos\varphi, r\sin\varphi, \varphi)\mid 0 < r < 1,\ -\pi < \varphi < \pi\big\}$ (Schraubenfläche),
$\mathbf{v}(x,y,z) = (y,-x,z)$, $\mathbf{n}\big(\tfrac{1}{2},0,0\big) = \big(0, -\tfrac{2}{\sqrt{5}}, \tfrac{1}{\sqrt{5}}\big)$.

§ 26 Die Integralsätze von Stokes, Gauß und Green

1 Übersicht

Die Integralsätze sind mehrdimensionale Versionen des Hauptsatzes der Diffe-rential– und Integralrechnung

$$\int_a^b f'\, dx \;=\; f(b) - f(a)\,.$$

Zu diesen können wir die uns schon bekannte Beziehung

$$\int_\gamma \nabla U \bullet d\mathbf{x} \;=\; U(\mathbf{x}_1) - U(\mathbf{x}_0)$$

rechnen (vgl. § 24 : 5.2). Die hier behandelten Integralsätze von Stokes und Gauß formulieren wir in der Schreibweise der klassischen Vektoranalysis, wie sie über-wiegend in der Physikliteratur verwendet wird:

$$\int_M \operatorname{rot} \mathbf{v} \bullet d\mathbf{o} \;=\; \int_{\partial M} \mathbf{v} \bullet d\mathbf{x}\,,$$

$$\int_\Omega \operatorname{div} \mathbf{v}\, d^3\mathbf{x} \;=\; \int_{\partial\Omega} \mathbf{v} \bullet d\mathbf{o}\,.$$

Der Beweisaufwand für die Integralsätze hängt wesentlich von der Allgemeinheit der betrachteten Integrationsmengen ab. Bei deren Auswahl müssen wir einen Kompromiss schließen, soll einerseits der begriffliche Aufwand in vertretbaren Grenzen bleiben und andererseits hinreichende Allgemeinheit für die Anwendungen in der Physik erreicht werden.

Wir betrachten *Pflasterketten* als Integrationsmengen und lassen uns von dem in [GRAUERT–LIEB, Kap. III] vorgestellten Konzept leiten.

Es sei erwähnt, dass sich sämtliche Integralsätze (auch für höhere Dimensionen) mit Hilfe des Differentialformenkalküls in die einheitliche und prägnante Form

$$\int_M d\omega = \int_{\partial M} \omega$$

bringen lassen, vgl. Bd. 3, § 8 : 5.6, [BARNER–FLOHR II, § 17.6], [FORSTER 3, § 21], [GRAUERT–LIEB, Kap. III], [HEUSER 2, Nr. 216]. Diese allgemeine Gestalt wird z.B. in der Hamiltonschen Mechanik und in der Relativitätstheorie benötigt.

2 Der Integralsatz von Stokes

2.1 Der Integralsatz für Rechtecke

Sei $R = {]}a,b{[} \times {]}c,d{[}$ *ein offenes Rechteck im* $\mathbb{R}^2$, P_1 *und* P_2 *seien* C^1–*Funktionen in einer Umgebung von* $\overline{R}$. *Dann gilt*

$$\int_R (\partial_1 P_2 - \partial_2 P_1)\, dx_1\, dx_2 = \int_{\partial R} P_1\, dx_1 + P_2\, dx_2 \,.$$

Dabei ist das auf der rechten Seite stehende Integral zu verstehen als die Summe der vier Wegintegrale

$$\int_{\sigma_k} P_1\, dx_1 + P_2\, dx_2 \quad (k = 1, \ldots, 4)$$

des Vektorfeldes (P_1, P_2) über die im mathematisch positiven Sinn durchlaufenen Rechteckseiten:

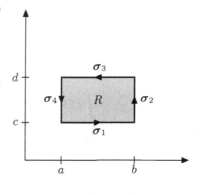

$$\sigma_1 : [a,b] \to \mathbb{R}^2, \quad t \mapsto \begin{pmatrix} t \\ c \end{pmatrix},$$

$$\sigma_2 : [c,d] \to \mathbb{R}^2, \quad t \mapsto \begin{pmatrix} b \\ t \end{pmatrix},$$

$$\sigma_3 : [a,b] \to \mathbb{R}^2, \quad t \mapsto \begin{pmatrix} a+b-t \\ d \end{pmatrix}, \quad \sigma_4 : [c,d] \to \mathbb{R}^2, \quad t \mapsto \begin{pmatrix} a \\ c+d-t \end{pmatrix}.$$

BEMERKUNG. Statt der Parametrisierung σ_k der k–ten Rechteckseite können wir nach § 24 : 4.3 auch jede andere Parametrisierung α_k wählen, welche dasselbe Wegintegral ergibt, die also durch eine orientierungstreue Parametertransformation h ($h > 0$) mit σ_k verbunden ist. Bei diesen Parametrisierungen wird der Rechteckrand in mathematisch positivem Sinn durchlaufen, d.h. das Innere des Rechtecks liegt zur Linken.

BEWEIS.

Sukzessive Integration und Anwendung des Hauptsatzes der Differential– und Integralrechnung ergibt, da $\partial_1 P_2$ auf $\overline{R}$ stetig ist,

$$\int_R \partial_1 P_2 \, dx_1 \, dx_2 = \int_{\overline{R}} \partial_1 P_2 \, dx_1 \, dx_2 = \int_c^d \left(\int_a^b \frac{\partial P_2}{\partial x_1}(x_1, x_2) \, dx_1 \right) dx_2$$

$$= \int_c^d \big(P_2(b, x_2) - P_2(a, x_2) \big) \, dx_2 = \int_{\sigma_2} P_2 \, dx_2 + \int_{\sigma_4} P_2 \, dx_2$$

$$= \int_{\sigma_1} P_2 \, dx_2 + \int_{\sigma_2} P_2 \, dx_2 + \int_{\sigma_3} P_2 \, dx_2 + \int_{\sigma_4} P_2 \, dx_2$$

$$= \int_{\partial R} P_2 \, dx_2 \, ,$$

denn es gilt

$$\int_{\sigma_1} P_2 \, dx_2 = \int_a^b \left\langle \begin{pmatrix} 0 \\ P_2(t,c) \end{pmatrix}, \begin{pmatrix} 1 \\ 0 \end{pmatrix} \right\rangle dt = 0 \, , \quad \text{entsprechend} \quad \int_{\sigma_3} P_2 \, dx_2 = 0 \, .$$

Ebenso erhalten wir

$$\int_R \partial_2 P_1 \, dx_1 \, dx_2 = \int_a^b \left(\int_c^d \frac{\partial P_1}{\partial x_2}(x_1, x_2) \, dx_2 \right) dx_1 = \int_a^b \big(P_1(x_1, d) - P_1(x_1, c) \big) \, dx_1$$

$$= -\int_{\sigma_3} P_1 \, dx_1 - \int_{\sigma_1} P_1 \, dx_1$$

$$= -\int_{\sigma_1} P_1 \, dx_1 - \int_{\sigma_2} P_1 \, dx_1 - \int_{\sigma_3} P_1 \, dx_1 - \int_{\sigma_4} P_1 \, dx_1$$

$$= -\int_{\partial R} P_1 \, dx_1 \, .$$

Subtraktion der beiden Gleichungen ergibt die Behauptung. □

2.2 Zweidimensionale Pflaster im $\mathbb{R}^3$

Wie lässt sich der Integralsatz auf kompliziertere Figuren, z.B. auf ein deformiertes Rechteck erweitern?

Beim Beweis in 2.1 wenden wir den Hauptsatz der Differential– und Integralrechnung sowohl auf die x_1–Koordinate als auch auf die x_2–Koordinate an, integrieren also längs Koordinatenlinien $x_2 = $ const. bzw. $x_1 = $ const.

Auch für allgemeinere Figuren benötigen wir zwei Scharen von Integrationslinien, die „von Rand zu Rand" laufen. Bei der Auswahl dieser Integrationswege passen wir uns flexibel der Geometrie der betrachteten Figur an – vorausgesetzt natürlich, die Figur hat keinen zu wilden Rand. Ist eine Figur das differenzierbare Bild eines abgeschlossenen Rechteckes (Innengebiete diffeomorph aufeinander abgebildet), so erhalten wir Integrationslinien als Bilder der Koordinatenlinien $x_1 = $ const. und $x_2 = $ const. unter dieser Abbildung.

Das ist der einfache Grundgedanke, der dem Konzept des *Pflasters* zugrunde liegt! Ein Pflaster ist, zunächst grob gesagt, das C^2–Bild eines Rechtecks, wobei zugelassen ist, dass Rechtecksseiten auf einen Punkt zuammengezogen werden (Beispiel: Dreieck) und dass zwei Rechteckseiten zu einer Seite verklebt werden (Beispiel: geschlitzte Kreisscheibe).

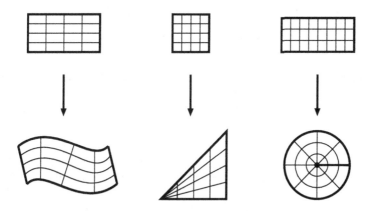

ÜA Bevor Sie weiterlesen, stellen Sie das Dreieck und die geschlitzte Kreisscheibe als differenzierbare Bilder von Rechtecken dar.

Wir präzisieren nun das Konzept des Pflasters, und zwar gleich für Flächen im Raum.

Als Parameterbereich legen wir das Einheitsquadrat $[0,1]^2 := [0,1] \times [0,1]$ zugrunde. Dessen Inneres ist $]0,1[^2$. Wie in 2.1 seien $\sigma_1, \sigma_2, \sigma_3, \sigma_4$ die kanonischen Parametrisierungen der Randseiten, die das Einheitsquadrat im mathematisch positiven Sinn umlaufen.

DEFINITION. Ein **zweidimensionales Pflaster** im $\mathbb{R}^3$ ist ein **orientiertes Flächenstück** M, für das es eine C^2–Abbildung

$$\Phi : U \to \mathbb{R}^3, \quad (u_1, u_2) \mapsto \Phi(u_1, u_2)$$

auf einer Umgebung U von $[0,1]^2$ gibt mit folgenden Eigenschaften:

(a) Die Einschränkung von Φ auf $]0,1[^2$ ist eine positive Flächenparametrisierung von M (vgl. § 25 : 1.1).

(b) Die k–te **Seitenkurve** von Φ ($k = 1,2,3,4$), eingeschränkt auf $]0,1[$,

$$\varphi_k := \Phi \circ \sigma_k : \,]0,1[\,\to \mathbb{R}^3,$$

ist entweder konstant (**entartet**) oder injektiv und regulär.

(c) Für die **Seiten**, d.h. die Spuren $\varphi_k(]0,1[)$ gilt: Jede nichtentartete Seite trifft höchstens eine weitere nichtentartete. Trifft sich die j–te Seite mit der k–ten für $j \neq k$,

$$\varphi_j(]0,1[) \cap \varphi_k(]0,1[) \neq \emptyset,$$

so gibt es eine C^2–Parametertransformation

$$h : \,]0,1[\,\to\,]0,1[\quad \text{mit} \quad \varphi_j = \varphi_k \circ h \quad \text{und} \quad \dot{h} < 0,$$

d.h. die gemeinsame Spur wird entgegengesetzt durchlaufen.

Die Abbildung Φ nennen wir eine **Pflasterparametrisierung** für M. Wir schreiben im Folgenden kurz $\Phi : [0,1]^2 \to \mathbb{R}^3$, da es auf das Verhalten von Φ außerhalb $[0,1]^2$ nicht ankommt. Weiter setzen wir $|M| := \Phi([0,1]^2) \subset \mathbb{R}^3$.

Die Fläche $|M|$ entsteht also durch differenzierbares Verbiegen des Einheitsquadrates, wobei Randstücke verklebt sein können.

Die Bedingung (b) lässt zu, dass Quadratseiten unter Φ zu einem Punkt entarten. Das Bild $\varphi_k([0,1])$ einer nichtentarteten Seite kann eine geschlossene Kurve sein.

Die Bedingung (c) erlaubt das Verkleben von je zwei nichtentarteten Seiten unter der einschränkenden Bedingung, dass die Klebestelle unter φ_j und φ_k in entgegengesetzter Richtung durchlaufen wird.

Das Konzept des Pflasters sollte durch die vorangehenden und die nachfolgenden Beispiele hinreichend klar werden. Es sei angemerkt, dass sich die hier eingeführten Begriffe Pflaster und Pflasterparametrisierung nicht genau mit den in [GRAUERT–LIEB Bd. III] verwendeten decken.

Beispiele und Aufgaben

(a) Durch

$$\Phi : [0,1]^2 \to \mathbb{R}^3 , \quad (u_1,u_2) \mapsto \begin{pmatrix} u_1 \\ u_1 u_2 \\ 0 \end{pmatrix}$$

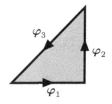

ist eine Pflasterparametrisierung eines
Dreiecks in der x,y–Ebene gegeben. Die
zu φ_4 gehörige Seite entartet zu einem Punkt, die restlichen Seiten sind nicht
entartet und treffen sich nicht. (Nach Definition gehören die Endpunkte nicht
dazu.)

(b) Durch

$$\Phi : [0,1]^2 \to \mathbb{R}^3 ,$$

$$(u_1,u_2) \mapsto \begin{pmatrix} u_1 \cos(2\pi u_2) \\ u_1 \sin(2\pi u_2) \\ 0 \end{pmatrix}$$

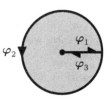

ist eine Pflasterparametrisierung der längs der positiven x–Achse geschlitzten
Einheitskreisscheibe in der x,y–Ebene gegeben. Hierbei ist φ_4 entartet, φ_2 parametrisiert die Kreislinie im mathematisch positiven Sinn, und φ_1,φ_3 parametrisieren den Schlitz in entgegengesetzter Richtung.

(c) Für $0 < \Theta \le 2\pi$ ist

$$\Phi : \begin{pmatrix} u_1 \\ u_2 \end{pmatrix} \mapsto \begin{pmatrix} \cos(\Theta u_1) \\ \sin(\Theta u_1) \\ u_2 \end{pmatrix}$$

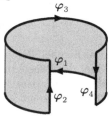

eine Pflasterparametrisierung für ein Zy-
lindermantelstück mit Öffnungswinkel
$2\pi - \Theta$ (Fig.). Alle vier Seiten sind
nicht entartet. Im Fall $\Theta = 2\pi$ ist der Zylindermantel geschlossen; die verklebte
Seite wird hierbei durch φ_2 und φ_4 in entgegengesetzter Richtung parametrisiert.

ÜA Verifizieren Sie diese Aussagen, und studieren Sie das Abbildungsverhalten
von Φ durch Betrachtung der Bilder von Koordinatenlinien.

(d) Zeigen Sie, dass durch die Kugelkoordinaten § 25 : 2.4 mit $\vartheta = \pi u_1$, $\varphi =
2\pi u_2$ eine Pflasterparametrisierung der längs des Nullmeridians geschlitzten
Sphäre gegeben ist, und geben Sie die Seitenparametrisierungen φ_k an.

(e) Zeigen Sie, dass die Darstellung des zweifach geschlitzten Torus (vergleiche § 25 : 1.2 (b)),

$$\mathbf{\Phi} : [0,1]^2 \to \mathbb{R}^3, \quad (u_1, u_2) \mapsto \begin{pmatrix} (R + r \cos(2\pi u_2)) \cos(2\pi u_1) \\ (R + r \cos(2\pi u_2)) \sin(2\pi u_1) \\ r \sin(2\pi u_2) \end{pmatrix},$$

für $0 < r < R$ eine Pflasterparametrisierung ist.

2.3 Integration über den Pflasterrand

Für eine Pflasterparametrisierung $\mathbf{\Phi} : [0,1]^2 \to \mathbb{R}^3$ definieren wir den Pflasterrand wie folgt: Von den vier Seitenkurven

$$\boldsymbol{\varphi}_k = \mathbf{\Phi} \circ \boldsymbol{\sigma}_k : \,]0,1[\, \to \mathbb{R}^3 \quad (k = 1,2,3,4)$$

von $\mathbf{\Phi}$ streichen wir die entarteten und entfernen dann noch die Paare $\boldsymbol{\varphi}_j, \boldsymbol{\varphi}_k$, welche die gleiche Seite in entgegengesetzter Richtung parametrisieren. Danach mögen $\boldsymbol{\varphi}_{i_1}, \ldots, \boldsymbol{\varphi}_{i_m}$ übrig bleiben ($0 \le m \le 4$); $m = 0$ steht für den Fall, dass keine Seite übrigbleibt, wie etwa bei der geschlitzten Sphäre oder beim zweifach geschlitzten Torus.

Der **Pflasterrand** ist für $m > 0$ die stückweis glatte Kurve

$$\partial M := \boldsymbol{\varphi}_{i_1} + \ldots + \boldsymbol{\varphi}_{i_m}$$

bzw. $\partial M := \emptyset$ für $m = 0$. Für ein Vektorfeld $\mathbf{v}$ auf einer Umgebung von $|M|$ ist für $m > 0$ das Integral nach § 24 : 4.4 definiert durch

$$\int\limits_{\partial M} \mathbf{v} \bullet d\mathbf{x} = \int\limits_{\boldsymbol{\varphi}_{i_1}} \mathbf{v} \bullet d\mathbf{x} + \ldots + \int\limits_{\boldsymbol{\varphi}_{i_m}} \mathbf{v} \bullet d\mathbf{x},$$

und $\int\limits_{\partial M} \mathbf{v} \bullet d\mathbf{x} = 0$ für $m = 0$.

HINWEIS. Das Symbol ∂M meint *hier* nicht den topologischen Rand von M. Dass die Wahl der Pflasterparametrisierung für das Randintegral keine Rolle spielt, ergibt sich aus dem folgenden Satz von Stokes. Die Untersuchung der Frage, ob der Pflasterrand ∂M nur vom Flächenstück M, nicht aber von der Parametrisierung abhängt, wäre in voller Allgemeinheit zu aufwändig; für die Anwendung ist sie sekundär und im Einzelfall meist problemlos.

2.4 Der Integralsatz von Stokes für Pflaster im $\mathbb{R}^3$

Ist $\mathbf{v}$ ein C^1–Vektorfeld auf $\Omega \subset \mathbb{R}^3$ und M ein Pflaster mit $|M| \subset \Omega$, so gilt

$$\int\limits_M \operatorname{rot} \mathbf{v} \bullet d\mathbf{o} = \int\limits_{\partial M} \mathbf{v} \bullet d\mathbf{x}.$$

BEWEIS.

Der Beweisgedanke ist einfach: Wir holen das Vektorfeld mit Hilfe einer Parametrisierung $\mathbf{\Phi}$ auf das Einheitsquadrat zurück (vgl. § 24 : 5.5) und wenden auf das zurückgeholte Vektorfeld (P_1, P_2) den Integralsatz 2.1 für Rechtecke an.

(a) Mit den Bezeichnungen 2.3 gilt

$$\int\limits_{\partial M} \mathbf{v} \bullet d\mathbf{x} = \sum_{k=1}^{m} \int\limits_{\varphi_{i_k}} \mathbf{v} \bullet d\mathbf{x} = \sum_{j=1}^{4} \int\limits_{\varphi_j} \mathbf{v} \bullet d\mathbf{x},$$

denn in der letzten Summe liefern die entarteten φ_j keinen Beitrag, und die Integrale über die φ_j, welche nicht in ∂M erscheinen, heben sich wegen der entgegengesetzten Orientierung paarweise weg (vgl. § 24 : 4.3). Ist $\partial M = \emptyset$, so ist die letzte Summe Null.

(b) Seien σ_{j_1} und σ_{j_2} die Komponenten von $\boldsymbol{\sigma}_j$, der Parametrisierung der Quaderseiten. Mit der Kettenregel folgt aus $\boldsymbol{\varphi}_j = \boldsymbol{\Phi} \circ \boldsymbol{\sigma}_j$

$$\dot{\boldsymbol{\varphi}}_j = ((\partial_1 \boldsymbol{\Phi}) \circ \boldsymbol{\sigma}_j)\, \dot{\sigma}_{j_1} + ((\partial_2 \boldsymbol{\Phi}) \circ \boldsymbol{\sigma}_j)\, \dot{\sigma}_{j_2}\,.$$

Also gilt

$$\int\limits_{\varphi_j} \mathbf{v} \bullet d\mathbf{x} = \int\limits_0^1 \big\langle\, \mathbf{v} \circ \boldsymbol{\varphi}_j , \dot{\boldsymbol{\varphi}}_j \,\big\rangle\, dt$$

$$= \int\limits_0^1 \big(\, \langle\, \mathbf{v} \circ \boldsymbol{\Phi} \circ \boldsymbol{\sigma}_j , (\partial_1 \boldsymbol{\Phi}) \circ \boldsymbol{\sigma}_j \,\rangle\, \dot{\sigma}_{j_1} + \langle\, \mathbf{v} \circ \boldsymbol{\Phi} \circ \boldsymbol{\sigma}_j , (\partial_2 \boldsymbol{\Phi}) \circ \boldsymbol{\sigma}_j \,\rangle\, \dot{\sigma}_{j_2} \,\big) dt$$

$$= \int\limits_{\sigma_j} P_1\, du_1 + P_2\, du_2$$

mit $P_i := \langle\, \mathbf{v} \circ \boldsymbol{\Phi}\, , \partial_i \boldsymbol{\Phi} \,\rangle$ für $i = 1, 2$.

Daher gilt nach dem Integralsatz für das Einheitsquadrat 2.1

(∗)
$$\int\limits_{\partial M} \mathbf{v} \bullet d\mathbf{x} = \sum_{j=1}^{4} \int\limits_{\sigma_j} P_1\, du_1 + P_2\, du_2$$

$$= \int\limits_{\partial E^2} P_1\, du_1 + P_2\, du_2 = \int\limits_{E^2} (\partial_1 P_2 - \partial_2 P_1)\, du_1\, du_2\,.$$

(c) Wir zerlegen das Vektorfeld $\mathbf{v} = v_1 \mathbf{e}_1 + v_2 \mathbf{e}_2 + v_3 \mathbf{e}_3$ in seine Komponenten. Wegen der Linearität aller auftretenden Integrale genügt es, den Integralsatz für die Komponenten $v_k \mathbf{e}_k$ zu beweisen. Wie die folgende Rechnung zeigt, bedeutet es keine Beschränkung der Allgemeinheit, wenn wir dies nur für $v_1 \mathbf{e}_1$ ausführen.

(d) Wir betrachten also das einkomponentiges Vektorfeld $\mathbf{v} = f \mathbf{e}_1$ mit einer C^1–Funktion f auf Ω. Für dieses gilt

$$P_i = \langle\, (f \circ \boldsymbol{\Phi})\, \mathbf{e}_1\, , \partial_i \boldsymbol{\Phi} \,\rangle = (f \circ \boldsymbol{\Phi})\, \partial_i \Phi_1 \quad (i = 1, 2)\,.$$

Die Kettenregel liefert (Argument $\boldsymbol{\Phi}$ in f fortgelassen, partielle Ableitungen wirken nur auf den nächstfolgenden Term)

$$\partial_1 P_2 = \partial_2 \Phi_1 \sum_{k=1}^{3} \partial_k f\, \partial_1 \Phi_k + f\, \partial_1 \partial_2 \Phi_1\,,$$

$$\partial_2 P_1 = \partial_1 \Phi_1 \sum_{k=1}^{3} \partial_k f\, \partial_2 \Phi_k + f\, \partial_2 \partial_1 \Phi_1\,.$$

Damit ergibt sich für den Integranden des letzten Integrals in $(*)$ unter Beachtung von $\partial_1 \partial_2 \boldsymbol{\Phi} = \partial_2 \partial_1 \boldsymbol{\Phi}$ (deshalb die Voraussetzung $\boldsymbol{\Phi} \in C^2$ für Pflasterparametrisierungen)

$$\partial_1 P_2 - \partial_2 P_1 = \partial_2 f\, (\partial_1 \Phi_2\, \partial_2 \Phi_1 - \partial_1 \Phi_1\, \partial_2 \Phi_2)$$
$$+ \partial_3 f\, (\partial_1 \Phi_3\, \partial_2 \Phi_1 - \partial_1 \Phi_1\, \partial_2 \Phi_3)\,.$$

Auf der anderen Seite ist

$$\operatorname{rot} \mathbf{v} = \operatorname{rot}(f\, \mathbf{e}_1) = \partial_3 f\, \mathbf{e}_2 - \partial_2 f\, \mathbf{e}_3\,.$$

Weil $\boldsymbol{\Phi}$ eine positive Parametrisierung von M ist (vgl. $\S\,25\!:\!3.3$), gilt

$$d\mathbf{o} = \partial_1 \boldsymbol{\Phi} \times \partial_2 \boldsymbol{\Phi}\, du_1\, du_2 = \Big((\partial_1 \Phi_2\, \partial_2 \Phi_3 - \partial_1 \Phi_3\, \partial_2 \Phi_2)\mathbf{e}_1$$
$$+ (\partial_1 \Phi_3\, t\partial_2 \Phi_1 - \partial_1 \Phi_1\, \partial_2 \Phi_3)\mathbf{e}_2$$
$$+ (\partial_1 \Phi_1\, \partial_2 \Phi_2 - \partial_1 \Phi_2\, \partial_2 \Phi_1)\mathbf{e}_3 \Big)\, du_1\, du_2\,.$$

Berechnung von $\operatorname{rot}\mathbf{v} \bullet d\mathbf{o} = \langle \operatorname{rot}\mathbf{v}, d\mathbf{o}\rangle$ und Vergleich mit oben ergibt

$$(\partial_1 P_2 - \partial_2 P_1)\, du_1\, du_2 = ((\operatorname{rot}\mathbf{v}) \circ \boldsymbol{\Phi}) \bullet d\mathbf{o}\,.$$

Mit $(*)$ erhalten wir

$$\int_{\partial M} \mathbf{v} \bullet d\mathbf{x} = \int_{E^2} \big\langle (\operatorname{rot}\mathbf{v}) \circ \boldsymbol{\Phi}\,,\, \partial_1 \boldsymbol{\Phi} \times \partial_2 \boldsymbol{\Phi} \big\rangle\, du_1\, du_2 = \int_M \operatorname{rot}\mathbf{v} \bullet d\mathbf{o}\,. \qquad \square$$

2.5 Beispiel. Wir betrachten das Zylinderstück

$$Z = \{(x, y, z) \mid x^2 + y^2 = 1,\ 0 < z < 1\}.$$

Schlitzen wir dieses Zylinderstück längs einer Mantellinie auf, etwa längs

$$N = \{(1, 0, z) \mid 0 < z < 1\},$$

so erhalten wir ein Flächenstück $M = Z \setminus N$. Wir orientieren M durch Auszeichnung des nach außen weisenden Einheitsnormalenfeldes $\mathbf{n}$.

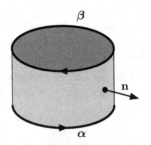

Die Zylinderkoordinaten liefern eine Pflasterparametrisierung von M wie in 2.2 (a), deren Rand aus den beiden Kreisen $\boldsymbol{\alpha} = \boldsymbol{\varphi}_1$, $\boldsymbol{\beta} = \boldsymbol{\varphi}_3$ besteht (Fig.). Für ein Vektorfeld $\mathbf{v}$ auf einer Umgebung von Z liefert der Integralsatz von Stokes damit

$$\int_Z \operatorname{rot} \mathbf{v} \bullet d\mathbf{o} = \int_M \operatorname{rot} \mathbf{v} \bullet d\mathbf{o} = \int_{\partial M} \mathbf{v} \bullet d\mathbf{x} = \int_\alpha \mathbf{v} \bullet d\mathbf{x} + \int_\beta \mathbf{v} \bullet d\mathbf{x}.$$

2.6 Aufgaben

(a) Was liefert der Integralsatz von Stokes für eine Sphäre und einen Torus?

(b) Bewegt sich ein zweidimensionales Pflaster mit dem Geschwindigkeitsfeld $\mathbf{v} = \mathbf{v}(t,\mathbf{x})$ im Raum und ist $\mathbf{B}$ ein konstantes Vektorfeld, so gilt

$$\frac{d}{dt} \int_{M_t} \mathbf{B} \bullet d\mathbf{o} = \int_{C_t} (\mathbf{B} \times \mathbf{v}) \bullet d\mathbf{x},$$

dabei sind M_t das Pflaster zur Zeit t und $C_t = \partial M_t$ dessen Pflasterrand.

Diese Beziehung ergibt das Faradaysche Induktionsgesetz bei konstantem Magnetfeld $\mathbf{B}$ und bewegter Leiterschleife C_t.

Anleitung. Betrachten Sie eine bezüglich aller drei Variablen C^2–differenzierbare Pflasterparametrisierung $(u_1,u_2) \mapsto \boldsymbol{\Phi}(t,u_1,u_2)$ für M_t. Für deren Zeitableitung $\mathbf{V} := \partial\boldsymbol{\Phi}/\partial t$ gilt $\mathbf{V} = \mathbf{v} \circ \boldsymbol{\Phi}$. Zeigen Sie vor Anwendung des Stokesschen Satzes für Rechtecke

$$\frac{\partial}{\partial t}\langle \mathbf{B}, \partial_1\boldsymbol{\Phi} \times \partial_2\boldsymbol{\Phi} \rangle = \langle \mathbf{B}, \partial_1\mathbf{V} \times \partial_2\boldsymbol{\Phi} + \partial_1\boldsymbol{\Phi} \times \partial_2\mathbf{V} \rangle$$

$$= \partial_1\langle \mathbf{B}, \mathbf{V} \times \partial_2\boldsymbol{\Phi} \rangle - \partial_2\langle \mathbf{B}, \mathbf{V} \times \partial_1\boldsymbol{\Phi} \rangle.$$

2.7 Zweidimensionale Pflasterketten im $\mathbb{R}^3$

In einem weiteren Schritt wollen wir nun den Gültigkeitsbereich des Integralsatzes auf Figuren erweitern, die durch regelmäßiges Aneinandersetzen von Pflastern entstehen. Hierdurch erhalten wir stückweis glatte Flächen im Raum und die in der Funktionentheorie wichtigen mehrfach gelochten Gebiete in der Ebene.

DEFINITION. Unter einer **zweidimensionalen Pflasterkette** M im $\mathbb{R}^3$ verstehen wir eine Kollektion von Pflasterparametrisierungen

$$\boldsymbol{\Phi}_1,\ldots,\boldsymbol{\Phi}_N : [0,1]^2 \to \mathbb{R}^3,$$

so dass mit den Bezeichnungen von 2.2 und

$$M_i := \boldsymbol{\Phi}_i(]0,1[^2), \quad \boldsymbol{\varphi}_{ij} := \boldsymbol{\Phi}_i \circ \boldsymbol{\sigma}_j : [0,1] \to \mathbb{R}^3$$

für $i = 1,\ldots,N$, $j = 1,2,3,4$ Folgendes gilt:

(a) $M_i \cap M_k = \emptyset$ für $i \neq k$.

(b) Eine nichtentartete Seite $\varphi_{ij}(]0,1[)$ kann höchstens eine weitere nichtentartete treffen. Geschieht dies etwa mit $\varphi_{kl}(]0,1[)$, so stimmen beide überein und werden durch ihre Parametrisierungen entgegengesetzt orientiert, d.h. es gibt eine Parametertransformation

$h : [0,1] \to [0,1]$ mit

$\qquad \varphi_{ij} = \varphi_{kl} \circ h$ und $\dot{h} < 0$.

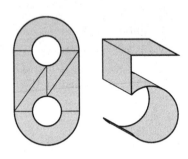

Für eine Pflasterkette schreiben wir

$\qquad M = M_1 + \ldots + M_N$.

Die Vereinigungsmenge aller Pflaster mitsamt ihren Randseiten bezeichnen wir mit

$\qquad |M| = |M_1| \cup \ldots \cup |M_N|$.

Für ein auf $|M|$ gegebenes Vektorfeld $\mathbf{v}$ erklären wir das **Oberflächenintegral** über die Pflasterkette M durch

$$\int_M \mathbf{v} \bullet d\mathbf{o} := \int_{M_1} \mathbf{v} \bullet d\mathbf{o} + \ldots + \int_{M_N} \mathbf{v} \bullet d\mathbf{o}.$$

Den **Pflasterkettenrand** ∂M definieren wir wie in 2.3: Von den sämtlichen Seitenkurven φ_{ij} $(i = 1, \ldots, N, \ j = 1, 2, 3, 4)$ streichen wir zunächst die entarteten und dann alle Paare von Seiten, die sich gemäß (b) treffen und entgegengesetzt durchlaufen werden. Die Kollektion $\boldsymbol{\psi}_1, \ldots, \boldsymbol{\psi}_m$ der übrig bleibenden bezeichnen wir mit ∂M bzw. $\partial M = \emptyset$, falls keine Seite übrig bleibt.

Das **Integral** von $\mathbf{v}$ über ∂M definieren wir durch

$$\int_{\partial M} \mathbf{v} \bullet d\mathbf{x} := \int_{\psi_1} \mathbf{v} \bullet d\mathbf{x} + \ldots + \int_{\psi_m} \mathbf{v} \bullet d\mathbf{x} \quad \text{bzw.} = 0, \quad \text{falls } \partial M = \emptyset.$$

Die Unabhängigkeit des Randintegrals von den Parametrisierungen ergibt sich aus 2.8; für die Parameterinvarianz von ∂M gilt das in 2.3 Gesagte.

2.8 Der Integralsatz von Stokes für Pflasterketten im $\mathbb{R}^3$

Es sei $\Omega \subset \mathbb{R}^3$ ein Gebiet. Ist $M = M_1 + \ldots + M_N$ eine Pflasterkette mit $|M| \subset \Omega$ und $\mathbf{v}$ ein C^1-Vektorfeld auf Ω, so gilt

$$\int_M \operatorname{rot} \mathbf{v} \bullet d\mathbf{o} = \int_{\partial M} \mathbf{v} \bullet d\mathbf{x}.$$

BEWEIS.

Wie in 2.4 (a) ergibt sich

$$\int_{\partial M} \mathbf{v} \bullet d\mathbf{x} = \sum_{k=1}^{m} \int_{\psi_k} \mathbf{v} \bullet d\mathbf{x} = \sum_{i=1}^{N} \sum_{j=1}^{4} \int_{\varphi_{ij}} \mathbf{v} \bullet d\mathbf{x}.$$

Nach 2.4 gilt für jedes einzelne Pflaster M_i

$$\int_{M_i} \mathrm{rot}\,\mathbf{v} \bullet d\mathbf{o} = \sum_{j=1}^{4} \int_{\varphi_{ij}} \mathbf{v} \bullet d\mathbf{x}.$$

Die Behauptung folgt jetzt durch Addition der letzten Gleichungen.   □

3 Der Stokessche Integralsatz in der Ebene

3.1 Ebene Flächenstücke und ebene Pflaster

Liegt ein Flächenstück M in der x_1, x_2–Ebene des $\mathbb{R}^3$, so ergeben sich eine Reihe von Vereinfachungen. Solche Flächenstücke orientieren wir durch das Einheitsnormalenfeld $\mathbf{e}_3$. Für jede Parametrisierung $\mathbf{\Phi}$ gilt $\Phi_3 = 0$ und

$$\partial_1 \mathbf{\Phi} \times \partial_2 \mathbf{\Phi} = (\partial_1 \Phi_1 \cdot \partial_2 \Phi_2 - \partial_1 \Phi_2 \cdot \partial_2 \Phi_1)\,\mathbf{e}_3 \quad \boxed{\text{ÜA}}.$$

Wir lassen nun die dritte Komponente fort, beschreiben also M durch die wieder mit $\mathbf{\Phi}$ bezeichnete Parametrisierung

$$\mathbf{\Phi} = \begin{pmatrix} \Phi_1 \\ \Phi_2 \end{pmatrix} : \mathbb{R}^2 \supset U \to \mathbb{R}^2.$$

Damit ergibt sich für das vektorielle und skalare Oberflächenelement

$$d\mathbf{o} = \big|\det(d\mathbf{\Phi})\big|\,\mathbf{e}_3\,du_1\,du_2\,, \quad do = \big|\det(d\mathbf{\Phi})\big|\,du_1\,du_2\,.$$

Das skalare Oberflächenintegral reduziert sich daher auf das gewöhnliche Integral über die Menge M:

$$\int_M f\,do = \int_U f(\mathbf{\Phi}(\mathbf{u}))\,|\det d\mathbf{\Phi}(\mathbf{u}))|\,du_1\,du_2 = \int_M f(x,y)\,dx\,dy$$

nach dem Transformationssatz für Integrale.

Für ebene Pflaster M gilt mit den vorangehenden Bezeichnungen $\det(d\mathbf{\Phi}) > 0$, d.h. die Pflasterparametrisierung ist auf dem offenen Einheitsquadrat orientierungstreu.

Denn nach der Pflasterbedingung (a) von 2.2 soll $\mathbf{\Phi}$ (als Abbildung in den $\mathbb{R}^3$ aufgefasst) eine positive Parametrisierung sein, d.h. $\partial_1 \mathbf{\Phi} \times \partial_2 \mathbf{\Phi}$ soll ein positives Vielfaches des Einheitsnormalenvektors $\mathbf{e}_3$ sein.

3.2 Ebene Vektorfelder

In einer Reihe von Anwendungen können Vektorfelder der Physik durch ebene Felder

$$\mathbf{v} : \begin{pmatrix} x \\ y \end{pmatrix} \mapsto \begin{pmatrix} v_1(x,y) \\ v_2(x,y) \end{pmatrix}$$

beschrieben werden.

Das ist beispielsweise immer dann der Fall, wenn das räumliche Feld folgende Gestalt hat

$$(*) \quad \mathbf{v} : \begin{pmatrix} x \\ y \\ z \end{pmatrix} \mapsto \begin{pmatrix} v_1(x,y) \\ v_2(x,y) \\ 0 \end{pmatrix}$$

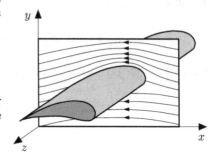

BEISPIELE.

(a) Luftströmung um eine unendlich lange Tragfläche (Fig.).

(b) Fließt durch die z–Achse ein konstanter Strom, so lässt sich das Magnetfeld durch das ebene Feld

$$\begin{pmatrix} x \\ y \end{pmatrix} \mapsto \frac{1}{x^2 + y^2} \begin{pmatrix} -y \\ x \end{pmatrix}$$

beschreiben, vgl. §24 : 4.6 (b).

(c) *Kugel– und achsensymmetrische Felder* können durch einen ebenen Schnitt beschrieben werden.

Für ein räumliches C^1–Vektorfeld der Gestalt $(*)$ gilt $\boxed{\text{ÜA}}$

$$\operatorname{rot} \mathbf{v} = (\partial_1 v_2 - \partial_2 v_1)\, \mathbf{e}_3 \,.$$

Für ebene Pflaster M gilt mit den Bezeichnungen 3.1

$$d\mathbf{o} = do\, \mathbf{e}_3 = \det(d\mathbf{\Phi})\, \mathbf{e}_3\, du_1\, du_2 \,,$$

also für das Vektorfeld $(*)$

$$\int_M \operatorname{rot} \mathbf{v} \bullet d\mathbf{o} = \int_M \langle \operatorname{rot} \mathbf{v}, \mathbf{e}_3 \rangle\, do = \int_M (\partial_1 v_2 - \partial_2 v_1)\, dx\, dy \,.$$

Nach Definition des Wegintegrals für ebene Kurvenketten folgt

$$\int_M \operatorname{rot} \mathbf{v} \bullet d\mathbf{o} = \int_{\partial M} \mathbf{v} \bullet d\mathbf{x} = \int_{\partial M} v_1\, dx + v_2\, dy \,.$$

3.3 Der Stokessche Integralsatz für die Ebene

Sei M eine ebene Pflasterkette. Dann gilt für jedes in einer Umgebung von $|M|$ erklärte C^1–Vektorfeld (P,Q)

$$\int\limits_{|M|} (\partial_x Q - \partial_y P)\, dx\, dy \;=\; \int\limits_{\partial M} P\, dx + Q\, dy$$

mit der Bezeichnung §24:4.2. Das ergibt sich nach den vorbereitenden Bemerkungen 3.1, 3.2 nun unmittelbar aus 2.8, wenn wir $v_1 = P$ und $v_2 = Q$ setzen.

3.4 Die Orientierungregel für ebene Pflaster

Sei $\Phi : [0,1]^2 \to \mathbb{R}^2$ eine Pflasterparametrisierung. Dann ist $\det(d\Phi) > 0$ im Innern des Einheitsrechtecks nach 3.1. Ein Punkt $\mathbf{x} = \Phi(\mathbf{u})$ heißt *regulärer Randpunkt* von Φ, wenn er auf der Spur einer nichtentarteten Seite φ_k liegt und wenn $\det d\Phi(\mathbf{u}) > 0$ gilt. In diesem Fall lässt sich leicht zeigen, dass in der Nähe von $\mathbf{x}$ beim Durchlaufen der Pflasterseite φ_k das Pflaster zur Linken liegt. Denn das gilt beim Umlaufen des Einheitsrechtecks durch die σ_k, und Φ ist in einer Umgebung von $\mathbf{u}$ orientierungstreu.

3.5 Der Stokessche Satz für die Einheitskreisscheibe

Für die Kreisscheibe $K = K_1(\mathbf{0})$ und den im mathematisch positiv durchlaufenen Rand ∂K gilt

$$\int\limits_{K} (\partial_x Q - \partial_y P)\, dx\, dy \;=\; \int\limits_{\partial K} P\, dx + Q\, dy\,.$$

Denn in 2.2 hatten wir gesehen, dass unter der Parametrisierung

$$\binom{u}{v} \mapsto \binom{u\cos(2\pi v)}{u\sin(2\pi v)}$$

die längs der positiven Achse geschlitzte Kreisscheibe K' ein Pflaster ist, wobei ∂K durch φ_2 parametrisiert wird. Die Behauptung folgt jetzt wegen

$$\int\limits_{K'} (\partial_x Q - \partial_y P)\, dx\, dy \;=\; \int\limits_{K} (\partial_x Q - \partial_y P)\, dx\, dy\,.$$

BEMERKUNG. Auch die ungeschlitzte Kreisscheibe kann durch „Aufblasen" eines einbeschriebenen Quadrats als Pflaster mit vier nichtentarteten Seiten (= Viertelskreisbögen) parametrisiert werden; die Rechnung erfordert aber etwas Nachdenken [ÜA]. Die oben gegebene Parametrisierung durch Polarkoordinaten ist einfacher und natürlicher.

3.6 Einfaches Umlaufen eines Punktes

Wir betrachten in der Ebene $\mathbb{R}^2$ einen stückweis glatten, geschlossenen Weg α und einen außerhalb der Spur C liegenden Punkt $\mathbf{a}$. Der Weg $\alpha = \alpha_1 + \cdots + \alpha_N$ sei durch die Parametrisierung $t \mapsto (x(t), y(t))$ für $a \leq t \leq b$ gegeben. Deren Einschränkung auf $[a_{k-1}, a_k]$ liefere eine C^2-Parametrisierung von α_k ($a = a_0 < a_1 < \cdots < a_N = b$). Der einfacheren Notation halber nehmen wir $\mathbf{a} = \mathbf{0}$ an.

Wir sagen: α **umläuft den Punkt** $\mathbf{a} = \mathbf{0}$ **einfach positiv** (einmal im positiven Sinn ohne Rückläufigkeit), wenn

(a) jeder von $\mathbf{0}$ ausgehende Strahl $\alpha(t)$ für genau ein $t \in [a, b[$ trifft und

(b) $x(t)\dot{y}(t) - \dot{x}(t)y(t) > 0$ für jede der Teilkurven α_k gilt.

SATZ. *Unter diesen Voraussetzungen lässt sich das Ringgebiet zwischen $\partial K_\varrho(\mathbf{0})$ und C für $0 < \varrho \ll 1$ als Pflasterkette darstellen.*

Der Pflasterkettenrand besteht aus der Kurve α und der im Uhrzeigersinn orientierten Kreislinie $x^2 + y^2 = \varrho^2$.

BEWEIS.

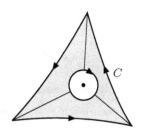

Wir geben für jedes k eine Pflaster- parametrisierung des durch $\partial K_\varrho(\mathbf{0})$, die Spur (α_k) und die Ursprungsstrah- len durch $\alpha_k(a_{k-1})$, $\alpha_k(a_k)$ begrenzten Gebiets an.

(i) Wir verwenden für α_k die komplexe Schreibweise: $z(t) = x(t) + i\,y(t)$ für $a_{k-1} \leq t \leq a_k$. Dann gibt es C^2-Funktionen r, Θ mit $\Theta(t) \in [0, 2\pi[$, $z(t) = r(t)\,\mathrm{e}^{i\Theta(t)}$ und $\dot{\Theta}(t) > 0$ für $a_{k-1} \leq t \leq a_k$. Letzteres bedeutet, dass $z(t)$ den Nullpunkt im mathematisch positiven Sinn umläuft.

Die C^2-Differenzierbarkeit von $r(t)$ und $\Theta(t)$ folgt aus der Existenz lokaler C^∞-Umkehrabbildungen φ der Transformation auf Polarkoordinaten und aus $(r(t), \Theta(t)) = \varphi(x(t), y(t))$. Das Vorzeichen von $\dot{\Theta}$ ergibt sich aus

$$\frac{\dot{z}}{z} = \frac{\dot{r}\,\mathrm{e}^{i\Theta} + ir\dot{\Theta}\,\mathrm{e}^{i\Theta}}{r\,\mathrm{e}^{i\Theta}} = \frac{\dot{r}}{r} + i\dot{\Theta}\,, \quad \text{also}$$

$$\dot{\Theta} = \mathrm{Im}\,\frac{\dot{z}}{z} = \mathrm{Im}\,\frac{\dot{x} + i\dot{y}}{x + iy} = \frac{x\dot{y} - \dot{x}y}{x^2 + y^2} > 0\,.$$

(ii) *Herstellung einer Pflasterparametrisierung zu* $[a_{k-1}, a_k]$. Wir verwenden wieder die komplexe Schreibweise und definieren

$$\Phi(s, t) := s\,z(t) + (1-s)\varrho\,\mathrm{e}^{i\Theta(t)} \quad (0 \leq s \leq 1, \ \ a_{k-1} \leq t \leq a_k)\,.$$

Für festes t durchläuft $s \mapsto \Phi(s,t)$ das radiale Segment zwischen dem Kreispunkt $\varrho\, e^{i\Theta(t)}$ und $z(t)$. Die Bildmenge von Φ ist der Bereich zwischen der Kreislinie und der Kurve $\boldsymbol{\alpha}$ im Winkelbereich $[\Theta(a_{k-1}), \Theta(a_k)]$, Letzteres nach Voraussetzung (a). Für $\Phi = (\operatorname{Re}\Phi, \operatorname{Im}\Phi)$ ergibt sich $\boxed{\ddot{\text{U}}\text{A}}$

$$\det\left(d\Phi(s,t)\right) = \left[(r(t) - \varrho)\left(s\,r(t) + (1-s)\varrho\right) + \varrho\,s\,r(t)\right]\dot\Theta(t) > 0.$$

Φ lässt sich zu einer C^2–Abbildung über $[0,1] \times [a_{k-1}, a_k]$ hinaus fortsetzen, indem $\boldsymbol{\alpha}_k$ geeignet fortgesetzt wird.

Φ ist injektiv: Aus $\Phi(s_1, t_1) = \Phi(s_2, t_2)$ folgt $t_1 = t_2$ nach Voraussetzung (a). Wegen $|\Phi(s,t)| = s\,(r(t) - \varrho) + \varrho$ ergibt sich dann auch $s_1 = s_2$. Der Pflasterrand wird wie in der Figur durchlaufen.

(c) Durch Zusammensetzen der zu den einzelnen Intervallen $[a_{k-1}, a_k]$ konstruierten Pflaster erhalten wir offenbar eine Pflasterkette, denn zwei verschiedene Seiten treffen sich nur längs Radien und werden entgegengesetzt durchlaufen. $\square$

4 Der Integralsatz von Gauß

4.1 Der Integralsatz für den Einheitswürfel im $\mathbb{R}^3$

Den dreidimensionalen, offenen Einheitswürfel bezeichnen wir mit

$$E^3 := \left\{(x_1, x_2, x_3) \mid 0 < x_1, x_2, x_3 < 1\right\}.$$

Die sechs Seitenflächen des Würfels numerieren wir wie folgt durch:

$$E_{1\mu} := \left\{(\mu, x_2, x_3) \mid 0 < x_2, x_3 < 1\right\} \quad (\mu = 0, 1),$$

$$E_{2\mu} := \left\{(x_1, \mu, x_3) \mid 0 < x_1, x_3 < 1\right\} \quad (\mu = 0, 1),$$

$$E_{3\mu} := \left\{(x_1, x_2, \mu) \mid 0 < x_1, x_2 < 1\right\} \quad (\mu = 0, 1).$$

Diese Seiten orientieren wir durch Auszeichnung der folgenden Einheitsnormalenfelder $\mathbf{n}$:

$$\mathbf{n} = -\mathbf{e}_j \quad \text{auf } E_{j0},$$

$$\mathbf{n} = \mathbf{e}_j \quad \text{auf } E_{j1}$$

für $j = 1, 2, 3$. Machen Sie sich klar, dass alle sechs Normalenfelder vom Würfel weg weisen; wir sprechen vom **äußeren Einheitsnormalenfeld** auf dem Rand ∂E^3.

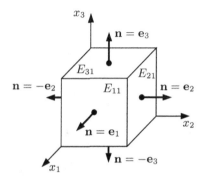

SATZ. *Ist* **v** *ein* C^1-*Vektorfeld auf einer Umgebung des abgeschlossenen Einheitswürfels* $[0,1[^3$, *so gilt*

$$\int\limits_{E^3} \operatorname{div} \mathbf{v}\, d^3\mathbf{x} = \int\limits_{\partial E^3} \mathbf{v} \bullet d\mathbf{o}\,.$$

Das Integral auf der rechten Seite ist dabei definiert durch

$$\int\limits_{\partial E^3} \mathbf{v} \bullet d\mathbf{o} := \sum_{j=1}^{3} \sum_{\mu=0}^{1} \int\limits_{E_{j\mu}} \mathbf{v} \bullet d\mathbf{o} = \sum_{j=1}^{3} \sum_{\mu=0}^{1} \int\limits_{E_{j\mu}} \mathbf{v} \bullet \mathbf{n}\, do\,.$$

BEMERKUNG. Die Behauptung des Satzes bleibt unter den folgenden schwächeren Voraussetzungen richtig: **v** ist stetig auf $[0,1]^3$, C^1-differenzierbar im Innern E^3, und die partiellen Ableitungen $\partial_k v_k$ sind beschränkt auf E^3.

BEWEIS.

Wir legen kanonische Parametrisierungen $\boldsymbol{\Lambda}_{j\mu} : \overline{E}^2 \to \overline{E}_{j\mu}$ der Würfelseiten fest durch

$$\boldsymbol{\Lambda}_{10}(u_1,u_2) = (0,u_2,u_1)\,, \quad \boldsymbol{\Lambda}_{11}(u_1,u_2) = (1,u_1,u_2)\,,$$
$$\boldsymbol{\Lambda}_{20}(u_1,u_2) = (u_1,0,u_2)\,, \quad \boldsymbol{\Lambda}_{21}(u_1,u_2) = (u_2,1,u_1)\,,$$
$$\boldsymbol{\Lambda}_{30}(u_1,u_2) = (u_2,u_1,0)\,, \quad \boldsymbol{\Lambda}_{31}(u_1,u_2) = (u_1,u_2,1)$$

für $0 \le u_1, u_2 \le 1$. Die Einschränkung von $\boldsymbol{\Lambda}_{j\mu}$ auf das offene Einheitsquadrat E^2 ist jeweils eine positive Parametrisierung von $E_{j\mu}$ $\boxed{\ddot{\text{U}}\text{A}}$.
$(u_1,u_2) \mapsto \boldsymbol{\Lambda}_{j\mu}(u_2,u_1)$ liefert eine negative Parametrisierung von $E_{j\mu}$.

Wegen $\mathbf{n} = \mathbf{e}_j$ auf E_{j1} und $\mathbf{n} = -\mathbf{e}_j$ auf E_{j0} gilt

$$\int\limits_{E_{j\mu}} \mathbf{v} \bullet d\mathbf{o} = \int\limits_{E_{j\mu}} \mathbf{v} \bullet \mathbf{n}\, do = (-1)^{\mu+1} \int\limits_{E_{j\mu}} \mathbf{v} \bullet \mathbf{e}_j\, do = (-1)^{\mu+1} \int\limits_{E_{j\mu}} v_j\, do\,.$$

Weiter ist

$$\int\limits_{E^3} \partial_1 v_1\, d^3\mathbf{x} = \int\limits_0^1 \int\limits_0^1 \Big(\int\limits_0^1 \frac{\partial v_1}{\partial x_1}(x_1,x_2,x_3)\, dx_1 \Big)\, dx_2\, dx_3$$

$$= \int\limits_0^1 \int\limits_0^1 \big(v_1(1,x_2,x_3) - v_1(0,x_2,x_3) \big)\, dx_2\, dx_3$$

$$= \int\limits_0^1 \int\limits_0^1 (v_1 \circ \boldsymbol{\Lambda}_{11})(x_1,x_2)\, dx_1\, dx_2 - \int\limits_0^1 \int\limits_0^1 (v_1 \circ \boldsymbol{\Lambda}_{10})(x_1,x_2)\, dx_1\, dx_2$$

$$= \int\limits_{E_{11}} v_1\, do + \int\limits_{E_{10}} v_1\, do = \int\limits_{E_{11}} \mathbf{v} \bullet d\mathbf{o} + \int\limits_{E_{10}} \mathbf{v} \bullet d\mathbf{o}\,.$$

Analog erhalten wir

$$\int\limits_{E^3} \partial_2 v_2 \, d^3\mathbf{x} = \int\limits_{E_{21}} \mathbf{v} \bullet d\mathbf{o} + \int\limits_{E_{20}} \mathbf{v} \bullet d\mathbf{o} \,, \quad \int\limits_{E^3} \partial_3 v_3 \, d^3\mathbf{x} = \int\limits_{E_{31}} \mathbf{v} \bullet d\mathbf{o} + \int\limits_{E_{30}} \mathbf{v} \bullet d\mathbf{o} \,.$$

Durch Addition dieser drei Gleichungen folgt dann

$$\int\limits_{E^3} \operatorname{div} \mathbf{v} \, d^3\mathbf{x} = \int\limits_{E^3} (\partial_1 v_1 + \partial_2 v_2 + \partial_3 v_3) \, d^3\mathbf{x} = \sum_{j=1}^{3} \sum_{\mu=0}^{1} \int\limits_{E_{j\mu}} \mathbf{v} \bullet d\mathbf{o} = \int\limits_{\partial E^3} \mathbf{v} \bullet d\mathbf{o} \,.$$

Unter den in der Bemerkung genannten schwächeren Voraussetzungen ist der Beweis wie folgt zu modifizieren: Nach § 23 : 4.5, 6.4 sind die Funktionen $\partial_k v_k$ jeweils über E^3 integrierbar, und die Integrale lassen sich sukzessiv berechnen, z.B. gilt

$$\int\limits_{E^3} \partial_1 v_1 \, d^3\mathbf{x} = \int\limits_0^1 \int\limits_0^1 \Big(\int\limits_0^1 \partial_1 v_1(x_1, x_2, x_3) \, dx_1 \Big) \, dx_2 \, dx_3 \,.$$

Für das innere Integral gilt dabei wegen der Stetigkeit von $\partial_1 v_1$ auf $\overline{E^3}$

$$\int\limits_0^1 \partial_1 v_1(x_1, x_2, x_3) \, dx_1 = \lim_{\varrho \to 0} \int\limits_\varrho^{1-\varrho} \partial_1 v_1(x_1, x_2, x_3) \, dx_1$$

$$= \lim_{\varrho \to 0} \big(v_1(1 - \varrho, x_2, x_3) - v_1(\varrho, x_2, x_3) \big) = v_1(1, x_2, x_3) - v_1(0, x_2, x_3) \,.$$

Der Rest des Beweises (a) kann übernommen werden. $\square$

4.2 Dreidimensionale Pflaster

Wir gehen ähnlich wie bei zweidimensionalen Pflastern vor. Dreidimensionale Pflaster sind differenzierbare Bilder von abgeschlossenen Quadern im $\mathbb{R}^3$. Wir definieren sie so, dass sich mit ihrer Hilfe eine möglichst große Vielfalt von Körpern im Raum darstellen lässt, wie z.B. verbogene Quader, Prismen, Pyramiden und geschlitzte Kugeln.

Durch regelmäßiges Zusammensetzen von dreidimensionalen Pflastern zu Ketten lassen sich darüberhinaus kompliziertere Figuren bilden. Auf dreidimensionale Pflasterketten werden wir jedoch nicht eingehen; bei Bedarf kann die Definition für zweidimensionale Pflasterketten 2.7 unschwer auf den dreidimensionalen Fall übertragen werden.

$E^2 = \,]0, 1[^2$ bezeichne wieder das offene Einheitsquadrat und $E^3 = \,]0, 1[^3$ den offenen Einheitswürfel. $\boldsymbol{\Lambda}_{j\mu}$ seien die in 4.1 eingeführten Seitenparametrisierungen des Einheitswürfels.

DEFINITION. Wir nennen ein Gebiet $\Omega_0 \subset \mathbb{R}^3$ ein **dreidimensionales Pflaster**, wenn es eine Umgebung U von $[0, 1]^3$ und eine C^2–Abbildung

$$\mathbf{h} : U \to \mathbb{R}^3$$

gibt mit folgenden Eigenschaften:

(a) Die Einschränkung von $\mathbf{h}$ auf E^3 ist ein orientierungstreuer Diffeomorphismus $(\det d\mathbf{h} > 0)$ zwischen dem offenen Einheitswürfel E^3 und Ω_0.

(b) Für $j = 1, 2, 3$, $\mu = 0, 1$ ist die Einschränkung von

$$\mathbf{\Phi}_{j\mu} := \mathbf{h} \circ \mathbf{\Lambda}_{j\mu} : [0,1] \times [0,1] \to \mathbb{R}^3$$

auf E^2 entweder eine Parametrisierung der **Seite** $M_{j\mu} := \mathbf{\Phi}_{j\mu}(E^2)$ als Flächenstück, oder die Jacobimatrix $d\mathbf{\Phi}_{j\mu}$ hat Rang ≤ 1. Im letzten Fall nennen wir $\mathbf{\Phi}_{j\mu}$ bzw. die Seite $M_{j\mu}$ entartet.

(c) Treffen sich zwei nichtentartete Seiten, $M_{j\mu} \cap M_{k\nu} \neq \emptyset$ für $(j,\mu) \neq (k,\nu)$, so fallen sie zusammen und werden durch $\mathbf{\Phi}_{j\mu}$ und $\mathbf{\Phi}_{k\nu}$ entgegengesetzt orientiert, d.h. es existiert ein C^2–Diffeomorphismus $\mathbf{f}$ von E^2 auf sich mit $\mathbf{\Phi}_{j\mu} = \mathbf{\Phi}_{k\nu} \circ \mathbf{f}$ und $\det d\mathbf{f} < 0$.

$\mathbf{h} : [0,1]^3 \to \mathbb{R}^3$ nennen wir eine **Pflasterparametrisierung** von Ω_0. Die nach (b) zugelassene Entartung von Würfelseiten unter der Abbildung $\mathbf{h}$ erlaubt es, auch Figuren mit weniger als sechs Seitenflächen als dreidimensionale Pflaster darzustellen, z.B. quadratische Pyramiden und Prismen. Nach (c) ist das Verkleben zweier Pflasterseiten möglich; auf diese Weise lassen sich die geschlitzte Kugel und der geschlitzte Zylinder als dreidimensionale Pflaster realisieren.

BEISPIELE UND AUFGABEN.

(a) Zeigen Sie, dass die Kugelkoordinaten (§ 23 : 8.3) eine Pflasterparametrisierung der Kugel $K_R(\mathbf{0})$ liefern, die längs der Halbebene

$$N = \big\{ (x, 0, z) \mid x \geq 0, \ z \in \mathbb{R} \big\}$$

geschlitzt ist. Welche Würfelseiten $E_{j\mu}$ degenerieren, welche werden verklebt?

(b) Geben Sie eine Pflasterparametrisierung für die quadratische Pyramide.

(c) Desgleichen für das nebenstehend abgebildete Sechsseit.

(d) Lässt sich ein durch die Halbebene N (N wie in (a)) geschlitzter Kreiskegel als dreidimensionales Pflaster schreiben?

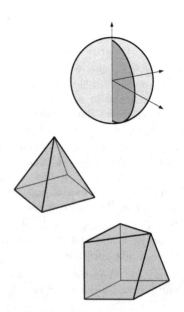

4.3 Gaußsche Gebiete

(a) Für ein dreidimensionales Pflaster Ω_0 mit Pflasterparametrisierung $\mathbf{h}$ bezeichnen wir wie in 4.2 die Seitenparametrisierungen mit $\boldsymbol{\Phi}_{j\mu} = \mathbf{h} \circ \boldsymbol{\Lambda}_{j\mu}$, die Seiten mit $M_{j\mu} = \boldsymbol{\Phi}_{j\mu}(E^2)$ sowie $\boldsymbol{\Phi}_{j\mu}([0,1]^2)$ mit $|M_{j\mu}|$. Von den nichtentarteten Seiten nehmen wir alle weg, die gemäß 4.2 (c) paarweise verklebt anfallen und bezeichnen die Kollektion der übrigbleibenden nichtentarteten Seiten mit $\partial\mathbf{h} = \{M_1, \ldots, M_m\}$ $(1 \leq m \leq 6)$.

Zum besseren Verständnis der folgenden Definition betrachten wir als Beispiel die gemäß 4.2 (a) geschlitzte Kugel $\Omega_0 = K_r(\mathbf{0}) \setminus N$. Hier besteht $\partial\mathbf{h}$ nur aus $M_1 := M_{11}$, das ist bis auf den Nullmeridian die Sphäre $\partial K_R(\mathbf{0})$. Die übrigen Seiten liefern zusammen den Kugelschlitz $K_R(\mathbf{0}) \cap N$.

(b) Als **Gaußsches Gebiet** bezeichnen wir ein beschränktes Gebiet Ω, zu dem es ein Pflaster $\Omega_0 = \mathbf{h}(E^3) \subset \Omega$ gibt mit folgenden Eigenschaften (Bezeichnungen wie in (a)):

– Der topologische Rand $\partial\Omega$ ist die Vereinigung der $|M_k| \in \partial\mathbf{h}$,

– $\Omega \setminus \Omega_0$ liegt in der Vereinigung der restlichen $|M_{j\mu}|$,

– die $M_k \in \partial\mathbf{h}$ sind durch ihre Seitenparametrisierung $\boldsymbol{\Phi}_k$ so orientiert, dass der Normalenvektor nach außen weist.

(Bei näherer Analyse erweist sich die letzte Forderung als überflüssig.)

Demnach ist die Vollkugel $K_R(\mathbf{0})$ ein Gaußsches Gebiet; Ω_0 ist die gemäß 4.2 (a) geschlitzte Kugel, die ihrerseits kein Gaußsches Gebiet ist. Ein Pflaster ohne Entartungen oder Verklebungen ist selbst ein Gaußsches Gebiet. Auch die Vollkugel kann durch „Aufblasen" eines einbeschriebenen Würfels als ein solches Pflaster erhalten werden $\boxed{\text{ÜA}}$, doch ist dies weder einfach noch angemessen.

(c) Für ein Gaußsches Gebiet Ω definieren wir in naheliegender Weise

$$\int\limits_{\partial\Omega} \mathbf{v} \bullet d\mathbf{o} := \sum_{k=1}^{m} \int\limits_{M_k} \mathbf{v} \bullet d\mathbf{o},$$

Bezeichnungen wie oben. Die Unabhängigkeit von der Parametrisierung $\mathbf{h}$ ergibt sich anschließend aus dem Gaußschen Satz. Die Integrale auf der rechten Seite sind für jedes auf $\overline{\Omega}$ stetige Vektorfeld endlich, ferner gilt

$$(*) \qquad \int\limits_{\partial\Omega} \mathbf{v} \bullet d\mathbf{o} = \sum_{j=1}^{3} \sum_{\mu=0}^{1} \int\limits_{E^2} \langle\, \mathbf{v} \circ \boldsymbol{\Phi}_{j\mu}, \partial_1 \boldsymbol{\Phi}_{j\mu} \times \partial_2 \boldsymbol{\Phi}_{j\mu} \,\rangle\, du_1 \, du_2 \,.$$

Denn die Integrale für die entarteten $\boldsymbol{\Phi}_{j\mu}$ sind Null, da $\partial_1 \boldsymbol{\Phi}_{j\mu}, \partial_2 \boldsymbol{\Phi}_{j\mu}$ linear abhängig sind, und für jedes Paar verklebter, also entgegengesetzt orientierter Seiten heben sich die Integrale weg.

BEMERKUNG. Das Oberflächenintegral über die R–Sphäre ist also definiert als das Integral über die geschlitzte R–Sphäre. Dies entspricht der Konvention § 25 : 2.3.

4.4 Der Gaußsche Integralsatz

Ist $\Omega \subset \mathbb{R}^3$ ein Gaußsches Gebiet und $\mathbf{v}$ ein C^1–Vektorfeld auf einer Umgebung von $\overline{\Omega}$, so gilt

$$\int\limits_{\Omega} \operatorname{div} \mathbf{v}\, d^3\mathbf{x} \;=\; \int\limits_{\partial\Omega} \mathbf{v} \bullet do \;=\; \int\limits_{\partial\Omega} \mathbf{v} \bullet \mathbf{n}\, do\,.$$

Hierbei ist $\mathbf{n}$ das äußere Einheitsnormalenfeld auf den Randseiten von Ω.

BEMERKUNG. Der Satz gilt auch unter folgenden schwächeren Voraussetzungen: $\mathbf{v}$ ist stetig auf $\overline{\Omega}$, C^1–differenzierbar in Ω, und die partiellen Ableitungen $\partial_k v_k$ sind beschränkt. Letzteres sichert die Endlichkeit des linken Integrals, vgl. § 23 : 4.5.

Der BEWEIS verläuft ganz nach dem Muster des zweidimensionalen Falles 2.4. Wir geben deshalb aus Platzgründen nur die wichtigsten Schritte an und überlassen dem Leser die (zum Teil länglichen) Rechnungen.

Wir wählen für Ω eine Pflasterparametrisierung $\mathbf{h}$ und verwenden die Bezeichnungen $\Lambda_{j\mu}$, $\Phi_{j\mu}$, $M_{j\mu}$ von 4.1 und 4.2. Weiter setzen wir

$$a_{ik} = \langle\, \mathbf{v} \circ \mathbf{h}\,,\; \partial_i \mathbf{h} \times \partial_k \mathbf{h}\,\rangle\,, \quad \mathbf{w} = a_{12}\mathbf{e}_3 + a_{23}\mathbf{e}_1 + a_{31}\mathbf{e}_2$$

und bezeichnen das äußere Einheitsnormalenfeld des Würfelrandes ∂E^3 mit $\mathbf{N}$.

(a) Für festes (j,μ) gilt mit $\Lambda := \Lambda_{j\mu}$, $\Phi := \Phi_{j\mu}$

$$\langle\, \mathbf{v} \circ \Phi\,,\; \partial_1\Phi \times \partial_2\Phi\,\rangle \;=\; \langle\, \mathbf{w} \circ \Lambda\,,\; \partial_1\Lambda \times \partial_2\Lambda\,\rangle \;=\; \langle\, \mathbf{w} \circ \Lambda\,,\; \mathbf{N}\,\rangle\,.$$

Dies ergibt sich durch Anwendung der Kettenregel auf $\Phi = \mathbf{h} \circ \Lambda$.

(b) Hieraus folgt zusammen mit der Gleichung 4.3 (∗) und dem Gaußschen Integralsatz für den Einheitswürfel 4.1

$$\int\limits_{\partial\Omega} \mathbf{v} \bullet \mathbf{n}\, do \;=\; \int\limits_{\partial E^3} \mathbf{w} \bullet \mathbf{N}\, do \;=\; \int\limits_{E^3} \operatorname{div} \mathbf{w}\, d^3\mathbf{u}\,.$$

(c) Es gilt

$$\operatorname{div} \mathbf{w} = \big((\operatorname{div} \mathbf{v}) \circ \mathbf{h}\big) \cdot \det(d\mathbf{h})\,.$$

Bei der Herleitung ist $\partial_i\partial_k \mathbf{h} = \partial_k\partial_i \mathbf{h}$ zu beachten.

(d) Die Anwendung des Transformationssatzes für Integrale auf den orientierungstreuen Diffeomorphismus $\mathbf{h} : E^3 \to \Omega$ (d.h. $\det d\mathbf{h} > 0$) liefert

$$\int\limits_{\partial\Omega} \mathbf{v} \bullet \mathbf{n}\, do \;=\; \int\limits_{E^3} \operatorname{div} \mathbf{w}\, d^3\mathbf{u} \;=\; \int\limits_{E^3} \big((\operatorname{div} \mathbf{v}) \circ \mathbf{h}\big)\, |\det(d\mathbf{h})|\, d^3\mathbf{u}$$

$$= \int\limits_{\Omega} \operatorname{div} \mathbf{v}\, d^3\mathbf{x}\,. \qquad\qquad \square$$

5 Anwendungen des Gaußschen Satzes, Greensche Formeln

5.1 Der Gaußsche Integralsatz für die Kugel

Nach den Überlegungen 4.3 und dem Gaußschen Satz gilt

$$\int\limits_{K_R(\mathbf{a})} \operatorname{div} \mathbf{v} \, d^3\mathbf{x} = \int\limits_{\partial K_R(\mathbf{a})} \mathbf{v} \bullet \mathbf{n} \, do$$

unter den Voraussetzungen 4.4 über $\mathbf{v}$. Dabei ist $\mathbf{n}$ das äußere Normalenfeld.

5.2 Aufgabe.
$\Omega \subset \mathbb{R}^3$ sei die Pyramide mit der Spitze $\mathbf{e}_3$ und dem Quadrat $Q = \big\{(x,y,0) \mid |x| < 1, |y| < 1\big\}$ als Grundseite. Ferner sei $\mathbf{v}$ das Vektorfeld $(x,y,z) \mapsto (x^4, z^3, y^2)$. Berechnen Sie zunächst das Integral $\int\limits_Q \mathbf{v} \bullet d\mathbf{o}$ und dann mit Hilfe des Gaußschen Satzes das Integral $\int\limits_M \mathbf{v} \bullet d\mathbf{o}$ über die Mantelfläche $M = \partial\Omega \setminus Q$ (zu verstehen als Summe der Integrale über die vier Mantelseiten).

5.3 Das Volumen als Oberflächenintegral

Zeigen Sie für Gaußsche Gebiete Ω:

$$V^3(\Omega) = \tfrac{1}{3} \int\limits_{\partial\Omega} \mathbf{x} \bullet d\mathbf{o}.$$

5.4 Raumwinkel

Das zweidimensionale Pflaster $M \subset \mathbb{R}^3 \setminus \{\mathbf{0}\}$ werde von jedem vom Ursprung ausgehenden Strahl höchstens einmal und nicht tangential getroffen. M_1 sei das durch die Zentralprojektion $\mathbf{x} \mapsto \mathbf{x}/\|\mathbf{x}\|$ von M auf die Einheitssphäre entstehende Pflaster und $\mathbf{n}$ das vom Ursprung wegweisende Einheitsnormalenfeld auf M. Zeigen Sie:

$$\int\limits_M \frac{\langle \mathbf{n}(\mathbf{x}), \mathbf{x} \rangle}{\|\mathbf{x}\|^3} \, do(\mathbf{x}) = A(M_1) = \text{Flächeninhalt von } M_1.$$

$A(M_1)$ heißt der vom Ursprung aus gesehene **Raumwinkel** von M.

Anleitung: Wenden Sie den Gaußschen Integralsatz auf das divergenzfreie Vektorfeld

$$\mathbf{v}(\mathbf{x}) = \mathbf{x}/\|\mathbf{x}\|^3$$

und dem Kegelstumpf Ω_r an, welcher von M, $M_r = \{r\mathbf{x} \mid \mathbf{x} \in M_1\}$ ($r \ll 1$) und Segmenten von Ursprungsstrahlen begrenzt wird.

5.5 Die vektoriellen Versionen des Gaußschen Integralsatzes

Unter geeigneten Differentierbarkeitsvoraussetzungen an die Integranden gilt:

$$\int_\Omega \nabla p \, d^3\mathbf{x} = \int_{\partial\Omega} p\,\mathbf{n}\, do\,, \quad \int_\Omega \operatorname{rot}\mathbf{v}\, d^3\mathbf{x} = \int_{\partial\Omega} \mathbf{n}\times\mathbf{v}\, do\,.$$

Die Integrale werden hierbei komponentenweise gebildet.

BEWEIS als ⎡ÜA⎤:

Wenden Sie den Gaußschen Integralsatz auf die einkomponentigen Vektorfelder $\mathbf{w} = f\,\mathbf{e}_i$ an und setzen Sie die dabei entstehenden drei Integralformeln geeignet zusammen. Beachten Sie § 24 : 7.2

5.6 Partielle Integration

Sei $\Omega \subset \mathbb{R}^3$ ein Gaußsches Gebiet. Die Funktionen u, v seien C^1-differenzierbar in einer Umgebung von $\overline{\Omega}$, und eine von ihnen verschwinde auf $\partial\Omega$. Dann gilt für $k = 1, 2, 3$

$$\int_\Omega u\,\frac{\partial v}{\partial x_k}\, d^3\mathbf{x} \;=\; -\int_\Omega \frac{\partial u}{\partial x_k}\, v\, d^3\mathbf{x}\,.$$

BEMERKUNG. Die Formel bleibt richtig unter den schwächeren Voraussetzungen $u, v \in C^1(\Omega) \cap C^0(\overline{\Omega})$, Beschränktheit der partiellen Ableitungen von u, v auf Ω und $u \cdot v = 0$ auf $\partial\Omega$.

Beweis als Übungsaufgabe; beachten Sie den Hinweis in 5.5.

5.7 Die Greenschen Integralformeln

Sei $\Omega \subset \mathbb{R}^3$ ein Gaußsches Gebiet, und u, v seien C^2-Funktionen in einer Umgebung von $\overline{\Omega}$. Dann gilt

(a) $\int_\Omega \left(\langle \nabla u, \nabla v \rangle + u\,\Delta v \right) d^3\mathbf{x} = \int_{\partial\Omega} u\,\partial_{\mathbf{n}} v \, do\,,$

(b) $\int_\Omega \left(u\,\Delta v - v\,\Delta u \right) d^3\mathbf{x} = \int_{\partial\Omega} \left(u\,\partial_{\mathbf{n}} v - v\,\partial_{\mathbf{n}} u \right) do\,.$

Hierbei ist

$$\partial_{\mathbf{n}} u(\mathbf{x}) := \langle\, \nabla u(\mathbf{x}), \mathbf{n}(\mathbf{x})\, \rangle\,, \quad \text{oft auch bezeichnet mit}\quad \frac{\partial u}{\partial \mathbf{n}}\,(\mathbf{x})\,,$$

die Ableitung von u in Richtung des äußeren Einheitsnormalenfeldes $\mathbf{n}$ von $\partial\Omega$ (§ 22 : 3.2).

BEMERKUNG. Die beiden Integralformeln gelten noch unter den schwächeren Bedingungen: Die Funktionen u, v sind C^2-differenzierbar in Ω und lassen sich mitsamt ihren partiellen Ableitungen erster Ordnung stetig auf $\overline{\Omega}$ fortsetzen;

ferner sind die zweiten partiellen Ableitungen beschränkt auf Ω. Dies ergibt sich aus der Bemerkung zum Gaußschen Integralsatz 4.4.

BEWEIS.

(a) ergibt sich durch Anwendung des Gaußschen Integralsatzes auf das Vektorfeld $\mathbf{w} := u \nabla v$. Denn mit der Produktregel § 24 : 7.2 (c),

$$\operatorname{div} \mathbf{w} = \operatorname{div}(u \nabla v) = \langle \nabla u, \nabla v \rangle + u \Delta v,$$

erhalten wir

$$\int_{\Omega} \left(\langle \nabla u, \nabla v \rangle + u \Delta v \right) d^3\mathbf{x} = \int_{\Omega} \operatorname{div} \mathbf{w} \, d^3\mathbf{x} = \int_{\partial\Omega} \langle \mathbf{w}, \mathbf{n} \rangle \, do$$
$$= \int_{\partial\Omega} u \langle \nabla v, \mathbf{n} \rangle \, do = \int_{\partial\Omega} u \frac{\partial v}{\partial \mathbf{n}} \, do.$$

(b) folgt unmittelbar durch zweimalige Anwendung von (a). □

AUFGABE. Erfüllt $u \neq 0$ die Voraussetzungen der Greenschen Formeln, verschwindet auf dem Rand $\partial\Omega$, und gilt die Eigenwertgleichung

$$-\Delta u = \lambda u$$

auf Ω, so ist λ positiv.

Hinweis: Multiplizieren Sie die Eigenwertgleichung mit u, und wenden Sie eine der Greenschen Formeln an.

6 Anwendungen der Integralsätze in der Physik

6.1 Massenerhaltungssatz und Kontinuitätsgleichung

Seien $\mathbf{v}(t, \mathbf{x})$ das Geschwindigkeitsfeld einer Flüssigkeits– oder Gasströmung und $\varrho(t, \mathbf{x})$ die Massendichte zur Zeit t an der Stelle $\mathbf{x}$. Die in einem Raumgebiet Ω zur Zeit t enthaltene Masse ist gegeben durch das Integral

$$\int_{\Omega} \varrho(t, \mathbf{x}) \, d^3\mathbf{x}.$$

Die pro Zeiteinheit durch den Rand $\partial\Omega$ nach außen fließende Masse ist

$$\int_{\partial\Omega} \varrho \, \mathbf{v} \bullet \mathbf{n} \, do,$$

wobei $\mathbf{n}$ das äußere Einheitsfeld von Ω ist. Massenerhaltung bedeutet somit

$$\underbrace{\frac{d}{dt} \int_\Omega \varrho(t,\mathbf{x}) \, d^3\mathbf{x}}_{\substack{\text{Zunahme an} \\ \text{Masse in } \Omega}} + \underbrace{\int_{\partial\Omega} \varrho \, \mathbf{v} \bullet \mathbf{n} \, do}_{\substack{\text{Abfluss an Masse} \\ \text{durch } \partial\Omega}} = 0$$

für jedes Gaußsche Raumgebiet $\Omega \subset \mathbb{R}^3$ und jeden Zeitpunkt t. Dies ist die **integrale Fassung** des Massenerhaltungssatzes. Zur Herleitung der differentiellen Fassung wenden wir für festes t auf das zweite Integral den Gaußschen Integralsatz an und erhalten

$$\int_\Omega \left(\frac{\partial \varrho}{\partial t} + \operatorname{div}(\varrho \, \mathbf{v}) \right) d^3\mathbf{x} = 0$$

für jedes Raumgebiet Ω und jedes t. Daraus folgt die **Kontinuitätsgleichung**

$$\frac{\partial \varrho}{\partial t} + \operatorname{div}(\varrho \, \mathbf{v}) = 0$$

als **differentielle Fassung** des Massenerhaltungssatzes.

Denn wäre der Integrand an einer Stelle $\mathbf{a}$ von Null verschieden, etwa positiv, so wäre dies auch in einer Umgebung $\Omega_0 = K_r(\mathbf{a})$ der Fall. Dann wäre das Integral über Ω_0 positiv im Widerspruch zur integralen Fassung für Ω_0.

Bei der Strömung einer inkompressiblen Flüssigkeit ist die Dichte ϱ konstant, also gilt $\operatorname{div}(\varrho \, \mathbf{v}) = \varrho \operatorname{div} \mathbf{v}$. Wir sprechen von einer *inkompressiblen stationären Strömung*, wenn ϱ zeitlich und räumlich konstant ist. In diesem Fall gilt

$$\operatorname{div} \mathbf{v} = 0 \, .$$

BEMERKUNGEN. Die vorangehenden Betrachtungen behalten ihre Gültigkeit über die Hydrodynamik hinaus, beispielsweise kann ϱ die elektrische Ladungsverteilung bedeuten. Mit Hilfe der Kontinuitätsgleichung wird auch die zeitabhängige Wärmeleitungsgleichung hergeleitet.

6.2 Physikalische Deutung von Divergenz und Rotation

Für ein C^1-Vektorfeld $\mathbf{v}$ auf $\Omega \subset \mathbb{R}^3$ lassen sich Divergenz und Rotation in jedem Punkt durch Integralmittelwerte darstellen:

$$(\operatorname{div} \mathbf{v})(\mathbf{a}) = \lim_{r \to 0} \frac{3}{4\pi r^3} \int_{S_r(\mathbf{a})} \mathbf{v} \bullet \mathbf{n} \, do \, .$$

Hierbei ist $S_r(\mathbf{a}) = \left\{ \mathbf{x} \in \mathbb{R}^3 \mid \|\mathbf{x} - \mathbf{a}\| = r \right\}$ die r-Sphäre um $\mathbf{a}$, und $\mathbf{n}$ ist das äußere Einheitsnormalenfeld. Für jeden Vektor $\mathbf{e}$ der Länge 1 gilt

$$\langle (\operatorname{rot} \mathbf{v})(\mathbf{a}), \mathbf{e} \rangle = \lim_{r \to 0} \frac{1}{\pi r^2} \int_{C_r(\mathbf{a}, \mathbf{e})} \mathbf{v} \bullet d\mathbf{x} \, ;$$

dabei ist

$$C_r(\mathbf{a}, \mathbf{e}) = S_r(\mathbf{a}) \cap \left\{ \mathbf{x} \in \mathbb{R}^3 \mid \langle \mathbf{x} - \mathbf{a}, \mathbf{e} \rangle = 0 \right\}$$

der r–Kreis um $\mathbf{a}$ senkrecht zu $\mathbf{e}$. Dieser Kreis ist so zu durchlaufen, dass für $\mathbf{x} \in C_r(\mathbf{a}, \mathbf{e})$ *die Vektoren* $\mathbf{e}, \mathbf{x} - \mathbf{a}$ *und der Tangentenvektor in* $\mathbf{x}$ *der Dreifingerregel genügen.*

Physikalische Deutung. Bei Flüssigkeitsströmungen ist $\int\limits_{S_r(\mathbf{a})} \mathbf{v} \bullet \mathbf{n} \, do$ nach 6.1 die durch den Rand einer kleinen Kugel $K_r(\mathbf{a})$ pro Zeiteinheit strömende Flüssigkeitsmenge, der *Fluss durch* $S_r(\mathbf{a})$. Ist dieser positiv (bzw. negativ), so muss in $K_r(\mathbf{a})$ eine Quelle (bzw. Senke) vorhanden sein. Aus der ersten der beiden Formeln ergibt sich, dass div $\mathbf{v}(\mathbf{a})$ als **Quelldichte** an der Stelle $\mathbf{a}$ interpretiert werden kann. Aus der zweiten Formel ergibt sich die Interpretation von rot $\mathbf{v}(\mathbf{a})$ als **flächenhafte Wirbeldichte**: Der Grad der Wirbelbildung in der zu $\mathbf{e}$ senkrechten Fläche um $\mathbf{a}$ wird gemessen durch die *Zirkulation längs* $C_r(\mathbf{a}, \mathbf{e})$, gegeben durch das Wegintegral $\int\limits_{C_r(\mathbf{a}, \mathbf{e})} \mathbf{v} \bullet d\mathbf{x}$.

BEWEIS.

(a) Für jede stetige Funktion f auf Ω gilt

$$f(\mathbf{a}) = \lim_{r \to 0} \frac{1}{V^3(K_r(\mathbf{a}))} \int\limits_{K_r(\mathbf{a})} f \, d^3\mathbf{x} = \lim_{r \to 0} \frac{3}{4\pi r^3} \int\limits_{K_r(\mathbf{a})} f \, d^3\mathbf{x} \,.$$

Denn wählen wir zu $\varepsilon > 0$ ein $\delta > 0$ mit

$$\left| f(\mathbf{x}) - f(\mathbf{a}) \right| \leq \varepsilon \quad \text{für} \quad \| \mathbf{x} - \mathbf{a} \| \leq \delta \,,$$

so folgt für $0 < r \leq \delta$

$$\left| f(\mathbf{a}) - \frac{3}{4\pi r^3} \int\limits_{K_r(\mathbf{a})} f(\mathbf{x}) \, d^3\mathbf{x} \right| = \frac{3}{4\pi r^3} \left| \int\limits_{K_r(\mathbf{a})} (f(\mathbf{a}) - f(\mathbf{x})) \, d^3\mathbf{x} \right|$$

$$\leq \frac{3}{4\pi r^3} \int\limits_{K_r(\mathbf{a})} \left| f(\mathbf{a}) - f(\mathbf{x}) \right| d^3\mathbf{x} \leq \varepsilon \,.$$

(b) Hieraus folgt zusammen mit dem Gaußschen Integralsatz

$$(\operatorname{div} \mathbf{v})(\mathbf{a}) = \lim_{r \to 0} \frac{3}{4\pi r^3} \int\limits_{K_r(\mathbf{a})} \operatorname{div} \mathbf{v} \, d^3\mathbf{x} = \lim_{r \to 0} \frac{3}{4\pi r^3} \int\limits_{S_r(\mathbf{a})} \mathbf{v} \bullet \mathbf{n} \, do \,.$$

(c) Die zweite Identität folgt ebenso mit Hilfe des Stokesschen Integralsatzes, angewandt auf die Kreisscheibe $K_r(\mathbf{a}, \mathbf{e})$ mit Normalenvektor $\mathbf{n} = \mathbf{e}$ und Rand $C_r(\mathbf{a}, \mathbf{e})$:

$$\langle (\operatorname{rot} \mathbf{v})(\mathbf{a}), \mathbf{e} \rangle = \lim_{r \to 0} \frac{1}{\pi r^2} \int\limits_{K_r(\mathbf{a}, \mathbf{e})} \operatorname{rot} \mathbf{v} \bullet \mathbf{n} \, do = \lim_{r \to 0} \frac{1}{\pi r^2} \int\limits_{C_r(\mathbf{a}, \mathbf{e})} \mathbf{v} \bullet d\mathbf{x} \,. \quad \square$$

6.3 Das Beschleunigungsfeld einer Flüssigkeitströmung

Bezeichnet $\mathbf{v}(t, \mathbf{x})$ die Geschwindigkeit und $\mathbf{b}(t, \mathbf{x})$ die Beschleunigung eines Teilchens, das sich zur Zeit t im Raumpunkt $\mathbf{x} \in \mathbb{R}^3$ befindet, so besteht die Beziehung

$$\mathbf{b}(t, \mathbf{x}) = \left(\frac{\partial \mathbf{v}}{\partial t} + \sum_{i=1}^{3} v_i \frac{\partial \mathbf{v}}{\partial x_i} \right)(t, \mathbf{x}).$$

Denn ist $t \mapsto \boldsymbol{\alpha}(t)$ die Bahn eines Teilchens, so hat dieses zur Zeit t im Raumpunkt $\mathbf{x} = \boldsymbol{\alpha}(t)$ die Geschwindigkeit $\dot{\boldsymbol{\alpha}}(t) = \mathbf{v}(t, \boldsymbol{\alpha}(t))$ und damit die Beschleunigung

$$\mathbf{b}(t, \mathbf{x}) = \ddot{\boldsymbol{\alpha}}(t) = \frac{d}{dt} \mathbf{v}(t, \boldsymbol{\alpha}(t)) = \frac{\partial \mathbf{v}}{\partial t}(t, \boldsymbol{\alpha}(t)) + \sum_{i=1}^{3} \frac{\partial \mathbf{v}}{\partial x_i}(t, \boldsymbol{\alpha}(t)) \, \dot{\alpha}_i(t)$$

$$= \frac{\partial \mathbf{v}}{\partial t}(t, \mathbf{x}) + \sum_{i=1}^{3} \frac{\partial \mathbf{v}}{\partial x_i}(t, \mathbf{x}) \, v_i(t, \mathbf{x}).$$

6.4 Der Impulserhaltungssatz für ideale Flüssigkeiten

Auf ein deformierbares Medium können zwei Arten von Kräften einwirken, *Raumkräfte* (z.B. Gravitationskräfte) und *Oberflächenkräfte*. Erstere lassen sich durch eine Kraftdichte $\mathbf{G}(t, \mathbf{x})$ pro Masseneinheit beschreiben. Die auf ein räumliches Gebiet $\Omega \subset \mathbb{R}^3$ zur Zeit t wirkende Raumkraft ist also durch das vektorwertige Integral

$$\int_{\Omega} \mathbf{G}(t, \mathbf{x}) \, \varrho(t, \mathbf{x}) \, d^3\mathbf{x} = \sum_{i=1}^{3} \mathbf{e}_i \int_{\Omega} G_i(t, \mathbf{x}) \, \varrho(t, \mathbf{x}) \, d^3\mathbf{x}$$

gegeben.

Oberflächenkräfte werden bei einer idealen (nicht zähen) Flüssigkeit durch den Druck $p(t, \mathbf{x}) \geq 0$ beschrieben. Greifen wir zu einem Zeitpunkt t ein Raumteil $\Omega \subset \mathbb{R}^3$ heraus, so muss zur Erhaltung des Gleichgewichts auf Ω die Oberflächenkraft

$$- \int_{\partial \Omega} p(t, \mathbf{x}) \, \mathbf{n}(\mathbf{x}) \, do = - \sum_{i=1}^{3} \mathbf{e}_i \int_{\partial \Omega} p(t, \mathbf{x}) \, n_i(\mathbf{x}) \, do,$$

wirken, wobei $\mathbf{n}$ das äußere Einheitsnormalenfeld von Ω ist. Die Druckkraft greift an jedem Oberflächenelement senkrecht an, weil die Flüssigkeitsteilchen frei verschiebbar sind.

Bezeichnet $\mathbf{b}(t, \mathbf{x})$ den Beschleunigungsvektor des Teilchens, das sich zur Zeit t an der Stelle $\mathbf{x}$ befindet, so wird Impulserhaltung in integraler Fassung beschrieben durch das Kräftegleichgewicht

$$\underbrace{\int\limits_{\Omega} \varrho\,\mathbf{b}\,d^3\mathbf{x}}_{\text{Beschleunigungskraft}} = \underbrace{\int\limits_{\Omega} \varrho\,\mathbf{G}\,d^3\mathbf{x}}_{\text{Raumkraft}} + \underbrace{\int\limits_{\partial\Omega} (-p\,\mathbf{n})\,do}_{\text{Oberflächenkraft}}$$

für jedes Raumgebiet Ω und jeden Zeitpunkt t.

Zur Herleitung der differentiellen Fassung des Impulserhaltungssatzes wenden wir auf das dritte Integral den Gaußschen Integralsatz in der vektoriellen Fassung 5.5 $\int\limits_{\partial\Omega} p\,\mathbf{n}\,do = \int\limits_{\Omega} \nabla p\,d^3\mathbf{x}$ an und erhalten

$$\int\limits_{\Omega} (\varrho\,\mathbf{b} - \varrho\,\mathbf{G} + \nabla p)\,d^3\mathbf{x} = \mathbf{0}$$

für jeden Raumteil $\Omega \subset \mathbb{R}^3$ und jedes t. Wie in 6.1 folgt hieraus das Verschwinden des Integranden $\varrho\,\mathbf{b} - \varrho\,\mathbf{G} + \nabla p$.

Drücken wir die Beschleunigung $\mathbf{b}$ gemäß 6.3 durch die Geschwindigkeit aus, so ergibt sich die differentielle Form des Impulserhaltungssatzes

$$\frac{\partial \mathbf{v}}{\partial t} + \sum_{i=1}^{3} v_i\,\frac{\partial \mathbf{v}}{\partial x_i} = \mathbf{G} - \frac{1}{\varrho}\,\nabla p.$$

Diese drei Gleichungen, zusammen mit der Kontinuitätsgleichung 6.1, sind die **Eulerschen Gleichungen der Hydrodynamik** (EULER 1755).

Eine Anwendung der integralen Form des Impulserhaltungssatzes ist das **Archimedische Prinzip**:

Wird ein Körper in eine ruhende Flüssigkeit einen Körper eingetaucht, so wirkt auf diesen eine Auftriebskraft, deren Betrag dem Gewicht der verdrängten Flüssigkeit entspricht.

Denn ist g die Erdbeschleunigung und Ω der vom Körper eingenommene Raum, so ergibt sich mit

$$\mathbf{v} = \mathbf{0}, \quad \mathbf{G} = -g\,\mathbf{e}_3,$$

und dem Impulserhaltungssatz

$$\int\limits_{\partial\Omega} (-p\,\mathbf{n})\,do = -\int\limits_{\Omega} \varrho\,\mathbf{G}\,d^3\mathbf{x} = \int\limits_{\Omega} \varrho\,g\,\mathbf{e}_3\,d^3\mathbf{x} = A\,\mathbf{e}_3,$$

dabei ist $A = \int\limits_{\Omega} \varrho\,g\,d^3\mathbf{x}$ das Gewicht der verdrängten Flüssigkeit.

6.5 Ebene stationäre, inkompressible, wirbelfreie Strömungen

Wir betrachten die Strömung eines inkompressiblen Gases mit Massenerhaltung und einem stationären (zeitlich konstanten) Geschwindigkeitsfeld $\mathbf{v}(\mathbf{x})$. Bildet dieses Feld keine Wirbel, d.h. verschwindet die *Zirkulation* $\int_{\gamma} \mathbf{v} \bullet d\mathbf{x} = 0$ für jede geschlossene Kurve γ, so besteht nach § 24 : 5.4 die Integrabilitätsbedingung

$$\mathrm{rot}\,\mathbf{v} = \mathbf{0}\,.$$

Die Inkompressibilität bedeutet nach 6.1

$$\mathrm{div}\,\mathbf{v} = 0\,.$$

Ist nun die räumliche Konfiguration in jeder Ebene $\{z = \mathrm{const}\}$ gleich, wie z.B. beim Modell eines unendlich langen Tragflügels (vergleiche dazu die Figur in 3.2), so können wir uns auf ein ebenes Modell beschränken:

$$v_1 = v_1(x,y)\,, \quad v_2 = v_2(x,y)\,, \quad v_3 = 0\,.$$

Wirbelfreiheit und Inkompressibilität bedeuten in diesem Fall

$$\frac{\partial v_2}{\partial x} - \frac{\partial v_1}{\partial y} = 0\,, \quad \frac{\partial v_1}{\partial x} + \frac{\partial v_2}{\partial y} = 0\,.$$

Ebene Felder, die diesen Differentialgleichungen genügen, werden mittels komplexer Rechnung behandelt (§ 27 : 5.6). Auf diese Weise werden solche Strömungsprobleme eine Anwendung der (komplexen) Funktionentheorie, der wir uns nun zuwenden.

Kapitel VII
Einführung in die Funktionentheorie

§ 27 Die Hauptsätze der Funktionentheorie

1 Holomorphie, Cauchy–Riemannsche Differentialgleichungen

1.1 Topologie in der Zahlenebene

Die Auffassung des $\mathbb{R}^2$ als komplexe Zahlenebene und das Ausnützen der multiplikativen Struktur von $\mathbb{C}$ geben der Vektoranalysis in $\mathbb{R}^2$ ein ganz neues Gesicht. Die daraus entstandene Funktionentheorie ist ein selbständiges Gebiet der Mathematik und ein wichtiges Hilfsmittel der Analysis.

Für zwei komplexe Zahlen $z_1 = x_1 + iy_1$, $z_2 = x_2 + iy_2$ ist $|z_1 - z_2|$ der euklidische Abstand der Vektoren (x_1, y_1) und (x_2, y_2) im $\mathbb{R}^2$. Daher können wir alle topologischen Begriffe des $\mathbb{R}^2$ auf $\mathbb{C}$ übertragen. So heißt eine Menge $M \subset \mathbb{C}$ offen bzw. abgeschlossen bzw. kompakt usw., wenn sie als Teilmenge des $\mathbb{R}^2$ die entsprechenden Eigenschaften hat. Die Konvergenz $z_n \to z$ bedeutet $|z - z_n| \to 0$ oder, gleichbedeutend damit, $\operatorname{Re} z_n \to \operatorname{Re} z$ und $\operatorname{Im} z_n \to \operatorname{Im} z$; Näheres dazu in § 7 : 3.

In der Funktionentheorie betrachten wir **komplexe Funktionen**

$$f : \Omega \to \mathbb{C}, \quad z \mapsto f(z),$$

wobei Ω stets ein Gebiet in der Zahlenebene $\mathbb{C}$ ist. Eine solche Funktion hat also die Form

$$x + iy \mapsto u(x, y) + i\, v(x, y).$$

BEISPIEL: $z = x + iy \mapsto e^z = e^x \cos y + i\, e^x \sin y$.

Grenzwerte komplexer Funktionen. Ist U eine Umgebung von $a \in \mathbb{C}$ und f in $U \setminus \{a\}$ erklärt, so schreiben wir

$$\lim_{z \to a} f(z) = b,$$

falls $\lim_{n \to \infty} f(z_n) = b$ für jede Folge (z_n) in $U \setminus \{a\}$ mit $z_n \to a$, vgl. § 21 : 7.1.

BEISPIEL. $\lim_{z \to 0} \frac{e^z - 1}{z} = 1$. Denn für $0 < |z| < 1$ gilt nach § 10 : 1.3

$$\left| \frac{e^z - 1}{z} - 1 \right| = \left| \frac{e^z - 1 - z}{z} \right| = \left| \sum_{k=2}^{\infty} \frac{z^{k-1}}{k!} \right| \leq \sum_{k=2}^{\infty} |z|^{k-1} = \frac{|z|}{1 - |z|}.$$

© Springer-Verlag GmbH Deutschland 2018
H. Fischer und H. Kaul, *Mathematik für Physiker Band 1*,
https://doi.org/10.1007/978-3-662-56561-2_7

Satz. *Aus* $\lim\limits_{z \to a} f(z) = b$ *folgt insbesondere für reelle* h

$$\lim_{h \to 0} f(a+h) = b \quad \text{und} \quad \lim_{h \to 0} f(a+ih) = b\,.$$

Aus der Existenz der Grenzwerte

$$\lim_{z \to a} f(z) = b\,, \quad \lim_{z \to a} g(z) = c$$

folgt wie im Reellen die Existenz der Grenzwerte

$$\lim_{z \to a} |f(z)| = |b|\,,$$

$$\lim_{z \to a} \big(\alpha f(z) + \beta g(z)\big) = \alpha b + \beta c \quad \text{für} \quad \alpha, \beta \in \mathbb{C}\,,$$

$$\lim_{z \to a} f(z)\,g(z) = b\,c\,,$$

$$\lim_{z \to a} \frac{f(z)}{g(z)} = \frac{b}{c}\,, \quad \text{falls} \quad c \neq 0\,.$$

Das wird genauso wie in § 8 bewiesen $\boxed{\text{ÜA}}$; der Nachweis kann auch durch den Rückgriff auf den Real– und Imaginärteil geführt werden.

1.2 Stetigkeit von komplexen Funktionen

Eine komplexe Funktion $f : \Omega \to \mathbb{C}$ heißt im Punkt $a \in \Omega$ **stetig**, wenn $f(a) = \lim\limits_{z \to a} f(z)$. Die üblichen Eigenschaften stetiger Funktionen ergeben sich aus 1.1.

1.3 Komplexe Differenzierbarkeit

Eine komplexe Funktion $f : \Omega \to \mathbb{C}$ heißt an der Stelle $a \in \Omega$ **komplex differenzierbar**, wenn die **komplexe Ableitung**

$$f'(a) = \frac{df}{dz}(a) := \lim_{z \to a} \frac{f(z) - f(a)}{z - a}$$

existiert. Bevor wir diesen Begriff näher analysieren, formulieren wir die wichtigsten

Eigenschaften der komplexen Differentiation

(a) *Ist* f *an der Stelle* a *differenzierbar, so ist* f *dort stetig.*

(b) *Sind* $f, g : \Omega \to \mathbb{C}$ *an der Stelle* $a \in \Omega$ *differenzierbar, so existieren auch die folgenden Ableitungen:*

$$(\alpha f + \beta g)'(a) = \alpha f'(a) + \beta g'(a) \quad \text{für} \quad \alpha, \beta \in \mathbb{C}\,,$$

$$(fg)'\,(a) \;=\; f'(a)g(a) + f(a)g'(a) \quad (\textit{Produktregel}),$$

$$\left(\frac{f}{g}\right)'(a) \;=\; \frac{f'(a)g(a) - f(a)g'(a)}{g(a)^2}\,, \;\; \textit{falls } g(a) \neq 0 \;\; (\textit{Quotientenregel}).$$

(c) **Kettenregel.** *Sei* $g : \Omega \to \Omega'$ *an der Stelle* a *differenzierbar und* $f : \Omega' \to \mathbb{C}$ *an der Stelle* $g(a)$ *differenzierbar. Dann ist* $f \circ g : \Omega \to \mathbb{C}$ *an der Stelle* a *differenzierbar, und es gilt*

$$(f \circ g)'\,(a) \;=\; f'(g(a))\,g'(a)\,.$$

Die Beweise zu (a),(b) stützen sich auf die Rechenregeln für Grenzwerte und ergeben sich völlig analog zu §9 $\boxed{\text{ÜA}}$. (c) folgt wie in §9:3.2 $\boxed{\text{ÜA}}$.

BEISPIELE.

(a) Konstante Funktionen sind überall differenzierbar mit Ableitung Null.

(b) Die Identität $z \mapsto z$ ist überall differenzierbar mit Ableitung 1.

(c) Jedes komplexe Polynom $p(z) = a_0 + a_1 z + \ldots + a_n z^n$ ist überall differenzierbar und hat die Ableitung $p'(z) = a_1 + 2a_2 z + \ldots + n a_n z^{n-1}$.

(d) $\dfrac{d}{dz}\left(\dfrac{1}{z}\right) = -\dfrac{1}{z^2}$ für $z \neq 0$.

(e) $\dfrac{d}{dz}\,\mathrm{e}^z = \mathrm{e}^z$.

BEWEIS.

(a) und (b) direkt aus der Definition, (c) und (d) aus den Rechenregeln $\boxed{\text{ÜA}}$.

(e) folgt aus $\dfrac{\mathrm{e}^z - \mathrm{e}^a}{z - a} = \mathrm{e}^a\,\dfrac{\mathrm{e}^{z-a} - 1}{z - a} \to \mathrm{e}^a$ nach 1.1. $\square$

1.4 Holomorphe Funktionen

Eine Funktion $f : \Omega \to \mathbb{C}$ heißt **holomorph**, wenn f in jedem Punkt von Ω stetig komplex differenzierbar ist, d.h. wenn die Funktion $z \mapsto f'(z)$ auf ganz Ω erklärt und dort stetig ist.

Alle in 1.3 genannten Funktionen sind holomorph.

Sind $f, g : \Omega \to \mathbb{C}$ holomorph, so auch

$$af + bg \quad \text{für} \quad a, b \in \mathbb{C}\,,$$

$$f \cdot g\,,$$

$$f/g \quad \text{außerhalb der Nullstellenmenge von } g.$$

Das folgt aus 1.3 und, was die Stetigkeit der Ableitung anbetrifft, aus den Rechenregeln 1.1 für Grenzwerte.

SATZ. *Eine komplexe Funktion*

$$f \; : \; z = x + iy \; \mapsto \; u(x,y) + iv(x,y)$$

ist genau dann holomorph, wenn u und v als reellwertige Funktionen in $\Omega \subset \mathbb{R}^2$ C^1-differenzierbar sind und die **Cauchy–Riemannschen Differentialgleichungen**

$$\frac{\partial u}{\partial x} = \frac{\partial v}{\partial y}, \quad \frac{\partial v}{\partial x} = -\frac{\partial u}{\partial y}.$$

erfüllen. Es gilt dann

$$f'(x+iy) = \frac{\partial u}{\partial x}(x,y) + i\frac{\partial v}{\partial x}(x,y) = \frac{\partial v}{\partial y}(x,y) - i\frac{\partial u}{\partial y}(x,y).$$

$\boxed{\text{ÜA}}$: Verifizieren Sie dies für $f(z) = z^2$ und $f(z) = \mathrm{e}^z$, vgl. 1.2 (e).

Zeigen Sie mit Hilfe dieses Satzes, dass $z \mapsto \overline{z}$ nicht holomorph ist.

BEWEIS.

(a) Sei f holomorph und $z_0 = x_0 + iy_0 \in \Omega$. Nach 1.1 gilt für reelle $h \neq 0$

$$f'(z_0) = \lim_{h \to 0} \frac{u(x_0+h,y_0) - u(x_0,y_0)}{h} + i \lim_{h \to 0} \frac{v(x_0+h,y_0) - v(x_0,y_0)}{h}$$

$$= \frac{\partial u}{\partial x}(x_0,y_0) + i\frac{\partial v}{\partial x}(x_0,y_0).$$

Andererseits ergibt sich für $ih \to 0$, $0 \neq h \in \mathbb{R}$

$$f'(z_0) = \lim_{h \to 0} \frac{u(x_0,y_0+h) - u(x_0,y_0)}{ih} + i \lim_{h \to 0} \frac{v(x_0,y_0+h) - v(x_0,y_0)}{ih}$$

$$= -i\frac{\partial u}{\partial y}(x_0,y_0) + \frac{\partial v}{\partial y}(x_0,y_0).$$

Durch Vergleich von Real– und Imaginärteil ergeben sich die Cauchy–Riemannschen Differentialgleichungen. Die Stetigkeit von $z \mapsto f'(z)$ ist äquivalent zur stetigen Differenzierbarkeit von $u = \operatorname{Re} f$ und $v = \operatorname{Im} f$.

(b) Seien $u,v : \mathbb{R}^2 \supset \Omega \to \mathbb{R}$ stetig differenzierbar, und die Cauchy–Riemannschen Differentialgleichungen seien erfüllt. Dann gilt an jeder festen Stelle $z_0 = x_0 + iy_0 \in \Omega$ und für $h = s + it$, $|s|,|t| \ll 1$

$$f(z_0 + h) = u(x_0+s, y_0+t) + iv(x_0+s, y_0+t)$$

$$= u(x_0,y_0) + \partial_x u(x_0,y_0)\,s + \partial_y u(x_0,y_0)\,t + r_1(s,t)$$

$$+ i\big(v(x_0,y_0) + \partial_x v(x_0,y_0)\,s + \partial_y v(x_0,y_0)\,t + r_2(s,t)\big)$$

mit

$$\lim_{|h| \to 0} \frac{r_1(s,t)}{|h|} = \lim_{|h| \to 0} \frac{r_2(s,t)}{|h|} = 0.$$

Mit $r(s+it) := r_1(s,t) + i r_2(s,t)$ und $\partial_y u = -\partial_x v$, $\partial_y v = \partial_x u$ erhalten wir also

$$f(z_0 + h) = f(z_0) + \big(\partial_x u(x_0, y_0) + i\, \partial_x v(x_0, y_0)\big)(s+it) + r(h)$$

und daraus für $h = s + it \neq 0$

$$\frac{f(z_0+h) - f(z_0)}{h} = \frac{\partial u}{\partial x}(x_0, y_0) + i \frac{\partial v}{\partial x}(x_0, y_0) + \frac{r(h)}{h} \quad \text{mit} \quad \lim_{h \to 0} \frac{r(h)}{h} = 0.$$

Hieraus folgten die Differenzierbarkeit von f an der Stelle z_0, die behauptete Formel für $f'(z_0)$ und die Stetigkeit von $z_0 \mapsto f'(z_0)$. □

1.5 Holomorphe Funktionen und ebene Strömungen

Die Cauchy–Riemannschen Differentialgleichungen bedeuten, dass die Vektorfelder $(u, -v)$ und (v, u) divergenzfrei sind und die Integrabilitätsbedingungen erfüllen.

Ist umgekehrt (v_1, v_2) das Geschwindigkeitsfeld einer ebenen, stationären, inkompressiblen und wirbelfreien Strömung (vgl. § 26 : 6.5), so sind die Funktionen

$$x + iy \mapsto v_1(x,y) - i v_2(x,y) \quad \text{und} \quad x + iy \mapsto v_2(x,y) + i v_1(x,y)$$

holomorph.

1.6 Das Verschwinden der Ableitung

Ist f in Ω holomorph und gilt $f' = 0$, so ist f konstant.

Das folgt sofort aus dem entsprechenden Satz für den Real– und Imaginäranteil in § 22 : 3.5.

2 Komplexe Kurvenintegrale und Stammfunktionen

2.1 Stückweis glatte Kurven in $\mathbb{C}$

Ein ebenes C^1–Kurvenstück γ beschreiben wir durch eine Parametrisierung

$$t \mapsto z(t) = x(t) + iy(t), \quad a \leq t \leq b.$$

Die Tangentenvektoren einer Parametrisierung haben die komplexe Darstellung $\dot{z}(t) := \dot{x}(t) + i\dot{y}(t)$. Abweichend vom bisherigen Gebrauch bezeichnen wir jede gleich orientierte Umparametrisierung ebenfalls mit γ. Somit steht γ für ein orientiertes Kurvenstück, vgl. § 24 : 4.3. Das umgekehrt durchlaufene Kurvenstück bezeichnen wir mit $-\gamma$.

Die Länge von γ ist gegeben durch

$$L(\gamma) = \int_a^b \sqrt{\dot{x}(t)^2 + \dot{y}(t)^2}\, dt = \int_a^b |\dot{z}(t)|\, dt\,.$$

Eine **stückweis glatte Kurve** oder ein **stückweis glatter Weg** γ entsteht durch Aneinanderhängen von orientierten C^1–Kurvenstücken $\gamma_1, \ldots, \gamma_N$, vgl. § 24 : 4.4. Wir schreiben

$$\gamma = \gamma_1 + \ldots + \gamma_N\,.$$

Die **Länge** von γ ist definiert durch

$$L(\gamma) = L(\gamma_1) + \ldots + L(\gamma_N)\,.$$

Den im mathematisch positiven Sinn durchlaufenen Kreis $\{|z - z_0| = r\}$ bezeichnen wir mit $C_r(z_0)$. Als Parametrisierung wählen wir meistens

$$t \mapsto z_0 + r\,e^{it} \quad (0 \le t \le 2\pi)\,.$$

Bei entgegengesetzter Durchlaufung im Uhrzeigersinn schreiben wir $-C_r(z_0)$.

Kettenregel. *Ist f holomorph in Ω und $t \mapsto z(t)$ C^1–differenzierbar mit $z(t) \in \Omega$, so gilt*

$$\frac{d}{dt}\, f(z(t)) = f'(z(t))\,\dot{z}(t)\,.$$

BEWEIS.

Wir setzen $f(x+iy) = u(x,y) + iv(x,y)$, $z(t) = x(t) + iy(t)$. Mit der Kettenregel (vgl. § 22 : 3.2) und den Cauchy–Riemannschen Differentialgleichungen ergibt sich (wir unterdrücken der Übersichtlichkeit halber Argumente):

$$\begin{aligned}
\frac{d}{dt}\,(f(z(t)) &= \frac{d}{dt}\,\big(u(x(t),y(t)) + iv(x(t),y(t))\big) \\[2mm]
&= \frac{\partial u}{\partial x}\,\dot{x} + \frac{\partial u}{\partial y}\,\dot{y} + i\left(\frac{\partial v}{\partial x}\,\dot{x} + \frac{\partial v}{\partial y}\,\dot{y}\right) \\[2mm]
&= \left(\frac{\partial u}{\partial x} + i\,\frac{\partial v}{\partial x}\right)(\dot{x} + i\dot{y}) = f'(z(t))\,\dot{z}(t)\,. \qquad \square
\end{aligned}$$

2.2 Komplexe Kurvenintegrale

(a) Für $F(t) = U(t) + i\,V(t)$ mit stetigen Funktionen $U, V : [a,b] \to \mathbb{R}$ setzen wir

$$\int_a^b F(t)\, dt := \int_a^b U(t)\, dt + i \int_a^b V(t)\, dt\,.$$

Aus dem Hauptsatz folgt für $U, V \in C^1[a,b]$

$$\int_a^b \dot{F}(t)\, dt = F(b) - F(a) \quad \text{mit} \quad \dot{F}(t) = \dot{U}(t) + i\dot{V}(t)\,.$$

(b) Sei $f : \Omega \to \mathbb{C}$ stetig und γ ein durch $z : [a,b] \to \mathbb{C}$ gegebenes orientiertes C^1–Kurvenstück in Ω. Dann definieren wir das komplexe **Kurven– oder Wegintegral** durch

$$\int\limits_\gamma f(z)\,dz := \int\limits_a^b f(z(t))\,\dot z(t)\,dt\,.$$

Dies macht Sinn, denn wie in § 24 : 4.3 ergibt sich, dass die rechte Seite für jede positive Parametrisierung von γ denselben Wert hat, und dass bei Änderung des Durchlaufsinns das Vorzeichen wechselt,

$$\int\limits_{-\gamma} f(z)\,dz = -\int\limits_\gamma f(z)\,dz\,.$$

(c) Für stückweis glatte Wege $\gamma = \gamma_1 + \ldots + \gamma_N$ setzen wir

$$\int\limits_\gamma f(z)\,dz := \int\limits_{\gamma_1} f(z)\,dz + \ldots + \int\limits_{\gamma_N} f(z)\,dz\,.$$

In der Literatur findet sich für geschlossene Wege γ auch die Bezeichnung

$$\oint\limits_\gamma f(z)\,dz\,.$$

SATZ. *Das Kurvenintegral ist linear:*

$$\int\limits_\gamma (a\,f(z) + b\,g(z))\,dz = a \int\limits_\gamma f(z)\,dz + b \int\limits_\gamma g(z)\,dz \quad \text{für} \quad a,b \in \mathbb{C}\,.$$

Des weiteren besteht die Integralabschätzung

$$\Big| \int\limits_\gamma f(z)\,dz \, \Big| \leq M\,L(\gamma)\,,$$

falls $|f(z)| \leq M$ auf der Spur von γ.

BEWEIS.

Der Nachweis der ersten Behauptung ist eine leichte $\boxed{\ddot{\text{U}}\text{A}}$.

Es genügt, die zweite Behauptung für C^1–Kurvenstücke zu zeigen. Sei

$$F(t) := f(z(t))\,\dot z(t) = U(t) + i\,V(t)\,.$$

Die Polardarstellung des Kurvenintegrals sei $\int\limits_\gamma f(z)\,dz = r\,e^{i\varphi}$. Dann gilt

$$\Big| \int\limits_\gamma f(z)\,dz \,\Big| = \Big| \int\limits_a^b F(t)\,dt \,\Big| = r = \operatorname{Re}(r) = \operatorname{Re}\Big(e^{-i\varphi} \int\limits_a^b F(t)\,dt \Big)$$

$$= \int\limits_a^b \operatorname{Re}\big(e^{-i\varphi} F(t) \big)\,dt \leq \int\limits_a^b \big| e^{-i\varphi} F(t) \big|\,dt$$

$$= \int\limits_a^b |F(t)|\,dt \leq \int\limits_a^b M\,|\dot z(t)|\,dt = M\,L(\gamma)\,. \qquad \square$$

2.3 Zurückführung auf vektorielle Kurvenintegrale im $\mathbb{R}^2$

Sei $f(x + iy) = u(x,y) + iv(x,y)$ *stetig in* Ω *und* γ *ein Weg in* Ω. *Dann gilt*

$$\int_\gamma f(z)\,dz = \int_\gamma (u\,dx - v\,dy) + i \int_\gamma (v\,dx + u\,dy)$$

$$= \int_\gamma \mathbf{f} \bullet d\mathbf{x} + i \int_\gamma \mathbf{g} \bullet d\mathbf{x}$$

mit den Vektorfeldern $\mathbf{f} = (u, -v)$ *und* $\mathbf{g} = (v, u)$, *vgl. 1.4.*

Ist f *insbesondere holomorph in* Ω, *so erfüllen beide Vektorfelder die Integrabilitätsbedingungen.*

Dieser Satz erlaubt die Übertragung der Ergebnisse von § 24 : 5 über Wegunabhängigkeit und Existenz von Potentialen auf komplexe Kurvenintegrale.

Der Beweis ist eine einfache $\boxed{\text{ÜA}}$.

2.4 Kurvenintegrale über Kreislinien

Für das Kurvenintegral über die Kreislinie $C_r(z_0)$ in der Standardparametrisierung $t \mapsto z_0 + r\,e^{it}$ $(0 \le t \le 2\pi)$ ergibt sich

$$\int_{C_r(z_0)} f(z)\,dz = ir \int_0^{2\pi} f\left(z_0 + r\,e^{it}\right) e^{it}\,dt.$$

2.5 Die Grundformeln der Funktionentheorie

Für $n \in \mathbb{Z}$ *gilt*

$$\int_{C_r(z_0)} (z - z_0)^n \, dz = \begin{cases} 2\pi i & \text{für} \quad n = -1, \\ 0 & \text{für} \quad n \ne -1. \end{cases}$$

BEWEIS.

$$\int_{C_r(z_0)} (z - z_0)^n \, dz = ir \int_0^{2\pi} \left(r\,e^{it}\right)^n e^{it}\,dt = ir^{n+1} \int_0^{2\pi} e^{i(n+1)t}\,dt$$

$$= ir^{n+1} \int_0^{2\pi} \left(\cos(n+1)t + i\sin(n+1)t\right)\,dt$$

$$= \begin{cases} 2\pi i & \text{für} \quad n+1 = 0, \\ 0 & \text{für} \quad n+1 \ne 0. \end{cases} \qquad \square$$

2.6 Stammfunktionen

(a) SATZ. *Sei* $f : \Omega \to \mathbb{C}$ *eine stetige Funktion, für die das komplexe Kurvenintegral wegunabhängig ist, d.h.*

$$\int_{\gamma_1} f(z)\,dz = \int_{\gamma_2} f(z)\,dz$$

für je zwei Wege γ_1, γ_2 *in* Ω *mit gleichen Anfangs- und Endpunkten.*

Wir wählen einen Punkt $z_0 \in \Omega$ und setzen

$$F(z) = \int\limits_{z_0}^{z} f(w)\, dw := \int\limits_{\gamma} f(w)\, dw\,,$$

wobei γ irgend eine Verbindungskurve in Ω von z_0 nach z ist. Dann ist F holomorph und eine **Stammfunktion** *für f, d.h. $F'(z) = f(z)$ für alle $z \in \Omega$.*

BEWEIS.

Schreiben wir $F(z) = U(x,y) + iV(x,y)$ für $z = x + iy$, so gilt nach 2.3

$$U(x,y) = \int\limits_{z_0}^{z} (u\, dx - v\, dy)\,, \quad V(x,y) = \int\limits_{z_0}^{z} (v\, dx + u\, dy)\,.$$

Nach Voraussetzung sind die Vektorfelder $(u, -v)$ und (v, u) konservativ, also liefern U und V jeweils zugehörige Stammfunktionen nach § 24 : 5.2. Das bedeutet, dass U und V jeweils C^1–Funktionen auf Ω sind mit

$$\frac{\partial U}{\partial x} = u\,, \quad \frac{\partial U}{\partial y} = -v\,, \quad \frac{\partial V}{\partial x} = v\,, \quad \frac{\partial V}{\partial y} = u\,.$$

Damit erfüllen U und V die Cauchy–Riemannschen Differentialgleichungen. Nach 1.3 ist F holomorph, und es gilt

$$F'(x + iy) = \frac{\partial U}{\partial x}(x,y) + i\frac{\partial V}{\partial x}(x,y) = u(x,y) + iv(x,y) = f(x + iy)\,. \quad \square$$

Wir knüpfen an die hinreichende Bedingung § 24 : 5.5 für die Existenz von Potentialen für ebene Vektorfelder auf einfachen Gebieten § 24 : 5.3 an.

(b) FOLGERUNG. *Ist Ω ein einfaches Gebiet und f holomorph in Ω, so besitzt f in Ω eine Stammfunktion F, und es gilt*

$$\int\limits_{\gamma} f(z)\, dz = 0$$

für jeden geschlossenen Weg γ in Ω.

BEWEIS.

Wegen der Cauchy–Riemannschen Differentialgleichungen erfüllen die Vektorfelder $(u, -v)$ und (v, u) die Integrablitätsbedingungen. Daher ist das Integral

$$\int\limits_{\gamma} f(z)\, dz = \int\limits_{\gamma} (u\, dx - v\, dy) + i \int\limits_{\gamma} (v\, dx + u\, dy)$$

wegunabhängig, und wir erhalten wie oben eine Stammfunktion F. $\quad \square$

2.7 Der komplexe Logarithmus
(a) Die komplexe Exponentialfunktion $z \mapsto \exp(z) = e^z$ ist nicht injektiv, denn nach § 5 : 9.2 gilt

$$e^z = e^w \iff z = w + 2\pi i n \quad \text{für ein } n \in \mathbb{Z}\,.$$

Trotzdem können wir einen „Logarithmus" als Umkehrfunktion bilden, der allerdings aus unendlich vielen „Zweigen" besteht.

Ist Ω ein einfaches Gebiet mit $0 \notin \Omega$, so heißt eine in Ω holomorphe Funktion F ein **Zweig des Logarithmus**, wenn

$$e^{F(z)} = z \quad \text{für alle } z \in \Omega.$$

Für $n \in \mathbb{Z}$ liefert auch $F + 2\pi i n$ einen Zweig wegen $\exp(2\pi i n) = 1$.

Notwendigerweise gilt für einen Zweig des Logarithmus

$$F'(z) = \frac{1}{z},$$

denn aus $z = \exp(F(z))$ folgt nach der Kettenregel

$$1 = \exp'(F(z))F'(z) = \exp(F(z))F'(z) = zF'(z).$$

Wir zeichnen nun einen Zweig des Logarithmus als Stammfunktion von $\frac{1}{z}$ aus.

(b) Die geschlitzte Ebene $\mathbb{C} \setminus \mathbb{R}_- = \{z = r\,e^{i\varphi} \mid r > 0,\ -\pi < \varphi < \pi\}$ ist sternförmig, also einfach, und enthält nicht den Ursprung. Auf dieser ist nach 2.6 (b) die Stammfunktion F von $\frac{1}{z}$ mit $F(1) = 0$ gegeben durch

$$F(z) = \int_\gamma \frac{dw}{w}, \quad \gamma \text{ eine Verbindungskurve von } 1 \text{ nach } z \text{ in } \mathbb{C} \setminus \mathbb{R}_-.$$

Diese heißt **Hauptzweig des Logarithmus** und wird mit $\log$ bezeichnet.

Wählen wir für $z = r\,e^{i\varphi}$ mit $r > 0$, $-\pi < \varphi < \pi$ den skizzierten Weg

$\gamma_z = \gamma_r + \gamma_\varphi$ mit

$\gamma_r = \{1 + s(r-1) \mid 0 \le s \le 1\}$,

$\gamma_\varphi = \{r e^{it\varphi} \mid 0 \le t \le 1\}$,

so ergibt sich $\boxed{\text{ÜA}}$

$\log z = \log r + i\varphi$.

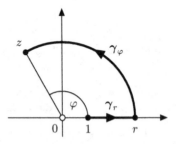

Es folgen die Eigenschaft eines Zweiges und die Umkehreigenschaft

$$e^{\log z} = z \quad \text{für } z \in \mathbb{C} \setminus \mathbb{R}_- \quad \text{und} \quad \log e^w = w \quad \text{für } |\mathrm{Im}\,w| < \pi.$$

(c) SATZ. *Auf jedem einfachen Gebiet Ω mit $0 \notin \Omega$ gibt es unendlich viele Zweige des Logarithmus. Diese unterscheiden sich um ganzzahlige Vielfache von $2\pi i$.*

BEWEIS.

Wir fixieren ein $z_0 \in \Omega \setminus \mathbb{R}_-$. Nach 2.6 (b) existiert eine Stammfunktion F von $\frac{1}{z}$ mit $F(z_0) = \log z_0$. Es folgt

$$\tfrac{d}{dz} \left(\tfrac{1}{z}\, e^{F(z)} \right) = -\tfrac{1}{z^2}\, e^{F(z)} + \tfrac{1}{z}\, e^{F(z)} F'(z) = \left(-\tfrac{1}{z^2} + \tfrac{1}{z^2} \right) e^{F(z)} = 0 \,,$$

also gilt nach 1.6 für alle $z \in \Omega$

$$\tfrac{1}{z}\, e^{F(z)} = \mathrm{const} = \tfrac{1}{z_0}\, e^{F(z_0)} = \tfrac{1}{z_0}\, e^{\log z_0} = 1 \,.$$

Nach (a) ist auch $F + 2\pi i n$ für $n \in \mathbb{Z}$ ein Zweig des Logarithmus.

Ist umgekehrt G ein Zweig des Logarithmus, so gibt es wegen $e^{G(z)} = z = e^{F(z)}$ zu jedem $z \in \Omega$ eine ganze Zahl $n(z)$ mit $G(z) = F(z) + 2\pi i n(z)$. Da

$$z \mapsto n(z) = \tfrac{1}{2\pi i} \left(G(z) - F(z) \right)$$

stetig und ganzzahlig ist, folgt die Konstanz von $n(z)$. □

2.8 Zweige der Quadratwurzel

In der geschlitzten Ebene $\Omega = \mathbb{C} \setminus \mathbb{R}_-$ gibt es genau zwei holomorphe Funktionen f_1, f_2 mit $(f_1(z))^2 = (f_2(z))^2 = z$.

ÜA Geben Sie f_1, f_2 mit Hilfe des komplexen Logarithmus an.

2.9 Kompakte Konvergenz und Vertauschung von Integral und Limes

(a) Sei $f_1, f_2, \ldots$ eine Folge beschränkter Funktionen auf Ω, deren Grenzwert $f(z) = \lim_{n\to\infty} f_n(z)$ für jedes $z \in \Omega$ existiert und beschränkt ist. Wir sprechen von **kompakter Konvergenz**, wenn zusätzlich gilt

$$\| f - f_n \|_K \to 0 \quad \text{für} \quad n \to \infty \quad \text{und jede kompakte Teilmenge } K \subset \Omega \,.$$

Hierbei ist $\| g \|_K = \sup \{ |g(z)| \mid z \in K \}$.

SATZ. *Bei kompakter Konvergenz ist die Grenzfunktion* $f = \lim_{n\to\infty} f_n$ *ebenfalls stetig auf* Ω, *und für jeden Weg* γ *in* Ω *gilt*

$$\int_\gamma f(z)\, dz = \lim_{n\to\infty} \int_\gamma f_n(z)\, dz \,.$$

BEWEIS.

Nach Voraussetzung konvergiert die Folge f_n auf jeder kompakten Teilmenge $K \subset \Omega$ gleichmäßig gegen f, woraus sich wie in § 12 : 3.1 die Stetigkeit von f auf K ergibt. Die Stetigkeit in einem beliebigen Punkt $z_0 \in \Omega$ folgt hieraus durch die Wahl $K = \overline{K_r(z_0)} \subset \Omega$. Da die Spur von γ kompakt ist, folgt nach 2.2 (c)

$$\left| \int_\gamma f(z)\, dz - \int_\gamma f_n(z)\, dz \right| \leq \left| \int_\gamma (f(z) - f_n(z))\, dz \right| \leq \| f - f_n \|_\gamma\, L(\gamma) \to 0 \,. \quad \square$$

(b) Ein wichtiges Beispiel für kompakte Konvergenz liefern die Partialsummen von Potenzreihen: Eine in $\Omega = K_R(z_0)$ konvergente Potenzreihe $\sum\limits_{n=0}^{\infty} a_n(z - z_0)^n$ konvergiert mitsamt der gliedweis abgeleiteten Reihe $\sum\limits_{n=0}^{\infty} n\, a_n(z - z_0)^{n-1}$ gleichmäßig auf jeder kompakten Menge $K \subset \Omega$ (§ 12 : 2.7 mit $r = R - \operatorname{dist}(K, \partial\Omega)$).

3 Analytische Funktionen

3.1 Gliedweise Differenzierbarkeit von Potenzreihen

Besitzt eine Funktion f eine Potenzreihendarstellung

$$f(z) = \sum_{n=0}^{\infty} a_n(z - z_0)^n$$

für $|z - z_0| < R$ mit $0 < R \leq \infty$, so ist f dort beliebig oft komplex differenzierbar. Die Ableitungen $f', f'', \ldots$ ergeben sich durch gliedweise Differentiation der Reihe.

BEWEIS.

(a) Nach 2.9 (b),(a) ist $g(z) := \sum\limits_{n=1}^{\infty} n a_n(z - z_0)^{n-1}$ stetig, und es gilt

(∗) $\int\limits_{\gamma} g(w)\, dw = \sum\limits_{n=1}^{\infty} n a_n \int\limits_{\gamma} (w - z_0)^{n-1}\, dw$

für jeden Weg γ in $\Omega = K_R(z_0)$. Wir zeigen, dass f eine Stammfunktion von g ist.

Das Kurvenintegral für die holomorphe Funktion $z \mapsto (z - z_0)^{n-1}$ ist wegunabhängig, da Ω ein einfaches Gebiet ist (2.6 (b)). Also ist auch das Kurvenintegral über die stetige Funktion g wegunabhängig wegen (∗), d.h. g besitzt eine Stammfunktion nach 2.6 (a). Diese berechnen wir durch Integration längs der Strecke γ_z von z_0 nach z mit der Parametrisierung

$$z(t) = z_0 + t(z - z_0), \quad 0 \leq t \leq 1.$$

Wir erhalten mit $\dot{z}(t) = z - z_0$

$$\int\limits_{\gamma_z} (w - z_0)^{n-1}\, dw = \int\limits_0^1 t^{n-1}(z - z_0)^n\, dt = (z - z_0)^n \int\limits_0^1 t^{n-1}\, dt = \frac{(z - z_0)^n}{n}.$$

Aus (∗) ergibt sich

$$\int\limits_{\gamma_z} g(w)\, dw = \sum_{n=1}^{\infty} n a_n \frac{(z - z_0)^n}{n} = f(z) - a_0.$$

Nach 2.6 (a) folgt $g(z) = \frac{d}{dz}(f(z) - a_0) = f'(z)$.

(b) Dasselbe Argument, angewandt auf $f'(z) = \sum\limits_{n=1}^{\infty} n\, a_n(z - z_0)^{n-1}$, ergibt

$f''(z) = \sum\limits_{n=2}^{\infty} n(n - 1)a_n(z - z_0)^{n-2}$. Die Behauptung folgt so per Induktion. $\square$

3.2 Analytische Funktionen

Eine Funktion $f : \Omega \to \mathbb{C}$ heißt **analytisch** , wenn es zu jedem $z_0 \in \Omega$ eine Kreisscheibe $K_R(z_0) \subset \Omega$ gibt, so dass f in $K_R(z_0)$ eine Potenzreihenentwicklung

$$f(z) = \sum_{n=0}^{\infty} a_n (z - z_0)^n$$

besitzt.

Nach 3.1 ist eine analytische Funktion f beliebig oft komplex differenzierbar in Ω. Die Koeffizienten der Reihenentwicklungen sind eindeutig bestimmt:

$$a_n = \frac{f^{(n)}(z_0)}{n!} \quad \text{für} \quad n = 0, 1, \ldots .$$

Denn es gilt

$$f^{(n)}(z) = \sum_{k=n}^{\infty} k(k - 1) \cdots (k - n + 1)a_k(z - z_0)^{k-n}$$

für $|z - z_0| < R$ nach 3.1, woraus $f^{(n)}(z_0) = n!\, a_n$ folgt.

$\boxed{\text{ÜA}}$ Zeigen Sie: Mit f, g sind auch alle Linearkombinationen und das Produkt $f \cdot g$ analytisch in Ω. Verwenden Sie für $f \cdot g$ das Cauchy–Produkt.

3.3 Der Identitätssatz für analytische Funktionen

Zwei analytische Funktionen $f, g : \Omega \to \mathbb{C}$ sind schon dann gleich, wenn sie auf einer Folge (z_n) mit $z_n \to z_0 \in \Omega$ und $z_n \neq z_0$ übereinstimmen.

BEWEIS.

(a) Nach Voraussetzung gibt es ein $R > 0$ mit

$$f(z) = \sum_{k=0}^{\infty} a_k(z - z_0)^k, \quad g(z) = \sum_{k=0}^{\infty} b_k(z - z_0)^k \quad \text{für} \ z \in K_R(z_0).$$

Wir zeigen zunächst $a_k = b_k$ für alle $k \geq 0$, also $f(z) = g(z)$ in $K_R(z_0)$. Angenommen, das ist nicht der Fall. Wir setzen $m := \min\{k \geq 0 \mid a_k \neq b_k\}$. Dann besteht die Reihenentwicklung

$$f(z) - g(z) = (z - z_0)^m \sum_{k=0}^{\infty} c_k(z - z_0)^k \quad \text{mit} \ c_0 = a_m - b_m \neq 0.$$

Die Funktion

$$h(z) = \sum_{k=0}^{\infty} c_k (z - z_0)^k$$

ist holomorph, also stetig. Daher folgt $\lim\limits_{z \to z_0} h(z) = h(z_0) = c_0$. Damit ergibt sich aber ein Widerspruch:

$$0 \neq c_0 = \lim_{n \to \infty} h(z_n) = \lim_{n \to \infty} \frac{f(z_n) - g(z_n)}{(z_n - z_0)^m} = 0.$$

(b) Sei z_1 ein beliebiger Punkt in Ω und $\gamma : [0, N] \to \Omega$ ein polygonaler Weg, der z_0 und z_1 in Ω verbindet: $\gamma(0) = z_0$, $\gamma(N) = z_1$, vgl. § 21 : 9.1, 9.4. Dieser verläuft ein Stück weit in $K_R(z_0)$, etwa für $0 \leq t < \delta$ (Stetigkeit von γ). Für

$$s_0 = \sup \left\{ s \in [0, N] \mid f(\gamma(t)) = g(\gamma(t)) \ \text{ für } \ t \in [0, s] \right\}$$

gilt also $s_0 > 0$. Daher gibt es Zahlen $t_n < s_0$ mit $t_n \to s_0$, $\gamma(t_n) \neq \gamma(s_0)$ und $f(\gamma(t_n)) = g(\gamma(t_n))$. Wie in (a) folgt, dass es ein $r > 0$ gibt mit $f(z) = g(z)$ in $K_r(\gamma(s_0))$. Wäre $s_0 < N$, so ergäbe sich wie oben $\gamma(t) \in K_r(\gamma(s_0))$ für $s_0 \leq t < \delta_1$ im Widerspruch zur Supremumseigenschaft von s_0. Also ist $s_0 = N$, insbesondere $f(z_1) = g(z_1)$. □

3.4 Beispiele

(a) Für festes $w \in \mathbb{C}$ ist $f(z) = \frac{1}{w-z}$ analytisch in $\Omega = \mathbb{C} \setminus \{w\}$.

Denn ist $z_0 \in \Omega$, so gilt für $|z - z_0| < R := |w - z_0|$

$$\frac{1}{w-z} = \frac{1}{w - z_0 + z_0 - z} = \frac{1}{w - z_0} \cdot \frac{1}{1 - \frac{z - z_0}{w - z_0}} = \sum_{n=0}^{\infty} \frac{(z - z_0)^n}{(w - z_0)^{n+1}} .$$

(b) e^z ist analytisch in der ganzen Zahlenebene wegen

$$e^z = e^{z_0} e^{z - z_0} = \sum_{n=0}^{\infty} \frac{e^{z_0}}{n!} (z - z_0)^n .$$

3.5 Nullstellen analytischer Funktionen

Sei f auf Ω analytisch und nicht konstant.

(a) *Ist $z_0 \in \Omega$ eine Nullstelle von f, so gibt es ein $k \in \mathbb{N}$ und in einer Umgebung von z_0 eine holomorphe Funktion g mit*

$$f(z) = (z - z_0)^k g(z), \quad g(z_0) \neq 0.$$

*Die Zahl k heißt **Ordnung der Nullstelle** z_0.*

(b) *Genau dann hat f an der Stelle z_0 eine Nullstelle k–ter Ordnung, wenn*

$$f(z_0) = f'(z_0) = \ldots = f^{(k-1)}(z_0) = 0, \quad f^{(k)}(z_0) \neq 0.$$

(c) *In jeder kompakten Teilmenge von Ω hat f höchstens endlich viele Null-stellen.*

BEWEIS: ⊔ÜA⊔ mit Hilfe von 3.1, 3.2, 3.3.

4 Der Cauchysche Integralsatz

Wir geben für diesen fundamentalen Satz zwei Varianten.

4.1 Der Cauchysche Integralsatz für einfache Gebiete

Ist f holomorph in einem einfachen Gebiet Ω, so gilt

$$\int_\gamma f(z)\,dz = 0$$

für jeden geschlossenen Weg γ in Ω.

Das besagt die Folgerung (b) von 2.6.

Wir nennen einen geschlossenen Weg γ in Ω **einfach gelagert**, wenn es ein einfaches Teilgebiet $\Omega' \subset \Omega$ gibt, das die Spur von γ enthält (Fig.).

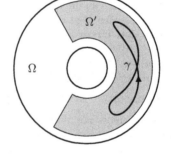

Als FOLGERUNG aus dem Cauchyschen Integralsatz ergibt sich

$$\int_\gamma f(z)\,dz = 0$$

für jede in Ω holomorphe Funktion f und jeden einfach gelagerten Weg γ.

BEMERKUNG. Der Kreisring $\Omega = \{\varrho < |z| < R\}$ ist kein einfaches Gebiet, denn

für jedes $r \in\,]\varrho, R[$ gilt $\int_{C_r(0)} z^{-1} dz = 2\pi i$ nach 2.5.

Für nicht einfache Gebiete muss das Integral einer holomorphen Funktion über einen geschlossenen Weg also nicht verschwinden.

4.2 Die Pflasterversion des Cauchyschen Integralsatzes

Ist f holomorph in Ω, so gilt

$$\int_{\partial M} f(z)\,dz = 0$$

für jede Pflasterkette M mit $|M| \subset \Omega$.

Das folgt aus dem Integralsatz von
Stokes § 26 : 3.3, da wir das komplexe
Kurvenintegral nach 2.3 auf vektorielle
Kurvenintegrale zurückführen können.

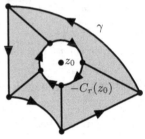

In der nebenstehenden Konfiguration
ist γ zusammen mit $-C_r(z_0)$ der Rand
∂M einer Pflasterkette M. Für jede in
der gelochten Ebene $\mathbb{C} \setminus \{z_0\}$ holomorphe Funktion f gilt daher

$$\int_\gamma f(z)\,dz - \int_{C_r(z_0)} f(z)\,dz = \int_{\partial M} f(z)\,dz = 0\,,$$

also

$$\int_\gamma f(z)\,dz = \int_{C_r(z_0)} f(z)\,dz\,.$$

Das ist eine typische Situation, die wir im folgenden genauer betrachten.

4.3 Einfaches Umlaufen eines Punktes

(a) Wir erinnern an die Definition § 26 : 3.6, die wir hier folgendermaßen fassen:
Ein geschlossener Weg $\gamma = \gamma_1 + \ldots + \gamma_N$ in der gelochten Ebene $\mathbb{C} \setminus \{0\}$
umläuft den Ursprung einfach positiv, wenn seine Spur von jedem Strahl
$\{t\,e^{i\varphi} \mid t \geq 0\}$ in genau einem Punkt $z(\varphi)$ getroffen wird, und wenn $\varphi \mapsto z(\varphi)$
eine positive Parametrisierung von γ ist. Dabei verlangen wir, dass die γ_k
orientierte C^2–Kurvenstücke sind.

Das **Innere** von γ ist die Menge $\{r\,z(\varphi) \mid 0 \leq r < 1,\ 0 \leq \varphi < 2\pi\}$.

(b) Ein geschlossener Weg γ in $\mathbb{C} \setminus \{z_0\}$ **umläuft den Punkt z_0 einfach positiv**, wenn der verschobene Weg $\gamma - z_0$ den Ursprung einfach positiv umläuft.
Es ist klar, wie das Innere jetzt zu verstehen ist.

Im Beispiel 4.2 umläuft γ den Punkt z_0 einfach positiv.

Ein Kreis $C_r(a)$ umläuft jeden seiner inneren Punkte einfach positiv $\boxed{\text{ÜA}}$.

Aus dem Pflastersatz § 26 : 3.6 ergibt sich: Umläuft γ den Punkt z_0 einfach
positiv, so sind wie im Beispiel 4.2 für hinreichend kleines r die beiden Kurven
γ und $-C_r(z_0)$ der Rand ∂M einer Pflasterkette M, die das Ringgebiet zwischen
den beiden Kurven ausfüllt.

4.4 Homologiesatz

*Sei f im gelochten Gebiet $\Omega \setminus \{z_0\}$ holomorph, $z_0 \in \Omega$. Die Kurve γ liege
mitsamt ihrem Inneren in Ω und umlaufe den Punkt z_0 einfach positiv. Dann
gilt für hinreichend kleines $r > 0$:*

$$\int_\gamma f(z)\,dz = \int_{C_r(z_0)} f(z)\,dz\,.$$

BEMERKUNG. Allgemein nennen wir zwei geschlossene Wege γ_1 und γ_2 **homolog** in einem Gebiet (hier $\Omega \setminus \{z_0\}$), wenn Ω, wenn

$$\int\limits_{\gamma_1} f(z)\, dz \;=\; \int\limits_{\gamma_2} f(z)\, dz$$

für jede in diesem Gebiet holomorphe Funktion f gilt. Die in 4.4 angegebene Kurve γ und alle Kreise $C_r(z_0)$ mit $0 < r \ll 1$ sind also homolog in $\Omega \setminus \{z_0\}$.

5 Die Cauchysche Integralformel und ihre Konsequenzen

5.1 Die Cauchysche Integralformel für Kreise

SATZ. *Sei f holomorph in Ω und $\overline{K_r(z_0)} \subset \Omega$. Dann gilt*

$$f(z) \;=\; \frac{1}{2\pi i} \int\limits_{C_r(z_0)} \frac{f(w)}{w-z}\, dw$$

für alle $z \in K_r(z_0)$.

Die Werte von f im Innern des Kreises $K_r(z_0)$ sind also schon durch die Werte von f auf der Kreislinie festgelegt.

BEWEIS.

Sei z ein fester Punkt in $K_r(z_0)$ und sei $\varepsilon > 0$ mit $\overline{K_\varepsilon(z)} \subset K_r(z_0)$ gewählt. Die Funktion

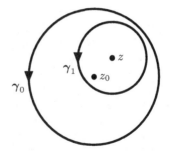

$$w \mapsto \frac{f(w)-f(z)}{w-z}$$

ist dann holomorph in $\Omega \setminus \{z\}$.

Die den Punkt z einfach positiv umlaufenden Kreislinien $\gamma_1 = C_\varepsilon(z)$ und $\gamma_0 = C_r(z_0)$ sind homolog im gelochten Gebiet $\Omega \setminus \{z\}$ nach 4.4. Also gilt

$$\int\limits_{C_r(z_0)} \frac{f(w)-f(z)}{w-z}\, dw \;=\; \int\limits_{C_\varepsilon(z)} \frac{f(w)-f(z)}{w-z}\, dw \,.$$

Der Integrand ist für $w \neq z$ stetig und hat für $w \to z$ den Grenzwert $f'(z)$. Also ist er beschränkt für $|w - z_0| \leq r$, $w \neq z$. Bezeichnen wir die Schranke mit M, so gilt

$$\left| \int\limits_{C_r(z_0)} \frac{f(w)-f(z)}{w-z}\, dw \right| \;=\; \left| \int\limits_{C_\varepsilon(z)} \frac{f(w)-f(z)}{w-z}\, dw \right| \;\leq\; 2\pi\varepsilon M$$

für jedes genügend kleine $\varepsilon > 0$. Es folgt

$$0 = \int\limits_{C_r(z_0)} \frac{f(w) - f(z)}{w - z}\, dw = \int\limits_{C_r(z_0)} \frac{f(w)}{w - z}\, dw - f(z) \int\limits_{C_r(z_0)} \frac{dw}{w - z}\,.$$

Wegen der Homologie von $C_\varepsilon(z)$ und $C_r(z_0)$ in $K_R(z_0) \setminus \{z\}$ gilt schließlich nach den Grundformeln 2.5

$$\int\limits_{C_r(z_0)} \frac{dw}{w - z} = \int\limits_{C_\varepsilon(z)} \frac{dw}{w - z} = 2\pi i\,. \qquad \square$$

5.2 Die Cauchysche Integralformel für einfach positiv umlaufende Wege

SATZ. *Sei γ ein geschlossener Weg, der jeden von ihm umschlossenen Punkt einfach positiv umläuft (vgl. 4.4). γ liege mitsamt seinem Innern in einem Gebiet Ω, in welchem f holomorph ist. Dann gilt*

$$f(z) = \frac{1}{2\pi i} \int\limits_{\gamma} \frac{f(w)}{w - z}\, dw$$

für alle Punkte z im Innern von γ.

Denn sei z im Innern von γ. Nach 4.4 gibt es ein $\varepsilon > 0$, so dass $C_\varepsilon(z)$ bezüglich $\Omega \setminus \{z\}$ homolog zu γ ist. Die Behauptung folgt jetzt aus dem Homologiesatz aus 5.1 mit $z_0 = z$, $r = \varepsilon$.

5.3 Potenzreihenentwicklung holomorpher Funktionen

SATZ. *Jede in einem Gebiet Ω holomorphe Funktion f ist analytisch in Ω, insbesondere beliebig oft komplex differenzierbar.*

Der Konvergenzradius der Reihenentwicklung $f(z) = \sum\limits_{n=0}^{\infty} a_n (z - z_0)^n$ um einen Punkt $z_0 \in \Omega$ ist mindestens $R = \text{dist}\,(z_0, \partial\Omega)$.

Für die Koeffizienten a_n gelten die **Cauchy–Formeln**

$$a_n = \frac{f^{(n)}(z_0)}{n!} = \frac{1}{2\pi i} \int\limits_{C_r(z_0)} \frac{f(z)}{(z - z_0)^{n+1}}\, dz$$

für jedes r mit $0 < r < R$.

BEWEIS.

Sei $0 < r < R$, d.h. $\overline{K_r(z_0)} \subset \Omega$. Dann gilt nach der Cauchyschen Integralformel

$$f(z) = \frac{1}{2\pi i} \int\limits_{C_r(z_0)} \frac{f(w)}{w - z}\, dw \quad \text{für } |z - z_0| < r\,.$$

Nach 3.4 (a) lässt sich $\frac{1}{w-z}$ für $|z - z_0| < |w - z_0|$ in eine geometrische Reihe entwickeln:

$$\frac{1}{w-z} = \sum_{n=0}^{\infty} \frac{(z - z_0)^n}{(w - z_0)^{n+1}}.$$

Für festes z mit $|z - z_0| < r$ konvergiert die Reihe

$$\frac{f(w)}{w-z} = \sum_{n=0}^{\infty} (z - z_0)^n \frac{f(w)}{(w - z_0)^{n+1}}$$

auf der Kreislinie $\{|w - z_0| = r\}$ gleichmäßig bezüglich w, denn mit

$$M = \max\{|f(w)| \mid |w - z_0| = r\} \quad \text{und} \quad \varrho = \frac{|z - z_0|}{r} < 1$$

gilt dort

$$\left| \frac{f(w)(z - z_0)^n}{(w - z_0)^{n+1}} \right| \leq \frac{M}{r} \varrho^n.$$

Daher ist gliedweise Integration erlaubt und liefert

$$f(z) = \frac{1}{2\pi i} \int_{C_r(z_0)} \frac{f(w)}{w-z} \, dw = \frac{1}{2\pi i} \int_{C_r(z_0)} \sum_{n=0}^{\infty} \frac{f(w)}{(w - z_0)^{n+1}} (z - z_0)^n \, dw$$

$$= \sum_{n=0}^{\infty} (z - z_0)^n \frac{1}{2\pi i} \int_{C_r(z_0)} \frac{f(w)}{(w - z_0)^{n+1}} \, dw. \qquad \square$$

5.4 Der Identitätssatz für holomorphe Funktionen

Stimmen zwei holomorphe Funktionen $f, g : \Omega \to \mathbb{C}$ auf einem in Ω gelegenen Kurvenstück überein, so sind sie identisch.

Die Gleichheit folgt schon, wenn es eine gegen ein $z_0 \in \Omega$ strebende Folge (z_n) gibt mit $z_n \neq z_0$ und $f(z_n) = g(z_n)$.

Denn nach 5.3 sind beide Funktionen analytisch, also können wir den Identitätssatz für analytische Funktionen 3.3 anwenden.

5.5 Zur Fortsetzung reeller analytischer Funktionen

(a) Die einzige Möglichkeit, die reelle Exponentialfunktion holomorph ins Komplexe fortzusetzen, ist gegeben durch

$$e^z = e^{x+iy} = e^x(\cos y + i \sin y) = \sum_{n=0}^{\infty} \frac{z^n}{n!} \quad \text{für} \quad z = x + iy.$$

Denn e^z ist holomorph in $\mathbb{C}$. Eine andere holomorphe Fortsetzung kann es nicht geben: Sind zwei Funktionen in einem Gebiet Ω holomorph, welches einen Abschnitt der reellen Achse enthält und stimmen Sie auf diesem Abschnitt überein, so stimmen sie nach 5.4 auf ganz Ω überein.

(b) Entsprechend besitzen die trigonometrischen Funktionen cos und sin eindeutig bestimmte analytische Fortsetzungen

$$\cos z := \frac{e^{iz} + e^{-iz}}{2} = \sum_{n=0}^{\infty} (-1)^n \frac{z^{2n}}{(2n)!} \qquad \text{(komplexer Kosinus)},$$

$$\sin z := \frac{e^{iz} - e^{-iz}}{2i} = \sum_{n=0}^{\infty} (-1)^n \frac{z^{2n+1}}{(2n+1)!} \qquad \text{(komplexer Sinus)}.$$

Denn die Reihen konvergieren für alle reellen z, also ist der Konvergenzradius $R = \infty$, somit konvergieren sie in der ganzen Ebene und stellen holomorphe Funktionen dar.

Aus dem Identitätssatz folgen sofort die Additionstheoreme, der Satz von Pythagoras

$$\cos^2 z + \sin^2 z = 1$$

und

$$\cos(z + 2\pi n) = \cos z, \quad \sin(z + 2\pi n) = \sin z \quad \text{für alle} \quad n \in \mathbb{N}.$$

$\boxed{\text{ÜA}}$ Zeigen Sie: $\sin z = 0 \iff z = n\pi$ mit $n \in \mathbb{Z}$.

(c) Für den Hauptzweig des Logarithmus 2.7 gilt

$$\log(1 + z) = \sum_{n=1}^{\infty} (-1)^{n-1} \frac{z^n}{n} \quad \text{für} \quad |z| < 1.$$

Denn die linke und die rechte Seite sind holomorph für $|z| < 1$ und stimmen für reelle $z \in \,]-1, 1[$ mit dem reellen Logarithmus $\log(1 + z)$ überein.

6 Ganze Funktionen und Satz von Liouville

6.1 Abschätzung der Koeffizienten einer Reihenentwicklung

Sei $f(z) = \sum\limits_{n=0}^{\infty} a_n(z - z_0)^n$ *für* $|z - z_0| < R$. *Für* $0 < r < R$ *setzen wir*

$$M(f, r) := \max\left\{ |f(z)| \,\big|\, |z - z_0| = r \right\}.$$

Dann gilt

$$|a_n| \leq \frac{M(f, r)}{r^n} \quad \text{für} \quad n = 0, 1, 2, \ldots.$$

BEWEIS.

f ist holomorph für $|z - z_0| < R$ nach 3.1. Aus der Potenzreihenentwicklung 5.3
und der Integralabschätzung 2.2 folgt

$$|a_n| = \frac{1}{2\pi} \left| \int_{C_r(z_0)} \frac{f(z)}{(z - z_0)^{n+1}} \, dz \right| \leq \frac{1}{2\pi} 2\pi r \frac{M(f, r)}{r^{n+1}} = \frac{M(f, r)}{r^n}. \qquad \square$$

6.2 Ganze Funktionen

Eine auf ganz $\mathbb{C}$ holomorphe Funktion heißt **ganze Funktion**. Nach dem
Satz 5.3 über Potenzreihenentwicklungen besitzen solche Funktionen eine überall konvergente Reihenentwicklung

$$f(z) = \sum_{n=0}^{\infty} a_n z^n.$$

BEISPIELE: Polynome, die komplexe Exponentialfunktion, komplexer Kosinus
und Sinus, vgl. 5.5 (b).

6.3 Satz von Liouville. *Jede beschränkte ganze Funktion ist konstant.*

BEWEIS.

Sei $f : \mathbb{C} \to \mathbb{C}$ holomorph und $|f(z)| \leq M$ für alle $z \in \mathbb{C}$. Dann besitzt f eine
überall konvergente Reihenentwicklung

$$f(z) = \sum_{n=0}^{\infty} a_n z^n.$$

Für die Koeffizienten a_n gilt nach 6.1

$$|a_n| \leq \frac{M}{r^n} \quad \text{für jedes} \quad r > 0.$$

Für $r \to \infty$ folgt $a_n = 0$ für alle $n \in \mathbb{N}$, also $f(z) = a_0$ für alle z. $\qquad \square$

6.4 Der Fundamentalsatz der Algebra

*Jedes nichtkonstante Polynom $p(z) = a_0 + \ldots + a_n z^n$ $(a_n \neq 0,\ n \geq 1)$ zerfällt
in Linearfaktoren*

$$p(z) = a_n (z - \lambda_1)(z - \lambda_2) \cdots (z - \lambda_n)$$

mit $\lambda_1, \ldots, \lambda_n \in \mathbb{C}$.

BEWEIS.

(a) Wegen $\lim\limits_{|z| \to \infty} \left| \frac{p(z)}{z^n} \right| = |a_n| > 0$ gibt es ein $R > 0$, so dass

$$\left| \frac{p(z)}{z^n} \right| \geq \frac{1}{2} |a_n| > 0 \quad \text{für} \quad |z| \geq R.$$

Hieraus folgt

$$\frac{1}{|p(z)|} \leq \frac{2}{|a_n| R^n} =: M \quad \text{für} \quad |z| \geq R.$$

(b) Angenommen $p(z) \neq 0$ für alle $z \in \mathbb{C}$. Dann ist $f = 1/p$ eine ganze Funktion. Diese ist nach (a) beschränkt für $|z| \geq R$ und als stetige Funktion auch für $|z| \leq R$ beschränkt. Nach dem Satz von Liouville folgt, dass f und damit auch p konstant sind, ein Widerspruch. Also besitzt p wenigstens eine Nullstelle λ_1 in $\mathbb{C}$.

(c) Im Fall Grad $(p) \geq 2$ ist $p(z) = (z - \lambda_1)q(z)$ mit Grad $(q) \geq 1$. Nach dem vorangehenden besitzt dann auch q eine Nullstelle λ_2 in $\mathbb{C}$. Fahren wir so fort, so erhalten wir schließlich

$$p(z) = a_n (z - \lambda_1)(z - \lambda_2) \cdots (z - \lambda_n). \qquad \Box$$

7 Der Satz von Morera und Folgerungen

7.1 Der Satz von Morera

Ist $f : \Omega \to \mathbb{C}$ stetig und gilt

$$\int_\gamma f(z)\, dz = 0$$

für jeden geschlossenen, einfach gelagerten Weg γ in Ω, so ist f holomorph.

BEWEIS.
Auf jeder Kreisscheibe $K_r(z_0) \subset \Omega$ besitzt f nach 2.6 eine lokale Stammfunktion F. Nach 5.3 ist F beliebig oft komplex differenzierbar, also ist $f = F'$ holomorph auf jedem $K_r(z_0) \subset \Omega$. $\qquad \Box$

7.2 Vertauschung von Differentiation und Grenzübergang

Eine Folge (f_n) von holomorphen Funktionen auf Ω sei kompakt konvergent gegen eine Funktion f, d.h. es gelte $f_n(z) \to f(z)$ gleichmäßig auf jeder kompakten Teilmenge von Ω. Dann ist auch f holomorph in Ω, und es gilt für $k = 0, 1, \ldots$

$$f_n^{(k)}(z) \to f^{(k)}(z) \quad \text{für} \quad n \to \infty$$

im Sinne der kompakten Konvergenz.

FOLGERUNG. *Eine kompakt konvergente Reihe aus holomorphen Funktionen ist beliebig oft gliedweise differenzierbar.*

BEWEIS.

(a) *Holomorphie von f.* Sei γ ein einfach gelagerter Weg in Ω. Nach dem Cauchyschen Integralsatz gilt $\int_\gamma f_n(z)\,dz = 0$. Aus der kompakten Konvergenz folgt nach 2.9 die Stetigkeit von f und die Vertauschbarkeit von Integral und Limes. Also gilt $\int_\gamma f(z)\,dz = 0$, und f ist nach dem Satz von Morera holomorph.

(b) *Kompakte Konvergenz der Ableitungen.* Sei K eine kompakte Teilmenge von Ω und $r = \frac{1}{2}\operatorname{dist}(K, \partial\Omega)$. Wir betrachten die um einen Streifen der Dicke r vergrößerte Menge

$$K_r = \{z \in \mathbb{C} \mid |z - z_0| \leq r \ \text{ für mindestens ein } z_0 \in K\}$$
$$= \{z \in \mathbb{C} \mid \operatorname{dist}(z, K) \leq r\},$$

kompakt. Nach Wahl von r ist $K_r \subset \Omega$. Für jedes fest gewählte $z_0 \in K$ dürfen wir die Cauchy–Formeln 5.3 anwenden:

$$f^{(k)}(z_0) - f_n^{(k)}(z_0) = \frac{k!}{2\pi i} \int\limits_{C_r(z_0)} \frac{f(z) - f_n(z)}{(z - z_0)^{k+1}}\,dz\,.$$

Also gilt nach den Abschätzungen 6.1

$$\left|f^{(k)}(z_0) - f_n^{(k)}(z_0)\right| \leq \frac{k!}{r^k}\max\left\{|f(z) - f_n(z)| \ \big| \ |z - z_0| \leq r\right\}$$
$$\leq \frac{k!}{r^k}\max\left\{|f(z) - f_n(z)| \ \big| \ z \in K_r\right\} \leq \frac{k!}{r^k}\|f - f_n\|_{K_r}\,.$$

Das zeigt die gleichmäßige Konvergenz $f_n^{(k)} \to f^{(k)}$ auf K für $n \to \infty$. $\quad\square$

8 Zusammenfassung der Hauptsätze

Für stetige Funktionen f auf Ω sind folgende Aussagen äquivalent:

(a) f ist holomorph in Ω.

(b) f ist analytisch in Ω.

(c) $f(x + iy) = u(x, y) + iv(x, y)$ mit C^1–Funktionen $u, v : \Omega \to \mathbb{R}$, welche die Cauchy–Riemannschen Differentialgleichungen

$$\frac{\partial u}{\partial x} = \frac{\partial v}{\partial y}, \quad \frac{\partial v}{\partial x} = -\frac{\partial u}{\partial y}$$

erfüllen.

(d) $\int_\gamma f(z)\,dz = 0$ für jeden geschlossenen, einfach gelagerten Weg γ in Ω.

§ 28 Isolierte Singularitäten, Laurent–Reihen und Residuensatz

1 Einteilung isolierter Singularitäten

1.1 Hebbare Singularitäten

Ist $f(z)$ in einer Umgebung des Punktes z_0 mit Ausnahme des Punktes z_0 selbst erklärt und holomorph, so heißt z_0 eine **isolierte Singularität** von f.

BEISPIELE. Der Nullpunkt ist eine isolierte Singularität für

$$\frac{\sin z}{z}, \quad \frac{1}{z}, \quad e^{1/z}.$$

Eine isolierte Singularität ist zunächst nichts weiter als eine Definitionslücke. Die erste Frage lautet daher, ob sich eine solche Lücke durch geeignete Festsetzung von $f(z_0)$ schließen lässt. Beispielsweise gilt für $z \neq 0$ (vgl. die Definition § 27 : 5.5 (b) von $\sin z$)

$$\frac{\sin z}{z} = \frac{1}{z} \sum_{n=0}^{\infty} (-1)^n \frac{z^{2n+1}}{(2n+1)!} = 1 - \frac{z^2}{3!} + \frac{z^4}{5!} + \ldots =: g(z).$$

Die Reihe für $g(z)$ konvergiert für alle z und stellt somit eine ganze Funktion dar mit

$$g(z) = \begin{cases} \dfrac{\sin z}{z} & \text{für} \quad z \neq 0 \\ 1 & \text{für} \quad z = 0. \end{cases}$$

DEFINITION. Eine isolierte Singularität z_0 von f heißt **hebbar**, wenn es eine in einer Umgebung U von z_0 holomorphe Funktion g gibt mit $f(z) = g(z)$ für alle $z \in U \setminus z_0$.

BEISPIELE.

$\dfrac{z^3 - 1}{z - 1}$ hat eine hebbare Singularität an der Stelle 1,

$\dfrac{e^z - 1}{z}$ hat eine hebbare Singularität an der Stelle 0 $\boxed{\text{ÜA}}$.

1.2 Pole und wesentliche Singularitäten

Für die Funktion $f(z) = \frac{1}{z}$ liegt an der Stelle $z = 0$ keine hebbare Singularität vor, denn es gilt $\lim\limits_{z \to 0} |f(z)| = \infty$. Dasselbe gilt für $f(z) = \frac{\cos z}{\sin z}$ an den Stellen $n\pi$, $n \in \mathbb{Z}$.

Komplizierter liegen die Verhältnisse für $f(z) = e^{\frac{1}{z}}$ bei Annäherung an $z = 0$. Hier gilt

$$\lim_{n\to\infty} f\left(\tfrac{1}{n}\right) = \lim_{n\to\infty} e^n = \infty, \quad \lim_{n\to\infty} f\left(-\tfrac{1}{n}\right) = \lim_{n\to\infty} e^{-n} = 0$$

und

$$\lim_{n\to\infty} f\left(\tfrac{1}{2\pi i n}\right) = \lim_{n\to\infty} e^{2\pi i n} = 1.$$

DEFINITION. Sei f holomorph für $0 < |z - z_0| < R$. z_0 heißt **Polstelle (Pol)** von f, wenn

$$\lim_{z\to z_0} |f(z)| = \infty, \quad \text{d.h.} \quad \lim_{z\to z_0} \tfrac{1}{|f(z)|} = 0.$$

Ist z_0 weder eine hebbare Singularität noch eine Polstelle, so heißt z_0 eine **wesentliche Singularität**.

2 Laurent–Entwicklung

Das Verhalten einer holomorphen Funktion in einer Umgebung einer Singularität lässt sich genau beschreiben. Dies ist möglich mit einem neuen Typ von Reihen, den *Laurent–Reihen*. Hierzu zunächst ein einfaches Beispiel.

2.1 Die Entwicklung von $\dfrac{1}{w - z}$

Es seien w, z_0 feste komplexe Zahlen.

(a) Für $|z - z_0| < |w - z_0|$ besteht die Potenzreihenentwicklung nach z

$$\frac{1}{w - z} = \sum_{n=0}^{\infty} \frac{(z - z_0)^n}{(w - z_0)^{n+1}} =: \sum_{n=0}^{\infty} a_n (z - z_0)^n$$

gleichmäßig auf jeder kompakten Kreisscheibe

$$\left|\frac{z - z_0}{w - z_0}\right| \le \varrho \quad \text{mit} \quad \varrho < 1.$$

(b) Für $|z - z_0| > |w - z_0|$ gilt dagegen

$$\frac{1}{w - z} = -\sum_{n=0}^{\infty} (w - z_0)^n \frac{1}{(z - z_0)^{n+1}} =: \sum_{n=1}^{\infty} \frac{a_{-n}}{(z - z_0)^n}$$

gleichmäßig in jedem Außenbereich

$$r \le \frac{|z - z_0|}{|w - z_0|} \quad \text{mit} \quad r > 1.$$

[ÜA] Skizzieren Sie die Bereiche (a) und (b).

BEWEIS.

(a) wurde bereits beim Beweis der Cauchyschen Integralformel benützt, vgl. dazu § 27 : 3.4 (a).

(b) folgt aus (a) durch Vertauschen der Rollen von z und w und mit $r = \tfrac{1}{\varrho}$. $\square$

2.2 Laurent–Reihen

Eine Reihe der Form $\sum\limits_{n=-\infty}^{+\infty} a_n(z - z_0)^n$ heißt **Laurent–Reihe**. Eine Laurent–Reihe wird **konvergent** an der Stelle z genannt, wenn die beiden Reihen

$$r(z) := \sum_{n=0}^{\infty} a_n(z - z_0)^n \,, \quad h(z) := \sum_{n=1}^{\infty} a_{-n}(z - z_0)^{-n}$$

an der Stelle z konvergieren. Im Falle der Konvergenz setzen wir

$$\sum_{n=-\infty}^{+\infty} a_n(z - z_0)^n := h(z) + r(z)\,.$$

Die Reihe $h(z)$ heißt **singulärer Teil (Hauptteil)** und die Reihe $r(z)$ heißt **regulärer Teil (Nebenteil)** der Laurent–Reihe.

SATZ. *Konvergiert die Reihe*

$$\sum_{n=1}^{\infty} a_{-n}(z - z_0)^{-n}$$

für ein $z = z_1$, so konvergiert sie absolut für alle z mit $|z - z_0| > |z_1 - z_0|$.

Divergiert sie für ein $z = z_2$, so divergiert sie für alle z mit $|z - z_0| < |z_2 - z_0|$.

Das ergibt sich unmittelbar aus dem entsprechenden Satz für die Potenzreihe $\sum\limits_{n=1}^{\infty} a_{-n} w^n$ mit $w = \frac{1}{z-z_0}$, vgl. § 10 : 2.2.

Konvergiert der Hauptteil also für $z = z_1$ und der reguläre Teil für $z = z_2$ mit $\varrho = |z_1 - z_0| < R = |z_2 - z_0|$, so konvergiert die Laurent–Reihe im Ringgebiet $\varrho < |z - z_0| < R$.

2.3 Eigenschaften von Laurent–Reihen

Konvergiert eine Laurent–Reihe

$$\sum_{n=-\infty}^{+\infty} a_n(z - z_0)^n$$

im Ringgebiet $r < |z - z_0| < R$ ($0 \le r < R \le \infty$) gegen $f(z)$, so konvergiert sie gleichmäßig in jedem kompakten Kreisring $r' \le |z - z_0| \le R'$ mit $r < r' < R' < R$. Daher ist f holomorph nach § 27 : 7.2, vgl. § 27 : 2.9 (b).

Für die Koeffizienten a_n gelten die **Cauchyschen Integralformeln**

$$a_n = \frac{1}{2\pi i} \int\limits_{C_\varrho(z_0)} \frac{f(w)}{(w - z_0)^{n+1}}\, dw$$

für jedes $\varrho \in\,]\,r, R\,[$.

FOLGERUNG. (**Identitätssatz für Laurent–Reihen**) *Gilt*

$$\sum_{n=-\infty}^{+\infty} a_n(z-z_0)^n = \sum_{n=-\infty}^{+\infty} b_n(z-z_0)^n$$

für $r < |z - z_0| < R$, *so stimmen sämtliche Koeffizienten überein,*

$a_n = b_n$ *für alle* $n \in \mathbb{Z}$.

BEWEIS.
Die gleichmäßige Konvergenz des regulären Teils für $|z - z_0| \leq R' < R$ ist nach § 12 : 2.7 bekannt. Zum Nachweis der gleichmäßigen Konvergenz des Hauptteils sei $|z_2 - z_0| = r + \varepsilon$ mit $\varepsilon = (r' - r)/2$. Nach 2.2 konvergiert die Reihe $\sum_{n=1}^{\infty} a_{-n}(z_2 - z_0)^{-n}$ absolut, insbesondere bilden die Glieder eine Nullfolge. Also gibt es ein M mit $\left| a_{-n}(z_2 - z_0)^{-n} \right| \leq M$. Für $|z - z_0| \geq r'$ gilt dann

$$\left| \frac{a_{-n}}{(z-z_0)^n} \right| = \frac{|a_{-n}|}{|z_2 - z_0|^n} \left| \frac{z_2 - z_0}{z - z_0} \right|^n \leq M \left(\frac{r + \varepsilon}{r + 2\varepsilon} \right)^n.$$

Somit konvergiert der Hauptteil für $|z - z_0| \geq r' = r + 2\varepsilon$ gleichmäßig nach dem Majorantenkriterium Da jede kompakte Teilmenge von $r < |z - z_0| < R$ in einem kompakten Kreisring der oben beschriebenen Art liegt, ist die Laurent–Reihe kompakt konvergent und damit die Grenzfunktion f nach § 27 : 7.2 holomorph. Für $r < \varrho < R$ ergibt gliedweise Integration (vgl. § 27 : 2.9) unter Berücksichtigung der Grundformeln § 27 : 2.5

$$\int_{C_\varrho(z_0)} \frac{f(w)}{(w - z_0)^{k+1}} \, dw = a_k \int_{C_\varrho(z_0)} (w - z_0)^{n-k-1} \, dw = 2\pi i a_k. \qquad \square$$

2.4 Laurent–Entwicklung in Ringgebieten

Sei f holomorph in einem Ringgebiet

$$\Omega = \left\{ z \in \mathbb{C} \mid r < |z - z_0| < R \right\} \text{ mit } 0 \leq r < R \leq \infty.$$

Dann besitzt f dort eine Reihenentwicklung

$$f(z) = \sum_{n=-\infty}^{+\infty} a_n(z-z_0)^n,$$

welche in jedem kompakten Teil von Ω gleichmäßig konvergiert. Die Koeffizienten a_n ergeben sich aus den Cauchyschen Formeln

$$a_n = \frac{1}{2\pi i} \int_{C_\varrho(z_0)} \frac{f(w)}{(w - z_0)^{n+1}} \, dw \quad \text{für } n \in \mathbb{Z}, \, r < \varrho < R.$$

BEWEIS. Für einen festen Punkt $z \in \Omega$ wählen wir r_1, r_2 mit

$$r < r_1 < |z - z_0| < r_2 < R$$

und betrachten die in der Figur an-gedeuteten Wege γ_1, γ_2, welche aus Kreisstücken von $C_{r_1}(z_0)$, $C_{r_2}(z_0)$ be-stehen und zwei radiale Strecken ge-meinsam haben. (Die Spalte sollen nur die Figur deutlich machen.) Dann gilt

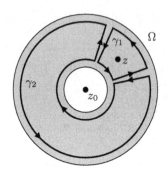

$$\int\limits_{\gamma_2} \frac{f(w)}{w - z}\, dw = 0 \, ,$$

$$\frac{1}{2\pi i} \int\limits_{\gamma_1} \frac{f(w)}{w - z}\, dw = f(z) \, .$$

Die erste Beziehung folgt aus dem Cauchyschen Integralsatz, da γ_2 der orien-tierte Rand eines in $\Omega \setminus \{z\}$ gelegenen Pflasters ist. Die zweite ergibt sich nach der Cauchyschen Integralformel, da γ_1 den Punkt z einfach positiv umläuft (vgl. § 27 : 4.4 und Fig. § 27 : 4.3). Da sich die Integrale über die gegensinnig durchlaufenen radialen Strecken fortheben, erhalten wir

$$2\pi i f(z) = \int\limits_{\gamma_1} \frac{f(w)}{w - z}\, dw + \int\limits_{\gamma_2} \frac{f(w)}{w - z}\, dw = \int\limits_{C_{r_2}(z_0)} \frac{f(w)}{w - z}\, dw - \int\limits_{C_{r_1}(z_0)} \frac{f(w)}{w - z}\, dw \, .$$

Auf $C_{r_2}(z_0)$ gilt $|w - z_0| = r_2 > |z - z_0|$, also nach 2.1 (a)

$$\frac{1}{w - z} = \sum_{n=0}^{\infty} \frac{(z - z_0)^n}{(w - z_0)^{n+1}}$$

gleichmäßig bezüglich w nach dem Majorantensatz.

Auf $C_{r_1}(z_0)$ gilt $|w - z_0| = r_1 < |z - z_0|$, also nach 2.1 (b)

$$-\frac{1}{w - z} = \sum_{k=0}^{\infty} \frac{(w - z_0)^k}{(z - z_0)^{k+1}} = \sum_{n=-\infty}^{-1} \frac{(z - z_0)^n}{(w - z_0)^{n+1}}$$

gleichmäßig in w. Daraus ergibt sich durch gliedweise Integration

$$2\pi i f(z) = \sum_{n=0}^{\infty} (z - z_0)^n \int\limits_{C_{r_2}(z_0)} \frac{f(w)\, dw}{(w - z_0)^{n+1}} + \sum_{n=-\infty}^{-1} (z - z_0)^n \int\limits_{C_{r_1}(z_0)} \frac{f(w)\, dw}{(w - z_0)^{n+1}} \, ,$$

also ist f durch eine Laurent–Reihe dargestellt. Die restlichen Behauptungen (kompakte Konvergenz und Cauchy–Formeln) folgen aus 2.3.   □

2.5 Abschätzung der Koeffizienten

Sei $f(z) = \sum\limits_{n=-\infty}^{+\infty} a_n(z-z_0)^n$ *für* $0 \le \varrho < |z-z_0| < R$. *Dann gilt*

$$|a_n| \le \frac{M(f,r)}{r^n} \quad \text{für} \quad \varrho < r < R, \ n \in \mathbb{Z},$$

wobei wir $M(f,r) := \max\{|f(z)| \mid |z-z_0| = r\}$ *gesetzt haben.*

Das ergibt sich wie in § 27 : 6.1.

2.6 Aufgaben

(a) Sei $f(z) = \frac{1}{z}$. Geben Sie die Laurent–Entwicklung und ihren Konvergenzbereich um einen beliebigen Punkt z_0 herum an. Warum ist der Fall $z_0 = 0$ trivial?

(b) Entwickeln Sie $f(z) = \frac{1}{(z-a)(z-b)}$ für $a \ne b$ in Laurent–Reihen um die Punkte $z_0 = a$, $z_0 = b$. Was ergibt sich für $a = b$?

(c) Geben Sie die Laurent–Reihe von $e^{-\frac{1}{z}}$ für $|z| > 0$ an.

2.7 Entwicklung des Kotangens

Nach § 27 : 5.5 (b) ist $\cotg z = \frac{\cos z}{\sin z}$ holomorph für alle $z \ne n\pi$, $n \in \mathbb{Z}$. Wir geben eine Laurent–Entwicklung für $0 < |z| < \pi$ an. Dazu beachten wir, dass

$$z \cotg z = \frac{z}{\sin z} \cos z$$

an der Stelle 0 nach 1.1 eine hebbare Singularität besitzt. Daher gibt es eine Potenzreihenentwicklung

$$z \cotg z = \sum_{n=0}^{\infty} a_n z^n \quad \text{für} \quad |z| < \pi.$$

Die Koeffizienten a_n ergeben sich aus der Beziehung $z \cos z = z \cotg z \sin z$, also

$$z \cos z = z - \frac{z^3}{2!} + \frac{z^5}{4!} - \frac{z^7}{6!} \pm \ldots = z \cotg z \sin z$$

$$= \left(a_0 + a_1 z + a_2 z^2 + a_3 z^3 + a_4 z^4 + \ldots\right)\left(z - \frac{z^3}{3!} + \frac{z^5}{5!} - \frac{z^7}{7!} + \ldots\right)$$

$$= a_0 z + a_1 z^2 + \left(a_2 - \frac{a_0}{3!}\right)z^3 + \left(a_3 - \frac{a_1}{3!}\right)z^4 + \left(a_4 - \frac{a_2}{3!} + \frac{a_0}{5!}\right)z^5$$

$$+ \left(a_5 - \frac{a_3}{3!} + \frac{a_1}{5!}\right)z^6 + \left(a_6 - \frac{a_4}{3!} + \frac{a_2}{5!} - \frac{a_0}{7!}\right)z^7 + \ldots \ .$$

Der Koeffizientenvergleich liefert $\boxed{\text{ÜA}}$

$$a_1 = 1, \ a_3 = a_5 = \ldots = 0,$$

$$a_0 = 1, \ a_2 = -\frac{1}{3}, \ a_4 = -\frac{1}{45}, \ a_6 = -\frac{2}{945}.$$

Somit erhalten wir *eine* und damit *die* Laurent–Entwicklung

$$\cot g\, z = \frac{1}{z} - \frac{1}{3}z - \frac{1}{45}z^3 - \frac{2}{945}z^5 - \ldots \ \text{ für } \ 0 < |z| < \pi.$$

3 Charakterisierung isolierter Singularitäten

3.1 Der Satz von Riemann

Ist f holomorph und beschränkt für $0 < |z - z_0| < R$, so ist z_0 eine hebbare Singularität von f.

BEWEIS.

Sei $|f(z)| \leq M$ für $0 < |z - z_0| < R$. Dann gilt für die Koeffizienten a_n der Laurent–Entwicklung $f(z) = \sum\limits_{n=-\infty}^{+\infty} a_n(z - z_0)^n$

$$|a_n| \leq \frac{M}{r^n} \ \text{ für } \ 0 < r < R.$$

nach den Abschätzungen 2.5. Insbesondere folgt

$$|a_{-n}| \leq M r^n \ \text{ für } \ n \in \mathbb{N}.$$

Nach Grenzübergang $r \to 0$ ergibt sich $a_{-n} = 0$ für $n \in \mathbb{N}$, also

$$f(z) = \sum\limits_{n=0}^{\infty} a_n(z - z_0)^n \ \text{ für } \ 0 < |z - z_0| < R.$$

Die rechte Seite ist aber holomorph für $|z - z_0| < R$.   □

3.2 Charakterisierung von Polstellen

Eine für $0 < |z - z_0| < R$ holomorphe Funktion f hat genau dann einen Pol in z_0, wenn die Laurent–Reihe die Form

$$f(z) = \sum\limits_{n=-m}^{\infty} a_n(z - z_0)^n$$

mit $m \in \mathbb{N}$, $a_{-m} \neq 0$ hat, wenn also der singuläre Teil aus endlich vielen Gliedern besteht.

Die hierdurch bestimmte Zahl m heißt **Ordnung des Pols** z_0.

BEWEIS.

(a) Hat die Laurent–Reihe die angegebene Form, so gilt

$$f(z) = \frac{1}{(z - z_0)^m} \left(a_{-m} + a_{-m+1}(z - z_0) + \ldots \right) = \frac{1}{(z - z_0)^m} \, g(z).$$

Dabei ist g als Potenzreihe holomorph in einer Umgebung von z_0 und $g(z_0) = a_{-m} \neq 0$. Somit gilt $\lim\limits_{z \to z_0} |f(z)| = \infty$.

(b) Sei $\lim\limits_{z \to z_0} |f(z)| = \infty$, d.h. $\lim\limits_{z \to z_0} \frac{1}{f(z)} = 0$. Dann gibt es ein $r > 0$ mit $f(z) \neq 0$ für $0 < |z - z_0| < r$. Nach dem Satz von Riemann ist die durch

$$F(z) = \begin{cases} 1/f(z) & \text{für} \quad z \neq z_0, \\ 0 & \text{für} \quad z = z_0 \end{cases}$$

definierte Funktion F holomorph, hat also eine Potenzreihendarstellung

$$F(z) = \sum_{n=0}^{\infty} b_n (z - z_0)^n \quad \text{für} \quad |z - z_0| < r.$$

Wegen $F(z_0) = 0$ gilt $b_0 = 0$. Sei b_m der erste nichtverschwindende Koeffizient in dieser Reihe, also

$$F(z) = (z - z_0)^m \left(b_m + b_{m+1}(z - z_0) + \ldots \right) =: (z - z_0)^m G(z)$$

mit $G(z_0) \neq 0$. Dann gilt $G(z) \neq 0$ in einer Umgebung $K_\varrho(z_0)$, also

$$f(z) = \frac{1}{F(z)} = \frac{1}{(z - z_0)^m} \, \frac{1}{G(z)} \quad \text{für} \quad 0 < |z - z_0| < \varrho.$$

Für die Potenzreihenentwicklung

$$\frac{1}{G(z)} = a_{-m} + a_{-m+1}(z - z_0) + \ldots,$$

gilt $a_{-m} = 1/G(z_0) \neq 0$, was die Behauptung darstellt. $\square$

3.3 Kriterien für Pole m–ter Ordnung

(a) *Eine isolierte Singularität z_0 von f ist genau dann ein Pol m–ter Ordnung, wenn* $\lim\limits_{z \to z_0} (z - z_0)^m f(z)$ *existiert und von Null verschieden ist.*

(b) *Hat die in Umgebung von z_0 holomorphe Funktion g in z_0 eine Nullstelle m–ter Ordnung, so hat $\frac{1}{g}$ in z_0 einen Pol m–ter Ordnung, vgl. § 27:3.5.*

Die Beweise folgen aus den vorangehenden Betrachtungen $\boxed{\text{ÜA}}$.

3.4 Wesentliche Singularitäten, Satz von Casorati–Weierstraß

Nach dem Vorangehenden hat eine Funktion f an der Stelle z_0 genau dann eine wesentliche Singularität, wenn der Hauptteil der Laurent–Entwicklung unendlich viele nichtverschwindende Glieder hat. Wir charakterisieren nun wesentliche Singularitäten durch das Grenzverhalten der Funktion bei Annäherung an z_0:

Satz von Casorati–Weierstraß. *Ist z_0 eine wesentliche Singularität von f, so gibt es zu jedem $a \in \mathbb{C}$ eine Folge (z_n) mit $z_n \to z_0$ und $f(z_n) \to a$. Ferner existiert eine Folge (w_n) mit $w_n \to z_0$, und $|f(w_n)| \to \infty$.*

Die erste Aussage bedeutet: Für jede noch so kleine gelochte Umgebung $U = K_r(z_0) \setminus \{z_0\}$ ist die Bildmenge $f(U)$ dicht in $\mathbb{C}$, d.h. $\overline{f(U)} = \mathbb{C}$.

BEWEIS.

Sei $B_n = \left\{ z \in \mathbb{C} \mid 0 < |z - z_0| < \frac{1}{n} \right\}$. Da f nach dem Satz von Riemann auf B_n unbeschränkt ist, gibt es zu jedem $n \in \mathbb{N}$ ein $w_n \in B_n$ mit $|f(w_n)| \geq n$. Damit gilt $w_n \to z_0$ und $|f(w_n)| \to \infty$ für $n \to \infty$.

Wir zeigen, dass $\overline{f(B_n)} = \mathbb{C}$ für jedes $n \in \mathbb{N}$. Angenommen, $\overline{f(B_n)} \neq \mathbb{C}$. Dann ist $\mathbb{C} \setminus \overline{f(B_n)}$ nichtleer und offen. Also gibt es ein $c \in \mathbb{C}$ und ein $r > 0$ mit $K_r(c) \cap \overline{f(B_n)} = \emptyset$, also $K_r(c) \cap f(B_n) = \emptyset$. Es folgt

$$|f(z) - c| \geq r, \quad \text{d.h.} \quad \frac{1}{|f(z) - c|} \leq \frac{1}{r} \quad \text{für jedes } z \in B_n \,.$$

Nach dem Satz von Riemann gibt es also eine für $|z - z_0| < \frac{1}{n}$ holomorphe Funktion g mit

$$g(z) = \begin{cases} \dfrac{1}{f(z) - c} & \text{für} \quad 0 < |z - z_0| < \dfrac{1}{n}, \\[2mm] 0 & \text{für} \quad z = z_0, \end{cases}$$

Letzteres wegen $|f(w_n)| \to \infty$. Nach 3.3 (b) hat $f(z) - c = 1/g(z)$ an der Stelle z_0 einen Pol, im Widerspruch zur Voraussetzung.

Somit ist $f(B_n)$ dicht in $\mathbb{C}$ für jedes n, insbesondere gibt es zu jedem $a \in \mathbb{C}$ und jedem $n \in \mathbb{N}$ ein $z_n \in B_n$ (also $|z_n - z_0| < \frac{1}{n}$) mit $|f(z_n) - a| < \frac{1}{n}$. $\square$

3.5 Das Verhalten ganzer Funktionen im Unendlichen

Eine ganze Funktion, die kein Polynom ist, heißt **ganz–transzendent**.

Besitzt f die Potenzreihenentwicklung $f(z) = \sum\limits_{n=0}^{\infty} a_n z^n$ für $z \in \mathbb{C}$, so gilt

$$f\left(\frac{1}{z}\right) = \sum_{n=0}^{\infty} a_n \frac{1}{z^n} = \sum_{-\infty}^{0} a_{-n} z^n \quad \text{für} \quad z \neq 0 \,.$$

Daraus folgt: Für ganz–transzendente Funktionen f hat $f\left(\frac{1}{z}\right)$ an der Stelle 0 eine wesentliche Singularität; für Polynome p vom Grad $n \geq 1$ hat $p\left(\frac{1}{z}\right)$ an der Stelle 0 einen Pol n–ter Ordnung. Direkt aus 3.4 folgt damit der

Satz von Casorati–Weierstraß für ganz–transzendente Funktionen.
Ist f eine ganz–transzendente Funktionen, so gibt zu jedem $a \in \mathbb{C}$ eine Folge (z_n) mit $|z_n| \to \infty$ und $f(z_n) \to a$. Ferner gibt es eine Folge (w_n) mit $|w_n| \to \infty$, $|f(w_n)| \to \infty$.

3.6 Der Satz von Picard

Besitzt f an der Stelle z_0 eine wesentliche Singularität, so gibt es ein $a \in \mathbb{C}$, so dass f in jeder Umgebung von z_0 alle Werte von $\mathbb{C} \setminus \{a\}$ annimmt.

Für den anspruchsvollen Beweis verweisen wir auf [REMMERT–SCHUMACHER II, Kap. X, § 44].

$\boxed{\text{ÜA}}$ Verifizieren Sie dies für $e^{\frac{1}{z}}$ in der Nähe des Nullpunkts.

4 Der Residuenkalkül

4.1 Das Residuum

Sei f holomorph in Ω mit Ausnahme einer isolierten Singularität $z_0 \in \Omega$. Hat f die Laurent–Entwicklung

$$f(z) = \sum_{n=-\infty}^{n=\infty} a_n (z - z_0)^n \quad \text{für} \quad 0 < |z - z_0| < R$$

und $R > 0$, so heißt der Koeffizient a_{-1} das **Residuum** von f an der Stelle z_0 und wird bezeichnet mit $\mathrm{Res}\,(f, z_0)$.

Dessen Kenntnis ermöglicht die Berechnung des Integrals von f bei einfacher Umlaufung von z_0, denn es gilt

$$\mathrm{Res}\,(f, z_0) = a_{-1} = \frac{1}{2\pi i} \int_{C_r(z_0)} f(z)\,dz = \frac{1}{2\pi i} \int_\gamma f(z)\,dz$$

für $0 < r < R$ und jeden geschlossenen Weg γ, der z_0 einfach positiv umläuft und mitsamt seinem Innern in Ω liegt.

Diese Beziehung stellt die einfachste Form des *Residuensatzes* dar. Die Darstellung von a_{-1} als Kreisintegral folgt aus 2.4. Die letzte Gleichung ergibt sich für $0 < r < \mathrm{dist}\,(z_0, \mathrm{Spur}\,\gamma)$ aus dem Homologiesatz § 27 : 4.4, ebenso der Rest, da alle Kreislinien $C_r(z_0)$ mit $0 < r < R$ bezüglich $\Omega \setminus \{z_0\}$ homolog sind. Bei Integration von f um z_0 herum bleibt also genau dann nichts zuück (lat. *residuus*=zuückbleibend), wenn $a_{-1} = 0$. Dies gilt nicht nur, wenn z_0 eine hebbare Singularität ist (Cauchyscher Integralsatz), sondern auch z.B. für $f(z) = 1/(z - z_0)^n$ mit $n \geq 2$.

4.2 Zur Berechnung des Residuums

sind folgende Rechenregeln nützlich:

(a) $\operatorname{Res}(f, z_0) = \lim\limits_{z \to z_0} (z - z_0) f(z)$, *falls dieser Grenzwert existiert, d.h. falls z_0 eine hebbare Singularität oder ein Pol 1. Ordnung ist.*

(b) $\operatorname{Res}(\alpha f + \beta g, z_0) = \alpha \operatorname{Res}(f, z_0) + \beta \operatorname{Res}(g, z_0)$ *für* $\alpha, \beta \in \mathbb{C}$.

(c) *Hat f an der Stelle z_0 einen Pol 1. Ordnung und ist g holomorph in einer Umgebung von z_0, so gilt*

$$\operatorname{Res}(f \cdot g, z_0) = g(z_0) \operatorname{Res}(f, z_0).$$

(d) *Hat f an der Stelle z_0 eine einfache Nullstelle, so gilt*

$$\operatorname{Res}\left(\frac{1}{f}, z_0\right) = \frac{1}{f'(z_0)}.$$

(a) und (b) folgen direkt aus der Laurent–Entwicklung; (c) und (d) folgen aus (a) ÜA .

4.3 Beispiele

(a) Sei $f(z) = \dfrac{1}{1 + z^4} = \dfrac{1}{(z - z_0)(z - z_1)(z - z_2)(z - z_3)}$ mit

$$z_k = e^{\frac{i\pi}{4}(1 + 2k)} \qquad k = (0, 1, 2, 3).$$

Dann gilt nach 4.2 (d) mit $g(z) = 1 + z^4$

$$\operatorname{Res}(f, z_k) = \frac{1}{g'(z_k)} = \frac{1}{4 z_k^3} = -\frac{1}{4} z_k \quad \text{wegen} \quad z_k^4 = -1.$$

(b) Für $f(z) = \dfrac{z}{1 - \cos z}$ und $z \neq 0$ gilt

$$z f(z) = \frac{z^2}{2 \sin^2 \frac{z}{2}} = 2 g\left(\tfrac{z}{2}\right) \quad \text{mit} \quad g(z) = \frac{z^2}{\sin^2 z}.$$

Nach 4.2 (a) gilt also $\operatorname{Res}(f, 0) = \lim\limits_{z \to 0} z f(z) = 2$.

5 Der Residuensatz

Sei f holomorph in Ω mit Ausnahme isolierter Singularitäten. Trifft ein geschlossener Weg γ in Ω keine Singularität, so gilt

$$\int\limits_{\gamma} f(z)\, dz = 2\pi i \sum_{k=1}^{N} \operatorname{Res}(f, z_k),$$

wobei $z_1, \ldots, z_N$ die von γ umschlossenen Singularitäten sind. Wir präzisieren diese Voraussetzungen wie folgt:

(a) γ *ist der Rand einer Pflasterkette* $M = M_1 + \ldots + M_m$ *mit* $|M| \subset \Omega$.

(b) *Jede der Singularitäten* z_j *liegt in einem der* M_k *und wird von* ∂M_k *einfach positiv umlaufen.*

(c) *Jedes Pflaster* M_k *enthält höchstens eine Singularität.*

BEWEIS. Es gilt $\int\limits_{\partial M_i} f(z)\,dz = 0$ für jedes Pflaster M_i, welches keine Singularität enthält (Pflasterversion des Cauchyschen Integralsatzes § 27 : 4.2). Enthält ein Pflaster M_j eine Singularität z_k, so gilt nach 4.1

$$\int\limits_{\partial M_j} f(z)\,dz = 2\pi i \operatorname{Res}(f, z_k).$$

Die Behauptung folgt jetzt aus der Pflasterketteneigenschaft:

$$\int\limits_{\partial M} f(z)\,dz = \sum_{i=1}^{m} \int\limits_{\partial M_i} f(z)\,dz. \qquad \square$$

6 Berechnung von Reihen mit Hilfe des Residuensatzes

6.1 Die Hilfsfunktion $\pi \cot \pi z$

Nach 2.7 gilt für $f(z) = \pi \cot \pi z$ und $|z| < 1$

$$f(z) = \frac{1}{z} - \frac{\pi^2}{3} z - \frac{\pi^4}{45} z^3 - \frac{2\pi^6}{945} z^5 - \ldots .$$

Nach 3.3 (b) und 4.2 (c), (d) hat der Kotangens an den Stellen $n\pi$ $(n \in \mathbb{Z})$ einfache Pole mit Residuum 1 $\boxed{\text{ÜA}}$. Also hat f an allen ganzzahligen Stellen einfache Pole mit Residuum 1 und ist sonst holomorph.

6.2 Die Reihe $\displaystyle\sum_{q(n) \neq 0} \frac{p(n)}{q(n)}$

Sind p, q *teilerfremde Polynome mit* $\operatorname{Grad}(q) \geq 2 + \operatorname{Grad}(p)$, *so gilt*

$$\sum_{\substack{n = -\infty \\ q(n) \neq 0}}^{+\infty} \frac{p(n)}{q(n)} = -\sum_{q(a)=0} \operatorname{Res}\left(\frac{p}{q} f, a\right) \quad \text{mit} \quad f(z) = \pi \cot \pi z,$$

wobei die rechte Summe über alle Nullstellen von q *erstreckt wird.*

BEWEIS.

Wir betrachten den skizzierten Quadratweg γ_N, wobei N so groß gewählt ist, dass das Innere $I(\gamma_N)$ sämtliche Nullstellen von q enthält.
Nach dem Residuensatz gilt für $g(z) = \frac{p(z)}{q(z)} f(z)$

$$\int\limits_{\gamma_N} g(z)\,dz = 2\pi i \sum_{z_k \in I(\gamma_N)} \mathrm{Res}\,(g, z_k)\,.$$

Die Singularitäten z_k von g teilen sich auf in die $n \in \mathbb{Z}$ mit $q(n) \neq 0$ und die Nullstellen von q. Für die Ersteren gilt wegen 4.2 (c) und $\mathrm{Res}\,(f, n) = 1$

$$\mathrm{Res}\,(g, n) = \frac{p(n)}{q(n)}\,.$$

Mit $M_N = \{n \in I(\gamma_N) \mid q(n) \neq 0\}$ ergibt sich daher

$$\sum_{n \in M_N} \mathrm{Res}\,(g, n) + \sum_{q(a)=0} \mathrm{Res}\,(g, a) = \frac{1}{2\pi i} \int\limits_{\gamma_N} g(z)\,dz\,.$$

Nach Voraussetzung ist $\frac{p(z)}{q(z)} z^2$ beschränkt für $|z| \to \infty$. Also gilt

$$\frac{|p(z)|}{|q(z)|} \leq \frac{C}{|z|^2}$$

für genügend große z mit einer geeigneten Schranke C. Daher existiert

$$\lim_{N \to \infty} \sum_{n \in M_N} \frac{p(n)}{q(n)} = \sum_{\substack{n \in \mathbb{Z} \\ q(n) \neq 0}} \frac{p(n)}{q(n)}\,.$$

Wir haben also nur noch zu zeigen, dass

$$\lim_{N \to \infty} \int\limits_{\gamma_N} g(z)\,dz = 0\,.$$

Für $z = x + iy$ mit $y > 0$ gilt

$$\left| \mathrm{e}^{iz} \right| = \mathrm{e}^{\mathrm{Re}\,(iz)} = \mathrm{e}^{-y}\,, \quad \left| \mathrm{e}^{-iz} \right| = \mathrm{e}^{y}\,,$$

$$\left| \cot g\, z \right| = \left| \frac{\mathrm{e}^{iz} + \mathrm{e}^{-iz}}{\mathrm{e}^{iz} - \mathrm{e}^{-iz}} \right| \leq \frac{\left| \mathrm{e}^{-iz} \right| + \left| \mathrm{e}^{iz} \right|}{\left| |\mathrm{e}^{-iz}| - |\mathrm{e}^{iz}| \right|} = \frac{\mathrm{e}^{y} + \mathrm{e}^{-y}}{\mathrm{e}^{y} - \mathrm{e}^{-y}} = \frac{\mathrm{e}^{2y} + 1}{\mathrm{e}^{2y} - 1}\,.$$

Für $z = x + iy$ mit $y < 0$ ergibt sich analog $\boxed{\text{ÜA}}$

$$|\cotg z| \leq \frac{e^{-2y} + 1}{e^{-2y} - 1},$$

also für $|y| \geq \frac{1}{\pi}$

$$|\cotg \pi z| \leq \frac{e^{2\pi|y|} + 1}{e^{2\pi|y|} - 1} = 1 + \frac{2}{e^{2\pi|y|} - 1} \leq 1 + \frac{2}{e^2 - 1} < 2.$$

Für $z = \pm \left(N + \frac{1}{2}\right) + iy$, $|y| \leq \frac{1}{\pi}$ gilt wegen $e^{\pm i(2N+1)\pi/2} = \pm i (-1)^N$

$$|\cotg \pi z| = \left| \frac{e^{-\pi y} - e^{\pi y}}{e^{-\pi y} + e^{\pi y}} \right| = \frac{e^{2\pi|y|} - 1}{1 + e^{2\pi|y|}} < 1 \quad \boxed{\text{ÜA}}.$$

Insgesamt erhalten wir $|\cotg \pi z| < 2$ für alle z auf γ_N und somit

$$\left| \int_{\gamma_N} \pi \cotg(\pi z) \frac{p(z)}{q(z)} \, dz \right| \leq \frac{2\pi C}{\left(N + \frac{1}{2}\right)^2} L(\gamma_N)$$

$$\leq \frac{16\pi C}{N + \frac{1}{2}} \to 0 \quad \text{für} \quad N \to \infty. \qquad \Box$$

6.3 Die Eulerschen Formeln (EULER 1734)

$$\sum_{n=1}^{\infty} \frac{1}{n^2} = \frac{\pi^2}{6}, \quad \sum_{n=1}^{\infty} \frac{1}{n^4} = \frac{\pi^4}{90}, \quad \sum_{n=1}^{\infty} \frac{1}{n^6} = \frac{\pi^6}{945}.$$

BEWEIS.
Sei $p(z) = 1$, $q(z) = z^2$. Nach 6.1 gilt

$$\frac{\pi \cotg \pi z}{z^2} = \frac{1}{z^3} - \frac{\pi^2}{3} \frac{1}{z} - \frac{\pi^4}{45} z - \frac{2\pi^6}{945} z^3 - \cdots$$

mit Residuum $-\pi^2/3$ an der Stelle 0. Nach 6.2 ergibt sich

$$\sum_{0 \neq n \in \mathbb{Z}} \frac{1}{n^2} = \frac{\pi^2}{3}.$$

Die beiden anderen Formeln ergeben sich ganz analog mit $q(z) = z^4$ bzw. $q(z) = z^6$ $\boxed{\text{ÜA}}$.

7 Berechnung von Integralen mit Hilfe des Residuensatzes

7.1 Integrale der Form $\int\limits_{-\infty}^{+\infty} f(x)\,dx$

Sei f holomorph in $\mathbb{C}$ mit Ausnahme endlich vieler isolierter Singularitäten $z_1, \ldots, z_N$, die nicht auf der reellen Achse liegen. Ferner sei

$$|f(z)| \leq \frac{C}{|z|^2} \quad f\ddot{u}r \quad |z| \geq 0 \quad und \quad \operatorname{Im} z \geq 0.$$

Dann gilt

$$\int\limits_{-\infty}^{+\infty} f(x)\,dx = 2\pi i \sum_{\operatorname{Im} z_k > 0} \operatorname{Res}(f, z_k).$$

BEMERKUNG. Erfüllt f die Abklingbedingung in der unteren Halbebene $\operatorname{Im} z \leq 0$, so gilt eine ähnliche Formel $\boxed{\text{ÜA}}$.

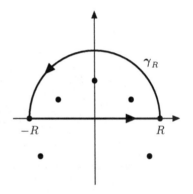

BEWEIS.
Das Integral konvergiert nach dem Majorantenkriterium. Sei $R > r$ so groß gewählt, dass alle z_k im Innern von $K_R(0)$ liegen und γ_R sei der nebenstehend skizzierte Weg. Dann gilt nach dem Residuensatz

$$\int\limits_{\gamma_R} f(z)\,dz = 2\pi i \sum_{\operatorname{Im}(z_k) > 0} \operatorname{Res}(f, z_k).$$

Andererseits ist

$$\int\limits_{\gamma_R} f(z)\,dz = \int\limits_{-R}^{R} f(x)\,dx + \int\limits_{0}^{\pi} iRf(Re^{it})e^{it}\,dt,$$

wobei

$$\left| \int\limits_{0}^{\pi} iRf\left(Re^{it}\right)e^{it}\,dt \right| \leq \pi R \frac{C}{R^2} \to 0 \quad f\ddot{u}r \quad R \to \infty.$$

Also gilt

$$2\pi i \sum_{\operatorname{Im} z_k > 0} \operatorname{Res}(f, z_k) = \lim_{R \to \infty} \int\limits_{\gamma_R} f(z)\,dz$$

$$= \lim_{R \to \infty} \int\limits_{-R}^{R} f(x)\,dx = \int\limits_{-\infty}^{+\infty} f(x)\,dx. \qquad \square$$

7.2 Beispiel $\displaystyle\int\limits_{-\infty}^{+\infty} \frac{dx}{1+x^4} = \frac{\pi}{\sqrt{2}}$.

Denn $f(z) = 1/(1+z^4)$ hat nach 4.4 (a) in der oberen Halbebene die einfachen Pole $z_1 = \exp(\pi i/4)$, $z_2 = \exp(3\pi i/4)$ mit den Residuen

$$\operatorname{Res}(f, z_1) = -\tfrac{1}{4} z_1 = -\tfrac{1}{4} \exp(\tfrac{\pi i}{4}) = -\tfrac{1}{4}(\cos\tfrac{\pi}{4} + i\sin\tfrac{\pi}{4}),$$

$$\operatorname{Res}(f, z_2) = -\tfrac{1}{4} z_2 = -\tfrac{1}{4} \exp(\tfrac{3\pi i}{4}) = -\tfrac{1}{4}(\cos\tfrac{3\pi}{4} + i\sin\tfrac{3\pi}{4}),$$

und es folgt

$$2\pi i\big(\operatorname{Res}(f, z_1) + \operatorname{Res}(f, z_2)\big) = -\pi i(i\sin\tfrac{\pi}{4}) = \pi\sin\tfrac{\pi}{4} = \frac{\pi}{\sqrt{2}}.$$

7.3 Aufgaben. Bestimmen Sie mit Hilfe des Residuensatzes die Integrale

$$\int\limits_{-\infty}^{+\infty} \frac{dx}{1+x^6}, \quad \int\limits_{-\infty}^{+\infty} \frac{dx}{x^4+5x^2+4}, \quad \int\limits_{-\infty}^{+\infty} \frac{x^2+1}{x^6+1}\,dx, \quad \int\limits_{-\infty}^{+\infty} \frac{\cos x}{1+x^4}\,dx.$$

Verwenden Sie für das letzte Integral $f(z) = e^{iz}/(1+z^4)$.

7.4 Berechnung der Fourierintegrale $\displaystyle\int\limits_{-\infty}^{+\infty} f(t)\,e^{ixt}\,dt$.

Die Funktion f erfülle die Voraussetzungen 7.1.

Setzen wir $g(z) := f(z)\,e^{ixz}$ mit festem $x \in \mathbb{R}$, so gilt

$$\int\limits_{-\infty}^{+\infty} f(t)\,e^{ixt}\,dt = \begin{cases} 2\pi i \displaystyle\sum_{\operatorname{Im} z_k > 0} \operatorname{Res}(g, z_k) & \text{für } x > 0, \\[2ex] -2\pi i \displaystyle\sum_{\operatorname{Im} z_k < 0} \operatorname{Res}(g, z_k) & \text{für } x < 0. \end{cases}$$

ZUSATZ. Werden die Voraussetzungen 7.1 abgeschwächt durch die Bedingungen $|f(z)| \le C/|z|$ für $|z| \ge R$, $\operatorname{Im} z \ge 0$, so braucht das Integral $\displaystyle\int\limits_{-\infty}^{+\infty} f(t)\,e^{ixt}\,dt$ nicht zu konvergieren. Die obige Formel bleibt jedoch bestehen, wenn wir

$$\int\limits_{-\infty}^{+\infty} f(t)\,e^{ixt}\,dt$$

durch den **Cauchyschen Hauptwert**

$$\lim_{R\to\infty} \int\limits_{-R}^{R} f(t)\,e^{ixt}\,dt$$

ersetzen.

BEWEIS.

Wir führen den Beweis gleich unter der schwächeren Voraussetzung des Zusatzes. Für $x > 0$ gilt mit den Bezeichnungen von 7.1

$$\int\limits_{\gamma_R} g(z)\,dz \;=\; \int\limits_{-R}^{R} g(t)\,dt \;+\; iR \int\limits_{0}^{\pi} e^{it}\, g(R\,e^{it})\,dt\,.$$

Wir zeigen, dass das zweite Integral für $R \to \infty$ verschwindet und verwenden hierzu die Abschätzungen

$$\left| g(R\,e^{it}) \right| \;=\; \left| \exp(iRx\,e^{it})\, f(R\,e^{it}) \right| \;\le\; \exp(-Rx \sin t)\, \frac{C}{R}\,,$$

$$\sin t \;\ge\; t - \frac{t^3}{6} \;=\; t\Bigl(1 - \frac{t^2}{6}\Bigr) \;\ge\; \tfrac{1}{2}\, t \quad \text{für}\quad 0 \le t \le \frac{\pi}{2}\,,$$

$$\left| R \int\limits_{0}^{\pi} e^{it} g\left(R\,e^{it}\right)\,dt \right| \;\le\; 2C \int\limits_{0}^{\frac{\pi}{2}} \exp(-Rx \sin t)\,dt \;\le\; 2C \int\limits_{0}^{\frac{\pi}{2}} \exp(-\tfrac{1}{2} Rxt)\,dt$$

$$=\; \frac{4C}{Rx}\left(1 - \exp(-\tfrac{1}{4} R\pi x)\right) \;\to\; 0 \quad \text{für}\quad R \to \infty\,.$$

Die zweite Formel für $x < 0$ folgt aus der ersten mit der Substitution $s = -t$:

$$\int\limits_{-\infty}^{+\infty} f(t)\, e^{ixt}\,dt \;=\; \int\limits_{-\infty}^{+\infty} f(-s)\, e^{-ixs}\,ds \;=\; \int\limits_{-\infty}^{+\infty} f(-s)\, e^{i|x|s}\,ds$$

$$=\; 2\pi i \sum_{\operatorname{Im} z_k > 0} \operatorname{Res}(h, z_k) \;=\; -2\pi i \sum_{\operatorname{Im} z_k < 0} \operatorname{Res}(g, z_k)$$

mit

$$h(z) = f(-z)\, e^{i|x|z} = f(-z)\, e^{-ixz} = g(-z)\,.$$

Der Rest des Beweises ergibt sich mit der folgenden Aufgabe (a). □

Aufgaben.

(a) Zeigen Sie mit Hilfe der Laurent–Reihe: Ist $-z_0$ eine isolierte Singularität von g und $h(z) = g(-z)$, so gilt $\operatorname{Res}(h, z_0) = -\operatorname{Res}(g, -z_0)$.

(b) Berechnen Sie $g(x) := \displaystyle\int\limits_{-\infty}^{+\infty} \frac{e^{ixt}}{1 + t^2}\,dt$ für beliebige $x \in \mathbb{R}$.

(c) Berechnen Sie auf direktem Wege $\dfrac{1}{2\pi} \displaystyle\int\limits_{-\infty}^{+\infty} g(t)\, e^{-ixt}\,dt$.

Namen und Lebensdaten

ABEL, Niels Hendrik (1802–1829)

ARCHIMEDES von Syrakus
(287 ?–212 v.Chr.)

ARISTOTELES von Stagira
(384–322 v.Chr.)

BARROW, Isaac (1630–1677)

BERNOULLI, Jakob (1655–1705)

BERNOULLI, Johann (1667–1748)

BERNOULLI, Daniel (1700–1782)

BOLAYI, János (1802–1860)

BOLZANO, Bernard (1781–1848)

BUDDHA (ca. 560–480 v.Chr.)

CANTOR, Georg (1845–1918)

CARDANO, Geronimo (1501–1576)

CAUCHY, Augustin–Louis (1789–1857)

CAVALIERI, Bonaventura (1598–1647)

DEDEKIND, Richard (1831–1916)

DIRICHLET, Gustav Peter Lejeune
(1805–1859)

EUDOXOS von Knidos
(ca. 408–355 v.Chr.)

EUKLID von Alexandrien
(um 300 v.Chr.)

EULER, Leonard (1707–1783)

FERMAT, Pierre de (1607–1665)

FOURIER, Jean Baptiste Joseph
(1768–1830)

GALILEO GALILEI (1564–1642)

GAUSS, Carl Friedrich (1777–1855)

GIRARD, Albert (1595–1632)

GREGORIUS a S. VINCENTIO (GRÉGOI-
RE de Saint Vincent) (1584–1667)

GREGORY, James (1638–1675)

HAMILTON, Sir William Rowan
(1805–1865)

HILBERT, David (1862–1943)

L'HOSPITAL, Guillaume François
Antoine de (1661–1704)

HUDDE, Jan (1628–1704)

HUYGENS, Christiaan (1629–1695)

KEPLER, Johannes (1571–1630)

KLEIN, Felix (1849–1925)

LAGRANGE, Joseph Louis (1736–1813)

LAPLACE, Pierre Simon (1749–1827)

LAURENT, Pierre (1813–1854)

LEIBNIZ, Gottfried Wilhelm
(1646–1716)

LOBATSCHEWSKI, Iwanowitsch
(1793–1856)

MENGOLI, Pietro (1625–1686)

MERCATOR (KAUFFMANN), Nikolaus
(1620–1687)

MÉRÉ, Chevalier de (1610–1685)

NEWTON, Isaac (1643–1727)

ORESME, Nikolaus (1323 ?–1382)

PASCAL, Blaise (1623–1662)

RIEMANN, Bernhard (1826–1866)

TAYLOR, Brook (1685–1731)

VIETA (Viète), François (1540–1603)

WALLIS, John (1616–1703)

WEIERSTRASS, Karl (1815–1897)

© Springer-Verlag GmbH Deutschland 2018
H. Fischer und H. Kaul, *Mathematik für Physiker Band 1*,
https://doi.org/10.1007/978-3-662-56561-2

Literaturverzeichnis

Analysis und Vektoranalysis

BARNER, M., FLOHR, F.: Analysis I, II. Berlin–New York: de Gruyter 2000/1996

FLEMING, W.: Functions of Several Variables. New York–Heidelberg–Berlin: Springer 1977

FORSTER, O.: Analysis 1–3. Springer Spektrum 2017

GRAUERT, H., LIEB, I.: Differential- und Integralrechnung III. Berlin–Heidelberg–New York: Springer 1977

HEUSER, H.: Lehrbuch der Analysis, 1, 2. Vieweg+Teubner Verlag 2009

KÖNIGSBERGER, K.: Analysis 1, 2. Springer-Verlag Berlin Heidelberg 2004

V. MANGOLDT, H., KNOPP, K.: Einführung in die höhere Mathematik, Bd. 1–3. Stuttgart: Hirzel (11. Aufl.) 1958

WALTER, W.: Analysis I, II. Springer-Verlag Berlin Heidelberg 2002

Lineare Algebra und Analytische Geometrie, Algebra

BEUTELSPACHER, A.: Lineare Algebra. Springer Spektrum 2014

FISCHER, G.: Lineare Algebra und Analytische Geometrie. Springer Spektrum 2017

PICKERT, G.: Analytische Geometrie. Akad. Verlagsgesellschaft Leipzig 1955

SPERNER, E.: Einführung in die Analytische Geometrie 1. Göttingen: Vandenhoeck & Ruprecht 1959

WAERDEN, van der B. L.: Algebra. Springer-Verlag Berlin Heidelberg 1971

ZIESCHANG, H.: Lineare Algebra und Geometrie. Vieweg+Teubner Verlag 1997.

Wahrscheinlichkeitsrechnung

FREUDENTHAL, H.: Wahrscheinlichkeitsrechnung und Statistik. München: Oldenbourg 1963

KRENGEL, U.: Einführung in die Wahrscheinlichkeitstheorie und Statistik. Vieweg+Teubner Verlag 2005

Numerische Mathematik

DEUFLHARD, P., HOHMANN, A.: Numerische Mathematik. Berlin: de Gruyter 2008

HAIRER, E., NOERSETT, S. P., WANNER, G.: Solving Ordinary Differential Equations I. Springer-Verlag Berlin Heidelberg 1993

SCHWARZ, H.R., KÖCKLER, N.: Numerische Mathematik. Vieweg+Teubner Verlag 2011

Gewöhnliche Differentialgleichungen

BRAUN, M.: Differentialgleichungen und ihre Anwendungen. Springer-Verlag Berlin Heidelberg 1994

HEUSER, H.: Gewöhnliche Differentialgleichungen. Vieweg+Teubner Verlag 2004

KAMKE, E.: Differentialgleichungen: Lösungsmethoden und Lösungen. Leipzig: Akad. Verlagsgesellschaft 1959

© Springer-Verlag GmbH Deutschland 2018
H. Fischer und H. Kaul, *Mathematik für Physiker Band 1*,
https://doi.org/10.1007/978-3-662-56561-2

Funktionentheorie

FISCHER, W., LIEB, I.: Funktionentheorie. Vieweg+Teubner Verlag 2005

FREITAG, E., BUSAM, R.: Funktionentheorie. Springer-Verlag Berlin Heidelberg 2000

MARSDEN, J. E., HOFFMAN, M. J.: Basic Complex Analysis. San Francisco: Freeman 1987

REMMERT, R., SCHUMACHER, G.: Funktionentheorie. Springer-Verlag Berlin Heidelberg 2002

Methoden der Mathematischen Physik

ARFKEN, G., WEBER, H. J., HARRIS, F. E.: Mathematical Methods for Physicists. Elsevier 2012

COURANT, R., HILBERT, D.: Methoden der Mathematischen Physik 1, 2. Springer-Verlag Berlin Heidelberg 1993 (Nachdruck)

Grundlagen und Geschichte

BARON, M. E.: The origins of the Infinitesimal Calculus. New York: Dover 1987

CANTOR, M.: Vorlesungen über Geschichte der Mathematik I, II, III. Leipzig: Teubner 1894/92/98

COURANT, R., ROBBINS, H.: Was ist Mathematik? Springer-Verlag Berlin Heidelberg 2001

DEDEKIND, R.: Was sind und was sollen die Zahlen? Braunschweig: Vieweg 1961 (Nachdruck)

HANKEL, H.: Zur Geschichte der Mathematik in Altertum und Mittelalter. Hildesheim: Olms 1965

HILBERT, D.: Grundlagen der Geometrie. Vieweg+Teubner Verlag 1968 (Nachdruck)

HOFMANN, J. E.: Geschichte der Mathematik I, II, III. Sammlung Göschen 226/226a, 875, 882. Berlin: de Gruyter 1963/1957

TROPFKE, J., GERICKE, H., REICH, K., VOGEL, K.: Geschichte der Elementarmathematik Bd. 1 (4. Aufl.) Berlin: de Gruyter 1980

Symbole und Abkürzungen

$\in, \notin$, 13

$\mathbb{R}, \mathbb{Q}, \mathbb{Z}, \mathbb{N}, \mathbb{N}_0$, 13

$\{x \mid E(x)\}$, 13

$\{f(x) \mid x \in M\}$, 13

$\subset, \supset$, 13

$\emptyset$, 14

$n \mid m$, 17

$a < b, a > b$, 17

$a \le b, a \ge b$, 18

$|a|$, 19, 118

$:=$, 21, 32, 55, 120

$\sum_{k=l}^{m}, \prod_{k=l}^{m}$, 24

$n!$, 24, 199

$[a, b], [a, \infty[,] - \infty, b]$ u.a., 25

$]a, b[,]a, \infty[, [a, b[$ usw., 26

$\mathbb{R}_+, \mathbb{R}_{>0}$, 26

$\max M, \min M$, 27

$\sup M, \inf M$, 30

$[x] = \texttt{INT}(\mathbf{x})$, 32

$\sqrt{a}$, 32

$(a_n), (a_n)_{n\in\mathbb{N}}$, 34

$(a_{n_k})_k, (a_{n_k})_{k\in\mathbb{N}}$, 35

$\lim\limits_{n\to\infty} a_n$, 36, 41, 148, 390

$\sqrt[m]{a}$, 44

a^b, 45, 62

$\approx$, 48

e (Eulersche Zahl), 55

e^x, 55, 56

$f : M \to N$, 57, 58

$x \mapsto f(x)$, 57, 58

$\mathbb{1}, \mathbb{1}_M$, 57, 299

log, 60, 542

$\log_{10}$, 62

$f \circ g$, 63

Grad (p), 64

ggT, 66

π, 69

arccos, 70

cos, sin, 70, 552

arcsin, 72

tan, cotg, 73

arctan, 74

$\cup, \cap, \subset, \supset$, 76

$A \setminus B$, 76

$f(A)$ (Bildmenge), 78

$f^{-1}(A)$ (Urbildmenge), 78

$\Longrightarrow$, 78

$\Longleftrightarrow$, 80

$\bigcup\limits_{i\in I}, \bigcap\limits_{i\in I}$, 80

$\binom{n}{k}$, 93

$\vec{v}, \vec{x}$, 101, 106

$\mathbf{x}, \mathbf{y}$ (Koordinatenvektoren), 106, 126

$\mathbb{R}^2$, 106

$\|\mathbf{x}\|$, 111, 129, 388

$\mathbb{C}$, 115, 117, 118

i (imaginäre Einheit), 116

$\operatorname{Re} z, \operatorname{Im} z$, 118

$\bar{a}, \bar{z}$ (konjugiert), 118

$|a|$ (komplexe Zahlen), 118

$e^{i\varphi}$, 120

e^z, 120, 198

arg, 121

$\mathbb{R}^n$, 127

$\langle \mathbf{x}, \mathbf{y} \rangle$, 128, 356

$\mathbf{a} \perp \mathbf{b}, \mathbf{a} \perp M$, 132

$\mathbf{a} \times \mathbf{b}$, 133

Span $\{\mathbf{v}_1, \ldots, \mathbf{v}_n\}$, 137

ONS, 137, 359

$M^\perp$, 138, 359

$\sum\limits_{k=0}^{\infty} a_k, \sum\limits_{k=N}^{\infty} a_k$, 141, 142, 150

$\lim\limits_{I\ni x\to a} f(x), \lim\limits_{M\ni u\to u_0} f(u)$, 159, 399

$\lim\limits_{x\to a+} f(x), \lim\limits_{x\to a-} f(x)$, 159

$f(a+), f(a-)$, 159

$\lim\limits_{x\to a} f(x), \lim\limits_{z\to a} f(z)$, 160, 533

$\lim\limits_{x\to\infty} f(x), \lim\limits_{x\to-\infty} f(x)$, 163

$C[a, b], C(I)$, 166

© Springer-Verlag GmbH Deutschland 2018
H. Fischer und H. Kaul, *Mathematik für Physiker Band 1*,
https://doi.org/10.1007/978-3-662-56561-2

Index

© Springer-Verlag GmbH Deutschland 2018
H. Fischer und H. Kaul, *Mathematik für Physiker Band 1*,
https://doi.org/10.1007/978-3-662-56561-2

Printed in the United States
By Bookmasters